第一次世界大戦記

Ceux de 14

第一次世界大戦記

ポワリュの戦争日誌

モーリス・ジュヌヴォワ
宇京頼三訳

国書刊行会

Maurice Genevoix
Ceux de 14
1949

目次

『ヴェルダンの下で』（一九一六年）初版の序文（エルネスト・ラヴィス）　11
決定版への序文（モーリス・ジュヌヴォワ）　21

第一部　ヴェルダンの下で

Ⅰ　接触　25
Ⅱ　ドイツ人ムーズ川を渡る　32
Ⅲ　退却　37
Ⅳ　マルヌの日々　42
Ⅴ　皇太子《クローンプリンツ》軍の後方で　70
Ⅵ　森のなかで　86
Ⅶ　軍隊が塹壕の穴に潜る　107
Ⅷ　適応　146

第二部　戦争の夜

Ⅰ　塹壕から塹壕へ　169
Ⅱ　我らが村：モン・ス・レ・コート　196
Ⅲ　レ・ゼパルジュの峡谷　210
Ⅳ　カロンヌの十字路　243
Ⅴ　放棄された村　258
Ⅵ　交代　274
Ⅶ　発砲禁止　281
Ⅷ　オブリー家　297

第三部　泥土

Ⅰ　機銃掃射された家々　325
Ⅱ　待避壕　346
Ⅲ　予備役　355
Ⅳ　トーチカ　374
Ⅴ　「大展開」　392
Ⅵ　楽しくて役に立つ……　409

Ⅶ 人影《シルエット》 424
Ⅷ 五か月経って 438
Ⅸ 戦争 451
Ⅹ 泥土 464

第四部 レ・ゼパルジュ

Ⅰ 平和 483
Ⅱ 脅威 503
Ⅲ 死 526
Ⅳ 束縛 587
Ⅴ 墓穴 599
Ⅵ おぼれる者 614
Ⅶ ほかの者たち 629
Ⅷ 別れの時 638

モーリス・ジュヌヴォワ頌——あとがきにかえて 653

第一次世界大戦西部戦線略年表

——本文中の＊は訳者が付した傍注、〔　〕は補足または訳注である。

『ヴェルダンの下で』（一九一六年）初版の序文

――エルネスト・ラヴィス〔歴史家、当時パリ高等師範学校校長〕

本書の作者モーリス・ジュヌヴォワはノルマリアン〔パリ高等師範学校生〕である。一九一四年七月、二学年目の生徒である彼はモーパッサンに関する研究を終えたばかりで、静かにヴァカンスを待っていた。ひと月後、彼は火の洗礼をうけることになったが、何という火だったろうか！

彼は我々に戦争に関する貴重な証言をもたらしてくれた。まず、この作家は驚くべき観察能力に恵まれていた。彼の目はすべてを見、彼の耳はすべてを聞く。その強い集中力は生の現実のなかで溶け合い調和する細部すべてを捉える。銃弾の唸《うな》りやヒューヒュー飛ぶ風切り音、さまざまな砲弾音。炸裂音、崩壊音――あらゆる音階の地獄の騒音だ。銃弾が飛び、爆風が死体を撫でてゆき、「その恐るべき悪臭が夜の静寂《しじま》を厚く覆う」。危機的な瞬間に襲われた人間の表情、発する言葉や対話。結局のところは、周りの状況の相貌だ、つねにひとの行動は天と地の様相の枠にはめ込まれているのだから。

しかしこの作家の主たる美点は真摯にしてかつ率直であることだ。

出回っている数多くの物語、塹壕《ざんごう》のなかで陽気に響き合う声、数十万通のなかから注意深く選ばれたきわどい陽気な手紙。検閲への用心。たぶん、戦わぬ兵士たちにあっては、彼らの無為と安楽さを苦悩と恐怖と対照させて貶《おとし》めたくないという暗い欲求。とにかく事態をあり得ないことのようにしておきたいという意思。単純な考え、例えば絶えず各人の英雄的行為によって、たゆまぬ全的な英雄的行為によってすべてを説明しようとする考えに甘んじる傾向。結局、新聞報道の調子、その楽観主義の凡庸さ、それらすべてが、幸運なときに恵まれたという穏やかな戦争、潤色された戦争を想像することに寄与する。また私はこのパロディ化が兵士たちを憤慨させ、反感を買うことも知っている。

ところで、この戦争のような出来事はそれをその完全なる真実において知るに値する。

連隊*は行進している。日暮れになると、彼らはとある村を横切ってゆく：

「村と言うよりは小さな集落の入口は荷馬車、犂《すき》、脇に置かれた大きな干し草用熊手でふさがれていた。黙したまま、我々は崩れ落ちたあばら屋の前を通過する。壁面と、荒廃した炉に折れ曲がったまま立っている煙突以外何もない。黒焦げになった桁《けた》が車道の中央まで転がっていた。大きな刈り取り機が折れた梶棒を切り残した大枝のように掲げていた。連隊は陰鬱な夕べのなかを行列行進してゆく。この荒廃した情景が不気味な強い印象を与えるというのではない。先ほど最後の小隊が丘の頂《いただ》きに消えると、村には冷たく物音一つしない夜のとばりが下り、廃屋の屋根の上に静けさが忍び寄ってくる」

＊当時、フランス軍の部隊編成では、連隊とは各隊兵員一〇〇〇人の三箇大隊から成り、各大隊には兵員約二五〇人の四箇中隊、計一二中隊があり、中隊がさらに各隊約五〇人強の四箇小隊に区分される。大隊は佐官級、中隊は大尉、小隊は中尉か少尉、曹長が指揮する。また小隊は二箇分隊に分かれ、軍曹が指揮し、これがさらに二班に分かれ、伍長が率いる。またこれらと別枠で、一中隊と機関銃三小隊がこれを補完するという。

連隊は行進し、雨が降っている：

「行軍はつらいものになるだろう。それは、我々のように雨の苦難が加わると知ることになる、あの厳しい試練である。服は重くなり、寒さが水とともに入り込む。靴の革が硬くなり、ズボンは脚にはりつき、歩行を妨げる。背嚢《はいのう》の下にある下着類、着るとすぐ気持ちよくなる貴重で清潔な下着類は取り返しのつかないほど汚れ、徐々に名づけようのない包みに変わってしまい、その上に紙や缶詰の色が滲んでくる。泥が飛び跳ねて顔や手を汚す。泥水のなかでの到着。夜は、汗ばみ、温めるどころか冷えてくる外套を着たままの不十分な休息だ。全身が硬直し、関節はこわばり、痛い。そして出発は、拷問用の編上靴のように足を傷つける木靴を履いてだ……」

しかし行進する連隊に雨を忘れさせることがある。彼らは二列のフランス兵の死体の間を通ってゆく。これらの死体は「新しい服を着ているように見えるほど、雨が彼らに降りかかり、彼らを洗い流していた」。死体は腐敗していた。彼らを見ると黒ずみ、唇は腫《は》れあがり、兵たちは「おや、アルジェリア狙撃兵だ！」と言った。死体は「土手を背にして、まるで我々が通過するのを見るように、道路に向けられていた」。ドイツ人は、マルヌの戦闘〔初期の激戦の一つ〕後退却する際、気まぐれに死体の生け垣を築くことを思いついたのだ。将校は、この光景を見て一瞬衝撃を受け、困惑したがこう命じた。「さあ、顔をあげて、拳を握れ。よく見るのだ、この死体を……我々はあの野蛮人、ドイツ野郎どもが放った挑戦をあいつらに高く払わせてやろう！」

連隊は戦い終えたところだった。夜になる、九月末の夜だ。「寒気が強くなる……まだ回収していない負傷者が苦痛と困苦を叫び嘆く……このまま放ったらかして死なせるつもりか？——水をくれ！——ああ、担架兵！」兵士たちはこの叫びを聞いても、命令で持ち場に釘づけのままで、怒り出す。「やつらは何をしているんだ、担架兵は？――**やつらは隠れ逃れることしか知らないんだ、あの汚い豚野郎どもは！**〔一九一六年の初版の検閲で削除された文章。以下の太字も同様〕――デカみたいだ。必要なときにいないのだ」――それでも、嘆きは続く――「叫び過ぎてうんざりし、静かな声だ：**俺が何をしたというのだ、戦争で殺されるほどのことをしたか？**――マモン！　ああ、マモン！――ジャンヌ！　可愛いジャンヌ！……ああ、聞こえると言ってくれ、ジャンヌ！――喉が渇いた！　喉が渇いた！」別な声が憤慨する：「だが俺はこんなところでくたばりたくない、畜生め！……担架兵！……担架兵！　ああ、ひとでなしめ！……だれか、俺を殺してくれ、ひと思いに。ああ！……」

連隊は今停まったところだ。敵は、退却後、完全に逃走したように見えたが、戦線を立て直すために戻ってきた。我らが中尉の小隊は塹壕を掘り、そこで四八時間過ごした。雨が降っていたし、今も降っている。猛烈な驟雨《しゅうう》に続いて、急遽頭上に編んだ木枝の屋根を通して、持続的に滴《したた》り落ちる雨音が聞こえる。

「じっとしたまま、苦しいこわばった姿勢で互いにぴったりと身を寄せ合って、何も言わず、我々は震えていた。汗をかいた服で身体が凍えた。濡れたケピ帽が頭にはりついて、こめかみをじわりと絞めつけて痛くなってきた。我々は脚を手前に引いて踝《くるぶし》のところを摑んでじっとしていた。だがしばしば、かじかんだ指が緩んで、足が溝の底の泥水に滑り込むことがあった」

そうしてひと晩が過ぎ、またもうひと晩がきた。次の交代が告げられた。だが本当にくるのか、その交代は？

「もうそんなものは期待できないな。もう分からん。我々はずっと、もうずっと前からここにいるのだ……誰も来ないだろう。この雨のなか、森はずれのこの穴倉には誰も来ることはできないだろう。もう暖炉で赤々と燃える火のある家も、積み重なった干し草が濡れることは決してない、ものがきちっと詰まった納屋も見ることはないだろう。もう着替えて、身体を休め、この凍てついた抱擁から解き放ってやることもないだろう……」

そのうえ、体力も忍耐力も尽き果てていた。「もう期待するだけ無駄だ」

確かに痛ましい情景だ。これを描くべきだったのか？　それにこれは読者を動揺させ、意気消沈させるのではないか？　しかしまさに我々を苦悩させるからこそ、それが何であれ、じっと眼差しをそそいで見なければならない。この苦悩を通して、我々は我らが兵士たちと通じ合えるのだ。現実を見ることによって、我々は彼らにどれだけ感謝をし、どれだけ彼らを称え、敬愛の念を感じることになるだろうか！

戦士たちの士気の観察もまた同じく真摯にしてかつ率直である。

時おり、彼らは動揺し、怯《おび》える、そう怯えるのだ。つまり、爆撃中、「体は縮こまって、頭に背嚢をかぶり、迫りくる爆発の不安に襲われて筋肉が引きつっている」のである。

ある日、すぐ近くの戦場に行く連隊がそこから戻ってくる負傷兵の行列、長々と続く行列と出会うが、それはまるで、その傷、その血、その疲労困憊した姿、その苦しそうな風貌を見せるだけで、我らが兵士たちにこう言って、何度も繰り返しているようだった：「見ろ、これが戦争だ。我々がどうなったか見ろ……行くな！」兵士たちは戻ってくる者たちに、「苦悶にさらされた士気で興奮して熱っぽくなった目を大きく見開き、苦痛でしわくちゃになった不安げな顔を向けていた」

では、こうした衰退状態を書き記す必要があるのか？ そう必要である、というのは、それは真実であり、死にたくないから、「生き物が嫌がって鼻を鳴らす」のはごく自然なことだからである。だがこれは最も勇敢な者にも起こる。アンリ四世の腹が、突撃の際、にわかにゴロゴロと鳴り、しばし、王は馬から降りざるを得なかった。だがその後、何たる突撃か！ 敵には、単なる「軽騎兵」のようにそんな危ういことをするのがフランス国王であるとは、信じられなかった。またテュレンヌ元帥は、危機に瀕して震えるわが身を叱りとばした。そしてこう言った。「お前は震えているな！」その後、彼はわが身が行きたくないところへ身を運んだ。我らが兵士たちも同じである：

「彼らは行進する。歩くたびに、彼らは今日ひとが死んだあの土地の一角に近づいてゆくが、それでも行進する。彼らはその中へ、各人が生身の体で入ってゆく。そしてこの恐怖に駆られた体が動き、戦闘行為をする。眼は狙いを定め、指はレーベル銃の引き金にかかる。それは、銃弾が執拗に絶えずヒューと音を立てて鳴り続け、しばしば恐ろしく鈍い小さな音で沈み込み、無理やりに顔をふり向けさせ、〝ほら、見ろよ〟と言っているようだった。そこで彼らがじっと見ると、仲間が崩れ落ちるのが目に入り、こう思うのだ。〝たぶん次は俺の番だな。一時間後、一分後、いや一秒もすると、俺の番だ〟。そして彼らは全身で怯えることになる。彼らは怯える、それは当然の、宿命的なことだ。だが怯えても、彼らはそのままいる。そして体が慣れてくると、戦うのだ。それは、彼らがそれを義務だと感じているからであり、またもちろん！ 彼らが人間だからである」

これは本当のこと、現実的なことであり、この真実、この現実は私を意気消沈させるどころか、強めてくれる。私はありのままの兵士を見て、彼らのことがよく分かったと確信し、まったく安心して彼らを愛し、称賛する。

このジュヌヴォワの本全体が、我らが兵士の称賛物語である。すなわち、我らが兵士は神経質で、感じやすく、パニックになりかねない――本書ではパニックの例を挙げている――が、しかし同時に、そんな性質にもかかわらず忍耐強く、人間の力を越えるほどの耐久力があり、この世の天と地に不平不満を唱え、好んでものごとを自分で納得しようとする――彼らは自分がどこへ行き、なぜ行くのか知りたがる――が、冷やかし好きで、奇妙で意外な言葉が尽きることはない。要するに従順で、彼らを大切にする指導者たちを敬愛し、許されるなら、礼儀正しくも楽しみたいのだ。自らのうちに、名状しがたい感情や徳を有しているが、それを知ることのない称賛すべき兵士なのである。

一九一四年九月一二日、ジュヌヴォワが、ある家の壁にかかった、マルヌの勝利を告げる「両手幅の大きな掲示板」を厳《おごそ》かな気持ちで読んでいると、兵士たちがやってきて一緒にそれを眺め、読んだ：

「彼らはみな泥だらけの顔で、頰が落ちくぼみ、髭ぼうぼうだった……大半は疲れ切ったようで、悲惨な様子だった。しかしながら、人間的な力を越えて精力的に戦ってきたばかりの者、ドイツの弾丸や銃剣よりも強い姿を見せた者は彼らだった。勝利者は彼らだったのだ！　私は、犠牲を厭わず、英雄的行為の崇高さも分からずにわが身を捧げ、今や人々の称賛と尊敬に値する兵士諸君みなの方へと、私を押し進めた熱き友情の高まりを一人ひとりに伝えたかったのだ」

この本に陽気な局面が欠けているわけではない。すなわち、誰もが土地の訛《なま》りで語る兵士たちの会話。小隊ごとへの食糧の配給。炊事伍長への雨霰《あめあられ》と降りかかる要求：「おい、砂糖！　おや、脂身《あぶらみ》がない！　第三隊の量はほぼ二倍あったぞ」だが伍長は言い返す：「不満なら、大臣に言え」ノール県の炭鉱夫マルタンの枝肉カット。彼は人のいい捕虜からもらったナイフを携えていたが、これは「牛肉を切り分ける」のに、中隊には比べ物がなかった。取っ組み合いのような仕事が終わると、マルタンの勝利だった：「聖なるお肉さまだった！」

それに、ある給料日、我らが中尉が奮発したあの昼食がある。彼には忘れられない、ベーコン入りオムレツ。赤々としたハム一枚。ミラベルのジャム。新鮮な丸パンにはさみ込んだ大きな股肉スライス、なみなみとつがれた、辛口発泡性ロゼのトゥル・ワイン、パイプを一服やると、青い煙がゆっくりと天井の梁《はり》へのぼってゆく。さらには、あのベッド、シーツのかかった本物のベッドでの一夜。野原の石や、森のなかの地面に食い込み裂けた切り株、耕作地のじめじめした地面を褥《しとね》にしたこと、藁葺き屋の不快な乾燥状態などを思い起こす。それが今は、シーツのかかった本物のベッドに暖かく、まるまると包まれているのだ：「我々の驚きは終わらなかった……どんなに懸命になって探しても無駄で、厳しく、不快になるようなものに接するだけだった。柔らかで暖かい一角などなかった……我々は大笑いした。滑稽な言い回しや途方もない冗談で、それぞれの情熱を言い立てていたが、そのどれもが哄笑を呼び起こし、止むことがなかった……」

「我々」とは「ポルションと私」、ポルション中尉とジュヌヴォワ中尉のことだ。

ノルマリアンのジュヌヴォワとサンシリアン〔陸軍士官学校生〕のポルションの友愛はとても快いものだった。彼ら、この若者たちは定めとして教練を受けていた。エコール・ノルマルとサン・シールだ！　だが彼ら両者ともがどんなによき将校であっても、それは単にエコール・ノルマルで受けた軍事教育の優秀さを示すだけでなく、別のこと、それ以上の、またそれよりも良いものを示しているのだ。つまり、フランス精神への深い賛同、それとの極めて聖なる一体化である。だから、二人の友は楽しいのだ。彼らは若く、フランス人なのだ……しかしポルションの方が二人のうちでは陽気である。ジュヌヴォワは彼の「気楽な笑い」が羨ましく、「この気持ちのいい上機嫌」から、「私は何か徳を得ようとでもするかのように努力している」と言っている。

私はこの本にあるメランコリーが好きである。この戦争は予見され、予言もされていたが、その惨禍は想像力を越えており、我々が新しい地平に向かって歩いていると思っていた人類は遠き野蛮な時代へ後退しているが、かつてこのような人類の悲惨事の問題があったのか？　とはいえあらゆる地方、あらゆる職業、あらゆる宗派のドイツが食人種の喜びで沸き返っているのに、フランス人が涙をこらえかねるか、または流れるままにしているのは、それはそれでよいのだ。

私はまた、超人間的な疲労のなかで勇気を支えるとか、危機の迫る恐怖のなかでそれを鼓舞する雄々しく偉大な感情が、この本ではあまり表現されていないことも、好ましいと思う。それは言外のこととして我々のうちにとどまり、はにかみや廉恥心のため、我々自身の最良のものや最深部のものを見せることを潔しとしないのである。大佐が負傷し、第一大隊長も負傷し、第二大隊長と第三大隊長が戦死したので、隊長になった大尉のもとに将校たちが集まった後、書かれた次の一文のような僅かな言葉で十分である：

「顔に現れた意志的な表情、眼差しの平静さを見ただけで、私には、我々みながこれからの試練への準備ができていることが分かる……我々は、我々のうちにある共通の信念によって本当に兄弟のように互いに身を寄せ合っているようだ。神のご加護で、勇気を高められ、我ら武装して戦わん！……」

一体何度「祖国」という言葉が発せられたのか？　私が覚えている限り、一度だけだ。

ある日、塹壕周辺をぶらついていると、ジュヌヴォワは森のなかに散在する鐘楼の鐘の鳴る音を聞いた。ドイツ人も、我らが兵士同様に塹壕で聞いていた。しかし鐘の音は双方に同じことを言ったのではなかった。

我らが兵士には、こう言っていた‥

「希望を持つのだ、フランスの子らよ。私は、お前たちのすぐそばでする、お前たちが置いてきたすべての家庭の声なのだ。お前たちの誰にも、私はその心が宿る大地の片隅のイメージをもたらそう。私は、お前たちの心にとって、戦う国の心なのだ。お前たちフランスの子に永久《とわ》の信頼を、永久の信頼と力をもたらさん。私は祖国の不滅の生をうたっているのだ！」

ドイツ人には、こう言っていた‥

「無分別者よ、フランスが死ぬことがあると思っていたのか！　小さな教会でステンドグラスが粉々になってタイルに散らばっていても、鐘楼はなお立っているのだ。お前たちに軽快な響きで嘲《あざけ》りの音を届けるのは、それだ。私を通して、お前たちに挑むのはこの村なのだ。私は生きている……私は生きている……お前たちが何をしたとしても、私は生きている。お前たちが何をしようとも、私は生きているだろう。私はお前たちなど恐れない。絶え間なく地平線をじっと見ている鐘楼の雄鶏がお前たちの狂乱した逃走と、お前たちの無数の屍《しかばね》が我らの田野で朽ち果てるのを見る日が来ることが、私には分かるからだ」

忠実なる第一〇六歩兵連隊の僚友へ
死者追悼と生き残った者たちの過去を記念して

決定版への序文

この私の戦争物語の再版は読者にその決定版を提供するものである。

これは当初五冊であったものを一巻にまとめてある――オリジナル版はあらかじめ少し縮小してあったので〔検閲のため〕、本書ではその一貫性と統一性を分かりやすくしたいと思ったのである。

それはこの改訂版を出すにあたり、私が唯一心がけたことである。なぜなら、私は何よりもまず、書くことへの配慮懸念から、語ろうとした戦争事実に対する最初の〔心の〕動きと自然な反応のなかで、私が行なおうとした証言が変質することを避けたかったからである。

本書を書いていたあの遠い昔と同様、私が作り話めいた脚色や、事後に想像力を奔放に働かせることを一切自らに禁じたのは、故意にしたことである。当時も今もつねに私は、まさに極めて特殊で、極めて強烈、極めて支配的な〔戦争という〕現実が問題なのであって、書き手にはその固有な法則と要求が課されてくるものと思っている。そうした点は大いに議論されてきた。だがまた、通常そのような論争でよくあるように、議論は空回りして、相互に対決することも答えることもない、つまりかみ合わないのである。

私としてとった方針は、この連作を書こうと決めたとき、確かに容易なことではないが、より確実なものと思えた、〔現実に対する〕一種の忠実さを配慮してそうしたのである。また到達すべく思い定めた目的へのしからしめる配慮をして、熟慮した後にそうしたが、いかなる時にもこの個人的な選択が異なったやり方への非難を些《いささ》かも意味しないようにした。しかし一旦選択すると、それを守らなければならず、それゆえ以後は別なやり方をして、二股をかけるようなことは厳に慎んだのである。

私はあらかじめ読者と自らに対してなしたこの約束を最後まで守ったものと思っている。この再版本もこれを絶対的に遵守している。これが私を信頼してくれた人々すべてへの感謝の念を表明する場となれば、と願っている。二七年前、レ・ゼパルジュに関する本の初めに記した次の一節をここに書き写すのは、読者諸氏のことを考えてであり、今も昔も同じように念じているからである：「願わくば、元兵士諸君が、この回想のページのことどもを読み、彼ら自身と彼らがかつてあったところのことを少しでも思い出してほしい。また他の人々には読み終えて、たとえ一瞬であっても、こう考えてほしいものだ。それでも、それは本当なのだ。それでも、それは実際にあったことだ」

M・G、一九四九年

第一部

ヴェルダンの下で

——一九一五年二月二〇日、レ・ゼパルジュで戦死した友
ロベール・ポルションの思い出に捧ぐ

I　接触

八月二五日火曜日、シャロン・スュール・マルヌ

出発命令が青天の霹靂《へきれき》のごとく下った。きっと何かを忘れたのだと思いつつ不安混じりで、大急ぎに街を駆け抜ける。かろうじてわが小隊〔三〇―四〇人〕の部下たちに知らせる時間はあった。兵営の中庭で最後の閲兵。不意に命令を受けたとき、私は食堂にいた。飛び上がって庭を横切り、棒杭のように直立不動で、二列の青の外套と赤いズボンの前に立った。

危ないところだった。将軍はもう私の小隊の右手に来ていた。サーベルを佩用《はいよう》し、私の右手はその握りをつかみ、左手は脂《あぶら》じみた紙を通してさっき買ったばかりの物をこねくり回していた。二スーのパンと汗をかいた、名づけようがない豚肉製品だ。

将軍は私の前にいた。若く、長上着をぴしっと着こなし、精悍《せいかん》で鋭敏そうな顔だ。

「中尉、幸運を祈る」

「ありがとうございます、将軍殿！」

「〔武運長久を祈って〕握手しよう、中尉！」

えっ！　もちろん、それは承知だが！……私はサンドウィッチが潰れるのではないかと思った。

「驚いているのかね、中尉？」

手品みたいだった。具合よくサーベルが左手にすべり入った。私の方にのばされた手とかたく握手、目を見つめて、大きな声ではっきりと答えた‥

「いいえ、将軍殿！」

私は嘘をついた、私は驚いたのだ。そうでないと言ったら、自らに恥じねばならなかったであろう。色々な印象や思いがさっと浮かんできて、すっかり驚いてしまった！　しかし将軍の「驚いているのかね？」はよく分かり、私はいいえと答えた。だが、驚いたという本当のことを言ったのも同然だったのだ。

我々はトロワに行く。そう命令を受けていた。トロワからミュルーズまで急行し、制圧した町を占拠し、守ること。また実際そう言われていた。

この見通しに私は惹きつけられた。アルザスにただ行って

滞在することは、そこに戦勝者として入ることほど誇らしくはないが、だがやはり好ましかった。

町を分列行進‥群衆がひしめく歩道、ハンカチが振られ、微笑《ほほえ》みと涙が入り混じる。道を間違えると、もう数キロメートル歩調をとって歩くことになる。まだ丸々とした最長老格の予備役兵たち〔一八六九／一八七〇年生まれの年度兵〕が、文句も言わずに汗だくになっていた。

我々は大きな灰色の建物の戸口にいる負傷者たちに気づいた。彼らは我々に、腕先で、尖頭帽とカーキ色の地に赤い縁取りの小さな丸い略帽を見せていた。「我々、この我々も行くぞ、諸君！」

丸々と太った金髪の若い労働者が大口をあけて笑いかけてきた。それにつられて、私も思わず微笑んだ。私は戦争に行く。明日は戦場だ。

列車‥一等車の車両数台がつながった、大きく開いた有蓋貨車の黒い列。乗車するのは大騒ぎだった。赤銅色の顔の指揮官がわめきながら、集団のなかに馬を押し進めた。人々はぶつぶつ言った。なぜあいつは、さきほど群衆が行進中の大隊に波うって振っていた小さな三色旗を取り上げるような命令を出したのだ？……

ゆるゆるとした出発、日が暮れた。重そうな夕日、緋色と金色の黄褐色の異様な雲。

かろうじて動いているように、列車は夜のなかを走っている、第二七中隊のわが老大尉は細工して掩蔽《えんぺい》した靴の底から、真新しい黄色の靴下を引き出した。みなが身体をのばし、ぶつぶつ言い、そのうち鼾《いびき》をかいていた。転轍手《てんてつしゅ》が線路を切り替えながら、これから行く方角を叫んでいた。

「トロワ？　なあんだ、いまヴェルダンを走っているのか！……」ひとが言っていることをよく考えるのだ。そこが最初の「用たしの場」になるところだ。

陰鬱な夜行列車。顔は青い保護幕を通して漏れてくる明かりで、青白くなって見えた。間をおいて、漠とした影が堆土のうえ高く、明かりのない空を背景にかろうじて見え隠れした。見張りに立つ保線係だ。〔機関車の〕大きな白い光の束が闇を割いて、夜のなかを飛んで行く。

壁、壁、いくつかのうすぼんやりした街頭。ヴェルダンだ。シャルニーまでは、まだ五、六キロメートル行くことになる。午前一時。ざわめくなかで、重々しく息を吐いている有蓋貨車の乗降口に面して、小隊が再編成される。そしてゆっくりと足どり重く、行進が始まる。

八月二六日水曜日

夜明けに、我々はブラを横切る。農家の家の前に、堆肥の山が大きく横たわって、軽く湯気が立っている。鶏の群れがくわっくわっと鳴いている。＊ 人々はまだ眠っている。我々は行進する、ただひたすら行進する。ほぼ全員が同じ不安な好奇心を抱いていた。

＊以下もこうした情景描写が何度か出てくるが、これは当時ロレーヌ地方のムーズ県やモーゼル県などの村落共同体にあったusoirという慣習的制度で、道路と農家などの家屋の間にかなり広い公共の共有地があり、そこに薪束や農具などを置き、堆肥の山を築いていたという。ロレーヌ地方特有の、一種の入会地だったのだろう。

我々は長々と列をなして、作戦停止した野戦砲兵連隊に沿って行く。充塡兵、操作手など全員が疲れ果てて、運搬車にひっくり返るか軍馬の鬣《たてがみ》に鼻を突っ込んで眠っている。哀れな家畜たち、彼らもまた鼻を低くして、脚を折りたたんで眠っている。

我々は通過する。鋲《びょう》をうった靴が道路に響く。砲兵たちには聞こえない。彼らは眠っているのだ。馬が列を乱し、我々が通れるようその尻を叩かねばならない。

ヴァシェロヴィル。真昼だ。我々は丘の斜面の荒れ地で休んだ。一〇〇〇人くらいいる。兵士たちは叉銃《さじゅう》の後ろで横になり、うとうとし、何も知ろうとしない。分遣隊の指揮者自身どこへ行くのか知らないようだ。炉端で、スリッパに足を突っ込んで、パイプをくゆらしながら火をかき立てているのをよく目にする、あの人のいい老人だ。私は彼が馬に乗っているのを見るたびに、驚かされる。

L……移り気でうるさい昇進したばかりの補助医：

「この水は一体なんだ？……うまくないな、この水は！……チフス、チフスになるぞ！　どこから来たのかね、若いの？　タバコをもっているかな？……あれ、あの馬に飲物をやってくれ！……この猟歩兵は病気なんだ！……きみは病気かね、若いの！　そう！　そう！　きみは病気だ！　舌を見せてみろ！　あの猟歩兵は退去させねばならん……え？　病気じゃない？　病気じゃない？　残念！　奴から拍車を取ってやれたのに！」

哀れな泣き声：「隊長！　隊長！」

やってきたのは、帽子を斜めにかぶって、両手を空にあげた老婆だった：

「主よ、何という損害！　彼らは火を起こすために私の井戸小屋の庇《ひさし》を取ってしまった！　どうやって補償してくれるんだい？」

損失、損害、補償金：ああ！　何度も聞く言葉だ。

正午。坂の下の道路で、馬車、薄汚れた痩せ馬が引っ張る四輪の荷車が行きかっている。そこには柳行李《やなぎごうり》、包み、兎籠などがばらばらに積み重なっている。そのうえ、マットレス、枕、色褪せた赤い羽根布団が山と積まれていた。女たちが惨めな背格好で、合わせた手をだらりとたらし、虚《うつ》ろな目で上に坐っていた。彼女たちは終わりなき夢のなかで麻痺したままのようだ。この痛ましいガラクタの山のあちこちで、黄色じみた雑多な髪の、はなたれ小僧どもの顔が突き出ていた。荷車の後ろでは、牝牛が数頭、首に引綱をかけて引っ張られ、もうもう鳴きながらついてきた。大きな手と幅広の足の不格好な少年が鞭を手にして、牛の後ろ足を強く蹴とばして追い立てていた。

突然叫び声、銃の遊底《ゆうてい》を操る騒音。振り返ると、稜線（尾根）に面して、狙撃兵として展開する三〇人ばかりの男たちが見えた。我らが老大尉は雄鶏のように赤くなり、小さな目を血走らせ、くるくると向きを変えながら、声高く叫んだ‥

「注意！　連発銃！……向かってくる敵に……距離八〇〇メートル……」

どうしたのだ？　不意打ちか？　私はじっと見た。何もない、まったく何もない！　Jが大尉に耳打ちしているのが見え、その顔はすぐにびっくり仰天の表情になった‥

「銃撃止め！　もとへ！　間違えた、やり直しだ！……」

Jは身をよじって下へ降りていきながら、稜線に並んだ柴束の山を指さした。

道路では、村に向かって、兵士たちが小グループになって通って行った。彼らの周りには、おしゃべり女たちがたむろしていた。新参者たちは貪欲そうに話しかけていたが、決して満たされることはなかった‥

「それじゃ、鐘楼に機関銃があったのか？　奴らはどんな時に撃ってきたのかね？　ほとんどすべての負傷者が足に怪我したというのは本当かい？」

私は集まりに近づいて行った。中央に、二人の生残りがいた。一人は無口でさびしそうだが、もう一人は大きな身振りでまくし立てていた。彼は額に軽い傷があり、血が乾いて瘡《かさ》蓋《ぶた》になっていたが、外套の肩当てに突き刺さった弾丸を、布地にひだを刺して留めた針のように見せびらかしていた。

ではいつも、こういう迷走兵やこういう逃亡兵の生残りがいるのか？　彼らは脚を引きずり、熱っぽい顔で、のび放題の髪と汚れた髭のまま果てしなく通っていく。それにまだ女と子供で一杯の四輪荷車、負傷者が積み重なった四輪荷車が通り、ある者は坐って、両手で荷台枠にしがみつき、他の者は血だらけの敷き藁に横たわっている。弾薬車が前後に揺れて、鉄や金属類ががちゃがちゃと音を立てている。埃まみれの歩兵集団が斜面の路肩のいじけた草のなかを行進していく。

それはまた、道路が登っていく丘の上から来て、村がうずくまっている小さな谷間の窪みの方へ延々と流れてゆく。パニックか？　そうではない、恐らく。それではなぜ、私にはどうしようもなくこの苦々しい印象が生まれるのか？

参謀本部の将校がきた。分遣隊長が徽章《きしょう》を見ただけで、驚いて青くなった。ムーズ川*を再び渡らねばならない。私は予想していた。現れては通りすぎて行くこうした者たちすべての背後に、私は何かしら圧迫感を覚えていた。

*フランス北東部オート・マルヌ県のラングル高原を水源とし、ヴェルダン、スダンなどを経てベルギーを流れ、オランダで北海にそそぐ国際河川。ネーデルラント語とドイツ語ではマース川、全長九五〇キロメートル（フランス五〇〇km、ベルギー一九二km、オランダ二五八km）で第一・第二次世界大戦の戦場となった。

樹木のない道路の長い行軍。雨で覆われて、くすんだ空。鬱陶しい天気だ。我々はまたブラとシャルニー、次いでマール、シャタンクールを見ながらいく。似通った村々、低い家、淡いブルーや黄土色、光も陽気さもない色彩だ。またいつも堆肥の山が戸口の前に横たわり、道路の中央までのびていた。

エーヌはマールやシャタンクールに似ていた。我々は士官どうしで、人形のような顔の歯のない、ふくらみのない脚をしたごく若い羊飼い女のところを宿にした。部屋のうす暗い奥には、奇妙な軍人、頬ひげと長い睫毛の男が乳呑児《ちのみご》をあやしているのがちらっと見えた。だが我々が入ると、彼は影のごとく姿を消した。

開いた窓の下では、上着を脱いで前腕をむき出しにした兵士が、戸口で脚を縛った羊を戸板の上で絞めていた。

夕暮れになり、薄暗く陰鬱だった。霧雨が降りだし、すべてを水埃に沈めていった。私は草地の叉銃の後ろにいる部下たちのことを考えた。会食者の士官一同をそのままにして、外に出ると、わが小隊を守ってやろうとした。

簡単なことだった。村にはほとんど兵隊はいなかった。干し草で一杯の納屋を見つけると、満足して草地に戻った：

「みな立て！　装備品、背嚢、荷物全部持て！　あそこに屋根と干し草があるぞ」

夜、激しく降りだした雨のなか、私は無言の影の行列の前を行く。ああ残念！　長くは続かなかった。村で、家に沿ってさまよい歩く、不安でたまらなくなった分遣隊長にぶつかったのだ。「さあ、回れ右、戻るのだ……」影は沼地に引き返す、相変わらず無言で。水たまりで重い足取りがびしゃびしゃと音を立てている。哀れなる者たちよ！

戻る途中、私は墓地に登ってくる数人の兵士に出会った。彼らは担架でシーツにくるまった死体を運んでいた。思い出した。今日、猟歩兵が流れ弾で死んだと言われていたのだ。

私は、庭の奥の汚らしいあばら屋に入った。中断する眠り。一晩中ドアががたがた鳴っていた。目があくたびに、ぼやっとしたランプの明かりで、ケピ帽の庇の下の落ち窪んだ目に気づいた。私の横には、私のと似た壁の窪みで、リューマチの激しい発作に苦しむ病人がうめき、叫んでいた。

やっと、夜が明けた！　私はこのあばら屋の雰囲気から抜け出したくなって、急いで着替えた。そして逃げ出した。数時間汗をかいたこの寝床、まだ肌に湿り気を感じるこの脂じみたシーツ、このチーズ、乳漿、豚小屋の臭気から。

相変わらず雨が降っていた。遠くの草地にひょろ長い叉銃、背嚢の塊《かたま》りが見えた。もう外には一人もいない。まあ仕方がないが、これでよいのだ……ブラヴォーだ！

八月二七日木曜日

だらだらと逡巡した長い行軍。実を言うと道に迷った、さまよいの行進だ。オクール、マランクールからベタンクール。道路は泥川だ。歩くたびに黄色い水の束が巻き上がる。少しずつ、外套が重くなる。肩に首をしぼめても無駄だった。雨が浸み込んできて、冷たい滴《しずく》が肌に筋となって流れてくる。背嚢が腰にはりつく。休むたびに、私は立ったままで、新たに外套に樋《ひ》ができるのが心配でわざと腕もあげなかった。

今ジェルクールにいることが分かったが、ジェルクールは指示された宿営地だった。雲間にのぞく穴、太陽で輝く雨滴、最後の滴だ。軍服の色が鮮やかになり、赤褐色のボタンも目に鮮やかだ。

大休止。私は筋の多いコーンビーフと弾力のある〔軍用〕パンを噛みながら、温かくなってきたので、背を伸ばした。休息中の小隊の頭上に、水が湯気になって蒸発して立ち昇り、漂っている。

「将校全員、道路へ！」

何が起こったのだ？　大佐補佐のルノー大尉が任務の割当てをしにきた。よく動く、褐色の髪の大男だ。彼はてきぱきと行なう。中隊ごとに一団、一二列。我々将校に対しても、ことは迅速だ。いくつかの質問が雨霰と鼻先に降りかかり、かろうじて答える時間はあったが、どうしようもない。私は、連隊が通過する際、第七中隊に合流せねばならない。

わが連隊がやってくる！　我らが予備役兵は全速力で両側が切り立った道路に走る。まったくのシャリヴァリ〔カーニヴァルに似た一種の共同体儀式。大騒ぎ〕だ。遠くから挨拶を交わし合い、歓声をあげ、土手で、集団で行進する列とすれちがう。戦ってきた者たちを見る、ほとんど全員の目には不安が浮かんでいた。何人かはすでに、うつむいて、腕をぶらぶらさせ、放っておいた叉銃のところへ戻っていった。

私は、通過する第七中隊の後ろの自分の位置にわが小隊とともに滑り込んだ。歩きながら、同じ質問が矢継ぎ早に飛ぶ：

「で、ロベールは？」「負傷した。肩に一発だ」「ジャンは？」「死んだよ」

答えたのは、負傷者と死者の二人の兵士の兄弟だ。彼は息切れしたような声でそう吐き捨てながら、走って自分の列の位置に合流した。

乾いた牧草地で、休息。この機を利用して、私はわが大尉に自己紹介をした。背が高く、がっしりした、分厚い上半身がひょろ長い脚の上に載っている。生き生きした知的な眼差しで、初めに見た重苦しい印象が和らいでいる。

「それじゃ、若いの、見習い実習かね？〔軍隊は〕いい学校だ、あとで分かるよ、いい学校だ」

微笑んで青い目を細める。リーヴ大尉には皮肉の趣味があったかもしれない。

わが中隊には少尉もいて、若くてたくましい、元気いっぱいのサンメクサン〔このフランス中西部の町サンメクサンには陸軍士官学校があり、ここではその卒業生を指す〕だった。まるまるとした赤ら顔にはふさふさし過ぎた見事な口髭、大きな肩、大きな手首、大きなふくらはぎ。彼は手を差しのべ、よく知り合うために、すぐにシュニック〔一種の火酒《オ・ド・ヴィ》〕を一滴勧めた：

「ちょっと待って、どんな具合にうまくやるか見せるよ！」

彼はそこで待ち伏せしているかのような猿みたいな男に合図して、すぐ近くの村キュイジを示し、主が猟犬に叫ぶように「取ってこい！」と身振りをして解き放った。本当は、あらかじめ二〇フラン渡してあったのだが。

五分後、連隊全員がやぶで覆われた二つの高い土手に挟まれて、切り立った道を下って行った。足下で石が転がった。みなしがみつき、枝につかまっていた。私のサーベルはアルペンシュトックになった。

村に入るとすぐ、泥と水肥のなかだった。多くの納屋、ごく僅かの人家。一〇〇人ばかりの住民。我々はここで三〇〇〇人が泊まらねばならない。

夜になった。第八中隊の将校たちと「会食」せねばならない。だがどこで？　誰も何も言ってくれない。泥か堆肥のなかでか、私は会食の場を探しに行った。

暗い台所で場所が見つかった。奥では、蠟燭の黄色の炎で壁に影が揺らいでいる。腕まくりした黒い頰髯の料理人が、練り粉をつくるように生肉を捌いている。もう一人はパイプをくわえて、灰皿に唾を吐きながら、ポトフの泡をとっている。彼は私の方に唇の厚い奇妙な動物のような顔をあげる。生えはじめた顎鬚が、剛毛のように硬い少ない毛で顎に逆立っている。私を迎えて、口一杯にマカロニを詰め込んだように、ねばつき、だらだらした声で色々と教えてくれたのは、彼である。

次から次へと、将校たちが入ってくる。第七中隊としては、大尉とサンメクサン、それに最近士官になったサンシリアン、骨ばった顔、大きな鼻の好男子で、私と一緒に兵営から到着したばかりだった。

第八中隊の大尉メニャンは、整った顔立ちの小柄な男で、入念に手入れした、角張ったブロンドの顎鬚をたくわえ、口を開けて笑い、少し気取った調子の甘い声をしていた。中尉は青白い髭のない顔の大男で、その平たく突っ張りのない鼻がつるつる顔に垂れさがっていた。少尉はひょろ長く、褐色の髪の、知的で純朴な若々しい顔をしていた。

夕食は長引き、かなり陰鬱だった。二人の大尉はモロッコでのエピソードや、戦場で拾ったできあいの「適当な」話をしていた。

また泥のなかの散歩が始まった。今夜はまだ人が住んでいる村にいるのだから、この際はベッドで寝るべきではないのか？　私はうまくざらざらした二つの布地の間に潜りこんだが、横に五〇がらみの男がいて、ひどい汗かきで、強くにおった。

私はそれでもぐっすり眠った。

II　ドイツ人ムーズ川を渡る

八月二八日金曜日

朝の四時。我々は石ころだらけの道の頂きによじ登った。まだかすかに靄《もや》がかかっている。連隊全員が村のそばの生け垣で囲われたブドウ畑に集結した。そこで、片眼鏡の指揮官の大佐が乾いた声で感動的な追悼文を詠みあげた：大佐の弔辞、熱烈な司祭風説教、最後にデルレード〔ポール・デルレード（一八四六―一九一四）。詩人、劇作家、愛国者同盟の創立者〕の詩。はるかに簡潔かつ感動的な兵士たちによる捧銃《ささげつつ》と全将校のサーベルによる追悼礼。

我々は風の吹く稜線の下で、立射する兵士のために深い塹壕を掘った。私は、部下たちが鶴嘴《つるはし》（十字鍬）で掘りたたき、下造りした塹壕の胸墻《きょうしょう》（胸壁）の上にスコップで小石を何杯も投げ上げている間、陽に当たって身が軽くなったように感じてほっとし、貪欲に息を吸い込んだ。

その高みからは大きく広がって見える谷間が見下ろせる：斜面の下には、暗い森と、実った麦畑のある大きな飛び地。下方の窪みには、葉陰の下に白っぽい村ダンヌヴ。ずっと奥の方には、隠れて見えないムーズ川の向こうに青い丘の連なり。

夕方まで、元気一杯に掘り進んだ。数時間、重々しい砲声の轟《とどろ》きが連続して聞こえた。激しいが遠い砲撃音だ。道路端で昼食。我々は炭化した家禽類の肉を歯と指で引き裂き、水筒から濃厚なワインをラッパ飲みした。前夜のように、私はわが相棒の横で寝た。しかし、今夜は、腹鳴が聞こえ、彼の太った体が寝返りするたびに、目が覚めた。

八月二九日土曜日

じっと動かぬ白熱の太陽の下で、部下たちは、シャツの前をはだけ、汗だくになって、塹壕を掘り終えた。遠い砲台の轟きのほかに、もっと近い砲台の柔らかいが耳を聾《ろう》する爆音がするのが分かった。また耳をそばだてていると、軽くヒューッと音がして、爆発して砕け散る音が聞こえた。爆発して、ゆっくりと静かに空中で消える榴散弾《りゅうさんだん》だった。

その晩はなおも宿営したが、今や一キロメートルもしないところで、ドイツの砲弾が爆発するので、警戒態勢の宿営だった。強烈な爆風で窓ガラスが震えていた。

八月三〇日日曜日

セットサルジュの森：発育旺盛な輪伐樹林が、茨を編んでからまり、大木に守られて新芽を伸ばしている。苔の上にできた大きな光の斑点、暖かい陰を通して漏れる光線、太陽で激化した、むせかえるような強い発酵臭。太陽が照りつける。私は木に寄りかかって、影が動くのに合わせて、移動した。

第八中隊の少尉パルドが、私の横で寝ころんでいる。彼は若い妻に鉛筆で長い手紙を書いている。また彼女や、五か月の幼い娘のことを話しかけてくる。私は聞いてはいるが、かならずしも彼の言っていることをではない。彼の声は単調なうなり声のように響き、私はこめかみや指先でぴくぴくする血管のうずきに合わせてとぎれとぎれに、ぼんやりと聞いていた。やがて私は眠った。

大きな爆発音で目が覚め、飛び起きた。さらに三発が続けて大気を揺るがした。頭上を砲弾が飛び、軽くこする音がして、さっと滑り去り、耳で追っていくと、非常に遠く、非常に遠くでかろうじて爆発する音が聞こえた。

「一二〇ミリ口径砲だな」〔以下、口径は省略〕とパルドが言った。

彼が言い終わらぬうちに、もっと乾いて、かさかさした長く尾を引く爆音がしたので、私は左手に顔を向けた。爆音に間があったのではない。相次いで音がし、互いに押し合い重なって聞こえるが、絶え間なく破裂音が反響する下草の大きなざわめきにもかかわらず、それぞれが異なり、まったくの断音《スタッカート》だった。七五ミリ砲が急ぎの仕事を手っ取り早く片づけたのだ。

夕方、砲撃が数え切れなくなる。砲弾がヒューッと音を立てて競い合っている。小さなのは正確な弾道を描いて、猛然として飛んでいる。大きいのはほとんどゆっくりと、静かな音で滑り飛んでいく。私は目をあげてこの様子を見た。あとからやってきた者全員も同じようにした。

前夜同様、警戒態勢の宿営だが、あの太った男とは最後の夜だ。ああ、残念！

八月三一日月曜日

またセットサルジュの森へ出発だ。一日が前日と同じように始まる。公認の理髪師グリヨンが髭を剃ってくれるが、奇妙な感覚に捉われる。尻の下に二つの背嚢、木を背にしていたのだ。彼には「高級」タバコで払った。彼は感謝のキスで応えた。昼寝が、影とともに這いより、また始まった。

再び二時ころ。また森沿いに北東部へ登っていき、長らくあちこちをさまよい、やっと定点である、工兵が作った、前に逆茂木《さかもぎ》を据えた塹壕にたどり着いた。我々はそこを占拠した。私には少し後ろに木の葉の「退避壕」があった。

夜はそこで過ごした。地面を覆った枝が脇腹に入ってきた。装備は積み重ねず、頭の下にした背嚢が硬いように思った。私はまだ慣れていなかったのだ。

九月一日火曜日

炊飯兵たちが後方でスープとコーヒーをつくりに行く。だがやがて、大混乱だ。我々の前方で戦闘の銃声がする。大尉が我々の第一戦線が破られ、警戒を倍にしなければならないと告げてきた。ポルションン、わがサンシリアンは命令で斥候《せっこう》を左手に送った。たちまち、レーベル銃の弾ける音、斥候は動転して、大慌てで駆け下りてきた。彼らはドイツ野郎どもを見て、発砲した。わが部下たちは動揺し、身を震わせていた。辺りには不安感がみなぎっていた。

突然、ヒューッという音がしてさっと飛び去り、大きく、大きくなってゆく……二度目の榴散弾が私の塹壕のほとんど真うえで炸裂した。私は身をかがめた。そのとき、わが部下の苦悶の表情に気がついた。私にはこの光景がずっと心に残る。印象が固まってしまったのである。

また伝令兵が走ってくる：

「大尉殿から、もう我々の前には何もない、ドイツ兵と直面している！　との伝達です」

本当か？　我々は負傷者、逃亡者が通っていくのを見た。二七中隊の青ざめ、汗まみれの伍長がダルブランが腹に一発くらった、と私に叫んだ。のっぽが太腿を貫通されて、うめいている。彼は両脚で寄りかかり、支えている二人の兵に全身をもたせかけている。

わけは分からないが、恐らく我々の左方で、第六七歩兵連隊が退却しているという知らせが届いた。その通りだった。彼らが我々と塹壕を交代し、我々は後方五〇〇メートルの新しい陣地に移った。

森の空地近くで、四列小隊の戦線。重砲弾が落下してくる。背の高い赤みがかったブロンドの予備役兵が、最初の爆発音で、急に振り返って、負傷したと私に叫んだ。彼は青ざめ、激しく震えている。身をかがめたので、小枝が突き刺さったのだ。

第二の重砲弾で、血まみれの拳を握りしめたフェラルが狂ったように突進してくる。三番目：トレモ伍長は頬に砲身のかけらの一撃を受けていた。彼は一瞬驚いたが、正気に戻ると、猛烈に罵《ののし》った。

集中爆撃は続く。我々は背嚢の下に縮こまって、終わるのを待った。爆撃が小休止している間、頭をあげて見ると、私の目は注意深くじっと私に向けられた部下の一人の目にぶつかった。少し首を回すと、別の目、さらにまた別の目が同じような注意深い表情で、悪意はないが鋭く、私を見ているのに気づいた。それは、私の血管に心地よく、生き生きした、活力を生む温かみをもたらした。私はその温みのある気遣いを生涯忘れることはないだろう。

夜。遠くで負傷兵のうめき声。傷ついた馬がいななないている。奇妙で悲痛なうめき声。私は最初、夜鳴き鳥が鳴いているのかと思った。

私は一一時まで当直任務で、寒さで体が麻痺してしまった。やっと三〇分前になってポルションを起こしたが、出発命令がきたとき、私はまだ眠っていなかった。キュイジの塹壕に戻るのである。

九月二日水曜日

着いたときは二時。安全で力強いという印象をもって陣取る。彼らはムーズ川を大挙して渡ったのか？　たぶん。しかしこの高みからは、彼らを待つことができる。四日前、機関銃手が距離計をもってやってきたので、私は彼に正確な距離を尋ねた。彼らが来れば、必要な銃撃は私が指揮することになる。

それまで眠っておこう。星空は澄んでじっとしたままだ。夜明けが近づくにつれて、冷えてくる。私は塹壕の一番奥で、乾いたウマゴヤシ〔家畜の飼料〕を褥にして外套を着たまま丸くなり、少しまどろんでいたが、冷えて目覚め、何度か眠りが途切れた。

部下が私の周りで身震いしていたが、結局それで私は目がさめた。私は目をこすり、伸びをして飛び起きた。太陽はすでに柔らかな光で沼地の野原を覆っている。私は射撃可能な極限まで谷に配した目印を見分けておいた。

多くの飛行機《アエロ*》が飛び、我々のは光って軽いが、ドイツ野郎のは暗くてくすんだ、安定飛行の猛禽類のようなものだ。

*これは現代の戦闘機ではなく、ドイツの鳩型単葉機。一五世紀末、レオナルド・ダ・ヴィンチは飛行機のスケッチを描いたというが、飛行機の有人飛行は一九〇三年のライト兄弟が初めて。当初は木製の羽根組、布張り

構造で大型の模型飛行機のようなもの。大戦中の飛行機も最初は偵察目的で、パイロット同士がハンカチを振って挨拶したというが、次第に進化し、ピストル、機関銃で撃ち合い、やがて爆弾を落とす爆撃機も登場した。

我々の前方には、森のはずれに見張りの槍騎兵、動かぬ馬と騎士たち。ただ時々馬が尻尾で脇腹をはらって蝿を追っ払っている。

双眼鏡で、私は道に足を引きずっている二人の負傷兵、二人のフランス人を見つけた。槍騎兵の一人が彼らに気づいた。彼は馬から降りて、彼らの方に進んだ。私はこの光景を全身を目にして追った。彼は彼らのところに行くと、話しかけている。そして三人とも道路の脇の大きな藪の方へ歩き始め、ドイツ人が二人のフランス人の間に入り、彼らを支え、恐らく声で励ましている。そこで、注意深く、灰色服の背の高い騎兵がフランス人が横になるのを助けている。彼は彼らの方にかがむと、起き上がらないので、私は彼が包帯をしていると確信した。

二時に、砲弾がまた飛び始める。後方の稜線に砲台があるのだ。砲門を開いたのはそこだ。数分前から撃っているが、その時ドイツの重砲弾が我々から二〇メートルのところで爆発した。

二度目が爆発するとすぐ、私は機械的に頭をあげた。すると何かよく見えないものが鼻先をうなりながら飛んでいった。そばにいた男が笑いながら言った：「おや！　スズメバチだ……」そうか、よし！　次の重砲弾まで、蜂の群れ全部が飛び去るのを待って起き上がろう。

長く待つことはなかった。今度は四発一緒で、次に三発、それから一〇発だ。我々はみな壕底で、体を丸めて頭に背嚢をのせ、へばりついていた。一斉射撃の間ごとに、右隣りにいた二人はいらいらしながら、あくせくと壕壁に窪みを掘っていた。そして穴のなかの兎のように、そこへもぐり込んでいた。もう彼らの靴底の釘しか見えない。

喉がひりひりし、肺が悪くなるような銅色まじりの黒煙が異様な暗闇となって、我々を覆った。爆煙が消える間もなく、すでに新たな一斉射撃が飛んできた。砲声が聞こえてきても、どうしようもない。最初の砲弾が地面に落ちて鈍い衝撃音をたてると、すぐその後、爆発の炸裂する音で耳をつんざかれた。

短い小休止の間、走る足音がするので私は振り向いた。部下の一人ピナールが、塹壕の外、左手に飛び出し、それから背嚢を背負い、銃を手にして、ひどく慌ただしく、銃剣をがちゃがちゃ鳴らし、飯盒を揺らし、弾薬筒を震わして右手に突進した。彼は途中、大きく見開いた目で私を見て、背嚢で防御している仲間たちの方へ火球のように落ちかかる。彼らは彼の腰をつかんで受け止め、脇へよけた。罵りまじりの横殴りの雨。六発の重砲弾の一斉射撃で、その騒ぎも中断した。一発は五メートルのところに落ちたのだ。土壁に圧迫されているように感じたが、私の背嚢の上一杯に数キロの石がのっかかり、鼻が粘土に密着して五分間、息苦しく頭がぼうっとしていた。

　非常に美しく、非常に穏やかな夕陽。澄んで静かな夜の前触れだ。私は塹壕の前のウマゴヤシの野原を散歩し、砲弾でできた大きな漏斗《ろうと》孔《こう》*の縁で立ちどまり、あちこちから、まだ熱いぎざぎざの鉄片、ほとんど無傷で、上に略字や数字が読み取れる銅製信管などを拾い集めた。それから「自宅」に戻り、地面に横になって寝た。


*漏斗孔とは、砲弾や爆弾が落ちてできる逆円錐形の孔。大きいものは直径一〇メートル近くあり、当時使われた三〇五ミリ砲や二一〇ミリ砲のような巨砲の砲弾は重さ一〇〇kg前後で、その威力は凄まじく、人体をまるまる埋めてしまい、「一発で一〇人くらいを殺し、腕や脚、頭や胴体を八―一〇メートルも吹っ飛ばした」(『一四年の人々』、フラマリオン版、二〇一三年、付録「証言」)。また、仏独両軍が相手陣地の地下に坑道を掘り、地雷を仕掛けて爆発させると、地割や地滑りが起こり、時には直径も深さも数十メートルある巨大な溝やくぼみの漏斗孔になることもあった。現在は、観光地化しているところもあるという。

III　退却

九月三日木曜日

私の伝令が起こしに来た。まだ夜だ。マッチの明かりで時計を見る。まだ二時だ。これから攻撃するのだろうという気がした。突き出た石の上に、炊飯兵がコーヒーたっぷりの四分の一カップを置いた。私は一気に飲んだ。冷たかったが、それで気分がしゃんとした。どこに行くのだろう？　セットサルジュか？　一瞬そう思った。しかし道路を右手に離れて、モンフォコンに向けて行進する。すでに村全体が姿を現し、我々は天辺に鐘楼が立っている丘を登ってゆく。いまでは裸眼で、病院の上に漂う白地の赤十字旗が見分けられる。我々は円い丘のほぼ麓につき、次いで左手に曲がって、南西に向かう。

　目標が分かった。数個連隊、師団全体だと思うが、村から数百メートルの峡谷に集結することになっていたのだ。集まりは長びいた。到着していない部隊をひたすら待つのである。後衛のわが中隊は道路端で休んだ。完全に夜は明けていた。いつまでここにいるのだろう？　だがキュイジで砲撃されたのは昨日だ！

　遠くで爆音が聞こえる。ドイツの重砲だ。爆発音で、砲弾がまっすぐ我々の方へ飛んでくることが分かった。モンフォコンの方を見ると、教会の近くで炎と煙の束が流れるのが見えた。二秒後、激しく重く響く爆音が届いてくる。

　それが合図だ。ヒューッと飛ぶ音、爆発、屋根が崩壊し、壁が崩れ落ちる大音響。私は脚の下で地面が揺れ、爆風が皮膚をかすめてゆくのを感じる。もうどこにいるのか分からず、腑抜けしたような惨めさで、このもくもくと立ち上る黒、赤、黄色の爆煙が至る所で湧きあがり、互いに近づき、混じり合い、大きな、忌まわしい血まみれの雲となって、死せる村にたなびくのを眺めていた。

　負傷兵の車が通っていく。瀕死の者がいる。足で持ちこたえた負傷者が、半ば松葉杖に覆いかぶさるか、全体重を二本の杖で支えながら体を引きずっている。従軍司祭が彼らにつき従っている。彼は冗談を言い、笑い、彼らに自信と勇気を与えようとしている。

　哀れな老人夫婦：男ははち切れそうなほど一杯の負籠を背にしている。女は両腕の先にタオルで覆った大きな柳籠を持っている。彼らは苦悩と恐怖に満ちた目で、急いでいくが、振り返り、また振り返り、離れたくなかったが、もうたぶん今は煙る瓦礫の山でしかない家の方を見ていた。

　野原を横切って、長すぎて膝を折って歩くほど背の高い不格好な羊飼いが怒鳴りながら、白黒の一〇頭ばかりの牝牛を追い立てている。彼はその後ろで大きな足を引きずっている。帽子の下に、両拳ほどの大きなばか面がかろうじて見えた。

　縦隊は今やかなり長くなり、我々は順番に出発することになる。私は前方の路上に、先ほどの老人二人、二つの籠の間に縮こまって見える非常に痩せた女と、小さな二本足で小走りに行く男の負籠に気づいた。後方では、相変わらずモンフォコンのほうで、砲弾が轟いている。

　我々はこれまでなかった程の圧迫感で前方に追い立てられて行進していたが、私はただその時その感覚だけをはっきりと感じ取っていた。我々には勇気があり、戦いたかった。しかしあの砲声を黙らせる我々の大砲はどこにあるのか？　我々は押し返され、屈している。ゆっくりとひそかに、ある印象が浮かび上がってきて、私を圧倒するまではっきりとしてきた。私はこの力に対して我々が小さくなっているのを感じたのである。

　昨日、キュイジの塹壕から、私は、戦いを交えたばかりの谷間を通って、ドイツの自動車が走っているのを見ていた。彼らの担架兵が負傷者を拾い集め、またダンヌヴ近くの小さな森では、死体が焼かれる薪の山から煙が上がっていた。彼らの偵察機が我らが陣地を滑空し、砲弾が落ちた地点を探測していた。哨兵たちが倦《う》むことなく監視しており、騎馬巡察隊が大胆にも燕麦《えんばく》とライ麦畑を横切って行った。

今朝、私はこうしたこと全てを考え、どんな組織がこの武力を動かしているのかを理解した。

私はまた、まだ昨日ドイツの一大隊が我々の前線から僅か三キロメートルの、二つの森の間に集結していたことを思い出した。部下たちは外套を下において、静かに塹壕を掘っており、その間野外では、料理の火が煙っていた。それにまたなぜ、あれほど誇っていた七五ミリ砲がこの敵陣の塊りに一斉射撃の砲弾を撃ち込めなかったのかと考え、段々と驚きが増していった。

我々は埃だらけの道路を、喉をからし、重苦しい足取りで行進する。前に通ったマランクール、次いでアヴォクールを横切ってエッスの森に入ってゆく。溝の縁に死んだ馬がどんよりした目で、脚を硬直したまま横たわっていた。瀕死の白馬がゆっくりと頭をあげ、我々が通るのを見ている。軍曹が至近距離から額の真ん中に一発を浴びせてとどめをさしてやる。頭が重そうに垂れていき、脇腹が末期の揺れで震えていた。

相変わらず暑さが増してくる。落伍兵が森沿いに走る帯状の影のなかで草地に倒れ込み、路上に点在していた。列の外にそっと出て、冷然として坐り、雑嚢〔肩掛け布鞄〕から丸パン一切れとひからびたステーキを取り出し、平然として喰い始めた者たちがいる。

パロワ。ブラバン。蒸し風呂のように汗が出る、風のそよぎもない盆地の底にある村の近くで大休止。もう唾も出ず、熱があった。ブロクールに到着すると、眼前で光が踊り、耳鳴りがした。私は手足を折り曲げ、頭は空っぽになって藁束の山に倒れ込んだ。医者に診てもらうことにする。

軍医補ル・ラブッスは突き出た意志の強そうな顎と、いつも頭がさえているという目つきの、大きな目をした黒い毛の屈強な大男で、病人を教会の入口のポーチで診ていた。彼は白い粉薬、錠剤、阿片の丸薬を施し、裸の胸にヨードチンキを塗りたくり、メスで血と膿《うみ》の充盈《じゅうえい》した肉刺《まめ》を切開した。二人の男が貧相な男を連れてきたが、彼はその腕のなかで身をよじりながら、口の端から泡を吹いて、獣のような叫び声をあげていた。完全に発作を起こした癲癇患者だった。

干し草のなかで数時間眠って、ほとんど陽気な気分で目が覚めた。私は一時的に元気になったのである。

九月四日金曜日

日差しを浴びて新たな行軍。一層暑さが増してきた。ジュルヴェクール、ヴィル・スュール・クザンス。そこには憲兵と林務官がいた。隊旗を掲げた車や糧秣補給のバスと行き交った。それらすべては全く銃後〔これが、旧日本軍では〝地方〟と称されたという〕にいる感じである。本当にこれは敗走なのか？ 我々は追撃されてはいない。私は少なくともこのまっしぐらの行軍、このバール・ル・デュックへの息切れする山中行進の理由を知ろうとした。

もちろん、さまざまかつ異様な「用たしの場」が現れる。こちらは勝利している。パリに行って秩序を維持するのだ。ジュルヴェクール、イペクール。フルリ・スュール・エールから出て大休止だ。数十人の男がブリチーズに似た、平たく、とろりとした大きなチーズの塊りを持ってやってきた。ほかのは缶のよろいをつけて、その周りを大きな帯で巻かれていた。雑嚢がはち切れそうだ。

我々のいる野原は、草が密生して頑丈だった。靴を脱いで裸足でこの新鮮な緑のなかを歩く者がいた。ほとんど全員が汗で湿った外套を広げて陽にさらした。明るい色のシャツ、服の裏地が光を引き寄せる。色がちらちらと光り、目が疲れる。

エール川の冷たく澄んだ水でベルトまで洗った。二、三人が裸になって、水のなかに入り泳ぎだした。そのなかに褐色の肌の筋骨たくましい泳ぎ手がいて、力強いしなやかさで進み、平泳ぎの伸ばした腕でゆっくりと水をかき、瞬く間に川が流れ込む大きな池の端から端まで泳いでいった。

河岸沿いのあちこちで、男たちが水で泥を落とし、ぶるっと、身を震わせていた。彼らは水面に身をかがめて、靴下やハンカチを洗っている。ラシャのズボンが彼らの臀部《でんぶ》でぴんと張っている。青みがかった膜がだんだんと増えて水面に漂い、陽の光で虹色に輝いていた。

流れに枝を垂らしている柳の影の下で、陽気な昼食。我々の近くでは、ソテゥレ中尉がグループの中央に立っており、もじゃもじゃの口髭で、腕まくりし、シャツの襟ぐりから猪の胸先のような毛むくじゃらの胸をのぞかせている。彼はしゃがれた、ものすごい声でべらべら喋り、みなの耳を聾した。こう聞こえた：

「奴らを倒す策が二つある。中央を突破するか両翼を迂回するかだ！」

ニュベクール。行軍は昨日ほどくたくたに疲れるものではなかった。私はサンメクサンのボワダン相手にベッドで過ごすことになる近づく夜を思い描く。ああ情けない！ 奴はわが善良なる心、彼が「生涯の知己」と呼びたがるものに訴えてくる。彼にはねぐらの床があるが、ほかを希望しているのだ。

薄暗がりの黄色の蠟燭の明かりのなかで、何度も見てきた同じような料理の食事。その晩、厚い唇の炊飯兵がひどい、腐ったようなピケット〔安物ワイン〕を出してくれたが、あとまで口にインクのような味が残った。やっとのことで、納屋の藁の上にたどり着いた。

九月五日土曜日

行軍が続く。ボゼ・スュール・エール。ソメーヌ。私がはじめて『軍隊新聞』を見たのは、そこで一時間ごとの休息中だった。アヒル一家が村の真ん中を流れるごく小さな川、エーヌ川を遊泳している。

ランベルクール・オ・ポ。美しい大きな一六世紀の教会、少し重々しく、少し装飾過多。木陰を通るたびに、私はケピ帽を手にとり、休みたかった。相変わらず憲兵、林務官、隊旗を掲げた車。もうまったく前線ではない。小さな駅のある鉄道線路。恐らく夜行でパリに向かうのは、この線を通ってだろう。もうその汽車の音しかしない。

コンデ・アン・バロワ。村から来るバスがたてる灰埃《はいぼこり》で、目が見えなくなる。大休止で、我々は陽炎《かげろう》で形が変わって見える切り株畑で休んだ。哀れな奴が中尉のところにやってきた。彼は水筒と、瓶口が見える雑嚢を肩からつるしていた。両手には、羽ばたき鳴き騒ぐ一対の若鳥。包みの紐を口に咥《くわ》えているので、うまく説明できない。口が自由になると、彼は哀れな声で、村で食糧を調達している時に逮捕されたが、全部金を払って、自分は正直者で針一本も盗まないのに、運がなかったなどと語りだした。結局は、その食糧を救護所へ持っていくよう宣告された。

私は自転車屋でパルドと一緒に二時間休息した。部屋はひっくり返され、包みが片隅に積み上げられていた。ここの連中は用心のため逃げたのか？　命令でか？

夕食をとった家でも同じ驚きの光景。食器棚には何もない。むき出しの壁。テーブルにも何もなく、冷たい蠟の床にうち捨てられたようだった。

それは、まだ軍隊を見たこともないこの大きな村では大宴会だった。これまで、我々は取り尽くされ、徹底的に掃討された哀れな小集落しか通って来なかった。兵士たち用に羊を買った。彼らはたらふく食った。長らくワインも飲んでいなかった。彼らは飲みだすと、浴びるほど飲んだ。シードルも、ビールもだ。

真夜中、一〇時頃、再び出発すると、縦隊は急に大きく揺れたり、ふらついたりしている。真っ暗だった。背後に、かすかに馬の足音が聞こえる。この軽く揺れる馬上には、第八中隊大尉殿が眠っている。彼は、午後のたっぷりした酒盛のため、たびたび停止する行列の兵士たちを激しく叱責するときにしか目覚めない。彼らの一人が同じ激しさで、小便したい者にさせないようにするのは非人間的であると抗議して、大将がどの兵かつきとめる間もなく、列のなかに姿をくらました。

我々は引き返すが、あのローカル線の駅で止まることはなかった。では、バール・ル・デュックで乗車するのではないのか？　ではパリで広がる無秩序がはびこり続けるのか？

我々はまたランベルクールに戻って、静かに黒い家々の間を行進する。ソメーヌの道路を左手に離れて、野原を横切り、前より明るくなった空にぼんやりと浮かび上がる森に向かう。

Ⅳ　マルヌの日々

九月六日日曜日

午前一時半。背嚢を地面において、銃を上にし、石ころだらけの地面に立つ白樺の、やせた小さな森のはずれで四列小隊ごとの戦線。寒い。音響探知機を前の方に置きに行って、部下たちのところに戻って坐る。震えながらじっとしたまま。数分間が長い。しらじらと夜が明ける。周りには青ざめ、疲れた顔しか見えない。

四時。まどろみ始めたころ、右手で十発ばかりの銃声がして、私は飛び起きた。見ると、数人の槍騎兵が、夜そこにいたに違いない隣りの小さな茂みの外を急いで逃げていくのが見えた。

日は高く昇り、明るく、軽やかになってきた。ニュベクールのわが寝床仲間は〔何でも出てくる〕魔法の瓶のような水筒の口を開け、我々は何も食べずに、香りもしない、純粋アルコールのオ・ド・ヴィを一滴呑んだ。

やっと大尉が我々を集め、簡単に訓示を与えた‥

「ドイツ軍はエール渓谷をたどる旅団を側衛として南西方向へ向かっている。フランス第五軍は前方でドイツ軍にぶつかるだろうから、我々は後刻、側衛の旅団を攻撃する」

エールに面し、ソメーヌを背にして、携帯用鶴嘴スコップで塹壕を掘る。兵士たちはこれから戦うことを知っている。彼らは急いでいる。前方左手の、プレッツ・アン・アルゴンヌの方に向けて、第五軍の一大隊が我々を援護してくれる。双眼鏡で見ると、屋根の上に二人の動かぬ観測手がいるのが見える。

塹壕が形を取ってきた。そこで跪《ひざまず》けば保護される。もう、これでよしだ。

九時頃、爆撃が始まる。重砲弾が間断なく飛び、プレッツ上空で爆発し、屋根に穴をあけ、壁面を崩壊させる。我々は目印になっていないので、平静である。しかし、戦闘がごく近くで、激しく執拗であるのを感じる。

一一時。我々の番だ。すぐに狙撃兵として散開して戦闘隊形になる。私は何も感じない。少なくとも初めの頃の興奮した疲労感は、もう感じない。すぐ近くで銃撃がし、遠くで砲弾の爆発音が聞こえる。私は平然とした好奇心で、青と赤の狙撃兵の戦列が、地にへばりついたように前進に前進するのを見る。周りでは、燕麦が生ぬるく弱い風に押されて、かすかに傾いている。私は一種の誇りでもって、心の裡で繰り返した…「わかった！　わかったぞ！」また自分が、事態を日常普通に見ているもののように見ており、銃撃をただ銃撃でしかないものとして聞いていることにも驚いた。それでも、私には、自分の肉体がもう前とは同じではなく、別の器官を通して別の感覚を感じることになるように思われた。

「伏せろ！」

何発かが頭上を飛んで行ったところだった。銃撃の弾ける音が、飛んで行くその小さな鋭い銃声を覆い隠したが、後ろで銃声がのびて、ずっと遠くへ先細りになってゆくのが分かった。

我々は前進し始める。本当に、練兵場と同じ規則正しさ、同じ容易さでことが見事に進んでゆく。そして徐々に私の裡に我を忘れさせる興奮が生じてくる。私のひと声、ひと動作で前に押しやるこのすべての男たちのなかで、胸、額、生きた肉体を狙って飛んでくる銃弾に直面して、自分が生きているのを感じる。

伏せて、ひと飛びで立ち上がり、走る。我々は砲火の真只中だ。銃弾はもう飛んでこない。短く唸り、怒り狂ったようにさっと通りすぎてゆく。銃弾はもう戯《たわむ》れていない。ちゃんと仕事をしているのだ。

ビシッ！　ビシッ！　二発が私の左手を荒々しく撃ってきた。この音に不意を打たれ、私は驚いた。それがヒューッと音を立てて飛ぶときは、それほど危険でも害をなすものでもないようだ。ビシッ！　小石、乾いた土塊《つちくれ》、埃のふわふわした塊りが飛び散る。我々は見つけられ、狙われている。前進！　私は先頭を走り、ひと飛びしたら、部下を守る地壁、斜面、溝か、あるいは単にドイツ野郎から見えなくなる野原のはずれを探す。右腕でさっと合図し、戦列を半分移動させる。彼らがバタバタと走り、なぎ倒した麦穂がこすれる音が聞こえる。彼らが走っている間、戦列に残った仲間たちは平然として、すぐに撃ちはじめる。それからまた、私がケピ帽を揚げると、今度は彼らが大急ぎで走り、私の周りでは、レーベル銃が弾倉を吐きだし続ける。

私の左手で、押しつぶされたような叫び声。私には、その男が仰向けにひっくり返り、両脚を二度前に投げ出すのを見る間があった。一瞬、彼の全身が硬直する。次いで弛緩《しかん》すると、もはや生気のない物体、明日になると太陽で分解する死肉でしかない。

前進！　動かないと、攻撃するよりも死を招く。前進！　兵士たちは多くが、突進中に急停止し、ある者はひと言も発せず、ドスンと地面に投げ出され、他の者は反射的に撃たれたところに手を当てる。彼らは「やられた！」とか「もうおしまいだ！」と言っている。多くはたったひと言、まさにフランス語だ。ほぼ全員、軽傷の者さえもが青ざめ、顔色が変わっている。彼らには一つのことだけが念頭にあるようだ。つまり、もう銃弾が飛んでこなくなれば、どこへでも急いで立ち去ることである。私には、ほぼ全員が子供、慰め保護してやりたい子供のように思えてきた。私は彼ら、向こうのドイツ人連中にこう叫びたかった。「もう彼らを撃つな！　お前たちにもうそんな権利はない！　彼らはもう兵士ではない」

また通っていく者に声をかける：

「さあ君、元気を出すんだ！　三〇メートル先の、ほら、あの稜線の後ろは、もう危険はない……そうか、足が痛むのか、腫れているな、分かった。あとで治療してくれるよ。心配するな」

その男、伍長は四つん這いになって遠ざかり、立ちどまり、追われた獣のような目で振り返り、また蟹の横這いでぎこちなく、苦しそうに歩き始める。

ああ！　やっと、彼らが見える！　かろうじてだ！　彼らは藁束を前に押し出して、その後ろに隠れている。だが今は彼らがどこにいるか私には分かるし、私の周りを撃ってくる銃弾が狙いを定めるかもしれない。

再び前進が始まり、乱れなく続く。私に安心感が生まれ、万事うまく行っていると感じる。給養伍長が息せき切らして、額に汗してやってきたのはその時だった：

「中尉殿！」

「どうした？」

「大佐殿からあなたは前進しすぎであるとの伝言です。移動が早すぎる。停止して命令を待てとのことです」

わが小隊を漠然と指示された地壁の多少起伏のある地点に連れて行ったが、そこはやはり銃弾が少ない。我々はそこで横になって、その命令を待ったが、頑としてこなかった。至るところ、我々の上も前も、右も左も、銃弾がヒューッと鳴って飛び、唸り、弾ける。私の二、三歩のところで、耳をつんざく機関銃弾が執拗にせわしく、規則的に地面を這ってくる。埃が舞い上がり、小石が飛ぶ。私はこの殺人的一斉射撃に近づき、一発、一発が人殺しになる、この見えない無数の微細な金属片のビームに触れてみたいほどの、いわれなき誘惑に駆られた。

時がだらだらと、苛立たしく流れる。私は少し起き上がり、どうなっているのか見ようとした。左方では、細い、狙撃兵の戦列がどこまでも続いている。全兵士が立てた背嚢を楯に腹ばいになったまま、撃っている。麦畑の後ろにだけ、二〇人ばかりが立って狙い撃ちしている。彼らの銃の反動、撃つと後ろにのけぞる右肩の動きがはっきりと見える。少しずつ、見分けがついた。こちらはポルション小隊で、ポルション自身はタバコを吸っている。こちらはサンメクサン小隊で少しばらばらになっている。もっと遠くでは、第八中隊の狙撃兵。彼らの後ろでは、背の低い男が立って、静かに無頓着な様子で歩き回っている。この無鉄砲者は誰だ？　双眼鏡で、金色の髭、パイプの青い煙が分かる。メニャン大尉だ。戦場での彼の挙措挙動の話は、すでに聞いていた。

命令、やっと命令だ！　どうしたのだ？　なぜ我々をこんなところに置いておくのか？　私は決然として立ち上がる。ドイツ野郎がどうしているか、現在どこにいるか知っておかねばならない。私はゆるい坂をよじ登り、稜線の上から見えるまで、藁束の山から山へと飛んでいった。向こうでは、四、五〇〇メートルのところに、戦場の色と混じり合った灰緑色の軍服姿の者がいる。彼らを見分けるのに全神経を集中させなくてはならない。だが二度、一瞬彼らが走り去るのを見た。

ほとんど同じ線上の、右手遠くに、三倍のスピードで連射する機関銃の周りにフランスの軍服集団がいる。ここにわが部下たちを配置しよう。そうすれば遠くないし、少なくとも彼らは狙撃できるだろう。

再び坂を下りると、砲弾のヒューという音が耳をつんざく。第八中隊の方に落ち、その戦列が瞬間的に乱れ、またほとんどすぐに元へ戻る。もう一発、もう一発と次々に飛んでくる。爆撃だ。まさに全砲弾が我々の上に落下してくる。

「おお！」と一〇人が一斉に叫んだ。重砲弾がサンメクサンの小隊で爆発したのだ。彼が体のど真ん中に砲弾を受けたのを、私は見た、はっきりと見た。彼のケピ帽、外套の垂れ、腕が吹っ飛んだ。地面には、白と赤の形をなさない塊り、押しつぶされた、ほとんど裸の肉体があった。兵士たちは隊長を失い、散り散りになった。

しかし私には……左方は退却していないのか？　どんどん我々の方にやってくる。兵士たちが砲弾のなかをソメーヌに向かって走り去るのが見える。どの砲弾も落ちると、その周りに大きな漏斗孔ができ、埃を吹きはらうように人間を吹き飛ばした。第八中隊は踏みとどまっている。メニャンがそこにいれば、連れ戻すだろう。先ほど、私は彼が顔に手をやるのを見たように思う。ボワダン小隊が続き、そして分散した。もう隊を支える者が誰もいない。隣りの小隊はまだいる。突然、不意に我々は退却する兵たちの波に巻き込まれた。見知らぬ顔、ほかの中隊の男たちが我々の間に混じり込み、こちらを動転させる。痩せた大男の第五中隊の大尉が私に、大佐が退却命令を出した、我々は一時的にも支援されず、孤立しており、このままでは破滅だと叫んだ。祖国の放棄だ。

全力で、私は秩序と平静を維持しようとした‥

「走るな！　走るな！　後に続け！」

そしてできるだけ多くの部下を助けるため遮蔽物を探す。鉄線の柵を越えようとして、後頭部に銃弾を受けた者がいる。彼は鉄線の上に倒れ、身が二つに折れて、脚を地面にして、頭と腕は反対側に垂れさがったままそこにいた。

我々を重砲弾、榴散弾の弾丸が追ってくる。三度、私は榴散弾の集中砲火の真只中におり、鉛の銃弾で周りの地面が穴だらけになり、頭にひびが入り、足に穴があき、飯盒が潰された。喧騒と爆煙のなかで、次第に時たま山峡から村や木の下の川が見え隠れする。ただいつも、数百発単位で砲弾がお供してくれる。

私は、二人の男が銃に乗せて運んでいたわが軍曹の一人の横を通ったことを覚えている。彼は引き裂かれた真っ赤なシャツと弾丸の破片でずたずたに裂かれた脇腹を私に見せた。肋骨が生身のまま見えていた。

私は今や疲れ果てて、よろめきながら、歩きに歩いた。水筒の底に残っていた僅かな水をちびちびと飲んだ。前日から何も食べていない。

小川に着くと、兵士たちは土手に殺到し、泥水のほうにしゃがんで、犬のように舌を鳴らしてむさぼるように飲みだした。

七時頃のはずだ。太陽が黄褐色の光に染まって傾いている。頭上の空は薄い透明なエメラルド色だ。大地は黒くなり、色彩が消えている。我々はソメーヌを離れる。夜だ。長い行列の落伍兵の影。

ランベルクール近くで行軍停止。そこで地面にじかに寝そべって、眠りを呼び寄せる。眠りがやってくる間、道路上を負傷者を満載した車の走る音が聞こえた。向こうのソメーヌでは、城門のなかで銃床がぶつかる鈍い音と宴会をするドイツ人のどよめき叫ぶ声。

九月七日月曜日

朝の湿気で目が覚める。服はぐっしょりと濡れ、水滴が私の拡大鏡の雲母《うんも》で輝いている。ランベルクールは前方、少し左にある。大きな教会がその塊りで村を圧倒している。側面から教会を縦いっぱいに見る。左手に、二つの斜面の間に消える狭い道。

一〇時頃、わが大尉とポルションが数人の兵士たちと戻って来るのを見たのは、この道からだ。連隊と切断されて、彼らはフランスの前線前方の森で夜を過ごしたのだ。遠くから、彼の言う「ピッケル」、ジベルシーから持ってきて片ときも離さない槍騎兵の槍でリーヴ大尉と分かる。彼の前に行き、報告する。

キュイジのそばでまた塹壕を掘る。今度は、ここで彼らを待つのか？ 前方にはダンヌヴのように広い谷間はないが、ランベルクールから五〇〇メートルのところで、彼らがそこから進攻してくると、その多くが落下するだろう。

ボゼ方向に向かって戦闘が続く。負傷兵が、絶えず小グループで、まぢかの稜線に現れ、ゆっくりと我々の方に進んでくる。包帯で腕を吊っている者は早く歩く。他の者は垣根で折った棒を杖にしている。多くが立ちどまり、それから数メートル足を引きずり、また立ちどまる。

午後、私は村へ行った。家屋、台所、鶏小屋、地下倉庫を探し回る兵士たちで一杯だった。彼らは樽の前で横になって、流れ出るワインを口で受けて呑んでいた。左腕を負傷した猟歩兵がワインの香りがするアーチ形のドアを右の利き腕を力一杯に振り回し銃床で叩いていた。砲兵たちがやってくると、小銃で彼に加勢した。だが頑丈なドアに打ち勝つには、さらに歩兵三人のレーベル銃が必要だった。歩兵、砲兵、猟歩兵たちがアーチ形ドアの向こうに消えた。

ル・ラブッス医師の話では、略奪者取り締りに出された強力な歩兵巡視隊が、村から戻るとき、獲物で一杯の荷車を引いた略奪者たちに出会った。巡視隊の准尉は一味を逮捕したが、連中はあとを恐れて逃亡した。荷車は、梶棒には誰もおらず、路上で待っていた。准尉は当惑し、頭をかいた……その晩、巡視隊とその隊長は満腹になって寝たらしい。

三時から、ドイツの重砲がランベルクールを爆撃する。五時には、教会に火がついた。火事の赤さは、暗闇が増すにつれて、鮮やかになる。夜になると、教会は真っ赤に燃える巨大な炭火だ。骨組みの桁が燃え盛る炎の輪郭と白熱した線影で屋根組みを浮かび上がらせている。鐘楼はもはや巨大な炭火でしかなく、その中心には真っ黒に焼けた鐘が見える。

骨組みは一挙にではなく、大きな断片ごとに崩壊する。桁が曲がり、徐々に折れ、猛火の上で数瞬間停止して、次いで鈍い音を立てて落下する。そしてそのたびに、明るい火花の塊りが空高く舞い上がり、その赤い照り返しがこだまのように、暗い上空に長らく漂っている。

私はこの火事に目が釘づけになり、心絞めつけられて苦々しく、数時間じっと見ていた。わが部下たちは死んだように動かぬ体で塹壕線に点々と並び、地面に寝ていた。私は彼らのように、横になって眠る気がしなかった。

九月八日火曜日

今朝、廃墟はまだくすぶっている。真っ黒な石の骸骨が澄んだ空に突っ立っている。

部下たちは昏々と眠っている。塹壕の縁に白、黒、赤褐色の羽、毛の束、空き瓶が散乱していた。私は軍曹に全員を揺り起こさせた。左手の森から銃声が聞こえ、時々激しくなる。我々の後方では、一二〇ミリ砲の砲台が間断なく轟いている。ランベルクール上空では、規則的な間隔で、重砲が一度に六発の一斉射撃で爆発している。

正午、塹壕から出る。ゆっくりと幅広い間隔で、ランベルクールからヴォー＝マリ〔ヴェルダン北西部の村〕に通じる道路の方に行進する。エリーズ・ラ・プティットの街道沿いでは、大きな砲弾の漏斗孔が畑を引き裂いている。平野部には草木もなく、強い日差しにもかかわらず陰鬱だった。腹を裂かれ、脚を切断して死んだ馬が、土手の下や溝の中で腐っていた。互いにくっつきあった六頭が腐った大きな死骸の山をなし、そのひどい悪臭がくぼ地によどんでいる。多くの壊れた軍用運搬車、粉々になった車輪、ねじれた金具。

ヴォー＝マリの街道。我々は狙撃兵として溝に横になり、前方で戦う同胞の支援態勢をとっていた。

立ち上がると、砲弾でひっくり返され、荒廃した広い平原が見え、引き裂かれた服の死体が顔を空に向けるか、地面にくっつけたままで、その周りには銃が転がっている。道路は右手の盆地の端の方に上っており、目が痛くなるほどどぎつく白かった。我々の前方遠くでは、各小隊が一隊ごとの分隊の列になって地面に伏せ、じっとしているのがかろうじて見える。彼らはドイツ軍の砲撃の真只中に晒《さら》されていた。

重砲弾が一ダースずつ飛んできて、樹木のない野原を破壊し尽くした。砲弾はヒューッと音を立てて、全部が一斉に飛んでくる。近づいて、我々の頭上に落ちてくる。体は縮こまり、背を丸めて頭を背嚢の下に入れ、全筋肉が、瞬間的に爆発の恐怖に駆られて緊張し、大きな鋼鉄のスズメバチの唸り飛ぶ音に怯えて収縮する。だが爆音が我々に向かって一層大きくなってくると、もくもくと立ち上がる黒煙が稜線上で乱れ散るのが見える。ほとんどすぐ、爆発の轟音が耳をつんざく。砲弾が落ちるたびに、兵士たちがあらゆる方向に走り散らばってゆく。そして硝煙が消えると、地面には、汚れた黄色の藁の上に暗い斑点となった、動かぬおぼろな影が見えた。

憲兵隊大佐が自転車を全力で踏みながら丘を登ってきた。彼は、盆地の縁が空にまで届かんばかりの高みにある戦線、不吉な黒煙が絶えずもくもくと覆いかぶさる戦線の方に直行する。彼は稜線に、一瞬、細くはっきりしたシルエットとなって浮かび、突然沈んで、姿が消える。一五分ほどすると、再び現れ、全速力で坂を下って行った。彼はわが大佐と話している。もう我々を必要としないのだと、私は判断した。

いずれにせよ、我々はランベルクールの、村の右手のところに戻された。そしてブドウ畑の縁の生い茂った雑草に覆われ、切り立った斜面にかじりつく。辺り一面に猛烈な砲撃音が鳴り響く。砲弾が平原を穴だらけにし、我々がさっきまでいた道路をでこぼこにし、屋根瓦を飛び散らして骨組みの厚板を吹き飛ばした。我々には数回、それぞれ六発の重砲弾がたっぷり飛んでくる。最後は至近距離で爆発したので、斜面に向かって坐っていたわが大佐が、背を拳で一撃したように、私を激しく押したようだった。ブドウ畑の木はスモモとリンゴが雨霰と落ちてきたほど、激しく揺れた。

到着してすぐ、私の伝令プレルが大尉のいる村から外へ飛び出した。彼が我々の方に走り寄り、腕で大きく合図しながら叫んでいる：

「第一小隊、前へ！」

そこでサーベルを手に掲げ、私は同じ命令を繰り返す。

「前へ、全員後に続け！」

私は路上に飛び出す。三歩も行かないうちに、砲弾がヒューッと音を立てて飛んでくるのが聞こえる。部下たちが離れたまさにその瞬間に土手を揺るがし、六発が同時に爆発した。道路の断片が吹っ飛んだ。小石と土が破片とごたまぜになって叢雲《むらくも》となり、雨のように降りかかる。硫黄の臭いがして、私は息が詰まり、〔塵埃の靄で何も見えない〕闇夜のなかで、尻餅をついた。我々は間一髪で免れたのだ。

陽が傾き、塹壕に戻る。夜になる。我々は食べることを忘れていた。コーンビーフひと塊り、水筒にあった生ぬるい水少々、ブリキの臭いがする。「まだプロイセン人にはないものの一つだよ、コーンビーフは」と祖母が言っていた。

九月九日水曜日

睡眠なし。耳には絶えず空気を裂く砲弾の破片がきしる音がし、鼻孔には爆薬の息の詰まる、きつい臭いが残っている。真夜中にもならないうちに、出発命令を受ける。潜りこんでいた燕麦とライ麦の藁束から飛び出る。穂先のノギが襟《えり》や袖に入り込み、皮膚のあちこちをちくちくと刺す。

夜はとても暗く、畝《うね》や土塊にぶつかる。我々の後方を撃っていた一二〇ミリ砲の近くを通る。砲兵の声が聞こえ、眠っている重砲がかろうじて見分けられる。

途中、食糧配給、野戦用カンテラ以外の明かりはなく、かろうじて照らすが、それでも覆い隠す。弱い黄色の光が、道路端の草のなかに山積みされた生焼《なまやき》のブロック肉の上に褐色の色となって流れでる。

野原を横切って行進、脚はくたくたで頭は重く、機械的に歩く夢遊病者の行進。それが長く、数時間続いたように思う。相変わらず左手に曲がっていく。夜明けには、出発点に戻るだろう。暗闇が次第に薄れてくる。ヴォー＝マリの街道に戻ると、壊れた軍用運搬車、死んだ馬をまた目にした。

ドイツの大砲が今朝は早くから撃ってくる。前方では、榴散弾が怒り狂って、たたきつけるように破裂する。塵埃の靄が線状に平原を遮っている。それでも通らなければならない。我ら第一小隊が進発する。柔軟で少人数のわが隊は、リーヴ大尉が目標として指示した垣根の方に野原を匍匐《ほふく》前進する。銃撃が左手で弾け、弾丸が飛んでくる。前進する小隊の方へ撃っているに違いない。榴散弾はその頭上に集中している。蛇行していた戦列が停まって、僅かにある地壁に、死んで長々とした毛虫のように縮こまっている。

我々が前哨に立つものと理解し、私は出発する順番を待つ。大佐と大尉が辺りを偵察しながらやって来て、小さな垣根の後ろで伏せている我々の前方にいる。大尉は、そこで砲弾の下にいる部下を見て、ほかならぬ我々を前進させることをまだ迷っている。その時、昨日道路でペダルを踏んでいるのを見た憲兵隊大佐が走りながらやってくる。頬を真っ赤にし、目を丸くして、彼は二言三言もぐもぐと、怒りの言葉をつぶやいたが、私はその途中「臆病者」と言うのを聞き取った。大尉が私の方を振り返る：

「行け！」

それで私は嬉しくなる。ソメーヌではじめて感じたときと同じ、あの奇妙な状態である。私の脚はひとりでに動き、私は何も考えず、自分が歩くに任せ、ただ我を忘れ、自らが活動していることを自覚するあの至上の喜びを意識するだけだった。五分で、到達すべき茨の垣根にくる。我々は前方のほとんどすぐ下で、狙撃兵として展開する。部下たちはできるだけ急いで、小道具で地面を掘り起こし、鶴嘴スコップの刃で根を切る。数時間後、狭いが深い塹壕ができあがる。我々の後方、左手にランベルクール。右手の少し前方に、ヴォー＝マリのごく小さな駅。

むし暑い、ぐったりする不快な暑さだ。雲がたなびき、次第に大きくなり、くすんだ黒色が端で段々と明るくなると、淡く光る白色で縁どられる。時々微風が、むっとする、強烈な耐え難い臭いのする発散物を吹き運んでくる。ほどなく死体置き場の臭いであることに気づいた。

周りには至るところに死体がある。特に一つ恐るべき死体があり、それからなかなか目が離せなかった。それは砲弾の漏斗孔の近くに横たわっていた。頭は胴体から切り離され、穴のあいた腹の大きな傷から内臓が地面に流れでて、黒かった。その近くでは、軍曹がなお手に銃床を握っている。銃身と装置は遠くへ吹っ飛んだに違いない。その男は両脚を伸ばしていたが、足の一つはもう一つより長くはみ出ている。脚は砕かれていた。ほかにもたくさん！　夜まで、それらを見て、ひどい悪臭のする空気を吸っていなければならないのだ。また夜まで、恐るべき臭い、戦場にうち捨てられ、腐るのを見ないよう少しの土塊をかける暇さえなかった仲間に放棄された、哀れな死者の臭いを消すため、タバコを吸いまくった。

一日中、飛行機が上空に飛んでくる。爆弾も落ちてくる。しかし、大尉は安全な場所を見つけるだけの目を持っていた。黒い大きな砲撃弾が狙ってくるが、一発も我々には届かない。かろうじて数発の榴散弾が非常に高くで破裂するが、害はないか、力尽きたスズメバチが弱々しくぶんぶんいっているようなものだ。

このドイツ野郎の飛行機は一体何をしているのだ？　いつまでも頭上を滑空している。我らの砲弾が至近にせまると、大きく軌道を描いて少し遠ざかり、またその禿鷹の翼に描かれた黒十字が我々にはっきりと見えるまでに戻ってくる。そして夕方、地平線にもくもくと浮かぶ厚い雲海にまっすぐ突っ込むまで立ち去らない。

太陽はこの大きな雲の塊りに沈み込むと、すぐに雲はどぎつく、光の乏しい、よどんだような血まみれの色合いに染まる。この日の終わりは陰鬱で悲劇的だった。夜が近づくと、腰が重くなってくる。忍び寄る暗闇のなかで、死体の臭気がきつくなり、広がっていく。

私はまた壕底《ごうてい》で、折り曲げた膝の上で手を組んで坐っていた。すると、私の前や後ろ、平原の至るところで、鶴嘴が小石にぶつかる乾いた音、土を投げ出すスコップのがさがさいう音、押し殺した声の囁きが聞こえる。時おり、誰か分からないが咳をし、唾を吐いている。夜の闇に包まれて、彼らには我々が見えない。我らが死者を葬っているのかもしれない。

軍曹の一人が暗闇で私を呼ぶ声がする…

「中尉殿、そこにいますか？」

私が答える…

「ここだ、スエスム」

手探りしながら、彼が何か私の手に置く…

「これが見つかったもの全部です」

塹壕の底で、私はマッチを擦る。短く燃えている間、私は使い古した財布、革の小銭入れ、黒い紐につるした認識票をさっと見る。もう一本マッチ。財布には膝で赤ん坊を抱く女の写真がある。亜鉛のメダルにごつごつした字で彫られた名前が読み取れる。軍曹が言った…

「もう一人は何も持っていませんでした。手首や首のあたりを探しても、頭が吹き飛ばされていては。なかに手を入れて見ました。大したものは何も見つかりません。小銭入れは彼のものです」

さらにマッチ…その小銭入れにはいくつかの銀貨と小銭の銅貨、それに汚れたしわくちゃの紙幣の切れ端があった。残りの明かりで読む…「ゴナン・シャルル、鉄道員。一九〇四年度兵。ソワッソン」マッチが消えた。

軍曹と握手。手は汗ばんで、熱っぽいが、指は震えている。

「おやすみ。眠るのだ、さあ！」

彼は行った。私は眠っている部下たちのなかで、ひとり目を覚ましていた。彼らのように眠ること……何も考えず、無感覚になることだ！　手のなかでは、形見の小さな包みが重い、重い……「ゴナン・シャルル、鉄道員……」写真で微笑んでいる者たちの顔が私の閉じた瞼《まぶた》の下でじっとしたままで、大きくなり、私を錯覚させるまで息づいてくる。哀れなる者たちよ！

九月一〇日木曜日

顔に何かがかすかに触れる。大きく生暖かい雨の滴だ。眠ったのか？　何時だろう？　風が立ち、夜は相変わらず暗い。少し右手の、塹壕の前に、大きな黒い山積みがあるのがぼんやりと分かる。積み上げた藁束で、なかに大佐と大尉、その伝令が埋まっている。

もう一度眠ろうとしたそのとき、銃弾数発が頭上でヒューッと音を立てる。すぐ近くから来ているように思えた。だが我々の前には、兵士たちがいる。わが中隊が前哨の予備であることは分かっている。ではこれはなんだ？

考えようとする時間もなかった。突然激しい銃撃が勃発し、前線沿いに猛スピードで段々と近づいてくる。爆音がきしるように弾ける。間違いない。撃っているのはドイツ野郎だ。攻撃されているのだ。

「みな起きろ！　起きろ！　さあ、起きるんだ！」

そばで寝ている伍長を揺さぶり起こす。小隊の端から端まで、藁がこすれる音が長々と続く。次いで銃剣を立てる音がし、銃床のぶつかる音がする。

あの時を思い出すと、大佐と大尉が塹壕の私の右側に降りてきてすぐ、直近の稜線上に、黒いシルエットが浮かび上がるのが、明かりのない空にかろうじて見えた。人影は、その鉄兜の尖端〔ドイツ兵の兜ピッケル＝ヘルメット。尖頂つきの軍帽で、元はプロイセン兵のもの〕に気づいたときには、三〇メートルもないところにいた。そこで私は、声を限りに叫びながら、連発銃を命じた。

まさにそのとき、怒り狂った喚声が、我々の方に向かってくるこの密集した黒い塊りから湧きあがった……

「ウォー《フラー》！　ウォー《フラー》！　前進《フォーアヴェルツ》、突っ込め!!」

どれだけの兵士が同時にわめき叫んでいるのだ？　踏み荒らす軍靴《ぐんか》でやわらかな地面が震えている。襲撃され、踏み倒され、押しつぶされてしまう。我々は六〇人そこそこだ。我々の戦線は縦一列だけで延びている。野牛の群れのように突っ込んでくるこの男たちの群がる圧力には抵抗できないだろう。

「連発銃！　撃て！」

　私の耳では、無数の爆音が空気をつんざき、同時に短い炎の噴射が暗闇を一瞬切り裂く。小隊の銃すべてが同時に弾ける。

　すると、わめき叫ぶ群れの中心に大きな穴があいたのが見える。死ぬほど打たれた獣のような苦悶のあえぎ、うめく声も聞こえる。黒いシルエットは右へ左へと逃げまどい、まるで塹壕の前、縦一直線で、暴風雨が吹き荒れ、その恐るべき力が、嵐の風が麦をなぎ倒すように人間を地面に打ちのめしたかのようだった。

　部下たちが私の周りで言う。

「ご用心、中尉殿！　ご覧なさい、奴らは伏せています！」

「いや、諸君！　違う、違う！　奴らは倒れているんだ！」

　そして狂おしいまでの高揚感に駆られて、私は足を踏み鳴らし、繰り返した：「撃て！　撃て！」また叫ぶ。「さあ！さあ撃て！　撃ちかかれ！　さあ！　さあ行け！　撃て！」

　部下たちはすばやく銃床を操作し、さっと銃を構え、集団の真ん中を撃った。向こうでは奴らが束になって倒れる。穴が大きくなる。前方にはもう誰もいない。だが人影は左右に密集している。塹壕の裏に回り込み、取り巻くかもしれない。そこでは、この絶えざる流出を阻止するものが何もない。我々の方では、これを一瞬止めることしかできず、裏側の方へ殺到させておくしかない。大きな人波が我々の後方でまたかたまる。万事休すか。

「ウォー《フラー》！　前進、突っ込め《フォーアヴェルツ》!!……」

　彼らは興奮してわめき叫ぶ、野蛮人だ。彼らのしゃがれた荒々しい声が銃撃を通して、たてつづけの爆音で切れ切れになり、突然吹きつける雨風に運ばれてくるのが聞こえる。猛烈な風、激しい雨。兵士たちの激昂が天に達したかのようだ。

　すると突然、どぎつい光が流れ出て、兜の尖端と銅の装飾模様に黄色く反映し、銃剣の刃に青白く反映して照らし出す。大佐と大尉が先ほどまで寝ていた藁束に、彼らが火をつけたのだ。激しい炎がくねって、地面を這って根こそぎにし、突風が吹き荒れるたびに巻き上がる。火事のなかを飛ぶ雨滴が熱い溶けた鋳物の滴のようだ。稲光がきらめき、天の雲海を引き裂き、紫がかった縞模様で地平線に線条を描く。わが兵士たちは雨で濡れた青白い顔をしている。彼らの目は、しかめた眉毛の下で、厚い隈で鉛色になり、そのため動かぬ眼差しが鋭くなり、目には生き続けるために撃ち、殺すという意志が激しく現れている。

「第一分隊、右を撃て！……」

　彼らに聞こえるだろうか？

「右を撃て！……」

どうやら聞こえていないようだ。銃撃がひっきりなしに弾け、風がうなり、雨がたたきつけ、飯盒と野営用皿をかたかたと鳴らしている。雷雨に混じって、人声の喧騒が戦場に満ちあふれる。

「通してくれ、きみ」

塹壕の胸墻に男を押しつける。

「通してくれ」

私は狙撃兵から狙撃兵へと軍曹を呼んで探し回る。兵士を一人、二人、三人と飛び越えていく。突然、もう目の前に誰もいなくなる。塹壕は空っぽで、放棄されている。底に踏みしだかれた藁が少し、一丁の銃と数個の背嚢が残っている。藪にしがみつきながら、よじ登ってくる影を見るだけの時間はあった。

「おい！　きみ。おい……大佐？　大尉？」

風に乗って何か二言三言、顔に流れてくる。

「退却だ……命令だ！」

同時に、兜をかぶった二つのシルエット、火事の強烈な明かりで黒くなったシルエットが胸墻の上に突如現れるのが見え、すぐに壕底の藁の上に重くやわらかいものが落ちてきたことに気づいた。

喧騒は今や我らが戦線で絶頂に達している。もはやなすべきことは一つしかない。私の知っている、我々の少し後方右手にある猟歩兵大隊の塹壕にたどり着くことだ。

私は命令を出し、大声で叫ぶ‥

「垣根を通って行け！　横側ではない！　垣根に飛び込め！」

迷っている部下たちをかたい棘が突きでた小枝の絡んでいるところへ、本能的に押しやる。次いで今度は、私も藪の真只中に走り込む。

左の方で、押し殺したような罵り声と叫びを聞いたように思う。確かに強情者がいて、まず棘を、次いで胸や背にドイツ兵の銃剣の一撃を食らうのを恐れていたのだ。

私は猟歩兵の方に走りだした。私の前や周りで、さっと動く影。絶えず同じ叫び声‥「ウォー《フラー》！　前進、突っ込め《フォーアヴェルツ》!!」

私はドイツ野郎に囲まれている。味方からはまったく孤立してしまい、逃れることは不可能だ。それでも手に拳銃の銃把を握る。どうなるか、今に分かるだろう。

何かやわらかく、鼻につんとくるような物にぶつかった。もう少しで泥のなかに腹ばいになるところだった。ドイツ兵の死体だ。死者の兜がその横に転がっている。突然、ある考えがひらめいた。その兜をつかんで頭にかぶり、私には小さ過ぎて落ちてくるので、顎の下にのど紐を通す。

そして猟歩兵の方へ猛スピードで走る。先ほどの銃撃でばらばらになって、なおまださまよっているドイツ野郎の集団を急いで追い越す。ドイツ野郎のように、私も叫ぶ‥「ウォー《フラー》！　前進、突っ込め《フォーアヴェルツ》!!」また彼らのように、真っ暗闇で出会ったときに使う合言葉「ハイリヒトゥーム（聖戦）」をつぶやく。

　雨が顔に降りかかる。泥が靴底にこびりつき、大きくて重い靴を引きずって歩くのに苦労する。二度、膝と手をついて倒れたが、すぐに起き上がり、脚が痛くぐにゃぐにゃだが、またすぐに走りだす。ヒューッと軽い音をたてて、銃弾が私を越えて前方に矢のように飛んでいく。

　ぴょんぴょん片足で跳びはねて、うめいているフランス兵‥

「レティ、お前か？」

「はい、中尉殿。腿に一発喰らいました」

「元気を出せ。さあ着いたぞ！」

　もうしゃがれた声で怒鳴る者はいない。彼らは攻撃前に戦列を立て直さねばならない。そこで私は兜を投げ捨て、また左手に持っていたケピ帽をかぶった。

　猟歩兵隊に合流する前に、また孤立した三人のドイツ歩兵に追いついた。同じ歩調で彼らの後を走りながら、私は各人の頭か背に拳銃一発を撃った。彼らは同じような奇妙な叫び声をあげて崩れ落ちた。*

　猟歩兵の塹壕に着くと、そこには二〇人ばかりの部下たちが、戦闘位置にかじりついている相手から自分たちの席をあけてもらえないので、泥のなかに跪いたままでいた。

「あっちへ行こう、みんな！」

　私はヴォー＝マリの道路がすぐ近くだということを知っている。土手沿いの溝にいるわが二〇人のポワリュを展開させよう。ここにいれば、ああ！　無情にも、邪魔にされるだけなのだ。

　この狂ったような銃撃。ひょろ長く、たてつづけに倦むことなく、弾丸が無数に弾け飛ぶ。水浸しの草に腹ばいになって、私は火事の明かり、どんよりした空にメッキされたような薄赤色を眺めていた。燃えているのはヴォー＝マリの農家に違いない。

　背後で突然、声がする‥

＊原註‥それは、私が撃った人間という存在と生命をそのようなものとして感じた初めての経験だった——二度目で最後は二月一八日朝、レ・ゼパルジュである。幸いにも、こういう機会はごく稀だった。また突如起こっても、それは己を省みる余裕などない反応として以外はほとんど認められないことだった。殺すか殺されるかの問題なのである。

　この本の再版のとき、私はこの一節を削除した。それは、この否応なく起こるはずの「己を省みる」ことに対する意志表示を示すものである。私はいま、私を根底から揺るがし、私の記憶に決して消えない刻印を残した戦争の挿話の一つに対する意図的な除去を誠実さの欠如であると見なして、これを復活した。（一九四九年版の註）

「おーい、塹壕諸君！　この辺りに一〇六部隊はいるか？」

私が答える。

「いるぞ！」

「士官か？」

「中尉だ。誰だ？」

「そうですか、中尉殿、今行きます」

男が私の前に現れ、ルノー大尉から緊急に派遣されてきたと言う：

「あなたの部下全員を連れて、急いで一緒に来て下さい。軍旗がこの近くの木立のなかにあります。大尉は持ちこたえるだけの人数がいないとご心配なのです」

この伝令の案内で、出発する。ズボンが膝と腿にはりつく。草丈が高く、靴に水が流れ込んでくる。

私は機関銃小隊を右手に延ばして配置する。部下たちは短銃に装塡した。彼らにはもう機関銃一丁しかなく、しかも使用不能なのだ。

再び喚声が上がって、頂点まで達し、次いで弱まるが、また大きくなる。猟歩兵が持ちこたえているのだ。部下の一人が言う：

「激戦だな！」

慄《おのの》きながらもじっとして、大きなざわめきを聞く。全神経を集中させて、待ちかまえる。すると、右手二〇メートルあたりのところに、ぼんやりとした黒い影が静かに這ってくるのに気づいた。暗闇を貫いて見ようとしたが、ちょうど私の目は水で曇ってぼやけ、見えない。そこで、すぐ下を手で示しながら言う：

「あそこを見ろ、シャボ。見えるか？」

「はい、中尉殿」

「あれはなんだ？」

「ドイツ野郎です。どうやら取り囲まれています」

「数えられるか？」

「七人だと思います」
二、三秒後、返答：
まさに思った通りのようだ。恐らく夜、この渦巻きのような乱闘からさまよい出た落伍兵どもだ。

私が耳打ちした命令で、一〇人が静かに右の方に向かう。ドイツ人は止まり、迷い、途方に暮れている。彼らは黒い影で集まって、生きている感じが伝わってくるなかでじっと動かない。

「撃て！」

不意打ちの一斉射撃、すぐに叫び声、苦痛のうめき、恐慌状態：

「降参！　降参！　Kamerad! Kamerad!（仲間、同志）」〔この大戦では、ドイツ人が降伏するとき手をあげてこう言ったという〕

二人しか残っておらず、私の前へ連行する。若い方が私の手に身を投じてきて、涙と唾で手をべたべたにした。そして哀れな声でせわしく話しかけ、確実な死の苦悶も断ち切らんばかりだ：

「ぼくはプロイセン人ではありません。シュヴァーベン人です。シュヴァーベン人はあなた方に迷惑をかけない。シュヴァーベン人は戦争したくなかったのです」

彼の目は私の目に注がれ、必死の哀願の眼差しだ。

「ぼくは負傷したフランス人に飲み物を与えたことがあります。ぼくの仲間も。それがシュヴァーベン人のすることです」

彼は話し、話しまくる。絶えず同じフレーズ、単調でしつこいリフレイン：

「Das machen die Schwaben.（それがシュヴァーベン人のすることです）」

それからまた彼は電気工で、逆立ちして五〇メートル走れるとも語る。そして、限りない恐怖に憑かれ、生への渇望に苛《さいな》まれて今にも逆立ちせんばかりだ。

もう一人は奇人でもあるかのように、次から次へとたらい回しにされ、じろじろと見られ、触られている。我々はまだ捕虜を取っていない。わが部下たちは好奇心が旺盛でからかい好きだ。彼らは、おとなしい子供のような様子で、このドイツ人と私の会話を聞いている。そして意地悪くではなく、突然彼に向かって〔撃つかのように〕手をあげて、首をすくめさせて面白がっている。そのたびに、騒々しく若々しい大笑いだ。

その間も、銃撃の騒音が夜のしじまを破って聞こえてくる。間近の銃の湿ったような短く弾ける音、ドイツの弾丸のせわしいヒューッという音、遠くの戦闘のかすかな銃声。

鬱陶しい雨が降りしきり、外套が背にはりつき、ケピ帽の庇の縁を噴水のように流れ落ちる。風のうなりは止んだ。静まったように穏やかに吹いているが、冷たく、見かけ倒しの風だ。夜明けが近いのを感じる。それは私のなかの光への熱烈な憧れだ。ソメーヌの戦場は陽を浴びて、戦線も清潔で、色彩豊かだったことを思い出す。今夜は、盲滅法に撃ち合い、手探りでのどを締めあっている。こんな冷たい泥のなか、見えない水たまりのなかで死にたくない……

すべてが何とも奇妙なものだ！　小休止の間、ゆっくりしたリズムのかん高い、奇妙な音楽が聞こえてくる。全戦線に段々と近づき、響いてくるドイツの音だ。わが電気工に聞いてみる：

「あれはなんだ？」

彼は首をのばし、手を丸めて耳にあてて言う：

「Halt（戦闘停止）」〔合図の音楽〕

実際、銃撃の連続音が途切れる。まだ激しい突破的な銃声はする。だがすぐに止み、凪《なぎ》、ほとんど凪だ。稀にあちこちで、冷えて麻痺したような空中で、驚くほど乾いた爆音が炸裂する。耳はそれを一つずつ聴きとる。だがそれらの間や周りには、それらを威嚇し、ぴたりと中断させるものがあり、やがて静寂だ。

沈鬱な静寂が、突然大きな鉛袍〔昔の刑罰。鉛の入った袍を着せる刑〕のように襲いかかり、その物体が重く冷たいのを感じる。責め苦のような静寂、私には何か不思議な悪の堕天使が望んだように思える。苦悩は至るところにあるのだ。

日が昇っても、我らが心は晴れない。白っぽいさみしげな明るみが水平線の端に浮かび、ゆっくりと天空に這い上がる。裂けた雲の切れ端が空一面隅々にまで散らばっている。秋冬折衷の季節の空、あの早くから前もって冬を予告する空か、春が来ても、すでに増してきた生命力によって温かさと光への歓びで膨《ふく》らんでいる心を締め付け、凍らせる空だ。

相変わらず雨が降り、今や小雨だが、しつこく降りしきる。身体にしみとおって、芯にまで入り込んでくる。慣れてきた、あのドイツ人のひとりが言う：

「凍えてしまうな」

両手をポケットに突っ込み、腕を身体にくっつけて肩をすぼめて、彼は脚を二つに折って震えている。

しばらくして、真っ昼間に、大佐が泥で硬く重くなった騎兵隊の大外套姿でやってきた。彼のところに一〇人ばかりの捕虜が連行されてくる。私もわが捕虜たちを連れて行かせる。電気工がわめき出し、号令で体の真ん中を狙って撃たれた銃弾の飛ぶ恐怖が甦って、私にしがみつく。

捕虜のなかに、下士官がいて、病弱そうで頬と顎はちぢれた茶褐色の毛で汚れている。彼はたどたどしいフランス語で二言三言話す。大佐が尋問すると、彼は相手を見つめ、頭を低くし、瞳を眉毛のもじゃもじゃの下に隠れるほどあげて、答える：

「はい、ムッスュー」

「ムッスューではない！　大佐だ！」

これが面と向かって、ぶっきらぼうに言われる。ドイツ野郎は鐙革《あぶみがわ》の一撃を食らった。彼らは姿勢を正し、腕を身体にまっすぐあて、肩を後ろへ引き、胸を張って気をつけの姿勢だ。濡れた半ズボンはやせ猫のような腿にはりついている。

ルノー大尉もいた。私の方を向いて言う：

「貴官はもうここにいる必要はないと思う。さがってもよろしい。貴官の中隊の大尉のところに戻りたまえ」

我々が歩き始めるや否や、弾丸がうなり飛んでくる。またすぐに、無数の銃撃で、その弾ける音が平原じゅうに広がっていく。

向こうの左手には、狙撃兵の戦列、二〇数人ばかりだと思うが、小隊にまだ残っている者たちだろう。彼らは銃を手に、弾丸の下をかがんで大股で足早に歩いている。彼らの前に、痩せた髭面の、若そうな将校。ポルションではないか？

大急ぎで彼の方に斜めに行く。やはりポルションだ。私を見ると、彼もこちらに向かってくる。近寄ってきながら、彼も私が訊こうとしたことを訊いてくる：

「大尉はどこにいる？」

「知らん、彼を探しているのか？」

「君もか？ それじゃ、一緒に行こう」

そこで我々は背後に狙撃兵として部下たちを従え、出発するが、その間も銃弾が飛んできて弾ける。

頭を巡らすと、たまたま、野原の真ん中の水浸しの地面にじかに坐っている将校が目にとまる。彼は我々の方に腕を振っている。我々を呼んでいるようだが、荒れ狂う銃声で彼の声はこちらには届かない。走りながら大股で二、三歩跳んで行くと、突然大佐だと分かった。そこで、ポルションに大声で叫んだ：

「大佐だ！ 行ってみる……その間部下たちを見ていてくれ！……聞こえるか？……」

彼は二、三度、叩頭《こうとう》して応え、また同じ早足で駆け、戦闘が行なわれていると思われる稜線の頂きに決然として向かっていく。

大佐に挨拶し、身分を名乗って言う：

「予備役少尉です*」

＊本書では、ジュヌヴォワは冒頭から中尉として登場するが、この時点では実際にはまだ少尉である。どの版でもここは本来の身分の少尉とあり、なぜかは不明。

彼は微笑して、弾丸で泥水がはね返ったばかりの水たまりを見ながら言う：

「予備役か現役か、弾丸が区別するのかね？」

次いでひと目で品定めでもするかのように、私を眺めまわして、はっきりした声で、私にしてほしいことを説明した：

「私にはもう伝令がおらん。任務中か戦闘不能だ。貴官はできるだけ早く旅団を指揮しているG……旅団の大佐を見つけて、私の名で、第一三二大隊からすぐにどれだけ援軍をまわせるか訊いてみること。目下、我々は大部隊と戦闘中で、甚大な損失が出ており、私の連隊があとどの程度持ちこたえられるか分からないと伝えよ。

彼はマラ・ラ・プティットの北一キロメートルの二八一高地の方にいるはずだ。何としてでも彼を見つけだせ、一分たりとも無駄にするな、そして臆せず至急援軍の緊急性を訴えるのだ」

「分かりました、大佐殿！」

私は走り、銃弾が耳元で飛んで、脚の周りに泥をはね返させる。まだこの瞬間には、私のものではない力によって持ち上げられ、前に投げ出されるのを感じる。旅団の大佐を見つけだし、話して必要な命令を発出させねばならない。私には責任の重さは測れない。だがその重さを感じ、何としても成功させてみせるという熱烈な意欲に全身が捉われる。

走りながら、すでに大佐が腕に銃弾を受けているのを見た。もう一方の腕で、彼は私に行けと合図した。

険しい上り坂沿いに走って、地獄地帯を横切ったが、数百発の弾丸がうなり飛び、地面すれすれにピシッ、ピシッとはね返るか、地面に突き刺さって小さな亀裂が走った。

走りながら、木の根元に集められたグループのそばを通りすぎた。その中央に、木にもたれた将校。大きく開いたラシャ服のダークブルーに、鮮血のしみのついたシャツが見て取れた。負傷者の頭は肩に垂れており、それが苦悶で憔悴し、青ざめた、生彩のないわが大佐の顔であると分かった。

私の心臓は大きく乱れ飛んで胸に跳ね上がってくる。両肩の間にさすような痛み、腰には焼けつくような痛みを感じる。また脚が！　歩く瞬間ごとに、腿とふくらはぎの筋肉が突然痙攣で硬直し、何度かはあまりに激しく、地面に投げ出され、しばし身をよじって喘《あえ》いだ。濡れた服はとてつもなく重くなり、重みもますます増してくる。そして指先まで、動脈の鼓動がせわしく波うつのを感じる。またサーベル入れのラシャの鞘《さや》に触ると、手のひらにひりひりする奇妙な感覚、ほとんど刺し傷の痛みのような感覚を覚える。

坂の上から、道端にある道路工夫の小屋の前を通っていく。後方には、猟歩兵の小隊が固まっている。彼らは狙撃兵の戦線で展開し、決然として堂々たる足どりで戦場を進軍している。

全速力で下降。泥に腹ばいになって何度か不格好な落下。次いで急勾配、尻ついて滑降墜落する。下で垣根にぶつかり怪我をしたまま、銃にもたれて立って待っている歩兵隊の真ん中に落ちる。猟歩兵もいる。彼らも展開し、斜面をよじ登り、銃撃戦に直進する。

小隊ごとにまとまった、別の猟歩兵。この小隊も次々と稜線に達し、その高みで細いシルエットの線となって延び、突然戦闘の喧騒の真只中に突っ込んでいき、見えなくなる。

また険しい下り坂。雪崩《なだれ》のような石と砂利と一緒に腕で滑り落ちてゆく。そして両側が切り立った草ぼうぼうの峡谷に出る、谷底では、兵士たちが装備を整え、背嚢の負い紐に手を通し、力強く肩をゆすって背にかける。また猟歩兵だ。目の前には、樅《もみ》の木が白い空に、簡素な濃淡を描いて、むきだしの針の線状にのびている。

私は精も根も尽き果てた。燃えるような瞼は頑たる意志にもかかわらず閉じてゆく。この生い茂った草にじかに寝て、このかくも草を生き生きと緑にする水、このみずみずしい冷たさが私の方にしみとおってきて、もう全身を覆っている水に、熱っぽい手足を浸したい誘惑に駆られる。負けそうになって不安になる……さあ、頑張れ！　さあ、進め！

だがこの時、ヒューッと音がして大きくなる。七七ミリ時限弾が峡谷の上、我々から数メートルのところで爆発する。

私は背中に激しい衝撃を感じ、同時に鉛の弾丸が目の前の地面を穴だらけにした。

猟歩兵が走り、斜面にぴたっと身を押しつける。一人が片足でぴょんぴょん跳んでいる。曲げた脚先の靴から血が流れでる。

「真っ青じゃないか！　負傷者か？」とやってきた少尉が言う。

私は答える：

「何でもないと思う。榴散弾が背嚢に当たったんだ」

足に貫通弾を喰った男は包帯を巻かれている。もう一人は頭のど真ん中を撃たれて、向こうの草むらでのびたままだ。

銃撃音が速くなる。時限弾が目の前で砕ける金属的な爆音とともに爆発し、その重々しい振動が峡谷の端から端まで延び伝わっていく。爆発のたびに、鋼鉄の破片が空を真っ黒にしてゆっくりと飛ぶのが見える。みっしりとした黄色の大量の爆煙が穏やかな空に長く漂い、ほとんど動かず、引き裂かれてばらばらになった樅の木の枝に絡まっている。

猟歩兵隊の少尉に訊いてみる：

「G……旅団の大佐がどこにいるか知っているかい？」

「正確には知らない」と彼が答える「かなり近くだとは思う。司令官なら正確な情報をくれるよ」

背が高く、率直で断固たる顔つきの若い司令官は私が任務の目的を説明するのを聞いている。私が言い終えるとこう言った：

「よろしい、分かった。大佐は向こうに見えるあの森の後ろにいる。少なくとも一時間前にはそこにいた。ついでに、この坂にある塹壕で一三二大隊を見て行きたまえ。そして将校諸君に、腕を組んでパイプを吹かしている場合ではない、進軍しなければ、ろくでなしだと言ってやりたまえ。さあ行け、幸運を祈る！」

私はくたくたになった。ただ神経が興奮していることだけが支えだ。この峡谷は長い。この丘の斜面は険しい。兵士たちがあの高いところで動き回り、話している。さあ、前進！……サーベルを支えにして、腫れた足を一歩、一歩あげる。背中が痛む。前進！　行かねば。数分頑張れば、到着するだろう。前進！……もうだめだ……暗い。ああ、無念だ！

がっしりした腕で持ち上げられ、運ばれるのを感じた。コショウ味の液体で唇がひりひりした。私はすぐにまた目をあけた。誰かが、顔の近くで、訊いた。

「調子はどうだ？」

私は言う‥

「何でもない。疲れだ。眠っていない。食べていない。ひと晩中戦った。もう大丈夫だ」

私は腐った藁で覆われた壕底にいた。大尉が私のそばに、数人が少し離れたところにいる。話しかけてきたのは大尉だ。水筒の口でオ・ド・ヴィを飲ませてくれたのも彼だ。

私は彼の外套の襟を見て、探していた連隊の番号を読んだ。私は叫んだ‥

「ああ！　あなたはここにいたんですか！　連隊全員がここに？」

彼はちょっと面喰らったようだ‥

「そうだよ、どうしたんだ！　知らなかったのか？」

「はい、まったく！　あなたとG……旅団の大佐を見つけるために一里ばかり走り回っていましたから。前哨ではあなたのことは知りません。数時間前から、我々だけでドイツ野郎の大群と戦っています。それであなた方が必要なのです。G……旅団の大佐はどこなのか、ご存知ですか？」

「この森の、あの発射音が聞こえてくる砲台の前だ。ここから見える」

彼は立ち上がって、しばらくじっと見てから言った‥

「もういないな。だがずっと前からではない。あそこへ行けば、彼がどこへ行ったか確実に教えてくれる」

私は礼を言い、別れる前に訊いてみる‥

「もう少し般若湯《はんにゃとう》［ここでは安物コニャック］がありますか？　景気づけが必要なんです」

きついオ・ド・ヴィをごくごくとたっぷり呑んで、そこを立ち去り、森で何台か全部一緒にぶっぱなしている七五ミリ砲に向かって直行する。

私は文字通り歓びで盛り上がっている砲兵たちのど真ん中に着いた。彼らは驚くほど速く精確に、元気いっぱい操作している。小さな砲弾がちらっと見えたかと思うと、すぐ銅の薬莢《やっきょう》がこれに続いて見える。弾丸は眼前を赤く黄色い細い線となって矢のように飛び、すぐに最後の発射後も煙っている砲の閉鎖器のなかから消えていく。そして一瞬後、大砲は大量の霰弾《さんだん》を傲然たる衝撃音で発射し、弾丸が噴出する炎の後光と羽根飾りのように漂っている爆煙のなかを飛んでいく。

砲兵たちはせわしく動き回り、走り、跳び、砲台の周りで身振り手振りで話している。多くは上衣を下に投げ捨て、シャツを腕まくりにしている。みなが楽しそうに冗談を言って、騒々しく笑っている。泥だらけの服で、陰鬱な顔をした私は、自分が自由気儘なスズメの群れのなかに降りたフクロウのような気がした。しかし、このみんなの快活さは次第に私のなかへ心地よく伝染してきた。今は、何かとても幸福で、とても高揚させることが起こったような感じさえする。そこで、全身を震わせながら、双眼鏡で観察している中尉に声をかけてみる‥

「やあ、調子はどう?」

彼は私の方を振り向く。嬉しさで胸が一杯になり、その顔が明るくなる。彼は陽気で幸福そうに笑っている。

「ああ、いいよ! もう奴らはもたないよ! ウサギのように逃げ出したんだ!」

そしてなおも笑っている‥

「ほら、我らが七五ミリ砲を聞いてみろよ! 不発はない! バーン! バーン! 神の御導きだよ、これは! 奴らの尻に軍靴の一撃だ!」

徒歩でやって来た参謀部の大尉が狂ったように動き回る砲兵たちを見て、彼も笑って、大声で繰り返している‥

「よし! よし!」

急いで彼の方に駆け寄る。そして簡単に、一時間前にヴォー=マリ方面のエリズ街道で起こったことを伝える。また負傷したわが大佐の言葉、走ってきたこと、目的に達した喜びも口にした。そして付け加えて言う‥

「やはりG……旅団の大佐にお会いしたい、私が派遣されたのは大佐のところにですから」

大尉はしばらくじっと私を見て、静かに答えた‥

「さあ休養するのだ。もう一三二大隊は必要ない。貴官ももう必要ない。勝負は勝ちだ……。貴官は立派に義務を果たしたのだ」

また彼は、わが連隊は戦線から後退して、少し後方で平穏に再編成していると教えてくれた。そして、私に地図で集合地点を示し、手を大きく開いて差し伸べて言う‥

「では、中尉、またな。しっかり寝て、しっかり食べて体力をつけるんだ。ドイツ野郎を追撃しなくてはならないだろうからな」

私はどきどきして尋ねる‥

「それでは、大尉殿、大勝利ですか?」

「分からんな……まだ。ただ、前線の全歩兵が日曜日から軍団の歩兵として進軍していたならば、確実にそうだが」

歓びの大波で私は圧倒され、非常に強く甘美で、熱烈にして敬虔《けいけん》な心の高揚感。真実であってくれ! 真実であってくれ! 数時間前から私を痙攣《けいれん》させていた恐ろしい神経の緊張が一挙に切れ、緩《ゆる》んだ。遠慮なくじっと泣いていたいような気持ちが強くなって、自分がとても小さく、とても弱いものだと感じる。

私の後方で、林縁に放列した七五ミリ砲が勝利の祝砲をあげ続けている。しかし、それで起きる喧騒で、まるで頭が厚くて柔らかい、生暖かい綿で包まれたように息苦しくなり、ほとんど窒息しそうになる。足下の、湿った樅の木の針葉で覆われ、苔《こけ》むした地面は柔軟で足触りがよく、歩きやすくなっている。そこで、私は静かな足どりで、それまでの苦しみを忘れ、周囲のことにまったく無感覚になって歩いていく。

あの懐かしく、愛しい顔が、そこに実在しているかのように、安心させるような優しく心地よい微笑で、突如念頭に浮かんだ。私を見守ってくれる彼らによって自分が保護され、暖められ、静められるのを感じる。私の内部で、あの馴れ親しんだ、重々しく、少しもったいぶった、それでも優しい声がして、こう言う：

「信じるのだ。お前が私たちを思い出して自分に打ち勝てるのはいま、この辛いときに耐えてなのだよ」

私は水の溢れた小川をまたぐ石の小橋の横の、草地にいた連隊に戻った。ポルション、それにリーヴ大尉もいる。私には、六高地の戦いを始めたときの七〇人の部下たちのうち、もう二〇人しかいない。

第五中隊、第六中隊のうち、生存者は僅かで、第五中隊は一五人ばかり、第六中隊はそれより少し多いだけだ。将校は一人もいない。今夜、彼らは我々の前方にいた。暗闇、突風、雨のおかげで、ドイツ野郎は、昼間、黒十字の大きな怪鳥〔偵察機〕によってつきとめておいた我らが塹壕を包囲したのだ。白兵の虐殺、背中に短刀を突き刺す汚い殺人犯の仕業も同然だ。

あのドイツ野郎たちは第一三軍団で、大部分がヴュルテンブルク人だった。彼らはアルコールとエーテルで酔わされていた。捕虜たちがそう白状した。彼らは銃殺されると予想していた。彼らの上官たちは、彼らの勇気を一層固めるため、卑劣な行為をほのめかしている。その多くが背嚢に〔自爆用の〕焼夷性ドロップを隠し持っていた。弾丸が命中すると、彼らが頭から足先まで火をつけて松明《たいまつ》のように燃え続けるのを見た、と部下の何人かが私に断言した。

水浸しの野原か、轍《わだち》の水に青白い空が映る泥道を行進。私は中隊の後尾に、ゆっくりと大股で、手放さない「ピッケル」と小石のぶつかる音でリズムをとって進む大尉といた。我々の横を二人の捕虜が歩いている。

坂にある小さな林縁の小石だらけの地面で休憩。昨秋の枯葉の上で、夜の嵐で枝から落ちた青黄色の葉が数枚ところどころで光っている。

あちこちの中隊で、兵士たちが互いに相手を認め、声をかけ合い、互いに「命拾いした」と大笑いしながら喜んでいる。叉銃の後ろに坐り、泥だらけでへとへとになって、彼らは食べる、それが彼らにはできる。彼らが背嚢の底に取っておいたもの、コーンビーフの缶詰が逸品《いっぴん》だ。ほかの連中はその周りを、目を毒するものへの渇望に苛《さいな》まれて、まるで物乞いをしたいが、その勇気もない病人のようにうろついている。ドイツ兵の背嚢の底に小さな四角のカリッとした、少し甘いビスケットの保存食を見つけた者は特権者だ。多くの者は畑に散らばって、泥だらけニンジンやカブラを引っこ抜いて戻ってきた。そしてポケットナイフで皮を剝《む》き、そのままがつがつとむさぼりかじった。

冷え冷えとした陰鬱な夜。坂の地面がひっきりなしに滑る。体の下にある小石が傷のように痛い。不安にも悩まされる。水を一杯にして持ち帰るはずの部下がなくした水筒が、もうないのだ。また私は持ってきたのに、ポルションがヴォー＝マリの塹壕の藁のなかにサーベルを置き忘れたことで、彼を責めたことも後悔する。私はサーベルもケピ帽も、背嚢も持っている。だがもう水筒がない。寝ながら、ソメーヌの晩呑んで、乾いた喉を慰めの水のように流れ落ちた生ぬるい数滴のことを思う。またちょうど今朝呑んで、衰えた力を元気づけてくれたオ・ド・ヴィの喉ごしも思う……もう水筒がない！　不運だった。

九月二日金曜日

「立て！　背嚢を背負え！」

出発だ。我々の背後、遠くないところで、一〇発ばかりの時限弾が爆発する。野原は昨日と同じく水浸しで、水たまりや小さな池があちこちにあり、まっすぐな畝溝の底に並行して極小の水路もできている。

また森だ。雨で生き生きとした緑の濃い茂みのなかに消えている一本の道。密生した草と道の真ん中にまで芽をのばしている、もつれた茨に覆われた溝。茂みからは小鳥がさえずり、ピーピー鳴く声がもれてくる。時おり、黒ツグミが目の前を、脚が土に触れんばかりに低く矢のように飛び去り、羽で葉叢を舞い上がらせてゆく。頭上には、雲間にのぞく深く澄んだ青空が目を惹きつけ、和ませてくれる。快さと平和。

森を出ると、すべてが再び灰色で痛ましくなる。沼地の野原の泥のなかを進むと、大砲と軍用運搬車が車軸まで泥をかぶり、跳ね返りでまだらに汚れて並んでいる。羊の内臓とぬらぬらした皮が、丸い小さな塊りとなって水たまりに沈んでいる。散在する骸骨は色褪せた白っぽい肉片をつけたままで、この平原は死体置き場の観がする。見渡す限り、よどんだ水で光り、縁に貧相な樹木が植わった一本の道路が平原を貫いている。そしてこの痛ましい光景に、たるんだ形の低い雲と、大きな帯状の雨雲がかぶさってきて、雨雲は互いに這いより、一緒になって混じり合い、遂には葉叢を通して輝いていた青空全体を覆って、我々を一様に陰鬱で湿った冷たい空で閉じ込めてしまう。

今は道路端にある村ローヌのそばだ。たぶん爆撃されていない家、干し草、柔らかくて臭いのする、生暖かく、もぐるととても気持ちいい干し草のある納屋を思い浮かべる。

しかしローヌを後にして、平原の真只中の険しい坂をゆっくりとよじ登り、丈の高い頑丈そうな草で覆われた丘に出る。吹く風で草がさっと波うち、震える。まるで秋風で寒そうな水面が波立つ池のようだ。

ルノー大尉のところで将校の集い。ジェルクールで、我らが分遣隊兵士を中隊に配分したのは彼だ。大佐が負傷し、第一大隊長も負傷し、第二と第三大隊長は戦死したので、今や彼が軍団長である。

ルノー大尉は乾いた声で冷静に語りかける。我々を称え、我ら全員を当てにしていると言う。つまり、我々は疲れているが、兵士諸君に対しては、彼らが厳しい軍隊生活が続いてもくじけないように、またやはり我らの活気と陽気さを見て、不平を言う気など起こさなくなるように、権威を持って胸を張り、応えねばならない。

わが大尉がわが大隊長になり、現役士官のポルショションがわが中隊指揮官になる。これまでの日々で互いに親しくなっていたので、これには満足している。私は今では、彼が実に率直で、何ごとにも寛大に公平な態度で果敢に接し、素朴で誠実であることを知っている。それに、彼の上機嫌や気さくな笑い、生きることへの熱情も好きだ。陽気であること、どんなに肉体的苦痛が激しいときでもそうあることができ、荒廃した状況や死が厳しく襲ったときもそうあること、あらゆる感覚が過度に興奮して心に及ぼすあの絶えざる攻撃責め苦に対して持ちこたえること、それは指導者たる者にとって厳しくかつ神聖なる義務である。私は任務を容易にするため自分の感覚を閉鎖的なものにしたくない。自ら身を投じたこの驚くべき世界のどんな要請にも応え、破壊的になるやもしれぬ衝撃も決して避けたくないし、またできることなら、是が非でも、徳を会得するように努力して、あのためになる気質をもち続けたいものだ。ポルションがそれを手伝ってくれるだろう。

我々は、中隊が掘開せねばならない塹壕の場所を決めるため一緒に行く。兵卒たちは大きな造園用工具で仕事を始める。鶴嘴で褐色の重い土塊を掘り起こしている。雨が降っている。だが作業は簡単だ。歌で応酬し合い、ひやかしが飛び交う。人夫たちに糧秣配給が知らされたばかりなのだ。

彼らはすぐ近くの村セヌエルの方に向かって、くぼ地に降りていく。その高みからは、連隊の自動車が庭の生け垣に寄せてあるのが見える。もっと遠くでは、穴から出たように、人家の集落から鐘楼の尖塔だけが姿を見せている。

やがて道端で、料理の竈《かまど》から煙が立ちのぼる。今晩は、焼肉と温かいジャガイモが食べられるだろう。寝るのに藁もあり、雨風をしのぐための屋根もあるだろう。明日は明日の風が吹く、今夜は快適なのだから！

九月二二日土曜日

不透明な眠り、夢もない。一挙に、昨夜眠り込んだままの姿勢で目が覚める。服に浸み込んだ水が夜の間に蒸発したので、藁が少し湿った、心地よい生温かさで包んでくれる。頭上には、骨組みの大きな梁《はり》が見え、埃だらけの蜘蛛の巣がかかっている。これまでの葉の茂みや大空ではなく、好ましき屋根の下にいることに気づいて驚く。雨がぽつぽつと軽やかに瓦をたたく。それも好きだが、もっと嬉しかったのは、雨がしつこく降り続いたのに、よく眠り、温かったことだ。

昼間になると、雨が仕返しをしてくる。我々はまた台地をよじ登って、前日始めた塹壕を掘開し続けるのだが、雨の後、塹壕はどろどろの泥で一杯になっていたのだ。しかし工兵が歩兵を手伝ってくれ、彼らのおかげで、我々はそれほど極端に濡れなかった。彼らは大急ぎで丸太と重ねた土で屋根を架けてくれた。

にぎやかな談笑で、長い無頓着な休憩。夜襲のエピソードがよみがえり、その英雄だった者たちの荒っぽい直接的な言葉で、熱っぽく粗暴な活力が戻ってくる。

昼間は休養だ。だが今日は四時にしか村には降りられない。そこで、先が分かれた杭、長く頑丈な枝、藁束でにわか作りの雨よけを立てた。雨滴は西風に打たれて斜めに飛んでくる。兵士たちは縮こまって脚を折り曲げ、立てた藁束に体を押しつけているが、水は藁に沿って滴り落ちる。多くは寝ている。短い昼寝の後、目を覚ますと、彼らの頬には藁の切れ端で傷痕のように赤い筋ができている。

台地は今や、一時間もしないうちにによきによきと生えてきたこの藁小屋で遊牧民の野営地の観がする。大尉の「ピッケル」は、ほかよりも高い小屋の脇の地面にまっすぐ立てられており、指揮官の地位を示している。彼はそこにいるはずだが、彼も伝令も姿が見えない。時おり稀にいくつかシルエットが無人の原っぱに浮かぶが、誰なのか分からない。雨で紛れて、色合いもなく、ほとんど無色のぼんやりしたでくの坊のように見える。次第に影が薄くなり、しまいには薄くなっていく様子も見えず、消えてしまう。さっきはそこにいたが、もういないのだ。屋根の背を降りかかる雨にさらして、水浸しになった台地しかなく、そこでは我らが藁小屋が奇妙で不健全な腫れ物のように見える。

晴れ間に、ポルションが突然、まっすぐこっちに向かってやってくる。彼は〔野戦用〕鍋を手にしており、何か湯気が立っている。ちょっともったいぶったように、微笑んで言う：
「極上のお供だよ、我々の！　残りは全部我々のものだ！　さあ、きみ、かいでみろよ、飲む前によく匂いを吸ってね」
　びっくり仰天だ。鍋に入っているものを飲んでみるとカカオだ！　予備部隊を出発して以来、これほど強く安全と平和の印象をもたらしてくれたものは、ほかにない。戦地で朝食に湯気の立つカカオを味わえるのか？　最後の一滴を飲んだ後も、驚きは止まらない。彼に訊いてみる：
「どこで見つけたんだ？」
　それには答えず、彼はポケットからコニャックの小壜、ソーセージ、バール・ル・デュックのジャム二瓶を出した。このジャムで、彼のもくろみが外れた。彼に言う：
「なんだ！　バール・ル・デュックから来た巡回食品屋のじゃないか」
　そして不意に、故郷の路上で見たものを思い浮かべたので、行き当たりばったりだが、断固確信して付け加える：
「あれは黒い蠟引きの布の垂れ幕をつけた馬車で、馬は首輪に鈴をつけていたな」
　ポルションの目が大きく見開かれ、私は見破ったことを確かめた満足感で微笑んだ。
　夕方、村で。足どりも軽く、わが小隊が宿営している納屋へ行く。広場には、隣家と何も変わらぬ家の前に、騒がしい兵士集団。彼らは押し合いへし合い、壁に張られたばかりの、両手幅の大きな掲示板の方へ首を突き出している。ただ普通の野次馬気分で近づいてみる。どうでもいいといった好奇心しかない。
　だが一行目から、一つの言葉が目に飛び込んできて、心臓が早鐘のように鳴る。それしか見ない。私の裡にはそれしかない。奔放な想像力で、それがすぐに何か奇跡的な、大きな超人的なものになる：
「勝利！」
　この言葉が耳に歌いかけ、大きく響き、ファンファーレのように爆発する。かすかな戦慄が肌を走り、強く歓喜を呼び起こしたので、何か肉体的な不安、胸が生じた感動を感じるには狭すぎると思うほどだった。
「ドイツの第一、第二、第三軍の退却が我らの左翼と中央部隊の前で加速している。今度は、ヴィトリとスメーズの北方で敵第四軍が後退し始めている」
　そうだ、その通りだ！　我々はどこでも抵抗したのだ！　交戦し、圧倒し、痛めつけたのだ！　おお！　あのドイツ野郎の血が涸れ果てるまで流れよ！
　今は理解できる、単純明快に分かる。あの九月初旬の意気消沈した撤退、あの埃だらけの道路沿いに、乾ききった暑さのなかを茫然として進めた行軍、あれは押しつぶされて負けを認めた軍隊の逃亡ではなかった。そう、退却なのだ。だが徐々にであって、これまで、司令部が示した期日までであり、そう先のことではない。

また勝利報告の横に、大戦闘の前日、最高司令官が諸部隊に発した宣言があった：

「今は後ろを見るときではない……敵を攻撃し、撃退せよ……」

その通りだ、私もそう感じていたし、わが部下たちもだが、ただ我々全員、何も言われはしなかった。

「退却するよりは戦場で死せよ」

コンデで、北へ反転するとき、誰もそう言わなかった。だが我々は心のなかではそう思っていた。あの悲痛な日々に「祖国の救済」がかかっていたことも知らず、我々は喜んですべてを犠牲に供していたのだ。

以後、戦争は、我々が銃に装塡し、銃剣を立てた場で、徹底的に若い血潮にまみれた。しかし奴らの大きな砲弾はもろい壁も倒せなかった。前方に鋼鉄の雪崩を浴びせた後、兜の群れが徒歩で殺到し、頑固に突進し、五日間、絶望的な怒りで猛攻を繰り返しても、期待通りには突破口を開けなかったのだ！

今日はヴォー＝マリで工兵班が、畑の麦穂のように固くなって倒れたドイツ人を拾い集めている。彼らは一〇人ばかりを放下車に積み込んで、轍のでこぼこで死体の荷を揺らしながら深く掘られた幅広い穴に運ぶ。口をあけた穴の縁に着き、荷を揺らして後ろに落とすと、死体の束が恐ろしいさまでばらばらに揺れて穴底に転がっていく。そしてフランスの大地が、緑がかった着衣、この地を二度と見ることのない目をした、腐敗した顔、もう決して鉄鋲《てつびょう》でそこを踏みにじることもない、重々しい大きな長靴を覆い隠す。

これがそこにいた工兵の語ることだが、彼は目にした恐ろしい光景が眼底に焼きついているのだ。

私が人間の心を絞めつけうる最も驚くべき衝撃の一つで卒倒せんばかりに感じたのは、低い屋根の村役場の前で、参謀部の書記がタイプしたこの数行に目が釘づけになったときである。

押し合いへし合いして読み続けている兵士集団を通り抜けた。彼らのそばを通りながら、路上にいる者たちを見た。彼らはみな泥だらけの顔で、頰が落ちくぼみ、髭ぼうぼうだった。彼らの外套は道路の砂ぼこり、原っぱの泥、雨水の痕跡をとどめていた。彼らの靴とゲートルも結局は暗くくすんだ色になっていた。粗雑なかけはぎが服の膝や肘にあたっていた。また擦り切れた袖からはこわばって汚れた手がのぞいていた。大半の者が疲れ切ったようで、悲惨な様子だったのである。

しかしながら、人間的な力を越えて精力的に戦ってきたばかりの者、ドイツの弾丸や銃剣よりも強い姿を見せた者は彼らだった。勝利者は彼らだったのだ！　私は、犠牲を厭わず、英雄的行為の崇高さも分からずにわが身を捧げ、今や人々の称賛と尊敬に値する兵士諸君の一人ひとりに、私を押し進めた熱き友情の高まりを伝えたかった。

たぶん明日からは、また肩を痛める背嚢と弾薬帯を背負い、足が腫れて痛くても数時間行軍し、水の溢れた溝の横で寝て、行き当たりばったりに糧秣補給を食べ、時々は飢えて、喉も乾き、寒いこともあるだろう。彼らは進発するが、彼らのなかには、我らの生活に不平を唱え、呪う者は一人もいないだろう。また戦いのときが来れば、銃を構えて力強く振る舞い、二度の機関銃の一斉射撃の間にはね跳ぶ柔軟さをもち、敵の襲撃を粉砕する同じ頑強さを見せるだろう。彼らには、弱ることはなく、逆に勝利の確信で強くなり、つねに肉体の疲労に打ち克つ精神力がある。おお諸君、わが友たちよ、我々はみな今までよりもさらによくできるのではないかね？

しかし村はずれで、叫び声が上がる。数人が全速力で台地の天辺によじ登っていく。そこには集結した強力な部隊、たぶん半大隊がいる。青い外套と赤いズボンが鮮やかな色合いで際立っている。野営用の皿、鍋類、飯盒が淡い光のなかで輝いている。それらすべてが清潔で、磨かれて艶《つや》があり、まっさらだ。到着したばかりの増援軍である。

幸いなるかな、勝利のときに戦線に合流し、戦わずして退却するという責め苦も知らず、弁明することもない者たちよ！　キュイジの塹壕、武器の弾が届く限り目印が配置された、日当たりのよい射撃場の思い出が、ソメーヌまでの数日間私をずっと悩まし続けた。なぜなのかも分からず進発しなければならなかった。確かに幸いなるかな、まずもってこの落胆重圧に苦しむ必要もなく、追跡戦の陶酔のなかで初陣に出る者たちよ！

V　皇太子《クローンプリンツ》軍の後方で

九月一三日日曜日

「おそらく今日セニュルを離れることになる。我らが行軍が長くなることを願っておこう」と先ほどリーヴ大尉が言った。

私もそう願います、大尉殿。だが一体なぜ昨日一日中あんなにたらふく食べたのだろう？　第五中隊の給養係下士官が見つけてくれた卵、あれは新鮮で、針で二つ穴をあけて生で丸のみ。機関銃手たちの鍋から大匙ですくいとったフライドポテトはカリカリ。大尉が手羽をくれた若鶏は柔らかく、ミディアム。炊飯兵が納屋の裏で、とろ火でゆっくり煮た兎は丸々だ。それにしても、ああ！　何たる夜だったのだ！

麦藁が手、顔、靴下を通して足を刺してちくちくする。焼けているみたいで、滑らかなシーツの新鮮さが欲しかった。胃が鉛の弾丸のように重かった。時おり、胃が奇妙にぐるぐると動いた。夜、まどろんでいたほんの僅かな時に、悪夢にまとわりつかれた。急に目覚めると、吐き気がして、ばかでかい大桶の樽板に頭をぶつけた――そのそばで藁穴を作って、なかで寝ていたのだ。

文句は言えない、私の過失だから。この食い過ぎ、消化不良で死ぬわけはない。明日にはもう吐き気はしないだろう。

村の医者が我々、ポルションと私に貸してくれた小さな洗面器に顔を浸した。どんな洗面器で顔を洗っているのだろう、あの親切で小柄な医者は。これは本当に滑稽なほど小さい。一週間前からたまった垢を落とすには、バケツの湯数杯が必要だろう。我々には小さなグラスほどの大きさの瓶に冷水数滴があるだけで、体を洗うのは受け皿の水だ。

幸いにも、従卒が縁まで溢れた野営用バケツを持ってきてくれた。私は思う存分水ですすぎ、床にたっぷり水を飛ばしても頓着しなかった。この瑞々しさが昨夜の不快感を消してくれる。元気になったように感じる。満足だ。

正午、進発。わが小隊は納屋の前に集合、全員背嚢を背に、銃を足下に立てている。欠員なし。彼らを見る。服にブラシをかけ、肌を洗い、髭を剃っている。装具にも靴にももう埃はない。顔をまっすぐにし、目は明るい。好調な出だしだ。よし。

しばし待つ。出発直前の沈黙だ。この沈黙のなか、どこか遠くで、突然銃声がし、大きくなり、銃撃音が弾ける。あれはなんだ？　悪い冗談か！　一昨日からは、もう重砲弾の爆発音さえ聞いていないのだ。

「中尉！　中尉殿！　あれを見て！」

全員が顔をあげる。兵士が指さす空の一点を目で追う。分かった、〝タオベ（Taubes）〟〔第一次世界大戦中のドイツの鳩型単葉機〕だ！　雲ひとつない空にごく小さな、きれいでほっそりしたのが一機、我々の頭上へまっすぐ飛んでくる。今や我々全員がそのシルエットを認める。エンジンのうなりで、突然、まだかろうじて見えるだけの飛行機を発見すると、そう迷うこともなく、誰もが言った：「ドイツ野郎」か「フランス」か。

もちろん、これはドイツ野郎だ。ローヌかマラ・ラ・グランドの方から撃っているはずだ。我々には、まだ遠すぎる。目で追跡を続けるしかない。だが誰もが撃ちたい欲求で慄いている。

隣りの小隊から、突然、叫び声が上がる‥

「来るぞ！」

たぶん実際に、飛行機が少し揺れたのだろう。みなが喜んで叫び、子供のように飛び跳ねるには、それで十分だ。私は「来ない」と確信する。飛行機はただカーブしただけだ。カーブしながら、横に折れて、斜めに傾いたまま、やがて納屋の屋根の後方へ消えた。それで十分だ。全員が、向こうの北の方で落ちて、地面で潰れると確信している。私はまた彼らにそう思わせる。

前進！　行軍は、まだ地面が重い原っぱをゆっくりとだ。だがもう水たまりはなく、足も濡れない。前方で、第八中隊が隊列をのばして散開し、我々の妨げになる。果樹園のそばを通るたびに、兵たちが止まって、木を揺さぶり、リンゴやクエッチ〔スモモの一種〕を雑嚢一杯に詰め込む。

マラ・ラ・グランド。組み立てられた砲列がはみ出て、切り株畑から道路を這っている。砲兵たちが怒鳴り、首輪で強く引っ張るように憔悴しきった馬を鞭打っている。哀れな馬たちよ！　痩せて、肋骨が突き出、馬具から脇腹がむき出しになり、大きな頭を地面に傾けた馬たちは、身をこわばらせ、荒い息を吐き、大きなくすんだ目は目やにで汚れ、苦難を諦めているようだった。

墓‥十字に結んだ二つの枝。横枝には、ナイフで、木の中心部をむき出しにした大きな切れ込みがある。そこには、鉛筆の手書きで、戦闘服だけの遺体で、地面にじかに横たわった兵士の名前が書かれていた。その下には、連隊と中隊の番号と死亡日、九月九日とあった。

四日目の戦死！……親は知らないのだ。

また墓だ。もう並べられても、集められてさえもいない。我々が辿る道の、まだ葉が生い茂った木がぽつりぽつりと立つ、青々とした草の生えたくぼ地に点々と並んでいる。地面からは、こうしたあらゆる粗末な十字架が現れ、そのほとんどすべてに赤いケピ帽が引っかけられている。兵たちは立ち止まりもせず、声高に同一の墓碑文を読んでいく‥九月八日……九月九日……九月一〇日……

十字の二本枝に何も記されていない墓が一つある。木に焼き鏝《ごて》で刻まれた杭が一本、道ゆく者に死者の名を伝えている。最近盛られたばかりの土の上に、並べられた石が大きな白い十字架を描いている。こうして寝かせれば、十字架は下で横たわって憩《いこ》う者を、近くからもっとよく見守っているように見える。

戦闘用塹壕〔散兵壕。敵前に散開させた兵の戦闘を有効にするための塹壕〕を掘った同じ工具で掘られた、俄作《にわかづく》りの墓に眠れる諸君よ、私は諸君がより深く、より安らかに眠らんことを祈る。横たわる遺体は草地の地面を静かに持ち上げる。雨がこの日々諸君を濡らしたに違いない。だが、少なくとも諸君には静かに降りそそぐ。敵は遠ざかっている。もう戻ってこないだろう。

なお数分行進すると、重砲弾の弾孔で穴だらけになった、草も木もない平原に着く。陽は傾いている。夕陽が斜めになり、金色に沈む。死んだ馬、硬直した両脚は蹄が地面で交差しているか、まっすぐ空に向かって突き立っている。腐敗した内臓の圧力で脇腹が膨らんでいる。ぬるぬるした液体が口の端から流れ、長い黄色の歯がのぞく。青みがかった目はたるみ、形が崩れている。見るも痛ましく、汚らわしい。

小休止！　藁で覆われた塹壕線の前に来ている。一〇日の朝、私が落ちたのはここからだ。助けてくれた兵たちはこれと同じ藁屋根の下で身を守っていた。これらの穴にはまだ体熱が残っていた。ここにいた者はほんの少し前に出て行ったに違いない。

横になって寝るまで休息。食事だ。雑嚢からバールのジャムが出る。原っぱじゅうに兵たちが犇《ひし》めいている。汚らしい羽根布団を引きずって羽毛をまき散らしている者や、どこで拾ったのか、蠟引きの布切れを引きずっている者がいる。別の者は穴だらけの汚れた毛布を広げている。自転車伝令が通っていくが、我々よりもすらりとして、短い上衣で、半ズボンは膝できっちりと締まり、ラシャの巻きゲートルがふくらはぎにぴったりだ。彼らは革ベルトにドイツ製の卵型で、よく目にする軍服と同色のカバーで覆われた、膨らんだ水筒をぶら下げている。彼らが羨ましい、例の記念すべき事件後、私には水筒がない。水筒を託した第五中隊の男を見つけたが、彼は馬鹿のふりをして知らぬ存ぜぬ、私は気をつけることだと観念しつつ、後悔するだけだった。

「集合！」命令がきた。もっと先まで行くのだ。

出発する前、足にぶつかった砲弾の塊りを拾った：長さ五〇センチメートル、幅一五センチメートル、尖端が鋸歯《きょし》状の鋭いエッジ。手に重い、この恐ろしいものを見つめる。どんな大砲弾が唸りながら矢のように飛び、これを投じて下にいる者に身をかがませたのか？　この弾片は腕や脚をスパッと切断し、頭を首から切り飛ばし、人体を真二つに切り裂いてしまう類《たぐ》いのものだ。こうして手のなかでこの重く冷たいものを持っていると、セットサルジュの森で、腰から脚をえぐり取られ、下腹部が潰されて我々のそばで死んだ、小さく哀れな大隊付き自転車伝令のことが目に浮かぶ。

北に向かう、幅広い道路上だ。樹木と冷気。夜がくる。突然、灰色の影のなかに、廃墟が立ち現れる：エリーズ・ラ・プティットに来たのだ。

小集落よりやや大きな村の入口は荷馬車、犂、脇に引かれた大きな干し草用熊手で、ふさがれていた。黙したまま、我々は崩れ落ちたあばら屋の前を通過する。壁面と、荒廃した炉に折れ曲がったまま立っている煙突以外何もない。黒焦げになった桁が車道の中央まで転がっていた。大きな刈り取り機が折れた梶棒を切り残した大枝のように掲げていた。

　連隊は陰鬱な夕べのなかを行列行進してゆく。この荒廃した情景が不気味な強い印象を与えるというのではない。先ほど最後の小隊が丘の頂きに消えると、村には冷たく、物音一つしない夜のとばりが下り、廃屋に静けさが忍び寄ってくる。

　最後に振り返って、もう一度見る。この荒廃した光景が視界一杯に入ってくる。それからまた機械的に行進するが、胸が絞めつけられ、涙が出るほど侘《わび》しく、心には死が重くのしかかってくる。

　ランベルクールからヴォー＝マリとボゼまでの線に沿った、別の道。溝には、死体がうずくまるか、横たわっている。一人だけというのはごく稀で、ほとんどいつも二人か三人が、まるで互いに温め合おうとするかのように、身を寄せ合っている。死の光が青い外套と赤いズボンを照らし出している。フランス人、フランス人、フランス人だけだ。だが何人かのドイツ野郎を発見するのも簡単：彼らには死体を隠す時間がなかったのだ。

　暗い夜。もう死体は見えないが、いつもそこ、溝の底や土手、道路の土盛りにいる。暗がりでは、見分けられない。かがんでみると、漠然とした塊りとなって現れてくる。とりわけ、臭いが感じられる。耐え難い臭いが夜の空気に濃くしみわたるのだ。湿った微風がだらだらとそよ吹いて、我々の鼻孔や肺にしみ込む。何かその腐敗したものが我々のなかに浸透してくるようだ。

　隊列は無言である。私の前後を踏み鳴らす無数の足音。小さな咳、唾を吐く音。寒くなりそうだ。だが頭と手は燃えるように熱く、思わず私の足は右の方、道路沿いに流れ、黒い樹木の下に蒼白い蒸気をよどませているエール川の新鮮な空気の方に向かう。

　ドゥヌ・ドゥヴァン・ボゼ。糧食配給車の前を通る。角灯の光が揺れる。髭面の顔、むき出しの前腕の先に肉切り包丁の刃、ブロック肉、外套のボタンが垣間見える。角灯の明かりがゆらめき、遠ざかる。もうボヤッとした動く影しかない。だが間もなく、家屋の下のところで、炎が輝く。炊飯兵がかがみ、顔は強く照らされて、荒っぽく赤色に染まっている。壁には大きな影がうごめいている。

　我々は、夫が戦場にいる羊飼い女のところで食事を賄《まかな》ってもらう。昨晩、彼女はドイツ将校たちに料理を出している。

「ごらんなさい、みなさん、彼らはあれだけ残していったんですよ」と彼女は言う。

　そしてシュクルット〔ザウアークラウト。塩漬けの発酵キャベツの料理〕の残りが固まっている皿を見せた。彼女は急いで、突き出た腹で丸パンを支えながら、長い新鮮なパン切れ（新しいパンのだ！）に切って出し、地下の酒倉から二フィートの高さの陶器の壺に入れて持ってきたシードル酒を我々のグラスに注いだ。

そして、「でも彼らがもう戻ってこないのは確かなんですか？」と尋ねた。

さあ、寝よう！　兵たちがすでにバリケードでふさいでいた納屋の、まだ持ちこたえている戸を強く押す。

「パヌション！　パヌション！　さあ、飛び越えろ！」

パヌションは私の従卒だ。彼が干し草を踏み、鼾《いびき》をかいて寝ている者にぶつかる音が聞こえる。次いで戸が開き、長々とうめき声がもれてくる。うわっ！　なんて臭いだ！　乳しょう、ドブネズミ、腋臭《わきが》の臭いだ。むっと鼻を刺すような臭いで、吐き気を催す。これほどの悪臭はなんだ？

突然、この臭いで、もう昔のことになった思い出が蘇る。リセ・ラカナルのドイツ語野郎の「助手」の部屋を思い出す。時々学校で習うドイツ語のウォーミングアップのため三〇分、そこへ通っていた。酷暑の夏のことだった。彼は上着を脱いで、寛《くつろ》いでいた。ドアを押して入ると、この同じ悪臭が鼻をつき、息が詰まった。彼は微笑し、サンゴ縁の眼鏡の奥で顔半分ふくらまして、くぐもって押し殺した声で話しかけてきた：

「『モン・オングル・ペンヒャミン』！　フィン、フィン〔『わが叔父バンジャマン』！　最高、繊細〕。ルブレザンタティフェマン〔典型的に〕フランス的だ！」〔片仮名文字の原文は *Mon Ongle Penchamin!* (=Mon Oncle Benjamin) Fin, Fin (rebrésentatifement=représentaivement). ここはドイツ人のフランス語発音を揶揄したもの。『わが叔父バンジャマン』（一八四三年）はクロード・ティリエの小説〕

私は背中で壁を押すほどまで椅子を引き、結局はいつもこう言っていた：

「公園に行きませんか？　ここよりは涼しく空気もいいでしょう」

やれやれ！　あのドイツ野郎の臭いのなかで眠り、奴らが寝ころがったこの干し草のなかで寝なくてはならないとは。まあ！……所有権の奪回、交替だからな！

敷き藁から出ているラシャの片隅をつかんだ。引っ張ってみると、赤い襟の緑がかっただぶだぶの外套だ。

「こいつを外へ捨ててくれ！」

横になって、自分の外套を広げ、目を閉じる。よし！　おや、脇腹のところに何かあるのか？　干し草の下に手を入れて見ると、角張った固いものにぶつかった。急いで取り出すと、出てきたのは、ニスを塗った、安物の汚れた木製手箱で、蓋の裏に鏡がついている。

「パヌション、こいつも外へ捨ててくれ！」

ああ！　不快だ！　また掘り出し物だ！　「鉄磨きクリーム」幸いにも、これで最後だ。野戦用外套を目元までかぶる。欠伸《あくび》しながら、横になる。暖かく、気持ちいい。「ぐっすり眠ろう」明日、ドイツ野郎ども粉砕だ！

九月一四日月曜日

雨が降っている。この蒼白く鬱陶しい空では、行軍は辛くなるだろうな。一日中濡れることを覚悟しておこう。

我々のように、雨がもたらす苦難が増すとどうなるか知っている者にとっては、厳しい試練だ。服が重くなる。雨水がしみこんで寒くなる。革靴が締まって固くなる。ズボンは脚にはりつき、歩行を妨げる。背嚢の下にある下着類、着るとすぐ気持ちよくなる貴重で清潔な下着類は取り返しのつかないほど汚れ、徐々に名づけようのない包みに変わってしまい、その上に紙や缶詰の色が滲んでくる。泥が飛び跳ねて顔や手を汚す。泥水のなかでの到着。夜は、汗ばみ、温めるどころか冷えてくる外套を着たまま不十分な休息だ。全身が硬直し、関節はこわばり、痛い。そして出発は、拷問用の編上靴のように足を傷つける木靴を履いてだ。厳しい試練、諦念、忍従だ。

昨日のように、二列のフランス兵の死体の間を行進。彼らは新しい服を着ているように見えるほど、雨が彼らに降りかかり、洗い流していた。腐敗した死体はひどく膨らんでいた。彼らは短く、大きな腕と脚で、ラシャ服が膨らんだ死体がはちきれそうだ。第一線の歩兵、それに植民地兵。先ほどは、我らが死者はうつぶせで、地面に顔が隠れていた。彼らは、土手を背にして、まるで我々が通過するのを見るように、道路に向けられていた。顔は黒ずみ、分厚い唇が腫れあがっている。友軍の兵たちの多くが彼らを黒人と見なして、言った：「おや、アルジェリア狙撃兵だ！」

特に道端に坐っていたこの哀れな死者たちの一人を覚えている。植民地軍の大尉だった。彼は脚を無理やり折り曲げさせられて、草地にしゃがんだ格好になっていた。だが足の一本が次第に緩んで、まるで乱れたステップで踊っているかのように前に投げ出されていた。上半身を軽く後ろにそらし、顔は道路に面と向かい、目を大きく開けていたが眼差しがなかった。しかし私が最も目を引かれたのは、その口髭、かすかにカールしたブロンドの口髭だった。その下の口はもはや紫がかった肉のたるみでしかなかった。この腐敗し、黒ずんだ顔に、この好青年のブロンドの口髭は何とも言えないほど哀れだった。

さあ！　顔をあげて、拳を握れ！　一瞬衝撃を受けてたじろいだことが恨めしい。この死者たちをよく見て、彼らに憎悪の力を借りなくてはならない。逃げる前、ドイツ野郎は道路端まで彼らを引きずってきて、この場面をつくり出そうとしたのだから、投げつけてきた死の挑戦をあいつらに高く払わせてやろう！　どうしようもなく空回りする狂暴な怒り、我らの心に怒りを巻き起こす激情、この光景がもたらすはずの恐怖の代わりに生まれた復讐心。

　それに、今や歩くたびに、彼らの敗北が顕わになる。鉄兜は我々の弾丸でボコボコになって穴があき、砲弾片でつぶれるか引き裂かれている。銃剣はさび付き、弾薬帯は挿弾子《そうだんし》で一杯のまま口があいている。道路の左側の草地には、裂けた軍用運搬車、粉々になった牽引用前車、殺傷された馬などが山積みになっている。溝には、壊れた機関銃の銃架。七五ミリ砲の砲弾でできた漏斗孔も見える。この銃架で撃っていた機関銃、これはバリバリと撃ちまくったに違いない！　それじゃ機関銃手は？　穴のなかだ！　白く粗い布地の弾薬帯が水たまりに螺旋《らせん》状に浮かんでいる。

　雨水で一杯の長靴を拾う。これを履いていた者たちは、どこにいるのだ？　また穴のなかだ！　突然、ドイツ語の墓碑銘の十字架。

　そこにはオットー、フリードリヒ、カール、ヘルマン何某の名前が続いている！　どの十字架にも四つ、五つ、いや六つまでも名前がある。急いだのだ…束にして土に埋め込まれたのである。

　ほかのよりも高い十字架が前方に現れる。三語が太い大文字で彫られている…

ZWEI DEUTSCHE KRIEGER（二人のドイツ人戦士）

　また挑発か？　それで？　誰が諸君の「二人のドイツ人戦士」を殺したというのか？

　水浸しの車道には、新聞、絵葉書、手紙類が散らばっている。裏に、女性が行詰めの字を書き連ねている写真を拾う。読んでみる…「愛するピエール〔独語名ペーターか〕、ずいぶんと長く便りがこないので、私はとても心配しています。でもあなた方ドイツ軍がまた勝利して、あなたが栄光に包まれてバート・テルツ〔バイエルン州の保養地。後に武装親衛隊の育成センターやダッハウの付属収容所ができる。トーマス・マンの別荘地もあったという〕に戻ってきてくれると信じています。そうなれば、みんなどんなに嬉しいことでしょう！……」もっと先では…「子供は大きくなり、丈夫です。どんなに可愛いか想像できないでしょう。そう遅くならないうちに帰ってきて、この子がもうあなたの顔が分からなくなるから」

　そう、確かに哀れである。だが誰のせいなのだ？　あの先ほど見た大尉、道路横に投げ出された大尉のことを考えてみよ。このピエール、このドイツ野郎、写真を見ると、低い額、冷たい目、ずんぐりした顎をして、妻がただ無邪気に微笑んで坐っている肘掛け椅子の背に、大きな手をもたせかけているこの男、彼が何をしたのだ、彼に何ができたというのか？この時節、哀れみ、同情は臆病、裏切りになろう。厳しく、できるだけ厳しく振る舞うことだ、結局は決着をつけねばならないのだから！

サン・タンドレ。村はずれの丘に、救護所の遺物がごたまぜに積み重なっている。全部口があいて、持って行けそうな物はなく、空っぽになった、赤褐色の牛革製背嚢の山。あるのは、黒い鞘におさまった銃剣、ほどけた弾薬帯、尖端のない兜、泥と血で汚れて、ボロ切れになった下着、一〇〇個単位の包帯包み、雨でぬれて、周りの小さな水たまりを赤く染めている脱脂綿の山だけだ。丘に植わった大木はこの陰鬱な混沌状態でかしぎ、枝から水滴が静かに落ち続けている。

スイイの前を通過する。無人だが、まだ砲撃で破壊されていない家並み。廃墟の絶望とほぼ同じ悲痛な遺棄のメランコリー。

雨のなかで大休止。シヴリ・ラ・ペルシュで、ムーズ県のどこにでもあるような緑色の戸の納屋で宿営。踏み固められた作業広場、周りには銃口先に装具を引っかけた銃が立てかけられ、並んでいる。そこを見下ろす穀物倉は藁と干し草で溢れており、その深みに沈むと夜の暗闇に逃げ込める。

九月一五―一七日

また行軍、ヴェルダン一帯に広がった塹壕陣地。城砦に最も近いティエルヴィルにきた。雨空をきれいな晴れ間がのぞくなか、ヴェルダンは新瓦で覆われた兵舎、飛行場の白い格納庫、家並みと樹木の上にそびえ立つ大聖堂の塔を背景に広がっている。

各部隊が犇めく村々。誰かが通りがかりに尋ねる。兵たちは石造りの平たい水槽に水がはってある給水所に駆け寄り、軍用コップでがぶがぶ飲み、水筒を一杯にする。脇腹に水筒の重みを感じる爽快さ、パヌションが昨日持ってきてくれたドイツ野郎の水筒を私も皮ベルトにつるしているのだ。

ムーズ川。次にブラ、ヴァシェロヴィル。僅か三週間でそこを通過したのだ！　そんなことが可能だったのか？　なかなか納得できない。強く新しい多くの感覚的経験や、冒した危険、まったく思いもしなかったこの生活体験！　私の周り、私のなかで起きた大変動。三週間、やっと私は兵士になったのだ。

ルーヴマンに宿営、それまで通過した泥だらけのどの村よりも泥だらけの村だ。後方で重砲の砲台が規則的に撃っている。大きな砲弾が頭上を唸って飛んでゆく。

今朝、村を離れた。小石だらけの峡谷の斜面の矮小なアカシアの間に、四列小隊の戦列に布置された。

　私はポルションのそばに坐って、ひどくぼうっとなって、疲れ果て、時々彼の肩にもたれかかった。自分の脳がぐにゃぐにゃになったような気がして、考えることも億劫なほどの無力感にひどく苦しんだ。私はただ一つの印象にしつこく憑かれていた。つまり、追跡は停止したが、ドイツ野郎どもはこの近くのどこかでとどまっており、この肉体も心も崩れ行くなかでまだ戦わねばならなかったことだ。私は底知れぬ孤独感に陥り、毎秒毎分少しずつ、何ものも救いとならない絶望の縁に滑り落ちていた。出征以来、家族からの手紙一つなく、愛情の言葉一つなく、何にもないのだ！　彼らは、内地〔出征した兵士は自分の故郷をこう呼んでいたという〕で私について何か知っているのか？　彼らは、二つの爆撃の間、道端で休息中か、または夜、納屋で蠟燭の明かりで急いでなぐり書きした葉書を受け取ったのだろうか？　彼らはこの大地のどの片隅に私を探せばよいのかも知らない。私が戦い、戦闘でどうなったのかも知らない。終わりの見えない日々、不安感に苛まされていたのだ、彼らも。だが私は……

　その晩、我々はコールの森はずれで前哨に立たねばならなかったが、私は苦悩と落胆の残酷な二日間を過ごすことになる。そのときはまだ、それでも耐えぬき、諦めない力が残っていたので、その思い出が後に来る試練に対する武器となることを願った二日間を、である。

九月一九日土曜日

　水浸しの溝に四〇時間。大急ぎで頭上で枝を組み、藁の切れ端で隙間をふさいだ屋根は、猛烈な驟雨《しゅうう》で、一瞬のうちに穴漏れができた。後は、周りにも頭上にも雨が流れ落ち続ける。

　じっとしたまま、窮屈なこわばった姿勢で互いにぴったりと身を寄せ合って、ものも言わず、震えていた。雨に濡れた服で身体が凍える。ケピ帽が頭にはりついて、こめかみを絞め続け、痛くなる。我々は脚を折り曲げて踝《くるぶし》のところを摑んでじっとしていた。だがしばしば、かじかんだ指が緩んで、足が溝の底の泥水に滑り込む。背嚢はそのなかに転がり、外套の裾《すそ》が泥水に垂れている。

　少しでも動くと痛い。立ち上がろうとしても、できない。先ほどルー曹長が試みてみた。だがすぐ叫び声をあげるほど、膝と腰の痛みがひどかった。それからまた我々のところへ倒れてきて、泥にできた彼の体の形のくぼみにずるずると滑り落ち、泥のなかで同じ姿勢に戻ると、関節硬直でこわばってしまった。

二日前から起こったことはすべてが生彩を欠き、ヴェールがかかったようだった。まるで無気力で、さえない、無味乾燥な雰囲気のなかで息をしているようだった。長時間茂みのなかにじっと隠れていたことを覚えている。わが小隊は軍馬のそばにいたが、まとめて繋いでおいた馬は動くたびに枝をへし折っていた。前から、雨が降っていたに違いない。そう、確かに雨が降っていた。降りしきる雨滴で葉擦《はず》れがする音が耳に残っている。それから行進を始めた。よどんだような夜が、知らぬまに森と草地に忍び寄ってきた。前方には、坂の斜面に歩兵部隊のほっそりした行列が真っ黒になって張りついているのが見える。彼らの頭上には、榴霰弾《りゅうさんだん》がそのふわふわした弾片を残していた。もう弾丸が飛んでいる音は聞こえない。鈍くこもったような音で爆発し、音が乱れず、静かに広がってゆく。左手では、放棄された農家のざらざらした屋根瓦が地面に落ちて砕け、散らばっていた。一人の騎兵が外套の襟で顔を隠して、そこへ行こうとしていた。馬のトロットが奇妙にも静かに滑るように進んでいく。

我々は最初の夜を今いる溝で、次への備えとして過ごした。五、六人かたまって、貧弱な木の束に寄りかかり、火をつけようとしたが、燃えずに燻《くすぶ》っていた。私は興奮して、饒舌《じょうぜつ》で陽気な気分になった。自分が疲労困憊して陰気になっているのを感じ、一気に落ち込まないように、がむしゃらにもがいていた。それが長く続き、時おり、周りの者たちに不安を呼び起こすほど極端になっているのを感じた。私の狂ったような冗談が一つ一つの苦悩に対する侮辱になるようなときが来た。そこで黙って、卑屈な自己満足感で、忍び寄るのを待っていた陰鬱な侘しさに身を委《ゆだ》ねたのである。

雨は同じ葉擦れの音で降っていた。炉の木は擦れるような、静かな音をたてて燃えている。私は消えかかった燠《おき》の明かりにじっと目を注いでいたが、そのいくつかにはまだ灰のなかで赤味が残っていた。

朝、前哨の戦線で銃撃音が弾けた。大尉が二小隊の援軍を送ってくれた。我々は道のついていない森のけもの道を一列になって行進したが、軟らかい粘土で滑り、一〇歩ごとに転び、四つん這いになって急な坂の天辺によじ登ったが、泥がなければ、二跳びで登れただろう。

着くと、森縁に銃弾で穴があいていたので、木の幹を楯に身を守らねばならなかった。塹壕はなかった。兵たちは溝の泥水の地面に寝そべり、背嚢を前に置いていた。

雨は止まなかった。広い耕作地に降りそそぎ、ところどころに寄りかたまって立つクルミの木が、葉擦れの音をたてていた。ドイツの監視兵二人が、我々のいる森の向かいの前で立っていて、二つの灰色の石像のようだった。次いで匍匐《ほふく》前進の小隊が森から出て、平地に進んでくるが、地面に染まったようにどんよりとして、かろうじて見分けられた。我々が何人かを撃ち殺すと、小隊は木陰に戻り、動かぬ小さな塊りを野ざらしにしていった。

しかし弾丸は飛び続けていた。時おり、溝から叫び声がし、男が両手で胸を押さえているか、怯えた目で指先に流れる血を見ながら、こちらへ駆けてきた。やっと静かになる。

鼠蹊《そけい》部に貫通銃創を受けたわが伍長の一人を連れて、掩蔽壕〔敵の攻撃から兵員、物資を守るための塹壕〕に戻った。泥道を通る苦しい道のりだった。負傷兵は弱々しくうめき、二人の仲間の首に腕を回し、頭はぐらぐらと揺れ、顔面蒼白である。運搬兵が滑って、膝から転んだ。すると悲痛なうめき声がほとばしり、それが収まった後でもずっと私の耳に残った。

第一日目と似たような夜、ものも言わず震えながら待ち、一分一分が数時間のように長く、なかなか来ない夜明けへの期待。私は次第にまどろみ、体がだらしなくなり、仲間にもたれかかった。彼は怒って私を乱暴に揺さぶった。みな苛立ち、邪険になっていたのだ。少ししてから、私は激痛で飛び起きた。ほとんど消えかかった熾のところまで転がり、まだ熱い燃えかすで手にやけどをしてしまった。雨は降り続いている。

いまは、夜が明けている。濡れて味気ない冷たい肉切れと、畑で見つけてきて、灰で少し焼いた緑色のジャガイモ数個を食べたところだ。今晩交代することが告げられていた。もうそんなことには期待しない。もう分からなくなった。ずっと、ずっと前からここにいるのだ。我々はここに配置された。だが、忘れられたのだ。誰も来ないだろう。この森はずれ、この溝、この雨のなかを誰も交代はできないだろう。もう暖炉に明るい炎のある家も、干し草が積み重なって決して濡れない、しっかりと閉まった納屋も見ることはないだろう。もう着替えをして、疲れを癒し、この冷たい絞めつけからわが身を解放してやることもないだろう。それに、一体何の役に立つのか？　泥でべたつく服、脚に食い込む巻きゲートル、日焼けで硬くなった靴、装備品の皮ベルト、それらすべてが今や私の苦痛ではないのか？　それが私に張りついているのだ。初めは肌に浸み込んできた水が、今や血管のなかにまで流れている。今や私は泥の塊りとなり、水につかって、その底の底まで冷えている。我々を守ってくれたが、しまいには切れ端が膠着し腐ってしまった藁のように冷たく、どの木にも水が流れ、葉擦れがしている森のように冷たく、次第に泥水が混ざり、ドロドロになる野原の土のように冷たく、冷え切っているのだ。

たぶん昨日は、まだ間に合った。昨日出発していれば、防御し、立ち直り、修復できただろう。だが今日は、悪くなり過ぎた。こんな悪化した状況は修復できない。遅すぎる。もはや期待するだけ無駄だ。

九月二〇日日曜日

「なあ君、いつになったら毛布を全部ひっかぶるんだ!」

一緒に寝るようになってから、ポルションが同じことを言うのはもう三度目だ。私は返事しない。できるだけ単調普通、できるだけ「自然に」鼾をかこうとする。

「おい、でくの坊! いつになったら毛布を全部ひっかぶるか、訊いているんだ?」

彼はこだわる、気の毒なやつだ。怒って爆発しそうだ。やはり爆発した。

「ああ! もう、君にはまったくうんざりする! 静かに眠らせてくれ! もっと毛布をかぶって、なかに丸まって、自分だけで寝てくれ、ぼくを静かに眠らせてくれ!」

ポルションは一瞬、黙っている。それから、もう眠ったような声で言う‥

「なあ?」

「こんどは何だ?」

「オモンの森ではもっとよかったな」

「まあな」

「ルーヴモンの納屋はもっとよかったな」

「もちろんだ!……なあ、もう寝ようか?」

二分後、彼は鼾をかいている。私はもう眠れない。いろいろな想いがかけめぐり、しつこくつきまとって、眠れない。

すべてを思い返してみる。恐ろしく消耗した二日間、篠突《しのつ》く雨のなかの交代、ルーヴモンへの到着、掃き溜めのようだった。私は隣りの宿営地の納屋の前に、暖炉のあるタイル張りの部屋があったので、そこへ行った。薪束が唸りをあげて燃え、弾けていた。上半身裸になると、火の暖かい明かりが胸や背、肩に流れてきた。藁束に坐って、皺の寄った手を炎にかざした白い顎鬚の老兵が、ぼんやりとしていた。彼のところへ行って、話しかけた‥

「やあ、ル・メージュ? 生き返るみたいだね?」

「ああ! そうですね、中尉殿。でもあれは厳しかった、実に厳しかった……」

哀れなる老兵よ! 彼は志願兵としてもう七〇回も参戦していた。それ以来、彼は祖国を去っていた。この戦争が勃発したときは、カリフォルニアで三〇年来の公証人だった。フランスがまた攻撃されていることを知ると、彼はすべてを捨てた。そして再び戦闘部隊で参戦し、ちょうど我々があの悪夢の前哨線に出発しようとしていたとき、森で我々に合流したのである。哀れなる老兵よ! 彼は六四歳だ。

次の夜、会食に出かけようとしていたとき、ポルションが深くて柔らかい干し草の寝床を作ってくれた。食事が終わると、私は小声で歌い、暖かく静かな夜を期待しながら、納屋に戻った。入って、暗闇を手探りで進んだ。そうだ、梯子があったな……一段、二段、三段：ここだったはずだ。実際、自分の拳銃のケースと布製背嚢をつかんだ。手をのばして、うまく丸めて、周りがクッション状になった干し草のくぼみを確かめようとすると、何か固くて円いもの、少しざらつくが、大きなすべすべした表面に触れた。同時に、干し草から声がして、穏やかに言った：
「おい！　尻なんぞに触ったりするのはよしてくれ、ほかを探すんだな！」
わがポワリュの一人が気持ちのいい場所を見つけて、自分のものにしてしまったのだ。私だと分かると、口ごもりながら、おかしな弁解をする。我々はくぼみを広げて、両側に並んで、八時間ぶっ通しで寝た。
今朝、連隊はドゥオモン、フルリ、エックスを通って楽々とした行軍をしたが、この一帯は森の多い山岳地方で、要塞の周りには草の繁茂する土手がのびて、潰れた丸屋根が見えていた。我々はヴェルダンからコンフランの戦線を横断し、濡れた炭塵の道を行進した。煙で黒ずんだ煉瓦の、踏切番の家の前には、大きな向日葵《ひまわり》が中心の黒い花冠を花咲かせ、雨で一段と鮮やかに豪華さを増していた。途中、肩に装具を担いだ国土防衛兵の分隊、大勢の要塞砲兵、飼い葉や木の幹、葡萄酒樽を載せた農民のゆっくりと進む二輪荷馬車とすれちがった。道端には、板張りの小屋が突如現れ、戸口には掲示板が釘づけされていた：「楽しい別荘、よき国民の城、ヴィラ・ピッコロ」次のような韻文調の標識もあった：

戦争はいつも醜いものにはあらず、
家では決して泣くことなかれ。
いつもたっぷり飲むことだ、
それからあの薄汚いドイツ野郎どもを打ち負かそう。

やがてムランヴィルに着くと、給養係下士官がまだあまり汚れても、まだあまりひっくり返されてもいない空き家を見つけてきたが、家主はこの近くに動員されて、時々そこで過ごしていた。ちょうど我々が食卓についていたとき、彼がやってきたが、血色のよい顔をした、こわい毛の背の高いムーズ県人で、砲兵外套姿の大柄で重量感のある男だった。彼はポルションと私を、床がきしる寝室へ連れて行き、とてつもない高さの寝台を示しながら言った：
「よかったら、ここで寝てもらいますが、シーツはありません」
シーッ！　まったく当惑しきったような様子だ、この律儀な砲兵氏は。シーッ！　先ほど干し草の壁にしがみついて寝床へよじ登ったときは、そんなこと考えもしなかった。シーツ！　羽根布団と足掛け布団の間で汗をかいている私の横の、幸運なる鼾かきは、シーツがないことを残念に思っているのか？　暑い、ひどく暑いのは確かだ。背中も腹も、いたるところが暑い。頭から足先まで汗びっしょりだ。風呂で寝ているみたいだ。

九月二一日月曜日

中隊の自転車伝令、ゴブラン織り工場のパリっ子が起こしに来て、耳元で大声で言った：

「中尉殿は朝食をとりますか？」

彼は二杯のブラックコーヒーと、見るからにカリカリしていそうな長い、キツネ色に焼いた二切れのパンを持ってきてくれる。

この蒸し風呂の夜で、頭がひどくぼうっとなってしまった。体はたるみ、舌はねばつき、頭皮がひりひりする。ポルションは目もあけない。額には皺がよっている。しきりと瞼を動かし、ゆっくりとまばたきしているが、また閉じてしまう。

この日は一日中だらだらと無気力なままで、憂鬱になった。泥だらけの通りで足を引きずりながら、歩き回る。何をしようというのだ？　二時間して食事に行く。それが仕事だ。だが今からそれまでは？

それまでは、一軒一軒訪ねて、若鶏、ジャム、ワイン、「あるもの、何でも」物乞いする。タマネギ数個と「風変わりな」アニス入りリキュール一本しか見つからない。甘ったるく少し弱いが、高値で強引に買い取ったものだ。ルー曹長に出会うと、一本ペルノー酒をくれる。一五分後、ルノー大尉に呼ばれ、連隊旗手と食事している家に入る。またもう一本ペルノー酒だ……部屋に戻ると、ポルションが椅子にもたれて、虚空を見つめて眠そうにしている。何しようか？

「エカルテ〔トランプ〕はどうだい？」

彼が脂じみたカードを包んだ新聞紙を広げ、我々はゲームを始めた：

「キングだ！……パス……ジョーカー……ジョーカー……」

「ちぇっ！　そんなゲームでどうしようというのだ？」

「キングだ！……ジョーカー……ジョーカー……」

私は圧倒的についていた。ポルションはカードを投げつけて叫んだ：

「もう嫌になった！　君にはうんざりだ……もうどうでもいい。今夜は早く寝よう！」

私もどうでもいい。私も寝ることしか考えない。激しい疲労の後、前と同じ夜、十分でないか、余分かだ。もうひと晩すれば、また元気になるだろう。今夜かもしれないが、たぶんもっと後になるだろう。ムーズ川の左岸で数日間静かに宿営して休息できると期待させられているのだ。

夕刻五時。命令…「今夜、第一二師団が移動することが予想される。給食〔スープだけの野戦食〕を早く済ませ、進発準備をせよ」

やっぱりきたか！　予備師団がスパダの谷に投入されたようだ。裂け目をふさがねばなるまい。ほとんど約束された期待の休息はなしだ！……もうひと頑張りして、与えられる命令が何であれ、甘受し、全面的に同意し、脚と腰をふんばって、肩にのしかかる重い背嚢を担ぎ上げることだ。

八時進発。長い夜間行軍。村を横切って行く…シャティヨン・ス・レ・コート、ヴァトロンヴィル、ルヴォ。全村が兵たちで溢れており、その群れが暗闇で犇めいている。細い光の筋が納屋の古い戸口の隙間から漏れている。明るい炎が家の屋根の下にあがり、蹲《うずく》まった兵たちが見つめている鍋をなめるように流れていく。

「どこにいるのかな？」と兵たちが訊いている。

誰かが答える…

「パナムだ！」

「ムーズ県のだ!!」

「誰かに訊かれても、何も知らんというのだ！」

まだオディオモンだ。夜がふけていく。炊事場の火は消えている。時々、風にあおられて燠から短い炎が燃え上がり、揺れ、消えていく。

やがて、大きく黒いアンブロンヴィルの森に入る。

道路の蒼白さが樹間にのびて、その影が道に大きな塊りとなって迫り、木が一本一本前後して進み、頭上にのしかかり、我々を押しつぶすかのようだ。胸苦しさが増してくる。我々はまず南西に行進した。森に入って三時間になる。私はよろめき、段々と深く厚みのある壺のなかに落ち込んでゆく。いつ着くんだろう？

やっと空が樹木の上に現れ、夜があけて次第に明るくなり、同時に私は大きく息を吸う。月はない。無数の穏やかな星空だ。歩哨が十字路で足踏みしている。誰かが訊く…

「この辺りにドイツ野郎はいるのかい？」

彼が答える…

「いるようだ。明日衝突する可能性もある」

「ここはどこだろう？」

「アンブロンヴィルの農地だ」

「村はまだ遠い？」

「ムイイ、二、三キロ先だ。反対方向に進んでいるよ」

「ばかな！……嫌な務めだ！　溝にでも入り込むか！……奴らがこっちの命を狙っているからな」

部下たちはぶつぶつ文句を言っている。私も同じように文句を言いたい。

突然行進停止、その場で足踏み。やっと着いたのだ。ループ・タン・ヴワヴルだ。連隊は村の入口の原っぱで叉銃をする。私には何も状況が分からない。かろうじて方角が分かる。午前二時だ。

みな凍えている。ポルションと私は互いに背中合わせになり、交互に足と足をぶつけながら夜明けを待つ。寒さが足を這いあがってきて、硬直させる。これに耐えるのは不可能だ。納屋沿いの坂道を何度も行ったり来たりする。そこにはもう三〇人くらいいる。そこで一時間、たぶん二時間、半分は背嚢に、半分は身震いして文句を言う兵卒の背嚢の上に坐って過ごした。

白く冷たい夜明け。火をつけて暖まろうとする。いつものジャガイモが燠の下で黒っぽくなっている。

Ⅵ　森のなかで

九月二三日火曜日

手紙を数通書きはじめるが、指がかじかんで、洟が出る……「私は自分がどうして生きているのか分かりません。だが実を言うと、自分の抵抗力に我ながら驚いています。これは奇妙なすばらしいものですが、適応能力の柔軟性は、我々のなかの最も素朴愚直な者たちにさえ、毎日確認できることです。厳しい生活が続く限り、それによって形づくられ、捉われます。今では、我々は戦争をするために生まれたようなもので、どんな天気でも外で寝て、食べられそうなものが見つかるたびに、食べられるものは何でも食べます。食卓にテーブルクロスがありますね？　スプーン、フォーク、いろんな種類のフォーク、グラス、コップなども？　我々にはポケットナイフ、四分の一コップ、指があります。それで十分……」

中断……うす汚れ、痩せた女が、真っ赤な瞼に目やにがこびりついた黄色の髪の小さな女の子を前に押し出してやってくる。軍医補ル・ラブッスが診て、目薬を出してやる。彼女が尋ねる。

「お医者さま、それはいかほどで？」

「何にもいりませんよ、奥さん」

すると彼女はケープの下から埃のついた瓶を取り出して、言った……

「やはりお礼をしなくては。大したものではないけど、飲んでくだされ、おいしいですよ。ああ、そうですとも！」

それはパチパチと泡立つ発泡性の辛ロトゥル製ワインだ。皿の上でひっくり返すと椀のなかでドーム型になる豚肉チーズ［ポークブローン。豚の挽肉とベーコンをゼリー状に固めたもの］で、珍しい昼食をした。

午後、前哨線へ出発。途中、武器もなく、外套を開いたまままで、ほぼ全員が杖をついて歩いている、軽傷者の一団を追い越す。彼らのなかには、戦前の仲間もいる。楽しくなる移動、共通の思い出を語る喜び。彼がドイツ野郎の猛攻で後退した連隊に属しているのが分かったので、訊いてみる‥

「で、どうだった？」

彼は大きくうんざりした身振りをした‥

「歩兵の大群。砲弾の嵐。こちらは持ちこたえるだけの大砲はなしだった……なあ、こんな話はやめようや」

凍りつくような最悪の夜の後、燃えるような太陽の照る一日。コールの森で駄目にした丈夫な兵隊靴の代わりに、薄皮の短靴を履かざるを得ず、足が腫れるにつれ、革が絞めつけてくる。小石を避けて歩く。

道路の右側は、草原が新鮮な緑の大きな広がりとなって、樹木の密生した高地まで延びている。樹木は繁茂した葉叢で頂きを覆い、斜面の下まで流れ落ちているようだ。

「一人ずつ！　溝のなかだ」

それはドイツに砲撃された区域に入る合図だ。よじ登る。坂の斜面にしがみついて、ムイイの村を横切っていく。草地に大きな砲弾の穴ができ、その周りには持ち上げられた土が重々しく波状に固まり、はね返った泥のような褐色の土塊がたるんだ帯のように穴を取り巻いている。

また森だ。前方で霰弾銃数発が炸裂する。溝に灰色に金文字の大型自動車、はずれた車輪、ペンキ塗りの鉄板にある弾痕。ライプツィヒの大バザールの車だ。

我々は、森はずれのムイイ・サン・レミ街道付近で、師団の連隊と交代する。戦闘があったのだ。前方五〇〇メートルのあたりで、七五ミリ砲が時限弾を弾幕状に雨霰と降らせている。我々、ポルションと私、またこれから交代する将校二人も見ている。二人の律義そうな兵士は体験したばかりの戦いを飾り気なく語る。一人は長身で骨ばっており、肌は日焼けし、湾曲した鼻の上にほとんど熱っぽい目は黒く、短い正確な言葉で指示事項を教えてくれる。もう一人は小柄で少し腹のでた、笑っているような目とバラ色の頬で、縮れた褐色の髭面で、恐怖の話をばか正直に語り、「よき仲間として」、命を落とすかもしれないよ、と警告する。

七五ミリ砲の炸裂音で頭がわれそうだ。時おり、ドイツ野郎の霰弾銃が鋭い音でヒューッと飛び、機関銃の一斉射撃で樹木を撃ちつける。この狂騒のなかで交代する。私はわが小隊と、すでに死体で一杯の森はずれの溝近くの一五〇メートルを占める。そして部下たちに言う‥

「急いで工具を取り出し、できるだけ深く掘るんだ」

夜になる。寒さが厳しくなる。まだ回収されていない負傷兵が苦痛と困苦を叫ぶ時刻だ。この訴え、この嘆き、このうめき声が、聞く者みなにとっての責め苦である。特に命令で持ち場に釘づけのままで、喘ぎ苦しむ仲間のところに駆け寄り、包帯をして元気づけたくてもできず、そこでじっとしたまま、胸が締め付けられ、神経が苛立ち、夜が絶え間なく投げかけてくる、狂ったような訴えにただ慄いているだけの兵たちには、残酷な責め苦である‥

「水をくれ！」

「このまま放ったらかして死なせるつもりか？」

「ああ、担架兵！……」

「水をくれ！」

「ああ」

「担架兵！……」

部下たちの声が聞こえてくる‥

「奴らは何をしているんだ、担架兵は？」

「奴らは隠れ逃れることしか知らないんだ、あの汚い豚野郎どもは！」

「デカみたいだ。必要なときには絶対いないんだ」

前方では、陰でよどんだような草原全体がこのあらゆる傷でうめき、血を流しても包帯されていないみたいだ。


叫び過ぎてうんざりした、穏やかな声‥

「俺が何をしたというのだ、戦争で殺されるようなことをしたか？」

「マモン！　ああ、マモン！」

「ジャンヌ！　愛しいジャンヌ！……ああ、聞こえると言ってくれ、ジャンヌ！」

「喉が渇いた！……喉が渇いた！……喉が渇いた！……喉が渇いた！……」

憤慨した別な声が叩きつけるように激する‥

「だが俺はこんなところでくたばりたくない、畜生め！」

「担架兵、担架兵！……担架兵！　ああ、ひとでなしめ！」

「くたばる者には憐れみはないというのか！」

ドイツ人が（二〇メートル以上はないところで）果てしなく、同じ訴えを叫んでいる‥

「フランスの友よ！　友よ降参！　フランスの友よ」

またもっと小さな声で哀願している‥

「助けてくれ！　助けてくれ！」

彼の声は子供の泣き声のように震えながら弱まり、しぼむ。だが次いで、恐ろしいまでに歯ぎしりし、次いで月に向かって吠える犬の絶望的な遠吠えのように、長い動物的なうめき声を夜のしじまのなかに発した。

恐ろしい、今夜は。絶えず我々、ポルションと私は飛び上がるように歩く。絶え間なく銃撃だ。おまけにこのひどい寒さだ！

九月二三日水曜日

やっと交代がくる。出発して、森を横切っていくが、一帯は雑木林が根こそぎにされ、遠くからでもお互いに見える。苔に露が浮かび、枝の狭間から日差しが漏れている。

休憩中、背嚢を地面に置き、銃を上にのせていると、わが小隊に陽気な歓声があがる：

「やあ、ヴォーティエ！」

「なんだ！　レノーか！」

「冗談じゃないな……ボランだとは！」

「まさか！　まだここにいたのか？　もうやられたと思っていたよ！……何をしていたんだい？　どこから来たんだ？」

三人が私のところに現れ、今日、この日に一緒になったと説明してくれる。三人ともがわが最良の兵士のうちに入り、知的で献身的、勇敢なので、私は大満足だ。だが突然、彼らは目が腫れ、顔が青ざめ、頰が落ちくぼんで、ボランとレノーはまだ手に汚れた包帯をしていることに気がついた。どういうことだろう？

「なあ、ヴォーティエ、何があったのか、話してくれ」

すると、胸から湧きあがり、抑えることもできない怒りと涙のない嗚咽《おえつ》で喘ぎながらも、せっかちな口調で、わが兵士は忌まわしい出来事を語った。

「ねえ、中尉殿、これがただ不運なことだと思いますか？　一三日前に負傷して、まだ回復しないのに、私がこんな風にまだ調子の悪い腕のままで、ボランは指が腐りかけているのに、戦場に送り返されるとは！……やられたのは、ランベルクールで、夜です――ご記憶ですか？　救護所にいました。それから避難しました。バール・ル・デュックに到着。それから……軍医たちが我らの小隊長の署名入りの証明書がないと言って、そのため我々はドイツ野郎の弾丸でやられたままです……また彼らは、わざと負傷したのだ、自分で傷つけたのだ、悪い兵隊だ、卑怯者だとも言いました。ねえ、どう思います、中尉殿？　ねえ、中尉殿？……それで彼らは、我々をそこにいた有象無象の連中と一緒に規律委員会に回しました……我々を連行したのは憲兵です。彼らは我々の出血している手に手錠をかけたのです。断言しますが、手錠をかけたのですよ！……私はまず話し、弁解しようとしました。私は、誰かに訊いてくれ、貴官のことや大尉のことも話しました。誰かに訊いてくれ、訊いてくれさえすれば、分かるだろうと言いました。なぜ何も訊こうとしないのか？……それから、怒りがこみあげてきて不必要なことを言うかもしれない思い、黙っていた方がよいと分かりました。あの夜、雨と風で、彼らがそこにいても、腕の先さえも見えなかったのですかね？　誰が署名入り証明書が必要だなどと言いましたか？　ねえ、中尉殿、誰が？……彼らは我々が知っていたはずだと答え、善悪みさかいなく全員に禁錮一年を喰らわせたのです……禁錮一年！　我々が禁錮一年、ボランもレノーも？」

私は怒りがこみあげ、衝撃を受けた。そして彼ら三人全員に、憤慨しているのは私もまったく同じだとまでは言わずに、彼ら、深く傷ついた、哀れなるわが勇者たちが、彼らへの私の信頼がどれほど貴重で、どれほど彼らを身近に思っているか感じ取ってくれるよう切望したのである。

ムイイに戻り、また道路端に灰色の自動車があるのを見る。少し先で、隊列は、傷ついた馬にぶつからないよう自然に分かれた。艶々した黒い毛並みの、筋骨隆々として洗練された、すばらしい馬だ。霰粒弾《さんりゅうだん》がその胸前と前脚の上部にあたり、傷つけていた。血が馬蹄まで流れ、道埃を汚している。苦痛で波打つ脇腹が震えている。砕かれた脚が持続的に震え動いている。この立って喘ぎながら死につつある美しい動物が、通過する我々に黒い大きな目の感動的なやさしい眼差しを押し当てるのを前にして、我々は人間の死の苦悶を見るように心動かされるのを感じた。

村に近づくにつれて、負傷者が多くなる。彼らはグループで、足にざらつかない草や、傷がひりひりしないよう日陰を探して行く。ドイツ野郎数人が我々に混じっている。バラ色で、金髪碧眼の大男が、軽くびっこを引いて大口を開けて笑っている、黒い肌で毛むくじゃらの小柄なフランス歩兵を支えている。彼はおかしな目つきで我々を見ながら、ドイツ人に叫ぶ：

「お前は豚、立派な豚野郎だな？」

「私わかるよ。ブタ、立派なブタ、私わかるよ（シュ・ゴンプレン。ゴション、ポン・ゴション、シュ・コンプレン＝Je comprends. Cochon, bon cochon, je comprends)」

彼は太って血色のいい顔じゅうで微笑み、助かることが分かった今は、愛想よさだけが大事とばかりに、馴れ馴れしくできるのを喜んでいる。

ムイイ。森を下っている別の道が見え、そこを通って、ゆっくりと、やっとのことで、負傷者が次々と村に戻ってくる。納屋にある救護所にはリンネル製品と血のついた脱脂綿のタンポン（止血栓）が積み上がり、車道にはみ出ている。あいた戸口からは不意に泣き叫ぶ声が流れ出て、ヨードホルムの臭いが鼻についてくる。

教会の周りには、ステンドグラスが砲弾の爆発で砕けとんでおり、小さな墓地が苔むした墓や、錆《さ》びついた錬鉄の十字架を段状に並べている。新しい墓穴は掘った口が開いたままで、その仕切り部分には鶴嘴の跡が生々しく残っている。この墓穴の方に、担架兵が二人ずつで、揺れながらも、歩調を合わせて棺桶や柵、梯子を運び、その上には、布覆いをかぶせられた、硬直した死体が横たわっている。

我々はアンブロンヴィルの農家の近くで停止するが、その重々しい建物群は青々とした、湿地帯の圏谷《けんこく》の底まで点在して、見下ろしている。ムイイの道路はそこで終わる。今は前方にそれが見える。小さな石橋で小川を越えていくが、そのそばの池にはほっそりした木々の影が映っている。それから、まったく狭くなって森はずれを這って行き、半ば葉叢に埋まった粉ひき場のそばを通り、村を覆い隠している切りたった高地に引っかかるように延びている。

稜線の少し後方で、位置についた七五ミリ砲の砲台がひどく間隔をおいて、出し惜しむかのように撃っている。もっと下では、荷車や犂につないだ牛馬やその御者、馬、牽引する前車の塊りが、川底から上がってくる渦のように、その場で持続的に揺れ動いている。

そこで火をおこす。ジャガイモが熱い灰の下で金色に焼け、黒っぽくなる。そして、ひと月前から、我々全員が苦しんでいる色々な不快感、消化不良、腸炎、赤痢などにもかかわらず、習慣で食べる。

午後、ドイツ野郎の飛行機が上空を飛び回る。わが砲弾がそれをめがけて、航跡が見えなくなる驚くべき火箭《ひや》のごとく、矢のように飛んで行く。小さな金色の点をピンでとめたような、爆発して、フワッと浮いた弾片が機体を追い、雪のように浮かんで列をなして取り巻く。だが、地上の獲物を探し、見下ろす猛禽が飛び回るように飛行を続けている。爆発弾がうなり、我々の周りに落下し、地面に穴をあける。すぐ近くでパチパチと乾いた音を立てているのがある。自転車伝令が急に跳びあがり、足もとを見て言った‥

「かすり傷もない！　切れたのは靴底だ」

彼はまどろんでいた草地に寝そべって、頭上で撃つように手を動かし、相変わらず飛んでいる砲弾の方にむかって叫ぶ‥

「えっ！　あんな高いところか、用心深いな！」

それから、目にハンカチをのせて、日差しを遮り、その下でぶつぶつと低い、かすかな声で愚痴っている。

「あの靴、素晴らしかったのに、ダメになってしまった！歩くのも嫌になるな」――後には、規則正しく、穏やかで健全な鼾が続いている。

一時間後、黒煙を上げる重砲弾が稜線上の砲台の横に落ちた。ここからは、後脚で立つ馬が小さく、人間が昆虫のような大きさになって走るのが見えるが、結局は全部が固まって揺れ動き、一本の平たいテープ状になってするすると左側にのびていき、樹木の下に消えた。大砲はそのままの位置にある。

今夕は、谷間の夕暮れがとても澄んでおり、美しい。空は天空で青白くなり、私の目は倦むことなく、えも言われぬ夕日の撫でるような心地よさを求め、冷たく透明なエメラルド色から、水平線上の燃え上がるような熱さまで、滑らかさを失うことなく熱を帯びてくる黄金色へとさまよう。

九月二四日木曜日

中隊の半分が農家に宿営した。運よく私は、独占的に干し草のなかで四時間寝た。実際は、我々は大きな納屋におり、冷気が流れ込み、人が行き来する音が絶えずして、おまけに、もっといい場所とか、なくなった水筒、取り替えられてしまった銃をめぐって言い争う喧騒で、睡眠には不向きで不都合なものになった。明け方には、草地に戻った。また待機が始まった。相変わらず何も分からない。

一〇時。命令がくる：「夕食の準備をして、摂りたければすぐに食べ、合図があったら出発できるようにせよ」

炊飯兵たちは、うんざりするほど調理に時間のかかった、乾燥インゲン豆料理の配給に取りかかっていたので、不機嫌だ：

「気にすることはない！　また腹が減ればがつがつ食べるだろうよ！」

「連中が榴霰弾を喰らわなければな！」

私はわが小隊兵たちに言う：

「とにかく肉を焼いておくんだ。退却することになっても、途中で食べられる」

「背嚢を背負え！」予定通りだ。もちろん、ムイイ方面。

奇妙なことに、戦闘の音一つなく、銃撃も重砲弾の爆発もない。しかしながら、猟歩兵隊下士官で、連隊の伝令が、頭に赤くなった包帯を巻いて、小走りでこちらにやってくる。青ざめているが、馬上で背を正し、微笑んでいる。誰かが訊く：

「やられたのか？」

通りすがりに、彼が答える：

「何にも！　破片で頭にかすり傷だ」

質問が矢継ぎ早にとぶ：

「なあ、馬上のひとよ、あそこは物騒かい？」

彼が半ば後ろ向きになって、答える：

「少しはな、若いの！　希望が持てるのは、まあ、五分間だけだよ、ムイイで出会う負傷者たちに、試しに訊いてみることだ」

村では、腕章をつけた将校たちが身振り手振りしながら、走っている。二台の車が全速力で我々とすれ違い、もうもうとした渦巻き状の埃を巻き上げていく。

負傷兵たちは足を引きずり、装備を失って、ほとんど全員が銃もなく、胸ははだけ、ぼろ着で、髪は汗で張りつき、やつれて血まみれだった。彼らは格子縞のハンカチ、タオル、シャツの袖で即席の腕吊り包帯を作っていた。また腰をかがめ、苦しそうな顔で、重くなった腕や砕かれた肩の方へ傾いて歩いている。びっこを引き、片足で跳びはね、二本の杖で前後に揺れて、布切れで包んだ動かぬ足を後ろに引きずっている。また熱っぽく不安そうな目だけが見える顔もあり、ほかはすべて布切れの包帯で隠れて見えないが、傷ついているのだろう。斜めに包帯で顔を縛った片目の顔もあるが、血が頬を伝って髭の間に流れている。また担架で運ばれる二人の大男は、顔は蒼白でやつれ、鼻は細くとがり、傷ついた瞼を閉じ、血の気の失せた手は担架の柄を握り締めている。彼らの後ろには、大きな血の滴で埃に規則的に黒っぽい跡が残っている。他の負傷兵が運搬兵に訊く……

「衛生班は？　衛生班はどこだ？」

「どこへ避難させるんだ？」

「なあ、自動車があるかどうか知っているだろう？」

「水筒をくれ、なあ、水筒を！……」

わが小隊はそれらを見て、話を聞きながら、次第に苛立ち、言う……

「今度、ああなるのは俺たちだ。ああ！　何たる不運だ！」

おどけ者が空威張りする……

「おい、ビネ、お前の手足の無事を確かめたか？」

「ああ！　わが母よ、息子の勇姿を見てくれたらな！」

だがこの陽気さに反応はなかった。また沈黙。不安感が増してくる。突如、霰榴弾がヒューッときしんだ音で、森の上を飛んでいく。

「一人ずつ！　溝のなかへ」

我々は枝をかしいで、茨のなかに入り込む。草で、さっきまでは道路に軽やかにひびいていた足音が消える。

「伏せろ！」

間一髪だった！　ちょうど頭上で爆発したところだ。小石が吹きとんだ。背後で二つの叫びがほぼ同時に聞こえた。耳鳴りがして、甘酸っぱい臭いが漂っている。

「中尉殿、やられた、砲火の洗礼！　この二つの立派な穴をごらんなさい！」

振り返ると、新しい援軍に加わった伍長のまだ少し不安気だが、それでも陽気な血色のいい顔が見える。彼は歩きながら背嚢の留め金をはずし、緑枠の天辺を貫いてできた丸い二つの穴を見せた。

その間、わが部下の一人ゴベールが、でこぼこになって、穴はあいたが、雑嚢の底で彼の腿を守ってくれた、哀れなる

四分の一コップを祝福し、叱り飛ばしている‥

「ブラヴォー、わが四分の一！　ブラヴォー、友よ！　お前はゴベール君が退却させられるのを望まなかった。彼の代わりになった、親切な奴だ……だがこれから、何で飲めと言うのだ、ゴベール君は？　何で飲めと言うのだ、えっ？　お前に訊いているんだぞ！」

四分の一のために決着をつけたのはゴベールで、それを雑嚢のなかにうやうやしく戻した‥

「まあ、水筒からじかに飲むことにしよう、畜生め！」

静聴！　いま、銃声を聞いたような気がする。はるか遠くのような感じがする。だがかなり我々に近いはずだ。非常に近い、たぶん。音が停まったのは稜線、右手だ。ポルションは私の横を歩き、先頭小隊を率いている。彼に訊いてみる‥

「聞こえるか？」

「何が？」

「銃撃音」

「いや！」

どうして彼に聞こえないことがあり得ようか？　もう今は、間違いでないのは確かだ。ごく弱いが、それでもずっと耳にキンキン響いてくるこの種のパチパチとはねる音、これは我々が向かっているところでの激戦、あそこ、これから越えていくあの稜線の向こう側でせめ騒ぐような音をたてている戦闘の音だ。行こう、急ごう。そこで、すぐにでも、狂騒の真只中、激しく飛び交い撃ちあう銃弾のなかへ飛び込まねばならない。必然だ。なぜなら、負傷者が次から次へと我々の方に下りてきて、まるで傷や血、疲れ果てた様子、苦痛の表情を見せるだけで、あたかも彼らがわが部下たちに繰り返し言っているかのようなのだ‥

「見ろ、これが今やっている戦闘だ。見ろ、それで我々がどうなり、どのようになって戻ってくるのか見るのだ。それに、我々の後に続けず、倒れ、立ち上がろうとしてもできず、森のあちこちで死の苦悶に喘いでいる者が何百も何百もいる。それにまた、交戦後すぐさま、額、胸、腹に死の一撃を受けて、苔の上を転げまわり、そのまだ温かい死体が森のあちこちに横たわっている者が何百も何百もいるのだ。行ってみれば分かるだろう。だが行けば、銃弾で、彼らのようにやられるだろう、我々のように負傷するだろう。だから行くな！」

だが、生きている方の人間どもは鼻を鳴らし、慄き、後ずさりしている。

「ポルション、あれを見ろよ」

小声でそう言うと、同じく小声で、ポルションが答える‥

「まずいな。これは後で厄介なことになるな」

それは、振り向くと、彼はひと目で、彼ら全員の顔が不安気で、苦悩でゆがみ、苛立って渋面になり、目が大きく開き、不安で興奮して熱っぽくなっているのを見てとったからである。

それでも後ろで、彼らは行進している。彼らは一歩ごとに、いま誰かが死んでいるこの地の片隅に近づくが、行進している。彼らは誰もが生ある肉体で、あのなかへ入っていく。この恐怖に煽《あお》られて肉体が動き、戦闘行為をする。目は狙い、指はレーベル銃の引金にかかる。それは、銃弾が絶え間なくヒューッときしんだ音でとび、弾けても、また銃弾が当たって食い込むときに立てる恐ろしい音がしても、必要な限り続く――その音で、彼らが振り向いて、こう言っているようだ…「おい、見ろよ!」彼らは見て、仲間が倒れるのを目にすると思うだろう…「今度はたぶん、俺の番だな。一時間後、一分後、いや、一秒たつと、俺の番だろうな」そして彼らは全身で恐怖する。彼らは恐怖する、それは確実で、宿命的だ。しかし恐怖しても、彼らはそのままいるだろう。

四列小隊の戦線、森の下で斜面をよじ登る。私は兵たちの苛立ちで生じた不安にうまく対処できない。彼らを信頼し、自分にも自信がある。しかし、そうであっても、何か予測不可能なこと、逆上動転、パニックなどが心配だ。なんてゆっくり登っているんだ! 血管が波うち、頭が熱くなる。

ああ!……

頂上に着くと、激しく弾け飛ぶ、狂ったような銃撃が襲ってきた。兵たちは、ただ衝動的に身を伏せた。

「おい、立て! ルニャール、ローシュ、下士官が恥ずかしくないのか! 兵たちを立たせるんだ!」

まだ殺戮戦ではない。銃弾数発だけが我々を追ってきて、頭上の枝をへし折っているだけだ。私は大声で言う…

「分かったか? 下士官諸君は誰も戦線を見失わないよう目を離すな。これから雑木林に入るが、下手するとすぐに迷ってしまうぞ。目配りを怠るな」

我々が辿っている小径の向こうに、突如二人の男が現れた。彼らは大急ぎの逃げ足で、こちらへ向かってくる。少しずつ、顔が血まみれで、包帯ひとつなく、こちらに晒《さら》しているのが分かる。彼らが近づき、目の前に来た。先頭の者が叫ぶ…

「どいてくれ! 後からまだ来るんだ!」

彼にはもう鼻がない。その代わり、穴から血が流れている、穴から血が……

彼と一緒に、もう一人、下顎が吹っ飛んでいる。一発の銃弾でそんなことが可能なのか? 顔の下半分はもうグニャグニャと垂れさがった、赤い肉切れでしかなく、そこから唾液に混じった血がぬるぬると網状になって流れ落ちている。両眼はまだ青い子供の目で、無言の驚きと困苦の重い、耐え難い眼差しを向けてくる。私は仰天して心揺さぶられ、憐れみで涙し、悲しみに打ちひしがれ、次いで我々に戦争をする者、こういう血を流させる者、虐殺し傷つける者に対する途方もない怒りがこみあがる。

「どいてくれ！　どいてくれ！」

蒼白になってよろめきながら、このもう一人は両手で、裂けた腹から滑り出て赤いシャツを膨らませている内臓を摑んでいる。彼は腕を絶望的に握っているが、血が規則的にどくどくとほとばしっている。そして走り、立ちどまり、敵に背を向け、我々に向かって跪き、ズボンを大きく開いて、ゆっくりと睾丸から撃ち込まれた弾丸を抜き出し、次いでねばつく指で、それを札入れに入れた。

それからまた彼は相変わらず、同じく目を大きく見開き、同じくジグザグした速い足取りで、歩くたびに喘ぎ、半ば狂人のようになり、急いで、できるだけ急いで越えようとする稜線に何度か幻惑されつつも、葉叢を通して死の弾丸が飛び交うこのくぼ地から出て、向こうで静かに倒れ込み、包帯され、治療され、ひょっとしたら助かることになるかもしれない。

ポルションが言う：「きみは小隊でトランシェ・ド・カロンヌ*沿いの溝に位置して、左手の道路と向こうへ行く小径を監視してくれ。こちら側の大隊を援護するのはきみだ」

＊これはカロンヌの林間道。ムーズ丘陵の広大な森の中に切り拓かれた狭い直線状の、いかなる村も通らない二五キロメートルの林間道路。一七八六年、ルイ一六世の命で建設されたもので、後にジュヌヴォワが瀕死の重傷を負ったのはここであり、作家アラン・フルニエが一九一四年九月に行方不明になったのもこの辺りである。

私は部下たちを恐るべき狂騒の真只中に布置する。軍曹や伍長が指示を聞き取るように、大声で叫ばねばならない。背後では、フランスの機関銃が猛烈に弾け、弾丸の嵐で道路を吹き払っている。我々はほとんど射撃軸に沿った地点にいる。爆発音があまりに激しく、雨霰のごとく鳴り響くので、猛り狂った、仰天するような轟きにしか聞こえず、まるで果てしなく続く、何か恐るべき炸裂音のようだった。時おり、銃弾が曲がって、少し斜めに我々の方に飛んできて、その死の群れが大気を鞭打ち、引き裂き、我々の顔に生暖かい弾片を投下させてくる。

同時に、ドイツの銃弾が雑木林に潜む、より謎めいた葉叢を通して飛んでくる。そして樹幹をガリガリと撃ち、大枝をへし折り、小枝を切れ切れにし、その軽いのがゆっくりと頭上に落ちてくる。銃弾は道路上を、機関銃に向かって飛んできて、まるで相手を探し求め、その悪声で挑戦しているようだ。あたかも情け容赦なき、無数の弾丸の奇妙な決闘で、次から次へと飛んできて、弾け、眼前の地面を叩いて、鋭くきしった音ではね返り、路上の小石を砕き、粉々にする、ヒューッと飛ぶ、硬い小物体どうしの決闘のようだ。

「溝の底へ伏せろ！　立つな、畜生！」

　二人がやられた。私のすぐ近くにいたのは、跪いて、血を吐き、喘いでいる。もう一人は木に背をもたせかけて、震える手でゲートルを解き、傷が「どこなのか」「どうなっているのか」見ようとしている。

　小径で大急ぎで走る音。この辺りか？　いや、向こうだ！　ああ！　豚野郎どもめ！　逃げ出したな！

「よし、モラン！　さあ、行け！　奴らを捕まえろ！　しっかり捕まえろ！」

　伍長の一人が彼らの方へ跳んでいった。彼は両手で一人を捕らえ、揺さぶり、締め上げる……だが突然罵声を発し、何も捕まえず、地面を転げまわる。他の逃亡兵が束になって殺到して、彼を荒々しく突き飛ばし、殴り倒し、足蹴にした。次いでひと跳びで、藪のなかに突っ込んでいった。

　モランは蒼白になり、怒りで涙して私の方へ駆けてきた：

「何人いましたか、あいつらは、中尉殿？　俺を殴って逃げやがった！　ああ！　畜生！」

　彼に訊いてみる：

「どの連隊か見たか？」

「はい、中尉殿、第……連隊でした。おや！　おや！　まだいましたよ！　あいつらも逃げる前に俺とひと勝負しなくては、いいですね、中尉殿！」

　そこで彼は走っていき、小径の真ん中で彼らの前に傲然と立ち、銃を高く構えて威嚇し、捕らえて、我らが戦線にまで連行してきた。私が彼らに言う：

「戦場で逃げる卑怯者がどうなるか、知っているな？」

　彼らの一人が抗議する：

「しかし、中尉殿、逃げるのではなく、退却しているのです。命令です。中尉も一緒でしたから」

「中尉？　どこにいるのだ、中尉は？　うそつきめ……」

　だが本当だった。逃亡者グループの先頭で、雑木林から不意に将校が現れ、早足に後方へ下がるのが見える。彼らの方に向かって叫んでみる。だがもう遠すぎる……と同時に、私は溝に走って行かねばならなかった。何かおかしい。わが部下たちはパニックに煽られて動揺しており、その抗いがたいひと吹きで彼らが突然逃げ出す恐れがあった。私は怒りに捉われる。空に拳銃を一発放って、怒鳴る：

「逃げ出す者がほかにもいるのか！　私が命令しない限り溝に残れ！　溝に残れ！　道路を監視するのだ！」

　ああ！　何ということだ！　彼らがそこ、道路の反対側に見るものは逃亡者、逃亡者、次から次へ逃亡者だ。彼らは兎のように不意に飛び出し、不安に怯えた顔で、大ギャロップで逃げ出している。

あそこに下士官がいる……

「軍曹！　軍曹！」

男が振り返る。彼の目は自分に向けられた私の拳銃の銃身の先の小さな黒い穴に注がれている。打ちのめされたように顔を渋面にして、目は相変わらずこの小さな黒い穴に釘づけにしたまま、勢いよくはずみをつけて、ふた跳びで道路を越え、こちらへやってくる。

「いったい、どうしたのだ？」と私は言う。

せき込んだ声で、軍曹は自分の大隊全員が、弾薬がなくなったので、命令で退却している、と説明する。

本当か？……それなら！　我々にはあるぞ、弾薬が！　彼らに進呈しよう。軍曹は我々と一緒に残り、次いでその部下たち、さらに次から次へと多くの者が……私がことをすべて決する。怒りっぽくなって、まったく失声するほど絶えず怒鳴っていた。声が出なくなると、だれかれ構わず、溝へ向けて尻を蹴とばした。

だが結局は、慄きつつも、急ブレーキがかかって、苛立った神経の高ぶりの波がさっと過ぎ去り、何とか持ちこたえる。私には軍曹一人、伍長二人がいて、確かな指揮ぶりを示してくれる。溝の外に立って、彼らは私を見つめ、一人ひとりが大丈夫だと合図している。そこで、腹ばいになって、私は道路まで滑り出る。機関銃はもう連続射撃していない。時々、弾帯一本を撃ち放つと、あとは沈黙する。ドイツの銃弾数発が非常に低く、うなり飛び、小石を少し後ろに吹き飛ばしている。車道は見渡す限り無人だ。

私はこの凪のときを利用する。部下たちの後ろにいく。落ち着いて彼らに話しかけると、やっと怒りが治まった。いまや彼らも落ち着きを取り戻した。もう彼ら全員を掌握するのに、何も心配はない。

「中尉殿！　中尉殿！　また始まった！」

モランが叫びながら、駆け寄ってくる。

「あそこ、あれを見て！　小径です！」

彼は右手を指し示す。実際すぐに、二人のフランス兵が葉陰から路上に飛び出て、またすぐ葉陰に消えるのに気づいた。同時に、至近距離で非常に激しい銃撃が突発する。溝から怒号が湧き上がる。近くにいたヴォーティエが見て言う：

「ローシュ軍曹だ。ひどくやられたようで、草をひっかいています」

もう一つの怒号。またヴォーティエが言う：

「大男のブリュネだ……こと切れたようで、ピクリとも動きません」

銃弾が一発耳をつんざき、聾《ろう》して、砕けた枝が頭上に落ちかかり、土塊がはね返ってくる。今度は、本物だ。

狂的なギャロップ：またすごい勢いでやってくる逃亡者の

群れだ。この男たちには恐怖が伝染しているようだ。全員が喘ぎ、言葉は切れ切れになり、かろうじて繋がっている。何と叫んでいる？　彼らは喉がつまって、うまく言えないのだ。

「ドイツ野郎……ドイツ野郎が……包囲してくる、気違いども」

なに、ドイツ野郎？　やっとまともに話せるのか？

「まあ、そうですね、中尉殿……」

伍長がひとり、静かに立ち寄ってくる。この男は恐れていない。彼は言う：

「さっき逃げた連中は、中尉殿、卑怯者でした。だが今度は、仕方がなかった。ドイツ野郎がドブネズミのように、至る所から出てきた。あちこちの藪のなかにいて、一番近くはここから五〇メートルもない。見間違いではありません、中尉殿。いま言っていることは本当です。もう我々と彼らの間にフランス兵はいません。だが彼らはいるのです」

えっ！　やはりそうか？……彼らの猛烈な銃弾が周囲を撃ち叩いてくる。突然、彼らの牛のような喚き声とドンドンと鳴る太鼓の音がすぐ近く、すぐ近くだ。突撃だ！

「ほら！　あそこ！　あそこ！　見えますか、あそこ？」と誰かが私に叫ぶ。確かに、小径の端っこで二人が膝撃ちしているのが見える。

「連続射撃！　かたまって……撃て！」

レーベル銃が弾ける。火薬の臭いが葉叢の下に漂う。ドイツの銃撃音が激しくなる。太鼓も銃が弾けるのと同様に強く振動する。機関銃も、我々の後方で三脚が壊れんばかりに爆音を発している。

「来たぞ！　来たぞ！……」

ほぼ我らが兵全員が同時に叫ぶが、恐怖心はなく、この狂騒、この段々と強まる火薬の臭いと、密集隊形で一〇〇メートルもないところを前進してくる敵歩兵を見て興奮している。我らの銃弾が道を挟んで彼らの多くを倒している。戦闘が頂点に達し、彼らを包囲し、捕らえ、拘束する。もはやパニックはないだろう。

「銃剣をつけろ！」

「もう必要ないですよ、中尉殿。ここは退却しなくてはなりません」

背後で息切れした声がそう言う。振り向くと、わが伝令プレルだ。彼は大粒の汗をかき、口を大きくあけて息をしている。弾帯の一つが皮ベルトからはずれ、垂れている。彼は言う：

「走っている間、弾丸が一発これを貫いたんですよ。でもここへきています。稜線の後方、サン・レミ街道上方への移動をお知らせにきました。そこが合流地点です。他の中隊は出発して、ここには我々しかいません。急がねばなりません」

急ぐ！　簡単なことだ、この脚の自由を奪い、ぶつかると傷つく、棘《とげ》だらけの雑木林を通っていけばよい！

「モラン！　彼らが小径《こみち》へ行くのをやめさせろ！　転がり落ちて、そこで標的になるだけだ！　稜線を越えない限り、誰も小径に入るな！」

ヴォー＝マリで、囲いの垣根に突入しようとしなかった哀れな者たちの話と、いつも同じだ。小径を早く走ればよい。小径に引き裂く棘はない。だがそこでは、確実に殺されるのだ。

「止まれ！……回れ右！……散開して……随時撃て！」

どの命令も効き目がある。成果をもたらす。従順で賢明な小隊、すばらしい戦闘部隊だ！　わが血が大きく平らかに波打つ……いまや私は自信を得て、平静になり、幸せだ。わが案山子《かかし》役の拳銃をケースに戻す。

もうドイツ野郎の銃撃音は聞こえない。モーゼル銃も散発的にしか撃ってこない。何をしているんだろう、ドイツ野郎は？　様子を見なくてはならない。

「撃ちかた止め！」

私は、警戒もせず、立って数歩前進する。あの豚野郎どもはきっと藪にもぐり込み、二〇メートルくらい先で落ちてくるだろう。彼らは隠れて見えないが、数が多いのを感じる。おい！　おい！　目に見えない者たちよ……それほど多くはあるまい！　お前、その大木の陰にいる緑色のドブネズミ、お前が見えるぞ、それに、左側のお前もだ。お前の軍服は木の葉よりもくすんでいるな。まあ、待て、これからお前たちに何か進呈しよう！　予告通り、モランへ腕で合図だ。彼が駆け寄ってくる。私が目印の点を教える……

「あそこ、あの大木の陰……あ！　やられた！」

モランの声が耳元でブンブンと鳴る……

「中尉が……負傷した……中尉殿……」

「ええ？　何だって！……そうだ……」

大きな弾丸が私の腹に食い込み、同時に黄色のキラキラするものが眼前を飛び去った。腹を押さえ、身を二つに折って、膝から倒れた。おお！　痛い……息もできない……腹に、重傷か……わが小隊はどうなるのだろう？……腹に負傷だ。ああ、会えればな、少なくとも会いたいと思っていた人たちみんなに！……おや、風通しがよくなった。もう調子がいい。どこを撃たれたのだろう？

私は木の方に走り、坐って身を持たせかけた。部下たちが飛んできたが、全員の顔が分かる。その内の一人デルヴァルが支えようと私を抱える。だが私は一人でしっかりと歩ける。脚はくじけてもいない。難なく坐れる。だから言う……

「いや、何でもない。戦線へ戻ってくれ。誰の助けもいらないから」

では、何でもないのか？　おかしなことだ！　ここ、腹の真ん中、ほんの小さな穴だ！　服の端が引き裂かれている。そこへ指を入れて、引き抜いてみる。少しの、ないも同然の血がついている。なぜこれだけなのだ？

おや、皮ベルトが切れている。ついているはずのボタンはどこへ行った？　半ズボンにも穴があいている。ああ！　ここを弾丸でやられたのだ。濃く赤い傷、皮膚は表面が引き裂かれ、一滴の血が玉になっている……これがお前の致命傷か？

茫然自失したようにわが腹を見つめる。指は機械的に外套の穴を行ったり来たりしている……突然閃いて、茫然自失が一挙に消えた。どうしてもっと早く気づかなかったのか？

さっき眼前を飛び去った、あの黄色のキラキラするもの、あれが弾丸で吹っ飛んだボタンだったのだ。ボタンが弾丸と一緒に腹に入らず、飛んでいったのは、皮ベルトが下にあったからだ！　きっとそうだ。ボタンが入る場所のエナメル革に、同心円状の半円のひびが入っているのだ。

ええ？　弾丸がそこ、まさにこの小さなボタンに当たっていなかったなら？　もし皮ベルトがそこ、まさにこの小さなボタンの下になかったなら？　よかったな！　お前！

ともあれ、お前はグロテスクな人物を演じたのだ。本当は負傷していないのに負傷したと思い、木にもたれて腹を見つめている将校を、だ。その間彼の小隊は……さあ！　お前の部署に戻るのだ！

ドイツ野郎がほとんど動いていないなんて、驚きだ！　前進するのにくたびれたか？　稜線へ登っている間に、連中の一団が転落したに違いない。撃つのはくたびれていないな、まったく！　何という雨霰の弾丸だ！　我らがレーベル銃もこれまで以上に咳きこんでいる。モーゼル銃の弾ける音とヒューッと飛ぶ弾丸の音がかろうじて聞こえるほどだ。

あそこで歩き回っているのは誰だ？　いつものジベルシーの「ピッケル」をもって、穏やかにあちこちを見ながら、晴れ晴れとした顔のリーヴ大尉だ。私が駆け寄ってくるのを見て、声をあげた：

「おや！　君か？　腹に一発食らったと聞いたばかりだが！」

「その通りです、大尉殿！　ただ今回は何でもありません！　好運でした！」

そしてわがポワリュたちの真ん中に飛び込むと、先頭に立って言う：

「さあいこう、みんな！　まだ奴らが勝ったわけじゃないぞ！　向こうで、束にして片づけよう！」

友軍が右手の少し先で、ばらつきはあるが連続した戦線をなしている。兵たちは驚くほど巧みに掩護物を利用している。彼らは木や薪束の山の後ろから、膝撃ちしている。また鶴嘴スコップで削って掘った穴底で、小さな的山の後ろで腹ばいになって撃っている。戦場をうまく利用している！　戦い方を知っている兵たちだ！

彼らの後ろ、数メートルで、将校たちが射撃を指揮し、見守っている。その一人が立って、パイプをくわえて、ぼんやりと狙撃兵から狙撃兵へと歩き回っている。ああ！　彼だ！そこにポルションの鼻、パイプ、髭を見て少し気持ちが高ぶった。

私はわが部隊を左側に張りつけて、戦線を延ばした。わが小隊のレーベル銃が一斉に弾ける。

「一斉射撃……狙え……撃て！」

好調だ。ただ遅れる者がいて、一斉発砲後二、三秒してから撃っている。

「一斉射撃……狙え……撃て！」

短く一度だけの発砲音。一斉射撃が同時に飛んでいく。今度はよし。

「弾薬筒三個装塡……いつもの四〇〇だ……撃て！」

ぱっとしないな、ドイツ野郎の射手は！　銃弾が、枝のなかをあまりに高く、前方遠くでは、あまりに低くさまよっている。彼らのトランペットは？　太鼓は？　彼らの攻撃は軟弱さを越え、つぶれて、終わり、完全に停止だ！

「撃ちかた止め！」

わが兵士たちはそれを聞くと、次の命令を受けるまで、撃たない。銃撃の準備をして、新しい命令を待ちかまえている。

「弾薬筒二個装塡……」

戦列に沿って、この言葉が伝わり飛んでいく‥

「弾薬筒二個……弾薬筒二個……弾薬筒二個……」

すばらしい！　見事だ！　先ほど機関銃が弾けている間、私が道路に跳び出したかったのは、震えている部下たちにやってみろと鼓舞し、恥ずべき敗北を恐れていたからだったとは……それが今はどうだ？……ああ！　わがポワリュたちが戻ってきた！　先ほど尻を長靴で蹴とばしたとは……何と後悔すべきか！　私の目と部下たちの目があうたびに、取り交わすのは信頼と友情だ。それだけが真実なのだ！　あそこ、道路近くでの怒り、脅し、荒々しい態度、あれは……あれは誤解だった！

「ミショ、靴の蹴とばしは忘れような？」

率直な大笑い‥

「ああ！　中尉殿！　何でもないですよ！」

銃撃は次第に静まる。我々自身、もうほとんど撃っていない。それに大量の薬莢を使ってしまったから、その方がいい。銅製の筒が薪束の山の後ろの地面に散らばっている。

もう遅いはずだ。日が暮れている。この時刻になると、森にも我々にも倦怠感が漂ってくる。休みたい気持ちが生まれ、次第に強くなる。我らが隊列のなかでは空虚感が大きくなるが、これは平静なときだけに感じ取れるものなのだ。いまや人間同士互いに元へ戻って、互いにやり取りし、もっとよく心を通わせ、もっとしっかりと身を寄せ合い、最近会わなかった分だけ密接に絆を結び合うときなのだ。

やっと森を離れる命令がきたが、ちょうどそれを待っているときには、正常で、心身にとても良い。我々はドイツ野郎の突進を阻んだ。彼ら数百人を殺し、殲滅し、退散させ、強力な攻撃大隊の士気を殺《そ》いだ。今夜はもう前進してこないだろう。今日の我らが任務終了。

ゆっくりと静かに、秋の黄昏《たそがれ》の平穏な静けさがけだるく広がる森を通って、ムイイ街道、湿った小さな谷、アンブロンヴィルの農家へ戻る。

澄んでひんやりした夜、ざわめく各小隊が集合、整列して、中隊が再編成されたが、新たに損害を受けて縮小したものになった。

わが哀れなる大隊よ！　この戦闘は重く響いた。第五中隊は、二週間前ヴォー＝マリの塹壕で殲滅され、今度もまた甚大な被害を被っていた。

私は周りでいなくなった者にはすぐ気がついた。わが軍曹ローシュ、ヴォー＝マリからただ一人一緒に残っていた男――いつもヴォー＝マリだ！――、ヴォーティエが言ったように、彼が溝の草をひっかいているのを見ていたから、もう知っていた。大男のブリュネや、私のそばで倒れた何人かの者も、だ。だが伍長たちにその分隊の点呼を求めると、別の者たちの声が返ってきた。「初年度兵」か、古参兵のそれぞれが前に出て、まず言った。「ルニャール伍長、負傷」または「アンリ伍長、戦死」ではモランは？　と私は思った。「モラン伍長、負傷」と古参の一人が言った。「重傷か？」「そうではないと思います、中尉殿。薪束の山に行こうとして腕に一発です」

それでは、もう軍曹はいないのか？　もう伍長はいないのか？　それぞれが、日々、互いにあれほど固く熱い友情の絆を強固にしていたあの分隊は、もはや彼らを仲間として見守り、困難なときにいつもそばにいて支える指揮官をなくしてしまったのか！　私は彼らをよく知っていたのに、いまや彼らを失ってしまったのか！　彼らは言葉半ばで私を理解してくれ、一を聞けば十だった。決して労を惜しまず、任務をまるごと引き受けて、常にできる限り最善を尽くすという意志が彼らを支えていたのだ。

交代がくるだろう。だがどんな交代が？　私が彼ら、この新任者を知り、彼ら自身もその部下を知ることになっても、今度は彼らが倒れていなくなる、私か我らが兵たちがいなくなるかもしれないのだ。何ごとも続かない、我らの努力だけが、たとえ明日までであっても己の名誉になり得るのだ！　繰り返すことの疲労倦怠、別れで終わる移動の淋しさ、四六時中死に取り巻かれた我らが生、いっとき経つ間にも突如現れて、盲目的に恐ろしく荒らしまわる死神。

とりわけ哀れなのは、心の底にかりそめならぬ愛情を秘めていた者だ！　私の近くの暗闇から、嗚咽がもれてきて、片手で半ばおさえても、絶えず押し殺して繰り返し、聞く者の心を締め付ける。私は、溝に坐って身をかがめ、悲しみに打ちひしがれたこの男を見やる。彼がなぜすすり泣くのか知っている。先ほど話を聞いていたので、彼のそばへ行った。私だと分かると、彼は言った……

彼には弟がおり、その男は彼が軍曹として指揮していた二箇分隊［小隊の半分］の兵士だった。彼らは森で並んで戦っていた。戦闘が始まった直後、弟が脚に一発くらった。

「ひどく出血しました、中尉殿。彼が少し歩くのを助け、包帯をしようとしました。それから、ドイツ野郎が大挙進攻してきたので、後方で戦列立て直しの命令です。弟を抱えて、ほとんど運んでやりました。まさに硝煙弾雨、雨霰の銃弾でした。それが突然、まるで弟が前方に身を投ずるか、切株にぶつかったかのようになりました。何も言わなかったけど、一つが突き刺さったようです。それからは全身でもたれかかってきたので、振り向くと蒼白になって、大きく目を開いていました。ところが、弟は私だと分かると、言いました。〝なあ、ジャン、ぼくは放っといて、先に行ってくれ〟そんなこと、できたでしょうか？　重くても、弟を背負いました。早くは進めないし、それに痛がっていました。弟は投げやりになって、ほとんど歩くたびに叫び、繰り返し言いました。〝先に行ってくれ、ジャン、放っといてくれ、ジャン〟それでもやはり、私は、後方の高みへ青外套が立ち去り、その間ドイツ野郎が後ろで葉叢を揺らしながら接近してくる音を聞きながら、歩きました。一瞬、疲れを感じ、転んで膝をつくと、弟は私の横の地面に滑り落ちたのです。弟は最後に言いました。〝放っといてくれ。ぼくのために殺されることはないよ、ジャン……一人は残らなくては、少なくとも、な〟それでですね、弟の方にかがんで、頭を抱えて、ドイツ野郎が我々を見つけて撃ってきたから、銃弾のなかでキスしてやりました。それから……弟に別れを告げ……それから、立ち去りましたが、弟を、そこ、地面で……あの野蛮野郎どもの真ん中で死なせることになったのです」

ポルションに語り終えたところ、我々二人ともがまだ彼が嗚咽し続けているのを聞いた。背後の原っぱでは、兵たちが行進している。葉擦れや、根を引き抜いてちぎる音、土塊が落ちる音が聞こえる。彼らがカブラを掘り出している。なるほど、我々は何も食べていなかったのだ。
寒い。震えがくる。話もしない。

突然、まったく静まったなかで、大砲の轟音が鳴り響く。別のが、右、左の至るところで反応する。全稜線の後方で、砲台が撃ちはじめる。ギラギラした光線が暗闇に縞を描いている。うとうとしていた兵たちは起き上がり、不安そうに立って、本能的に叉銃に近づく。もう推測の噂話が流れている。つまり、ドイツ野郎が暗闇の夜、援軍を得て攻撃し、猛スピードで前進しており、砲兵隊が威嚇射撃で彼らを阻止しようとしているが、我々も反撃することになる、と。

反撃！　こんな消耗した殺人的な一日のあと、兵たちの興奮動揺もおさまって、もう体の節々が痛み、疲労困憊して空腹しか感じなくなっているときにか！　こんな暗闇のなかで、崩壊して指揮官を失い、バラバラになった部隊で反撃か！

しかし何の命令もなく、数分すぎる。そして次第に、最初に大砲の轟音がとどろいたとき、動転した誰かが発した言葉から生まれた曖昧な推測話に過ぎないことを、滑稽にも、あり得る現実としていたという考えが強まってくる。

二日前、前哨線に進発したとき、森を通ってはずれに出た。陽はまだ空に高かった。昼間の明るさにもかかわらず、各小隊は分散し、濃い樹林のなかで混じり合っていた。あの同じ樹林を、ドイツ野郎が攻撃してくるなら、まったくの暗闇のなかを通ってこなくてはならないだろう。そうなると、一五分もすれば、混乱して彼らは右往左往し、錯覚することが多くなり、同士撃ちすることになろう。それは、彼らも承知している。

我らが砲兵隊は撃って撃ちまくり、我々歩兵の任務を全うさせ、敵が退却の際たどるはずの道を破砕し、彼らが愚かだったと思って隊を編成し直す暇も与えないほど砲撃してくれる。

鳴り響いたばかりの「集合！」の号令に、部下たちが小声でまたぶつぶつ言い始めたので、私は姿を見せて声をあげる：

「ぶつぶつ文句を言うな！　お前たちは何にも知らないのに、不平ばかりだ」

彼らは黙る。私のあとを重い足取りで行進している。私は自分の疲れを通して、彼らの疲れを感じる。空腹だし、寝たい。行進停止するとすぐ、溝の側面を重そうに落下してゆく。

ムイイを通って、まだ知らない道路を右側に回っていく。小川、水面に傾き写っている影、ぬかるみを歩く、ひたひたいう音。道は上り坂で、脅威に満ちた森の中心部へ突っ込んでいく。だがひとまず森はずれで休憩だ。

ここで、前哨の予備線として、夜明けを待つことになる。私としては、第一三二大隊との連絡を確保し、前方の道路上の情報を得ておかねばならない。二人が探索に行き、長らくしてから戻ってくる。彼らは誰も見なかったといい、前方には誰もいないと断言する。

命令取り消し‥「立て！」またムイイの方に下って行く。閉めた鎧戸から明かりが漏れている。一軒の戸を叩くと、開いた。前哨に送られた中隊全員がそこ、村にいたのだ！　こんな指揮をしている変人はどこだ？　あばら家からあばら家を探し、やっと見つける。男はローストチキンを食べており、私を招き入れる。ああ！　こいつは、まさか！……だがL……だ！

「それじゃねえ、きみはそんな誇らしい大胆さがあったと自慢するのかね？　きみのところの前哨では、いつもそんな風かな？」

それでも、私にはこの出会いが嬉しかった。またもや戦前の仲間、「些事にこだわらず」、行動で示す陽気な好漢だ。彼に与えた情報――村の出口方面には誰もおらず、路上には小さな分遣哨もなく、歩哨さえいないこと――で、彼はほんのしばし考え、簡単に確認した‥

「私は命令を出しておいた。実行しなかったのだな。通告しておこう」

そしてまた丈夫な歯でチキンをバリバリと食べ始める、幸福かつ健康そうで、晴朗快活さに溢れたすばらしい男だ。好人物だが、おかしな中隊指揮官だ！

彼と別れて、駆け足で村を通り抜け、部下たちに合流すると、行列はもうなじみになったアンブロンヴィルの農家への道路上で停止していた。糧食配給車がそこで我々を待っている。大きな火がつき、明るく高く燃え上がっている。周りじゅうにうずくまった兵たちが暖を取ろうと手をのばし、うつろな目で、燃え盛る火にかけられた鍋から湯気が立つのを見、背は夜の寒さで凍えるのに、顔、腹、脚は暖まっていた。やっと、指がヒリヒリするほど熱々の、脂ののったステーキを食べられる。そして砂糖はないが熱いコーヒーを飲み、その心地よい温かさが命の水のように全身を駆けめぐる。もうそれほど悪くはなるまい。たぶん少しは眠れるだろう。時計を見ると、一時半だ。地面に寝そべり、服をぴったり身に寄せる。九月末、夜は凍えそうだ！　だが瞼は、野営の燃えるかがり火を目に浮かべて閉じてゆく。そして眠りがゆるやかにまどろませ、疲れを和らげ、心の嵐を静めてくれ、自然に寝入った……

「起きろ！」今夜も寝られない。脚は慣れている。その赴くままに従う。丘がある。よじ登る。ハードだ。今度は野原だ。

土はもろい。穴がある。つまずき、背嚢と装備で重くなった全体重がかかって、どっと転ぶ。

どこへ行くのか？　誰も知らない。

大きい、この野原は……あてずっぽうに、さまよっている。隊列は乱れ、かたまって、群れをなして行進するが、惨めな家畜の群れだ。右に。左に。前方にまっすぐ。脚は慣れている。もう耕作地はない。エニシダ、小さな樅の木、灌木のある荒野だ。次いで深い森。森はずれ、気まぐれに折れ曲がる森はずれに沿って行く。道路端に着く。停止。そこで休憩。全員が参って、倒れ込む。くたくたに疲れ凍え、全員の体が眠りに捉われる。

散在する黒い塊り。まったくの静寂。時おり鼾が響く。

Ⅶ　軍隊が塹壕の穴に潜る

九月二五日金曜日

どこにいるのだろう？　明け方前の数時間は、半分森に食い込まれて背後にみすぼらしく広がる台地で過ごした。前方、道路の向こうには、いくつかの原っぱ、くぼ地、それからまた森だ。西の方は、ムイイ、ルユ、ムーズの谷で、敵から遠く平穏だ。東の方は、森の出口の、オー・ド・ムーズ〔三五〇～四〇〇メートルの高地〕の終わりで、平原の入口までのびて見下ろしている最後の枝尾根、次いで沼沢地のヴワヴル、フレーヌ、マルシェヴィル、ソー、シャンプロンだ。

彼ら敵は向こうのどこか、丘の麓で雌伏《しふく》し、攻撃に殺到する好機を窺っている。南の方にも、彼らだ。彼らはアットンシャテル、サン・モーリスを奪った。そして大樹林と雑木林を突進してきた。またサン・レミ、ヴォ・レ・パラメを掌握している。昨日、彼らはほぼサン・レミからムイイ街道に達するまで進んできた。

今朝はどこにいるのだ？　それで我々の役目は？　いつものように、何も言われていない。

なぜ何も言わないというこんな沈黙の慣行があるのか？「あそこに行け！」と命令される。我々はそこに行く。「攻撃せよ！」と命令される。そこで我々は攻撃する。戦闘中は、少なくとも戦っていることを知っている。だが後は？　多くの場合、戦いの切迫を告げるのは、間近の銃撃、雨霰と降ってくる砲弾だ。一旦戦ったあと、戦闘行動がまた始まっても、展開は前進、後退、停止と乱れ、隊形、作戦の説明を求めても、普通は説明されない。そうなると、無視されたようで、犠牲を供しても何の感謝もされないという気になる。そしてこう思う：「我々は一体何なのだ？　祖国防衛を求められて戦うフランス人か、それとも単なる戦う禽獣か？」

マルヌの戦い以前、退却した日々、我々はバール・ル・デュックに乗り込んで、友軍部隊が崩壊の危機に瀕しているパリに行くものと思い込まされていた。大尉たちはこのたわごとを繰り返していたが、それは少なくともこれが南への行軍を説明し、彼らにとって明白なことだったからである。誰もがそう思いたかったので、これをすぐに受け入れた。

一度、一度だけ説明を受けたことがある。九月六日の朝だった。大尉が我々を集め、急ぎ簡単に現在の軍の状況を素描し、これから何をするのか説明した。それだけだった。その日、どんな決定的な戦いが始まるのか明らかにしなかった。彼自身も知らなかったのだ。それでも、それで十分だった。我々には分かっていた。我々に何か要求しているのだ。「これが諸君がしなければならないことだ。諸君を当てにしている」と言われたからだ。だがそれで結構だった。

しかし昨日は、農家のそばの野営を去り、これから起こることへの漠とした不安のなかで、未知のものへ向かって行進した。我々はとりわけ困難なときに嵐の真只中に投げ出され、敵は断固たる狂暴さで進攻し、我らが部隊は後退し、ヴェルダンへの道を放置するほど屈してしまった。参謀部のどんな知恵、戦法もそこではまた何もできなかった。到着し、戦い、持ちこたえるか、あるいは我々の方が押し返されるか、いずれかだった。そのときから、我々がすべてだった。そのときから、我らの任務がいかに重く、いかに心高揚するものか自覚することが正しく、妥当なことに思えたのである。

我らが兵たちは知らないままでいることはできない。彼らの判断になる説明など一切ない命令を与えられても、それに従いはするが、ぶつぶつ文句を言いながらである。彼らは言う：「馬鹿にしているな」背嚢を肩に投げ負いながら、不機嫌な様子でなおも言う：「行進、奴隷ども！」これは笑いごとで済ませられるものではないのだ。

もちろん、兵士たちに隠しておくほうが有益なことはある。彼らに明かすことができるし、またそうすべきこともある。まったく不確かなままでいることは彼らを苛立たせ、勇気を殺いでしまう。だがほとんどたいていの場合、気紛れなのか、彼らを不安なままほったらかしにしておくのだ。

今朝、兵たちはポケットに手を突っ込んで、路上を走って行ったり来たりし、麻痺した足を温めようと車道で足踏みしている。

厳しい寒さの朝、この駆けっこには、なにかやすらぎと陽気さがある。やがて話し好きどもが草地に輪になって坐り、哄笑で会話が途切れる。もちろん、話は戦い終えたばかりの戦闘のことで、いつものように危機が過ぎ去った後は、冗談が飛び交うのだ。
昨日は、突飛に気紛れな銃弾が飛んでくる一日だった。伍長が、なかの書類がすべて引き裂かれていた、はち切れんばかりの折かばんを見せびらかして言う：
「あの昨日の一発でやられたんだ！　自分はまだ元気だと思った。あれで心臓が止まったわけではない。それから、まだ相変わらず立っていたので、自分の体に触ってみて、穴を見つけると、下に札入れがあるのが分かった。なんとまあ！　何たる傑作！　出来栄えは見事だったな。一番見事にやられたのはわが女房殿だ。斜めに真二つだ！」
そして反故の塊りから、長い引き裂きあとが残る女の写真を取り出した。すると、笑いが響きわたり、大声で冗談が飛んだ：
「お前は大した色男だよ、この野郎！　自分は何食わぬ顔で生き残り、細君をばらしてもらうとは！」
「なあ、おい、ドイツ野郎が金的をついたんだ。ぞっとしたか？」
そこで伍長は、写真を札入れに戻しながら答える：
「心配ご無用！　本物は安全だ。自分よりもあれが安全なので安心しているよ」
もう一人が、ドイツの弾丸でねじれ、半分に切れた二つの弾薬筒を輪になっている者たちに回す。プレルが用心してぶつぶつ言いながら、ちょっと舌を出してなめ、ひどく巻きひげ状になった細い黒糸を四倍にのばして、弾薬帯を縫い直している。誰かの声が聞こえる：
「運がよかったのは中尉だよ。外套を見たが、形が分からなくなるほどになっていたからな」
先ほど、ポルションに私の腹にできた紫がかった青いあざを見せた。彼はいまや私が彼の言う、「危うく免れた死の記録」の保持者であることを認めた。ヴォー＝マリの夜以来、彼は私よりも優位に立っていた。以前、九日の朝、前哨地点に行くため援護物のない、むきだしの平原を渡っていると、彼の左側面に銃弾が当たった。雑嚢を引き裂き、コーンビーフの缶詰の蓋をまっすぐ切り裂いていた。彼は、臀部《でんぶ》に当たったあと、半ズボンの脚沿いに、尖端がねじれてとまっていた弾を見つけた。次いで彼は、夜の混戦の真只中で、わが戦線の後方へ走っていく兵を見ると、やにわにその肩をつかんで、叫んだ：「いますぐ、こっちに向かえ！」すると、相手の兜姿のばかでっかい男が銃剣をかまえたまま、後ろに飛びのいた。もし連隊伍長のクレルが至近距離から一発でこのドイツ兵を倒さなかったら、ポルションは間違いなく銃剣で突き刺されていただろう。
日はすでに高く、静かに台地を暖めていた。一〇時頃、敵の視界からもっとよく遮蔽されていた後方のくぼ地から、炊飯兵たちが現れた。腕の先でバケツや鍋釜類を揺らすか、または両腕で棒につるした一繋ぎの皿を持ってやって来た。

「さて小隊兵たちと食べようか?」とポルションに言うと、彼が答えた。

「まだいいだろう。自転車伝令が大尉と同時に我々にも連絡してきた。あとで食事を持ってくるだろう」

一時間、二時間と待ち、空腹で腹を絞めつけられながら、ずっとほかの大隊が火のそばで休んでいるくぼ地の方を見つめていた。向こうには、牛肉や米、熱々を飲むのがうまいスープがある。遠くはない、僅か一キロだ。それに、この道路端に放置されたままで動けないから、遠すぎる。

「あの自転車伝令の野郎、木陰の苔の上で、腹いっぱい食べ安心して、鼾をかいているんじゃないかな!」とポルションが叫んだ。

そのとき、老志願兵のル・メージュがこちらへ進み出てきた。ケピ帽に手を添えて、低い声でゆっくりと言う…

「失礼ながら、中尉殿。思わず聞いておりましたが、彼らは食べていないと思います。そこで申し上げますが、私は、前線に出発する前、たっぷりチョコレートを蓄えてきましたので、これを食べていただければ幸いです」

「いや、いや、ル・メージュ。それは取っておかなくては。ありすぎることは絶対にないからな」

しかし彼はそのような親切心、そのような誠実さで、我々に食べさせたいという気持ちから言い張り、結局は彼の差し出したチョコレートの半分を受け取った。そこでお互いにそのかけらを細かくかじるが、やはりそれが減っていくのが不安で、最後の一片を飲みこむのをできるだけ遅らした。食べ終わると、ポルションが訊いた…

「タバコはあるか?」

「まだ少しは。だが巻く紙がない」

すると、ル・メージュが呼ぶ…

「ガブリエル!」

小柄なビュトレルが飛んでくる。ル・メージュが訊く。

「紙はあるか?　ひと束まわしてくれ」

ビュトレルはポケットからボタン付きのケースを取り出し、それを巻いていた革紐をゆっくりとほどいて、ほとんどまっさらの「巻き紙の束」を出したが、彼はこのまったくの宝物を、青い目、薄い唇、髭のない顔で微笑みながら差し出した。これもまた受け取らねばならない。ビュトレルが言う…

「これをどこで見つけるか知っています。識別番号三七二の砲兵隊にいい仲間がおります。彼らは好きなように調達してくるんですよ」

「だが前哨にずっといることになったら?　砲兵たちもいな

くなったら？」

「それはご心配なく」とビュトレルが答える。「紙がなければ、噛みタバコか、パイプを自分で作ります。お好みのをどうぞ、それに私にはそれが楽しみだし、また爺さんにも楽しみになりますから」

ル・メージュ老は頭を振りながら、ビュトレルに微笑み、我々の方に向き直る‥

「ここに来てから、私にはずっとああなんですよ！　また昨日、森で命を救ってくれたのも彼ですからね！　彼は小径でまっすぐ立って、私が稜線に達するまで、追跡してきたドイツ野郎を撃ってくれました。それが五分間続いた後、降りてきたんですよ……」

ビュトレルは肩をすくめ、小声で歌っている。我々のそばの地面に坐って、ニコチンで黄色くなった指でタバコを巻いている。

素晴らしく果敢な小さな兵士だ、このビュトレルは。元傭兵隊員で知的な彼は、生まれつき機転のきく才人だ。気にいる者だけに奉仕するが、彼の気にいる者は稀だ。だが彼らのためなら、命を賭すだろう。他人は彼を尊敬するか、または恐れる。中隊の最も鈍感な石頭も、大きな領分をせしめて小集団の徒党を支配する「屈強者」も、背が彼らの肩までの、このほっそりした小男に敢えて立ち向かうことはないだろう。最初の頃、試してみた者も、彼の青い目の眼差しが突然黒くなるのを見て怖くなり、その厳たる冷酷さに耐えられなくなるのだった。

ビュトレル、彼は誰も恐れない。戦場で、彼は素晴らしくなる。何が起ころうとも平静で、卓越している。冗談好きだがほら話などしない彼は、水を得た魚のごとく銃弾のなかを動き回る。塹壕掘りがあれば、仲間と一緒に掘るが、彼は「仕事」をしている。だがこの仕事が気にいらないのが分かる。彼は突発事、冒険が好きなのだ。昨日は、「爺さん」を救うため、好んで命を落とすようなことをしたが、それは、爺さんが「仲間」であると心に決めていたからであり、また小径を走るドイツ野郎を標的にして撃つことに興奮していたからでもある。あのドイツ野郎たちの誰もが自分のレーベル銃と同じ精度の高い自動小銃で武装していたことなど、ビュトレルは、楽しめさえすれば、ものともしなかった。

彼はアフリカでした戦争を懐かしんでいるが、そこではスズメバチのように渦巻く騎兵の群れに至る所で、一対五で抵抗した戦いであり、二つの七五ミリ砲が一斉射撃で砲弾を撃ちつくし、弾が反乱部族の厚い群れのなかへ犂の刃のように食い込んでいった戦いであった。またテントの下で野営した夜、乳白色の満天の星空の夜、うろついている待伏せどもを星空の明るさで心地よく興奮させた夜。暗闇を探り見る歩哨に立つとき、突然、短刀を口にくわえて這ってくる無言の物体を発見するのではという、妄念と期待に捉われた夜、でもあった。

我々のしている戦争、見えない敵に対する戦闘、祖国から遠く離れた地の上空で飛び交う砲弾、それが彼には重苦しく、恐らく軽蔑すべきものに見えるのだろう。

数日前から、とりわけ今朝から言われているように、これから、塹壕にもぐっているドイツ野郎に対して、我々も塹壕にもぐり、また、おそらく数週間、塹壕と塹壕で窺い見ながら、そのまま停滞することが本当ならば、ビュトレルはくさってしまうか、病気になるかもしれない、でなければ……おかしな男だ！　やはり自分の危険趣味を満たし、気晴らしになるような手段を見出し、また我々を驚かせ、称賛させることになるだろう。

なぜなら、ビュトレルは己を共通の尺度に落とす一様な生、己の裡で燃える熱情を消してしまう無気力な生などではなく、この青白いほっそりした顔、ひょろ長い手足の小さな兵士をすばらしい叙事詩の戦士にするような生に生甲斐を感じるのだから。

日暮れどきになると、兵たちは野原に散らばっていき、夜の暖を取るために藁を探す。足どり軽く出かけ、刈り取り後の藁束をまき散らした切株畑を通って森へ降りていく。帰りは足どり重く、大きな藁束の重荷で腰を曲げて戻ってくるが、その後ろには、穂先が地面に髪の毛のように散らばっている。彼らが通ると、藁束が地面で、軽く擦れる音が聞こえる。

しかし、暗闇の夜、眠っている野営地に点呼笛が鳴り響く。短い命令で起き上がり、小隊が、寝入りばなのけだるさで、のろのろと集合する。大隊全員がムイイの方に降りていき、そこで宿営だ。

何時だ？　もう一〇時だ。夜明け前には、また配備地点についていなければならないとは！　だが我々は家に入り、炉床に火をつけ、たぶんマットレスに横になって、羽ぶとんのなかで丸くなれるだろう。たぶんまた、靴を脱ぐこともできるだろう。私の靴、まだ取り替えられない窮屈な私の靴はひどく痛い！　暖かくして、装備を取って、靴下のなかで足指をのばして寝るのだ！　あまり長くは続かないのだから、急いで寝よう。

村に着いた。ざわめきに満ち、兵たちがうようよし、にぎやかだ。揺れる角灯がもたらした奇妙な、明るさを増した薄明かりのなかで、糧食配給車、有蓋車が影に包まれている。

給養下士官が我々を呼び、暗くなった廊下沿いに連れてゆく……

「左、左に回って！　私は入口にいる」

彼はマッチをこすって、蠟燭の芯に火をつけ、その小さな明かりを揚げて言う：

「さあ！　自宅にいるように気楽にしてくれ」

これが今夜の我々の自宅か！　これが人家だったのか！　いまは誰もいないあばら屋で、うす汚れた浮浪者が暖まるときだけやってきて、また無関心に去っていき、この古い壁の間に彼らの痕跡は何ひとつ残っていない。

やがて、我らが住いにどっとひとがなだれ込んでくる。使役当番兵たちが食糧を運んできて、小隊に配る。地面に敷いたテントには、コーヒー、砂糖、コメなどが一様に小さな山になっている。炊事伍長フィヨが、帽子も上衣もなしで、白くたくましい胸に垢だらけのシャツをはだけて、小隊を一隊ずつ呼ぶ。進み出てきた者に、山積みの一つをさっと指さす。もう苦情や文句には動じない。

「おい、砂糖が少ないぞ！　おや、脂身もない！　第三隊の山はほぼ二倍だ」

「第三隊は五人増えた」と伍長が答える。「文句があるなら、大臣に言え。計算は合っているんだ」

その間、ノール県の炭鉱夫マルタンが、テーブルに置かれた牛肉の枝肉を切り分けている。彼は、この仕事用には、ヴォー＝マリから持ってきた丈夫な刃の、刃止めつき折りたたみナイフしか持っていない。マルタンは、ナイフは人のいい捕虜からもらったが、有名な商品で、「牛肉を切り分ける」のに、このドイツ野郎のナイフほど切れ味のいいものが中隊にはないと言う。

だがマルタンは肉さばき、解体の名人だ。彼は大きな肉の塊りをつかみ、筋肉部分をまっすぐ縦長にまるごと切り、離れにくい腱や筋と、肩を弓なりに曲げ、顎を引き締め、イタチのような扁平《へんぺい》な顔を一層平たくして格闘し、怒ったように激して、うめき、唾を飛ばし、罵りながら刃を操っている。そしてやっと障害物を取り除けると、マルタンは大きなため息をついて、振り返り、目を細め、やつれた口を膨らませ、口に含んだ、嚙みタバコでゆがんだような笑みを浮かべ、舌を鳴らすと、床に褐色の唾を飛ばし、感動したような声、闘い終わって、格闘の厳しさを忘れようとする高潔な勝者の声で言い放った：

「聖なるお肉さまだった！」

暖炉では、ブドウの小枝が弾け、パチパチいっている。炎があがり、反射板をなめている。使役当番兵は出ていき、もう我々と伝令、従卒しか残っていない。ポルションは皿と鍋を見つめて、湯気を立ててジュウジュウいっている肉切れをひっくり返している。プレルは肉さばきで赤く染まったテーブルを円形の布巾《ふきん》で拭いている。他の者は地面に坐って、壁を背にし、顎を膝にのせて、唾をはきながら短いパイプを吸っている。

　コメ入りスープ、焼肉、リ・オ・グラ〔牛肉の脂とバター、ブイヨンで煮たライス〕、熱いコーヒー。夕食だけでもムイイへ旅した価値があった。それにベッドもある！　マットレスも羽ぶとんもだ！　このぬくもりにもぐり込もう。地面には我らの脱いだ四つの靴が、胴部分の形が崩れてたるんだまま置いてある。納屋から抱えて持ってきた藁の山にうずもれて、「伝令」は寝てしまい、強弱入り混じりの鼾でゆすってくれる。今度は我々が寝る番で、腹いっぱい食べて、体を楽にし、靴下も脱いで、脂の焦げた悪臭とタバコ、人獣の強烈な臭いのなかで眠り込む。

九月二六日土曜日

　台地の後方、大木の下。道路端で大隊の別の中隊が我々と交替する。冷えて澄んだ朝、大声と哄笑が響きわたる。炊飯兵たちが森はずれで、我々の近くに陣取った。朝のスープを調理するのだ。どの火の周りにも、兵たちが坐り、注意深く真剣な表情で、小枝の先に突き刺した丸パンの切れ端を炎に向け、かざしている。

　ロティ〔トースト・パン〕、焼肉！　甘い菓子！　野戦中の兵士の大好物で大喜びだ！　狐色、赤褐色、黒褐色に焼け、かむとカリカリする。細かくボロボロになり、そのままのみ込まれる。どこかで火が輝くとすぐ、肉大好きたちが殺到し、輪になって坐り、感動したような同じ真剣な表情で、ナイフか、とがった細い棒の先で、白っぽいパンが次第に美しい暖色になり、まるで炎を反映し、何かその輝きをうちに取り込んだかのようになるのを見つめている。ある者は、焼肉全体が細かく砕け、バリバリ食べられるよう薄切りに切っている。他の者は厚切りにして、衣揚げの殻のような、乾いた二枚の薄皮の間に熱々のなめらかなパン切れ、パン屋がオーブンから取り出したような、まだ少し湿り気のあるパンが残るようにしている。

　コーヒーを飲むと、我々は坐った。ポルションと私は、大きなプラタナスの下で、すべすべした幹に背もたれ、苔むした二つの根の間に坐っていた。太い野生のサクランボの枝を切り、パイプを作ろうとした。「必要は産業の母なり」、さらにはパイプ産業の母なり、だ。それにまだ若干器用さも必要だ。

　炊飯兵ベルナルデは傑作を仕上げた。まっすぐなパイプ管の穴、なめらかな仕切りの深い火皿だ。さらに、胴部分の木に、飛び出した大きな目の、舳《へさき》のように前に突き出て、尖った挑発的な髭の仲間の顔さえ彫った。

　ポルションは、頑《かたくな》なまでに熱心になって（顔を真っ赤にし、額には青筋が立っていた）、決定打ではないが、励みになるような成果を得た。彼の木工作品はくりぬかれ、うがたれ、確かにパイプの形をなしている。

私の方は、すでに二つの試作をダメにして、嘆かわしくもサクランボの木が堅く、ナイフで切れないことを理由にしていた。

失敗にめげもせず、新たな試みを始めると、ヒューッと飛ぶ音がして、三発の重砲が同時に爆発した大音響で完全に断ち切られてしまった。別のがヒューッと音がして、頭上を飛んでいく。三つの黒い爆煙が後方、森の外五メートルの裂けた地面から上がっている。長い黒煙だ！　また一斉射撃のかん高い音。前ほど激しくはない。遠くで飛んでいる。右側で爆発し、小さな樅の木が数本根こそぎにされ、土塊と弾片とともに空中に飛んでいるのが見える。前方で。後方で。右側で。破滅的だ。立ち上がって、背嚢を背負い、急ぐこともなく、樹林を通って左方に行進する。

いまや「銃剣」の外で、平穏、楽しいくらいだ。まるでドイツ野郎の砲兵たちがあくせくと、前にできた漏斗孔に最後の砲弾を落とし込んでいるかのようだ。彼らは規定通りの弾薬を大量に使うため、あてずっぽうに撃っているに違いない。彼らが撃ち終わるのを待っていればよい。

夕方五時。前哨地点に進発。

枯葉が散らばり、苔がはびこり広がる小径の黒い腐植土の一帯をまっすぐに進んでゆく。樹林は厚くなり、青緑色の薄明かりに包まれてくる。夕陽は我々の真後ろにある。その光が行進する行列に落ちかかり、背嚢の上にのせた飯盒に金色にあたっている。不揃いな歩みに合わせて、頭が上がったり、下がったりしている。

無言で行進。この湿っぽい地面では足音ひとつせず、踵《かかと》の鋲の靴跡が残る。時おり、沈黙のなかで、臆病そうな小鳥がこわごわさえずっている。だが突然、友軍の七五ミリ砲が激しい爆発音で空間を引き裂く。やがて森の深い所にうずくまっていた大砲すべてが、一斉にせわしく続けざまに発砲し、辺りはその喧騒に包まれる。どの発砲も大砲自体が分解せんばかりに猛烈である。次いで、揺れる震動音が小谷から小谷へと遠くまでのびていき、次第に弱まり、新たな一斉射撃の爆音のなかで消えていく。しまいには、この騒音にも単調さで麻痺してしまう。もはや「発砲」の轟音に跳びあがりはしない。もはや頭のなかには、この種の絶え間ない単調な響きしかなく、弱くなっては再び強まり、さらにまた弱くなっては強まり、しまいには、哀れにも大きなざわめきになって溶け込み、大地に波のごとく広がっていく。

日が暮れてくる。森はずれの近くに来る。道端には、裂けた背嚢、壊れた銃剣の鞘《さや》などが散らばっている。少し先には、血まみれのぼろ着が苔の上に広がり、何枚かのシャツ、フラノのベルト、上衣の裂けた裏地が散乱している。さらに先には、顔を地面につけて長々とのびた死体が現れてくる。

砲弾の漏斗孔が、ほぼ規則的な間隔で小径に点々とできている。裂けた大きな根が青白い傷跡を見せている。次いで、漏斗孔がほとんど全部小径に集中しているが、見事なほど精確に当たった砲撃の跡だ。

森はずれの少し手前、林間の空地で行進停止したが、何本かの大木に目を引かれ、上を見ると、その天辺は蒼暗くなった空で見えなくなっている。

死臭が漂い、時々臭いが強まる。我らが待避壕の数歩のところで、死者が薪束の山にもたれて、休息した穏やかな姿勢で坐ったままでいる。この男は食事中に砲弾があたって即死したのだ。まだ小さな錫《すず》のフォークを手にしたままで、蒼白な顔には何の苦悶も現れていない。足下には、開いたままのコーンビーフの缶詰めと錬鉄の皿があるが、それは、公立小学校で、遠くにある小作農家の児童たちが弁当を入れていた籠のなかで見たことのあるもので、その周りじゅうにアルファベットの文字と数字が浮き彫りになっていた。

我らが待避壕は軽装備で、寒気が入りやすい。二本の杭が分岐して、主桁代わりの丸太を支え、ほかの丸太は適当に切られ、ねじれて不揃いだが、先端でこの主桁を受け支えており、それで一軒の家となるのだ。ほとんど地面にじかに置かれた屋根の骨組みのようなもので、とんでもない所にある隙間から空が見える。それでも、この小屋の隙間をふさごうとした。芝草の山が五〇センチメートルの高さまでぎっしりと積みかさねられた。この腐植土の覆いが天辺まで届けば、我々も守られるかもしれない。

これは明日の仕事だ。今晩は遅すぎる。もうすぐ日が暮れる。もうあとは寝る前に、「冷食」、丸パン一切れ、雑嚢から取り出した、干からびたパンの粉末まぶしの肉一切れを食べるだけだ。

九月二七日日曜日

日が暮れると交代することになっている特務曹長に会いに行くことにする。正午ごろ、伝令を連れて林間の空地を出る。天気は昨日と同じだ。明け方の寒々とした朝靄が次第に消え、澄んだ小さな水滴があふれる光を浴びて果てしなく輝いている。

ああ！　まったく穏やかなものだ……この辺りはひどく明るいな！　森はずれがこんなに近いとは思わなかった。溝から二つの頭が浮かび上がる。片手が上から下へ素早く動いて、一挙に私の歩みを抑える。かがんで、半ば這って、狙撃兵の戦列に達する。陽気だが抑えた声で歓迎してくれる‥

「あなたでしたか、中尉殿！　ここは結構気楽なところです。ただ榴霰弾があるので、姿を見せてはいけません……特務曹長をお探しですか？　ほら、あそこでジャンドルとルブレと一緒です」

「ありがとう、ロルムラン。ところで、昨夜、騒ぎはなかったか？」

「まさか！　奴らは動きさえしませんでした……一〇か一五メートル右手にいくと、いますよ、特務曹長は」

たっぷり五〇メートルは立って歩き回り、溝でしゃがんでいる兵たちの間を、体をよじりながら通り抜けた。やっと、ジャンドルとルブレを見つける。ジャンドルが先にこちらを見つけて、横たわっている男を指さして言った‥

「どけと言っても無駄ですよ。死んでいます。またいで行くだけです」

次いで、彼は溝の底の方にかがむ‥

「特務曹長！　中尉殿ですよ」

地面からうなり声があがる。形をなさない藁の山が動き、盛り上がって、特務曹長の顔が、藁の穴から穂先をまき散らしながら、現れる。病気のようだ、特務曹長は。痩せた頬が一層際立っている。瞼には褐色のあざが広がっている。日焼けした顔には、うす汚れた鉛色の顔色が透けて見える。

「おい、どうした、ルー、調子が悪いのか？」

「わしですか？　精根、尽き果てた、はっきりしている。もうあちこちが、くたくただ。胸に穴があいたようで……」

彼は腰に手を当てて、うめきながら立ち上がり、溝の緑の茂みで隠れている場所に坐った。

「そばに来て坐ってくれ。説明するよ」前方には、荒地の平原が広がり、谷の向こうへのびて、いかめしい高さの稜線で終わっている。サン・レミの村は恐らくこの谷のどこかだが、ここからは、一つ、二つの一軒家の農家が見えるだけだ。左側では、森がくっきりと凸型に突き出て、目を引く。繁茂した樅の木の小さな森が、ちょうど平原の真ん中にあり、黄色がかった周囲のなかで、驚くほどあからさまな、暗緑色の鈍《にび》色《いろ》の斑点となって、他を圧している。

「村は占領されていないよ」と特務曹長が言う。「斥候隊が昨夜調べに行った。こちら側は平穏だ。ここから向こうまで、六〇〇か、七〇〇メートルだ。ドイツ野郎は村のすぐ近くの所を抑えているようだ。彼らと我々の間は一五〇〇メートルくらいあるだろう。だから彼らが思いついて攻撃してきても、様子を見る時間はたっぷりある……何でもないさ、ただあの樅の木が厄介だけど。真向かいの連中がこっそり忍び出て、朝、不意に襲ってくるのを避けたければ、恐れ知らずの何人かを毎晩あそこへ送っておくのも悪くはないだろうな」

敵の戦線から乾いた一発の銃声がし、一秒とおかず、もう一発が弱く、もっと遠くでですると、彼は人差し指を立てて言う。

「おかしな奴だ、夜が明けると、ああやって遊んでいるんだ。一〇分ごとに、わが戦線の四地点に四発撃ってくる。ここにも二発目が飛んでくるよ」

なるほどすぐに、ドイツ野郎の弾丸が飛んでくる。爆発音が弱まって聞こえてくると同時に、鋭い音が静かな空高くで響いている。

「変わった奴だよな」と特務曹長が言う。「奴はヒバリを撃っているに違いない。だが貴官に知らせておくべきはるかに大事なことがある。よく見てくれ。樅の木の森の右角……分かったかな?……そうか。また三本指分右に、前にいくつか茨がある輪状の大きな藪があり、少し後ろにぽつんと二本の木がある。見えた?……そう。それじゃ、双眼鏡でよく観察してくれ。そうするとたぶん、何か分かる」

すぐさま私は、双眼鏡で野原に極めて明るい藪を見つけた。輝き、色濃い葉叢の上部と、青白く、くすんだ下部は簡単に区別できる。

「藪の左側部分にある、一種の半円形の切れ込みをよく見ておかなくていけないよ。待ち伏せすべきはそこだから」とまたルーが言う。

平たいベレー帽をかぶった彼が示す切れ込みを、私が正確に見つけても、彼はまだ喋っていた。それは突如目に飛び込んでくると、また葉叢の後ろに沈んですぐに見えなくなった。

「ああ!」と言って、私が振り向くと、彼は静かに笑っていた。

「見たかい?」と彼は声をあげた。「むしろ一つを見たかな……あそこには、二つ隠れているんだ。今朝それを見つけてからは、まるで前から知っていたような気がするよ。とにかく、彼らの策略にどう対処するかは分かっている。まず現れたのは監視兵だ。もう一人は野戦電話の横で地面に坐っている。監視兵が辺りを詮索してかき集めることすべてが、〝直ちに〟伝えられる。今晩、野戦電話担当下士官はその小さな箱を腕に抱えてきて、その糸巻に線を巻き、それで仕掛けができあがりだろう。こちらも今夜、見張りを送れるだろうが、もう悪党のツグミどもはいないだろうな」

「だがなぜ藪に一斉射撃をお見舞いしなかった? あの犬どもに鼻先でこそこそやらせておくのは、いささか承服しがたいな!」

「なぜかって? あのドイツ野郎二人を銃撃させたら、五分後には、榴霰弾が雨霰と降ってきて、確実に負傷者と死者がでただろうよ。わが兵たちを隠れて安全なままにし、向こうでは連中が、青外套の端切れを見ることもなく、一発食らうんじゃないかと怯えながら、首を捻じ曲げて待ち伏せしているだろうと考えて、こちらは一杯やって笑っていたいよ。要するに、明日ここへきて、まだ藪に連中がいるなら、貴官が好きなように撃たせればいいだろう。今日、俺は病気なんだ。お許し願えれば、静かにしていたいね」

「結構だ」と私は言う。「ただし、日が明るいかぎり部下を誰ひとり動かさないという条件付きだよ。もちろん、禁煙だ」

「そんなことは分かっているよ」と特務曹長が憂鬱そうに言う。「二、三本吸えば、このふさぎ虫をつぶせるが。パン！……パン！　か。聞こえるかい、もう一人馬鹿がまた撃っているのが？　それじゃ、今晩な？　もう藁のねぐらに帰るよ」

林間の空地で爆発する衝撃音が、私が待避壕に戻ったことを告げてくれる。給養下士官がなかから声をあげる：

「せめて帰るのを知らせるんですよ、中尉殿！」

彼はヒューッと音を立てて、たっぷりとやってくる一斉射撃に背をのばしている。恐ろしい騒音、甲高くきしる爆発音がして、不快な「フルル」と鳴って入口の前を飛んでいく。

「おや！　おや！　これは一〇五ミリ砲だ。大したごちそうだな」とポルションが言う。

また背後で猛射撃。一斉射撃の銃弾が丸太を激しく叩いてくる。次いでバリバリという音がしばらく続き、高い枝が擦れる音がして、木がどっと倒れる。

我々は型どおりの爆撃を被《こうむ》らねばならない。砲弾が猛烈に襲いかかり、樹林を裂き、地面に穴をあけ、黒い腐植土をむき出しにする。林間の空地じゅうに大音響を立てて遠ざかり、やがてその吹き返しが戻ってきて、樹木全部を引き裂き、大きな土塊を空高く舞い上げ、叢林をひっくり返して悪臭を立ちこもらせる。だが砲撃は手探り状態のようにでたらめだ。だから、恐るべきものであるはずの、怒濤の攻撃も、その激しさそのものが滑稽に思えてくるのである。

結局、最後の砲弾が遠くで爆発し、一群の無力なスズメバチのような弾片となって吹き返してきた後、森はまったくの静寂に戻った。数秒間不動のままだが、その間筋肉が痙攣し、引きつって痛く、血管が重苦しく脈うっている。やがて全員が坐り、笑いながら背嚢の留金をはずし、立って伸びをし、体をブルッと震わせる。終わった。


わがポワリュたちと一緒に特務曹長と交代に行く途中、小径で私は夜の暗闇に驚かされた。樹林の枝の下の真っ暗な夜、暗闇が手で触れられるような夜、暗さとは別なものを探しても、むなしく目が疲れるような夜。夜の壁に取り囲まれ、歩くたびに壁も移動する。無意識に腕をのばして触ろうとする。だが決して触れられない、指をのばすとすぐに後退し、するりと逃げていくのだ。つねに手は届かないが、そこ、すぐ近くにあって、我々を閉じ込めている。

森はずれの近くでわが部下たちを停止させる。暗闇が多少は薄らいでいる。平原の横に、空間がある。藪の形がかすかにぼやけて見え、目を和らげ、休ませてくれる。

溝に飛び込み、かがんで見ると、横になった男に気づいた。肩に手をかけたが、動かない。ゆすってみて、顔を傾け、男の顔に触る。おお！……柔らかい肉体にぬるぬるした冷たい肌。死体だ。何と哀れな！　胸が絞めつけられる！　それをまたいで、静かに呼びかけながら二、三歩行く。やっと誰かが答えてくれる。彼らの方へ進んでいくと、足が藁と擦れ、近くに、見えないが動くものが見分けられる。生者のなかにいるのだ。

「何小隊だ？」と私が言う。

「第三隊です、中尉殿」

「誰か私と特務曹長のところへ行ってくれる者はいるか」

「はい、行きます！　ルテルトルです」

「よし。溝から出よう、さもなきゃきりがないからな」

生い茂った葉に頬を打たれ、棘のある枝にひっかかれながら歩いていると、ルテルトルが訊いてくる：

「ここへ来るまで、死者にぶつかりましたか？……そうですか？　それなら、それが最初の目印です。右へ直角に曲がって、三〇歩か三五歩くらい数えて行くと……地面に広げたシャツのところにきます。第二の目印です。つまり、ほとんど半円分左側に曲がるという意味で、この地点から、森はずれになります。まっすぐ前へ進むと、森に突っ込み、はずれが分からなくなります。ほら、あれがシャツですが、見えますか？」

足下には、ぼんやりした斑点、一種のよどんだ光が浮かび上がっている。ルテルトルがまた言う：

「あともついてきてくれますか、中尉殿？　二五歩続けて行くと、もう一つの死体に行き当たります。もう一度右に行けば、ほぼ目的地です。第二分隊の仲間たちのところまで一〇メートルもありません。昼なら、一人で行けますね。ただ歩いて行けばよいのです。しかし夜は、よほど用心しないと、このやたらに大きな、うんざりする森のなかで迷ってしまいますが……どこにいるんだろう、曹長は？　ああ！　あそこだ！　上を歩かないよう横に回って……さあ、中尉殿、着きました。もう私は必要ないですね……おやすみなさい、中尉殿」

特務曹長は相変わらず藁のなかにうずもれている。忠実なルブレが彼の食事をつくり、彼のもとを離れず、ムイイの押入れの奥で見つけた白い毛布を掛けてやっている。溝に薄明かりがあるのに気づいた。

「驚いたな、よくここをみつけたね」とルーが言う。「貴官が後で来るとき、方角を間違わないようこのトリックを説明しなかったのは、誤りだった。あのときは体調が悪く、そんなこと考えもしなかったよ。それに、ねえ、ここへ来るとは予想していなかった」

彼は寒さと熱で震えている、気の毒な奴だ。話している間、彼の歯がカタカタとぶつかっている。

「君の部下たちに装備させたまえ」と私が言う。「すぐに私の部下たちを探してくるよ。どんなに頑張っても、五分間では彼らを配置できないが」

歯をカタカタいわせながら、同じ震える声で、彼が答える‥

「夜明けまで待ってくれた方がいいな。夜は更けているし、準備は済んでいるが、結局は場所を変わっても同じだよ。敢えて交代して、避けがたい混乱を何とか切り抜けるよりも、もう数時間はここにいたいね。わがポワリュたちもきっと同じ考えだよ」

「まあ、私も、だよ。ただ後備に移るのはきみの番だ」

「まあいいさ！　戦線は静かだ。ドイツ野郎も穴倉から出てこないだろう。ちぇ！　なんという夜だ！　真っ暗だ……それじゃ、明日また、中尉殿」

「また明日、ルー、夜明け少し前にな」

九月二八日月曜日

今朝、大隊全体が交代した。我々は戦線の後ろ、一キロメートル後方に後退した。

だがまだドイツ野郎のすぐ近くで、本当の休息ではない。攻撃の場合には、前哨の仲間とともに最初の打撃を受けることになる。それでも半休息で、それはそれで貴重なものだ。森の真ん中に隠れており、飛行機からさえ見えない。塹壕の外を行き来しても、ぶらついても自由だ。塹壕には警戒警報の場合のときだけ降りていく。

ポケットに手を突っ込み、口笛を吹きながら、隣りの交差壕まで行く。リーヴ大尉がそこにいて、奇妙なほど長い葉で巻いたいつものタバコを吸っている。彼は路肩の草地に横たわった死んだドイツ兵を見せる。顔はハンカチで覆われ、そばに外套が折り畳まれていた。ボタンのはずれた上衣は半ば開いて、血まみれのシャツがのぞいている。その非常に白い手はまだしなやかで、だらりと垂れてほとんど生きたままのようだ。手は死の苦悶に最後に痙攣した後ゆるんだばかりで、数時間前に命のともし火が消えた人間の硬直したものではない。

「死んだばかりですか？」と大尉に訊く。

「五分前だよ」と彼が答える。「森で見つかって、我々がここに着いたときに運ばれてきた。三日前の襲撃で倒れたんだ。三日三晩、戦線の間にいたとはな！　夜明け前、わが斥候隊が見つけたときは、負傷というよりも寒さと衰弱で死にかかっていた。長身の好男子じゃないか？」

確かに、身だしなみがよい。軍服のラシャ地は兵卒のほど粗くはない。半ズボンは膝にぴったり合っているし、鹿毛色の革のブーツは頑丈そうな脚をくっきりと示している。

「将校ですか？」と私が言う。

「予備役中尉、たぶん中隊指揮官だろう。だが私には尋問する時間もないし、する気もなかった。彼はフランス語で、ドイツ語が話せる将校を求めた。それで私を呼びに来たのだ。行ってみると、彼は溝の側面で横たわって、目は回転しているし、唇は青く、すでに瀕死状態だが、まったく明晰だった。私に個人的な書類、手紙を託すと、赤十字を介して、家族に届けて死を知らせてくれるよう頼んできた。そして住所を書き取らせ、私に感謝した。その後、頭をかすかに揺らして、ため息もつかずに死んだ。まさに男だったな」

哀しい想いに沈んだまま、わが塹壕に戻る。森は、その最後の壮麗な繁茂のなかで、私の目には存在しなくなった。ここにあるのは塹壕、垂直な土壁の狭い溝、壕だ。男たちが壕底に寝転がっている……我々のところは、深く掘っている。だが向こうの、兜姿の荒武者たちの陣地では、我々のよりもさらにうまく掘っているだろう。

私はあの大地の掘り起こし人たちが働くのを見たことがある。キュイジの谷の縁で、数時間、双眼鏡で、土木作業班が疲れを知らぬ活力で鶴嘴とスコップを操るのを観察した。作業を終えるとすぐ、ドイツ野郎は穴を作って、中へ潜り込む。前進しても、彼らは獲得した勝利を確保するため塹壕にこもる。後退しても、相手の進撃に持ちこたえるために塹壕にこもる。

またわが戦線に対して、こうした塹壕が次第にのびてきて、丘をよじ登り、谷の底にもぐり、平原を這って進み、胸墻を備え、銃眼で待ち伏せる機関銃の前に茨の鉄条網を置いた壕が地面すれすれに広がってくるのが見える。

我々は彼らの進撃を止め、撃退した。現在は両軍が一息ついている。被ったばかりの敗北に面喰らって息が詰まり、また全力で突進し、我々を踏みにじろうとするには疲れ果てていながら、それでも彼らは、なお占領しているフランスの地にしがみつこうとする。

巧妙かつ徹底的に、彼らは我々の足下で障害物を積み重ねるだろう。彼らは行き当たりばったりには何も残さない。維持している戦線のどの地点からも、銃身を我々に向けて狙い定めている。どのトーチカにも機関銃、どの稜線の背後にも大砲があるのだ。空隙も弱点もない。フランドルからアルザスまで、北海から不可侵の中立国スイス国境まで巨大な要塞が生まれ、我々が越えようとすれば、破壊せねばならないだろう〔これは後の第二次世界大戦中のジークフリート線（要塞線 West Wall）の先例であろう〕。

いつ越えるのか？　もうすぐ一〇月で、やがて霧と雨だ。戦闘続行となれば、我々も塹壕を掘り、ぎっしりと枝を詰め、分厚い土塊を重ね合わせても、水が浸み込まず滑り落ちてくる屋根の下で身を守ることを学ばねばならない。また、いつまでも続く灰色の日々、寝ずの番の夜の間ずっと飽きもせず待つことを知らねばならない。

それは特に厳しいものとなるだろう。腹がすけば、ベルトをひと刻み締めて縮め、手紙でも書いて空想する。寒ければ、たき火に火をつけ、足踏みし、指に息を吹きかける。だが心が次第に寂寞の沼地に沈み、苦悩が物事ではなく、我々から、まるまる我々自身から来るとなると、何に頼るのか？　この埋没を逃れるのに何にすがればよいのか？　冬になれば、かくも陰鬱な日々が終わるとでもいうのか！……

砲弾二発が爆発し、私の夢想を吹っ飛ばした。男が「畜生！」と叫んで、仰向けに落ちてきた。私を捉えるのは文句なしにこの現在だ。十字路の方では、馬が怯えていななき、御者が罵り、鞭を鳴らしている。次いで灰色の車が二台現れ、両輪で壕を壊しながら曲がって行き、男たちが力一杯馬を鞭打ち、ガラガラとやかましい音を立てて森に突っ込んでいき、路上では蹄の音がけたたましく響いている。ギャロップで逃げていくのは、我らが糧食だ。

「全員、塹壕へ！」

あの時限弾の音は聞こえない。私はわがポワリュの一人が、ほかの二発が頭上で炸裂したとき、パイプにタバコを詰めているのを見ていた。ヒューッという音、男の渋面、彼が塹壕へ飛びこみ、枝に弾丸が雨霰と降ってくる、これが渾然一体となって、ただ見えない悪辣な攻撃を受けているという印象がするだけだ。速すぎて、防御反応をすぐにはとれない。遠くを飛んでいる砲弾は届かない。だが予告なしで落ちてくるのは、危険で恐ろしい。爆発後も、手はずっと長く、熱っぽくじっとりしたままだ。

ああ、これが！　一日じゅう続くのか？　ほぼ一〇分ごとに、時限弾二発が襲ってくる。少しして、一対の着発弾が急降下してきて、土を吹き飛ばす。いつもの七七ミリ砲〔この砲弾は重さ二〇〜二五kg〕だ。小銃のように直接射撃で、耐え難い。砲弾がそのようなスピードで届くよう至近距離から爆撃しているに違いない。確かにサン・レミでも、この嫌な双子の着発弾〔着弾時の衝撃で炸裂した砲弾の破片が飛び散る榴弾〕だった！　我らが前哨からは、最初の発射音でその見当がつくだろう。だから、きちんとつながる連絡網によって、三〇分もしないうちに、それを壊すか封じ込められる。しかし……ドイツ野郎の砲兵どもがくたびれ果てるまで、それが吠え続けることは分かっている。結局はこの棘を皮膚に刺したままで、木の下をぶらつくこともできず、夕方まで膝に顎を載せていることになろう。

夜になると、頭がぼうっとしてくる。背は曲げたままで、脚はこわばっている。尖った石があちこちに突き出ている。拳銃のケースは脇腹に、水筒は腰に、ポルションの膝が腹に食い込んでいる。どんな姿勢をとるのか？　どんな穴を見つけるのか？　塹壕から出て枯葉の上に横たわるのか？　寒さが体の芯まで入り込み、眠れない。

極端にごつごつしたいくつかの石を土塊から一つ一つ引き抜き、およその見当で、胸墻の上に投げあげてから、胸に寄せ集めた装備の上に腕をのばして、わが荷物を抱きしめながら、寝ることにした。

九月二九日火曜日

嫌な二台の小型大砲がなおも一日じゅう喧嘩をふっかけてくる。だが今晩は、砲弾が落ちてくる一角から立退いてきたところだ。ムイイはもう後方にある。

ここはムラン・バで、小川にはイグサがはびこり、沼にはひょろ長い木が生え、村の十字路近くに、瓦屋根の大きな農家がある。寒々としたバラ色の夕陽、美しい秋の日の終わり。高地の稜線が、ごく穏やかな死の苦悶を迎えて次第に熱気を失っていく空にくっきりと浮かんでいる。道路のつきあたりでは、リュの鐘楼がその尖ったシルエットを浮き上がらせている。原っぱで休止している七五ミリ砲はよく手入れされた、繊細な玩具のようだ。

村の入口で停止。司令部が通過する。

「姿勢を正せ……銃を足下に……」

何人かは冷笑している。前方の、我らが中隊の列の後尾で、真っ赤な頬の小柄なブロンドの男が、解けたゲートルを靴にたらしたまま、パイプを銃床でコツコツと叩き、しまいに唾を吐いて、あざけって言う：

「やっとだな！　明日、講和を結ぶのだ。また兵営へご帰還だよ。負革をのばせ！　顔をあげろ！　時計を見ろ！　ああ！　冗談じゃないぜ……こっちは戦争しているんだ！」

隊長が馬に乗って現れ、このひとり言をぴたりと遮る。不満なのだ、この指揮官は：

「何の躍動感もない……のろのろした足どり……およそ軍人らしからぬ……」

歩調をとって、銃を右肩にして、予定の地に入る。どの通りの角でも、一中隊が列から離れ、歩調を早めて宿営地に向かう。

「おじいちゃん」の宿営、と兵たちは言う。納屋は広く、よく閉まっており、干し草で一杯だ。豚肉屋は豚肉チーズ、あの金色のゼリーの殻で覆われ、口に柔らかいチーズを売っており、我らが領地の真ん中にある。端っこの家の向こう二〇メートルのところには、小川の水が静かな水面となって広がり、気づかないほどだが、よどまない程度に十分流れており、そこで少し下着の垢を落とせるのは喜びである。

宿営地に落ち着き、麦打ち場の周りに銃が並んでいるとき、大隊曹長カリションがもじゃもじゃの髭に、パイプ姿で現れた。間違いがあり、移動しなければならないという。豚肉屋よ、さらば！　リュよ、さらば！　だ。

今度は、製材所の近くだ。丸太材や、挽《ひ》かれた板が倉庫の外に山積みにしてある。近くに銃剣をつけた銃をもった見張りを立てよという命令だが、これは工場の備蓄材を赤々と燃やしたいという、まあよく分かる炊飯兵たちの欲求を抑えるためである。

「それじゃあ、動員令を発するか？」とポルションが言う。

これはいつもの食糧狩りだ。めぼしい一角を見分けるには、嗅覚が必要である。またあの抜け目のない農民を説得し、その迷いに打ち克つには、外交手腕も要る。彼らは、ほかに買い手が現れて、もっと有利な取引ができるのでは、と期待して、常にためらい、蓄財を自ら進んで手放すことなどないのだ。

邪心なく、仲間同士で情報交換する。

「あそこの路地の、左手三軒目の家では、ばあさんが卵を売ってくれる」

では、見に行こう。老婆はひどいご面相で、枯れ枝のようにひからび、歯がなく、垢だらけで、灰色の髪のほつれが目にかかり、両腕を天に向けて、聖母マリアにかけて、何もない、「ここには、まったく何もない……」と誓う。ところが、値段、高値をふっかけると、魔法である。悲嘆にくれて挙げていた腕が、ばたっと落ちる。金切り声が一オクターヴ下がる。次いでこの意地悪老婆は、忍び足で鶏の糞が散らばった通路沿いに進み、大柄な体をかがめて低い戸をくぐり、前掛けのくぼみに何かを隠し持ち、用心深くまた出てくる。老婆が近くにくると、六個の卵がその土気色の皮膚の痩せた乳色の指のなかに次々と現れる。そして手のなかのまだ生温かいのをポケットの底に滑り込ませる。歯のない歯茎の口で、ごく低い声で言う：

「とにかく、このことは誰にも言わないでおくれ。鶏がまた産んだら、お前さんたちのために取っておくから。話さないでおくれ。ああ！　絶対に、だめだよ」

ポルションはプラムのジャムを見つけた。ジャム？……砂糖なしのクエッチのマーマレードだ。

「この混ぜ物四分の一リットルに七スーも払ったよ」と彼は言う。「売ってくれた豚肉屋はカウンターの上に、満タンにした大きな銅鍋二つをおいていた。次々に飲み干して、鍋は半時間で空になったな」

泥棒商人だ！　だがそれで、こちらは楽しき日々を送れる。

我々は、非常に小柄で、ピンク色だが皺だらけで、真っ白な丸い縁なし帽をかぶったアルザス人老女のところで夕食をとったが、帽子があまりに白く、かつてムーズ県でもこれほど明るくすてきなものは見たことがない。煉瓦張りの床はみずみずしく洗われ、冷たい水で洗顔したあとの肌のようにきれいで赤かった。家具類は、食卓で褐色の蠟引きクロスが光るように、みな輝いている。

夕食後、隅っこで、自転車伝令がどこからか「調達」してきた一連の兵隊靴を試してみる。選ぶのは難しい。こちらは大きすぎ、あちらは長すぎ、ほかは使い古されたり、縫い目沿いにこっそり隠された切り傷があったりする。結局は、縁がはみ出して角張った底で、新しく鋲を打った一足を選んだが、自転車伝令が言った‥

「半年は底の張り替えなしを保証しますよ、中尉殿。きっと作戦が終わるまでお供するでしょう！」

「そう願いたいね」と私は答える。

それから、我々、ポルションと私は、互いに腕を組んで、外に出る。

夜はそれほど暗くはない。青白い靄が草地に眠るようにかかっている。波うつひと並びの柳が覆い隠している小川の流れにその影を写している。

「どこへ連れていくのだい？」とポルションが訊く。

「もうちょっと待て。今に分かるよ」

静かに歩いてゆく。時おり、足が綿のような灰に沈み、燻《くすぶ》っている燠を起こすようだ。

「方角が分からないな、家はバラバラにあるし」と私が言う。

「鉄の手すり付きの階段がある。よじ登ってくれ。何があるか分かる」

石段を三段跳びで駆けのぼって、ドアをノックした。子供がピーピー泣く声がし、床を踏む足音がして、ドアが半開きになると、生暖かい空気が吹き出てきて我々を覆った。

煙が充満した台所に入ると、食卓に置かれた一本の蠟燭だけがかろうじて辺りを照らしている。鉄線につるした靴下、襁褓《むつき》、格子柄のハンカチなどが竈の上に乾してある。ぐらぐらする椅子数脚が、雑多なもの、洗面器、ズボン、汚れた皿の山などを一杯のせてあちこちに散らばっている。靴底で、柔らかいもの、恐らく食べ残しのかけらか、そこに吐かれた噛みタバコか何かを踏みつける。

主はまだ若く、虚弱な、痩せさらばえた男で、顔は青白く、口髭と髪はあせたブロンドで、疲れた様子で手を差し出すが、握り締めることを避ける結核患者の手だ。かすかに骨の感触がする。軟骨を握ったような印象だ。手を離すと、その湿っぽさが皮膚に張りついたまま残っている。

「お待ちしていた」と男が言う。「妻があの片隅に糠袋《ぬかぶくろ》で寝床をしつらえました」

細君もブロンドだが、太鼓腹で体がふくらみ、竈のそばの椅子を離れ、まつわりつく三人か四人の子供を振り払って、食卓用の蠟燭を取りに行く。

蠟燭で明るくなる。はげ落ちた漆喰《しっくい》の外壁に沿って、両側に袋が並べられている。中年の女主はこの袋で、真新しく豊富な藁で寝床を作ったが、どこも同じ厚さだった。寝床には、羽毛のマットレス、長枕、毛布とシーツが置かれている。

今回はシーツがある、本物のベッド、完璧なベッドだ。服を脱ぎ、シャツ姿で、肌にはシャツだけで二つのシーツの間にもぐり込もう。横目でポルションを見ると、彼は感動したようで顔色もよい。突然私の方に向き直って、私の肩に手をかけて、真正面から大きな情のこもった目で私を見て言う‥

「ずるい奴め!」

その晩、我らが宿泊は素晴らしかった。さっと服を脱ぎ、ベッドの深みにもぐり込んだ。たちまち頭から足の先まで、まるごと暖かく包まれた。次いで今度は、少しずつ状況を詳細に捉え始めた。我らが驚きは尽きなかった。毎秒ごとに新たな仰天だった。我々の体全体に、肌触りが悪いとか傷つけるものをどんなに探しても、しなやかで、生暖かくないところは一つもなかった。我らが肉体は、野原のさまざまな石、森の地面を裂いているさまざまな切株、耕作地のねっとりした湿り気、ひどく乾燥した藁のチクチクする痛さ、我らが傷ついた体、野営地の夜などを、装備の帯紐、靴、デコボコの背嚢など、我ら宿なき放浪者のあらゆる重装備が被った害によって覚えている。だが今、我らが肉体は一挙に獲得したこれほどの快楽に、そんなに早くは馴染めなかった。そこで我々はばか笑いしていた。この熱狂した興奮を滑稽な文句や、途方もない冗談で言いあったが、それぞれがまたとめどなく笑いを引き起こした。ブロンド男は我々が笑うのを見て笑い、細君も笑い、子供たちも笑っていた。このあばら家全体が笑いに包まれていたのだ。

細君がそっと出ていった。戻ってくると、彼女は隣り近所の村の女たち五、六人を連れてきた。この女たちみんなが、我々が粗末なベッドで笑うのを眺めていた。彼女たちはこの異常な光景に声をそろえてびっくり仰天していた。死神がまだ望まなかった二人の哀れな奴、二人の大戦兵士は何度も戦い、大いに苦しんだが、今や幸福感で有頂天になり、若さそのものの生に笑い興じていた。その晩は、ベッドで寝られたのだから。

九月三〇日水曜日

今朝、アンブロンヴィルの谷間は何と陽気なことか！　穏やかな太陽、真っ青な空、いくつか漂っている白雲。私の近く、下り坂の斜面で、わが部下たちが塹壕を掘っている。彼らをほぼ天辺にまで登らせると、そこは粘土が石灰岩と混ざっている。彼らの仕事がたやすくなる。鶴嘴で柔らかい大きな石板を引き出すと、かろうじてくっついているだけなので、その重みだけではがれる。

すぐ下の草地を流れる小川の縁で、炊飯兵たちが薪束に火をつけている。かすかに煙がたつ鍋の周りには、小さく見える青と赤の服の男たちが群がっている。だがそのすべてがとても明るく、はっきりしているので、順番に全体の細部に目を凝《こ》らせば、このピグミーたち全員を名指しできる。

小川から数メートルのところに、ルブレは調理の場を設けたが、ズックの水嚢が一杯になると、端まで運ぶのに重いからだ。曹長は火のそばにうずくまり、ジャンドルは装備を取って、短い上衣姿で、釣り合いを取って逆立ちしている。

草地の真ん中には、わが小隊の炊飯兵たちがはっきりと見える。四つん這いになって生木《なまき》に息を吹き、半ば煙で見えなくなっているのはピナール、中隊随一の髭男ピナールで、いつも文句を言うが、いつも猛烈に働く男だ。もう一人、熱心に料理の方にかがんでいる、ずんぐりしたのはフィヨ、炊事伍長で、何かごく小さなものをじっと見ているが、仔牛の腎臓か脳みそで、小隊に配給する前に習わしで取り置かれるものだろう。

もっと右手の、丘を下って道路につながっている道の向こう側には、リーヴ大尉が木の幹に坐って、例の「鶴嘴」で地面に何かを描き、そばに立っている軍医と話している。彼らの背後では、ひっくり返った犂が耕作地の真ん中で錆びついている。

入念に鉛筆を尖らして、拡大鏡を台にしてさっと書きなぐった。二語だけ：「健康と希望」心で思っていることをそのまま言いたくはない。では、それをいつ言うのか？　何度も何度も、こう繰り返すときだ：「手紙を書いて。戦い始めてから、何も便りがない。私は孤独感を覚えるが、それはとても辛い……」彼らは毎日手紙をくれる、それは知っている。なぜ彼らを失望させ、苦しめるのか？　待って、待っていなくてはならない、私が必要とする信頼、この今まで決して私を見捨てなかった信頼をそのまま保つよう努めなくてはならない。わが鉛筆が素早く走り書きし、平凡だが、それでも期待する言葉を繰り返すのだ：「健康と希望」と。

書き終えて、私の手が止まる。だが沈黙させたばかりの寂しさは心の裡に残って、次第に大きくなり、同時にそれを味わい尽くしてしまえ、という危うい欲求が生まれてくる。立ち上がり、走って坂を下り、ひと跳びで土手を越える。そして調理場から調理場へと尋ね歩き、おしゃべりし、料理皿の底を見ながら行く。

「中尉殿！　中尉殿！」

プレルが、まるで後からついてきたかのように、息を切らして突如現れる。

「探しておりました……自転車伝令が下の村からやってきて、主計士官事務所からお呼びだそうです」

主計士官事務所？　なるほど、今日で今月は終わりだ。

この独り散歩のチャンスが与えられて、嬉しかった。道路を早足に行きながら、ヒバリがさっと飛んできて馬糞や土塊をついばむのを見ていると、楽しい。鳥は黒い目、細い脚、冠毛《かんもう》が見分けられるほどまで、私が近づくままにしている。それから、平たくなって羽を膨らまし、丸くなると、すぐそばに近づく寸前に、さっと羽ばたいて飛び去って行く。だが遠くへは行かない。原っぱの真ん中に軽々と飛び降りて、畝溝の上にとまっている。頭を傾け、こちらを観ている。私が離れたのが分かると、また路上にまっすぐ飛んできて、先ほど飛び去ったところへ、しなやかにぴょんとはねて、ぴたりととまり、また嘴で乾いた馬糞を探し始める。

俸給をポケットにして、主計士官事務所から出たのは正午だ。歩き回って腹が減った。だが谷間に戻って、冷たくなったいつもの、凝結した「リ・オ・グラ」の底に沈んだ焼肉を食べるという気持ちは、まったく起こらなかった。好きなように、すばらしい料理、本当においしい、めったに食べられない料理を味わいたい。今朝のこの自由、もう稀にしか得られないこの相対的な独立には、これ自体が、これを利用して、特別な行為で具体化してみたいという気持ちになるだけ何か特に貴重なもので、お陰でその価値をより強く感じられるものがあった。この美味な料理への食欲が起こったので、一人きりで特別な昼食をとってみることにした。

また運がよかった。日当たりのいいファサードの白い家に、すぐ惹きつけられた。敷居のそばの木製ベンチで、老人が明るい日差しのなかで日向《ひなた》ぼっこをしている。我々は難なく合意した。彼はとても清潔な台所に招じ入れてくれた。そしてそこの嫁が、小枝の燃える炎で、ベーコン入りオムレツを焼いてくれたが、この味は決して忘れられないものだった。それから、椅子に登って、彼女は天井から燻製《くんせい》ハムを取り外して、私に切り分けてくれた。

私はむさぼるように食べた。手の届くところにある新鮮な丸パンを切り分けたが、しばしば大きく切り分けた。また老人は、これもしばしば、グラスに発泡性の辛口ロゼのトゥル・ワインを満たしてくれた。皿にはハムが赤く輝いている。眼前には、泡立っているグラスのそばにある、砂岩の壺に入ったミラベルのジャムが半透明の黄金のように見えた。

ハムの生身に大きく切れ目を入れて食べ、ジャム壺を半分空にしてから、幾分誇らしげに、パイプにタバコを詰め、火をつけた。そのような昼食をしたのは、私なのだ。半ば目を閉じ、肉体的な幸福感にしびれて、青い煙が天井の梁へゆっくりとのぼるのを見ていたが、向こうの谷間では、仲間たちが味気ない焼肉と冷えたリ・オ・グラの食事をしているのを、心苦しく思い浮かべた。私という全身は大きな満足感にひたりながらも、これが背徳的なものに思え、後悔の念が入り混じってきたのである。

一〇月一日木曜日

昨晩、宿営地に戻ると、思いがけないことがあった。村の広場で、連隊の音楽隊がフルのブラスバンドで速歩行進曲とボストンワルツ〔スローテンポの一種の社交ダンス〕を演奏していたのだ。我々が納屋の入口で背嚢の留め具を外していると、最初のドンチャカが鳴り響いた。一分もしないうちに、最初の「流言」が飛んでくる。ドイツ中央が突破された。さらに一分後、今度は八万人の捕虜を捕らえた。広場に行くと、ロシア人がベルリンに入った、という。製材所の前では、おしゃべり女が、たいそういわくありげに、「皇帝ヴィルヘルムが卒中で死んだが、明日にしか公表されない」と知らせてくれる。

情報を総合すると、今はこのコンサートが何も国民の喜びを祝っているのではなく、逆に我らが司令官の気遣いと配慮を顕わしていることが分かる。今朝出発の際に渡された日々命令書で目が覚まされた。そこにはこうある：「連隊の足どりは重くなり」、また「森林地帯での滞在が長くなる影響で、人間が自然状態に戻る傾向が多分にあり」、そのため「徐々により健全な生活に戻ることがぜひとも必要である」。それゆえ、速歩行進曲とボストンワルツという健全なる音楽の糧秣は、戦争が覚醒した先祖伝来の野蛮性をまた我々の裡に眠らせてくれたのである。

今朝、夜明け前に村を出て、やがてまた、ああ！　あの森林地帯の真ん中に入り込んで、人間が人間に対して狼になるのだ。

霧がかかっている。大隊の先頭はこの白い広がりのなかで見えなくなっている。アンブロンヴィル、ムイイ、次いで切りたつ峡谷。停止。我々がいる斜面には、多年性の灌木類、ハシバミ、野生の桜、矮小な樫の木などがある。峡谷の底は、秋なのにまだ密生した草の湖で、みっしりと並んだ砲弾の穴がごく小さな群島のように連なっている。反対側の斜面は、樅の木がまばらにある森だ。

霧が消えた。空からは光がふんだんに注がれている。仲間たちの何人かが向かいの樅の木の間をぶらついているのを、ぼんやりと眺める。三人は坐って、タバコを吸いながらトランプをしている。ほかの二人は、その後ろに立って、ゲームを観て、カードの手を講評している。少し上の方では、恐らくわざと離れて、腹ばいになった男が頭を手で支え、読書に熱中しているが、時おり、ゆっくりと機械的に交互に脚を折り曲げている。

この情景を眺めていたが、突如荒々しい恐怖と折り重なって見えた。着発弾が稜線を越えて、すぐ近くを掠《かす》め飛んできたので、我々の肌に滑り込んで来るように感じられたかと思うと、穏やかにトランプをしている連中のど真ん中に落ちていった。彼らの叫び声が聞こえた。二人が狂ったように逃げていくのが見えた。漏斗孔の縁に黒煙がたなびいている。煙は長らくそのままで、断片的にちぎれて消えるのは徐々にでしかなかった。やっと全部消え去ると、血まみれのぼろに覆われて、樅の木の枝に引っかかってぶら下がっている上半身が顕わになった。地面には、負傷者が〔上半身を吹っ飛ばされた〕仲間の脚のそばに横たわっていた。彼は腕をよじりながら、助けを呼んだ。担架兵が全速力で駆けてきた。

やがて彼らが負傷者を担架にのせて、くぼ地の底に戻ってくる。彼らの後ろには畝ができて、丈の高い草が折れ曲がっている。彼らが道路に行きつく間、そこに残った者が砲弾の落ちた、まさにその場所に穴を掘っている。数分で、掘り終わった。この男の体の断片を入れるのに大きな穴は必要ない。彼らが恐ろしい遺骸を木から下ろし、穴底に入れ、次に脚も埋める。そして重いスコップの土が何杯も落ちてゆく。

十字架にした二本の枝、名前、日付。なんと簡単なことか！　明日、我々が出発すると、数時間後には、別の兵たちがやってきて、我々同様に絶えざる死の脅威にさらされても無頓着なままだろう。そしてたぶん、この砲弾で掘られた墓のそばで、トランプ好きたちが苔の上に坐って、笑いながら、パイプの青い煙のなかで、カードを投げることだろう。

一〇月二日金曜日

ムイイへ、わが小隊単独で派遣される。任務は村の所有地から目を離さず、残骸埋めの作業を監視し、各家に隠れた勤務逃れの兵たちを暴きだすことである。

私は道路作業員、清掃夫、警察官というこの三重の任務を率直に果たした。チームをつくり、それぞれにその仕事に合わせて作業区分を割り振った。そしてパトロール隊を派遣し、私自身も通りを見回った。

結果はすばらしい。骨、空のコーンビーフ缶詰め、汚い皿底の残飯などすべてが地中に消えた。エニシダの箒《ほうき》で車道を清掃した。村は戦前でさえも、これほど清潔なことはなかった。ちょっとした心づかいをしただけで、村が変わったような気がする。崩れた屋根、壁にできた裂け目がそれほど荒廃したものには見えないのだ。

共同洗濯場では、一〇人ばかりの兵たちが並んで跪き、石鹼水にかかんで、黙ってせっせと下着類を洗っている。

「おい、パヌション！　はかどっているかな？」

パヌションははっとして身を起こした。跪いたままで、傾けた洗濯板に両手をあてて、振り向いて私を見た。

「はい、中尉殿。このフラノのチョッキをきれいにするだけで、あとは全部家で、暖炉の後ろにある押入れで乾かしました」

「家」とは、昨夜我々を守り眠らせてくれたところだ。清潔にしようという気になって、私は椅子やベッドに積み重なった食器類を洗わせ、埃まみれの櫃《ひつ》を拭かせ、テーブルの汚れをガラスの破片で削り取らせた。それから、開いていた引出しを完全に元に戻して、洋服ダンスの棚に、できるだけうまく、まだ盗まれず残っていた粗い布地のシャツ、フロックコート、緑色のドレス、いくつかの綿のスカーフなどを並べて整理した。パヌションが戻ってくると、窓にシーツをかけた。だからガラスのない窓枠も、草地にできた漏斗孔も見なくてすんだ。

ドアを閉めて、彼とヴィオレ、無口で律義、献身的な男だけになった今は、荒らされた住居の光景を見て、いつも心を絞めつけられる悲痛な気持ちはもう感じなくなった。それは、通行人が侵入してくると、しばらくはまた感じるのだが、静かになると、元に戻った。この静けさが乱されないようにと思う。テーブルを前に坐って、パイプを吹かしながら、手紙を書き、思い出をメモしておく。ペンが走り、パイプもよく吸う。時々、耳をつんざく砲撃が壁を震わせ、窓をふさいでいるシーツを部屋の内部へ押しやる。聞こえるか聞こえないかの音だ。だが炉床で燃える木の弾ける音に気をひかれ、心とらわれる。私はこの火がパチパチいう音、踊るように燃え上がる炎が好きだ。パヌションとヴィオレは、薪台のそばに坐って、暖炉のマントルピースの下で向き合っている。パヌションはS字型にたわめた二本の枝の先にある長い鉄パイプを口に当て、胸一杯に息を吸って、薪に吹きつけている。ヴィオレは、ナイフの刃で、熱い灰からいくつかのタマネギを取り出している。日がかげっている。穏やかな黄昏どき、辺りが次第にまどろんでゆく。大砲も沈黙する。フランシュ＝コンテ〔仏東部。スイスと国境を接する旧州名〕製の大時計の振り子が命を取り戻し、脚台のなかで静かに、ただ静かに時を刻み始めたようだ。

突然、パヌションが飛びあがり、椅子をのけると、けたたましくひっくり返る。彼は隣室へ飛びこんでいくと、叫んだ……

「火事だ！　家が火事だ！」

我々は走り、三人ともドアから出ようとして、ぶつかる。猛烈な煙に包まれる。しゃっくりし、咳きこみ、涙が出る。

「消火ポンプ！　野戦用バケツ！　さあ、急げ！」

ポンプは勢いよく放水し、バケツは満タンだ。滝のように水が燃え上がる火にかかる。煙が太い梁によじ登る。水がどっと炎にあたるたびに、ジュウジュウと音がする。我々は吐き気がするほど咳き込む。

「がんばれ！　がんばれ！」

ポンプの水が息切れし、放水が不規則になる。暗闇の沼地を歩いているようなもので、お互いに誰かの足を踏んでしまう。しかし徐々に渦巻く煙が薄れてきて、息もできるようになり、目も乾き、慣れてくる。パヌションに命じる……

「ここに蠟燭を取ってきてくれ、確かめねばならん」

調べはすぐすんだ。暖炉の裏板に煉瓦工事がされていない。この板は、反対側に木の戸がある押入れの底になっており、そこで下着を乾かしていたのだ。板がはがれている。火は隙間を通って押入れの戸に燃え移ったのだ。では……中にあった下着は？　焼けてしまったか？

パヌションが笑った。満足しているのだ……

「ああ！　中尉殿！　鼻が利いたんですね！　火がついたとき、下着を取り外したばかりでしたから！　全部乾き、きれいに乾いて……まだ濡れていて、取りそこねた古い一足の靴下を除いて。ほら、これがそうです。炭の燃えカス。これが、あの押入れ野郎の底で、取り忘れていたほかのボロと一緒にくすぶっていたんですよ」

一〇月三日土曜日

手紙だ！　一度に四〇通も！　郵便係下士官はほかにもあるという！

私はこの天の賜物《たまもの》に没頭した。読んで、読んで、それに酔うほど読みまくった。手紙の山をあてずっぽうにつかみ、指を紙でこすって、封筒をさっと引き裂くと、全行が一緒になって目に飛び込んできた。なんとも早く読んだものだ、四〇通も！

それから、飲んでも舌が麻痺しないよう強いリキュールを少しずつ飲むように、ゆっくりと一行ずつ読み直した。だがもう読み続けられない。さっきは、大波にさらわれた。だが今は、選んで読みたい。

だからこのすべての手紙から、数通しか取らなかった。だがそのなかでも、熱情に溢れ、元気づけてくれるものは、一つ一つの言葉が私には喜びであり、力である。それは私が待っていたものであり、呼び求めていたものである。それは私のものであり、私の裡にそのまま残っている。あれほど長く、むなしく呼びかけた後、今は呼びかけると、すぐに見出せる。これからは、それとともにあり、またそれによって、私は自信が持てるのだ。

夜明け前から、急峻な斜面のある峡谷に来ているが、草の生い茂った谷底は目に心地よい。好天だ。ドイツの砲台がどこか見えない地点を爆撃している。砲弾は頭上、はるか高くを奇妙な低音で飛んでいくが、重いものが飛ぶと大気がうめくような、いつもの鈍く軋《きし》る音を、まるで弱めたかのようだ。

古参兵たちは冗談を言っているが、それは、合流したばかりの新兵どもがはっと驚いて顔をあげ、上空高くうなり飛んでいく砲弾をじっと目で追っているからである。

「あれは爆発しないな、あの重砲弾は」と誰かが言った。

「やれやれ、まさか爆発しないとはな……」

「黙れ、馬鹿野郎！　新兵どもを怖がらせるつもりか」

決着をつけたのは、良識家だ：

「言わせておいて、どうなるか見てみよう。長くはかからないだろうからな」

確かに。まもなくロクロンの森の後衛地点に向けて出発したのだから。近づいていくのが楽しみな行進。砲撃はない。銃撃音はどこかで確かに弾けているが、銃弾が飛んでくる音は聞こえない。我々は一列になって、あの湿った道の一つを行くが、日の光が葉叢を通して流れ落ち、緑色に染まっている。ポルションが邪魔になるしなやかな枝を面白半分に振り払うので、あとを行く私に平手打ちに当たる。当たらないように、一跳びで彼の横にいく。

「メニャン大尉を見たかい？」と彼に訊く。「まだ頬が腫れたまま戻ってきた。傷が治っていないから、まだ湿布を当てたままだな」

「うん、見たよ。負傷を利用しないのがまだいるんだ！」

「なあ、あの補充部隊……いい感じか？」

「まあ……まあな」

ポルションは力なく答える。何か気にかかることがあるようだ。

「ところで、何か気になることでもあるのかい？」とまた訊いてみる。

「下士官クラスが多すぎる、と思う、今度の部隊は。ほとんど軍曹と伍長だけだ。あいつらは戦場で何の役に立つのだ？ちょっとでも労苦を出し惜しみするようなら、どこでも一緒にはおれないよ。それにもちろん、きみが左翼を維持しているとき、右翼が緩むと、もしそうなるとすると……ルーが撤退したのは本当に残念だ」

「特務曹長は撤退したのか？」

「そうだ、一昨日な。たぶん長いよ。疲労困憊していたからな。よき小隊長を失ったよ」


ほとんど同時の激しい、二発の砲撃で我々は飛びあがった。二発発砲だ。だが七五ミリ砲でも、一〇五ミリ砲でもないのは確実だ。大砲はどこだ？　どこにも見えない。前方三〇メートルのところで、砲兵たちが行き来している。近づくと、突然、ほとんど鼻先に、小枝をばらまいて見事に隠された、ごつごつした黒い二台の大砲があるのに気づいた。同時に、二つの爆音が恐ろしく、頭がぼうっとなるほどに破裂した。爆風に打たれ、耳が痛いまでにガンガンと鳴っている。砲兵が笑いながら叫んだ‥

「どうです！　中尉殿、我らが九〇ミリ砲が聞こえましたか？」

ああ！　完璧だ、まさに九〇ミリ砲だ。部下の一人が辛辣に評した‥

「大したご挨拶だな！　好き放題にぶっ放せる連中がいるとはな！」

我々はまったく安全だ。だがドイツ野郎が近くにいるという不安な気持ちにとらわれて、全員が黙っている。この森は何ともこんもりした深い森だ！　地上二〇メートルに小枝をのばした大木の下で、雑木が繁茂した葉叢となって茂っている。さらに道の上にはみ出し、空に突き出て枝が絡み合っている。曲がりやすく密生したこの枝が、我々の足下ではえているようなものだ。絶えずこれを折らなくてはならない。棘のある茨の絡みがのびていて、時おりバランスを失った。

右、左と、どんなに視線を凝らして見ても、緑、ただどこまでも緑だけだ。苔も緑、新鮮なビロードのような緑だ。老木の樹皮も緑、黴《かび》がはえ、退廃した色の緑だ。こもれ落ちる光を反映し、そよぐ風で色合いを変える無数の葉も緑だ。さらにまた、秋になり、最初に枯れ落ちそうになって傾いている葉も緑、もう地面に落ちても、その青黄色が消えようとする緑の炎をなお取り戻そうとするかのような葉も緑だ。

顔をあげて歩きながら、空の青さを目で追い、無情にも絡みあう枝の向こうで、森のざわめきの上高く空一杯に広がる、素晴らしく澄んだ青さを求める。

もう塹壕近くにきている。突然、眼前に塹壕の入口が現れた。兵たちが地面すれすれに顔を出し、次いで銃を使って、深い壕から外へよじ登ってきた。真っ昼間に、大急ぎでそっと交代が行なわれた。

立派な塹壕で、石灰岩に沿って真っ直ぐに掘られ、土砂止めに支えられた非常に低い胸墻がある。葉の屋根で覆われ、屋根はほぼ胸墻と同じ高さで接し、狭い開口部だけをのぞかせ、そこからわが兵たちは隠れたまま外を見ることができる。

彼らは遠くを見ることはない。銃撃する場は銃から六メートルのところまで広がり、最大のところでは一〇メートルの幅がある。このゾーンは、灌木が切られて錯綜したもつれになっている。向こう側は、また藪となり、わが後方と同じく濃密で、最も恐るべきドイツ人たちが隠れている。

しかしながら、この逆茂木地帯がどんなに些細なものであっても、その広がりに、私は感謝する。そのお陰で、我々がどこにいるのか分かるのだ。この地帯はかなり急な斜面となって一〇〇メートルほど下り、遠く約一キロメートルのところで、地平線となる稜線にまでまた登ってゆく。

この斜面には、雑木林が群がって広がり、大木に見下ろされているが、大木はこの波うつ群がりを一気に睥睨《へいげい》して高くなり、その天辺を何もない空に突き出している。太陽がかげって鹿毛色の光線の広がりとなって、高木の枝の葉を一層赤褐色に染めている。地面に触れる森の濃厚な臭い、黒い腐植土にじかに根下す青緑色の森の臭いで胸くるしくなる一方で、夜のとばりが森の色合いを消し去るまで、目は飽くことなく、天にも届く森、光にそよぐ軽やかな森、黄昏どきに、この秋の溢れる黄金色で素晴らしくなる森に見入っていた。

一〇月四日日曜日

ポルションは晴れ晴れとしている。一緒にナイフの先で、青塗の同じ缶詰のなかのコーンビーフの塊りをつついていると、彼は多少安堵したと話しだした：

「昨日ここに来たときは、正直なところ、背筋が寒くなったよ。この一角は難所だ。だが一回りしてみて、この戦線一帯のことが分かった。帰ってきたときは、前に不安だったと同じ分だけ、安心して落ち着いておれたよ。藪のなかへ入ってみたかい？」

「うん」

「先の方まで行ったかい？」

「二、三歩進んでみて、諦めたよ」

「当然だな。この状況では、歩哨守則を守ることだけにするよ。小径を警護させ、時々パトロール隊をだすことだ……まあ、仕方ないな、昨日と同じ静かな夜、こんな好天の一日、村へ戻って夕食することだけを願いたいな。

ベッドで寝る夢の村だ

心配するな、ぼくには即興の才があるんだ。さしあたり、ちょっと予想してみると、八日までは静かに過ごせるよ。一日、一日とな。それまで四日間もあるのはありがたいことだ、そうだよな」

「そのうちいいことがあるだろうな！　しょうもない奴だ！　それまでは、ベッドのなかだ」

給養伍長が現れて、冗談話が中断した。我々のうちどちらかが大隊司令部に行って、指令を受け取ってこなくてはならない。

そこで、案内役の伝令と一緒に私が行くことになった。

司令部は広々としたとも言える十字路にある。森の並木道でその見通しが切れている。この時刻、太陽はその真上にあるので、まるで森の中心に一挙に切り拓かれた明るい大通りのようだ。後備中隊はそこにある。だが一人の兵士も現れない。すぐ近くにいくと、向こうの我々のと同じ枝の屋根の陰に、壕の縁すれすれにうごめく頭が見える。思わず私は、どんな恐怖心でこの連中が穴底にうずくまり、いつ、私が浸っている心地よい明るさのなかに一跳びで飛び出してくるのかしらと考えた。彼らが無視しているような喜びを私だけが味わい、自由に歩き回っているのに。

我々、何人かの仲間と私は、リーヴ大尉が病気で寝ている、隙間のある小屋の入口に集まっていた。その結果、夜までに、しかじかの措置が講じられる。手帳に項目ごとにメモした。あとは、若干の一般的な勧告を受けてから、それぞれの方面に帰っていった。

木漏れ日が輪切りになって苔の上で揺れ動くのを眺めながら、小径をぶらつき、塹壕に近づいていると、奇妙な音でその場に釘づけになった。軽やかでふわりとした、澄んだ音色が、天から震え落ちてくるようだった。この音には翼があった。とても高く、大木の天辺よりも高く、ヒバリの鳴き声よりも高くで漂っていた。ときには、それが遠ざかり、弱まって、かすかに聞き取れるほどだった。それからまたもっとはっきりと聞こえ、やはり澄んで透明な、ほとんど非物質的なものに思えた。一陣の風が吹きあがり、葉叢を走りぬけた。それとともに、スタッカートの鐘の音が聞こえてきて私の胸を強くうち震わせ、広がりのなかへすぐに消えた。村の教会の鐘の音だったのだ。

私はそこでじっとしたまま、この鐘の音が、人間どもが昼も夜も、互いに相手をうかがい、殺し合うあの村々に流れ散っていくのを聞いていた。

だが寂しさはない。鐘の音は寂しくはない。天の高みから、大地と人間の上にふんだんに鳴り渡るのだ。ドイツ人も、塹壕で、我々と同様に聞いていた。しかし鐘の音は双方に同じことを言ったのではない。

我らが兵士には、こう言っていた‥

「希望を持つのだ。私は、お前たちのすぐそばにいて、お前たちが置いてきたすべての家庭の声なのだ。お前たちの誰にも、私はその心が宿る大地の片隅のイメージをもたらそう。私は、お前たちの心に対して、戦う国の心なのだ。お前たちフランスの子に永久《とわ》の信頼を、永久の信頼と力をもたらさん。私は大いなる祖国の不滅の生をうたっているのだ！」

ドイツ人には、こう言っていた：

「無分別者よ、フランスが死ぬとでも思っていたのか！　よく聞け：小さな教会でステンドグラスが粉々になってタイルに散らばっていても、鐘楼はなお立っているのだ。お前たちに軽やかな、嘲りの音を届けるのは、それだ。私は生きている……私は生きている……お前たちが何をしたとしても、私は生きている。あと、お前たちが何をしようとも、私は生きているだろう」

夜。先ほどまた手紙がきた。そのうちの一通が悲報をもたらした。友人の一人が戦場で倒れたことを知る。

夜は歓迎だ。私は夜の暗闇が好きだ。またその静寂も。時おり近くで、何かがさっと動き、誰かが寝ないでいるのが分かる。ほかには何もない、銃撃もない、遠くでも。闇で目をあけたまま、友の生きていた顔を熱く懐かしく思い浮かべる。意志の強そうな額、誠実な眼差しの明るい目、まっすぐに切り整えた口髭の下の冷笑的な口の顔。

夢うつつ状態で麻痺し、こめかみがぴくぴくとうずいている。まるで非常に低い、漠とした囁きみたいだ。この血管がうずく音を聞いて、生の声、その響きと少し歌うような低い声を思い出す。それは、闇に包まれ孤立したなかで、よみがえった過去の底から上ってくる。

「中尉殿」

嗄《しわが》れ声の呼びかけで、私は飛び起きる。

「どうした？」

「聞こえますか、左手の、あの銃撃が？」

銃撃？……本当だ、話に聞いていた森、夜、前哨、攻撃……激しい興奮に襲われる。いくつかの星が葉叢を通して輝いている。寒く、枝が折れている。左方のどこかで、騒音が連続して起こり、峡谷の端から端へとこだましていく。我々の横で戦闘をしているのか？　攻撃か？

塹壕から出る。ゆっくりと、戦線の端から端まで行ってみる。わが部下たち全員が立って、注意深く、銃をすでに胸墻に当てて構えている。下士官たちも持ち場についている。戦闘準備完了。

そこで、手探りしながら、私は逆茂木の間に作られた狭い通路に入って、前進する。端に小径がある。歩みを数え、八歩、一〇歩と進む。すると、小径へ入る印しとなるブナの大木だ。次第に目が暗がりに慣れてくる。着実に、駆け足くらいの速さで進む。着いたはずだ。口をすぼめて、そっと口笛を吹く。同じような口笛が応え、すぐに黒い人影が小径に現れ、同時に銃剣の冷たい輝きがさっと光る。歩哨たちも厳重に警戒している。

「前方に何もないか、シャボ？」

「何も、中尉殿」

「誰と一緒だ？」

「ジロンです」

「そうか。目と耳をこらして見張るのだ、だが特に葉ひとつが動いても撃つな。前に鉄条網があることを覚えておくのだ。そこに小石の入ったコーンビーフの空き缶がつるしてある。一人でもドイツ野郎がそこに入り込むと、ガラガラとにぎやかな音がする。そこここで銃撃音がしても、やはり撃つな、自分の持ち場を全力で監視するのだ。分かったか？」

「了解、中尉殿」

離れようとすると、後ろの、二〇メートルもないところで、銃声がした。硝煙が流れ出るのが見えた。一秒後、もう一発。その後は、一斉射撃の大音響で、銃弾が至近距離で飛んでくる。

「中尉殿？　聞こえましたか？」

叫び声が非常に遠く、右手から震え伝わってきた。まるで突進してくるかのように、すぐ近くで、胸締めつけるように震動していた。

「武器をとれ！」

フランス側の塹壕は端から端までさっと輝く。銃弾の弾ける音が夜のしじまを裂き、弾丸で折れた枝が吹っ飛ぶ。我々は身を投げ出して腹ばいになる。幸いにも、友軍は非常に高くを撃っている。地面が斜めなので助かった。絡み合う茨のなかを何とか這って進む。シャボとジロンはすぐそばなので、銃撃音にもかかわらず、彼らの息づかいも聞こえる。何度も弾丸がピューとすれすれに飛んでいく。しかしほとんどがくぼ地を越えて、向こう側の斜面にぶつかっている。

「助けを呼ばないと、中尉殿」とシャボが言う。

「いや！　だめだ！　後についてくるんだ」

二つの塹壕の間に、掘っていない隙間があり、誰もいないことを思い出した。

相変わらず這ったまま、二人の部下を従えてそこに向かう。暗闇をじっと鋭く探り見る。銃からほとばしる発射光が案内役だ。それは同一線上で輝き、じっと動かぬ暗い割れ目のところで切れている。我々はその真向かいにいる。周りに弾丸は飛んでこない。両翼では猛烈にうなり飛んできて、けたたましいが無害だ。シャボが耳元で言う：

「こんなときに、万事好都合でしたね、中尉殿。だがまったく、危なかった！」

「かなりな」と私が言う。「だがまだ終わっていないぞ。我々がドイツ野郎の側から来るのを見て、逆上者が悪ふざけをしなければ、な！」

するとニ人が声をそろえて答える：

「ああ！　確かに……悪ふざけしなければ！」

また私が言う：

「ここで動かずに待っていてくれ。まずひとりで行ってみる。向こうに知らせたら、戻ってくる」

さあ行こう！　私は決然として立ち上がる。全速力で、塹壕の喧騒の真ん中でぽかんと開いたままの静かな所へ突進する。

いとも簡単だった！　銃撃音が急に変わった。立ち上がったときは、非常に乾いて鋭く聞こえた。だが今は、鈍く太い響きがしている。狙撃手たちの後ろに行くには二、三歩跳んで行けばよかった。だがあの二人は？　わが二人の部下は逆茂木のなかで腹ばいになったままか？　一瞬一瞬が重苦しい。

「中尉殿？　あなたですか、中尉殿？」

非常に背の高いのが私の方へ突進し、近づくと、私を見つめて叫んだ：

「ああ！　本当だ、あなたを見て心の重荷が取れました！　特に何もないですよね？　中尉殿がやられることはないと、思っていました。私も持ちこたえ、周りでは誰も撃たず、小径の真向かいにいたのです。まったく、時間が長く感じられました！」

我らが隊の一人、スエスム軍曹だ。私は運がよかった。

「なあ、スエスム、ここにいてくれ。ジロンとシャボがまだ塹壕の前にいる。奴らを探してくるよ」

しばらくして後、私は二人の部下と軍曹と一緒にわが小隊の真ん中にいた。スエスムが言ったことは本当だった。彼がいたわが小隊の右手は一発も撃たなかった。しかしもっと右の、隣りの塹壕では、爆発音が絶えなかった。人間の逆上した興奮を顕わす混乱して、息せき切った銃撃だ。また左手のわが二箇分隊も滑稽な大騒ぎをしていたという。

私は激怒した。夜、嵐となって前哨の戦線を吹き荒れ、一挙に数キロメートルの塹壕に火をつけ、煽った、こんな突然のパニックほど苛立つものはない。何が起こったのだ？　誰も分からない。我々全員が聞いた先ほどのあの武器をとれの号令は、誰が叫んだのだ？　なぜ「武器をとれ」なのだ？　誰が銃撃を命令した？　誰も命令せず、誰も叫ばなかった、誰も知らない、誰も分からない、とは。

だがみんなが撃っている。どの兵士も両隣りが銃を肩にし、引金を引いているのを見ている。頭は塹壕の全レーベル銃が鳴りたてる騒音で一杯だ。ほかには何も見えないし、何も聞こえない。彼も隣りの者たち同様、撃っている。前方を見て、ところかまわず撃っている。どう考えてもすべてが潰走《かいそう》につながる。彼はこわがっているのか？　恐怖心さえない。自分がどこにいるのかも分からないのだ。ただ、周りでみんなが撃っており、この騒ぎのなかで死に瀕していることには気づいている。そして自動人形のように、ひとが動くのを見て自分も動いている。彼は遊底を操作し、肩に当て、引金を引き、それを繰り返す。彼も騒音を分け持っているのだ。

「それがもう一つの二箇分隊で始まったとき」とスエスムが言う。「すぐにそこへ向かいました。だがどんなに叫んでも、私と接した二人しか抑えられなかった。別のところへ行くとすぐ、離れてきたばかりのところで、また始まったのです。伍長、古参兵、新兵、全員が競って撃ちこんでいる。ところが、ある伍長が塹壕の底で敵に背を向けて坐って、腕先に銃をあげて、後ろに向けて頭上で撃っていたのです。あてずっぽうに！　そんなことで弾を無駄にするのはけしからん！……だがなぜ、畜生め、なぜだ？　ドイツ野郎の二、三発が胸墻に当たったからか！　ドイツ野郎が興奮するのは驚くことではない！　我々は奴らをかなり攻め立てた……ビシッ！ビシッ！　と大量の弾のお返しだ……ビシッ！　おやおや！気違いどもはやっと満足したか？　もうたくさんか……腰ぬけどもめ！」

実際、ドイツ人は猛烈に応戦してきた。だが彼らの銃撃は我々のと同じだ。同じく盲撃ちで、同じくほとんど効果がない。ほとんどの銃弾が頭上を、稜線へまっすぐ飛んで行く。ただ後備《こうび》地点では、ここよりも激しく炸裂するに違いない。ただ時々、塹壕の屋根の枝葉を細切れにしたり、眼前に石を弾き飛ばしたりすることがあった。

私はわが小隊の左手、撃ち続けている兵たちの真ん中に位置した。その何人か、特に下士官を荒々しく叱咤《しった》し、のどがかれるほど強く一斉射撃を命じた。どんな新たな命令でも、一斉射撃が勝っており、私の声も遠くまで届いた。少しずつわが小隊をわが手に取り戻した。小隊全体を掌握したと思い、最後の一斉射撃が雨霰の弾雨となって鳴り響いた後、私は「銃撃止め！」と怒鳴った。これは口から口へ、塹壕の端から端へと駆けめぐった。やっと、静かになった。

ほとんど急な静寂。我々の間が静かになったまさにそのとき、隣りの塹壕の一斉射撃が聞こえた。次いで、命令がいくつかはっきりと、こちらまで届いた。静寂が広がった。

ドイツ野郎も全銃撃を停止していた。二、三発がどこからともなく撃たれて、鋭く澄んだ風切り音を立てて樹木の上を飛び、はるか遠くへ消えていった。

またあらためて状況を見る。前方、近くで、夜のとばりが下りるころ、雑木林が我々に何かを隠すように、狭まってきたみたいだ。この黒い夜のうねりに目を見開いても、すぐに物の形が混沌の暗がりに溶け込んでゆく。
静けさが続き、あまりにも深まり、水が池の堰板《せきいた》に吸い込まれるように、私の耳にまで入り込んでくる感じがした。だが私は夜の音にじっと聞き耳を立てていた。人間の野蛮な騒動が収まったいま、森は次第にそれ自身の生命を取り戻しつつあった。葉擦れの音が枯葉の上を駆けめぐり、茨のなかを這っていた。突然、何か小さな丸いものが胸墻に浮かび上がって、杭に沿ってよじ登り、屋根の枝葉のなかに消えた。パン屑を探す二十日鼠か野鼠だった。
間歇的《かんけつ》に風が吹きつけて、大きな震えを起こしていた。風は後方、北からゆっくりと吹いてきた。乾燥した寒さで、風に当たると、肌がかじかんできた。風が吹きわたると、そのそよぐ波が非常に遠く、樹木の天辺にまで広がった。我々は漠とした脅威に包まれて、途方に暮れ、あまりに弱っていたので、本物の脅威が来たら、お手上げだっただろう。何か小動物が藪のなかでうごめいていた。誰かが言う：
「なかにドイツ野郎がいるんだ」
また別の誰かが言う：
「あんな風に叫ばず黙っているところをみると、奴らは何か企んでいるのだ。一人ずつやってくる。時間をかけているんだ。数が集まれば、突然こっちへ飛びかかってくる。こっちがやられてしまうぞ」
横にいたもう一人が、やにわに私の腕をつかんで、低い声で言った：
「あそこ、すぐ近くの、藪のなかに二人います。ああ！　見える。兜をかぶっている。互いにぴったりくっついて、ほとんど立っています。ああ！　中尉殿、撃たなくては！」
答えようとすると、誰かが後ろで動いた。誰かがいて、塹壕の方にかがんでいた：
「中尉？　中尉はどこだ？」
「ここだ」と私が言う。「どうした？」
「ああ！　中尉殿、今夜は、あいつらは皆ここにいますよ。森はドイツ野郎で一杯です。我々の横手、逆茂木の後ろに隠れて、一〇メートル、確実に一〇メートルもないところに！　撃たなくては……」
「いや！　持ち場に戻れ、すぐにだ！　撃つのは禁止だ！　私が命じたときしか、撃ってはならん」
だがまた別のが飛び込んできた。この男は知っていた。ブリエ、わがよき部下、頑健かつ冷静な農民で、最初から参戦していた。塹壕に飛んできて、すぐそばで、静かに言った：
「中尉殿、二人のドイツ野郎がこちらを窺っているのを見つけました。小径の入口の、太いブナの後ろに隠れて。あそこには、誰もが知っている仲間がおります。彼らは怖がっており、間違うかもしれません。二人と言いましたが、確かです。

ほら、ごらんなさい」

思わずそこを見た。ブリエは囁き声で話し続けていた：

「ブナの後ろ、ほかではありません。一人背の高いのがいるか、もう一人がしゃがんでいるかです。時々、大きい方がよく見ようと首をのばし、身を乗り出して、もう一人は動かないまま。ああ！　悪党どもが！……奴らにはうんざりだ、悪党どもめ！」

私は相変わらずじっと、ブリエが指し示すブナの木を見つめていた。彼が冷静に語る言葉を聞いていたが、あまりに近くで、彼の生温かい息が顔にかかるほどだった。

「おや！　一人がちょっと動いた」と彼が言う。「大きいのが話しかけたみたいです。しゃがんでいる。ほら！　また立ち上がった。ああ！　悪党め！」

暗闇を見つめすぎて、目が疲れた。光が気紛れに踊っている。ぐるぐる回る円が稲妻のように光って、目がくらむ。私は瞼を閉じた。再び開いて見ると、ブナの後ろで、二つの動かぬ人間の形の影が、見張りの姿勢で身を半ば折り曲げている。私は身ぶるいし、手を、次いで胸墻の編み垣を見て、触っていると、不意にブナが現れた。ただもう枝と葉以外には何も見えなかった。

「ドイツ野郎はいないぞ、お前も頭がカーッとしていたのだ」とブリエに言う。

塹壕から出ると、彼が呼び止めた：

「行ってはなりません！　蜂の巣になりますよ！」

一歩歩くと、灌木の幹にぶつかり、よろめき、転びそうになった。バランスを取り戻して見ると、同じ場所に二人のドイツ人がまだ待ち伏せていた。同時に、彼らも私を見たのだと、とっさに強く確信した。

不意に恐怖に襲われる。まるで心臓に一滴の血液もないほど恐怖した。身体は凍りつき、ざらざらと総毛だって震えた。絶望的に全身がこわばって、叫ぶことも逃げることもできなかった。それは、意識が痙攣《けいれん》し、その衝撃で爪が手のひらに食い込むほどだった。私は拳銃を装塡し、前進し続けた。だが急ぎ足になるどころか、完全に自分を取り戻すと、盲滅法、狂ったようにまっすぐ突進した。

葉叢に包まれて、立ちどまった。何も動かなかった。振り向くと、ブナがすぐそこにあり、私の靴底の下の地面はその根ででこぼこになっていた。ざらざらした樹皮に指を這わせていたが、一種の憤怒に駆られて、幻覚が起こった場所を踏みつけた。小径に入って、右、左と枝を調べた。同じ怒りに煽られた。何もなかった！　何も！　ここの全兵士たちの長である私、その後方で祖国が生きているこの前線の一画の防備を委ねられていた私、この私が愚かにも恐怖心で取り乱したとは！　いまや私は暗闇でよかったと安堵するまでになっていたが、それはそのお陰で、わが兵たちは見なかったし、また知ることもないからである。塹壕に戻ると、ブリエが胸墻の上で手を差しのべてきた。私は彼の近くへ跳んでいった。だが彼には何も言わなかった。

数分が過ぎていった。敵陣地から一斉射撃が起こり、また銃撃戦が始まった。

今度は、ドイツ野郎は低く撃ってきた。弾丸は絶えず我々の周囲に飛んできて、ピシッと音を立てて、当たった。伍長の一人が、銃の照尺《しょうしゃく》を壊されて罵っている声が聞こえた。私は落ち着きを取り戻した。私を襲っていた動揺と興奮を一つずつ、冷静に抑えていった。

とりわけ、敵の銃が弾ける音を聞いていた。明らかに、我々の真向かいで響いていた。だが距離があって、威力が減じられている。ヴォー＝マリで、三〇メートル、次いで一〇メートル、そして至近距離で発砲した突撃戦を思い出した。今回はそうではなかった。私は、ドイツ人は塹壕を出ていないし、また出ないだろうと確信した。峡谷の向こう側で、同じような逆茂木を前にして、同じような壕に隠れて、彼らは葉の下でざわめく音に震えているのだ。森のなかで過ごすこの夜は、誰にとっても同じだった。ドイツ野郎も我々も、夜が恐ろしかったのだ。

前方で一条の閃光が縞となって空を割き、急速にまっすぐ上昇した。最先端で大きな輝く星が花開いている。我々にふんだんにふりかかる光があまりに鮮やかなので、どの枝も葉も、影が背墻《はいしょう》の凝灰岩《ぎょうかいがん》、我々の顔や手に濃い色合いで映っている。ドイツ人が照明弾を放ったところなのだ。

星はなおしばらく、おごそかに漂っていた。一陣の風で吹き流される。やがて輝きが弱まり、点滅しながら下りてきて、暗くなり、消えた。暗闇が一層濃くなった。

照明弾の光が拡散するとすぐ、敵の塹壕から前より何倍もの強さで銃撃が起こった。再び目が暗闇に塗り込められたいまも、その激しさは衰えなかった。周りじゅうで、弾丸の弾ける音が増大した。時々、はね返って甲高く響く。別の照明弾が次々と上がり、花開いた。まぶしい星の一つが花開くたびに、兵たちが互いに身を寄せ合って、首をのばして目で、おとぎ話のような星の流れを追っているのが見えた。

背後で、弾丸が一発なにか金属に当たったが、恐らく投げ捨てられていた古い水筒だろう。その音があまりに奇妙に響いたので、思わず惹きつけられた。聞こえてくるのは、銃弾の発射音、ヒューッと飛ぶ音、木の幹にぶつかる衝撃音、遠く、予備塹壕の方で炸裂する、鞭打つような雨霰の音、はるか高くを飛び、稜線を越えて、どこへともなく消えていく、長く澄んだ、せせらぎのような音だった。

足音が聞こえ、近づいてきた。誰かが、同じ歩調で、この恐るべき弾雨のなかをやってきた。男の姿に気づいた。塹壕の線をたどっている。時々、立ちどまり、そこ、銃弾を避けて壕にいる者たちに声をかけるかのように、しゃがんでいるのが見えた。それからまた身を起こし、手にした棒で茨を払いながら道を続けている。そのように落ち着いた様子で、隣りの小隊と分かれ目になっている切株で覆われた区域を横切ってくる。数メートルのところで、ためらうかのように、周りを見ている。突然、呼びかける口調で、私の名を発するのが聞こえてきた。

「ここだ！　聞こえるか？　私の声をたどってこい」

やってくると、ポルションは、背廠に坐って、足をぶらぶらさせながら、上半身を闇にさらして手を差しのべて言った…

「やあ、今晩は」

彼は、陽が沈んでから続いていた部下たちの興奮状態を、笑いながら長らくからかっていた…

「ほら、つんぼのティメールが四〇〇人もがひと塊りになっているのを見たというんだ。私は彼の腕をつかんで、森はずれまで連れて行った。彼は気違いのようにもがいた。そこで離さねばならなかった。でなきゃ、吠え叫んだだろう。私はひとりで歩を進めた。すると、このティメールの奴が、そう、こう言った…中尉殿、危地を歩くことになりますよ！」

彼の声は、最初の銃撃戦で、彼の小隊によって歩哨が負傷したことを私から聞くと、低くなった。それからまた笑いだし、彼が銃撃戦の最中に胸墻の上を歩き回っているのを見た軍曹が、自分はとんまで、でくの坊だが、最後までここにいるぞと言って、塹壕から飛び出した話をした。話せば長くなることで、結局彼は塹壕へ下りてきた。彼は話をやめようとはしなかった。また弾薬不足が心配で、大隊長に要求させたとも打ち明けた。そしてこう付け加えた。

「緊急性がない限り、撃ち続けないことだ。先ほど照明弾が上がったときに、ドイツ野郎の強力な斥候《せっこう》隊がくぼ地に下りてきたと思う。いまは戻っていった。ビュトレルがそこへ見に行った。彼らはもう夜明けまで動かないだろう。この銃撃音は何でもないよ。ほっておくことだ」

しなやかな身ごなしで起き上がり、彼は立っていた。彼が左手へ遠ざかり、また何度か立ちどまって、話しやすいように坐っているのが見えた。兵たちは彼に気づくとすぐ、「ポルション中尉だ」と互いにささやき合っていた。こうして彼が来たことは知れわたり、みなに信頼感と落ち着きを与えたので、彼は立ち寄るだけで恩恵を施《ほどこ》していたのである。

戻ってくると、彼は塹壕に下りて、ブリエと私の間にもたれて坐った。そして言う。

「やれやれ！　かなりきつかったな。だがひと回りしてよかったと思うよ。午前中二時間半。やっと終わった」

突然、ブリエが叫んだ：

「ああ！　中尉殿、よいことをされました！　あなたに接しられたのはみな大変好運でした！　あの銃撃は我々のせいだったんでしょう、我々の……」

「誰にも自分の役回りがあるよ」とポルションが答えた。「ブリエ、ぼくがきみだったら、命を危険にさらさなかっただろう。よく考えれば、分かることだ」

それから、あの戦いの最中でさえ失わなかったふんだんな笑いで、笑いながら、私の肩を叩いて言った：

「今日五日は交替日だ。大間違いをしているか、今晩はベッドで寝られるかだな。それじゃ、またな、帰るよ」

彼は握手をして、出ていった。

ブリエはそばで立ち上がっていた。塹壕の縁に前腕を当てて、ポルションが暗闇に消えてゆくのを見つめていた。そして小声で繰り返していた、いつまでも：

「ああ！　あの人は！……あの人は！……」

強く感動して、彼は喉がつまり、声はかすれがちだが、そのくぐもった響きは心を深く揺り動かした。

「ああ！　あの人は！……あの人は！……」

これだけが彼に言えることだった。

Ⅷ　適応

一〇月五—八日

ゆっくりと、シルエットが浮かび上がる。ぼやっとした明るさのなかに、顔が現れる。自然の生の息吹《いぶき》が夜の麻痺状態を揺さぶる。森では、鳥の鳴き声が茂みのなかで目覚め、我々を包んでいた、長い夜の恐るべき影がやっと消える。
塹壕では、兵たちが立って騒々しく、伸びをし、欠伸をしている。朝の身づくろいなのだ。それがすむと、相変わらず立ったまま、ポケットに手を突っ込んで、靴の底敷を一枚ずつぶつけ、踏んで「足に血が流れ下りるように」しながら、炊飯兵たちが登ってくるはずの小径を目で追っている。その向かいにいて、道を見通している者が遠くに彼らがやってくるのを見て、知らせる：
「来たぞ、奴らだ！」
すると、みなの顔が明るくなる。雑嚢から四分の一コップ、ポケットナイフを取り出す。丸パンの最も膨らんだところから、とても大きなパン切れが切り取られると、誰ももう何も言わずに、コーヒーを運んでくる者を待っている。

彼らは、金色の髭面のピナールを先頭にやってくる。

「コーヒーはいかが、中尉殿?」

塹壕の縁に、ズック製の水嚢を前にしてうずくまった彼は、私の四分の一コップを褐色の液体に沈めると、玄人《くろうと》の手つきでさっと掬いあげて、縁まで溢れた一杯を差しだして言う……

「くぼ地から出たときは、熱々でした。だがいまは、まあ冷えたも同然で。仕方ないですよ、塹壕で熱いのを出せと言われても、調理場からは三キロ以上ありますから! できるだけのことはしていても、できないことはできませんや」

私は、ほとんど一気に苦い煎《せん》じ薬を飲んだ。

「うまいよ」

「何とか飲めるでしょう? 糧食車から砂糖をもらっておけば、もっとうまくなりますが。昨晩、小隊分の分け前を手にしておれば。どうも我々には公正なものとは言えませんな」

彼は立ち上がると、左手で水嚢の柄をつかみ、右手に計りとなる四分の一コップを持って、塹壕の兵たちに配給を始めた。彼は次々と移っていき、枝の屋根の下に広がる薄明かりのなかでよく見えるように、軽くしゃがんでいる。各人の前で立ちどまり、靴の先の角を地面に支えとしてあて、膝を曲げて横坐りになって上から配っている。最後の一滴までゆすって、差しだされた四分の一コップに注ぎ終わり、空になると、休憩のしるしとして太腿に手を当てて、会話を始める。

「何か変わったことは?」と彼が尋ねる。

「今晩、交代だ」

「本当かい?」

「そう言っているだろう」

「どこへ行くんだい?」

「リュに戻るよ」

「冗談じゃないだろうな?」

「そう言っているだろう」

「どうして知っているんだ?」

「何を?……そんなこと、どうでもいい! そう言っているじゃないか、それだけだ。本当のことかどうか、あとで分かるだろう」

その間、ほかの炊飯兵たちは仕事を片づけていた。

麻袋から苔の上にばらまかれて、でこぼこに置かれていた赤茶色の丸パンの山が次第に消えて、なくなった。ピナールに次いで権限を持つブレモンが、大皿の底に残っていた焼肉を等分に切り分けて、「残り物の肉」を配ったところだった。

兵たちは塹壕で静かにしている。食事中なのだ。

背嚢に坐って、胸墻に背もたれて、彼らは大きな肉片を、親指で丸パンの大きな一切れに押し当ててひと口分を切っている。何人かはナイフがなく、指を広げて脂身の牛肉をつかみ、歯で引き裂いている。腱が残っていると、肉身を引き離そうとして、肉食獣のように軽く首をひねって、頭をさっと横に振っている。もう肉をかむ音や、四分の一コップが石にぶつかる音しか聞こえず、前方のどこかの葉陰では、光を喜ぶアトリ〔小鳥の一種〕の鳴き声がする。

突然、朝の大気のなかではっきりと、モーゼル銃の爆発音が弾ける。弾丸が上空高くを飛んでいく。誰かが言う‥

「急げ、食事をすませろ！　ピナールが目印しになっているんだ。見つけられたぞ」

もう一発が、少し左手で鳴った。次いで右手だ。さらに、ほぼ同時にもう二発が我々に向かってきた。今度は弾丸がピューと音をたてて飛んでいく。

完全に夜が明けたいま、ドイツ野郎の狙撃手たちは持ち場についている。樹木が密生したところに隠れて、何本かの太枝に馬乗りになり、目で森を探っている。双眼鏡に目を当てて、狙うのに好都合な林間の空地を、突然、赤褐色のボタンの青外套、赤ズボンの色鮮やかな斑点が通るのを待ち伏せているのだ。雑木林、藪、羊歯《しだ》で覆われた溝などに生き物が隠れていると思うと、すぐに撃つ。革紐の鞭のように、絶えず、彼らは銃弾の破裂音で秋の静寂を立て続けに、叩き破るのだ。

炊飯兵たちは急ぎもせず、野営用品、水嚢、小鍋《プテオン》〔蓋が皿代わりになる金属の鍋〕などをかき集める。冷静かつ細心な彼らは、物の価値を心得ており、散乱した皿は倒れる人間ほど簡単には取り替えられないことを知っている。

「さいなら、諸君！　また今晩な」とピナールが言う。

それから部下たちに‥

「全部そろったか？　出発！」

彼らは小径に突進する。次々と彼らに声が飛ぶ‥

「何か豪勢な料理をたのむよ！」

「そんなこと構わんから、特にジャガイモをたっぷり添えてだぞ！」

兵たちは楽しそうに、互いに見つめ合って笑っていた。

「ああ！　ご馳走が食えたらな、おい！」

「それで気持ちいい干し草で寝たいな！」

「だがなあ、おい、文句ばかり言うなよ。いつも惨めなことばかりじゃない。いいときもあるんだ……」

我々が期待するのは恐らくちっぽけな幸福だろう。身体に少し温かさを、心に少し平穏を、である。ただ期待するだけで、我々は変貌した気になる。軽くなったように感じ、何か対象のないものへの感謝の念で鼓舞されているようだ。単に部下たちの一人が小声で、自分自身に言うかのように、さっき言ったことを繰り返しているのを聞いただけで、私は目に涙が浮かんでくる‥

「文句ばかり言うなよ。いいときもあるんだ……」

夜になる前に、静かな交代。ドイツ野郎は何も気づかなかった。我々は危険地帯を出て、小径を数珠《じゅず》つなぎになって行進したが、枝が厚く新鮮な緑の天蓋となってかぶさり、低く垂れこめるので頭が触れそうになった。ケピ帽の上で、生い茂った葉と銃の列が揺れ動くのしか見えない。それから突然、夕陽で、多少ぼやけた金色ですでにくすんでいたが、流れるようなエメラルド色の空の下、澄んだ光に覆われて、いきなり何もない空間にでた。

その頃には、四列縦隊に戻っており、仲間同士並んで集まり、笑いながらしゃべり、森はずれで穏やかで陽気な散歩をした。

夕方が近くなると、少し肌を刺すようなそよ風が吹いてきた。それで行進が敏捷になる。背後には長い影が続く。後方、我々が出てきたばかりの塹壕の方で、モーゼル銃の乾いた爆発音がし、その反響が弱まって二重に聞こえてきた。

いまは休憩中だ。見渡すかぎり、森の奥深くに入り込んでいる大きな並木道の入口で休んでいる。私は、ナイフの刃で火打石を研《と》いでいるポルションの横で、草地に寝そべっていた。

生い茂った、たわみやすい草だ。次第に何とも知れぬ無力感に襲われてきた。もう弾丸が地面にあたって軋る音も、兵たちの笑声も、遠くの銃声も聞こえない。仰向けに寝そべって、タバコを指に挟んでいると、空しか見えず、眼差しが空に吸い込まれていくようだ。

辺りは澄明《ちょうめい》で、物思い、心穏やかになるときだ。今夜は、脈絡のない穏やかさや静けさが胸に入り込むがままにし、人間的な幸福感のどんな些細なことも、どんなしがない面も進んで受け入れよう。

「中尉殿？」

「どうした、パヌション？」

「この前と同じ家へ料理を持って行くんですね？」

「そう、パヌション、同じ家に、だ」

我らが家！　周囲に料理する火、角材にした木材、きっちり山と積まれた板！　鉄の手すりのついた階段、脂っこい臭いが漂う部屋、漆喰の壁沿いに大切なものが詰まった袋が並べられ、その角に、ふんわり、深々とした藁布団の寝床がある！

「立て、怠け者！　さあ行こう」

頭上に、私の方にかがんでいるポルションの笑顔が突然現れ、髭のある顎、大きな鼻、明るい目が見えた。彼は私の前に傲然と立ち、手を大きく広げて差しだして、言う：

「さあつかんで、六五キロの体を起こせ」

号笛一発。前へ、進め！

「この並木道を見ろよ」とポルションが言う。「まっすぐで、ひとを暖かく迎えてくれる、立派なものだ！　まっすぐ行った先に、城がある。さっき命令を出して、何人かを送っておいた……あいつらはまた何をしているんだ？　バレ、ミショ、元の位置に戻れ、すぐに！　列を離れるのは禁止だ……どうした、バレ？」

この男は、こちらに目をあげて、いたずらっぽく、頼むようなおもしろい表情をして、採ってきたばかりの一握りのハシバミの実を差しだした‥

「今年最後のものですよ、中尉殿。ちゃんと受け取ってください。ひとりでに殻から落ちてきます」

我々はゆっくりと、ぶらつく歩調で、傾きかけている太陽の方へまっすぐ行進する。淡黄褐色のたっぷりした光線が、幅広い並木道沿いにその広がりをのばしてきて、我々の正面にあたり、日焼けするほどの光で顔を金色に染める。

ポルションが言う。「この苔は！　足に柔らかいな。滑るよ。ひとりでに進むようだ。埃で白くなった固い道路、木の下にできた影だまり、振り返りながら何度も、ずっと見てきたあの光景を覚えているかい？……おや、後ろでまた何を叫んでいるんだ？」

中隊の最後尾の方で、叫び声が上がっている‥

「左に寄れ！　左に寄れ！」

我々が道を空ける間もあらばこそ、騎兵が我々を掠《かす》めて通りすぎ、馬の蹄鉄《ていてつ》が苔の上で静かに響き、新しい革がかすかに擦れる音が離れていき、弱まった。

「おーい！　おーい！　待てよ、ボンジュール！」とポルションが叫んだ。

プレートルが振り返り、停まって、待っている。彼は馬の艶やかな首を手でやさしくなでていたが、脇腹は波うち、鼻孔はぴくぴく動き、湯気が立っている。

追いついていくと、彼が言う。「見えなかったよ。枝の下を速歩で駆けるのが楽しくて、ほとんど酔っていた。さっきは、行進中、この馬は体を揺らしていた。抑えられなかったので、手綱をゆるめてやり、わが中隊を後にしてきた。きみたちの中隊に続いているよ」

彼は両脚で拍車をかけると、大速歩で遠ざかっていき、駆け抜ける際、落ちかかる枝を避けるため、絶えず頭を下げ、さっと沈めていた。馬の蹄鉄は何度も苔を踏んで艶やかになり、純銀にも似た馬蹄の光る弓形と交互に我々の目を惹きつけた。

「運のいいやつだ！　ほら、見ろよ、ひとりで駆けていく……」とポルションが言う。

それからは、無言で行進する。雑木林が薄くまばらになり、並木道の上にところどころ大きく、色あせたバラ色の空をのぞかせていた。兵たちの声が寒々とした空間に響いている。

「ほら、聞いてみろよ」と私が言う。「彼らも彼らなりに閉塞感を払いのけようとしている。夕暮れどきのせいだな」

彼らの一人が叫んだ：

「すばらしい散歩だ！」

すると誰かが、つっけんどんに言う：

「それは違うな！　お前はえらくロマンチックだな」

また誰かがやじる：

「いや！　美文家なのだ！」

「まったく、お前たちにはうんざりするな！　こういう小径は、数百人のポワリュが銃を肩に、数キロの弾薬を背にして散歩する小径か？……戦争でなければ、こういう森の小径を二人だけでぶらつけると思うと……仕方がないが、臨機応変にいこう……おや、村だ……温かいものをたらふく食べて、干し草で寝られそうだな。予定にはそれ以上何もないよ、諸君」

アルザス人老女のところで、会食。我々が村にきて二時間になる。だが最初の瞬間と同様に強く、着いたときの印象が残っている。

我々は不意に森はずれに達していた。森の並木道は突然途切れ、高所で密生した樹木の群れが、まるで深淵に怯えたかのように、峻険《しゅんけん》な稜線の縁の手前で同じ線上に止まっている。前は何もない空間だ。大きく、透明な空で、面喰らわせられる。

下方、我々の真下では、夕暮れ時の靄が谷間に漂い、柳のまるまった梢《こずえ》の間に、陰のなかで漠然と、くすんだ青白い小川と緑色の草地が透けて見えていた。陰のなかではまた、少し遠くで、低い、村の家が平たい屋根を互いに寄せ合っていた。村の広場の平らな部分や、その真ん中に建った、仰々しい石造りの真新しい村役場も見分けられた。質朴で古い教会だけが、スレートのどっしりとした屋根の上にほっそりした鐘楼を突き出して、尖塔を夕陽のなかに一層沈ませていた。

向こうの谷間が切れる高さのところですれすれに大きく見える太陽は、森の黒い縁を赤々と燃やしていた。そしてゆっくりと、赤みを帯びた黄金色の弧を描いて、流線形となり、沈みはじめ、次いで一挙に沈んだ。

しかし、下に見える家は、一軒一軒、窓が明るく照らされている。小川沿いに並んだ調理場の火からは、動きのない大気のなかを白煙の柱が我々の方にまっすぐ立ち昇ってくる。

「大尉殿、コーヒーに一滴ミラベル〔蒸留酒〕はいかがです？　中尉殿も、どうです？」とプレルが言う。

プレルは長らく私の伝令だったが、しばらく前からすばらしい料理人であることが分かった。料理人であり、炊飯兵ではない。彼は小隊のために働いているのではない。

大尉の後ろに立って、彼は栓を抜き、かがんで注ごうとしている。だが彼のはじめた仕草がはたと止まった。じっとしたまま、動作のさなかに石化したかのように、身体を折り曲げたまま、片手に瓶、片手に栓をもち、うつろな目で、外に耳をそばだてている。

「おい、プレル、どうした？」

「どう聞いてみても……畜生！　間違いない。向こうで、猛烈にぶっ放しています」

窓際に坐っていたポルションが手をさっと回して開き、鎧戸を押し開いた。銃弾が壁に当たって砕ける。すぐに銃撃の弾ける音が激しく、頻繁に部屋に飛び込んでくる。

凍りつくような空気が肌にまで食い込んでくる間にも、銃声が耳をつんざく。我々の目は壁に口を開けたばかりの長方形の穴に釘づけになる。凍てつく寒さ、夜、銃撃は、我々を不意に襲ってわしづかみにする戦争特有の容赦なき感覚状態で、我々はみな、うち捨てられたテーブルの周りに立ったままだった。

「私の考えでは、夜間演練のようです……」とプレルが言う。

緊迫した一瞬が過ぎ、ポルションが窓を閉める。一人ずつ、冷えたコーヒーコップの前にまた坐る。沈黙がみなぎるなかで、突然ポルションの声が、奇妙にもこの麻痺状態を揺さぶる。

「我々が本当に戦いを始めてからどれくらいになるかな？」と彼が言う。

「一一日だ」

「一一日？　それじゃ、給養通告を受けるかもしれないな」

沈黙がこの期待感に寄りかかる。プレルが熱いコーヒーをコップに満たし、我々は間をおきながらチビチビと飲み、その間も次から次へとタバコを吸った。もうほとんど視線を交わさない。みなぼんやりした目つきで、物思いに沈んでいた。頭のなかでは、漠然としたものごと、荒削りな考え、曖昧なイメージが去来し、その反映がはた目には透けて見えるようだ。長い眠り、休息、それらすべてが終わり、消え去ってしまう……暗闇のなか森を行進、未知なるもの、敵の状況、飛んでくる最初の弾丸、暗がりに倒れる兵たち、助けを呼ぶさまよえる負傷者、戦争、宿命、避けがたきもの。我々という小さき者、何百万の兵士たちのなかの兵士……

「おい、こっちへ来いよ」とポルションが入口から呼ぶ。「間違っているかもしれないが、いまはタイミングがいいようだ」

彼のそばに行くと、二人とも、銃撃音をもっとよく聞こうとして、家の角の方に数歩歩いて行く。そこは村の最後の家だ。そこを通りすぎると、もう前には小川しかなく、少し先に夕方下りてきた急峻な斜面がある。

銃撃音はそこから落ちてくる。相変わらず頻繁に弾け飛んでくるが、時々、静かになる。

「ロクロンの森からきているな」とポルションが言う。「二四時間前は、我々がそこにいたんだ。大量に盲滅法に撃ちまくったが、ドイツ野郎も同じだったな……同種類の爆発音だったし……」

上空高く、荒々しい丘に冠する黒い森の上を、暑い夜に輝く稲光りにも似た閃光が青白く揺れ飛んでいく。

「照明弾かな、奴らは何も見えず、苛立っているんだ……分かるか？」

「静かに。終わりみたいだ」

我々は息を殺し、体を遠くの塹壕の方にのばして聞き入る。大きな安らぎが谷間に広がる。前方では、小川の水が葦《あし》の茂み沿いに静かにせせらぎ、流れている。銃撃は止んだ。ただ時おり、単発でほっそりと、無味乾燥な爆発音か、数発が途切れがちでくたびれたように、続けざまに弾ける音が聞こえてくる。

引き返して、家に戻る。入口の明かりに、リーヴ大尉の高く、がっしりしたシルエットが浮かび上がる。

「どうだった、若いの？　終わったか？……やっと寝られるな」

寝る！　何という解放感！　それに相応《ふさわ》しい態度をとる。何とも生き生きとした動作で、ポルションが革帯を締め、ケピ帽をかぶるのを見ると、彼にも私と同じ全身に沸き立つ歓びが溢れているのを感じる。

「おやすみなさい、大尉殿」

「こんばんは！」

そう答えたのはリーヴ大尉ではない。誰かが入ってきて、手を差しのべて我々の方にやってくる。ほどなく、痩せた顔、陰鬱そうな瞼、長い口髭で第一大隊長M大尉であることが分かる。彼は坐ると、我々を一人ずつ見つめて、力なく微笑している。

「びっくりしたようだな」と彼が言う。「そう驚くことはない。ただ今夜泊めてもらおうと頼みに来ただけだよ」

「なんだって！　宿所がないのか」とリーヴ大尉が訊く。

「ないよ。私はわが大隊の唯一の〝長老〟将校のはずだ。とても立派な部屋で……ベッドもあった。だがどこかのお偉方のために全部取られてしまった」

冷たい戦慄が背筋を走った。ポルション、わが友ポルション、かわいそうな奴、今夜も、明日の夜も、と私は不安になった。

大尉が続けて言う。「率直に言って、私は……少尉どもが二枚のシーツにくるまって寝るだろうと思うと、腹が立つ」

「もちろんですとも」とポルションがつぶやく。

彼が淡々とした声で、まったく冷静にそう言うので、私は笑いをかみ殺すほどだった。指にしたマッチ棒で、彼は蠟引きの食卓布に小さなコーヒーの斑点を描いている。

「結局は」とM大尉が続ける。「階級章のことなどどうでもよいのだ。二五歳では、大したことはしていなかったからな！　いまじゃ、五三歳だ」

ポルションを見ると、頭を起こして、マッチ棒を投げ捨てている。彼もまた私を見ているが、その眼が私には透けて見える。彼が話すか、あるいは私か、または二人ともが話すことになろう。

だが幸いにも、リーヴ大尉が先に話してくれる‥

「待ってくれ、M。私のベッドに二つマットレスがあったと思う。プレルがすぐに確かめてくれる」

すると、プレルはちょっと部屋に入ってきてから言う‥

「マットレスは二つあります、大尉殿」

「そうか、一つだけでよい！　一つは進呈するよ、M。我らが女主人は私同様、別館だ。彼女は、二枚シーツを余分に借りたからといって悪くは思うまい。五分後には、スプリング台はないが、快適なベッドが見つかるよ。今夜はそれで我慢してくれ。明日の夜はもっといいのが手に入るだろう」

我々のベッドにもスプリング台はない。やっと我らが台所へ戻って、竈の隅に置かれた蠟燭の明かりで服を脱いでいる間、ポルションが確かめてくれる‥

「ほら、藁布団しかない、ありきたりの、惨めな藁布団だ」

「でも、とても分厚いよ」と毛布のなかに潜り込みながら、私が言う。「急いで蠟燭を消してくれ。もう遅い」

裸足で、足の親指を立てて、慎重に天井の方に近づくと、彼は明かりを吹き消して、どこか暗闇のなかで言う‥

「大尉にはマットレスがある。結局のところ、彼は運がよかったな」

＊

朝の光が瞼に射してきて、私は目を開けた。だがかなりくすんだ陽光だ。窓からは灰色の空の断片しか見えず、ひどく埃っぽいガラスが一層汚くなっている。頭上の黒ずんだ天井には、寒さで麻痺したような蠅が、乾いた塊りとなってこびりついた多数の死骸のなかをはいずり回っている。

背後のドアが静かに開いて、我らが藁布団沿いに女主人の不恰好な古靴がすべってくる。私が寝ている片隅から、声をかける‥

「おはようございます、マダム」

「あら、起きていたのですか？　そんなところで、よく眠れましたか？」

「快眠でした。何時です？」

「もう七時半ですよ。まもなく八時なのに……お友だちは、確かによく眠っていますね」

　ポルションは肩に鼻をあて、頬は真っ赤で、全身は重そうに動かず、死んだような眠りで打ちのめされている。「そのままにしておけば、感謝するかもしれないな」と私は思う。「だが、起こさなくては！　もう起き上がっていなくてはならないのだ」三、四回、彼の肩を強く叩く。

「さあ、ぐうたらもの、起きろ。八時だぞ」

　返ってきたのは、濁った眼差しと、「ありがとう」のひと言だけだった。

　彼の意識が戻ると、腕をつかんで、強く揺さぶった‥

「もう八時だ、分かるか？　八時だ！」

　私ががっかりするほど落ち着いて、彼は気持ちよさそうに吐息をもらした‥

「どうでもいいよ！」

「まあ、好きなようにすればいいさ……だが昨夜の大尉のことを思いだせ……彼が明け方に動員されれば、我々をねぐらで、とっつかまえること請け合いではないか？」

　我ながら、言ったことがこんなにうまく当たるとは思わなかった。外で、鋲を打った靴底が石の上を歩いてきしんでいる。二度ほどドアが叩かれると、ほとんどすぐ開いた。敷居に、非常に大きく、痩せて、口髭の先端が、陰に隠れた顔の両側に突き出ているシルエット、M大尉、彼自身が現れていた。

「おはよう、誰もいないのか？」と彼が言う。

　ポルションと私は、本能的にまた毛布を頭にかぶった。じっとしたまま、黙っていた我々は、じわじわと息が詰まりそうに感じた。

「ここには誰もいないのか？」

　相変わらず見えないようにして、非常に低く、非常に低く囁いた‥

「なあ、こんな風に隠れているのはばかげているな」

「それじゃ、出るか？」

「一……二……それ！」

　ひっくり返された寝具類から、我ら二つの頭が飛び出る。大尉は、この四つの眼が突然現れて、自分に向けられているのを見て、最初は驚いた。次いで、注意深く我々を見て、人のよさそうな微笑を浮かべ、からかうかのように、寛容に微笑すると、すぐに我々の困惑も消え、我々も苦笑いした。我々は静かに服を着る。M大尉は坐っていた。我々が靴の紐を結び、ゲートルを巻くのを見ている。

「まあ、急がなくてもよい。時間はたっぷりやろう。もちろん、ここで身づくろいして、宿が見つかるまで将校行李《こうり》もここにおいておけばよい」

彼は中断したが、それは、話し声につられて、金髪の男とその細君が寝室から出てきて、ここに入ってきたからである。そしてこの人物が言う。

「おやおや！　こんな時間に、あなたたちは三人か？」

「つまり……今晩、我々の代わりに、大尉が宿泊するので、我々は出ていかざるを得ないのです」

突然、彼の蒼白い頬に血がのぼってくる。彼が叫ぶ。

「おお！　それはだめだ！　そんなことはしてもらいたくない、絶対に！　あなたたちは知っている。だが、この人のことは知らん。あなたたちを泊めるか、誰も泊めないかだ。誰も私に強制することはできない」

また細君も、敵意ある眼差しでじろじろと見て、調子を合わせる……

「誰も私たちに強制することはできません、絶対に！」

そこで、我々は自ら進んで、ここを何とかうまく切り抜けようとして、我々を追い出す御仁の立場を弁護する……

「すぐに分かりますが、大尉はとても質素で、僅かなことで満足し、面倒はかけないし、寛大で、部下たちにもやさしい！　それに子供が大好きで、これもいまに分かりますよ……」

夫婦の抵抗は和らいだ。坐っている大尉の周りには、子供たちが、興味深そうに馴れ馴れしくまつわりついている。一番小さな子、歩くというより転がる、コロコロに太った幼子が、軍服の上着の袖に輝いている金モールの前でぴたっと止まった。そして人差し指でさわり、その汚れたかわいい顔がうっとりしたように動かなくなる。

「それでは、よろしいですね？」

半時間後、洗顔し、髭を剃り、髪を撫でてから、我々は子供たちの頬を軽く叩いて、主の軟骨の浮き出た手と女主の膨らんだ手、大尉のカサカサの手に握手して暇乞いをした。

「それではな、きみたちはよく機転をきかしてくれた。どこかでうまく部屋を見つけたまえ。どうもありがとう」と大尉が言う。

我々も満足し、心も軽くなったが、それでも振り返って見ずにはいられなかった。二人とも敷居に立って、最後にもう一度と振り返って、あんなにも暖かい夜を過ごした、薄汚れた台所を見ると、肘形に曲がった竃、鉄線につるした靴下があり、忘れがたい藁布団の柔らかさを思い出させる、側面の膨らんだ糠袋が角っこに二列に立てられている。

「ところで、これからどこへ行くのかね？」と主が尋ねる。

「どこにも……まだ何も分かりません」

「ああ、そう！　ああ、そう！　それは気の毒なことをした！　それじゃ、ついていらっしゃい。夜、寝られるところへご案内しよう」
彼は我々の先にたって村を横切り、二つの通りの角に立っている、小さな白い家の前で立ちどまって言う：
「散髪屋の家だ。しばらくはヴェルダンにいるだろうから。律義な男だが、あなたたちが奥の小部屋に泊まっても、何も言わないでしょう。ちょっと待って……私が鍵を持っているから」
大きな鍵が、庭に面したアーチ形のドアの錠前で軋っている。冷え冷えとした廊下に入っていき、我らが案内役はもう一つのドアを開けると、脇へ寄って我々を通して言う：
「ここです」
「うわぁ、すごい」とポルションが叫ぶ。
小さな明るい部屋だ。石灰を塗った壁はけばけばしい白さで、自然なままのどぎつい色調の宗教的な彩色石版画が飾られている。光沢のある箪笥の中央部、深紅の飾り紐のついた半球形のガラス覆いの下に、彩色された聖母の石膏像が裸足の足で金欄を散りばめた雲に乗っている。目の前には、真っ昼間の明るさのなかで、赤地に黄色のバラがプリントされたインド更紗《さらさ》の掛け幕のついた、丈の高いムーズ風の寝台が目を引きつけ、釘づけにする。ポルションが近づいて、その弾力性を確かめ、微笑んで言う：
「調子よさそうだよ」

今晩の会食のためアルザス人老女の家に戻りながら、閉まったドアの前に人だかりがしているのが目に入った。興味をそそられて、見ていると、ちょうどドアが開いて、大胆な目つきの、ゆったりした胴着姿のブロンドの屈強な男が出てきて、敷居のところで傲然と構え、まるで演説でもするかのように、盛んに身振り手振りしている。

ブレモンだと分かったが、このわが炊飯兵の一人は場所をあけるためか、肘でひとを押しのけている。

「いったいどうしたんだ？」と彼に訊く。

「ああ！　中尉殿、ワインが届いたんですが、数が少ないようで。それで、少しでも分け前を手に入れようとしているところです」

そう言いながら、上半身を巧みにひねって、彼は雑踏を利用して、前列の方まで進んでいった。

「いま、なんとか手に入りました」と私に叫んだ。「残念ながら、この娘は各人に一リットル以上は出そうとしない」

雑多な声がざわめくなか、娘のかん高い声が鋭くひびく：

「二〇スー！　二〇スーよ！……さあ、そんなに押さないで！　押さないで、さもなきゃ、ドアを閉めるわよ！」

不満な客が激しく抗議する：

「おーい！　冗談じゃないぜ、ばかなこと言うな！　枡《ます》の底にまだ残っているぞ」

「でもあんたの水筒は口まで一杯だよ！」

「じゃ、四分の一コップだ。これを一杯にしてくれ」

ブレモンはドアの近くで、奥に向かって大声で言う‥

「おーい！　フィヨ！　なかで何をごそごそやっているんだ？……もう出てこないのか？」

「行くよ！　いま、行くよ！」とフィヨが答えて、売り娘《こ》の後ろに出てくる。

刺すような寒さなのに上着のボタンをはずし、シャツを白く大きな胸の前ではだけて、フィヨは腕先に紙巻きタバコの束、指でかろうじて挟んでいる大きな多色の二握り分を見せている。

「紙巻きタバコ！　紙巻きタバコだよ！　これが好みじゃない者は、お好みのサイズに合わせるよ！　仲間のために苦労して手に入れたんだ！」

彼が人波をかき分けて、通りの真ん中に出ると、一〇人ばかりのポワリュが後に続き、彼が立ちどまるとすぐ、周りを取り囲んだ。たまたま聞こえた言葉で、私はふと振り返った。

「お前は一〇スーもふんだくったな！　だがそんなやり方はまともじゃないぞ！」と男が言っている。

怒りが込み上げてきた。私は集まりの真ん中に割り込んでいくと、いま話していた男に訊いた‥

「確かめるぞ？　フィヨは紙巻きタバコ一束を一〇スーで売ったのだな？」

「そうです、中尉殿」

フィヨを見ると、真っ赤になって、私の目を避けている‥

「お前は一束、いくら払ったのだ？」

やっとのことで、ごく小さな声で答える‥

「三スーです、中尉殿」

「すぐ七スー返すのだ。急いでほかの者にも戻してやれ。もう帰った者がいたら、あとで見つけて返すのだぞ」

それから、彼を脇へ引っ張っていき、つけた階級章に相応しくないと、二言三言冷たく付け加えた。

このいざこざに心乱され、気もそぞろになり、憂鬱になって、地面に目を落として歩いていると、武装したポワリュに出くわした。

「おや！　もう装備完了か？　なぜだ？」

「命令が出ました、中尉殿」

「命令……連隊じゅうにか？」

「第一大隊だけのようで」

「方角は？」

「まずアンブロンヴィルの農地、あとは知りません」

納屋の戸口の前では、各小隊が行列している。軍曹たちが名簿を手にして、点呼している。

アルザス人老女の家に着くと、ポルションがパイプを吹かしながら、小川の近くをぶらついているのが見える。遠くから彼に叫んだ‥

「新事態だぞ！　第一大隊に命令が出た！」

「それじゃ」と私の方に駆けよりながら叫んでいる。「それじゃ、M大尉は出て行ったのか？　移ったのか？」

「というと？」

「藁布団が戻ってきた！」

「それがなんだって言うんだ、もっといいのが……聞いているのか？　不意を食らって驚いたのか？」

彼は、パイプの煙を目で追いながら、思案顔で考えこんでいる。そして言う‥

「そうだな、散髪屋の部屋……もっといいのが……そう、その通りだな。清潔で静かなのがいい。大したことではない、誰にも弱点、習慣、愛というものがある……ところで、なあ、藁布団はあるだろうな？」

＊

一時間前、第二戦線につくべくリュを離れる。またアンブロンヴィルの長い建物を見つつ、ほとんどムイイまで行進したが、そこでは重砲弾が落ちてきた。これは軽やかに飛んでくるが、突然、鈍重な爆発音で炸裂すると、崩れ落ちてくる。

いまやオー・ド・ムーズの中央部に入り込んでいく峡谷を次々と通って、高原に向かっている。折り重なった枯葉の下で、濃褐色の腐植土の道は、やっと黄色になりかけたが、まだ流水で生き生きとしている苔の広がりに入っていく。絶えずちょろちょろ流れる水で道が阻まれる。泉がしみ出て、そのせせらぎが聞こえる。頭上では、葉陰で見えないが、ツグミが鳴き、森鳩がくうくうと鳴き、燕雀《エンジャク》がピーピー鳴くか、さえずりの調子を変えているが、黄昏どきになると一斉に繁く鳴きだす。

白樺やブナの間を縫って、峡谷の斜面をよじ登っていく。背を低くし、首をのばしながら、やっとのことで、急な坂の上に達する。ようやく斜面がなだらかになり、頂上に出る。

「この荒野が分かるかい？」とポルションが言う。「森での戦闘後、九月二四日から二五日の夜に来たのはここだよ……熱戦だったな」

「そう、多少はな」

「まあ！　ほかにもあったからな。我々は古参の戦士だ。いい思い出になるだろう！」

楢の幼木《ようぼく》のところに来た。塹壕がこの貧弱な覆いに隠れて、不連続かつ不規則、不恰好に延びている。やっつけ仕事だ。一瞥して、敵の圧力もなく、戦う心配もないまま、極端に早くぞんざいに掘られたことが分かる。壕に住人はいないが、新鮮で驚くほど豊かな藁で一杯であることが見て取れる。

「中尉殿」とパヌションが言う。「あそこの木の上を見てください。この時刻には、もう大したものは見えません。奴らは山を下りたんでしょう」

パヌションはすぐれて鋭い透視力のある目をしている。指をのばして、彼は前方左手に、発見した何ものかを示している：

「急いで！　頭を下げ、隠れて」

「ああ！　分かった」

灰色がかった空を楕円の、膨らんだ、ほとんど黒い、「繫留気球」がゆっくりと下りてくる。なお一瞬揺れて、稜線の彼方へ消えてゆく。

「あれ！　なんだ」とパヌションが言う。

だがすぐ、肩をすくめて言う：

「いやな飛び道具だ！　明日も一日じゅう隠れていなくてならないとは……中尉殿、やはり、こんな暮しは普通じゃありませんね。立ちションするのに夜まで待たねばならないとは！」

＊

ポルションの靴底の鋲が私の鋲と擦れて、目が覚めた。壍壕は非常に狭く、我々は寝るのに互いに向かい合って横にならねばならないので、彼の足と私の足が触れ合うことになる。藁をあげて、上半身を出すが、脚はまだ深い藁寝床に埋まったままだ。

「やあ、おはよう！」

「おはよう！」

「よく眠れたかい？」

「理想的にな。ただ鼻の先がこごえたが、身体はあったかいよ」

「今朝は、天気がいいな。後ろの空を見ろよ」

私は膝立ちして、じっと我を忘れてバラ色の空に見入っていたが、バラ色は徐々に薄れて青っぽくなり、やがて流麗でみずみずしい、きれいな青色に変わった。

最後の星屑が、澄んだ湖のなかの水滴のように消え残っている。

「南の、森の上の方も見てみろ。ドイツ野郎がもう繫留気球の結び綱をといている……一日中、兵たちに動かないよう叫ばねばならないのか！」

「あれを見ると、サン・レミの小砲台の野戦電話担当下士官が平たいベレー帽を茂みすれすれに、くっつけていたのを思い出すよ」

うるさい欠伸声が低音ではじまり、喉であーと鳴って、パヌションが目を覚ましたのが分かる。起き上がると、彼は鋭い目で遠くを探り見て、突然言った‥

「でも中尉殿、繋留気球は一機ではなく、複数いますよ。昨日のと、もう一機別なのが少し右手にいて、繋がってくるようだけど、どうしようもないですな」

私の前に立って、相変わらず探り見ながら、顔に憤慨したような驚愕の様子を浮かべている‥

「ちぇ！　あれでうまく隠れられるかな。あそこで火をたいてる馬鹿どもがいる」

火？　そんなずぼらな奴がいるのか？……一跳びで塹壕から出ると、全速力で森の近くのはずれに走った。薄汚れた厚い白煙が昇っているのは、そこからだ。最初の小径に突っ込むと、一〇〇メートル先で、穏やかな炊飯兵たちの集まりのど真ん中に出くわした。

ある者はしゃがんで、革袋のように頬を膨らまして、火をつけたばかりの竈を吹いている。他の者は早くも燃えている炎のそばで、ジャガイモの皮を剝き、その青黄色の身が指の間から現れ、細長い皮は次第に螺旋《らせん》状にのびてゆく。また別の者は輪になって坐り、膝に薄汚れた防水布をひろげて、四人でやるトランプゲームの面白さに戦争とその悲惨さを忘れている。

私が不意に侵入したので、この静かにしていた連中は面喰らっていた。

「すぐに火を消せ！　さあ！　だめだ！　足で踏みつぶせ！」

「でも中尉殿、コメが！」

「フライドポテトが！」

「コーヒーが！……ステーキが！……」

「すぐに！　すぐに、と言っているんだ！　お前たちは仲間を標的にさせるつもりか？　そうなのか？……お前たちもやられてしまい、二日と生きてはおれないぞ！」

ぶつぶつ文句を言いながらも、従順に、彼らは命令を実行し、炎に土塊と腐った葉のかたまりをかけて消した。

「それでは、これからどこに行けばよいので？」

「後方の峡谷だ、もちろん！　前にも言った通り、一番奥に、だ！　だが遠かったな？　登っていくか？……」

その間にも、あとについてきていたパヌションが料理と大鍋をかぎつけて、詮索し、品定めし、大喜びだ‥

「おい、うまいぞ！　抜群だ、このフライドポテトは」

彼は指先で無造作に一つをつかみ、のみ込んだ‥

「とびきりうまいな」

あと二つも、さっとつまみとられ、同じく無造作に口におさまった。

「なあ、これなら、お前たちの隊は栄養たっぷりだな！」

「まさか！」と炊飯兵が答える。「このフライドポテトが小隊用だと思ってはいないだろうな？……このフライドポテトはナルシス用だ。ナルシスとは、分かるかい、いまお前さんに話している俺さまのことだ」

「その糊《のり》のようなのは、何だ？」

「分からないのか？……おいしいリ・オ・グラだよ。こいつは腹持ちがよく、体が温まるんだ……塹壕用にはそんなものはない」

「そのリ・オ・グラもやはりうまそうだ。パテみたいだな！中には肉もある！　そんなに乾燥していると、まるで小石だな」

「心配するな、二枚小さな〝ステーキ〟があって、柔らかくジクジクになるよ。この肉を見てくれ、立派だろう！　上を強火で焼くとなかはピンク色だ……自慢じゃないが、いつどう焼くか、知っているんだ」

「なあ、そのステーキもナルシス用か？」

「もちろん〝ナチューリッヘ（ヒ）〟！　当たり前だ！　ただ、あくせくと、やりくりするのは苦労するよ。なあ、そうだろう？」

「お前の言うとおりだ、若いの！」

戻る途中、彼は外套の裾のところに縫いつけた大きなポケットを探り、一枚の大きな肉片を取り出すと、その汁気が指先にしたたり落ち、彼はどうだと言わんばかりに、まばたきし、臭いをかいで微笑んだ。

「結局、あの阿呆からステーキ一枚を盗《と》ってきました。私も正義の味方ですから。あいつが仲間たちのコメをくすねて、うまくやっているのを見ると腹が立って……彼らの健康を祝してこのステーキを食べますよ」

四時。藁の上に寝そべって、パイプを吹かし、体がだるく、気力も滅入り、ただ時間がゆっくりと流れるのを感じるだけだった。

「もう一日、騒動もなければいいな」

「そうだな」とポルションが言う。「今朝炊飯兵たちが生木《なまき》で彼らの聖火を燃やしたが、繋留気球は何も見なかったようだ」

彼がなおも話していると、砲弾がピューと鳴って、頭上を低く、急傾斜で飛んできて、後方二〇メートルで、けたたましく炸裂した。石や土塊が雨霰と背に落ちてくる間にも、破片が唸り飛び、どこか空中で照明弾がブンブン唸って飛んでいる。

「ほかにも飛んでくる！　一、二、三発……ドスンと落ちた！」とパヌションが叫んだ。

三発が二重の一斉射撃となって襲いかかり、欺《あざむ》くようにかすかな音で飛んできて、数メートル先で破壊的な音で炸裂する。平原では何も動かない。起き上がると、むき出しになった荒野、焼けこげた草、エニシダ、細い樅の木しか見えなかった。そばに誰かがしゃがんでおり、のばした背が呼吸するたびに、僅かに上下しているが、私は、奇妙な黄色の煙がところどころに立ち昇っている、わびしい荒れ地の広がりのなかで、ただひとりでいるような気に捉われる。しかしそこには二〇〇人の兵が狭い壕以外に防御がないまま、壕の底で、いつもの恰好でうずくまり、「通りすぎるのを待っている」。二〇〇人の兵は、事態を感じ取って推理し、ドイツ野郎が数十発単位で送ってくるこの着発弾の一つでも炸裂すると、どうなるかを全員が知っている。ただ、彼らは、心臓が早鳴りになっても、「冗談を言う」には強烈過ぎるイメージでも、戦争慣れしており、冗談が役立つなら、冗談で吹き飛ばしていた。

「何かしつこいな、ドイツ野郎は！　奴らが使っているのは七七ミリ砲だ」

「悪臭のする弾丸を投げつけてくる豚野郎はどいつだ？」

「それに、おい、大砲が聞こえるか？　お祭り騒ぎでもやっているのか？」

時おり、砲弾が音もなく陰険に飛んでくる。そして数歩のところで急に爆発し、爆風が吹きかかり、大地が揺れて、体が揺すられる。すると、背嚢の下から声が上がってきて訊く：

「そっちは、負傷者はいないか？」

別の声が、やはり背嚢の下から答える：

「まさか！　危険はないよ。奴らの砲兵は、最高のできだ！」

時々、時計をみる。四時二五分……四時半：ドイツ野郎が爆撃してから三〇分になる……四時四五分……砲弾二発が前後して、頭上四、五メートルを飛んできて、ぬかるんだ地面に食い込んだ。爆発しない。

五時：一斉砲撃は相変わらず続いている。陽の光が弱くなりはじめる。周りの輪郭が黄昏どきの灰色のなかに溶け込むにつれ、我々はみな自由に動き回りたくなり、しまいには苛立ってくる：

「奴らはもうすぐ静かにしてくれるだろうな？　それでけりがつく！」

「五分後に静かにならなければ、仕方ない、やっぱり出よう！」

やっと、爆発が止んだ。藁のこすれる音、低いささやき声、遠くでする欠伸や、咳が聞こえる。誰も出ない。もうんざりしているのだ。

暗い夜。私は藁のなかにうずもれて眠っていたが、銃撃が弾ける音で起き上がった。ポルションもそばで、聞いている。塹壕沿いにあちこちで、ぼうっとした影が浮かび上がる。

前方の、どんよりとした暗闇の森で、銃撃が荒れ狂っている。銃声が森の谷間に反響している。上にのぼって空間一杯に広がり、ギャロップで平原に駆けのぼってくる。銃撃の真只中にいるような印象が強く、空中に散在する火薬のきつい臭いがするように思われた。

「ああ！　またロクロンの森だ」とポルションが言う。「あそこで遠くから、レーベル銃とモーゼル銃で撃ちあっているんだ。白兵戦の取っ組み合いはないだろうが……それにしても、リュよりは近いからな」

すでに向こうの方では、照明弾が縞となって夜空に長い線を描いている。上空高くに、輝かしい星が花開き、そのむきだしの光が我々にまで届いて消える。

無言で、我らが兵たちは見つめている。突然、はっきりとした激しい爆音一発で、彼らに戦慄が走る。別の三発が同じ軽やかな激しさで続けざまに飛んできて、うなる小砲弾が鋭い音で襲いかかり、頭上に急傾斜の弾道を投げかける。これが熱狂的な笑いで迎えられる：

「なあ、おい！　あれだけぶっ放せるのは七五ミリ砲しかないな！」

「頑張っているな、奴《やっこ》さんたちは！」

「〝黙れ！〟とドイツ野郎に言いたいだろうな」

「畜生！　奴らをもっと痛めつけてやれ！……いまは、大砲が咳きこんでいるが」

道の向こう、樹木の多い稜線の下の方で、一二〇ミリ砲が間断なく轟いている。ここからは、砲身から噴出する炎も見える。それに〔大砲の〕薬筒の強烈な爆発も聞こえる。また相変わらず、平原の後方では、七五ミリ砲の連続爆音がしている。

「中尉殿、何かがこっちへやってきます。騎馬兵のようで」とパヌションが言う。

実際、静かにうごめく塊りが陰から現れ、大きくなり、形をなしてくる。荒れ地の柔らかい地面が蹄の音を消している。だが前にきてとまると、馬の鼻息が聞こえ、重い外套がのしかかったような騎乗者の影が空に浮かび上がる。

「どこへ行くのか」と部下の一人が尋ねる。

すると、砲兵がためらいがちの声で訊く：

「ここは歩兵隊か？」

「もちろん、そうだ！　お前さんを取って食いはしないよ」

彼が地面に下りるのを見て、私は塹壕から出て、彼の方へ歩みよる：

「何を探している？」

「我々のところで不運なことが起きた……ちょうど、砲台で発射準備をしていたら、照明弾が弾幕〔敵の前進を防ぐための砲火〕を要求してきた。その時、右側の大砲の最初の一発で、砲弾、一二〇ミリ砲弾が砲身から出て、辺り一面の頭上で炸裂した。それで、破片が台のところにいた仲間に当たった。運が悪かった、ああいう破片は。砲弾が道を間違えたんだ、そうとしか言えないだろう？」

「分かった」と私が言う。「軍医を呼ぶのか？」

「その通り……おや！　ベルティエが俺を呼んでいる。彼の声だ」

遠からぬところから、呼び声が響いてきた：

「スヴァン！　おーい！　スヴァン！」

「おーい！　ここだ！　どうした？」

先ほどのスヴァン同様、もう一人の騎乗者が陰から現れ、空に浮き出た。

「向こうで仲間はさっき死んだ……いまは担架を持ってくるだけでいい。我々自身で彼をムイイまで運んでいく」

彼らは、背後に馬を遊ばせたまま引いて、徒歩で峡谷の方へ去って行くが、そこには担架兵がいるので、そこに行くように私が指示したのである。彼らは、質素な頭巾付き大外套にくるまって、長靴をはいた重々しい足取りで去っていく。それでもしばらく、私は、彼らが自らについて思わず声に出して語り合っている、緩慢な言葉を聞いていた：

「何たる惨めさだ！」

「こんなことを見なくてはならないとは、な！」

それから、彼らの声は遠ざかってうすれ、彼らの影も夜の闇に見えなくなる。

一〇月九日金曜日

ポルションが朗報をもたらしてくれる。給養伍長が今晩の交代を確認に来て、我々が作戦区を変えることになるともらしたという。ポルションが口ずさむ：

もう森に行かなくていい、
もうたくさんだ。

そして彼が声を高めて言う。

「わが即興の才はこれまでになく、調子がいいよ。それに、歌うにしても、この文句はやはりわが想いを正確に表している。森にはうんざりしている、そこは息が詰まるということだ。考えてもみてくれ、奪取せねばならない稜線を眼前にして、坂の斜面にしがみついている、まあ結構なことだ！　とにかく、興奮するよ！　単純明快だ！　あそこでは、楽しい日々が約束されているようだ：対壕〔敵陣に迫るための散兵壕〕、地雷戦、突撃！　だ」

「ここから遠いのか？」と私が訊く。

「いや、それほどじゃない。東へ数キロメートルだ。ちょうどオー・ド・ムーズの境界のところで、谷に小さな村がある。その名前が好きだよ、響きが明るく、すっきりしているからな。あそこで戦いたいものだ」

「で、その名は？」と私が言う。

「レ・ゼパルジュ」

第二部

戦争の夜

——ノルマリアン：ジャン・ブヴィエール、ジャン・カザマジョール、ピエール・エルマン、レオン・リガルの思い出に*

*この四人は戦争初期に戦死した、モーリス・ジュヌヴォワの同窓生。

I　塹壕から塹壕へ

一〇月九—一三日

昨日、ポルションが告げた新しい作戦区（防衛区域）レ・ゼパルジュは、まだ明日からというのではない。我々はサン・レミの森を、すでに二度通ったことのある小径《こみち》を辿って、最初の戦線へと行進した。二度とは、九月二二日、このオー・ド・ムーズ地域到着の僅か数時間後と、二四日の血まみれの戦闘後の二六日のことである。

その頃、それは未知のもの、絶えざる局地戦の坩堝《るつぼ》だった。戦線の間には、負傷者がうめいていた。道を横切ると、倒れている死者にぶつかった。夜、生者が眠らずに過ごすのは死者の間であった。いまは、砲弾の穴とへし折られた木だけが、この戦いの唯一の証人である。

だんだんと増す薄明かりのなかで、わが部下たちは森はずれの塹壕を占めている。彼らが身を落ち着け、静かに背嚢《はいのう》を開け、交代の部隊が小径近くの木陰に集まっている間、私と交代する小隊長が伝達連絡事項を伝えてくれる。背の低い、ずんぐりした赤ら顔で、顎に黒いヤギ鬚の特務曹長だ。彼は、うつむいて、小声で、かろうじて聞き取れる言葉をささやく…

「要は……静かにすること。絶対に静かにすることです。真向かいのドイツ野郎は魔法使いみたいな奴だと思うことです、中尉殿。こちらの戦線で話していることすべて、そう、すべてを、すぐそばにいるかのように聞いています」

「まさか！　私はこの辺りは知っている。彼らとは一キロメートル以上ある」

「しっ！　そんな大きな声では！　彼らは音声拡大装置を持っているようです。葉が動いても、彼らが聞き取るのは確かです！……ああ！　あいつらはすごいですよ！」

「それだけか？」と私が言う。「最近起こったことは？」

「攻撃はなし、ただ爆撃はありでした。時限弾と着発弾。時限弾の弾丸を防ぐために塹壕を覆わせました。中尉殿には、よくできた小さな待避壕があります。丸太の隙間を藁と土でふさがせて、蠟燭がつけられるようになっています。あとで分かりますが、すばらしいですよ」

彼が部下を連れていき、私はわが部下たちをいつものように見回ったあと、わが従卒のパヌションと、あれほど自慢の待避壕に入ってみる。だが入るには、四つん這いにならなければならない。一度入ると、かろうじて身を起こせる。ただ穴の底の空気は、かすかに生暖かい湿気に包まれており、外の凍てついた靄《もや》ほど体に浸み込んでこない。

「ああ！　中尉殿、なんとまあ暗いですな！　見えるように蠟燭をつけましょうか？」とパヌションが言う。

マッチで燃え上がった炎が、暗闇から顔を浮かび上がらせ、突然その輪郭を浮き彫りと濃い影のくぼみとして映しだした。

「いや、まったく！」と彼が叫んだ。「蠟燭がこんなに明るく照らすとは！　待避壕に裂け目があったら、遠くからでも目印になって、見つけられますよ」

「ちょっと待て、見てくる」
二、三歩行くとすぐ、棘が刺さり、茨が脚に絡んでくる。手足周りでは、夜が異常なほどの闇となって広がっている。手足を絡め取られ、何も見えず、私は丈の高い藪のなかで、絶えず頬を打たれ、引っかかれ、潜んでいる切株にぶつかり、もがいていた。だが突然、パヌションの声がして、ほっとする。
「何か見えますか？」

「まったく、何も！」

「中尉殿？」

「また何だ？」

「誰か小径をやってきます。すぐ近くに……どうやら道に迷ったようですよ」

もう私にも、小声で話し合いながら来る者たちの声が聞こえる。

「そこを行くのは誰か？」

「工兵隊下士官と兵卒四人」

「彼らのことは分かります。投光機とかいうものを持っています。大太鼓のような何か丸いものを」

塹壕の底に滑り降り、背墻で立ち、集まりの真ん中で言う‥

「下士官は？」

「はい！」

「任務は？」

「敵攻撃に備えて森はずれに野戦用投光機を設置することであります。場所の指示をください、中尉殿。お考え通りにします」

そこで一緒に、わが待避壕から数メートルのところで、塹壕が曲がっている地点を選ぶ。二人の工兵が鉄製のような鶴嘴《つるはし》で、小刻みに胸墻を叩いてくり抜き、大きな可動レンズが軸上で自由に動くようにした。他の二人は、苦労しながら、重い機器を降ろしている。私には不思議だったが、この機具

の内部を操作して、軍曹が言う‥

「これで準備完了です、中尉殿。あとは、警告があり次第、ご命令で、明かりをつけます」

もうしばらく前から、待避壕に戻っていると、今度はパヌションがなかにもぐり込んでくる。彼の頰は目をふさぐほど眉毛までふくらみ、せり上っている。彼の場合、これは大いに満足している印しである‥

「ああ！　中尉殿！　もう何も気にやむことはありませんや、いまは！　あの工兵たちと話してきたんですが……この蠟燭や、夜、赤々と照らす光はお分かりですよね？　ところが、奴らの機械ときたら！　その光をつけてみたら、それだけで蠟燭千本束にしたほど照らすんですから！　いや千本分以上だ、分かりますか？」

「そうか。それで？」

「例えば、こう言っている間も、ドイツ野郎は前進し続けています。何も動かないので、奴らは〝フランス野郎は眠っているぞ〟と思って、安心しています。

だが我々フランス野郎は、奴らを近づけさせておき、何も心配せず、こののんきな連中を待つ。工兵隊がいて、投光機のそばで持ち場につき、中尉殿はその横で、ドイツ野郎がどうするか見ているだけでよいのです。後は、奴らが射程圏内に入ったと思われたら、工兵の肩に触れるだけです。そうすると……パッ！　一挙に千本の蠟燭の明かりです！　ここから見えますかな？　このびっくり仰天が……前方は、真っ昼間同然です。だが我々のいるところ、これがまた最高で、モグラの穴のように真っ暗。そこで、どうなるか？」

「わかったよ、パヌション、どうなる？」

「ドイツ野郎はあっと驚き、びっくり仰天です。そうなると、これを利用しない手はありませんや！　弾薬帯ひとつでおもしろいように撃ち倒せます……ここで仮に、奴らが頑固にそれでも前進しようとすると……どうなるか？」

「早く言え、パヌション」

「そこで、工兵隊の、操作のうまい工兵が光を奴らの目に当てる……奴らは盲のようになって、ランタンの前のコバエのように舞い踊るのです。そうなると、玉突き同然で、簡単なもので！　できる限り、一人ずつ次々と倒し、あとの連中がずらかるまで撃ちまくる！　おもしろいでしょう、中尉殿！　奴らがやってきたら……楽しみですな！」

だがパヌションがこの夢を楽しむことなく、一夜が過ぎた。塹壕を出て見回るたびに、わがポワリュたちはうとうとし、震えていたが、私が通ると、みなが言う‥

「動きなしです、中尉殿」

森の前の平原一帯が静まりかえり、暗い夜空に押しつぶされて、死んだかのように動かなかった。

ほとんど二時間ごとに、偵察隊長たちが戻ると、報告にくる。彼らは何もない平原を長らく歩き、その中央部にある樅《もみ》の木の林を調べた。そして、そこに第六小隊を指揮する中尉が配した小さな友軍の哨所があるのを確認してきたと言う。

明け方の少し前、疲れて、待避壕でまどろんでいると、数発の銃声がすぐ近くの我らが戦線から発した。即座に、鋭いモーゼル銃の一斉射撃が反撃してくる。長い夜警で苛立った兵が、頭がぼうっとして目は混乱し、エニシダの茂みに撃ちこんだに違いない。

＊

目覚めると、奇妙な静かな物音がするので驚いた。森全体が震えているかのように、周りじゅうが大きく持続的にざわめいている感じがした。

「あれは何の音だ、パヌション?」

「ああ!　雨ですよ、中尉殿」

服が肌に重く、こわばっている。坐って、背後の胸墻に手で触れると、冷たい。ねっとりして、身にしみるような冷たさだ。私は頭から足先まで震えた。ひどく咳きこみ、胸が裂けそうになり、額に玉の汗が流れ、息切れがして、くたくたになった。パヌションがそばにきて、やさしい献身的な目で見つめる……

「今朝は、調子よくないですか、中尉殿?」

「ああ!　喉がいがらっぽいが、何でもないだろう」

「暖かくしなくてはなりませんね。その代わりに……コーヒーは持ってきても、冷めていて、腹におさまるときは冷え切ってしまうし。それに雨が降り続けると、塹壕が水浸しになるかもしれませんから」

雨は止まない。木々は葉を濡れ髪のように垂らしている。どの枝からも、しぼったような滴《しずく》が流れ、落ち葉の上に広がる。足で踏むと、水浸しでもう腐りかけている。塹壕の底では、泥の水たまりが広がり、わがポワリュたちは、惨めだが諦めてぬかるみを歩いている。律義な男たちだ!　蒼白の寒そうで、哀れな顔をしている。スズメが羽に突っ込むように、頭を肩にすぼめている。私が通ると、それでも親しく挨拶してくれ、しばしば冗談混じりに話している……

「ドイツ野郎は濡れネズミだな。いい気味だ」

「えらい雨だ!　俺のシラミも風邪ひくよ。くたばってしまうな」

待避壕に戻ると、濡れた藁《わら》が擦れる音がし、やがてひたひたと惨めな音で一杯になる。我々は、容赦なき樋口からの雨水に追い詰められたかのように、壕底でうずくまっている。地面を見ていると、水たまりが次第に大きくなり、陰のなかで、ぼんやりと光っている。

「コーンビーフの缶詰でも開けますか、中尉殿？　暇つぶしになりますよ」

「一人で食べろ、パヌション。腹はすいていないよ」

「それじゃ、お言葉に甘えて！　おや、この缶詰、赤身がゴム糊みたいな匂いがしないな……」

ナイフを片手にして、彼が飛びあがった‥

「何だ？　ピューと飛んでくるのは雨じゃないな？」

彼が入口から頭を出すと、ちょうどそのとき、一斉射撃の爆発音が猛烈な弾雨となって耳をつんざいて、飛んできた。

「どこに落ちたか分かるか？」

「はい、中尉殿。平原の真ん中の小さな林の上。時限弾。非常に低く、樅の木すれすれで炸裂……畜生！　また飛んでくる……一挙に六発も！」

「やはり同じ場所か？」

「同じ樅の木の上……わー！　中尉殿、見て！　急いで！」

私と交代して、彼が外に出る。

「ごらんなさい、彼らは大急ぎです！」

一〇人ばかりのフランス歩兵が爆撃された林から突如飛び出た。切株畑の薄暗がりのなかを、森はずれに向かって走っている。砲弾が後ろから襲いかかる。時限弾で、彼らの頭上には、丸くふわふわした大きな灰色の塊《かたま》りが浮かんでいる。着発弾は彼らの踵《かかと》のあたりで炸裂し、小さな渦巻き状に汚らしい黄色の煙をはき、煙は長々と地面を這って、泥に付着しているようだ。

いったいなぜ、第六小隊はこの歩哨たちを夜明け前に帰還させなかったのか？　つまらぬことで、兵たちを危険に晒しているのだ！　ここからでも、一キロは見晴らせるのだから……それで、パヌションが叫ぶ‥

「あれじゃ、途中隠れ場がない。別のが森はずれ、左手二〇〇メートルに出てきた。こっちを攻撃するかもしれません」

実際、ドイツ軍の砲台は砲撃をのばしている。時限弾がピューと飛んでくる。泥が弾丸の雨ではねかえっている。二発が木の天辺で炸裂し、枝に雨霰《あめあられ》と当たって引き裂いている。

「大量に撃っても足りなかったな……来いよ、アゾール」と誰かが言う。諦めたように肩をゆすると、彼は背嚢をうなじに引き上げた。

爆発は相変わらず激しく続いているが、こだまして延びてはこない。湿気で空気が重くなり、音が消されているのだ。それでも時々、時限弾がすぐ近くで炸裂するので、震動が耳鳴りになって、長く耳に残る。あるいはまた、着発弾が不意にピューと飛んできて、塹壕から一〇メートルのところに突き刺さる。炸裂しながら、大きな土の塊りを跳ね上げ、我々や胸墻、背嚢の上に落としてくる。

我々はまた塹壕に入った。パヌションは横で、奇妙にもじっとしたままだ。両手を膝の上で組んでいる。背をまるめて、全身を縮め、沈んでいる。深く物思いにふけっているのか、すぐ近くで炸裂しても、かすかに瞬きするだけだ。

「おい、パヌション、何を考えているんだ？」

「八月二二日の戦闘です、中尉殿。まるで昨日のことのように覚えています……道路端の溝で、よく目につく、撃たれやすいところにいて、小さくなっていました。仕方ありません。時々、誰かが大声をあげ、誰かが何も言わずにとんぼ返りしていました。目に見えて、みなが弱気になって行きました。

道路の反対側に一種の石切り場があって、軍曹が言いました‥

〝すぐに渡らねばならない。途中で撃たれるかもしれないが、ここにいるほどではない。あとについて来い！〟

彼は一跳びで向こう側へ跳ぶと、石切り場に達しました。すると、誰もが次から次へと飛び出たのです。大急ぎでした。あの忌々しい弾がピューと飛んできて、小石で跳ね上がっていました……私は最初に渡った者たちと一緒で、その男たちと、仲間が順番に機関銃の一斉射撃のなかを突進してくるのを見ていたのです。

こっちまで届かなかった者もたくさんいます。エルサン伍長はノロシカのように空中に跳び出るとすぐ、砲火を浴びてドスンと倒れ、何発も何発も銃弾を死体に受けて、こちら側へ引き寄せることもできなかったのです。またトラメ、いつも元気者で、いつも親切で、小隊ではみんなに好かれていた、あのひょうきん者も。彼が迷っているのを見て、誰かが叫びました‥

〝さあ行け、トラメ！　いまだ、それ！〟

〝行くよ〟と彼が答えました。

そこで飛び出すと……ほとんど間近に来ていたところ、彼が両手で体を押さえて倒れるのを見たときが最悪でした……たぶん三メートルほどの草のなかに横たわり、目を閉じたまま、低くうめいていたのです……目を開けると、我々と分かったかのように、こちらを見つめていたので、ヴォーティエが訊きました‥

〝おい、大丈夫か？〟

〝ふいごのなかだ〔息切れがして、苦しい〕〟と彼が答えました。

そして、また目を閉じて、うめきだしたのです……声が聞こえ、姿が見えるのに、何もできなかった……徐々にうめきもしなくなりました。薄赤色の唾を吐きながら、喘《あえ》ぎはじめ、絶えず手を開いたり、閉じたりして爪を草に食いこませていました。時々、何か叫んでいるようで、それが遠く、胸の奥底から、体を這い上ってくるように聞こえたのです。よく聞き取れず、誰かが〝何と言っている？〟と訊くと、ヴォーティエが真っ先に聞き分け、〝マモン〟と言っていると答えました」

パヌションは黙ると、ゆるやかにゆっくりと頭を振った。外では、一〇五ミリ砲が耳をつんざいている。すぐ近くの頭上で炸裂し、待避壕を揺らしている。パヌションが肩をすくめる……

「いまは、戦争はこんなものです。大雨が降り、砲弾がピューと飛んできて、穴の底でじっとしている塹壕暮し。もっと悪いのは、何も見えないことです。少なくとも、八月は見えていました……夕暮れどきになると、空はまるで煤《すす》まみれ。一時間後には、真っ暗。もう砲弾も飛んできません。それでも、ドイツ野郎が卑劣な手で攻撃してくる恐れがあるので、夜明けまで警戒しなければなりません。

ドイツ野郎は？　どこにいるのか？　向こう側のどこかで。我々の前方か、いたる所に……地中に隠れ……我々もまた……こんなことが数か月も続いています」

頭上で、屋根の丸太を棒で打ったような衝撃音が響いた。

「おーい！　どうした？　なかで死者が出たか？」

「まだだ。入って来いよ」

ポルションが手と膝で這って、私の横に下りてきて坐った。

「何か変わったことでもあるのかい？」

「大ありだよ！　大尉が伝令を送ってきて、ドイツ野郎が森はずれを爆撃したと知らせてくれた」

「ああ、そうか」

「それだけじゃない。この爆撃後、しんと静まりかえって、我らが隊長は不安になっている。夜は暗くなると、不意打ちには好都合なのだ。よって、見張りを倍にせよとの命令だ」

「私の配置した態勢はそのままだよ。前線の歩哨と監視隊。それでよいか？」

「個人的には攻撃があるとは思えないから、それでいいだろう」

ここで、パヌションが、頼みもしないのに、意見を述べる……

「(攻撃があれば) そのときは、仕方ないでしょう。私は銃口の先でドイツ野郎を迎え撃ちにしてやりたいな。工兵隊がいて、標的を好きなように照らしてくれるから、またとない機会ですよ。それに、連中はそのうち、例の道具を持って戻ってくるでしょう？」

「なるほどな」とポルションが私に言う。「言い忘れていたが、工兵たちは、今晩はもう戻ってこないよ。作戦区ごとに投光機をもって回っているから。見事なものだよな、あれは……それじゃ、おやすみ。安全な夜を祈っているよ。何か騒動があれば、すぐ来るよ」

わが掘っ立て小屋の奥で、長らく、我々は聞くともなしに耳を澄ましていた。半ば目覚め、半ばうとうとしながら、私は全身が震えていた。地面から凍てついた湿気が上がってくる。夜はだらだらと過ぎる。静寂のさなか、時たま、爆発音が響きわたる。小屋から出ると、わが塹壕を端から端まで歩き回る。兵たちは水たまりのなかで丸まって鼾《いびき》をかいているが、その間も、他の者たちが銃を手にして背廠で尻を支え、見張りをしている。私に気づくと、彼らが言う：

「寒いですな、中尉殿」

「そうだな。冷えるが、まあ静かだ」

待避壕に戻ると、パヌションが体を丸め、闇のなかで寝息をたてている……咳きこんで、しつこい咳に坐ったまま苦しめられる。何度も、マッチの明かりで腕時計の時刻を確かめる。針は時を刻んでいるが、止まっているのではと思うほどゆっくりだ。だが動いている。耳に当てて、癪にさわるほど小さな規則正しいチクタクを聞く。また咳きこむ。マッチ一本。パヌションがちょっと動いた……ああ！　彼のように眠れたら！　眠ることだ……

＊

「さあ！　中尉殿、なんとか眠れましたか？　またいやな長い夜でした」

「なんだって！　夜は明けたのか？」

「もちろんですとも。夜明け前。明けてはいませんが、夜明け前です」

突然、パヌションが笑いだした。大きく開けた口から、ぎくしゃくしたクスクス笑いが聞こえる。

「どうかしたのか？」

「さっき中尉殿が眠っている間……うわごとをたっぷりと！」

「そんなに寝言を言っていたのか？」

「ええ、ちょっとね。うわごとと罵声。雨霰でした！」

「そうか、そこをどくか、先に出てくれ。少し外の空気を吸いたい」

外に出るとすぐ、パヌションが私を見て、叫んだ：

「ああ！　中尉殿、何か病気ですよ。そんな顔です！」

「顔？　どんな顔だ？」

「腫れぼったく、それに真黄色ですよ。とりあえず氷で冷やさなくては……」

スエスム軍曹が近くに来て、会釈して、見るなり言った：

「顔色が悪いですね、中尉殿……軍医に診てもらった方がいいですよ」

「診てもらう！　冗談を言うな！　私が診察に行くのを見たいわけか？　それじゃ、小隊全員ついてくるがよかろう！」

彼らから離れ、小径に入って、少し歩いて弱った状態に抵抗してみようとしたが、実際あまりに弱っていて、膝ががくがく震えた。枯葉の詰まった地面からは湯気が立って、広がり、葉陰に漂っている。やがて靴も湿っぽくなってきた。陽の光が大きくなる。あちこちで、数匹の鳥が、濡れた羽を震わせながら、かすかなさえずりに挑んでいる。空に浮かぶ二つの雲の間から漏れ出た日差しが、まだぼんやりと寒々としたまま私の上に流れてくる。

「おーい！　おはよう！　入らないのかい？」

声は地面からのようだ。下を見るが、誰も見えない。

「誰か呼んだか？」

大笑いがして、また声がする……

「私だ、プレートルだ。こっち、左側だ」

小径の端に、頭が、底が明かりで赤く染まっている暗い穴から、地面すれすれにのぞいた。次いで、騎兵隊用外套に首までくるまった上半身が現れた。そこでやっと、第六小隊を指揮するプレートル中尉であることが分かった。彼が手をのばしてきた……

「気をつけて、階段がすべるぞ。でもなかは、乾燥しているよ」

……この宮殿、どう思う？」

私は石灰岩を鶴嘴でじかに切り崩した、一種の長方形の壕にいた。側面の一つに、土の足場がのびており、木の葉の寝床と厚いウールの毛布が備えてあった。

「そこへ横になって、暖まってくれ。すぐコーヒーを持ってくるよ」

壕の底の、煤で黒くなった粗末な炉床《ろしょう》で燃えている火に手を差しのべた。炎のそばで仕切り壁に立てかけてある生木《なまき》の切り枝は、次第に乾いて、大粒の水滴を垂らすと、滴は一瞬のうちに蒸発し、白っぽく膨らんで、やがて弾け、消えてしまう。その火照《ほて》りが私の顔を焼くように、赤々とした燠《おき》の上に置かれた大鍋は、燠の熱で輝いているように見える。金色のヤギ鬚の炊飯兵が私のいる寝床の上にかがむと、腕をのばし、顔を引っ込め、小枝で、鍋一杯の褐色の混ぜ物をかき回すと、沸々とした泡立ちで溢れた。コーヒーのかぐわしい匂いが発散して広がると、鼻孔を刺激した。

「もう木を加えるな、ヴェルニュ」とプレートルが言う。「乾いた木だけを入れるんだ。もう外は明るい。煙が昇ってはいかん」

そして私に向かって……

「途中何も見なかったかい？」

「いや、何も。君が呼ばなかったら、まっすぐ行っていたよ」

「ところで、この掘っ立て小屋が立派なものだと認める、な。外から見えず、暖かく、快適で、ほぼ雨水にも耐えられるのだ。昨夜はほんの数滴しか、顔にかからなかったよ」

「認めるよ、プレートル。この掘っ立て小屋が立派なものだと認める。それに、いい前例になる。ほかにもできて、我らが部下や我々自身が、見張りや当直勤務の間の数時間、暖かく休めるところがあれば、ありがたいからな。君のお陰で、気楽な日々となんとか我慢できる夜が過ごせそうだ。君に感謝のキスを送りたいよ」

プレートルは苦笑して、炉床で燃えている炎を指さした……

「一番いいのは、ね？　火だ。昨日、大雨の間、薪が燃えるのを見ていて、安全なところで、葉叢《はむら》に流れる音を聞きながら暖かくしていることを、存分に味わったよ。にわか雨を背に浴びていたわが部下たちのことがなかったら、まったくの幸運だったのだが。何人かはここに来させたが、全員を呼べなかったのは残念だった」

「中尉殿、コーヒーができました」とヴェルニュが言う。

彼は、満杯の四分の一コップ、僅かにデコボコのある立派なアルミニウムの四分の一コップを差しだした。坐ったまま動いて、脚をダランとたらして、寝床の縁に坐り直した。プレートルが横に来て坐った。二人とも、ゆっくりと恭《うやうや》しく、熱々としてコクのあるコーヒーを少しずつ味わった。

「おいしいですか？」とヴェルニュが尋ねる。

「すばらしいよ」

例外的に、これは本物だった。いつもの薄くコクのない、少し酸っぱい後味がする煎《せん》じ薬でも、炊飯兵が念を入れすぎた黒っぽいピュレ状のものでもない。燠で顔が焼けそうだ。私は向きを変えて、炉床の方に背をのばし、胸の方に両肩を縮めて、外套が肩甲骨にぴったり合うようにした。濡れたラシャ地から蒸気があがる。気持ちよい暖かさもしみとおり、私の体にまで心地よく伝わってくる。

「もう一杯、いかがです、中尉殿？」

「そうだな！」

すっかり堪能して、身が和《やわ》らいだ。どうしようもなく眠くなり、まばたきする。頭が傾き、揺れるが、それでも目が覚める……

「さよなら、プレートル。行かなくてはな。もう五分もすれば、眠くて行けなくなるよ」

「それじゃ、引きとめないよ。君を招くのは今日が最後だ。最新情報だが、三日間は前線に出る」

土の階段をあがると、最後の雲がちぎれ飛んだところだった。日が照っている。低い枝では、水滴がきらめいている。歩いて行くと、突然、どこかからかすかに足音が聞こえてくるように思えた。それが次第に明確になる。靴の下で、地面がかすかに揺れ動いている。私がよく知っている揺れだ。それで、部隊が森はずれに行進していることが分かったが、ちょうどそのとき、小径の真ん中に現れた青い外套姿が目に入った。

行列の先頭で行進する将校の外套だ。木に背もたれて、彼が近づいてくるのを見ていた。規則正しい小刻みな歩調で、短い腕を丸まった体の両側に振って行進している。彼の軍服はきれいで、装備の新しい革が艶々《つやつや》している。新任か?……もう数歩まで来ている。大きな肉づきのいいピンク色の顔で、頬のところで切りそろえたブロンドの顎鬚をたくわえている。私に微笑《ほほえ》みかけ、合図している……さて誰だろう?

「やあ、おはよう」

「ああ! まさか! ダンゴンか! もう元気になったのかい?」

「ご覧のとおりさ」

「でもいつ合流したのだ?」

「もう一週間前、三日だよ。そう長引かなかった。九月六日、ソメーヌで腕に一発、貫通銃創だ。撤退、鉄道、病院、鉄道、家、留守部隊、また鉄道だ。三週間と二、三日で、すべて片づいた。ちょうどロクロンの森に向かう第五中隊で元の席に戻ったよ」

「それでサン・レミの森で君に会ったわけか……」

「我々が君らと交代に行ったところだな」

「あのときは、どうもありがとう……ちょっと待っていてくれ。誰か君の隊を世話する者を探して、すぐくるよ」

二、三分後、わが戦線沿いに、急いでそっと準備する命令を伝えさせた後、スエスムと戻る。スエスムが分遣隊を連れて行く間、私は友をよく知っている藪の方に案内したが、その上からは、ひとに見られずに平原全体を見晴らせた。

「なあ、君、これが指示事項だ……」

「ちょっと待ってくれ」とダンゴンが遮った。

泰然として、彼は外套の上のボタンをはずすと、内ポケットに手を入れ、布カバーの手帳と鉛筆を取り出した。

「さあ、聞くよ。順番に行こう。まず昼の指示事項……」と彼が言う。

私が話している間ずっと、彼は几帳面にメモし、何度も私を遮って、聞き取れない文章を繰り返させ、正確さを求め、もっとゆっくり話すよう促した。

「第二節。夜の指示事項」

口述しながら、私は、ひとりおもしろがって満足し、彼の太い手が紙の上を行ったり来たりしているのを見ていた。

「配給……料理……」

指示事項は次から次へと続いた。すでに腹の出たこの小男を見ていると、軍服をまとった、どこかの公証人か代訴人かの書記を前にしているような気がした。しかし、この場所でこの時間、その短軀の人物が何かしら堅固な自信にあふれた様相を帯び、安心感を与え、笑えるような雰囲気ではなかった。メモを終えると、彼は端から端まで読み直してから、言った‥

「ほかに何かあるかい？」

「ないよ」

彼は手帳を閉じて、鉛筆をカバーについた管に差し込んでポケットに入れ、外套のボタンをかけて、手を差しだした‥

「ではまた、いずれそのうちに、宿営地で」

「そうだな。幸運を祈るよ」

「まあ！　万事うまく行くだろう」

遠ざかっていくまで見ていると、彼は同じ歩調で、戦線を端から端まで歩き回り、身をかがめて部下たちに話しかけ、ところどころで立ちどまって、平原とその境にある樅の木を観察していたが、切株畑の向こうには、靄のかかった谷があって、村が潜んでおり、また敵の塹壕が、我々のものに対面して、うねうねとのび、広がっていた。

「行く先、トランシェ・ド・カロンヌ」とポルションが言う。

「そこで命令を待つが、宿営の知らせはないだろう」

我々が辿ってきた大きな林道沿いには待避壕が掘られ、太い枝を並べて間に小枝を絡ませ、平たい石と砂をのせて覆われていた。兵たちがあけすけな好奇心で眺めている‥

「なあ、おい、このあばら家はすてきだな！」

「砲弾に見舞われるようにな、まあ、そうなりゃ万事休すだよ」

「七七ミリ砲がちょうど上に当たると、どうなるかな……」

やがて彼らは次々と潜っていき、飲み込まれたかのように、全員姿が消えた。

だが一五分もすると、全員が外に出て、待避壕沿いに、道端に散在する逆茂木《さかもぎ》を通って、行ったり来たりしている。側面の一つにある森はひどく根こそぎにされていた。僅か数本だけ、とくに滑《なめ》らかな幹のブナの木が突き出た切株の間に立っている。しかし、降りそそぐ明るい日の光のため、この大伐採の陰鬱な光景に気づかないほどだった。細い枝が透明な空にむかってかろうじてのびている。青い外套と赤いズボンが、枯葉のくすんだ赤褐色と際立って鮮やかに見えた。

ポルションが私を見るとすぐ、呼びかけてきた‥

「急いで、四分の一コップと皿、食器類全部取って来いよ。昼食を摂ろう」

壕の縁に坐って、あらかじめ、厚くて長いパン切れを切っておく。ポルションが道を監視して、動き回っている。

「腹が減ったよ、私は！　ジェルヴェはいったい何をしているんだ？」

「誰だい、ジェルヴェって？」
「最新の増援部隊の軍曹、変わり者だ。まあ、自分で評価してくれ。やっと、忠実なるペニーを連れてやってきたよ」
「誰だい、ペニーって？」
「もう一人の変わり者だ。ほら、あの変な顔を見ろよ」
　重々しくもったいぶって、こわばった顔に生き生きした目の、広い額の男が、右手に王笏を持つように、錫《すず》のスプーンを持って、こちらに近づいてくる。彼は短い上着姿の小男を従えているが、男のシャツはズボンから半ばはみ出て、ぶよぶよと弛《たる》んで腹に落ちかかっており、体から離して黒く油で汚れた皿を持っている。彼らはともに我々の前で立ちどまる。そしてジェルヴェ、スプーンを持った男が小柄な炊飯兵の方を振り返って、異様な鼻声で言う：
「ついて来ているか、ウジェーヌ？……こっちへ来い」
　彼は男の袖を引っ張ると、突然、その場で動けなくする：
「みなさん、ペニーを紹介します。彼はわしの分身ですから、わしにとってはウジェーヌです。戦争が起こったとき、ウジェーヌはマレ地区で七宝細工師でした。生まれつき、幸いなことに才能があったんです。わしにはそれを見抜く功績があったのですな——margaritam reperi（真珠を見つける）——、七宝細工師を炊飯兵に変えたのですから〔古代ローマの寓話作家パエドルスの一節をもじったもの、「彼はペリー（perle＝真珠）をウジェーヌに変えた」というが、不詳〕。みなさん、我らが才能の結合をご賞味、ご笑覧あれ。これが我らの創作品の二つですが、あいにく物不足で一つの器に盛らねばならず……ウジェーヌ、料理皿をお見せしろ」
　小男は一歩前に出る。ジェルヴェが私に錫のスプーンを差しだす：
「どうぞ、中尉殿」
　ぼってりしたパテに固まったリ・オ・グラから、私は二つの、硬そうな黒っぽい肉切れを引き出す。
「ミニッツステーキ〔牛肉とチョウセンアザミ、ズッキーニを混ぜた炒め物〕」とジェルヴェが言う。
　次いで、手首をひねって、ひと匙ライスを取り出すと、皿の底にひと塊りが落ちてくる。ジェルヴェがすかさず言う：
「リ・プランセス。これがお好みでなければリ・ブレジリエンヌ、或いはまたリ・アンペラトリス。お好み次第です、中尉殿。三つとも同じようなものですが」
　ポルションは、相変わらずにこにこしているペニーに皿を差しだされて、うわのそらで食べ、自分のアルミニウムにミニッツステーキをふるい分けていた。すると、ジェルヴェは、非難するようにむっとして、炊飯兵の肩に手をかけて言う：
「もういい……料理皿を引っ込めろ、ウジェーヌ」
「まあ、そう大げさに怒るなよ！　好きなのを食べるよ、伍長！」

ジェルヴェは身をかがめて、ぶつぶつ言っている：

「Quoniam ego nominor leo（余の名はライオン〔百獣の王〕であるので）〔イソップ寓話からとったもので、所謂「獅子の分け前」（強者が弱者を働かせて利を得る）を指すのであろう〕」

彼らが行ってしまうとすぐ、ポルションが私を見ながら、吹きだした：

「ぼくに即答の才がなかったな！　わがラテン語はどこへ行った？……なあ、どういうのかな？　懲りない、道化者だが、まあ、いいやつだよ！　もう一人！　あの忠実なるペニーも！　あいつらの歩きぶり、風采を見てみろよ」

伍長と炊飯兵の二人は、スプーンを持った伍長を先頭に、小柄な赤毛の炊飯兵が、いまは急ぐなか、腹からミニッツステーキとリ・プランセスを離したままで、後ろを小刻みな足どりで続いて藪のなかを通っていく。料理皿が腹の上の、めくれた上着としわくちゃのズボンとシャツの間で揺れて黒っぽく汚れている。

正午過ぎ。スープとコーヒーを飲むと、あとは賑やかな談笑の時間だ。苔《こけ》の上に坐って、パイプを吹かしながら、我々は凪《なぎ》のときを楽しむ。下士官全員が穏やかな食事をしたあとで血色のよい頬をしている。今日のコーヒーは、安コニャックがたっぷり入ったコクのあるものだった。

「ここでの戦争は何とかうまく行くだろう」とスエスムが言う。「頑丈に覆われた掩蔽壕《えんぺいごう》、奥にはいくつかの新しい藁束、周りじゅうに散歩に行きたくなる森……」

「蓼《たで》食う虫も好き好きさ」と給養下士官ピュトマンが答える。「俺はシャトゥーの、あのレストラン喫茶の方がいい。安心しろよ。まもなく行ける」

「ああ！　まもなくな……」

「ひと月後には」

「冗談言うなよ！」

「ひと月後だよ！　賭けてもいい……お望みなら、お前とな、スエスム……ここに何人いる？」

彼は目で輪になっている連中を数える。

「九人……それじゃ、サン・マルタンで、一一月一一日に戦争が終わっていなかったら、カフェ・デ・キャピュシーヌで会うことにしよう、そこでエクストラドライ〔極辛口シャンパン〕をおごるよ。終わっていれば、この賭けでいくと、払うのはスエスムだ……どうだい、スエスム？」

「ああ、いいとも！　だが俺の勝ちだな！」

「ただやはり、お前が負けてくれるよう願いたいな、スエスム」とベルナール伍長が穏やかな低い声で言う。

ベルナールは美しい目をしており、瞳は金色を散りばめた褐色で、睫毛は絹のようだった。彼は九月二四日の戦闘の僅か数日前に合流してきたが、雑木林の枝をへし折った激しい銃撃戦においては、勇敢かつ冷静で素晴らしかった。だが戦いのない静かなときは、長時間動かぬまま、ぼんやりとした眼差しで、深刻で苦しそうなもの想いに沈んでいた。ある晩、ムイイで、戦争の三か月前に結婚し、身持ちで病気の妻を残してきていると、私に話してくれた。

給養下士官が話しだしてから、彼は相手から目を離さず、瞳は希望に輝いていた。

「どうして戦争がひと月後に終わると言うんだい？　えらく自信があるようだが。何か知っているのか！　何を知っているんだ？」

ピュトマンは黒い顎鬚のなかに白い歯をむきだしにして笑った。

「俺か？　何も知らんよ、あれは冗談だ！　それに第一、誰が知っていると言うんだい？　誰にも分からんよ」

「じゃあ、なぜあんなこと言ったんだ？」

「おしゃべりのためさ、ただそれだけだ……まあ、気にするなよ、ベルナール。人間は一回しか死なんよ」

ベルナールは返事しない。膝の上で手を組み、胸に頭を落としている。同じ憂鬱な想いがまた彼の目を覆っている。

「中尉殿！」

伝令のプレルだ。

「何だ？」

「もうすぐ前哨地点です。ポルション中尉殿から、中隊に装備させるよう伝えてこいとのご下命で参りました」

集合命令、「左翼壕で一列縦隊」は、数秒間で掩蔽壕の端から端まで広まった。兵たちは立ち上がってベルトを締め、銃を摑み、のんきそうな歩調で道路を渡ってゆく。

「おい、静養休暇は長くはなかったな？」

「前進、沈黙だ」

後ろではもう脚が触れて草がこすれる音と、時おり茨を引き抜く音しか聞こえない。

ポルションが小径の入口に立って、待っている。

「こっちだ、静かに。気難し屋のドイツ野郎のところへご案内するよ」

途中、小声で、彼が情報を教える：

「我々は四つん這いになって交代だ。さっきは警戒していなかった、伝令たちも。我々はおかしな挨拶をされたよ」

「伏せろ！　背嚢を頭に！」

藪の中のブナの木に向かって、小径のど真ん中で全員が身を投じ、腹ばいになった。砲弾がピューと飛んでくると同時に炸裂し、弾雨の嵐が空中でうなるか、樹幹を穴だらけにした。

「危ない、気をつけろ！」

周囲では、小径を挟叉《きょうさ》砲撃して、着発弾が三発か六発連続して落下してくる。猛烈な勢いで飛んできて、太い枝に穴をあけ、我々が驚くほど小さく、まるで裸でいるかのように弱々しく感じる重みで襲いかかる。私はトネリコに向かってうつ伏せになり、苔の下に入り込む前に恐ろしくねじれた大きな根の近くに鼻をくっつけていた。根のデコボコに触り、工夫して爪で、忍耐強く、完璧な円を刻みつけてみる。数分後には、まったく没頭してしまい、耳をつんざく爆風音も、砲弾の炸裂も聞こえず、ほとんど超然としていた。

いまは、砲弾は上空高く飛び、道路後方を狙っている。我々は交代することになっていたが、二人の歩兵が突如前方に現れ、前線からきた二人の負傷者を連れている。一人は横顔一面に血が流れていた。眼窩《がんか》の上にぽっかり開いた傷で、目は黒い大きな血痕でふさがれている。もう一人は苦痛で顔をしかめて、右腕で杖をついて身を支え、左腕を仲間の首に回していた。我々は彼らのために席を空けた。ついでに短いやり取りをする…

「砲弾片か？」

「そう、二人とも」

「それでも、目はやられていないな？」

「ああ！　それは分からん」

「お前は？」

「脚に一ダースばかり。運よく強烈なのは両脚の間を通っていった……外套の裾を見てくれ、まるでレース編みだよ」

我々は小径の行止まり地点に着いた。その先は広い林間の空地になっており、一層濃い葉叢とまっすぐな幹のブナの大木に見下ろされていた。ポルションが指で何かを指し示す…

「あそこ、あの速足で駆けてくる奴が見えるか？　きみを探している伝令だ。接近する歩き方の手本になるぞ」

その男は身を二つに折って、上半身を水平にして進んでくる。我々の右手に向かって、ドイツ人と我々の間をスクリーンのようにのびている藪の並びに非常に早く到達した。着くと身を起こし、走って、数秒間で我々に追いついた。

若干黒い髭の残る色艶のいい顔の、ごく若い給養下士官だ。一対の大きな眼鏡がその大きな純朴そうな目を丸くしているが、鼻の先も、膨らんだ頬も、えくぼでくぼみのできる顎もそれで一層丸く見えた。

林間の空地を貫いて、銃撃音が激しく弾けた。いつものように、一〇秒もすると辺りの空気が鞭うたれたように震える。どの爆発音も奇妙な音で拡大し、にわか雨が葉をうってたてるパチパチいう音を思わせた。

「後についてきてもらえますか、中尉殿？」

「よし、行こう！」

給養下士官の後を行く私を先頭に、わが部下たちは藪沿いに林間の空地の方へ足を運ぶ。全員が狙撃兵の行進のように銃を手にしている。森は淡黄褐色の色合いに輝いている。鮮やかな光線が枝葉を通して滑り落ち、茂みの影のなかに明るい潟《かた》となっている。

「止まれ！　全員休め。スエスム、指揮をとってくれ」

まずひとりで、これから住む塹壕を偵察し、その後に安全確実な行進で部下たちを連れていくことにした。地面にかがんで、大股で、私は前を速足で駆けていく給養下士官の後についていく。彼の上半身は見えない。半ば開いた手が脚の両側をこいでいき、外套のめくれ上がる裾が、歩くたびに膝に当たっている。時々、彼は振り返る。すると、その眼鏡をかけた丸顔が腰の高さのところで、膨れた背嚢で三分の二ほど欠けて見え、形のいい上弦《じょうげん》の月みたいだった。

銃弾は相変わらず、雨霰と湿ったような同じ響きで弾けている。だが我々の周りには一発も飛んでこない。

「気をつけて、中尉殿！」

突然、彼は足元にぽっかり開いた壕の底に飛び込んだ。私も後に続いた。そこでやっと一息ついた。

「古い塹壕です」と彼が言う。「いい塹壕まで行くにはもういくつかあります」

「この辺りを前進したことがあるのか？」

「ええ、少し。もっとも、〔すぐにいい所が見つかって〕中尉殿も一跳びしなくてすむなら、驚きですが」

「一跳び？」

「言葉の綾ですよ。つまり、夜、五〇メートルばかり、工兵が取りかかった塹壕まで進み、そこに入って、強化します。頑丈にしたら、そこを捨てて、もう〝一跳び〟します」

「それじゃ、ドイツ野郎はずっと遠いのか？」

「わかりません。だが接触することになります」

彼は、さっと跳んで、壊れかけた胸墻を飛び越えた。次いで腹ばいになって、顔を私に寄せて、警告した‥

「あの藪まで急いでください。角は狙われ、監視されています」

なお数分間、放棄された塹壕の迷路をジグザグに進んだ。どの塹壕も、腐葉土の下に石だらけの地の底を露呈していた。枯葉で褐色になった林間の空地は全体に、鉛色の大きな傷痕のような刻み目がついていた。

やっと茨の間にひとの頭が現れ、黒い砲身が胸墻にもたせかけられているのが見える。

「ここか？」

「はい、中尉殿」

逆方向に、いま来た道を引き返すと、わがポワリュたちは、元の場で全員が背嚢を背に寝ころび、じっとして根気よく待っていた。

「何か異常は、スエスム?」

「何も、中尉殿。お待ちしていました」

私は声を低めて、手順を指示し、迅速と沈黙、何が起ころうと、平静でいるよう申し渡した。

「前進、後に続け！　一丸となって進め！」

一足飛びに林間の空地を横切ると、巻き上がった葉がカサカサと音をたてた。まず、最初の塹壕だ‥

「そこは越えて！　さあ！　止まるな」

第二の塹壕。後ろで喘ぎながら、ひとりが訊いてくる‥

「そこですか?……背嚢が重くて……」

その通りだ。哀れなるポワリュよ！　彼らはどっさり荷物を背負っている。私は速歩で走りに、走る。

「なかへ！　しばし休憩、奥の方に坐れ」

彼らは次々にどさっと飛び降りる。口を開けて息をしながらも、息切れがしている。我々が見えない場で、防御されている間にも、激しい銃撃が敵の戦線沿いで火を吹いた。今度は、銃撃音が混じり合っている。乾いた爆発音が大きく連続的に重なって反響し、下草に耳をつんざく騒音が一杯に広がる。

「何が見えます、中尉殿?」

「まだ何も」

胸墻に這い上っている太い根をつかんで、一気に外へ伸びあがってみる‥

「ああ!……今度は見えるぞ。狙われているのは、どこかの小隊だ」

左手五〇メートルのところに、塹壕がのびており、地面のかき傷のような、その亀裂が掘りだした石の白さで際立っているのがはっきりと見える。雑木林を遮蔽物にせず、少し先にまで掘ってある。だから、わが部下たちがそこに達するには、援護物なしで、茨に草ぼうぼうの地帯を越えていかねばならない。刻一刻と、青外套が突如、木陰から飛び出すや、たちまち一斉射撃を浴びている。猛烈な勢いで走っている男が、銃を手に、潜んだ切株の上を飛びはねながら、塹壕に達し、底に滑り込んで消えるのが、かろうじて見えた。すぐに別のが挑戦するかのように飛び出て、ギャロップで走り、飛びはね、突然沈んだ。

また絶えず、眼前で、青と赤の小さな歩兵が断固として勢いよく、一斉射撃のなかへ突進する。恐らくドイツ兵は遠いのだろう、彼らの危なっかしい銃撃はまだ誰にも当たっていない。だがそれが極めて激しく、わが兵たちのあれほど勇ましい動きをみると、熱狂が昂《こう》じて彼らを称賛したくなる。

「ところで、中尉殿?」

わが小隊のことをほとんど忘れていた。まさにいま、ドイツ野郎はほかを見ているのだから、わが兵たちを一気に予定の場まで連れて行く、待望のチャンスではないか？

「全員外へ！　速歩で行け！」

跳躍して、騒々しい突進だ。

「さあ！　静かに」

今日は、兵たちはどうしたのだ？　後ろで笑い声がする。

あと一〇メートルで着く。胸墻の断片、背嚢につるした飯《はん》盒《ごう》がもう見えている。

「あ痛！」

一発の弾丸が我々二人の頭の間を弾け飛び、二人ともしたたかに平手打ちをくらったようになる。

「見つかったかな？」

「たぶん」

幸いにも、塹壕はすぐそこだ。パヌションが、ちょうど先住者の足下に飛び込んだ。

「交代にきた」と彼が言う。

「それは俺の管轄外だな」

「よし！　お前の中尉殿はどこだ？」

「あそこ、枝葉の屋根の下だ」

広い肩幅の、背の高いブロンドの下士官だ。

「静かな交代であってほしいね。この真っ昼間とはいい選択だ」と私が彼に言う。

彼らは出発していった。銃撃が広がり、前線後方の小径を狙っている。突然、一発が胸墻に当たり、猛烈な炸裂音で我々の鼓膜をつんざいた。そばに立っていた伍長が苦しそうな渋面で膝を曲げて突っ伏している。パヌションが大笑いして、仲間に指さす：

「ああ！　伍長！……飛び込み台の下でも見たのか？」

私はこの男を呼ぶ：

「コント！」

「中尉殿？」

「この前の増援部隊できたのか？」

「そうであります、中尉殿」

「弾丸の炸裂音を聞くのは、はじめてか？」

「はい、中尉殿。飛んでくるのは分かっていても、こんなに強烈に弾けるとは思いませんでした」

「いやな音だな？……初めはみんなが仰天するよ……例外なくみんなだ……そうだな、パヌション？」

彼は一瞬ためらったが、おかしな改悛《かいしゅん》の表情で微笑んだ：

「ヴォーティエとヴィオレのせいですよ。あいつらはコニャックを飲んでいない。だから、仰天したあと、カロンヌでは、私のから四分の一コップで飲み干したんです……まあ悪くとらないでください、中尉殿。困りますな。それに伍長、お前もな。私が間違っていたよ」

赤い夕焼けの寒い黄昏《たそがれ》どきのあとは、急速に夜になる。前方には、塹壕が広がっているが、空っぽだ。工兵たちを手伝うため、使役兵を工兵隊将校に提供しなければならない。彼らは戦線前方にある樹木を伐採するのだ。

私は体が麻痺してしまった。寒気が脚と腕、次いで全身に入り込んでくる。至るところにしみとおって、吸盤のように張りついてくる。頭上高くに、我らが塹壕の後ろにある二本のブナの大木の枝葉がぼんやりと見える。くすんだ雲が走って通り抜けていくようだ。北風に吹き飛ばされて、一貫して速く飛び去り、小さな明るい斑点だけを垣間見させるが、たぶん星屑だろう。

私の目は雲の単調な流れと幻覚を催させるような輪舞を追っている。時おり黒いうねりとなって盛り上がり、家畜の群れのように速足で飛び去る。だが突然、流れをやめて、頭上で停止しているように思える時がある。ただこの休止で雲の動きは和らがない。漂い、うねり、曲がりくねっている。この変化に富んだ渦巻きのような動きに混じって見えるのは、順番に滑り込んで漂い流れていく二本のブナの大木で、それはあたかも、森の木々がどこか遠く、知らないところへ風と共に消え去るかのごとくだった。

「そこにいるか、パヌション?」

「はい、中尉殿。こう寒くては眠ることもできません。手はしびれて感覚なしです」

「私は足、とくに右足だ」

本当に右足はあるのか? 試しにあげてみるが、まるで死んだ足、自分のものではないようだ。閉じた拳で叩いてみるが、何も、まったく何も感じない。

先日、会食で、凍傷の足、黒く腐った足を外科医が切断した話が出たが……では、それなのか?……私の右足は凍傷だろうか?

＊

夜明けの靄のなかで、森がそよそよと震えている。二本のブナの枝から大粒の水滴が落ち、我々の皮膚の上で弾け潰れるか、外套のラシャ地を転がりながら輝いている。だが白い空からは柔らかな光が差し込み、葉蔭をとおして次第に黄金色になり、広がってくる。

始まる一日が素晴らしくなるのを予感して、私の裡に喜びがあふれる。起き上がって、つま先立ちで長々と背伸びする。モーゼル銃の発射音、樹幹にめり込む弾丸の鈍い衝撃音で、下に胸墻があり、この森では、ドイツ野郎が枝の間に狙撃兵を配置していることを思い出した。長らく、銃撃音が林間の空地に反響し、広がって、弱くなり、消える。地面に寝そべってうとうとしていたわが部下たちが動き出し、ぶつぶつ言い、何度も大欠伸《あくび》をして、結局は、まだ寝ていたいという断固たる素振りで、頭を背嚢で支え、〔防御姿勢で〕体を丸くする。だが銃撃は段々と数を増して、しつこく響いてくる。怒声があがり、罵る‥

「あんな豚野郎を相手にするとは、何とも不運なことだ！」

「一体あいつらは眠らないのか、ドイツ野郎は？」

突然、叫び声で彼らが立ち上がる。銃撃と同時に、誰にも声が聞こえた。

「誰かがやられたに違いない」

「どこでだ？」

「遠くはないな」

「見ろ！　第八中隊の奴だ。こっちへくるぞ……」負傷兵は、苦しそうな姿勢で頭を肩に傾けて、こちらに向かってくる。彼の顔の荒廃ぶりを見るには、ひと目で十分である。頬の肉はほんの一瞬で弛んだようだ。睫毛の間には太い筋が穿《うが》たれ、両眼が熱っぽくなっている。彼が先に話す。はっきりと自覚しておくためであるかのように、すぐに状況を説明する必要があったのだ。

「ねえ、中尉殿。奴らは本当に罪深いですね？……大人三人分ほどの大木の後ろで歩哨として……ちょうど逆茂木を通させておいたら、奴らが途中でこちらに気づき、短銃一発、バーン、ズドン！　それで私の銃は落ちてしまいました」

「包帯をしたか？」

「穴にあり合わせの包みを詰め込みました。軍医はどこです？　おお！　痛い！」

「ちょっと待て」

何はともあれ、背嚢から取り出した手拭いで、胴体に沿って負傷した腕を支える即席の腕吊り三角巾をつくった。

「さあ！　これで少しはよくなったか？」

「はい、中尉殿。ありがとうございます……やはり、下司《げす》野郎ですね、ドイツ野郎は」

確かに、情け容赦なき戦士だ。だが、葉蔭に潜んで待ち伏せる灰色のベレー帽の狙撃兵は、フランス人の銃を落として、どんな野蛮な喜びを感じるのだろうか？

遠くで、我らが砲兵隊の爆音が激しく鳴り響いている。かすかな震動が伝わってきて、強く唸《うな》る音が次第に苛立たしく聞こえてくる。大きな砲弾が頭上を飛び越え、どっと襲いかかり、地面をひっくり返して大穴をあけている。黒煙が林間の空地を漂い、ブナの青白い幹にぼろ布のような切れ端を残している。

少し前方、左手で、はるかに近い爆音がして、一同飛び上

がる。誰かが心配して言う‥

「我らが砲兵たちは狙いが外れているな。少し短距離で、我々のなかに撃ちこんでいる」

猛烈に耳をつんざく、新たな砲撃音。重砲の轟音が耳一杯に広がると同時に、赤褐色の煙がもうもうと渦巻いて湧き上がっている。それで、先ほどの男は安心したようだ‥

「今度はドイツ野郎かな？」

「恐らく、そうだな」

「それは当然さ。奴らを探していて見つけたんだ」

時おり、途方もない炸裂が砲弾の爆音を殷々《いんいん》と鳴り響かせている。次いで木の天辺が震え、枝がへし折られてバリバリと音がする。林間の空地では、立ったまま残っていた巨木の一本がゆっくりと地面に傾き、落下を速めると、その高みから、空中を叩きつけるようなうなりをあげて一挙に崩れ落ちるのが見えた。結局、押しつぶされた雑木林のなかに倒れると、草地に横たわった大きな死体さながらで、その枝葉が生い茂った場所そのものに大きな渦ができたようなものだったが、その渦には、無数の軽やかなもの、羽、小枝、淡黄色や赤褐色の葉などが、雲状の塵埃のなかでばらばらに混じり合って逆巻き、その苦っぽいタン皮「鞣し革用の柏の樹皮」の臭いが我々のところまで届いてくる。

「おや！　プレルだ」とパヌションが知らせる。


静かな足どりで、細いステッキで尻を叩きながら、伝令が歩いてわが塹壕に向かってくる‥

「今回は軽装任務です、中尉殿。第三大隊が前進するようですが、我々は動きなしです。警戒任務にあたれ、との指示です」

「予定時間は？」

「三時間。一〇分後からです」

「ポルション中尉は元気か？」

「今のところは、私同様で。ただ先ほどは、重砲弾で仰天し興奮しました。我々の掩蔽壕がほとんど吹っ飛んだのです。奇妙なウサギ小屋！　ここははるかにいいですね」

三時間ほどして、左手で銃撃戦が火を噴いた。波状的に、歩兵部隊の戦闘の喧騒が伝わってくる。怒濤の激戦後、突然、静寂。かろうじて、間をおいて、散発的にモーゼル銃が弾ける。大砲は双方とも、沈黙している。

砲弾片で手首に軽傷を負った男が近くを通り過ぎたが、道に迷ったようだ。第三大隊の者だ。彼は、「突進」は成功し、損失はなかったが、午後の爆撃では多数の負傷者が出たと言い、第九小隊だけで、一七名がやられたと教えてくれた。

夕方になると、また寒気が戻り、体が凍えてくる。今夜も、わが塹壕はほとんど空っぽだ。彼らは前方に行って、昨日のように工兵隊がわが兵たちの半分を連れて行ったのである。

木を切り倒す。この荒い岩壁の壕で、我々は、パヌションと私だけなのか？　我々は対面に坐って、靴の鋲《びょう》が当たらないようにしながら、絶えず小刻みに弱く、靴底を靴底で叩いていた。かすかに葉擦れの音はするが、森全体が沈黙しているようだ。空気はまどろんだように不動で、寒気がむらなく、体に染み込んでくる。

「左足でもっと強く叩いてくれ、パヌション。また右足が麻痺しだした」

「斜めにいきますよ、中尉殿。数を数えて、一、二……一、二……仲間たちが木を叩いているのが聞こえますか？」

塹壕の前方で、斧がリズミカルに大きな音で打ち下ろされている。

「ちぇ！　あんな大きな音を立てる必要があるのか！　何かを引き寄せようというのか」とパヌションが言う。

哀れっぽく、穏やかな夜啼《よな》き鳥のさえずり声がし、暗闇のなかに漂う。また向こうの、ドイツ兵の塹壕の方では、聞いたこともない音、一種の強力な始動装置音が鳴り響いている。すぐに光で目がくらみ、耳をつんざく爆発音が大きな熱波で顔面に襲いかかってきた。前方には、別の炎があがって、閃光を放ち、炸裂する砲弾の轟音が辺り一面を激しく揺るがす。するとギャロップの足音が枯葉を長々と擦れさせ、苔の広がった地面を、耳を聾《ろう》する強い連続音で踏みしだいている。

突然、塹壕の縁に、一瞬の間をおいて、何か影が浮かび上がる。それは色々と混じり合って転がる雑多な物体の雪崩《なだれ》のようなもので、そこには石、土塊《つちくれ》、胸墻のあらゆる破片が含まれていた。

「あれを見たか？」

「畜生め、とんでもないものを投げ込んできたな！」

「負傷者がいるか？」

「二人の工兵、たぶん」

騒ぎは次第に収まる。工兵隊将校が、塹壕の外に立って、静かに言う：

「さあ、外に出ろ！　もう終わった。仕事にかかれ！」

黙って、彼らは次々に外に出ると、縦列になって、切傷をつけておいた木の方に向かい、今夜はそれを地面に倒さねばならない。パヌションが言う：

「あれは砲弾ではなかったですか、中尉殿？　大砲の爆音は聞こえませんでしたが」

「あれは迫撃砲だよ、パヌション」

再び斧が慎重に、規則正しく打ちおろされる。次いでその音も止む。ブナの大木が、生木の全体重をかけて、長々ときしみ、空中を鞭打つ音を立てて、震え倒れると、その落下の響きがこちらまで伝わってくる。

「聞いて！　中尉殿」

パヌションが私の腕をつかんだ。その全身が夜の闇の方にのびる。向こうから、またフクロウの寂しげな鳴き声がする。私をつかんでいた指がひきつる。パヌションが腹の底からうめき、喘ぎをもらす：

「おお！……くそったれめ！」

彼も、私同様、この鳴き声が森の獣でないことが分かったのだ。それは人間の胸から漏れ出た人殺しの呼びかけなのだ。

突然また、爆弾の炎で目がくらむ。小さな破片が、夜飛ぶ大きな虫のようにブンブンうなり、束になって飛んでいく。しばらくして、静寂が戻ると、引き裂かれた枝が不意に折れ、絹のような葉擦れ音を立てて、パラパラと地面に滑り落ちる。

「なるほど」とパヌションが言う。「もうひと月ここにいたら、爆弾と斧で森は全滅だ……そのような木は喪にも服せないだろう！……〔残っているのは〕数えてみると、中尉殿、一本……二本だけ！」

穴底で、靴底を叩きながら、一息つくたびに、斧がたくましく振り下ろされる音を聞いた。爆弾の脅威の下で、仲間たちは仕事に取りかかり、続けている。

「あの音を聞いてみよう、パヌション」

「はい、中尉殿」

じっとしていたが、もう寒さは感じない。危険な夜に働く仲間たちと一心同体なのだ。

「なあ、パヌション、彼らは頑丈な男たちだな？」

「それに、本物の男たちですよ、中尉殿」

「本物の男たち？」

「見ての通りですよ。ドイツ野郎と比べてそう思いました。あいつら、尖頭帽の連中は本物の男ではありません。その証拠に、あいつらはモグラのように地中を探し回り、猿のように木によじ登り、夜、フクロウのようにわめいています。要するに、豚のように戦争しているのです」

*

モーゼル銃の銃声が、儀式のごとく夜明けを告げる。空は低く垂れこめた雲で暗い。枝葉はくすんで、寒々としているが、くっきりと浮かび上がっている。まるで辺り一面の空間が閉ざされたかのようだ。
砲弾は前日のように炸裂するが、爆弾が飛んでくる音は聞こえない。しばしば友軍の弾丸が飛んでいる最中に大木に当たって、完全に吹っ飛ばすか、ずたずたに引き裂く。そのときには雨霰と砲弾片がうなり飛んできて、周りで弾ける。
二度続けて一五五ミリ砲が炸裂し、鋼鉄の雨を浴びせてくる。兵たちが動く：
「うんざりだ！〔友軍の弾丸では〕割に合わんぞ！」

第八中隊の将校が塹壕の前を走って通り過ぎる。私が呼び止める：

「おい！　ラヴォ！　そんなに急いでどこへ行く？」

「もちろん、抗議するためだ！　砲兵たちは我々を馬鹿にしてやがる！　二度も警告を発している。だが何度言って無駄だ。私自身が司令部に行って、大砲が我々をそっとしておいてくれるまで談判してくる！」

怒りで真っ赤になって、彼は大股で、憤然として腕を振り振り、小径に達した。わが兵たちも賛同している：

「中尉を見たか、あんなに飛びはねて？」

「知らんよ、だが何かあるようだな！」

「まあ、いつ退却になるか分からないからな……」

風が立ち、空高く舞っている。木の天辺がその勢いで揺らぎ傾き、弱まると、元へ戻り、またゆっくり傾く。それが頭上で大きく揺れると、深々として寂しげなざわめきが起こる。

時が過ぎてゆく。雲が一層垂れ込めて、早々と黄昏どきの薄明かりを広げている。もう村では、明かりがついている。火床では、大きな明るい炎が燃えあがり、夕餉《ゆうげ》のスープがたぎっている鍋の周りで揺らめいている。パヌションを見ると、かび臭いパン切れを動物のようにかみ砕き、空っぽのコーンビーフの缶詰の底を削りとって、ナイフの刃で、すえた臭いの脂肪のかすか、牛の筋をかき寄せている。私は、顎を膝にのせて、忍耐力も思考力も尽き果てて、ゆっくりとまどろんだ……

「中尉殿？」

この呼びかけがなんと陽気なことか！

「お前か、ヴォーティエ？」

「朗報です、中尉殿！　交代です」

「何時に？」

「六時。中隊指揮官が承認しています」

交代は順調に行なわれた。将校を塹壕の各部門へ案内して、情報を与えたが、途中、体がまた軽くなり、頭もはっきりしてきた。わが兵たちは我々が通ると、脇へ寄り、通りすぎたらすぐ背嚢を整え、装備をきちっと元通りにし、ゲートルをまっすぐぴたっと締め直している。

「さあ、準備はできたか？」

「うん、準備できた！」

「で、どこへ行くんだろう？」

「いまに分かるだろう。どこにしろ、ここと同じくらい、いいとこだろう」

交代の将校が部下を探しに行くと、私はわが塹壕へ戻った。そして背嚢を整え、パヌションのそばに坐って待った。

寒風が相変わらず森を吹き抜けている。木々の枝葉がぶつかり合っている。雨粒が落ちはじめ、刻一刻と本降りになる。

時おり、一陣の風が降りかかり、叩きつける。すると、空っぽの飯盒がカランカランと鳴る。

「何時ですか、中尉殿？」

「七時過ぎだ」

「動揺していますよ、仲間たちが」

「暗くなったからでもあろう」

それほど不安で、中隊全員が塹壕の後ろに固まっていたが、何も見えなかった。囁き合う声だけが予告となり、ほとんど全員を立たせたままだった。

「彼らか？」

「そう早くはなかったな！」

小石が頑丈な靴底の下で転がり、背嚢が地面にぶつかり、水筒が石に当たって音を立てる。

ヴォーティエの大きな影が私の方に傾き、その生き生きとした声が聞こえる……

「カロンヌへ戻るのは大変ですね、中尉殿。こんな闇夜は見たこともないですよ」

周りでは、暗くて見えない兵たちが囁いているが、奇妙にもその言葉が闇のなかに広がっていく……

「畜生！　真っ暗だな！」

「道に迷わなければいいが……」

「それに、ドイツ野郎とぶつからなければよいが」

伍長たちが点呼を取っている。声が目覚めたように、次々とあがり、その声音で全員の顔が思い浮かんでくる。わが兵たちを見ると、夜に大きく見開かれた目が私のシルエットを探している。

「第一分隊、欠員なし」

「第二分隊、欠員なし……」

「ヴォーティエ、私と手をつなげ。パヌション、私のサーベルをつかめ。ロランはパヌションの外套の裾をつかんで、あとに続く者は全員、同じように相手をつかむんだ。正規の隊形で、一、二、三、四縦隊列。伍長は分隊の先頭だ。スエスム、分隊の後尾につけ……前進、ヴォーティエ、ごくゆっくりとな」

歩を進めるたびに、我々は一層暗闇に投げ出される。闇の真只中にいて、指の間にまで入り込む。闇は、船首で砕けとぶ水のように分かたれて、胸の両脇に流れてゆく。それがいつまでも続く。私の手のなかで、ヴォーティエの手が固くなっているが、彼が道に迷わないよう努めているのが分かる。空いている手は、盲の昆虫の触覚のように、前方の暗がりを手探りしている。時々、立ちどまって、躊躇《ちゅうちょ》している。不意にパヌションが私の脚にぶつかると、彼を通して、背に長い行列全体の圧力がかかってくるのを感じる。

「小径です、中尉殿。助かりました」

茨の茂みとこんもりした藪を抜け出ると、小径が迎えてくれる。前方に自由な空気が大きく広がっているのを想像して、我々は息をついた。足下では、地面は柔らかくはずみ、きれいだ。枯葉の擦れる音で毎回、我々が枝でしなやかに打たれるのを避けるか、もろに受けるかが予想できる。

「もう間違えません、中尉殿。足指の先までみえます」

「それでもそう急ぐな、誰も離れないようにな」

「もう危険はなしです。ほら、カロンヌです」

道路は幅広く、硬くてまっすぐだ！　もう腕を離して、不安なく行き来できる。頭上では、空が木々の黒い天辺と黒そのもの、タールの黒さの間にうっすらと現れる。路上には、黒い影の形がうごめき、そこからはざわめき――囁き声、手で塞いでする咳――や、靴の鋲で踏む小石が擦れる、湿った音が聞こえてくる。

誰かがぶつかってきて、両手で私の外套にしがみつく。

「あのなあ……」

「なんだ？」

「道路作業員の小屋を知らないかい？　ほんの少し前そこから出てきたんだが、分からなくなった」

「お前は誰だ？」

「電話担当下士官だよ。そこに配置されたんだ。戻らなくては……」

やがて目が異常な暗闇に慣れてきた。壁の角張った輪郭がおぼろげに見分けられる。

「あそこだ、お前の小屋は！　手を出せ」

男の手をつかんで、ざらざらした粗塗り壁に触れさせる。次いで、手探りしながら、ドアの掛け金を見つける。一押しして開けると、黄色の明かりがどっと路上に飛び出て、突然、奇妙なほど現実的でくっきりとした、まばたきする青白い顔と、明かりが映って水滴が光る飯盒が浮き出てくる。ドアはすぐに閉まった。再び、圧倒的な夜の重みが我々の肩にのしかかってくる。

「前進！　行く先ムイイ」

「十字路で休憩！　スープだ！」

兵たちの群れがざわめき、点呼の声が鳴り響く。皿を差し出すと、ピナールのはずの炊飯兵が大鍋から料理した品を注いでくれる。

「ゆで肉です、中尉殿。ジャガイモ入りです。何を皿に入れたかよく見えませんが、とにかくおいしいですよ」

ポルションが私を見つけて、道路端に来た。のばした両脚の間に皿を置いた。我々は汚れた手のまま探して、固まっているものを触ってみる。肉は触ってみると、滑らかで歯ごたえがありそうだ。ジャガイモは粉っぽくなっていて、口に入れようとすると、指の間で崩れてしまう。

「まだパンは少しあるか？　一口だけでいいが。皿をぬぐいたいんだ」

「いや、ひと切れもない。一握り草を引っこ抜いて、束をつくってみろよ」

三〇分後、やっとムイイの家並みに到達した。

II　我らが村：モン・ス・レ・コート

一〇月一四―一六日

ムイイ北東部の砂漠のような平原。村は我々の後方、谷の奥にあって見えない。右手には、下っていく道、レ・ゼパルジュからきて木立を横切って平原を走るデコボコの道がある。いくつかの墓が道を見下ろしているが、あるものは荒い茨の間に十字架を立てており、他のものは、瓦礫やくず鉄、廃棄物で汚れた、むき出しの切株畑に散在している。

我々、ポルションと私は何もない地面の、その日の掩蔽壕の敷居に坐っていた。奇妙な掩蔽壕で、三面の風よけ戸の上に置かれた、納屋の戸口でできていた。そこには腹ばいか、仰向いてしか入れなかった。我々はこの箱のような家を避けて、うす暗い生暖かさよりも平原の寂しいが、自由な空気を選んだ。

時々、谷間のどこかにある、大砲一門で一二〇トンもある砲台から、砲弾ががたついた音で滑り出し、飛んでくる音が聞こえてきた。我々の近くの、塹壕の奥から、カフェ・コンセールの〔はやり歌の〕リフレインが、哄笑で中断されながらも、漏れでてきた。

突然、近くで荒々しく、一斉射撃が朝の静かな空気を引き裂く。リフレインが止まった。地面すれすれに顔が現れ、驚愕した眼差しは何か問いかけている。ポルションが私に言う：

「まあ、こういうもんだな？」

「ああ……顔が真っ青だぞ」

「君もな」

大きな静寂がのしかかってくる。数秒間が厳粛に終わりないかのごとく過ぎゆく。動きのない空間で、かすかで無味乾燥な、拳銃の発射音が、池の水面の泡のようにぶすぶすっと炸裂する。

仲間たちの誰かやられたようだ。

「もう一本タバコをくれ！」

「分かった」

我々はともに同じ箱、タバコが新品のまま長らく入っていた半キログラムの大箱から取り出す。

「吸い過ぎですよ、中尉殿」とパヌションが口をはさむ。「二時間前から、咳が止まらないじゃないですか。五日間、それが続いています。もう一本火をつける代わりに、軍医に診てもらった方がいいですよ」

「パヌション、構ってくれるな。きみ、火を貸してくれ」

ポルションは静かに火口《ほくち》の芯を巻いて、ライターをポケットに戻した。

「いや、やはり、パヌションの言う通りだ。医者に診てもらえよ。それで何かやるべきことがあれば、そうしろよ」

「命令かい？」

「命令だ。ムイイまで下りて、救護所へ行くんだ」

結局は、脚のしびれを直すいい機会だった。墓の間を通って行ったが、墓の立っている土のかすかなふくらみを踏まないよう、しょっちゅう方向を変えていた。あとは、二つの茨の茂みの間を道路まで滑り降りた。

最初の家並みは、ゆるやかな傾斜の瓦屋根と、風にあおられた台所からの煙で黒く汚れた長い筋のついた壁のある家屋で、すぐに眼前に現れた。その屋根の下では、竈《かまど》のかかった平たい石の間で、炎が輝いている。周りで炊飯兵たちがせわしく動きまわり、細い棒で鍋のスープをかき混ぜ、ジャガイモや人参の皮を剝《む》き、コーヒー挽きの把手《とって》を夢中で回している。

広場を通ると、派出所が入っている納屋の前で、ラッパ手が出てきて、ラッパを口に当てて、顔をあげ、ドイツ野郎の飛行機襲来を知らせる「警報」を長く引っ張って三度吹き鳴らした。下士官たちが通りに飛び出すと、なかなか隠れようとしない人々を叱りつけながら言う：「急げ！　急げ！」

急ぐこともなく、彼らは奥行きのある通路に入り込む。入口のアーチ枠の下には、興味津々の顔が現れ、空の敵機を目で追っている：

「いたぞ！　スヌーの丘の上だ」

「なにを大げさな！　タオベだよ」

村全体が無人と化したようだ。上空高く、ドイツ野郎の飛行機が飛んでいる。だが死した街路しか見えないだろう。我らの砲弾が長い尾を引いて敵機に向かって上がっていく。その灰色の翼の周りじゅうに、爆発後のふわふわした塊りが花開いた。

「やったぞ！　逃げ出した」

最後のカーブを描いて、飛行機はその戦線の方に急降下していき、青白い雲にその二重の支持翼の二つの線を描いている。再び通りでは、青外套と赤のズボン姿が陽気に犇《ひし》めいている。

「おい、そこの！　看護兵！」

「中尉殿？」

「救護所はどこだ？」

「教会を過ぎたところの、アンブロンヴィル街道です。入口の上に小旗がかかっています」

扉を軽く二度ノックすると、なかから巻き舌の大音声が返ってきた‥

「入れ！」

私の目は最初、漠然とした形しか見分けられなかった。窓にかけられたシーツ布から黄色っぽい光が差し込んでいる。このむさ苦しい部屋で、数時間前からこもっているタバコとパイプの煙が辺りの事物をけだるい憂鬱さで包み込み、ねばついた煙の渦がまつわりついている。その臭いがヨードとエーテルの臭気と溶けあって、喉もとにまで飛び込んでくる。そこに時々、ココアの香りが混じっている。

「椅子をどうぞ、中尉殿？　軍医は上です。見てきます」

その男の靴で木の階段がきしんでいる間、煙を通して部屋を眺めていた。蠟引きの布がかけられた長いテーブルが部屋の中央にある。上には、ヘドロのようなコーヒー滓《かす》がたまったコップが散在している。真ん中には、つぶれた、中味のないタバコの箱がくしゃくしゃになっている。

二人の看護兵が腹と肘をテーブルにくっつけて、胸をはだけ、パイプをくわえて、頬を真っ赤にして、テーブルを叩きながら、汚いカードを切っているが、そのたびにコップがカタカタと鳴り、つぶれた箱からタバコが飛び出す……

彼らの横で、騒ぎのなかで落ち着いて、舌先で口髭を舐めながら、黒髪の大男がアニリン〔染料〕の鉛筆で紙切れに絵葉書の絵を写しているが、その彩色は鮮やかだ。ほかの二人は、彼同様、心ここにあらずの様子で、交互にペンをインク壜に浸しながら、詰まった字で手紙を書いている。彼ら三人は上着を脱いで、赤く染まった竈の周りで、とろ火で煮えるシチューを見つめている。四人目は、白熱に焼けたグリルの前にうずくまって、ナイフの先端で大きな焼肉をこんがりと焼いている。

前よりも一層激しく、ピケ〔トランプゲーム〕をしていた二人がわめき、拳で叩いている。上半身裸の屈強な男がポンプの水を浴びて体をふるわせ、肩や胸を両腕で強く叩いている。後ろの、壁のくぼみから、うめき声があがり、またあがり、苦しそうな鳴き声になる‥

「痛い！　えいっ、畜生め！　腹が痛い！……」

カーテンを少し開けてみると、だらしない恰好の体、銅のバックルが垂れ下がった赤ズボンの尻、小さな黒い格子縞の汚れたシャツが見える。

やっと木の階段で、例の男の足音がする。ドアが開いて、この鬱陶しい場から解放される。

「こちらへどうぞ、中尉殿」

ル・ラブッスは何もない小部屋で待っていた。彼は時間をかけて私を診察し、立ち上がる：

「そう、君は気管支炎だな。治療を要する」

「どんな薬を出してもらえますか？」

「何も」

私が笑ったので、彼も笑う：

「ちょっと待ちたまえ。出すものは何もないが、手ぶらで返すわけにもいかないな」

彼は新聞の片隅を破ると、黄褐色の粉を注いで、小さな黒い塊りに混ぜた。

「さあ、できた。これを二、三度、少量の水で飲みなさい」

「それは何ですか？」

「イペカ吐剤とカンゾウの根だ」

一つまみで十分だった。口がまだ泥臭いままだ。切株畑の、低い屋根の掩蔽壕近くに戻ると、仲間たちが食べ、飲み込んでいる。

「なあ、一口も食べないのかい？」とポルションが言う。

「そうだよ。腹が警戒状態なんだ」

「まあ、中尉殿、このケーキひとかけらだけでもお食べなさい。大切に取っておきましたから」

下士官たちの料理番だったベルナルデが、休養の日に、柳の籠に清潔そうな布を敷いて横にしたライス・プディングを持ってきた。

「さあ、どうぞ、ひとかけらだけですが」

その「ケーキ」は川からくみ上げた水でふくらまし、まだ泥臭い臭いがする代物だった。ベルナルデは、よくしようと思って、それにくすんだ色の粉をまぶしていたが、あまりに多量で乾いてうろこ状の皮になっていた。

「上に何を載せたんだ？」

「ライ麦の粉ですが……なぜですか？」

「イペカ吐剤だと思ったよ」


雨。水滴の波が地面を雲のように走り流れる。空は沈下し、野原を没し、切株畑の草木はざわついている。静かになった塹壕では、濡れそぼった寒さの下、丸まってじっと動かぬ背中しか見えない。

プレルのシルエットが浮かび上がったのは、ずっと後になって、この靄の底からだ。

「中尉殿？　朗報です！」

プレルはいまや主役的人物になっている。四、五日前から、大隊の自転車伝令だ。

「それで？」

「五時出発、四箇中隊。行軍の後は宿営です」

「どこへ行くんだ？」

「モン・ス・レ・コートです」

ポルションが幕僚部の地図を広げる……

「モン……モン……あった。ちぇ！　ケッサクだ。道の両側に一二軒の家だけ。プレル、旅団のほかの連隊はどこへいくのか、知っているかい？」

「メニルらしいです」

「きっとそうだと思ったよ、地図を見るだけでいい。少なくとも、メニルなら載っている！　村だ！　だが、我々は小部落に放り込まれるんだ。ああ！　我らが旅団長は古巣の連隊にいい目をさせるんだ」

「なあ君、文句を言うからには、何が問題なのか見てみようか？　ちょっと地図を見せてくれ……そうか。モンの方が戦線から離れているよ」

「ふん！　わずか一キロメートルだ。一〇五や一五〇ミリ砲なら問題にならんよ」

「了解。だが、メニルは北から南にのびており、ドイツ野郎の砲台はそこを縦射に撃つだろう。逆に、モンは戦線と平行していて、丘のひだにうずくまっているようなものだ。そこなら、砲弾から守られていると思うよ」

「そうあってほしいな」

我々は出発した。むき出しになった平原を横切って、我らが長い群れは輜重隊《しちょう》などの通過でえぐられ、でこぼこになった道を行進する。夕方はまだ、わが兵たちの顔や装備のあれこれが見分けられる。このくたびれたぼろ着の何たる荒廃ぶり！　不器用な縫い取りの筋がつき、磨耗して白くなり、鉤《かぎ》裂《ざ》きで破れ、雑多なもので繕《つくろ》われている。前では、あのライス・プディングのベルナルデが外套の下に黒いラシャ地の細身のズボンをのぞかせている。背嚢には、同じラシャ地の上着を巻いているが、脂《あぶら》を塗ったようで、料理の火をたくとすぐまとい、変な格好になる。横には、北フランスの炭鉱夫マルタンがいて、若い農婦がつける白い飾りのような縮れたウール地で首にネクタイをしている。一分隊全員が、ざらざらしてどぎつい緑色の同じゲートルを見せびらかしているが、恐らく古い毛布から一様に切り取ったのだろう。靴の鋲はさまざまな道の小石の上で擦り切れ、踵は変形し、靴底は口を開けている。背嚢の肩帯は次第に固くなり、縁で縮こまっている。

この兵たちが鮮やかな青と赤の軍服を着て、つやつやした革帯を締めて出発してから、まだふた月ほどだ。ふた月！　いまや第一陣の出発組のどれだけが残っているのか？　彼らの皮膚は日焼けして褐色になり、固くなっている。頬骨に張りついて、骨は眼窩の下に突き出て、目の光は失われている。しかしながら、私はこの哀れな様相から来る疲労困憊の印象を受け入れることはできない。色あせた布地や日焼けした革帯の下で、なお息づいている力を感じるのだ。この男たちはしなやかな大股で、左腕を前後に大きく振り、力強くリズムをつけて行進している。右手は肩の近くで銃の負い皮をつかんでいる。弾薬帯と背嚢の重みで、首の筋肉が紐状に浮き出ている。極度の恐怖を経験した後、しっかりと武装し、体は強固になり、目は再び平静に戻って、彼らは、行軍の終わりが生暖かく、干し草で一杯の納屋か、または砲弾が降りかかる塹壕か、または列ごと兵たちをなぎ倒す弾丸飛び交う戦闘か、いずれかを確信しつつも行進している。

森に入り、左手を北に向かって、大木の間をまっすぐにのびている幅広い道を進む。多くがすでにこの道を知っていた…

「なあ、もうカロンヌではないか？」

「そうみたいだ、な」

「だが、今晩行くとこには、ドイツ野郎はいないな？」

「あいつらは向こう側だ！　見たくもないな。奴らにはうんざりだ」

夜になる。濡れた道が木々の下で褐色になっている。下草のところどころで、水たまりが、軍用運搬車の車輪で掘られた轍《わだち》の底で光っている。

「止まれ」

十字路の、道路作業員の小屋の近くで休憩する。そこには、隣りの陣地から派遣された歩哨がいる。足元に置かれた角灯が彼の脚と外套の裾を照らしていた。

「なあ？……この辺りは詳しいかい？」

「ある程度は」

「じゃあ、今のところ、どの辺りだろう？」

「トロワ゠ジュレというところだよ」

「それで、モンも知っているかい？」

「うん、知っているよ」

「遠いか？」

「二キロメートルもないな」

「静かなところかい？」

「まあな。村は大きくはないが、納屋は十分にあるよ」

また出発し、北東に向かって行進する。突然、夜が広々としてくる。森が終わり、道は急な下り坂になる。前方には広くなだらかな平原を感じ、そこにはオー・ド・ムーズの最後の支脈が岬のように突き出ている。

また十字路で、黒い樅の木の木立の近くだ。休養下士官たちが待っていて、案内してくれる。夜の暗がりで、人影がうごめいている。周りに人の暮しているざわめきがして、各部隊で一杯の村が近いことが分かる。

「右へ寄れ」

軍用運搬車が激しく揺れ、大きな金属音をガタガタ立てて通る。我々の横を、乗用馬の上から見下ろす砲兵たちが、頭巾付き外套に丸々とくるまって通過していく。轍の泥が車輪で束になって跳ねあがり、我々の脚にべっとりとつく。時おり、二列が同時に通ると、乱れて互いにこすれ合って、馬の尻や砲兵の長靴が歩兵の肩にぶつかる。すると、罵り罵倒の連続射撃だ…

「もっと注意できないのか、馬鹿野郎！」

「ぶつかりたくなきゃ、わきに寄ればいいんだ！」

「よしきた、お前の馬公をどやしつけてやろう！」

馬の尻を猛烈に叩く平手打ちや、酒樽の樽板のような馬の脇腹を殴りつける拳骨の音が聞こえた。

村の入口では、連隊の馬車がぎっしりと並んで、車軸に繋がっており、通行を完全に妨げている。暗がりのなかで、御者たちが罵り、舌を鳴らして馬を進めようとしている。車軸がきしり、蹄《ひづめ》が水たまりをひたひたと打ち、強くいななき、あえぐ大きなざわめきが聞こえる。小さな壁沿いに歩いて行くと、突然、村の一本だけの通りに出た。

非常に大きな通りで、両側には平屋根で押しつぶされたような低い家が並んでいる。また馬と行き交うが、砲兵たちが水飲み場に連れて行くのだ。大きな長靴をはいた男と半分ほど馬具をつけた馬が同じように重そうな、疲れた足どりで行く。彼らが通ると、ぶら下がった鎖が軽い音を立てて鳴る。納屋が開き、各小隊がなだれ込む。暗闇にマッチが輝き、その明かりで嵐のような騒ぎが巻き起こる…

「おい、消すんだ！」

「ここが見つかってしまうぞ、田吾作どもが！」

「明かりをつける前に、少なくとも戸を閉めろ！」

戸がきしんで閉まり、明かりがつく。ざわめきは次第に収まる。ぽつりぽつりと壁沿いに影が動き、将校たちは会食の場とねぐらを探しに行く。

休養下士官が情報をくれたが、あまりにも曖昧で、奥の廊下沿いにやみくもに手探りしていく。ドアを押し開けて、暗い部屋に入ると、ガラスのない窓から寒気が流れ込む。マッチをこすると、明かりで裸の壁、裂けたマットレス付きの壊れたベッドなどが見えてきた。

うんざりして、会食に加わる。全員が先に来ていた。目の前には、カウンターと銅の皿のついた秤《はかり》がある。棚には、ずんぐりした太い梁まで、クッキー、ビスケット類の缶詰、蠟で封印したインク壜などが並び、チョコレート板や〔代用品の〕チコリ・コーヒーのつやつやした箱が積み重なっている。もっと向こうには、サイドボードに、シロップの一リットル瓶、リキュール瓶がきちんと並び、その鮮やかなラベルが浮き出て見える。

この田舎風の古い店は快適だ。小枝の束の炎が大きな暖炉のマントルピースの下でパチパチと燃えている。テーブルの上には、マカロニの皿が湯気を立て、見るからに滑らかでうまそうで、焼いたステーキとコーンビーフのむかつくような臭いをあらかじめ和らげてくれる。とりわけ、グラスは透明なバラ色のワインが縁まで溢れており、その色だけで陽気になるのだ。

夕食は穏やかな満足感で終わる。テーブルの下に脚をのばし、豪勢な葉巻を吸うが、配給掛将校がまるまるひと箱手に入れてくれたものだ。

「さあ寝ようか。じゃあ諸君、おやすみ」とリーヴ大尉が言う。

ポルションと、湿気のある夜のなかへ出てゆく。

「おお寒む」と彼が言う。「幸い、寝床は遠くないな。どこへ泊まるんだ？」

「どこにも。つまり、君のところだ」

「そうか。また真向かいだな」

ドアを開ける音で、暖炉のマントルピースの下にうずくまっていた老女が飛び起きて、我々に目を向ける。部屋には、熾の明かりしか光はない。それがかろうじて暖炉のタイル、鋳鉄《ちゅうてつ》の高い薪置台と、尖った膝のところで結んだ老女の骨ばった手を照らしている。

「蠟燭はないのかい？」と彼女が言う。「ここでは出せないからね」

「ちょっと待って、奥さん、背嚢を探してみます」

彼女はベッドの足のところまでついてきて、そのそばでポルションが荷物をばらばらに投げ出す。彼女はすり足で黙ってテーブルまでついてくる。私が蠟燭に火をつけている間、私のすることをぶしつけな不信の眼差しで監視している。

「さあ、ついた」

炎が輝き、彼女のかさかさの顔、小さな頭にひっつめた灰色の髪、小さくきつそうな黒い目、口唇部が消えたような口にほっそり尖った鼻が露《あら》わになった。

「それでは、私のところに泊まるのはあなたたちですか？……二人とも？　先ほど来たひとは、一人としか言わなかったのに」

「それは、その男が間違えたんですよ」

「二人だと、煩わしくて困ります。きっと、二人とも足が汚れているでしょうし」

彼女は上から下までじろじろと見て、長いため息をつくと、突然、言った：

「少なくとも、あなたたちが将校だというのは本当でしょうね？」

「はい、そうです」

「それならば、うちの納屋に入れたあの兵隊たちから守ってくれなくてはいけません。聖母マリアさま！　きっと、ひどいことになる！　なぜ、あんなにたくさん入れたんですか？　私は哀れな女で、金持ちじゃありません。息子を戦争に取られて、私は一人きりなんです……」

「うんざりだな」とポルションがぼそっと言う。「眠くて倒れそうだよ、ぼくは」

老女は暖炉の隅の、低い椅子に戻って坐った。痩せた身体を、うずくまった姿勢でかがんでいると、老木のように縮んで、びっくりするほどじっとしたままだ。だが、その小さな黒い目は執拗にきつい眼差しをこちらに向けている。

「蠟燭を取って」とポルションが言う。「ぼろ服をどこに脱ぎ捨てればいいか分かるよう、ナイトテーブルに持って行ってくれ……魔法使いの老婆を見たことあるかい？　何ていう目つきだ！」

蠟燭をかかげて、彼の前を行く。突然、二人とも急に立ち止まった……

「うわっ！」

「なんだ、これは！」

いきなり、部屋の生木の床が氷のように一面に輝く。蠟燭の消える寸前の炎が揺らぐ影を落とす。もっと身をかがめれば、我々の顔も見えるだろう。隅にあるベッドは、赤い羽根布団を見せ、我々を惹きつけ、招き、呼びかけている。しかし我々は互いに、この突然現れた小部屋の入口で、聖域の入口を前にしたように、臆して動揺していた。眼差しは自然と、泥まみれの服、まだ新しい泥が大きくべったりとついた靴に落ち、互いに見かわし、問いかける……

「どうする？」

「どうする？」

なるほど、数時間前は、泥だらけの塹壕の底で、腐った藁に寝ころんでいた。ただ、塹壕の泥だらけ人間である我々は、多くの村を通ってきて、多くの家に入り込んで、すでに多くのベッドで寝てきた……だがどんな家？　めちゃくちゃにされ、汚され、侵入された家だ。だがどんなベッド？　長い行軍の夕べ、疲労困憊して倒れ込んだ体に押しつぶされ、疲れすぎて脱げなかった兵隊靴で汚れたベッドだ……

「あなたたちの足は汚れている」と老女は言った。それに何という口調で！

彼女があんな口調で、そう言うのは当然だったのだ！　実際、我々のような鋲を打って、鉄具のついた、ひどい汚れの靴を引きずり歩くのは恥だ。それを軽々しく履いて、もうその重みさえ感じなくなっていたのだ！　いまや、それが屈辱となり、粘土のような泥でべっとりと重くのしかかってくる……多くの細心の清潔さ、多くの忍耐強い、ひたむきな配慮、多くの誇りがたぶん、このしがない農家を変貌させているのだ！　我々はそれらすべてを、この鏡のような床を靴で踏むだけで、一挙に汚してしまうのか？

「おい！　何しているんだ？」とポルションが言う。

私は蠟燭を地面に置き、そのそばに坐った。大急ぎで、苛々してゲートルをほどく。ポルションも悟って、私の近くに坐り、同じように急いでゲートルをほどく。我々は部屋の奥の方に脚をのばし、蠟引きの床に背を向けた。そのように位置して、我らが女主の老女を見ると、相変わらず暖炉の近くでうずくまって、長い手を膝にのせ、痩せた顔が燠で明るくなっている。

「なあ、ここにゲートルを置いていくか？　まだ乾いていないよ」

苦心惨憺して、硬直化した靴を脱ぎ、手に持ち、立ち上がった。静かに、忍び足で、靴下を通して、滑らかな床の冷たさに満足感を感じつつ、半ばめくれたベッドに向かう。

「畜生！」とポルションが言う。

乾いた泥の塊りが靴底から離れ、ばらばらになって落ちる。彼はすでに四つん這いになって、前方に手をついて、頬を一杯にふくらまし、散らばった土塊を吹いている。老婆を見ると、瞼にかすかに皺《しわ》がより、口元にのびる深い皺の筋が次第にゆるんだように見える。一瞬、何かの明かりがそのひからびた顔に滑り落ちた。今度は確かに、彼女は微笑んだのだ。

*

翌日目覚めると、完全に夜が明けていた。仰向けのまま、天井を目にして、まったくの幸福感にしびれていた。かすかな物音が何度かして、私の注意を引いた。どこか、家の奥の方で、かすかにちりんちりんと鳴っている。飼い葉桶の縁に鎖が当たっている音のようだ。

「奥さん！　奥さん！」

鍋に水を注いでいた女主がバケツをおいて、我々のベッドの方に来る。

「ここには乳牛がいるんですか？」

「もちろん、おりますよ！」

彼女の目は私を避けている。青白い頬骨の間の、ほっそり尖った鼻が寒さで赤くなっている。

「もちろん、いますよね。あなたはいま世話してきたばかりだから。牛乳もあるでしょうね？」

「ええ、でも売り物です」

「買いましょう」

「ただきちっと払ってもらいますよ、一リットル五スー……ときには六スーで」

「七スー、お望みなら八スー出します」

「八スー、ああ！　もちろん、それなら……お望みどおりに何とかしましょう。この世では、誰しも義務を負わねばならない、でしょう？」

ベッドに戻ると、眠っているポルションの腕をつかんだ。いままた、ポルションが目覚めた光景を思い浮かべると、笑いがこみあげてくる。鼾をかくのを中断され、眠りの奈落に落ち込んでいるところを呼び戻された目覚めだ。

「起きろ！　起きろ！」

「分かった、もういいよ……君自身は、何をしようというんだ？」

「ぼくか？　また横になったところだ……曙《あけぼの》におさらばした。だが、いいものを見つけたよ……」

「それで？」

「朝食にミルクだ。とっておきの一つだよ」

「それは貴重だな」とポルションが言う。「で、もう一つは？」

「もう一つ？……」

何かヒントを求めて、天井に目を這わせていると、突然、主桁にかかった二本の大きな燻製《くんせい》ハムが見つかった。

「もう一つは、また前線にのぼるときに、雑嚢に入れるハムだ。柔らかくとろけそうな肉一杯の燻製ハムだ」

「よかったな。で、三つ目は？」

「三つ目？……あとで分かるだろう。それはサプライズだ。ともかく起きよう、それから村を見に行こう」

モンはムーズ地方の小さな村で、平たい家が、なだらかな傾斜の屋根の下で、納屋の間に並んでいる。通りは幅広く、それよりも幅広い二本の歩道の間にあるが、歩道には伝統的な堆肥の山が戸口から小川まで積まれ、崩れ落ちそうになっている。ごく稀に痩せこけた家禽《かきん》類が、脚と嘴《くちばし》で辺りをつついている。くわっくわっと鳴く、けたたましい家禽はもういない。四角い鐘楼のある教会の前の、葉の落ちた楡《にれ》の大木の下に、黒っぽい色の軍用車が数台駐車している。途中、険《けわ》しい顔の兵士たちにしか出会わなかった。ここから、村の暮しは消え去ったのだ。戦争がその場を占めて、君臨している。

我々はそれを忘れることを学んだ。しばしば、どこかで大砲がとどろき、遠くで重砲弾が鈍い音で炸裂している。或いは近くの稜線の後ろに配置された七五ミリ砲が、勢いよく、騒々しい一斉射撃を放ってくる。耳をすませば、パチパチいう銃声さえ聞こえる。

それは、モンからドイツ側の戦線まで五キロメートルもないということだ。五キロメートルか、はるか遠くか？　何も知らないし、知りたくもない。我々の生活はまったく、忘れっぽくなるほど平穏で、活動は穏やかだし、単調な時間は細々とした出来事で一杯だ。

　私は、村の上にある、哀れな人々のところの路地の奥で、ミラベルのジャムの瓶や保存されたジロル茸を見つけた。またわが女主が乳を搾《しぼ》るときに一緒に牛小屋に行き、夜のココア用に、まだ生暖かく、泡立って乳脂たっぷりの二リットルの牛乳を持ち帰った。それを大きな丸パン一個、蠟燭一本、新しい二〇スー硬貨と替えたが、その輝きは、霧のなかの太陽のように、老婆の最後のためらいを消してしまった。

「もしもまだあるなら……」

「いったい何が、旦那?」

「ワイン」

「おやおや!　ワインとは!　それはまたどういうことです?」

「いや、ほら薪束の後ろに古い瓶があるでしょう。丘にはブドウ畑があるし」

「お気の毒な旦那!　それは嘘に決まっています。私を困らせようとして。ここには悪い奴が一杯いるから」

　それでも我ながら満足して、難しかったわが獲物を誇り、テーブルにこうした食糧を広げ、ポルションが帰ってきたとき驚かしてやろうとした。わが料理番たちがしたように、大きな暖炉の片隅の、炉から引き出して積んでおいた熱い熾の上では、ココアが三脚のついた鋳物の小鍋で沸騰している。絶えず蓋を取って、とろりとした香りをかいでみる。

　ポルションが夜帰ってきて、私がそのようにして熾の上にかがんでいるのを見ている。彼は敷居のところで立ち止まり、うっとりしたように、手を組み合わせた：

「ああ!　動かないで!　きみはかっこいいよ、気に入った……頭に襞飾《ひだかざ》りをつけた帽子、腹の上で結んだエプロンをつければ……きみの口髭も気にはならない。わが料理女は髭が生えていたのだ」


　今夜は、会食もにぎやかだ。そこへ情報が飛びこんでくる。結局、我々は作戦区を変えるという。実際には、我々が受け持つ戦線はレ・ゼパルジュ近くの峡谷の斜面にある山腹だ。そうなることは確実で、最終的な配属だろう。

　我らが最初の大隊が、九月末に我々がサン・レミの森で戦っている間、そこで攻撃していたようだ。第一中隊のメニャンが、酔いの勢いにまかせて、ある晩、自転車の横で寝ていた自転車伝令の冒険物語を語った。明け方、目覚めると、彼は周りに、灰緑色の軍服に赤い縁取りのベレー帽の男たちがいるのを見た。そこで起き上がると、自転車を肩にかついで静かに坂道を下ったという。

「黙れ、メニャン!」と突然、リーヴ大尉が言い放った。

「毎日起こるような伝説的風聞や小話の類《たぐ》いは、掃いて捨てるほどある！　例えば、ヴォ・レ・パラメの方にある、両戦線の間にある泉で、ある朝、敵同士の水当番兵が鼻をつき合わせた。そこでフランス人とドイツ野郎は多少水を貯えると、微笑みを交わして別れた。彼らが上着を下において、互いに不意に襲いかかるのでなければだが。意志の問題だ。

「大切なのは、話におもしろみがあって、ちょっとした効果をもたらすことだ。戦争はどうか？　これが大抵は実におかしなものだ！　お前は銃後で戦争しているのか？　我々、戦争している我々を見ろ。銃弾、重砲弾が飛んできても、いつも笑顔だ。まあ、むしろだな……自転車伝令の話、二人の水当番の話、二つの敵同士の小さな哨所で、ドイツ野郎がコーヒーを、フランス人が砂糖と焼肉を出して、コーヒーを味わったなどという話はごまんとある……それは認めるな、メニャン、お前も？……自惚《うぬぼ》れ屋たちのことなどは別にしても、手柄話のコレクター、偉業をなした炊飯兵など銃後用の話だ！」

「興奮しているな、かっかしているな」とメニャンが言う。

「なあ君、ユーモアだ、あり得たかもしれない、取るに足りないことへのユーモアだよ……」

「お前がこだわっているんだ、まるで三銃士気取りだな！　それでどうだと言うんだ？……コーン・ラ・グランヴィルでは、最初に耳元に飛んできた弾丸で、お前がケピ帽を取るのを見たぞ。ソメーヌでは、我らが狙撃兵の戦線に立って、ドイツ野郎の鼻先で、パイプから出る煙の流れを、手袋をした指で払っておもしろがっていたぞ。今度は、弾丸がお前の頬を裂いた。次は、頭を吹っ飛ばすだろう……畜生！　お前の部下たちが倒れたら、跪《ひざまず》いたままで満足することだな！

　あのなあ、我らが戦争にはエレガンス、礼節が欠けているんだ。我々はもうオトロシュ〔不詳。王命で色々と使命を果たした一八世紀の天文学者のことか〕のような人間ではなく、義務、毎日、毎時の辛い義務を果たそうとする単なる正直者だよ。戦闘の真最中に命を危険に晒すことはそんなに厳しいことか？　辛いのは、時として恐ろしく辛いのは、まず尊敬すべきは、我々の最良な者たちが絶えず同意した献身、犠牲的行為であるということだ。命というより、暗澹たる苦悩の献身だ、メニャン……何も言うな。お前もそういう人間の一人なのだから」

　メニャン大尉はブロンドの顎鬚のなかで微笑み、穏やかな声で言う：

「さあ、もう寝ようか、諸君？　もう遅いし、相変わらず〔緊急〕警報の怖れがあるからな」

　暗い通りに出るとすぐ、小川を渡ってまごつく：

「警報！　警報か！」と私はぶつぶつと言う。「まるでいじめだな！　警報？　ああ！　いや、それより平穏だ！」

「まあ！　まあ！」とポルションが笑う。「君が暗澹たる苦悩を供するのはそんな風にしてかい？……ぼくは文句を言うわけか？」
「いや、君を尊敬しているよ。君は称賛すべき男だ」
彼は暗がりで私の腕をつかんで、耳元で言う：
「まさか！　警報はないだろう」

＊

翌日、実際にまだモン・ス・レ・コートにいた。午後、それぞれテーブルの端に坐って、手紙を書いていた。静かだった。白っぽい光が窓から流れてきて、時おり、足音がして窓の前を影が通り過ぎる。

突然、外壁を貫いて、非常に鋭い叫び声が響いた。次いで、この世もあらぬばかりの嘆き声が、伝わってきた：

「かわいそうな子！　かわいそうに！」

我々は見つめ合う。胸がどきどきしている。

「彼女の息子ではないか？」

「戦死したのかな？」

一跳びして行ってみると、老いた女主は小さな低い扉の後ろの、石段に崩れ倒れていた。不気味な明かりが換気窓からもれ落ちて、二つの酒樽が並んで横たわっている地下室の仕切り壁に張りついていた。

我々はそっと彼女を助け起こし、うめいているのを部屋に連れ戻した。彼女のやつれ切った声に腹の底までえぐられた。

「ああ！　こんな不幸が！　おお！　かわいそうな子！……主よ、あの子が戻ってきたら、何と言うのだろうか？」

我々は当惑して、なお見つめ合っていたが、多少心が軽くなった。

しかしながら、彼女は話し続け、嘆きは次第に熱を帯びて饒舌《じょうぜつ》になり、つらいはずなのに、過度なまでに多弁になり、まるでパロディではないかと思うほどだ：

「私のワインを、盗賊どもが！　私のワインを全部……鍵もかけていなかった。そんなこと思いもしなかったのに、あんなにも素早く盗んでいった……私は豚に鍋の餌を持って行った。小屋にいた間に、あいつらは全部持って行ってしまった、ああ！　神さま！　あそこ、段の上にあったのに、もうない……かわいそうな子！　戻ってきたら、何と言うだろう、お祝いに一杯のワインも出せないのだろうか？　九本もあったのに。とてもおいしいワインが！　高く売れただろうに！そう、一本四〇スー！　九本も！　一八フラン！　ああ！こんな不幸なことが！」

彼女は元気になっていた。目に光が戻り、辛辣な怒りで輝いていた：

「あいつらを逮捕しなくてはならない！　私に払わなくてはならない！　払えないなら、こらしめてやらなければならない」

　ポルションがかなり露骨に遮った……

「そいつらは逮捕され、罰せられるでしょう。あなたのワインは払われますよ」

　我々は外に出た。その瞬間、三つの影が廊下の奥の方に走り、すぐ庭の横に消えた。少し後になって、我らが作戦区を一回りして、家に戻ってくると、部屋で三人の兵士が老婆を囲んで、すぐそばで、低い声で話しかけているのが見えた。

　彼らは小さなグラス一杯のミラベルをさっと干すと、廊下の影と同様飛ぶように素早く、すぐに消えた。粗い網目の白いセーターにくるまった痩せた長身の男と、茶色っぽく日焼けした頰のブロンドのゴリラ男。もう一人は赤ら顔の太い首と、背後で戸を閉めた大きな左脚しか見えなかった男だ。

　そのとき、窓の方で、控え目な咳がして、よく知っているクスクス笑いが聞こえた。パヌションが、解いたゲートルを片手に、もう片手にはブラシをぶら下げて、老婆にウインクしている。二、三歩で我々の方にくると、口をすぼめて囁き声で言った……

「何を聞いたことか、驚きましたよ！　あいつら、誰かにかっぱらわれたワイン代を払ったんです、犠牲的精神で！　いざこざなし、穏やかに、黙って……ばあさん分かったのか？　分からなかったのか？　とにかく、金は受け取ったんですから」

　彼は空っぽの小さなグラスと栓をされた瓶を見つめていた。不意に、彼は声を高めた、あたかも世界を証明したかのごとく……

「正義の女神よ！……正義の女神はいずこに？　ここには誠実な男がいた。招かれなかったのは、彼だけだ！」

III　レ・ゼパルジュの峡谷

一〇月一七—一九日

地震か？　寝ているベッドが小舟のように揺れている。部屋全体は真っ暗闇だ。何が起こったのだ？　目が覚めているのかな？　どうもそのようだ。モンにいて、寝ている。暑かった……

「中尉殿？　午前二時半です」

誰が話しているのだ？　話している奴は、午前二時半だから、一体どうしろというのだ？

「中尉殿？　中隊が装備を整えているのが分かりますか？

出発が三時だということをお知らせします」

出発！……ああ！　つらい、何ということだ！　ベッドを揺すっているのはパヌションで、ごわごわした行軍用衣服をまとって、装備をまとめ、夜のなかへ突進していくときがきたと予告しにきたのだ。私は、自己責任で、五分だけ遅らせられる程度の単なるポワリュではないか！　暗がりでは、横でポルションがのびをし、欠伸をしている。

「何という兵隊暮しだ！」と私が言う。

返事もせず、彼は私の方にかがんで、上半身を押しつけて、手探りで服を探している。マッチをする。蠟燭の炎が目に飛びこんでくる。腹ぺこで胃痙攣《けいれん》するようだし、指は腫れて、舌はざらざらだ。

「なあ、君？　何という暮しだ！」

彼は何も言わず、私を飛び越える。頭はこくりこくりとし、私同様この急な目覚めで頭がおかしくなりながら、彼は服を着て、絶えず顎を大きく開けて、途方もない欠伸を繰り返している。さあ、起きよう！

数分間で、お互いに装備を整えた。背嚢を背に、拳銃と双眼鏡を皮ベルトに挟んで、膨らんだ雑嚢を腰にぶらぶらさせて、村に出ていった。

夜はどんよりとし、大気はじめじめとしていた。納屋の戸をきしませて半ば開けて見ると、奥では、むき出しの銃剣に立てた蠟燭が揺れている。土間では、兵たちが立って、背嚢のひもを締め、次いで肩をちょっと揺すって背負う。口を一杯にあけて、まだコーヒーに浸した丸パン一切れを丈夫な歯でかんでいる者もいる。多くはすでに外で、夜のなかで互いに仲間をさがし、尋ね合い、見つけて、集まっている。

「おーい！　第一三隊はどこだ？」

「第一三分隊、ここです」

「お前か、シャボ？」

「はい！」

「よし！」

出発してから、各小隊は陽気な興奮状態で活気づいている。それは未知なるものの魅力、結局は新たな日々を生きる希望からくるのだ‥

「遠いのかな、どこへ急ぐのだろう？」

「何も分からん。だが戦線変更は知っている」

「なあ、向こうのドイツ野郎に一〇六を見せられるな」

「一〇六、鋼鉄連隊か！〔不詳。この大戦時には機甲部隊はなく、砲兵連隊のことか〕」

誰かが小声で、我らが古い行進曲を口ずさんでいる‥

行けば、
我らにふさわしい

敵に出会うだろう……

軽快な歌詞で、そのリズムに歩調を合わせる。別の声があがって、リフレインの音節を区切って歌う：

タバコもない、巻紙もない
タバコを吸うこともできない！
靴下もない、靴もない
歩くこともできない！

中隊全体が同じ、生き生きした歩調で行進している。何か予感がして、思わず、完全な沈黙を課さなかったら、やがて全員が力いっぱいに歌いだしたことだろう。

彼らは黙った。平らな道は平原へのびて、靄のかかった夜のなかに突っ込んでいた。ぬるっとした泥が道を覆っている。だが、その下には、柔らかな土を通して堤防のように築かれた石の車道があるのが分かる。両側には、大きな粘土状の広がりが垣間見える。暗い野原の地面のどの窪みにも、艶消しの銀板のように水たまりがよどんでいる。

「ドスン！　何か落ちたな。一体いつになったら止まるんだ？　忌々しい！」

不意に急停止し、各列が互いに押し合い、突然、行列が動かなくなる。村の入口だ。切妻壁の青白い壁面に、停止を伝えにきた歩哨の影が浮かび上がった。

「ボンゼか、ここは？」

「そう、ボンゼだ。鍋底の穴だよ」

通りは広がり、中央部の大きな川床で窪みができており、空に浮かぶ雲がそこを次々と流れてゆく。家々は暗闇のなかに奥まっている。奇妙な四角形のあばら家が、尖った屋根をのせて、平たい土手の上に歩哨のように立っている。

「注意！」

漏斗孔《ろうとこう》が多くなる。絶えず隊列は、いわば鋼鉄の錐《きり》で車道にあけられた、こういう規則的な間隔で並ぶ弾孔を避けるため、半ば割れたり、反れたりする。そのうちの五つが、我々が渡っていく石の小橋の中央部に集まっている。私の横を歩いている給養下士官がそれを見つめて、言う：

「あれが的に当てるというやつですな。どうせならこういう弾の配分はどこか他でやってもらいたいな……あの川はなんて言います？」

「ル・ロンジョ川だ」とポルションが言う。「この丘、前方にあるのはユール丘陵だ」

道は、前哨砦にも似て、ヴワヴルを見下ろしている急な高地の麓に這いあがっている。靄はその斜面のあたりで薄れ、乳白色に濁って、遠く平原一帯に漂っている。

夜明け前の凍てつく寒さの時間だ。ユール丘陵は大きくなって見え、その強大な塊りで圧倒してくる。私は次第に、戦線が近くなることから生じる、かくも特殊な印象を強く感じる。だが夜は依然としてじっとしたまま静まっている。二度だけ、はるか遠く、平原の奥の方から弱い重砲の爆発音が聞こえてきた。

ユール丘陵はいまや、我々の後方にある。なだらかな形のもっと低い丘が、村の入口まで下ってきており、我々はそのはずれに沿ってきた。夜明けのぼやけた光のなかで、裂けた屋根が空にその残骸を浮かび上がらせているのがかすかに見てとれた。

「トレゾヴォだ」とポルションが言う。

道を離れると、地面にかろうじてついている踏み跡を辿って行った。べっとりした、ねばねばのしつこい泥が靴底につき、足が重くなり、歩行が阻害された。慎重な足どりで、足を運ぶたびに、突然滑ったり、転んだりするのを避けながら進んだ。実際何度も、誰かが突然倒れ、泥に当たってパチッと平手打ちのような音がした。

放置された畑が垣間見え、甜菜《てんさい》の葉やジャガイモの落ち葉が腐っていた。泥は次第にあらゆるものにとりついた。緑や目の喜びを一切覆って、地面の色も空の色も変えてしまい、土は汚い黄褐色、空はくすんだ鈍い不快な灰色になって、どんな白さでも薄まり、明るくならない。

「ああ！　木があるぞ！」

林のはずれに着いた。ハシバミ、丈の低い樫、アカシア、黒い棘のある茨などの若枝がびっしりと混じり合い、もう秋なのにまだ生い茂っている。鉛色の皮のブナの大木がこれらピグミーの木立の上に高々とそびえ、大きな葉の天井をかすかにそよがせている。最初の若枝のところにくると、まだ緑の葉を引きちぎって、指でその瑞々しさに触ってみたい気持ちを抑えられなかった。

「ああ、残念！」とポルションが言う。「広い空間を夢見ていたのに、向かいにあるのは、はっきりと見える敵の塹壕で、堂々と道をふさいでいる……その代わりに、見ろよ。雑木林と切り立った峡谷、地平は見渡す限りふさがっている。ドイツ野郎はあのなかにいる。できれば、探して見つけ出してほしいものだ」

急な山道が灌木のこんもりした茂みに没している。歩くたびに、表面が柔らかい腐植土で滑る。伸ばした手の先に枝はないので、立ったままではおれない。道端の枯葉が泥の塊りにくっついてくる。峡谷の奥では、泉が四方八方に流れでて、油断のならない、不気味なせせらぎで我々を取り巻いてくる。

「ラルノド、列から出ろ」とポルションが言う。「ここへ予備として、小隊と残れ。私は上へ登って、他の三つの場所を偵察してくる。帰ってくるまで、兵たちをみていてくれ」

「でもどこでみているのですか、中尉殿？」

「もちろん、掩蔽壕だ」

「掩蔽壕はどこです？」

「掩蔽壕？　そこ、お前の前にある！　お前の目は節穴か！」

ラルノド軍曹は失望したようだ。彼はびっくりして壕を見つめていたが、そこでは、枝分かれした杭で支えられた数本の丸太の上に、でたらめにへし折られて、ばらばらに投げかけられた枝の下に水たまりがよどんでいる。

「実際には、兵たち、予備として維持しておく兵たちを泊めるには、この大下水渠《げすいきょ》ほど不潔ではない場所を選べたんだろうがね。まあ、よじ登っていくのだから、君のところはそれほど泥底ではないと思うよ」とポルションが私に言う。

斜面は急で、よじ登るのに苦労する。靴底に鋲がついているにもかかわらず、絶えず転んで、膝と手をついた。泥はゼラチンのようにピシャッと音を立てる。それでも、膝を突っ張らせ、腕をフルに使ってよじ登る。時々、小灌木があまりにも強く押し付けられて、へし折られ、バリバリと音を立てている。それが、まどろんだような林の静けさのなかで、異様な音となり、その長々とした響きで、我々の心臓の鼓動が速まる。だが静けさはそのままで、銃声も聞こえない。

「止まれ」

やっと着いた。毛布にくるまって休んでいた兵たちが、我々のところにきて坐った。彼らはみな、顔が落ちくぼみ、目はやつれて、隈ができ、頬は髭と土で汚れていた。寒さで青ざめた彼らは、背嚢のひもを締めながら、震えている。立ち上がるのに、銃を支えにしている。次いで、口を丸めた彼らは、足踏みしながら体を揺すって、指先に息を吹きかけている。

「小隊長はいるか？」

「はい、おります」

濃い眉毛で黒い目をした髭面の曹長だ。

「一小隊分の塹壕しかありません、中尉殿。まだ塹壕が……」

それはまだ胸墻だけだった。杭で地面に固定させた土砂止めの前に、粘土の塊りが積み重ねてある。その上に、我々が森の宿所で慣れっこになっていた、脆《もろ》い枝葉の屋根がかけられている。それだけだった。斜面は極めて急で、掘るのは不可能である。弾丸から身を守るには、この垂直な壁を立てるだけで満足しなければならなかった。後方は、空間で、木々が保護区域の泥沼におり下っている。曹長がまた言う：

「ここは右翼側の小隊で、隣りの中隊はあそこ四〇〇メートルのところにおります。ご覧のように、立派な穴です」

「まったくな！　だが間に連絡詰所があるはずだが？　どっちが出すのだ？　その中隊か？　我々の方か？」

「ああ！　くそっ！……知りません」

言い換えれば、詰所がないということだ。したがって、ドイツ野郎の大隊が、夜、警報も出されずに、わが戦線を越えてくるかもしれないのだ。そうして、我々の背後に回ってくると……まったく、この林は災いとなるのだ。

しかし突然、曹長が自分の額を叩いた‥

「詰所のことは、申し上げるのをすっかり忘れていましたが、中尉殿、四、五〇メートル上のところに、我々が分隊を派遣しております……」

「間抜けな男ですな」とパヌションが耳元で囁く。

無駄にしている時間はない。前哨に立つ分隊は派遣済みなので、私が部下たちの先頭に立つと、彼らは数珠《じゅず》つなぎになって、雑木林に拓かれた急な坂道をよじ登っていく。常に足元にあるのは、同じ密度の高い粘土だが、かろうじて下のほど粘っこくはない。頭上には、青白い空が高い枝の間から垂れこめ、差し込んでくる。森はずれはもう遠くないはずだ。

「止まれ」

詰所はそこ、薄い胸墻の後ろにある。兵たちはすでに装備をして、我々を待っていた。短い交代時間の間、若干やり取りが交わされ、分隊から分隊へとささやき声で伝わった‥

「爆撃は？」

「ドイツ野郎は、ほとんどいない。ただ友軍の砲弾に用心すべきだよ。上空を飛んでいくが、破片が舞い戻ってくる」

「銃撃は？」

「たいしたことではないな」

「遠くにいるのか、対面にいるのか？」

「歩哨は何度も見るよ」

この後の方の言葉に、私は驚いた。不意の衝動に駆られて、木から木へと森はずれの方へ登って行った。

一〇メートルばかり歩き回って、ブナの大木のところまでくると、一瞬、その後ろに隠れた。斜面が、少し高いところで、森を暗く縁どっている低い樅の木の方へ、なだらかになっているように思えた。向こうは天辺で、青天井の下の広がりだ。

ほんの一歩ほど横にいくと……三〇メートルのところで、白樺の白い幹に背をもたせて、ぼんやりした眼差しで、ポケットに手を突っ込み、〔敵兵の〕男が夢想に耽っていた。背は高く、泥のこびりついた長靴を履き、赤の帯線のついたベレー帽を、まとった灰緑色の外套の高く立てた襟まで目深にしてかぶっていた。鼻は薄い青色の目の下で、真っ赤だった。口はくすんだブロンドの口髭のなかで血のように赤く見えた。

彼は退屈して、うとうとし、私を見ていない……そっとブナの大木の後ろに滑っていき、銃を持っていなかったことに、よかったと奇妙な喜びを感じた。

非常に平穏な一日。もう午後三時半だが、明け方から一発のモーゼル銃の炸裂音も聞かなかった。恐れていた時間がやってきて、士気阻喪した倦怠感が心の奥底から湧きあがってくる。わが部下たちは欠伸をし、寝るか、果てしない空虚な夢想にまどろんでいる。

「楽しくないですな、中尉殿」

「楽しくないな、パヌション」

「こんな風に向かい合ったまま、泥に尻をつけて、一体戦争はどれだけ続きますかね？　やはりあそこ辺りまで行って見なくては！」

「まあ静かに、いずれ行くことになるだろう」

「はいはい。でもいつです？」

「分からないな」

「ご存知ない？　それじゃ、中尉殿も我々と同様で？」

「その通り」

パヌションはあっけにとられたように私を見つめ、頭を振り、一瞬間をおいて、言う‥

「まあ、そうですね。分からないことはあるもので、一度も考えたこともないのに……それが、いつか、ひょんなことから分かるもので……」

彼はなにか難しい考えごとに沈み、眉根を寄せ、強くひそめる。

「なんて言いましたっけ、中尉殿？」

「〝それが、いつか、ひょんなことから分かるもので……〟と言ったよ」

「ああ！　そうでしたね。おや……なんだ！　あそこで、ムクドリのようなのが鳴いている。聞こえますか？」

それで終わりだ。風向きが変わった。その日、パヌションの頭のなかで、どんな考えごとが光を求めていたのかは分からない。それに、口笛吹きが起こした騒ぎで、推測はすぐに中断された‥

「そこで口笛吹いているのは誰だ？」

「私、ピネですよ、中尉殿。ちょっと気晴らしです。ミニコンサートをやっています」

「ドイツ野郎のことは、忘れたのか？」

「確かにそうですね。重砲弾もないし、鉄砲玉もないし、ドイツ野郎もいません。だがこのじめじめした様子では、夜は不愉快でしょうね！」

「つべこべ言うな」とパヌションが言う。「一週間前はよかった、何もなかったからな。だがいまは何でもあって、誰も何も心配していない。こんなベッドでは寒いか？」

彼は背嚢に巻いた毛布を見せる。それを見つめて微笑み、丸い手で撫でまわしている‥

「柔らかく、暖かい、見ているだけで元気が出る……まあ、信じてください、中尉殿。村にいたときは、早く前哨に戻りたかったですよ、毛布にくるまる楽しみだけで。時々は、ばかになりたいですよ！」

この受け取ったばかりの毛布の喜び。まだナフタリンの臭いがする褐色のウールは穏やかなことを思い浮かばせる。兵営、生石灰《せいせっかい》を塗りたくった大きな壁のある兵舎の部屋、冬の晩に滑り込む簡易寝台、もぐり込むととても生暖かい簡易寝台、それでも「ベッド」だ！

「おや、ヴォーティエだ、ヴォーティエがきた」とパヌションが言う。

ヴォーティエは、新たな泥のついた手袋をした手で、黄色っぽいはね返りのしみがついた紙を私に差し出す‥

「すみません、中尉殿。道中何度も転んできたものですから」

紙切れを開けてみる。私が読みだすと、パヌションも肩越しに首をのばして読んでいる‥

各小隊への通知——八時四五分に、我らの九〇ミリ着発弾砲がドイツ機関銃隊に殲滅射撃を行なう。安全策として、射撃時間中（三〇分）、高地にいる分隊を下山させること。

「あい分かった、ヴォーティエ。ポルション中尉に了解と伝えてくれ」

一〇分後、わが小隊は退却した。この殲滅射撃がどうなるか見ておきたくて、時計を見る。

定められた時刻が過ぎる。甲高い音で飛んでくる砲弾が空気を引き裂くとすぐに、峡谷の奥で、爆音が雷のようにとどろき、我々の方までぶんぶんと唸る砲弾片の雨をまき散らしてくる。

「中尉殿、ドイツ野郎はあそこに機関銃隊を配置していたのですかね？」とパヌションが言う。

弾道はでたらめに飛んでくる。全砲弾が猛烈な勢いで後方の斜面にぶつかる。相次いで炸裂音がして、スズメバチのような唸りで飛んできて、巻き上がった土塊がバラバラと落ち、へし折られた木がきしんでいる。不快な半時間を過ごしたが、この乱れた砲撃に対する無力感に憤慨し、背嚢がないことを残念に思い、砲弾の危険な気まぐれに、互いに見つめ合っては、思わず苦笑いをしていた。

また静寂が下りてくる。大きな黄色の葉が旋回し、泥に張りついていく。何枚かは苔の層をかすめ、一瞬風にはためいて、落ちる。他の何枚かはもう褐色になり、我らが塹壕の屋根の枝に乾いた軽い音を立てて掠《かす》めとんでいく。広がりゆく夕べのなかで、落ち葉は黒い大きな綿雪のように滑り落ちる。夜におし包まれると、それでもまだ、年の終わりに森が落とす、あの大粒の涙の一滴がわがむき出しの手に落ちてくるのを感じることがある。

異常な夜。わが小哨を巡回して塹壕へ降りていくとき、夜は真っ暗闇になっていて驚かされた。また闇との闘いで、これに閉じ込められ、麻痺させられる。絶えず手探りで進み、木の幹にぶつかり、足元に張った大きな根によろめいた。何度も何度も、べっとりした泥のなかで転んで、時々ひどく落胆して、両手をこの冷たい鳥もちのような泥に置いたまま、怒りで最後の力をふりしぼって、ひと揺すりし、立ち上がれるまでじっとしていた。陣地へ下る斜面で、当然ながら仲間たちの所へ導かれて、やっとねぐらに戻った。そうして、幸福な安心感で、立ったまま何度か回転し、毛布に転がり込んだ。そして葉の寝床で、ウール地の暖かく、ごわごわした覆いのなかに寝ころんだ。

今は塹壕の片隅で、私ひとりだ。パヌションは使役当番兵数名と、レ・ゼパルジュの村のどこかの納屋に残っている藁を探しに出かけて行った。私は眠れない。この使役当番兵のことが頭にこびりついてくる。戻ってくるだろうか？　いつ？……夜、泥、縁まで水が溢れた漏斗孔、峡谷を流れる小川、斜面に逆立つ雑木林、彼らの道中にはそれだけの障害物がうずくまっている。

それに雨だ。しつこい雨で、夜の闇と混ざりあっているようだ。毛布に包《くるま》って、全身湿った生暖かさに浸って、断続的にうとうとしていると、異様な影像が暗闇のなかで、奇妙にもはっきりと鮮やかに瞼の下で輪舞している。毛布から手をさらして、横を手探りしてみる。水につかってじめじめした敷き藁に触れるだけだ。パヌションは帰っていない。使役当番兵全員がたぶん道に迷ったのだろう。不安が膨らむばかりだ。

それでも、時間はどんどん過ぎてゆく。目覚めるたびに、細かな徴候、青白さを増した夜、どんよりした空気、森に垂れこめている静寂などに、やがて太陽が地平線から顔を出すことを感じとる。

結局、数時間後、まどろんでいると、何かに背中を押され、押しつぶされた葉の擦れる音が靄の底からあがってきたように思い、はっきりと意識を取り戻す前に、心に漠とした晴朗さが戻った。

「中尉殿？　あなたですか、中尉殿？　どうか、あなただと言ってください……」

「パヌションか！」

「はい、中尉殿、パヌションです……ああ！　今夜は！　ああ！　この探索！……なんとか、ここにいます、中尉殿……帰ってきました。そこにいるのはあなたで、仲間たちもずっと寝ているのですね。第七分隊、第七分隊全員のところへ戻った！……ああ！　中尉殿、私は嬉しい！　嬉しいです！……すんでのところで、泣き出すところでした！」

彼は水からあがった犬のように激しく外套を揺すった。水滴が私の顔にかかり、頭の近くで、ぬかるみを歩く足音がする。

「ほかの者もいるな？」

「いいえ、中尉殿、私だけです」

「なんだって！」

私は起き上がって、肘を支えにして毛布をはねのけ、パヌションの方を向いた。四つん這いになって、彼はじめじめした藁の上に数束の土色の藁を広げている。彼の靴、ゲートル、ズボン、外套、革帯までが、この同じ土色で塗られていた。手は黄色の皮で覆われ、指の骨の起伏のところでひび割れていた。ケピ帽からは水滴がしたたり、鼻の先で丸まって、汚れた頬を伝って転がっている。大粒の滴が首巻きの下を滑って、首を際立てていた青い線を色褪せさせていた。顔は青白く、泥のはね返りがついており、額には血が流れていた。

「気の毒だったな！」

彼は善良そうな目で私を見て、微笑んでいる……

「ご覧の通りです、中尉殿。こんな天候にやられて、間抜けのように転がるか、腹立つかです。一晩中薪を拾い集めていました。いろんな木にぶつかり、重砲弾の穴では溺れそうになって。もちろん、穴で全身水につかって、びっくり仰天です。その上さらに、縁がとても柔らかくて、そこから出るのが簡単ではありません。とくに一五〇センチの穴があって、やれやれ、こいつは底に足が届かないかなと思いましたよ。なかに立って、腕の下まで泥まみれです。しばらくして、へとへとになって、何もかも嫌になり、このままどうにでもなれと思ったほどです。でも一旦抜け出したら、おかしなことに、まだ自分には二本脚があるのを見て、泣き出さざるを得ませんでした。しかしですね、大泣きするなんて、仔牛のように……藁をなくしたのはそこです。

ああ、中尉殿、これでおしまいです。またお会いできたし、ここにいて、気が楽になりました。陽は登ってくるし、嬉しいですよ」

「だがほかの者は？」

「ああ、彼らのことは心配いりません！　私の後について来ようとせず、知ったかぶりをしようとしたんです。そのため、一時間余分に森をほっつき歩いています。それに明るくなってきたから、間もなく帰ってくるでしょう」

青白い樹幹が昇りつつある光のなかで聳えている。パヌションはコーンビーフの缶詰を開けて、食べながら、峡谷に下る獣道を目で追っている……

「寝る前に体力を取り戻さないと。一晩中、腹が叫んでいましたから……よし！　何と言いましたっけ？　おや、ビロレだ。それにジェルボ！　グロンダン！……やあ、おはよう！おい、脱走したかったのかい？」

「そこにずっといたのか」とビロレが言う。

「俺か、少なくとも、五時間はな。よく寝たので目がはっきりしているよ。ところで、どうだい、道中おもしろかったかい？」

「ああ！　順調だったよ！」とビロレが言う。

「黙れ！」とジェルボが制する。この二人、次にグロンダン、さらに彼らの後からきた者たちは、疲れ果てたように、粘土質の胸墻にぶつかって、倒れ込んだ。彼らはそこに崩折れ、ぐったりした体も泥まみれの服も、だらしなく投げだして、大きな湿った粘土の塊りのようだった。彼らの頭はすぐに後ろにのけぞる。眠り込むと、息も荒く、口を開けて、肌はしわくちゃで、顔には、眠りの底まで行っても消えないような、名状しがたい疲労困憊の様子をとどめている。

＊

「ビュトレル！」

「中尉殿？」

「斥候に行く気はあるか？」

ビュトレルは、明るく澄んだ青い目で私を真向かいに見る……

「場合によります」

「場合とは？」

「まず、誰と一緒なのか知りたいです」

「一人だけだ、ボランだ」

「ええ、それなら結構です……また興味あることかどうかも知りたいです。ご存知のように、おもしろいことでないと、しっかりと仕事しませんから」

「それじゃ、しっかりと仕事してもらおう。聞きたまえ。ボランと二人で、あそこ、派遣してある分隊よりも高くまで登って、ドイツ野郎の小哨を見つけること。よく理解してもらいたいが、きみたちを獲物探しに送り出すのではない。ただドイツ野郎の小哨の場所を確定して、できれば、我々と彼らの小哨の間の距離を測ってくるのだ。銃撃を受けないことが最善だが」

「あまり、面白くないですね」

「逆だ、立派なことだよ！　枝一本も折らずに奴らの鼻先までよじ登ることは、一本一本、木に隠れて下りることよりもはるかに難しいのだ。何にも偵察せずにずらかることになるかもしれないのだから」

「それは、中尉殿、その通りですね」

「それに、私は命令を伝えるだけだ。きみを指名したのは指揮官自身だよ」

ビュトレルはただ微笑み返すだけだ。選ばれたことに心くすぐられても、あくまでもつまらなそうにしている。

「それで、中尉殿、いつ出発です？」

「今すぐにだ。途中、上の小哨に知らせていくこと。右側の小哨には、レノーを送って予告しておく。そこを通って戻らねばならないかもしれないのでな」

彼は、口にずっとくわえていたタバコを靴底でつぶし、ケピ帽の顎紐を締めると、素早く銃をつかんで、腕に抱え、弾倉に一発ずつ薬莢《やっきょう》を押し入れた。

「おい！　ボラン！　そこにいるか？」

ボランは、いつもの穏やかな顔で、ゆっくりと立ち上がる。彼のずんぐりした、全身筋力の塊りの体、レーベル銃の銃床を握りしめた大きな手を見ただけで、ずっと前から、彼の勇敢さと力強さを知らなかったとしても、私には安心感が生まれた。

ビュトレルが前に、ボランが後になって、出ていく。我々は目で彼らを追う。周りの森は沈黙している。我々は敢えて動きも、咳も、話もしなかったが、それはどんな小さな音でも、静寂のなかで高く響くからだ。彼らはこの静寂のなかに入って、突っ込んでいき、やがて消えた。

彼らが出発して、どれだけ時間が過ぎたのか分からない。一時間か？……数分間か？　頭がうつろで、音がよく響くようだ。そのためか頭が、扉の衝撃で揺れる皿覆い同様、震えるので、どんな音の響きにもびくっとした。

突然、まったく静まった空間に、銃声が弾け、あまりに不意だったので、唇をかんで、思わず漏れる叫びを抑えねばならなかった。飛び上がらんばかりの驚きが兵たちの背筋を走った。彼らが互いに見つめ合っている間にも、峡谷の端から端まで、銃の爆発音が下草の辺りで倍加して響き渡り、反響した。

「撃ったのはビュトレルだ、きっと……」とパヌションが言う。

数発のモーゼル銃のパチパチいう音で、一瞬、彼の言葉が途切れた。一発は空中高く飛び、もう一発ははね返って、唸りながら数メートルのところを飛んでゆく。再び静寂に包まれ、大木や雑木林、茂み、その枝葉などすべてを没してしまった。

「ああ！……」とパヌションが言う。

「見えるか？」

「はい、中尉殿、ビュトレルですが、心配ないです。もうタバコを巻いています……おお！　よし。ボランも後ろにいます」

すぐ塹壕を出て、駆け登って、二人の前に立った。ビュトレルが私に気づくと、その薄い唇であからさまに微笑んだ。

「どうだった？」

「ええ、中尉殿……ちょっと待ってください、タバコに火をつけますので……では、報告します。あれから、ボランが左、私が右になって、互いに見張りながら、登っていきました。上の塹壕から数え、我々の八〇センチの足幅で、六〇歩のところで最初のドイツ野郎を見ました。我らが小哨から向かいまで、七〇メートルくらいで、五歩も間違っていないことは確かです。そうだな、ボラン？」

「そうだ」

「よし、それでいい。無駄口しないからな……中尉殿、彼らには森はずれに続く塹壕はありません。森を縁どっている小さな樅の木の下に、歩哨の穴が並んでいるだけです。塹壕があっても、平原で……そこまで行って見たかったんですが、まさか、真っ昼間には、できなかったです」

ビュトレルは子供っぽい響きの声で、単調にゆっくりと話した。彼の指はもう二本目のタバコを巻いており、強者や自信家によくある、あの抑制した内面の動揺を顕わす軽い震えもなかった。

「だが、その見たというドイツ野郎は？　我々が聞いたあの銃声は？」

狭小でいかつい顔に、また微笑みが浮かんだ：

「もちろん見ました！　穴から出てきた奴がいて、ちょうど半ズボンをはき直したとき、私を見たんです。誓って言いますが、この野郎が銃に飛びつかなかったら、私は撃たなかったでしょう……要するに、私は殺していません。奴が自分で死んだようなものです」

「だが撃ったな……」

「多少は！　一五メートルのところで仕損じるとは思われないでしょうね？……これで、みな満足です。中尉殿は情報を得られた。私はドイツ野郎を倒しました。斥候は無事帰還……次の任務をどうぞ」

この日の黄昏は陰鬱で、よどんでいた。時々、不意の一斉射撃が森はずれから我々の方へ襲いかかってくる。ドイツ野郎は、先ほど、彼らの戦線の近くで、わが二人の斥候を見てから、神経質になっている。我々は、あまりにも平穏かつ静かで、士気阻喪していた後だったので、むしろ感謝したいくらいだった。いまは、彼らがそこにいて、不意打ちに脅え、我々を恐れていることが分かったのだ。

稜線をかすめ飛んで、雹《ひょう》のような七七ミリ砲弾が峡谷の底にぶつかる。我らの一五五ミリ砲が荒々しく鈍い音でこれに応じる。夕闇が霧で雑木林を包み込む。最後の砲弾の爆音が斜面から斜面へと雷のように転がってゆく。次いで、雨霰の鋼鉄片が次々と木々を穴だらけにし、森じゅうを滝のごとくバシッバシッと鳴りわたらせ、まったく路上を乱れ打つ、蹄のようだった。飛び終わった破片が上から落ちてきて、胸墻の土塊に食いこんだ。そしてやっと、夜とともに静寂が広がった。

湿った空気が、かすかなそよ風に運ばれて、顔や手に流れてくるようだ。よどんだ水と腐植土の臭いが沼地のくぼみから登ってくる。

ドイツ野郎は沈黙している。寝ているに違いない。疲労困憊の静寂がわが塹壕を圧している。わが部下たちも寝ている。周りの森自体も休んでいる。だが私も眠っていると、上方の葉枝を走るかすかなざわめきで、思わず毛布の隅に頭を隠したが、それは、防ぎようもなく、知らぬまに忍び寄る敵、あの天辺のかすかな葉擦れがその恐るべき接近を告げていることへの本能的な防御姿勢だった。だが雨だった。

＊

雨にもかかわらず、眠れた。時々、屋根代わりの枝葉の間から漏れ落ちる、しぼったような雨粒が額にあたり、目が覚めた。そこで首を仰向けて、起き上がらずに、軽く腰をひねって場所を変えた。すると、間もなく交代する歩哨なのか、暗闇でよろめき、唸り罵りながら、泥の坂を滑り、塹壕まで落ちてきて、枝を編んだ屋根にぶつかり、体の重みで壊してしまった。そこで起きて、小声で男を呼んで、通路まで連れて行くと、土でこわばった彼の手が私の手に触れ、突然、しがみついてきた。

その日の明け方はいつもより澄んでおり、そのためか、わが兵たちの目覚めも陽気で、潑剌としていた。炊飯兵たちが登ってきている。コーヒーは暖かく、甘かった。

「質がよくなったパンもあるよ。これまでは、黴《かび》が生え、柔らかくなった一週間前の丸パンを受け取っていたんだ！」

「明日朝は交代だ。おい！　シャルル、明日この時間は、どこへ行くんだ？」

「モンだよ！」

「その通り」とヴォーティエが言う。「ベルリンでなければな」

彼は小径の端に現れ、長い脚のしなやかな足どりで私の方に向かってくる。

「おい！　背高のっぽ、何か変わったことでもあるかい？」

「平和条約でも結んだのか？」

　だがヴォーティエは唇も緩めず、左手をポケットに入れ、右手は棒を振りまわしていたが、それは雑木林で折ってきたハシバミの枝か何かで、皮が剥がれており、泥に突き刺さって、彼の手が、がしっとつかむたびに、生々しい青白さが目立った。

「中尉殿、伝言文です。今度は、ポケットに入れてきました。清潔です」

　一瞬、わが目が信じられなかったが、それほど私に通告された命令が突拍子もないものに思えた。まだ使者の手の温かみが残る方眼紙に、私の知らない書体で一行だけ鉛筆書きしてあった‥

「正午までにドイツの塹壕を攻撃し、ひっくり返すこと」

「これはポルション中尉からのものではないな、ヴォーティエ？」

「はい、中尉殿。もっと上層部からです」

「大隊からか？」

「もっと上部です」

　どう対処すべきか、私には分かっている。昨日斥候が提供した情報が二四時間で進捗したのだ！　いまやそれが、大胆な想像力で解釈され、威厳を以てこのまったく簡潔に書かれた命令に変じて戻ってきたのだ‥「正午までにドイツの塹壕を攻撃し、ひっくり返すこと」

「やあ、どうした？」

「ああ、君か？　いま探しに行くところだったよ」

　ポルションは毛布の片隅に坐って、一瞬、私を見つめたが、目の奥には面白がる皮肉っぽい輝きがあった。彼に小文を渡す‥

「どうだい！　それどう思う？」

「どう言えばいいんだい？　命令、書式の命令だよ」

「第五中隊は左手、第八中隊は右手の任務か」

「ぼくは自分で情報を得るくらいは偉いと思っていたがね」

「この攻撃には、何人必要だろう？」

「前線三中隊、各隊三〇丁の銃‥予備に三〇丁……分隊はより柔軟、より機動的に、だ」

「正確に言うと、我々の目標は？」

「ドイツの塹壕だ。ただそれで私のイニシアティブも、場合によっては、行動も制限されることはない。もう少しチャンスがあれば、前線を爆発させて、ベルリンに休戦を命じさせてみたいよ」

「いま何時だい？」

「一〇時。まだ二時間ある。妥当な時間だ……ちょっと計算してみよう。伝えられた情報からすると、ドイツ野郎の小哨は我々のから七〇メートルのところにあるな？　上に登るのに三〇分かかるとして、一時間なら一四〇メートルだ。急な斜面、悪路の小径、生い茂った茂みを考えても、何も極端なものはない。ドイツ野郎を逃走させ、その場を整理して占拠し、しかるべく整地するのに一時間半残っている。我々には工具があるので、時間が余るくらいだ」

「ああ、そうか？　工事用工具かい？」

「まさか！　携帯用の小工具で、一度に石を二つはがし、三杯分掃きだせるが、息切れも疲れもせず扱える、それほど軽いのだ……」

ただ彼は急に深刻そうになって、何か憂鬱な夢想に沈んだ。次いで、不意に頭を振って言う：

「仕方ないな、命令だ。工具も運搬籠もブラン網〔鉄条網式の網囲いか。不詳〕もなく、機関銃さえもない。かろうじて一〇〇丁ばかりの銃と、ちょうど担いで行けるだけの弾薬帯があるだけだ。しかし、攻撃命令は攻撃命令だ。だから攻撃しよう、できるだけヘマしないようにな。聞いてくれ」

落ちついて、彼は立てたプランを説明するが、しばしば、「これどう思う？」と文末に付け足したり、ただ私に視線をあてて意見を求めて中断した。

「どうだい、分かったかい？」

「もちろんだ」

「じゃあ、始めていいか？」

「出撃！」

最初はピクニック気分だった。左手で、仲間たちが森はずれの方に登っていると、叩きつけるような爆発音が一発、二発として、すぐに五、六発が続けざまにし、激しく砕ける音は銃撃戦の開始を思わせた。だがすぐに静かになる。今度は、我々が狙撃兵の戦列で、銃を手にし、武具を革帯に挟んで発進する。

我らが前進塹壕よりも二〇メートル高くを、銃弾が耳をかすめて飛んできたので、茨の繁茂した斜面にうつ伏せになった。そこで、何発かの発砲を命じた。次いで、演習でのように並み足で展開したが、その後は一発の銃弾も飛んでこなかった。

森はずれに来た。傾斜面に隠れているお陰で、ビュトレルが昨日教えてくれ、私自身も交代の朝確認しておいた小さな樅の木がはっきり見える。最後の一跳びをしようと合図の腕を上げようとすると、背後で小枝が押しつぶされる音がしたので、はっとして動作をやめた。

「おい！」と穏やかな声がした。「こいつは立派な仕事だな！　こんな高い所までできて、ポケットに手を突っ込んでいる。あとはパイプに火をつけるだけだ」

　メニャン大尉は微笑みながら、ブロンドの絹のような口髭の下に白い小さな歯をのぞかせている。彼は長靴まで届く茶色っぽい黄褐色ガンドゥーラ〔袖なし長衣〕を全身にまとって、前で、その襞を細い革手袋をはめた手でつまんでいる。

「また進発するのかね？」

「はい、大尉殿」

「武運を、とは言わないよ、ドイツ野郎はさっき逃げ出したから。穴倉には誰もいないよ……」

　合図の腕を上げて、斜面をよじ登る：

「スエスム？……さあ、行け！」

　なお銃撃が頭上を飛び弾けるが、我々が勢いよく登る音で、かろうじて聞き取れる。樅の木の樹間の、じめじめして滑りやすい、針葉に覆われた地面を駆けていく。周りは、上の晴れ渡った空からくる光でとても明るい。

「伏せろ！……スエスム、リエージュ、兵たちを前進させてくれ！……二メートル上に！　そうだ……そんなに左側ではない！　直線にだ！……急いで穴に潜って見るんだ！　ドイツ野郎の各穴倉に二人ずつだ。全員作業開始。怠け者やのろまの顔は見たくない。聞こえるか、リショム？　分かったか、プティブリュ？……一時間後には全部報告してもらいたい」

　私自身はドイツ兵の歩哨の穴に飛びこんだが、それは、深さ一メートル二〇の長方形の穴で、坐れる腰掛と武器を置くための刻み目のついた胸墻があった。内壁は、触ると石鹸のように柔らかく乾いた粘土ではっきりと仕切られている。底には、靴の鋲の跡が残っている。隅には、金色のタバコの燃えさしがぼんやりと光り、一筋の青い煙をあげて、燃え尽きるところだ。私の周りでは、鉄の工具がカチンカチンと音を立てて、せわしなく地面を削っている。時おり、根にぶつかって鈍い衝撃音が響く。そのとき、男が跪いて、鶴嘴スコップの刃で固い繊維質の木を夢中になって裂こうとしているのが見えた。

「おい！　そこの！　身をかがめるんだ！　もっと下を通れ！　もっと下だと言っているんだ！」

　男は斜面の背後から飛び出ると、やがて二本の小さな樅の木の間に現れた。目を輝かせ、晴れ晴れとした顔のポルションが姿を見せた。

「ああ、怒鳴られたな」とポルションが言う。「だが君の言う通りだ……この辺りはよさそうかい？」

「いいよ。あっちは？」

「すばらしいよ。塹壕のどこも森はずれのところだ。死者も負傷者もなし。棘のひっかき傷だけだ。それに戦利品だ。ベレー帽、キルシュで一杯の水筒、燻製アンチョビの缶詰、タバコに葉巻、舌をしびれさせるほどの太い葉巻。連隊の嚙みタバコ好きの誰もが存分に嚙めるよ。きみのところはどうだい？」

「ぼくの方か？　葉巻もアンチョビもなしだ。前よりはちょっといいかな……」

　書類の束、新聞の切り抜き、水でしおれた絵葉書、折り目が裂けた手紙の切れ端などを彼に渡す。彼は指先でそれらをめくり取って、膝の上に広げ、興味津々で調べる。

「ああ！　だが……なあ、おい、胸がドキドキするな、この全部が！　師団、連隊、大隊……兵員、司令部、交代……ああ！　まさかな！」

「何が？」

「あの豚野郎たちは家から小包を受け取っているんだ！　このピンク色の葉書を読んでみろよ：〝昨日、小包、靴下や燻製ハムを送りました。テレージア叔母さんも小包を送ったそうです。受け取っても、返事はいらないよ。毎週定期的に二個小包を送ります。テレージア叔母さんやヘルマン・バウシュのものは別にして。だから一週間ごとに少なくとも三個届くはずです〟」

「小包二箇《ツヴァイ・パケートヒェン》！　小包三個《ドライ・パケートヒェン》！……もう驚かないよ、アンチョビ、葉巻、金縁のタバコには。内心では、我らが経理部を呪いながら、こういう気前よさをドイツ野郎の軍経理部のせいにしていたとは！……ちょっと紐があるかい？　こっちへくれ……指で結んで、ありがとう。ヴォーティエ、これをすぐ大隊司令部に届けてくれ。急いで行け、だが用心してな。いまお前に預けた物をなくすようだったら、もう仲間じゃなくなるぞ……」

　鶴嘴スコップと〔塹壕用の〕方匙《かたさじ》の音が絶え間なく響いている。時々、男が、いつも跪いて上半身を起こし、腰を曲げて、手の甲で額に流れる汗を拭っている。すでに薄い胸墻が穴から穴へと這っており、湿気で黄色が鮮やかになっている一帯の荒れ地に延びていた。

　ここにきて三〇分以上になるが、奇妙なことに、前方のドイツの塹壕は沈黙したままである。立ち上がって、森はずれの方を見ると、むき出しの野原が緩やかな斜面となって白い空の縁へ延びているのが垣間見える。向かいのすぐ近くに見える地平線には、不審なものは何もない。しかし、約一〇〇メートルのところの両側では、粘土の地面が、地下の深いところで、地表面すれすれまで掘りあがってきた大モグラの背骨で盛り上げられたかのように動いていた。

「おっ！　中尉殿、見ましたか！」

「しっ！　パヌション！」

　左手のドイツの塹壕の胸墻の上に、兜《かぶと》の尖端が見え、すぐに口髭の短い片眼鏡の、赤ら顔が現れた。

「撃て！」

「遅すぎます、中尉殿」

将校は、自動人形の上下運動のように、すぐに穴のなかに引っ込んだ。

「急げ！」

ドイツ野郎が何か企んでいるのは確かだ。この二つの塹壕は我らが斜面に向かって延びており、間違いなく何か不穏な動きを秘めている。

「急げ！　急ぐんだ！」

ここの地面は根が網目状になっており、小型の携帯用工具で断ち切るには大変な労力がいる。多くの兵たちが傍らにピケ帽を置いていたが、彼らの汗まみれの頭とうなじからは、冷気のなかで湯気が立っている。

「全員伏せろ！　腹ばいになれ！」

一斉射撃が襲いかかったが、幸いにもごく短時間だった。銃弾は我々の前方を撃ち、せわしいテンポで鋭い音を立てて連打し、我々の顔に土のかけらを浴びせかけてきた。

「すぐ最寄りの斜面に隠れろ！　工具を忘れるな！」

第二の一斉射撃が扇状に樅の木を穴だらけにした。へし折られた枝が飛び散り、鉛の銃弾を浴びた鳥獣類の毛の総《ふさ》のような針葉をまき散らしている。前方、我々がいる場所そのものなので、一丁の機関銃が、忍耐強く苦労して並べられたいくつかの土塊を猛スピードで粉砕してゆく。絶えず、より短い弾道の銃弾がヒューッと風切り音を立てて、頭上すれすれに飛びさる。弾が背後で何かブナにでも当たると、樹皮に白い傷跡が星形状につく。

「もっと下の斜面だ！　走らずに」

左手では、別の機関銃が弾帯を繰りはじめ、森はずれを撃ちまくり、坂道をかすめ飛んでいく。今度は銃弾が頭上を唸り飛んで、周りの粘土に突き刺さり、枯葉の針葉を浴びせかける。

「ポルション！　ポルション！　こっちだ！」

息を切らして、彼は我々のそばにくる。そしてすぐに、口早に言う：

「ここにいたのか？　そうか。死傷者はいないか？」

「いない。そっちは？」

「ヴェヌシーがやられた、第四中隊のだ。彼の遺体はあの上の茨のなかだ。ゴドリーとヴィダルが連れ戻そうとした。どうして彼らもやられなかったかは分からない」

「早く！　伏せろ！」

二人とも腹ばいになって、ヒューッと唸り飛ぶ弾雨が頭上の空間を叩きつけている間、我々は同じような視線を交わした。彼が私だけに聞こえるように、小声で言った：

「かわいそうなヴェヌシー！　また仲間が、それも最良の一人がいなくなった……今度は、なぜだ？」

機関銃が旋回して、一斉射撃が止み、右手の方に遠ざかる。兵たちは腕をのばしたり、坐ったままこわばった脚をのばしたりしている。パヌション、彼は腰をひと振りして立ち上がり、鋭く探るような目つきで、森のすぐ近くの周辺を監視している。そして身震いすると、まったく動かなくなり、猟犬のような不動の姿勢で、首をのばし、鼻をぴくつかせている。次いで静かに、非常に静かに、頭も上半身も一筋も動かさずに、武器を持ち上げ、上下に動かす。狙いを定めると、銃の床尾板を肩にぴたりと当て、銃床を頰に軽く触れさせると、左瞼を閉じ、舌なめずりをして、すさんだ残酷そうな微笑みを浮かべる。

「やったぞ！」

爆発音がするとすぐ、狙撃者の歓声がけたたましく上がった。だがそれよりも高く、森はずれの方で叫び声が響き渡り、まるでしゃがれた、獣のような怒号で、私は腹の底までぞっとした。

「当たりました、中尉殿。奴は泥に鼻を突っ込んでくたばった……ああ！　動かないで」

再びパヌションが銃を構える。だが彼が撃つ前に、我らが戦線の左側から爆音がした。次いでもう一発が鋭く怒り狂ったように、ほぼ同時に反撃する。二つの叫び、一緒に負傷した二人の男の入り混じった叫びが、森の下草の薄明かりのなかで恐ろしいまでに長引いている。

「ドイツ野郎はあそこにいたんです、中尉殿。仲間は殺されたが、これで報われた……ああ！　もう沢山だ！」

パヌションは私のそばに身を沈め、激しい弾雨で伏せていた。銃弾は続けざまにジグザグに飛んでいく。別の機関銃が右に左にと銃声を発し、雑木林を銃撃している。そして傾斜面に緻密な弾道網をひろげ、時には、一種の小さな叩き音以外は聞こえないほどに遠ざかり、時には耳をつんざくほど近くまで戻ってくる。そうなると、我々は、鞭の革紐のように叩きつけて、どこからでも降りかかる弾雨に覆われて、地面に張りつくことになる。

「中尉殿、さきほどやられたのは我々のうちの誰ですか」

「ぼくが見てくる」とポルションが私に言う。「我らが元の前進塹壕で会おう。今夜はいつもより暗いから、ドイツ野郎が激しくなるだろう。彼らから攻撃してきた場合、我々に拠点がなければ、確実に混乱する。じゃ、またあとで」

夕暮れが濃くなり、影が増してくる。小径を一列になって下っていく。泥が段々と柔らかくなり、滑りやすい。峡谷の底には霧が漂い、暗い樹間に、湖の水面のようによどんだ青白さが垣間見える。

「止まれ！　全分隊一列に……スエスム、リエージュ、列を詰めさせろ。全員胸墻の後ろにそれぞれ位置すること……あとは静粛に！」

彼らは水たまりに坐り、また立ち上がって、小声で口論しながら押し合いへし合いしている。

「自分の位置につけよ！　僅かの水たまりで邪魔したくないからな。水たまりだらけだ」

「お前の小銃を下げろ、馬鹿野郎！　そいつで目がつぶれるぞ！」

だが泥を歩く足音で、誰もが下から来る小径の方に目を向ける。ヴィオレ、第四中隊の伝令が斜面に現れ、担架を運ぶ二人の兵を先導している。

三人とも我々の近くで立ち止まる。ほぼ同時に枯葉がざわつき、枝が折れて、ポルションが腕の下で頭を低くして、わが塹壕の真上にある茨の茂みから出てきた。彼に呼びかける∴

「おい！　こっちだ！」

「ああ！　部署についていたのか？　担架兵たちもいるか？」

「いるよ。あの男は負傷しただけか？　あれは誰だ？」

「ダニョン、第五中隊の中尉だ」

「重傷か？」

「そうは思わないが。太腿の上に銃弾一発だ。すぐにここへ来るだろう。担架が小径を通れるよう木を切ってやったよ」

無帽で、外套はボタンがはずれ、二人の男の首に腕を回し、衰弱した全身を彼らの肩にもたせかけて、ダニョンは片足で泥を探り歩いているが、片足はゲートルのとけた脚先に垂れている。私に気づくと、彼は自分の太腿を見ながら言う∴

「どうだ？　こいつは不運なことだと思うかい？　九月六日に負傷するまで一二日間前線。この負傷までは一六日間だ。もうそうは続けられないよ」

「どうしてそうなったんだ？」

「森はずれで偵察中にだ。私には見えなかったドイツ野郎が、もう一人のドイツ野郎がわが部下の一人に撃たれて倒れた瞬間に撃ってきた」

「痛むか？」

「かなりな」

話しながら、彼は担架に身を横たえ、両手で怪我した脚を持ち上げ、かすかに腰を動かして一番楽な置き場所を探した。次いで、二人の担架兵がかがんで運ぼうとすると、彼は右手で押しとどめた∴

「ちょっと待ってくれ、頼む……なあ君、これを私の従卒に届けさせてくれないか？」

彼は左側に体をひねり、口をゆがめ、ちょっとしかめ面になって苦痛をのぞかせながら、ポケットを探り、財布を取り出して、留め金のついた仕切りを慎重に開けた。そして私に金貨を一個渡しながら言う：

「忘れないでくれよ、な？」

「安心したまえ」

「君なあ」とポルションが彼に言う。「夜までに下りて行くべきだよ。何が起こるか分からないぞ。ドイツ野郎の喚声を聞いてみろ」

森はずれじゅうで銃声がしている。平原の左手の方で、風にあおられた火事のように、銃撃が徐々に近づいてくる。

「君の言う通りだ」とダニョンが言う。

だが彼が担架兵に持ち上げるよう合図したのは、入念に外套の裾をもとに戻して、財布をポケットに入れてからだった。すると、二人の男、幅広いうなじの二人の巨漢はかがんで、担架の把手をつかみ、同じしなやかで力強い動きで同時に立ち上がった。

「これでよろしいか、中尉殿？」

「いいよ、行ってくれ……」

ごく小刻みに滑るような足取りで、揺れを弱めるため、上半身と腕を柔軟に動かしながら、急傾斜の下り坂に入っていった。厳しい通過地点にくると、彼らは立ち止まって、手の握りを確かめた。斜面が足下から漏れるように下り、落ちそうになると、彼らは泥のなかに前後して跪いた。すると、彼らの間の担架は、小川の流れに浮かぶ小舟のように、地面すれすれに滑っていくようだった。やがて、広がる暗闇の底で、葉陰の向こうに、後ろの運搬人の肩が消えて見えなくなる。

脆弱な胸墻の後ろでは、我々だけになった。

私の周りでは、人影が動き、ささやき声がする：

「何時だ、シャルル？」

「五時半」

「それなら、革帯を締めるだけだな。今夜は、炊飯兵はこないだろう」

銃撃は絶え間なく続いている。銃弾が鈍く激しい衝撃音で前方を撃ってくる。兵たちはものも言わず、胸墻の後ろでもう少し身を低くし、手で銃を引き寄せている。

「汚らわしい機関銃だ！」とパヌションが罵っている。

彼の体は、ドイツ野郎の機関銃が斜面に浴びせかけ始めた一斉射撃の風圧を受けて、丸まっているようだ。我々のすぐ近くで仕切られている屋根の杭で、さきが見えない。

「ナイフで木の股を切るんだ、パヌション！」

「何ですって？　何も聞こえません……まったく何も」

彼は無力感の印しに肘を叩く。絶え間ない喧騒が奔流となって谷底へ転がり落ち、反対斜面に跳ね返る。口元で手を丸めて、彼の耳元に怒鳴りつける：

「ナイフで熊手状の枝を切るんだ！　屋根をつくり返さねば

ならん！　安全になるようにな！……分かったか？」

「了解！」

突然、爆発音が我々の顔一面に降りかかってきて、人体が、何か量感があって音のするものに包まれて、一つ、二つ、三つとものすごい勢いで我々のど真ん中に倒れ込んできた。

「何だ？　乱暴な連中だな！」

「お前たちはやられたのか、えっ？」

だが息切れした声が愛想よく異議を唱える。

「相変わらず大げさだな、諸君。何も恨みはしないが」

「ピナールか！」

「そう、ピナールだよ。それにブレモンとベルナルデもいる。勇敢なんだ、我々はな！　仲間にパンを届けるのにおじけないよ！……腹ぺこの者は、順番に！」

四つん這いになって、料理を前に押しながら、ピナールは、スプーンを手にして、一人ひとりにそれぞれの食事を配っていく。銃弾が胸墻で弾けるたびに、彼は、羞恥心もなく、深々とおじぎする。

「知ってのように、わしはもめごとは好かん。銃撃戦などに係わり合うのはわしの仕事ではない。それに、お前さんがどうなろうと、ドイツ野郎がわしを苦しめるようなことになったら？……」

無数の銃弾がうなり飛び、森は爆音で増大した喧騒に満ちてくる。ピナールはほとんど走って、素早くステーキを放り投げ、差し出された飯盒の底にコメをスプーン数杯投げ入れると、立ちどまらず、振り返って言う：

「おーい、ブレモン、ベルナルデ、急いで荷物をまとめろ！　移動だ！……おい！　まさか、道具備品一式検査表を持ってこなかったんじゃないだろうな？　配分袋はあるな？　全部なかに入れるんだ。着いてから精算しよう」

三人とも、駆け足で小径に飛びこんでいき、泥に滑ってよろめき、枝につかまり、転び、また立ち上がって、やがて夜の闇に消えた。

いまや銃撃戦は敵戦線の全線にわたっている。わが塹壕では、兵たちが絶えず起き上がったり、跪いたりして、必要に応じてせかせかと姿勢を変えている。突然カチッという音がして心配になる。少なくともわが兵たちの一人が銃の遊底を動かしたのだ。

「出ていかれますか、中尉殿？」

「巡回してくるよ、パヌション」

結局、ほぼ安心して、パヌションのそばに戻ってくると、完璧に夜になっていた。前日同様、重苦しい暗闇が目に張りついてくる。しかし、今夜は銃撃戦の騒音で暗闇がまるごと息づいているようだ。

「奴らは右手から来るようです、中尉殿。我々をかき回そうとしています」

「パヌション、はっきり言うが、少しは静かにしてくれないか。お前は何も分かっていないな。あれは第八中隊のだ」

しかし、パヌションが正しいのは分かっている。あの右手で増大してくる鋭い銃撃は、森はずれから撃ってくるドイツ野郎のだ。銃声は刻一刻と威嚇的になっている。それは、我々が縮こまっている胸墻という防壁が役立たなくなるほどだ。恐らく胸部は隠してくれるが、両脇はがら空きになるだけだろう。それにドイツ野郎は前進している。我々は動こうにも動けない。彼らが少しだけでも、斜面を前進してくることは、敵の弾丸が障害物なく撃ってくるということだ。

「奴らは左側からも撃ってきますよ、中尉殿。そして我らが予備隊の背に回って、峡谷の底で合流するでしょう！　あぁ！　中尉殿、ご覧なさい。下の我らの小隊が我らの腰部を撃っています……捕虜だ！　殺される！　不愉快なことだ」

「黙れ！……まったく狂っているな」

捕虜！　そんなことがあり得るのか？　だが一体第八中隊の連中は何をしているんだ？　退却したのか？　それなら、我々は捕らえられる……彼らに伝令を送るか？　馬鹿げている。昨日、藁集めの使役当番が眠れる森で迷って、ただの夜の捕虜になったばかりだ。

夜が明けるし、もっと明るくなるだろう。だがどうでもよい、この時間に明かりが戻る？　夜は始まったばかりで、ドイツの襲撃縦隊は我々を絞めつけている。森の小径から前進してくる。平原の道路からも前進してくる。彼らは峡谷の底の右手を探索する。また、ヴワヴルの内部に張られた貧弱な防衛線を突破するとすぐに、左手に侵入してくるだろう……いまは突破したのだ。彼らはモンジルモンの尾根方向へ斜めに進んでいる。その音が聞こえる。彼らは我々を迂回していく。銃撃はすでに、ほぼ我々の背後で響いており、その鋭い音が彼らがドイツ野郎であることを十分示している。だがあそこの、あの第八中隊はあくまでも沈黙し続けている！

パヌションは私を避けて、動きまわる。次いで、ゆっくりと、口のなかでもぐもぐと、自分に語りかけるように、つぶやいた：

「ああ！　何ていう混乱だ！　やっぱりな、そうだとも！　おれは間違っていなかった。もうだめだ。別な風にはならなかった……ただもうちょっと待ってみろ、お前らは第二小隊の弾丸を尻に一発喰らうだろう」

彼の悲嘆、彼の錯乱は私に好意的な反応をもたらした。あれこれと推論し、私は信頼を取り戻した。我々の背後で警戒に当たっている者を思い浮かべる。私も知っている、水浸しの塹壕の底で、彼らの思いすべてが夜のうちに我々を結びつけたのだ。またポルションが彼らの真ん中にいて、夜のパニックで取り乱した二〇〇人の中隊に慎重さと抑制を強いることができたのだ――私はその能力を知っており、ほめ称えたいのだ。

「スエスム？」

「中尉殿？」

我々は耳を聾する大混乱のなかで互いに聞き取れるよう叫んだ。

「一斉射撃で撃て！」

「一斉射撃で、了解」

「高く、右手を狙わせろ」

「右手を、了解」

「急げ、私はリエージュに知らせて、戻ってくる」

リエージュ軍曹は静かに命令を聞いている。だが行こうとすると、私を追いかけてきて、呼び止めた‥

「中尉殿？」

「なんだ？」

「それは……それは、実際は〃決闘〃ということですか、その銃撃は？」

「そうだ、と思うよ」

「深刻な……重大事ですか？」

「そうなるかもしれない」

「ああ！　分かりました！　ああ！　分かりました」とリエージュが言う。「よかった！　決定的な援軍です、私には。はじめてです……部下たちに見せたかったんですよ、分かりますか？……彼らが本当に私を当てにできることを」

私が怒鳴っている命令に対し、周りでは一斉射撃の大音響が応える。次いで、別の耳を聾する一斉射撃が左手で、リエージュの部下たちによって放たれ、とどろいた。その後は、短い間隔で、二度の一斉射撃がわが塹壕から発して、眼下の葉陰を照らす一方で、遠くの森の下草をなぎ倒していく。

突然、パヌションが飛びこんできて、あまりに激しく飛びこんだので、銃の先端が屋根にぶつかり、乾いた音がした。

「ああ！……」とパヌションが言う。

果てしない嘆声で、息切れするまで続き、強い肉体的緊張が解けて、胸にのしかかっていた苦悩がやっと発散されたようだった。

「聞こえましたか、中尉殿？」

彼は返事をする暇を与えなかった。唇に言葉が次々と押し寄せてきたのだ‥

「第八中隊が！　巧妙な第八中隊が！　私は一斉射撃を二度聞き分けました。森で撃っているのは我々だけじゃないんです。彼らは退却しなかったのですよ！　我々と同じところにいたんです。はっきり聞きました、私は間違っていなかった」

彼の肩に手を置くと、なお彼が言う‥

「私は間違っていなかった、はっきりと言いますが！　ドイツ野郎はもう右手には前進してこないでしょう。確かです……ほら！……今度は聞こえましたか？」

確かに聞いた。一挙に、パヌションの大はしゃぎの興奮が私に移ってきた。

「ああ！　中尉殿、生き返りました！」彼が叫んだ。

なるほど、生のぬくもりそのものが、血が波うつ肉体に戻ってきた。私は信じがたいほど身が軽く、自分と出来事を制御できるのを感じた。

「一斉射撃で……狙え……撃て！」

一斉射撃は短く、確実に勝利を収めた。向こうでは、おうむ返しに、第八中隊の銃が応えた。パヌションは大喜びだ‥

「ブラヴォー、友よ！　ねえ、中尉殿、相当な人物ですね、彼らの大尉は？　万事柔軟に、潰されることもなく。ああ！彼があそこにいる！」

我らが銃撃に口籠《くつこ》をはめられたかのように、ドイツ人は前方で沈黙している。右手の、数時間前に垣間見た台地の方では、夜が静かに深々と広がっている。もういまは、平原の機関銃の弱まった発射音や、時おり、第六中隊のものと思われる友軍の銃撃の耳を聾する爆音しか聞こえない。わが兵たちは伸びをしたり、立ち上がったり、しびれた脚をのばしたりしている。

「たぶん今夜は寝られるだろうな」とリショムが敢えて言う。

「また何だい？」とビロレがからかう。「そこにいて、ベッドでもお望みかい？　静かにしているだけで十分じゃないのか？」

ブリエのゆっくりとした声も聞こえる‥

「せめて本当ならばな、静かにしておれることが。あの豚野郎どもがまた始めたのが聞こえないのか？」

東からの一陣の風が不規則な無数の爆発音を投げかけてきて、もうすぐそばで弾けているようだ。彼らの横糸が恐るべき速さで再び締まり、左手の空間を閉鎖し、まるで大きな網がヴワヴルから丘に這いあがってきて、その側面を覆い、絶えずむらのない強力な動きで我々の方に迫ってくるようだった。互いに身を寄せ合って、我々の命がかかっている、この見えないドラマの喧騒を苦々しく聞いていたが、まるで綱で手足を縛られたかのように、この泥まみれの壕に釘付けになってこれに余儀なく立ち会わされていたのだった。

半ば沈黙のときが過ぎ、わが兵たちの動けない状態が悲愴なものであることが分かった。この黒い塊り、この動かぬ影の小さな山、これが彼らなのだ。銃撃は近づいている。峡谷は喧騒の嵐に包まれ、銃撃は平原や山腹で激しく、森の樹木に当たって弾けている。時々、すぐ近くで響くのに、影のなかで、銃火の発するきらめきが見えないのには驚かされる。わが兵たちは意気阻喪して、無力化したか？　さあ、立て！　もう一度巡察だ……

枝の組み合わせの下でかがんで、その支えの杭に絶えずぶつかりながら、私は死体で一杯になったような塹壕沿いに歩いていく。暗闇のなかで踏んでしまう死体もあるが、生者であることを明かす叫び声も動きもない。他の者は私の手が肩に触れると、飛び起きる。彼ら、後者は夢の世界から出てきたような変わった声で叫ぶ：

「おい、なんだ？」

私はつとめて笑いながら、答える：

「おい！　どうした、トランソン、私だ……」

「そこで何している、プティブリュ、鼻を泥に突っ込んで？」

「でも、中尉殿」とプティブリュが言う。「あれが聞こえませんか？　彼らはあの後ろにいます。あそこにいると予想できます。この真っ暗闇で、どうしろと言われるんで？」

ほぼ全員が彼と同じだ。暗闇に閉じ込められて、泥だらけの胸墻に張りついて、あまりに長い神経質な緊張に疲れ切って、彼らは固定観念に囚われていた。捕虜になるか銃弾で死ぬかである。腕で頭を隠して、動かず、ただ待っているのだ。

ほとんど私の足下に、枝がへし折れて飛んでくる。大きな影が突如前方に現れ、同時に、道に迷った男のためらいがちの声が我々の方に上がってくる。

「この辺りに第七中隊の者はいるか？」

私は一跳びで起き上がって、腕を差しのべた：

「君か、ポルション？」

「そうだ、おお！　君か」

彼が私のそばに落ちてくる。彼の肩が、私の肩にもたれかかり、息を弾ませて上下する。

「ぼくは確認したかった」と彼は言う。「それで調べに行った……だが分からなかった……ここで君と一緒になるとは信じられないよ」

彼の手を握っていたが、つぶれた冷たい泥がついており、汗で湿って、温かい。

「転んだのかい？」

「一〇回、いや五〇回か。もう分からない。もう何も分からない」

思い出で重くなったように、ゆっくりとした声音で言う：

「聞いてくれ、見てきたことすべて、すべてを……今夜は最悪だ」

彼は大きく身ぶるいした。次いで、しゃがれた咳で揺さぶられ、あまりに激しく揺さぶられたので、両手を胸に当てて、身を二つに折り曲げねばならなかった。

「熱があるんだ」と彼が言う。「調子が悪い……なあ、君、これからどうなるのだろう？」

話したかったが、できない。友情を込めて、もっと強く、彼の燃えるような手を握った。周りでは、夜の暗闇が深まり、至るところで銃声がしている。我々は目を閉じたままだ。もう聞きたくもない。どこから飛んできたか知ったところで何になる？ 暗闇をついて弾雨が前方や側面、後ろと至るところに襲いかかってくるのだから。互いに身を寄せ合って、黙って坐り、意気消沈して、我々は、先ほどプティブリュが泥の水たまりに横になって予想していたように、予想していた。また彼が疲れて弱々しい声で繰り返しているのが聞こえる‥

「中尉殿、私は予想しています。彼らはあそこにいると予想できます……この真っ暗闇で、どうしろと言われるんで？」

強く冷たい風が吹き去る。風に乗って、奇妙な叫び声、犬の吠え声にも似た奇妙にしゃがれた呼び声が聞こえてくる。

「なんだ？」とポルションが言う。

私の腕をつかんで、かかんで言う‥

「ドイツ野郎か？」

「そうだと思う」

一発の銃弾が闇を叩きつけ、続けて数発が風のなかで弾けるが、音があまりに明瞭かつ強いので、至近距離で撃たれたかと思うほどだった。

「やれやれ」とポルションが言う。「そこに来ているのか？ よしそれなら、目に物を見せてくれる！」

彼は身を起こすと、全身ですくと立ち上がった。そして大混乱の騒音よりも大きく、彼の声が激しく、熱烈にとどろく‥

「〔銃剣を〕着剣！」

するとすぐに、生き生きとした慄《おのの》きで夜が活気づいてくる。密集した人影が浮かび上がり、壁にも似て長い頑丈な塊りを成すまでになる。鞘《さや》から引き抜かれた鋼鉄の刃の擦れる明い音、銃の上帯にぶつかる握りの金属音が徐々に近くなって聞こえてくる。

ポルションは誇り高く勇しい笑顔で微笑みかけてくる‥

「全員！」と私に言う。「奴らを全員倒すぞ！」

次に、立っている兵たちに向かって叫ぶ‥

「なんだ、どうした、お前たちは眠っているのか、怠け者か？ 目を覚ましているのか？ ドイツ野郎に用心しろ！」

我らが兵たちの力そのもの、突然見事に明かされたこの力にとらえられて、我々は高揚した。今や、絶えず意識的に注意して、銃撃、その厚み、その高まり、その空隙を聞き取る。

「もう右手には何もないな？」

「そう、もう何もない」

「前方は？」

「遠くから、彼らの塹壕から撃って来ている」

「左手は相変わらず深刻な状況か？」

「そのようだ。だが第六中隊がもちこたえている」

「それじゃ、後方、峡谷は？」

「孤立している。若干の斥候隊が裂け目からすり抜けた。戻ってくるか、つかまるかだ」

「だがそれでは？……」

夜の闇が薄れる。我々は、先ほど息苦しく感じていた混乱状態のなかで、急にひどく明るく見えるのに驚き、喜び、ほっとした。

「馬鹿げているな」とポルションが言う。ついで、声を張り上げる：

「銃剣を戻せ！」

ガチャガチャいう音が長々と戦線を走る。兵たちはまた動かなくなる。だがもう前とは違い、彼らの力は、それを自覚した後、覚醒したままであるのを感じる。

「あいつらは逃げたな」とジェルボが言う。

実際、左手では、銃撃がはっきりと弱まって、段々と遠ざかり、長く間があいている。傷ついた動物と同じく、激しく昂揚飛翔した後、消えたのだ。そうした間にも、風は枝葉を揺らさなくなり、樫の大木はまどろみ、雑木林は闇で深く包まれている。霧雨が降っていた。

ポルションは握手すると、小径の方に消えていった。しばし、泥道を行く彼の足音、枝葉が擦れるのを聞いていた。塹壕の片隅に行くと、パヌションが共寝するじめじめした寝床で私を待っていた。私が近づくと暗がりでも見抜いて、呼び止める：

「こっちです、中尉殿、もう少し上。突き出ている太い杭に注意してください。ちょっと前にぶつかりましたから……私の手をつかんで。これが毛布です。坐ってください……まあ、多少はましです！」

細かい雨が葉を濡らしている。身にしみる寒さで、体が凍える。

「よし！」とパヌションが言う。「こんどは別問題だ。凍えて、あちこちが痛くて、くたばってしまいたいほどですよ」

「どうしたというのだ？」

「本当のところ、中尉殿、誓って言いますが、また同じことに、困難が多すぎます。ますます銃弾が増え、泥に水たまりで、睡眠も食事も不足、不十分、いつも困難ばかりです。まったくくたびれます、ほんとに。もう疲れ果てて、勇気も出ません」

「そうは言ってもな……明日になればもう考えなくなるよ」

「そう思いますか？　それでは、言いますが、もううんざりで、こんな夜を何度も見るのはごめん被りたいですね。ひどい影響をうけたままで、たぶんそう簡単には立ち直れないでしょう。楽しみも、陽気さも、幸運もない……まるで、一挙に歳とったみたいで……」

彼は跪くと、腕の下に毛布を巻いて、横になった：

「私の言うことが信じられないでしょう、中尉殿？　それでも明日、明るくなってから、小隊の者たちを見ることですね。彼らがふけこんだかどうか、目を見れば分かるでしょうから」

彼の声が変わり、かたくなに、不自然になった。私の知らない声だ。彼が隠れている暗い隅から、内にこもった、耳ざわりな声が重苦しい夜にささやきかける：

「いま、戦争というものが分かった……」

＊

両拳で瞼をこすってみる。鉛の覆いがかかったように重く、絶えず目に垂れてくる……

「中尉殿！　中尉殿！」

「えっ？　ヴォーティエか！」

薄明かりの影のなかに、伝令が現れ、跪いて、私をのぞき込んでいる。飛び起きた。

「交代か？」

「はい、中尉殿。もう来ています」

えっ！　なんだって！……眠っていたとは。

「軍曹たちに知らせたか？」

「はい。全員もう装備しています」

パヌションは立って、葉の庇の下で背をかがめ、欠伸しながら、背嚢を締めている。一歩外に出ようとしてよろめき、ハシバミの茎にしがみつく。

「畜生！　ぐっすり眠っていたのに！　わが脚は軟弱だ」

急な小径の行進は骨が折れる。濡れた粘土は雨氷よりも滑りやすい。だが急いで下り、樹間をすり抜けていくと、通るたびに枯葉がサクサクと鳴っている。下の小川を渡り、反対斜面を、駄獣の首輪のように背嚢の重みで後ろに引っ張られながら、よじ登る。

「停止！　一分間休憩！」

索漠たるモンジルモンの麓の森はずれで、兵たちはグループになって、ひと息ついている。彼らはくたびれ果てて、沈黙している。何人かは、銃を背に立て、銃身の先に背嚢をもたせかけて肩を軽くしている。やがて、彼らは全身で奇妙にふらふら揺れて、急にはっとして身を起こし、また揺れている。眠っていたのだ。

「前進！」

この野原の粘土は靴底に張りつき、徐々に厚い層となって靴に付着してくるので、足が重くなる。だが銃弾は峡谷上を飛び交い、周りで弾けて、水たまりの泥をほとばしらせる。我々の歩調は速まり、各小隊は陰鬱な荒地に伸びて、よどんだ水で一杯の漏斗孔の間をジグザグに進んで行く。背後の森は相変わらずその重々しい塊りを、この時間白みがかった空に黒々と浮かび上がらせている。それはまるで、我々を後から追ってきて、過ぎゆく夜の恐怖がそれだけ一層つきまとってくるようだった。右手では、モンジルモンが荒涼とした斜面をひろげ、しなびた木々の並びがうち震えていた。左手では、レ・ゼパルジュのはげ山の稜線が水しぶきでかすんでいる。陰気な二つの丘、暗い森、頭上にかかる低い空、足下のしつこい粘土、こうした寂寞とした風景が我々に襲いかかって抑えつけ、我々にはもはや色あせた、癒しがたい倦怠感しか残らなかった。

「おや！　道路だ」とヴォーティエが言う。

踵の鋲が小石の上で音を立てている。兵たちは大きく空を蹴って、靴底についた土塊を引きはがしている。

「こいつはお前のだ！」とゴベールが言う。

彼の靴先から、大きなねばねばした大きな塊りが頭上高く飛んで、コンパンの飯盒にべったりとついた。

「ぴったりだ！」

分隊全員が大笑いした。

我々は淡灰色の靄がかかっている谷間に入った。靄は草地を南の方に流れ、細やかな銀色のなかに稜線が浮かび上がっている、樹木の多い高地の間を綿のように丸まって漂っている。格子垣で囲まれた果樹園に沿って行くと、平屋建てのムーズ式の家屋が現れる。

「なかなかシックだな！　村だ！　あれはレ・ゼパルジュか？」

「それほど壊れていないな。鐘楼も立ったままだ」

「なあ、リーヴ大尉を見たか？　小さな石の十字架を背にしていた。牛乳を飲んでいたよ。大きな椀にたっぷり一杯な」

「牛乳か、それはいいな」

前を行くパヌションは足を高く上げて歩いている。こうべを巡らし、何か詮索している。やがてぴたっと止まった。何を見つけたのか？　銃を負い紐から滑り落とすとヴォーティエの手に投げた。今度はねじ曲がった木を猛烈に揺すって、ひょろ長い紫色の果樹の下で背をのばしている。

「おい！　大量にあるぞ、雑嚢を渡せ！　たくさんあるぞ！　たくさん！」

兵たちは列から出て、道路端に植わったクエッチの木に殺到する。やがて、どの木の幹にも、一人が両手でしがみついて揺さぶり、跪いた仲間たちの腰あたりにスモモの雨を降らせている。雑嚢は膨れ上がり、飯盒は一杯になる。兵たちが再び起き上がると、外套の裾に縫い付けた大きなポケットが彼らの膝に強く当たった。

「位置に戻れ！　ビロレ、トランソン！　もう十分だろう！」

彼らはたくさんのクエッチを手にし、口に入れて頬をでこぼこに膨らまし、陽気さで目が明るくなっていた。

「なあ、分かるかい」とコンパンが隣りのジェルボに言う。「やりすぎてはいかんのだ。雲が出てきて、霧が雨に変わる。遠くからでも見える。あそこにドイツ野郎がいるんだ」ジェルボが吹きだした。

「ドイツ野郎がいるって？　それで？　我々が怖れるとでもいうのかい？」

我々は谷のもう一つの斜面に近づく。険しい道が迎えてくれる。兵たちは高い斜面に挑むとき、ほぼ全員が振り向いて、敵の稜線に最後の一瞥を投げかけている。稜線は柳に縁どられたロンジョ川を越えてのび、野原の真ん中にある平たい家々を見下ろしていた。斜面は一層高くなっている。我々はいまやその間で、畝溝《うねみぞ》のくぼみのなかのヤマウズラ同然だ。頭上では、晴れわたった空が曇ってきた。前方には、アンブロンヴィルの森がブナ林の安全確実な避難所を提供してくれる。

「歌でも歌うか？」とピネが提案する。「ロラン、黄金の声のお前だ！」

「よろしいですか、中尉殿？」とロランが訊く。

「よし」

ロランはケピ帽を首の後ろにすると、「立派な粉挽き屋」の歌を声を張り上げて歌う：

あの丘の上に
腕のいい粉挽き屋がいる

だが、せわしいトロットの足音が響く。息切れして途切れがちの声が叫ぶ：

「すぐ取りに行くぞ……畜生……あそこに立派なのがあるぞ！……おい、ヴォーティエ、銃をくれ……大きいぞ！」

パヌションは、私の横で、頬を赤くし、目をきらきら光らせ、斜めにかぶったケピ帽の下で髪を振り乱して突如立ち上がった。クエッチで一杯の雑嚢が腹の上ではずんでいる。もう一つは尻の上ではねている。クエッチで膨らんだ口からは唇の端から二筋のシロップの液が流れ落ちている。

「例の有名なプラムです！　中尉殿。まるで蜜のような……だが連中は寝ころがっているな！」

「行く先を知っているからだろう」

「カロンヌに？」

「そうだ、十字路にだ」

「ああ！　そりゃいい！　乾燥した藁で一杯の掩蔽壕があります！　スープのときだけ起きればいいし。それに何が送られてくるやら！　熱いブイヨンスープ、コーンビーフではなく本物の牛肉、コメではなくジャガイモ、また……当ててご覧なさい！」

　パヌションの顔は子供のような陽気さで輝いている。下から、珍妙な、小皺で引きつった目で私を見つめている。

「ジャムもか！」

「いえ、ありません」

　彼を失望させたくなかった。私は全くの演技で、茫然自失の体で眉根をあげ、目を見開いて見せた。

「ほんとうはあるんですよ、中尉殿。プラムのジャム！〝大鍋〟一杯の！　配給用砂糖があれば、ああ！　それに、それにもっとあればな！……」

　今度は微笑むと、それが突然、彼を不思議がらせた。

「なぜ笑うんですか、中尉殿？」

「お前が考えを変えたのかと思ったんだよ、パヌション」

「なぜそう思われたんですか、中尉殿？」

「まあ、それはな……昨夜はどうしたんだ？」

　彼は赤くなり、どぎまぎして人差し指でこめかみを掻いた。


長らく、一言も口をきかず、前方に視線をさまよわせていた。つまずいて私にぶつかると、途端に物思いから覚めた。そしてちゃんと元に戻ると、私を見つめた。

「ええ、確かに。考えを変えました。説明しましょうか？……その前に他言しないと約束してもらわないと。そうでないと話したくなくなりますから。言いたくないことまで言わされることになります。約束してもらえますか？」

「約束するよ」

「それじゃ言いますが、戦争は当初思ったほど単純ではなかったということです。戦争には、全てがあります。よいことも、悪いことも。特に悪いことが、しかし時おり、よいこともあります。ただし……聞いていますか？」

「もちろん、聞いているよ」

「ただし、戦争で悪いことというのは、悪は悪でも、最悪のこと、恐るべき悪いことです。問題はこうです。二つの厄介ごとの間、例えば、大混乱と雨のなかでの二晩の間、ほんの僅かなよいことが滑り込み、ほんの少しの幸運が鼻先だけ見えます……しかし、中尉殿、私同様、何が起こったのかご存知です。すぐには状況が分からないまま、そこに駆けつけ、身を投じます……ああ！　我々のところでは、誰にも難しくはありません。僅かなことで満足するにしろ、まず満足していれば、それがどうだと言うのでしょう？」

「だがパヌション、それがまさに我々の力の秘密の一つだよ。ごく小さなどんな喜びでも、幸福になることができる」

「その通りです、中尉殿。ですから、よくあるように、例えば、昨夜のように、勇気を奮い起こすのにひと苦労するとき、生きることへの意欲を再びもつには、ごく僅かの喜びで十分なのです。生を無益なことに使う資格を得るのに、そんなに力がいりますか？　我々はただの人間に過ぎないですよね、中尉殿？」

IV　カロンヌの十字路

一〇月二〇—二二日

「昨夜の銃撃戦でヴェヌシーだけがやられたと確信できるかい？」とポルションが言う……「ほぼ明け方までは、あそこに部下たちの半分は残っているだろうと思っていた」

「わが兵のプティブリュは全員と言っていた」

「それでは、全員戻るのか！……考えにくいな」

停止命令で縦隊が止まった。各小隊が互いにかたまって、その場で足踏みしている。がやがやいう声がその頭上で少しずつ増してくる。

「おはよう、若いの」

「おはよう、プレートル。元気かい？」

「ああ、何とか息をしているよ」

「で、マルニエは？」

中尉はそっと肩をあげた。彼のいつもの冷静な眼差しが暗くなる。

「マルニエか？　あそこへ置いてきたよ」

「やられたのか？」

「額の真ん中に一発だ。ドイツ野郎は暗闇を前進してきた。彼は見ようとして、胸墻の上に顔を出した。相手とばったり出会って、叫び声もあげられなかった」

「遺体は？」

「収容したから、あそこにある。少なくとも棺桶に入れてやらないとな」

また不意に命令が出て、我々は別れた。長引く雨のなか、再び行進が始まる。泥水化した道路を歩いて行くが、路上には、増水した川に運ばれてきた、溺れた獣の脇腹にも似た小石だらけのでこぼこが現れていた。靴、ゲートル、ズボンには、はねた泥がねばねばした塗料のようについていた。外套の裾は、同じような黄色っぽい塗料が縁飾りについており、歩くたびに、ねばつく重みでふくらはぎを打っていた。

「第七中隊そこで停止、中尉殿」

プレルが片手で、車道で二つに分けられた長い掩蔽壕を示した。そこは水浸しになった枝葉で覆われていた。壕底に散らばった藁には、急場しのぎの雨樋から、水が滴《したた》り落ちていた。
「あれ見たか」とピネが言う。
ジェルボが口元も苦々しく、頬をぴくぴくとふるわせ、どもって言う：
「あれで……わしのリュ……マチが治るのかな」
元外人部隊のビュトレルは普段よりもずっと蒼白く、青い瞳が突如黒っぽくなって、背嚢を藁寝床の上に放り投げた：
「ああ！　畜生！　病気かどうか知らんが、明日の朝は、熱が出るだろうな」

ダヴリルの掩蔽壕は平たい石の屋根と地面すれすれで、その石灰石の白さが枯葉の褐色の広がりの上に明るい小島の斑点を描いていた。既にその隙間には、イネ科のか細い雑草が数本、大きな裸木の下で淡い緑色となって生えていた。

「さあ、入って！　内部は見ておくべきだよ」とダヴリルが招じ入れた。

彼の後にかがんで入り、階段の内面壁で袖をこすりながら、そそり立つように切り取られた急な固い四段を下りた。ダヴリルが私の腕をつかんで言う：

「そこの左手の藁の上に坐って。そこなら、うまく坐れば、四人はくつろげる……坐れたかい？　少し詰めて。隣りへいくよ」

厚い寝床が彼の体の重みできしむ。煙のなかで、私の頭と同じ高さで、彼の童顔が見え、金色の産毛《うぶげ》で陰影のついたバラ色の顔が、高くかぎ状に曲がって、そばかすが点々とついた頑丈そうな鼻でかろうじて男らしくなっていた。

「ポルション、きみが坐るのは丸太だ。すばらしい席だよ。まあ、そんな風に向きを変えないで。なかでぶつかるよ」

「でもここでは、何も見えないんだ！」

こんもりした白煙が仕切り壁沿いにゆっくり上がって、丸太と石の間につくられた穴に吸い込まれていく。突風に吹き下ろされると、我々は咳きこみ、涙がでる。やっと火花が弾ける。煙る炉床は辺りを照らす炎で一杯だ。短い炎が突然燃え上がり、一挙にぱっと高く輝き開くので、壕全体に暖かい光が広がっていった。

「畜生！　やっぱりいいもんだな！」とポルションが叫ぶ。

「ところで、ラヴォは来ないのかい？」とダヴリルが尋ねる。

「そうだ、病気なんだ。彼の分隊はカロンヌの、ヴェルダン方面にいる。ぼくもそこから来たが、泥だらけの、腐った枯葉で一杯の塹壕だ。彼は壕底で横になって、震えていた」

「彼は暖まりに来るのを拒んだのかい？」

「頑固にな」

「ラバだな！」

「ああ！　独りになりたかったんだ。鬱の発作だな。二週間前から、ふさぎの虫がはびこっているんだよ」

　外では、大きな靴が階段をこすって下りてくる。人影が入口をふさぎ、炎の明かりのなかに、炊飯兵のシルヴァンドルの、褐色の皮膚の下で脂ぎってたるんだ顔が現れた。背をかがめて、柔和だが虚《うつ》ろな視線を放つ、奇妙な瞳の上で瞼を見開いて、顎の真ん中で切り傷と深いくぼみを分けている、黒い毛の二つの房をよじらせている。

「夕食の準備はできたか？」

「できています」

「メニューは？」

「ごちそうですよ、中尉殿！　サーロイン、自前なら、一ポンド三〇スー払ってもいいほどの肉、ちょっとした美味なもの……」

「ほかには？」

「ヌードル。コキーユ〔帆立貝の殻に具を入れホワイトソースをまぶしてオーブンで焼いた料理〕はありませんがね！　高級コニャック。美味《おい》しいグリュイエールチーズ四分の一もおろしておきました……まかしといてください、栄養たっぷりですから」

　彼は振り向くと、外に出ていった。入口の下で用意している間、彼は短い上着の下で、ズボンの赤いラシャ地がぴんと張って見える上に、幅広の折り返しを一杯に見せていた。

　いまや、我らが仲間の塹壕は生暖かくなっている。鶴嘴で掘り返され、むき出しにされたひげ根の先で、水滴がきらきらとうち震えていた。

「さあ、ローストビーフです」とシルヴァンドルが告げた。「固くならないようなかに脂身を少々差し込んでおきました。この種の肉にはそうした懸念がありますから」

　ダヴリルは横でくつろいでいた。水と泥で固くなった革の行進用の編上靴を脱ぐと、背嚢から黒いフェルトの上靴を取り出した。

「これを見てくれ。柔らかく、あったかくなってくれればなあ！……」と彼が子供のように微笑んで言う。

　彼は言い淀んで、耳のつけ根まで赤くなる。

「そう、ぼくはかなりがさつ者だった……それには訳がある。なにしろ銃後から来たのだから……それに少々忘れられていたし」

「とりわけ、君はなあ、まったく何も経験していないからな。非難するわけじゃないが……九月六日、君はソメーヌで負傷したよな？　ランベルクールもヴォー＝マリも、オモンの森もロクロンも、ほかのこと、重砲弾や弾雨、泥水、黴の生えた丸パン、生のカブラなど何も知らないんだ……だから、幾晩もこれらの思い出の塊りがどんなに重くのしかかってくるのか想像もできない……それに、思い出が蘇っても、決して、決してそれだけじゃないよ。後悔の念が一緒にやってくる。そうなると、もう前もって負けたも同然さ。あと、することは一つだけだ。ひとり隠れること、さっきのラヴォのようにな、それから眠れば自由になれることを願って、眠れるように努めることだけだよ」

「それじゃ、ぼくがそういうことに何も気がつかなかったとでも思っているのかい？」とダヴリルが答える。「君たちは慣れてしまって、もう見えない諸々の些事が、ぼくの心にはショックとなるんだ。ぼくがまっすぐで強いと思っていた男の曲がった背。着古して擦り切れた外套で震えていた哀れな奴がぼくの新調の服を見るときの視線……六日前に合流してから、この数週間受けてきた安楽さが恥ずかしかったよ。だがそれは、戦闘で受けた傷を代償にして得たものだ！……ぼくが弁解するとすれば、急いで戻ってきたこと、回復するとすぐ、君たちのなか、隊列にあるぼくの実際の位置に復帰したことだ……」

そしてダヴリルは優しく微笑んで付け加えた：「まあ、諸君にまた会えてとても嬉しいと言う必要もないが」

彼が黙るとすぐ、鍋釜類の騒音が我々の注意を敷居の方に引きつけた。愚痴っぽく滑稽なシルヴァンドルの声が外の暗闇のなかで響いた：

「ああ！　畜生！……ああ！　まったくもう！……ああ！大失敗だ！」

彼の声が再びあがり、ぶつぶつ文句を言うのが聞こえる：

「どこだ、あの大鍋は？　どこだ、あの大切な豚児《とんじ》の大鍋は？」

そして哀れっぽく、我々に助けを求める：

「そこから出てきてくださいよ……やられました。ヌードルをなくしてしまった！」

蠟燭の明かりで、彼がその肥満体には狭すぎる階段で立ち往生しているのが見えた。大鍋は側面に引っかかって、地面にグリュイエールチーズ入りのヌードルの柔らかく白い液を垂れ流していた。

「助かった！」とシルヴァンドルは叫んだ。「鍋はひっくり返ってはいなかった！」

ウインクすると、断固として手を裏返して、彼はねばつくヌードルをすくい取ると、鍋に押し込み、勝ち誇ってそれを我々の方に掲げた：

「ヌードルさまだ！　ヌードルさま、さまだ！　何もなくならなかった！」

＊

「すみません、中尉殿。なかはどこに靴を置けばよいのか分からないほど窮屈だったので」

　立ち上がって、影のなかを歩いてきたのは、伝令のシャペルだ。彼が、入口をふさいでいる柵を揺すって、出るためそれをのけようとしている音が聞こえる。突然それが開くと、大きく開いた戸口から白く冷たい日の光が塹壕の小屋に流れ込んできた。毛布の下で、兵たちがもぞもぞと動き、次々と頭をあげている。

「おはようございます、中尉殿！」

　今度は率直な顔つきのヴォーティエだ。褐色の大きな目が微笑みかけ、口にはほとんど髭はなく、健康そうな歯が輝きのぞいている。

「おはようございます、中尉殿！」

　次は縮れた黒い顎鬚のピュトマン給養下士官だ。それに黄色い前髪のビロレ、赤い鼻のレノーもいる。

「おはよう」

　最後は、ポルションが目を開けている。彼はひと揺すりして坐ると、腕をのばして頭上にかけてあるケピ帽を取ってかぶり、外套の襟を耳の上にあげた。

「さあ、行こうか？」

　凍てついた湿気が空中に漂っている。濡れそぼった木の葉から発散した薄い霧が地面すれすれにもやっており、その上に樹木から緩やかに流れ落ちた雨が静かな音を立てている。すでに全員が掩蔽壕を出ていた。彼らの黒っぽい外套がブナの樹幹の間をさまよっているのが見える。

　パヌションが遠くから私に気づくと、駆け寄ってきた。寝不足で瞼がはれぼったくなっている。藁のかけらが襟巻の縁に引っかかったままだ。

「よく眠れたか、中隊では？」

「ああ！　中尉殿。はい、などと言ったら嘘になります。雨で震えていました。病人もいます……」

「誰が？」

「それが、ジロドゥです。一晩中空咳をしていました。軍医殿は悪性の気管支炎だと……ジレはチフスかもしれないとも……それにビュトレルも……ほら、ちょうど、担架兵が彼を運び出しています」

　担架の褐色の布地の上で、ビュトレルの細い顔が一層痩せたように見える。皮膚は頬骨に張りつき、厚い黒ずんだ色がかぶさっている瞼を除いて、一様に黄色い。

「私をよく見てくれますか、中尉殿」と彼［ビュトレル］が言う。「中尉殿の考えを私が当ててみましょうか？……昨日ここに来たとき、私が咳をしていたことをご記憶でしょう。そのときこう思われた。〝ビュトレルというこの古手の不良は外人部隊に五年いたのだ。策略、小細工、これらが全部彼の雑嚢に入っているんだ……そこで、この男は蒼白い顔つきを装って、ニース行きの切符を要求したのだ〟と考えられた……」

彼は震えを抑えるため顎を引き締めた。そして憔悴したように微笑んで言う。

「もうその必要はありません、中尉殿。そんな風に考えられたとなると、気が滅入るんです。誓って言いますが、私が黄ばんだ顔つきをしていても、実際にはピクリン酸〔爆発性可燃物の黄色のニトロ化合物〕のような危険物はありませんので……信じてもらえますか？」

私は彼が毛布の覆いから差しのばしてきた手を握った。

「出発する前に、中尉殿、もう一度、撤退させられたくないと申し上げたかった。救護所で、せいぜい一週間もすれば、発作が治まるので、それを待ちます……その後、補足治療がなければ、またお会いできるでしょう」

掩蔽壕の入口で私に呼びかけるポルションの声を聞いたとき、運搬人たちはまだ道路に達していなかった。

「急いで、こっちへ来てくれ！……連隊から命令が来ている。すぐに兵たちに装備させて、任意のところ、どこかの木陰の下に集合せよとのことだ。スープの時間まで、一時間の小隊教練、武器操作と隊形編成」

「本当か？」

「一時間だ。命令は伝達したぞ」

結局は、部下たちに装備を整えさせた。彼らは私の前に整列し、私を見つめている。彼らは何を考えているのだろうか？

「気をつけ！」

いまどこにいるのだろう？　向こうはレ・ゼパルジュだが、昨日は林のなかにいた。銃声がしパチパチと弾けて、銃弾がうなり飛んできて、あちこちに当たっていた。ねばつくような暗闇のなかで、それが一晩中続いた。次いで、何時間も雨が腰にあたって降っていた。

「膝をつけ！」

「立て！」

向こうでぶつぶつ文句を言う。誰かが話しかけてくる。

「なんだ、ジェルボ？」

「もう……もうできません、中尉殿」

「そうか、じゃ休憩しろ」

彼は身を二つに折って、まるで鉛の靴を履いているようにリュウマチの足をあげて、去ってゆく。

「気をつけ！」

だらけた緊張が隊列に流れる。わが部下たち、彼らが再び私を見つめる。

「肩に銃《つつ》……黙れ！」

　頭上で、銃が揺れ傾く。兵営の思い出が私の記憶に付きまとい、番犬の唸り声がよみがえる。あの時代は、何の値打ちもなかった！……銃の閃光を見ることも！……〔三角陣地の〕防御体を爆破することも！

　いまは銃の操作教練をしている。そのために一時間もある。だが、これを指揮している私は、どうして、この全員の目の底に沈黙の突き刺すような非難を見ずにいられようか？　彼らがどんなにうんざりしていることか！　彼らの体はたわみ、くぼんでいる。大地に抗いがたく引き寄せられ、呼ばれているようだ。レ・ゼパルジュ、夜、銃弾、雨、泥、長い夜警……かくも多くの疲労！

　さらに四五分の教練。

「手を見せてくれ」とポルションが言う。

　手のひらを返して、彼に見せる。

「思っていたとおりだ。ひどいな……裏返してみろよ」

　面白そうなので、素直に従う。

「この爪！　この爪！　恥を知れ！」

　いったいどうしたと言うんだ？　彼はどんな結果を予想していたんだ？　私は目で彼の手を探し、彼がポケットに突っ込んだままなのを見て、叫んだ：

「君は洗ったのか？」

「なあ、君、気づくのにえらく時間がかかったな。すぐに分かるだろうと思ったのに。ほら！」

　彼の両手が一緒に出てきて、まだ冷たい水が残っているように、みずみずしく赤い手が現れた。

「脚、鼻づら、頭、歯、手足！　ぼくは全部ブラシをかけ、洗って、垢を落とした！　生き返ったよ、君、生き返ったよ！」

「だがどうやって？」

「そう詮索するな。ムイイから来たんだよ。あの道を知っているよな？　だから……」

　私は掩蔽壕に飛び込むと、背嚢からなかに巻いてあったタオル、ごたまぜの洗面具一式を引き出した。そして数瞬後には、よく知っている村の方に駆けだしていた。

　もう森はずれか？　大急ぎで歩いた。右手に、いじけた樅の木が散在する、哀れな荒地が見え、毎日の七七ミリ砲でえぐり取られていた。左手には、何とも知れぬ収穫物の残骸が腐っていた斜面状の畑の向こうに、スヌーの丘が、険しいが、木立のうねりで和らいだプロフィールで延びていた。

　歩くたびに思い出が湧きあがる。あの道路端の空っぽの塹壕、九月二四日から二五日のくたびれ果てた長く不確かな行軍の後、そこを占拠した。戦闘を終えたばかりで、頭の中はまだ荒々しい狂騒でぶんぶん唸っていた。

それにあの墓！　白い石で縁どられ、柊《ひいらぎ》の枝で覆われた広い、三人の砲兵の墓があった。また、狭く盛られた、腐植土の下で、圧力に押しつぶされて縮こまってしまった人体の形を思わせる、ごく小さな歩兵たちの墓もあった。粗末な十字架さえも既に無くなった墓もある。それは、靴底から抜いた鋲と柳の小枝、紐を寄せ集めて、二本の折れ枝でできていた……長くはもたなかった。釘はさび、木はひび割れていた。長雨が続いたので、腐った紐がとけてしまったのである。もう十字架はない。この平野が戦争の舞台になったのは先月、まだ先月のことなのだ！

今日の日差しは軽やかで滑らか、心地よい。道路の轍はまだ雨水で一杯のままで、前方に明るく長い線となっている。近くに見える地平線の上には、白煙が上がっており、谷間の起伏に隠れた村があることを告げている。ほどなく鐘楼の雄鶏、次に亜鉛の屋根の覆いが見えてくる。そして道路が急に下り、足下にムイイの眺望が開けてくる。

白い家、青い家が野原の黄緑色で際立って見える。壁にできたいくつかの黒い裂け目や、瓦屋根にぽかんと開いた、いくつかの穴は、もううんざりするが、こうした家並みに降りそそいだ一斉射撃の砲弾を思い出させる。しかし大気の澄んだ透明さが、これらの損壊した状況を忘れさせてくれる。まだ目に見えるが、もう生々しくはない。村は、過去に傷ついたが、いまはもう苦しみなどないかのようだ。

飛行機が一機もうろつかなくなったこの頃は、人々の暮しが動き始めている。下に見える広場では、通りに沿って、赤と青のピグミーのような人影が行ったり来たりし、すれちがい、近寄り、集まって、やがて消えていく。使役の小分隊が、まばらな四列となって「野営用具」の金属片をキラキラさせて通り過ぎる。ぐずぐずしてはいられない。時計はもう三時を指している。村に入ると、多くの知らない兵たちとすれちがう。彼らは抑揚に富んだ訛《なま》りで、プロヴァンスの仲間たちと声をかけ合っている。彼らは日増しに、ムーズの家々のなじみ客になっていた。彼らの黒い目や日に焼けた肌にはもう寒そうな空の下でも、驚かなくなっている。

「おや、中尉殿も、ですか？」

スエスムが、通りがかりに親しく声をかけてくる。彼は二〇人ばかりの分遣隊とともに共同洗濯場から上がってきた。ジェルヴェとベルナールにも会ったが、それぞれが腕にタオルを抱えたり、ズボンのポケットから半ば垂らしている、洗い立てのポワリュの小集団を連れている。

ここの左手がサン・レミ街道だ。パヌションとビロレがかつて賄《まかな》い方にしていたあの家はそこから行ったところだが、そこは今から三週間前、まさに平和な昼下がり、私が彼らと一緒に過ごした家だ。

遠くから、二つの正面壁の間に白い正面壁が見える。家の前の砲弾の穴で道路の一部が吹っ飛んでいた。だが壁は頑丈で、多少えぐり取られているが、まだ立っている。納屋は開いている。通りがかりの薄暗がりのなかで、鹿毛色の馬の尻が見えた。もう一頭は道路に向けて、白い鼻づらと穏やかな大きい黒い目を見せている。ドアを押して入る。まるで自分の家に帰ってきたようだ。

ひとりではない。私が入ると、二人の猟歩兵が立ち上がる。パイプを左手にし、敬礼してくる。

「いいよ、いいよ！　構わないでくれ……知っているから」

円卓が前にある。もっと奥の右隅には、赤いインド更紗の掛け幕付きのベッドがある。ベッドの脚もとには、見事な銅製の長櫃《ながびつ》が置いてある。だがなんと乱雑なことか！　泥のついた羽ふとんは床をすべり、平たい藁ふとんはベッドの枠までひしゃげている。卓上には、油じみた盛り皿や汚れた取り皿の山が、たくさんの、コーヒー滓で茶色くなったか、配給用ワインで紫色の輪のついた怪しげなコップとともに積まれていた。パンの皮が埃で灰色になって地面に散らばり、潰れたパイプ底には多くのタバコの吸い殻が詰まっていた。パヌション、わが友パヌション、こいつらでお前の家が「豚小屋」になっているのを見たら、何と言うだろうか！


「まったく清潔じゃありませんよね、中尉殿」と猟歩兵の一人が言う。「だが、どうしようもないです！　ここへ来るものが多すぎます」

小柄でブロンド、ほっそりした男が私の前に立っている。

「そこにさっきまで一二人ばかりの炊飯兵がいました。南仏の連中で、ほとんどなりふり構わない……」

「それで？」と声がした。「中尉殿にでたらめを吹きこんでいるのか？」

隣室に通じている低いドアの敷居のところに誰かが入ってきて、アーチ形の鴨居の下で身をかがめている。褐色に日焼けした悪党面の屈強な大男で、恐ろしく太い眉毛の下で、燃えるような黒い目をしていた。ほっそりした猟歩兵が振り返った。ポケットの奥に手を突っ込んで誠実そうだがからかうような様子で、彼は大男をしげしげと見た。

「おや！　ラベイユか！　ドアのところで聞いていたようだな？」

「それで？」と相手は繰り返した。「俺を誰だと思っているんだ？　料理を見にきたんだ、痩せの金髪野郎め！」

ぼろきれで手を守って、彼はほんのちょっと肩を揺すって重い鍋をずらし、蓋をあげて、吹きだしそうな灰色の泡を近くから念入りに調べた。それでも、私を盾にとって言う‥

「本当ですよ、中尉殿！　いいですか、あの野郎たちは、いつも馬に乗っているもんだから、上から見下ろして、何でもでっち上げるんです！　長靴もよく磨いたのを履いている。あいつらは太ってバラ色をしていて、いい匂いもさせています。戦争でさんざん苦労するのは歩兵で、あいつらに押し潰されています！……あいつらが彼らの前で跪かねばならないのに、彼らがほめそやしているとは！」

彼はだらだらと続け、息切れがして、最後は炊飯兵全員に助けを求めた。ところが、猟歩兵が先んじて、一跳びで低いドアを越え、反対側の部屋の中央に飛び込んだ。

私が力いっぱい水を汲み上げていると、議論、大声、話し終わるたびに浴びせられる畜生などの罵言や、木のテーブルを拳で叩く音などの騒ぎが聞こえてくる。次いでほとんど間断なく、笑い声や悪気のない罵り、「ああ！　おかしな奴だ！……ああ！　ごろつきめ！……」なども聞こえてくる。やがてあの猟歩兵が再び現れ、楽しそうに目をきらきらさせている。すると、間のびした、穏やかな声が迎えた。

「それでどうした、伍長？」

もう一人の猟歩兵の声がして、そこにいたのを思い出した。この場面が続いている間ずっと、彼は大きな青外套にくるまってドアのそばに突っ立ったまま、微動だにしなかったので、テーブルか椅子のところにいたかどうかさえ気づかなかった。

「どうした？」

「言いたいことはそれだけなのか？」

「もちろん！　もちろんだ！　それに急ぎだ！　お前はすぐに戻らなくてはならない！……カロンヌに行って、準備を整え、帰ってくること、それにはせいぜい四五分あるだけだ。急げ！」

だが私は時間を無駄にできない。バケツを水一杯にして、熱湯を鍋一杯分注いで生ぬるくした。大きなたらいに裸足を突っ込んで、上半身裸になり、頭を白い泡だらけにし、硬いブラシを手にして、猛烈な勢いで肌をこすった。

「思う存分体を洗うのは気持ちいいですか、中尉殿？」

「そうだな！　そういう習慣をなくしてからはとくにな」

「そんなにですか？」

「その通り」

「ああ！　我々は違います。ソムディユに宿営してひと月になりますが……仲間と私ははじめての任務です」

私は驚いてこの男を見た。一瞬、嘘をついているのではとさえ思った。

「ここの塹壕はすべて一度掘ると、我々の偵察はもう不要になります」と彼は言う。「それに馬も！……多くはくたばるか、へとへとになったままで。後は野ざらしです……我々も一緒に」

「ソムディユと言ったな？　その村は住民何人だ？　二〇〇

か？　三〇〇か？」

「とんでもない！　一二〇〇か一四〇〇人です。商店、食品屋、二軒の理髪店、一〇軒ばかりの酒類提供店、天国ですよ！　万事穏やかで、そこに慣れました。今や、毎晩ベッドで寝ない騎兵たちは一人もおりません。一人ベッドでは寝られない連中もいますが、信用してもらっていいです……それに村の住民もよく知っていて、自慢しているくらいで……さしあたりは、たっぷり栄養つけて、敵を倒す日に元気でいるよう準備しておきましょう。だがその日はいつのことやら！……」

私は努めて笑おうとし、この男に私が羨ましがっていると思われたくなかった。だが彼の話にびっくり仰天した。そのバラ色の頬、無頓着な作業帽、泥ひとつついていないゲートルに苛々した。この瞬間、私は貧者の怨みというものを実感し、彼に言った。

「やはりそうか、あまりお前たちの幸運を歩兵たちには話すな。さっきいたあの大男の炊飯兵のことを思い出してみろ」

「あの男ですか？　あれはおとなしい男ですよ！　ほかのも似たり寄ったりで。さっき彼らが私をやり込めようとしたのを聞かれたでしょう？……ところが、五分間で奴ら全員をとっちめてやりました。ただ本当のことを言っただけです。〝誰が戦争で一番苦労しているんだ？――歩兵。――誰が最も苦しみ、危険を冒し、弾丸を喰らっているんだ？――歩兵、歩兵だ！〟それで、彼らは満足なんです。あの男が言ったように、私は彼らをほめあげたんです……それも心から、中尉殿、ほんとに」

彼は、ごく自然で誠実な愛想よさで微笑んだ。頬はさわやかで、ブロンドの髪を覆う略帽を誇らしげに、あみだにかぶっていたが、私はこの若い猟歩兵伍長を好ましいと思った。

「行ってきました」と帰ってきた伝令兵が言った。

伝令は暖炉の方へまっすぐ行くと、半ば開いた両手を炎にかざした。彼の背では、炉床の熱さで外套から湯気が立っている。ねぐらに戻ってきた嬉しさで、彼の顔は次第にほころんだ。

「ローストチキンをもらっても、きっとこんなに満足することはないだろうな」とこの男は言う。

彼はのどの奥で、ひとり笑いした。

「畜生！　もう五時一五分前だ。外はもう黄昏だ」

確かに、夜のとばりが下りている。野原は大きなインクの染みのような砲弾の穴があき、草は黒く染まっている。帰って、急いで枝と土の小屋の連中を十字路に集合させなくてはならない……さらば、ムイイの家よ！

冷たい北風が高原の背をかすめ、大地が震えているかのように切株の茎が逆立っている。砂漠のような一帯に、見渡す限りに道路が走り、青い水たまりの穴にかすかに光が残っていた。あまりの孤独感にせかされて、急いだ。時おり、靴の鋲が小石にあたってきしる。

「こんばんは！　帰りかい？」

　近づいてくるのが分からなかった男が突然現れて、飛び上がった。残光で、角張った顔、突き出たいかつい目、くすんだ茶色の顎鬚が見てとれた。

「こんばんは、ラヴォ。どこから来たんだ？」

「私か？　そこの草地にいたよ。きみが通って行くのが見えたので、一緒に行こうと走ってきたんだ」

「その草地で、何をしていたのだ？」

「正直に言うと、墓を見ていたのだ」

　彼は不意に頭を振って言う‥

「ほかのことを話そうか？　一週間前から憂鬱で、もううんざりなんだ！」

「それじゃ、ずっと続いているのかい？」

「ずっとだ」

「あとでダヴリルのところへ夕食にくるかい……」

「いや、まだだ」

　我々はひと言も言わずに、並んで歩いた。空の下の方では、まだ淡い光が漂っている。高原は見渡す限り、暗かった。

「見ろ！」とラヴォが言った。

　私の肩に手をおくと、のばした腕で、近くの溝の縁に立っている十字架の高々としたシルエットを指し示した。砲兵たちの墓を守っている十字架である。

　我々は立ち止まった。陰にこもった漠とした声で、彼が話した‥

「また一つだ！……野原のあの高いところで、道路を外れるとすぐ、歩くたびに墓にぶつかる。もう歩くことも、進むことも、退く気もしなくなる。あとで夜になると、野原の地表がうごめいているように思ったときがあった……さあ、急ごう」

　我々はまた歩きだし、歩を速めて、心を絞めつける苦しみから早く逃れようとした。まだ明るさが残る空の高みでは、現れた一番星が既に鮮やかに輝いていた。

「今夜もまた寒くなるな」とラヴォが言う。「でも次の日は晴れるだろう。明日、レ・ゼパルジュに行くのは君の中隊だな？」

「そう、第七中隊だ。だが我々は村に派遣されており、峡谷ではない。それに……」

「それになんだ？」

「いや、何でもない」

　お互いの思いに沈み、沈黙が流れる。すると突然、私の思いにこだまして、道づれの声がささやいた‥

「昨晩、メニルでマルニエを埋葬したよ」

私はただ、「そうではないかと思っていた」とだけ言った。それほど、彼の発した言葉は私が答えなかった問いに答える自然なもののように思えた。

彼はまた立ち止まると、私の腕をつかみ、まっすぐ私を見すえた……

「これまで、ほかの死者、知らない者、ほかのあらゆる連隊のあらゆる死者のことを考えたことがあるかい？　我々の連隊、我々のだけで我々が歩んだ跡に数百人の死者を残してきた。通っていくどこでも、小さな十字架、赤いケピ帽を引っかけた二本の枝が立っていて、後ろに流れていく。どれだけを後にしたかさえも分からない。我々はただ行進していた……同時に、ほかの連隊も行進しており、数百の連隊がそれぞれ何百という死者を背後に残していくのだ。そんなこと考えられるか？　そんな大量の死者を？　想像することさえおぼつかないよ……さらにはぼろ車が道路沿いに拾い集める死者、藁寝床で血を流している死者、赤十字の有蓋トラックがフランスじゅうの町へ運んでいく死者、衛生隊の死者、病院の死者もいるんだ。また十字架ができ、軍人墓地の囲いにぎっしりと並んで大量の十字架が立つことになる」

さっきは抑えていた声が次第に強くなり、また静まる。

「しかし」とまた言う。「こういう殺戮よりももっと悪い不幸があるような気がするよ……恐らくこの哀れなる者たちはすぐに忘れられてしまうだろう……黙って、聞いてくれ。彼らは初期の死者、一四年の人々なのだ。まだもっと多くの死者が出るだろう！　そういう山積みの死者に、人が見るのは新しく斃《たお》れた者たちで、下にある骸骨ではないだろう……いやむしろ、そうかもしれない。まったく戦争というのは癌のように世界にくっついているもので、世界がその身につけた汚濁とともに生き続けることが習慣にならない時代が来るとは、誰にも言えないのではないか？　戦争は現にあって、許容され、受け入れられているのだから、いいかい、事態はこのまま続くだろう。それに若者たちが死を余儀なくされる状況が普通になるだろう」

彼が黙り込み、我々は森に入った。かろうじて彼の姿が見分けられる。

「ぼくの苦しみは、まあ、この戦争が続き、ずっと続くことが、ほかの多くの者たちよりも少しばかり早く分かったことだ……それはいわばショックを受けたようなもので、それも極めて手厳しかったので、すぐに参ってしまった……だがそれも、やがて薄れるだろうし……ぼくも元に戻るだろう」

木々の梢《こずえ》が頭上で揺れていた。小枝越しに星が瞬いている。前方の路上で、歩哨の同じペースの足音がする。

「止まれ！」

彼は我々を知っているので、難なく通過した。周囲は相変わらず森で、ブナの大木が揺れてざわついている。だが大木の下では、白煙がただよい、時おり、燃えあがった炎で赤くなる。それを見ると、何かほのぼのとした気持ちが身にしみて、漠とした安心感が湧いてくる。もう独りではないのだ。野営地が迎えてくれ、夜のなかに生の息吹《いぶき》が散在しているのが感じられる。溝の近くで、燠が一陣の風で燃えあがる。顔が荒々しく照らされ、強い光を浴びて目をしばたたき、我々の足音がしたばかりの暗い道路を眺めていた。

今度は、私が彼の腕をつかみ、指で少し握り締めて言った…

「ぼくと一緒にくるんだ……ダヴリルのところへ夕食に来いよ」

そこで、彼は後についてきた。

掩蔽壕では、炎が燃えさかっており、ダヴリルとポルションが待っていた。そこには気持ちの良い乾いた温かさがみなぎっており、藁の上に横になると、きしんだ。

「まあ、好きなようにしてくれ。ぼくは足を負傷して痛むんだ。だから例の上履きを履いているよ。好きなときに履けるようにもう一足持っている」とダヴリルが大声で言った。

彼はいつもより若々しく、あけっぴろげだった。慌ただしく背嚢を探ると、彼は黄色の榴弾飾りのついた空色の略帽を取り出した。

「なあ、ポルション？　これ分かるな？」

それは、二人ともが三か月前に学校でかぶっていたサン・シールの略帽だ。だが彼ら二人をそれぞれ近くで見ると、ポルションは痩せたひげ面で、目つきは穏やか、動作は沈着だが、ダヴリルは口元に髭はなく、頬はバラ色、目は青い略帽の縁の下でにこにこと輝いており、まるで銃弾の洗礼を受けたばかりの新兵のそばに、戦火を浴びてきた老練な古参兵を見ているようだった。

「シルヴァンドル！　シルヴァンドル！」

「はい、中尉殿！」

人参入りのビーフシチューの湯気が立ち、水筒の口ではワインが赤く輝いている。

「誰か上履きがいるか？」とダヴリルが訊く。

「いや、誰もいらないよ！　ラヴォは遠くで寝るんだ。それに、我々二人は、今夜、四時にレ・ゼパルジュへ出発だ」

「それじゃ、誰がここで、足を火で暖めて寝るんだ？」

「やはり誰も寝ない、同じ理由だ」

「そんな理由は理由にはならんぞ！　四時に出発するのだな？　それなら、従卒か陣地の歩哨に三時半に起こしに来るよう言いたまえ……シルヴァンドル！」

「コーヒーですか、中尉殿？」

「いや、第七中隊のところへ行って、第一分隊のパヌションを尋ね、彼に言うんだ……」

「なあ君、時間の無駄だよ……コーヒーを持ってきてくれ、シルヴァンドル」

「さあ行って、彼にここへ大急ぎで来るよう言うんだ」とダヴリルが繰り返した。

我々四人のパイプが噴火口のように煙を吐いている。外套をはだけていたが、それほど暖かく、我々は並んで横になっていた。目の前では、炎がゆらゆらと立ち昇っている。少し頭を起こすと、その踊るような明るさのなかに、骨組みの平行に並んだ丸太が見える。その節目には水滴ひとつかかっていない。この屋根の下での休息は、我々のところのように、樋から流れる雨水に乱されることはあるまい。時間は？　七時半だ。明日の三時半までは、八時間は静かに眠れるのだ。

全身を投げ出して藁寝床に沈むと、その厚みのなかに体のくぼみができる。衣服は肌に柔らかく当たっている。ゲートルだけが泥に板状に覆われて固まり、きつい。干からびた靴も、乾いて木よりも固くなっている。

「ここですか、中尉殿？」

パヌションが瞼を細めて、塹壕を目で探っている。

「どこから来たんだ、お前は？」

「私を呼んだのではないんですか？……おい！　シルヴァンドル、ちょっと来い」

彼は相手の袖をつかんで、明かりの方にひっぱって行く。

「このいかさま野郎」と彼は叫んだ。「ちょうど寝かけていたところを起こしに来るとは。〝すぐに来なくてはならん〟とな。そこで走ってきたんだ！　まるで肺が潰れそうだった」

「つまり……つまりな……」とシルヴァンドルが反論しようとする。

「えい、この野郎め！　お前がご大層な豚肉屋をはじめてもな。またちょっとでもこんなことをしでかして見ろ。お前のラードをとかしてみなぶっ潰してやるからな！」

太っちょの炊飯兵は茫然として、すがりつくように我々の方に困惑した眼差しを向ける。

「私だよ、お前を呼びにやったのは、パヌション」とやっとダヴリルが間にはいった。「お前さんの中尉殿はこの壕で寝るよ。今夜は、お前が起こしに来るのを当てにして寝るんだ」

「わかりました、中尉殿。何時に？」

「三時半だ」

私は起き上がり、ダヴリルに手を差し出した。

「それじゃ、おやすみ。我々は帰るよ」

「つまり、中尉殿」とパヌションが叫んだ。「それは結局、どういう意味で？……ここで寝ないということですか？」

「そうだよ」

「それは、間違ってますよ！」

断固たる調子で言うと、すぐに次々と理屈を並べ立てる……

「こういう待避壕のなかで！　こんなに火も！　こんなに藁もある！　立派なものだと思うでしょう？」

少しずつ、彼は私を藁寝床に押しやった。

「まあ、そこに坐って、さあ！……頭の下にこの背嚢を入れて、さあ！……やはりこの方がいいでしょう！　何が気詰まりなんです？　今夜、私を走らせたことが気になりますか？　そんなこと、何でもありませんよ。二〇〇メートルくらい……どた靴を脱いで、ああ固くなっている……もう動かないで……静かに寝てください。三時半に起こしに参ります」

「間違いなく、な」

「静かに寝てください、と言っているのですよ！　おやすみなさい、中尉殿」

「おやすみ、パヌション。それじゃ、ダヴリル……」

「なんだ？」

「上履きをくれ」

V　放棄された村

一〇月二三日

目が開いた。何か言いようのない不安が冷気のように忍び込んできた。マッチの明かりで、腕時計の文字盤の数字、青い鉄針を見る。短針が「四時」、長針が「二分前」を示している。

「ダヴリル！　ダヴリル！　蠟燭はどこだ？」

藁のなかに落ちたに違いない。手探りで探し、寝ているダヴリルを横向きにせねばならない。ああ！　結局は、私の指の下にあったのだ……服を着ると、熱にうかされたようになって、踵を強く叩き、固い靴に足を押し込もうとした。紐がよじれても、無視した。ゲートルを綱のように大巻に巻いて、装備品を身につけ、腰に当たる布鞄だけを肩にかけ、蠟燭を吹き消すと、階段に急いだ。

「ああ！　畜生！　畜生！」

パヌションの微笑が疎《うと》ましい。

「静かに寝てください、と言っているのですよ！」そう、静かに寝ていた！

なんだ！　何にぶつかったんだ？　転がって、ガラガラと音を立てている。鍋か？……一つがこれだな。丸パンもある。それに……これは、いったいなんだ？……牛肉、汁で煮込んだが、冷えている重い牛肉一切れ……片手に鍋、片手に牛肉、丸パンを雑嚢のなかにして、レ・ゼパルジュへ出発だ。

第七中隊の野営地がわが行く手にある。途中は完全な沈黙だ。がやがやいう声も、路上の足音もしない。放置された残り火が疲れた目のようにパチパチ燃えている。

「畜生！　畜生！」

息を切らして早足で駆ける。鍋が柄《え》の周りで揺れ、丸パンは雑嚢のなかで跳びはね、固まった脂で甲羅のできたパンはつねに手から落ちそうになる。私は怒りでパンをわしづかみにする。そのねばつく丸みに爪を食いこませる。だが効き目がなく、まるでスポンジのようだ。

「一、二！　一、二！」

道中は長く、中隊は遠い。夜はだんだんと暑くなってくるようだ。

「止まれ！」

銃を立てて、歩哨が道を遮る。しまった！　合言葉が分からない！……だが大胆にやる…

「なあ、中隊が下って行くのを見なかったか？」

「一五分前に通った」

「一五分前か！　まいったな！」

「一、二！　一、二！」

道が悪くなってきて、轍によろめく。汗と水で目が曇り、倒木の枝に全身で突っ込む。一跳びで幹を越え、また駆け足で進む。林はまばらになり、谷底に落ち込んでいる。遠く、ロンジョの谷間の方で、砲撃の閃光が震え、一瞬、空を蒼白く染める。次いで爆音が静寂を重々しく揺さぶる。

相変わらず走りながら、考える。「一五分」と歩哨は言った。夜、見張りに立つと、一分一分が長く感じられるものだ。それに、この車道の倒木が隊列の行進を阻んだはずだ。きっと追いつける、急ごう。

「止まれ！」

また歩哨が石切り場の入口に現れた。あちこちに歩哨を置いているのか？……また合言葉だ！　あくまでも知らないままのこの合言葉！……だが相手は近づいてきて、私が口を開く前に言う…

「えらく時間がかかったな！　お前さんの仲間たちは下り坂を行ってるよ。さあ、急ぐことだ！　途中で追いつけるだろう」

木々が遠ざかり、夜明け前の深々とした寒空を見せて、星がぽつり、ぽつりと輝いている。やがて前方で動いている塊りで道路が黒っぽくなる。次いで細長い銃の列が空に浮かび上がる。ようやく、ケピ帽がぎくしゃくと揺れるのが見分けられた。

そこで、毅然とした軽快な足どりで、私は先頭に追い付こうと、行列の横を大股で歩いた。荷物を持った兵たちは転ばないように注意するか、うつらうつらして、横をすり抜けても振り向きもしなかった。

「パヌション！」

ぴしゃりと手を肩に置くと、この呼びかける声に思わぬ激しさが加わった。

「中尉殿？」

「こっちへ来てちょっと聞け」

彼を野原の脇の方へひっぱって行く。軟弱な土の上を、排水溝を軽々と飛び越えて歩きながら、話を始めた。

「ところで、お前が起こしに来るのはこんな具合だったのか？」

「はい、中尉殿」

「どうして、はい、なのだ？」

「起こしに行くと約束した以上、確実に起こしに行くつもりでした。で、実際に行きました！　三時半きっかりに」

「それで？……説明してくれ、さっぱり分からん」

「簡単です。私は掩蔽壕に入りました。お二人は奥におられたので、間違えないように、マッチに火をつけました。そこで中尉殿を見ると、鼻先だけ出して毛布にくるまっておられました。ぐっすりとおやすみで、とても気持ちよさそうだったので、それで起こすのをやめました。中尉殿を見ていると、動けなかったのです……だから、あとずさりして、静かに爪先立って出ていきました。ひとりで目覚められて、十分追いついて来られるだろうと思ったのです。何か忘れられるのではないかと心配で、階段の上部の大鍋の上のよく見えるところに、肉切れと一緒に丸パンを置いて行ったんです」

「まったくもう……」

「よくなかったでしょうか？」

どう答えればいいんだ？　村の付近にきた。まずわが部下たちの配置にとりかからねばならない。パヌションには後で説明しよう。

「第一小隊！　四つ辻に。掩蔽壕は道路沿いに、プラムの木の下にある。そこから動くのは禁止だ。コンブルと尖峰からはまる見えだ」

軍曹が、我々が交替する第六中隊によって配置され、そこで待っていた。靄のかかった草地の外れには、小さな石の十字架がその三倍の高さの木のそばに垣間見える。十字架に面して、レ・ゼパルジュの通りが二列の平屋建ての家の間に広々と広がっている。

「司令部は村の中央部にあります、中尉殿。教会のそばです」

軍曹の後について、村に入った。我々が踏みしめる地面は砲弾で散らばった堆肥でフェルト状になっていた。水で膨らんで、足音を押し殺していた。だがしばしば薄い大きな瓦が屋根から剝がれ、堆肥が散乱した地面に落ちて、靴底に踏まれ、バリバリとはっきりした音を立てて割れた。

「注意！　通行止め！」

馬鍬《まぐわ》、犂《すき》、二輪引きの、細長い大きな熊手、ぼろ車の側欄、皮の仕切り板つきの家具運搬車、側面の裂けた唐箕《とうみ》、梯子、一輪手押し車、農機具と運搬道具のがらくたが壊れ、分解し、砕かれて、前方で山となって積み重なり絡み合って、壁から壁への移動を妨げていた。鉄線がこの混沌の周りを這いあがり、もつれて留め針を逆立てていた。

「左へ斜めに曲がって」と軍曹が言う。「おんぼろ車の後ろに通路がある。一人ずつ静かに行って、鉄条網にご用心」

兵たちは羊の群れのように押し合いへし合いしている。一人が車の後ろに滑り込むたびに、歩くと粗塗《あらぬり》の壁にこすれる音がする。

堆肥の広がりの間に、小石まじりの帯状の道が小川のように曲がりくねっている。そこを辿って、長々と足音を立てて行くと、音が滑空しながらついてくるようだ。脇には、亡霊のような家並みが霧のなかに奥まっている。正面入口は閉まり、ひとの目もなく、見捨てられた家庭の秘め事も我々には見えなくなっている。だが突然、崩れた白い切り石の上に裂け目がぱっくりとむき出しになる。通りすがりに、床にぽっかり穴のあいた、めちゃくちゃな部屋、石膏のなかに崩れ落ちたベッド、壊れた家具の切れ端などが、さらにこの荒廃したさまに、風のそよぎにはためく大きな赤いカーテンの揺らぎが見える。靄は冷たい灰の臭いがする。そして時々、死体のむっとする悪臭が漂ってきた。

「止まれ！　ここ、角の家だ」

台所では、プレートル中尉が待っていた。

「坐って。諸君の四分の一コップは一杯になっている」

伝令たちが装備を整えているそばで、テーブルに肘をついて、我々は、ひと口飲むたびに、彼に尋ねた。

「昨日は静かだったかい？」

「まあな。あちこちに砲弾が落ちたが、村には一〇発ばかりだ。砲兵たちは気にならなかった。だが歩兵は別問題だ」

「おやおや、そうか」

「彼らは朝から晩まで撃っている。目の前に出てくるものには、すべて挨拶するのだ。牝牛、豚、迷い馬でもなんでも殺すよ。夜がすっかり明けたら、分かるだろう。至るところ死骸だらけだ」

「それじゃ、行き来できないのか？」

「できるよ、だが要警戒だな。彼らがわが戦線を監視している二つの地点を知らせておくよ。まず尖峰、あのレ・ゼパルジュの高地を膨らませている突き出し地帯と、コンブルを見下ろしている樅の木の木立だ。一人でいるときは、家の壁を盾にして簡単に隠れられる。じゃ、一日、無事にな、幸運を祈るよ」

彼を入口まで送っていく。数歩のところに、平凡な教会が何も飾り気のない側面と、濡れたスレート葺《ぶき》の屋根を見せていた。頭上では、何かの鳴き声が空気を裂いて、錆《さ》びた風見鶏にも似たかん高くきしる音がした。二羽の大きな褐色の翼が白い霧のなかを滑空してくる。二羽は櫂《かい》のひと掻きのように長々と強く、はばたいている。そして鐘楼の錣窓《しころまど》の二枚のガラス板の間に音もなく消えた。

「鐘のフクロウだ」と誰かが言う。「ああやって、毎朝、眠りに戻ってくるんだ。戦争など屁のカッパなんだ……あいつらは運がいいよ」

台所に戻ると、テーブルの上の蠟燭は溶けていた。突然、黒ずんだ芯が溶けて流れ出た蠟のなかでジュウジュウと音を立てて、縮んだ。そのとき、窓枠のところで、垂れ下がっているシーツ越しに青白い明るさの経帷子《きょうかたびら》のような布地が白くなるのが見えた。その垢だらけの襞がじっと動かぬまま引っかかっている。まだ枠にガラスがあるのだろうか？……シーツの垂れを分けて見ると、湿ったほとんど青緑色のものが残っている。しかし、窓ガラスに額をくっつけてみると、この水槽のような部屋の靄を通して外が見える。まだ堆肥の山、車道に流れ出る水肥の筋、樽に立てかけられた壊れた負い籠が見える。正面の、通りの向こう側には、黒焦げになった石の山、黒い梁《はり》、ねじれた鉄片、灰など家の残骸がある。大きな裂け目からは、長い坂道が、散在する果樹や垣根に縁どられて広がっているのが見える。

野にたなびく霧の淡いうねりを目で追っていると、すぐ近くで、道路を打つ足音がして、家の壁沿いにある濡れた藁で音が和らいだ。ほとんどすぐ窓の前に、大きな影がうつった。すると突然、ガラス越しに、私の顔から数センチのところで、頭、黒い鼻づらをした、灰色の老いた馬の長い頭が現れた。一瞬、馬はぼうっとした寂しげな眼差しを向けてきた。白い睫毛に縁どられた、暗くやつれた青い目だ。鼻孔からは湯気がたち、窓に当たってガラスがくもる。やがて骨ばった大きな頭は靄のなかを後退していき、次第に見えなくなり、消えていった……

「ずっとそこに突っ立っているのか？」とポルションが叫んだ。

「なんだって！　そんなに長くはないよ！」

「そんなに長くはないって！　ぼくが出てきてから、もう一五分以上たっている。それにも気がつかなかったのか！」

「出てきた？　どこから来たんだい？」

「この作戦区を指揮しているソトゥレ大尉に会ってきたよ」

「まだここにいるつもりか？」

「少なくとも、しばらくはな」

「それなら、今度はぼくが出ていく番だ」

「どこへ行くんだ？」

「分からん。村を見に行くよ」

石に響く私の足音で、ギャロップで走る馬が怯《おび》え、かん高い鳴き声の混じったうなり声がざわめくなかを、小さな豚の蹄が車道をコツコツと騒々しく打っている。つまり、私の背後では、痩せた子豚の群れが泥だらけの腹を見せて、大きな耳を震わせ、小さな尻尾をくねらせて、まっしぐらに駆けていくのだ。

子豚どもが村はずれで消えると、奇妙なことに私は家々の残骸の間で迷子になった。辺りはあまりに静かで、私の踵の音だけで無数の反響が起きた。小声で口ずさみ始めたが、それはただ、一切の生活を奪われて、朝靄のかかった光のなかで恐ろしく静かな村にあって、私自身の声を聞き、自分ひとりではないと感じるためだった。

「おい！　そこの！」

強く呼びかける声に、私は飛び上がって驚き、すぐにこう思った…「こんな場所で、こんな風に怒鳴りかけるのは気違いでしかない」だがすぐさま、ソトゥレ大尉が通りの中央に立って、風車の羽のように腕を振っている姿に気づいた。二度目の叫び声を避けるだけ十分速く走れないのではないかと心配で、彼のところへすっ飛んで行った。

「大尉殿！」

「ああ！　君か？　ほっつき歩いている男かと思ったよ。まったく、信じられるか！　あの連中ときたら！……」

やっぱり始まった。またソトゥレがぼやきだした。この男が喉にどんな声帯を宿しているかは知らない。彼の口から飛び出る言葉はまるで雑音まみれである。しかもその響きは不純でひび割れた金属音で、言葉が途中で、梳《す》き毛機の櫛の歯のように固い、口髭に引っかかってかすれるようだ。

「信じられるか！　あの連中ときたら！　自分の家を見て回っているみたいだ！　至るところを探し回り、戸棚をぶっ壊し、引き出しをひっくり返す！　なんでもかっぱらうんだからな！……よし！　それなら、このわしがかっぱらっている奴をとっ捕まえてやる！　断言しておくが、奴にそんな気が二度と起こらないようにしてやる、少なくとも来年まではな！　なんで後ろを見ているんだ？　見られていると思ったのか？　あり得るな、霧があがってきたからな。それじゃ、果樹園を通って行こう」

我々は壁面ひとつを飛び越えて、家に入った。深い亀裂の走った切妻壁一枚だけが残っており、清々しい空に、炎で黒ずんだ天辺を浮き上がらせていた。混沌としたなかを、にこ毛のような、柔らかく積もった厚い灰を踏んで歩いた。足が固い物、この火事の残したふわふわした塊りの下に埋もれた石か鉄屑にぶつかる。刺すような冷え冷えとした臭気が、すでに今朝から臭っていたが、歩くたびに強くなってきた。

とある裂け目から、穏やかな庭の広がりに姿を見せたとたんに、銃声がして、屋根すれすれに飛んできた。次いで、背後では、二発目の弾丸の衝撃で瓦が一枚吹っ飛んだ。

「なんだ？」と大尉が言う。「我々は見られなかったはずだ。これ以上なくうまく通ってきたからな。一体あいつらは何を撃っているんだ？」

「ほら！　あそこを見てください！」

ムイイの道路と我々の間を、黒と白の牝牛が野原を狂ったように走っていた。垣根を越え、ピタッと止まり、数歩足踏みし、急にまた、頭を低く突き出して、走り出した。牛が止まるたびに、辺りのしじまを破って、銃声が弾ける。

「くだらないゲームだ、なあ？」

「そうは思いませんね。ドイツ野郎は戦争しているんですから」

弾丸の鞭の一発を浴びて、苦しそうな牛の鳴き声があがる。牝牛は、懸命に首を振り、生気を失った後足をゆらゆらさせて、ソンヴォの峡谷の方へ駆けていく。だがまた立ち止まり、半回転して、庭の方へ戻る……次には、一斉射撃で地面に倒れると、脇腹を激しく揺らし、鼻づらが一瞬、上向く。やがて、脇腹のうねりが静まり、頭が重々しく落ちる。

突然、ソトゥレが熱っぽく叫ぶ：

「きみのようなタイプに会うのは楽しいよ！　私は活発に動きまわる若い諸君が好きなんだ。私自身が動きまわる人間だからな！　活動的なんだ、分かるか！　一日中、作戦区を歩き回っている。塹壕、退避壕、庭や家など至るところに姿を現すのだ！　火のそばでだらけたまま、椅子にじっとしてはおれないんだ！　それに、なあ、それが我々の職務だからな」

スモモの木の下にある掩蔽壕の屋根の上に、何人かの頭が不意に現れ、驚いた目で、この異常なる声がどこから飛んでくるのか探っていた。大尉が気づき、突撃歩で二、三歩進んで、叫んだ：

「隠れているつもりか！」

頭はあわてて飛び込むかのように、消えた。その後で、ソトゥレが陽気に言った：

「あれは君の部下か？　そうか！　君を彼らに返して、失敬するよ……まじめな連中かい？　彼らに満足か？」

「私もだ……まじめな連中か！……では、またな」

さしあたり、まじめな連中はクエッチ酒をがぶ飲みしている。彼らの飯盒はあの卵形のスモモで一杯だが、最初の寒気でスモモの紫色の皮に少し皺がより、白い粉をふいている。

「うまいか、ラルダン？」

「ちょうどいいところへ、中尉殿。味わってみてください」

口に入れるや否や、弾けて、とろりとした果肉の味がし、甘くみずみずしい果汁が溢れてくる。

「ねえ、中尉殿……」とシャボが提案する。「これを携帯用鞄一杯に詰めてさしあげます……ですから、鞄をからにして、いますぐ私に渡してください。旅するときに荷物があると、落ち着けませんからね」

このとき、砲弾が一発空中をかすめ飛んできた。爆音が、耳を聾する銅鑼《どら》音のように重々しく響く。

「あれはどこだ？……」

「ボワ＝オーの上方。煙が見えます」

もくもくと上がる白煙が、ちょうどブナの木立の端で稜線を越え、それ自体得体の知れない風でねじれた非現実の木にも似ていた。その切れっ端が散らばる前に、別の砲弾がぶらつくかのように轟《とどろ》きわたり、力尽きて、村の周辺の至るところに落ちてきた。

「ええ、とても」

「川に落ちたぞ！　水が跳ね上がるのを見たか？」

「もう一発は屋根の上だ！　瓦が砕け落ちるのが聞こえたぞ」

「それに、この辺りにも四、五発は飛んでくるだろうな……」

しかし、静寂が戻って、そのまま続くと、あとは不規則に鈍い銃撃音がしていた。

私は、シャボが肩にかけてくれたスモモで一杯の鞄をもって部下たちと別れたが、ヴォーティエが「急いでからにして」また彼のところへ持っていくつもりだと繰り返し言ってくれたことに安心していた。教会のそばの家へ、壁沿いすれすれに素早く歩き、何も障害物のない切れ目のところで足を速めて戻った。

「おはよう！　朝食は準備できているかい？　散歩して腹が減ったよ」

「ぼくはそうじゃないな」とポルションが言う。

「気分が悪いのか？」

「そうでもないが……あるものに出会して、食欲がなくなったよ」

「死者か？」

「死んだ女だ」

「まさか？」

「そうだよ。さっき地下の酒倉の奥で、老女が円形天井に背を向けてうずくまっていた。頭はちょうど換気窓の明かりとりのところにあった。頭と顎に張りついた灰色の皮膚、黄白色の細長い髪の毛、痩せてとがった鼻、眼窩の二つの穴……見つけたとき、たった一人だった。恐ろしくて凍りついた。今もまだそうだよ」

「分かるよ。それで……死人はそのままか？」

「看護兵に知らせた。二人が石灰一袋持って、出ていったよ」

「また行くのかい？」

「もちろんだ」

「君、ひどい目に遭うかもしれないぞ。ドイツ野郎は霧が晴れてから、ずっと撃ち続けている」

「なに、ぼくにはうまいやり方があるんだ。二軒の家の間から屋根の上に、峰の尖峰もコンブルの樅の木も見えないあいだは、君は守られているよ」

「まあ、認めるとしよう……好きなようにしろよ」

この許可に励まされて、家の入口を出ていく。辺りには、太陽が金色に輝くこの時間にまだ霧の名残《なごり》が漂っている。コンブルの樅の木は、壊れた骨組みを通してちらっと見えるが、柔らかな青い色合いを帯びている。ボワ＝オーのブナの木は明るい空に、粉のようにきらめく光を浴びて褐色の頂《いただ》きを浮かび上がらせていた。

どこへ行く？　肌を刺すような冷気に鞭うたれつつ、広がった地平線沿いを次から次へと眺めながら、山の頂きを自由にさまようこともできない後悔の念で心がふさぐ。だが我々は前線の民、日の光と広い空間、この二つの生きる喜びが死のお供をする国の民なのだ。

どこへ行く？　これらすべての廃墟のなかで、どれが最もよく、戦争で失われた村の平和な暮しを示すと言うのだろうか？

われ知らず教会の階段に足が向く。三角の切妻壁の下のどっしりした木の扉は少し開いたままだ。扉の一つを押してみるが、なかなか開かず、ぎくしゃくと音をきしませて、少しずつ開いてくる。やっと身廊に入り込んだ。

すぐさま、強烈な白い光が目に襲いかかり、まるで屋根のあらゆる裂け目、壊れたステンドグラス、空の広がりにぽかんと開いた大きな砲弾の穴などが上から落ちかかる、白く明るい洪水だ。舗石はこの明るさであふれ、壁には明るさがはね返っている。彩色彫像や、紺青と朱に彩色された十字架の道行き像が残っている以外は、教会はからっぽでむき出しだった。木製祭壇は屋根から落ちた梁で底が抜け、鉄片で穴が開いていた。聖櫃は探しても無駄だった。もうない。内陣の階段に、一斉射撃で穴のあいた数枚の板が無数の切り石の間に残っているだけだった。聖歌隊席の椅子も信者用の椅子もない。舗石は仮借なき光を浴びてむき出しだ。舗石にかがんでみても、錆の腐食のような褐色の斑点、乾いた血痕しかなかった。

だから、負傷者がそこで横になり、そのうめき声が損壊した教会に溢れていたのだ。人間の悪行で開いた傷口から、人間の血が流れ出ており、瀕死者たちがその受難を嘆いていたのだ。しかし、このあえぎ、うめく、ごうごうたる叫びは身廊の虚空に消え去り、そこから戦争は神をも放逐してしまったのである。

高みにある砲弾の穴から、燦々《さんさん》たる日の光が降り注いでいる。スズメがピーピーと鳴いて、突如現れ、私の周りで羽ばたいて飛び回り、裂け目から飛び去り、また戻ってきて、軽やかに騒々しくかすめ飛んでいく。だがスズメが気紛れに飛ぶのを目で追っている間にも、外では、大音響がとどろき、壁を烈しい衝撃で揺るがしていた。ガラスの破片がステンドグラスから落ちて、チャリンと澄んだ音を立てて地面で壊れる。教会全体が船の肋材《ろくざい》のように震えていた。また砲弾が落ちてきた。

近くか？　すぐ近くか？　辺りはみな同じような状態だった。外に出てみようとしたが、壁が邪魔になった。入口の近くで、マットレス、乾いた血で汚れた脱脂綿の切れ、包帯にするためナイフで切り裂いた灰色の布地の覆いなどをまたいだ。

外に出るや否や、鋭いヒューと言う風切り音が頭上を飛び去った。少しさきの十字架像の方で、爆音がとどろく。

「おーい！　君！　こっちだ……」

「よし！　すぐ行く……」

二〇メートルばかりの車道の真上に落ちた砲弾で、言葉が遮られた。ポルションが、おしゃべりを黙らせるかのように、苛立ったような手つきをした。砲弾の反響音が消えると、彼が言った…

「現在位置を知らせるため探しに行くところだった。爆撃の場合の指示に従うことにする。地下室の円天井の下で終わるのを待つことだ……案内するよ。すぐ近くだ」

隣接する家々よりも高い二つの建物の前を通っていく。切り石で囲まれた窓、踏み段で高くなった一種の階段がある。

「村役場だ」とポルションが言う。「二つとも教会の影にある。三つともが重砲弾にやられた。〝神聖同盟〟だな」

刻々と、砲弾が対になってやってくる。いくつかは長く尾を引いて爆発し、反響が重なって拡大し、満ち潮の波のように膨らむ。他のは道路上に落下し、低音を震わせ炸裂する。さらに他のは堆肥のなかに突っ込み、鈍い音で爆発し、濡れた不発弾の薬莢のような装塡した爆薬を吐き出す。

「ここだ、階段の下にある」

はがれた階段が、硝石の光る仕切り壁のついた、荒っぽい仕上げの円天井の下に下りている。日の光は柔らかな波となって落ちかかり、奥の暗闇に消えていく。顔や手が、エッチングの強く浮き出た明るい部分のように陰から出てくる。

「こっちです、中尉殿」と休養下士官が呼びかける。「椅子もあります」

「わしは」とベルナルデが言う。「ビロレと一緒に樽に坐ります。悪くはありませんが、からっぽなのは残念ですね」

「確かか?」とシャペルが訊く。

「柳の細枝で樽の栓口から調べたよ。火口から抜いたように乾いたままだった」

「なあ、おい」とパヌションが結論した。「全部の地下室の酒樽にも同じようしてみろよ。我々の前に先客がいたんだ……せいぜい鍋の下で燃やすくらいの樽板は残っているだろう」

外では、相変わらず砲弾が襲いかかっている。かろうじて爆発音が聞こえるが、大地はその衝撃で震えている。

「ドスンときたか! 遠くじゃないな、こいつは!……うわー! こっちか!」

今度は、円天井が我々の肩の上で震動した。瓦、野地板、石の破片が二度の爆発で飛び散り、教会のスレート葺の屋根や広場の踏み固められた地面、階段の上にまで雨霰と降り注いできた。

「何でもないぞ。ほかでなら、たっぷり仕返ししてやるが」とベルナルデが言った。

彼はそれでも不安そうで、頭を肩にすくめていた。シャペルは、真向かいで柳籠《やなぎかご》の底に坐って、意地悪そうな緑色の目で彼をじっと見つめている。このしつこい視線に、ベルナルデは次第に不快になった。

「お前は何を見ているんだ?」と彼が突然言った。

「俺がお前を見ているって?……円天井を見ているよ」

シャペルは顔をあげて、長いこと緑の石を見つめていたが、仏頂面で唇をふくらまし、頭を振りだした。

「中央の厚さは三〇センチもないな、それに、モルタルがほとんどない……」

「だからなんだ?」とベルナルデが本能的に叫んだ。

「それはな、はっきりしているよ。きちっと配置された小型一〇五ミリ砲なら、まあ、全員お陀仏だな!……そんな変な顔するなよ! どうせ今日か明日、くたばることになるんだからな……」

「同じことだ」とビロレが言う。「説明してみろよ。むき出しの塹壕で爆撃された方がまだましだな」

それは、先ほど私が教会で感じた気持ちと同じで、今やより強くなって蘇ってくる。入口の明るさに引きつけられた。まあ、なるようになれだ。外に出た。

日の光に身をさらすとすぐ、ヒューッと風切り音がして頭上を襲い、耳を聾する爆発音が聞こえ、うなじを拳骨で殴られたような衝撃を受けた。砲弾は学校の後ろの庭に落ちた。壁に張りついていると、小石や土塊が屋根の上に跳ね上がり、目の前にものすごい勢いで落下してきた。次いで、旋回する火箭《ひや》が空高くうなりをあげて飛んできて、鐘楼をかすめ、遠くの空に沈んでいった。

廊下を二、三歩行って、庭の方へ進み、くすぶっている弾孔を探した。だが明るい部屋に向かって開いているドアのところで、ピタッと止まってみると、そこには小さな机が並んでいた。教室だ！　熱心な児童たちの机の列、黒板の先生の課題「書き取りなさい：問題は……」を目で追う、丸い頭のムーズの「カササギたち」だ！　私の視線は彼らの視線について行く。黒板は相変わらず元のままで、チョークで書かれたきれいな筆跡の白い数行がまだ残っていた：

「商人が一〇二フランのラシャ地八・五〇メートルを売った。彼は一メートル当たり〇・七五フラン儲けた。一メートルの購入価格はいくらか？」

振り向くと、日差しを一杯に浴びた大きな部屋がひと目で見渡せたが、小さな机はなくなっていた。床の薄板とともに引き抜かれて、兵たちが燃やしたので欠けていたのだ。静寂、孤独感は教会と同じだった。スズメはいなかったが、大きな緑色の蝿が天井をブンブンと飛び回っていた。

廊下は小さく不揃いな中庭に面しており、石の塊り、錆でザラついた鉄柵が生い茂った雑草の下に半ば隠れていた。本類は腐植土に濡れて腐りかけていた。そのいくつかを拾い上げて見ると、厚紙の表紙は湿って柔らかくなり、指には赤や黒、緑や青、溶けた糊やニスの汚れがついた。『学校道徳』、『フランス史概説』、『文法準備学年』などである。

数ページめくっていると、銃撃音が耳をつんざき、峰の尖端から隣りの果樹園に飛んできた。すぐ、柔らかい地面を駆ける速歩のような、リズミカルな鈍い音が聞こえた。次いで、細い枝がざわざわと折れた。前方の二つの小灌木の間に、灰色の老馬が現れた。

馬は私を見ると、ピタッと止まった。腫れた脚をして、鼻孔をピクピクさせ、一方の耳を私の方に、もう一方のは後ろの、弾丸が飛んでくる方にピンとのばして、そのままじっとしている。だがやがて、大きな頭の重みに耐えかねて、首が傾き、鼻づらを地面すれすれにして、長い唇で草を食い始めた。

「友達どうしだな？」

痩せこけた脇腹、骨格の周りにのびた生暖かい肌を撫でてやる。

「血をながしているな、おい？　撃たれたのか？」

一筋の深紅の血が胸前を流れ、左脚を伝って膝まで滑り落ちていた。それは、肩の近くで、弾丸がかすめ飛んだとき尖端でえぐり取られた、暗い小さな溝から流れていた。

「それじゃ、お前は間一髪だったな！　そんなでドイツ野郎の鼻先をうろつくなんてばかだよ！」

老馬は、まるで聞いているかのように顔を上げ、耳をそばだてた。だが鼻づらが大きく一杯に開き、脚が震え出した。砲弾が遠くでヒューッと飛び、うなりながら谷間を越え、ボワ＝オーの下の、丘の途中に黄色の煙柱を立てた。爆発のひびきが過ぎ去ると、哀れなる馬は不器用に跳んで、半回転して逃げようとした。馬よりも素早く、私は両腕を広げて通せんぼして道をふさいだ。馬は少しずつ後退し、頭を後ろにのけぞらせ、蹄で石を転がしていた。馬が静まり、落ち着いてきたのを見て、辺りの隅っこに散らばったひと握りほどの干し草を拾いに納屋の方に走って行った。戻ると、馬は相変わらずそこにいて、唇を小刻みに動かして草を食《は》んでいた。

「ほら、お前のだぞ。だがな、干し草は家の向こう側へ探しに行かなくてはならん。この辺りにいて、また野原へ戻ると、お前は奴らに殺されるぞ」

大きな濁った眼で私を見つめ、時おり、ゆっくりとまばたきした。その濃い水色の眼にはこの上なくさびしげな、なげやりの驚きが宿っていた。

「そうか、分かったよ。お前はくたびれ果てた老馬なんだな。飼い主が毎晩、一日の労働の報いとしてくれた庇護はもうない、干し草で一杯の秣棚《まぐさだな》も、カラス麦で膨れた雑嚢もないんだ。お前はひどく痩せて、骨が皮膚を突き破るほどだ。何度も何度も脅えて、膝が震え続けている。このあとも続くだろう。まあ結局は、あの連中に殺されても、同じってことかな？……」

それでも、私は一抱えの干し草を鼻先にもっていく。馬は鼻で嗅ぐと、唇を反り返らせた。そこで、ゆっくりと廊下の方へ引っ張っていった。馬は敷居の階段にぶつかり、やっとのことで段を這いあがった。一歩一歩、大きな蹄が敷石に当たって、音が廊下に鳴り響いた。鼻先にあるこの秣に惹かれて、馬は広場、通りを横切って、長い鹿毛色の棚板が夜の闇にくっきりと浮かぶ納屋に入っていった。

「さあ、食べろ」

湿った鼻づらが私の手にかすかに触れる。干し草の長く細い茎が歯の端でくわえられると、指の間から一挙に滑り出ていく。大きな顎が、上下の臼歯《きゅうし》で執拗にこすって、ゆっくりとかみ砕き始めた。

なおも村のあちこちに砲弾が雨霰と落ちてくる。空、青白く、軽やかな高い空を飛んでいく音が聞こえる。爆音が弾け、夕べのまどろんだ大気にとどろく。間をおいて、モンジルモンの背後に隠れた七五ミリ砲の砲台が几帳面な厳しさで四発ずつ放っていた。

通りは、見渡す限り無人で、家々の間にかかった太陽の帯に区切られ、影ですみれ色になってのびている。教会広場はもう寒い。影が鐘楼と競って這い上り、鎧窓のガラスをなめるように這っている。影は非常に遠くから来たに違いなく、西方にそびえ立つ高い丘陵の天辺から大きな広がりとなって滑り落ちていた。

「そこで寝ているのか？」

「いえ、違います、中尉殿！」

「一体どこにいるんだ？」

すぐそばの、地下室の暗い円天井の下で、ベルナルデが起き上がった。

「お前一人か？」

「伝令は食事に帰り、ポルション中尉殿は作戦区を見回りに行かれました。私は残りました。あれが落ちてくる限り、どこにいても同じですから。それに……手紙を書かなくてはならないし」

「ばかな！　暗くて見えないではないか！」

「いや、見えますとも！　入口のすぐそばは、まだ日がありますす……まさに最後の明かりを利用しなくてはなりませんが」

彼は階段の下で、片脚をのばして、もういっぽうの脚は顎の下に折り曲げて地面に坐っていた。そして太腿の上に紙片をのせて書き始めた。

彼の顔半分は影で隠れていた。横顔は、蒼白い光のなかで、白い紙の方へ傾いて浮き上がっている。ごく小さな鉛筆は太い指に挟まれて見えない。彼は、鉛筆の先を唾で湿らせ、全身を集中させ、懸命になって一字一字、数行を書いた。次いで頭をあげ、前方を見据え、爪をかみながら考えている……砲弾がどこかの家の屋根を打ち砕くと、彼は拳を握りしめて、鉛筆を地面に投げ捨てた。

「ここまでだ！　ここまでだ！　何か書き方があるんだろうか？　何か思いつくたびに、ドスンだ！　重砲弾で頭はからっぽになる。書き終えられないな、この手紙は！……それにまた、難しすぎる」

「難しい？」

「ああ！　中尉殿、普段の手紙じゃないんですよ。言ってみれば……さあ、これですよ」

彼は、決然として、また臆病そうに眼前に手紙を差し出した。

「読んでもいいですよ。特別です」

《愛するカトリーヌへ
これは、いつもなんとか元気でやっているが、毎日がそういいわけではないことをお前に知らせるためだよ。冬で雨が多く、おまけにドイツ野郎が爆弾を落としてくる。そう心配しないで、お前とチビが元気でいてくれればと思っている。きっと万事うまくいくだろう。これが言いたいことだが、お前もそこをよく考えなくては、大事なことだ……》

手紙はそこで、薄紙に傷痕をつけたような線で急に終わっていた。

「ですから」とベルナルデが言う。「ちょうど難しいところへきて、分かり始めたときに、あの重砲弾ですよ……だが時間がない、書かなくては！　でなければ、ポルション中尉殿に約束したかいがありませんからね」

「ポルション中尉に？」

「さっき、中尉殿がおられなかったときです。伝令はその後少しして出て行ったので、中尉殿と残っていました。それから二人でしゃべっていて……ちょうど手紙の最後を書こうとするときでした。中尉殿が私に言いました‥

「どうやら、家に書いているようだな？」

「そうですよ、中尉殿、女房に」

「結婚しているのか？」

（そこで、分かりますか、笑いましたよ。二人だけだから、と中尉殿に言いました。ルール違反ですからね。まして子供がいるなんてことを……）

「ああ！」と中尉殿が言いました。「じゃあ、子供がいるのかい？」

「ええ、中尉殿」

「男の子、女の子？」

「娘です」

「その子、何歳？」

「今月の一五日で、ちょうど二歳です」

「可愛いだろうな？」

「ああ！　それは、中尉殿！……」

（それを聞いて、私は話し始めたのです。中尉殿の眼、髪、親切な物腰、話し始め方……結局すべてがそうさせたのです。中尉殿は口も開かずただ聞いていました。私に勝手にしゃべらせて、何度も顎でうなずいていました。結局は、中尉殿は黙ったままだったので、私は言わざるを得ませんでした）

「何を考えているのですか、中尉殿？」

「なあ、きみ、娘を可愛がるのはいいことだ、安心したよ……二年たって、その子のことが分かるかい？」

「率直に言って、中尉殿、分かりませんね」

「ああ！　そうか。どうしてもそうなるのかな？」

（中尉殿は何も私を咎めたんじゃないですよ、ね？　それでもやはり、あまり気分よくなかったので、説明しようとしましたが、だめでした。分かってくれますか！　それは、中尉殿があらかじめ私と同じように考えているのでは、と感じたからです。つまり、〝だがお前は正直な人間か？　邪《よこしま》な考えを隠しているのではないか？　そうだとすると？……〟と。ところが、不意に、国が兵士たちには、既婚者たちに対するのと同様、手当てを払っているという考えが思い浮かびました。そこで、中尉殿にそう言いました）

「なるほど、そうか。それでもし戦死したら？」

（まさか！……ただショックでした。一瞬、馬鹿みたいになって、もし戦死したら……もし戦死したら……と繰り返していました）

「だがな、知ってのとおり、そういう不幸は我々みんな、お前さんにも私にも、今日か明日にでも起こるものだ……それを今まで考えたことがあるかい？」

（そして中尉殿は勇気、単に戦闘のではない勇気のことを話してくれました。法や規則というものは昔からのものがなおそのままあって、変えることはできない。たぶんその言葉を全部は把握できないだろうが、実際にはそのことがよく分かった。それで、中尉殿が出ていったとき、手紙を書く決心をしたのです）

次にはまた……そういういろんな考えが頭のなかを行き来して、結婚、父親であること、寡婦年金、重傷などが混ぜこぜになりました。そこにあの重砲弾が何発もやってきて、それを解きほぐすこともできません。〝こっちの言うことを訊いてくれ。一つだけで十分だから……〟という気持ちでした。何でもないことに到達するのに本当に苦労しました。いま心に大きな重荷を感じているのは、そのためです……書かなくてはならない。そうすれば、重荷が取れるでしょう……だが、できないと言うしかないんです、中尉殿！　それができない！……できない！……私はみじめな馬鹿者です」

ベルナルデは肘を膝について、こめかみを両手のひらで挟み、苦しそうに頭を振っている。影で見えない顔に、二筋の涙がこぼれ落ちるのが見えた。

「まあまあ！……二人でやってみようか？」

「もしよろしければ！　ああ！　ありがとうございます、中尉殿！……でももう暗くて見えません。待って下さいよ、ポケットに蠟燭の切れ端があります……それと、さっき捨てた鉛筆が！　こいつはまた、ついていないな！」

「私のを使え」

ベルナルデは蠟燭に火をつけると、後ろにある、円天井の二つの石の間に置いた。そうすると、さっきのように折り曲げた脚の上にある紙片を赤々と照らした。

「はじめますか、中尉殿？」

「そうだな、前に書いたものをもう一度読んでくれないか？」

彼は、課題を暗唱する子供のように、たどたどしい声で読んだ。

《愛するカトリーヌへ、これは、いつもなんとか元気でやっているが、毎日がそういいわけではないことをお前に知らせるためだよ……》

彼がそこで区切った：

「そこを書き換えるかい？　その始まりのところを……」

「いいえ、中尉殿」

「どうしてだい？」

「いつも通り元気なことを知らせるためだからです」

VI　交代

一〇月二三日

「教会広場に集合……全中隊、一五分後ここへ」

台所では、地面に捨て置かれた藁とマットレスから発したゴミが靄のように漂っており、兵たちが突然立ち上がった漠たる影のように動いていた。窓からは、カーテン代わりのシーツを通して、夜の沼沢地のむっとする臭気が入り込んでくる。引きずり歩く靴底が床をこすっている。伝令たちが、相前後して入口にやってきた。

我々は彼らの後に続いた。辺りはかすんでいた。黒い鐘楼の背後で、雲の切れ端が赤銅色の空を滑っている。辺りの空気がはらんだ湿気で、村の隅々まで漂っている冷えた灰の臭いが一層ひどくなる。

「ここに誰かいるかな」

車道に慌ただしい足音がして、廃墟の家並みの間で強くベルを鳴らしている。

「おーい！　こっちだ……ジャンドル、お前か？……戻ってきたのか？」

「ああ、戻ってきた。だがソトゥレ大尉が私をここに送ったのは別件で、交代に関してだ」

「そうか。何かまずいことでもあるのか？」

「実は、全員一緒に峡谷へは出発できない。第二戦線の二小隊はすぐに行く。だが、あとの二小隊は交代が来るまで待たなくてはならない」

「で、誰が交代にくるんだ？」

「いま峡谷の戦線にいる一三二中隊の小隊だ。我々の先発小隊が塹壕で交代して、彼らが村に戻ってきてから、あとの小隊が塹壕に出発することになる」

「なんという小細工だ！……それじゃ、なあ、ポルション、我々のうち一人は残らなくてはならないのか？」

すでに教会の前には、出発する二小隊が静かに群がっており、広場は活気づいていた。ポルションが先導し、彼らを連れていく。彼らの列が十字架像の方へ遠ざかっていく。私は家々の残骸の間で一人になって、突然、見捨てられたような感覚に胸が詰まってきた。

身ぶるいした。これはどういうことなのだろう？　何か虫の知らせか？　まさか、冗談だろう！　それに、実際にどんな危険が？　我々は駆け足の歩調をとり、ロンジョ川の橋を渡る……だがその後は？　橋の後は草地で、丘の麓まで広がっている。そこに二小隊がいて、真昼間に青い外套、緑色の草に映える赤のズボンだ！　ああ！　ほかの連中もいる！　それに、ドイツ野郎は遠い。それからまた、急いで進む。また渡らねばならない。それからまた……畜生！

夜が徐々に薄らいできた。雲が空を走り、西の高みをかすめるときは黒っぽく煙っているが、谷間の上にくると、次第に明るんできた。雲を追いやる風のそよぎは、まだ暗闇のかぶさった大地はかすめもしない。まるで、地平線の端で夜明けのバラ色がかった蒼白さがたゆたっている、東の方に吹き寄せられているようだ。

「そこを行くのは誰か？」

人影が大きくなり、大急ぎで近づいてくる。今朝から作戦区を指揮しているドゥゾワーニュ大尉のブロンドの口髭、明るい目が見てとれた。

「君を探していた」と彼が言う。「峡谷に第七中隊の二小隊を連れていくのは君か？」

「そうです、大尉殿」

「一緒にくるか？　偵察しておきたいのだ」

私としては、実のところ、もうそんな必要はなかった。昨日一日中、まるまる偵察だったのだ。ロンジョの家並み、屋根すれすれに膨らんで見える黄色の尖峰、大きな水たまりが鋼鉄の光を投じて、バラ色に輝く草地をもう一度見るだけのことだ。

緑色になった二つの壁の間でかがんで、我々は向こうの、丘の麓を目でたどって、クエッチの植わった斜面、煙がひょろひょろと立ち昇っている丘陵に開いた切れ目を見つめていた。その周りでは、第一大隊の炊飯兵たちが忙しそうに立ち働いているのが見える。

「これはもう単純なことです、大尉殿。まっすぐ彼らの方へ走るしかありません」

「ほかに選択肢はないか……やはり、な？……三〇〇メートルはあるな」

「およそ。ほかにどうしようもありません」

教会の前で、二人が待っていた。

「モット中尉です」と一人が言った。「一三二大隊の第六中隊指揮官です」

「タステ少尉です」ともう一人が言った。

「諸君の小隊は着いたか？」

「二小隊だけです。あとは峡谷に残っています。貴官の中隊を待って出発し、ここで我々に合流します」

「結構な賭け、小細工ですよ！」と少尉が叫んだ。「幸運にもドイツ野郎は遅く寝ましたから！　一発も飛んでこなかった！……このあともないでしょう」

「つまり……」

「賭けてみますか？　シャンパン二本！　きっとこちらが飲めるでしょう！」

タステ少尉は若々しく、ひとを惹きつけるような陽気さで話している。彼は明るい笑顔で私を見つめていた。突然、ほとんど一緒に、叫んだ：

「一九一二年五月、ジョワンヴィルの学校にいなかったか？」

「もちろん、いたよ！……君もいたのか！　一緒だったんだな！　こんな風に会うとは、すごい驚きだな！」

タステは大声で笑っていた。一週間剃らない髭が、実った穂先のかたい毛の藪のように頬に茂っている。彼の動きはすべて敏捷で、柔軟な活力にあふれ、見ていて楽しくなる。最初から、そして段々と、彼が快活に生きているのをみて好きになるのだった。

「ああ！　なんでもないさ！　君に会えて嬉しいよ！」

「ぼくもだ」と私はごくまじめに言った。

背嚢を背にしたシャペルが着いて、話が途切れた：

「中尉殿、二小隊、集結しました」

「じゃ、君、さよならするよ」とタステが言った。「一発もこないよ、あとで分かる！……ああ！　あのそれとなあ、シャンパンのこと、約束だな？」

「約束だ」

小集団の先頭に立ち、家並みに沿ってコンブル街道を行進していく。私の背後では、麦藁を踏みつけ、革がきしむ音、荒い息づかいでざわついている。

ここはもうロンジョ川だ。水は青い。柳の映った影がうごかぬまま、逆さになっている。

「方角の目印がない、二つ窓のある家だけだ」

「分かった！」

速歩する群れ。揺れる銃剣や水筒、弾薬帯の騒音。前方の、突如明るい朝の光のなか、屋根の上に現れた尖峰から、目を離さない。一秒……二秒……尖峰は瓦屋根の向こうに消えた。

一発もない！　タステが賭けに勝った。

まだだ。草地、向こう側に、ビリヤードのマットのように平らで、とてつもなく大きな草地がある。

「二列で、後に続け……止まれ……詰めろ」

わが一〇〇人の部下たちは、路地の、水のしみ出る外壁の間でぎっしりと固まっている。尖峰はこの角の後ろに隠れたままだ。一歩前に出てみると、黄色の膨らんだ尖峰がその場にあるのが見える。一〇歩出てみると、右側にコンブルの樅の木が突如現れ、鋭いギザギザの梢を天に突き出していた。樅の木の下には、ドイツ野郎がいる。尖峰にも、ドイツ野郎がいる。向こうのプラムの樹間に煙が立ち昇っていた。

「前進！」

よしうまくいった。準備はできた。一〇〇人の部下たちは、私に続いて、壁の隠れ場を出た。彼らは、見渡す限りの草地を、陽光を一杯に浴びて、前方に尖峰、右手にコンブルの樅の木を見ながら速歩で行進している。

私は耳に穴が開いたような気がした。最初の銃撃を待つ。目は丘から丘へと飛び移る。不恰好な粘土層の小丘、谷間に張りついたような樅の木の森以外は何も見えない。クエッチに縁どられた斜面の近くで立ち昇っている青い煙の周りでは、炊飯兵たちの影が緩慢な動きをしている。影が大きくなり、色彩を帯びてくる……突然、足元で、バシャッと水音がして、私は急に立ち止まった。と同時に、背後でシャボの叫び声がした：

「そこじゃない！　そこじゃありません！」

水たまりの真ん中で、両脚がふくらはぎまで泥にはまり込んでいた。この足枷《あしかせ》から懸命になって靴を引き抜くと、元の道に戻り、この滑稽な不注意に自らに怒りを感じつつ、大きな水たまりを避けて、左手に進んだ。

「今度は、銃弾が飛んでくるぞ。ひと騒ぎあれば、お前の責任だ、馬鹿者め」と思った。

芝の塊りが池を漂っているようだ。浅瀬の石を跳ぶように、一つ一つを跳びはねる。私の重みでさざ波が立ち、遠くへ輪が広がっていく。後ろでは、わが部下たちが行き当たりばったりに泥のなかを歩いている。彼らはレーベル銃の銃身をつかみ、支点に使っていた。だが、しばしば銃床が塊りの上で滑り、銃の装置まで水に取られて見えなくなってしまう。多くは、両脚泥まみれで、蠅とり紙にくっついた蠅のようにもがいていた。なかには、銃を厄介とばかりに、前の粘土に突き立てて、両手で腿をつかんで、はまった脚を抜こうとして引っ張り、腰を振りくねらせている。他の者は、水たまりのなかを動きまわり、水しぶきをあげ、日差しにきらめかせていた。

私は小声でつぶやく：

「うまいぞ！　成功だ！　草地のど真ん中だ！　これ以上うまくはいかなかったな！」

周りでは、泥をはたき落としたり、水をはねたりで大騒ぎだった。泥から脚が抜け出るたびに、大きく舌打ちするように粘っこい爆音のような音がした。

「ところで、中尉殿。我々の散歩はどうだったですかね？」

コンパンが、泥の流れ落ちる左手を外套で拭《ぬぐ》いながら、私のところまできた。彼は、灰色の歯が見えるほど口を開けて、大笑いし、大股で滑り飛んで私を追い越していった。耳たぶの薄い彼の耳は、いきなり光が入ってきて、頭の後ろで、すっかりバラ色になっても、彼はまだ笑っていた。

「こっちだ！　ここは固いぞ、さあ！」

彼は振り返ったところだ。腕を上げて銃の先を動かし、激しく跳ね回って、踵で打って地面の固さを確認している。

「前進！　コンパンの方へまっすぐだ！」

あとの者は私の手の動きを見て、集まってくる。彼らの群れが固い大地の方へのびていく。

「今度は、斜面にまっすぐだ！」

「走る必要はありません、中尉殿」とシャボが言う。「彼らは撃つ気がないんですよ、きっと！」

その瞬間、コンブルの樅の木から一発の銃声がした。一発だけだ。何人かが振り向いた。だが大半はまばたきさえしなかった……リショムがため息をついて、その無関心を認めた：

「もう銃撃はおしまいか！　それで、こちらは安全だというわけだ！」

実際、斜面の天辺にかかったプラムの枝葉は、我々が一歩進むごとに遮蔽物となってのびてくる。そしてその茂みの下に、まずコンブルの鹿毛色の坂を、次いで青みがかった稜線を、そのまた次に峠を、最後に、さっきまで、眼前で丘の背を見上げさせていた粘土状の小丘を覆い隠してくれる。部下たちは斜面の近くで止まった。濡れた草を数束引き抜くと、新しくついた手の泥をこすり取った。それでも伍長たちは笛を吹いて、それぞれの分隊を集結させた。

「セルフイユ！　セルフイユはどこだ？……」

「おーい！　セルフイユ！」

「ほら、あそこだ、奴を見ろ！」

どっと笑い声が起こる。手がのびて、球のようなもの、草地の真ん中で揺れている服の塊りを指差している。

「なんて太鼓腹だ！」

「がんばれ、太っちょ！」

「奴は決して抜け出せないぞ！」

「標的になるかもしれないぞ、あの太っちょ！」

「まさか！　弾があの土手っ腹に沈むだろうよ」

だが、新たな銃声で笑いが凍りついた。セルフイユは膝まではまって、長すぎる外套の裾を泥水のなかに垂らしながら、首と肩で猛烈に弾みをつけて懸命にもがいている。そのときビュトレルが私の方に進んできた。

「助けに行きますか、中尉殿？」

セルフイユの脱出を喜ぶ歓呼の叫びで、彼の言葉が途切れた。最後にもう一度身をよじらせると、固い地面に投げ出された。彼は、腹を揺すって、背嚢を斜めにし、銃を肩で踊らせて小走りにやってきた。ボタンは外套の端をまくり上げたままかかっていて、揺れるたびにはずれたので、折り返した服の裾はスカートのように脚にまつわりついていた。

「見てみろよ」とグロンダンが言う。「いまにズボンに足をとられて、こっちへくるまでに地面に転ぶぞ」

「転ばんよ！」

「転ぶ！」

「やはり、やったか！」

「なあ、見たか？　ゴム球のようにはねかえった！」

セルフイユは再び立ち上がって、合流してきた。汗が顔を伝って流れ、彼の眼を曇らせ、口髭を濡らしたので、舌のひらで拭い取った。

「なんとも厄介なことだ」と彼が言った。

笑いで膨らんだ頬が、まるで溶けたワセリンを塗ったかのように脂ぎったつやで輝いていた。

「四列縦隊！」

また斜面をたどって、行進する。あばら家のくぼみに置かれた鍋に湯気が立ち、インゲン豆とキャベツの強烈な匂いが鼻をついてくる。わが部下たちは通りすがりに匂いをかいで、余計な遠慮もせずに、もの悲しい渇望を口にした。

「この我々は、あれを諦めることになるのか」

「コーヒーさえもな、今朝はたらふく飲んだのに！」

「それで走れなくなったんだな」と炊飯兵がからかった。

「なあ、おい、お前はわけを知りたいのか？　ドイツ野郎が狙ったのはお前ではない！」

「それじゃ、お前たちをか？」

「いや、スズメだ！」

「よく聞けよ、お前たちを狙ったのではない」

「どうしてだ？」

「なあ、怒るなよ。よく聞いてくれ……」

彼は我々についてきて、列から列へと飛んで、投げかけられる問いに答えていた。

「まあ、よく聞けよ。数日前から、ドイツ野郎がどうしているのか知らない。奴らは撃ってこないし、撃ってもごく僅かかゼロだ。ちょうど丘の高いところ、ほら、樅の木のある稜線に騎兵隊がいる……ちょうど奴らが、手を慣らしておくために、あちこちを撃ちまくっているんだ」

「それじゃ、何を撃っているんだ？」

「何も。でたらめ、盲撃ちだよ。だが決してやめない、昼も夜も。この我々は、それを〝エルネスト〟と呼んでいる。あるいは〝コンブルの気違い〟とも呼んでいる」

「お前によると、そいつが狙ったのは我々ではないのか？あの太っちょでもないのか？」

「奴は盲撃ちしていると言っただろう！　狙ってではない！ただ遊んでいるだけだ」

「なんだ、頭がおかしいのか？」

「まあ、待てよ！　そう結論を急ぐな！　俺は、噂話をしているんだ……ただ俺には考えがあるんだ、言ってもいいが」

「ああ、そうか！」

「そうだ、だが言わないでおくよ」

「言ってみろよ……」

「それはな、もう目の前にはドイツ野郎はおらん、ということだ」

この炊飯兵が効果を当てにしていたなら、効果はあった。疑念、当惑の声があちこちで上がった‥

「まさか、冗談だろう？……ふざけているな！……いや、本当にそう思っているのか？」

「そうだ、もう奴らはいないんだ。いても一人だけ、エルネストだけだ。他の連中は立ち去った。ただそうと気づかれるのを恐れて、大量の弾薬を与えて志願者を一人残していった。そして、まだ相変わらずそこにいるように思い込ませるため、日に何度もぶっ放せと命じた。だがまもなく、エルネストも弾薬がなくなるだろう。そうなると、いまに分かるよ。仲間と同じく、あの豚野郎の国へ逃げていくんだ」

「だがなあ、その分でいくと、もう戦争も長くないのか？」

「まあ、そう願いたいね、ただ思い出してくれよ。二か月前、ヴィルヘルムは我々を簡単に倒せると思い込んでいた。だがその後、マルヌがあった。とんでもない予想だった！　その日から、皇帝は大失敗だったことが分かった。今では、ドイツ野郎たちをこっそり呼び戻して、静かに和平の話でもしようというわけだ。

だから成り行きに任せよう。あと二週間生き延びる者は、戦争を切り抜けられるだろう……あばよ、幸運を、な！」

彼は走って、鍋の方に帰っていった。わが兵たちは黙って行進し、間近の平和を夢見つつ、しばし、呼び起こされた心温まる帰還の歓びを胸にして目を輝かせている。だが靴には泥が重くこびりつく。右手で敵側の斜面に銃弾が弾ける。森のなかの、暗い鱗木《りんぼく》と黄色のアカシアの間に入り込むと、目が見えにくくなり、顔が暗くなってきた。

「まあ、こんなものです」とパヌションが言った。「三日前もここにいました。今日はまた戻ってきた……これがまさに現在の我々の戦争ですな。終わったと思ったら、また始めなければなりません」

Ⅶ　発砲禁止

一〇月二三―二五日

今回は、作戦区が静かなようだ。二時間前から前線にいるが、我らが塹壕には一発も飛んでこない。熱気の失せた日差しが斜面沿いに滑り込んでいる。土塊の胸墻の上から、森はずれを縁どっている樅の木の間に生い茂った草が台地を這い上っているのが見える。

前回よりはもっと高くへよじ登った。作戦区の上の一〇〇メートルばかりのところの前哨に、わが二分隊を置いた。我々の任務は監視するだけだ。ドイツ人が攻撃してこない限り、発砲してはならなかった。

「うんざりしますな、中尉殿」とパヌションが言う。

彼は頭を反り返らせて欠伸をし、バラ色の口蓋の周りに若々しい犬歯《けんし》を見せている。

「のらくらしている時間ばかりで、怠け者になったような気がしますね」

彼はまた欠伸していて、きりがない。

「何も驚きはないし……一日中、何をしますかね？　何も、何も、何もない。目を覚ますと、あとは食うことばかりで、また始まると考えるだけ。あまりに空虚なので、時が経つのが辛くなりますよ。何度も親に手紙を書くと、気晴らしにはなっても、親孝行ぶって濫用してはなりません。それに、すべては言えないし……そこでまた眠り、爆音がすると片目を開け、炊飯兵がくると、あとの片目を開ける。それからまた眠る……これじゃ半分だけ生きているようなもので、まったくだらけてきます……それに、何ができますかね？　まさに何にも！……」

枯葉の上を歩く足音で、話を中断した。彼は顔をあげて、警戒するように一瞥する。

「下りてくるのは歩哨だな……ビロレだ！　おーい！　探し回り屋！　こっちだ！」

ビロレの抜け目のない顔が二つの灌木の間に現れた。彼の視線が私のと交差すると、顔が明るくなる。

「下の方におられてよかった、中尉殿。すぐにお伝えできて嬉しいです」

「変わったことでもあるのか？」

「少々！」

彼は柔軟な身体で胸墻の上で軽く腰を揺すって、通路に滑り降りた。

「まあ、一三二大隊の連中が話したことはすべてご存知でしょう。ドイツ野郎が目と鼻の先にいて、前方五〇メートルのところで、援護物なしで動き回っており、なかには下士官さえいたそうで……いやまったく本当に！」

「何を言ってるんだ？　一三二大隊の連中が何を話したと言うんだ？」

「なんですって！　あの曹長は出発時に言わなかったんですか？……でも連中はそうとしか話さなかったのに！　彼らの話では、前線にずっといて、ドイツ野郎が森はずれで掘るのを止めたそうです。我らが歩哨たちは何よりもまず、奴らがパイプを口にして、我々を小ばかにしたように、自由にほっつき歩くのを見たというんです……もちろん、こちらは発砲禁止でした！」

「で、今朝は？」

「同じです！　グロンダンと歩哨に立ったときは、何もなかったんです。すると不意に、二〇人ばかりが作業場に出てきました。鶴嘴で掘って、スコップで混ぜているんです！　パイプも吹かして！　歌でも歌っているようでした……それに、彼らを監視しているサンタクロースもいて」

「サンタクロース？」

「交代のとき、仲間が連絡事項として教えてくれたドイツ野郎の将校ですよ。白い髭とバラ色の脂身のような頬の大男の老いぼれでした。ただ実際は、老いぼれか、若いのか分かりません……そこで、この状況を見て、グロンダンを木の影に見張りに残して、お知らせするため下りてきたのです」

「分かった。では、一緒に行ってみよう」

我々は、地面すれすれに這っている茨に抑え込まれた枯葉を踏んで、できるだけ早く斜面をよじ登った。

「おい！……グロンダン！」

灰色の樹幹に張りついていた男が振り返った。目で投げかける暗黙の問いに、彼は頭で「はい」と合図した。

「まず、私のするように坐ってください、中尉殿。もっと楽に見られるように、二人とも、木の根元にすわりましょう……」

「あれは何の音だ？」

「彼らですよ」

台地にカチンカチンと軽い音がひびき、時にはかろうじて聞き取れ、時にはとてもはっきりと聞こえ、鶴嘴がちょうど森はずれの、我々から数メートルのところを掘っているように聞こえた。私はブナの木にすがって立ち上がった。両手を樹皮で支え、頭を前へ差しだした、静かに、静かに……

「そこへは安心して見に行けますよ、中尉殿。彼らは我々がここにいることを知っています、確実に！」

このグロンダンの声ははっきりと聞こえたが、まるで壁の向こう側からのようだった。最初に目に入った光景でほかの場所へ投げ出されたようだったからである。見えたのは、鮮やかな青空を背景に、逆光線になった数本の黒い樅の木。草地の褐色の土塊の間の水たまりのきらめき。うごめく黄色い地面の線。この線沿いの、暗い樅の木と澄んだ空の間に群がる灰色服の男たち。

そこ、眼前に彼らが見えた。この木に寄りかかっていないで、歩き続けたら、大股で三〇歩ばかりで彼らの真ん中に行けただろう。鶴嘴の鉄が時々、平たいベレー帽をかぶった頭上で光る。スコップで掘りだした土が滑り落ちて、彼らが掘り進めている塹壕の胸墻沿いにたまっていく。まだあまり深くない、一メートルあるかないかだ。作業兵が立ち上がって、一息つくたびに、地面から上半身が現れ、鶴嘴を持った手が胸の高さで合わさって出てくる。

グロンダンとビロレが大胆にも、私の両脇に立って、目を大きく開いて見つめている。

「何でもないな、ただちょっと妙だぞ！」と彼らは囁いている。

ドイツ野郎の塹壕の後ろで、男が、頭を垂れて両手を背で組んで所在なさそうに歩いている。外套の袖には大きな折返しがあり、上部でぴったり合った服は黄褐色のベルトで腰を締め、下は長く固い襞で広がっている。

「彼だ！　サンタクロースだ！」とグロンダンがそっと言った。

このドイツ人は塹壕掘りの作業場の端までくると、くるりと向きを変えた。こちらの方へ戻ってくると、時おり、樅の木の背後に姿が消え、空き地に出るたびに、脂ぎった顔の表情、バラ色の頰、黄色がかった髭、あまりに色が薄くて、白く見えるブロンドの髪がはっきりと見えた。

「おや！　もう一人こっちへくるぞ」

「二人でしゃべっているな！」

「そう思いませんか、中尉殿？　ベレー帽たちが掘るのを止めると、二人のヘルメットのチンプンカンプンがここからでも聞こえますよ」

「なあ、グロンダン、いまこっちへきたのは、〝キリストの復活〟ではないのか？」

「そう思います」

「ああ！　そうか」と私は叫んだ。「では、あの連中をみな知っているのか？」

「まだですが、いずれそうなるでしょう。あの、赤ら顔のチビはまだ見たことがありません。ただ仲間たちの話では、どうやらあれが〝キリストの復活〟のようで……彼らがつけた名前ですが、まだ撃つことができたときから、奴の正体を二、三度見破ったと思っていましたから。ところが次の日の朝も、相変わらず片眼鏡をかけ、便所のブラシのような口髭の、生肉の色をした顔をまた見ました」

「見ろ」とグロンダンが言った。「逃げていったぞ」

「ああ！　畜生！……どこへ失せたんだ？」

「小径にでも飛びこんだに違いない」

「だがそれなら見えたはずだ！　そうでなくとも、なんでもないさ。急に、我々の前から消えてしまったんだから。まあ、まあ！……仕方がないよ！」

グロンダンは、腕をだらりと下げ、口を半ば開いて、ドイツ人将校たちがいた場所をじっと見続けていた。やがて頭を振って、もったいぶって言った∶

「何もかも摩訶不思議で、神のみぞ知るだな！」

ビロレはウインクして微笑んだ∶

「気にするなよ！　我々と同じ連中なんだ。将校たちがいなくなったから、休んでいるのさ」

もう地面を削る鶴嘴の衝撃音も、土をすくうスコップの擦れる音も聞こえない。胸墻の上には、ブロンドの男たちが一人、二人と現れる。彼らは上半身がベルトまでは見える。全員が赤い帯のついた平たいベレー帽をかぶり、粘土で汚れた緑がかった上着を着ていた。三人は上着を脱いでいる。一人はごく細い鼻に、重そうな鼈甲《べっこう》をはめた大きな望遠鏡を添えていた。

「ああ！　おや、あの男だ！」

グロンダンは、一跳びで背廠に坐ったばかりの赤毛の大男を指差した。男はポケットを探ると、赤いニットのタバコ入れを取り出し、パイプに詰め始めた。マッチの火が指先で赤く震え、白昼にぼんやりと揺らいでいる。リズミカルに吹きだした煙が頭上で、青みがかった後光となって、ゆっくりと消えた。

「ああ！　またあの男だ！」

二番目の男が、左手のもっと遠くからきて、切株畑をぶらついている。半長靴は粘土まみれだ。はだけた上着からはバラ色の縞の綿シャツがのぞいている。彼もタバコを吸っているが、親指ほどの大きなタバコだ。

「なんだ、あの連中は？」

ドイツ人たちが次々と塹壕から出てくる。

彼らは縁に手をかけ、脚と腰をばねにして飛び出る。散歩する足どりで行ったり来たりしている。ほぼ全員がタバコを吸っている。何人かは何か食べている。爽やかな日の光が彼らを覆っている。我々には細やかな柔らかい影を投げかけ、枝の葉擦れで少し揺らいでいるようだった。枯葉色をした小鳥が足下で乾いた藪をざわつかせ、ちょっと先へ羽をばたつかせて飛び、こんもりした茨の下に消え去った。しかし相変わらず単調な大声と、鋭くしゃがれた声音の同じような嘆きが聞こえてくる。

「誰が登ってくるんだ?」

「パヌションのようで……」

これは不愉快だった。

「お前を呼んだか?」

「いえ、中尉殿……それでも、やはりちょっとだけ! ひと目みるだけで?……お願いです……」

彼は爪先だって背伸びし、私の肩越しに見た。

「ああ! こりゃ驚いた! 奴らはなんて厚かましいんだ! ああ! もう中尉殿、放っておいてください! こんなことは生涯に一度しか見られません!……あの豚野郎たちはこっちに来ますよ! 攻撃してきます! こっちは撃てないなんて! 奴らに好き放題にさせるなんて!……ああ! 冗談じゃない!」

彼は、首をのばし、眉をしかめて待伏せの姿勢になった。突然、奇妙なうなり声、唇をかみ、喉で抑えているような叫びをもらした。

「気分が悪いのか?」とビロレが訊いた。

「よく見ろ……あそこ……そうだ、あそこ、真上の、枝の折れた樅の木の左だ……見たか? グロンダン、お前は? で、中尉殿は?……なぜ奴らは外套を脱いでいるんだ?……なぜ銃の負い革をはずしているんだ?」

「まさか!」とグロンダンが言う。「大げさだよ」

こう言われて、パヌションは抑えがきかなくなり、切れた。

「くそったれ! 腐れ豚野郎! 下司め! ドイツ野郎の裸のけつを見なきゃならんほど、みじめだとは!」

「見る必要はないよ」

「我慢できないんだ! 目がくらむよ……あんな標的! 赤ん坊でも一発で倒せる!……ねえ、中尉殿、一発だけ、あれを懲らしめるため、ほんの一発だけ?……」

「発砲禁止だ、パヌション」

「ああ! この戦争は!」とパヌションが嘆いた。「いろんなことを見、いろんなことに耐えてきたのに! この発砲禁止はなぜだ? それに何の意味があるんだ? 奴らが仲直りを持ちかけているからか? それはよく分かっているが、なぜ仲直りを持ちかけてくるんだ! 奴らは鶴嘴で、穴を掘って、安心していたいんだ。だがこの我々、哀れなとんまは、奴らの言いなりになっている。〝このドイツ野郎たちはやはり、悪い奴じゃないな〟と誰かが言う。そう、それはいい! とりあえずはな!……だが二、三日後には、奴らが森はずれの、勝手に掘らせておいたご立派な塹壕に身を落ち着けると、すばらしいミニコンサートでもやってくれる。善良なるフランス人諸君よ、鉄砲玉コンサートでも聞きたまえ！　となるんだ。そうなると、泣き泣き言うことになる。〝ドイツ野郎はやはり悪党だ！〟となる。だが、〝俺は間抜けだった〟とは言えないな。

ともかく、中尉殿、発砲禁止を命じた連中は、戦地を理解するためにきましたか？　とんでもない。いつも同じです。何も知らない連中、指揮しているのは、まさに彼らですから」

結局、いつも同じだ。いつも同じ硬直した独断、同じ自惚れた自己過信、事実に従わない同じ拒絶反応。

また分隊の塹壕に下りて、枯葉の寝床に坐り、雲母の拡大鏡を支えにして、私は手帳の紙にメモをした。今見たばかりのことを書く‥森はずれでのドイツ野郎の作業、刻々と深くなる塹壕、斜面一帯をうがち、森の下生えを耐えがたくする進行中のこの工事の脅威だ。そして切迫した調子で、発砲許可を要請した……以上で、終わり。あとは数行、下に署名して、階級‥少尉と記した。まあ！　当てにしないでおこう。

「レノー？……ポルション中尉に、すぐにだ」

ポルションがこのメモを読み、そしてこれを大隊に渡すだろう。大隊からは、連隊本部に渡されるだろう。後は？……それ以上は分からない。何の役にたつのか？　向こうのメニル、もっと先のリュでは、レ・ゼパルジュで何が起こっているのか、我々よりもよく知っているのだ。彼らには地図、烏《からす》口《ぐち》と曲線計をふんだんに使って作成された地図があり、赤い曲折模様が敵の塹壕や小径を描き、小さな緑の円が森の樹木を示している。地図に加えて、また彼らがこだわる物の見方がある。古い観念、堅固な観念、現実はその法則を受け入れるべきで、さもなければ、絵空事でしかない、という点に称賛すべきものがあるという考え方があるのだ……わが哀れなる小さなメモよ！　まっとうではない現実の青白き反映、私の一つだけの金モールでは輝きを与えられない現実の反映！　諦めよ、小隊長！　パヌションが言うように、「食って寝て、わけも分からず、くたばるだけだ」。

平穏な静けさ。銃弾も重砲弾もない。歩哨が交替するたびに、下りていく兵たちがドイツ野郎の同じ活動を伝える。各班は上で引き継ぎをし、胸墻の黄色の線に土が重なって、もう作業兵の頭しか見えず、次いでベレー帽だけが見え、その次には何も見えなくなった。だがスコップの土が出てくることは、彼らが相変わらず掘っていることを示している。

まもなく夜になる。炊飯兵たちが通って行った。枝越しに一番星が瞬いている。段々と夜のけだるさが森を覆ってきた‥

「二日ほどいて、明朝ですよ、中尉殿。こんなことあり得ますか！……ここを発って、どこへ行くかご存知ですか？」

「モンだと思うよ」

「私も同じ考えで……あの老女のところへ戻りますか？」

「それも考えている」

「ああ、それは困ったな……あのでしゃばり婆さんには我慢できないんですよ！」

「お前さんはまだミラベル酒のことを根にもっているのか？」

「そんなことは全くありません」とパヌションが抗議する。

「私の気になるのは湯沸かしですよ……ほかに宿を探すべきです」

「まあ、考えておこう……」

「その方がいいと申し上げているんです、中尉殿！　ちょっと考えてみてください。前線に登る前にいたのと同じ村に戻るのは、これがはじめてでしょう。要するに、そこへ行けば、同じ家、同じ納屋、同じ民間人、同じ習慣です……だまされてはいけません。そこでの暮しが長く続くことになります。どんなにお喋りどもが我々の頭に和平の話などを詰め込み、ドイツ野郎がそれで大騒ぎしていると繰り返し言っても、来月の七日過ぎまでは戦闘ですよ……」

「誰がそう言った？」

「交代時に、一三二大隊の軍曹です。代議士の甥とかだそうで。あの便所の件で、我らが善良なる兵たちをこけにした奴ですよ！……ただそれはどうでもいいです、中尉殿。これからする生活では、重砲弾も落ちてこない村での、この三日間は神さまのお恵みの休息でしょう。だから、それを無駄にしないでくださいね。然るべき誠実な人たちの、くつろげる家を探すとしましょう。そうしてから、住むことにして、まずあのひどい老女は放っておくことです。見るだけで気分が悪いし、我々を追いだせないから我慢しているだけです。ひと晩眠ればよい知恵も浮かぶ、といいます。明日の朝には、決心がつくでしょう」

彼が話し終えるや否や、一筋の短い炎の光線が夜空に縞を描き、斜面に一斉射撃の大音響がとどろいた。

「また始めるんですかね？」とパヌションが、私のそばにぴったりと寄りかかって囁いた。

「いや違う！　違うぞ！」

しかしながら、私にあっても彼にあっても、この一斉射撃は、前哨、まさにここでの最後の夜の思い出を叩きつけることになった。それから四日たつ。もうそれも忘れた、それほど戦争では早く忘れてしまうのだ。だが、この瞬間、この暗い森、そこで銃弾が弾け飛んだことが心に焼き付いたように思われる。

「畜生！」とパヌションがうなる。

銃弾が飛んできて、我々はそのヒューッという音、要するに死神の鎌の下でのように身をかがめる。

「畜生！」と彼が繰り返す。「奴らはすぐ近くから撃っているな。掘ったばかりの塹壕にいるんだ……さっき言った通りでしょ？」

私の近くでは、暗闇の深まりのなか、恐怖心が眠っていた兵たちを揺り動かし、怯えた獣のように飛び起きあがらせた。

「中尉殿？」

「そこを行くのは誰か？」

「軍曹スエスムです……撃ちますか？」

「だめだ。我らは警戒するだけだ」

「分かりました」

彼の靴底が泥を踏みつぶす音が聞こえる。次いで私が待ちかまえていた一斉射撃が夜を引き裂く。銃弾が流れ飛んでくると、私には司令部の窮境が分かるような気がした。

「パヌション！　敵は多いと思うか？」

「確実にノンですね」

「一五人ばかりか？」

「そんなところでしょう。安心なのは、彼らが動かないこと。でたらめに攻撃しないという徴候です」

銃撃音で揺れない間ごとに、空間の安らぎが取り戻せる。フランスの前線も、ドイツの前線も同じように沈黙したままだ。誰もが、縮こまっている塹壕の片隅で孤独感にさいなまれているかもしれない。

「また一斉射撃か！　いつも同じ場所から飛んでくる……だが一体奴らはどうしようというんだ？　それを訊いてみたいもんだ！」

たぶん反撃をそそり、そうして彼らが推測している前哨の正確な場所を我々に露呈させるためだろう。たぶん我々を威圧しておいて、すぐ近くで掘り続けている作業班を援護するためだろう。ただ一つのことは確かだ。つまり、攻撃してこないということだ。したがって、黙っていよう、また我々は沈黙するよう命令を受けているのだから。

なおも三度の一斉射撃を受ける。最後のは突然、時限式の銃撃のようにずれて弾け、消えかかった暖炉の炎のように消えていった。暗い塹壕が揺れなくなった。今やそこからは、眠りで緩やかになった寝息が上がってくる。静けさが森を覆ってきた、一晩中続くだろう。

＊

「おい、休憩か？」

「歩哨もなし。使役当番もなしだ」

「我々の見張り役たちだけだ……」

胸墻の後ろにびっしりと詰めて坐り、わが部下たちが暇つぶしにしゃべっている。我々は上で明け方から第二小隊と交代して、半ば坂道になった支え壕に下りた。ポルションが彼らと一緒に登ってきた。彼を待っていた。

「何時です、中尉殿？」

「八時だ」

「まだ？……ちぇっ、長いな！」

指示事項：何もしないこと。動かないこと。立ち上がらないこと。大声で話さないこと……暇をつぶすこと。

まったく退屈だ。パイプを吹かし、居眠りし、我慢する。どうにかうまく暇つぶしをし、自分が生きたいと感じることに時間をかけて暇をつぶした。何も待たず、何も期待せず、何も恐れない。ただ退屈する。

「ぼくに席はあるかい？」

ポルションが棍棒を手に上からきて、寝床の一角を求めた。そして粘土の張りついた脚をのばし、顎一杯にあけて大欠伸した。

「退屈だな」と彼が言う。

「そうだな」

「上からきたよ」

「分かっているよ」

「そうか……タバコあるかい？」

「あるよ、ほら」

彼はパイプを詰めようとして、指にタバコを一つまみし、中断した：

「ぼくが見たことを訊かないな」

「予想はつくよ」

「なるほど、きみが知らないことはないものな。ドイツ野郎はまだ掘っているよ」

「相変わらず発砲禁止かい？」

「相変わらずだ」

「で、どうする？」

「報告書だ」

「またかい？」

「そうだとも！」

いつもの手慣れた手つきで、引き裂いたタバコ紙の端切れをパイプにはめると、ライターの火打ち石をこすって、赤熱した灯心をタバコ紙の上にはわせた。そうしてから、唇をしめて、パイプの吸い口を口の片隅にくわえ、大きく吸い込んだ。

「言うことはそれだけかい？」

「何を聞きたいんだ？　頭が空っぽだよ。阿呆になったみたいだ」

「ぼくもだよ」

　彼は歩くたびに枯葉を巻き上げながら、去っていった。彼を呼び戻したかった、それほど孤独感で胸がつぶれる思いだったのだ。眠ったパヌションの体が毛布の下で崩れ、私の脚に触れて土色の褐色の塊りになっていた。彼のように眠り、この無意識状態に滑り落ちて、時間が死滅している間だけでも存在することを止められたら！……だが眠れなかった。遠くないところで、誰かが自分だけのために、歌を口ずさんでいた。すぐ近くでは、ピネが革の裁《た》ち屑を切って、紐を作っていた。たぶん、手紙でも書けば？……だがそういう気がしなかった。手紙を書きたいということは、既にして救われたいということではないだろうか？

　機械的に、胸墻の土塊、ねばつく粘土の塊りを引きはがしていたが、指痕が極めてはっきり残っていたので、皮膚の細かな筋が迷路の模様をくっきりとつけていた。それを丸めて手のひらで転がした。まるで本物の彫塑《ちょうそ》用粘土だ……まあ、いいだろう。これで肖像を作ってみよう。

　柔軟な土が指先で徐々に形を成してきた。その粗造りを腕の先にもち、回転させて、玄人《くろうと》のように目を細めて眺める。満足して、声高に自らに言い聞かせる。

「悪くはないぞ！」

　この粘土細工は実に面白い。粘土が指にこびりつき過ぎるが、延びやすく柔らかい。

「あーあ！」と言って、パヌションが目覚めた。

　彼は毛布をはねのけ、脚はまだ入れたままで坐った。目は眠気でぼんやりとし、あてどなくさまよい、次第に生気を帯びてきた。

「何時です、中尉殿？……おや、何しているんですか？」

「見ろよ」

「わぁ、キリスト像だ！」

「似ているだろう、な？」

「そっくりだ！……ただ片目がふさがっていますよ！」

「片眼鏡をかけているんだよ」

　彼は、尻をずらしながら近づいて、人形をじっと見て、うっとりする：

「何も欠けていない。全部ある。口髭、鼻の穴、兜の顎紐まで！　全部土だ！……それもとくに、剣先が……」

　彼はおずおずと指を近づけ、すぐ引っ込めた：

「触ってみたいですが、壊れそうで。何か支えを入れましたか？」

「何にも」

「確かに難しいですね！　ところで、ほかのものも作ってもらえませんかね？……別の像を？……ヴィルヘルム皇帝はどうですか？」

「もちろん、できるよ」

「試しに、やって見せてください」

変形は速い。顔にあるいくつかのくぼみ、長くした鼻、厳《いか》めしそうな口、両眼に食いこむほど直角にはねあがった口髭だ。

「ほら、できた」

「ああ！　今度もすごい！　おい、レノー、ヴィルヘルムの面《つら》を見ろよ！……とにかく見せてやってください、中尉殿！　やはり、仲間たちがこれを見なくてはなりません！　ちょっと待って！　これを塹壕の角の大きな杭にひっかけてきます」

言うが早いか、すぐに実行した。皇帝《カイザー》の人形《ひとがた》が杭の先端に突き刺さっている。そこでパヌションは小隊全員に自分の高揚をともにするよう促した。

「おい、ピネ、どうだ、びっくりしたか？……シャボ、お前はどう思う？……コンパン！　どうしたんだ、コンパン！　あの野郎はつんぼか！」

「なんだい？」と、寝ていたコンパンが答えた。

「ヴィルヘルムを見たか？」

「どこ？」

「あそこ、杭の上だ」

コンパンは首をのばし、うなり声をあげて、一跳びで起き上がった。

「こん畜生！　悪党め！　吸血鬼め！」

「やめろ！」とパヌションが叫んだ。「やめろ！」

だがコンパンの指は私の傑作を鷲づかみにし、強い復讐心で痙攣していた。兜の剣先が平らになり、粘土が彼の指の間でねばつくパテのようになって飛び散った。腕を上げて、彼はその塊りを荒っぽく杭からはずし、足元に何か得体のしれない小さな物にして投げ落として、唾を吐きかけ、裁きを下すかのように踵で踏みつぶした。

「これで思い知るだろう」と彼が言った。

そしていつもの歩調で、塹壕の隅に戻り、振り返りもしなかった。

寸劇終了。時間がよどんだように過ぎていく。太陽が枝の間から滑り込み、傾きながら赤く染まるのを眺める。右手遠方で、たぶん村で重砲弾が炸裂している。もっと遠くでは、また銃撃音が弾け、風が吹き始めるともう何も聞こえない。ロクロンの森は、いつもの晩のようにざわつき、神経質だ。

「ああ、中尉殿、こんばんは」

「やあ、こんばんは、パヌション……今日は何かあったかい？」

「何も」

「今夜はどうだろう？」

「やはり何も」

*

　今朝は、上の塹壕で大騒ぎだった。ブナの樹幹の後ろに一人いたゴベールが足早にまた登ってきた。彼は夢中になって外套の袖に手を通しながら、朗報を告げていた：

「おい、金モールだ！　金モールだ！　少佐に砲兵一人、工兵一人もだ。五人か六人、全員昇進だぞ！」

「こっちへ来るのか？」

「そうだとも！　あとに続いてきていたから……しっ！　来たぞ」

　坂道にケピ帽が現れ、列になってこっちへ登ってくるが、顔が庇《ひさし》の影になって見えない。きつそうな黒い目の黄色の服の先頭の男がこちらに上がってくると、我らが軍団長ルノー少佐であることが分かった。

「おはよう」と彼が言った。「何か変わったことは？」

「少佐殿、この二日間、ドイツ野郎は森はずれのトウヒの木立の近くで塹壕を掘っています。我々にはそれを阻止できませんでした。発砲禁止でしたから」

「よろしい。続けたまえ」

　彼は冷淡な口調でそう言ったが、暗黙の非難が感じられた。だがすぐに誠意のある、気さくな態度に戻った：

「まあ、数時間は我慢することだ！　命令は早急に解除されるだろう」

　私は思う：「もう潮どきだろう」

　またこう思う：「この人たちは声高に話し過ぎる。メニャンはどうすべきかわきまえていて、相手にことを分からせようとする。ただ第八中隊の大尉は軽率、無謀さなど意に介さない」

「一緒に来るか、セオソ？」と少佐が砲兵に言う。「もっと上まで登らねばならん。お前もだ、フリック？……メニャン、君について行こう」

　グループは、砲兵のケピ帽と長靴の輝きを遠くに見え隠れさせながら、遠ざかっていった。

「参謀部か？」と私がポルションに言う。

「一目瞭然だ！　ただ本物はもっとさえないよ。そうだな、フリック？」

　フリック中尉は我々のそばに残っていて、はなばなしい偵察隊にはあまりついて行きたくないようだった。

「まさか！　彼らは小型迫撃砲用の場所を探しに行っているのか」

「小型迫撃砲？　そいつは一体なんだ？」

「塹壕用の迫撃砲だ。この辺りで試してみたいんだ、謎めいた丸太小屋に、な」

「歩兵隊の攻撃付きでか？」

「多いにあり得るな」

「だが、きみは工兵隊だろう？」

「地雷を敷設するそうだ」

「話してくれ！」

「後でな。今は急がなくてはならん」

彼は急いで立ち去り、力強く大股で登っていった。小隊じゅうが沸き立った。この予想外の視察は、激しい好奇心とともに、不安をかき立てた。多くの者が起き上がり、枝越しに見ようとした。

「奴らの考えが分かったと思うよ！」

「ほっとけ。我々には関係ないことだ」

「そうか？　お偉方が、お前さんに挨拶するために、わざわざ足を運んだとでもいうのかい？……心配するな、何かひそかに企てられているんだ」

「聞いたよ。彼らは小型迫撃砲とやらを使ってみたいそうだ」

「そりゃどういうことだ？」

「小型迫撃砲だ」

「だけどなんだ、それは？」

「だから、小型迫撃砲だ！　そんなことを訊くのは田舎っぺだ！」

教訓：「もう一言すれば親切というもの」

不意に、五、六発の銃弾が飛んできて、ギロチンの刃のように話を断ち切った。全員の頭が、銃弾が炸裂した森はずれの方に向けられた。誰もが聞き耳を立てる。

「また彼らが下りてくるぞ！」

深紅のまだら模様で鮮やかになった林間の空地で、軍服姿が動いている。彼らは近づき、小径の方にそれて曲がり、坂道を下りながら遠ざかっていく。だが今度は、フリックが無帽で現れ、袖でケピ帽をこすっている。

「今度は、一人で戻ってきたのか？」

「そうだよ。ほかはまっすぐ下りている。俺は残る。ここに仕事があるからな」

「上で何があったのだ？」

「おい、まず坐らせてくれよ？……ちょっとこのケピ帽を見てくれ」

彼は白い布地のマフを見せるが、長い裂け目とラシャ地の折り返しに二つの穴がある。

「銃弾か？」

「そうだと思う。いきなり有無を言わさず帽子を吹っ飛ばされたよ。考えてもみてくれ……遅れていたので、主力部隊に追いつこうと走って登っただろう？　森はずれに数歩のところで先頭に追いついた。そこで彼らは止まって、首をねじって、われ勝ちに、あの破壊しようと狙っていた丸太小屋を見つけようとしていた。それでも、彼らは声高にしゃべっていた‥

〝見えたか？　セオソ？〟

〝よくは見えません、少佐殿〟

〝そうだな、メニャン。樹木が邪魔だ〟

〝ではほかの者は、やはり見つからないか〟

〝木立から出さえすればよいのです、少佐殿！〟

彼の声を知っているな？　臆病者がほら吹きになるような、あの穏やかな小声の調子を？　彼は敷居から出るように、木立から真っ先に出た。我々は安心して、彼の後に従った。すると突然、ズドン、ブスッだ！　頭上で……ブスッだ！　ケピ帽が三歩先に転がった。拾って、急いで逃げた」

「で、他の者は？」

「一緒に木立の下へ戻った。メニャンを除いてだ。外で踏張っていて、戻って来いと言っていたよ」

「むなしくな？」

「しょっちゅうだ！」

フリックは小さな青い目で、微笑んでいた。彼は密生した金色の顎鬚を手で撫でていた。突然、張りだした胸を叩きながら言った‥

「俺だって命が惜しい！　命を投げだすとしても、ちゃんと報われてもらいたいな……さあ、仕事だ！」

「遠くへ行くのか？」

「すぐ近く、お前さんの第三小隊の兵たちのところだ」

「そこで何をするんだい？」

「地面に穴を掘る……後で分かるよ」

「確かにな」

我々は、ずんぐりとして、肩幅の広い彼が、滑りやすい泥道をしっかりした足どりで立ち去るのを眺めていた。

「いい奴だな！」とポルションが言う。

「大いに好感がもてるな」

「驚くようなところはちっともないが、冷静さ、勇敢さ……すばらしい兵士だな」

今度はパヌションが去り、下の塹壕へ下りていった。昨日ほどの無気力は感じない。朝の出来事が我々みなの無気力さを揺さぶった。私の周りは、活気づいていた。わが部下たちは坐って、こまごまとした雑事に勤《いそ》しんでいた。今日は、毛布をかぶって寝ている者たちの懶惰《らんだ》な様子はもう見られない。厳しい寒さで、血も凍えるほどで眠るどころではなかった。

「ところで、中尉殿、明日交代というのは確かですか？」

「そう、明日な……予想外のことがなければ」

「そうは言えませんね。何か起こりそうですよ」

「意地悪な見方だな、パヌション？」

「またからかいますね。やはり、ヴォーティエがやってきましたよ」

「命令か？」

「通達文です」

よし、それだけのことだ。我ら九〇名の襲撃隊は〝敵機関銃陣地に破壊攻撃を行なう〟よう通告してきた。〝したがって、下りさせること〟……あとの文句は分かっている。我々のここでの滞在は、あとの文句を忘れさせるほどまだ長くはない。我々はあとで苦笑いすることになろう。

実際、一五分もしないうちに、背後で耳を聾する三発の砲弾が同時に峡谷の底で炸裂し、斜面じゅうに、うなりをあげる破片の弾雨を容赦なく公平に降り注いだ。

「長くなりそうですか、中尉殿？」

「二〇分ほどかな」

「ああ、ありえますね！」

「なにもせず、小さくなっていればな」

「そうかもしれません。ただやはり、我々の腰のところに砲弾片を投げつけるのが我らが砲兵だと考えると、やり切れませんね！」

砲弾が飛んでくると、枝が裂けるのが聞こえる。下では、灰色の煙が泥を這っている。炸裂するたびに、軋《きし》る音が長々とつづき、我々の方に熊蜂のブンブンとうなる砲弾片が飛んできた。

「少しでもこの段階で銃撃をのばせれば、一発喰らわしてやれるんだが」

「そのうちできる！」

「ああ！　畜生！　第三小隊がひどい目にあわなければならないとは！」

二発の爆発が左手でこれまでなかったほど激しく炸裂した。砲弾は斜面に真正面から落ちてきて、壁にぶつかるかんしゃく玉のように当たって粉々になった。破片が降り注ぎ、ブナの幹にバラバラと乾いた音をたてる。

「や、今度は煙だ。なんていう臭いだ！」

「あいつらはぶっ放すだけでは不十分で、臭気まみれにするんだ」

何か人の叫び声を聞いたように思って、私は隣りの塹壕の方へ耳をそばだてた。砲弾で巻き上げられた土塊が落ちて、一つずつ砕ける音しか聞こえなかった。それでも不安になり、立ち上がって、泥の小道を左手に進んで行った。

「不都合はないか？」

「ありません、中尉殿。風があるだけです」

私が通っていくと、「右手の、止まれ！」と激しい声がかかった。

荒っぽい呼びかけに振り返ると、足元の、運んだばかりの土にフリック中尉が半ば横になっているのを見出した。

「この作戦区には、うんざりだ！」と彼が言った。

「砲弾にか？」

「すべてだ！　今朝は、もう少しで頭に穴が開くところだった。夕方には、膝に五キロの切り石をくらったよ。ほかに場所があるのに、この敏感な関節の真上に二〇メートルの高さから落ちてきたんだ。もう脚の感覚がなくなって、腫れているよ」

「気の毒にな！」

「その通りだ、だが、からかっているのか」

「気の毒にな、心からだ……」

「そうか。だがここへ何しに来たか知っているか？　奴らの丸太小屋まで坑道をのばすのにどれだけ時間がかかるか訊かれたよ。突き棒で掘削した。土壌は重い。最低限、六週間はかかるだろうな」

「ひどく先の予定だな」

「今に分かるが、ひどく先のことでも、爆薬なしでやることになる」

夕方ごろ、強い西風が吹き始めた。天辺の揺れで、枝がぶつかり合い、引きはがされた最後の葉が林間の空地で旋回している。空気がひどく湿気を帯びており、瞬きするたびに、目に濡れた眉毛の冷たさが感じられた。

「またヴォーティエだ」とパヌションが言う。「あの大男は大好きですが、前線にいるときは、会ってもちっとも嬉しくないですね」

「聞こえたよ」とヴォーティエが言う。「びくつくことはないよ……」

「交代か？」

「明朝だ……それと、もう一件、中尉殿。ドイツ野郎を見たら、撃てということです」

パヌションの顔が輝いた。

「上に登る許可を、中尉殿？　リショムとゴベールが歩哨に立っています。彼らに知らせなくてはなりません」

「行け」

「ありがとうございます、中尉殿。あとで、ここへ向かってください」

彼は銃をつかむと、遊底を動かし、照準レバーを調整した。

「弾は準備完了。あとは狙いすますだけです。心配ご無用。交代する前に、一人くらいは倒してやりましょう」

数分後、彼がこちらの方へ下りてくるのが見えた。ゆっくりと歩き、地面に目を落として、レーベル銃を役立たない杖のように腕の先で揺らしている。時おり、足を滑らして、バランスを崩し、尻餅をついた。ものも言わずに立ち上がり、頭を垂れて、虚ろな眼差しで下り始めた。

「成果なしか？」

「奴らはたった一人見ただけです！……この発砲許可はまったく我々を馬鹿にしたもので！……それにまず、これから交代でもう動けません。うんざりだ！　ドイツ野郎は今夜、一挙に一〇連隊で攻撃してくるかもしれませんよ。こちらは一センチメートルも動けない。彼らにとっつかまえられたら？　そうなると！　屈辱まみれだ。もうどうでもよいです」

「もうたくさんだ、パヌション！」

「そうですね。私はもう……だが仕方がないです、中尉殿、筋の通った理屈ではありません！　さっき上にいて、森はずれで、平たくなった胸墻、前部にでかい鉄条網のある、あの真新しい塹壕を見ていると……まあ、やはり大したものですよ！　昨日や一昨日見たものから、やっつけ仕事をしたという気をなくさせるんですから！　その代わり、今日は、もうチャンスを待っているんです。それをいつか、いつかと窺っているんですよ。隠れていた木陰から、それをまざまざと感じました。ただ頭を上げただけで、やられたのは私だったでしょうから」

「とんでもないよ！　奴らは撃ちそこなっただろう」

「まさか！　奴らはうまく狙うだけのものを持っているんですよ！」

彼は私の耳の方にかがんで、打ち明け話のようにこっそりと言った：

「奴らの胸墻には装甲された銃眼があります。この目で見ましたから」

Ⅷ　オブリー家

一〇月二六―二九日

凍てついた目覚め。雨が八時から止み間なく降り、木立を水浸しにし、枯葉をくっつかせ、泥をやわらげている。蒼白い曙光がブナの樹幹の間に入り込み、灰色の樹皮に緑色がかった染みができ、大理石模様の斑点になっている。毛布の皺のなかで、動くたびに水たまりのくぼみができる。

「起床！」

こわばった服のなかで伸びをする。膝がギシギシとして、背骨が焼けつくように痛む。

「静粛に！　急ごう」

下で交代の小隊が泥中を歩いているのが聞こえた。ゆっくりとした兵士たちの列が我々の方に登ってくる。彼らは背嚢の重みでうめいている。手で若木の枝にしがみつくか、前方の空を漕いでいる。膝には全員がべっとりと粘土の泥をつけていた。彼らは不機嫌に我々に合流すると、やがて怒り出した‥

「三日間、お前たちがやったのはこれだけか?」

「塹壕は前のまま、同じではないか!」

「鶴嘴一本打っていない、ひびでも入っているのか!」

だが我らが部下たちも負けてはいない‥

「なんだと、そのままだと? この前は、せっせと働いただろうからな! どうだ! だがまた来て見ると、お前たちが酒でも飲んでとぐろを巻いていたのが分かった。だから、お前たちのようにしただけだ。我々はお前たちの奴隷じゃないんだ!」

あの白い小さな家、壁をはっているブドウの木、ガラス窓にかかる赤いカーテンが見える!

九日前に、あの窓が明るく反映するつややかな床の部屋を出たのだ。我らが女主人は?……敷居のところにいて、我々が近づくのを見ている。粗い布地のエプロンで、見慣れたしぐさで手を拭いている。赤い鼻が遠くから我々を歓迎しているようだ……どうしたんだろう? 彼女は背を向けると、ネズミが穴に逃げ込むように奥に入ってしまった。

「おはようございます、奥さん! また戻ってきました。またお会いできて嬉しいです」

「まあ! 私たちはそうじゃありません、まったく!」と金切り声が返ってきた。広間のドアが半ば開いて、痩せぎすの小さな女の姿が見えたが、その頑《かたく》なそうな態度は我々を悪魔にでも食われてしまえと思っていることを雄弁に語っていた。

「私の娘です」と老女が説明した。「アンスメオンから帰ってきたところです。娘は故郷にこんなにたくさんの人がいるのを知らなかったのです。きっと、気も動転したことでしょう!」

娘の小さな丸い目は怒った雌鶏のようだった。彼女からククという含み笑いがもれ、喉ぼとけを喉の奥で転がしているようだった。顔は母親と同じだが、何かより一層気難しいところがあった。狭い額が、汚れた糸玉のようにくすんだ髷《シニョン》に結んで、固くひっ詰めた髪の下にあった。頬は膜状質で薄く、下に犬歯が感じられた。

「私が言った通りでしょう、中尉殿」とパヌションが囁いた。

「日向ぼっこにでも行って、ここは私にまかせてください……ところで、奥さん、我々を追い出す気ではないでしょうね? 違いますよね?」

「いえ、そうですよ!」と気取り娘がきっぱりと言った。

「私はあなたに話しているんですよ、奥さん。あなたは我々をご存知だし、それにまた……」

「ああ！　まあ、そう厄介ごとを持ち込まないでください」と娘は頑固だった。「前のときは、私はいませんでした。朝、私は帰ってきたのです。あなた方を泊める場所はありません！」

彼女は腕をひろげ、ひからびた手をドアの縁枠で震わせ、我々を広間に入らせまいとした。その瞳はインクの滴のように黒く、顎は今にも物をかみそうに震えていた。

「まあまあ、メリ、なんとかしましょう……」と老女が諌《いさ》めた。

「私はどこで寝ればいいの？」

「なんとかなります」

「ならないわ！」

娘は頭を振り、あとは押し黙って、唇をきっと結んで、額は頑固そうなままだった。

「では、奥さん、駄目ということですか？」

「仕方ありません、娘はとても清潔ずきで、それにものごとを怖がっているんです、ご覧のように」

「駄目ですか？」

老女は迷って、我々を見、娘を見、また我々を見る。彼女はエプロンの紐をよじっていたが、黙ってしまった……突然、広がった沈黙を破って、パヌションの声が爆竹のように爆発した。

「それなら結構！　それが結論ですな！　最初から、ここのおんぼろ部屋を狙っていたわけじゃないんだ！　我々にとって、ここは十分清潔なところではない！……それに、あなたの娘御はドイツ野郎よりも悪い！　あなたに戦争に行っている息子がいるとは誰も信じないだろうな！　彼がどこに立ち寄っても、その母親が我々にしたように迎えられるべきだ！　分かったでしょうな？　あなたが兵隊を不当に扱ったことを見れば、彼が母親にありがとうと言えるかどうか知りたいもんだ！」

この一撃で、ゲームセット、礼儀も失われた。

「一体何をぐずぐずしてるんだ、おかしな奴だ……？」

パヌションは下にいる我々を見ているが、うわべは後悔した様子でも、目はあらかじめもらえるものと分かっていた寛容な許しを当てにしていた：

「気が休まりましたか、中尉殿？　一息ついたでしょうな？」

「お前のせいで、路上にいるんだぞ！」

「ここには長くはいられません。どこか探さなければなりません」

「分かった！　準備万端整うのにはたっぷりかかるからな！」

「それはこれからしなければならないんで……まず探さなくては……」

我々は三人とも通りの真ん中をぶらつき、脇に空の水筒をぶら下げた上着姿の男たちの群れに追い抜かれた。

「個人的なワイン調達の連中だ」とパヌションが独り言を言った。「もう民間人は床につき始めた……おや、シルヴァンドルだ！　どうしたんだ、満月のなかを？」

シルヴァンドルはとても礼儀正しく、ポルションと私に挨拶した：

「命令を伺いにきました」と彼は言う。

「命令？　何の命令だ？　夕食を準備すること、それだけだ」

「でもどこで、中尉殿？」

「何という質問だ！　会食室だよ。プレルとルブレに会わなかったのか？」

「ええ、会いました！　ところが私を追っ払ったんです」

「何の権利で？」

「リーヴ大尉がそう命じたんで、会食室はひとが多すぎるのに、場所が狭すぎるというんで。それで、大尉殿がメニャン大尉とドクターは別にすると決められました」

「それじゃ、我々も追っ払われたのか？」と私がポルションに言う。

「どうもそのようだな」

「もう見つけなければならんのは、ねぐらだけじゃないぞ……」

「どこかに部屋はあるだろう」

「軍隊暮しは厳しいな……おい、パヌション、悪党め、何を笑っている！」

「まあ、心配ご無用、中尉殿！……目を開けて、私の指先を見てください。あそこの路地の入口に家が見えるでしょう？」

「見えるよ」

「安心してあそこをノックしてみてください。あそこには誠実な人たちが住んでいます。オブリー家と言うんだそうです。ほら、ちょうど母親と娘がドアの敷居のところに現れましたよ。このチャンスをいかしてください。私が行ってみます。中尉殿の金モールに物言わせましょう」

彼は笑いながら離れていき、戻ってくると私の背を手で押した：

「娘の方に頼んでみてください。若い娘さんですよ、優しい心の持ち主の」

そう言うと、彼は大股で、空の水筒をぶら下げた男たちが取り囲んでいる即席の食料品屋の方に向かって行った。

「さてどうする、ポルション？……」

「行ってみるか？」

「どっちが話そうか？」

「とにかく行ってみよう！」

我々は外套の折り目を正し、手のひらで髪を撫でつけた。そうしてから、ケピ帽を引き立てて、二人の女の方にまっすぐ向かって行った。彼女たちは我々が近づくのをじっと見ている。大きく開いた家の敷居のところに並んで立っていた。彼女たちの顔は受け入れてくれそうな微笑、率直な微笑をたたえており、それは、不信感でひとを寄せつけない、冷淡な顔、拒絶の言葉というよりも、行きずりの兵隊に見せる無愛想な顔に慣れていた我々には、すでにして驚きだった。

「オブリーさん？」

「私です」と母親が言った。「何かお役に立つことがありますか？」

「ああ、奥さん、暖炉の片隅と……テーブルを貸していただけるかどうかお尋ねしたかったのです」

「食事のためですか？」

「その通りです」

「お二人です？」

「我々二人……と仲間が二、三人です」

「何人です？」

「まあまあ」とポルションが私に言う。「君とぼく、それにラヴォ、ダヴリル……」

「それだけだ！　それじゃ、奥さん、みなで四人です」

「あら、それなら、お貸しできますわ！　場所が足りないのかと心配でした、本当は！」

彼女はまるで謝るかのようにそう言った。そしてほとんどやさしく、母性的な好意で我々を見ていた。その顔立ちは、色褪せてはいたがまだ柔らかく豊かなブロンドの髪の下で繊細だった。青い目は柔和でちょっと憂いを含んでいた。光にあふれた瞳は艶のあせた蒼白い顔全体に無邪気な若々しい表情を与えていた。

娘の方は若さそのものだった。母親よりは少し小柄で、より艶やかな褐色の髪の彼女は、同じく光にあふれ、虹彩《こうさい》の大きな、濃く澄んだ青い目をしていた。瑞々しい顔色は、少し日焼けした金色の白さの、完璧な純潔さで魅惑的だった。母親と同じく微笑み、深紅の唇を半ば開けて、明るいエナメル質の短い前歯をのぞかせていたが、あとの二本の大きな上の前歯は少し間が離れていた。

「さあ、それなら、すぐ入れますか？」

「それは……」

「我々を受け入れてもらったのでは……」

「まあ、それではほかをお探しになったら！　ひょっとして寝る場所もお望みですか？」

「ええ、実はそうなんです！　我々二人にベッドを一つ」

「まあ、お気の毒なこと！　お望みに応えられないのは心苦しいですわ！　広間に一人用のベッドがありますが。奥には、狭い部屋しかなくて、父親のベッドとテレーズのアルコーヴ〔ベッドを置く壁のくぼみ〕だけです。お役に立ちたい気持ちはあっても、余裕がなくて」

我々が少し残念そうに口ごもっていると……

「仕方ありませんね、お気の毒だけど……」

「待って、お母さん」とテレーズが言った。

彼女が母親の耳元に小声で話すと、母親はあらかじめ承諾したかのように、やさしく頭を振っていた。我々は、期待でドキドキしながら二人を見つめていた。ポルションの方を向くと、彼がオブリー夫人の動作を無意識に繰り返しながら、首を振っているのを見て、おかしくなった。

「まあ、そうね」と夫人が言った。「ひょっとしたら、できるかもしれないわね。お前が話してごらん」

そこで、おずおずと、拒絶を怖れるかのようにためらいがちな言葉で、若い娘が思い切って話しだした……

「それなら」と彼女が言った。「どこにも宿所がないんですか？」

「残念ながら！　お嬢さん、そうです」

「それなら、ここにいてください、さあ！」

「でも場所がないのでは……」

「心配いりません！　あなた方お二人には父のベッドを使ってもらいます」

「でも、それではあなた方がお困りでしょう！　我々はただ……」

「さあ、私どもに任せてください。難しいことではありませんわ。母と私たち二人は広間で、父はアルコーヴで寝ます……まあ、何もそう困ることじゃありませんから！」

「ああ！　あのですね、お嬢さん……」

「断るというのですか、やはり！　こうして提案しているのは、心からですのよ。ですから、はい、と言ってもらわないと……そうよね、お母さん？」

「この人たちはそれだけを頼んでいるんだから、分かるでしょ！　はやる気持ちを抑えているんだわ、この不器用な人たちは」

我々は最初から負けたも同然で、すぐに敗北を認めて笑ってしまった。

「それでは、よろしいですね？」

「もちろんですよ！　願ってもないことです！」

「ご親切にありがとうございます、お嬢さん、本当にありがとうございます！……」

若いさわやかな顔が赤くなった。青い瞳の上で瞼をパチパチさせている。テレーズ嬢はすっかりあわてて、母親の腕をつかみ、その肩先に隠れようとした。

「任せてください……心配いりません……」

そして突然、顔をあげると、頬はまだバラ色のままだが、明るい微笑みでキラキラした目が戻ってきた‥

「兵隊さんにはこうしてさしあげるのが義務なんです」

ドアがノックもなしに、慣れた手つきで押されて開いた。

「ただいま！」

入ってきたのは父親だった。中肉中背で、森林監督官の緑の制服にしっかりした痩身の身を包んで、ランプの明かりのなかを進み、椅子にケピ帽を投げた。顔は精力的で男らしく、濃い黒髪には稀に何本かの白いものが光っていた。灰色の眼は、ふさふさした眉毛でその蒼白さが際立つが、物や人に穏やかで好意的な眼差しを投げかけていた。短い口髭が引きしまった輪郭の赤い口を際立たせていた。皮膚の下で骨の隆起が動く顎の筋肉だけが、痩せた肉づき全体の力強さを示していた。

「ねえ、パパ」と娘が言った。「今日はお客さんですよ。お父さんは留守だったけど。お父さんがするようにしました」

「そうか、それは結構」と父親が答えた。長いテーブルにカバーをかけていたオブリー夫人が、フォークの束を手にしたまま中断した。

「ごらんなさい！」と彼女が言う。「このお二人は、うちのポールとちょうど同い年くらいだわ。ポルションさんとダヴリルさん……まあ、坐ったままで、どうぞ！……二一にもならないんだから、あの子たちは！」

「そうだな」と父親が繰り返し、微笑んだ。

「忘れないうちに言っておきますが、先ほど郵便配達員が手紙を届けにきました……また骨片を取り出したそうよ、あのかわいそうな子から」

「どこへ置いた、その手紙？」

彼女はブラウスから薄い紙片を取り出し、広げて父親に渡した。それをつかむときに、太い指が少し震えていた。灰色の眼で行をたどり、唇がごく小さな声でたどたどしく読み取っていた。やがてこの男の厳めしい顔が次第に晴れやかになり、とても明るくなって、何か心からの喜色が感じられた。読み終わると、父親は、ランプのそばに集まって、彼を見ている我々四人全員を見つめた。

「息子も歩兵だった。確かに、真の兵士だった！　あれも諸君のように戦った」と彼は言った。

すると、母親がため息をついた‥

「でも、それで息子はひどくやられてしまった……ああ、なんとか顔だけでも形が残っていれば！」

ダヴリルが訊いた‥

「息子さんが受けたのは榴散弾ではありませんか？」

「ああ！　そうなんです！　頬を貫かれて、肉に骨片が残ったままで……ああ、かわいそうに！」

「だが、あれはよく耐えた」と森林監督官が言う。「不平を言わなかったのだ」

「でもやはり、苦しんだのだわ。生身でとがった骨片を三度も抜かれたのですから。家からあんなにも遠い、あの辺鄙な南フランスで！……ああ！　ほんとに、ほんとにかわいそう！」

目は涙で震え、部屋の壁も、夜の広がりも越え、戦争に奪われ、ああ！　あんなにも遠い、遠いかなたで、哀れな打ち砕かれた顔で、血まみれのまま見捨てられたわが子を求めて、あらぬところを眺めている。

「それじゃ」と森林監督官が言う。「お前はもう泣かないな？　おばかさんのテレーズや、お前もまた同じようにしているな！　二人とも泣くのはおやめ！　またあの子に会えるかもしれないのだぞ！　あの病院ではきちっと治療されているのではないかな？　試しにこの人たちに訊いてみなさい。きっと、息子の代わりになるなら、何でもするような者が誰かいるはずだ！」

我々が目でうなずくと、「運のいいけがは、諸君にとって最良のチャンスでしょうからな……だが女たちは！　知りもせず泣くばかりだ」と彼が言った。

「夕食の準備ができました」とシルヴァンドルが告げる。

彼は腕の先に湯気の立つスープ鉢を支えもち、テーブルの真ん中に置いた。オブリー夫人が皿の山を前にして、我々に順番に給仕してくれた。ランプのかさが手に白く明るい光を投げかけ、顔は淡い薄明かりのなかにあるままで、なにかしら幸せで敬虔な雰囲気を醸しだしていた。部屋は暖かく、心に染みとおる家庭のぬくもりがあった。

森林監督官が語る。野外での一日、湿っぽい朝、午後の明るさ、遠い森のブナ林の話で、その臭いが服に残っている。

我々は聞いてはいたが、忘れっぽくなっていた。その晩は、我々のような兵士にとっては平和であったからで、まったくの平和、心の平穏であり、肉体の満足感があったからである。我々は一層詰め合って、白いランプの光の下に身を寄せた。この家庭は行きずりの兵士たちに開かれていた。我々はそのぬくもりにうずくまっていた。この善良な人たちは家庭の食卓の席を設けて、息子のことまで話してくれたから、またただ彼ら自身ありのままであったから、我々はもう孤立してはいないと感じたのだった。

「ところで、何時かな？」と森林監督官が言う。「しゃべり、しゃべりまくっていたから、時が経つのも気づかなかったな」

「九時です！」とポルションが叫んだ。

九時！……九時まで夜更かししたのか！　我々はびっくりし、一種の讃嘆の念で感動した。だがぐずぐずしてはいられない。立ち上がって、握手を交わす。

「おやすみ、ラヴォ。おやすみ、ダヴリル。二人とも、これまではいい住いだったかな？」

「すごい小部屋で」

「すばらしいベッドで」

「結構、結構！」

オブリー夫人が二本の蠟燭に火をつける。そのうち一本を、我々の部屋の、ベッドの脚をかすがいにした、丈の高い整理簞笥の上に立てに行った。森林監督官がついていき、我々もついて行った。若い娘はドアの框《かまち》のところに立っていたが、やがて母親がそこに戻ってきた。最後に、彼女たち二人のシルエットが、明かりが差し込んだ毛髪姿を後光にして我々の方に傾いた。彼女たち二人のやさしく、少し歌うような声が一つになって、安らぎの夜を願った：

「おやすみなさい！」

「その箱に何を隠している、ラルダン？」

「何も隠していませんよ、中尉殿！　私の道具箱です。こうして自分を映してみると、輝くんです！　何も変わったものじゃないです！」

ラルダンは赤い厚紙の箱を開け、私の目にアルミニウムの櫛、鋏、バリカン、剃刀の輝きをちらつかせた。鼻メガネを通して、彼はその小物入れに近視の眼をおし当てた。彼の心臓病で紫色になった頰はご満悦の様子で明るくなった。

「これをいきなり一揃いまるごと投げつけたのは、曹長ですよ。そのため、ひと月前は泣いていました……それでも、お笑い種なのは、缶詰のグリンピースと交換にそうしたんですから。グリンピースなんかのために！……それでも、中尉殿、この取得物を〝恥〟のように隠さなくてはならないのはおかしいですよ！　虫食いだらけで、埃の薄皮をかぶっても包みにして取っておくほかに、何か気に病むほど恥ずかしいことがありますかね？」

「結局、手に入ったんだから、その道具箱が。満足かい？」

「当然です！」

「お前は腕前が落ちるのを心配していたからな……」

「元に戻せますよ、中尉殿！　中隊じゅうの頭で！……すっきりして差し上げましょうか？　髪の毛が耳にかぶさっていますよ」

我々は部屋の後ろの、じめじめした小さな中庭にいたが、そこでは壁の下までイラクサが食いこんでおり、漆喰《しっくい》を色褪せさせているようだった。低い椅子に坐って、手を膝にし、胸に汚れよけの当て布をつけて、私はラルダンの玄人の手に頭を委ねた。鋏が飛びかい、目に鋼の輝きが入り、耳にせわしない機械の歯のようにカチカチ音がし、いきなり切り込んできて、ばっさりと髪の房を切り落とした。大きな栗色のふわふわした塊りが、プロの腕さばきで切り取られ、空中でかすかな軌道を描いて落ち、厚い敷石に張りついた。

「こんなもんでどうです、中尉殿？」

ラルダンは私の後ろで手鏡をかざしているが、五フラン硬貨で足りる作業だった。

「おいおい！　正面からの鏡はどうした！」

「それもそうですね、中尉殿！　いつもは……でもご安心ください。耳元がすっきりしました」

「終わりか？」

「一丁上がりです！　当て布をください、髪を払い落とします……ああ！　耳の周りが、でもこれは直せます。すぐにちっと丸く整えます、絶対に髪の先端が客の肌に触れないように。私が働いていた理髪店では、私に勝てる者は一人もいなかったから。七人いましたけど」

「どこで働いていたんだ？」

「バルベス大通りで……これは後ろからブロー仕上げするようなものですが？　ヘアーアイロンで髪全体をそろえて膨らませ、ニスを塗ったボールのように滑らかで丸くしてさしあげます。それから、剃刀を使って縁をきれいにして鬘のように仕上げます。かっこいいですよ、でも手入れが必要です、うなじにすぐ毛がのびてきますから。切るたびに、それを剃らないと、仕上げの効果はすぐになくなります。二分の一ブローはあまりスマートではありませんが、たぶん実際的ですね」

「では、四分の一ブローは？」

「ああ！　中尉殿、そんなものはありません」

ラルダンは赤い箱を腕に抱え、立ち去った。ひとり残った小庭では、急速に日がかげった。背後で、暗がりに大きく開いた戸口からは、鶏が餌袋の奥でクックと鳴いて、騒々しく羽ばたいて次から次へと、止まり木に飛び上がるのが聞こえる。雨粒が数滴身をかすめた。夕べの寂しげな冷気が空から滑り落ち、敷石を昇ってきた。

「おや、どうしたんですの？　庭に一人っきりでいるんですか？　こんな時間に、あまりよくないですよ」

オブリー夫人がスリッパを履いて、音もたてずに廊下から出てきた。

「納屋の天窓を閉めてきます」と彼女が言う。「あそこに、あなた方の下着が干してありますが、風で雨が吹きこまないかと心配で……でも家に入って暖まりなさい、さあ！　そんなところにいるのは、よくありません」

ラヴォとポルションがマントルピースの下に坐って待っていた。シルヴァンドルは、彼らの足下にうずくまって、ズボンを幅広の腰部に破れるほどたくしあげて、どんぶりの水を薄い網で大鍋に注いでいたが、なかでは夕食のシチューが濁って泡立ち、たぎっていた。

「最後に」とラヴォが言った。「また一人きた！　どうあっても、結局はまた満員だな」

外で、鋲を打った靴が敷居の踏み段にぶつかって音を立てた。

「今度はダヴリルだ」とポルションが言う。

「いや、歩哨だ」

実際、昼間の勤務の後、毎晩のように戻って来るのは彼だ。

「うれしいな」と彼は燃え立つ小枝に近づきながら言った。「だがかわいそうな塹壕の連中は天から背に雨水を受けるだろうな」

「じゃ降っているのか？」とラヴォが訊く。

「そう、また降り始めた。ケピ帽に水滴が残っているよ。雲が厚いからな。降りだすと、どしゃぶりの雨だろう」

「とにかく、天窓をしっかり閉めてきましたわ」と帰ってきたオブリー夫人が言う。

ちょうどそのとき、小さな木靴が廊下の舗石を足早に歩く音がした。ドアを軽く二度ノックする音がし、テレーズ嬢が呼びかけてきた‥

「誰か開けて！　手がふさがっていて、掛け金があげられないの」

ポルションが飛んで行き、我々は彼に続いた‥

「その大きな丸パンをこっちにください、テレーズさん」

「その瓶は私に！」

「私にはその包みを全部！」

「それはあまり強く握らないで」と彼女が笑いながら言う。「バターですから」

彼女はマントを椅子に滑り落として、腕に抱えていたさまざまな荷物を我々に渡した。手が自由になると指先で、風で乱れ、雨で額に張りついた髪に軽く触れて整えた。

「まあ！　なんてひどい天気でしょ、ほんとに！　風が強く、どしゃぶりの雨、真っ暗な夜！……外にいる人たちがかわいそう！」

「ところで」とラヴォが言った。「ダヴリルは相変わらず帰ってこないな」

「どこにいる？」

「知らないな。昼間から見ていないよ」

暖炉の前に半円になって坐り、我々は波うって燃え上がる炎を見ながら暖まっていた。

「実はね、ママ」と若い娘が言った。「ルイーズ・マンジャンでは、兵隊さんたちにバターを四フランで売っていたわ」

「キロでかい？」

「あら！　違うわ！　半キログラムで！　私たちならキロでそうだけど、私は五五スーで買ったから」

「まあ！　そんな風に気の毒な人たちから儲けて金持ちになるなんて、ひどいことね」

「あのね、お母さん、あそこだけじゃないの。コランでは食品全部を値上げしているわ。レオニーのところでは、マール酒〔ブドウの搾りかすで造った安コニャック〕とミラベルを一本六フランで売っているのよ……」

「普段の三倍だ」と父親がうなった。「そんな奴らは監獄行きだ」

「で、ダヴリルは？」

「なに、ダヴリル？　いないよ、見れば分かるじゃないか！　また繰り返すとは！」

「彼の焼肉があるからだよ」とシルヴァンドルが言う。「こんなに待たせるとは、難儀しているのかな」

「彼のことは放っときなさいよ、シルヴァンドルさん。皆さんは、難儀していないでしょうな？　ここでは自分の家のようで、くつろげて、悪くないでしょう？」

自分の家！……確かにそうだ、我々はくつろいでいる。今晩は前の晩とそっくりで、また明日の晩も恐らく同じようなもので、我々はここで長らく平穏な日々を過ごしてきたと錯覚するかもしれない。炎の軽いゆらめき、炎が反映して赤く染まる炉のタイル。大きな流しの石。食器類の山で白くなっているサイドボード。静かに明るく照らすランプの下で、クロスをかけられた清潔な食卓。インド更紗の掛け幕付きのふかふかとしたベッド、窓の近くに掛った青白い鏡、これらすべての物を、我々は以後、目で探す必要もなく、そこにあることを知ることになる。これらを決定的にわが物としたのだ。それらが存在することはまた我々の幸福である。

「ほら聞いて」と若い娘が言った。「いま外は、ひどい雨だわ」

誰もが黙って、耳をすましている。静かになると、驟雨《しゅうう》の降りしきる音が聞こえ、屋根の上にひたひたと流れ落ちている。時おり、一陣の風が雨を吹き上げて、壁にどっと流し落とし、樋《とい》のガーゴイル〔怪獣などの形の雨水落とし〕でどくどくと音を立てている。

「今度は……」と突然ラヴォが言った。

指を一本立てて、頭を肩先に傾けて、彼は嵐のざわつきを通して外の音を聞いている。

すでに激しく響く足音が正面ドアに反響していた。一瞬して、ダヴリルがドアの框に現れたが、外套は雨で重くなり、ケピ帽の庇からは屋根の縁のように水が落ちている。

「ところで、何か収穫はあったか！」

「何？……何のことだ？」

「何かあったかと、訊いているんだよ！　雨だよな、違うか？」

みな笑って、彼を取り囲み、暖炉の方へ押しやった：

「さあ、坐って。そう、そこだ！　テーブルにつく前に、少しぼろ服を乾かせよ」

彼は静かに断った：

「いや、いや！　そんな必要はない……」

「そうだよな！　食べることしか頭にないな、この野郎は。一日じゅう何をしていたか、仲間たちに話してもくれないいんだからな」

「時間をくれよ？　お前たちみなが周りでわめきたてるから、頭が痛くなる」

「それじゃ、やめよう！　黙って、ちゃんと聞くよ」

「ヴェルダンから帰ってきたよ」とダヴリルが始めた。

「ヴェルダン？　ヴェルダン……町からか？」

「もちろんだ」

「ヴェルダンへ行ってたのか？」

「そう言っているだろう」

「それじゃ、家を見たか？……舗道は？　店は？……」

「ほんの少しな！……ちょっと買い物をするときだけだ」

「そうじゃないだろう！　そのうんざりした様子は！……気取るな！　気取るな！……そんなものは捨てろ！」

「なあ、そうあくせくするなよ。マゼル通りの店やショーウィンドウは、はっきり言うが、無視した。一日じゅうジャルダン・フォンテーヌで過ごしたよ」

「誰のところで？」

「誰と一緒に？」

「自分の家で。母親とだ」

我々はもう笑わなかった。茫然として、彼を見つめた。強い、しみじみとした寂しさが喉元まで上がってくるのを感じた。

「運がよかったな」と結局ポルションが言った。

ダヴリルが低い漠とした声で答えた。

「そう、運がよかった」

そして我々の感動が伝わると、彼は安心して、思い出話をはじめた：

「今朝、思いたって……部隊長に外出許可を願い出ることにした。話しながら、ちょっと不安だったよ、不可能じゃないかと心配で……だが親切、ほんとに親切だった。

その五分後には、大急ぎで丘を登っていたよ……カロンヌ、ロズリエ、それから不意に、谷、滔々《とうとう》とした流れのムーズ川、川の縁までのびた緑の草原、白い兵舎、要塞の足元に広がった町の全景……ああ！　ほんとに、何という眺めだ！……お前たちはヴェルダン人じゃないからな。だが、そのうち行くことがあれば、ただ尾根を下って、快適な馬で二時間もトロットで走れば、目の前にそんな風景が見られるよ……」

「なあ」とラヴォが遮った。「ぼつぼつ食卓につこうか？」

我々はひと言も言わずに坐った。スプーンが皿の底にぶつかる。暖炉の方では、大鍋の蓋が蒸気にあおられて、ひきつったように金属の縁にあたっていた。しばらくたって、やっとポルションがためらいながらも言った：

「それじゃ、今日一日じゅう、自分の家で過ごしたんだな？お母さんのそばで？」

「そう、今日一日じゅう」

「どうして帰る気になったんだ？」

「まだ帰ったことになるかどうかも分からんよ」

少なくとも、彼は家庭という避難所の雰囲気をとどめており、彼にはまだ何かその気配が脈打っているのが感じられる。それなのに我々は！……いま我々にはそんな気配すらないとは寂しいことだ！　我々の心のなかでは、坐って疲れを癒せる憩《いこ》いの場という家庭への欲求が強烈にあるのに、この偶然のねぐらのいっときの哀れな安らぎで紛らわせなければならないとは！


「おい、みんな！」と歩哨が叫んだ。「いったいどうしたんだ？……お前、まだおっかさんのことを夢見ているのか？さあ、元気を出さなくちゃ！　くよくよしてもなんにもならんぞ……シルヴァンドル殿、何かくだされや」

頭越しに、シルヴァンドルが、小さく縮んだ黒い肉の塊りが入ったジャガイモまぶしの皿を手渡した。

「ほら言った通り、ほかほかだぞ。こいつには目がないんだ」

「さあ、回してくれ、この焼肉はすばらしいからな！」

「それにこのソースもな！」

みながいっせいに大声で話している。互いに相手のことを聞こうともせず、出まかせにしゃべっている。だがこのざわつきのなかでも、ダヴリルの声に気づかない者は一人もいなかった。

「ちょっと待った！　いいものを持ってきたぞ」

我々が彼の動きを物欲しそうに眼で追っていると、彼は外套の大きなポケットに手を突っ込んだ。

「うわ！　しまった！」と彼が言った。

「どうした？」

「潰れてしまった、くそっ！　ナシを尻の下にして進んだから、潰れた。ほら、見てみろ。砂糖煮《コンポート》だ」

「お前のところのナシか？」

「もちろん……メリーランドやレヴァント〔地中海東部沿岸〕のタバコ、最上級のものを見つけて持ってきたんだ」

「出してみろ！」

「ちょっと待て。底に入ってるんだ」

「そいつはなんだ？」

「マフラーだ」

「それは？」

「防寒帽だ。ちょうど出発するときに、適当にポケットに詰め込んだ。どうなっているのか分からん……おやおや！」

「今度はなんだ？」

「また災難だ。見ろ」

彼が両手で薄紫色の厚紙の箱を見せると、ぺしゃんこに崩れて、黄色の紙とべたべたしたタバコが無残に混ざって、まだタバコの輪切りがのぞいているものもあった。

「ナシと一緒に入れたんだ……ダメになってしまった、パイプに詰めて吸うこともできない……まったくうんざりだな」

「どうってことないよ！」

「だがなあ、やっぱりうんざりだ！　今日はお前たちのことを考えていたんだ。家の庭で熟したこのナシをお前たちに持って帰れると喜んでいたのに！　断言するが、最高だったよ……それがこの始末だ。ニコチン入りのナシとナシのジュース漬けのタバコだ……要するに、ご立派なひとり芝居の一日だったな」

「まあ、取るに足りないことだよ」

「なあ、いい奴だよ、お前は、今日は我々のことを考えていたなんて！」

ダヴリルは落ち着きを取り戻して、微笑んだ。だが、台無しになって失われた甘いナシを悔む気持ちが芽生えてきていた。普段のインゲン豆がいつもより固く、コーヒーはまずく、パイプの煙が目に染みるように思えた。

「何時だ？」と誰かが訊いた。

「八時半だ」

「寝るか？」

我々は立ち上がった。みながテーブルの周りに立っていると、静かな廊下に足音が響いた。

「入れ！　お前か、パヌション？　どうした？」

「何か届け物ですよ、中尉殿」

「手紙か？」

「いいえ、中尉殿。小包です」

「小包？　どこからだ、その小包は？」

パヌションは白い布で覆われた小さなを包みを差しだして、説明した‥

「郵便物係下士官のところへ中尉殿宛に届いていました。村でスエスム軍曹に会ったら、彼は当直で、それを持ってきたのです……ご覧のように、後方から直接きたものです。インクで中尉殿の住所があり、布に切手がありますから」

　パヌションの手から白い小包を受け取ると、すぐに布の横糸でもほとんど乱れていない書体に気づき、ショックを受けた。覆いは折り目のつんだ布で、ほどよい堅さで縫われていた。下には丈夫な紙が敷いてあるのが感じられ、指で押すとパチンと弾けそうだった。

「それでどうなんだ。分かったのか？」とポルションが言った。

　私はびくっとした。さっきのダヴリルの場合と同様、みなが周りにきて、私の手もとにある、包みの白さを見つめていた。

「誰か、ナイフはないか？」

　縫い目が破れ、布地が開いた。突然私の足下で、小さな固いものがバラバラと床に転がり落ち、はねあがって部屋の四方八方に散らばった。

「ドロップだ！」

　黒いのや薄紫色、緑色のがある。穴のあいた角から小麦袋の粒のように流れ落ちた。私の指からこぼれて、落ちるのを抑えようとすると、逆に音を立てて雨霰と転がり落ちた。

　すると唇から笑いがもれ、同時に目が喜びで輝いた。テレーズ嬢が手を叩き、ダヴリルとポルションが「ブラヴォー！」と叫んだ。みなが押し合いへし合い、かがんで拾った。私もかがんだ。だがラヴォがポンと叩いて、私を立たせた。

「拾うのはやめて、中味を確かめることだよ」

「一つひとつ教えて、聞いているから」

「そうだな！……まず白いのと、青いものだ」

「なに？」

「防寒帽……とマフラー」

「ああ、私のと同じだ」とダヴリルが言う。

「緑色のケース、英国製タバコ。これはお前さんたちにだ。回してくれ、ダヴリル。待った！　葉巻がいいか？」

「あるのか？」

「ボック製がある。ほら、受け取れよ、ポルション！」

「それだけか？」

「いや、まだ大きな丸い箱もある」

「なかには何が？」

「開けてみる時間をくれよ！　ところでと、いや、それには及ばんな！　箱の蓋でわかる。〝精選トリュフェット〔一種のひと口チョコレートか〕〟……これは、テレーズさん、あなたに関係しますね」

「終わりか？」

「ほとんどな。まだ二重の胸当て、胸と背のがある、これはグッドアイデアだな……毛糸はすごく柔らかく暖かそうだ……それに手紙だ……なあ、坐ってくれないか？　ドロップでも舐めて、トリュフェットをかじり、葉巻でも吸ってくれ……私は手紙を読むから」

まさに私が待っていた手紙だ。手紙は〝私によく分かるように〟、小包のなかに入れられていた。〝新聞で、これから前線の兵士に郵送が許可されたことを知りました……だから急いだのです。早く届くようにと大して選びもせずに二、三のちょっとしたものを送りました。次からは、もっとよく選べるでしょう。つまり、あとの手紙で、希望や不足しているものが分かるから。別の小包で送ります……今回、大事なのは、兵隊暮しが悪化しないようにすることでしょう？　私はしょっちゅう、たった一人でいなくてはならなかったから！……〟

「おい」とラヴォが呼びかけてきた。

「なんだ？」

「何か忘れているぞ」

「どこに？」

「そこ、胸当ての下に」

それは白い毛糸の細紐、長々と編み目が続いている紐だった。

「なんだろう？」とみなが訝《いぶか》った。

当惑してしまった。私は細長い柔らかな紐をのばして、わけが分からないまま、指で巻いてみた。だが突然、閃いた……

「手紙のなかだ！　何か説明しているはずだ……全部は読んでいなかったな」

最後の一枚をめくると、数行、子供の書いた不揃いだが苦労して綴った太い字が目に入った。

「そうか！　分かった……」

「それで？」

「幼い従妹だよ……上手に字が書けるようになったことを見せたかったんだ。私が〝塹壕でひとりぼっちで〟寒いだろうと考えたのだ。そこで、一生懸命に心をこめて、熱心に編んでくれたんだな」

「あら！　かわいいお嬢ちゃんだこと！」とオブリー夫人が言う。「編み目が上手にできていますよ！　たくさん編んだのね！」

あの女の子ができる限りの努力をしたことは、私にもよく分かった。難しくても、一つずつ編み目を結び、字も便箋に一行ずつ上手に並べて……「お兄さんが暖かいようにこれを送るのは私だけ、大きなさよならのキスも送ります」

私はポケットに手紙をいれたまま、目を閉じて、一瞬、思い出にふけった。それから目を開けると、周囲の人々や状況の現実の世界に戻った。

暖炉の火は暗い熾になって消えていた。部屋の空気はどんよりとして、生暖かく、葉巻の煙が靄になって辺りを覆っていた。ランプの周りには、青と白の炎が花の萼《がく》のようにふくらんで、顔がくもりなく、柔らかくてらされて、また心が明るくなって新鮮さを取り戻したように見えた。話をしていたが、口にする言葉はたわいなく、平凡で穏やかだった。
「数日間運ばれて、チョコレートのバターがいたんだのではないかと心配だった」とラヴォが言った。「ところが、全然そうじゃなかった！」
「でも、溶けそうになって！」と若い娘が応じた。
シルヴァンドルは葉巻をふかして、大きな青い煙を吹きだし、その影で彼の脂ぎった顔は色艶が失せて、生気にあふれた重々しさを帯びていた。
ふとしたときに、ダヴリルが私を見つめていて、近づいてくると、こう言った：
「きみもヴェルダンに行ったのかね？」
またあるときふと、突然の熱烈な喜びの高まりにとらわれて、私はポルションの肩をつかんで、ほとんど叫ぶように言った：
「なあ、小包だ！　今やっと届いたぞ！　明日は君にも、ほかのみんなにも来るよ！」
部屋で我々だけになって、いつもの通りおやすみの握手をすると、彼が私の手を強く握った。私の喜びに目を輝かせて、こう言ったのは彼だった：
「ぼくもうれしいよ」

*

正午だった。我々がオブリ夫人のところで昼食を摂り始めていると、パヌションが猛然として入ってきて、入口から途切れ途切れに叫びかけた：
「本当に、昨日、一三二大隊が攻撃したぞ、峡谷で……撤退するときだったんだ。仲間たちには助けの神のガス灯だ……馬車は負傷者で満杯だ」
「どこだ？」
「先頭はまだ見えない。だがすぐ近くの、通りの真ん中で、民間人が飲物を出している」
我々は外に飛び出した。さわやかな日の光が正面壁の色合いを鮮やかにし、入口の前にある堆肥の山を金色に染めていた。教会の近くでは、車道で人だかりがして、うごめいている。赤く染まったズボンをはいた脚や女たちの白いキャミソール（袖付き上着）が見える。小柄な老婆が縁なし帽の黒い覆いの下で真っ青になって、我々に十字を切った。
ダヴリルが彼女を呼び止める：
「こんにちは、グスカンさん。あれを見に来たんですか？」

老女は脅え切った大きな目で我々を見つめた。挙げたその手は震え、日の光で透き通るようだった：

「かわいそうに！　なんてお気の毒なこと！」

近づいて見る。やじ馬のなかに、二輪馬車が止まっており、毛のない、赤味がかった駄馬が繋がれ、首を垂らしたまま、鼻孔をふくらまして、小石に息を吹きかけていた。柵つきの荷台枠の間には、男たちが汚れた藁寝床に積み重なっているが、全員武器もなく、服は乱れ、乾いた泥で固まっていた。

最初に見た男は跪いており、垢だらけの灰色の両手で横木にしがみつき、首をたれて、顔を地面に向けていた。我々の足音で頭を上げて、髭のない顔を見せた。その眼は青いが、瞼の黒紫色のなかで異常なほど蒼白かった。激しい眼光は破損状態のなかで燃え上がっていた。両頬は、潰れた桑の実のような丸い傷に裂かれて血で汚れていた。口髭は暗赤褐色のぼろ布のように垂れており、その下には、口というより、うつろな穴が見え、新しい鮮血が流れていた。なかで何か生々しい血塊《けっかい》が動き、このドロドロした液状のものから、もごもごした音が激しくこみあげたように漏れ出た。

数人の女がためらいがちにそっと近づいてきた。そしてこの男を見つめる。彼女たちの顔はみな憐れみ、かつ嫌悪するような同じ表情をしていた。突然叫び声をあげると、彼女たちは脅えて大きく後ずさりした。負傷者がビクッと体を震わせたのだ。切れた舌で口のなかがふさがっていたので、彼は口一杯に血をのみ込まねばならなかった。そして急に荷台枠の上に頭を傾けた。今は動かなくなって、唇はだらっとして垂れ、彼は赤く長いよだれの筋が流れ落ちるのを見つめていた。

「ひどい傷だ」と誰かが言った。「だが口のなかには包帯はできないな。息が詰まるだろう」

「ああ！　畜生！」と別の負傷者が叫んだ。

猟歩兵、恐らく大隊の伝令だろう。彼は半ば横たわって、脚は馬車の底板にのばし、背を背嚢の山にもたせかけていた。眉毛は苦痛と怒りで引きつっていた。灰色の眼をした赤褐色の顔には、時々、涙がこぼれ落ち、口に届く前にのみ込んでいた。

「どこを負傷した、おい、猟歩兵？」

「腰だ」

「砲弾片か？」

「五、六発。もっとかもしれない……分からん」

顔が引きつり、拳を握りしめる。脚を怒りもあらわに跳ねあげた。

「ああ！　畜生！」

すぐに見えない体のどこからか、長く震わせたうめき声が漏れ出た。

「手足をばたつかせるのはやめろ、猟歩兵！　もっと痛くなるぞ！」

父親のように温厚な調子で話しかけたのは、曹長だった。

私は彼に訊いた：

「下にもけが人がいるのか？」

「二人います、中尉殿。ひどく腹をやられて」

「お前は？」

「私は、文句は言えません。太ももを一発貫通銃創ですが、骨は無傷ですから」

「昨日か？」

「はい……」

彼はもう振り向いていた。女たちが、舌を切られた男の無残などもり声よりは、彼の上機嫌なおしゃべりに惹かれて呼んだのだ。女たちの方にかがんで、彼が四分の一コップを腕一杯にのばし、差しだしているのが見える。

「お前は？」と私はもう一人に訊いた。「どこをやられた？」

「足に一発です、中尉殿」

「では援護なしに突撃したのか？」

「はい、中尉殿」

「林の外か？」

「森はずれより少し離れたところで」

伍長の男は控え目な声で答え、鼻眼鏡越しに知的で穏やかな眼差しを向けていた。

「だがそれにしても、何が起こったのだ？」

「大したことではありません。命令ですよ。四時に前進、攻撃せよ。我々は四時に登りました。ドイツ野郎の機関銃が撃ってきました。こっぴどく殴り撃ち。それだけです」

「だがわが軍の大砲は、四時前には？」

「音なしで……ああ！　もとい！　九〇ミリ砲弾が数発、ただし我らの後方でした。また一五五ミリ砲二〇発ばかりが高原にすべて長々と落ちてきて、明け方には森はずれまで三人の斥候が登ってきました」

伍長はそう言いながら微笑んだ。もちろん、彼はお人よしではない。それでもその個人的な幸運——「運のいい負傷」、少し前に受けた後方の砲弾——で、彼の怒りは和らいでいる。そして汚れたハンカチの角で鼻眼鏡のガラスを拭いながら、続けた：

「いずれにせよ、何かを非難するとしても、仲間にではありません。彼らは前進し、しっかりと前進した……ほら、そこで我らが中尉殿ですよ！　大鋏を手にすると、たった一人で前に行き、有刺鉄線を切ったのです」

「午後の何時にだ？　真っ昼間か？」

「はい。中尉殿はそこにじっとしていました。頭と肩にたっぷり銃弾を受けて……貴官と同年齢で、精悍で頑強な小柄のブロンドでした。実際は、交代のときにいつか、お会いになったはずです……タステ中尉殿に」

「タステ？」

「ご存知でしたか？……」

「前線の後方で葬ってやれるだろうな？　メニルでか？　まさか、ここじゃないな？」

「埋葬できないでしょう、中尉殿。倒れたところに、そのまいなくてはならないでしょうな。あの丘で、大鋏を手にして、鉄条網の上で朽ちることになりますね」

そのとき、馬車の奥から恐ろしい怒声があがった。拳で立ち上がって、曹長が赤十字の小旗がかかっている家に向かって叫んでいる‥

「おーい！　ルロワイヤル・カンブイ！　終わったか？」

「いま行く！　いま行くよ！」

赤ら顔で灰色のたっぷりした顎鬚の老輜重隊兵が家から出て、長靴で小石をじゃりじゃりと音を立てながら小走りでやってくる。

「このぐうたらめ！　一時間も前から、いったい何をやってたんだ？」

「わしのせいではない……軍医だ……」

「まあいい！　鞭を取って、出発だ……」

老兵は御者台によじ登り、馬に手で触れ、叫んだ‥

「はいどう！」

すると痩せた駄馬が目を覚まして、首をのばした。おんぼろ馬車がガタガタきしんで揺れ、車輪がでこぼこ道で激しく揺れた。血ぬれて山積みにされた負傷者たちから、長々とうめき声が上がり、時おり、不意に叫び声が混じる。

「なあ、見たか？」と私がポルションに言う。

「一九日の突撃……いつもより重大かつ厄介で、そのため犠牲が多かったな」

向こうでは、哀れな二輪馬車がぐらぐらと揺れながら、丘をよじ登っている。風でなお、負傷者たちの叫び、あえぐ声が我々のところまで運ばれ、猟歩兵が絶えず切れ切れに吠える、怒り狂った同じ罵声が聞こえてくる‥

「畜生！　畜生！」

やがてその声も聞こえなくなる。だが馬車が丘の頂きに消えた後も、なお聞こえてくるようだった。空間の波に乗って反響してくるのだろう。それが誰を鞭打ち、罵っているのかと、みなが訝った。

夕方、家に戻ると、部屋でパヌションが私のトランクを詰めているのが見えた。

「急いでいます、中尉殿。夜までに荷物を馬車まで運んでおかなくてはなりません。出発の時間が分かりますか？」

「いや。だが恐らく朝の三時だろう、いつもの通り」

「驚きだよ」とポルションが入りながら言う。

「命令取り消しか？」

「そうだ……だがなあ、まだ公式なものは何もない。が、状況は分かった」

「じゃあ話してくれ！」

「今から一〇分ほど前だ。家の方からコランへぶらつきに行った。兵卒がヴェルダンに食糧調達に出かけたことは知っていた。我々が、五、六人で入口の前にいると、突然パタパタ、パタパタと音がした……騎兵が我々の方に駆け下りてきて、手綱を後についていた従卒に投げて地面に飛び降り、家のなかに駆け込んだ」

「従卒に？　それじゃ、上級将校か？」

「ルノー少佐だ……リーヴのところへ飛び込んだ。そしてすぐだった。三〇秒ほどで、少佐は大尉を従えて、出てきた。すぐ馬に乗り、手綱を手にした。だが鞭を当てる前に、大きなよく聞き取れる声で呼びかけたので、我々もはっきりと聞き取った：

〝分かったか、リーヴ？　今夜は交代なしだ。一三二大隊は任務を果たさなかった。新しい命令がくるまで峡谷に留まる〟

そう言うと、さあ出発！　拍車をかけて、大急ぎで発進だ」

「任務、と言ったな？　それじゃ、先が思いやられるな！」

「そう心配するな！　さしあたって、村でもう一日休めるよ。そう受け取って、ほかのことは考えないことだ。〝理解しようとするな。心配するな〟、これが兵士の知恵だよ」

＊

夜中に目が覚めた。開口のあいたガラス戸から庭の湿気が入り込み、シーツに張りついている。部屋の暗闇のなかに、何か青白いものがぼうと浮かんでいた。

急にポルションが私の方に動いた。

「眠れないのか？」

「ああ。何時だろう？」

「ちょっと待て、見てみる」

マッチが燃えあがった途端に、遠くでする強烈な音で窓枠のなかのガラスがゆるやかに震動した。

「なんだ？」

「ボンゼを砲撃しているに違いないな……でもなあ？」

「交代が普通だったら、我々があそこを通過している時刻ではないか？　時計は何時だ？」

「三時半だ」

「まさにそうだ。こん畜生！」

深く鈍い響きの爆音で壁がかすかに揺れている。爆音は、ほとんどリズムをつけたように相次ぎ、まるで大きく鼓動する脈のようだ。我々はまた眠ることもできず、長らく湿った寝台のなかで寝返りをうっていた。アルコーヴの奥で、我々同様、不眠の餌食になった森林監督官が動く音がした。

「ねえ、みなさん？」

「オブリーさん？」

「聞こえたかな、あの大砲が？」

「ええ」

「あれはどういう意味なんだろう？　はっきりしないな」

「彼らは何か動きを想定しているのでしょう。だから通りすがりを撃っているんです」

「それじゃ、また破壊された、哀れな家が増えることになるな……」

彼は長い溜息をつき、藁寝床の擦れる音で、半身を起こして坐っているのが察せられた。

「モンにはまったく落ちてこないのは、やはり幸運です！　周辺の村じゅう至る所に落下して、前方はメニル、左手はボンゼ、後方はヴィレールだ。ここには一発もこない。丘に重砲弾数発、下の村役場の横に三、四発。それだけだ……これが続いてくれればなあ！」

「ええ続きますよ！　しっかりと遮蔽されていますから、ここは……」

「そうかもしれないね。だが私に気がかりなのは女たちのことだ」

なおも数分間、暗闇のなかで、会話がベッドからベッドの間で続いた。風でドアが押され、その薄板をきしませた。家の天辺では、風見鶏が竿の上で、ゆるやかだが哀れな音できしんで回っていた。

「ほら、テレーズがね。二週間前、それで痩せてしまいましたよ。血の気が失せて、血が水の中を流れているような頬をしていた。何でもない音に何度もひっきりなしに飛び上がって……きっと神経がやられてしまったんですな」

彼は一瞬沈黙すると、どさりと毛布にもぐり込んだ。

「あの二人がここからいなくなると、やはり寂しいですな！……まあしかたない。最後まで運があるように期待しなくては」

彼の声が絶えて、もう身動きしない。やがてゆっくりした荒い寝息で、彼が眠ったことが分かった。そこで、小声でポルションに向かって言った‥

「モンが本当に安全だと思っているのか？　一発砲弾が……」

「近いうちに、この家にも落ちてくるかもしれないな……まあ一〇発か！　三〇発か！　大砲によるな。ドイツ野郎がやりたいようにやると、村を完全に破壊して潰してしまうだろう」

「そうなると死者が出て、女も子供も？……」

「最初の重砲弾で、民間人たちが出発したことは知っているだろう……」

「あの避難か？　馬車にマットレスを積んで、古着で包みをふくらませ、家具を山積みし、二度と見られないかもしれない家を後に残したままで……最初の頃見た、あの路上の悲惨な逃走の光景を覚えているか。負い籠を背にし、腕にも籠を抱えた二人の老人が裸足で逃げていく間も、その背後のモンフォコンには重砲弾がとどろいていたな……」

「覚えているよ、もちろん……だがどうなるか分からないな。さっきあの父親が言っていたように、〝最後まで運があるように期待しなくては〟、な」


三時間後、我々は起きていた。森林監督官はいつものように明け方から、ロズリエの伐採作業に出かけていった。寒い。シャツを通して皮膚が凍っているようだ。服を椅子の背もたせから手にとると、浸み込んだ結露でずしりと重い。

しかし正午に大広間に移るとすぐ、暖炉の側板をなめる輝く炎と、立ちこめた、乾いた心地よい暖気で陰気な考えが消え去り、また心が明るくなる。

少し経ってから、我らが兵たちが宿営していた納屋から出ると、まだ青白い陽光の長い縞が雲の裂け目に入りこんでほぐれている。平原からは烈風が吹き、前方の雨雲が西の山頂へ流れている。反対側では、すでに空全体がさわやかな淡い青色に染まり、上にはユールの頂きがその偉容を浮かび上がらせていた。


「おやおや！」とポルションが通りを見て、言った。「あの黒い連中はなんだ？」

「フリックへの援軍だ」

「工兵か？」

「対壕兵だ。今に分かる……南仏からだ、もちろんな」


和気あいあいとしている集団のなかで、彼らの歌うような声が、シャンパーニュ人のゆっくりした話し方や、パリっ子ののどで発するrの音に混じっている。


襟に黒のビロードの襟章をつけた、褐色の肌の巨漢がいきなり我々の前に立つと、指をケピ帽に添えて自己紹介した‥

「ノワレ少尉です」


握手をすますと、早速おしゃべりだ‥

「昨夜着いたのか？」

「昨晩遅くです」

「どの作戦区から？」

「グルノーブルから」

「ああ、まさか！」

「それがそうなのです、まあそんなもんで。まだ何も見ていないし、何もしていません。上陸しただけで……レ・ゼパルジュで勤務です」

「それじゃ、我々と一緒か？」

「あなた方もレ・ゼパルジュですか？」

「もちろん！」

「それはよかった！　これからは、同じ兵隊暮しですね」

「同じ重砲弾もくらうよ」

「もちろんです！……では、お仲間ですね？」

「当然だ」

我々は並んで通りを遡《さかのぼ》った。上では、オブリー家の前で、一〇人ばかりの工兵と同数の歩兵が崩れかかった低い石垣に向かって立ち、遠くのメニルが隠れているくぼ地の方を見ていた。ベレー帽を目深にかぶり、瞼は半ば閉じて、南仏人たちは林で褐色になった稜線を窺っている。何人かは石材の山によじ登って、水路のくすんだ光の間に白い村と紫色がかった木立が散在する、青い平原をもっとよく見ようと全身をのばしていた。

「聞こえたか？」と彼らの一人が言った。

上空を軽くヒューッという音がして飛んでいく。その飛翔はゆるやかで、一瞬、黙したまま停止したみたいだ。次いで、漠とした震動が辺りを揺らし、ほとんど同時に起こった爆発の轟音が我々のところまで、重々しい衝撃波となって押し寄せてきた。

工兵たちは飛び上がった。彼らが歩兵を見ると、こちらは鷹揚な顔つきで微笑んでいる。

「聞こえたかい、重砲弾が？」

「それじゃ、あれは砲弾か？」

「少しはな！」

澄み切った空を貫いて、多くの弾道が走っていく。弾道は同じ音で相次ぎ、交叉し、滑り、かすめ、着弾するたびに破砕する。工兵たちは、瞼を神経質そうに多少ゆがめ、ヒューッという音が近づき、かん高く通過していくたびに肩を丸めて、聞いていた。

「やれやれ！　いまいましい！　よく飛ぶわい！」

「そばにいたら、あの隼《はやぶさ》にお前の頭をぶっ飛ばされるだろうな！」

ポルションは、この髭面で広い肩幅の頑丈そうな連中みなをじっと観察して、我らが相棒に言った‥

「デビューとしては上出来だ！　一週間後には、我らが立派な仲間になるだろう」

「ほんとにそう思いますか？」ノワレがいく分震え声で言い

放った。

「お前さんこそそう思っているんじゃないか？」

ヒュルヒュルという鈍い低音が近づき、頭上を轟音をたてて飛び、速度をはやめて後方に遠ざかっていく。数秒して、爆音がとどろいた。

「遠い？」とノワレが言った。

「一二〇〇メートル先だ。やられたのはヴィレールだ。今朝は、村を狙っているんだ、ドイツ野郎の砲兵どもは！……ほら、我々の方にまっすぐ飛んできて、谷底で猛烈に炸裂したのは、メニルを狙ってるんだ。左手にのろのろと飛んできて、落下するまで音が聞こえなくなるのは、ボンゼが食らったんだ。ユールの後方で聞こえる、あの耳をつんざく大太鼓の砲撃は、紛れもなく、トレゾヴォに豪勢な重砲のお見舞いをしたんだ……やっぱり、ここが静かなのは驚くべきことだ！」

「おい、そう長くはないぞ」

「そうだな、明日、村のど真ん中に……しょうがないな！まあ、順番だからな」

第三部

泥土

——わが父に

I　機銃掃射された家々

一〇月三〇日―一一月一日

午前三時。行く先ヴワヴル。夜は澄んで冷たく、辺りは深い静寂に包まれていた。すでに薄らいだ星空の下で、青白い道路沿いに、大隊の群れが黒い塊《かたま》りとなってのび、耕作地の間を這っている。時たま、路肩に点々とある、痩せた木の一本に触れると、枝先で枯れた葉がかすかに震える音がした。

ボンゼ村を横切っていた。納屋は兵士たちの眠りに閉ざされている。通りの真ん中を、広がったロンジョ川が油の川のように音もなく、平たく流れていた。空は白らみ、星は一つずつ消えていった。

「右へ！」

「さあ、着いたぞ！　まずトレゾヴォ、次に峡谷だ……後を受け継ぐのは我々だが、夜が明けるまでのばそう」

だが中隊がユールの山岳を越えると、ポルションが速歩で我々のところまでやってきた……

「トレゾヴォの広場で休憩だ」と彼が言った。「そこで伝令兵が小隊を引き受けるはずだ」

「村に残るのか？」

「命令取り消しがなければ、三日間はな」

先頭の兵士たちには聞こえていた。囁《ささや》きが列を駆けめぐる。先頭の小隊が、死んだような家々の真ん中にある無人の広場に出るとすぐ、隊列自体がぶつかりも、押し合いもせずに止まった。

すると、入口の影に入りこんでいた少人数の兵たちがかたまって壁から離れて、我々のところに進んできた。

「左翼側中隊だ！」と誰かが呼びかけた。「第一小隊だ」

「すぐに片づけるんだ」とポルションが私に言う。「夜明け前には終わらなくてはならん」

伝令兵が途中、いつもの説明を長々とする……

「今度のは運がいいですよ、中尉殿！　お連れする家は墓石一つさえないんです。それにこぎれいな、かなりのもので……住んでいるのは退職したポリ公です。小金を貯め込んでいるに違いなく、何かしらブルジョワ的なものを建ててましたから」

「村はずれにか？」

「通りの最後の方のばかでかい建物で、平原とすれすれです」

数分歩いてから、彼は急に左に曲がり、道路を離れた。拳でドンドンと納屋の戸を強く叩くと、曙光でその白さが垣間見えた。

「さあもう、起きろ！　交代だ」

板壁越しに、大きなざわめき、呼び声、藁《わら》がこすれる音、武器を動かすガチャガチャいう音が聞こえる。やっと大きな開き戸が蝶番《ちょうつがい》の上をすべって開いた。汗と埃の臭いがする重苦しい空気を顔いっぱいに受けた。

「ご案内しましょうか、中尉殿？　曹長がすぐお連れするよう言いましたから、指示命令への報告です」

「わかった、行くよ……スエスム、みんなを落ち着かせてくれ。すぐに立ち寄るから」

煉瓦敷きの小さな中庭を横切っていくと、家の側面に張りついた、スレートで覆われた小屋に通じていた。そこに入ると、曹長が出迎えた。

「指示命令です。急いで、まもなく明るくなりますから」

「司令部はここ。小隊全員、納屋に。日中の外出禁止。爆撃が長い場合は、近辺に掘った掩蔽壕《えんぺいごう》に避難……」

「どこ？」

「庭の、フレーヌ街道に面したところに……」

彼が話している間、周りでは、兵たちがせわしく動きまわり、背嚢《はいのう》に野営用具をくくりつけ、寝袋の藁を束ねて壁に立てかけ、ぼろ布でテーブルを拭《ふ》いている。天井にかかった古い、保護被い付きの錬鉄製ランプが黄色の柔らかな光を放散していた。

「私はこれで終わりました」と曹長が言った……「ランプが見えますか？　くず鉄ですが、蠟燭の節約になります。壁のところに油のブリキ缶がありますが、ランプを一杯にしておくためです。ただ特に、これには気をつけないと、空っぽにすると、燻《くすぶ》って臭いますから」

彼が部下の兵たちを連れていくとすぐ、スエスム軍曹が小屋の敷居のところに現れた。

「もう落ち着いたか？」

「心地いいですね、中尉殿！　納屋は新しく、すきま風もなく、新鮮な藁が一杯で、モンのよりはたっぷり三分の一以上は大きいですよ。ただ……」

「ただ、なんだ？」

「ドイツ野郎のいる樅《もみ》の木林から銃弾が飛んできそうですね」

「どういうことだ？　どこの林のことを話しているんだ？」

「峡谷のです、中尉殿。高地にある林で、一九日にヴェヌシーがやられ、火曜日に一三二大隊のいくつかの中隊が壊滅されたところ……つまり、レ・ゼパルジュの森ですよ！」

「そうか、気をつけておこう」

今や青白い陽光が空を満たし、地面すれすれで、濡れた草原から上がってくる靄《もや》をかすめていた。戸口の分厚い板には、うす黒い斑点が白いペンキ一面に浮かんでいる。なんでもなさそうな軽少な破片が飛んできた。だがよく見ると、板の中心に、鋼鉄の尖端でえぐられたような、丸い穴ができているのが見えた。

「なるほど、スエスム。銃弾だな」

「納屋を貫通するでしょうな」

「お前の部下たちを、昼も夜も左手に集結させておけ……さあ、リエージュを呼んでくれ。一緒に偵察に行こう」

我々は家の角まで数歩歩いた。そこには、杭と枝を編んでできた遮蔽幕が張ってあった。それに端から端まで沿って行き、褐色の水のあふれた溝を一跳びで越え、道路に出た。

日は高かったが、野原に広がった細やかな霧で胸まで覆われ、隠れ蓑になったが、視界はきいた。前方の、無数の漏斗孔《ろうとこう》で穴だらけの草原の向こうには、モンジルモンが赤い粘土の脊梁《せきりょう》を隆起させていた。山腹は平原の方に落ち込み、沼の青緑色の広がりに船首のように投げ出された堅い突出物を露呈していた。

「やはり」とスエスムが言った。「すばらしい位置ですね！……こちら側からは、トレゾヴォの眺め。あちら側からは、レ・ゼパルジュの眺め……」

「しかもレ・オ・モンの戦線全体が見渡せる！　レ・オ・モンがひと続きに脈打たせているロンジョの谷、メニルも。モンの外れも。もっと遠くのヴィレール、さらに遠くの、恐らくマヌルとオディオモンもだ！」

「向かいの山々が邪魔になるな……」

「モンジルモンが？　標高三〇〇もなく、高地からは幅広く見下ろせます」

「だがユールは？」

「そこからボンゼだけが隠れて見えません。ご覧になったように、そのため内側まで撃たれなくてすみます！　それにユールはそれ自体ひと塊りです。レ・ゼパルジュの丘陵は同じような高さで、縦一面に広がっており、両側からそこをはみ出ています……」

「そうだな、その通りだ」

「見ての通り、我々はここトレゾヴォにいて、例のモンジルモンの正反対にいます。我々は見られています。ひとり孤立して、あのフレーヌへの道路を進んで行っても、あそこの草原の縁《へり》に見える十字架像を二〇歩も越えられないでしょう。あの高嶺にある機関銃ですぐにやられます！　我らが部隊のいる村すべて、パントヴィル、リアヴィル、シャンプロンは、奴らの双眼鏡と距離計で監視されています。村の石が一つ動き、煙が立っただけで、奴らの全武器、機関銃、時限弾、重砲弾が飛びかかってきます……」

「じゃあ、どうする？」とリエージュが言った。

「隠れるさ」

「それじゃ、いつもそうか？　なぜあそこへ登って行って、奴らをやっつけ、追っ払わないんだ？」

スエスムが忍び笑いしながら、私を見つめている‥

「いつも同じだよ、そいつは！……お前がちょっとはあそこへ登ってみたらどうだ！　銃剣でドンと突撃してみろ！　鉄条網の前でやられてしまうだろう」

「ドイツ野郎は、我々が奴らの前で、大勢で結束し、断固たる態度で走り回るのを見たら、怖気《おじけ》づいて、白兵戦になる前にも、退却するんじゃないか？」

今度は、スエスムが大笑いした。

「立派な生徒だ！　教科書どおりだな！　きっと背嚢に入れて、毎晩読んでいるんだな……この馬鹿野郎、我々全員に自殺せよとでも言いたいのか！　それとも鉄の十字架でもかつげというのか？」

「お前こそ馬鹿野郎だ！」とリエージュが苛立って文句を言う。「まあ結局、お前の言う通りだろう。俺が大乱闘の後で合流したことを種にして、お前は俺をやじる機会は取り逃がさんからな。お前はすべてを見て、すべてを知ったのだから、頭の中は知識情報で一杯だ……」

「そうだな、一杯あるよ。それが禁じられているのか、まさかな」

「だから、それを少し出せよ、誰でも利用できるように」

「それじゃな」とスエスムが始めた。「話してもいいですか、中尉殿？　たぶん規則からは外れますが、危険なことはなにもない、と思います」

「よかろう」

彼はリエージュの方を向いて、続けた‥

「もしもだな、お前が八月、九月とそこにいたら、また例えば、退却や、あるいはソメーヌの夕方、我々が後退せざるをえなかったドイツ野郎の歩兵の猛攻撃を見ていたら……あいつらを高く買っただろうが……だがな、奴らの背後には大砲があったんだ」

彼は一瞬、話を止めて、遠くを見る目つきで、私にも思い浮かんでくる光景に集中しているようだった。

「そいつに抵抗するような勇敢さなどない！　ベルギー、モブージュ、シャルルロワ、退却、すべて重砲のせいなんだ。お前は鋼鉄の壁でも前へ押したてて、毎日、朝から晩まで一キロずつ、そいつの前に我々を追い立てられるとでも思っているのか……じゃあ、どうすべきか？　もちろん、こちらにもぼろ鉄砲はある！　七五ミリ砲もだ……ところがな、大筒は三里離れた所なんだ！」

「恐怖で荒れ狂うだけのものがあったんだな」とリエージュが言った。

「そう、あったのだ。ただし……それでな」

「またきました、中尉殿！」

猛烈なテンポで、樅の木に隠れていた機関銃が我々に向けて数珠《じゅず》つなぎに弾丸を放ってきた。運よく素早く引き寄せられていた、たっぷり一〇メートル幅の土の塊りに銃弾が突き刺さる音が聞こえた。

「遮蔽幕の後ろへ！」

何歩かすっ飛んで、我々は枝の遮蔽幕に達し、かがみながら幕の後ろに滑り込んだ。すぐに機関銃音も止んだ。

「それで」とリエージュが言う。「どうしておかしいと思ったんだ？」

「まあな……肝心なのは、我々が攻撃する際に奴らの機関銃がうんともすんとも言わないことだ」

「策略か？」

「やっと、少しは飲み込めてきたようだな！　ただ待ち伏せ中に奴らに砲弾が爆発したと想像してみろよ……」

「偶然だろう」

「まさに、そうだ！　その通りだが……もし奴らに一発ずつ点滴のように、こっちに一発あっちに一発と撃てば、偶然だろう。だがもし何発も何発も、大中小含めて、何時間もぶっとおしで撃てば……やれやれ、また撃ってきたな！　畜生！もう話はやめだ！」

「壁の後ろへ……」

それでも彼は走りながら話を中断しなかった……

「もしあの高地で砲弾を縦横に、漏斗孔の縁が相接するほどに連ねて撃てば、機関銃を黙らせられるだろ！」

リエージュは信じられないとでもいうかのように、頭を振った……

「やれやれ、そんなに砲弾がいるのか！　まあ、一か所だけなら何でもないが……全戦線に撃つなんて！　何台も大砲が必要だな！　何十億もかかるぞ！」

突然怒りが込み上げてきたのか、スエスムは頰を赤らめ、ののしった……

「こん畜生め！　それじゃ、人の命はどうなるんだ？　それではなにか、節約のため軍隊を全滅させるのか？……考えてみると……」

彼はパタッと話をやめた。機関銃が射撃をのばして、弾丸がパチパチと音を立てて、眼前の簀《す》の子の生け垣を切れ切れに裂いたからである。

「さあ、戻らなくてはならん」と私は彼らに言った。

彼らは二人とも納屋に滑り込んだ。まだスエスムの声が聞こえる：

「丘じゅう我らが砲弾の下だ……爆煙……大地、銃、男ども……何もかもが倒れるぞ……」

入口がひとりでに閉まり、彼の声に落ちかかる。外の納屋の近くで、私は一人きりだ。

そこで機械的に、もと来た道を戻る。日差しが反映して、溝の水面に輝き、砲弾の穴がきらきらする斑点となって、長々と輝き連なっている草原を横切っていた。眼前には、ヴワヴル川が、かすかに青白い空に立ちのぼる乳白色の霧靄に包まれている。どこを歩いているか見もせずに、それを眺めていると、突然足元の地面がなくなり、丸太を鼻先にして泥のなかに坐っていたが、その太さを後から考えてみて、ぞっとした。

「おい、そこにいるのは誰だ？」と地面から声がした。

私は、背中を何度もこすりながら、下へ滑り落ちた。目を見開いても、何も見えない。手探り状態でいくと、虫食って、あちこちにたくさんの釘が突き出ている板に手がぶつかった。

「おや、中尉殿、そんな風にして塹壕《ざんごう》に入ってくるんですか？」

「ああ、マルタン、お前か？……どこにいる？」

「ここです」

彼の足音が近づき、やっと、平べったい頭が丸い肩におさまった姿が見分けられた。

「そこでひとり、何をしている？　なぜ他の者と一緒に納屋にいないんだ？」

「それはですね、中尉殿……」

言葉せわしく、音節を混ぜもつれさせて、マルタンは雑然とした話を始めた。彼は交代時に下士官たちが交わした言葉を聞きつけたようだった。それはつまり、坑道のように、地下に掘って坑木で支えられた避難壕のことだったのだ。

「わかりますか、中尉殿……坑道ですよ。わしは見たかったのです」

「それでもぐりこんだのか？」

「こっそりと！」

彼は覆いの裂け目の下でまっすぐに立っていた。低い額の黄色な顔は、目は笑うと一層小さくなる切れ長の灰色で、左頬は途方もなくかむ、噛みタバコで緩《ゆる》んでいた。

「この塹壕はとんでもない代物です！　ひでーもんで、側欄がない」

マルタンはできる限り、その「北方訛《なま》り〔ピカール方言やシャンパーニュ方言〕」を消そうとしていた。最初は、小隊でおどけ者が笑いながら彼の真似をするたびに、真っ赤になって怒り、殴りかかっていた。以後は、彼は自分の言葉を一般的な流儀に合わせるほうが利口だと思った。他の者みんなから、パリ人、それも「北方訛り」のパリ人の話を聞くようにしていた。彼らのスラングを聞き取って自分のものとし、無理矢理に「北方訛り」に同化させた。そして遂に、その忍耐強い努力によって、極めて奇妙きてれつで、滑稽な方言が生まれたのである。

「ほら、これを見てくだせえ！」

彼はポケットから蝶番付きのメートル尺を出して、広げるとうずくまり、また起き上がった。メートル尺は彼の手のなかでくるくる回っていた。時々、彼の歯の間から息が漏れ、すぐに泥だらけの地面に吐く、小さな唾の音だと分かった。

「この工事場はなんだ！……あのぐうたらどもがこの塹壕を台無しにした！……ねえ、中尉殿、わしに塹壕を直させてくださいい……全部に型枠をつけるだけの梁を見つけてきます。こんな家はマサカリひと振りすれば、でき上がりです！」

「まあまあ、マルタン！　そう頑張るな、お前一人で、三日間で……四人でも足りないだろう」

退避壕は一小隊用で、長さは二〇メートルあった。薄暗がりに目が慣れてくると、これが材料にも耐久力にも一切配慮せず、でまかせに作られたことが分かった。覆いが重くて、天井部の側壁を湾曲させており、支柱の杭は水で柔らかくなった地面にじかに立てられ、ゼラチンに浸ったように沈んでいた。ひと月もたたぬまに、重砲弾などとはまったく無関係に、この大きな壕全部が一巻の終わりとなり、私のケピ帽が触れる天井板は崩れ、靴底は地面に張りついてその下を野ネズミがすり抜けるだろう。

「それでよろしいですか、中尉殿？」

「結局は、お前がそれで気がすめばな……だが特にだな、出しゃばるなよ。お前のせいで重砲弾を招き寄せることにでもなれば、仲間たちを傷つけることを考えておけ」

「大丈夫ですよ、中尉殿！　マルタンとばか者、これで二人分です」

彼は前よりも一層強く唾を吐くと、もう私のことなど一切気にせず、厚板から厚板へメートル尺を這わせていた。私が退避壕を出たことさえ気がつかなかった。最後に下を覗いて見ると、彼が片刃の短剣を手にして、嚙みタバコを慎重に輪切りにしているのが見えたが、これは「かなりの味がする新製品のタバコ」で、「口に流れ込むのと同様に腕に精力のエキス」を与えてくれる尽きせぬエネルギーの素《もと》だった。

荒れ果てた果樹園をさまよっていると、突然、好奇心が湧いて、わが小隊が隠れている白い家に接した非常に古い灰色の家の廊下に入った。つるつるの舗石から水が染み出ており、またはげ落ちそうな壁の下には地衣類が板状になって這っていた。念のため、ドアをノックすると、指の下で虫食った板がへこむようだった。引きずった足音がして、錠前の閂《かんぬき》がきしんだが、足音は遠ざかり、ドアは開かなかった……もう一度ノックすると、今度は震え声で尋ねてきた‥

「兵隊か？」

「そう、一人です……入っていいですか？」

「ああ、構わんよ」

ドアを押して入ると、暗い部屋の奥に暖をとっている二人の老人がいた。彼らは向かい合って、暖炉の換気扇の下に坐っている。男も女も同じようにしわが寄り、背が曲がって、ひどくひからびていた。顎を膝のそばにのせ、腕を炉床《ろしょう》にのばして同じような姿勢で低い椅子に坐っていたが、彼らに生気が感じられるのは、熾火《おきび》を反映してバラ色になった震える手と、眉のない瞼の間から私をじっと見る鈍い青色の目だけだった。

「坐っていいですか？」

「お好きなように」

腰掛を近づけて、彼らの横に席を占めた。

「いい天気ですね、一〇月末にしては？」

「なに、なんの足しにもならんよ」

「でも兵隊は太陽が好きなんですよ！」

「まあな、若ければ、雨なんぞ恐れはしないさ」

「そう思いますか？」

「わしも若かった頃……戦争も見た……ひどい寒さだったな、まったく、あの七〇〔一八七〇〕年は！」

彼は燠《おき》の方に少しかがんで、まるで泉から水をすくうように、くぼんだ両手の端と端を合わせた。

「もう少し暖かいと、気持ちいいが」

黙ったまま、ただ顎を動かすだけで、彼はひからびて、たこのできた手をこすり合わせていた。

私も敢えて何も言わなかった。帰りたかったが、決めかねてもいた。二人の老人の冷たさを徐々に打ち負かして、彼らの舌が緩むよう信頼感を得たいという気持ちに捉われ、そのうち彼らの緩慢な話にも、そのよく分からない暮しぶりを照らす光が少しは現れてくるだろうと思った。

「もう誰かと会いましたか？」と、不意に老婦が尋ねた。

「いえ、ここへ来たのははじめてです」

「私はまた……もう少し近くへよってきて。ひどく目が悪いから……さあ、もっとこっちへ！」

ほとんど彼女の椅子に触れるまで近づくと、彼女は私の外套の襟をじっと見て、指先で、襟章に縫い付けられた数字に触った。

「違うわ」と、やっと彼女が言った。「一六五連隊ではないの？　ヴェルダンの？」

「いいえ、一〇六連隊、シャロンの」

「それじゃ、一六五連隊ではないのね。あなたを知らないわけだわ」

「一六五連隊はよくご存じですか？」

「ああ、知ってますとも！　だいぶ前、ここにいました！　全員じゃないけど。親切な人たちも……いました」

「そう、いたな」と老人が同意した。

「伍長……ジャン・ラマドという名前だった……あなたが坐っているように、よく来て坐っていた。私たちと一緒にいてくれて、おじいさん、おばあさんと呼んでくれたわ……でも死んでしまった」

「戦死ですか！」

「ああ、そうです！……三日前。まだ朝で、敷石に血が残っていたわ。ほら、そこに」

彼女は農婦風のスカートの下の脚をのばし木靴の先で、薪《まき》置き台近くの火床《ひどこ》の石をこすった。

「では、後でここへ運んできたのですか？」

「いえ、違います！」と、彼女は答えた。「私たち二人、おじいさんと私の間に銃弾が飛んできて彼に当たったんです」

「私たちの間にな」とじいさんが繰り返した。

「銃弾？　どこから入ってきたんです？」

「開き窓から、そこの！　毎日流れてきて、壁に当たるわ。ほら、あそこの周りの、真っ白の穴が見えるでしょう……彼はいつものように、そこに坐って、パイプをふかしながら暖まっていたわ」

「パイプはふかしていなかったぞ」と老人が訂正した。「彼が死んだのは、それに火をつけているときだったからな」

「確かに、パイプを詰めたところだったわ。ちょうど私にこう言い終えたときだった：〝ねえ、おばあさん、こんないいパイプは細君のように取り替えたくないね。疲れないし、裏切らないし〟この冗談、お分かり！……そこで彼はかがんで、指でじかに灰に触り、タバコに火をつけるため、まだ赤い炭をとろうとした……プロイセン人が撃ってきたのはその時だったわ。外の壁に銃弾が当たり、窓の真横を通って、遠くの方で当たり続けているのが聞こえた……確かに、部屋の奥で二、三発がビューとうなったのは感じたけど、誰も注意を向けなかったわ……気づいたのは後からでした」

「気づいたのはわしだ」と老人が言った。

「そう、確かに彼でした。不意に私を呼ぶ声が聞こえた：〝おい、デルフィーヌ――なんです？――ジャンを見なかったか？――ジャンがどうしたの？――起き上がってこないぞ〟よく見ると、彼は相変わらず、眠っている者のように身を二つに折って、椅子に臥せっていました」

「で、死んでいた？」

「そう先を急がないで……私たちは最初、彼がいたずらをしていると思った。よくしていましたからね……それでおじいさんが椅子から立って、彼の肩に触れてみると、彼は斜めに滑り落ちて、タイルの床に倒れ、長々とのびてしまった。そして倒れるとすぐ、タイルは血だらけになりました……お分かりでしょうが、彼は動かなかったので、外套の折り目に血があふれて流れ込んだのです。この折り目から血が流れ出たのは、おじいさんが、深皿をひっくり返すように彼を押し転がしたときです……それにしても悪魔だわ、この銃弾は！」

　そこで老人が人差し指を挙げて、もったいぶって言った：

「砲弾は率直だが、銃弾は陰険だ」

「おお、確かに。急に飛んできて、ちっともお祈りする間もなく、殺してしまうんだから……夜、時々目が覚めて、もう眠れない」

　彼女は単調な低い声で話していたが、実際声には色あせた瞳の眼差し同様ほとんど生気がなかった。この兵士の忌まわしい死を、おののきもなく語り、しわが黄色の皮膚に垢《あか》で灰色になった筋をうがっている顔には、一瞬も人間らしい感情の光が浮かばなかった。

「でもなぜ、やろうと思えばできるのに、この村を出ていかないんですか？　銃弾が家に入り込まないで、夜眠れる所はほかにたくさんあります……ここは四六時中殺される危険があります」

「殺される？」と老人が言った。

　彼は、唇のない口を奇妙な笑みでまげて、敵意ある目で私を見つめていて、答えた。

「ああ、絶対に出ていかんぞ！　そんな死は若い者にしか起こらんよ」

「なんと言ったって！」と老女が口をはさんだ。「私たちは二人で一六〇歳。二人ともトレゾヴォで生まれたんだし、ここで二人とも死ぬでしょう……」

　そして急に、つっけんどんに声を高めて言った：

「無理矢理に退去させられるままにはなりません、ああ、絶対に！　あなたに私たちを苦しめる権利があるのは隊長だからですか？……でも出てはいきませんよ、分かりましたか！　絶対に！」

　彼女は身をかがめて、また膝の上で両手を交差させ、うめくような小声で言った：

「なんて哀れなんでしょう、私たちは！　あんなに苦労して稼いだ財産なのに、不幸にも、今になって、手元に取っておくことさえできないとは！　家、庭、土地、これら全部をお金に変えることもできずに、捨てなきゃならないなんて！……」

最後にそう言うと、彼女は椅子の上でゆっくりと回転した…

「あのですね……あなたは兵士たちを指揮しているのだから、しっかりと栄養補給しなくてはならないでしょう。世間で言うように、〝しっかり食べないと兵隊は戦えない〟のだから」

「私に何か売りたいのですか？」

「それがどんな急いでいるか、ごらんなさい！……あそこの豚、太った豚、立派な家畜を！　小屋には四匹残っていますが……よければ、一番太ったのを譲ります」

「見られますか？」

「ああ、もちろん。すぐに！」

彼女は驚くほど素早く立ち上がると、老人も立ち上がったので、言った…

「あなたはここにいて。番人も必要だから……じっと静かにしていて！」

「本当は」と、彼女の後について湿った通路を渡っていくと、彼女は続けた。「私が豚を売るのは自ら望んでではないんです。豚は一匹だけになると、暖かいものが好きなので、火に惹きつけられて突進するんです！……いつもそこで倒れるんじゃないかと心配で」

話しながら、彼女は庭のぬかるみを歩き、腐って黒くなったキャベツの上に長い脚をのばしていった。緩んだ木靴は粘っこい地面にはりつき、歩くたびに、灰色の毛の靴下の穴から、彼女の踵《かかと》の黄色の皮膚を見せていた。

「そこです、近くへ寄ってみて」と彼女が言った。

豚小屋の半ば開いた戸から、獣の鼻につくきつい臭いが流れてきた。豚が顎を動かしぶうぶういうのが聞こえ、バラ色の背肉が漠然と見分けられた。

「立派なものでしょう？」

「痩せているようですな」

「痩せている？　もっとほかのを探してごらんなさい！」

「いくらです？」

「一〇〇フラン。それ以下では売れません」

「八〇フラン」

「まあ、あなた！　非常識です！」

「七〇フランで買おうとしたときはもっと太っていましたよ……」

「ああ、まさか！　いったいどこでそんなことが？」

「ムイイ、ヴィレール、どこでも」

「そんな値段で売ってくれたんですか？」

「毎日ですよ」

「八〇フランと言いましたね？……まあ、〔旧紙幣で〕一〇〇スーだと思っておけばよいでしょう、どうせあなたのお金でもないんだから」

「八〇、ぎりぎりの値です……現金で」

彼女は横目で私を見て、私が断固たるのを見透かし、決心した。

「それじゃ、よしとしましょう……」

「では、合意ですね？」

「それは……新紙幣ですか、私は嫌いなんですが」

「ほかには何もないです」

「少しの金も？　金が半分なら、公正でしょ……あるいは二〇フランの小額貨幣だけでも」

「一つもありません」

「旧紙幣も？」

「ありません」

「ああ、なんてまあ！　頑固なんだろう、この人は！……それで結局、どれを選びますか？」

「こちらです」

「ああ、目がないですね。あそこに、ほかにもっといいのがいます」

そう言いながら、彼女は四匹のうちの一番みすぼらしい、腹はぺちゃんこで、肉の皮のたるんだ茶色っぽい子豚を見せた。

「いえ！　いえ！　こっちの……それじゃなくて、これはどうです？」


子豚は頭と肩の部分を全部小屋の柵から出して、耳を立てて、小さな目の青い眼差しを向けて私をじっと見、鼻づらをあげて、笑っているようだった。

小屋に戻るため、煉瓦の敷石を踏みしめながら、我々の宿舎の家の中庭を横切っていると、突然の衝撃音で思わず立ち止まった。二階からの音だった。四段飛びで階段を駆けあがった。部屋の開いたドアから、すぐにパヌションが縦揺れして、今にも彼に落ちかかりそうな、大きな四脚の簞笥と格闘しているのが見えた。

「あ痛っ！　中尉殿、挟みましたよ」

「私がお前を挟んだって？」

「違います、簞笥が」

「この簞笥をどうしようというんだ？」

「なにも、中尉殿」

「こじ開けようとしていたんだな……弁解するな。見たんだから」

「それなら、なぜ訊くんですか？」

「お前が認めて、私に説明するためだ」

「そのことですが……中尉殿は一日の仕事は果たされましたね？　指示伝達、小隊、納屋や部署点検……これは中尉殿の職分。だが私にも責任があります！　一日が順調に進んで、ここの年金生活者のこぎれいな家で三夜、警報の不安もなく過ごせたことだけでも考えてみてください……」

「お前が何を知っているというんだ？」

「まず我々にとって警報の不安がないこと。今夜、ドイツ野郎が攻めてきても、今なら頭から足の先まで服を着るのに三〇分はあります……やはり小屋で、伝令兵や給養軍曹と一緒では眠れないと考えたことがありましたか？」

「そんなことはない！」

「やれやれ、ならばここはどうです？」

「こんな部屋があることさえ知らなかったよ」

「それがあると分かった今はどうです？」

「やはり小屋で寝るよ」

パヌションは天井に向けて腕を挙げ、また脇腹にだらりとたらした。

「ああ！　中尉殿、ご立派ですよ……ですが、中尉殿が方角も定まらずただ歩き回っておられた間、私は私で仕事にかかりきりでした。家のなかを探し、この部屋を見つけました。すぐに、交代するたびに絶え間なく誰かが住んでいたことが分かりました。床にはまだ新しい泥があり、動かせないほど満杯の大鍋もあったのです。ほかにも多くの物を見つけました。ベッドに箪笥。箪笥には、裂け目からシーツに違いない白い布地が見えた。ほんと、中尉殿、シーツですよ！　このおんぼろ部屋に、心地よいベッド、服をつるすハンガー、ナイトテーブルには蠟燭立てにきちんと立てた蠟燭、必要な場合にはマッチなど、すばらしいものをつけてご用意できると考えて、大喜びしましたよ……中尉殿を驚かせたのに！　それなのに……」

「まあ聞けよ、パヌション……」

「いえ、中尉殿。何も聞きたくありません。失敗でした、もうその話はやめましょう」

「それじゃ、さよならだ」

「そうしましょう、中尉殿、さよならです。一人きりでいたいのです」

「おや、どうもそうはいかないぞ。誰か階段を上ってくるようだ」

階段がきしみ、スリッパの滑り足がドアに触れる。痩せた小柄な女が敷居に立って、物も言わずに我々をじろじろと見た。

「こんにちは、奥さん」とパヌションは笑顔で挨拶した。

口を閉ざしたまま、彼女はまっすぐ箪笥の方に行き、近くから注意深く、開き扉と錠前を調べた。

「ここへきて見なさい」

彼女は振り向きさえせず、ごくそっけなく言ったので、パヌションは従った。

「私の箪笥を壊したのはあなたでしょう？」

「私が？」

「もちろん、あなたです！　私は近くにいました。そこにいる将校さんが上がってくるまで誰もいませんでしたから……」

「私ではないとは言いませんが……それで？」

パヌションは腕を組んで、断固たる様子で抵抗した。すでに彼は元に戻っていた。鼻先にはかすかな微笑さえ浮かんでいる。

「興奮しないでください。おっしゃりたいことは分かっています。中尉殿がもう説明してくれました……」

「中尉殿ですって！……私の箪笥は彼のものなんですか？家も彼のものなんですか？」

「あなたのものでもありません。憲兵隊のものです」

「私の叔父のものです。叔父がいない限りは、私のものです……それにまず……ああ！　でも……ああ！　でも……」

彼女は顔を青ざめさせ、口ごもるほどの怒りにとらわれて、部屋じゅうを歩き始めた。そして、振り向くと、私の方へまっすぐにきた‥

「二人だけにしてください！　箪笥は私のものではないんですか？　ここでは、話す権利もないんですか？……ああ！　そんなことって！　それなら、よろしい！　今に分かるでしょう！」

彼女はほとんど踊り場まで私を押し出して、背後でドアを閉めた。下りながら、部屋からは彼女が金切り声でわめき、床をきしませてせかせかと歩く足音が聞こえた。そのすぐ後、かろうじてわが耳がとらえたところでは、雨霰《あめあられ》とものを叩く音がした。

驚くべき光景を見ようと、思わず階段を駆け戻ろうとした。だが慎重さが勝った。「必ずしも、彼がやられっぱなしにはならないだろう」と考えながら、階段を下りた。


テーブルの上にかかった鉄製ランプの三つの火口からは、長い黄色の炎が静かに燃え出ていた。小屋中に熱い石油と苦く甘酸っぱいパイプの煙が臭《にお》っていた。

「ご覧の通り」とスエスムが言った。「夜になったので、火をつけました。木は乾燥していて、煙らないです……坐りますか？」

「リエージュと私の間に」とサレが言った……「おい！　ノッポ！〔夕食は〕出せるか？」

荒っぽい呼びかけに、ヴォーティエが振り向いた‥

「出せるぞ！　お前がせかすから、お前の分のミルクスープとオムレツは味見してしまったよ！」

「なんだって！　ミルクスープ？　オムレツ？」

「そうです、中尉殿。それに、デザートは梨です」

「誰がそんなすばらしいものを見つけてきたんだ？」

「ほら、彼、給養伍長ですよ！　尊敬すべきサレ（Sallé）〔saler（塩味をつける）〕！　これからはデサレ（Dessalé）〔dessaler（塩抜きする→抜け目なくする）〕と呼ぶべきでしょうね」

若い給養伍長は肩をそびやかした‥

「語呂合わせのし過ぎだよ、おかしなノッポだな。度を越しているよ」

彼は小娘のように赤くなり、感じのよい微笑でとりつくろった‥

「たまたまそうなっただけだ。仕方なしさ」

するとヴォーティエは彼のそばに坐って、親しみをこめて長々と講釈した‥

「まあ、それはそれとして、お前には若さの魅力があるという証拠だよ。ただな、一つだけこだわることがある。我々が思いきって顔をだしても、どの家でも追い払われる。リュでお前が病気だったときはずっと、続いたよ。何にもなしだ。もうどこにも入る気がしなくて、乞食のようだったな、恥ずかしいが……だがお前が戻ってくると、一挙に酒盛りだ。牛乳がほしいですか？　はい、どうぞ……卵は？　同じくどうぞ、だ。信じられないほどだ！……ところが結局は、説明がつく、お前を見るだけでいいんだ。お前は娘のような顔で、いつも笑っている大きな目をして、上品な頬、いつも磨いたばかりのような白い、きれいな歯だからな……だから気に入られ、何が欲しいですか、となる。ウイと言ってもらうには、お前が二こと、三こと漏らすだけで十分だ。要するに、お前が求めるものは、すべてくれる、というわけだ」

「売ってくれるだけだ」とサレが訂正する。

「それでも、お前の手に入るんだ！」

夕食は笑いと四分の一コップの響き合う音で長々と続いた。時々燃え尽きかけた芯の炎が小型るつぼの石油に触れてパチパチと音を立てている。あるいは外で、何かが激しい音で弾けている。壁に当たったか、屋根瓦を割った銃弾だ。そこでみなが耳をそばだてて聞く。周辺の荒漠たる闇のなかで、機銃掃射の連続音や、ずっと遠くのヴワヴルでする重々しい大砲の波動音が聞こえてきた。

「さあ、終わりだ」とヴォーティエが言った。「上出来だった。これでわしの言うことが分かっただろう、サレ。またお前が病気になったら……」

「分かったよ」とサレが答えた。「できるだけのことはするよ。差し当たりは、テーブルをどけて、ベッドができるようにしてくれ」

全員がしゃがんで、壁に立てかけてあった藁束をばらした。敷き藁が長々とこすれる音を立てて、タイルの床に散らばった。

「すばらしいテーブルだ」とヴォーティエが独り言を言った。

「折れ曲がるし、便利だ」

「もうちょっと厚ければな」とリエージュが言う。「そんなに幅広く広げる必要はない」

サレが訊いた‥

「終わったかい？　消していいかな」

藁のなかにうずもれて、半ば瞼を閉じた私は、彼が爪先立って、揺れる明かりに少年のような顔を照らしているのを見ていた。彼の息で三つの炎が消えた。彼のシルエットが一瞬炉床の赤みで浮かんで、濃い影のなかに沈み、消え失せた。

＊

翌日、私はまだ完全には目が覚めておらず、漠然とした焦燥感でまどろみ、妙な感じでうとうとしていた。

「なんとか眠れましたか？　中尉殿」

立って会釈しているのはスエスムだ。

「素晴らしくな。お前は？」

「ええ、まあ……ただひと騒ぎありましたが」

「ひと騒ぎ？」

「そうです、あの銃弾が壁に当たっていましたから……」

「聞こえなかったな」

「廊下を通り抜けた銃弾も？」

「聞こえなかったよ」

「重砲弾も？」

「何にも、と言ってるだろう！」

「それはよかったですね、中尉殿。私は一瞬、起き上がるほどでした。銃弾があまりに激しく弾けるので、しまいには……ひどく動揺させられましたよ。冗談なしで。銃弾が遠く、高地の縦の木から飛んできていることを理解するには、外に出なくてはならなかったし……これをどう説明するか？　ただ一旦外へ出ると、すべて普通に戻っていました。乾いた銃撃音、だがしかるべき位置にあって、通常の小さな音を立てていました。しばらく聞いていて、星を眺めると――なんという星！　満天の星――廊下の天井の下に戻りました。するとすぐに、頭上三メートルで、大粒の石がドンドンと当たってきました。瓦が吹っ飛び、野地板《のじいた》が木っ端みじんになり、垂木《たるき》が裂ける音がして……やはり奇妙なものでした……今夜も聞けるでしょうが」

椅子の端に足をのせて、彼はゲートルを巻きなおした。

「ご覧のように、右脚にゲートルを巻いたんですよ。ねじって痛かったので。しかし、こつさえ分かれば、万事うまくいきます。ゲートルのなかでは、脚がうまくフィットするもんですよ！……横に曲がったところもないですから」

彼は少し赤くなって、また立ち上がり、言った：

「まだパヌションが顔を見せないな。もう七時過ぎなのに、あいつは何しているんだろう？」

やっと分かった：さっきのあの不快感、あの対象の分からぬ不愉快さは……あの道化者のせいだ！　昨晩、まさにあの二階の箪笥のある部屋に、ムーズの怒りっぽい女ともめていた彼をおきっぱなしにしてきたときから姿が見えないのだ。「ところで、ここでは我々だけか？」と私はスエスムに訊いた。「ほかの者はどこへ行ったか知っているか？」

「台所です、中尉殿。そこへお連れする役目でした……そうでした、朝のココアのために」

彼は、タイル敷きの廊下に反射し、空中で舞う埃を浮かばせる黄色の明かりに向けてドアを押した。

「右へ、中尉殿」

「ありがとう。だが声がするので分かるよ」

明るい大広間はざわめき、二〇人ばかりが押し合いへし合いしていた。群がっている脚の間から、奥には大きな火が燃えさかっているのが見えた。

私が入ると座をしらけさせた。沈黙が落ちかかり、広がった。話し続けるフィヨの声は分かったが、確信はない。

「さあ、グロン、肉をもっていけ。シャファール、お前は小物の食料品だ……さて行こう！」

彼らは配給分を持って、次々と出ていった。いまやほとんど空っぽになった広間の片隅では、フィヨがテントの幕を巻き、ピナールとブレモンが炊事道具類を片づけている。ノッポのヴォーティエ、リエージュ、サレは炉床の煖の前に坐って、壁に立てかけて積んであった薪束から引き抜いた小枝の先で丸パンの切れ端を焼いていた。積もった灰の端にたくさん並べたてられた他のパン切れが次第に茶色になって、こんがりと焼け、かすかに湯気を立てていた。

「おやおや」と私は指先でそれを示しながら言った。「お前さんたちは飢え死にすることはないな！　まるでパン焼き室にいるみたいだ」

「ああ！　中尉殿」とサレが答えた。「中尉殿のもありますよ」

「それに」とおしゃべりなヴォーティエが付け加えた。「一旦食べたら、腹に少々流し込んでおくのも悪かないですよ……はい、ココアを、中尉殿。なかなかいけますよ……」

「ほら」とまた彼が言った。「きれいに片づきました……悪いこたありません。あいつらが全員食品置き場をあさりました。隅々まで探し回って……」

彼はひと呼吸おいて、ためらった後、続けた：

「特にグロンとシャファールがいたから……ご存知のように、シャファールはあの山羊《やぎ》と一緒で、グロンはすべてたたき壊すボクサーですからね？　去ろうとはしなかった、あのでくの棒どもは！……あいつらが戻って来たところで、驚くことありませんな……」

彼の目は懇願と無力感の眼差しを投げかけていた。私は背後で、ピナールとブレモンが何かジェスチャーをしているのに気づいた。もう少しそうさせておくか？

「さあ、急げ！」と私は言った。「トーストパンはもう黒くなったぞ。それにあそこの大鍋がお待ちかねだ」

これだけにしておくか？　彼らの困惑はなおも続いている。フィヨはドアを、ピナールは窓の方を横目で見ている。また私は短く切り上げることにした：

「グロンを廊下に、シャファールを家の前に呼んでくれ。まだコソ泥どもが残っているなら、すぐに言ってやってくれ、静かに食事するように」

「それだけですね、中尉殿」とフィヨが言った。

グロン、次にシャファールが戸口に現れた。

「かっきり」とグロンが言った。「我々、五人しかいません」

彼の髯で青みを帯びたまるい頬は晴れ晴れとしている。口からは、二列の金歯の塊りが光っている、乱れた歯並びがのぞいていた。

彼らの困惑はすぐに消えた。地面にあぐらをかいて坐ると、ドロッとした熱いココアをがぶがぶと飲み、焼いたパン切れをカリカリとかじった。そして食べながら、屈託なくとめどなく話していた。

「おい、ブレモン！　葉巻を出してくれ！」

「どれのだ？　細巻きロンドレスか？」

「いや、太いのだ！」

ブレモンがほとんど怒鳴り声で語った：

「あいつは細巻きは取ろうとはしないんだ、この小さいのは！　〝それは九本しかない〟というと、奴は〝一二本欲しい〟と言いやがる。それで、俺は言ってやった……」

彼の声は大きな笑い声に飲み込まれた。ピナールは涙を流さんばかりになって腹をゆすりながら、シャファールの口を指さした：

「あいつが……あいつが……あいつが一緒に……してしまった……」

「なんだ！　なんだ！」とシャファールが動ぜずに繰り返した。

「配給のコニャックをココアに入れてしまったんだ！」

「分かるか」とグロンがサレに説明する。「ジャガイモ以上に戦争の害をくらったやつは、そうたくさんはいないんだ。俺がフランスのチャンピオンになったら、何もしなかったからじゃないってことが分かるさ……」

「なんだ！　なんだ！」とシャファールがお人よしのしつこさで繰り返した。

グロンは続ける。

「負けたのは、指導がないからだよ。俺は弱い、誰かが指揮してくれないと。それも厳しくな。例えばだな、俺はご馳走が好きだが……」

「コーヒーにはたっぷり入れたんだから！」とシャファールが説明する。「どうしてココアに入れちゃいけないんだ？」

「普通はやらないことだ」とピナールが重々しく言った。

グロンの声はいつも気取っていて、喉で発するr音を繰り出し、抜け目なく注意を集中させて、結局はほとんどひとりでに展開してゆく。

「こらえられなければ、俺は隠すよ。どんなに気まぐれであったとしても、夕食に呼ばれてもあてにしてはいけない。気質の問題ではないかね？　ただ自分の家では、うまくいかないな。一週間もすれば、太鼓腹になり、心臓に脂《あぶら》がつき、脚が弱って、左パンチも出なくなってしまう。元に戻らなくてはならない。乾杯しながらも、トレーニングで皮下脂肪が汗をかくまで……ほら、伍長、俺の腹にさわってみな」

彼の周りに輪ができた。彼らが目でスエスムの手を追っていると、人差し指でボクサーの腹を軽く押している。大きな沈黙が、壁自体から出てきたように漂っていた。スエスムが触った後、呼んだ：

「ヴォーティエ、お前の番だ……おい！　ヴォーティエ！……どこへ行った？」

「今さっき出ていったよ、伍長は」とフィヨが明かした。

「たった今だ」

突如サレの頰に赤みがさして、私はハッとして思い当たった。だが今度は悪魔が勝った！　すぐにことの核心がつかめるだろう。

廊下から、足音を忍ばせ、階段の踏み板を一段一段きしませていった。耳をそばだてると、錠前のきしむ音がした。そこで、私は両腕を手すりと壁で支えて音を弱めながら、そっと二階まで忍びあがった。最後にひと飛びして、ドアを押した。簞笥のある部屋に入ると、陽光が顔に降り注いできて、何か重いものがけたたましく落ちころがった。

飛び上がってひっくり返してしまったナイトテーブルのそばで、ヴォーティエが両手で外套の裾を広げ、必死でベッド、そのこれ見よがしの白さを隠そうとしたが、その白さからは、ぼさぼさの髪のうろたえた顔がのぞき、立てた枕の角が純白の宝冠をかぶっているようだった。

「おはよう、パヌション……飯盒《はんごう》のココアに気をつけろ、この立派な刺繡入りのシーツを汚してしまうぞ」

「中尉殿……」

「ところで……どこで取ってきた、そのシーツは？」

「取ってきたのではありません、中尉殿。貸してくれたんですよ」

「一体、誰がだ？」

「家主です、あのヘマで出会った！」

「家主？」

「昨日の、あの小柄な女ですよ、中尉殿。あのピーピーわめいた同じ女、あの女が……」

「お前を殴打した女が、か？」

「ああ！　少々ですが……ただ気休めに叩いたんでしょう……」

「彼女がシーツを貸してくれたのか？」

「その通りです」

パヌションは完全に元に戻って、半身を起こして坐り、腰に柔らかく枕を当て、顔はさわやかで、目は笑っており、こう言った。

「ああ！　あれは世間を戸惑わせる女です。とても善良で、自分でその善良さを不安に思っているほどです。それでかえって意地悪くなっているんですよ」

「そうか……だがな、お前は昼まで寝ているつもりか？　ヴォーティエと二人で、運んでやろうか？」

「まあまあ！　中尉殿、自分でいきますよ。頼みますから、向こうを向いてください。下は何もはいていないんです」

言われたとおりにして、窓辺に寄った。部屋には二つ窓があり、一つはドアとベッドに面して、台所のと同様に南に開いていた。もう一つは東向きで、朝の太陽が輝いているさわやかな空に面していた。

窓辺に立って、額を窓ガラスに当てて、豪壮でなだらかな平原に目を這わせていた。ヴワヴル全体が、海のように広大で海のように生き生きとして眼前に広がっていた。丘の麓が木々の茂みを通して雑多な野原に沈み込んでいた。草原は岸辺に向かって緑色で、村は白とバラ色、森は深紅と黄金色だった。青白い池は薄い水蒸気でくもって、打ち寄せる波が残した泡の縁飾りのようだった。長く青い波は、目の届く限り垣間見える、別世界の土地のシルエットのごとく地平線上にあって、空に洗われて浮かんで遠く、丘のようなところまで泡立っていた。この広がりを通して、繁茂する小島のような木立が出現していた。道路は白い畝筋《うねすじ》となってのびている。それを目で追っていくと、やがてヨットのマストのように鋭くとがった鐘楼の先端が見えてくる。柳のまるい頭が川から発散した靄のうえで、漂流した大きなブイのように見えた。遠くには煙が、見えない蒸気機関車の疾走にひかれて、流れている。陽はすでに高く、真っ青な空に輝き、四方八方から贅沢な光の雨をふんだんに降り注いでいる。そのきらめきは平原の広がりに光輪となってかかっていた。反射光は輝き、水はきらめき、茂みはきらきらとし、青緑色の牧草地は滑らかな側面のある大波のように光っていた。私はじっとして、ほとんど息もつかず夢想し、「海の無数の微笑み」を有する、明るさに満ちた大いなるヴワヴルの眺めを凝視していた。

「いい天気ですね、中尉殿？」

パヌションは私のすぐそばに立って、同じように窓の方に身をかがめていた。

「これらどこにもドイツ野郎がうごめいているとは残念！」

私は苛立って答えた：

「放っといてくれ！」

だが彼は外套の袖に手を通しながら言った：

「でもそれが真実です。ごらんなさい。ここ、我々の前をまっすぐ走っている車道の果ては、フレーヌですよ」

「それじゃ、もうフレーヌに来ているのか！」

「そこは知っています、中尉殿……お持ちの地図を見せてください」

彼は私の細字判読用拡大鏡装置の押さえを外《はず》して、そこから二〇万分の一の地図を出して膝の上に広げた。そして広大な平原に紙片を当て、目を這わせながら、指で村々を指して名前を言った：

「フレーヌの奥、木の植わったこの大街道の端にあるのがパントヴィルで、我々のものです。少し右の、二本指分のところがリアヴィルで、フランス人がいると、少なくとも私は思います」

「いるよ」

「それはよかった。ただそれだけでは……そこから、中尉殿、奥の至るところ、見渡す限り虫食い状態です。村や森、川のくぼみなどすべてを、奴らは大砲の巣にしています！……昨晩、寝る前にこの窓に近づいてみたら、大砲はマルヌの方を爆撃していました。空は星空でも、あたりは真っ暗な夜で。昨夜も、絶えず、近くや遠く、右手や前でも至るところで、火の手が上がっていました。奴らの大砲の爆撃で……おお！ほら、あそこ！……砲弾だ！　フレーヌに！」

重く弾ける爆発音で、我々は窓際から後退させられた。木々の間では、厚い爆煙がもくもくと上がり、血色に反映する青銅色の渦巻き状になって流れていた。

「二つからか！」とパヌションが叫んだ。「見えましたか、中尉殿？」

「いや何も。何が？」

「爆撃してくる大砲が！　大きな輝く銃剣のように、白い稲妻となって……右手の、ソー・アン・ヴワヴル方向に、ヴァドンヴィルの後方に……おお！　まただ！　いつも二発だ！」

規則的に、連結した重砲の砲弾がフレーヌ上空で、赤い煙と黒い煙をあげて爆発していた。瓦礫の埃が家々の上に漂っている。石が舞い上がり、爆発に続いて轟《とどろ》きをうならせて屋根の上に雨霰と降っていた。

「もうお分かりでしょう、中尉殿？　木立のはずれの、たしかセヌニュル川の前方に？……おや、また二本の稲妻だ！」

「ああ！　今度は見えたぞ」

「二つの重砲弾、赤と黒だ！　煙がもくもくと上がってきて……黒が消えると、赤が大きくなり、ますます真っ赤になる……あの場所には、立派な白い住居、木に囲まれた小さな城があったのに、あの忌々しい赤い煙で全部消えました……しかし、あんな煙が出るということは、あの砲弾は太鼓腹に何を持っていたんでしょうな？　厚くもなっている、確かに！……おお！　案の定だ！　火を噴きやがった！」

かなたの青い丘の麓では、汽車が白い蒸気をたなびかせて疾走していた。汽車は、地平線上に煙突が立ち並ぶコンフランの工場からきて、メッスに向かっている。そのうちの一台は全速力だ。線路上には灰色のふわふわ雲が一列になって浮かび、はかない大きな花が大地から咲き出たようだ。

「見ろ、パヌション！　あそこを！　我らが海軍の大砲がドイツ野郎の汽車を爆撃しているぞ！」

彼は期待に満ちて立ち上がった。だがすぐ頭を振ってつぶやいた：

「まあ、成功しないでしょう……それになんですか？　相変わらず戦争だ。フレーヌでは、立派な家が燃え続け……煙が木の天辺まで昇って、好天の空一面に黒色をぶちまけている……あの煙は、中尉殿、太陽への大きな汚点ですよ」

II　待避壕

二月二一―三日

スエスムが小屋のドアを外から押し開けて、雨まじりの突風のなかで短く言った：

「今度こそ、奴らだ！」

背嚢を閉めていると、ランプの炎が風雨に吹きおろされてよじれ、熱い油をじゅうじゅう言わせていた。

「スエスム、小隊の指揮をとれ。私は村の広場で合流する」

指示事項を伝えてから、合流地点に向かうと、雲の切れ間にまるい月が輝いている。家々の切妻壁が鋭い角度の真っ黒のシルエットを地面に落としていた。屋根からは煙が垂直に上がり、風で先端が乱れている。だが周囲の空気は動かず、凍てついていた。

「ポルション！　おい！　こっちだ……」

私の呼びかけで大またの歩みが止まった。互いに握手を交わすと、心のこもった温かさでぶっきらぼうな返事の調子が和《やわ》らいだ‥

「やあ、君か！　ずいぶん時間がかかったな！」

順次、小隊が進発する。ずんぐりした将校が家の前に立って、境界石に足をのせ、行進を眺めている。スリッパをはいて、無帽だ。月明かりでその禿頭が輝いていた。

ポルションが私と歩調を合わせ、靴がそれに応じてひたひたと音を立てていた。水没した道路には白い光が流れていた。左手には、ユールの丘が巨大なスクリーンとなって屹立《きつりつ》している。

「ところで」と彼が言った。「この三日間は？……」

「わけないことだったよ！　少なくともわが小隊にはな」

「みんなにもだ。この第一線をなつかしがることだろう」

「なんだって？　我々は第一線にいたのか？」

「そうらしい。それに、我々をカロンヌの十字路、第二線に戻すようだ」

彼が私の腕をつかんだ。互いに身を寄せ合って歩いていたので、脚は同じように泥だらけになった。

「互いに顔を合わすことなく三日間は長かったな！　今はここにいるのに、何も言わないな！　まあ、少しはしゃべろうか！」

そこで私は、憲兵の家、藁がいっぱいの新しい納屋、生暖かい小屋、フィヨが君臨している台所、パヌションが寝ていた部屋のことなどを話した。また二人の老人を訪ねたこと、サレの幸運、鉱夫〔＝mineurには工兵の謂もある〕、マルタンの偉業も語った‥

「彼一人で、危険な穴倉を頑丈な避難壕にした。夜は、鉞《まさかり》を腕に抱えてユールに行っていた。そこで樅の木を切り倒して、その場で丸太に切り分け、肩に担いで降りていった。昼間は、水につかりながら、働いた。汚水溜めを掘り、支柱で支え、鉈《なた》、斧、鶴嘴《つるはし》を交互に同じく猛烈に振り回した。壊れた家を探し回り、板や樽板をさらってきて、それを柔らかい土で支え、また煉瓦の舗石や瓦をとってきて、支柱の杭の下に入れた‥（彼の言）〝靴底みたいに堅くなりましたよ、跪《ひざまず》き、仰向けになり、それが、中尉殿……〟彼は素晴らしかったよ、それが、中尉殿……〟彼は素晴らしかったよ。

上で鶴嘴を振り回し、毛のない腕には青い静脈が浮き出て、平べったい顔はあまりに強い熱意のせいでほとんど狂暴になっているが、それでも頬の下にはかたときも離さない嚙みタバコでこぶができていた……私は心底彼を称賛したよ」

「熱血漢だったか？」

「熱血漢な、だが立派だった。（彼の言）〝中尉殿、その話はやめましょう。塹壕を投げ出していった豚野郎どもに、戻ってきてこれを見てもらいたいもんです。奴らは恥じるでしょうが、わし一人がこれを仕上げたことを知ってもらいたいですな。このノール県人、第一〇六歩兵連隊兵士、わしマルタンであることを〟」

「まるで宝石細工人だな！」

「だが、このノール県人はまる一昼夜半、スパイと見なされていた……万聖節の朝、シャブルディエ軍曹がやってきた……〟中尉殿、お話ししたいことが、重大な件です……ビュトレルが中庭で待っています〟外に出ると、二人の部下の顔つきにひどく興味をそそられた。〟重大とは？〟〟ユールの丘で、明かりが陰ったり、ついたり、樹間を動いたりして……間違いなく、合図だと……〟要するに、シャブルディエとビュトレル、二人とも、次の夜、ユールに登ってスパイを捕まえる許可を求めに来たんだ。シャブルディエは自分の拳銃を、ビュトレルは私のを借りるというのだ。万事急げば、きれいに片づくだろう、と」

「それで？」

「話しただろう。マルタンが苔の上に置いた角灯《かくとう》の明かりで樅の木を切り倒していたんだよ」

「ビュトレルは？」

「ビュトレル？　スパイの肩に跳びかかった。だがマルタンと分かっても、放さず、即座に殴りつけ、その間シャブルディエが角灯を消した……さあ、今度は、きみの番だ」

「むかしな」と彼は始めた。「大男でとても屈強な兵隊がいたが、いつも腹をすかしていた……」

彼は巧みに調子を変え、第二小隊の五、六人のいたずら好きどもが、大男のジロを頭に、いかにして果樹園のミツバチの巣を荒らしまわったかを語った。

「蜜窩《みつふさ》が崩れ、ミツバチの群れが下に没してしまった。惨憺たるもんだ！　持ち主が駆けてきて、わめき、脅し、ものすごい勢いで抗議した！　中隊の返還金は七〇フランまでだった。だがジロどもは今にバチが当たるよ」

「それでも奴らは蜜を食べたんだろう」

「一週間も口ひげをベタベタにしてな！」

「それで罰したか？」

「手ひどくな。豚を一匹買った、二匹分くらいの場所の屋根の下に詰め込まれた二〇匹から選んで……そう、ついでに言えば、悪党の民間人が村からかっさらって来て、積み重ねたのではないかと思ったが……結局一番肥えたのを選んで、畑荒らしどもを呼び出した。〟この豚、この立派な太った豚、このすばらしい豚が見えるか？　こいつを買ってきたが、中隊用だ……〟奴らはぽかんと口を開けて聞いていたが、青天の霹靂《へきれき》をくらっているようなものだった。〟ミツバチの巣の盗っ人どもの豚ではないぞ！　まあ待っていろ……四日後、モンで別の豚を買う。デルヴァルがそれでソーセージ、腸詰め、パテをつくるだろう……蜜喰らいどもにはそれは一つもない！……〟これくらいどやしつけておかないと、あいつらには示しがつかないからな……ところで、なあ、もう夜が明けているんじゃないか？」

彼はポケットから時計を出した……

「もう六時半か……モンに着いているんだ」

すでに大隊の先頭は村役場の前を行進している。泉水の周りには、黄色の泥の海が大きくなっていた。兵士たちは長々とピチャピチャ音を立てて入っていき、眼前にまっすぐ延びる村の通りにじっと目を据えていた。

「左へ！　左へ！」

大隊曹長が声と身振りでこの群れ全体が納屋と家の方に向かう勢いを逸らしていた。行列の群れは押し戻され、広場で旋回し、まだ眠っている村からも、後で開かれるはずの大きな戸口の納屋からも遠く、メニル街道を素直に流れていた。

空はくすんでいた。オー・ド・ムーズの山並みは右手に裸木が突きたったなだらかな頂《いただ》きに連なっている。

「ここから見えるものは」とヴォーティエが言った。「何も楽しいものはないな。おい、パヌション、名残惜《なごり》しいのか、あのベッドが？」

「いや」とパヌションが反駁した。「名残惜しくなんかないさ」

そしてわざとぶっきらぼうに言い添えた……

「あんなもの望んだ訳じゃないからな！」

「しめた！」とポルションが小声で言った。「こいつを手本にしよう、我々も……何を考えているんだ？」

「トレゾヴォだよ、朝のココア、太陽……スリッパ姿の小柄な大尉が我々の進発を見ていたのを思い出した。我々がこのぬかるみの道を行進して、厳しい行軍の果てにねぐらを見つける希望さえもなく、よじ登っているのに、彼が我々に代わって、気持ちいい火のそばでくつろいでいると思うと腹が立ってきた。モンを通ったが、ただ通っただけだ……見ろよ、夜が明けたいま、家は窓を開けたばかりで、屋根の上に煙がたなびいている」

「そうだな」とポルションが言った。「どこの家庭も起きたな。テレーズ嬢が小枝の束を炉床に投げ込む。森林監督官が鋲《びょう》を打った靴の紐を絞めている。彼が出かける前、オブリー夫人が肩かけ布鞄に《昼の弁当とワイン》を入れている……」

「いまは、この嫌な小雨だが……雨は木の小枝の先までしみ込んでいる。あと二日間は我々の背に滴《したた》らせてくるな……今週は運がよすぎたかな」

「ジェルヴェなら、がんばれ！　がんばれ！　と言うだろう」

「そうだな、また戦わなければならないな。雨や泥、夜と……なあ、ひと月前、サン・レミを前にして過ごした前哨の夜を思い出したよ。ぼくは病気で、ひどい胸痛だった。雨が降っていた。これとまったく同じような雨が。塹壕？　泥水の川だ。隅っこは汚れ、いやな天気で、ひどい風邪だった。だが幸いにも、交代した曹長がたたんでいた〔避難用〕テントを委託物として渡してくれた。ただそのままでも、蠟燭に火をつけることができた……それでな、このテントと蠟燭がなければ、ぼくはダウンし、胸もダウンだった。朝になると、軍医がピカ一の気管支炎だと言って撤退させてくれた」

「そうか、もう冬がそこまで来ているから、春を迎えられるのはオブリー家とは限らないな……」

「ここ、わが部下たちと生きているここだよ……経理部が毛布をくれた。数日前からは、家族からセーターやマフラーが届いている。だが家族も誰もいない者は？　侵略された地方の者は？　我々仲間しかいない者は？……それに古着や毛織物、それはいいが、十分ではない……彼ら全員がテントと蠟燭を持てるようにしてもらいたいな」

「いずれにせよ」とポルションが言った。「今晩にも、何人かは持てるだろう。ここはトロワ＝ジュレだ。道路作業員小屋に哨兵をおいてくれ」

「それじゃ、ヴェルダン方面、カロンヌを守るのはわが班か？」

「そうだ。ぼくは他の小隊とムイイ方面、ムイイ＝レ・ゼパルジュ街道に陣取る」

私の命令で、ロラン伍長と彼の分隊の四人が、十字路に着くと、列から出た。彼らは堅固な壁の小屋に駆け出した。入口に着く前から、背嚢をはずすと、肩を強くゆすって振り落とした。

「隠れろ！」誰かが叫んだ。

「ランティエ！……フィロヌール！……後方勤務兵ども！」

だが彼らは、からかうように、片手で別れの合図をして、敷居のところで笑っていた。

我々は行進を続け、雨は相変わらず降っている。すでにブナの枝からは雨滴が枯葉の上に落ちていた。空全体がボオッとした雨水で曇っており、風で我々の顔にもかかってきた。

「おや、掩蔽壕だ！」とヴォーティエが言った。

我々の誰よりも背の高い彼は、大きなキノコの頭のように地面すれすれで丸くなった褐色の土のふくらみを真っ先に見つけて、数えた。

「一つ……二つ……三つ。三つもあるぞ……一つには白い旗があるから、救護所だな」

「あとの二つは？」

何か見るには背が低すぎるのに、ピネが注釈を引き受けた…

「軍医用のテントが一つ目。腕骨折者用のテントが二つ目。担架用のテントが三つ目だ」

「そうか、負傷者のは？」

「担架用のと同じだ、あほう！」

「そうか、負傷してない者のは？」

みなが笑っていると、奇妙な叫び声が雨の厚みを貫いて聞こえてきた。長く鋭い嘆き声で、その悲嘆ぶりに我々はゾッとした。男たちは頭をめぐらした。最初は一瞬沈黙したが、今はみながともに尋ねあった…

「ここで誰かが殺されているのか？」

「あんな風にわめくのは人間じゃないな？　畜生……また始まった！」

同じ叫び声がもっと近くなり、一層驚かせた。だが今度は、シャファールが掘っ立て小屋の辺りに現れ、その高いシルエットが渦巻くような雨のなかでうごめき、ゆがんでいた…

「見えたぞ、獣のようだ。miólles だ！」

「なんだ、それは？」

「mulet（騾馬）だ」

「そんな言い方があるのか！」

「まあまあ、待て！　まだ何かいるのかな？」

中隊はピタッと止まったところだった。二人の騎乗者が我々に向かって速足できて、馬の手綱を引きしめた。二頭はその場でくるりと回転し、完全に道をふさいでしまった。

「どこの中隊か？」とその一人が訊いた。

「第七です、指揮官殿……少尉ポルションです」

馬がブルッと身を震わせ、雨滴が垂れる鹿毛色の尻を互いに押し合っていた。後ろからひそひそ話が聞こえる…

「なあ、あの二人が誰か分かるか？」

「ああ、背の高いのはスクッス大尉、元第六中隊の指揮官だ」

「低いのは、八月末に負傷したモンターニュ指揮官だ」

スクッスは痩せた背筋を雨のなかでのばし、小さな頭を外套の襟《えり》にすくめて、青白く、さびしそうだがやさしい目で我々を見渡している。モンターニュ少佐は小柄でがっしりとし、馬上でまっすぐ背をのばして、灰色の口髭のなかで、顎を引き締めながら話した…

「ここに小隊を残すのか？」

「はい、指揮官殿」

「将校もか？」

「そこにいる同僚が一緒です」

「ああ、中尉か」と灰色の口髭が言った。「では仕事をしてもらおう！　避難壕を見てきたところだが、劣悪だ、文字通りレ・ツ・ア・クだ」

「直しておきます、指揮官殿」

　二頭の馬が拍車をかけられ、速歩で飛び出した。蹄鉄《ていてつ》が道路を蹴り、ひと跳びするたびに騎乗者の長靴まで泥が跳ねかえった。

「聞いたか？」と、行列がまた行進しだすと、ポルションが訊いた。

「全然。最後の言葉だけだ」

「そうか、ルノー大尉が離任して、〔次の〕三度目の指揮棒をとる。彼と連隊のトップを交代するのはモンターニュ指揮官だ。ずっとではない。まもなく五本筋のモール、《五つの金モール、そのうち二つは銀》のがやってくる」

「手直しか」

「徹底的にな。新しい枠組みか改変だ。一週間後には、大隊のどの中隊にも新しいトップがつくよ。第五はジェリネ。第六はスクッス。第八はメニャン……まだソムディユの移動衛生部にいる病人のプレートルも一週間後には戻って、袖にもう一本金筋をつけて我々を指揮するだろう。リーヴ大尉は二度目の指揮棒をそのままとる」

「それは結構なことだ。だが……兵員は？」

「欠員は少しずつ埋まるだろう。古参の負傷兵も、傷口がふさげば、戻ってくる。一四年度兵が、元旦までには、死者と不具者の代わりに席を占めるだろう……」

「そう、そうやって戦争は続くわけだな……」

「まあ、あせらず地道にやっていこう……さよなら。君は着いたぞ」

　長い部隊が雨のなかに沈んでいった。無人と化した道路のどの側にも、ブナの一群が大木の幹を空にのばし、雨水で石柱のように艶々《つやつや》していた。八〇〇人が通過していき、八〇〇の影がすぐに消え、ひとの命はそれぞれわが道を行くことになる。

　ところが、背後で強い呼びかけが林間の空地を通して響いてきた。

「ルイ！　おい、ルイ！　二人で始めるか？」

「グラン・ペール！　こっちだ！　二人で仕事の準備だ！」

「急げ、伍長！　彼にスコップをやれ。わしは鶴嘴をもつ」

　スエスム、リエージュ、シャブルディエが工事用道具、重い鶴嘴、大きなスコップを配っている。

「塹壕の端っこで見つけた道具一式です、中尉殿。七本の鉈もありました。小隊ごとに三本ずつ渡したから、差し引き七本目が残っています」

「それじゃ、私がもらおう」

　すでにブナの幹に鉄の衝撃音が響いている。若木が弾けている。やがて、大きく開いた塹壕に向かって、兵たちが二人ずつ歩調を合わせて、木をそのまま肩に担いで進んでいく。小枝は後ろに引きずっていくと、途中で枯葉が引っかかった。

「また大砲がうなっている」とパヌションが言った。「今晩までには、塹壕の屋根は覆えるだろうな……しかし、中尉殿、なぜ鉈を取ってきたんですか？」

「我々の退避壕を建てるためだ」

「我々二人で？」

彼は私の劣等感を見透かすような無礼さでじろじろと見た。ただ口では私の自尊心をくすぐるように言った……

「やる気があるんですね、中尉殿。ただ肉体労働は慣れていないと、やさ男はすぐにくたばりますよ……意見を言っていいですか？」

「まあ言ってみろ」

「ではまず、マルタンに頼んでみることです……」

「マルタンはだめだ。彼は小隊に持ち場がある」

「それじゃ……シャボは？　頑丈でなんにでも役立つ作男《さくおとこ》ですよ。彼と我々二人なら、なんとかなるでしょう……どうですか？」

「よかろう。ただし、今晩は我々と一緒に避難壕で寝るという条件でな」

「まあ、それは彼の権利でしょうから」とパヌションが言った。

シャボは骨ばって青白い、ほとんど髯のない顔に非常に青い目をした金髪の男で、すぐにもくもくとして掘り始めた。パヌションが正確に斧を使って、腕のような小灌木を地面に切り落とすと、折れて落ちる前に一瞬、葉が震えた。私自身は方匙《かたさじ》を手にして、彼が命じたように、「縦二〇センチ、横一五センチ」の長方形の土塊《つちくれ》を腐植土から切り出した。

「頑張って、中尉殿！」とパヌションが叫んだ。「それが二〇〇ばかりできたら、この幹の枝を落としてください、最後までやってしまいますから」

歯を食いしばり、腰はすでに痛いが、私は時がたつのを忘れるくらいの快感で、また仕事に取りかかった。スコップでねっとりした腐植土から土塊を切り離していると、私の空想は自由に羽ばたいていく……

「ここに来てから一時間にはなるかな？　なるか、ならないかだ。だがすでに、長い塹壕の底によどむ泥水は胸墻《きょうしょう》の上を流れ、光っている。丸太が塹壕を覆うべく並んでおり、即席の籠細工人が屋根にかける簀の子を編んでいる……戦争になって以来、これまでこの男たちがこんなに快活に働くのを見たことがない。まるで彼らがみな、突然、戦争暮しに定着したのを納得したかのようだった。今や彼らは労働し、創造している……兄弟のような相互理解がその労力を調和し、支えており、それを見て私は魅了され、わが心は誇りで膨らんできた」

「中尉殿？」

シャボが、すでに深くなった溝に膝まで脚を沈ませながら立って、私を呼んでいる。

「おい、パヌション！　お前も来てくれ……盛土はでき上がってきた。仕上げる前に話し合っておかなければならないぞ」

我々は濡れた葉の上に坐って、パイプに火をつけ、仲間うちの会議だ。

「大きすぎないようにしておこう」とパヌションが言った。

「日は短い。夜に放りだされないようにしなくてはな」

「七〇センチだけ掘ったのはそのためだ」とシャボが説明する。「聞くところによると、待避壕は幅二メートル、縦一メートル八〇センチある。深さ一メートルで、ほぼ動ける広さが二立方メートルくらいのが二対できる。七〇センチでも、二立方メートル半はいけるだろう。いやもっといけるかな」

「うまくいったか？」

「もちろん！　地面は、どこも平たい石がそれぞれ重なりあっているから、簡単だった。鶴嘴は打ちこめば中に食い込む。飯盒よりも大きな破片が出てくるよ」

「それじゃ、待避壕は？　まあ話は簡潔明瞭にしておこう。使える時間は一五分もない」

五分で充分で、終わるとパヌションが提案した：

「ねぇ、中尉殿、また仕事に取りかかる前に、よく分かるように、立派な完成図を示してもらえませんか……」

彼らは手のひらに顎をのせて聞いている。

「大きさは、シャボが知っている。芝の塊りの壁は、東は高さ一メートル、西は四〇センチ、待避壕の屋根に十分堅固な傾斜を持たせるためだ。この壁を掘削《くっさく》した土で強化する」

「分かりました」とパヌションが言った。

「北の入口は、ドイツ野郎の大砲の反対側で、避難壕の方に向けてある。暖炉は入口の向かいだ……今度は、屋根だ」

「屋根」と彼らが一緒に繰り返した。

「まず丸太はそれぞれ詰めて敷く。丸太の上には柴束と枝葉を下地にして並べる。柴束の上には瓦状に重ねた土塊を層にして重ねる」

「瓦状にとはなんです？」とシャボが驚く。

「瓦状に重ねてだよ」とパヌションが言った。「煉瓦のように……それで土床にするには、中尉殿？　土は新しくなくてはいけませんね！」

「仕事を続けるだけのものがなくなれば、藁集めの使役当番兵がムイイまでいくだろう……一緒に下りていくんだ」

「では」とパヌションが言った。「それで全部ですね、検討すべき細部を除いて。丸パンを置く板、道具類をかける杭、雨が伝ってこないように、柴の上に滑らかにした新しい泥。スコップの背で、泥をこね合わせて詰物料理ができるな」

「それじゃ」とシャボが言った。「そいつは明日やることにしよう。さあ、パヌション、また鉈仕事に行けよ」

彼自身は再び立ち上がって、鶴嘴の柄《え》をつかんで開いた穴に飛び込んだ。そして口から火のついたままのパイプをはずして、靴で灰を落とし、ハンカチに包んでポケットに入れた。それから手に唾して振り返り、肩越しに笑いながら言った……

「準備はいいですか、中尉殿？」

「いいよ！」

「では、また始めますか？」

「最後までな！」

III 予備役

二月四—七日

「壁沿いに、中尉殿、ぬかるみがありますから……家の角をまわれば、満月の明るさで、闇からは解放です」

明るい月明かりのなかで、伍長の痩せたシルエットが数歩先のところに浮かびあがった。まだ私がいる影の方に身をかがめると、力尽きた泳者に差しのべる竿のように、長い手をのばしてきた。

「お元気ですか？」と彼が訊いた。

「うーん！　まあな。見ての通りだ。なんとも場違いなご挨拶だな！」

ムノーが後からついてくる、最初の歩く歩哨だ。私の後にぴったりとついてくるので、泥に足を入れてべとついた音、胸の喘《あえ》ぎ、腰を振るたびに揺れて、ガチャガチャいう銃器類の音が聞こえる。べとべとの粘土で、踝《くるぶし》が交互にひどく、しつこく締めつけられる。粘土からは、ゴミ捨て場と便所のきつい悪臭が湧き上がってくる。

「頑張って、中尉殿！　わしを軸にして向きを変えてください……わしの足は頑丈ですから」

私は大きな固い手をつかんで、泥水たまりからのび上がった。まだしばらくは、壁の影のなかで、ムノーの方はブツブツ言いながらぬかるみを歩いている。次いで、彼のずんぐりした体形が、月明かりで青い霧氷のなか、我々の近くに現れた。

「それじゃ、伍長、見張りにつくのはここか？」

「そうだ、明け方までな」

「で後は？」

「帰るだけだ！……だがこの作戦区を知っているか？」

「知る機会があったかな！」

「それじゃ、お前は奴らがあの丘から我々を見ているのを忘れたのか？……それにエルネストは？　あいつを忘れたのか？」

ムノーは小さく笑って、軽蔑したように地面に唾を吐いた。

「ああ！　ああ！　相変わらず撃っていやがる、あの狂ったコンブルからか？」

南に向けた彼の人差し指はレ・ゼパルジュの長い稜線を膨らませているはげ山のこぶを指していた。

「尖峰は？　何か変わったことは？」

「たいしたことはない。奴らは防柵を加えて鉄条網を一列張っただけだ、九時から一一時の間に」

彼らは黙った。夜明け前の冷気とともに我々は沈黙の闇で覆われた。夜はおぼろで明るかった。背後には、眠っている家々の正面がボヤッとした白さで並んでいた。月はまだ高く、ほとんど乳白色の空に浮かび、いくつかの大きな星が濁った真珠色の輝きで弱々しく光っていた。

「何時だ？」とムノーが訊いた。

空はまだ乳白色で、黒い染みのようなものが頭上を静かにただよい流れていた。それをかすかにでも感じるとすぐに、染みは夜の闇のなか村まで沈んで広がっていった。ほとんど同時に、鋭く震えるような鳴き声が長々と辺りに響き渡った。

「あれが答えだ」と伍長が言った。「鐘に巣くうフクロウが帰ってきた。五時だな」

ほとんどすぐに上空で、モーゼル銃の発射音が二度弾けた。

「伍長、お前が言ったように」と誰かが穏やかに認めた。

「五時だ。フクロウが鐘の下に戻ってきたばかりで、一羽が突き当たって、羽ばたき、銃声で驚いて分針を鳴らした。通過しながら見たが、レ・ゼパルジュの通りは相変わらず元のままだし、コンブルの丘も、尖峰さえも同じだ……既知の作戦区、異状なしだ」

既知の作戦区。我らが中隊には、カロンヌの十字路から離れて今日の昼と夜、レ・ゼパルジュの村で「見張りにつく」塹壕はない。わが小隊は村の南はずれの家に隠れる。暗いうちは歩哨と路上の小さな哨所、はっきり見えるようになると、納屋の天窓に張りついた監視兵。それだけだ。

野地板が空に突き出た屋根の下、兵たちは見捨てられた部屋の四方の壁の間に詰め込まれ、暇をつぶしていた。トランプをし、居眠りし、タバコを吸っている。重いヴェールが彼らの上にかかり、閉じ込められた人間とむっとするような食べ物、タバコの臭いが漂うなか、灰色の枕カバーが彼らを覆っていた。

我々、ポルションと私は、前よりは運がよかった。我々の宿舎、村役場は広く、明るかった。大きな開いた窓からは、真向かいに太陽で白く見える教会の飾りのない側面が見える。壁には青緑色のペンキが塗られ、木の床にほとんど傷がない広間には、椅子に囲まれた白い蠟引きクロスの広げられた丸いテーブルがある。片隅には、給養軍曹ピュトマンと炊事伍長パトゥが、広げた天幕に雲母《うんも》の薄片がキラキラしている砂糖の小さな山や、こげ茶色のコーヒーの小さな丘、翡翠《ひすい》の塊りのように緑がかった塩漬けの脂身《あぶらみ》などをいつも定期的に配置していた。ピュトマンはおしゃべりで冗談好きの、郊外育ちの痩せたユダヤ人で、生き生きした目の赤ら顔に曲がった長い鼻をひけらかしていた。白い歯は黒く密生した巻き毛状の顎鬚のなかで輝いている。立って、左手をポケットに入れ、彼は床にしゃがんでいるパトゥに、口から流れるままにしゃべり続けていた。伍長の短い手が従順に、食糧の間を動き回っている。熟した大麦色の大きな目は給養軍曹の黒い瞳の方へ、不安げだが穏やかな眼差しをあげていた。

そこでもまた「〔兵たちの〕人間模様」は完璧だった。寡黙なレノーは隅っこで、壁に背を向けてうずくまり、腕で膝を抱え、果てしない物思いにふけっていたが、戦争そのものから離れることはめったになかった。ケピ帽の影で彼の顔はほとんど隠れ、口髭はしまりなくもつれていた。毛布に胡坐《あぐら》をかいて坐り、農夫のヴォーティエと左官のヴィオレが脚の間で、汚れたボロボロのカードでトランプをしていた。ヴィオレはケピ帽の庇《ひさし》をはじいて、うなじの後ろに傾けていた。ヴィオレはカードを切るたびに、黄色い髪をかき上げた。ヴォーティエの大きな手のひらは勝ちカードをすり取っていた。ぶ厚い唇と喜びのなかで、彼の歯は唇の間で輝き、喜びが日差しのように、髯のないきれいな顔を照らしていた。

「ハートだ！」とヴィオレが言った。

「よし」

「もう一枚ハートだ」

「前よりはましだな」

「今度はダイヤだ！」

「いただき！」

彼らのこぶしが毛布に当たるたびに、花粉の靄のような金色の細かな埃が舞い上がった。すぐそばにいるレノーは身じろぎもしなかった。だが、窓際で腹ばいになって、背嚢を支えにして、手紙を書いていたシャペルは、緑色の目をした赤毛の猫顔を彼らに向けて、静かに言った：

「うるさいな！」

「そうだ、うるさいな」とパヌションが支持した。「部屋はもう蠅だらけだな」

「そうか、そうか、分かったよ」と彼らが答えた。

彼らは、しばらくは黙ってトランプを続けた。シャペルは紙に額を傾けている。パヌションは眉根を寄せて、唇をかみしめ、針で私の靴下の先端と悪戦苦闘していた。

外は日が暮れて、静かで穏やかだった。夕陽の広がりが教会の側面に降り注ぎ、新しい壁の粗さに琥珀色の緑青《ろくしょう》をかぶせたようだった。テーブルのそばに坐って、ポルションと私は夕べの深まりをうかがっていた。広間全体が光にあふれたままだった。ただすでに誰もが、至るところどこでも、黄昏《たそがれ》の気配が漂うのを感じていた。イエスズメが屋根から窓枠の支えに落ちてきて、とまらずに、さっと羽を震わせてまた飛び去った。スズメとともにその日の最後の勢いも去ったかのようだった。太陽は少しずつ教会の壁の上で陰っていった。隣接の牧草地と小川から来た湿っぽい涼風が我々の肩に流れてきた。くすんだ灰色の夕べのなかで、我々の火のついた二つのパイプが二つの赤い熾火のようになっていた。

「沈黙のしじまに耳を傾けてみろよ」とポルションが言った。「数時間前から、大砲が黙って音もしなくなった。機関銃はうとうとして、狂ったコンブルそのものが銃を手放したようだ……今夜は、我らがレ・ゼパルジュはロワール河畔の村のように平和だ……これが戦争かな？」

「そうだ」と私が言った。「やはり戦争だよ。遠くで犂《すき》がきしり、庭で犬が吠えているのが聞こえるか？　我々のところでは、秋のけだるさで、まだ生き生きしている沈黙の作戦が麻痺させられた。これは死んだ沈黙、殺された沈黙だ。数発の大砲の音でもすれば戦争を忘れるようなことはなかろう……」

「外で誰かが歩いているようだ」とポルションが遮った。「誰が来るのか、どこから来たのか、分かるか？」

「ジャンドルだ」

伍長が、敷居のところから、泥まみれの靴を見せて現れた。

「階段の一番泥だらけのところを削り取ってきました」と彼が言った。「残りはすべて乾いた漆喰《しっくい》で、遡《さかのぼ》れば昨日、一昨日、いや二、三日前の漆喰で……まだ夕食でなければ、中尉殿、召し上がってください！」

彼は仲間に近づくと、陽気に問いかけた。

「このなかは、一体どうしたんだ！　火をつけないのか？　おい！　ピュトマン、配給の蠟燭を転売しているのはここか、策士のお前が？……それにベルナルデ、あの代理結婚した若いのは炊事場で何をしているんだ？　正妻宛の手紙か、仲間たちに煉瓦形のチーズでも作っているのか？」

「ジャンドル！」とポルションが呼んだ。

「中尉殿？」

「お前が言うべきことはそれだけか？」

「たしか、入るときに言いましたが、通りの泥と通り沿いのぬかるみ以外何も報告することはありません」

「では、お前を送ってきたのはソトゥレ大尉ではないのか？」

「そうであります！」

「我々にそんなことを知らせるためにか？」

伍長はこっそりと笑いをふくみ、我々を見つめていた。だが突然……

「中尉殿、ソトゥレ大尉殿にお会いになりたければ、大尉殿は……」

ポルションは跳ね起きた。だがジャンドルは平然としていた……

「お急ぎになる必要はありません！　大尉殿は……不肖ジャンドル・オーギュスト伍長、中隊伝令兵は、鉛筆を持っておりませんでしたので」

「それじゃ」とポルションが言った。「私が行く。お前を連れていこう、来たいならな」

私も彼らのあとについて出たが、兵たちが暇でボーッとしていて、欠伸《あくび》ばかりしている大広間を離れて、ほっとした。石ころだらけの通りの縁にある教会の階段に坐って、ポルションが帰ってくるのを待っていた。もうすぐ夜だ。どの側にも、正面壁や黒い骨組み、折れた垂木《たるき》が数珠《じゅず》つなぎの椎骨《ついこつ》のようになっている屋根の背骨部分などのゆがんだ線が曲がりくねっている。今一度、人間の哀れさよりも痛ましいこうした物の哀れさが私のうちに忍び寄ってくるのを感じた。村は横たわった大きな死体のように動かなかった。私の知っている臭い、昔見た火事場の、すえて、冷え冷えとした臭いが、夜の湿気とともに、死肉の悪臭よりもひどくなって鼻孔にのぼってくる。足元の小川では、泥が血膿《ちうみ》のように広がっていた。

なぜポルションは帰ってこないのだろう？　日に七度も、彼は指揮官のいる家へ受難の道を、無益なまま散歩していた……今度もそうでなければ……ああ！　ソトゥレが夕食に招いたかもしれないな。この戦争は陰鬱なものでしかない。

雨粒が暗闇のなかを舞っている。微風が大きな孤独感をかき乱すこともなく地面すれすれに吹いていた。広場の角にある家の正面では、一条の黄色い明かりが窓枠を縁取っていた。そこには第一大隊の炊飯兵たちが住んでいたが、一〇月二二日には我々がいた。私が、緑がかった窓ガラス越しに、霧のなかで、灰色の老馬の並外れた頭が現れ、消えるのを見たのはこの同じ窓からだった。今日もさっき昇った鐘楼の上から老馬をまた見た。馬は、風船のように皮がたるみ、四つ脚が硬直した茶色の牝牛の間で、脇腹がすでに膨らんで、コンブルの斜面に横たわっていた。ドイツ野郎は殺す人間がいなくなったので、牛馬を撃ち殺したのだ！　戦争は八月と九月から悪化した。

それでも昨日は……カロンヌにいた。我々は一日中働いていた。森林道路から数歩のところの、長い待避壕の近くで、我々が掘って、左官工事をし、屋根を覆った待避壕が褐色の葉から巨大なキノコの笠のように出現していた。そこで、乾いた藁と干し草の床で二晩眠った。ブナの薪が炉床の石の上で炎高く燃えていた。明け方に目覚めると、体はウールの毛布の温かさで柔軟になっていたが、熾火はフワフワした厚い灰のなかでまだ赤々としていた。パヌションとシャボが外に出て、仕切り壁に藁寝床を束ね、立てかけていた。私は、土の階段にたっぷりと降り注ぐ光のなか、入口の近くに坐って、パイプを深々とふかしながら、手紙を書いていた。私はくつろいでいた。しばしば鉛筆を宙に浮かして、すでに乾いた粘土壁や、膨らんだ丸パンが置かれた板、肩かけ布鞄がひっかけられた杭などに視線を這わせ、最後に家の温かく赤い心臓、心臓そのもののようにぴくぴく動いている熱い燠をじっと見た。突然敷居のそばの、私の額のところで、足音がして枯葉がカサカサと鳴った。私の手と紙が影のなかに消え、また現れ、また消えた。二度消えて、陽光が再び注いでくると、パヌションとシャボが待避壕の私の近くにいた。彼らは言った…

「この場所はいいですね、中尉殿」

「我々のところは、それほど大きくないが、まあ、恵まれているな」

「火を燃やす新しい薪もある」

新しい薪がくすぶり、シューッと弾けて、不意に強くうなって燃え上がり、塹壕内を明かりで照らすと、素朴な得意顔が輝いていた。

「ねぇ、中尉殿！　これなら、戦った後も、なんとかうまくいくでしょう！」

「怠け者どもは、中尉殿、雨のなかで寝るでしょうな」

「苦労はしたが、了解済みだ。報われる苦労だからな」

このように我々自らの努力を称えて、彼らは交互に言い交わし合っていた。

今日はもう終わりだ。これから何をするのか？　何に向かうのか？　誰がこの生を強いたのか？　どんな目論見のために？

ふた月前は、我々には何らかの価値があった。我々の肩は世界のどんな苦労でも担うだけ強かった。切れた筋も出血し終われば、また我々を我々自身の生に結びつけてくれた。実際、我々のなかで死んだ者のように、我々はすべての生を捧げたのだ。

ああ！　それなのに我々は屈辱的な生存者だ。あのあらゆる栄光は我々から去っていった。汚い戦争がその姿に合わせて我々を塗り替え、貶《おとし》めた。あたかも我々の裡にも、悲哀と倦怠の霧雨の下、泥水の溜りが広がっているようだった。

車道の足音で、私は顔をあげ、跳び起きた。雨は本降りになり、屋根の縁をピチャピチャと叩いていた。あの家の窓では、光の縁取りが消えていた。切妻壁の縁の欠けた稜線部、壊れた外壁面、円筒形の煙突の断面などが、流れる大きな青白い雲に向かって暗い無情なカオスの影を投げかけていた。

「ポルション！」

「ええ？」と聞きなれた声がした。

「ここだ、教会の階段にいる」

彼に追いつくと、村役場の方に歩き出した。

「それじゃ、ソトゥレのところへの呼び出しは？」

「まあ、まず帰ろう。雨に濡れる」

ドアが開く音で、七つの顔が一斉に我々の方に向けられた。兵たちは蠟燭が立っているテーブルの周りに集まっていた。彼らの満載の皿からは湯気が立っていた。食事するのに我々を待っていたのだ。

「それで？」

ポルションは急ぎもせず、装備品をはずし、水の滴るケピ帽を振った。

「それでだな」とポルションが言った。「第一大隊は躍進したところだ。右方に五七歩、左方に四二歩」

「ブラヴォー！……ところで、誰がそんな細かい厳密な戦争をしたんだ？」

「我々だ」

「誰がそれを誇りにできる？」

「彼らだ」

「明日、誰が峡谷に戻るんだ？」

「我々だ」

「バンザイ！」

＊

レ・ゼパルジュの村役場はよくない宿舎だ。いやむしろ、よくない客だ、ポルションと私は。我々は村議会室で寝た。各人、藁寝床はあった。それに、毛布と衣類があり、ほとんど汚れもなく、濡れてもいなかった。しかし、ルーヴモンやコールの森の忌まわしい日々のように不機嫌だった。機関銃は苛立たしいメトロノームの正確さで、秒ごとに撃ってきた。我々と一緒に閉じ込められた病んだ猫が片隅でへたばり、咳をしていた。我々の一人が目を覚ますと、他の者も目覚めさせた。誰もが同宿に不満だった。

やっとまどろみだしたとき、異様な騒音でみなが飛び起きた。靴の鋲が床をかき削り、暗がりで誰かが息を切らしていた。ぶつかって、椅子が倒れた。

「なんて音だ、まるで工場だ！」

マッチを擦る音が聞こえた。浮き出た短い炎で、プレルのブロンドの口髭と、強すぎる明かりで目をしばたいた、彼の渋面に気づいた。

「地面に蠟燭がある」とポルションが言った。「そう、そこだ、ちょうどお前の足元だ」

我々は、欠伸をしながら立っていた。だが、プレルは窓の縁板に蠟を数滴たらして、火のついた蠟燭を立てた。

「中尉殿」と彼がはじめた。「大隊長の命令できました」

無駄な前口上だが、そこには、元中隊付き伝令兵から昇進した大隊自転車伝令プレルの自尊心がにじみ出ていた。

「第七中隊は峡谷に合流することはなし、との指示をお伝えします」

「ここに残るのか？」

「そうではありません」

「ほかへ行くのか？」

「そうではありません」

「それで？」

「交代はひじょうに円滑に行なわれたので、私が自転車にまたがったときには、中隊はすでに叉銃《さじゅう》をしていました。先発中隊が登ったのは峡谷ではありません、作戦区を離れることでもありません」

「それじゃ、尖峰か？」

「その通りであります。第七中隊は予備として、下に残ります……それが一番いいことのようで」

注釈はいらなかった。一瞬にして、我々のあいだに上機嫌が広がったのだ。

「さあ、急げ！」とポルションが叫んだ。「伝令兵と給養軍曹を起こして、吉報を知らせるんだ。各小隊を集めて、プラムの木の下の、大きな土手へ連れていってくれ。ぼくは後で行くよ。すぐ偵察に行ってくる」

外ではすでに、路上で彼の軽い足取りが響いていた。

「おお！」とプレルが夢中になって言った。「早くしろということか。一挙に二〇年若返ったみたいだ、ポルション中尉殿は。わしも同じで、こちらは年取ったということか。そうじゃないですか、中尉殿？……」

私の返事は届かなかった。すでにもう一つの広間のドアを開けて、大声で目覚ましを鳴らした：

「おい！　ピュトマン！　ヴォーティエ！　パヌション！　シャペル！　全員、起きろ！　峡谷は放棄だ！　森も放棄だ！　野外で、山登りだ！……レノー！　パトゥ！　ヴィオレ！　さあ、起きろ、運のいい奴らだ！」

白い霧に包まれて、日が昇ってきた。クエッチのねじれた枝の下の土手沿いに、待避壕が地面すれすれにぽかんと口を開けていた。板の庇がかぶさって、低く傾いているので、敷居をまたぐには這わねばならなかった。藁が大量にまき散らされて、この穴居人の村をあちこちでふさいでいた。小道が、広場から広場へと褐色がかった排水渠《はいすいきょ》で切り分けてあり、屋根の間を丘の斜面の方にぬって進んでいた。奥の沼地の向こうでは、紙屑が葉の茂りに沿って散らばり、山道が輝く水の網目状に交叉しており、道端に灌木が一列に立ち並ぶ線がぼんやりと見えた——それが小川でなければだが。左側では、山小屋の近くで、アカヤナギの幹数本が葉ごと震えていた。前方では、べとべとした荒れ地が霧の方にのぼっていき、そこに沈んだり、うずまったりして見えた。

「さあ、きみ！　この作戦区で我々は楽しめるぞ！」

ポルションは身を二つに折って、司令部から現れた。身を起こすと、おかしな仰々しい動作で腕を広げた：

「我々にスペースを」と彼は大げさに言った。「胸が膨らむような広がりを！」

彼は指揮棒を高く掲げると、霧のなかで振りかざした。

「ここは豊かなブドウの木があるモンジルモンだ。もっと遠くには荘厳なユールの丘がある。足元にある、この道路は一気にトレゾヴォまでのびて、そこを軽く通り抜け、ヴワヴルの中心に飛び込んでいく……なあ、おい、聞いているか？」

「後で、明るくなってからな。今は蠟燭を探してくるよ」

一人ずつ、かろうじて二メートルほどの狭くて細長い通路に入り、頭を下げて入口を越えると、わが家だ。

まさに家だ。粘土の仕切り壁で、とても小さく、光もなく空気もよどむ家。それでも家だ。入れば、到着のときと同じ楽しい驚きを覚えるのだ。

「坐るか？」

「もちろんだ」

「椅子にか？」

「いや、マットレスだ。そのほうがいい」

待避所の戸口は軽く傾いた盛土の上に置かれており、盛土が待避壕の底全体にのび広がっていた。そのため哨舎の広い板ベッドのようになっていて、三人が楽に横になれるほどだった。釘で固定した板が藁寝床と、我々が坐った広いマットレスを支える縁となっていた。

「これは藁寝床ではない」とポルションが言った。「マットレスだ。見ての通り、羊毛が詰め込んであるが、縫い目が哀れにも全部欠伸している。ぼろぼろのようだ」

「駄目になったようだな」

「まあ、繕《つくろ》えるだろうが……」

「ずいぶん根気のいる仕事だ……おお！　蠅だ！」

「いやな蠅だな！」

どんなに頭を振ったり、懸命に空を叩いたりしても、蠅はしつこく群れをなして襲ってくる。板の天井に房となってはりつき、粘土の壁にとまり、隅に密集していた。金属的な光沢のうごめく腹でストーブの管を覆い、数十匹が蠟燭の炎で焼け焦げ、足もとに羽のない死骸を、小さな黒いサナギのように積み重ねていた。単調で音楽的な羽音が我々の鼓膜をくすぐり、蠅の群れが耳に入ってきたかと思うほどだった。柔軟で決して途切れない抑揚だが、時には鋭く、やや甲高いフルートの調子になり、時には蜜蜂の雄のような震音となって広がり、ちょっとでも動くと急に膨れあがって激しくブンブンとうなった。

「おやおや！」

「一二匹だ！」

「一九匹だ！」

群れを叩き潰しては、新聞紙の切れ端にくるんで火のなかへ投げ込んだ。無駄なみな殺しだった。蠅が多すぎて、レ・ゼパルジュじゅうの蠅が全部、獣脂《じゅうし》や腐った肉、野営地が道端に捨てるあらゆる廃棄物で一杯の、生暖かい我々の小屋に逃げ込んできたのだ。

「たんま！」とポルションが叫んだ。「もう我慢できん！」

「横になって、ポケットに手を入れ、顔にハンカチをかぶせるんだ！」

彼が寝ころび、顔を覆っている間、私としては、立ち上がり、自衛して動き回ることにした。暑かったので、骨が折れた。隅に置かれたごく小さな竈が蠅と同じくらい強くうなって、夕陽のように赤くなっていた。そこに近づくたびに、額に汗がにじみ、肩が汗ばむのを感じた。壁に面して、円卓ができるだけ場所をとらないように置かれていた。しかし、壁と板ベッドの間は非常に狭く、この円卓がどこにでもあるように、歩くたびにぶつかった。なんとか身をよじって、避けようとすると、今度は椅子に足を取られた。椅子を避けると、竈の灼熱の側面で外套が焦げた。熾火をのがれると、天井を支えるため立てられた、頑丈な丸太にぶつかった。

「おい！ ポルション！」

くぐもった叫びがハンカチからもれた。

「そこに土はあるか？」

手でハンカチをのけると、はっきりと言葉が通った。

「六〇センチの塹壕用の土塊。ざつに投げ捨てられた盛土だ」

「砲弾よけか？」

「雨除け、だと思う。重砲弾はすべて上の塹壕に降ってくるようだ、あるいはもっと遠くのモンジルモン、ユールの丘、メニル、さらに遠くの……」

「ここは死角か？」

「そう信じたいね、信頼は救いになるからな」

我々が話している間、気づかないまま、竈、テーブル、椅子、丸太、蠅から、私は連絡通路までこっそりと追いやられたようだ。

「うまくいった！」と私は、蠅の勝ちを認めながら、思った。こだわるつもりはなかった。

席を譲り、外に出る前、私は最後に、蠟燭の明かりのなかでまどろんでいるような、そこにあるものすべてを見まわした。

ポルションは相変わらず寝ころんでいて、靴先で二つの大きな黄色の粘土の塊りを指し示した。彼は動かず、ハンカチの広がりが、テーブルの上か竈の管の上にかかっているかのように、彼の体にふわりとかかっていた。背中はマットレスにくぼみ、肩の両側が少しばかりはみ出ていた。使いつくされた古臭いマットレスだが、相変わらず人を受け入れ、くたびれたところを恥じないかのようだ。くたくたになり、無数のシミや脂、汗で汚れていても、特に幅広く深々としていた。とても幅広いので、板ベッド全体を占め、藁寝床を右の仕切り壁の方に押しやっていた。真向かいでは、約六〇センチの高さの鏡が白い光の淵のようになっており、私の頭と肩が逆光で映っていた。むかしの金色の額縁が、その魅惑的な輝きで壁の粘土を際立たせているようだった。鏡の横の左側では、一八九八年付の絵入り新聞の第一面のカラー図に、ライオンに食われる調教師が描かれている。上の天井近くでは、板がサイドボード代わりに取りつけてある。板は、縁が長い反射光で輝いている皿の山と、二つの対になった大型丸パンをのせていた。左の仕切り壁には、くぼみが長方形の影を切り抜いた形であり、その縁には二冊の大著の装幀が見えている。緑色の羊のなめし革の背と赤いなめし革の背だ。緑色のなめし革は『獣医薬事論』をカバーし、赤いなめし革の下では、『文学団欒《だんらん》』がしばしの間まどろんでいた。

右側の、ほとんど私の足元で、別のくぼみに南京錠で留めた鉄箱があり、私の目を引いた。「我々の弾薬箱だ」とポルションが言った。彼は開けて、きちんと並んだ雷管や、メリアニト〔強力爆薬〕の爆竹を確認すると、また蓋をして鍵をポケットに入れた。錠前には、細紐が革のブレスレットでつるされていた。その先には、釣針のような鉤《フック》が引っかかっていた。今朝、ここへ我々を連れてきた将校が説明してくれた……

「これは何か爆発物を投げるための仕掛けですよ、手榴弾……だと思いますが。手首にブレスレットを通して、球体、つまり手榴弾から出ている輪に鉤をかけます、分かりますか……この輪は引火性の混合物に浸《つ》かる発火装置につながります、分かりますか……そして手榴弾を手にして、投げます……すると紐とブレスレットで留められていた鉤で発火装置につながる輪が外れます。発火装置が混合物と摩擦し、発火装置は手榴弾が飛ぶと同時に点火します。手榴弾が落ち、点火した混合物が爆薬に点火して、手榴弾が爆発し、ドイツ野郎がお陀仏というわけです……分かりましたか？」

私はまた後ずさりして、寄りかかっていたドアを放した。ドアはひとりでに回転して、鼻の先で待避壕を閉じた。

霧は消えて、青空が現れ、上空高くに白い巻雲が浮かんでいた。モンジルモンの山腹にある陰が、果樹園に並んだ木々の線を際立たせ、その間にある斜面の土は太陽に焼かれた褐色の、草一本もない裸の地を見せていた。

「ポルション！　こっちへ来てあれを見ろ、なんて美しいんだ！」

半ば開いた戸口から呼ぶと、彼が不意に身を起こすのが見えた。だが坐ったままで、脚をのばし、目はまだ眠りで重そうだった。

「なんだ？……そんな風にして人を起こすのか？」

そこで中へ入り、彼の手首をつかんで引っ張って立たせると、外へ押し出した。最初、彼は酔っ払いのようによろめいた。だが深呼吸して一息つくと、彼の胸が隆起した。

「そうだな」と彼が言った。「確かに美しいな」

眼前には、ロンジョの谷が完全な曲線型の二つの丘の連なりの間に広がっていた。左側は、丘の頂きが空に向かって波うっており、森がビロードのように見える力強い輪郭を描いていた。天辺からはブナの木がまばらに生え、灰色がかった錫色《すずいろ》の幹で互いに際立ち、次いで一本一本がからまって集まり、立っていた。麓では、野原が、垣根で縁どられた溝で線形に分けられたこげ茶色の耕作地、褐色の切り株畑、赤茶色の荒れ地などが交互に帯状になっていた……しかし、そのうちこうした囲い地も間隔があいて、なくなった。斜面がゆるやかに滑ってのびて、平らな草原に溶け込んでいき、小川が柳の間を蛇行していた。

また谷はぼうっとかすんだ遠景のうちに沈み、その中に見える木立の間からメニルの鐘楼が突き出ていた。少し向こうでは、大きな樅の木の尖端が、もう一つの黒い鐘楼のようにユールの斜面を突き抜けていた。

「あれが見えるか？」とポルションが棍棒で指差して訊いた。

「つまり、あれが見えるかということか。三人か、四人だが、固まって一塊りにしか見えないな」

「それじゃ、ぼくも間違ってはいなかったな。我々の村の前にある最後の十字路で見張りに立つ連中だよ。トロワ゠ジュレ街道から森の襲撃に向かうのは、そこからだ……モンは奥にあり、〝ユール丘陵の下に〟隠れている」

「見えないか……」

「ここからはな。だがレ・ゼパルジュにもう一〇〇メートル近くへいくと、村役場が見えるだろう。来るか？」

我々は下にのびる村の方へ向かって、ロンジョの土手の上をしばらく歩いた。まだ少し靄のかかった大気が砕けた石の傷跡を覆い、火事の焼け跡を消し、家を一軒一軒蘇らせていた。正面壁は陽光を浴びて明るかった。草地では、砲弾孔が水たまりのように輝いていた。ロンジョ川は柳の根の周りで渦巻き、流れ淀んでいた。

「気をつけろ！」とポルションが叫んだ。「左側に注意だ！」

彼は急に立ち止まると、私の腕をつかんだ。

「コンブルの縦の木」と彼が言った。「釘づけになったぞ」

険《けわ》しい丘が、レ・ゼパルジュの丘の影から現れた。白い石が山腹を駆け下り、鋭くとがった頂きの森が空にくっきりと浮かび上がっていた。

我々は谷に背を向けて、いま来た道を振り返った。もう一度クエッチの枝の下の待避壕の列、震える葉のアカヤナギの幹を見た。前方右手の、もっと先の東の方には、樹木の茂った急斜面がその紫色の茂みで視線を区切った。それを認めると、我々は頭を振りだした。

「一〇月一九日のことを覚えているか？」

「茂みを貫いた急な坂道か！」

「歩哨の穴。まだくすぶっていた金口タバコの切れ端……」

「略帽も！　アンチョビの缶詰め。古参兵に運ばせた手紙……」

「突然、撃ち合い開始だ！　タカタカターン……両方の山腹で！」

「ヴェヌシーが殺され、ドイツ野郎と同時にダンゴンが負傷した……」

「あの下草で叫喚、怒号！」

「マルニエが殺された、第六小隊の……」

「で、夜は？……なあ、おい、夜がな！」

険しい森を見ながら、我々を隠してくれた峡谷を思い起こした。水が染み出る窪地に落ち込む小道、枯葉の下のねばつく粘土、半勾配にかけられた泥の手すり、藪の青緑色の薄明かり、毎晩我々を果てしない夜に閉じ込めた異様な暗闇。昼は、雑然と生え伸びた茂み、上に並んだブナの列柱、高くにある枝を通してのぞく空の切れ端などしか見えなかった。あまりに退屈で長々とまどろみすぎて、意気阻喪して痴呆のようになり、後方に落ちる砲弾の爆音にも頭さえ挙げなかった。この重苦しい退屈さが和らぐことがなかったならば、我々自身の生の感覚さえ失ったかもしれない。

「あそこを見ろ」と突然ポルションが言った。「ちょうどモンジルモンとレ・ゼパルジュの森の間のくぼみだ。あれは……」

「そう、ヴワヴルだ」

ヴワヴルは、入江のなかの海のように真っ青だった。この澄み切った入江に視線を這わせていると、我々の裡に漠とした快感とさわやかな力が湧き上がってくるのが感じられた。

「ひとの世は美しいものだな」とポルションが言った。

口元で言葉がせめぎ合っていた。二人とも目で味わったのと同時にこの歓びを表現したいという共通の欲求に駆られた。たぶん未開人に戻って、多くの光と空間によって全感覚が新たにされ、ただ野性の若者の魂が謳うがままにしておいたのだ。

レ・ゼパルジュの森とヴワヴル、モンジルモンとユールの丘、木々が散在する谷と起伏豊かなオー・ド・ムーズ、それは素晴らしく統一されて、我々の全身に浸透してくる広大なる風景だった。秋の光景によって和らげられ、溶け合った色彩の乱舞であり、光のなかで調和した線形、地球の顔をやさしく愛撫する青空であった。

後方で銃声が弾けた。本能的に、前線の方を振り返った。

待避壕の屋根の上に、荒れ地の一片がまだ緑色の土手から削り取られ、黄色っぽく薄い膜となって広がっていた。曲がりくねった山道がよじ登り、水たまりがぼろ布のようにギザギザになって道に点在していた。山頂付近では、別の村が藁の毛並みのような屋根でふくらんでいた。塹壕の黒い入口の前で、洗濯物がまばゆいばかりに乾いている。太陽はほとんど天頂に達し、空高くから垂直に落ちて、空の縁で動き回る雑多な群れを照らしていた。

シルエットが、粘土と藁の陰鬱な背景にくっきりと浮かんできたので、それが人間であることが簡単に分かった。待避壕の敷居口のところに坐って、スクッス大尉は長い脚を組んで、パイプをふかしていた。その近くで、ダヴリルが小さな丘によじ登って、双眼鏡でドイツの前線のどこかを観察していた。彼ははげ頭だった。金色の頭蓋は、屋根の棟を越えて、二本の電話線の杭の間の空へ向かって動いていた。彼の足元では、モリーヌ曹長が脚を曲げ、身を折って、肩と腰を使って、頑丈な腕でのこぎりを挽いていた。木から丸太が切られるたびに、地面に落ちて転がるのが見えた。

左手遠くの野営地の一番端では、泉がきらめく流れとなって斜面を下っていた。上半身裸の男たちが真っ白なタオルを流れの方に傾けていた。待避壕を縁取っている道沿いに、食卓を囲む者たちが足をあげて、赤いズボン姿で歩いていた。そのうちの一人がスクッス大尉の待避壕の前で急に揺れ動くと、クルッと回って、垂直に跳び下りた。痩せた上半身に赤いズボンをはいた姿と、そのヤギ鬚で給養軍曹ル・マオだと分かった。右手では、調理の煙が野外の竈から上がっていた。南の方は高い土手に守られ、竿で立てられたテント幕が西からの寒風から彼らを守っていた。数珠つなぎの大鍋が炎で黒くなっている。空っぽのカンバスバケツがくたびれたアコーディオンのようにひしゃげていた。上着を脱いで、炊飯兵たちが手をぶらぶらさせて、周りをぶらついていた。

「わが部下たちだ」とポルションが言った。「ベルナルデはまだ上着を持っているな。君も持っているか？　四つ目の……火の下の、生肉の山のそばに坐って、何か書いているな……」

「で、鉛筆を湿らせている。間違いない。ベルナルデだ……他の連中は？」

「立っているグループだ。ピナールは身振り手振りして、奴のヤギ鬚が光っている。ブレモンは背を向けて、ズボンの後ろで手を拭いている」

「分かった……変わらんな、上の連中を気にしている様子はないんだ！」

　野営地は、下から見ると、〔フランス北部の〕村祭りのように見える。テントの幕が風でふくらんでいる。入口につるされた金ぴかの服が縁日の小屋の看板のように揺れていた。調理場は煙っている。口笛が流行《はや》りの恋歌を奏でている。遠くの塹壕から発した、かぼそい銃声がカービン銃の破裂音のように耳に刺さってくる。歩いている群れは滑りおち、緩慢に旋回し、ぶつかって、飛び上がり、下からの強い波動が急に彼らを吹き上げると、行商人が大包みを開ける町の十字路のように、人が蝟集《いしゅう》している同じ一点にいきなり投げ出された。

「大騒ぎだな」とポルションが言った。「だが反対側の方がいいな」

　彼は再びくるりと向きを変えた。すぐに、口髭のなかでつぶやいた：

「おやおや！」

「今度はなんだ？」

「我々のところも、大騒ぎだ！」

　本当に大騒ぎだった。兵たちが太陽を見て、穴倉から出てきた。地中に人のいる穴は一つもなく、第七中隊全員が外にいた。二〇〇人のひげ面の野郎たちが高らかに笑い興じている。彼らはコルク倒しをして、的に当てる円盤を投げる者、それを見ている者がいた。コルクの台座に立てられた一スーコインの山が揺れたり落ちたりするたびに、三〇人の鼓動を速める。他の者はまともな分別ある作業をしていた。つまり、それぞれ自分の銃の銃尾を分解し、布切れで装置の細かい部品を磨いている。また板切れを木片にして、靴の泥を落とし、ヘラの形にして泥の覆いを切り離し、包丁の形にして刃の部分で靴革をこすり、先端で靴底の鋲の間を掃除している。籐《とう》細工師がアカヤナギの小枝を切ってきて、生涯はじめてくず籠を編んでいる。彼の周りにまじめな称賛者の輪ができる。

もっと少ないが、何人かは、伝統を重んじて、トランプをしていた。

頭上で、数発の銃弾が立て続けにうなって飛んでいった。プラムの枝が弾け飛び、折れて音もなく落ちた。

「うわっ！」とトランプをしていた一人が叫んだ。「どこから飛んでくるんだ、あれは？　やはり雲の後ろにドイツ野郎がいるんじゃないか？」

私も驚いたが、ポルションも驚いたようで、こう言った。

「実際、少なくとも塹壕線沿いでは、こちらは遮蔽されていると思っていたよ。さっき見ただろう？　コンブルの視界に入るには、右にたっぷり三〇メートル寄らなくてはならない……尖峰の方は、見てみろ。試しに標的になってみるには、上の仲間たちよりもはるかに高く、高原の端ぎりぎりまで登らなくてはならない。まあ、やってみると面白いことだが……」

「標的になってみる？」

「時々、例外的にな。だがぼくが面白いと思っているのは、あの例の尖峰、あの永遠なる尖峰がどこからでも見えるということだ……」

「どこからでも標的になる……」

「どこからでも打ち倒せる、我々はこれを占領し、盲にし、無力にした……」

「徐々にその下に張りつきながらか？」

「ズバリだな！」とポルションが笑いながら叫んだ。

「じゃ、銃弾はどこから飛んできたんだ？」

親しみをこめてぽんと私の肩を叩いたのが話の継ぎ穂になった。

「コンブルからでも、尖峰からでもない。唯一残りの一点、峡谷だ」

「何だって？」

「峡谷だ。詳しく言うと、森の西角を護るトーチカだ。覚えていると思うが？……土手を跳べ……そう、もう分かっただろう」

「きみの言う通りだ。ぼくは樅の木が目に入った。ただ先っぽだけだが。上から下を見るには、クエッチの枝のなかを登らねばならない……ところが、銃弾が飛んできたのは下からだ。そこで結論だが、この銃弾はクエッチの枝を折っても、わが部下たちの頭ではない、彼らがクエッチの枝のなかを登っていなければ」

「彼らは」とポルションが言った。「我々が防御してやる場合にしかそうしないだろう。この区域は緩衝地帯的なところだ。彼らをおとなしく休ませておけるよ」

＊

一晩中、第七中隊は生暖かい塹壕の底で同じ眠りをむさぼった。昨夜八時からは、休息、沈黙、忘却だった。たぶん銃撃は弾け、砲弾の爆音が谷をうなり飛んできただろう。だが我々の誰ひとりそう言えないだろう。最初の兵が目をこすりながら、穴から出たときには陽は高かった。

今朝、分隊が次々と上の泉まで登っていた。垢だらけの者、マルタンやリショムさえも、ベルトまで裸になって、冷たい水で洗っていた。我々、ポルションと私も登った。下って、家に帰り、竈の管の前でタオルを広げたとき、マットレスが前よりも汚れているのを見出した。上機嫌だったけれど、我々は罵りさえした‥

「脂ぎっているな」と私が始めた。

「吐き気を催すな」とポルションが続けた。

さらに辛辣な形容詞を雨霰とかぶせた‥

「油でべとべとだ！　糞だらけだ！　毛だらけだ！　泥まみれだ！　虫食いだらけだ！……」

それでも、夜、マットレスは、決まった位置に並んで寝転がると、寛大に迎えてくれた。今晩、我々が、昨日とまったく同じく光あふれた、穏やかな一日の後、元気を取り戻したのはそこだった。黄昏時になったばかりで、まだ空は明るかったにもかかわらず、我々の背後では、壁に取りつけられた棚の上で二本の蠟燭が燃えている。蠅の羽音が鈍くなった。私の声は苦もなく、それらに沈黙を課した‥

「善もあり悪もある、それが、どうしたというのだ、と回教僧が言った。陛下がエジプトに船を送られても、船中にいるネズミが楽にしているかどうかなど気にされない」

手紙を書いていたポルションがまるい目で私を見つめていた。

「どうした？」と彼が訊いた。

「私はあなたと、原因と結果、あり得る最善の世界、悪の起源、魂の本質、予定調和について少しは議論できると思っていた。これを聞いて、回教僧は彼らの鼻先でドアを閉めた」

ポルションが一層私の方に身をかがめたが、私が手にしていた本を見て、すぐに安心したようだ。

「気でも狂ったのか、と思ったよ」と彼が言った。「その回教僧とネズミの話はどこにあるんだい？」

「『カンディッド』第三〇章の『文学徹夜式』にあるよ」

「そうか。ぼくは何も聞いたことがない。まだ読むかい？」

それに従って、読み終えると、ポルションが言った‥

「そういうことか。陛下は、ネズミが運ばれていく船の中で楽にしているかどうかなど気にしていない。そう考えるべきか？」

「回教僧はそう断言している、ヴォルテール氏もそうだ。他の者も彼ら以前にそう言っている。我々、君とぼくが死ぬ頃は、かなり昔から、他の者が……」

「だがやはり、そう考えるべきか？」

「船には、陛下が気にしてくれていると固く信じているネズミがいる。彼らにとって、回教僧とヴォルテール氏は間違っているのだ。何匹かのネズミは信じ、他のは否定し、大部分のには意見がない。そういうものだし、いつも、またこれからもそういうものだ、船にネズミがいる時から、またこれからもいる限りはそうだ、考えるネズミがな」

「結構だ」とポルションが言った。「だが君は、何を信じる？」

「ぼくはネズミ全部、信ずるネズミも否定するネズミも、彼らが暮している船の片隅で快適かどうか気にかけることで同意すると思う。また今日、一九一四年一一月六日、レ・ゼパルジュの稜線の麓で、楽にしているネズミがいると思う。そういうネズミにとっては、万事が最良の世界で最高なのだし、パングロス［カンディッドの師傅］は、ドイツ人だけれど、今夜は正しかったと思う」

「なるほど」とポルションは認めた。「だがぼくの質問を避けたな」

一斉射撃の砲弾が会話の最後の言葉を三度区切ったので、我々は敷居口に引き寄せられた。稜線の上を弾丸がうなって飛び、上の村の屋根をかすめ、我々に襲いかかり、飛び越えてモンジルモンの斜面に音を立てて砕け散った。暗くなりはじめたなかで、一斉射撃が襲いかかるのと同時に、赤く短い炎が上がるのが見えた。炎はまるい梢《こずえ》とねじれた幹の小さな木と、果樹園を取り巻く垣根をことごとく照らしていた。煙は漏斗孔の縁に長々とたゆたった後、それを月光色の暈《かさ》で覆った。

「六発！……九発！……一〇発！　これで二ダースだ！」

兵たちは一斉に銃弾を数えた。彼らは果樹園が明るくなるたびに、叫び声をあげ、冷静にドイツ砲兵の射撃を講釈した。

「精確な大砲だ」とゴベールが認めた。「あいつらの弾はきちっと落ちるな……我々にとって幸いなのは、弾着観測手がえらく遠くを狙っていることだ！」

デュロジエがたっぷりとした顎鬚を撫でつけながら、話しだし、長々と続けた。彼の癖だったが、ゴベールに同意した。

「ドイツ野郎の弾着観測手はゴベールが言うほど近眼ではないが、まあ要するに、我々の弾着観測手の方がだな……！（少なくともデュロジエが考えるところでは）特に今の滞在地はあまり不安がないと考えさせてくれるのは、まあ要するに……大砲の弾道が平射すぎて、我々のいる所で破裂するのが不可能だということだ」

「まあ要するに」とビュトレルがからかう。「臆病どもがデュロジエは怖がってはいない、とひがんでいるのだ」

彼はまったく反駁させないような調子でそう言った。顎鬚の男は彼に不満そうな視線を投げかけたが、黙っていた。


今や、谷じゅうが夜となっていた。だがわが待避壕は、蠟燭が二本燃え続けており、元のままだった。夕食が終わったので、我々はマットレスのくぼみに寝ころんで、パイプをふかしていた。

「おい！」

「なんだ？」

「八時だ」

「もうか！」とポルションが言った。「ほら……何か聞こえないか？」

「いや、何も」

我々はドアとその向こうに広がる夜をうかがった。そばの壁から、乾いた粘土のかけらが粉々になって板仕切りの上に落ちた。ポルションのパイプはフライパンのようにじゅうじゅうと音をたてており、二度ばかり大きくふかすと、消えた。そして立ち上がると、踵にあて、叩いて灰を消した。立って、中央の丸太で手を支え、頭をドアの方に傾けているのが見えた。突然、動かずに言った：

「今度は……」と彼が言った。

私も起き上がった。すでに彼は外に飛び出て、二つの待避壕の屋根の間にある通路を見つけて、一挙に土手に飛び上がった。そして私の方にかがんで、呼んだ：

「こっちだ！　右手に二歩、急げ！」

彼に追いつくと、一緒に聞き耳を立てた。

谷底の、南遠くで、漠然としたざわめきが暗闇に湧きあがっていた。やがて大きくなり、夜空にのぼって、急に人間の声の熱っぽいどよめきとなって鮮明になった。心臓がドキドキし始め、全身が緊張し、神経がうち震えた。

「ちぇ！」とポルションが小声で言った。「遠くからでさえ、揺れてくる」

厳《おごそ》かな不安でも抑えるかのような、さらに低い声で続けた：

「この辺りは、なんという静けさだ！」

谷間は、動かぬままか、眠った胸が呼吸するように瞬《また》いている星の下で休んでいる。眠ったようなオー・ド・ムーズが横になった巨人のようにその両側にのびていた。穏やかな深々とした夜のなかで、戦士たちの遠いどよめきが嘲《あざけ》りのように上がってくる。苦悩か？　怒りか？　深々とした夜のなかではみすぼらしく、どよめきはとりわけ悲惨である。まさにこの瞬間、この近くで、隣りの旅団の部隊がサン・レミの村を銃剣で攻撃しているのだ。

「もう何もないな」とポルションの声がささやく。「終わりか？」

「もっと聞いてみよう……」

「いや、何も聞こえないな」

丘と谷間の上に星の瞬く空があるだけだ。足元の土手の下では、わが待避壕の明かりが開いたままのドアから漏れでて、遠くの泥を照らしていた。

帰って、またもとの位置に並んで、消えたパイプに火をつけた。頭のそばで、板仕切りに立てた二本の蠟燭がまだ燃えている。まどろんだ空気のなかで、炎が揺れもせず、まっすぐ立っていた。

Ⅳ　トーチカ

二月八―一六日

モン・ス・レ・コートの教会前の広場では、密集した兵士たちの群れが通りまであふれ出ていた。すべての軍隊が肘を接して、混じり合っていた。青と赤の歩兵、黒の工兵と砲兵、明るい青の猟歩兵。

「ル・ラブッス！」とダヴリルが呼んだ。「おはようございます、ドクター！……おい、そこの！　第五中隊の参謀部！ジャノ！　イルシュ！　ミュレール！　こっちだ！」

仲間たちが近づき、我々と握手する。おしゃべりし、遠くから呼びかけ、またしゃべっている。小雨が降ってきて、楡《にれ》の大木から落ちた、足もとの葉をやわらげた。最後の信者たちが教会から出てきた。身廊に向かって大きく開いたポーチから、薄暗がりのなかで、聖櫃《せいひつ》のバラ色のランプが輝いているのが見える。

「こんにちは、オブリーの奥さん！　こんにちは、テレーズさん！」

二人の女性は通りがかりに、微笑《ほほえ》む……

「また後で！　昼食にね！」

彼女たちの後ろには、レオニが緑色のシルクのぼろスカート姿で靴を履き、頭には羽飾りのついた帽子をかぶっているが、頰には垢がこびりついていた。ルイーズ・マンジャンは褐色の髪をして快活で、しなやかな腰でピタッとした胴衣姿だ。村の聖歌隊員は上っ張りの下にあちこちこぶがあり、蟹のように斜め歩きだ。グスカン老婦人は黒い玉結びのついた縁なし帽の下で、いつも青白い顔だ。感動的な熱っぽさで

「クレド（使徒信教）」を歌っていた神学生の伍長もいる。グリュイエールチーズがおいしかったエミリエンヌ。エドモン、あのなんでも売って、日に何度も商売に飛んでいくノッポのエドモンもいた。

「だからさ、あの男は信心深いんだよ！」と我々の一人が称賛した。

「従軍司祭が聖マルタンの話をしていたときの彼を見たか？」とラヴォが訊いた。「顎で頷いていたな。目に涙を浮かべて……ミサから出ると、店へ帰っていった」

「それが人生というものさ、きみ」と老中尉のミュレールが言った。「我々も聞いたよ、救いの聖人マルタンの話を。だがお前は、それが不愉快なDシステムで彼らをうんざりさせていると思うか？」

「一体なんです、Dシステムとは？」と少尉のイルシュが訊いた。「俺は、どんな状況でも何でも利用する術、すばらしい即興能力だと思っていた……」

「もういい、若いの」とミュレールが遮った。「まあ結局、お前はまだ二〇歳だが、言うことはもっともだ。だがわしの固くなった脳みそにとって、Dシステムとは別なものを意味する、相当ひどいこと、をな」

「ええ？……なんです？……冗談なしで」

若い連中が一斉に話しだすと、ミュレールは微笑した。

「やれやれ！」と彼が叫んだ。「この新兵どもはわしを思い通りにしようというのか！　大した話ではないよ、諸君。わが〔北アフリカの〕奥地の傭兵たちも我らが仲間たちに劣らず勇敢だった。大半が一〇〇年生きた。諸君の言う通りだ、だがわしも正しい」

「ところで」とポルションが、突然私に言った。「サン・マルタンで何か思い出さないか？……カロンヌでの下士官たちの賭けを……」

「そうだったな……で結局、スエスムが勝った」

「賭けとはなんです？」と、どこからともなく現れた屈強な褐色の大男が尋ねた。みなが歓呼して迎えた。

「おはよう、ノワレ！　やあ、ノワレ！」

だが彼はケピ帽を指先であげて、挨拶代わりに動かした‥

「大尉殿！　こちらへ！」

「大尉殿？　三本筋を受けたのか、工兵隊で？」

「違うよ」と彼が答えた。「フリックだよ、あの例の、ユニークな……」

我々は脇によって、広い肩幅の、上半身が膨らんだフリック大尉に席をあけた。彼は相変わらず陽気で率直な物腰だった。彼の鹿毛色の顎鬚の先端、真っ赤な頬、明るい眼差しの青い目を見ていると楽しかった。

「やあ、懐かしき一〇六連隊諸君！」と彼が言った。「何か変わったことはないか、レ・ゼパルジュの尖峰で？」

「スエスムが賭けに勝ったようで……」とノワレが答えた。

「何のことか訊いたけど、まだ返事待ちで」

「まあ、悪ふざけで」とポルションが言った。「わが給養軍曹ピュトマンが、ひと月前、もう一人の下士官と、戦争は聖マルタンの日に終わるだろうと賭けをしたんだ」

「それじゃ、来年か」とフリック大尉が静かに言った。「まだ待つ時間がたっぷりあるな……」

「楡の木の下で！」とダヴリルが頭上の大木の枝を指差しながら、茶化した。

だがフリックがバリトンの声で：

「地面の下だ！」

すると、みなが一斉に声をあげた：

「まあ、そうじゃない、諸君！　もちろん、我々は全員生還する……だが私は工兵、坑手であり、工兵の定めは対壕を掘ることで、対壕の多くは地下であることを忘れないことだ」

「お前が地下を掘る？」

「もちろん、掘る！　今も掘ってきたところだ。ほかのも掘る……レ・ゼパルジュだけでも、かき回す土地はたんとある！」

だが大尉がこの騒ぎに断を下した：

「その話は後だ。諸君は、サン・レミの攻撃の際、絶好の場所にいた。まずそこから話せ」

そこで、ポルションが、土手の上からの細心の音響探知の瞬間、突撃のどよめき、塹壕への帰還のこと、それから銃撃が再び不意に始まり、嵐の勢いで稜線で燃えさかり、峡谷の左手に達し、そこでやっと止まったことなどを話した。

「我々は再び外にいた。銃弾が頭上非常に高く、いつもと違う唸りで飛びさっていった。弾道の低い弾丸はプラムの木の枝を折り、ほとんどすべては空《くう》を飛び、遠くから来て、谷間の奥深く、遠くへ去っていった。モンジルモンは青い照明弾を放っていた。七五ミリ砲が五分間吠えていた……以上、終わり」

「一昨日だったな、それは」とフリックが指摘した。「昨日、それに昨夜も、まだそこにいたのか？」

「昨日？　午後には、一五五ミリ砲を尖峰に向けて撃っていた。我々はその砲弾の効き目を見ようと、上の塹壕へ登った」

「効き目はあったか？」

「かなり！　土砂運搬の放下車がひっくり返り、厚板は滑空し、装備品や背嚢がスズメの羽のように旋回していた。それらすべては、ここそこからは、双眼鏡なしでは見分けられない黒い物体だった。私の双眼鏡は性能がいいが、足が一本と三つの手が見えただけだ」

「俺も彼らと一緒だった」とダヴリルが口をはさんだ。「俺が見たのは四つの手だ」

「いつも二人のドイツ野郎だけだったな」とイルシュが単純に認めた。

だが大尉が断じた‥

「静かに、若いの！　ポルションに続けさせるんだ」

「ジュヌヴォワと私は、夜、再びプラムの木の下を登った。サン・レミの方では、まだ派手にやっていた。空には大きな光が揺れていて、どよめきが起こっていた。ドイツ野郎が村をまた攻撃したのだろうが、よく分からなかった……分かったのは、例えば、奴らが火をつけたことだ。光はずっとあって、今朝明け方にもあった。我々がモンの方に下りるときもついてきた……それはあの退却、マルヌ、ライ麦畑での野営、ランベルクールを思い出させたが、忘れつつあったずっと前の戦争そのものだった……畜生！　あれは戦争だった！　今のひどさとは別物だった」

「おや、そうかい！」とフリックが反駁した。「今も、そう、やはり戦争だ……ランベルクール！　私にとって、ランベルクールが何であったか、分かるか？　冷えきった大きな死体置き場、土と死体の臭いだ……葬儀屋だ！　ランベルクールでは、私はそうだった。今日は、ありがたいことに、私は生きていて、我々は工兵だ……」

「それで、我々はレ・ゼパルジュの峡谷で塹壕を掘っている」とノワレが言った。

「さあ、急げ。雨がひどくなるぞ……お前たちは第二大隊の〔塹壕の〕腸管か？」ポルションがまた訊いた。連中、例の峡谷のトーチカのことを覚えているか？　そうか、分かった。一度でもかかわり合ったら、覚えているからな……だが、まだ一三二大隊が下にいるのに、別れの挨拶をしたな。ひどい状況だったんだぞ！　ドイツ野郎の陣地から一〇メートルの塹壕だ。一日中、頭上では爆竹のように弾が飛び、メリナイトと古釘で一杯の缶詰、石にまるめた恋文が落ちてくる……ほら、その文書の二通だ。〝ボンジュール、処刑柱！〟これはご親切に……これは誰も殺さない……〝フランス人の馬鹿野郎め、なぜ我々を攻撃するんだ？〟これも誰も殺さないが、イライラするな。ただ反駁の手段がない、投げるものすべて、こっちの頭上にすぐ跳ね返ってくるからな……手段はないか？　まあ考えてみなければならんな……なあ、ノワレ？」

彼ら二人とも、互いに嬉しそうに見つめ合っていた。だが突然、ざあっとにわか雨が降ってきたので、大尉が叫んだ‥

「各自待避せよ！　自分の持ち場へ帰れ、別れ！」

上り坂の通り沿いに、水たまりや堆肥の山、連隊の車の間をぬって、我々は小走りでわが家へ急いだ。

＊

　陽が落ちてから、森林監督官が伐採から帰宅したとき、我々はランプの下で食卓の周りに集まっていた。シルヴァンドルが中央にスープ鍋を置き、オブリー夫人が給仕しようとしていた。我々は五人だった。スクッス大尉とダヴリル、プレートル大尉、ポルションと私である。我々の手は清潔で、頬と顎鬚は剃っており、上着はほとんど汚れがなかった。

「ああ！　これは」と森林監督官が気づいた。「みなさん、ほとんど食事が進んでいませんな、まだ！」

　答えたのは、テレーズ嬢だ‥

「もちろん、みなさんには時間がありますから、この方たちは！　明日もご一緒なんですよ」

「そうか」と父親が言った。「それはよかったな！」

　我々は野営の三日目だった。ちょうど今夜、最前線組と交代するため進発することになっていた。だがプレルが五時頃来て、交代はなしと告げたのである。

「ねぇ、オブリーさん！」とダヴリルが嬉しそうに言った。

「ちょっとした事件ですよ、これは！　村に二四時間以上もいるんですから！」

「ほんとうに！」と若い娘がそれに弾みをつけて言った。

「みなさんがここを出て行かれるたびに、楽しかった日々を思い、さびしくなりますわ」

「我々もですよ！　楽しかった六日間をさびしく思い出します！　なあ、ポルション！　上では、しょっちゅうこの家の話をしているよな？」

「そうでしょうね！」とオブリー夫人が微笑みながら言った。「だから、あの上のことなんか考えないで……」

　この忠告に従うのは簡単だった。ここの誠実な人たちの温かい親密な雰囲気に浸るだけでよかった。彼らと我々の間には、我々仲間同士と同様、気詰まりや遠慮はなかった。スクッス大尉はほとんど話さなかった。ただ楽しそうに、我々若手を見ていた。プレートル大尉は昨日、ソムディユの移動野戦病院から戻ってきて、わが中隊を指揮することになっていた。我々は彼を第六中隊トップの中尉として認めた。彼は帰任すると、我々を指揮下におく喜びを語った。もう一人の仲間として期待しよう。

　八時だ。夕食も終わった。シルヴァンドルがコーヒーを出しながら、眠いと嘆いた。口には出さないが、我々もベッドのことを考えていた。

　突然、納屋のドアが、次いで別のドアがきしんだ。足音が村じゅうに響き、不安な生の波紋が端から端まで走った。

「やれやれ！」とスクッスがつぶやいた。「あれはまたなんだ？」

「見てきます」と私が言った。

立ち上がるとすぐ、ドアが荒々しく開いて、プレールが息を切らして、現れた‥

「取り消し命令です」と彼が告げた。「大隊は今夜、前線に登ります」

「何時に？」

「三時に」

たちまち、テーブルはバラバラに置かれた椅子の真ん中で一つぽつんとなった。

「まあ、ほんとにこの戦争は！」とオブリー夫人がうめいた。

「残念なことね！」と若い娘が嘆いた。

立ったまま、森林監督官はほとんど空《から》のグラスを持ちあげると、一気に最後の一滴をあおった。

我々は外に出た。雨で濡れた敷居の階段で滑った。深い小川に脚を飲みこまれる。靴はもう歩くたびにスポンジのような音がした。暗闇のなかを固い土手道をたどって、腕を前に伸ばして走った。

「小隊に行ってくれ」とポルションが息を切らして言った。

「ぼくは装具の準備にとりかかる」

人いきれで生暖かくなった納屋で、藁と干し草が私の号令でうごめいた。野営用ランプに、大きな濁った目のように火がともった。兵士たちはののしり、咳をする者もいた。野ネズミが私の脚の間を通り抜けていく。

「スエスム！……リエージュ！……」

下士官たちがよろけながら現れ、瞼はふくれ、頬は抑えた欠伸で間延びしていた。

「今夜三時に交代だ。進発時のコーヒー。炊飯兵たちに知らせろ」

私はドアからドアへと走り、掛け金をはずして、あきにくい開き戸を押した。

「シャブルディエ！……ラルノド！……」四つの納屋で、四度同じ場面の繰り返しだ。嫌な知らせをまき散らしながら行く。私が通った後では、数々の呪詛《じゅそ》だ。

「まったくなんてことだ！……一体誰のために戦えというんだ？……ガラクタのトーチカめ！」

オブリー家に戻ると、私は怒りとともに、上等の茜色の半ズボン、ぴったり合ったバンド、上品な靴、上着やケピ帽さえも、もはや泥がべとつき、触りたくもないほど水肥で汚れた不快な代物でしかないことに気がついた。

「こん畜生！　えらく清潔になったことだ！」

「さあ、ほっときなさい」とオブリー夫人が言った。「いま、きれいにしてあげますから」

だがポルションが荒々しく口をはさんだ‥

「ダメ、ダメ！　急いで服を脱いで、荷造りするんだ！　詰物は横に置いてある、みんなほとんどを行李《こうり》に詰めて、急いで眠ろうとしているんだ」

「しかし、まあ……」

「ダメだと言っているんだ！　毛布の下で乾く。前線に出てからブラシをかければよい」

「ああ！　そうか、分かった！」

「もう、まったくひどいもんだ！」と彼が弁解した。「ぼくも泥まみれだよ……それでもまた出て行かなくちゃならん！」

「なぜだ？」

「まあ、プレートルに訊いてくれ！……用具類全部を引っ張っていくつもりらしい！　野営用具、食器、ワイン、毛布なんかも全部だ！　荷鞍《にぐら》付きのラバでもくたばってしまうよ！」

「やりすぎだな、大尉は。それじゃやはり従卒もできないな……」

「もちろん、そうだ！　後で分かるよ。ぼくは背中にいっぱい担ぎ、きみの背中にも投げつけて、量を少なめにして、手押し車を調達だ、ぼくは……ああ！　何てガラクタだ！　ええ、くそ忌々しい！　何てガラクタだ！」

「一体どうしたんです、あなたは！」とオブリー夫人が驚いた。「普段あんなに平静な人が……」

「私がですか？」とポルションが吠えた。「私は平静です！　平静ですよ！……」

そして突然、声を低め、もう微笑んで：

「おっしゃる通りです。私は平静です。おやすみください、オブリーさん。おい、君も寝ろよ。急いで寝ることです。帰っても音を立てませんから」

＊

ブナの幹が青白くなってきたころ、我々が着いたのはカロンヌだった。眼前では、大尉の従卒カナールのシルエットが歩く家のようだった。ガラス売りの二輪馬車よりも高い積荷の下で、彼の脚がしっかりした足取りで、歩くたびに垂直に落ちるように伸びていた。まだ夜で、彼の腰を押しつぶさんばかりのこの塊り以外、何も区別ができなかった。非常に重そうだったので、この哀れな男が歩くのを見ていると、苦しみが私の肩にかかってきそうに感じ、私の頬まで燃えるような気がした。しまいには、私の方が耐えられそうにないほどだった。

「おい、引っ張れるか？」

「なんとか、中尉殿」

「くたびれたなら、放せ！　後で十字路から取りに戻るから」

声音で、この男が笑っているような気がした。

「同じくらい上に載せてください、中尉殿、そのままでも行きますよ」

「おお！　驚いたな！」と、プレートル大尉が言った。「え、カナール？」

「はい、大尉どの」とカナールが言った。

その間にも中隊は十字路に達し、トランシェ・ド・カロンヌを離れて、左手にムイイ、レ・ゼパルジュ街道に曲がっていった。この「方向転換」はまず兵たちを不安にした。再び私は、昨夜、納屋で気にかかっていた言葉を耳にした。

「トーチカ……役立つのは我々か」

だが我々は、一〇〇メートル先の、道路の両側の下草の下でのびている待避壕で止まった。各分隊はそこに飲み込まれ、我々自身もその階段を下りて行った。

なんという壕だ！　ここに来てもう数時間になる。だが頭をあげるたびに、壕を覆っている丸太の大きさに見とれていた。それは丸木一本の幹で、幅広い〔川と土手の間の〕崖径《がいけい》にしっかりと固定され、それぞれが教会の柱のように太く、四重の鉄条網で互いにギリギリと締められていた。

「ソトレの壕だな」と誰かが教えてくれた。「ソトレが行くところはどこでも、同じようなのがある。彼は工兵たちに勝つと誓っていたが、あれは約束を守る男だ」

まさにここで示されたばかりの力強さを推しはかってみれば、それと分かるが、周囲のあらゆる物が驚くばかりの刻印を残している。石灰岩のまるまる一面に荒々しく削られた、自然のままの仕切り壁。くっきりと断ち切られ、まだ生のまま寝かせてあるブナの幹。鉄輪は、白木質までかみこむほどきつく締め付けてブナの幹を縛って、たるんだように樹皮を浮き出させ、樹液を垂らしている。外では、ひと塊りに切り離された大きな凝灰岩板ごとに、屋根の上に投げかけられた残土の堆積。今朝、ポルションが長いこと見とれていた、割れ目を地面にあけて、深く続く階段――彼はにこりともせず、かつてのよきサンシリアンとして、ロランやデュランダルのことを話してくれたが。

そこはあまりに広く、あまりに寒い、新しい待避壕だった。仕切り壁にもたれていると、土の湿り気が服を通してしみこんでくるように感じた。我々の寝床になるごつごつした盛土の上には、水で柔らかくなった薄い藁の層があった。入口近くには、白い大理石の上に化粧台があり、洗面器と青い花模様の白い陶器の壺が備えてあって、スキャンダラスな闖入者のようにひとの目を驚かし、ショックを与えていた。

「幸いにも」とプレートル大尉が指摘した。「こういう屋根なら、雨など気にしなくてもいいだろう！」

「それはよかった」とポルションが言った。「雨は脅威だから……我々はここで三日間過ごすのだし」

我々にとっては、新しい巡回作戦が始まったばかりで、これから三日間に三度行なうことになる。まずカロンヌで、第二戦線。次にレ・ゼパルジュで、第一戦線。最後に、モン・ス・レ・コートで休息だ。それには予想外のことは排除してあり、我々は軍の役人のルーチンに委ねられており、こめかみにメリーゴーラウンドの馬の目隠し革をつけられたようなものだ。それでも、ねぐらをどこかに見つけ、いつそこに泊まれるか知らなくてはならない……前よりもよいか？　もっと悪いか？　私は、ただ単に、この生活が我々に合ったものかどうか、また恐らく我々がそれに値しなくなったので、何週間も前から漠然とそういう生活を望んでいたかどうかも確認しなくてはならなかった。

「奇妙だな」とポルションが突然、言った。「とてもいま野営してきたばかりとは思えないな。とても早く、とても早く過ぎた……」

「あの二重の取り消し命令のせいだよ。まず我々はうまく釣られた、あの休養追加の一日で目をくらまされたのだ。棚からぼた餅だったからな！　あとの一つは忘れた……次いでそれも取り上げられた。それで裏切られたような印象を非常に強く感じて、すべて盗まれたように思ったのだ」

「あり得るな」とポルションが言った。「それでもやはり、本気になって、この三日間なんだったのか思い出そうとしても、モンの教会でのミサ、濃霧のなかのロズリエへの軍事行進、ペルスピエがヴィレールで買った、肥えた豚がのんびりと荷車で運ばれてきたときの人騒がせな様子以外に何もない。そのうえ、こう言ってよければ、ペルスピエ自身の到着と彼が途中で買ったピーマンの塊り……ほかに何が？……ほかに何が？……」

「それに、もっと言えば、プレートル大尉の到着、これが大尉自身を微妙に暗示しているよ」

「なるほど、大尉殿か。だが昨夜の取り消し命令にはひどく驚かされたな」

「ところで、この取り消し命令、理由が分かったかい？」

「密告者をだますためのようだ……」

しばらく黙っていたが、その間、頭上でブナが長々と震えざわめくのが聞こえた。

やっとポルションが言った：

「あの取り消し命令が……」

「とにかく言ってみろ」とプレートルが促した。「何を想定したんだ？」

「まあ、わが兵たちと同じこと。恐らく、大尉とも同じこと……」

「トーチカか?」

「ええ、そう、トーチカ!……日曜日、ノワレは夜でも飛んでいかなくてはならないと言っていた。あれからもう三日になる。今朝、ダヴリルはレ・ゼパルジュに登りながら、『黄金の仔牛』のメロディーで歌っていた:

トーチカはいつも立っている!」

「それで?」
「何にも」とプレートルが言った。
そこで彼は、無意識的に常套句に従って、結論づけた:
「まだ心配することがあるだろうか?……待っていよう、諸君……あとで分かるだろう」

私は、夜になるまでに大木の樹林の下を少し歩こうと思い、階段を上った。寒く陰鬱な黄昏だった。裸のブナは絶え間なく襲ってくる風のなかで凍えていた。うめき声のようなざわめきが天辺にあふれ、枝がぶつかり合って、震えるような哀れな音を立てていた。歩くたびに足もとで、腐植土が沈んだ。それは林間の空地を暗い汚れた表面で覆い、その上に十字路の四つの道路が、白い大きな十字架状に引き裂かれて置かれているようだった。すぐ近くに、待避壕の草ぼうぼうの脊柱部分が所どころ裸になって、骨を見せながら枯葉の下を這っていた。待避壕の屋根はそれに対して、ひと腹の獣のように丸まっていた。

外では、ほとんど一人だった。向こうのムイイの方で、男が薪束の重荷の下で背を曲げて、道路を渡っていた。十字路の歩哨は編条《へんじょう》の見張り小屋の前に立って、銃身で手と顎を支え、動かなかった。風にのって、遠くで斧を打つ音が低い雲の下でかすかに響いていた。

私は茨の茂みのなかに消えていく小道に入り込んでいた。地面はべとつき、糞便と腐った獣の死骸の臭いがし、空き缶やしわくちゃの手紙、穴のあいた四分の一コップ、錆だらけの古い水筒などが散らばっていた。茨に引っかかった無色のぼろ着は、その切れ端やフラノのベルト、垢で黒っぽくなって洗濯もできないほどのシャツと一緒につるされていた。米粒がぽつんぽつんと散らばって、白い雹粒《ひょうつぶ》のように腐植土に落ちていた。

もうずっと前、この不潔な場所を歩いていて、背後で茨の棘で布切れが引き裂かれる音を聞いたことがある。振り返ると、すぐ近くに、ぎこちない謙虚さでケピ帽に手をかけている奇妙な男がいた。彼は青みがかった黒い眉と、黄色の強膜〔眼の白みのところ〕にチョコレート色の瞳、完熟したバナナのような顔色をしていた。五、六週間前は、口元と頰には髯はなかったに違いない。だが、今は生えてきた毛でそれが炭色のひげまみれになっていた。

「私の後についてきたのか？」

「中尉殿」と彼が言った。「中尉殿、お許し願えれば……私は……中尉殿にお願いがあります」

彼の声はためらい、不確かだった。手を相変わらずケピ帽にあて、一歩一歩体をゆすって、歩いていた。

「さあ、安心して説明してみろ」

結局同じような不確かな声で、時おり私を横目で見、大抵は足先を見つめながら説明した。

フィグラはスペイン人だった。彼は決して兵隊ではなく、初年兵教育も受けていなかった。銃に薬莢《やっきょう》を詰めることさえ知らなかった。撃つ教育、それはまだいいだろうが、他のことは、彼には難しすぎる……中尉の言うことが分かるのか？

私はまず物分かりがよすぎることが心配だった。このおどした礼儀、この冗漫な言葉……うーん！　もう少しで、フィグラの「お願い」が最悪の返事を受けるところだ。だが私は間違っていた、それは私が恐れていたことではなかった。フィグラはヘルニアでも悪性静脈瘤持ちでもなかった。咳もしないし、よく食べるし、伍長たちに満足していた……

もう分からなくなった。私のはっきりした不満顔で、哀れな男は狼狽した。口ごもって、一層顔が黄色くなった。私が彼から言葉を引き出し、微笑んで促し、つくったような純朴さで肩のひとつでも叩いてやらねばならなかった……まあ結局は！　理解したと思うが……

「そうか、お前は炊飯兵になりたいんだな？」

「はい、中尉殿」

「わが隊の炊飯兵に、だな？」

「はい、中尉殿」

「分かった、だが……」

フィグラは目をあげた。多少心配で震え、不安そうな期待で私を見つめている。今は彼も話し、驚くほど、舌も滑らかになった……

「六年前、中尉殿、私はアルティエス伯爵家の給仕長でした。給仕長で、料理人ではありません。伯爵閣下がお一人のときは、私自身が簡単な小料理を出すこともありましたが……」

「そうか、そうか、フィグラ」

私も彼を見つめ、この男が兵隊ではないことをはっきりと感じた。アルティエス伯爵家で給仕長だったころに、五週間の軍事教練では不十分だ。長すぎる外套に困惑し、中尉に三人称で話し、髯を蓄えることも知らないのだ。

「一緒に戻ろう、フィグラ。大尉に会いに行こう」

「ご命令に従います」

「それじゃ、薬莢を拾うのを手伝ってくれ」

彼は私の前でうずくまって、指先で、「手慣れた」男たちがこの辺鄙《へんぴ》な一角に埋め込んだ、黄色の薬莢をねばつく地面から引き離した。ほかに、葉の下に隠された薬莢もあった。それらを私のケピ帽に一つずつ投げ込んだ。カチンと音を立てて落ち、やがて一杯になった。音もなく夜が茂みの下に忍び寄り、風は和らぎ、最初の雨滴が高い枝に滴っていた。


朝まで、驟雨《しゅうう》が森に降りそそいでいた。フィグラが出してくれた夕食をとりながら、待避壕の周辺に落ちる雨音を聞いていた。スペイン人は留め金付きの刃のついたナイフをポケットから取り出し、我々の前で、「それをどう使うか」見せようとして、焼いた牛のヒレ肉を切った。我々はみな、刃の下で薄い肉片ができ、静かに一枚一枚が折り重なるのを驚いて眺めていた。肉はバラ色で、ラルドン〔小さく切った脂身〕が差し込んである。フィグラは自信ありげに、微笑んでいた。

「普通の肉に過ぎませんよ」と彼は説明した。「特にどうって言うこともないです。並肉が特上肉に化けるんです。ただ小隊の炊飯兵たちはそれをうまく利用することを知らない……彼らが大きなものをつくらざるを得ないことは分かります。それでも、こういう仕事を苦もなく引き受けるには、したたかでなくてはなりません。分かりますか、小隊の料理班に本物の料理人が稀にしかいないのは、そのためです」

「一体どうやってそれを調理したんだ？」とみなが料理長に訊いた。

「焼き串ですよ」と彼が答えた。「肉汁は一滴ずつ大鍋の蓋に落ちるんです」

そのような話をし、非常にうまい肉をむさぼっている間、雨は待避壕の屋根に飛びはね、土の覆いを溶かし、丸太の間にしみ込んで、底で寝ころんでいる男たちの上に大粒の滴《しずく》となって落ちてきた。また風が吹き始める。時おり激しい突風が雨水を吹きおろし、階段の下でガラス窓に砂をぶつけたような音を立てて、砕け散った。戸口の前では湿った埃が漂い、敷居の上では白っぽい水たまりが広がりだし、我々の脚の方へ流れ始めた……顔をあげて、鉄線で締められた大きなブナの丸太を見ると、安心した。だがまもなくポルションが起き上がり、椅子にまたがると、手でブナをこすった。

「やっぱりな！　雨がしみ込んでいる」

それぞれの幹に沿って、大きな滴が輝いていた。もう最初の滴が離れて、藁の上に落ちてきて、沈黙のなかで、かすかに藁のこすれる音が相次いだ。

「あそこだ！」と大尉が示した。

角では、仕切り壁に水がにじみ出て、光っていた。

「こっちも！　テーブルの下」と私がつけくわえた。

足もとでは、白っぽい水たまりがにじみ、長いアメーバ状の網となって広がっていた。外では、相変わらず驟雨が風の下を駆けめぐり、大木の天辺をしたたかに打ち、茂みを叩きつけ、大量に流れ落ちて大地と天空を満たしていた。

「どうする?」とみなが言っていた。

我々は、悲痛な思いで、ぶら下がった大きな雨滴、にじんだ壁、濡れた藁を見つめていた。雨がうち震え、風が交互にうめき、うなるのを聞いていた。なすすべもなく、立っていたが、その間にも泥水が靴をなめはじめ、ケピ帽の庇には樋から垂れるように滴が落ちてきた。

「大尉殿?」とカナールが呼びかけた。

彼は入ってきたばかりで、泥まみれで水浸しになり、口髭からは水が垂れていた。

「ここも、ひどいですね」と彼が言った。「やはりお知らせしなくてはなりません」

「どうした?」

「ほら、テントの幕ですよ! 野営用バケツのように水を受けます。テントは三つありますね? 四つ目をなんとかしてきました。これで、すっかり解決できるでしょう!」

そこで作業に取りかかり、テントをシートのようにのばして、それぞれの四隅を壁に打ち込んだ杭に結びつけた。滴は鈍い衝撃音でそこに落ち、我々は音を抑えた太鼓の連打の下で眠ったのである。

三日間、雨が降っていた。毎朝、水を含んだ袋のようなたるみが重々しくテントを揺らしており、大きな水たまりが頭上にぶら下がっていた。我々は結びを慎重にほどいて、テントの四隅を握り締めて、濁った大きな水たまりを、ほとばしるように泡立っている道路の溝に投げ捨てに行った。道路自体が縁いっぱいに水が流れており、まるで泥土を含んだ川だった。道路は雨で無数の輪の筋ができ、吹き飛ぶ突風で表面を遠くまで逆立てて、白い羽のように巻き上げていた。

次の夜は、突然、杭が抜けて、冷たいシャワーで我々の眠りは水浸しになった。起きて下着類を替え、水浸しの藁をひっくり返して、突風で消える蠟燭に絶えず火をつけねばならなかった。

一日中、フィグラの調理場に行くときにしか外に出なかった。行ってみると、シュッシュと音を立てて、煙っている火の前に、彼がしゃがんでいた。その赤くなった目は大粒の涙で濡れている。それを手の甲で機械的に拭っていた。

夕刻には、朝から食糧探しに出かけたペルスピエが帰るのを戸口で待ち構えていた。黄昏時の空を雲が覆い、森には早々と夜のとばりが覆いかぶさり、闇が広がってきた。彼の帰りが遅く、大尉は苛立ち、我々は次第に増してくる眠気でうつらうつらとしていた。

やっと、路上で、かすかにピチャピチャと足音がし、頭上の水たまりを踏み、交通壕*の階段をこすって下りてきた。ペルスピエが帰ってきたのだ。顔は真っ赤で、眼差しはうつろ、動作は大げさだった。彼は絶え間なくしゃべり、テーブルに銀貨を並べ、指をなめて紙幣を数え、混乱しては、数えなおしていた。絶え間なく浮かぶうすら笑いが、酔って陶然としている証拠だった。

＊平行壕をつなぐ塹壕。ただし、前線に近い、かなり遠くの塹壕へ行く（または戻る）ための野外の土壁で隠蔽された移動路もあった。

＊

「立派な古屋だ！　トーチカのこんな近くにあるとは、また会えて嬉しいな」

ポルションは我らがレ・ゼパルジュの待避壕にそうあいさつした。彼はマットレスに触って、その穴に起爆装置のケース、赤と緑の二冊の大著があるのを確かめ、板仕切りの端に坐り、窯《かまど》の方に靴をのばすと、靴革がすぐ湯気を立てはじめた。

「さあ、よく見てから帰ってくるんだ。外に何が見えるか見てからな！」と彼が私に言った。

外で見えるのは、泥土、草原や道路を水没させて、丘の麓まで広がっている泥の海だ。モンジルモンは泥の山で、斜面が非常に柔らかく、周りの泥に飲み込まれているように見えるほど上から下へとくぼんで下っている。オー・ド・ムーズの山並みは濃い雨のなかに没して、消えている。ユールの樅の木だけが丘の頂きで密生し、頑固な線状になって空をふさぎ、この大雨の下でしっかりと立っていた。

「さあ、帰ってくるんだ！」とポルションが繰り返した。

板ヘラの刃で、私は靴に張りついた泥を塊りごと落とした。触れるものは何にでもしつこく、くっつく黄褐色の泥だ。靴底の上にはみ出して、踵を飲み込み、不格好な鞘《さや》のように脚を覆っている。ゲートルをあまりに荒っぽくかき削るので、青色のラシャ地が見えてくる。だが、ねばつく練り粉のような泥は泥落としの周りで丸まって、ふるい落とそうとしても無駄だった。壕の溝の縁に圧しつけて、鏝《こて》で接合用パテのように、のばさねばならなかった。

「おい、どうした！　終わったか？」

「右足は、そう、うまくいった。待避壕に入ってもいいほどだ。だが左足は外で、宙に浮いているよ。ここは清潔なものしか入れないんだ」

「ねえ……大尉殿……ここがどんなに乾燥しているか、気がつきましたか？　天井に手を当ててみると、木が暖かいですよ」

「なるほど」とプレートルが言った。「この壕は防水状態のようだな」

「それに、床下には溝があって、しみ込んだ水がそこに流れ、汚水溜めに落ちます……気がつきましたか？　戸口の後ろで……踵で叩いてみると、うつろな響きがしますよ」

やっと左足を掃除すると、板仕切りのところへ行って坐った。背後では、新しく入った分銅付きの柱時計がくたびれたようにチクタクと鳴っている。死に損ないの蠅がマットレスを這っていた。うなって燃える火が窯の管をのぼっていく。

「おや、ここにいたのか？」

私の腕の下へ、小さな平たい頭が滑り込んできた。ピンク色の鼻をした子猫が私の脇腹でのどを鳴らしていた。緑柱石の目でじっと見て、欠伸をして渦巻き状の舌を見せると、瞼を閉じて眠った。

「相変わらず降っているかな？」とポルションが訊いた。

「気になるなら、見てこいよ」

彼は起き上がって、入口まで行くと、すぐ叫んだ。

「おやおや！　何という雨のスープだ！　何たる退廃だ！　とうとう、壮大な雨景色になったな」

「どうした……外に出てないのか、冗談ぬきだぞ？　おい！　外に出てないのか？」

「外に出ているよ」とプレートル大尉が言った。

私はあきらめて、肩をすくめ、膝のくぼみに丸まっている生暖かい毛の、小さな塊りを撫でた。時おり夢想に傾き、引きずられる。また時おり、現にそこにある状況で彼らの存在を想起させられる……サン・レミへの我らの突撃からもう一週間もたったとは！　あの時はここで、我々はポルションと私だけだった。今夜は、プレートル大尉がテーブルの前に坐っている。彼は少し厳しい目つきをしていて、口元にはどこか無愛想なところがある。その代わり、鼻はやさしそうだ……いやはや、我々はぬくぬくとたっぷり冗談を言ったものだ、遠くでは、突撃隊が喚声を上げているのに！　兵隊のエゴイズムか？　我らの苦悩に対する反動か？　我らの存在そのものは仲間の労苦に向けられたままなのだが……まあよい。ゲートルが汗かいてきた。さっき強く削りおとしすぎたので、今は表面をこすり取っておくだけだ。絞っておかなければならないだろうな……私の手に広がるこの大粒の滴はどこから来るんだ？　もう一つ？　またもう一つ？

事実には従わざるを得ない。「木が暖かい」天井は雨の浸透への抵抗を止めてしまった。木はふくらみ、湿って冷たい。藁にも、マットレスにも、床にも、樋から知らぬ間に落ちてくる雨水が音を立てはじめた。私が立ち上がり、大尉も立ち上がり、白い猫は耳を震わせて、椅子の上に行ってうずくまった。

「とにかくまずテントの幕を前に！……大尉殿、カナールとパヌションを探してきます」

我々は四人とも板仕切りの上に立って、腕をあげ、頭を横にし、幕の先端を釘で固定したり、結び目を絞めたりしていた。入口から声がした‥

「手紙です！」

指先で手紙の束をつかんだ、ベルナール軍曹の腕が壕のなかにのびてきた。彼の顔や肩は見えるが、脚は外で、靴底が泥に張りついたまま、彼が歩くたびに泥がはねているのが聞こえる。

「私宛に何かあるか、ベルナール？」

手紙が来たのを見て駆け戻ってきたのはポルションだった。下士官が差し出した二枚の葉書を手にし、読みながら言った‥

「まったくあのフィグラは完璧な料理人だよ。ローストフィレの王、情報のプリンスだ。今あってきたが、ニンジンとジャガイモ一杯の袋を持って村から上がってきた。村では、同じく畑を探し回っていたルブレに会ったそうだ。そこで立ち話をし、二人ともが……」

それが耳にした最後の言葉だった。彼の声は遠くでぶんぶんとうなって、私の動悸で拍子をとっているようだった。しばらくすると、大声が私の耳に響いてきた‥

「おーい！　夢でも見ているのか？　夜中にトーチカが吹っ飛ぶようだぞ。一三二大隊が突撃をかけるようだ！……」

しかし彼は私の指の間に黒い縁取りの紙があるのを見ると、茫然として、眼の奥からじっと私を見つめ、何も言わずに遠ざかっていった。

あれから、もう一週間もたった！　あの時はずっと平穏なかで暮しておれたが、今となってはその思い出が悔恨のように重くのしかかってくる。私はあなたから遠く離れて、わが道をたどっていた。私がしたことすべて、私が言ったことすべて、諦め、それらすべてが私には厳しい真実の光となってたち現れた……

「諸君」とプレートル大尉が言った。「これが今夜の訓話だ。口述するから書き取りたまえ」

彼はポルションの向かいに坐っている。彼らの間のテーブルの上に、蠟燭が輝いていた。大きく開いた戸口からは、雨で曇った灰色の一角が見え、交通壕の仕切り壁には水が伝っていた。

「そこでは何も見えないだろう！　もっとこっちに寄れ、席があるから」とプレートルが私に言った。

私は声がよく通るよう努めて答えた。

「いいえ、大尉殿！　十分見えますから」

「好きなようにしたまえ。では、始める」︰

「前日の晩――今晩だ――攻撃準備射撃……」

「準備」とポルションが繰り返した。

待避壕の底の薄暗がりにしゃがんで、私はその穴から二冊の大箸の一つを取り出して、膝の上におき、手の支えにした。そして、こみ上げてくる昂《たか》ぶりのままに大急ぎで書きとった。「私は本気だった！　真摯な心で、諦めることとの人間的な美しさを信じていた。最善に生きるべく我らの軍人生活に全身全霊を捧げようと思った……」

「今夜五時に」とプレートル大尉が続けた。「効力射撃……持続時間は分からない。あとで気づくだろう」

私の固い鉛筆の先が紙をうがって、時おりかすり傷をつける。

「……我々は騙されていた。突撃で高揚した際にも騙されていたのだ！　一種の呪いを免れたところのように思えた。だが終わった、あの忌まわしい魔力は消えたのだ……」

「正確には、どこまでいったかな？」と大尉が訊いた。「話してきたが、もう分からなくなってしまった」

するとポルションが答えた︰第三――トーチカの爆発。

「その通りだ。では始めよう。〝第三――トーチカの爆発……第四――一三二大隊が敵の要塞を占領する。突撃は小隊が行ない、すぐに支援される……〟」

ページをめくって、私は夢中で書き続けた︰

「真実なのは、私が愛しているのはあなただということだ。私が幸福でおれたのは、そこ、あなたのところだ。かつて私は兵士としてのみ生きていたと言ったとしても、それは嘘だった。かつて私はあなたから離れて、戦争によってあなたから引き離されていたと、あなたが思っていたとすれば、あなたにそう思わせたことを謝る……我々が本当に離れていた、あの一週間の思い出が蘇ってくるたびに、心を絞めつけられて、私は罰せられた……いまは、どんなに熱烈に私の存在をあなたに留めておきたいことか！　ここでは、私は軍務につく。できるだけ誠実に、自分に強いてでも誠実に軍務につく、ああ！　それが必要なのだから……」

「すみません、大尉殿」とポルションが訊いた。「さきほど上にいる〝我らが〟中隊が一斉射撃を行なうと言われましたね？」

「そうだ！　それにボワ＝オーの機関銃も攻撃活動に入るだろう。もちろん、我々のところでは、誰も塹壕から出ない。だがドイツ野郎が総攻撃だと思うように、みんなが撃つだろう」

終わった。私の手紙は終了だ。動きを止めた手は大箸の縁で震えていた。

ポルションとプレートル大尉は立っている。ポルションが言った：

「パイプをふかしてきます。よく分かりました」

大尉は楽しそうに、私にも呼びかけた：

「さあ、孤独好き、君は！　やはりよく理解できたかね？」

「完璧に分かりました、大尉殿」

猛り狂った嵐は一晩中うなっていた。雨は斜堤沿いに飛び、待避壕の屋根で渦巻き、入口のテント幕を叩きつけ、突風を鞭うって峡谷に流れ込んでいった。周囲は、暗闇が息をひそめるほどに広がり、長い風雨のうなり声で深まっていた。我々はそれが遠くからきて、膨れ上がり、空に満ち、頭上を狂ったようにかん高く通り抜け、樅の木が悲鳴を上げているユールの山腹を打ち、次いで平原の方に遠ざかり、瀕死のあえぎを響かせて消えていく音を聞いていた。

モンジルモンの最初の一斉射撃が嵐のなかで炸裂したとき、我々は全員目を覚ましていた。蠟燭の炎が時々突然揺れたので、どこか他の大砲も撃ったに違いない。だが空中で反響する大きなざわめき、頭上の屋根にあたる樋からのぽたぽたいう音以外何も聞こえなかった。

「何時だ？」

「五時半」

「まだ何もないか？」

「信じられないな」

半ばあいた戸口から、ポルションは暗闇をうかがい見た。外套の襟を立て、背を丸めて、二、三歩外に出た。だがほとんどすぐ、雨で濡れた目をぬぐいながら、戻ってきた。

「ああ！　くだらん！」と彼が言った。「あそこに何があるか見てこいよ！」

我々は、敷居口のところで、時計を手にして、立ったままでいた。夜の動静を見ようとして疲れ果て、無駄骨をおっていた。突然誰かが動いて、尋ねた：

「あれはなんだ？」

別の誰かが答える：

「風だよ……枝が折れたんだ……何でもない」

まもなく六時だ。だが闇はまだ濃い。大きな雲が大地を圧している。土砂降りがその裂けた側面から噴き出し、泥が驟雨に打たれて音を立てている。

不意に蠟燭の炎が青くなり、縮んだ。待避壕の仕切り壁が強い振動音で震えた。

「雷に気をつけろ！　落ちるぞ……」とポルションが叫んだ。

しかし、相変わらず大きなざわめきと、頭上でテント幕に落ちる樋のしつこいぽたぽた音以外、何も聞こえない。

「上では、撃っているか？」

「恐らくな」

空は、風で小刻みに切られてバラバラに散らばり、か細くなった音にしつこく悩まされているようだった。だが大音響が起こると、天を満たした。ユールの山腹で固い樅の木がうなっていた。

Ⅴ「大展開」

二月二七—二九日

凍えていた。真夜中に、我々はメニル街道からモンに向けて進発した。一日中、上で何が起こっていたのか知ることはできなかった。

ひどい寒さだ。道路は固い。水たまりにできた氷が踵の下で割れる。何も思い浮かばないし、何も考えなかった。それでも、励ましに、目的地に着くという感覚で、道行く私の歩みにはずみがついた。

「止まれ！……左に！……左に行く先変更！」

よじ登っていく、えぐられた地面の小径だ。突然、肩に親しみのこもった重みで置かれたのは、ポルションの手だった。「ほら」と彼が言った。「我々は派遣部隊だ……村で一日損したわけだ」

背後では、兵たちが罵っていた。道の左側に立っていると、ひと並びの小さな樅の木に触れているように思えた。私は確かめようとして、腕をのばした。樅の木の一本が静かに倒れた。通路がカムフラージュされていたのだ。

「止まれ！」

またか！……着いたのかな？　何も見えない。だが凍った地面の表皮が歩くたびに裂ける。ねばつき、臭う、深みのある泥のなかへ入り込んでいった。やっと着いたか。

「急げ‼　くそっ、急げ！」

他の兵たちが、どこからともなく出てきて、姿を見せたばかりだった。私は少し前に進んだ。樅の木の代わりに、切り立った斜面があった。兵たちが出てきたのは、その下からだった。その下の、そこに掘られた穴、壁龕《へきがん》のようなところへわが兵たちが消えていったが、その出入口からは悪臭のする湿気が吹き出ていた。

「どうだい？」とポルションが私に訊いた。

「むかつくな」

混乱は長びいた。罵りが飛び交い、不機嫌そうにささやかれた。誰かが言った‥

「昼間は外に誰もいないな。ここは、どこからも見られているんだ」

もう一人が親切に、教える‥

「樅の木の奥に行ってみろ、誰でも急いで逃げださねばならん、確かだ！」

それが取り交わされた指示事項だ。

「村で一日損したわけだ」とポルションが言っていた。我々がここ、この泥まみれの巣窟で過ごすのは二度目だ。腰にこたえる、斜面の粘土。頭上には、土の重みでたわむ薄い板。我々は頑丈な二本の支え杭の下に滑り込んだ。だがこの屋根は非常に低く、坐ってさえも、首を曲げねばならなかった。つまり、横になったのだ。

入口の近くに、少しばかりの光がよどみ、青白く凍えていた。端には窯の角が見え、その上に青白い、フィグラの顔がかがんでいた。相変わらず凍えている。窯は煙っている。濡れた藁からは冷たくすえた臭いが上がっていた。

「ああ！　おやおや！」とポルションが言った。プレートル大尉は欠伸し、フィグラは咳きこんでいる。

と、突然、砲弾がガタガタと揺れ、谷の上をうなって南方へ飛んでいった。

「見てくるか？」

「行こう」

待避壕の入口近くのすぐそばで、斜面が高くなり、急坂が這いあがる丘をなしていた。我々は、土と小石で一杯の二つの装甲鋼板の箱の間をよじ登った。凍ったごみの列以外、何も見えない。しかし頭上の空は青みがかった白さで、かすかに靄がかかっており、すでに軽やかな澄んだ空気が肺の奥底まで入り込んできた。やがて谷全体が眼下にひらけ、岸沿いに柳の植え込みが茂っている、明るい錫色《すずいろ》のロンジョの流れ、紫がかった果樹園のあるレ・ゼパルジュの村、もっと先にはコンブルの青い樅の木、峠を削り取っている道路、丘の上になだれ込んでいる黄色の尖峰、さらに先には、海にも似たヴワヴル川の岸辺にしおれた森が見えた。

銃弾がふらつきながら北の方へ滑り飛んでいく。多くは我々を無視して、自分の歌をうたっているだけだ。他のは通過する際、わざとのように鋭くヒューと音を発して挨拶していく。ドイツ野郎の塹壕は遠い、八〇〇メートル、一〇〇〇メートル、いやもっと先だ。的に当たらないものはすべてここで抜け出し、斜面を一つずつ浚って、後方のどこかへ消えていった。

カロンヌ方面では、重砲が激しく鳴り響いている。斜めになり、緩慢になり、砲弾が列をなして四苦八苦し、飛んでいった。もう少し先か、もっとか、もっともっと先か……そして後は落ちるがままだ。尖峰はくもった大きな泡で膨れ上がり、やがて泡はつぶれ、煙っていった。

単調だった。ヴワヴル平原は後方にさがり、風景から消え、空は白く、砲弾は眠っている。最後の一発は息切れして、爆発もせずに止まってしまった。

我々は下りた。すでにテント幕が塹壕の入口をふさいでいた。暗闇で蠟燭の炎がかすかに震えている。

「やあ、こんばんは、諸君」

誰だろう？　ボロボロの影が屋根から垂れて、動いている。まずフィグラ、次いでプレートル大尉、そしてルノー少佐のデコボコした額、黄色の頬骨だと分かった。

背後でテント幕が再び下りた。我々は四つん這いで、地下道の黴《かび》の生えた底まで流れ落ちた。ルノー少佐が話す：「兵学校の教練だな……民族代表の戦士の美徳か……この蓋の下で煮えているのは何かな、いい臭いがするが？」

ポルションが真っ先に入り、闇に飲み込まれた。彼は黙っている。息づかいさえも聞こえない。そこにいるのか？　眼前には、一種のかすかな明かりのなかで、生きているように見える人間がいる。彼らの動作はぼやけており、声は鈍い。私は奇妙な驚きをもって見ていた。彼らの誰かが話しかけてきたら、びくっとして答えられないだろう。フィグラは……分かる。プレートル大尉も……分かる。ルノー少佐は、ヴォー＝マリの夜、木立のなかの軍旗……覚えている……だがそこにいるこの男たちはなんだ？

交代組が懐中電灯の強い光を我々に浴びせながら、塹壕になだれ込んできた。刺すような夜の冷気も一挙に入ってくる。我々は立ちあがり、かじかんで、手さぐりし、凍えていた。蠟燭がともった。

「まだ準備ができていないのか？　我々の方はどこへ入れというんだ？」と誰かが文句を言っている。

敷居の近くにいたずんぐりした大尉がその場で動いた。彼はトレゾヴォで、入口の敷居で、スリッパ履きで、我々の行進を見ていた、あの頭が月明かりで光っていた男に似ていた。同一人物か？　今日はまるまる太った、不機嫌な顔をしている。苛立たしくなって、私は近づいて、彼の顔に嘲りの一つでも浴びせてやりたかった。

「後生だから、急いでくれ！」と彼が叫んだ。「外で一人だけだと思っているのか？　根性悪の連中だな、お前たちは！」

じゃあ、勝手に怒ってろ！　お前は自分の部下どもの世話でもしていたらどうだ？　ここでどうするんだ、デブ野郎？　お前だけで塹壕は満員だ！

誰かが私の袖を引いた。フィグラだ。卑屈な下僕のような顔をしている。

「大尉殿と中尉殿は昼食の時間がありますか？」

「昼食！　そんな時間か！」

フィグラは青い髯のなかでぶつぶつ言っていた：「この全

部ダメになったコメ、このコメにこのココアを全部……なんだ？　これはほかの誰かが食うのか？」

装備を整えている間に、彼を見失った。だがすぐにポルションが、唇をギュッと締めて、低い声で叱っている、怒声が聞こえた‥

「ひどい奴だ！　お前はほんとにひどい奴だな、フィグラ」

我々が一緒に出ると、彼が言った‥

「信じられるか！　あの下種《げす》野郎！　昨晩のコメの一皿は……」

「なんだ？」

「あいつはそれにじかに藁を混ぜ合わせた、悪がしこくな……」

そこで、急に中断した‥

「まあ、いい！　ほかの連中が怒鳴りつけるだろう。あいつらはどうしたんだ？　何をやっているんだ？……頼むから、私が考えをまとめている間、あいつらを黙らせてくれ」

凍てついて青白く、音のよく響く夜、呼び声と罵倒の連発だった。すぐそばで、コンパンがかん高い声の猛烈な早口でペチャクチャとしゃべっていた‥

「俺の丸パンは？　俺のパンは？……まさか、冗談じゃないぞ？　横取りされたのか、俺の丸パンが！」

私は彼の方へ飛んでいった‥

「静かに、コンパン！　聞こえるぞ、ここからでも……」

彼は背を向けたまま、声を高め、しきりにわめいていた‥

「おい！　ピネ！　お前は俺が袋から出すのを見ていたな、丸パンを？」

私よりも頑丈だ。だが彼の肩をつかんで、ゆすって一回転させ、その顔に投げつけた‥

「我慢しろ、馬鹿者！」

彼は私を見つめている。ケピ帽がかぶさっている彼の頭と、帽子の縁で一層広がった鰭状《ひれじょう》の耳が見分けられた。すぐそばで、不愉快な夜のとばりを通して、彼のほんとうの眼差し、ほそく、愚鈍で、意地の悪そうな眼差しを垣間見た。

「もう我慢して、黙るか？」

彼は猛烈に怒鳴った‥

「わしは何も言っていません、中尉殿……何も言ってない！」

狂ったようだった。私は突然彼を放して、拳を握って殴りつけたいような気持ちに気づいて、ハッとして離れた。そして、なおも激しい、この抑えがたい、不純な興奮に震えながらも、やがて情けなくなり、吐き気がするほど恥ずかしくなって、嫌気がして行き当たりばったりに、長らく歩いた。

また進発し、メニルに向けて行進した。フィグラがそばにいたので、訊いた‥

「なぜ藁のなかにコメを入れた？」

「さあ」と彼はかたくなな様子で答えた。

数列後ろで、甘ったるい声で、デュロジエが講釈していた。彼は弁舌さわやかで、才気にあふれ、顎鬚の間から言葉が流れ出して、次から次へと流れ出た……

「人間は知的存在である。進歩はその存在理由であり、目的である……それなのに、どうして人間は実際……まあ要するに、人間はこの戦争という後退現象に、つまり戦うことを受け入れ、暗黙の裡に同意さえすることができるのだろうか？……」

私も聞いていた。この饒舌男に沈黙を課そうともしなかった。ビュトレルは一体どこにいるんだ？……今夜は、「怖いのか？……」と言うだけで、デュロジエの雄弁を一発で終わらせるだけの者が一人もいない。

彼が息切れして、やっと一休みすると、ドゥース、やぶにらみの小男、一種の競馬のブックメーカーのカフェのボーイ、ただ一人だけが声をあげた。

「お前の言う通りだな」とドゥースが賛成した。

それだけだった。モンまで、行列は、重い兵隊靴で足を引きずる音がするだけで、遅々として進まなかった。

*

僅か二〇時間の野営。二日間を盗まれたようなもので、二度と取り戻せない。

一昨日いた切り通しより、カロンヌの十字路はなお一層寒かった。ブナは最後の葉も落とし、十字路は広くなったようだった。

灰色の幹の列柱を通して、周りじゅうに待避壕の白っぽい目張りが曲がりくねっているのが見える。二つの道路が分岐している地点に、いつもの歩哨が網代《あじろ》で組んだ見張り小屋のそばに立っていた。彼の姿勢は変わらず、前かがみで、片脚をちょっと折り曲げて、銃身で手を支え、その上に顎をのせていた。

ムイイの小隊では、土木作業班が司令部陣地を深くしていた。プレートル大尉が長身だからである。彼は腕を背に組んで、監視し、指揮していた。時々、入口階段を下りて、角から角へと歩き回り、丸太の高さを測るため、踵からケピ帽まで身をのばしていた。ボクサーのグロンが彼の背後であくせくと動き回り、鶴嘴で地面をぎこちなく平らにしていたが、マントの下でマルタンとシャボの笑いを誘っていた。

作業は休憩のときだけ中断した。その時、レ・ゼパルジュ街道から、第六中隊の将校たちが到着した。我々は穴の底で、藁や、ぐらつくブナの丸太の上にバラバラに坐った。スクッス大尉は痩せた膝に顎を立てて、わびしそうに背を曲げていた。ダヴリルは、ひどい寒さのため、負傷した足に苦しんでいた。習慣的に、我々はフィグラのロレーヌ風ポテ〔豚肉とキャベツなどの野菜煮込み〕とローストビーフに心がなごんだ。彼はもったいぶった微笑で給仕していた。ジャガイモや新鮮な豚肉、キャベツを味わう喜びが臓腑に暖かくしみわたった。我々自身の心にこの励ましの重みを感じるのを好んだ。

夜になると、南方で一斉射撃が弾けるのが聞こえた。爆発音がするたびに、遠くで鞭打つように凍てついた空気を鳴らしていた。ボワ・ブショ、ロクロンの森だ……かつて我々はそこにいた。今また、そこにいる。我々は照明弾、花開くのを期待していた緑の照明弾を見ていたが、やがて動かぬ星の間に漂い消えていった。あらかじめ、七五ミリ砲の発射音を数えていると、砲弾は頭上を飛んでいった。衝撃音を聞き分けていると、その反響は谷底へ消えた。一斉射撃は止んだ。だが、それが聞こえなくなるだけなのを我々は知っていた。

「どこへ行く?」とポルションが訊いた。

「分からん」

本当だった。私はただ少し歩きたくなり、足の赴くまま行ってみたいだけだった。行進はこの厳しい寒さのなかで休んでいた。固い道路は泥を憩わせている。

私はトロワ゠ジュレの方へと、左に曲がった。カロンヌの林道はまばらな雑木林の間を青白い空に向かってのびていた。ひとりだった。手にした棍棒が砂利道にぶつかって乾いた音を立てている。

数分すると、もうブナ林はぼろ着の人影でいっぱいだった。別の塹壕が、白い瓦礫で際立った黒い道路にまたがっていた。ヴェルダンの小隊だ。

私は溝の上を飛び越えた。ブナからブナへと、まるで逃げるか恥じたかのように、素早く姿を消す速さで通りぬけた。そこにいるのはどの中隊だろうか? 第八中隊だと思うが。メニャン大尉がドクターやリーヴ大尉と一緒に十字路にいるに違いない……ラヴォやマシカールは進んでは出てこない。

私は道路から、塹壕の右の方へと離れていった。もうすぐ近くだ。太い枝で組まれた庇の下で、火が赤々と燃えていた。なおも前へ進んで、かがみこんでうずくまった。

我らが待避壕は、地面すれすれに作られて、木の葉の絨毯《じゅうたん》の外に屋根のなだらかな斜面を持ち上げてそこにあった。変化はなかった。平べったい石の煙突からは、青い煙がのぼっていた。私は軽い足取りでそこをひと回りした。簀の子が入口をふさぎ、その向こうからは穏やかなささやきが聞こえる。そこには、兵たちが避難し、炉床の周りに集まって暖をとっている。指で簀の子を分けてはずせば、彼らが見えるだろう。そして雨水がしみ通っているかとか、しみ込まずに滑り落ちているかどうかと言うだろう……私はただ彼らがそこにいるだけで安堵する。

再び起き上がって、行こうとすると、何か薄いシミ、入口の横棒にナイフで削られた大きな切り込みがあるのが目に入った。そこには紫色のインクで何か記されていた。まだインク跡は新しいので、恐らくちょっと前だろう。近づいて読んでみた…

第一〇六歩兵連隊――第七中隊――第一小隊

一九一四年一一月二日

「なんとかなるさ」

誰がきたんだ？　誰か知っている者か、覚えている者か。私は裸木に殴り書きされたこの哀れなる文字を見つめた。インクが木の筋に流れていた。すでにぼやけたこの数行はかろうじて読み取れたが、雨が降れば消し去るだろう。だが今晩はまだある。誰かが来たことは確かだ。

＊

夜には霰が降ってきた。相変わらず凍てついた寒さだ。雨氷で磨かれたような小径を通って、中隊はレ・ゼパルジュに下って行った。眼前では、ジェルヴェがはしゃいでスケートしていた。私の前をガタガタと音を立てていくが、その鼻声が跳躍と重なって聞こえた。

「逃亡行進」と彼は言う。「何からの逃亡？　敵の視界からか？　何も見えないのに！　うわっ！　気をつけて！　お隣りさん、階段は安全じゃない……敵の弾丸か？　我々が普段通る道は切り通しの道なのに！　〝切り通し〟、それがなんだかは知っている……あっ！　肩を寄せて、忠実なるペニー君……我々の手管はまさにあの……ブッス！　弾丸か……あの御仁、踏み固められた地帯を渡るのに交通壕を使って、ずらかる目的だけのために交通壕から出ていく、あの御仁にそっくりだな」

彼が滑った。飯盒を背嚢の上できちっと留めていないので、落ちて転がり、ゴングのような音がした。「……畜生！」と彼は言って止まった。「しゃがんだら、転んでしまう……忠実なるペニー君、飯盒を拾ってくれ」

別な銃弾がヒューッと飛んでいった。急停止で行列が乱れ、徐々に詰まっていく。また進発するが、くたびれたバネのように緩んだ。前方で、誰かが叫んだ……けが人か？

我々は彼の方に下りていく。誰かが彼を道の外側に出して、担架兵が来るまでそこに置いておいたに違いない。歩くたびにその歌うように陽気で、まるで勝利者のようなわめき声に近づいていった。なんとおかしなけが人だ。

「おい、どこにいる?」とゴベールが通りがかりに訊いた。

「ここだ」

「どこ?」

「ここだよ」

どこか陰のくぼみにでも転がっているのか、姿が見えない。

「どうしたんだ?」と誰かが尋ねた。

彼は叫んで、我々を引き寄せ、無理やりにその嬉しさを見せつけた:

「脚を骨折した! 滑ってな、まさかだよ!……そんなの信じられなかった……信ずる気もしなかった……ああ! なあ、おい、まさかな!」

背後で、長らく、物言わぬ大隊の行列が通過する間じゅう長く、彼が声を限りに、耐え難いまでに倦怠とわびしさ、羨望をまき散らすのを聞いて行進した。

今日は、暁光はなかった。だが粘土の土手沿いに、か細く貧弱なプラムの木の下にある掩蔽壕の入口が見分けられる時間になった。

もうカロンヌの明るい寒さではなかった。重苦しい雪空が丘にのしかかっていた。最初の綿雪が舞うころ明るくなった。それが灰色の蠅の大群のように飛び回るのを眺めていたが、降り止むと、すぐに白さに目がくらんだ。

木の葉が落ちた野原では、兵たちが走り、遊んでいた。雪の球が飛び交っていたが、それが〔銃弾のように〕唸りをあげて飛ばないのが好まれたようだ。

ポルションと私も、彼らのように長いこと遊んだ。さらに、我々の壕は彼らのよりも大きく、戸外が避難所よりも気持ちがいいので、遅くまでそこにいた。

我々は、手を赤く、燃えるように熱くして戻った。工兵たちが上で掘削していたが、フリック大尉は、今晩は夕食に来るだろう。フィグラはまたこの集まりで主役だった。

五時のティータイム。我々のところへ第六中隊将校全員とフリック、ノワレを迎えた。我らが料理の名声は稜線の方まで達していた。我々にはそれが中年のブルジョワ夫人のように誇りだった。

隅っこでは、窯がうなってきしんでいた。物入れの底では、二冊の赤と緑のなめし革の本が兄弟のように互いに寄りかかっていた。中央の丸太は黒ずんだパイプのような趣《おもむき》を呈している。天井には前ほど蠅がいなかった。

そこには七、八人いた。三人の大尉はまるいが、真ん中が切られたテーブルを前にして腰掛に、数人の下士官はマットレス、前と同じだが、前より広くて柔らかく、汚れているが、まだよいマットレスに坐っていた。

雑談中に、誰かが言った：

「昨晩、小隊の指揮官が膝を痛めたらしいよ」

「転んだのか？」

「まあ似たようなもんだ。夜、村から上がってきたが、ドイツ野郎は神経質だからな……」

「それはな」と誰かが遮った。「こういうことだ。プロイセン人がバイエルンと交代するところだったんだ。彼らは朝から晩まで我々をうんざりさせたからな」

「ちょうどロンジョの橋で起こったように、機関銃か砲列、あるいは監視兵が待ち伏せているからな……」

「それで結局、彼はばったり倒れたのか？」

「突然な！　溝の底に両膝はまって、鼻は雪のなかだ……通りがかった使役当番兵がそれを見ていたんだ」

みな大笑いした。だがフリック大尉はぶすっとしていた：

「それで？　彼は攻撃したか？　どうして銃弾を取りに行ったんだ？……彼の立場なら、私もそうしただろうが」

話し手は少し赤くなった。もう誰も笑わなかった。

「大尉殿」とダヴリルが訊いた。「ポルションが、昨晩、夕食で大尉はサラダを食べなかったと言っていますが……そうじゃないですよね？」

「そうだとしたら？」とプレートル大尉とフリック大尉がともに答えた。

「どうしてですか？」

「フィグラに訊くんだな。鶴嘴をもって果樹園に下りて行ったぞ……」

「鶴嘴？　なぜ鶴嘴を？」

「サラダ菜を取るためだ」

「鶴嘴で？」

「そう、凍ったサラダ菜を。雪の下から。葉は完全に元に戻るんだ。間違いなく新鮮なサラダ菜だよ」

「ああ！　そりゃすばらしいな」とダヴリルが言った。

「大尉殿」とノワレが言った。「入口の自動開閉装置に気がつきましたか？　滑車とおもりがあって、扉がひとりでに閉まるんです」

フリック大尉が、次いでスクッス大尉が立ち上がった。彼らは開き戸を動かしに行き、滑車を見上げながら、鋳鉄《ちゅうてつ》の塊りが上下するのを顎を動かして追っていた。

「すばらしいな」と彼らは戻って坐りながら言った。

その瞬間、割れるような激しい爆発音で扉が押し開かれ、蠟燭の炎が横になびいた。仲間の一人がびくっとして、抑えようがなく渋面になった。そして立ちあがると、大急ぎで熱いお茶をがぶ飲みし、何も言わずに立ち去った。
みな互いに見つめ合った。眼はからかうような楽しさで輝いている‥

「なぜ笑うんだ？」

もう誰も答えようとしなかった。

青白い太陽が雪の上に漂い浮かんでいた。柳林の端まで進んでいくと、ヴワヴル川が見えるが、遠くはかすんでおり、薄紫色がかった青さで凍っていた。

「ダヴリルに声かけていくか？」とポルションが言った。

「うん、だが彼の壕はやめよう。歩いて交通壕を回っていこう。そうでなきゃ、だめだな」

「ほかにどうしようとは言ってないよ」

瞬時で、手早く準備した。ケピ帽をかぶり、入口で降り積もった雪に握った棍棒を突き刺した。

土手につけられた段から待避壕の屋根の間に入り込んで行く。柔らかい雪の塊りがついた仕切り壁の、誰もいない、狭くて深い塹壕の迷路を通って、ジグザグに進んだ。雪がきしんだ。下の地面は固い。一歩進むたびに意外な驚きに見舞われた。

上の村では、台所の匂いが漂い、生木《なまき》と油の焦げた煙が立っていた。

「おはよう、ダヴリル。おはよう、モリーヌ。おはよう、ル・マオ」

「入っても無駄だよ」とダヴリルが警告した。「掩蔽壕で仕事中だ」

「なあ、おい、もしお前さえよければ……」

我々は、屋根の上でたなびく煙よりも上の方を頭で指し示した。

ダヴリルは了解し、大喜びだ。

「例のやつだな！　よし！　先頭は俺だな、おい？　俺の陣地だからな」

我々は、彼の後からよじ登った。彼は右に曲がって、言った‥

「対壕七。ここが一番だ」

斜面は緩やかになり、ほとんど感じられないくらいになった。ダヴリルが身をかがめる。高原の端にコンブルの樅の木の頂きが浮かび上がっているのが見えた。樅の木が大きくなるにつれて、我々は小さくなる。

交通壕。開口部が大きく開いて、雪でフェルト状になった平たい塊りの舗石ができていた。我々は軽やかな大股で、滑ることもなく、肩ものびやかに歩いた。時おり曲がり角で頭を低くしても、そんなことは気にならないほど、ほんの一瞬のことで、樅の木が白い雪だまりの上に、その先端を高く上げて、また現れるまで、忘れていた。

「気をつけろ!」とダヴリルが突然言った。

背を折り曲げて振り返り、手を激しく下げて、真似をするよう合図した。

「なんだ?……見えないぞ、はっきりと」

「樅の木じゃない」とダヴリルがささやいた……「尖峰だ……」

私はゆっくり、ゆっくりと身を起こした。真向かいの、二つの土塊の間に防柵の十字架が空に刻まれ浮かんでいた。

「おい、遠くないぞ……」

「まったくな」とダヴリルが微笑した。

交通壕は分岐している。右側は機関銃隊で、銃砲は峠の側面を固め、コンブルの斜面を叩く。我々は左側に向かった。

突然、塹壕が右手に幅広く開け、果てしなく続いている。

この時間、ほとんど誰もいない。ところどころに監視兵が射撃用足場に這いあがって、木製の銃眼で見張っている。彼は隣人に挨拶するかのように、頭で合図した。

監視兵たちの間を、何人かがポケットに手を突っ込んで、静かに行き来している。凍てついた地面を踏む彼らの足音以外何も聞こえなかった。大砲の音もしない。銃撃音もない。この塹壕は、ひとがうごめき、どなる待避壕のある村から遠く、沈黙と静けさ、長い安らぎがあるだけだった。

我々は小声でしゃべりながら、塹壕をたどっていた。我々が通るとき、兵たちは消えていく。背嚢も肩かけ布鞄も水筒もなく、最も大きな者さえダンサーのようにすらりとしていた。彼らとはほとんど触れ合うことも、背牆の土にも触れることもなくすれ違った。時々、靴から底の鋲の跡が残っている薄い雪片が剝がれ落ちた。我々の上着はまるで新品のように青かった。

「対壕七だ」とダヴリルが知らせた。

それは右の方にジグザグに沈んでいた。右に左に、右に左に……二メートルごとに、突然、肘から全身が仕切り壁にぶつかった。我々ははずみを大げさにし、ふらつくような振りをし、曲がり角を数えた。七、八、九……

「ワッ!」

突然、尖峰から見下ろされて、我々はしゃがみこんだ。不意に、崖径の上に大きく圧倒的な威容で高々と現れたのだ。敵の塹壕の穴が暗い掩蔽物で虫歯状になって顎のように張っているのが見えた。

「おい!　ひどく近いぞ……」とポルションが言った。

するとまたダヴリルが微笑した‥

「まったくな!」

ジグザグはなおも続き、地下に沈んで飲み込まれた。土が我々の脇腹や肩、頭にのしかかってきた。次第に天空の線が高くなり、後退し、細くなった。まるで対壕の壁が頭上で互いに接近し、つながろうとして、やがてつながり、我々を覆ってしまったようだ。

「聴音哨だ」とガイド役が告げた。

「どこだ？」

「ほらそこだ！」

誰もいない。地面、一種の地面に掘った井戸のほかに何もない。

「第五中隊の番だが、たぶん夜しかいないだろうな……」とダヴリルが言った。

だが背後で、さびしげな足音がした。曲がり角から曲がり角へと近づいてくる。遠くで、はっきりと地面を叩くような音が澄んだ空気のなかに響いた。

「ああ！　まさか！」

ノワレが対壕の上部に現れると、我々は陽気で滑稽な声をあげて挨拶した。

「驚いたな！」

「とんだめぐりあわせだ！」

「がん首そろってるな！」とノワレが遮った。「ここで誰と会うつもりなんだ、私以外に、フリックか、フロッカールか？……びっくりしたのはこっちだよ。わが作戦区で何をするというんだ？」

「散歩だよ」

「見物か……」

わけもなく、みな笑った。その日の爽快さ、光、各人、若いこと、みながともに若いと感じたことだ。

「なあ、立派な対壕だろう！」とノワレが叫んだ。「見てくれ、輪郭がはっきりとし、外見も明確で、頑丈なことを！だがそうは言っても……ここで何か見物できたか？」

我々は彼に飛びかかって、揺さぶり、ひっくり返した。

「気取り屋め！　大口叩き！　もう一度言ってみろ！」

彼は起き上がると、ケピ帽なしで鼻眼鏡を斜めにして、抵抗してきた。我々は彼の膝裏をつかまえると、対壕の外の、村のどこかへ投げ出してやろうとするかのように、彼をかつぎ上げた……すると突然、彼が我々の肩の上で平たくなったのを感じた、とたんに一発の銃弾が荒々しく、固い粘土に突き刺さってきた。

我々は少々青くなって、互いに見つめ合った。

「気違いだな」とポルションが言った。「どれくらいの距離だ、向かいの連中は？」

「二五か、三〇メートルだ」とノワレが言った。

彼らは相変わらず撃ってきて、対壕の上辺縁を銃弾で穴だらけにした。ふわふわした、埃っぽい雪片の間を小石が飛ぶが、一瞬のうちにまた雪片が舞った。

「奴らにはうんざりするな、まったく！」

ポルションは口の前で両手を円錐形にして、あらん限りの声で敵陣地に向かって叫んだ。

「放っといてくれ！　無駄遣いだぞ！……」

彼の声は白い平原の方にのぼって、消えた。銃撃が止まった。一瞬の完全な沈黙、ほんの一瞬だった。すぐに、相手の与太者風のしゃがれ声がドイツの前線から、我々の方に叫んだ。

「怖気づいたか、ユダヤのシメオンめ！」

ダヴリルは怒りで真っ赤になった。口を開いて、答えようとするが……だめだ、言葉が出てこない。

「俺は言いたい……」と彼が言った。「誰かドイツ野郎の罵倒語、本物の、ドイツ野郎の俗語を知ってるか？」

「ベルリンではバーテンではなかったからな……」

「フランス語で罵ってくれよ、なあ」

だがダヴリルは自分の考えにこだわった。考えこんで、思い出の切れ端を懸命に探り、やっと大声で言い放った。

「見つかった、これだ！　Dummer Kerl！（ばか野郎）」

ノワレが才女気取りのような顔つきで、うっとりして喜んだ。

「おお！　いいぞ！　おお！　Dummer Kerl！……ブラヴォー！　ブラヴォー！」

彼が話している間にも、ドイツ野郎の反撃が襲いかかり、ダヴリルを銃撃音で圧倒した。

「卑劣漢め！　どん百姓！　豚野郎め！」

「悪くない、悪くないぞ」とノワレが同意した。ダヴリルは頑固だった。なおも、臆病な「Schafkopf（まぬけ）」、無能な「Schweinkopf（豚野郎）」と引っ張りだして、浴びせかけた。ドイツ野郎が大笑いしているのが聞こえた。次いで銃撃音が弾ける。その後は、我々の悪口雑言の挑発に対して、奴はあの短くて、あまりに明快で、あまりに有名、平凡な返答しか得られなかった：

「またな！」と我々は叫んだ。

「バシッ！」とモーゼルの銃弾が答えた。

「失せろ、ヴィルヘルム！」

すると、銃弾が跳ね返りながら、ヒューとうなってバラバラと、狂ったように飛んできた。

塹壕に戻ると、我々に会いに登ってきたイルシュに出会った。

「私の担当は右の小隊だ。わが兵たちが諸君が通っていったばかりだと知らせてくれた。そこで、よく分からんが……」

白いセーターに上着をはおり、口元は剃って、頬はみずみずしく、澄んだ濃い青色の目をした彼は、毅然とした長身の若者のようだ。それに、あまりに、若さに満ちあふれ、健全でたくましく、生き生きとしているので、どんな戦争であれ、またそれがどうなっても、戦争よりも強いと思わせるような男だ。

「下りるのか？」と彼が訊いた。

「そうだ」

「いや、だめだ！　そうあっさりと見捨てないでくれ……ちょうどドイツ野郎が調子外れに撃っているところだ。少しは楽しめるぞ」

彼は先頭に立って、第六交通壕に入り込んで、我々を最寄りの兵器置き場に誘った。

「各自五歩おいて散開」とイルシュが命じた。「準備命令：鳩《ピジョン》。実行命令：飛べ……これで作戦開始だ」

小声で、彼は間延びしたように「ピジョン」と発音した。そう言いながら、ジャンプするかのように、身を丸めてかがんだ。

「飛べ！」と彼がつぶやいた。そしてジャンプし、獣のような叫び声をあげて、木の操り人形さながら、半身を塹壕上にさらした。

「人形踊りだ」

またその場に落ちると、棒の先にのせたケピ帽を頭上で右、左に動かした。周り中に怒りの銃弾が弾け飛んできた。イルシュは満足して、多少自慢そうに我々を見つめた。

「分かったかい？　そうか？　では右に寄ってくれ」

これまでこんな従順な分隊を見たことない。黙ってすばやく間隔をとった。

「ピジョン……」

ちょっと動悸が早くなる。楽しく生きているような感じがする。

「飛べ！」

我々みなが、スー人のようにわめきながら飛んだ。お返しは雨霰の弾丸だ。五本の棍棒が、胸墻の上で勝利のダンスをしていた。

「さあ！　遊んでいるんじゃないぞ」

イルシュは交通壕の迷路に飛び出し、猛烈な速さで走った。我々はかがんで、せむしのファランドール〔プロヴァンス地方の民族舞踊〕で彼の後についていった。もう一つの兵器置き場だ。

「止まれ！……ピジョン……飛べ！」

かなり間をおいて、銃弾がまた弾けた。

イルシュはまた突進し、小隊の端から端へと我々を引っ張っていった。時にはバラバラで、時には固まって、飛びあがったが、毎回、ラグタイムでモーゼル銃の狂的な一斉射撃で挨拶された。

第五交通壕を出ると、ミュレール老中尉が待っていた。真っ赤になって怒った：

「イルシュ、とんでもない餓鬼だ、小悪党め、お前の尻を蹴飛ばしてやるわ……一体なんだ！　お前たちが走り回っている間、ケピ帽が壕からのぞいている。ここかしこ、またもっと先でもな……ドイツ野郎が銃の先でお前たちを見張っているんだ。誰がやられるんだ？」

　ダヴリルがミュレール親父の片手を、ノワレがもう片手をつかんだ。彼を我々のファランドールに巻き込むと、イルシュが命じた：

「飛べ、ミュレール！」

　ミュレールが飛んだ。

　次いで、彼は毛布をつかむと、銃の周りに巻いて、ケピ帽をまるまる被せた。そして、自分の前に、このスズメおどしの案山子《かかし》を団体旗のように持ちながら、もったいぶって厳かに、ゆっくりと歩き出した。

　ケピ帽が少し壕から出て歩くリズムに合わせて、静かに揺れていた。最初の一発が庇を引き裂いた。二発目は赤い毛布の一片を引きはがした。三発目はそれを撃ち落とした。そこでミュレールがたるんだ毛布を高々と上に掲げたので、我々はドイツ野郎に聞こえるように、大声で笑い飛ばした。

　重砲撃の轟音のするなかで、我々はまた塹壕に下りた。曲がり角で身をかがめることもなく、交通壕を速歩で進んだ。そして無意味に、でたらめに叫んだが、ただ仲間を振り向かせるためだけだった：

「尖峰、用心！」

「樅の木、注意！……」

「奴らは狙っているぞ！……縦射してくるぞ！……銃剣で、前へ！」

　我々は興奮して赤くなり、胸は戦意高揚して熱くなっていた。我々全員に、あの尖峰のお人よしの敵陣、あの遠くの樅の木、我々を脅すため轟音を膨らませる、あの思いあがった重砲への軽蔑心が起こった。

　掩蔽壕に着くと、すぐに上の村はずれにいる群衆が目に入った。我々は見に行った。屋根の後ろで炸裂したばかりの一五〇ミリ弾が、壕をめちゃめちゃにして第五中隊の一人を埋めてしまったのだ。

　男は生きていた。膝と肘で地面に踏ん張って、彼は丸太と土の大重量を屈せずに支えていたのだ。我々が着くと、こちらを見て、イルシュに微笑みながら言った：

「およそ三キンタル〔一キンタル＝一〇〇kg〕ばかりありますよ、たぶん」

　作業員たちは必死になって、懸命に瓦礫を取り除いていた。

「大丈夫だ、大丈夫だよ」と男は言っていた。

　彼の狭い額と鉤鼻《かぎばな》の、ひげ面の顔が前よりはっきりしてきた。体は少しずつ現れたが、腕は、木のように土に埋もれたままで、太ももは膝裏への重みに圧迫されて平たくなり、背骨の強力な湾曲が支えていた。

彼は完全に引き出されるまで待たなかった。最後の丸太を揺さぶって、小石と土塊を振りおとすと、突然起き上がった。少しよろめいた。真っ赤だったが、すぐにまっ青になった。それから空気を深々と大息で吸うと、額に手をやり、言った‥

「我々なら、ドイツ野郎など、糞喰らえだ」

夜になると、「お偉方」が作戦区を訪問しに来た。谷間は、寒く深い沈黙のなかで、湿っぽい靄がかかって、まどろんでいた。旅団を指揮する大佐、二人の副官、ほかに名も知らぬ随伴者、そして我々の隊長補佐、ペリゴワ大尉などがいた。プレートル大尉がお歴々を迎えた。

「ここは予備中隊だったね?」

「はい、大佐殿」

「支障はないか?」

「ありません、大佐殿」

「なるほど、なるほどな……この作戦区はとても静かだ」

「そうであります、大佐殿」

後ろで、ポルションが上機嫌でぶつぶつ言っていた。

「いつも同じだな。わざとみたいに……森の左手にも、一発の銃撃もない。照明弾も見えない。毎日配給の砲弾もない……まったくの欺瞞だ!」

「ペリゴワを見ろ」と私が答えた。

我々は、とがった縁なし帽子をかぶった、毛深くてひどく痩せた、詰め物をしたようなシルエットを心から尊敬していた。

「私はラップ人のようではないかね?」と突然、ペリゴワ大尉が言った。

彼は我々が笑うのを聞いていた。誠実な男の彼は説明した‥

「たぶんそれほど軍人っぽくはない。だが実際は快適だよ」

偵察隊全員はもっと上に登った。夜は栓でふさがれたように動かなかった。

「明日は氷は解けるだろう」と私が言った。「夜明けは遅い。我らが大将たちは足も泥だらけにならずに立ち去るよ」

土手の、二本のクエッチの木の間に立って、我々は暗い小さな集団を目で追った。彼らのかすかな足踏みの音と、近くの待避壕の底で歌っている男の押し殺したような声以外、何も聞こえなかった。

「ちょっと待っていろ!」とポルションが言った。「今度前線で撃つのを禁じられても、ぼくは連射を命じ、確実にドイツ野郎の将軍を倒してやる」

＊

翌日は、モン・ス・レ・コートだった。氷は解けていた。プレートル大尉は道路恐怖症で、我々をモンジルモンやユールの麓の野原を通っていかせた。重そうな土にはまって、長靴はねばねばになった。くたくたになって着き、耳と鼻は凍って、頰は冷たい汗でひりひりした。村の下は湖で、荷車や中隊の車、馬の臀部《でんぶ》の間を人々がスケートをしていた。

オブリー家では、みな眠っていた。家は煙った夜明けのなかで、物音一つせず、鎧戸は閉じたままだった。我々はまるで襲撃でもするかのように入っていき、踵で廊下のタイルを響かせ、声を張り上げ、起床ラッパを吹いた。

森林監督官はすでにベッドから飛び起きて、ズボンをはいていた。オブリー夫人は毛布の下から青白い手を出して、我々に差しのべた。

「あら、まあ！」と彼女は小声で言った。

隣りの部屋、「我々の」部屋では、ドア越しに、テレーズ嬢が着替えているのが聞こえた。

ここで三日間、我々に与えられたのは三日間だ：大きな食卓、ランプ、また手にした我々の席。

各人がそれぞれ自分を取り戻していた。スクッス大尉は長い脚にまかせてアブラムシを遊ばせている。我らがかつての意地悪ばあさんファルシーはそれを納屋の下のパン焼き室に寝かせ、「兵たちはその上に小便をしていた」。時々、スクッス大尉は陽気で魅力的な、一種の奇跡のように微笑んでいた。彼を見て、またあの曲がった背、あの哀しみで曇った灰色の目をよく見ると、戦争を別な風に見ているのが分かる：たぶん、戦争をより一層憎んでいるのだろう。

プレートル大尉は食事時間を忘れたような振りをした。慌ただしくやってきて、額は懸念でしわが寄り、国民の運命を担っている男のような風情で弁解した。無愛想な、白髪まじりの、ひげ面の従軍司祭が一緒だった。

ダヴリルは、毎回すぐにヴェルダンへ戻っていった。我々の三日間は期待を裏切らなかった。

どんよりした空や泥土にもかかわらず、また、一〇五人のさまよえる兵たちがヴワヴルに現れた晩、老女グスカンの怯えた顔が浮かぶのを見た丸天井の地下酒蔵庫にもかかわらず。わが同盟軍ロシアの勝利を祝って飲んだ、恐ろしく泡立つ「ムス酒〔発泡性ワイン〕」にもかかわらず。ランプの明かりの下、傷跡でやつれた頰をして、戦いに戻ってきた負傷兵の仲間が出現したにもかかわらず。その哀れさと単調さにもかかわらず、それでも我々の三日間であり、モンの日々、心休まる休息であり、温かい納屋、ガラス戸のそばのベッドであり、高い整理簞笥の角にあって、重々しい燭台のなかで燃える蠟燭の日々であった。

その後、雨の降る夜、村から立ち去った。我々の装着帯の革紐が体の重みでできた轍に垂れ下がった。長く柔らかな雨で、闇をかすめるように降っていた。

長い行軍だった。トロワ＝ジュレ、道路作業員のあばら屋、右側のカロンヌの十字路を通った。なおも行軍。闇がうすれだした。雨が見えるようになったら、よこなぐりになった。

森はずれの沼地で、耕地に張りついていた、泥まみれの青白い男たちの一隊が、四日目の豪雨の明け方に、その多数の顔にあきらめの表情を浮かべていた。

VI 楽しくて役に立つ……

二月二九日―三月五日

この村はタイイ・ド・ソル（柳の雑木林）という名前だった。我々は蠟燭の明かりの下、参謀本部地図でそこを偶然見つけた。だが明るくなるとすぐ、生育不全の樅の木の荒野、ムイイからレ・ゼパルジュへの街道、スヌーの丘であることが分かった。

夜、高い馬に乗った亡霊のような砲兵が静かなトロットで担架兵を探して、横切っていった荒野。二つの繋留気球が上空で揺れていたスヌーの丘。六七大隊の炊飯兵の火が煙っている森。我々が足踏みしている道路、とげとげしい戦闘の翌日、もうふた月も過ぎてしまった。

二か月……やはり短い！　世界の境界をうろつきながら、ずっと前から、またどんな場所にぶつかることになるか我々は知っているのか？

「なあ、おい」とプレートル大尉が呼びかけた。鉱夫のマルタンの鶴嘴がカチンと音を立てている待避壕の敷居口に立って、彼が見ているのは私だった。合図して、愛想よく微笑みかけているのは私に、だった。

「ソムディユにちょっと散歩してくるというのはどうだろう？」

私は理解しようとした。ソムディユ？……遠い、ソムディユは。まず北西の方にカロンヌとヴェルダンをまた登らねばならない。トロワ＝ジュレよりも遠いだろうか？　そう、オディオモン街道までだ。それから左に曲がって、森に入り込む見知らぬ道路を通って、下の向こうのムーズ川の方だ。

「ソムディユに散歩しに行くということですか？」

「そうだ！」

「それはいつですか？」

「まったく」とプレートルは驚いた。「分かっていないな、君は！　いまだ、すぐに、即刻だ！……それじゃあ、な？　今晩、夜になる前にな」

私よりも脚の方が先に理解した。ずっと前に脚は小径をトロットで歩いており、私はやっとそれを「理解」したのだ。ソムディユに一人で、私の歩みや時間から自由になって、夜までに行く。七時間自由になるわけだ。

突如、輝かしく、熱い思い出が燃え始めた。

九月三〇日、我々はアンブロンヴィルの谷間にいた。プレルは走って丘を下った。私はリュの主計士官事務所に呼ばれて、そこへ「個別に」行かねばならなかった。そこで、路上を静かな散歩者、兵たちから解放されて、とても青い空、暑さはない太陽、足もとを飛びまわるヒバリに斜めにかぶさった、からかうような冠毛を眺めて幸福な散歩者としてぶらついた……

数日後、一〇月二日、私は宿営大隊長としてムイイに派遣された。「派遣」は、また自由で、これで二度目だった。わが人生の数十時間が閉じ込められているムーズのあらゆる村のあらゆる家のなかで、思いだすのはあの家、暖炉の大きな換気扇によって、また窓をふさいでいた汚れたシーツ、大砲の深々とした波動音で外からゆらゆらと押されるシーツによってほかのと似ているあの家だ。どの家にも似ているが、それでも唯一の家。パヌションが口に長い鉄管をくわえて、頬を顔面一杯に膨らませ、パチパチとはぜる小枝の束を吹いていた。ヴィオレはナイフの先で、灰からくすぶる玉ネギをかき出していた。私は黄昏どきの陽のそそぐなかで、まるいテーブルの前に坐って、手紙を書いていた。あの晩、パイプには甘くしみ通るような味わい、何かの存在物のように私を感動させる奇妙な味わいがあった。

もう一度はこの前の二度目のことで、ムイイの家を再び見た。家の前に落ちた砲弾で道路の一画がえぐり取られ、壁は白い傷痕で穴だらけだった。納屋には、二頭の馬がおり、広間には二人の猟歩兵がいた。一人は封書を持ってカロンヌへ行った。私はもう一人と長く話した。この男は気取りのない声で、驚くべきことを語った。彼のゲートルはピカピカで、頬は真っ赤、金髪に上質なウールの略帽をかぶっていた。朝出てきて、夕方にはまた戻っていく不思議な「町」のこと、タバコ屋、小売店、食料品店、二軒の理髪店、住んでいる多くの民間人のこととともに話してくれた。ソムディユのことだ……

小径は突然、カロンヌ川にぶつかった。私は水であふれた轍のぬかるみを歩き、車道をひとっとびで越えた。

寒く青白い光の一日だった。寒気で筋肉が刺激され、歩みを速めた。ヴェルダンの針山のような地帯を越えた。まるで垂れ下がっている鎖のようだ。トロワ゠ジュレのあばら屋。最後の環がはずれ、散らばった。

道路端に、斜めに傾いた黒い一五五ミリ砲の発射管が枝越しに見え、ほてい腹の迫撃砲が枯葉にぴったりと据えられていた。もっと先には、二重の布仕切りのある巨大なテントがあった。そこからは生暖かい空気がむらなく、どこかの家庭からのように発散していた。しかし、予定された一日に誇りをもって、私は、テントの周りに散在して、のんびりとパイプをふかしたり、新聞を読んだり、朝の身支度をしたりしている兵士たちにほとんど憐れみを覚えた。彼らを戦線と私の間に置き去りにして、私はソムディユに行った。

一台の馬車がギャロップで私を追い越し、ほとんど止まらずに、途中私を拾うとすぐに、屑鉄と馬蹄、車輪をガタガタと響かせ、また猛スピードで走り出した。連結部には、二頭の黒いやせ馬がいた。馬車には、二人の御者が一人は立って、もう一人は坐っていた。二、三言葉を交わした‥

「ここからソムディユまで、あとどれくらい？」

「約五キロほどです」

「そこへ何か荷物を取りに行くのか？」

「逆です。運んでいる物を置きに行くんで」

「それは何？」

馬車の底は空っぽだった。むき出しの床には、藁屑と乾いた泥が散らばっているだけだ。

「これですよ、中尉殿」と坐っていた男が繰り返した。

両脚を開いて、彼は指先で座席の間にある、まだニスで輝いている新しい軍用小トランクを示した。馬車一台、馬二頭、御者二人。だが小トランクは将軍の「役割を果たしていた」。

立派な道路で、樹木の茂った峡谷の上をぐるりと回っていた。突然、ブナの幹に釘づけされた掲示板が目に飛び込んできて、面喰らうような注意書きがあった‥

> 死の危険あり
> 教練中……射撃……

全部は読み取れなかった。あまりに急すぎて、とまどい、啞然とした。ほとんどすぐ道路は森から出て、草原の縁沿いに進み、円を描いていた山道を後にして、泡立つ大きな川を越え、沿道に家並みのある通りに突っ込んでいった。通りには本物の歩道や、ところどころに境界標代わりの水道栓、堆肥の未使用の隆起があった。

馬車から飛び降りると、御者たちにさよならをした。靴底では液状に凍った泥がはねかえり、モンとまったく同じだった。通りには、急いだ様子で私の方に歩いてくる痩せた顔の看護兵以外、誰もいなかった。彼は別の通りに曲がっていった。私は彼がどこに行くのか知っている男だった。

もう我々だけではなかった。砲兵が塹壕の回廊から現れ、隣りの道路に飛び出し、互いに近づき、一緒になって、それと知らずに私が行く同じ場所に向かった。我々は石段をのぼり、慣れた様子でドアを押し、入りながら言った：

「やあ！」

理髪台の周りに、彼らはおとなしく坐って、順番を待っていた。唯一の光はガラス戸から流れてきて、何も映していない鏡をかすめていた。鏡の前では、木靴を履いた、太った老人が、すでに髭を剃り、パウダーをつけた、いや、つけすぎた、紫がかった白い頰のブロンドの美青年にウエーヴをかけていた。

「これで、あとは？」と老人が訊いた。

暗い片隅から、声がした：

「最後は顔面マッサージだ、マドモワゼルは一六歳になるからな」

美青年は軽蔑するように肩をすくめた：

「ここへブラシをかけて」と彼が理髪師に言った。「飛び出ている房があるから」

もう一つの粘っこく、強い声が文句を言った：

「ああ！　いやだ、なあ、おい、もうやめろ！　このハンサムボーイに付き合ってからは、脚が痛くなった！」

今度はブロンドの青年がつけたパウダーの下で赤くなった：

「なんだと？……お前は今なんと言ったんだ？」

椅子が床をこすり、重い足音の下できしんだ。薄暗がりが動いて、半ば見え、裸の首と腕、どんよりした目で、唇を震わせたシャツ姿の大男が現れた。

「わしは……もううんざりだと言ったんだ！　お前が出ていくか、わしが追いだしてやる！」

青年は覆いカバーの襞の下で身をこわばらせ、憤慨した：

「言葉に気をつけろ……私は下士官で、軍曹だ……」

大男は滑稽な気をつけでその場を取り繕おうとした。ためらい、からかうような仕草で、砲兵は毛むくじゃらの大きな手を顔面にあげて：

「失……失礼した……覆いカバーの下でよく見えなかったもので」

そして突然、寛大そうに：

「さあ、握手しよう。恨みっこなしで」

彼は間の抜けた薄笑いで、手を差しだして、ふらついた。

「握手してくれ、俺はまじめな男なんだ……したくないのか？……なぜしたくないんだ？……どういうことだ？……俺は二〇歩先の蝿を撃てるんだぞ？……ああ！　興奮させるな、なあ！　興奮させるな！」

彼は突然の怒りで震えながら、二歩ばかり後ずさりした。急に暗がりに入り込んで、背もたれ付きの椅子をつかむと、恐るべき片腕で頭上にかかげた……

「そこ、気をつけろ！」

みながすっ飛んできて、彼を囲み、なだめた。

「まあ、ほっとくんだな……酔っ払いだ」と軍曹はつぶやいた。

彼は覆いカバーをはずし、勘定をした。だが指は震えていた。人間の壁の後ろで、砲兵の声は、おとなしく絶望的に涙まじりだった……

「あいつは俺を侮辱した、侮辱したんだ！　俺が何をしたというんだ？　これまで、おれは誰にもしたことないぞ？　俺の村で調べてくれればよい。コロンブル、コート・ドールで……村議会選挙で俺は推挙されたんだ。今そこにいないのは、俺が望まなかったからだ……」

「そうだ！　そうだ！」とみなが協調して言った。

下士官は気取ってゆっくりと帽子をかぶり、ケピ帽の下の髪をなでつけ、ためらいがちに……

「私が意地の悪い男でなくて、彼は運がよかった」と理髪店の親父にこっそりと言った。

「ああ！」と老人はため息をついた。「毎朝こうだから！　わしにも、少なくとも一度はこんな状態になることがあるに違いない……だが昼前から酔っぱらって倒れることなど許されることではないはずだ」

私は、じとじととした壁の陰鬱な店でほとんど午前中を無駄にした。満足感もなく、ラルダンの指そのものよりも生温かく、べとついた指で、私の頬を触らせておいた。外に出ると、霧雨が降っていた。左側は、家々が霧で煙った坂道沿いになだらかに後ずさりしているように見えた。表通りに戻って、前方にまっすぐ歩いた。反対側では、家々が緑色になった石で満ちたセメントづくりの台地に建って、車道に張り出していた。誰も通っていないでこぼこの広場の天辺に、不意に教会が現れたのは、そこからだった。教会はまだごく新しく、過去もなく、特色もなく、興味も引かないものだった。少し先の赤十字のついたドアの前では、艶消し工のグループがしゃべっていた。霧雨は止んでいたが、日差しにも似た、一種の漠とした明るさをあたりに漂わせていた。通りかかると、医師の一人が言った……

「今晩、一〇六連隊のあの男は行かないよ。もう大声を出すこともない。士官食堂から帰ると、くたばっているのが分かるだろう」

突然、彼は立ち上がり、肘で仲間にぶつかって、何かささやいた。そこにいた男たちがみな、同じように振り向いた。私も彼らの視線を追っていくと、一〇歩ばかりのところに通りを渡る女が見えた。褐色の髪で痩せていたが、バラ色の化粧着を着て、泥が着くためか、膝までたくし上げていた。彼女は歩くたびに踵が離れるおかしな木靴を履いて、品《しな》をつくるような様子で静かに歩いていた。目は伏せたままで、化粧をした、馬鹿にしたような、華奢な横顔と真っ赤な唇、暗く陰ったまつげしか見せていなかった。だが、化粧着の布地を腰の上で強く握りしめ、動く体に押しつけて、それが生き生きとしており、眼で見れば、熱く引き締まって、若いのが分かり、通りすがりに、彼女はそこにいた男の一団にすべてをさらけ出しているかのようだった。

　彼女はアーチ型のドアの下に消えた。長い沈黙の後、医師の一人が話した。ただ私は今のしかかっていたばかりの沈黙の重みを感じただけだった。

「いやはやまったく！　ああいう手合いと寝るときはそれほど構えている必要はないな！　娼婦とやるには何も待つことないんだ！」

　彼は気が楽になって、大きく息を吸った。四〇がらみで、背の曲がったさびしげな、長い顔の男だった。相変わらず女が消えたドアを見つめていたが、その眼は冷酷で残忍な光で輝き、それがなかなか消えなかった。やがて言った：

「どうやら、相手の男は火工兵の伍長、髯を剃りたてたおかまのような顔の、グット・ドール〔パリ一八区の民衆街〕のヒモのようだ……ああいうのは監視しておくべきだ、畜生め！」

　医師たちは、また降りだした雨のなかを立ち去った。私は、水たまりのなかを足を引きずりながら、歩いた。先ほど、パウダーで白くなった頬の、髯のない下士官をよく見なかったことが残念だった。私には、軍医が話した「相手の男」は彼であるという、ばかげた確信があった。軍医の言うとおりだ。ああいうのは監視しておくべきだ……私は彼女が閉じたドアの前をそっと取り過ぎた。辺りには、日曜日の夜、兵営の近くでするような公娼の声がし、通俗で哀れな脂粉《しふん》の香りのぼろ着姿がうろついているように思えた。

　ひとけのない寒い旅籠《はたご》食堂の大広間で、私は白けた気分で、給仕に来た老女を迎えた。都会人風の女。嫌な顔。フォークの歯の間に卵の黄身の跡があった。老女を呼んで、清潔なフォークに取り替えるよう言った。

　私は赤褐色の蠟引きクロスのテーブルで一人だった。窓の向こうでは、時おり、色も形もない沈黙した影が通り過ぎた。揚げ物をする音が台所から聞こえてきて、通りの色々な物音や、歩道に響く足音をかき消した。汚れたカーテンのかかった窓が青白い靄に向かって開いていたが、靄にはすぐに消えていく煙の類《たぐ》いしか入り込まなかった。皿を前にしてひとり坐っていたが、ソラマメよりも大きいインゲンマメの間で焼いたソーセージがひからびていた。私はそれを一つずつ口に入れた。食べるたびにのどが詰まり、必死にがんばって飲み込んだ。

やっと通りに向いたドアが回転した。揚げ物は音をあげなくなり、もう飛び飛びにしか弾けなかった。敷居口のそばで、靴底の泥をこすって落とす音が聞こえる。長い詰襟の軍服を着た工兵が広間に入ってきた。

まるい頬の、非常に若い男で、唇の上には生えたての黒い薄髭があった。彼が私の隣りのテーブルに坐ると、老女の給仕が大きなインゲンマメを添えた焼きソーセージを一皿置いた。

「オテル・デ・ヴォワイヤジュール」の大広間は、昼食をとっている我々二人だけだった。工兵はこっそりと私を見ていた。私も工兵を見ていた。彼は袖に絹が輝いている赤い気球を刺繍していた。

彼は我慢できなかった。彼は気球のこと、私が村に着いたとき、草原にある「城塞」に向かって、その円形の滑走路があるのを見たはずの本物の気球のことを話した。「嫌な場所でした！　ケーブルをかじるネズミに汚染されて、二度目はその前で引っ越さねばならなくなるほどだった！……この引っ越しがなんと煩わしかったことか！　ネズミが、たぶん前と同じく、ついてくることは別として……気球兵であることに、何もいいことはありません！」

私は工兵が戦争のことを話すのを聞いていた。彼は数歩離れたところで、暗い色の袖に鮮やかなあの絹の気球を刺繍した、長い軍服姿で、バラ色の、おとなしそうな顔をしていた。もう退屈しなかったし、時間がたつのも、その場にいた自分自身のことさえ気にしなかった。非常に高く遠いところからのように、気球兵が昼食をしている旅籠の広間を見ていた。並んだテーブル、椅子、会食者、それらすべてが厳密な明瞭さで立ち現れたように思えたが、逆さにした望遠鏡のようにごく小さく、縮小して見えた。

突然、ポルションのことを考えた。彼はすぐそばで、並みの男の背丈で、口髭をはやし、実際の姿で立っていた。

「何を見ているんだい？」と彼が言った。あの驚くべき光景を見せて楽しませてやろうという気持ちを前もって味わうプロデューサーのような虚栄心で、旅籠の広間を見せた。

だが彼がこう答えるのが聞こえた‥

「ただ昼食をとっている男がいるだけじゃないか……外へ行こう。掩蔽壕に戻ろうか」

外に出ると、また目的のない散歩をし、広場を横切って、水道栓のある通りを辿っていくと、やがて泡立つディユ川と人気《ひとけ》のない、長い道路を前にしていた。そこは前に見たことがあった。数時間前、ソムディユに入ってきた道路そのものだった。

　私の時計は二時を指していた。空は青白い大きな裂け目を描いて晴れていた。光はブナの樹間に入り込み、根元を秋の暖かい茶褐色に染めていた。なおも自分の楽しみと歩みに自由な気分になって、進み続けた。

　道路には、誰もいなかった。私は何も考えず、ただ木々の間を歩く喜びだけにひたって、長らく歩いた。曲がり角に来ると、はるか遠くに、一群の男たちが現れ、私の方に向かって列がのび、波打っていた。彼らは疲れ、ほとんど打ちひしがれているようだった。国土防衛軍の老人たちで、一日の仕事を終えて、宿営に帰る労働中隊に違いない。

　私は、色濃くて粗削りなシルエットも、肩に投げ担いだ道具の輪郭も見分けられないのに驚いて、近づいた。この男たちの体はほっそりとし、まだ未成年のようだった。もっと近づくと、やっと顔が判別でき、それが子供の顔、丸みのある肉体であることに気づいたが、疲れて打ちひしがれ、まるで過度の疲労で傷ついたようだった。将校が先頭を歩いていた。私を認めると、叫んだ：

「そこで何してるんだ！……脱走でもしたのか？」

　第一中隊の大男のセーヴだった。止まって腕を広げた彼が、疲れ果てていた群れを制すると、足を引きずる音を立てて、だらだらと列が前方から止まった。

「一四年度兵か？」

「そうだ」と彼が言った。

　そして小声になって、仏頂面で：

「善意にあふれているのはいいことだが……それが続かないと、すぐにへたばるよ……若すぎるんだ。実際あまりにもな」

　それは事実だった。車道端にじっとしたままの私が痛ましい驚きに捉われている間にも、彼らはセーヴの後を行進していた。大きすぎる外套は肩からずり落ち、担いだ背嚢はうなじを圧しつぶしていた。彼らは首をのばして、じっと道路を見つめ、ある者は青ざめ、眼はうつろで、他の者は夕方の寒さにもかかわらず、真っ赤になって、こめかみに大粒の汗を浮かべていた。

　行列の脇を数人の下士官が歩いていた。彼らのことは、日焼けした顔、やせこけた頬骨、静かで長足の歩調で見分けられた。彼らは互いに似通っていた。朝、彼らと別れて、後でまた一緒になった。数か月前から、彼らは私と一緒に暮した唯一の男たち、あらゆる階級、あらゆる地方の男たちで、各自が他の者のなかに自分と似た者を見出していた。だが全員が、擦り切れた認識票のついたぼろ服、色あせた革の装着帯、形の崩れた庇のケピ帽の戦士――その肉体において苦しみ、抵抗する習慣によって、悲惨な軍服よりもはるかに彼らを「一体化させる」、何か勇敢なものと諦めによって結びついた兄弟戦士だった。

それに対して他の者は！　この若者たちすべてが、列を組んで延々と通過してゆく！　小間物屋店員、会計係、郊外の野菜栽培者、シャンパーニュのブドウ栽培者などである彼らは褐色かブロンドで、昔と同じくある者は見栄えせず、ある者は不潔で、またある者は美少年のままか、そうだったことを覚えている者たちだった。彼らは四人行列で続いて、不意に現れては、また消えた。私は頭をめぐらして、ひと眼で、彼らがしかるべき兵士であると確かめ、そうして、私をこの道路端に釘づけにした苦い不快感を振り払おうとしたが、彼らを次々と見て、いやいやながら四人、次の四人、また次の四人と数えざるをえなかった……だが一体いつまで？

いまや彼らは至るところから引き出されて、束にされて、そこにいた。彼らにはまだ、彼らの以前の生活であったものの切れ端が見出せた。「だが我々は？」と私は思った。「だが我々は？……」ああ！　我々は同じではなかった。八月二日、大きな錯乱、ヨーロッパじゅうに渦巻いた狂気の突風、吠えたける列車、熱狂的に振られるハンカチ……実際、同じではなかったのだ。

今の、この若者たちが、我々の後で、やがては我々のように、堕落し敗者になるのだ……ただ彼らの方に行って、彼らを「教練し」、彼らをよりよく掌握するのは我々の仲間だった。

私は振り返った。そこには、群れの先頭で、長軀の支配者セーヴが肩を揺らしながら、おざなりな表情で歩いていた。彼の方に走っていって、こう言いたかった……

「私と一緒に戻ろう、セーヴ。一緒に帰ろう……よくないよ、そこで、お前のしていることは」

四人。次にまた四人……彼らは相変わらず行進していた。一大隊全員がいるに違いない。私の後ろの、森の奥では、砲撃音が重々しく膨れ上がっていた。彼らはそれを全身で聞いていた。私も彼らのために聞いていた。

それは遠くで響き、まだ遠かった。だが彼らは最後の休息をしており、相手が彼らを倒すまで離さず、音のする方に進み、最後の行程を終え、到着せねばならないことを知らなかったのではないか？

私は、胸が張り裂けるような思いで、この疲れ果てた群れ、折り曲げた腰、地面にかがんだ額を見ながら、この兵隊服姿の子供たちの誰が、今晩すでに仲間の死体を背に担いだのだろうか、と考えた。

無人の車道を前にして、私はめまいがした。果てしなく長い行列が通り過ぎる。足踏みの音は絶え絶えになり、やがて消えた。私は前よりゆっくりとした足取りでまた進発したが、四肢はわびしさで重かった。寒さが湿気を帯びてきて、ボロボロになった厚い雲が白っぽい空を背景に灰色になって、西から東へのびていた。私は路肩の枯れ草の上を歩いていた。私の歩みは物音一つもたてなかった。

私は「かわいそうな子供たち！」と言った。だが今は、自分自身のこと、私へのあり得る断罪、私の死を考えた。「よく見てみろ、お前の死体が見えるだろう……かつてその勇気があったか？　今夜、やってみろ。その勇気があるなら、ごまかすな……」私は歩いた。苦く不快な外気が肺腑の奥底に入ってきた……私は肩をすくめた：「愚か者め！　今さら知らないことでも学ぶつもりか？　そんな病人の遊びはやめておけ。もう三時間以上になるぞ」

またカロンヌ、砲兵のテント、長く黒い一五五ミリ榴弾砲の発射管、眠っている、砲筒を斜めにした迫撃砲などを見出した。鎖の環が一つずつ結び直された。私は二つの手首をそっとそこにのばし入れた。

ヴェルダンの戦闘部隊、待避壕、穴の底の炎の明かり。次いで、小径、高らかな点呼、ブナの中心部への鉈《なた》の打ち込み、駆けてくるポルション……終わりだ。

＊

昨日は一日中、雨が降っていた。正午少し前に降りだしたが、その間ポルションはソムディユにいた。雨は静かにたっぷりと降ったが、地面にあたらないで、すぐに水たまりとなる大粒の雨まじりであった。

塹壕の奥では、少尉のポンシェルが整理簞笥の引き出しと、鉈鎌で四角に切った軸とでテーブルをつくっていた。我々にとって、このポンシェルは知らない男ではなかった。第六中隊の軍曹で、九月から前線にきた彼は、曹長のモリーヌと同時に昇進して、我々の中隊に配属されたばかりだった。ソムディユから帰ってくると、彼が森はずれで木を切り倒していたのに出くわした。褐色の大男で背が高く、幾分腹の出た彼は、手をのばして「こんばんは」と言ったが、そっけなくも、たくましい握手だった。

「釘がないし」と彼が言った。「金槌《かなづち》もないです。だから、組み立て、あり継ぎ〔先太の継ぎ口〕の軸で見事な組み立てをしようというわけです」

彼は引き出しと軸にしるしをつけて、ポケットから大きなナイフを出し、多くの道具を誇らしげに見せびらかした。ランプ、錐《きり》、突き錐、ねじ錐、ねじ回し、缶切り、鋸《のこぎり》、それも彼が選んだ、最も鋭く「調子がいい」とがった刃の二つの鋸などであるが、彼はそれらで引き出しの隅の軸の角と悪戦苦闘した。

蠟燭の明かりがつくまで、ポンシェルの鋸が立てる音が聞こえていた。たまたま音が止むと、猛烈な驟雨が頭上にざわめく網状の光景を織りなしていた。やがてまた鋸がしゃがれた音を立て始めた。

夜が暗い海のように広がるころ、私はヴィオレを後に従えて、上にあがった。ひと塊りとなった、青白い私の持つ懐中電灯の明かりが我々の壕の泥屋根に落ちていた。急きたてられたような細い水の流れが斜面を滑っていた。水はまぶしく点滅しているようだ。光線束の重みでジグザグ状に流れ、そして突然、頭を突き立てたトカゲが逃げ込むように、夜の深淵に吸い込まれた。ヴィオレのスコップが、ペタンと平板な音を立てて、強い平手打ちをくらわすように、水の流れを叩いた。そして上から下まで、その幅広の背で斜面を滑らかにし、まんまるで艶のある星屑を輝かせ、私が手首を動かすたびに、流れた。

「さあ、これでよしだ！」とヴィオレが言った。「これで明日までに水を追いだせる……明日までこの中を流れていたら、それは別のが流れたんですよ、ね？」

確かに別のだろう、相変わらずまだ雨は降っているから。

我々が荒れ地から離れると、雨が肩に滴り落ちてきた。足元の、レ・ゼパルジュに下る道のぬかるみには、見えない奔流が流れているのが聞こえた。下の果樹園のそばでは、大隊の先頭の行列がよく響く暗闇の海を裂いており、靴が櫂《かい》のように闇を叩いていた。靴底の下では、間を置いて、底板がかすかに震えていた。帯状になって降る雨が膝に流れ落ち、顔にかすかに凍てついた感触を残して伝っていった。

「ゴホッ、ゴホッ！」とポルションが咳をした。「一〇九年前の今日は、アウステルリッツの勝利だった……アウステルリッツ……太陽……」〔一八〇五年、ナポレオンがアウステルリッツでロシア・オーストリア連合軍に勝利した戦い〕

泥がビシャッと鳴った。落下音がする。やっとクエッチの土手、予備役部隊の待避壕に着いた。それらすべてが発酵してかび臭い臭気がした。交通壕の左側、「調理場」の庇の下で、フィグラとパヌションが遅れてきた炊飯兵を急きたてていた：

「さあ、さあ！　荷ほどきするんだ！」

この炊飯兵はそれほど急がず、タバコ入れを取り出すと、パイプを詰め始めた。屋根からぶら下がって、螺旋《らせん》状の鉄線のなかに束ねてある蠟燭の明かりで、彼が黄色の口髭で唇が薄く、親指で押しつぶされたように平たい目をしているのに気づいた。

「知らせておいたはずだぞ」とフィグラが文句を言った。

「邪魔になるお前の道具があっても、俺のを置くからな、お前には残念なことだが、そいつは通りに放り投げる」

「そうか！」と相手は言った。「あの蠟燭は誰のだ？」

彼はそれを吹き消した。そして暗がりで‥

「あの蠟燭は俺のだ」

その瞬間、喧嘩騒ぎで、大鍋や皿がひっくり返った。プレートル大尉が飛んできた。

「おい！　おい！　どうした？」

大尉はランプを掲げ、光線の先を炊飯兵の顔に当てた。

「どこから出てきたんだ、この男は？……失せろ！」

パヌションとフィグラは別の蠟燭の火をつけた。

「出て行け！　出て行け！」と彼らはゆっくりと繰り返した。

その間、男は背嚢に、空き瓶、長枕、ジャガイモ、新聞束、どうしようもないガラクタをゴタマゼに入れると、ひょいと肩にかついだ。

彼は大尉の横をすり抜け、ぶつぶつ言った‥

「哀れなことだ！　この二〇世紀に！」

「くだらない野郎だ！」とフィグラが言った。「前はあんな豚野郎ではなかった」

「牝豚だ」とパヌションが言った。「子が産めない牝豚だ。肥《こや》しにもならん！」

足先で、彼らはサラダの屑や剝いた皮、肉や骨の残飯を外に押し出した。

ポルションが待避壕から出てきて、彼らと調子を合わせた‥

「こんなところにはおれないな！　息が詰まって倒れそうだ」

夜が明け始めたころ、兵たちが近くに寄ってきた‥

「大尉殿、待避壕は堆肥で満杯です。あそこにいるのは不可能で、新しい藁が必要です。中尉殿、来て見てください。第一大隊の連中がどんなに納屋を汚していたか見てください」

もう一人がまた、怒りでどもりながら、飛び込んできた‥

「ああ！　大尉殿！　汚染源がわかりました……野営用便所です、大尉殿……汚染源自体、コレラです！」

我々自身がじかに見なければ、彼の言うことを信じなかっただろう。プレートル大尉は見て青くなった。何人かがスコップや古びたバケツで、この汚物を汲みだそうとしていた。

だが突然、彼らの一人が手を止めて、汚染源の上にかがんだ。

彼はその汚れた縁を見て、頭を振りだした。

「どうしようもないな……これはひどい」

土手の端から端へ、運び役が二人ずつで歩いていた。彼らの間では、簀の子やドアの羽目板の上に腐った敷き藁が揺れていて、水肥の悪臭がしていた。

「俺は」とリショムが言った。「むつかしいことは言わん。穴倉を見つけたら、そのままそこで寝るよ」

彼に同意する者がいたが、仲間が通ると、冷笑した‥

「冗談じゃないな、あと三日間、ここにいるんだからな……他人の糞を掃除するためにいたくはないな」

「みな仕事にかかれ」とプレートル大尉が言った。「方角はあそこの大きな山積みだ……さあ始めよう、諸君」

我々は一枚ずつ板仕切りを外に出した。今はそれが黒い汚水溜め、ひどい下水を覆っており、むかつく腐臭を放っていた。その中には病的な白色で、どんな光へ向いているのか、よじれた微生物が漂っている。裸足で腕もあらわに、半ズボンで袖を高くまくり上げ、我々は正午まで動き回った。その後、雨戸と箱でできた食卓の上に、フィグラが新鮮なバラ色と淡い緑色の伊勢海老のサラダを出してくれた。そして赤毛のトゥルバが、つんぼのティメールの耳に、ギヨームのかみさんが亭主を嫌っていると大声で言い、毎晩、彼女は寝に行くとき、「あんたがあれに賭けたかったら、勝つわ」と繰り返していると言うのを聞いていた。

「土木作業使役兵六〇名、将校一名」

私は髭面でベレー帽を目深にかぶった伍長が渡した紙切れを指で繰り返し裏返して見た。

「この使役、なぜか分かるか?」

「中尉殿の作戦区と一三二大隊の作戦区との間の交通壕を掘るためです」

「もちろん、工兵隊も作業員を提供するだろうな?」

「工事に取りかかるには、そうです、中尉殿……将校一名も上に登ってきます」

「誰だ?」

「ノワレ少尉です」

外では、驚くほどの月明かりが空と谷間一杯に広がっていた。黄色の月明かりが荒れ地に柔らかく光る青白い黄金の斑点を散りばめ、暗い影で土塊や石、藁茎のそれぞれを浮き立たせていた。おぼろな草原の向こうでは、レ・ゼパルジュがそのあらゆる廃墟の側面を夜の明かりにさらけ出し、奇跡が呼び起こしたばかりの夢の村のようだった。十字路では、十字架像の前で、労役の黒い群れが旋回していた。一つずつ背にこぶのように荷物をのせた影絵がロンジョ川の橋の上で行列していた。

工兵隊のトーチカ近くの、坂の真ん中で、ノワレに会った。私は頭を振って、野外の真っただ中で、懸命に動き回っている工兵たちの影を示した。

「冗談だよな?」

「残念ながら」と彼が言った。

「だがなあ、無視して、後で報告するだけでいい……荒れ地のど真ん中の、ドイツ野郎の銃から五〇歩のところで、こんな月明かりのなかにわが半中隊を放り込むわけにはいかないな！」

ノワレが身をかがめた∶

「私が命令書を渡されたのも、同じ月明かりでした」

それゆえ、使役が組織され、命令書にある通り各自銃で武装した。奥底では角灯が輝いているトーチカの入口の前で、群れの一隊が足踏みし、ぶつぶつとうなっていた。工具が高く掲げられ、大きなスコップは空に押しつけるように、鶴嘴は固い切っ先で空を裂くようにして手から手へと渡された。

「前進……一人ずつ、静かに」

長い列がフウフウ言いながら、ぬかるみを歩いていく。ノワレは数歩先を行き、髭面の伍長を伴っていた。すると突然、この荒れ地だ。最後のトーチカは消え、逆光を浴びてレ・ゼパルジュの森が我々の方に大きな暗い塊りになって膨らんでいた。

坂は前の方でなだらかになり、少し下ると、また登りになった。ノワレが走る。伍長も走る。彼らはとてつもなく大きく見え、一木一草もない野原の中央に立って、青白い空に向かって身振り手振りしているようだった。

また一〇分たった。伍長とノワレが戻ってくる。兵たちは散開した。ささやき声が聞こえる∶

「鶴嘴二本、スコップ一本……鶴嘴二本、スコップ一本」

やがて鉄が土を嚙んでこすれる音がした。彼らが作業しているのだ。その不安げな労苦の影絵が月明かりのなかで動き、ざわめき伝わってくる。草原の端の、彼らの前では、星が一つだけ彼らを照らし、柔らかく瞬いていた。

短く遠吠えのような音がした。モーゼル銃の銃身が下がりながら光るのが見え、銃弾が泥をはねかえした。

彼らは殺到して、身を投げ出して腹ばいになり、また走り出し、ぶつかりあい、肩で押しあった。

「工具！　工具を捨てるな！」

「運搬人！……負傷者がいるぞ」

工兵一人がうめいている。もう一人がノワレに答える∶

「いえ、少尉殿。大したことはありません……足をやられただけです。あいつらの射撃が低かった……」

我々は混乱した群れとなって下った。怒りもせず、非常に静かに下ったが、トゥーシュムランが確認している∶

「あそこからは立ち去らざるをえなかったのだ」

彼は私の肩を支えにした。仲間が腕で彼を支えた。彼は段々と重くなってくる。

「脚がしびれてきた」と彼が繰り返す。「脚がしびれてきた」

我々は泥だらけの坂を滑り下る。仲間が順番にきて、トゥーシュムランを支える。

「痛むか？」

「それほどでもない」

「包帯束を持っているか？」

「ああ」

最後の土手。半ば開いた、待避壕の戸口が薄明かりで我々に呼びかけてくる。プレートルとポルションが物音を聞いて、心配そうに立ち上がった。

「どうした？　どうした？」と彼らが訊いた。

トゥーシュムランが、蠟燭やキラキラ光る竈、絵のなかの青いライオンの調教師に笑いかけて、答えた：

「なんでもないよ……負傷しただけだ」


雨の朝。月明かりの夜。明け方から、前線の方では、第六中隊の銃が咳込むような音を立てている。上部からきた命令では、「部隊の士気を維持するため」、一人当たり五発の弾丸を射てとある。当面は、それでみなが楽しめるだろう。塹壕沿いに、彼らは次のような掲示板を立てた：「仏独大射撃合戦。方角ジョッフル最高司令官。標的二五サンティーム硬貨……」楽しくて彼らは熱狂した。

午後、空気が澄んで、レ・ゼパルジュのどの石もはっきり見えるようになると、ドイツ野郎の大砲がモンジルモンの七五ミリ砲と同様かさかさした乾いた音で、鼻先で弾け飛んだ。砲弾で村の瓦礫から煙がたっている。尖峰の後方でも、コンブル峠の方でも砲声が聞こえる。土中に埋まったトーチカの底にいるように鈍く聞こえる。まさに頭上、数歩のところでは、かつて以上に乾いた音で聞こえてくる。至るところで同時に、捉えがたく、気まぐれに、がなり立っているのが聞こえた。

「大砲がぶらついているのだ」と老ミュレールが言った。「ちょうど反対斜面の端にいて、例の〝鳩が飛んでいく……〟〔伝書鳩作戦〕の日の、我々のように横に移動しているんだ。何発撃っても無駄なんだ」

もう砲声は聞こえてもこない。白い照明弾が空に飛行機雲のしっぽの線を描いているのを見ていた。榴散弾の小片が半透明の翼を壊すのを見たいという欲求に震えていたが、いつも裏切られていた。市場の喧嘩のように、残酷な子供のような笑いで、みなが攻撃を解説していた。また雨が降りだした。切断された排水管が塹壕の底で泡立っている。そこから赤い羽根ぶとん、装備品、丸型パン、そして男たちが現れるのが見える。彼らは貧しく、受け入れられない難民のように、ありあわせの財産を持ち運びながら、ねぐらを求めてさまよった。

だが夕刻、黄色の月明かりの夜には、しっかり閉じた待避壕が彼ら全員を受け入れていた。間をおいて、煙突から金色の火の粉がいくつか舞い上がっている。我々の近くでは、誰かが歌っていた。テントの幕では、横になった影が動いている。痩せたチビの歌い手の声はまだのどに引っかかっていた。彼は歌うのをやめて、ワンテンポ置いた。すると周りが合唱して、リフレインを口ずさんでいた…

　人間にはいろいろな幸運があると言うが、
そう、いろいろな幸運が我々にもあるんだ！

VII　人影《シルエット》

二月五―一四日

　我々は長いこと笑っていた。昨日、シャペルとヴォーティエが水の浸入で待避壕から追い出され、目覚まし時計のことを打ち明けてくれた。

「あのですね、中尉殿。あれはまだ動いているんですよ」

　我々は交代したばかりだった。各小隊は塹壕の後ろに集まり、いつもほど騒がしくなかった。穏やかなざわめきで、ほどなく消えた。突然、けたたましく、続けざまに、目覚まし時計のベルが、我々の真ん中で鳴りだした。最初はびっくり仰天だ。だがポルションが飛んできて、私の背にウールの毛布を投げて巻き、背嚢の上の、私がヴォーティエの目覚まし時計を引っかけておいたところをふさいだ……抑え込んでふさいでも、やはりつんざくように、激しく鳴り続けている。止まるのを待たねばならなかった。ドイツ野郎の目覚まし時計で、よく鳴る、とんでもない代物だった。

　メニルの瓦礫の地に達すると、尖峰では、重砲の砲撃が鳴り響いていた。我々の数時間後に、連隊の二人の負傷兵がモンにやってきた。

「我々二人だけだ」と彼らは言った。「ほとんど怪我はない。ドイツ野郎が撃ち込んできた、あれほどの黒い重砲弾にしては、大したことはなかった……一番面白い話は、ドイツ野郎、あいつらも我々同様、たっぷり食らったことだ……去り際に、それがよく分かった。重砲弾が、一斉射撃ごとに、尖峰の彼らの塹壕近くで互いにせめぎ合っているんだ。それで一挙に狙い撃ちだ！　中にまるまる六発！……それを見たら、なんとも言えず、大笑いだったよ！」

　彼ら同様、聞き手も大笑いだ。ひとり、フイーヌ（詮索好き）と称されるビロレだけは笑わなかった。ビロレは肩をすくめ、顔をしかめ、目配せした。

「それは、おめでたいことだな！」と彼が嘆いた。「ではなにか？　重砲弾が尖峰の塹壕に落ちたとき、中に連中がいたとでも思っているのか？……照準修正はないのか？　照準修正がなんだか分かるか？……俺は、それだと思うよ。俺にそう言ったのは、ドイツ野郎の砲兵師団司令官だ」

彼は片足でクルッと回ると、満足そうに立ち去った。彼のミニ演説は効き目があった。彼らの糠喜《ぬかよろこ》びは苦もなく崩れた。まあ、彼らの習慣だったが。

使役でズタズタにされた哀れなる日々は陰鬱だった。夜、彼らは眠っている。暖かくして、何もせず、納屋の瓦に落ちる雨音を聞いていられるのは、朝、乾草《ほしぐさ》の下で心地よい目覚めの気だるさのなかだけだった。明け方になると、彼らは起きて、もう雨の下を歩いている。遠く、森の伐採に行く。丸太の使役だ。大人の太腿ほどの大木の幹が彼らの肩にのしかかる。何が問題なのかは、彼らには説明してある。北の果樹園で、家並み沿いに待避壕を建設することである。ただ彼らにはよく分からなかった。モンにきて数週間になるが、砲弾が爆発するのを見たことがないのだ。ビロレが言うように、「ではなにか？」である。だが上層部は固執し、こう言った…「諸君は分別ある人間だ。これまで、ドイツ野郎がこの村を手加減したのは事実だ。だが彼らがいつまでも手加減するわけではない。たぶん間もなく、明日かその後、諸君は苦労したことを後悔しなくてすむ最初の者になるだろう」彼らは何も答えなかった。そして遠くへ伐採しに登った。だが木の幹は道端に置いてきた。毎日、正午ころ、森から下る山道の天辺に五、六人が現れて、細い棒や枯れ枝、薪束を運ぶのが見られた。少なくとも薪束は、炊事用の鍋の下で燃やせるのだ。午前中がまったく無駄だったわけではなかったのである。

彼らに私はどんな非難をしようというのか？　今晩は寝る時間まで引きこもっていようと自らに誓ったこの私が？　敷石の小さな中庭の奥にある貯蔵室で、私は、第六中隊と我々が共通費用で買ったひと樽のワインの分配を監視していた。深く心が高ぶって締めつけられ、彼らは、栓を抜いた酒樽から噴出する、赤い流れがズックの水嚢にほとばしり落ちるのを見つめている。彼らは何も言わず、ただ眼だけに全生命を集中していた。水嚢がほぼ一杯になると、私は近づいた。水嚢のズックの内側に、紫色のマークがある。このマークに、泡立つワインがゆっくりと上昇していく。徐々に上昇し、マークに達した。私の肩に、彼らの注目の眼が重くのしかかってくるのを感じた。

「ストップ！」

私の手で穴に小さな木の栓を差し込んだ。噴出する流れは樽の内部で止まった。彼らは一層かがんで、すぐそばで調べてみるが、相変わらず黙ったままで、同意のしるしにうなずいた。

「ああ！」と私は思った。「ここにいなかったら！」……いなくても、同じことだろう。だがここにいて、引きこもったままである以上、自分が役立っていると思わねばなるまい。森から降りてくる作業員のように、私も枯れ枝の束を持ち帰るのだ。

*

この将校たちの中で、どんな連隊長がアンドゥイーユ〔ソーセージの一種〕や小さなハム、腸詰の分配を裁けるだろうか？ 口論は激しかった。老ミュレールは将校食堂から将校食堂へと、長らく微笑をさまよわせており、その言葉は説得するのに巧みだった。「さあ、大尉殿！ 哀れなる豚タンのために！」まだ〔表現の〕完璧さのための修正が残っていたが、このアルザス人の青い目の奥には何か光がチカチカしていた。

そこまで話が進んでいた。噂話が大隊を駆けめぐり、カロンヌの十字路までついてきて、塹壕の底で我々を待っていた。我々はともに兵士であることを忘れていた。我々は鐘楼のない小さな町のようなものだった。

卑怯で怠惰、陰口たたきで大食漢の小さな町。よく雨が降る、陰鬱な小さな町。十字路の主である我々は、そこにソトゥレ大尉の待避壕、生木のブナの屋根、湿った寝藁、洗面台、青い花を挿した陶器瓶などをまた見出した。前のように、よく降るにわか雨の下で、泥川のようになった道路はぶつぶつになっていた。前のように、樋がテントの幕を揺らして、鈍い音を立てていた。しかし二五日前から、ソトゥレはこれを見てきた。彼は今なお掘り、木々を切り倒している。待避壕、彼の待避壕には一つどころか、三つの部屋があった。古い寝室、食堂、台所である。

台所には、肉用のまな板、窯、アンリ二世様式〔一六世紀後半の建築工芸様式〕の椅子が三脚あった。奥の壁には、釘を打った長い板さえあった。だがもう鍋類はなく、ソトゥレが持ち去っていた。

食堂には、アンリ二世様式のテーブルの周りに六つの藁椅子、古いリモージュ焼きの食器セット、二つのオードブル皿、ブロンズ製呼び鈴、クリスタルのチーズカバーなどがあった。チーズカバーとは！ 主よ、我々はいったいなんだというのでしょうか？

黒く分厚いルブレの手で、古新聞に折りたたまれた豚タン、平和の鳩がやってきた。

鉱夫マルタンは、冷たい霧雨のなかを、肩に鶴嘴と堅いオリーヴの枝をのせて、十字路の待避壕の方に進んでいた。

「さあ、あそこを掘るんだ、マルタン」

マルタンはもう鶴嘴を離さなかった。青い静脈の筋が浮かぶ、白く毛のない腕の先で、この鶴嘴は歓喜したごとく派手に旋回していた。戦前の「性悪の醜女《しょうわる》」、夜、マルタンのポケットから「真新しい四〇フラン硬貨」を盗もうと起き上がった女よ、さらば！　ノッポのシャントワゾがマルタンを結婚させようとした。先日、納屋で、彼はマルタンに近づいた。鉱夫の平たい頭に、そのお人よしの悪党面を傾けた。小声でこっそりと、アルデンヌの自分の村にいる、知り合いの未亡人のことを話した……シャントワゾはマルタンを「歩かせ」ようとしたが、マルタンはギャロップだった。彼があちこちの道で出会う者みなに、好んで見知らぬ者、また誇りから下士官たちに話しかけるのが見られた。

「おーい！　おーい！　知ってるか？　シャントワゾの野郎が俺を結婚させたいんだとよ」

「お前は俺をからかってるのか？」と相手は答えた。

「まあまあ、聞いてくれ……物もたっぷり、家もある後家さんとだ」

外套のボタン一つをかけかえるように、北方訛りはいとも簡単に相手を虜《とりこ》にする。彼はゆったりとしてタバコをかみ、微笑して茶色になった歯を見せる。そしてはっきりと発音して、言い終わる：

「それに引き出しにはたっぷりと金もあるしな」

中隊では、これは決まり文句になった。小隊の待避壕に帰ってくると、マルタンはいつも、大声で訊いてくるおどけ者に出くわした：

「誰が結婚するんだ？」

塹壕の連中全員が答える：

「マルタンだ！」

「誰と？　あの物もたっぷり、家もある後家さんとだ」

「それに、なんだ？……一、二、三〔と声をそろえて〕」

「それに引き出しにはたっぷりと金もあるしな」

マルタンはみなと一緒に笑った。マルタンはもう怒るどころではない。幸せで有頂天なのだ。もっとも、彼にはそんな暇はない。鉱夫である彼が歓びを歌うのは、鶴嘴を振るってなのだ。「バター状に」ならないほど固い地面はなく、砂利にならないほど重い砕石もない。彼は狂おしいほど熱心に至るところを掘るのだ。マルタンの鶴嘴は狭すぎる、あらゆる待避壕から求められている。十字路の待避壕に入ると、瞬く間に四つの角石をはきだして、眠っているドクターを揺すった：

「寝相が悪いな、この患者は。脚がはみ出ている」

入口の明かりで、横たわった大きな体で、そこだけが照らされて、板仕切りの縁からはみ出ているル・ラブッス医師の脚を、彼は足で押した。

「さあ、外へ！　さあ、さあ！……一発かますぞ、畜生！」

一時間ほど雨が止むと、みながカロンヌ川へ散歩に行った。ジャノやイルシュと一緒に、ミュレールが前線への遠出から戻ってきた。

「見ろよ、この美しいヒースを」と彼が私に言った。「この小さなピンクの釣鐘状の花は繊細だな?」

「それにこの勿忘草《わすれなぐさ》も……勿忘草」と若いイルシュがささやいた。

「全然違うな!」とミュレールが抗議した。

「で、なぜそれを摘んできた?」

「大尉に持ち帰るためだ」

「それをどうするんだ、大尉は?」

「ジェリネがか? 奥さん宛の手紙の片隅に挟んで、こう書くんだ:〝一二月九日午前一一時、ドイツ野郎の塹壕から三〇メートルのところで摘む。銃弾七発で挨拶され、その一発は右のこめかみをかすめた〟」

「相変わらず冗談だな」とジャノが言った。

「年寄のようにな」とイルシュが答えた。「横の峡谷にとどまっていると、給養軍曹ピュトマンが掩蔽壕の藁で、写真の枠を編んでいた。すると後方で、パシッ! 段ボールの記念銘板はこうだ:〝一〇月一八日、レ・ゼパルジュの峡谷のわが掩蔽壕の藁で編む〟」

「またまた冗談だな!」とジャノが繰り返した。「ヒースが美しいのは本当だ、ミュレール。雨で輝いていても、すぐにしおれるが……一本くれないか?」

「どうするんだ?」

「分かってるだろう」

「じゃ、選べ」とミュレールが言った。「お前は、若いの?」

イルシュはかすかに赤くなった。だがすぐに、明るい魅力的な微笑で:

「ぼくにも一本くれ、ミュレール」

そこでミュレールが私に言った:

「ほら、ちょうど三本残っている。一本はお前さん、これだ。一本はジェリネ大尉。もう一本はもちろん、私のだ」

レ・ゼパルジュ街道からわが隊に戻ろうとしていたら、車道で、三、四人のグループが激しい身振り手振りで議論しているのに気づいた。背後から、プレートル大尉の頭巾付きの短いコート、次いでポルションの長い外套であることが分かった。二人が並んでいると、あとの二人は隠れて見えないが、一人は時々拳を振りあげているのが見え、もう一人からは大きな怒鳴り声が聞こえてきた。

「どうしたんだ?」

「つまらん話だ」とポルションが小声で言った。「バルブ・ドールの伍長マルタヴェルヌが、あの哀れなルマーヌの野郎に近づいた……ルマーヌが気違いみたいになって、馬鹿なことを言った。あいつが、カンカンに怒っているのを見ろよ」

「もうたくさんだ！　うんざりだ！」とマルタヴェルヌが吠えた。「お前はもう一度ひとを愚弄した、またもう一度やるだろう！　軍法会議ですよ、大尉殿！　軍法会議に訴えてやる！　さもなきゃ、階級章返上だ！　冒瀆された権威などいらん！　顔に一発くらわして返上したい……」

「どんな侮辱だ？」とプレートル大尉が訊いた。

「私は」とマルタヴェルヌが続けた。「兵士ルマーヌに正当な指摘をしましたが、兵士に〝掃きだめを閉めろ〔減らず口をたたくな〕！〟などと答えてもらいたくはないです」

「嘘つき！　嘘つき！」とルマーヌが怒った。

「伍長にそうは言わなかったのか……」

「はい、大尉殿、わしが言ったのは、言葉としては言っても……ただ *fermez votre*（お前さんの……を閉めろ）と言ったので、ferme *ton*（お前の……を閉めろ）とは言ってません」

伍長は大尉の方に目をあげて、かすかに薄笑いを浮かべた。ルマーヌはこの微笑を見て、青くなり、拳を握りしめた。

「わしは間抜けかもしれない」とルマーヌが言った。「だが意気地なしではない。自分は賢いと思って、袖章を利用する奴がいるんだ」

「うんざりだ！　もうたくさんだ！」とまたマルタヴェルヌが叫んだ。「聞きましたか、大尉殿？　反逆はもう明白でしょう？……私はこの男を知ってるんです。嘘つきで、分隊の厄介者です。悪い癖は直りません。直る見込みのない者は……」

「大尉殿！」とルマーヌが懇願した。「あれを黙らせてください、大尉殿。もう我慢できません。もう我慢できん！……」

「なあ、マルタヴェルヌ」とプレートルが穏やかに言った。「ポルション中尉の後についていくか？」

「しかし、大尉殿……」

「ポルション中尉の後についていくか？」

「はい、大尉殿」

ポルションは待避壕の方に遠ざかっていく。マルタヴェルヌが不承不承、何度も振り返りながらついていった。プレートルとルマーヌは反対方向に去り、道路上を行きつ戻りつしていた。私は彼らを二人きりにしておくことにして、壕の近くに残った。

将校と兵士は方向転換して戻ってきた。話しているのはルマーヌだ。その年よりじみた童顔は、苦々しさで引きつっていた。通りがかったとき、彼の声が聞こえた‥

「ドクターが、大尉殿……わしはベッドでぐったりしていました。すると彼が言いました〝顔をあげろ〟わしは答えました〃できません〃〃いや、できる！〃と彼は叫んだのです」

　風に引き裂かれて、声が聞こえなくなった。時おり、その断片が私のところまで届いてきた‥

「拳で一発、わしの顎を……殴りつけてきた……骨までこたえ、叫びたいほど痛かった……そこでわしは、そうです、大尉殿……〃ドイツ野郎のように野蛮に〃言ってやりました……」

　彼らが行ったり来たりして、私の方に戻ってきた。再びルマーヌの声がはっきりとし、私は一言も聞き漏らさなかった。

「証人がみなわしに不利な証言をしました。病院では、わしはあまり人から好かれなかった。梅毒なんで、分かりますか……それに、わしはいつも愛想がよいというわけではなかったし……軍医は情け容赦なく、きっとこの〃ドイツ野郎〃という言葉が腹にこたえたんでしょう。彼のために、軍法会議はわしに、五年の土木作業従事を課したんです」

　もう一度彼らは私を通り越し、遠ざかった。今度はプレートルが話している。彼は兵士の肩に手をかけ、父親のように身をかがめていた。その大きめの外套が虚弱そうな輪郭の体を半ば覆っていた。彼はあまりに小声で話していたので、私には聞き取れなかった。

　また彼らが戻ってきた。いつもは少し厳しそうな大尉の眼が人情味にあふれていた。ルマーヌの顔からは緊張がとけていた。すぐそばに来たとき、彼が泣いているのに気づいた。

「ああ！」と彼が言った。「ひとには分かりません！　たとえご存じになっても、大尉殿！　児童養護施設から、いつもたった一人で！……あまり愛想がよくなく、向こう見ずな顔つきで……だから、しまいには……」

　彼らは掩蔽壕の近くで立ちどまり、別れた。大尉は何度も顎で「よし、よし」とうなずいていた。「もちろんだ！　安心していろ。伍長にはうまく話しておくから」

　ルマーヌは彼が遠ざかるのを見つめていた。道路の中央に動かぬまま じっとしている。風で頬に残った最後の涙も乾いた。

　しばらくしてから、ポルションが私に気づいて、大急ぎで近寄ってきた。彼が口を開く前に、衝動的に、私が訊いた‥

「プレートルはマルタヴェルヌに話したか？」

「話したよ」と彼が答えた。

　突然、お互いを祝福するかのように、楽しく心あたたまる感動した気持ちで‥

「なあ……今は確信したよ……」

「そうか？」

「プレートルは誠実な男だよ」

　彼らは、黒いコートと飾り紐のついた制帽でコーヒーの時間にやってきた。セールスマンのスーツケースのような黒っぽい木箱を携帯していた。彼らはこう言った：

「我々は測量技師だ。レ・ゼパルジュで諸君を補佐するためにきた」

「何を？」

「最前線の対壕の先端とドイツ野郎の塹壕の間の測地線、言い換えると、双方を隔てる最短距離を決定するためだ」

「ええっ！　一体なぜだ？」

「工兵の坑道と支脈坑道があまりに短かったり、遠くまで突き抜けたりしないためにだ」

「ああ！　そうか。そうか、そうか、分かった」

我々は一緒に、古いリモージュ焼きのカップで、フィグラが出したおいしいコーヒーと、ひどい味のグレンアルコールを数杯飲んだ。彼らは我々に対して敬意ある誠実さと、仲間同士の善意、我々より運がよく、またそうだということを知らなくはない仲間としての善意を示した。一人は我らが大尉の年齢で、もう一人は我々と同年齢だった。

彼らをボワ＝オーの森はずれまで送っていった。雲の切れ目から、長い光の筋が谷間を粉をまぶしたようにきらめかせていた。光の筋は尖峰の下の、丘の側面にぶつかり、黄土色になった坂の上では、陰鬱な灰色の不格好な凹凸を浮き立たせていた。

「あれだ。あそこへ行かなければならない」

二時間後、彼らは相変わらず黒い箱を携え、再び測地学の神秘箱の蓋を閉じて戻ってきた。

「どうだった？」と彼らに訊いた。「我々の交通壕や塹壕を見たか？　ぬかるみみたいだが、これ以上うまくは作れないだろうな？」

彼らは大きく目を開いて、我々のナイーヴさに微笑した：

「森はずれでしっかりと見たよ！　しかも前線を正確に測定するため、必要以上によく見た！」

「分かったかい？」

「二六メートル、一メートルの誤差はあるかもしれないが」

我々は彼らを賛嘆の念で見つめた。四時過ぎだったので、一緒にお茶を飲んだ。そのあと、よき友人として別れた。

*

翌日から、「大展開」のリズムによって、我々はレ・ゼパルジュのプラムの木の下に連れ戻された。大隊の他の連中は「伏兵中隊」と言っていた。防衛地区の第八中隊は村の南部の谷間をふさぐ。第五と第六中隊は攻撃作戦区の塹壕を、第六中隊が右を、第五中隊が左を守る。

我々がモンで宿営している日々、交代で偶然出会うたびに、

一方の惨めさと他方の幸運をめぐって、議論が果てしなく、時には激しくたたかわされた‥

「ああ！　第七中隊は！　第七上級中隊だ！　司令官の元いた中隊であることがよく分かるな！　毎回楽な仕事だ！……これが公正なことか？　旅から旅へ〝回って〟、坂の下の予備役地区の御殿で何もしないでおれるのではないか？」

こういう風に問題にされると、第七中隊の連中は肩をすぼめて、冷笑する‥

「楽な仕事？　予備役地区？　とんでもない！……そう、使役用予備役地区だ！　彼ら、少なくとも、上の連中には何を目当てにするのか分かっている。何時間か、ポケットにのんびりと手を突っ込んで、穴倉をのらくらと歩哨に立つ。それから、当直が終わったら、さよならだ！　だが我々は待避壕でひと眠りして、誰も足を引っ張りに来ることもなく、静かにしていると、九時に、月明かりで工兵と一緒に交通壕掘りに送られるのだ。真夜中に、峡谷の司令部に照明弾を運ぶ。一斉射撃のトーチカを横切って二時間。四時には、植民地軍砲兵隊のところへ。砲架だ……」

「だが危険は？」と上の連中が言った。

「危険？　どんな危険？……まるで全身をさらけ出して、荒れ地を走るのは、こんな幅広い胸墻の後ろで隠れているよりも危険じゃないみたいだな！……この前の晩、トゥーシュムランがその証拠だ。証拠はまだある……」

「だが泥は？」と上の連中はこだわった。

「何だって？　泥……泥の話なんかするのか？　こちらが、一三二大隊の峡谷の下部へ砲架を運んでいくときや、重砲弾の穴から重砲弾の穴へ落ちたとき、また浅瀬の水で、一メートルずつ身動きできるよう照明弾を待ちながら、ぬかるみで靴が脱げるほどになり、流されるままに動き回っているとき、上の連中は整列しているんだからな！……それに、選べなかった。一度か二度は、中隊間で替わってみたいもんだ。実際、攻撃作戦区の、坂の上で各人順番に何もせず、のんびりしているのが公平だったよ」

それはたぶんもっと後のことだろう。今度も第七中隊はプラムの木のところへ戻ってきた。アカヤナギの近くの荒れ地で、かつら師ラルダンが元気よく「働いている」。奇妙なことに、ドイツ野郎の砲弾が、食器が壊れる音とともに、あちこちで炸裂していた。ラルダンが「即席の」肩かけ布鞄のなかにバリカン、鋏、櫛などを片づけていると、雨が降りだした。雨とともに夜になったが、あのまだ穏やかな大雨の一つで、地平から地平へと覆って、一時間ごとに音もなく絶えず、静かにむらなく流れ落ちて、あふれ、果てしなく降り続くようだった。雨は暗闇とともに至るところで降っていた。雨の下には、もう誰もいなかった。村は死んだようになっていた。

しかしながら、驟雨を貫いて、煙った明かりが屋根の縁で揺れていた。その一つが、高いところで、燃えさかる炎で赤くなり、突然大きくなって、真っ赤で青白くなり、板の天井を破って外に飛びだした。それとともに、叫び声が湧きあがった‥

「火事だ！　火事だ！」

雨は燃えさかる火に降り注ぎ、その周りでは、黒い影がぐるぐる回っていた。スコップ一杯分の土が飛び、水柱がひと塊りになって雨のなかに投げ出され、きらきらと光っているのが見えた。燃えさかる明かりはいきり立って、もがくように燃えている。だが雨が降り、迫りくる闇に助けられて、ゆっくりと火を消した。赤く煙った明かりが吹きそよぎ、もがき苦しんでいる。その周りの影は弱く薄れて消えかかり、もうなくなっていた。夜のとばりが落ちてきたのだった。

次の朝、メニャン大尉が我々のところへ立ち寄った。彼は、大佐から命じられた何かの地形図を作成するため、塹壕に上がってきた。袖なし長衣を羽織っていたが、革手袋をはめた、繊細な手で前側の襞を手繰り寄せていた。

我々は彼に言った‥

「占い師みたいだ」

彼はやさしい、ほとんど女性のような声で答えた‥

「そう思うか？」

それから、彼は坂を一歩一歩、非常にゆっくりと登った。彼が上の村を横切り、身をかがめず、コンブルの樅の木に頭で触れることさえもなく、第七交通壕に上がっていくのが見えた。高原の風で、袖なし長衣の裾が揺れている。ほとんど同時に、三発の銃声が鋭く弾けた。

はじめての銃撃だった。ドイツ野郎は長らく、猟師のように散発的に撃っていた。銃声ごとに、我々はメニャンの歩みを追っていた。彼が峡谷に近づくと、二発の銃弾がわが待避壕の上の枝屋根にうなり飛んできた。彼が尖峰への道を引き返していると、もう一発の銃弾が激しく弾けた。その後はもう何も聞こえなかった。

だが三〇分後、上で男たちが走り、何かはっきりしない物、運搬兵が地面に置いたばかりの、何か動かぬ長い物の周りで、突然立ち止まったのが見えた。それは汚れた黄土色の泥の上で、色あせた鹿毛色をしていた。この動き回る男たちの間で、まったく動かぬままだった。

我々三人ともが、心急かされて飛びだした。最初の土手で、立ち止まった。メニャン大尉が、袖なし長衣にくるまって、一歩一歩我々の方に下りてきた。

「この通りだ」と彼が言った。「やられたよ」

我々は何も言わず彼を見ていた。ブロンドの口髭の下の白

い歯、頬のまだ赤い傷跡で少しゆがんだ微笑を見ていた。やっと、プレートルが口を開いた‥

「さっき彼らが撃ったのは君にか？」

「そうだ」とメニャンが答えた。

「それで別に変わりはないか？」

メニャンはなおも微笑した‥

「なあ、誰が生きて、誰が死ぬか分からんよ。どんな弾で死ぬか分かるか？……分からんな。あいつらが撃ったのは私だが、殺したのはあのかわいそうな男だよ……そう、上でテントの幕に巻かれてな」

彼は杖で死体を示した。そして手をのばして‥

「さよならだ、村に戻るよ」

「もう少しいろよ、今夜まで待つんだ……」

「明日まで、諸君がここにいればな……」

「せめてその……服を脱いだらどうだ！」

「〔山では〕私は気管支炎に罹《かか》りやすいんだ」

最後に微笑んでから、彼は一歩一歩立ち去った。彼が草原に達するや否や、コンブルのドイツ野郎が撃ち始めた。

「急げ！」と我々は彼に叫んだ。「走れ！　走れ！……さあ走れ！」

彼は手のひらを耳に当てて、立ち止まった。銃弾が彼の周りでヒューと飛んでいるのに、両腕を開いて合図していた‥

「聞こえないな。分からんよ」

プレートル大尉が肩をすぼめた‥

「おかしな奴だな、まったく」

ポルションの方は、そっと私を後ろに引っ張った‥

「上を見ろよ」

運搬兵がテントの幕をくぼませて、泥の水たまりに転がっている死体をまた運んでいた。

「やはりな」とポルションが言った。「メニャンを撃たなかったのかな？」


夕方にまた、レ・ゼパルジュの野戦電話担当下士官が待避壕に電話装置を設置しに来た。二時間、我々は見知らぬ声と戯れた‥

「もしもし、モンジルモン！　もしもし、メニル！　君、バルバプウか？……そう、ピピップだ……もしもし、マドモワゼル！　切らないで、マドモワゼル！……もしもし、ラ・クレート！　フランスのコミュニケ‥アルゴンヌで……それ閉めてくれ、ジャカッチ！……アルゴンヌで……おい、なあ！ブランジャに今朝、真っ黒な仔牛が生まれたと伝えてくれ……ルドニック山で……ルド、ニックだ！　エルネスティーヌのR。オマールのO……待って！　待ってくれ！　鉛筆が折れた」

ヤカッチは、トガリネズミのような鼻と長いまつ毛の美しい目をしたイタリア人で、わが塹壕の腐った薄い床板を馬鹿にしたように足で踏んでいた。
「これは大尉殿には相応《ふさわ》しくありませんね。新しい床にしますか?……そうしますか?……では明朝お持ちします」
ブランジャと通称バルバプウのバルバランが電線を広げて作業している間、ヤカッチは部屋の隅を探し回って、起爆装置の箱の重さを測って、羊のなめし革の装幀の二冊の分厚い本をめくっていた。突然、ストーブの前で:
「排煙管が外れかかっている。新しいのにしますか?……分かりました、明朝に」
これ以上何を望むというのか? 漏れるコーヒーポットの代わり? 完全な「付属品」付きの二人用ベッド? 書棚? ピアノ? チェス? シェパード? 牝牛?……ヤカッチがそれらすべてを提供してくれる。ヤカッチはレ・ゼパルジュの夜の主で、黒焦げになった骨組みから地下酒蔵庫の黴の生えた石まで懐中電灯で照らして歩く。明かりをきらめかせて彼が歩くと、黒い蜘蛛が埃のついた巣の端から脚を離し、ワラジムシは穴にもぐる前に、硝石のきらきら光る壁に灰色の円を描いた。真っ暗な夜、しばしば、村の廃墟の上を不気味な鬼火がひそかに踊りまわるのが見えた。今夜は、ヤカッチがモロッコ革まがいの緑の紙をまとったのを見せてくれた。指一本で、彼はほっそりした光線をほとばしらせると、それをフルーレのように動かした:
「この後は何が見つかるか分からない! 何でも、どこでも:これが私のモットー」
彼は私の方にかがむと、こっそり耳打ちした:
「ブランジャに訊いてみてください、中尉殿。試しに、メニルで、牝鶏を見つけてやったかどうか訊いてください」
ヤカッチがウインクすると、やり手婆のようだった。

恐るべき鼾《いびき》かきのポンシェルが六七大隊に移っていった。それで、昨夜はよく眠れた。だが明け方早々に、銃声で我々は飛び起きた。掩蔽壕のすぐそばで撃ったように思われた。歩哨兵に違いない。だがなぜだ? 何に撃ったんだ? ここ、予備塹壕では、この銃撃は異常だった。我々はあっけにとられたままだった。それでも起きて、外に出た。まだ青みがかった薄明かりが静かに広がっていた。

「歩哨はどこだ?」

「あそこ、泉の方だ」

「こっちへ戻ってくる。泉ではないな。銃声はこっちの方からきたんだ」

「だが歩哨は聞いたんだ! 説明してくれるだろう」

男は、銃を肩で揺らしながら、ポケットに手を突っ込んで近づいてきた。すぐそばで振り返ったが、我々が見えなかったのか、片足ずつで、ぴょんぴょん跳ねながら、行ってしまった。

「おい！」とポルションが叫んだ。

返事もせず、男は踊るような散歩を続けた。

「おーい！　おーい！」

男は聞こうともしなかった。

「あいつはこっちを馬鹿にしているな」とポルションが言った。

彼は走って、兵士に追いつくと、肩に手をかけた。つんぼのティメールだった。兵は汗みずくの、とび出た目で我々を見た。唇は垂れていた。彼の口中で、舌が、タルトを食べて露出した一本だけの大きな歯の奥で、もぞもぞと動くのが見えた。

「銃を撃ったのはお前ではないな？」

我々は肩で狙いをつける格好をした。ティメールは薄ら笑いをし、分からないまま、頭を上下に動かした。防寒服の網目越しに、こめかみに白くなった粗い毛があるのが見えた。

「一五五ミリ砲の砲台だ」とポルションがつぶやいた。「その全部が一斉に撃ったんだな、ティメールが聞いたどうかは分からんが」

彼は中断して、急に振り返った‥

土手の上で、プラムの木にすれすれになりながら、腰を曲げた影が大股で走ってきた。我々は何か言う必要もなかった‥ちょうど同じように、天辺にいたから。

「止まれ！」

うろつき男が立ち止まった。見つかったのが分かっても、逃げようとはしなかった。潔く、彼は道を半分ほど我々の方に来た。

まだかなり遠くから、長すぎる外套と髯もじゃでひ弱そうな体つきで、誰であるか分かった。彼は拳で大きな鳥をつかんでいたが、その翼が、歩くたびに、まだ生きているものの柔軟さで、半ば開いたり、閉じたりしていた。

「ノスリを一匹しとめました」メマッスが言った。

「そうか、それで、自慢でもしたいのか！……ここで銃をぶっぱなすとは、お前は馬鹿か？　弾丸がもしも……？」

「見事に当たりましたよ」とメマッスが言った。

猿のようにごつごつした灰色の手で、彼は生温かい羽をそっと撫でた。

「……こいつをうまいフリカッセ〔鶏やウサギなどのホワイトソース煮込み〕にしよう」

ポルションが苛々しだした‥

「あのなあ」と彼が言った。「それがどうなるか考えなかったのか！　まあ好きなだけ馬鹿なことをするんだな。だがいつまでも続くわけじゃないぞ」

　メマッスは相変わらず愚かな様子で、彼を上目づかいに見ていたが、それが何のために――たぶん瞼のしわ、かすかな鼻孔の震え――なんとも言えない嘲りで掻き立てられていたのか、誰にも分からなかっただろう‥

「中尉殿、昨夜、あそこの畑で掘ってきたジャガイモ二袋も持っています……空高く飛んで、ドイツ野郎のいる森の上を飛び回っているノスリがいて、いっときぐるぐると、目が回るほど飛び回っていました……やがて枯れ木にとまって、尾っぽを振りながら、片目でわしを見て、こう言ってるようでした。〝見たぞ、メマッス。見たぞ……メマッスがノスリを殺し、ジャガイモを持ち帰った〟」

　彼は頭をかしげ、眉毛の下でうかがうような黄色の眼差しを光らせて、しゃがれ声で話していた‥

「メマッスは野蛮人のように生きている。だが彼は仲間のために、大きなポケットに放置されたジャガイモを入れて持ち帰った」

　彼が数歩後ろに下がって、身をかがめ、べとべとした袋を肩にかつぐと、泥の塊りがザラザラと落ちた。

「これです」と彼は言った。「もう一袋はすでにわしのところにあります」

　我々は、かつて二箇分隊用に掘られて今は見捨てられ、浸水している掩蔽壕まで、彼の後について行った。そこで彼は滑り下りて、ひたひたと音を立てて消えた。一瞬、その手だけが浮き出て、ジャガイモの袋の角をつかんで揺すって、引きずっていた……丸太の屋根の下で、水のなかを歩く足音が聞こえた。彼はライターをつけ、咳きこみ、なおしばらく動き回ってから、動かなくなった。

「なあ」とポルションがささやいた。

「なんだ？」

「あいつにはいい散歩をさせてもらったようだな？」

　我々は笑いだし、音もたてず入口にかがんで見た。メマッスは奥の、ちょうど水上にできた壁のくぼみの縁に坐っていた。靴を脱いで、短い筒の「ヤコブ」パイプ〔先端部の頭がヤコブの顔を象ったもの〕を吸っていた。後ろに立てた蠟燭が彼の顎鬚を照らし、きらきらした光の輪で顔を取り巻いていた。頭上には、丸太につるされた数珠つなぎの玉ネギが淡いランプのように照っていた。

　メマッスは靴を脱いで、長々と横になり、下に毛布を織り込んで、猿のような手で大きな羽根布団を引っ張った。相変わらずタバコを吸っていたが、眼は閉じて、パイプは胸に滑り落ち、緩んだ唇を眠りに委ねていた……頭をあげもせずに、メマッスは蠟燭を吹き消した。

Ⅷ　五か月経って

二月二六—二四日

「……彼らはとても良い若者たちで、わが家で迎えてもらえればありがたく、家族のように思ってもてなしてもらえれば幸いです」

オブリー氏は共和国軍の絵葉書にサインし、裏返して住所を丁寧に書いた：

「ポルシュロ家母と娘、リュ・アン・ヴワヴル（ムーズ県）」

「さあ、できた」と彼は言った。「これで、諸君は歓迎してもらえると思う」

「いつも期待はできますが」とテレーズ嬢は曖昧な微笑で言った。

テレーズ嬢は我々が歓迎されないことを願っているわけではないだろうが、彼女が我々に何か多少不運なことが起こるのを予想しているのは確かだった。

我々は今夜モン・ス・レ・コートを去るが、もう戻ってはこないだろう。

一昨日、我々がレ・ゼパルジュから下りていると、集中的な銃撃が一三二大隊の峡谷の方の、ヴワヴル平原が見える側で起こった。澄み切った黄金色の曙が青い雲の天蓋の下で半ばのぞき、鋭い銃声であふれ、その騒音は長らく我々についてきた。午後、フランス軍の一小隊がドイツ野郎の捕虜になったことが分かった。またなぜ一〇五ミリ砲が執拗にメニルに襲いかかったのかも分かった。我々がよじ登った丘の上からは、男たちが廃墟から走り出て、平原を通って逃げていくのが見えた。二度の一斉射撃の爆音の間、何度か彼らの叫び声が聞こえた。

「戦争は長いな」と老メージュが憂鬱そうに言った。「メニルでは、司令部付き中隊にいたが、まもなくもうもたなくなるだろう。先日は、医師長が大きな砲弾片で太腿を引き裂かれた。彼はその日に倒れたが、自分が死ぬのは、頑固にそのような砲弾の巣に医療班を留めさせていた司令官に責任があると非難していた……作戦休止のたびに、一三二大隊は兵員を失っている。捕虜たちがべらべらと喋っているんだから、これからどうなることかな？」

我々がもうモンに戻らない理由は分かっている。一三二大隊がメニルを放棄して、モンで我々と交代するのだ。一三二大隊は我々をそこから追い出すわけだ。

［そうでなかったならば］医師長は死ぬことはなかったし、捕虜も喋ることはなかったし、ドイツ野郎もメニルを爆撃するこ

とはなかっただろう。

それにあの青白い雨模様の夜、テレーズ嬢はドアの敷居口に立っていなかっただろう。彼女は何も言わず握手もしないことはなかっただろうし、この非情な別れがあまりにわびしいので、たぶん我々はもう二度と戻らないという気にさせられることもなかっただろう。

「さようなら、テレーズさん……」


夜、モンを去ったので、我々の安眠中にいつもきしんでいた風見鶏を最後に遠くから見ることもなかった。森の方には登らなかった。派遣中隊である我々はコロンヌの十字路には行かないだろう。レ・ゼパルジュからも見える三本の大きな樅の木が、雨で引き裂かれると、丘の麓で道を示してくれた。

「ヴェイヤール軍曹はもうそこにはいない」と誰かが後ろで言った。「フリショ軍曹もいないし、トレモ伍長も、デュベール伍長も、ランベルクールの夜、茨の垣根内に残っていた小隊の三〇人もいない、お前さんは知らないが、伍長……」

「私の名前はリュシアン」と下士官が答えた。「一〇月二日、ムイイで合流した、一九〇三年度兵だ」

「私は一一年度兵」と男が言った。「名前はキャリエ。前は、第七中隊にいた……」

彼は黙った。何か考えているか夢想していたが、突然……

「やはり奇妙だな」と彼が言った。「茨の垣根内に死を覚悟で放置され、銃剣で背から胸を一撃されて、ドイツ野郎に拾われてトリオクールの野戦衛生部で治療された。それもきちんと治療された。彼らと一週間も一緒にいたんだ……ある朝、彼らはヴェールをかぶって顔を隠した。夕方、友軍がきて、私は撤退させられて、フランスの医師にかかって治療を終えると、つぎはぎだらけでも回復し、ここにいるんだ。二つの傷穴はふさがって、またまっさらの兵隊、純真無垢の兵隊だよ……こんな風にして戦争が行われるのは、やはり滑稽だな」

死んだ馬の腐臭のなかに眠っているメニルを横切った。夜は順番に霧雨になったり、弱々しく風が吹いたりしている。道路が果てるとやっと、夜はぱっとしない青白い照明弾の下で打ち震えていた。

正確には、どこへ行くのか知らなかった。尿の混じった泥に突き刺さった樅の木の枝の後ろにある、穴だらけの道端か？　多くの兵たちがそこ、土手の下に掘られた穴底に隠れていて、彼らは動けば銃撃され、道は日々に悪臭のする泥で一杯になっていた。たぶんその前に、我々はオー・ド・ムーズ山地を平行に切り込んでいる峡谷の一つで停止するだろう。

細々とした小川が流れ出ている峡谷があり、そこを通過した。別の小川、別の峡谷……前方、遠くで、怒号が猛り狂っていた。しゃがれて、かん高く、恐ろしい叫喚《きょうかん》で、道路にあふれ出て、飛びはね、我々の頭上に落ちかかってきた。

だが我々は安心して、微笑んだ。夜の灯台よりも確かな道案内になるソトゥレ大尉の声が我々を迎え出て、一歩一歩、行軍の最後の一歩まで導いてくれた。

「ここはジョンヴォ峡谷だ……穴だらけの道から逃げ出さねばならなかった。もう一小隊しか残っていない……ここは泥もほぼきれいだ。自然に掘ってあるしな。ただまだ仕上げをするところが多少残っている。明るくなったらみておくことだ……それじゃな」

だがソトゥレ大尉の声はすぐには離れなかった。我々とともに、レ・ゼパルジュまで、夜が明けるまで残っていた。

声が消えると、モンジルモンの後ろで暁が青くなり、山頂のブナをかすめ、ゆっくりと峡谷の底に流れた。メマッスの影が、顎鬚まで泥色になって、掩蔽壕の前に滑り出た。

「どこから来た、メマッス？」

彼はうなって、倒れた。「あそこ」で、彼は鉄条網で外套を引き裂いていた。ジャガイモが見つからなかったのだ。

「こういうたわ言は」と彼はぶつくさ言った。「ほかのほら話にでも付け加えておいてくれ」

そう言って、どの穴か分からないが、姿を消した。


我々は、頭をきちっと組み立てられた屋根の近くにして、高い棚ベッドで寝なければならなかったが、屋根に使われた若い樅の木からは、まだ樹脂の滴が流れ落ちていた。入口で泥がべたつく音で目が覚めた。プレルが入ってくると、足で合図した。

「大尉殿？……贈り物です、大尉殿」

彼は紐で固く包んだ白い段ボール箱を差し出したが、破れた角からタバコ箱がのぞいていた。

「代議士からのタバコです」とプレルがふざけた。「もう好きなだけタバコが吸えますよ！　わしが代議士なら、持ってくるのはタバコじゃなくて、白紙の外出許可証か、平和条約のサインですが……」

プレルは気が向くとおしゃべりで、今朝はとてつもなく多弁だった：

「彼らはカロンヌを通って車で来ました……ああ！　まったく！　兄に会いに来たメニャン大尉の弟と一緒に二人でした。まったく変な奴だ、あいつは！　一人は張り切りボーイで、眼はつぶれ、レジオンドヌール勲章つけて、顔には包帯ですから……わが隊の兄弟のようにブロンドですが、顎鬚がない……十字路まで仲間を引っ張っていったのは、きっと彼です。司令部では、彼らはグラスを傾けていたんですよ。車のなかでは、どんな極上酒を飲んでいたことやら！　ルブレと何を食べていたことやら！　我々には赤ワイン一リットル瓶をくれましたが、それだけで」

　彼は中断して、唾を飲み込んで一呼吸おいた：

「わしはですね、カロンヌの十字路で、立派に戦争を終えて、父や母、妻、三人みなをそこに住まわせます……はっきり言っておきます！……箱を見ますか、中尉殿？　パナマの箱、中尉殿の街、第五区の店の箱ですよ」

　本当だな、プレル。お前は今朝やってきて、驚くべき白い箱を持ってきた……ではそれがいつもあるのか？……店はゲイ・リュサック通りだ。この間の夏のある日、我々、スュブランと私は息が詰まるあばら屋を避けて、「別荘」へ行っていた。歩道のアスファルトは柔らかく、通りはサン・ミシェル大通りまで人っ子ひとりいなかった。

　我々はマルヌ川*で、酒場のある島をかすめながら、ボート遊びをした。いつかまた、シャンピニとシェヌヴィエールの間で、あの川岸から落ちかかる枝の穹窿《きゅうりゅう》、あの青緑色の根、あの黒い水に映るまるい太陽の輪、時間や生活のことを忘れ、自由な精神で少し狂ったように語り合った、この瑞々しい影の隠れ家を見出せるだろうか？……こげ赤褐色の光線が茂みの下に入り込み、夕べが近いことに気づいた。大きな緑色の空の下で、全力で漕ぎながら、ジョワンヴィルの方へ遡っていった。スュブランは私よりも漕ぐのがうまかった。彼は大笑いしてそう叫んだが、笑いは土手から土手へと水に運ばれていった。板囲いの向こうでは、ペタンクをしていた者たちがこの爽快な笑い声を聞こうとして顔をあげ、明るい色のブラウス姿の女たちが道に現れるのが見えた……

＊フランス北東部オート・マルヌ県のラングル高原に源を発してパリ盆地を流れ、パリ東部近郊でセーヌ河に合流、全長約五一四キロメートル。

　一か月後、スュブランが死んだ。ロクロンの森で、一通の手紙でそれを知った。私は手紙にあったこと、銃撃と悲劇的な、援護物のない下草のためということを信じた。しかし、手のなかにまだあの白い箱があるいま、どうして信じられようか？
　何が本当なんだろう？　プレルは時代錯誤のつまらぬことをしゃべり続け、将校連を「配置換えする」決定のことを語り、司令官の大隊着任を知らせていた：
「リーヴ大尉が第七中隊に戻る。プレートル大尉は第三中隊に行く……新司令官は？　セネシャルという名前だ。彼は九月に負傷しており、反対は言えない。だがなぜ後方が昇進するんだ？　なぜ前線に向かうプレミアムとして新しい階級章を与えるんだ？……もう一つ、新聞に書かなくてはならないことがある」
　テントの幕がドアの横棒に巻かれて、彼の肩の後ろに、陽に照らされた草の茂った斜面が見えている。震え、湿ったような日差しで、戦争前にあったようなかすかな清らかさがあった。

「通してくれないか？　プレル」

私は樹木の間を歩き、足元で枯葉を舞い上がらせ、ブナの滑らかな樹皮に光が戯れるのを見に行った。思い出すことは残酷にして甘美だ。苦々しいのはプレルの饒舌であり、あの薪のくすぶる掩蔽壕、あの深い痕跡を残す泥道だ。昨夜だけで、どれだけの男がこの泥にそのあらゆる悲惨の重みを沈めたのか？

土手の草は輝いている。これが森の最初の植物、エニシダの草叢《くさむら》、苔だ。山頂には、私が求めていた光がある。

一度か二度ほど、九月の終わり、七五ミリ砲の単調なメロディーに瞑想を煩《わずら》わされないほど広くいきわたった、穏やかな夕べ、小径の果てで赤い金色の陽が燃えていた夕べに、私の後ろで男たちが敢えて話もせず、音もたてずに湿った土を踏んでいた間、私は森の力強い鼓動を聞いたように思った。しかし決して、光が枝の間を流れ、大木の樹林の下で最後の秋の葉に降りそそぐ今朝ほど、私の周りで、森が、あらゆる過ぎ去った季節にいつもあがめられ、枯れた葉叢の上に、春が巡りくるたびに、その尽きせぬ若さにむかって舞い上げられ、生き生きと感じられたことはなかった。

私は森に行って、一日中ひとりでいた。足元で、最も大きなブナの根の間にできたばかりのあの穴に下りて行く。そこで太陽の側に坐ると、誰にも見えないし、誰も私のことなど考えない。たぶんそうすると、まどろんで、自分の体のことも忘れ、ここから非常に遠くを夢見ることだろう。

この穴はいい。突き出た内壁面が人間の大きさに合った腰掛の形をしていた。少し身をかがめると、もう一つの内壁面で肘が支えられる。頭を傾けると、全身も機械的に傾く。何かが欠けている気がするが、手にする銃がないのだ。

穴底では、薬莢の殻が輝いている。ブナの樹皮は深い傷跡のひびが入り、樹液が赤くなっていた。濡れた葉は褐色で、前に見たことのある斑点のようだ……では、九月には、ここでも戦っていたのか？　遠くまで来ていないとは思っていたが。

そこでは、ほとんど全般にわたって、全部の木に傷跡、銃弾が突き刺さり、砲弾の破片で引き裂かれた木肌が見られた。狙撃兵の穴は接近し、にわか仕立ての塹壕がつながっているが、冬に放置され裸のまま、何もなかった。ドイツ野郎は稜線を越えていた。この塹壕は彼らのもので、砲弾の装塡装置が錆びついていた。振り返ってみると、木は両側から傷がついている。

ここでは、わが隊は、撃つこともなく、撃たれることもなく、非常に早く前進した。またここでは、戦闘が再開し、より厳しかった……この林間の空地では、野戦砲台が動かなくなっていた。周りには砲弾が乱雑に散らばっている。漏斗孔の底では雨水が緑色になり、折れた木はただ枯れ果てるだけだ。木が枯死するのは時間がかかるが。

またここでも、わが隊は一歩一歩、死から死へと前進した。負傷するとその場で包帯をしたが、この真っ白な綿の帯は茨に引っかかったままで、突然無用になる。茂みの中心にもう一歩入ると、私は最初の墓の上を歩いていた。墓は七つ、全部似たようなもので、森のなかで放置されたままだったが、ずっと後でもう一度見ることになる……

プレルが言っていた：

「セネシャル少佐は九月に負傷しており、反対は言えない」

確かにできなかった。あれは、九月一日、セットサルジュの森で、ダル＝ルブランが腹に弾丸を食らった日だった。私はあの夜、長時間寝ずの番をした。すでに寒くなっており、放置された負傷兵が前線で戻ってこない担架兵を呼んでいた。ただ、こうした人間の嘆き声よりももっと悲痛なのは、星の下で、瀕死の馬のいななきが息も絶え絶えになっていたことだ。

確かに反対は言えない。スュブランは死んだし、私が知っている他の者も死んだ……それらすべてが私が行なった戦争で、それで私は生き延びた。では、この戦争が終わった今、なぜここにいるのか？

森はずれの、枯れ枝の混じった茂みの後ろで立ち止まった。足下では、丘の斜面も、谷間のロンジョ川も、レ・ゼパルジュの壊れた家も見えなかった。だが前方には他の荒涼とした斜面が見え、光があって明るかったのに、泥色だった。我らが二つの村、クエッチの村と上の高地の村が認められた。また掘っ立て小屋沿いに、仲間の男たちが這うように歩いているのが見えた。彼らよりも遠くには、さび色の森のある峡谷、塹壕に囲まれた危険な尖峰、コンブルの峠、青い樅の木の山があった。さらに、ヴワヴルと空を隔てる悲劇的地平線があり、我々にとって、そこで世界が終わっていた。

「二日後、そこに戻るだろう。そしていつものように、そこにとどまる。先月、第一大隊が五〇歩〝躍進した〟。今月、測量技師が来て、泥地を二六メートルと測った……名誉を賭けた争点のために、まる一日かけて戦う時は過ぎ、この戦争は重大事であり、方法、予見、努力が最後には勝利することを理解せよ……今日からは分別をわきまえよ、そうでなければ罰せられよう。お前の塹壕に戻れ、この時間なら、フィグラのシチューの匂いがしている。食べて、コーヒーを飲み、パイプをふかしながら、［安物の］コニャックをするのだ。それで、我らの勝利が危うくなることはなかろう。そして昨日の決定で、第七中隊から第三中隊に〝異動する〟大尉殿に別れの挨拶をするのだ」

再び下りる前に、墓の前を通った。遠くないところに、まだほとんど新しい背嚢と装備品があった。拾えるものは全部拾って、塹壕に持ち帰った。

「君はよい将校だ」とプレートル大尉が言った。

上官の一人がそんなことを言うのは、はじめてだった。たぶん彼がここを去るからだろうが。

＊

教会を越えて、いつも遠くの通りを、最後の家並みまで辿らねばならなかった。教会の前も後ろも、黒い壁の同じ村で、裂けた屋根の棟が夜の空に張りついているようだった。通りも同じで、散在している堆肥の下、石ころだらけで、でこぼこだった。

「ここです」と伝令兵が予告した。「手を貸してください、通路は危ないですから」

ほとんど何も見えなかった。手をつかまれていたが、私は仕切り壁にぶつかり、階段でつまずいた。

「注意して！　もう一段あります」

階段は下っており、私は地下倉庫に落ちていると思った。だが踵は固い床にぶつかり、腕をのばすと、もう仕切り壁はなかった。

「ここはどこだ？」と私は訊いた。

「司祭館」

「それは分かっている。だが司祭館のどこだ？」

伝令兵は答えなかった。片隅で何かが奇妙な音を立てて突然動き、まずカチッと音がし、次いで転がるような音が強いが、静かに響いた。私はびくっとして立ち止まった。身構えて、次の音を待った。ところが、カリヨンが鳴りだして、またびくっとした。明るく、快活に、カリヨンがチリンチリン、カランコロンとメロディーを紡《つむ》ぎ出した。速くなったり、小刻みになったり、夏の朝の光のように、何のことはないが魅力的に打ち震えた。だが夜の塊りがぽかんとあいた屋根から落ちてきた。カリヨンが片隅に引っ込み、雨が一滴ずつ床をうちはじめる。

「食堂の大時計だ」と伝令兵が言った。「司祭はそこの後ろで寝ています……ここです」

彼がドアカーテンをあげると、笑い声が聞こえ、コーヒーの匂いがした。生暖かい石炭のほてりが顔に当たった。

「さあ、入れ！」とプレートル大尉が言った。

彼は、この最後の一夜どころか、まるで冬の毎晩お互い離れ離れになっていたのが、再会したかのように、嬉しそうに私の手を握った。

「こっちへきたまえ、君を紹介しよう……こちらはペルグラン、ペルグラン神父。こちらはラマール、こちらはグレゴワール……坐りたまえ。一緒にコーヒーを飲もう」

蠟引きのテーブルで、二本の蠟燭が燃え、炎が逆方向に揺れている。縦長の鏡が窓のそばの角にかかっており、靄のかかったような青い目をした、ブロンドで青白いベネディクト派修道士と、ラマールの立派な顎鬚の間で、赤い鼻の私の姿を映していた。グレゴワールは私の右に坐っていて、横から長い鼻しか見えなかった。

「またしょっちゅう会うことになるな?」

彼らが立ち去る前に、私はそうですね、と答えた。だがいつ?　どこで?　三日三晩、三つの大隊が相前後して展開し、しばらくの間は夜しか触れ合うことはなかったのだから……たぶん何日かのうち一日は、同じ連隊の兵隊だろうが。

「じゃあまたな!」と彼らは言った。

そう、いつかは……たぶんすぐにだろうが。

彼らは去って行った。ポルションが各部署を交代させていた。私が待っているリーヴ大尉はまだ到着していなかった。たった一人で、私を見て祝福してくれるピウス十世の彩色肖像画と新しいマットレス台のベッド、壁にかかった小さな花、白い木の棚に詰まった本とともにいた。

司祭の本には触れなかった。手は湿った寒さでかじかんで、ポケットに入れたままだった……『聖務日課書』、『聖人の生活』、『教会史』、『フェヌロン全集』など、本はロケット砲の重みで傾いていた。『蜜蜂の巣箱』は、庭の蜜蜂が死んだように倒れている。

「おはようございます、大尉殿」

大尉はジベルシーの鶴嘴を手にして、重い足取りで入ってきた。背はマントのケープの下で少し曲がっていた。

「見ての通り、私だ。戻ってきたよ」

彼は椅子に倒れ込んで、脚を燃えさしの方にのばした。今までとは違ったような話し方をした。親愛の情はあっても、疲れていた彼は戦争を古い記憶のように呼び覚ました。

「覚えているか、ジェルクールに来たときのことを?……君はノルマル・スュペリユールから来たばかりだった。私はその学校があまり好きじゃなかった。君はよい印象ではなかったよ」

「大尉殿、私も気づいていました。大尉殿は教練期間のことを話され、私が何者なのかも知らずに、微笑されましたが、それは今でも忘れられません」

「我々は戦ってきたばかりだった」とリーヴ大尉が言った。「それで疲れきっていたが、君の軍服はまっさらだったのだ!」

彼は、擦り切れたラシャ地が膝で裂けている、私の赤みがかった半ズボンを見た。また袖章がとけてほつれ、緑色になった上着、擦り切れた爪のごわごわした手、手入れの悪い顎鬚、最後に目をじっとのぞきこんでいた。

「戦争が君の上を通っていったんだな」と寂しそうに頭を振って、彼は付け加えた。

「私の上も、な……」

夜が明けてからもうだいぶたつ。我々は話し続け、テーブルの二本の蠟燭も燃え尽きた。

「君の裂けたラシャ地を捲《まく》り上げておくんだな」とリーヴ大尉が言った。

私は立って、窓辺に行った。寄りかかって見ると、忌々しい砲弾の破片が布地の縁に残っており、それが長い襞になってこわばっていた。

「外は、どんな天気だ？」

「雨です」

紡錘形の梨の木に縁どられた、まっすぐな並木道のある庭園に雨が降っていた。朽ちかけた蜜蜂の巣箱、壁の切り石、向こうに見えるボワ＝オーのテント、裸のブナ、機関銃手たちの塹壕に雨が降っていた。

リーヴ大尉が近寄ってきた。砲弾の破片にふれ、冷たい鋼鉄の刃に触った。そして庭園に降る雨をながめ、雨に煙った木の方に目をあげたが、木の根元には塹壕の黒い穴が半ば開いている。彼の唇がかすかに動き、つぶやいた：

「今は……」

かつてレ・ゼパルジュでは、今朝のように雨が降っていたかな？　濡れた［カーテン代わりの］ラシャ地がふくらんで、我々は部屋に追いやられた。炉床に戻ると、少しばかりの炭が火を吹いていた。煤煙のため、今夜しか薪には火をつけなかった。

今はポルションが帰ってきて、我々三人ともそこにいた。タバコ箱がテーブルの上の、パイプや巻きタバコ紙、新しい二本の蠟燭のそばにあったが、この蠟燭は私が背嚢から出したばかりで、今夜、全部の蠟燭が冷えた煤《すす》の汚れのなかに二つの黒い輪をくすぶらせるだけなので、代わりに火をつけるものだった。

道路はサン・レミの方に向かっていた。だが、この有刺鉄線が絡まった二輪馬車や樽、犂のバリケードで止められていた。暗闇は下から堆肥が臭った。最後に残ったフランス人たちのひそひそ話が聞こえる。

もう一つの道路はコンブルの方に向かっていた。柳の近くで、サン・レミと同じようなバリケードにぶつかっている。ここでは、暗闇は泥の臭いがした。手持ち無沙汰の歩哨の、行ったり来たりした足跡が路上についていた。

「止まれ！」

「ジャフラン、私だ」

男は銃を立てた。小声で、少し喋った。

「一四年度兵は慣れてきたか？」

「はい、中尉殿……それは、ほかの連中同様、時間がかかりましたよ」

「一体何に時間がかかったんだ？」

「さあ、それは」とジャフランが言った。「すべてですよ」

彼はバリケード、村、草原や丘、夜の風景全部を見せた。コンブルの山腹で、きらきら光る明かりがつき、頭上に長く青白い光線を放ってきたが、小さな雨滴が埃のように舞っていた。投光器はムイイ街道を照らし、一瞬、手さぐり状態で探索してから消えた。

「ドイツ野郎は我々の交代時間を勘違いしています」とジャフランが言った。「だが、いつか奴らが時間を知ることになれば、唯々諾々《いいだくだく》、おとなしくやられてしまいます……そういうやり口は断固粉砕すべきです」

「ジャフラン、八月には何していた？」

あっけにとられて、彼は私を見つめた：

「何をしていたか、ですか？」

「そうだ、職業は、市民生活での？」

「ああ」とジャフランが言った。「私はてっきり……会計係でした、中尉殿」

背後では、赤みがかった閃光で闇が引き裂かれ、突如人影が浮かび上がった。その一つが咳をした。彼らが一歩踏み出すと、脚が粘土にめり込んだ音が聞こえた。家屋の反対側では、第二の銃列台が炸裂している。次いでまた沈黙が訪れ、非常に遠くサン＝ミシェルの方で、一斉射撃の鈍い銃声が聞き取れた。ボワ＝オーの山頂では、機関銃が弾薬帯をつまぐって、連射している。それが沈黙すると、ロクロンの銃撃がカロンヌの後ろで弾け、一斉射撃で膨れ上がって、突然止んだ。だがすぐに、引き裂くように、砲台が我々の背後に八つの赤い炎を吐きだした。別の銃列台が家並みの向こうで応じた。五発か六発の爆弾が続けざまに、塹壕線の方に吠えかかった。

「今夜は静かですね」とジャフランが言った。「では後ほど、中尉殿」

ジャフランとはバリケードの近くで別れた。私は道路が峠に入り込む前に曲がる地点まで行った。

足音を消すため、路肩の草を踏んで歩いていることにさえ気づかなかった。雨はもうやんでいた。曇にまぎれた星がいくつか、飛んでゆく雲の後ろで揺らめいていた。柳の間の小川の水が照明弾の明かりを受けて流れ、消えた。

「止まれ！……あなたですか、中尉殿」

彼らは私を待っており、濡れた藁束の上で横になっていた塹壕から飛び出てきたのだ。リュネル伍長が言った：

「さあ五分ほど坐ってください」

彼は四分の一コップでオ・ドゥ・ヴィをひとくち出してくれた。

「外に斥候《せっこう》がいます」と彼がささやいた。「ビュトレルがボランと一緒ですが、三人目は知りません。ビュトレルがさっき双眼鏡でロンジョ川岸に小屋を見つけました。彼らは月の出る前に、中に何があるか探しに行きました。先ほど通って行ったので、ここで帰ってくるのを待っていますが……まだ帰ってきません」

ビュトレルは、コンブルの樅の木の下で、投光器がまたついたので、本能的な動きで身をかがめた。光のアンテナが谷間にさっと流れ、収縮してはまたのびて、結局ムイイの路上で止まり、ゆっくりとなめ、かすめていった。やがて消えたが、また浮かび上がって、今度は弾丸のように道路をうち叩いた。

「奴らはここでどうするか知っているな」とリュネルが言った。二発のかみつくような銃弾がヒューと飛んできて、彼の言葉をさえぎり、二発は我々の後ろから、ほとんど同時に炸裂した。すぐに投光器の白いレンズの下に、二つの真っ赤な閃光が光るのが見えた。コンブルの山全体が麓から山頂まで再び真っ暗になった。飛んできて流れるままの銃弾の唸りがなく、夜、非常に高く、澄んだ光の横糸を織りなす銃弾がなければ、山は死んだように見えただろう。

すぐにまた、瞬きよりも早く、山は眉弓の森の下にキュクロプス〔ギリシア神話の単眼の巨人〕の片目を開けて、この地の夜を探り始めた。

「いつまでも見ていろ」と誰かが言った。「モンジルモンが結局はお前など打ち倒すだろう」

「中尉殿」とリュネルが情報をくれた。「申し上げますが、銃列台三の銃の一つはその刻み目の外を滑っているに違いありません。非常に低く、ほとんど我々を撃ってきます。帰るとき、立ち寄ってみられませんか？」

「分かった、立ち寄ってみよう」

私は小さな哨所を出て、またジャフラン、例のブラン鉄条網の螺旋のワイヤーと泥が臭うバリケードのところへ行った。二軒の家の間の狭い通路を通って、泥だらけの草原に達して、垣根まで滑り歩いていくと、その後ろに銃列台が隠されていた。水平にした梯子の上の、ナイフで切り込みを入れた縦木に、八人の男たちが銃を狙いを定めることも、安定させることもなく、寝かせていた。それは目標——塹壕、交通壕、山道——を撃つはずで、八つの引き金が用心鉄《がね》に通した金棒、紐を手にした男が操る金棒によって同時に押されるのだ。すると梯子の縦木が作動して、反るのである。続けざまの一斉射撃で、銃が滑り、空に向けられるか地面の方に突き刺さる。つまりは、砲台は役立たずの、危険な玩具になってしまうのだった。

ロンジョ川の橋の上で、相前後して三つの影が滑るように動いている。マッチの炎がビュトレルの指の間で揺らぎ、痩せた顔を染めていた。斥候がポルションの待つ長老館に帰ってきた。

真夜中には、今度は私が帰る。靴とねばつくゲートルの泥を削りおとし、司祭のベッドに横になる。だが最後の家に行く前に、勤務が終わって自由だが、眠っていない部下たちとともに一時間は過ごすのだ。

彼らは厚紙の覆いで隠した蠟燭の周りに坐っていた。今夜は、トランプもしていない。荒くれ顔だけを影の外に出して、喋っていた。スエスム軍曹、リエージュ軍曹、パントゥ伍長、パヌション、ノッポのシャントワゾがいるのが分かった。

「やはり」とスエスムが言った。「あのオートヴィル通り五番地の家に、全然会っていないわが子がいると思うと、こんな汚い手でも、両手で抱きしめてやりたいな……なあ、リエージュ、俺の最初の子なんだ……まもなく写真を送ってくるが」

リエージュはちょっと外套を開いて、札入れを取り出した……

「俺の二人の娘だ、見てくれ。後ろの蔦《つた》のある家はわが家だ……娘たちは愛犬のシラノと一緒に写真を撮りたがったが。そんな立派な犬じゃないが、これほど人懐っこいのはいないよ」

「俺のところは」とシャントワゾが言った。「四人だ。村には写真屋がいなくてな……やはり……やはりな……」

シャントワゾは目を大きく開いて、ほかの四人みなを見つめていた。

彼らはボワ・カレで、ドイツの斥候を不意打ちして、叩きのめした。また村じゅうの家を探し回って、略奪した。教会の聖具室にも入って、整理簞笥をこじ開け、上祭服、ストラ〔司祭が首にかける袈裟〕、聖布〔ミサ用〕などを盗んだ。

今夜、彼らは立ち去る。次の班が合流するまで、教会の階段で横になっていた。一人も話さず、一人も動かなかった。時おり、咳をする者がいたが、しゃがれた、ひどい咳だった。教会は赤銅色の空に屹立《きつりつ》し、前面の大きな広がりの影を落としていたが、そこに彼らがちぢこまっていた。私には、この横になって動かぬ塊り、この石段の、疲労で虚脱した塊りしか見えなかった。

私は彼らの生きざまをあまりに多く見てきた。こいつが臆病者で、そいつが乱暴者で、あいつが酔っ払いであることを知っていた。またソメーヌの夕方、ドゥースが瀕死の友からひと口の水を盗んだこと。ファウが老婆が卵を拒んだので、平手打ちしたこと。シャファールがアランシの戦場で、ドイツの負傷兵の頭蓋を銃床で叩き割ったことなども……彼らの濁った目の光、顔の傷、哀れな男たちのさまざまな振る舞いをあまりに多く見てきた。彼らが戦争をするのを見て、私は自分が彼らを見て、たぶん彼らのことを知っているものと思っていた。

だが今夜の、シャントワゾの眼は？　だがそこで横になっているが、私がはじめて見る彼ら全員は？　そう、彼らも、なのだ。疲れて大きな息をしている。ごたまぜのメンバーだが、彼らは互いに分け合うことができるものはすべて、分け合っているのだ。つまり、彼らの惨めな肉体は温かいのだ。

「がたがた震えている兄弟よ、もっと近くへ来い、体全体が温まるぞ……咳が止まらない兄弟よ、この腕で眠れ、胸がもう痛くないように……私の肩で寝ている兄弟よ、私を信用したお前は正しかった。お前の目を覚まさないよう静かに息をしよう」

彼らの頭上では、暗闇のなかで何か鳴き声がしている。夜の鳥が鐘楼から飛び立って、大きく静かに羽ばたいて空の真ん中へのぼってゆく。私には、彼らの魂、彼らの暗い魂が解放されているように思えた。

ムイイ、ル・ムラン＝バ、アンブロンヴィルを通って、我々は過去へ遡るかのようにリュに行った。ムイイでは、ステンドグラスのない教会の周りの、狭い墓地にひしめくように新しい十字架の群れがあり、湿気のある小さな谷では、農地が細い木のある沼の近くまでのびており、また、陽の出た朝、わが平和な塹壕の上部を取り巻いていた、あの苔の生えた丘があるのを見出した。

それにしても、リュはなんと変わったことか！　小川は、轍でズタズタになって、草叢もない、のっぺらぼうの野原を流れていた。泥だらけの灰色の大砲。藁で覆われた納屋。つながれた馬、人なれしないが、やさしい大きな目をした、この飢えた哀れな動物。道路端に坐った砲兵たち。他の者は藁束を肩にかつぎ、腕の先に水嚢を持って、野原を横切っていく。相変わらず並んでいる大砲、別の納屋、別の馬。相変わらずあの藁と泥の色、我々の顔の色、戦争の色だ……

「さあ、足をぬぐって！」

ポルシュロ家の母と娘が用心深く我々を見ていた。ここには二五大隊の大尉がいた。もったいぶって、二人は我々を入口に入れた。

この廃屋で三日間過ごすことになる。肉屋の女房からトルコタバコを、仕立屋からポルトガルの牡蠣《かき》を買い、そして深夜ミサに行くのだ。
大蠟燭の明かりのなか、ロバと牛の間で、幼児《おさなご》イエスが小さなバラ色の手をこちらに向けている。ダスト少尉、ベジャナン看護兵が『ジャンヌ・ダルク賛歌』〔クリスマスキャロルのようなもの〕を歌い、次いで身廊じゅうが荘重な声の合唱と果てしなく続く嘆きで満たされる∶

彼らは強く、若く、立派で、
新たな生命と希望にあふれていた。
彼らは歌いながら進発した！

大蠟燭の炎がぐるぐる回っている。祭壇の祭司は遠く、香の靄の奥へ遠のいたようだ。そして相変わらず、石の穹窿に囚われた身廊の端から端へ、深遠な声の合唱が嘆き悲しむ∶

最後の戦いで倒れた
われらが兵士を憐れみたまえ……

死んだわれらが兵士に憐れみを！　彼らのそばにいたわれら生者、明日戦い、死ぬわれら、肉体を切断され、苦しむわれらに憐れみを！　望みもしない戦争の囚人たるわれら、人間であったが、いつかまた人間になることを諦めたわれらに憐れみを！

IX　戦争

一二月二五日―一月五日

「明日だ」と軍医補が言った。「明朝八時。三七二高地の端から端まである砲列台、スヌーの後ろの砲列台、ボワ＝オーの砲列台、至るところに砲列台がある……砲撃はあらゆる弾丸をバラバラにドイツ野郎の突出部めがけて、一挙に始まる。クロノメーター〔精密な機械時計〕で測ってのばすだろう。六七大隊が出撃し、二中隊が第一波、あとの二中隊が攻撃を支援する……」
軍医補はこちらが興ざめするような自信満々で長広舌を振るった。まだ牡蠣の殻で一杯の皿を前に、テーブルに肘をついて、仕立屋の二人の娘が茫然として聞いている。仕立屋は暖炉の方に椅子をずらした。炉床にかがんで、火鋏を手にして、燠を掻き立てていたので、まるい背中しか見えなかった。「いずれにせよだな」とラヴォが口をはさんだ。「しゃべらずにポケットに取っておいた方がいいものがあるんだ……家具の片隅にでも転がしておくことだ。どうでもいいんだ。で、偶然のように……」

「なに？　なんだって？」と若い医者が言った。

「いや、なんにも」とラヴォが答えた。

　この言葉は石のように落ちてきた。大きな沈黙の輪が壁まで広がり、おしゃべりは真っ赤になって、かたくなに爪を見つめていた。

　ポルションが、場面転換のつもりか、時計を取り出して驚いたように言った‥

「おや、まさか！　もうこんな時間だとは！……おい、急いで食堂にいこう！　こっぴどく文句を言われるぞ」

　暗闇の通りでは、互いに何も言わずに歩いた。納屋のドアはきしみながら開いた。漏れ出る明かりが歩道端で待っている農家の二輪軽馬車を照らし出した。

「ユシェ！」と誰かが呼んだ……「そこにいないか、ユシェは？」

　二輪軽馬車に坐って、土気色した二人の歩兵がパイプをふかしていた。

「負傷兵か？」と我々が訊いた。

「いえ、中尉殿。落伍した厄介者で、我々は雨のなかに置き去りにされました」

「ユシェ！　ユシェ！」と相変わらず看護兵が叫んでいた。

　通りすがりに、男の声が聞こえた。

「なんだ、そこにいたのか！　まさか、逆立ちで歩けるんじゃないだろうな、お前は？」

　彼は二人の仲間の肩にぶら下がって、出てきた。納屋のドアは閉まり、通りじゅうの明かりが消えた。非常に寒かった。漠とした反射光が広場を通して、凍てついた泥に映っていた。水飲み桶の周りでは、姿は見えないが、誰かが歩くたびに雨氷がきしむのが聞こえた。

「急ごう！　急ごう！」とポルションが言った。

　彼は「兵舎」の廊下に入っていったが、そこは大きな家で、将校や炊飯兵、従卒で一杯にあふれ、ドアがバタン、バタンと開閉し、仕切り越しにざわめきが聞こえてきた。

先に来ていたリーヴ大尉と医師が暖炉の片隅で喋っていた。

「さっきアンスランに会った、と大尉が言っていた。突撃中隊を指揮するのは彼だ。それで……ああ、君たちか、若いの？」

「こんばんは、諸君」とセネシャル少佐が言った。

　彼は葉巻の端を噛みながら、入ってきた。いつもよりずっと赤い顔をしていた。ブロンドと白髪まじりのこわばった口髭には、薄い氷がキラキラとし、溶けていた。

「凍えたよ！　何よりも熱いスープだ……おや、リーヴ、眠っているのか？　食卓につこう、諸君」

　我々はたわいもない言葉を交わしながら、夕食をとった。

ル・ラブッスは退屈し、パン切れをこねて小さな独楽《こま》をつくり、蠟引きのテーブルクロスの上で回していた。大尉は寡黙な夢想に包まれていた。指揮官は、今一度、旺盛な食欲を示している。

　プレールは高級コニャックの瓶をテーブルにおいて、消えていたタバコの火をまたつけて、「食糧用小トランク」に使わなかった缶詰を並べ入れると、やっと残念そうに、帰って行くようだった。彼がドアを閉めていくとすぐ、ポルションが私を見ながら、目配せした。

「ところで、指揮官殿、我々が進発するのは今夜ですか？」

「そうだ」

「カロンヌの十字路に行くんですか？」

「そうだ、カロンヌの十字路へな」

「いつものように……」

「いつもように、だ」

　ポルションは落胆して、また私を見た。迷いつつ、私に目で促した……私の番だ。

「指揮官殿、さっき六七大隊の軍医補と話しましたが、ちょっと……興味深いことを言っていました。ひどく確信があって、情報通のようですが……」

「それなら私に申告してこなくてはならんな」とセネシャル少佐は言った。「彼が炊飯兵になりたければ、好意的な意見を約束しておこう」

　そう言ってから、指揮官はニナス〔小型葉巻〕の箱を開けて、黒い吸いさしを出し火をつけた。そうして、喘息患者のような歯のすれる声で、昨年、「第一級の」劇団が上演したサルドゥのドラマの話をした……第五幕の話の終わるころ、口髭が葉巻でこげた。それを投げ捨てると、最後のコニャックをひと口飲んで、立ち上がった。

「おやすみ、諸君。急がなくてはならん。言っておくが、交代は三時だ――いつ、い、い、いつものようにな」

　廃屋に帰ると、ベッドにもぐりこんだ。薄い天井越しに、納屋で寝ている男たちの足音や、藁に身を横たえるのが聞こえた。やがて物音は次第に和らいだ。ネズミが箪笥の横をかじり、タイルの床を歩き回り、どこかの穴に入り込んでいった。その時、上の、大きな沈黙のなかで、並んで寝ていた二人の男がしゃべりだした。

「ブレモンが言ったか？」

「ああ」

「明朝八時か？」

「そうだ」

「攻撃をしょいこむのは六七大隊だ。我々の方は予備だ」

「確かだろうな？」

「そう、確かだ」

「だが六七大隊で攻撃が失敗したら？」

「攻撃が失敗したら？」

「そうだ」

「ああ！　そんなことを訊くとは……そんなこと、ほっとけ！　さしあたりは、予備だ。予備だと考えて、何よりもぐっすり眠ることだ」


今朝、セネシャル少佐がトロワ＝ジュレの道路端で話した。

「ひどい寒さだな、諸君！……八時の予定だぞ」

医師補は正しかった。昨夜、二人の男は正しかった。彼らが言ったことは、逐一正確だった。カロンヌで、森で待機態勢の我々の第一大隊と合流することになる。我々はその後方につく。今度は我々が待機態勢にはいる――背嚢を担いで叉《さ》銃《じゅう》だ。そして待機態勢で待つしかない。

「前進、進め！」

何も考えられないほど寒い。無色の曙が空いっぱいに現れた。かじかんだまま、青白い道路以外何も見ずに進軍するが、時おり、石の木にも似た、ブナの大木が藪の前にぽつんと立っているのが見えた。

道路工夫小屋に着くと、夜が明けていることに気づいた。するとすぐに、胸底に一種の奇妙な感覚が芽生え、大きくなったが、重苦しく暖かくても光も発せず、小石のままのような感覚だった。

「左手に向かって、中隊整列……」

溝に沿って、進軍停止。

「背嚢を下ろせ……」

リーヴ大尉が点呼する。紐で首につるしたミトン〔親指だけ分かれた手袋〕に、彼は腹の辺りで両手を突っ込んでいた。その垂れ下がってミトンに入れた手は負傷兵のような、見苦しい不具のような様子を与えていた。

「君の部下たちに若干説明をしておきたまえ。特に一四年度兵には……我々は予備の予備であることを忘れるな……大砲の発射準備をすることの重要性を強調しておくこと……ドイツ野郎の大砲が反撃してきたら、全員伏せること」

わが部下に説明？　なるほど。だが彼らに言いたいことを、私は言えないだろう。六七大隊が攻撃する。彼らは知っている……だがなぜ六七大隊が攻撃するのか？　何を攻撃するのか？　どんな方向、どんな標的、どんな希望をもって？……私が言いたいことはそれだ。それを、私は知らないのだ。私には、誰も何も言わなかったのだから。

リーヴ大尉やセネシャル少佐は知っているのか？　私が尋ねれば、よき兵士たる彼らは「命令であり」それ以上知る必要はないと答えるだろう。

遠くからあの壁を見て、その後ろに何があるか知りたくなるだろう。そして鶴嘴を手にして叩いてみる。石が堅すぎて、鶴嘴の鉄先がなまって曲がったら、「予備の」鶴嘴をとって、叩き続けるのだ。

大砲一発。次いで二発……突然、音の穹窿が天空から落ちてきて、頭上でヒューッと鳴って音の連なりが交差し、撃がり混じってさっと飛ぶその一方で、我々の後方や側面、前方では、最初の砲撃と炸裂が地面を連打し、杭のように突き刺さり、我々を襲っている騒音をピシッと封じてしまい、その後は我々を生者の世界から切り離してしまう——一体いつまで？

私は部下たちを集めた。そしてこう話した‥

「我々は予備だ、もちろん。だがたぶん我々も進軍する。すぐにそのことを考えて準備し、いざという時に備えておいてもらいたい……第七中隊には、ほかの戦場を見た者はいなかったな？　見たことがあると言えるのは古参兵で、彼らはすでに何度も……若い諸君に対しては、もちろん私の信頼は……」

言葉が考えるよりも早く、口元にふんだんに押し寄せてくる。私は突然、何を言おうとするのか考えもせず、胸底によどんだままのしかかってくるあの熱気に押されて話し始めたが、それは不意に震え、全身を流れだし、血流を波打たせ、不明瞭でぼんやりした、ほとんど官能的な興奮でわが脳髄を満たした。

砲撃が高まり、よく響くかん高い、ひとの笑い声のような炸裂音ではねかえり、震動する。我々の神経をうち、腰にぞっとする大きな慄《おのの》きが走った。まるで強烈でけたたましいファンファーレのようで、そのリズムが我々を強くとらえ、陰鬱な狂騒のなかに投げ込み、もがくこともできず、意図せぬまま打ち負かされてそこに沈んでしまうようだ。

やがて銃撃が起こり、火事が広がるようにのび、大砲の大きなアーチ型の天井部分を無数の穴だらけにし、砲筒がボロボロになって亀裂が走り、突然崩れて、音もしなくなった。銃撃はこの悲痛な沈黙のなかでも弾けた。道路に陽が当たり、枝を通して陽が漏れている。我々は目を覚ましたばかりの者のように、茫然自失して互いに見つめ合った。

それがいまは……

我々は一日じゅうさまよった。のどが焼け、舌がザラザラになるほどパイプを吸っていた。救護所近くの、狭い石切り場で二時間過ごし、第一大隊の仲間やプレートル大尉、グレゴワールやラマールと喋った。もう散発的な銃撃音しか聞こえず、時おり、まとまった束になって、風で我々の顔に吹きつけられてくる。

夜になって、我々はムイイ街道側の十字路近くにたどり着いた。先に着いていた第一大隊が塹壕を占拠している。野外の穴で寝るか、風の吹く側にテントを立てなければならなかった。あちこちで、細い火がかすかに震え、周りで影がひしめいている。私のすぐそばで横になった男がひどく咳きこんでいた。その咳は私の胸底にまで響いてきた。

我々も坐って何本か小枝に火をつけた。いがらっぽい煙が穴の縁の方にのぼっていき、止まって、テントの幕にあおられてまた落ちてきた。男はますます咳をし、咳きこんで胸が引き裂かれるようだった。火の明かりで、汗で覆われた赤い、その顔が見え、眼は熱っぽく穏やかで、灰色の顎鬚で汚れた頬をしていた。

「名前は?」

「ビュシャン」

「年齢は?」

「四三歳」

彼はわが部下たちにはない南方訛りで「ビュシェイン」と発音した。四三歳とは、我らのなかで最年長の者よりも一〇歳上だった。我々が驚いてした質問に、彼は二度咳きこんだ間に答えた:

「わしの居場所でないのはよく分かっている。ほかを要求できることも……まあしょうがない。それが運命だ」

時々、我々は震えながらも意識がさめたまま、眠りの淵に落ち込んだ。私は寝ていたが、ポルションが私のように寝たまま、繰り返しているのを聞いていた:

「安心しろよ、ビュシャン。お前を車に乗せるようにする……そこがお前の居場所だ、ビュシャン。お前を車に乗せるようにする」

夜明けまで、道路上では、凍てついた空気のなかで足音が響いていた。

命令なし。我々はまた、相変わらず満員の塹壕の周りをさまよっていた。前日のように、銃撃は森の遠くで立て続けに響いていたが、前ほど激しくはなく、前より暗い空でかき消されていた。湿った冷気が十字路によどんでいた。地面は柔らかくなっていた。地面に散らばっている木の葉の下には、泥がべたつく落とし穴があった。

正午ころ知ったが、アンスラン大尉が殺された。仲間のポンシェルも殺された……何人が殺されたのか?　複数の者が殺されたのだ。

夜になると、第一大隊が塹壕から出て、レ・ゼパルジュ街道に集結した。彼らが進発し、黄昏のなかを突き進んでいくのを見ていた。男たちは雨のなかをゆっくりと静かに行進し、一歩一歩、村の方に下りて行った。ちょうど我々が何度もし、また三日後にもするように。

「かわいそうな連中だ！」と誰かが言った。

一〇人ばかりが一斉に叫んだ：

「なんだって？　かわいそうな連中……彼らが一時間後に塹壕に行くからか？　順番で戻るからか？……みな嬉しそうで、それほどうんざりしたようではないが……」

話した男は静かに首を振った。そして小声で、一種の恥じらいを込めて：

「違うよ。あいつらじゃない……あいつらのことじゃないよ」

「その通りだ」と我々が言った。「かわいそうな連中は！」

「でも、そうだな……彼らのお陰なんだ……」

みなが、同じ卑屈な幸福感で、古着のような自分の塹壕に帰っていった。


私はリーヴ大尉の待避壕の横に並んだ小さな待避壕をル・ラブッス医師とともにした。頭上では、突風で木々が揺れきしんでいた。タールを塗った厚紙の屋根は雨でボコボコと打たれ、重い石で固定して置いたにもかかわらず、突風で膨らんでいる。石が一つずつなだれ落ちるような音を立ててゴロゴロと転がっている。厚紙の屋根は吹っ飛び、帆のようにバタバタとはためいて嵐のなかに飛び去っていった。

我々は抽象的な議論をし、細部にこだわった。ル・ラブッスは私には「バラ色と灰色の精神」がある、と結論づけた。だが私は一晩中――黒と赤の――悪夢を見て、こめかみにひどい偏頭痛のたがをはめられたようだった。

毎日二時少し前に、郵便物担当下士官の小さな馬車が、布で包んだ小包を満載してカロンヌの端に現れた。やっとのことで、黄色い、けばだった子馬が十字路の方にちょこちょこと歩いていた。四つの道路から、男たち――馬車が通るのを見たヴェルダン、ムイイ、アットンシャテル、森はずれの離れたタイイ・ド・ソルの男たち――が、小さな馬車と一緒にやってきた。

もっと後で、夜になって、食糧運搬の有蓋トラックが走ってくるのが聞こえた。糧秣担当の二五五大隊が前線からきて、踵をそろえて、歩哨の前で停止した……

「誰か？」

「二五五大隊。通常の糧秣で……」

担当下士官が規則通り、進み出る。そして耳のくぼみに、非常に低く、合言葉をささやいた。

もっとずっと後で、セネシャル少佐の塹壕で夕食をとってしばらくして、タバコの煙でお互いの顔が見えなくなり、「火酒」のラム酒がもはやグラスの底で、冷えてねばつくシロップでしかなくなったとき、我々はみな路上で響くかすかな音を耳にして、また活気づいた。男が地面に飛び降り、自転車をドアに立てかける音が聞こえる。すぐに姿を現すと、彼は膨らんだ肩掛けカバンを開けた。手紙類が軽く紙ずれしてカサカサと音を立て、まるで我々がのばした手元に自分でやってきたかのようだった。

＊

新年おめでとう！

私は、レ・ゼパルジュのわが「家」で、ソトゥレ大尉が設けた窓を前にして返事を書く。もう私の手と紙の上で蠟燭の明かりが揺らめくことはない。日光が窓から入ってくる。眼をあげると、一瞥して谷全体の眺望が見渡せる。

どんより曇った空の下の陰鬱な谷間、黄色い草原。少し右手に身を傾けると、紫色がかった林が突き出た丘の切れ目が見える。少し左手に身を寄せると、ユールの山並みがひと塊りになって、黒い樅の木を冠《かんむり》にして現れる。ユールから丘にかけて、柔らかいにわか雨がただよい、野原のあせた色をなお一層曇らせ、空からぼろ着のように垂れている。

ここは暑すぎる。焚口まで詰まったストーブがうなって、パチパチ音を立てている。最後に残った蠅がブーンと飛んできて、天井にぶつかり、蠅の死骸の間に落ちていった。

昔の「おめでとう」は……子供部屋から、私は雪の上のスズメを見ていた。ずっと前から、眠りのなかで、入口の呼び鈴が鳴るのを聞いていた。玄関の古い戸棚の片隅に、乞食と棒飴買いの子供たちのためにお金が置いてあった。

だが今はここにいるんだ……ポルションが寝ている男のように板仕切りに横になっていた。猫が肩にすり寄ってくるたびに、彼は苛立ったようにはねのけた。リーヴ大尉は椅子にへたりこんで、長いタバコを巻いていた。今朝は髭を剃っていなかった。私は彼の顎鬚がほとんど白髪になっていることに全然気づかなかった。

にわか雨が通り過ぎると、砲弾孔の泥水がはねかえった陰鬱な草原が露わになった。今はここにいるんだ……三日間はいるだろう。それからリュの方に下りる。そしてリュからカロンヌに、カロンヌからまたレ・ゼパルジュの方に上がっていくだろう。

誰も反抗しない。いつも受け入れている。ただ今夜は、何も言わず、板仕切りの上に寝ている。次から次へとタバコに火をつけて、紫煙が絶えない。一枚の白紙の上の、こわばって、ひび割れた手を見つめている……みな自分のことだけを考え、思い出に心を膨らませているのだ。

「大尉殿！　大尉殿！」

ドアが激しく押されて、バタンと開いた。腹まで泥まみれになった男が、取り乱した様子で現れた。

「メニャン大尉が……」

リーヴが、急に青ざめた顔で、ひと跳びで立ち上がった。

「死んだのか？」

「いえ、いえ！」と男が繰り返した。

敷居口で、リーヴは振り返った。

「ここにいるんだ……待っていてくれ……みな一緒には上がれない」

彼が出ていくと、残った男は頭を振って、まるでもがいているかのように「いえ、いえ！」と言っていた。我々はストーブのそばに坐って、背を丸め、膝の間で手を組んでいた。話してなんになる？　互いに見つめ合ったところでなんになる？　歯を食いしばって、この影の片隅で待つだけだ。

屋根とすれすれに、誰かが荒れ地を走っている。

「誰かきたか？」

「いや……足音は遠くなった」

ポルションが椅子の縁をつかんで、半ば身を起こした。

「なあ」と私に言った。「行って来いよ……ここに二人いる必要はない。上がってみろよ」

「さあ……さあ……」

ひどく不安になって、彼は自ら弾みをつけて私を押した。

私は負けて、ドアを開けて通ると、後ろで閉まった。そして泥の坂道を走りだした。

誰かが私の方に大きな歩幅で滑るように下りてくる。無帽で上着も開いたままのリーヴ大尉だ。すれ違うと、彼は何も言わず、私を見つめた。だがそのまだあまりに真剣な目、ほかのことを反映する暇もない目のなかに、私はメニャン大尉の死を見てとった。

上では、泥水だらけの小径に担架が別の担架に並んで置かれていた。死者は二人で、殺されて間もなかった。

一人は兵士で、石の横臥像のようにまっすぐな姿勢で横たわっていた。その周りで、男たちが大声で話していた。

「額のど真ん中を撃たれている。ひと言も発することもできなかっただろうな……」

額のど真ん中……それで、顔にハンカチがかぶせてあるのか。

「彼は交通壕から上がっていた」と別の誰かが言った。「曲がり角にくると、泥のなかに入りこんだ。胸墻はほとんど通路いっぱいにわたって、泥に没していた。彼には泥を取り除く時間もなく、静かに外へ出た。たちまち……バシッ！　まっさかさまだ」

ラヴォとマシカールがそこにいた……私を見ると、別の担架の両側に少し離れた。

メニャン大尉はベルトまでウールの毛布に覆われていた。非常に白い胸の上部がボタンの外れた外套の隙間から見えていた。半ば開いた口には、歯の縁がのぞいていた。青白い顔面には、頬の傷が固い紫色の線を描いていた。

なんて痩せているんだろう！　雨に濡れた額は大理石よりも滑らかだ。くぼんだこめかみにはぞっとするような影が漂っていた。頬骨が突き出て、皮膚がたるんでいる。身体全体が縮まり、骨組みに張りついて、醜く浮き出たせていた。まあ、「骸骨」とはそんなもんだ！　先ほどまでは、この世に向けてメニャン大尉の眼は開いていたのに……

「おや」とマシカールが言った。「誰かが塹壕の前を通っていったな、ソリオがさっき第五交通壕の曲がり角で殺されたと叫んでいるぞ」

マシカールは情報を得るため走りだした……我々ラヴォと私も、その後についていった。ソリオをよく知っているのだ！……マシカールが土砂崩れのところに着くと、両腕を支えにして外へ出ようとしているのを見て、その外套をつかんで押さえた。彼は怒って、それでも出ようとした……即座に……銃弾が彼の脇腹を貫いた。そして我々の腕のなかに落ちてきた。

「死んだか？」

「いや。我々を見ているからな」

マシカールが言った：「お前さんたちが正しかったな」包帯をするため、彼の服を脱がそうとした。血は多くは流れていなかったが、多量の内出血をしたらしく、彼の息を詰まらせていた……担架が着くと、もがき苦しみ始めた。彼を下ろしている間ずっと叫びながら、大きく肩を上下させていた。それから、急速に衰弱し、子供のような声で話しだした：「母さん……兄さん……兄さんのように十字架を……兄さんは死んだのだ」

マシカールはふるえている。ラヴォはそっとかがんで、泥水に垂れていた片手を体の方に引き戻した。そして立ち上がると、泣くのを見られないように、我々に背を向けた。

「なんという雨だ！」と彼が言った。

にわか雨がメニャンの顔に流れていた。額を濡らす滴と苦悶の汗を拭いとるため、布切れを取ろうとした。だが彼を殺したばかりの弾丸が突然目に入り、このように動かぬまま厳かに寝かされているのを見ると、改めて彼の存在全体を通して、メニャンが死んだことを思い知らされた。

ソリオの額のハンカチが赤くなってきた。踵をそろえた両足は担架からはみ出ている。半ば閉じた手は蠟のように青白かった……固い革と泥まみれの軍長靴をはいた哀れなる足よ！　動かぬままの哀れなる手よ！　哀れなる男……

頭上では、銃弾が尖峰の高みから放たれて、ヒューッと鳴って飛んでいる。不意に、ラヴォが目を拭う。そしてくぐもった声で：

「あいつを引き留めておいたら、あいつは！」

それから、ひどく落胆した仕草をして、もう振り返りもしなかった。腕を投げだして、髯のない顔で、泣いていた。

真夜中に、峡谷の塹壕から離れもせずに、ドイツ野郎がまるで銃剣突撃でもするかのように吠え始めた。コンブルの方で、彼らの斥候の一人が谷間にある三〇一大隊の戦線の前に下りてきた。わが仲間たちは、フランス人の声音と思わせて、注意を引こうとする声を聴いた：「助けてくれ！　おーい、みんな！」尖峰では、彼らは歌い、瓶を割り、卑猥な言葉や罵言をわめいていた。それで一晩中、照明弾と銃撃で我々を悩ました。

下にいた我々はほとんど眠れなかった。並んで横になり、同じような苦々しい夢想を追っていた：クリスマスの翌日、森での馬鹿げた攻撃、十字路での緩慢な一日、煙がもうもうと立ち込める塹壕で手紙を待つ……それからさっきは、にわか雨が通り過ぎ、あの泥まみれの男の叫び声だ……そして目の前に、二台の担架、ソリオが死に、メニャンが死んだのだ。

我々はすべてを知ることはできない。わが七五ミリ砲の砲弾は敵の塹壕にかろうじて食い込んだだけだということだった。ただ最初の波状攻撃は最前線の機関銃と激突し、引くと後に死体の一部が残ったという。またアンスラン大尉は殺されるのを覚悟で、無傷の新しいままの有刺鉄線に二度も突っ込んだそうである。そう命令されていたからだが。彼はすばらしい将校、いやそれ以上で、勇敢な男だったとも言われていた。

我々はレ・ゼパルジュに来た。元旦の前日だった。一二月二六日の攻撃のことを忘れていた。我々は何時間も、顔に我々自身のメランコリーを浮かべて見つめていた。我々は忘れていた……だが戦争に厳しく罰せられたのだ。

今朝は、燻製《くんせい》ハム数切れ、黄色いジャガイモ、ミカンを食べた。また泡立った渋いシャンパンを四分の一コップでたっぷりと飲み、赤い帯の葉巻を吸った。そして騒々しくしゃべっていた。たぶん、我々の掘っ立て小屋には笑いが響いていただろう。

だが忘れることは……

＊

私は野営設備とともに大隊の進発に先行した。わが疲労した仲間たちのための場所を得るため、休息中の部隊でふさがっていたリュに行った。いつものように、雨に降られたが、陰険な雨で、かろうじて雨滴が感じられるが、ゆっくりと衣類にしみ込み、歩くたびに重くなってきた。

リュでは、着くとすぐ、我々のような闖入者にうまく対抗しようとして共同戦線を張って結託する連中と不愉快な闘いをせねばならなかった。要塞司令部でも、村役場でも、憲兵隊でも、同じ屁理屈、同じ偽善的な嘘、同じ猫かぶりのエゴイズムだった。某大尉は不誠実ではなくとも、卑怯にも袖章を見せた。某中尉は、口は慇懃《いんぎん》無礼でも、彼よりも前に私に託された空き家の鍵を私の手から引き出そうとした。うまくいかないと分かると、彼は突然顔色を変え、悪口雑言で罵りだした。

「今夜は、ブルディエおばさんのところへ来いよ」とさっき出会ったラマールが言った。「何人かいい奴と飲み物があるよ」

ブルディエおばさんのところには、一〇人ばかりの好漢がいた。モンマルトルのナイトクラブのシャンソニエの歌を聞いたが、これは明敏さや機知の輝きがあるかどうか見るには小さすぎる目をした金髪のプードル犬のような男だった。またノッポのやせこけた男がドラネムの歌を歌うのも聞いた。ドラネムよりもうまく歌ったが、すでに飲み過ぎていた。時々、より下品で卑猥な冗談が降りかかると、ブルディエおばさんも分かったようだった。ブラウスを揺らして、クスクス笑いをしていた。私にラマールが酌をし、グレゴワールも酌をしてくれた。

「さあ、そんなふくれっ面をするなよ！」と彼らは言った。

私は飲み、タバコを吸った。またノッポの軍曹が歌うのを聞いた。彼のあまりに短い服を着てする身振りの珍妙さ、インコの嘴型《くちばしがた》の鼻のふくらみ、まるい目の瞬きに見とれていた。

「どうだ、楽しんでいるか？」とラマールが大声で言った。「君の言う通りだ。なんとかうまくいくだろう……我々は第三共和国のエースだ！　前線に出るたびに、一晩中、どんちゃん騒ぎしていたな。おかげで寝覚めの面倒がなくてすんだ」

「エースだと！」ノッポの軍曹が叫んだ。「おいシャルル、俺の背嚢を持ってきてくれ！　三〇キロだ、グラムははしょって！……何時だ？　夜中の一二時半？　俺が背嚢を背負って、小隊の納屋の前で、銃を足もとにして三時まで待っていることに何を賭ける？……ブルディエおばさん、何を賭ける？」

ブルディエおばさんは何も賭けなかった。彼女は最後の瓶を売って、欠伸をし過ぎて涙を浮かべていた。そして我々に寝に行くように勧めた。

空き家に一人残って、私は暗い眠りのどん底に落ち込んでいった。夜が明けても、まだ眠っていた。大隊はアンブロンヴィルを越えて、リュに入った。まだ眠っていた。

私を目覚めさせて、ベッドの下に放り投げたのはポルションだった。

「大した野郎だな！」と彼が言った。「我々が雨のなか待っているのに、お殿様は我々よりも先に来て、ベッドに入って、朝寝坊とは、大したお殿様だ！」

リーヴ大尉とセネシャル少佐も、あまり強くはないが同じようにはっきりと、私を叱責した。ジェリネ大尉は不満そうに私を非難し続けたが、それは彼の部屋が牛小屋の近くで、壁越しに牝牛の鳴き声を聞かされたからである。おまけに、五四大隊が、指揮官命令の形をとって、我々を宿営の家から追い出したのだ。

雨のなか、毛布を肩から斜めにかけて、我々は戸口から戸口へとさまよって、けんもほろろに断られ続けた。

「こんなことして何になる？」とポルションが訊いた。

我々はひどい倦怠感に襲われた。屋根の下で寝ることにも値しないのか？　今夜は取るに足りない毛布のなかで寝転がり、草原で雨を褥《しとね》にすることとなる。

「我々は何に見えるかな？……なあ、我々は何に見えるか言ってみてくれないか？」

「まあ、二人のまぬけ野郎だろうな」

そうに違いない――大隊の全将校に部屋を見つけてやって、我々だけが部屋から閉め出されたのだから。そうに違いない――部下たちと同じ納屋で同じ乾草のなかで寝る習慣を失ったのだから。そうに違いない――濡れた毛布を肩から垂らして、その裾を泥水に引きずって、この惨めな散歩を敢行しているのだから。

「もううんざりだ」とポルションが言った。「どこでもいいから入ろう……〝兵営〟でもいいよ」

入って、我々は最初のドアを開けた。二つのベッドとハーモニウム〔リード・オルガン〕のある大きな空き部屋だ。火をつけて、毛布を乾かした。二つのベッドは柔らかく、深々としていた。素朴そうなハーモニウムは滑らかに揺れるリズムを奏でてくれるようだった。

「豪勢なお城暮しだな！」とポルションが叫んだ。

お互いに見つめ合って、大笑いした。

「おい、信じられるか？　彼らがこんな部屋を見落としていたなんて、信じられるか！」

「まぬけ野郎だな！」

「ジェリネは相変わらずあの牝牛と一緒にやってくるかな！」

「五四大隊指揮官もな、旅団長、総司令官殿！」

ハーモニウムの陽気なメロディーに合わせて、我々は歌いだした‥

そんなことどうでもいい、

ラ・ディーグ・ディーグ・デーヌ！
そんなことどうでもいい、
ラ・ディーグ・ディーグ・ドン！

X　泥土

一月五—一二日

「こんな風でいいですか、軍医殿？」

男は通りの中央で医師のもつコダックの前に立った。脚は厚い布地で包まれ、上半身はぼさぼさの羊の革で覆われていた彼は、毛がたるんでほつれた防寒帽をかぶっていたが、顔全体で、毛がはみ出たごく小さな鼻と、ふさふさした眉毛の下で、まばたく目しか見えなかった。

「ちょっと向きを変えてみてくれ」とル・ラブッスが言った。「もう少し……まったく、光が何の役にも立たん」

男は素直に、跛行《はこう》性の動物のような鈍重さで脚を動かした。

「よし、いいぞ！　こんなネガを撮りそこなうのはもったいないな！……ああ！　残念！　動かないで……うまくいった」

男は体を揺すって歩きながら、近づいた：

「うまくいきましたか、軍医殿……いつ見られます？　私にも一枚ありますよね？」

彼は、まるで開けてすぐにも写真を見たいかのように、小さな黒いカメラに脚を進めた。

「まだだ」と軍医が言った。「まずパリにフィルムを送らなくてはならん。プリントを送ってきたら、君に渡すのを約束する」

「忘れないで下さいよ。レオン・マルシャンディーズ、五四大隊第一中隊、第一小隊、第三分隊です。私のためじゃないですよ、軍医殿。彼らのためです……」

男は立ち止まって躊躇し、眼にはかすかな哀しみのヴェールがかかっていた。眼を下にして、彼は自分のおかしな身なり、羊毛だらけの上半身、粗い布地の腿当てを見つめていた。

「ああ！」と彼がつぶやいた。「こんなにも変わってしまった。内も外もひどく変わった……それでもわしは……」

彼は顔をあげると、我々を見た。突然この男の眼を気高くした光に我々は心動かされるのを感じた。

「分かりますか、わしは彼らに進発したときのようなわしを見てほしくはなかった。わしのことをよく考えて、今のようなわしを見てほしかった……そのためですよ、軍医殿……忘れないと言ってください」

「忘れないよ」とル・ラブッスが約束した。

男は納屋に帰り、我々も宿営に戻った。人気のない通りに雨が降り、樋が壁の下でゴボゴボと音を立てており、炊飯兵の暗い火がうなりながら消えた。

「何を考えています、軍医殿？」

「おもしろいことは何も」

「それでも何か？」

「トランシェ・ド・カロンヌ、屋根をぐちゃぐちゃにする雨、藁に落ちる滴の音、腐った敷き藁の臭いだな……君は？」

「何も考えていません。明日迎える雨さえも。我々が歩き回る泥さえも。戦争のことさえも……まったく何も」


その時になれば、雨に降られるだけでたくさんだ。雨は一晩中降り、その間我々はリュからカロンヌの十字路に行った。着いたときにも降っていた。今夜はずっと降っている。

「覚えていますか、中尉殿？」

パヌションが立って、上半身を後ろに曲げ、屋根組みの丸太にテント幕を紐で括《くく》りつけていた。

「シャボとともによく言ったものですよ、雨は土砂降りになり、樋を見つけることもできず、家の中に流れ込んでくるだろう！　と……それに、やはり染み通ってきます。ここでもほかと同じく、幕を張らなくてはなりません」

雨滴が屋根をバラバラと打って、降り注いでいる。外では、驟雨が枯葉を震わせ、白っぽい泥土で道路を没していた。

「ほら」とパヌションがつぶやいた。「我々はこの家を我々だけで建てたんですから、ほかのとは違うと思っていました。雨はカロンヌの全部のテントに流れ込んだでしょうが、我々のところには流れ込まないんですよ。大の自慢だったのですな……」

腕をあげて、彼は出入口の横棒を示した。

「中尉殿、ある日、あそこでちょっと手紙を書いていました。もうだいぶ前のことで、一一月末でしたか……よくあることですが、何か惹きつけられるものがあって、この辺りをぶらつきに来ました。入口の柵が横に置かれていたので、住人は出かけたに違いない……そこで、そっと階段をおりました。暖炉があって、相変わらずよく燃えていました。コート掛けを確かめて、小石でまだ少し揺れているのを安定させてから、かがんで両手を藁のなかに入れてみたんです。乾いているので安心して……ただ中尉殿、なんとも言えない気持ちになりました。そこでナイフを取り出して、ドアの上の丸太に大きな切れ込みを入れました。そして鉛筆を湿らせ、手で支えながら、新しい切れ込みに家を建てた日付を記しましたが、一一月二日を覚えていますか？……敢えて我々の名前は書きませんでしたが、わが中隊とわが小隊名はしるし、すぐこの家に〝為せば成る家〟と命名しました……まだ誇りに思っていましたが」

「今は白い切れ込みと私の字はどうなっていますかね、中尉殿？　それにはまるまる一時間かけました。モンの乾物屋コランで、一二スーで買った鉛筆を半分使ったのに、雨と泥で消えてしまって……ここでもあそこでも、どうしようもないですね。カロンヌ、レ・ゼパルジュどこでも、泥んこと雨。どこへ行こうと、何をしようとも、立っていても、寝ていても、頑張っても、腕を組んでいても、どこでも、いつでも泥と雨……まんまるの太陽を見たことを覚えていますか？　八月や九月には、炎天下で戦ったのに！　一発食らった仲間たちが青い外套と赤いズボン姿で陽の光を浴びて転げ落ちた。遠くから彼ら、彼ら全員を見ましたが、まさに殺された多くの兵士だった……明日あの上で我々が戦っても、わが死者たちは泥にじかに倒れるだろう。倒れただけで汚れた死者だ……やがてもう死者でさえなく、小さな泥の塊り、泥のなかの泥で、もう何でもない……」

パヌションはポケットナイフを開いて、炉床の隅に立てかけてあった薪の一本をつかんだ。

「火が消えている」と彼が言った。「火が完全に消えないように小さな薪をつくらなくては」

彼は平たい石に気づくと、その上に薪をまっすぐに置いた。敷居口の、階段の下によどんでいる澄んだ色の水たまりの方に近づいた。突然、彼が身をまるくして、恐怖した顔を腕で隠した。その瞬間、壁が激しく揺れ、爆風が私の胸に叩きつけられ、林間の空地から落ちてくる一斉射撃の砲弾の大音響の下でかがんだ。

塹壕じゅうが揺れた。一群の木の葉がドアの前で旋回していた。ずっと後になって、ブヨブヨして重い泥の塊りがまた屋根に落ちてきた。

「どうした、パヌション？」

彼は立ち上がったが、蒼白になり、表情は引きつったままで渋面だった。

「こ、これは！」とどもった。「これは！……くそっ！」

彼は息をするのも苦しそうで、指が震えている。恐怖で顔がゆがみ、ほとんど気づかないほどゆっくりと、徐々にしか恐怖心は消えなかった。私は動かずじっとしたまま彼を見つめていたが、自分の心臓が早鐘のごとくうっているのに気づいた。

「どうした、パヌション？」

彼の目は見るともなしに、ひっくり返った薪のそばの藁の上で光っている、放りなげたナイフをじっと見つめていた。

「もう少し近くだったら」と彼が呟いた。「僅か一〇メートルでも近かったら……今ごろどうなっているか？」

「もっと多くの死者が出ただろうな、パヌション。二つの小さな泥の塊り、泥のなかに泥の塊りだ……」

「何ですって、中尉殿？　何をおっしゃりたいんです？」

「お前がいま言ったばかりのことだよ、パヌション」

「私が？　いつです、それは？」

「二分前だ、パヌション」

「ああ！」と彼が言った。「そう思いますか？……もしそうなら、またやり直しです！　一斉射撃は過ぎました。士気は上々ですから」

＊

　顔には固い霰まじりの雨が吹きつけてくる。足音が聞こえなくなるほど跳ねあがる水しぶきの騒音のなかを、我々は無言で歩く。深い轍で溝のできた、危なっかしい川床を歩いていく。時々、銃が弾け、物が落ちる音や大声らしいざわめきが聞こえてくる。だが、そうした騒音すべてが凄まじい風の音に飲み込まれ、篠《しの》つく雨に散らされ、我々に追いかぶさって、目をふさぎ、口を開くたびに、喉のなかで言葉や息をこわばらせる。

　無言のままだが、息苦しい。踝がねじれ、よろめきながら進むが、激しく飛んでくる霰が顔に当たって痛めつける。足元では、水が大きくざわめいて、前よりもゆっくりと流れていた。相変わらず何も見えないが、なだらかな坂道で村へ下っていく。前を見ずただ黙々と、この群れの後に従って進むが、土砂降りの音がしなくなってからは、無数の足音だけが聞こえてきた。たぶん今は、この目が開けられないほどの、瞼を焼きつけるような痛みがなければ、空にはモンジルモンの山塊が大きくなっているのが見えるだろう。

　雨は我々の脚の周りでとぐろを巻くようなねばねばした水の上を走り抜け、我々がこの粘つきを避けようと、一歩一歩脚を運ぶたびに、何度もまつわりついてくる。どんよりとした水面は何種類もの照り返しを貼りつけたままで、暗闇がぼおっと青白くなっていた。突然吹きつけてくる雨に頭を下げると、照り返しが軟体動物のようにうごめいているのが見えた。

　もっと足を高く！　靴底が歩くたびにベシャッと音を立てて張りつく。滑って、前に手を出すと、両手が交互に泥水に張りつき、手首まではまってしまう。腹ばいになって、泥に肘をつき、泥に膝を屈して進む。雨が飯盒に当たってパチンパチンと音を立て、背嚢の革の上で弾け飛び、土手を奔流となって流れ落ちるのが聞こえる。相変わらず何も見えず、空も泥も見えない。何時間前からそれが続いているのか分からない。それが終わらず、ずっと高く上にあるはずの小屋まで、我々を待っているはずの男たちのところまで、まだ這って行かねばならないことは分かっている。

　彼らは待っていた。我々は暗がりで彼らとぶつかった。蠟燭の炎が黄金色に輝き、赤くなったストーブで暖かくなったなかで、ドアが開いた。

「あとはよろしく頼む」とプレートル大尉が言った。

　グレゴワールとラマールが板仕切りから降りた。彼らは疲れではれぼったくなったような笑顔と、埃まみれの手で握手して迎えてくれた。彼らの黄色っぽくなった外套は厚紙のようにこわばって、垂れ下がっていた。彼らは折り曲げた指で「我々に見せるため」その上を叩いた。すると、まるで指が板に当たったかのように固い音がした。

「あとはよろしく頼むよ」と彼らも繰り返した。ドアが開いて、ペルグランが現れた。肩から足まで、泥がダラダラと滑り落ちた。杖を壁に立てかけ、我々に手をのばすと、肘から泥の塊りが落ちて、床の上で平らになった。

「これは失礼」とペルグランが言った。

　彼はかすんで、ぼやけたような目で微笑みかけた。そしてとても穏やかに、「あとはよろしく頼むよ」と言った。


　私の番だった。昼と夜、我々二人のうち一人が上の山にいなくてはならない。一二時間がポルションで、あとの一二時間が私だ……私は朝六時から正午までと、夕方六時から午前零時まで「部署についた」。

　朝は、まだ暗がりが端々に消えずに残っていた。塹壕の前に、色あせて凝固した青色の、大きな静止した水たまりがとてつもなく深い穴のような口を開けている。だが泥の水たまりに過ぎない。それが見えなくなるには一歩で十分で、それに気づかぬまま、そのなかを歩いた。

　もう雨は止んでいた。暁が空の下に漂い、黄色く明るい、真っ直ぐの細い縞が雲の下で刃のように糸を引いていた。私の周りでは、待避壕が泥と同じ灰色がかった青色の、その藁葺きの背部分をすれすれに見せていた。

　私の靴は奇妙な音、押しつぶされた麦粉《むぎこ》粥《かゆ》をすすって、息を吸い舌鼓をうった唇のたてるような音がしていた。屋根の亀裂から寝ている男の鼾が漏れてきた。しかし、先ほど、塹壕の入口で青白い水たまりを見なくてすんだときの一歩と同じく、一歩だけでそれを聞かなくてすんだ。

　黄昏どきの荒涼とした灰色の風景の、凍てついた世界が沈黙するなかを高原の端の方へ歩みを進めた。肩と腰を揺すり、全身のバランスを取り、片脚を交互に挙げて、歩くたびにひどくべとついてくる泥から一歩一歩足を引き抜きながら、ゆっくりと歩いた。

　それは、歩くたびに泥に張りついたまま汚らしくベタッという音の繰り返しだった。とびとびにできた砲弾の漏斗孔の縁にある、青みがかった水の裂け目がまるくなり、その水があまりに冷たく青白く澄んでいたので気味悪く、泥が静かに滑り落ち、それをふさぐまで、本能的に離れていた。

陽の光か？　暗闇から、突如大地の線が現れ、空の雲が、青白い裂け目に引き裂かれて、形を取りはじめているようだ。別の雲が谷間の奥に横たわり、動かぬ靄がよどんでいた。向こう側では、オー・ド・ムーズ山地のブナの木がこんもりと茂り、漠としたうねりが丘の天辺を走り、紫がかった長い渦を巻いたように傾斜を下っている。突然前方右手の、泥だらけの地平線上に、黒いコンブルの山嶺が重々しく出現した。

夜が開けると、走って交通壕に達する。あまり厚くない泥の下で、岩石の敷石がその固さでたてる足音でこたえてくれる。泥のニスを塗られて、敷石は光っていた。その間を網状の水の筋がさわやかで軽やかな音を立てて、せわしく流れている。

中へ入る。それは迷路めいて始まっていた。二つの柔らかい堆土が同じ岩石の敷石の両側からのび広がっていた。相次いである踊り場をよじ登っていく。堆土はそれに従って高くなる。突然地面がなくなり、表面に現れない踏み段が泥の方へ傾いていて、近接した仕切り壁が立っている。まるで囚われの身だ。

もう何もなく、谷間も、オー・ド・ムーズ山地のブナの木も、コンブルの樅の木も、生気ある雲の動きも見えない。頭上には、深みのない、ほとんど無色の陰鬱な光の流出、つまり交通壕の上でのび、交通壕の縁に張りついた平らな光の帯しかない。それは何も照らさず、ただ私が飲み込まれた牢獄を壁から壁へ、泥から泥へと照らして閉じるためだけに存在している。

それは壁ではない。形も起伏も輪郭もないただの異様な塊りだ。交通壕は粘ついた、重苦しい様子で壕を貫いて這っている。泥から生まれているので、交通壕は泥そのものだ。とてつもない泥の柔らかさ、べとべとした滑り道、泥色だ。先ほど外では、明けようとしている夜が残した青みがかったグラッシのある灰色だったが、今は下を綿状の細長い線がはしる黄土色の汚れた灰色、緑がかった灰色だ。時おり、この泥が積み重なって、より堅くなり、突然歩いている前に急斜面になって立ち上がり、ぶつかりそうになるみたいだ。だが交通壕は障害物もなく、ねばねばした同じ滑り道で、端から端までのび広がる、同じ平らな光の帯の下を、同じ泥、同じ黄土色の汚れた泥のなかへ沈み込んでいく。脚は、努力して歩くたびに、同じ緑がかったふわふわの土塊を巻き上げ、その後に腐った海藻のような長い粘つく筋状の泥を引きずっていった。

測定可能な深さも長さもなく、交通壕はどこまでも終わらない。ところどころ、左右に、迷路のように触手を延ばしている――無用になった武器置き場、泥にあふれた古い塹壕、白い紙がくっきりとしている、吐き気のする仮設便所。

やがて男たちが現れるが、全員がペルグラン、つまり、開いたドアの枠内に突然姿を見せた、あのうるさい男に似ている。一種の壁龕が粘土のなかでまるくなり、その奥では、黄色の板に黄色のぼろ切れが散らばっている。ほかの二枚の板は離しておかれ、スポンジ状で、どんよりとした黄色の水を緩やかに吸い込んで一面水浸しになって、それを覆っていた……六時間いなくてはならないのは、そこだった。

ポルションが交代に登ってきて、言った‥

「ヴォーティエが今さっき負傷したよ。彼はパヌションと泉から戻ってきた。一発の流れ弾でわきの下の上をやられた……重くはない！　少なくとも、ぼくはそう思う」

私は伝令兵用の待避壕で大男のヴォーティエを見出した。彼は濡れた藁の上に、傷の方に頭を傾けて坐り、タバコを吸っていた。

「弾はわしにだけですよ……」と彼は言った。

パヌションは、彼の方にしゃがんで、毛布を二つ折にして、軽い肩掛けのように肩にそっとかけてやった。

「あまり痛くはありません、中尉殿」とヴォーティエが言った。「間一髪で、ちょっとそれていたら……困るのは、塹壕でこんな風に楽にしていることで……また、わざとやったんだろうと言われますからね」

徐々にだが、彼の目は情けなさそうな思いにあふれた。そして、うなだれた。口はほとんど子供っぽく、まるで泣き出すかのように縮んだ。

「ランベルクールで、わしがはじめて一発食らってから今夜で四か月になります。また手錠をかけられて、馬上の二人の警官に挟まれて、またバールを通って、軍法会議の裁判官に罵られたあげく、また一年の監獄刑になりたくはないですよ……今度は、中尉殿、負傷証明書をください」

彼は笑おうとした。だがなんとも痛ましい微笑み、どんな嘆き訴えよりも感動的で、どんな怒りよりも心揺さぶられる微笑み、心の生々しい傷を照らす一条の光だ！

四か月前……ヴォーティエ、ボラン、レノー。三人のよき兵士。夜の乱戦で負傷し、彼らは手探りで各人携帯の包帯を当てた。そして嵐のなか、うなる戦場を通って衛生隊の方へ行った……彼らは負傷証明書を持っていなかった。彼らが自発的に申し出た負傷兵であることは証明できなかった。ただ一年の監獄刑を下しただけだ。

「あのことを考えると……あのことを考えると……」とヴォーティエが言った。

彼の頭は疲れ切った穏やかさで、かすかに揺れていた。

「もう一発受けていたら、わしも別な風だったでしょうが……いつか誰かにどんな戦闘で負傷したかと尋ねられたら、どう答えましょう、中尉殿？　塹壕の後ろを散歩していたとでも？……そうすりゃ、連中はおもしろがるでしょうな。あの〔火酒と黒すぐりの〕混合酒でも飲んだような様子をしていたら、お前は前線で何をしていたと訊くでしょう。わしの九月の話を知ったら、連中は……」

「なんだと？」とパヌションが言い放った。「連中がどう言うか、だって？　裁判官どもは冷血漢で、お前は哀れな野郎だとでも言うだろうよ。それに、四か月で二度の負傷、一人の男には、それで十分だと、な。肌身に一発食らえば、近くであろうと、遠くであろうと、食らうのはいつもこの肌身に一発だと、もな」

パヌションは苛立って、藁寝床の上で身動きした：

「静かにしろ、お前はしゃべり過ぎだ、熱があるんだぞ……タバコでも吸いな……火が消えた？　もう一本火をつけてやるよ。動くな、毛布が落ちる……口を出しな、きちっと巻いてあるタバコだ。マッチ？　ここにある。ひと任せにするんだ。お前はひと任せにするしか、することはないんだ……あとで分かるが、向こう、後方〔銃後〕では……」

パヌションはヴォーティエに近づき、少しずり落ちた毛布を引っぱり上げ、タバコに火をつけ、彼の口にくわえさせた。そして子供に聞かせるように、歌いあやすような声で彼に言った：

「……窓の近くに、よく乾いた真っ白なシーツのかかったベッドがあるよ。お前の古い持ち物があるよ。石炭の詰まった大きなストーブがあるよ。巻き毛のある、腕をむき出しにした若い看護婦もいるよ。窓ガラスに陽があたって、ナイトテーブルにはよくできたタバコもあるよ。また……」

「そうは言っても……そうは言っても……」とヴォーティエが繰り返した。

「黙って。それにな……お前に上等なマフラーをかけてくれるよ。新しい上着、新しい略帽、新しい編上げ靴もくれるよ。足の先から頭まで清潔になる。外出すれば、いつも上天気だ……」

ヴォーティエは微笑みながら歌うような声を聞いていた。彼の苦しそうな唇と額はゆるみ、頬骨のあたりには暖かいバラ色が浮かんできた。瞼をなかば閉じて、遠くの何かの幻影を見ているようだった。

だが外は、陰鬱で湿った夕べになっていた。次の交代要員の男たちが待避壕から出ていくのが聞こえた。

「見ろよ」とパヌションがヴォーティエに言った。「もうすぐ夜になるから、お前は下りて、ここから出ていける……」

影で低い入口がふさがった。

「そこにおられますか、中尉殿？……時間です」

上から降りてきたヴィオレだ。片足で立って、板箆《いたべら》で服の泥をこすっていた。足や胸、腕もこすっている。汚れた手は待避壕の藁屋根で拭っていた。

「中尉殿」と彼が言った。「柄杓とスコップを持っていかなくてはならんでしょう。散兵壕七には泥が流れています。泥水を排除しないと、小哨の男たちはもうそこにはおれませんよ。先ほどまでは、彼らもそこにいるものと思っていました。だが今は腰まで浸かっていて、ドイツ野郎が上部を撃ってきたんです。彼らは武器、装備品を捨てて、半分服を脱がなくてはなりませんでした。リショムが泣き出し、ジャンドルが彼に平手打ちを食らわしたんです」

ヴィオレは向きを変え、腰を揺すって後ろの見えない泥をこすろうとした。だが急に滑って、溺れた者のように腕を両開きにして、ドサッと体ごと泥のなかへ倒れた。

彼は腹ばいになって、泥水に浸かったまま手のひらを平らについて、頭は顔を泥につけないように後ろにそらしていた。

「起き上がれないのか？」

彼は答えなかった。肩が奇妙に揺れていた。ひと揺すりして、脇腹で回転し、腕を泥から離し、肘で支えた。それでやっと、彼が笑っていることに気づいた。口を大きく開けたまま、声もたてず、痙攣したように笑っていた。泥まみれになって、彼は土色に溶け込み、姿が消えたようだった。もう彼の顔、泥から出て、あの笑っている顔のはっきりした汚れしか見えなかった。

「やはり」とヴィオレの声が言った。「お笑い草になるだけのものがたっぷりありますね！」

昼は泥を見ることができる。銃眼に額をつけて、尖峰の凸凹の起伏、ドイツの塹壕を這っている目張りや、雲をかたどったような茨の鉄線、青い鋼鉄の弾丸除けを見ることができる。中から撃って、銃弾をピューッと言わせることができる。ドイツ野郎が胸墻の外で絶えず動いて、大量の水を斜面に投げ捨て、我々の方へ落としてくるために使っている、木の柄杓のなかへ撃ちこむこともできる。
みなが気晴らしをしていた：ヴィダルは杖の先で、目印をつけた銃眼の前に古い銅鍋を置き、弾がなかに当たるたびに、楽しそうに踊り、銃眼を変えて、穴を数えている。メマッス、彼だけは機関銃手の交通壕で突き刺すように前を見ていた。尖峰に背を向けているのは「彼」だ。コンブルに撃っているのは「彼」だ。飛び出た薬莢が足元でかちんと音を立てた。彼の銃は焼けている。顎鬚は彼が罵倒語を発するたびに震えていた。「糞ったれ！　豚め！　まぬけ！」そして銃が咳こむような音を立て、薬莢がかちんといい、ののしりがとどろく。『イリアス』の登場人物のように、メマッスは八〇〇メートルの距離から敵の戦士を罵倒する。

みなが気晴らしをしていた：工兵隊員が鉱山労働者にスープを運び上げてくるのが見える。土砂崩れをどうやって越えたのだろう？　彼が何かにぶつかる。大鍋を離すと、鍋は揺れて、ゆっくりと泥中に没した。彼は外套と上着を脱ぎ、シャツの袖をたくし上げ、裸の腕を泥に沈める。そして手さぐりする。腕を肩まで埋めたまま、むきになって怒っている。「取りだせるのか！……取りだせないのか！……」結局は取りだせない。ねばつく黄色の泥に覆われた、不格好な腕を泥から抜いた。絶望して、彼は我々を見る。わが兵たちが言う：「心配するな。お前の仲間たちは我々と分かち合うんだから……だがお前はちょっと楽しませてくれたよ」

夜が明けたから、みな楽しんでいる。目があるから、脚を絞めつけているもの、靴の革とゲートルのラシャ地の下で皮膚を凍えさせているものが何かは分かる。泥をじっと見つめて、それで冗談を飛ばし、なかに唾をはく。パイプの紫煙が、わが塹壕の板の下に、苦っぽいが温かいよい香りを漂わせていた……鉛筆と一枚の紙。防御地区の巡回……正午だ。

今は夕方の六時だ。夜が忍び込んでくる。もうむき出しの手、泥にまるごとさらされた皮膚しか見えない。泥は指にかすかに触れ、漏れていく。また岩の階段、足の重みに耐える固い階段にも触れる。やがてもっと大胆になってきて、のばした手のひらの上でベタッと音を立てる。泥は階段を浸し、えぐり、飲み込んでしまう。突然、泥が踝の周りで転がるのを感じた。

最初、この絞めつけはただの重苦しさに過ぎなかった。それに抵抗して逃れられる。苦しくて、息切れするが、それでも両脚を一歩一歩引き抜く……絞めつけはまた始まるが、これは我慢して策を講じなくてはならない。だが知らないうちに和らぎ、薄れ、流れ去っていく。この絞めつけは目に見えないが、ひたひたと、なめるような小さな波音を立てているようだ。そして靴の上部、ゲートルの隙間を探している。そっとズボンのラシャ地や靴下の毛糸に染み込んでくる。奥へ奥へと入りこむように膝の方へのぼってきて、外套の裾に達する。時おり、交通壕が曲がって、仕切り壁から仕切り壁へ、緩やかだが強く突き飛ばされる。脇腹に大きな泥だらけの塊りの重みを感じる。目は汗水で一杯になり、両腕を前にして、行き当たりばったりよろめき歩く。荒々しく泥が手に当たって、腕を曲げ、その塊りがまるごと胸にぶつかってくる……立ち止まると、心臓の鼓動が聞こえる。背中が痛い。今や、脚は泥だらけになり、両脚はむき出しで、凍えていた。泥は居場所を見つけ、わが肉体に張りついたまま、六時間そこに居すわり続けていた。
パイプの煙さえ見えず、すぐそばの人間がぼんやりした影の塊りでしかなく、男たちで一杯の塹壕が夜の闇に沈み、沈黙するときは、非常に長く感じられる。板敷の下では、水滴が規則的に落ちていた。水滴は落ちてできた水たまりに、小さいが強くボタリボタリと音を立てて落ちる。一つ、二つ、三つ、四つ、五つ……と一〇〇まで数えた。毎秒ごとに落ちるのだろうか？ もっと早く、一秒に二滴だと、およそ一〇分で一〇〇〇の水滴だ……それ以上は数えられない。
かろうじて唇を動かし、覚えていた詩を暗唱してみる。ヴィクトル・ユゴー、ボードレール、ヴェルレーヌ、そしてサマン〔アルベール・サマン（一八五八―一九〇〇）。象徴派詩人〕……奇妙なことだが、滴が落ちる二つの板の下で、この滴がぽたぽたと果てしなく落ちる音を聞く……これと似たようなことをどこで読んだのか？ 横たわった男、額に落ちる水滴、同じ場所に規則的に落ちる滴、男をさいなみ、揺さぶり、つねに一滴ずつ、途方もなく延々と落ちる……一滴、二滴、三滴、四滴……ところが、板には薄い泥の層しかない。数時間前から、雨は止んでいる。私の前に落ちて、泥に混じって脚を覆い、膝まで上がってきて、腹をも凍えさせる水滴はどこから来るのか？
森もまたさびしかった
暗い葉の茂みから、
一滴一滴、
夜のさびしさが
倦怠に没したわれらが心に
まるごと落ちてくる……

水滴は『スミレ色の歌』〔アルベール・サマンの詩〕と同じリズムで落ち、何か滑稽な繰り言が私の頭蓋のなかで踊り始めた……一つ、二つ、三つ、四つ……

板敷もまたさびしかった
暗い材木から、
一滴一滴……

ここから立ち去ろう。起き上がって、歩き、誰かに話しかけねばならない……立っているのか？ もう脚の感覚がない……だが絞めつけられているのは私の脚だ。

ここからゆっくり立ち去ろう、
ヒキガエルが哀れっぽく鳴いている、
よどんだ水のなかで……

誰が歌っているのか？　武器の後ろの機関銃手で、夜の闇に隠れたままの歌詞なき哀歌だ。

「一人きりか？」

「一人です」

「仲間たちは？」

「テントの後ろの角灯の周りにいます」

角灯は粘土に刺しこまれた段ボールで隠されて、入口の横の地面に置かれていた。反対側では、三日月型の光がさざ波立つ黄色の水のように、地面すれすれで揺れている。横たわった男たちはひと塊りの人間に過ぎず、あちこちで青白い額の下で目が光り、手が動いては影に消え、言葉には顔がなかった。

「火さえあればな！」

「僅かな火でもな……」

「石炭をくれるはずだったが……」

「ずっと前にな」

「だが何もない。すかんぴんだ、全然だな」

「おまけに蠟燭までもうすぐ消えてしまう……」

角灯の雲母の後ろでは、炎が鳥もちのなかのスズメの翼のようにぴくぴくと動いていた。炎は鬼火のように泥の上で揺れている。揺れ過ぎて傾き、やがて静かに倒れ、ジュウジュウと音を立てた。そして消えた。

男たちは沈黙していた。彼らはもう暗闇のなかで息する存在でしかない。また臭い、雨に濡れた獣の臭いに過ぎない。我々の頭上と周囲では、軽く触れ合う音がかすかに流れるように聞こえる。

「あの音はなんだ？」と誰かが言った。

「泉の音だ」

「泉？」

「まあ、水の音だな」

男たちは動き、ブツブツ言いながら、起き上がった。網状の水が私の脚沿いに滑り落ちる。何かが、一握りの細かい砂のように肩に流れる。水だ。胸の上を流れ、折り目のついた外套の膝の部分にたまる。目を閉じて、少しまどろんだ。水が、水盤を傾けたように膝にこぼれた。

「何時だ？」

「ああ！　当ててみろ」

「水位が上がっているな……」

「勝手に上がらせておくさ、一挙に溺れるようにな！」

「あの変人は何を言っているんだ？」

男は弁解して言う：

「つまりは、な……そうじゃないが……ただ時おり、足が凍傷になるな？」

「足を切断するか？」

「必ずしも切断しなくてもよい」

「いや、当然そうなるさ。お前の足は腐っていく、そこで切断する。名誉の負傷の方がいいぞ」

「おお！　それなら……まあそれなら、よかろう。だがどんな負傷だ？」

「まあ胸墻に鏡を当てて、髪をといてみろ。何でもないふりして、よく輝くアルミニウムの櫛を持った手をあげるんだ……」

「それに手に弾丸一発か？　ごめんだな！　おまけに足に一発、びっこだよ。わが残りの人生は片輪か……」

「そこでお前は脚が痙攣したかのように、崖径に横になって……手足をばたつかせて、一本脚を挙げるんだな……」

「奴らがわしの踝をくじくようにか？　お手柔らかに願いたいな！　極端に敏感なんだ……」

「それでなんだ？」

「最善なのは、なあ、尻の方がいいな」

「だが弾はお前のど真ん中に当たったのに、後ろへ回ったのか？……腹にか？……腹に一発なら、お陀仏だよ」

「弾は尻に斜め、脂肪部分に当たって、そこにちょうど穴が開いたことにするんだ、分かったかい。ちょうど銃眼に尻を、斜めにさらしたことにするんだ……あとはどうする？」

「午前零時だ」と機関銃手が言った……「第七中隊の交代だ」

私は突進して、ポルションと同時に塹壕に着いた。我々二人の間に、何か、一種のまるくて、くぼんだ箱が転がった。

「なんだ？」

「君が落とした火桶だ……空っぽだ」

「静かな夜に？」

「静かな夜にな」

塹壕の下に入った。テーブルの片隅の、広げられた新聞の横で蠟燭が燃えていた。ポルションが竈に薪を入れた。バラ色の琺瑯のコーヒー沸かしでは、コーヒーが沸騰して音を立てていた。

「ジュヌヴォワは君か？」

「はい、大尉殿」

「相変わらず雨が降っているかな？」

「いえ、今のところは」

私の解けたゲートルが床の上に転がった。外套はそのそばでたくたになっていた。重い土塊が一つずつ、靴から落ちた。泥の山ができて竈の熱で湯気が立っている。靴も椅子の背もたれで湯気が立っていた。椅子の上では、裸の脚が湯気を立てている。

足は青く、夕立の後浮かぶ、あの夏雲の青さだった。雲は溺死者の皮膚のように緑色になっていた。またレアの肉の塊りのように赤くもなる。濃すぎるカラメル味の生ぬるいコーヒーを飲みながら、私は足の色が変わるのを見ていた。

大尉は蠟燭が見えないよう鼻を壁に向けて、眠りながらため息をついていた。時々、彼の手がせかせかと上がったり下がったりしたが、私には、「なあ、私には何もできないんだ……」と弁解しているように見えた。私の真っ赤になった足が焼けつくようなかゆみでムズムズしてきた。大きなしもやけのできた足は煮え立つように熱くズキズキする。脚も同じようなものだが、もう脚には触れる気力もなかった。

蠟燭が消えたので、リーヴ大尉のそばで横になった。私の体がこすれて、彼を目覚めさせたに違いない。彼は藁をガサガサ押しつぶして、振り向いた‥

「雨は止んだと言わなかったかな？」

突風まじりの雨が塹壕の屋根を叩いていた。風は大河のように吹き渡る……何時だ？……眠れるだろうか？……

畜生、足が痛い！


また一層雨もようの、一層暗い夜だ。長いこと、交通壕の入口を探した。滝の音のする方に歩いていると見つかったが、滝は岩の敷石の上に落ちている。両腕をのばして、水の流れている堆土《たいど》に触れて、やっと自分のところへ戻った気がした。何もすることがない。時が過ぎていき、明日はソムディユにいるだろう……ソムディユは立派な宿営地だ。

上にあがって、空っぽの火桶に坐った。火桶の縁は固い。この固い金属の円形状のものに坐った姿勢でいると、何か慰めになる。それほど遠くないところ――右か？　左か？――から、雨のなかをデュロジエの独り言の声が聞こえてくる‥

「ジョリは足がしもやけになった。ポワンコも足がしもやけになった。我々がそう望んだからか、全員足がしもやけになった」

シャワーのように垂直に、雨がまるごと塹壕に降ってきた。デュロジエが冷笑しながら、仰々しく言った‥

「諸君、もう少しがんばれ！　ソムディユで三日間の猶予だ、そこでまたやり直しだ。しもやけの足、病んだ胸、顔面負傷、丘の上には木の十字架……また戻ってこられると信じ込んでいる間抜けはどこだ？　連中は極端な情報通になって、我々を戦争に送り込んだ……ああ！　ああ！　黒いインターナショナル、金色の腹の強欲野郎、冷血漢のサメ。〝抗議せよ！　死者諸君。だまされたんだ〟奴らは楽しんでいる。奴らには理屈がある。一千万人が次々と殺されている、彼らに乾杯だ！……」

デュロジエの銃が泥に当たって弾ける。

「くたばっちまえ！」と彼が怒鳴った。「もううんざりだ、つんぼの連中に話すのは！　お前たちはみな肉弾だ！……人間じゃない」

彼は黙った。雨でふくらんだような夜は濡れた布のように波打っている。沈黙した塹壕は雨のなかで死んだようだった。

脚にぶつかってきたこの男はどこから来たんだ？　近づいてくる足音は聞こえなかった。彼は息を切らせており、手をのばせば、顔に触れるほど近くにいた。

「中尉は？……中尉はどこだ？」

「ここだ……どうしたんだ？」

「木炭です、中尉殿」

「もうないことは知っているだろう」

「いや、中尉殿。木炭を持ってきたんです」

彼は息切れし、あまり聞き取れない声で話した。だが徐々に、塹壕じゅうが暗闇のなかで色めき立ってきた。泥から一種の生ぬるい熱気が湧きあがって、ひたひたと近づき、私を包んだ。

「袋はどこだ？」

「手に持っています」

「大袋か？」

「一晩中燃やせます」

「火をつけるのは？」とデュロジエが冷笑した。「まず木炭を乾かすため、火がいるだろう」

「ここにある」とビロレが答えた。

彼はライターの火をつけた。火花が上がる。火口の芯が燃えて、彼の手先でオレンジ色の弱い明かりがともる。

「いつも乾いているんだよ」と彼が言った。「蠟引き布のケースのなかでな……びっくりしたか、お喋りめ！」

別の男がすでに、火の燃えるところで外套の裾を広げて、かがんでいる。青白い光が彼の息で燃え上がり、弱い光の輪を発散させ、暗闇のなかで、燃える芯をつかんでいる手と、黒い木炭をつかんでいる手だけが浮かび上がっていた。

「あれは何しているんだ？」

「木炭に芯を近づけて、火が木炭に燃え移るようにあおっている」

かがんだ男がまた息を吹きかけている。だが弱い光の輪が縮んだ。

「木炭が湿っている……厳しいな」

デュロジエのせせら笑いが聞こえる……

「それ見ろ！」

彼らはもう答えない。かすかに彼らに呼びかけ、もう夜を忘れさせている、小さな光の周りに寄り集まっている。

「交代で息を吹きかけなくてはならんな」

胸を一杯に膨らまして、彼らは長らく息を吹きかけていた。大きくなった光の輪がふくらんだ頰を照らしている。赤い点が一つずつ寄せ集まって、泥の上で金色の光になった。上空で雨の矢が輝き、降りかかってきた。火桶のなかで木炭がシュッと音を立て、赤みがかった明かりが暗くなる。そこで男たちが一層身を寄せ合って、肩を屋根代わりにした。

「こいつは厳しい……厳しいな……」

　彼らは全員また仕事に取りかかった。もう一度赤い燃えさしが寄せ集まって熱を取り戻し、二つずつ赤みを帯びてくる。火桶の底で、かすかな炎が青くなってきた。泥に跪いて、彼らは息を吹きかけている。青白くなった火が火花を散らし、黒い木炭が金属的なミシッという音を立てて徐々に赤く染まってきた。今は雨が小降りになっている。燠の上では雨滴がキラキラと輝いて飛び散っていた。胸墻の泥は夜よりも暗い影のなかでバラ色になっている。

　彼らは火の周りに集まって、手と顔をのばしていた。それは先史時代の奥底から出現したような悲痛な光景だった。髭面で、上半身は毛ばだち、粗削りにかたどられた顔だち、彼らは火の明かりのなかへ入って、一人ずつ生き返ったようだ。押し合いへし合いはせず、席を譲り合っている。そして一層身を寄せ合っていた。

「中へ入れよ。みんなに席があるんだから」

　だがいつも誰かほかの者が、暗く冷たい塹壕から押し出されて、全力でやってきた。暖まっていた者はわずかに抵抗しただけだ。彼らは、このバラ色の夜の片隅をじっと見据え、戻ってくるのを期待しつつ、暖かさに包まれて離れていった。

「通してくれ、俺の番だ」

　ビロレが振り向くと、デュロジエがいた。ビロレは立ち去ろうとしているところだった。だが今は、ためらった：

「お前の番？　お前の番？……我々だぞ、火をつけたのは」

　彼はこのしつこい、ガタガタ震えている男、この凍えた顔、この雨滴を滴らせている顎鬚を見つめた。ただ静かに、頭を振って言った：

「まあ、やっぱり暖まれ、哀れな野郎だ……お前も、暖まりたいんだな」

　そして彼は立ち去った。

第四部

レ・ゼパルジュ

——親愛なるアンドレの思い出に（ビレジク、一九二〇年）

Ⅰ　平和

一九一五年一月

「リュに洗濯物?」とリーヴ大尉が言った。「リュに洗濯物を置いてきたのか?……ソムディユで合流する前にそれを取りに寄りたいのか?」

板の屋根の下で背を曲げて、彼は蠟燭の明かりに小さな青い目を細め、すでに――酸いも甘いもかみ分けた――駐屯地用の微笑を取り戻していた。

「行け」と、やっと彼は言った。

私は、青白い夜のなか、掩蔽壕《えんぺいごう》の敷居口でかすかにうごめいている交代の区間に沿って行った。兵たちのざわめく声が聞こえた。泥はごわごわの靴底に押し出されて、湿っぽい音と分厚く付着してベタベタという音を長々と響かせていた。

今は一人で、棍棒の握りを手で固くぎゅっと握りしめて、粘つく荒れ地を駆け下りていた。この石橋は、一五分ごとに機関銃の一斉射撃を浴びせられるロンジョの橋だ。もう少し先の、小さな石の十字架像の近くでは、液状の泥が水たまりとなって広がり、そこにはどこよりも真っ暗な夜が影を落としていた。同じ夜の同じ時刻に、使役当番たちがびちゃびちゃと音を立て、そして彼らがいなくなると、ドイツの一〇五ミリ砲が炸裂するのはそこだった。

左側の、立ってはいるが損壊した物言わぬ家々はレ・ゼパルジュのものだ。昼も夜も絶えず、どんな人間がそこで身を守り、隠れており、何をしているのか、どんな言葉を交わしているのか、と不思議になる。数か月前から、われらが第三大隊は相前後して、休息からカロンヌの十字路へ、カロンヌの十字路からレ・ゼパルジュへと「展開している」。馬鹿げた日めくりカレンダーのリズム、うんざりするメリーゴーラウンドの旋回、決して止まることも加速することもない転回だ。そしていつも、同じ背が眼前にあり、同じ肩がぶつかり合う。我々の背が回るのを見ているのは、我々の後ろの同じ目だ。

我々は戦争をしている、と人は言う。確かに戦争をしたのは事実だ。だが長くは続かなかった。ほとんどすぐに我々を捉え、どこか知らないところへ導いたのは戦争だ。

私は大尉に、列を離れて、リュに洗濯物を取りに行く許可を求めた。それは自分自身を取り戻すためでも、一、二時間ひとりになりたいための口実でもない。この欲求にはしょっちゅう悩まされた。先月もひとりでソムディユに行ったが、何という喜び、驚くほどの心の震えだったことか！　そして夕方には帰ってきた。私を待っていたポルションにも、ほかならぬわれらが塹壕《ざんごう》から動かずにいたわれらが部隊全員にも会ったが、私の朝の欲求を知らなかった。誰も気づかず、私も誰にも話さなかった。しかしその晩、私は意識することもなかったが、どれだけ自分が変わったかが分かり、以後は以前よりもよき兵士になるだろうという気がした。

いや、口実ではない。私が、この切り立った二つの斜面の間のオー・ド・ムーズ山地をよじ登っている間、大隊はムーズ丘陵の麓に沿って歩いていた。トロワ゠ジュレだけは登れるが、カロンヌには私の後にしか着かないだろう。だがまもなくソムディユで一緒になる。

我々がそこに宿営するのははじめてだ。モン・ス・レ・コートを去り、リュ・タン・ヴワヴルを後にし、今はソムディユに行くところだ。だがどうでもいい！　ソムディユは前線からより遠いが、我々の行程はもっと長い。ソムディユは大きな村だが、我々は急いでそこを一周するだろう。ソムディユの藁《わら》はモンのよりもよいか？　虱《しらみ》はしつこくなく、できあいのワインも安く、悪徳商人もそれほど貪欲ではないか？　我々が悪い習慣に染まっていなかったら、もっと持ち上がってくるかもしれない、他の多くの問題には答えようがない。この前はリュにいた。今はソムディユに行く、それだけのことだ。

最初の歩哨は几帳面に小さな石切り場で、二番目はカロンヌの十字路の手前で、三番目は十字路そのもので私を呼び止めた。わが部隊の者たちで、私を知っており、合言葉ムイイを言う必要もない連中だ。そこはレ・ゼパルジュのような村で、しょっちゅう来ていたところだ。白みはじめた夜、私はそこを横切っていく。行程のすべての標柱が見知っていた場所に並んでいた。紫がかった枝のなかにあるムラン゠バ、小さな谷のくぼみの、裸木のある沼地の近くに広がるアンブロンヴィルの農地、丘の間のべとべとした畑、砲兵たちがいなくなった陣地、そしてすでに、鐘楼の前にある、最初の家々が見えてきた。

今はもうほとんど夜が明けた。空全体がどんよりとした白く厚い雲に覆われている。光は東にさえもない。

「おはようございます、ブルディエおばさん！」

予想していたとおり、彼女は起きていた。夜の残滓《ざんし》が漂っている大広間の、テーブルの片隅で朝食をとっていた。昨晩の香りがまだ辺りに満ちていて、こぼれたワインの匂い、冷えたパイプの煙が漂っていた。

「かわいそうな兵隊さん！」とブルディエおばさんは言った。機械的だった。彼女は我々みなに「かわいそうな兵隊さん」と呼びかける。そして我々が前線に進発するときは涙ぐみ、戻ってくると、天に向かって腕をあげて「なんて泥！」と嘆くのだった。

「あたたかいコーヒーは？」

「いただきます、ブルディエおばさん」

「ミルク入りで？」

「はい」

「大きなコップで？」

「一杯に」

彼女はコーヒーを給仕し、私の周りをまわって、習慣的に

「なんて泥！」と嘆いていた。

泥が乾いた。泥が乾いて、こわばっているのが分かる。また進発する前に泥を落とさなければならない。

「私の洗濯物はできていますか、ブルディエおばさん」

「できていますよ、もちろんですとも……」

彼女は小さな包みを私の肩かけ布鞄に入れて、私の前のテーブルの上に方眼紙の切れ端を滑らせた。「コーヒー代込みだから、多くなったわ」と彼女は言った。

払うと、彼女は無頓着そうだが鋭くもある一瞥でさっと勘定した。それから、靄《もや》がかかってかすんだような瞳で言った。

「かわいそうな兵隊さん、さようなら……食料品店にあがって、一日分の準備をしなくてはならないの。運よく、ヴェルダンから、あの別のかわいそうな兵隊さん用のパテにする豚が届いたし、それにあの哀れな市民たちのための屠殺用の牝牛も着いたから。やはり彼らも食べなくてはならないしね、そうでしょう？……ああ！　なんだってこう苦労が多いんだろう、まったく！」

彼女の頰はかすかに震え、声は動転していた。私の手をつかむと、胸に抱きしめるかのように自分の方に引き寄せた。

「それでは、さようなら、ブルディエおばさん……」

一瞬迷ったが、私は言った。

「もう我々は戻らないことを知っていますか？」

すると、彼女は泣きだし、大泣きし、大きな胸はうねって揺れ動いた。

「ああ！　知ってますよ……おお！　なんて寂しいんでしょ！……」

急に、彼女は私を置き去りにして、店の入口から静かに消えた。

私のコーヒーカップは相変わらずテーブルの上だ。彼女が洗濯物を包んだ古新聞が私の腕の下の肩かけ布鞄のなかでガ

サガサと音を立てた……私は何を言ったんだろう？……一体どうしたんだろう？……人のいなくなった広間にひとりぼっちで、狼狽して不機嫌になっていた。また出ていく前に、自分の笑い声を聞きたいくらいだった。

外は、靄がかかった、凍えるような同じ日だった。ソムディユへの道は黒い樅《もみ》の木の林に沿って、丘の脊柱《せきちゅう》を這っていた。地面は柔らかく、湿った苔と針葉樹の葉でふかふかだった。枝がかすかに揺れ、私の歩みは音もなく滑っていった。

まだ二キロある。だが疲れはなかった。泥除けの腿当《ももあ》ては、まさに大事なところで破れ裂けたが、あまりそれを苦には感じなかったので、一日中そのままにしておいた。それは間違いではなかった。この私についてくる静けさは、私の脇にある枝林の静けさだ。それは、光を弱める、白く厚い雲の下を横切っていく沈黙の静けさだ。レ・ゼパルジュでは空は同じだろうし、カロンヌの十字路でも同じだろう。

砲兵とすれ違ったとき、私は止まろうとしていたかもしれない。私に挨拶しながら、彼はまるでレ・ゼパルジュから下りてきたわが同僚たちの誰にも会わなかったかのように私を見つめた。だが道では私ひとりで、私についていた泥、レ・ゼパルジュの泥すべてはもう私にしかこびりついていなかったのだ。

そのことは、ずっと後になって、砲兵の眼に現れた表情を夢で見たかのように思いだしたときはじめて分かった。ただ、私の視線が彼のそれと交差した瞬間、漠とした苛立ちで、この男はこんな時刻に一体何をしているんだろうと思っただけだった。奇妙な寂しさで、もうこれ以上はこだわらないだろうと感じた。

やがて最後の樅の木が上空でまばらになって見え、道は高原の縁に滑っていき、なだらかに曲がり、ソムディユの方へ垂直に下っていた。足下では、外套姿が行きかい、敷居口で動き回り、中庭で動いていた。真っ白なディユ川岸では、上半身裸の男たちが清流にかがんでいた。数百人いたが、全員虫が蝟集《いしゅう》するように混じり合っている光景に、私は陰鬱な憐れみで心動かされた。だがすぐに、探すこともなく、他のところとは別に、わが中隊の宿営地を見つけ出した。そこ、兵舎のように大きな製粉所で、中庭の地面に、沼沢地の泥水溜りが光っているところだ。こんなに遠くからでは、誰も見分けられなかった。だが、そこだということは確かだった。

そこで下りて行ったが、今やもうひたすら下りるだけだった。

よく眠った。これは我々のよき習慣の一つだ。どこであれ、よく眠ることを覚えた。今度は、青みがかった冷たい石灰壁のまったく小さな部屋だった。家全体が私の部屋と同じ冷たさだ。わが女主は老いて荒《すさ》んでいた。

それほど老いているのか？　ただ、とりわけ荒んでいた。彼女は緩慢で陰気な声で話すが、言葉少なだった。またその眼はよどんで凍った水の底から、どこか遠くを見ているようだった。大きな息子がいたが、「行方不明で」、彼女にもどこにいるのか分からない。息子をなくしたのだ。もう二度と会えないものと確信していた。そのために、彼女にはもう、我々に対してさえも寛容さがないのだった。

ただし、もう一人の息子がいて、まもなく次年度兵として出兵するという。そのため、彼女は私のベッドに最上級のシーツを敷いてくれ、今朝は生温かい〔洗面用の〕水差しを持ってきてくれた。

それで私は頭の天辺からつま先まですすいだ。清潔で軽い上着を着て、円卓の窓の近くに坐った。そしてすぐに昨晩、蠟燭の明かりで書き始めた手紙を手にした……昨晩、何を書いたのだろうか？

「一日、一日と過ぎゆくが、雨、雨の日々だ……前線の水浸しの塹壕でも、地中の暗い待避壕でも、どこか匿名の家で見知らぬ顔の間にいても、どこでもつねに同じ重苦しい単調さで、我々は疲れはて、そこから逃れられないと確信させられる。二日前から便りがない。なぜだ？　この手紙なしの状態は続くのか？　そうならば、私は何の値打ちもなくなる」

「こんな停滞状態だと、私は愚かになる。現在、私は、この動きのない戦争の初期に始めた戦争日誌、毎日急いで書きとめたメモ、温かみと生命を与えようとした――何という熱心さで！――メモをまとめることが困難になっている。思考するにも、ただ見ることさえにも、何の努力をしなくてもよい状態にある。それは一種の意図的な痴呆化であり、努力しても退屈さは紛らわせないので、我々が意気地なく自らを追い込む思考放棄だ」

「……戦い、行動しているときは、衰弱した思考は成長する前にしぼんでしまう。今や私は、家族や友人と再会する時期を早めるのに何もできないという、あの確信の虜《とりこ》になっている。後悔の念に支配され、私の帰還は、その時期がいつかくるという想いが現在の鬱状態を越えて私を昂揚させてくれるには、まだあまりにも遠い。私の心の支えはただ、予測不能なもの、つまり、宿命的で安心感の持てる〝いつの日かは〟という曖昧さ、蓋然性への愚かな希望にあり、それに私は期待できる理由が持てるまでしがみついていたいのだ……」

昨晩は、そこまでだった……おしゃべりから戻って、大急ぎで書いたに違いない。夜遅かった。陶製のパイプの収集家で、ひげ面の老年金生活者の食堂には、客があった。午後私は、居酒屋兼理髪店で、ひどいキュラソ酒を数杯飲んだので、後口が苦く粘ついていた。歌い、大声で話し、わめいた。それからこの大仰な夕食、この固く緑色がかったテーブルクロス、うす暗い照明の下だ……

これが、部屋に帰って、大急ぎで書いたことだ。今朝、これらの文章を見て驚き、露骨すぎる告白に、私は困惑した。だがこれを否認はできない……しかし、どのようにして書き続けるのか？　むなしい試みをしていると、廊下に足音がして、ドアが開き、どやどやと人の声が耳に飛び込んできた：

「いた！　ここにいたぞ！」

彼らは三、四人いて、一緒になって問いかけてくる：まずポルション、その次に第五中隊の連中、ブロンドで髯のない、いつもより若々しいイルシュ、ヤギ鬚を剃ったジャノと老中尉ミュレールだ。

「ところで、何しているんだ？」

「昨晩よりは、元気になったか？」

「なあ、待っていたんだぞ……」

私は立たずに、手で合図した：そんなに強く叫ぶな、そんなに強く……だが彼らはみな同時に、てんでんばらばらに話し、面喰ってしまうほどだった：

「手紙か？　ああ！　それでは……」

「なにか考えごとか？……今朝は、それがはっきりしている、ちょっとした考えごとだろう？」

「なあ、何でもないよな、起きてからそれだけ書いたんなら！」

「違う……昨夜書き始めたんだ」

すると彼らは大笑いした。笑い声が家中に響きわたった：

「昨夜！　昨夜か！……昨夜、書かなければならなかったのか！」

「どうして？　私が書かなければならなかったことは……」

「君は……へとへとだったな」とミュレールが言った。

「酔っていた」と若いイルシュが正確に言った。

彼らの笑いが前以上に爆発した。彼らが滑稽な憐れみをまじえて、私の肩をポンポン叩いた：

「そう叩くな、君一人じゃなかったんだ」

「みな酔っていたからな……」

私は身振りで抗議した。イルシュは憤慨したように怒ったふりをした。

「酔っていたのが事実じゃないと言うのかい？」

「そうだ、そう言っている」

「それじゃ、誰がキュラソを一〇杯も一二杯も立て続けにがぶがぶ飲んだんだい？　誰がヴィクトル・ユゴーの『親殺し』を一気に朗読したんだ？……なぜクジラのように反り返って、〝老いたる山よ、死は照らすこと少なし〟と叫んだのだ？……誰がスローテンポのワルツに口笛を吹き、砲兵たちをひどい目にあわせたんだ？　誰が暖炉の上にあった石膏のジャンヌ・ダルク像を腕に抱いて見事なタンゴを踊ったんだい？……誰が？　誰が？」

「私だ。だが酔ってはいなかった」

「ああ！　もういい！　もういい！」

ほかの三人が我々を黙らせようと、一緒になって大声をあげ、我々の声を覆った。今朝は、書くのは終わりだ。もう彼らが私を連れて行きたいところへついていくしかない。

廊下で、主の老婦人に会ったが、我々を非難の目つきでにらんだ：

「まあ、でも」と彼女が小声で言った。「ひどい騒ぎでしたね！」

彼女はなお一層荒んだようで、目はより遠く、より冷たく見えた。そして緩慢な声で続けた：

「もちろん、あなた方は教会に行くんでしょうね？　あの死んだ哀れな大尉さんの弔《とむら》いに？……それにしても、ひどい騒ぎ、ああ、ああ！　ひどい騒ぎだったこと……」

二週間前、メニャン大尉が上にある交通壕の曲がり角で、銃弾を浴びて死んだ……この前、我々はリュの墓地で彼を見送った。そしてそこに残してきた……なぜソムディユでも、セネシャル少佐はあの歌やあの名手たちの二重奏、あのチェロのトレモロを望んだのか？　この前リュの墓地では、雨が降っていた。棺《ひつぎ》が墓穴に降ろされる間、大隊全員が無帽でそこにいた。少佐は言葉少なに、人間味にあふれた簡素な惜別の辞を述べた。彼の声は震え、我々は五臓六腑を絞めつけられた。雨は新しい土塊《つちくれ》、棺の板の上に降り、あそこ、レ・ゼパルジュの、ミュレール大尉が死んだ戦線の上にも降っていた……今朝は、看護兵ベジャナンがダスト少尉と歌った。バリトンとテノールだ。彼らは知り合いで、一緒に歌う習慣があった。たぶん今夜も、キュラソのある理髪師のところで二人の歌を聞けるだろう。ヴァイオリンも。それに合唱も。それはいいことだ、ほんとにいいことだ。大隊のすべての「芸達者たち」が「儀式の輝き」に華を添える。何も具合の悪いことはない。セネシャル少佐は大変誇りに思っている……

「そうだね、諸君」と彼が言った。

何がそうだね、だ？　彼はそれ以上言おうとしない。だが教会の前の堆土の上で、自信のある様子で、手をのばし、無邪気なほど尊大に長らくとどまっていた。

「さあ、諸君！　昼食の時間だ……」

どんな儀式でも、あらゆることを考え、正確でなくてはならない。今度のは長く続き二時間、それ以下のことはごく稀だ。満杯の高級コニャックのグラスを前に、葉巻やパイプの煙のなかで、顎が動物的な音をたて、平板な二時間の会話。

歩道で、老年金生活者の家の方へ向かって、我々はもう黙りこくって陰鬱となり、小グループでぶらぶら歩いていく。私の鼻先にはセネシャル少佐の赤らんだうなじがあり、そのそばをリーヴ大尉が歩いていた。ル・ラブッス医師は私の横で、長靴を引きずっている。彼の大きな手は両腿に重そうに垂れ、目には陰鬱な倦怠感があふれていた。我々の後ろでは、ポルションが、月光色の青い外套を着ていた、見知らぬごく若い少尉と喋っていたが、これがあまりに青く真新しいので、この若者は変装しているように見えた。

「そうだな」とポルションが言った。「好む好まないはともかく、君は来るのが遅すぎたのは確かだよ。一度見たことを、もう一度同じように見ることは絶対に不可能だ。我々がしたような撤退、ヴォー＝マリのような夜間の戦闘、九月二四日のような森のなかでの衝突、レ・ゼパルジュの小さな峡谷での一夜は一度しかない……戦争はなるようになり、ほとんどまったく我々の手の届かないところにある。古い連中の誰にでもいいから訊いてみろ、彼らが私と同意見かどうか分かる。ほぼ一〇月末頃にはほとんど一挙に収まったが……それ以来、我々は何をしたのか？　双方で、長期間立ったまま待っているだけだ！　穴にもぐりこんで、収まっている。まるで家具付きでな。いつまで続くことだろうな……おーい！　ジュヌヴォワ！」

私が速度を緩めると、彼らが追いついてきた。

「君に紹介しなくて……」とポルションが言った。「ルビエール少尉、今朝着いたシラール〔サンシリアン、陸軍士官学校生〕だ。我々にとってこのシラールは……第七中隊の最年少だよ」

ルビエールは子供のように明るく微笑《ほほえ》んだ。彼の初対面は感じがいいという以上のもの、励みになるものだった。彼の握手の仕方だけ、口にした平凡な言葉だけで、気兼ねや遠慮がなくなるのに十分だった。がっしりとして均整の取れた頑丈で、筋骨たくましい彼は、少年期の丸顔を残しており、またそれに鼻眼鏡のガラス越しに近視の眼差しで夢を見ているような魅力、ひとを惹きつける繊細な控え目さが加わっていた。

「でもやはり」と彼が驚いて言った。「そういう穴からは出なくてはならないでしょう！　穴に収まって、家具付きのようになってなんて、それでは終わりにならない！」

「ぼくもそう思う」とポルションが言った。「我々が進発した輜重隊《しちょう》では……なあやはり、我々が三か月前から経験してきた生活を君はもっとよく知らなくてはならんな。現場の泥や糞のなかで足踏みだ。一歩も前進しなかった。それに後退もなしだ……同じ時間に同じ仕事、ばかで哀れな役人の同じルーチン……穴から出る？　それは君が今までいた姿婆で考えることだな。だが我々は……我々がこの生活に慣れたことを考えてみろ。たぶんここに我々をこんなにも長くとどめておいたのは間違いだったろうな。あの高地のレ・ゼパルジュの塹壕に行けば、君にも分かるだろう。ドイツ野郎はすぐ近くの、我々が尖峰と呼んでいる大きな泥の膨らみにいる。そこはそれほど見栄えのするものではない。それに、そこから銃弾が飛んできて〔塹壕の〕銃眼を抜けていくから危険だ。それでも最初の数週間はまだ銃眼からこっそり見ていた。斜面にはあちこちにいくつかの防柵や杭があった。それにはあまり注意を払わなかった。ただし、滞在している間、防柵が増え、杭の列が狭まり、鉄条網が大きくなり、段々と絡みつきやすく、棘が増してきた……だから、知らず知らずのうちに、我々はとうとういくつかの考え……不愉快な考えを受け入れないようになった。例えば、いつかこの荒々しい尖峰の斜面を、この防柵や杭、鉄条網を通ってよじ登らねばならないということだな。もちろんごめんだな！　誰かに代わってもらいたいよ！……おそらく君はぼくが人間的には正しいが、だが何が何でも穴からは出なくてはならないと言うだろうな！……もちろん……もちろんだが……」

ポルションはもう何も言わず、下を向いて、目は物思いに沈んで歩いていた。突然、顔をあげて言った：

「君はどう思う？」と彼は私に言った。

「ああ、ぼくか、それはなあ……できるだけ考えないことにしているよ」

「なるほどな、それは分かる！……でもやはり、この若者が予告もなくやってきて、おかしなほど熱心に我々に問いかけ、答えさせるんだ……ぼくはたっぷりと話した、何か月も話したことないほどしゃべった……今度は君の番だ、説明してやってくれ」

「何を話せと言うんだい？　結局は君と同じことだ……説明しろというのは、我々がその日その日、必要に迫られて、泥だらけの生存にまったく適応して生活していることか？　我々が、望んだとしても、個人的な問題に係わるように思える、この穴からの脱出を実現できるかどうか分からないということか？　いつの日か、尖峰をよじ登れという命令が不意に下ったとしても、うまく登れないと不安になるほど、脚が鈍っていることか？……私が何を言っても、楽しくもない同じリフレインになるだろう。われらがシラール君がレ・ゼパルジュに何を求めて来たのか、よく分かるからこそ彼を悲しませたくない……そうだな、ルビエール？」

ルビエールは微笑むだけで、答えなかった。時々、彼は我々を観察していた。鼻眼鏡の奥の目には少し悲しげな想いがあふれていた。

「諸君、入ろう……」

やっと到着した。食堂の角の大きな棚には、上から下までパイプが並んでいた。珍妙なものや「芸術的な」もの、卑猥なものや記念物的なものがあった。老年金生活者は得意顔で、それを見ている我々を見ていた。彼はアルジェリア歩兵のジャコブに似ている。

「さあ、諸君、食卓へ！」

ルビエールはポルションと私の間に坐り、長い昼食が始まった。いつもよりは長くも短くもない。宿営地の昼食は重く、ワインがたっぷりあった。

「昔はな」とポルションが言った。「生《なま》のカブや、畑で掘りだした腐りかけのジャガイモを食べたもんだよ」

「そうですか」とルビエールが小声で言った。

「諸君、四時に武器点検だ」とセネシャル少佐が三度、諸君と繰り返した。「銃床の床尾板に留意してもらいたい……泥にじかに銃を置くというあの悪癖で、床尾板がひどく錆《さ》びついているから……もうこれ以上は繰り返さないぞ、諸君」

長い、非常に長い昼食。我々は重苦しい食べ物で腹一杯になって、眠気に襲われた。まだコーヒーが出ない！　コーヒーの後はコニャックだ……ルビエールは口に手を当て、欠伸《あくび》しているが、目に涙が出るほどの欠伸だ。思わず知らず、彼はドアを見つめていた。

終わった！　終わった！　我々は立ち上がった。ル・ラブッスは退屈で青ざめて正気に返り、一人で立ち去った。まるで逃げるかのように。向かいの歩道では、イルシュ、ジャノ、ミュレールがぶらついている。彼らはリーヴとセネシャルが遠ざかるのを見送り、二人の外套姿が消えるとすぐ、道路の我々に追いついてきた。

「重大ニュースだぞ」とジャノがささやいた。「理髪師が昨夜閉めた後、つかまった。奴の店は二週間出入り禁止だ」

「ちくしょう！」と我々みなが言った。「それじゃどうする？」

「やっぱり行くんだ」とジャノが言った。

「では、裏からか？」

「納屋からだ……庭でバラバラになって行く。一人ずつそっと入りこむ……理髪師がドアの向こうで待っている」

「おお！」とルビエールが驚いた。「でも本当に……」

誰も返事さえしなかった。すでに路地へと曲がっていた。ルビエールは心配顔で、かわいそうにおずおずと、我々についてきた。

午後はずっとそんな状態が続いた。武器点検のため、一五分ほどは抜け出した。急いで戻ったが、前ほどこっそりとではなかった。理髪師は我々と一緒に呑んだ。彼は巻き毛の口達者だが、物柔らかな態度と善意にあふれていた。「わしが何を望んでいるかというと」と彼は言った。「みんなが小さなことから大きなことまで、最初から最後まで満足してくれることだ。禁足処分になったが、まあ従うよ。ただ飲み物を出せと言われれば、出すよ。それほど悩まねばならんことかね？　みんなが満足なら、結構なことじゃないか！」

我々もそうか？　あまりそうは思えない。二日続けて昨日のような「ドンチャン騒ぎ」は繰り返せない。どんなに同じキュラソを飲んでも、もはや心ここにあらずだ、結局は……

「さあ、ルビエール！　もう一杯どうだい？」かわいそうな奴！　彼はもう誰を相手にしていいのかわからない。ジャノが老ミュレールの十字勲章をはずして、厳かにそれを、「共和国政府、陸軍大臣、公教育大臣、農業大臣の名において」、また掛けなおしてやり――しかも大臣ごとに彼に二度接吻しているのを、彼は怯《おび》えたように見ていた。

かなり夜がふけてきた。理髪師はランプの明かりが漏れるのを恐れて、蠟燭一本しかつけようとしなかった。その上、鎧戸の隙間に布巾《ふきん》をつめ込んでいた。我々も敢えて声を高めなかった。そして段々とこの軽はずみな行ないの嘆かわしい愚かさ、短いが無駄にした時間のわびしさを感じだした。

「さて行こうかな……夕食前にひと回りしておこう」

彼らは私が立って、出ていくままにした。

「一緒に来るかい、ルビエール？」

彼らはルビエールも立って、私についてくるがままにした。我々は暗い泥だらけの通りを並んで歩いた。

長いこと黙りこくっていた。ポツンポツンとある明かりのついた店からざわめきがした。大通りを離れて、ディユ川の冷たいせせらぎに達した。

「ここは気持ちいいですね」と、やっとルビエールが言った。

彼の新しい外套は夜のなかで青白い。清流が石に跳ね返って音を立てているのに、我々には大きなまったくの沈黙が覆いかぶさっていた。突然、東の遠くの空の端で、重い衝撃音が揺れ響いた。連れの相棒が私の方を振り返った。

「どこです？」と彼が訊いた。「レ・ゼパルジュですか？」

「おそらくな」

再び遠くで、夜空が解けた布地のように震えた。我々は相変わらず爽やかな水の香りのなかを歩いて、もと来た道を帰って行った。時おり、沈黙が限界に達するころ、大砲がうなり、次いで静かになった。

「あのう」とルビエールが言いだした。

彼はためらっている。言葉が出てこないのだ……だが私には、彼の言いたいことも、私がどう答えるかもよく分かっている！

「それでは、本当に」とおずおずした声が言った。「あなた方はみな……さきほどぼくに言ったことを信じているのでしょうか？」

「そう言ったからな」

「あの山をよじ登らなければ、とも……」

私は何も答えなかった。ルビエールは子供のような心配顔で言い終えた‥

「でも嘆かわしい精神状態ですね！」

そう聞くと、私は高らかに笑った。ルビエールが立ち止まった。そして暗闇のなかで私の顔を見ようとした‥

「なぜぼくをからかうのですか？　ぼくは何も知らない……愚か者だ」

「違うよ、君……待たなくてはならない、おとなしくな。我々も君と同じく何も知らないんだ」

「本当に？」と彼はほとんどすがるように言った。

「断言するよ。生きて、待たなくてならない……後になれば、我々のように分かるだろう、君も我々と一緒にいるのだから」

「でもポルションは最も強烈なものはもう過ぎたと言わなかったですか？　結局は、ぼくが来るのが遅すぎたと？」

「確かにそう言った。まあ、彼の言った通りであればな！……私も同じことを言っただろうし、古参兵もみなが同じことを言っただろう……我々がすでに経験したこと……実際、それは他の者には要求できないほどのことだった。我々はそれをやってきた。だから、我々はぼつぼつ戦争への義務は果たしたものと思ってもらいたいな――嘆かわしい精神状態かな？……記憶に間違いなければ、ポルションはまた〝誰かに代わってもらいたいよ……〟と言ったはずだ。それだけだよ」

「しかし彼が間違っていたら？　あなたの欲求が間違いならば？　明日、戦争があなたをより一層必要とするなら？」

「繰り返すが、我々は知らないんだ……差し当たりは、一つだけ確かな現実がある。我々はもう弱体化し、ほとんど力尽きたと感じていることだ。時々、我々自身の誇りさえ失っている。我々の最良の者は孤立している。連隊にはもうその立派な集団的精神がない。憂鬱な習慣の塊《かたま》り、一緒に投げ捨てられた人間の群れに成り下がっているだけで、欲望し苦悩する集団に集められ、維持されているだけだ。明日、明日を待たねばならない」

「どうか、もう少し言わせてください……そうした人々、そうした人々すべて……彼らに期待すると言えますか？」

「もちろん、期待するよ」

「何があっても？」

「何があっても、とはどういうことだ？……彼らに期待しているんだ」

「ああ！」とルビエールが言った。

彼は、重すぎる重みから解放されたように、長々とため息をついた。

＊

宿営地から、我々はカロンヌの十字路に行った。進発するのはいつも真夜中だ。行程が長いから、午前一時。どの進発時も、同じ不意打ちの目覚め、睡眠切断、頭はゆらゆらだ。両側の暗い木のうねりの間のぼんやりと見える道路を行進する。眼前では、馬の尻が揺れている。地面に置かれた角灯《かくとう》が網代《あじろ》に組まれた歩哨小屋や泥だらけの草むら、圧縮された立方体の藁の山などを照らしていた。また同じ果てしない道路の両側の暗い木のうねりの間を通って行く。だらだらと押しあって行進停止、ぶつぶつという文句と罵倒するざわめき。人影が道路を離れ、林間の空き地へ遠ざかっていき、枯葉がカサカサと音を立てていた。それで、そこに掩蔽壕があることが分かった。

今度は、わが分隊はレ・ゼパルジュ街道上にあって、「三部屋の掩蔽壕」が我々のものだ。丸太と屋根土の上に、タールを塗ったボール紙が敷かれている。もう壕の部屋にも、シャワー室にも、食堂にも、台所にもほとんど雨は降ってこない。背嚢《はいのう》の留め金をはずすと、板仕切りの間の藁の上に横になった。ここに三日間いることになる。

ところが、何か異常事態が生じた。突如命令が下って、我々の無気力状態を揺さぶったのだ——それほど長くではないが。

十字路を「整備」しなければならなかった。数か月前、我々がこの防衛区域に住みついたとき、兵たちは塹壕の枝と葉の庇《ひさし》の下で眠っていた。だが長雨が、この脆弱な屋根を伝って、滴《したた》り落ちて眠りを妨げ、泥のなかで粘つく木の葉の寝床を腐らせた。彼らはより防水性のある塹壕を建設して、前の塹壕から去って行った。

以来、ここは遺棄されて、腐葉土でビロード状になった仕切り壁のある、何か古い溝のように穴埋めされていた。これを深く掘り下げて、板の銃眼が等間隔に置かれた胸墻《きょうしょう》で縁取り、鉄条網の前部を守らなければならなかったのだ。

男たちは、理由も分からないまま、ブナの大木の間をひらひらと舞う雪の下で掘っている。ポルション、ルビエールと私が前後して掘削班を監督し、彼らと二時間過ごした。私の番。仕事はのろのろ、綿雪が舞い、土木作業員たちはおしゃべりだ。そこには、立って、ポケットに手を突っ込んでいるか、鶴嘴《つるはし》の柄を支えにしている通称フイーヌ〔ムナジロ貂《てん》／詮索好き〕のビロレ、拳のような太い顔に知的な生き生きした目をした、ひょろ長く神経質そうなビロレがいる。また首は短く、肩幅の広いボクサーのグロンが真っ黒な唇の下で金歯を光らせている。毛髪ローションの広告のようなひげ面で、柔和で慇懃《いんぎん》無礼だが危険な長講釈好きの男、スグリの実のシロップのような甘ったるい平和主義者デュロジエもいる。さらには、どんな仕事でもこなす田舎出のシャボがいるが、その青い目は誠実な白っぽい顔のなかで色あせて見える。それに、穏やかなボラン、耳たぶのない大きな耳の「ピプレット〔おしゃべり〕」のコンパン、ブロンドのうぶ毛のやさしい頬をした一四年度兵のジャフラン。悪党面だが好男子の、赤銅色の大男シャントワゾ兄弟の兄もいた。

「それじゃ何かい」とフイーヌが言った。「ドイツ野郎が攻撃してくるのは今夜か？」

「まずヴェルダンだ」とボクサーがからかった。「その後は、パナム……幸いにもここにいる、ほかならぬ我々は！」

「どうやら」とピプレットがかん高い声で言った。「ボワ＝オーの機関銃手の方を優先したようだな。前進要塞を構築したようだ」

「それにしても」とデュロジエが重々しく言った。「お前たちがどんなにからかっても、無駄だ。不謹慎だ」

するると、他の者が大笑いした。

「なんて言ったんだ？」

「不謹慎、だとよ！」

「なんともまじめなことだ！」

デュロジエは苛々して、馬鹿にしたように唇を突き出し、ミトンの手袋を脱ぐと、爪を切りだした。工事場ではもうほとんど働いていなかった。放りだした道具は塹壕の端から端まで立てかけられていた。みなタバコを吸い、雪が舞うのを眺めている。

だが突然、フイーヌが顔をあげた……

「来たぞ！」と彼がささやいた。「大佐だ！」

彼は遠くに大佐がゆっくりと道路を歩いて来るのを見つけた。その後をペリゴワ大尉が、毛皮のコート姿で、ふさふさした毛の大きな犬を従えて歩いている。

作業員全員が道具を手に取り、働いているふりをした。彼らはどんなに動き回っても、自分たちのしていることを信じていないようだった。この前線後方にあって、ドイツ野郎と本物の塹壕から非常に遠くにある予備塹壕など、彼らには冗談のようなものだった。「彼らを面白がらせ」ようとする上官のいじめだ。だから私も意に反して、付和雷同的に彼らのように思っていた。ここカロンヌで、戦闘用の塹壕だなんて！　ご立派な参謀本部的考えだ！　と。

「おはよう、ジュヌヴォワ」

「おはようございます、大佐殿！」

ボワルドン大佐をこれほど近くで見ることはなかった。彼は悲痛で神経質な顔つきをして、逆立てた灰色の口ひげをたくわえ、大きな出目で鼻眼鏡越しに相手をまっすぐ見つめる、冷淡そうな男だった。塹壕沿いに、冷静勤勉な様子で見て歩く。そしてかがんで調べ、石灰質の掘りだした土の間を跳んで、底に下りた。

「なあ、ジュヌヴォワ」

また私の名前か？……

「銃をとってきて……よし。この銃眼に置いて……狙ってみろ……」

銃床を肩に当てたまま、私は振り向いた‥

「大佐殿、この銃眼は作り直します……全部を点検します」

「よろしい」と彼は言った。

彼は握手をすると、また巡察を続けた。ペリゴワ大尉も握手をして、彼の後に従い、大きな黒犬もその後について行った。

この斜めに打ち込んだ銃眼、塹壕の二メートル先の地面を撃たざるを得ないようなこの板の枷《かせ》は迂闊《うかつ》だった！　このほかの銃眼のことは、ボワルドンは何も言わなかったが、それでも一つずつ見たんだ！……さっき私に話しかけたとき、彼は極めて簡単にはっきりと話していたので、何の気詰まりも感じず、落ち度があるとは思いもしなかった。それにすぐに行ってしまったし、ちょうど時間通りに行ったんだ……遠くに行った彼を見ると、林間の空地を横切って、十字路と我々の間を隔てる道路に戻っていった。ここにはもう来ないだろうと確信した……まったく！　悩ましいな。言うべきだったか……だがこの塹壕が無益ならば、いったい何になる？……何にもならないが、言うべきだったか。

雪は相変わらず静かに、あたりを覆うかのように降っている。ル・ラブッスはコダックを持ち歩きながら、雪の降りしきる塹壕を撮っている。「前線」に降る雪のなかのジェリネ大尉を撮っていた。

何の方へ、どこに向かって足を踏みつづけるのか？　いつものように、カロンヌからレ・ゼパルジュの方へ、だ。

だが陽を浴びて、雪がなんと明るいことか！　交通壕の端から端までねばねばと流れる黄色の泥水ではなく、透明で新鮮な、氷河からのような水が滝のように流れ、バシャバシャと音を立てている。交通壕の底を見ると、長い黴《かび》の帯が緑色、鮮やかな緑色となって柔らかく波打っていた。機関銃の弾丸が谷間の上空に飛来し、小鳥のさえずるような軽快さでコンブルの峠を次々と飛んでいった。

「見ろ！　ほら、見ろ！」とポルションが言った。

たくさんの鳥、アトリの群れが稜線の上を散らばって、翼を震わせ飛んでいき、すぐ下の果樹園の薄紫色の垣根にとまっていた。

ルビエールは目を大きく見開いて、村に落ちる砲弾を見つめていた。一つは草原で明るい水しぶきをあげている。一つは鐘楼に軽くぶつかったが、倒すことはなかった。一つは家一軒を大きく打ち壊した。

「前から分かっていたことだ」と誰かが確認した。「通信兵や担架兵の野郎たちが、やはり必要だったな、真っ昼間に火事になって、屋根から煙が噴き出すんだから。結局は、まあ見ての通りだが……」

ルビエールは耳をそばだてて聞いていた。朝から晩まで、彼は、四時間の夜勤当直があるにもかかわらず、眠っておくことを忘れていた。もっとも、一日中、仲間が一杯いて、行ったり来たりし、テーブルに坐って、炊飯兵のフィグラに大声でお茶を要求しているのに、どうして眠れようか？ 奥で、粘土の壁沿いに、湧水がひたひたと流れている手前の柵に鼻を向けて、羽毛の布団の下にもぐりこむには、やはりそれなりの教練が必要だ。私は眠るか、眠っていると感じるのだ。それでも、泥靴のあたりで起こっていることは何も見のがさない。色々な感覚が眠りを刺激し、その横糸がつながり、慣れ親しんだイメージとなって展開する。

子供たちの喚声、暴風雨の侵入、その一方でドイツ野郎の重砲がどこかで炸裂している。工兵隊の出番だ。薄目を開けると、ちょうどみんなの姿が見えるときだった。褐色の大柄な体軀、白い歯と笑っているような目のノワレ。ケピ帽なしの赤毛の頭に、らんらんと光る眼鏡をかけたフロカール。ぞんざいにかぶったケピ帽、朝鮮アザミの芯のようにピンと立ったヤギ鬚、円柱のような両脚にまっすぐ立つ肩幅の広い上半身のフリック大尉。さらには、少し前に入ってきた、雨傘のような大きなベレー帽をかぶった、小柄で太ったひげ面のヴォセル中尉……おや！ 見知らぬ声がする。再び私はまどろんだ視線を睫毛の間にはわせて見る。突如、痩せた大きな鼻、黒い口髭、ぼさぼさの黒髪の頭が見えた。成年の新兵、大尉だ。ピプランという名のようだ。X〔理工科学校＝ポリテクの復習教師〕だ。ドイツ野郎の重砲の炸裂音が入口で鳴り続けているから、ちょうどいい機会なので、彼らが彼をちょっといじめ、いびっている……

「撃っているのはわが砲兵隊だな」と彼らは大笑いしながら、言った。

この前の八月以来、そう大きなものは作り出してはいない……工兵隊は行ってしまった。フロカールが通りすがりに私の足を引っ張り、ノワレは尻を叩いていった。それからまた静寂。リーヴ大尉はテーブルに坐って、長ったらしいタバコを巻いている。彼も寝ていないが、そうしているのに一晩まるまるあるのだ。ルビエールはもう三〇分以上も前に塹壕から出ていった。上で「当直する」のは彼の番だ。

「おはよう」と下りてきたポルションが言った。

彼は靴とゲートルの泥を板篦《いたべら》で削りおとし、私の横へもぐりこんだ。冷たいわき水の反対側の、私の左わき腹に彼の泥だらけの外套の冷たさを感じた。

「さっき楽しんできたよ」と彼は言った。「コンブルでドイツ野郎の便所を見つけた……一つを見るたびに、撃つのに三〇発使ったな。連中は大急ぎですませたよ、分かるかい！双眼鏡のガラスが曇るほど笑ったな……それで君はまた当直の間か？」

「そう、交代だ。小隊全体がコンブルの峠を渡っているんだ。もちろん、撃ってきた」

「それはそうだな」とポルションが言った。「明日はバイエルン兵に代わって、プロイセン兵が相手だろう。銃眼を警戒しなくてはならんな」

警戒はしていたが、それでもやはり大男のビュジョンが頭に一発食らった。彼は胸墻に額を当てて、夢想に耽《ふけ》っていた。銃弾は粘土を貫き、ビュジョンは声も上げずに崩れ落ちた。

彼をテント幕に包んで、交通壕に下ろした。死んではいなかった。意識も失っていなかった。目を大きく開けて、彼は立っている我々を見つめた。

「苦しいか？」

彼は何も答えなかった。その眼は一層大きく開いたが、瀕死者の大きな目で、そこには未知の幽冥世界が漂っていた。

「なぜ俺はここにいるんだ、俺ひとりだけか？　お前たちは、死にかけている俺の前にいて、恥ずかしくはないのか？……」

「苦しいか？」

「馬鹿なことを！」

我々は、運搬兵たちが斜面を静かに遠ざかっていく間、顔をそむけていたが、彼らが何度も曲がって下って行くのは見ていた。集まっていた兵たちは散開し、次々とそれぞれの塹壕に帰っていった。最後にレノーとシャペル、二人の伝令兵、初期に退役した古参兵二人が通っていった。いつも悲しそうなレノーは、こう呟いた：

「もう一度上がってはこないな、ビュジョンは」

「まあ、しょうがないな」といつも陽気なシャペルが言った。「攻撃を受けるたびに一人、まあ、一家の長の相場のようなもんだ。ビュジョンがやられたから、交代までに備えておくか」

＊

交代は今夜だ。目的地ソムディユ。当直中はまどろみもしなかった。ドイツ野郎が前方の白い広がりのどこかで仕事をしていた。くすんだ厚い雲の下で、彼らが木槌《きづち》で鉄条網のついた杭を打ち込む音が聞こえる。私は尖峰に一斉射撃を命じ、西側のトーチカに機関銃手たちを見に行って、コンブルの斜面を「一掃する」よう命じた。ダダ……ダダダ……ダダダダダダ……夜の深い静寂のなかで、無粋で貧弱な騒音だった。前方では、相変わらず木槌を打っていた。そこで、我々、部下の伍長の一人と私は凍った土塊にしがみついて、水晶のような雪に亀裂を走らせている胸墻をよじ登った。首をのばし、膝を寄せ合って聞いていた。機関銃がまた撃ちはじめる。「叫び声か?……誰かが向こうで叫んでいるようだ……」機関銃が黙る。あとは雪だけ、遠くに黒い樅の木……

　ソムディユはずいぶん遠くにある。夜が明け始めるころに雨が降った。それから凍って、道路は雨氷でキラキラと輝いている。それでも、壊れるのではないかと心配な竹馬のようなもので、ぎくしゃくと歩いてやってきて、自分の部屋や納屋、隣りの納屋などをまた見回っていた。今度は、老年金生活者の食堂は迎えてくれない。パイプ立ての代わりに、ほぼまともなピアノがあり、それで、ル・ラブッス医師が、屠殺人のような大きな手で、調子外れの『トゥレ・ムタルド』を弾いた。

　ノッポのビュジョンはまだ死んでいないので、救急隊で墓に運ぶことも、教会に行く必要もなかった。だが砲兵、伍長が自分の七五ミリ砲のそばでやられて死んだ。この伍長を上へ運ぶことになる……空地、数本の木の十字架、リュの墓穴に類似した、ぽっかりと開いた墓穴。ボワルドン大佐の代わりに、話しているのは別の大佐だ。彼も同じ言葉を、同じ悲痛で素朴な感情をこめて語っている。我々も死者の周りで同じ気持ちだった。担架兵付き司祭がかがんでいる。袖広の白い祭服のレースの下に赤いズボンが見える。「さらば」と大佐が言った。「さらば、アンブラール!」このすでに埋められた墓穴の周りで、同じく、見知らぬ仲間を悼《いた》んだ。

　だいぶ時間がたち、どれだけたったかはっきりしないが、ソムディユの端から端へと移動した。従順な理髪師はこれまでになく厳しい禁足処分に付されていた。彼の家の両方の入口には、二人の歩哨が立っている。広場の居酒屋「アルザス女《ラルザシエンヌ》」も出入り禁止だった。だが村に宿営するあらゆる部隊をひどい混ぜ物で酔っ払わせるだけのものが、まだ十分残っていた。あの若い工兵が、橋の上を通らないで、岸辺で見物に並んだ馬鹿者どもの一団に励まされるなか、しっかりと厚着して、ディユ川の冷たい水を渡っていくだけは十分にあったのだ。

　我々は単調な時間を過ごしていた。今でもまだ点呼、武器装備の点検に呼び出され、修復不能な多くのぼろ着や穴のあいたドタ靴にあきらめの一瞥を投げかけていた。また再びソムディユを、通りに沿って、家から家へと通って出ていった。

もうここへは戻らないだろう。ベルリュに行くのだ。そう教えてくれたのは老女だが、その眼の前で、萎黄《いおう》症にかかった少女が我々のグラスにキナ酒〔キナ入りのワイン〕を注いでくれた。

「ほんとに、まあ！」と老女がつぶやいた。「なんてたくさんのことが起こるんでしょう！……あの将軍はあなた方の攻撃が失敗することを知っていて、それでもあなた方を死に追いやるんだから！　かわいそうな兵隊さんたち！　なんてたくさんのことが！……戻ってこない、なんてたくさんの哀れな歩兵さんたち！」

彼女は、瞼を神経質そうに動かして、我々を見つめていた。そしてなおも小声で、不安そうに、謎のようにぶつぶつと言った。グラスのキナ酒が麻薬のような様相を帯びてきた。

「彼女は放っておこう」とジャノがぶっきらぼうに言った。

彼は最後のひとくちを通りにはきだし、肩をそびやかしてぶつくさ言った‥

「攻撃……将軍……死に追いやる……そんなことどうでもいい、くそばばあめ！」

「まあ、放っておけ」とミュレール親父が言った。「わけもわからずにしゃべったんだ」

「わけもわからずにだと……だが腹の立つことがたっぷりあるぞ！　毎回、一般市民は我々よりも先に知らされていたんだ。クリスマスの攻撃、六七大隊がボワ＝オーでやられたことを思い出してみろ！　リュの仕立屋、ブルディエおばさん、仕立屋のガキども、調べたければ、彼らに聞いてみればいい。炊事係たちのほら話ではない。二四時間後には分かったことだ」

「まあ、放っておけ……まあ、放っておけ……」とミュレールが繰り返した。

イルシュが苛立って、不意に我々の前に突っ立つと、身振り手振りでしゃべりだした‥

「大時計が……こんな大きさの、な。時間（Temps）、大文字のTの時間だ。俺は長針をつかむ、さあ行くぞ！　全速力で！　一分間で二四時間、一時間でふた月進む、俺は一晩中回っているから、明日の朝は、お前が目を覚ましたら二年たっているぞ」

「明日の朝」とジャノがまだぶつくさ言っている。「我々は午前零時に起きる。カロンヌへ進発、雨氷、危険な一二キロメートル……大隊は誰をゴミ捨て場に送り出すんだ？」

「我々だ」とポルションが言った。

この三日間、我々の隠れ場は居心地悪い待避壕だ。坂道の近くの土手に掘った穴で、水肥の臭いがする。泥に幕代わりに小さな樅の木が数本打ち込んであるにもかかわらず、ドイツ野郎が見えたので、狭い歩廊で肘に顎をのせ、手で膝を抱えて数時間過ごした。思い切って外に出てみると、ロンジョの谷間、向こうには、塹壕と対壕の切り傷をつけたような黄土色の尖峰が見える。

わあ！　わが工兵隊が掘ったこの対壕全部がまる見えだ！　対壕は稜線の方へジグザグに這い上がっている。そのどれにも大きな穴掘り動物でも隠れているようで、これが掘って、掘って掘りまくり、両側に掘り起こして膨らんだ粘土を投げ捨てて、突然消え、やがてうがたれた丘の反対斜面に出現するかのごとくだった。またドイツ野郎がこの獣を殺し、別の斜面に達する前に歩廊に閉じ込めようとしているようだった。彼らは一五〇ミリの巨砲で爆撃してくる。七つの落下着弾点、いつも同じで、ほぼ同時に七つの煤の煙がゆらゆらと湧きあがり、どの対壕の天辺でも果てしなく揺らめいていた。

遠くから見ると、それは奇妙な感じだった。はじめて見るような気がした。これらの対壕は何のためか？　ドイツの塹壕の下まで火薬坑を設置するためだ。これが準備できると、火薬が詰め込まれ、点火されて、全部一緒に爆破する……だが一旦爆発してしまったら？　そのとき、我々、この我々はどこにいるんだ？

私がこの答えを避けるのは臆病だからではない。尖峰を真正面から見られるし、心臓の鼓動が少しも早まることはない。実際、知っていれば、難なく答えただろう。

しかしすべてがあまりにも遠い！　黄昏《たそがれ》は空一面に広がって、音もしない。尖峰はなおも後退して見え、そのまま消えた。それとともに、曲がりくねった切り傷痕、細々と見える塹壕、平行してある武器置き場、これら錯綜した網目そのものが段々ともつれ、支離滅裂な夢想が遠ざかって消え、いつ消えたとも分からず、もうそこにはなかった。夜になって、空には別の世界が生まれ、澄んでくっきりとした、丘の輪郭が果てしなくのびている。ドイツの大砲はもうとどろかない。足元の土手の下では、人間で一杯の地面が震え、かすかに動いている。向こうの、谷の反対側では、声が高まり、力強く荘重な歌、「祖国の帝王」へのほとんど神秘的な賛歌を歌い叫んでいる。声が静まり、銃声が弾ける。また急に歌がはじまり、民族の行進のように、大きくリズミカルに重々しく響いてくる。

「彼らはどうしたんだ？」と塹壕の敷居口に現れたリーヴ大尉が言った。

彼は、手のひらに挟んだタバコのバラ色の火をつけたまま、しばらく聞いていた。そして突然、安心したように……

「何という騒ぎだ！　思い当たらなかったが、明日は皇帝《カイザー》の誕生日だよ」

Ⅱ　脅威

一月末—二月

「一月二八日、レ・ゼパルジュ。

私は明晩まで、亀裂が入って、少し陰気なみすぼらしい農家にいます。我々は外には出られない。ドイツ野郎に監視されており、見つかるとすぐに撃ってくるからです。外で見えるのは、腐った藁の庇の下にある、放棄された塹壕と、草で覆われた牧草地で、羽をふくらませて、散らばったパン屑や種の実をあさって飛び回るスズメだけです。何匹かを輪差《わさ》で捕えようとしたが、雪が固すぎ、厚さが十分ではなく、捕まりません。至るところに、廃棄物や、褐色がかった肉片がついたままの骨、裂けた缶詰、割れた瓶、陶器などの破片があります。それは都市の周辺や、ごみ回収者がごみ箱を空にしていく空地を思わせます。暖炉に火はないけど、煙が砲弾を呼ぶからです。足は靴のなかで凍え、鼻先は赤くなっています。これをかじかんだ指で書いていますが、鉛筆の感触がありません。夜、蠟燭をともすと、炎が揺れ、すすけますが、我々は遮蔽物の奥に隠れています。ガラスのない窓の前に、汚れて皺《しわ》のよった大きなシーツがあって、風でふくらんで、部屋のなかへ押し戻されます。我々は部屋のあちこちに、藁布団やマットレス、羽毛布団に寝転がって寝ますが、寝具類はまったくひどいもので、これで多くのドタ靴が泥を拭いとりますが、まだ虱が住みついて汚染の巣を作っていないのだけが幸いです……」

私の時計では、一一時近くだ。ちょうど巡回をする時間で、その後、司祭館で寝ているはずのポルションを起こしに行く。司祭の新しいマットレス台で寝ているなんて！　バネの柔らかさ、馬毛のマットレスの清潔さが思い浮かぶ。中央で、大きな全身を横たえて、くつろいだ、穏やかで幸福そうな表情でポルションが眠っているのを見るとは……

防衛区域の塹壕全部を見回るには、少なくとも一時間かかる。ここを「防衛区域」と呼ぶのは、尖峰最後部の斜面からボワ＝オーの機関銃陣地まで、谷間を防衛的に遮断しているからだ。これは非常に緩んだ環の連なりで、哨所が散在しており、我々が夜の警邏隊と巡回をして結びつけていた。

午前零時過ぎ、巡回を終えた。星が満天に輝く夜から戻って、今度は廊下の暗闇を手探りだ。広間のドアは半分閉まっているだけで、押すと音もなく回転する。

ここでは、みんなが寝ている。地面に横たわった寝姿、鉄製の簡易ベッドや乾草《ほしくさ》を詰めた子供用ベッドに丸まった者がぼんやりと見える。裂けた屋根から、青い明かりが凍えた夜気とともに、流れ込んでいた。見えないが、明るい音のカリヨン付きの時計が兵士たちの眠りをやさしく揺すっている。きしむ床をなお数歩進む。乾いた泥で重くなった、ざらつく扉代わりのカーテンの布に手が触れる。すきま風が私と一緒に流れ込んだ。蠟燭の炎がテーブルの上で揺らぎ、カーテンが下りると同時に和《やわ》らぎ、点滅もせずに輝いている。

ポルションはマットレス台で寝ていた。彼の周りのすべてのもの、白い木の棚の本、本の上のロケット砲の模型、炉の火床《ひどこ》の黒くなった熾火《おきび》などが、穏やかな黄金色の明かりのなかで眠っていた。花模様の壁紙には、聖父の肖像画しかなく、ポルションや周りの物の眠りを、挙げた二本の指で加護しているようだった。

この突飛な衝動はどこからきたのか？　どんな意識の下層から突如生じたのか？……私は椅子をひっくり返し、ロケット砲を地面に転がし、荒々しく足を踏み鳴らして突進した。そして、ヴォー＝マリのドイツ野郎の声を全部合わせた以上に思いきりしゃがれた粗暴な声で吠え叫んだ：「進め！　進め！……前進！」

ポルションは、とっさに拳銃に手をかけて、ベッドに起き上がった。そして、茫然自失し、怒りにあふれた目をまるくして、私を見た。

「馬鹿！　馬鹿！　馬鹿もん！」

彼は地面に飛び下り、部屋を行ったり来たりしていたが、際限のない怒りで息が詰まり、とてつもなく次々とせり上がってくる怒りの波で窒息しそうだった。

私はもう笑わず、自分を恥じ、不快な悪寒にとらわれ、まるで気まぐれの愚行で漠として恐ろしい危険、半ば目覚めていた非常に古い脅迫感が突如明確になり、急に私が発したような愚かな叫びとなって現れたのだ。

「たっぷり前進したな」と平静に戻ったポルションが言った。だが突然寂しそうに、彼は顔をかしげた。機械的にその手は外套のボタンをかけ、装備品の革紐を締めた。しかしながら、次第に、深い夢想の念、私を受け入れようとしない寂寞感に陥っていった。

「じゃあ、おやすみ」と彼は静かに言った。「よく眠るんだな」

午前零時一五分……それらすべては長くはなかった。蠟燭はテーブルの上で相変わらず燃えている。一つずつ、私はひっくり返した椅子を起こし、地面に投げ捨てたロケット砲を元に戻した……一体何になるというのか？　入ってきて、ドアカーテンが背後で閉まったのは、まだ「ついさっきのこと」だった。それが今は……

「たっぷり前進したな」とポルションが言った。

＊

つっけんどんな甲高い音。耳の奥でシンバルの音がする。砲弾が落ちたのは遠くではない。

「見てくるか？」とリーヴ大尉が言った。

我々は二人ともが立ち上がり、私は地面に刻まれた階段から半身出てみた。

「少し後方、自転車猟歩兵の方かもしれません」

かすかな煙が向こうの、雪で覆われた平原の端でたなびいている。冷え冷えとした青い空には、太陽が輝いていた。青っぽく桃色の雪が無数の薄片となって光っている。

「おお！　おお！」

「もっと近いか、今度は？」

「待避壕の上、だと思います」

次のはさらに近い。短くドーンと響く三発の連射だ。雪のきらめくなかに赤みがかった三つの炎。七七ミリ砲だが、大したことではない。だが一斉射撃は早まり、遠ざかって、また戻ってきて、大股で平原を闊歩《かっぽ》していった。

我々は、テーブル、まさにポンシェルが殺される数日前に制作したテーブルの近くに立って、待っていた。彼のテーブルには簡単な引き出しと粗削りの四本の脚がついていた。

「釘がない」とポンシェルが言っていた。「金槌もない……だから、組み立て、継ぎ口を合わせる、あり継ぎで組み立てなくてはならない」彼は見事に成功した。彼のテーブルは頑丈で、私が手をついても揺らがなかった。

「またか！」とリーヴ大尉が言った。

しまいには、このしつこいロケット砲に苛々してきた。時々、階段をよじ登ってみた。平原が雪に覆われて、勝ち誇ったような光の下に広がっていた。まだ待避壕の壊れた屋根の上に、煙が漂っているように見えた。

「今度で終わりか？」

終わりではなかった。あれは小さな砲弾を三倍にしてめった撃ちし、あちこちに標的を探しているのだ。まるで徹底的なあら探しだ。大尉は率直に考えている

「我々に対してこんな贅沢に撃ってくるとは信じられないな……

……連中は三七二高地後方の、砲台陣地でも探しているに違いない」

「それでは、射撃を修正して……」

「修正して、だな」と外で声がした。「奴らはわがビュルリを負傷させた」

ポルションが階段枠のなかに現れ、後ろに、彼が明け方からブナ林の道を教え案内してきたルビエールがいた。

「傷はひどいか？」

「何も分からん。破片も、傷もなく、血も出てない……背中に何か大きな塊り、丸太か石、何かひどく重い物を受けたに違いない。重傷だということは、あり得るな」

「彼を見たよ」とルビエールが言った。「背中は裸で、腹ばいになっていた。動こうとするたびに、踵《かかと》から腰に激痛が走るようで、彼は釘づけになっていた。内部の何かが破損し壊れたに違いない」

「彼を連れてこなくては。担架兵はどこだ？」

「カロンヌの、ヴェルダン方向だ」

「彼を世話してくれるか、ジュヌヴォワ？」

私は早く着くため小径《こみち》を横切っていった。枝の下には誰もいない。日が照っていて、雪がバリバリときしんだ。背後では、砲弾の一斉射撃が間遠になり、時々霰《あられ》のようになって落ちてくる。どの担架兵についてくるよう命じるかは分かっている。ピエリュグ伍長、のっぽのサンカン、シルエ、バンブルだ。もう少し早く……陽の明かりで、新雪の上を走るのは簡単だ。すでに遠くになった平原の方では、七七ミリ砲の爆発音ももうほとんど聞こえない。

「どうしたんです」と担架兵たちが訊いた。「あれが落ちてきたのは中尉殿のところですか？」

「そうだ、我々のところオ・タイイ・ド・ソルだ。一緒に来てくれ……担架一台……それでいい」


砲弾は相変わらずしつこいほど規則的に、静かな激しさで落ちてくる。小径に、男が現れた。ランベルクールで、銃剣の一撃で胸を貫かれて負傷した小柄で金髪のカリエだ。

「我々を迎えに来たのか？」

「そうではない」と彼は言った。「たっぷり時間はある。ビュルリはさっき死んだ」

そしてこう付け加えた‥

「知らないのか？　フォベットは……五分前に殺された」

次いで馬鹿正直なおしゃべりは、こう語った‥

「おかしなことが起こった……ラルダンがフォベットの髭を剃っていて、二人とも掩蔽壕の入口のところにいたが、フォベットは顎にタオルを当てて、のんきに椅子に坐っていた。こっちに砲弾、あっちに砲弾だ……ヒューという音もたてずに飛んできて、静かに、ちょうどそこ、ちょうどフォベットの椅子の下に落ちた……ドスン！　ドン！　彼の脚を、下から上、首まで襲った。ラルダンは片手に髭剃り用ブラシ、片手に剃刀をもってそこにいた。何ともなかった、そんなことはありえない……フォベットは顎にタオルを当てて、椅子で死んだのに……まるでおかしなことなど起こらなかったようではないか？」

カリエは我々についてきながら話し続け、抑えがたい横滑りをして、自分の驚くべき治癒について何度も繰り返した話

へ戻っていった‥

「ランベルクールで銃剣の一撃を受けたときの俺のようにね……」

フォベットの死体の前にくると、彼は黙ったが、それは、鶴嘴でできたかと思うほどごく小さな穴の近くで、椅子の足もとに縮こまっている血まみれの死体のためではなく、ラルダンが奇跡的な威力に捉われたかのごとく、カリエよりも早口で強くまくし立てたからである‥

「あれを見たか？　」とラルダンが言った。「あの哀れな奴を見たか？　俺はそこにいて、彼の髭を剃っていた。なあ、俺はずっと彼の横にいたのになあ……ああ！　いやはや、まったく！」

紫がかった斑点が心臓病もちの彼の顔にじわじわと広がった。頬は神経質そうに小刻みにぴくぴくと震えた。時々、彼はフォベットを見て、そのたびにどもり、ため息をつき、狂ったように激しく話した‥

「あの哀れな奴の横にいて……俺はずっと彼の横にいたのに……ああ！　いやはや、まったく！　ほんとに、なあ……」

「カロンヌ、二月四日。

今夜、レ・ゼパルジュでの使役から戻ってきて、手紙を受け取りました。暗闇のなか、二〇〇人の男が尖峰の側面にある、第一戦線の待避壕に丸太を運搬したのです……

ここで鉛筆を宙に浮かして、中断した。二〇〇人の男！　今夜もまたやるだろう……一体まだどれだけこんな夜が続くのか？　上では、この丸太をどうするんだろう？……

「帰ってくるとき――午前一時でしたが――、郵便物担当下士官が手紙類を置いていったはずの、十字路の待避壕に立ち寄り、私宛の手紙を見つけました。急いで開けて、暖かい掩蔽壕のなかで読みました……ああ！　わがカロンヌの掩蔽壕ときたら！　ほとんど陽の光は入ってきません。一日の一番明るい時間にも、少し青白い蠟燭ができるだけ暗くならないように燃えています。しかし、雨で森が没するときは！　また今のような寒さでブナの枝葉が枯れてしまうときは！　それでもそこには、家庭的な安らぎ、古い家のような温かさがあります……ただそのいくつかを、戦争後にも、我々が一緒にまた見に来られるよう救ってもらいたいと思います。ただしもう今のような生きた顔はしていないでしょうが。椅子、テーブル、ストーブもすべてがなくなってしまい、我々が朝の掃除をしたカバノキの箒《ほうき》もないでしょう。みなと一緒に戦争を追憶したいものですが……」

＊

「三日後、二月七日。

明日やっと、前哨を去ります。春の一日。明るい空、ちぎれ雲が次々と流れていきます。今朝からは、コウライウグイスのように口笛を吹いています。今はこう記しておかねばなりません：上着は新しかったのに、もう色もないほど擦り切れ、赤い半ズボンもなく、ほかにビロードの半ズボンがあるだけ。左脚には、先日ポルションがソース皿をひっくり返したので、脂肪のニスがついたまま。布地の筋には、蠟燭のシミがこびりついている。帽子代わりに、二つに折った防寒頭巾が縁なし帽のように乗っかっている。手には、ぼくの支えである指揮棒。これはわが森で切り出され、鉋《かんな》をかけた艶《つや》のある木で、握りにはグロテスクな頭と大きな鼻の貘《ばく》が彫られている。さて、夜になると、我々はロンジョの方に下ります。そして柳の根の下に、有刺鉄線の切れ端と、村の戸棚の引き出しで見つけた糸玉で作ったエビ網を仕掛けます。

　変化：明日から、三日に三度ではなく、四日に三度の任務方式を始めます。これは新たな命令があるまで。新たな命令はたぶんまもなくくるでしょう。この前の週から、工兵は陣地から陣地へと、地下で探し合っています。しばしば火薬箱で、彼らはお互いにつまらぬ茶番を演じ合っています……

　今朝は、霧のなかで一日が始まりました。まず稜線が現れ、太陽がコンブルの樅の木に差し込み、やがてもう僅かな乳白色の靄が谷底に漂うだけになり、かすかな靄はまるい天辺の浮かんだ節だらけの柳の幹に、光を一杯に浴びて流れ落ちます……今夕は空がどんよりとし、風が旋回し南西の方に吹いています。宿営地に帰るころには、雨でしょう……」

　だが私は間違っていた。雨には会わなかったが、レ・ゼパルジュに残ることになった。なぜか分かった。ベルリュで、医師たちが第三大隊に腸チフスワクチンを打っているのだ。二日後が我々の番だという。

　兵たちはこの見通しの話でもちきりだ。くそっ！　これは重病になることがあるそうだが、腸チフスワクチン……こんな言葉をかつて聞いたことがあるか？　赤毛のトゥルバはどんな風にやるか見せるため、水筒の水を半分自分の胸の上にふりそそいだ：

「俺のチョッキで、あのコレラを飲み込んだんだ！」

「あれは飲み込むもんじゃないぞ」とフイーヌが文句を言った。

「構うもんか、俺のチョッキで飲み込んだんだ」

　すると、デュロジエがもう一度冷笑して、露骨に軽蔑して言った：

「聞いたか、デュ・シュノック？　チョッキで飲み込んだんだと！……ちょっと見せてくれ、坊や……いつ注射器が体のなかへ入ったか……」

「おお！」とトゥルバが驚いて、言った。「注射器だなんて、冗談なしだぜ……」

「そう、注射器だ。彼らはお前の背中の真ん中に打ち込み、血液中にワクチンという汚染物を注ぐんだ。それでくたばる連中がいるぞ」

「くわばら、くわばら！　それで死ぬなんて……」

「どっちみち……」とデュロジエが締めくくった。「いつも〝あれらの〟餌食にならなくちゃならんのだ」

灰色の穏やかなにわか雨が降っていた。第五、第六中隊が上の攻撃区域の塹壕のぬかるみを歩いている。我々は、夜になるのを待って、下から上までのぬかるみを歩いていく。

「上部」からの命令だ。一、〇〇〇人か、それ以上の兵たちのために、斜面に爆撃からの待避壕――入口を北にしたT字型の待避壕――をたくさん建設しなければならない。

正確にはどこへ建設するのか？　公式プランは、ほぼ二つの攻撃中隊の間のどこか、思いがけないようなくぼみを指示していた。彼らはこのくぼみを「二八〇盆地」と命名している。一〇〇〇人用の待避壕を建設しなければならないのは、そこ、くぼ地なのだ。

我々は、見つける確信もなく、長らく探しまわった。丘は高くなっていくが、緩やかな傾斜が続き、高くなる分かれ目から急になっていった。ここはスクッス大尉の待避壕の後ろか？……泥が分厚く、ねばねばして粘着力の強い、この地点に違いない。

なるほど、くぼ地だ。縁日のサーカスの演技場のような大きさだ。裾広《すそひろ》がりで、よどんで腐り、黴が生えている。われらが大佐が来た。彼は残念そうな目で長らく見ていて、肩をすくめた。大尉たちが新しい肋骨付き上着とエナメルのブーツでやって来た。彼らは、夜で暗かったので何も見なかったが、こう言った：「これで上々だ。六日後にはできていなくてはならん」

「信じられるか！　信じられるか！」とポルションが憤《いきどお》った。

誰かが彼を探しに来たとき、我々はロンジョの川岸にいた。エビを、たった一匹だがつかまえたところだった。それを飯《はん》盒《ごう》の濡れた草の下に入れて、掩蔽壕の方に走っていった。

セネシャル少佐がそこにいた。我々に、注釈なしで情報を与えたのは彼だ。彼は生彩のない顔で、うつろな、わざと装ったような、どんよりした目をしていた。

「必要な人数は全部出そう。要求するだけでよい。手始めに、今夜は二〇〇人来る」

「二〇〇人！」とポルションが叫んだ。

「四〇〇人いるか？」

「四〇〇人！」

彼は絶望的に腕をあげた。

「まあ、少佐殿……暗がりのなかで四〇〇人、見知らぬ男どもが四〇〇人も……さぼる奴がどれだけいることか」

「さあな、それは分かるが」とセネシャル少佐が言った。

「だが私にどうしろというのだ？」

「何も、少佐殿」とポルションが答えた。

彼ら二人は、何も言わずに、ただ見つめあっていた。セネシャルはこわばった口髭の下でニナス〔小型葉巻〕を噛んでいた。彼は、うんざりした様子で、掩蔽壕の片隅に葉巻を投げ捨てると、立ち去った。

一晩中、ひとの群れが二八〇盆地のぬかるみを動き回っていた。ぶつぶつと不満そうな大勢の人影、だらだらと寄り集まった男どもがその場でくるくる回って、泥を踏みつけ、丸太にぶつかり、穴に落ち、がたがた震え、腹を立てていた。

「やはりごく簡単だったな！」と司令部からの派遣員が繰り返した。所定の時間で行なうべく、この仕事が決められた。所定の時間帯でこの所定の仕事を果たすには、一定の人数が必要だが、随意に変化できる。例えば二〇〇人で始めて、一晩仕事する。夜が明けると、どうなったか結果が分かる。だから、ごく単純な計算で解決法が分かってくる……与えられた二〇〇人で、決められた日に命じられた仕事の半分しかできなかったとすると、あと何人必要なのか？

「一〇〇人だな」とポルションが言った。

「ああ、まさか！」

「あるいは五〇人でも、ただし私が昼間に知っていて、彼らが仕事するのを見ていたら」

「突貫工事か？」と派遣員が叫んだ。

「そうだ」とまたポルションが言った。

彼は、飯盒のなかで相変わらず生きているエビを見た後、夜、上に登っていった。そして少し深くなった盆地にまた同じ泥まみれの人の群れがいるのを見た。受け取った新しいパイプの内側に〔味をよくするため〕念入りにカーボンをつけた。

昼間、ドイツ野郎は村と対壕の上部を爆撃してきた。もう一度、砲弾が鐘楼にあたって、貫いたが、鐘楼はまだ立っている。我々も爆撃された。フロカール工兵隊中尉が苛立って、その場にいることに我慢できなかった。彼は塹壕に速歩で上がり、わが一五五ミリ砲が落ちるのを見ていたが、いつも乱れた短い赤毛の頭で、眼鏡を爛々と光らせてまた現れた。

「電話！　電話だ！　早く！……」

彼は待避壕に飛び込むと、ブランジャと通称バルバプウのバルバランを押しのけた。

「もしもし！　もしもし！　モンジルモン？　いや、メニルだ！　メニルを！……ユールか？　構わん！……すばらしい、上では。あの微修正の一つだ！……ちょっと待った！……もしもし、ちょっと待った！　尖峰に伝令兵がいる、中継役だ、そりゃすごい！　彼らは二分ごとに下りてくるはずだ……上の仲間の紙切れを持って……そう、ノワレだ、監視しているのは彼だ……もしもし！　もしもし！　大尉殿ですか？……フリック大尉ですか？……おお！　すばらしい、大尉殿！」

　フロカールは電話機の前で踊っている。頭を沈めて、受話器をはずすガチャッという音をまねていた……

「すごい！　すごい！……あれがくるくる回るのを見たかって？　もちろんだ！　ルルル！……なあ、本気で叩くとどうなるか！……ルルルル！」

　今度は、彼は全部放した。そして振り向くと、我々を少々呆然とした目で見つめた。まだかっかしているようで、どこにいるのか正確にはもう分からないのだ。だがすぐに……

「あの伝令兵の連中は何しているんだ？　二分ごとに、と言ったはずだ！　砲撃はまだ続いているんだ、ちくしょう！　斜面が見えるか？　しっかり見ろ！　さもなきゃ、通してくれ！……ああ！　一人来た！」

　男は走ることもなく、静かに下りてくる。

「急げ！」とフロカールが吠えた。「大急ぎだ！　走れ！……走るんだ、くそっ！」

　彼は男から紙切れをもぎ取ると、眼鏡のガラスにくっつけて、太腿をバシッと叩くと、電話機の方に飛んでいった……

「もしもし！　急いで！……ユールだ、急いで！……またはメニルだ！　フリック大尉ですか？……すごい、大尉殿！　壮観！　絶妙！　前線の荷物が全部掌中にあるとは！……ああ！　まったく！　〝一週間後〟にだなんて！……ええーと……もしもし……よく分かります、大尉殿……はい、そうすべきではなかったと……しかし誰も聞き取るためにそこにいなかったのです……失礼します、大尉殿」

　フロカールは少し上気して、顔を上げると、隅に置いていた展望鏡をつかんだ。

「見に行かないか？　ひどく暑いな。私はまた登ってくるよ」

　わが部下の五、六人が彼が斜面を登っていくのを見ていた。誰の目にも寛大さはなかった。

「おい、聞いたか？」

「ちょっと狂ってるな……」

「何をそんなに興奮することがあるんだ、まったく！」

　バルバプウが一〇本の指で髪の毛をかき回しながら、穴倉の敷居口に出てきた。そこで彼らは彼をたてにした……

「お前は戦場に出たいとは思わんか？」

「俺はなあ」とバルバプウが言った。

「俺は、なんだ？」

「俺は、ほら、電話係だ。自分の部署についているんだ、俺は、分かるだろう……」

彼は戻ろうと、一歩下がったが、誰かが呼び止めた。

「なあ……おい、なあ……上では、線をのばすんではないか？」

バルバプウが一歩踏み出すと、その背の向こうにブランジャが現れた。

「上で線を？」と彼らはともに言った。

「そう、らしいな……ひどく暑いから、線が切れる可能性もある……そうなると、修理すべきではないかな……お前たち二人は修理できるんだろう？」

電話担当下士官たちは困惑して、冷笑した︰

「もちろん……もちろん……」とバルバプウがつぶやいた。

ブランジャは憂鬱そうにうわの空で、深い夢想の底に落ちていた。だが急にはっとして目覚めた︰

「そんなことは何でもない！」と彼は叫んだ。「我々のような任務は厳しいんだ！　昼も夜も、おい、昼も夜もだ！　休暇は三六日ごとだ！　睡眠はない！　あのがらくた器具に一五分ごとに起こされるんだ！　だからもう、それで十分ではないか？　その上まだ、お前たちと一緒に攻撃に出なくてはならんのか？　捕虜を縛り上げるため、コードのボビンを肩から斜め掛けにして？　どうなんだ、なあ、どうなんだ？ああ！　ばかげている！」

「ほっとけ……ほっとけ」とみなが繰り返した。

だが一瞬後、誰かが言った︰

「あの工兵隊のようにか？　彼らはどうやってドイツ野郎をうんざりさせるんだ？　それは、やはり愚かなことだな……あそこにみないたんだ、ちくしょう！　戦線には、ほかの尖峰はないのか？　それに、なんで奴らは我々のところを選んできたんだ？　まさに我々の尖峰、それは事実だが……」

男は黙った。だがすぐに、別の声があとに応じた。彼らは話し始めたのだから、続けねばならない。いつも黙っているとは限らない。互いの考えがぶつかって、気まずくなる晩もあれば、自分の考えを一つずつ出して、それと面と向かってみたくなる晩もある。

いくつかの考え……彼らは一緒にいるので、哀れにも、迫りくるいやな夜に一緒に考えるのだ。

「でもやはり……」と話している男が言った。「あの高いところへ登るのは、新兵の部隊にはひと仕事だな。我々、古参組は準備万端だが、ただそうなるまでは悪戦苦闘だったな。もう我慢できず、けちつけたりして、うんざりした。だから、まあこうなるわけだ。つまり、新兵部隊もやがてやって来るだろう。彼らにはこう言う︰〝あの高いところだ。梨は熟している。あとは摘み取るだけでよい〟そこでお前にはこう言うことになる。それが、正義の女神と言うもんだ、とな」

「正義の女神か……」と別の者が言った。「確かに、我々の世代には、我々のように悪戦苦闘しなかった者もいる」

彼らは夕べの闇に包まれ、混じり合っている。我々の掩蔽壕の敷居口からは、ほとんど動かない、雑然とした人影の群れしか見えない。彼らの言葉は互いに呼びかけ合っている。震えるようで、みすぼらしく、同じような人影の群れに混じったままだ。

「それ以外にもあるな」ともう一人の声が続けた。「俺は長ではないが、もし長だったら、どうするのかは知っている。別々の者を、どんなに離れていても、尖峰の両側、右と左に展開させる。尖峰のドイツ野郎が、彼らが言うように〝矢のように〟攻めてくる時がある。そのような時……全速力で攻めてくる時はどうすべきか、知っているか？　大急ぎで逃げなくてはならん、虚勢を張る必要はない。あの九月六日、我々はソメーヌにいてそれを見たんだ」

「一週間後か……」と影の一つがつぶやいた。

今度は、彼らは黙っていた。暗闇が次第に増してきた。彼らは互いに詰め合って、動かずじっとしていた。

「通してくれ！　早く！」

誰かが駆け寄ってきて、ものすごい勢いでこの動かぬ影を押しのけた。

「電話だ！　早く！　早く！」

また下りてきたフロカールだ。開いたままのドアから、彼の息をからしてぎくしゃくした、神経質な声が聞こえた‥

「……地下坑の爆発、そうです……もう一発は対壕四で……いえ、何も……二発目はもっと精確でした……亀裂……ガス……枝を吹っ飛ばしました」

風にあおられたドア越しには、もごもごした声は聞き取れない。ドアがバタンと閉まり、また開いて、掩蔽壕の外で、どっと声が湧きあがった‥

「遅れはありません、いえ……前進しています、はい大尉殿。はい、正常に……定刻通りに準備して、間違いなく……」

フロカールは跳びあがると、蠟燭の明かりを横切って夜の暗がりに沈んで、消えた。

他の者はそこに残っていた。将校を通すためには、彼らはほとんど間を開けなかった。人影の群れがまた近づいて、ぼんやりとした不動の状態に戻った。

「定刻通りに準備して、と言ったな」

「あのいやみ男の同輩の話か！」

「まあ、何も知らないからな……上の戦線に登っていくのが我々だということさえも知らないからな……」

「たとえそれが一〇六であっても、どの大隊か分からん」

「我々の大隊は二日も余計に戦ってきた」

「それに一〇月には、渓谷で敗北した」

「九月二四日は森でな！」

「ああ！　一番苦労したのは我々の大隊だ」

その時、せせら笑いが上がった。またもやデュロジエで、嫌みな皮肉を言い、連中の哀れな期待にしつこい毒舌を吐いた。

「何をかいわんやだな！」と彼は言った。「正義の女神！お笑い草だな！……あの稜線はただ稜線というだけで、連隊を呑みこむだけ十分貪欲なんだ。第一、第二、第三大隊とな……心配するな、誰にでも楽しみがある！　やられればやられるほど、分かるか、彼らが言うように、お前たちは〝真価を示せる〟し、またますますやられることになる。それが今は正義の女神か……お前たちは確かな部隊だ、もちろん！エリート連隊だ！　豪勢な話で、飾りになる！　そうなれば、文句を言うことはない、もう少し俸給が上がってくれればな」

彼らは何も答えなかった。デュロジエは失望して、一層しつこくなる：

「分かったかい？」と彼は言った。「我々は一緒だ、一〇人ばかり一緒だ。しゃべり、互いに聞いて、またしゃべる……一週間後か……長くはない、一週間後は。後は後方だ、諸君お待ちかねの……」

「ああ！　もういい！」

「もうたくさんだ、デュロジエ！」


この男は毒舌をやり過ぎた。ざわめく声を聞いて、彼はもう黙るしかないと思った。そして苦虫を飲みこんで、黙った。もう彼らの誰ひとり話そうとしなかった。彼ら自身の最も深いところ、最も秘密の部分に触れたのだ。それは彼ら各人の裡でうずいていた。また各人、迫りくる攻撃一週間前の、まさにその晩、疑心暗鬼の心境なのだ。

彼らの思い……誰がそれを知っていると誇れるのか？　私には我々みな似たりよったりだと分かっている。また自分が彼らの近くにいたいこと、彼らも近くに私を感じていることも分かっている。そのため、時には、彼らの目がそれを語っていると思っていた。彼らの思い……私は知っているのか？私が彼らの目で心動かされるのは、私自身の反映ではないのか？……彼らと私、我々各人と他の者。私だけにとっての、この隠された思い出と希望の世界、私が死ねば死んでしまう、この驚くべき世界。彼ら各人みんなにとって、私の知らない別の世界があるのだ。思い出のなかの顔、一人だけに聞こえる声のささやき、夢想のぬくもり、思い出のなかに入り込む、かすかな希望の形……彼らは私に似ており、時おり目がそう語っていた。だが、一瞬眼差しを交わすだけでは、それ以上のことはない。二つの果てしなき沈黙と夜のなかでは、感動的な明かりしかない。

デュロジエが黙ってからは、彼らも黙っていた。一つずつ、彼らの影が夜のなかを遠ざかっていく。

まもなく、日々の救世主《メシア》がレ・ゼパルジュの入口に馬を置いて、ピカピカのブーツを汚すのも厭わずに誇りとし、我々のところまで登って来る時だ。我々は彼が「ディユからの使者」なので、われらが救世主《メシア》と呼んでいた〔Dieue（地名）＝Dieu（神）〕。我々は落とし穴だらけの道を通って、彼をくぼ地の方に案内した。まず、放棄された二つの退避壕の屋根の間に狭まった、ねばねばの獣道。これは滑り落ちて、屋根の枝葉を押しつぶし、すり抜けるように消えていた。

「手をどうぞ、大尉殿……」

次は一五〇ミリ砲の穴で、その水にあふれた表面は夜の大きな雲の下で、見せかけの眠りについている。道は漏斗孔《ろうとこう》の縁まで滑り込み、くねくねと泥水のなかに消えていた。

「手をどうぞ、大尉殿……」

我々は軍隊式の洗練された礼儀から、愛想よくふるまっていた。あの高いところでは、毎晩、少しずつ前よりも泥のなかへ落ち込んでいく、あの同じ、動き回る混雑した男どもの群れを漠然とした身振りで示すだろう。

「調子はどうだ？」と大尉が訊く。

「ええ、いいですよ」

彼は満足している、それが重要なのだ。そして感動的なまでの配慮をして満足顔で去っていく。結局、寛大な気持ちで、我々は足もとに懐中電灯の光の束を投じて道を照らした。

「おやおや、そうか」と彼が叫んだ。

「どうしました、大尉殿？」

「この光は……とても考えられないことだな！」

「我々は夜も行進していますから、大尉殿。消した方がよろしいですか……」

「いや、いや、結構だ！」

彼が去っていき、また馬に乗って、帰隊してから、鉛筆を手に、蠟燭の明かりの下で、下書き用紙にかがんで、「レ・ゼパルジュの攻撃区域の工事状況」、重大な工事状況に関する報告書を書くことを考えている間、我々は翌日の検分役の「ルート」を按配していた。


どうやらヴェルダン行きの休暇が獲得できるらしい——冗談ではない。数時間だが、軍団がいつも与えているという。私は申請して、獲得した。次の二月一二日、ヴェルダンへ自由に行けるのだ。

冗談ではない。このスタンプ、この検印、この同意書すべてが、ヒエラルキーの下から上まで一貫して、明白にそう示している。ただ一人ジュヌヴォワ中尉殿が次の二月一二日、ヴェルダンで数時間過ごすことができるために、この紙切れは長い道のりを経てきたのだから。

「運がいいな」とポルションが言った。

運がいい?……休暇許可を手にした今は、もうそんなに嬉しくはなかった。二か月前、わずか二か月前、我々がまだ野戦状態にあったとき、「大休息」のお陰でモン・ス・レ・コートの三〇軒の家まで行ったとき、こんな休暇許可を札入れに忍ばせているとしたら、どんな顔をしていただろうか。しかし、それ以来、我々はソムディユに宿営していた。Sommedieueとは、ある文学通、またその後に続いた多数の者が言ったように、Somma Divina(神の頂き)、またはCapoue Moderne〔Capoua = Capua カープアはイタリア南部の古代からの都市〕である。

それでもやはり、思わず何度も札入れを出してみる。ポルションもまた不意にのぞいて、そのたびに心から羨ましそうに繰り返した:

「運がいい!」

確かに、私は比較的運がいい。ポルションは我々が出発した後も残って、第三大隊の交代者に例のくぼ地の掩蔽壕の指示事項を伝達しなくてはならない。

「まあな!」と私は言った。「ヴェルダンには君よりも先に行くが、次の休みの時は、運がいいのは君の番だ」

「そうだな」と彼がつぶやいた。「ありがとう……ただなあ……」

私は彼がそう言うのを見ていた。すると突然、彼と私の間に何か沈黙の雲が滑空するかのように流れ、何か存在はするが、通過するときにその圧倒的な存在感で我々を押しつぶすものが漂った。彼のけだるそうな声音か? 彼の瞳のなかに浮かぶ憂鬱そうな靄か? 分からない……レ・ゼパルジュの眠っている部屋に私が荒々しく侵入したことを思い出した。彼がベルトを締め、奇妙なやさしさで「じゃあ、おやすみ……よく眠るんだな」というのを聞いた。それから、彼は出ていき、下りたドアカーテンの向こうに消えた。

今は、彼はいつものように笑っている。我々の間にはもう何もない。まるで何も決してなかったかのようだった。

「君が」と彼は言った。「明日はいないかと思うと残念だな! メシアのために、ぼくの追加勤務の一日を祝して、かなりすてきなコースを見つけたよ。哀れな奴! 彼は戦功十字章をもらうだろう!」

私はここ、ヴェルダンにいる。浴槽のなかで、足指がなまぬるい石鹸水の泡の底に広がっていた。気持ちいい。だがこの瞬間、ムイイで夜、幸運にも即席のタブで、洗い桶に足を入れ、ブラシを手にしていたことを思い出した。後悔の理由も考えることなく、私はムイイのタブのことを悔やんだ。それはこういうわけだった。つまり、ヴェルダンには来たが、何ものにも驚かされないぞ、とあらかじめ断固として決めていたからである。

「首掛けケープは？」と男が訊いた。「それともタオル二枚にしますか？」

「ケープとタオル二枚だ」

おや、おや……彼もマゼル通りの理髪店に行くんだな！　カット、髭剃り、シャンプー、マッサージ。フジェール・ロワイアル式マッサージ〔フジェール・ロワイアルというローションを擦りこむマッサージ〕だ！

「シンジング〔髪の先を焼くこと。毛髪理容〕は、中尉殿？　髪に勢いがつきますよ」

髪に勢いがつくなら、シンジングもよかろう。

ぴったりの新しい上着。新しいケピ帽、心地よい青色の花瓶、ルビエールの外套よりも心地よく、うす青だ。今夜は、仲間たちもこういう格好で坐るだろう。

辻馬車が舗石に車輪を響かせて通っていく。辻馬車に乗ろうか？　だがどこへ行く？……やはり辻馬車で「コック・アルディ〔カフェレストラン〕」には行けないな！

くすんだ金髪で、女装したロレーヌ人のゲイボーイの「マダム」が給仕してくれる。ベルリュでは、エステルとヴィルジニは普段着のワンピース姿でもっと若々しい。「コック・アルディ」には、トゥリン〔赤のトリノ・ヴェルモット酒か〕の香りを強めるアンゴスチュラ・ビターズ〔カクテル用リキュールの一種か〕さえない。

ここでは、宿営中の将校たちが食堂に侵入してきて、ゆっくりと大きなサーベルをはずし、ゆっくりと外套掛けに、ガチャガチャ音を立ててトロフィーのように吊るすので、食事もまずくなる。彼らは長らく立ったままで、食糧調達にぼろ馬車でヴェルダンにきた、黒玉炭を散りばめた黒い絹のブラウス姿の軍隊食堂の太った女将《おかみ》をじろじろと見ていたが、しばらくしてやっと、ブーツの拍車を最後にガチャガチャさせて坐るのだった。

またマゼル通り。青白く冷え冷えとした日差しが歩道に降りそそいでいた。理髪店の女将が私に気づき、「サロン」の敷居口から挨拶してくれる。だが、もうどうしていいか分からない。私の膨らんだポケットはどれもはち切れそうだ。恐らく帰る前に、川面に傾いた家やまばゆい看板の映る影を見ようとして、またムーズの川岸にぶらつきにくるだろう……おや、なんとも突飛な考えだ！

私は考えもせずに入った。ショーウィンドウに触れるや否や、もうドアを押して、肖像写真のようなまぬけな微笑を浮かべる、こわばった小さな群れのなかに、困惑して立っていた。

「いらっしゃいませ」

彼女はとても若く、アンドロギュノスのような平たい胸で、肖像写真たちと同じ微笑をして、素直な羊のような顔をしていた。

「写真を撮ってもらいたいのですが」

彼女は私を見つめ、何か言おうとする。だが急に、小さな店の奥の方に振り向くと、呼んだ‥

「アンセルムさん！」

階段がきしんだ。白いヤギ鬚の太った男が現れ、手摺りにかがんだ‥

「上がってくれますか、中尉さん？」

私は上がって、調和のとれた渦巻き状の雲の下のモノクロームの雑然とした草叢《くさむら》を油彩で描いた幕の前でポーズをとった。

「顔を上げて……少し前へ……左脚を……軍人風に決然と……さあ、中尉さん！」

私は抵抗した。だがアンセルム氏は頑固で、木靴を引きずって私の所まできて、有無を言わせず私の顔に触れ、足を押し、顎をあげさせ、見本のような微笑をして見せ、手足の曲がるマネキン人形のように、小刻みに手直しして、私にポーズをとらせた……まったく何という突飛な考えだ！　古いコダックを持った、カロンヌやレ・ゼパルジュのときのル・ラブッスが見たら……この彩色された幕の前で、この膜と黒いレンズの穴の間に挟まれて、私がアンセルム氏の指が「小鳥」の羽のようにしなやかに軽やかにパチパチと動くのを凝視しているとは……

カチッ。私は「やられたな」と思った。諦めて、二度目のポーズをとった。

「ありがとうございます」とアンセルム氏が言った。「一週間後にお越しください……一週間後なら、まあ、お好きな時に」

彼、アンセルム氏は愛想よかった。

階下では、女店員が相変わらず、あの無表情な微笑をしていた。輝きのない、うつろな青い大きな目をしていた。彼女は声を落とし、絶えず隠しようのない恐怖心で、暗い階段をうかがいつつ話した。それでも、大いにおしゃべりし、もう古くからの友人のように信頼してしゃべっていた。

「ここに女性はいません」と彼女は言った。「司令部が禁止しているから……あの将校さんたちは女友達を町のあらゆる店に囲っているんですよ……あの娘たちはみな誰かさんの……」

彼女の微笑が消えた。顔を階段の方に向けて、無邪気な寂しさをこめてつぶやいた‥

「私には、誰もいないんです……私、リュセットといいます……ここには戦争前からいますけど」

突然、頭上でかすかな足音がしたので、彼女は慌ててささやいた：

「行ってください……一週間後に」

また通り、マゼル通りの歩道にきた。どうする？　もう何もすることがない、帰るだけだ。いつもこんな風だ。いつも、もう何もすることがない、帰るだけだ、となる。

ベルリュ、モン、ソムディユ、リュ……これらはムーズ県の村だ。ベルリュには、車道沿いに流れる川がある。司令官が宿泊する「城館」もある。我々が飲み、タバコを吸いに行く店があり、エステルの所ではタバコを売り、ヴィルジニの所では飲み物を出してくれる。

彼女たちは姉妹だ。エステルは二〇歳で、小柄で褐色の髪をして活発でしっかりしている。ヴィルジニは僅か一六歳だ。ブロンドで青白い唇をして、柔弱、その太った小娘の体つきはほとんど中年女で、それほど彼女の胸は重々しく、腹もゆったりしている。二人とも荒い働き者の手で、ひび割れて、手首の柔らかいところまで赤くなっていた。

彼女たちのため、店はいつも満員だ。男たちの群れが立ったまま、エステルのカウンターに押し寄せてくる。喚声があがり、呼びかけも哄笑も続いて起こる。もうほとんど夜で、天井にともされたランプが、苦いタバコの煙の雲のなかで、濁った大きな星のようにゆらゆらしていた。この大騒ぎに無関心な自転車伝令が自転車に乗って、ランプの下、中央の柱の周りを慎重に回っていた。

「さあ、お入りなさい」とエステルが連中の頭越しに私に気づいて、言った。「みなさん小広間にいるわ」

彼らはみなそこにいた。ジャノ、イルシュ、ミュレール、いつも一緒にいる第五中隊の三人組だ。第六中隊のモリーヌ、絶えずドイツ野郎に荒らされた家のことを考えているが、その話には触れない、穏やかでにこやかなモリーヌ。傷跡でえぐられた頬、ソメーヌでの銃弾で折れた歯のテリエ。今夕は、ダヴリルはもう一緒ではなかった。彼は、先日、モン・ス・レ・コートの地下酒蔵庫で倒れたのだ。どこか知らないが、前線の野営救護所で折れた肘を治療している。自動ピアノのそばに立って、ラヴォとマシカールは誰かが小銭を隠し入れたすき間をナイフで探っていた。彼らの間にもう一つ別な光景が出現しなければ、私はもう今は彼らに会いたくはなかった。それは、死んだばかりのソリオと、今にも死にそうな血まみれのメニャンの近くに、泥にじかに横たえられた泥だらけの担架である。それは過ぎ去るだろう。必要ならば……ダストが飲みながら、『二人の擲弾兵《てきだんへい》』〔ハイネの詩をもとにシューベルトが作曲した歌曲〕を歌っている。このダストはもう一つの亡霊、浮かび上ったマルヌ川の漂流物だ。痩せて、感動に震え、神経過敏で、ひとを面喰らわせるほど気まぐれで、激しく発作的に陽気になるし、ひどく意気消沈して落ち込む。ひとを不安にさせるし、魅することもある彼は、ひとを惹きつけるが理解されないし、魅惑するが失望もさせる。

なんと多くの少尉がいることか！　何という多さだ！　ポルションもいた。ルビエールもいた。我々はかつてなかったほど多数いて、まるでずっと前に戦争が終わったか、またはまるで明日が戦争の第一日目であるかのようだった。今は大尉のいない中隊はない。ジェリネは第五中隊で、ランベルクールで戦死したゲノに替わり、スクッスは第六中隊で、ランベルクールで戦死したテュイロに替わっていた。デュフェアルは第八中隊で、ランベルクールで死んだメニャンに交代していた。リーヴは第七中隊で、大隊に四つの袖章のセネシャルが正規の隊長で戻ったので、古巣に復帰した。

連隊の全大隊がこのような状況にあった。連隊自体が当然のごとく五つの袖章の隊長によって指揮されていた。

それでも、ダストは歌い続けていたが、もう飲まなかった。彼は立ち上がって、情熱的な声で戦争を呼び起こす歌を歌いはじめ、大砲が死者の目覚めにとどろき、太鼓を打ち鳴らし、トランペットが陽気に鳴り響く光景を思い浮かべさせた‥

われは武装して立ち上がり、大地からでる
われには護るべき皇帝がいるのだ！

全員が立って、彼に歓呼して拍手喝采し、雷のような叫びと手拍子の音が卓上のグラスを震わせると、突然、小広間の敷居口にヴィルジニ、次いでエステル、台所の奥からはヴィストおばさんまでが腕をあげ、ニコニコして口を大きく開けながら出てきた。

「おお！　おかしな人たち！……おお！　おかしな人たち！」と彼女は嘆いた。

ダストは振り返ると、彼女の腰をつかみ、グラスが瓶にぶつかり、踵が床を踏み鳴らし、牛が鳴くような声とやじの口笛、笑い声、躍動する生の活力が滝となって落ちるような、響き渡る狂的な笑いの喧騒のなかを狂おしいワルツに彼女を引っ張りこんだ。

「あったぞ！」とラヴォが吠えた。

肩でひと押しして、彼は自動ピアノを揺すった。するとすぐに自動演奏装置が狂ったようにはじまり、あまりに狭い広間を仰天するほどのけたたましい音で満たした。オカリナ、カスタネット、シンバル、でたらめな鐘の音、壊れた食器の騒音だ。ダストはヴィストおばさんを放さない。彼女がその場で息を切らし、髪を振り乱し、笑い過ぎてしゃっくりしているのが見えた。エステルはミュレール親父の腕につかまり、くるくると回っていた。ヴィルジニは目を閉じて、若いイルシュの腕に身を預けていた。軍医は、片隅でひとり、七五ミリ砲の爆撃、発射音、弾道、爆発をまねていた。こめかみを膨らまし、頰を紅潮させてピアノと格闘している：「ボン！シュルシュル……ドン！……ボン！　シュルシュル……ドン！……」突然、ピアノが黙り、軍医が黙り、踊り手たちが止まり、不意に天井から沈黙が落ちかかった。

「おお！　イルシュさん！」とヴィストおばさんが叫んだ。

我々全員がそのイルシュさんを見た。彼はヴィルジニの白いうなじにかがんで、唇で軽く触れていた。

「だめ！　だめ！」とヴィストおばさんが怒った。「そんなことよくありません！　育ちのよい若者がそんな振舞いをしてはなりませんよ。主人がいたら……」

彼女はもう笑っていない。話すにつれて、彼女の怒りは増した。目は厳しくなり、完全に怒っていた。

イルシュは慌てず騒がず振り向いた。彼は太った女を静かに見つめた：

「ヴィストさん、怒らないでください。三日後には戦死ですから」

我々は異議もさしはさまなかったが、それほど彼は簡単にそう言った。我々にはみな胸を締め付けられる、同じ悲痛な思いがあったのだ。また各人ほかの者を見ながら「彼はどうだろう？」とも考えた。エステルとヴィルジニが母親のそばに行った。イルシュは静かにテーブルのグラスを手にして飲んだ。

「カウンターに戻ったら、エステル？」とヴィストおばさんがやっと言った。

若い娘は立ち去り、妹も何も言わずに立ち去った。

「歌は、ダスト？」と若いイルシュが尋ねた。

するとダストが『緑色のハツカネズミ』を歌いはじめた。

一日が過ぎた。次いでもう一日。我々は腸チフス熱のワクチンを受けた。明日は進発することになるだろう。

今日日曜日は、教会で荘厳ミサがある。老司祭が説教したが、あまりに感動して声が震え、一文一節を述べるごとに、息を継がねばならなかった。彼は朝、人々が群れをなして聖体拝領台に近づくのを見た話をした。将校、兵卒、一家の父、若者、さらには少年少女、老司祭はこの神の僕《しもべ》たちを見て、感激して泣いた。震える手をあげ、眼差しを天に向けて、彼は神が与え給うた、えもいわれぬ喜びを神に感謝した。そして、新たな聖戦の十字軍兵たる我々に神の祝福と慈悲を賜《たま》わらんことを懇願した。

日曜日の夕べ。いつもの晩と同じように、城館の広間で夕食をとった。そして、タバコとシュニック〔火酒〕を味わう時間になった。習慣とはなんと根深いものだ！　なぜセネシャル少佐はいつも同じ小型葉巻を吸うのか？　なぜリーヴ大尉はあんなに長い紙葉で巻いた同じタバコを吸うのか？　ポルション、彼はパイプしか吸わない。二一歳だが、ずっと前からパイプを吸っており、我々が知り合ってからも、なんと多くのパイプを吸ったことか。

我々は各人、毎晩のようにタバコを吸っている。同じ時刻に浮かんでくる、同じ平凡な言葉を取り交わした。もう遅い。薪は炎を落とし、大きな暖炉の中で前よりは暗い赤みを帯びている。我々の周りは、すべて同じようなもので、このホールに、五日前から日に二度時間通りに集まり、昔のどこかの将校食堂のようにもう馴染みになっていた。タイル張りの床、階段近くの南洋杉、ランプにかかるバラ色の傘、高い鉄製の大薪台、手でこすったため艶のでた、火吹き用の長い鉄パイプ、我々の周りのものには、改めてみるものはもう何もなかった。

遅い。我々は待機していた。それでも、郵便物担当下士官が通っていった。我々はずっと前に彼が持ってくる手紙は全部読んでいた。だが我々の誰ひとり、セネシャル少佐さえも立ち上がって、進発の時間だと告げる者はいなかった。もう誰ひとり話さなかった。もう何も言うことがなかった。まだ何か考えることがあるのか？　眼差しを交わすこともない。ただ一緒に同じことを待っているのだ。

なぜ今夜か？　大隊が夜、ベルリュを去ることは分かっている。それだけだ。あのワクチン接種のため、三日ではなく、五日間ここにとどまっていた。それが今は、進発するところだ。

我々は何も言われていなかった。では、塹壕のところへ上る前に命令を出さないのははじめてか？　行進命令はしばしば進発の直前に出る。各中隊が指定された場所に去っていく。進発するとすぐ、どこへ行くのか分かる。

しかし今夜は、いつもと違う。なぜか？　あの高地で何があったのか何も聞いていなかった。ベルリュの一軒の家で、暖炉の片隅で我々のことを話していた民間人からも聞かなかった。ヴィストおばさんのところでさえ、何も聞かなかった。

そのためなのだ。この沈黙は我々の知っているものとはまったく別である。慣れていた三日ではなく、五日間の休暇、これは我々が面喰らうほど新しいことだった。二日前から、もう何も知らないのだ。

我々は覚えている。あの高地では、一五五人が、一日中、次々と倒れたのだ。工兵たちが砲弾の地下爆発の脅威に晒されながら、懸命に掘削していた。斜面を走って、電話担当下士官の待避壕に猛然と突っ込んでいったフロカールはどこにいるんだ？　今夜、フリックやノワレはどこにいるんだ？　第一大隊の仲間たちはどこだ？　第三大隊は？

何も分からない。相変わらず待機中だ。セネシャル少佐は火の消えたニナスを嚙んでいる。くぼ地の掩蔽壕は？　あの高地の暗闇のなかで、一晩中動き回っている、ざわざわした群衆は？　冷たい漏斗孔の水のなかに罵りながら倒れたディユからの検分役は？

我々は何も言わなかった。消えかかった薪の燃えさしが沈黙のなかでシュッと音を立てていた。

「なあ、ポルション？」とルビエールがつぶやいた。

「なんだ？」

「飯盒のなかのエビは……まだ生きているかな、あのエビは？」

みなが話をしなくなった今、何と静かなことか！　外では風が吹き、鎧戸《よろいど》を小刻みに壁にぶつけていた。日中はとても天気がよかったが、いま外では、風が吹いている。

おや……中庭でする馬のトロットの音が聞こえた。先ほど同様、お互いにもう視線を交わさなかった。だが沈黙はこの近づいてくる足音の周りで、一層重々しくなった。

我々は耳をすました。轡鎖《くつわぐさり》がちんちんと鳴っている。馬が停止し、蹄鉄《ていてつ》がドアの前の敷石で静かに音を立てていた。騎手が地面に下りると、鞍《くら》がきしんだ。彼は馬の手綱をドアと台所の間の壁にある環に結ばねばならない。

「入れ！」とセネシャルが言った。

男が入ってきたが、見たことのない伝令兵の伍長だった。黄色の封筒を手にしており、少佐に渡した。沈黙がかすかに膨らみだし、次第に重みを増していった。我々の上、我々の間にのしかかってきて、聞こえてくるかすかな物音の周りに広がった。聞こえるのはこめかみの血管が脈打つ音、床のタイルに足がこすれる音、特に封筒から出して、少佐の指で引き裂かれて広げられた白い紙が立てるカサカサという音だった。

彼は読んでいるが、我々は彼を見てはいなかった。彼は不意に読み終えた。我々は彼の方に目を向けたが、今やずっと待っていた我々のなかで彼だけが知っているのだ。だが彼は何も言わない。憎たらしいほどノロノロと万年筆をくるくると回していた。うつろで、ぼんやりとした、陰鬱で苛立った目つきをしていた。

まだ終わりではなかった。彼は黄色の封筒にサインしなければならない。伍長は、夜の厳しい寒さのなかを帰って行く前に、アルコールをひと飲みしていかなければならない。急いで飲め、伍長！　一息で飲んで、さっさと行け。

終わった。男が飲んで、去っていった。今度は、少佐が話さねばならない。

「諸君」と彼が言った。「編長靴にグリースを塗っておけるぞ……」

彼は黙った。一種の微笑が彼の硬い口髭の下に浮かんだ。

「我々は……」

彼はひと息間を置いた。明らかに、彼は楽しんでいる。また黙ることで得られる快感を延ばしているのだ。

「我々はトランシェ・ド・カロンヌに行く」

我々はほっとした。まだ我々は自分たちをコントロールできる。だが同時に、周囲ではすべてが変わった。タバコの汚染した空気が胸に軽く流れ込んできた。強力な生の活力が全神経にみなぎりあふれ、次々と新たな生の存在のように熱く顕著にうち震えた。

我々はカロンヌに行く。今夜、進発だ。ブナの灰色の幹の間にまた我らが古い待避壕を見ることになる。十字路の大きな掩蔽壕で、食事後はいつもタバコを吸い、飲むのだ……もちろんメニル街道をレ・ゼパルジュまで丸太を担いで運んでいく。また毎晩、くぼ地の掩蔽壕で働くことになる。稜線で攻撃する大隊は？　第一大隊の番だ。レ・ゼパルジュの工兵たちはまだ火坑《かきょう》をふさいでいないかもしれないな。ドイツ野郎は何か知っているかもしれない。何か我々の知らない出来事が参謀部の計画をひっくり返し、我々を刻々と恐ろしい運命に引っ張っていく、あの恐るべき鎖をぷっつりと断ち切ったかもしれない……カロンヌに行くのは我々、今夜、カロンヌの十字路に進発するのは我々だ。すべてが始まり、すべてがまた前と同じようになる。

しかし明日は……突然かくも先のことになってしまった明日を考えることができるのか？　セネシャル少佐は帰っていく合図として立ち上がった。毎晩、彼は膝に手を押し当てて、指をうちにまるめる、同じ仕草をした。

「さあ、行くか！　諸君、おやすみ！」

「おやすみなさい、少佐殿」

今夜、私はベルリュの向こう端のゴドゥ家に泊まる。ルビエールは、右手に入り込んでいるこの通りの家のグリフォン家に泊まる。

「それじゃ、ルビエール、おやすみ」

ポルションは、私と同じ通りの少し高いところにある、ヴィストおばさんの義弟の家に泊まる。

「おやすみ、ポルション」

満天の星空の下、強い風が吹き、肌に荒々しく当たった。毎朝窓から眺める大きな堆肥《たいひ》の山のそばの、ゴドゥ家のドアのところに、ちょっと佇んでいた方がよさそうだ。鶏たちはずっと前から寝ているが、朝になると、グルーズ〔一八世紀のフランスの画家〕の絵のように間の抜けた、白い鶏だ。人手のかからなくなった堆肥は、烈風の下でゆったりと息づいていた。帰ろう……もう少しいるか……ゴドゥ家の堆肥は臭いがいい。

ロゼリエとソムディユ街道の間で、我々は第三大隊とすれ違った。彼らはレ・ゼパルジュから下りて、ベルリュに宿営に行くところだった。明け方だった。それでも、土気色の青い顔と凍りついた外套を固く覆った泥よろいだけは十分見てとれた。第三大隊の連中は通りすがりに我々を見たが、じろじろと見ているようだった。誰も彼らに何も訊かなかった。彼らも何も言わなかった。彼らの姿が消えた後、一種の不快感がその後に、航跡のように長く尾を引いていた。

カロンヌ。第一目。最初の夜。昼は、道路の両側で、決して終わることのない塹壕掘りをした。夜は、レ・ゼパルジュ街道に行って、村の入口まで丸太を担いだ。眼前には、星空まで届くような大きな黒い稜線がぼんやりと見えた。十字路では小さな十字架の近くに、車が車軸を接してひしめいていた。数十台いるようだった。その形は区別できなかったが、泥のなかで不気味な漂流物のようにじっとしていた。その周りでは、男たちが話もせず、行ったり来たりしていたが、ただ暗闇のなかで混雑して動き回る姿と泥のなかで彼らの足音がたてるひたひたという音だけで、それと分かった。近づいてみると、彼らが車から荷物を出して、肩にかつぎ、夜のなかをどこか知らない遠いところまで運んでいることに気づいた。巻いた針金の束か？　シールド、遮蔽物か？　砲弾か？　分からない。

これらすべての車、動いているこれらすべての影……我々の十字路はもはや私のものではない。夜もそうだ。塹壕の前線の方では銃撃の音がしないし、稜線上では照明弾がほとばしらない。星の下の向こうでは、稜線がどんよりとして黒く見える。

二日目。天気は乾燥して澄み切っている。相変わらず、決して掘り終わらない同じ塹壕をぶらぶらしながら、掘っていた。ムイイの方の空は黒い樹木の間で薄い赤銅色になっていた。やがて二度目の夜だ。

使役当番兵たちが十字路の掩蔽壕近くに集まって、デュフェアルとルビエールに引率されて出ていった。

「おーい、さよなら……楽しい散歩を！」

彼らの姿が見えなくなるころ、誰かがもう一度呼びかけ、ほとんど我知らずに言った∴

「あそこへ登ったら、フロカールかノワレ、工兵か、誰でもいいから見つけるんだぞ……」

それから、夕食のため、我々は十字路の掩蔽壕に帰った。

穏やかな晩で、時間がたっぷりと単調に流れた。放心して何も考えなかった。デュフェアルのこともルビエールのことも忘れていた。時おり、フィグラかルブレが入口をふさいでいる簀《す》の子をあげて、音もなく入ってきて、皿、コーヒー袋を探して、出ていった。また簀の子があがり、プレルが手紙を持ってきた。凍てつき澄んだ夜、誰もが急いで外に出た。そして穴倉に戻る前、最後にもう一度竈に近寄った。

また明日な、みんな……まだ九時だった。だが普段は、別れる時間だ。数分後には、ヴェルダン街道沿いで、もう三か月以上も前に掘った掩蔽壕を見る楽しみがある。我々、パヌション、シャボと私はそれを一日で掘った。そこで何日かの夜は寝るものと思っていた……やがてもう五か月にもなる前から暮していたレ・ゼパルジュからは、いつ出ていくのだろうか？

我々はみな別れの握手をするため外にいた。我々が日常的にする習慣の最後のものだった。道路が交差する所までゆっくりと行進する。無上の喜びで、凍てついて澄んだ空気を吸い込んで、パイプの灰を振り落とし、最後の吸いさしを捨てた。

我々はほんとうに互いに別れたのか？　もう思い出せない。少佐の言葉は聞いたが、その意味することが聞き取れなかった。だがその後すぐ、我々は掩蔽壕に帰った。

事態はそんな風にして進んだ。手紙を持ってきた男の姿さえ見なかった。我々には、突然彼がセネシャル少佐の近くにいるように思われた。私には彼が少佐に話しているかどうかも確かではなかった。

明日、二月一七日の予定。攻撃するのは我らが大隊だ。地雷は二時に破裂する。一時間の爆撃と一〇分間の射撃の延長がある。我々は三時ちょうどに平行壕から出ることになろう。

III　死

二月一七—一九日

我々は順調に別れた。無駄なとか嫌な言葉はない。他の者の動揺とか苦悩を探る視線もない。今夜、本当に各人が自己自身に忠実であるということは極めて重い責務である。

たぶん三〇分もたったころ、デュフェアルとルビエールが帰ってきた。彼らはレ・ゼパルジュで〔使役当番中に〕捕まえられ、仲間のところに送り返されたのだ。彼らは知っていたのだ。テーブルの周りに席をつくってやり、彼らも少佐が読む戦闘命令を聞いていた。我々はもう二度ほど握手を交わし、別れた。

私はヴェルダン街道をひとり歩いた。夜、多くの者が眠り隠れている暗い雑木林の間の、固くひとつ気のない道路を行く、この慣れ親しんだ散歩のえもいわれぬ快感を、かつて以上に存分に味わった。また別の夜、私に襲いかかってきた子供っぽいが、深刻な物思いを全部一緒に思い出した。毎回、それはいつも同じ顔にあふれた、軽やかでやさしい夢想で始まる。速い歩調で歩いたが、もう自分の肉体を軽快な足取りを通してしか感じなかった。そしてこう思ったが、それほど出てくる顔が身近で、現実的だったのだ：「彼らは私を見ている……このように夜の道路をひとりで行く私を見て、どう思うだろうか？　先ほど、歩哨が私を呼び止めたとき、私が答えるのを聞いて彼らは安心したのだろう」彼らが私が若く、溌剌として活力に満ち、すばらしい希望に鼓舞されているのを見てくれたことに、私は満足していた。「私は変わっていない。私は君の横を歩いている若者、散歩でおしゃべりする子供であり、君がしばしば笑い過ぎて目に涙して〝大ばか者〟と言っていた同じ男なのだ……」

またある夜、十字路の掩蔽壕とヴェルダンの分隊との間の道路を歩いていた。昨日のように歩哨がいた。青白い車道で動く彼の影がチラッと見えた。昨日のように、名前で呼んでみた：

「こんばんは、ムノー」

「こんばんは、中尉殿」

まさに彼だった。私に近づいてきて言った：

「それじゃ、明日、あそこへ登るんですか？」

「そうだ、明日」

「そうですか。では……」とムノーが言った。

彼の農民風の声は同じく平板で、野太く屈折がなかった。

「中尉殿、あなたですか？」

「そう私だ、パヌション」

彼は土の三つの段を照らすため、蠟燭を上に掲げ、私が下りると、それを壁に向けて、小さな板に張りつけた。それから、ムノーのように言った：

「それでは、あそこへ上がるのは明日ですか？」

「そう、明日だ、パヌション」

「そういうことだったんですね」と彼は結論づけた。

彼はそれ以上何も言わなかった。藁寝床に坐って、折り曲げた膝の一つを手でつかみ、物思いに沈んだ。彼があまりに遠く感じられたので、私は次第に親密さで深まった共感をこめて、敢えて彼を見つめた。そして普段は細めた瞼の間で、いつもキラキラと光り、よく動く小さな褐色の目をみた。だが今夜は、大きく見開いている。動かぬ瞳はあきらめの穏やかさに満ちていた。彼は少しずつ頭をかしげ、顔が影のなかに入ってしまった。私はもう彼の目を見なかった。流れ出たむき出しの光の下で、生温かそうなうなじの肌と、あまりに重い荷の下で折り曲げたような、くたびれ湾曲した背しか見なかった。

まるで彼がそこにいないかのようだった。私はまた、彼の横で、ひとで一杯の雑木林の間の道路をひとり歩いていた男に戻った。ポケットから鉛筆を取り出し、細字拡大鏡装置から数枚紙片を出して書いた。

ほとんど言葉が出てこない。ごく僅かだ。必要な語だけ、明日何が起ころうとも、書かねばならない語だけだ。まるで口に出して言ったかのように書く言葉を考えた。明日のことは考えない。ただ、ひたすら自分自身であることだ。

「眠りますか、中尉殿?」

「もうすぐな、パヌション」

寝る時間だ。書き終えた。もう自由だ。我々が掘った最初の掩蔽壕で、パヌションの近くの藁に身を横たえさえすればよかった。

眠ること……これまで起こったこと、これからまた起こるかもしれないことすべてに目を閉じて、ひたすら眠ることだ。

＊

二月一七日

我々は夜明け前にカロンヌを出た。そしてちょうど夜明けに着いた。非常に天気がよく、光にあふれ、太陽が上がるにつれて、ほとんど生温かくなり、もう春を思わせる陽気だ。

それでも下の荒れ地の、予備役の待避壕の後ろには、キラキラ光る雪だまりとくすんだ雪の山が掩蔽壕の入口の前にいくつかあった。丘の斜面では、ごく細い雪の線状隆起が北側にさらされた傾斜面を際立たせていた。

我々は二八〇盆地に登らされた。夜の土木作業兵が一週間前から懸命に作業していた。くぼ地の縁やくぼみが長方形に掘られ、空中にぽっかりと開けられて、近くにはそこを覆う丸太が山積みにされていた……

我々は自由に放っておかれた。空には飛行機もない。我々が着いてから、砲弾一発も落ちてこない。

「掩蔽壕」に入ってじっとしていろという命令。「間を詰めろ！　皆が入らねばならん」皆は入れない。掩蔽壕はあふれている。くぼ地も過密であふれている。まだ朝九時だ。春のように指が膨らみ、脚が重い感じがする。地雷が爆発するまで、まだ五時間の待機だ。

塹壕の穴から穴へ、機械的に行ったり来たり。通りすがりに、思わず互いに観察していた。ラヴォはいつもより多少赤ら顔で、たいそう落ち着いている。ルビエールは目を大きく開け、じっと見ている。ポルションはいつものように冷静で、静かにパイプをふかしていた。第五中隊の連中はそこにおらず、我々の左側のどこかに隠れている。カロンヌを出てからは、彼らを見なかった。さび色の林を背景にして動く、あの暗い青外套は彼らだ。

地面に衣類の負い籠を置き、逆巻いたもじゃもじゃの髭をして、青白い目でぼんやりと私を見ているのは、大隊特務曹長のカリションだ。

「うんざりだな」と彼は言った。

パイプをくわえたまま、彼は唾を吐き、髭越しにぶつくさ言った：

「むかつくな。このパイプは！」

「じゃあ、なぜ吸うんだ？」

「分からん」

テリエが私に言った：

「もう砲弾なんかどうでもいい。だがあの忌々しい弾丸は……俺の頬の穴に指を入れるだけで、なあ……」

モリーヌがいつものように微笑んだ。だがもう、やさし気な、皮肉たっぷりの善良そうな同じ微笑ではなかった。

「まあ、奴らの身にもなってみることだな」と彼はいやに嬉しそうに言った。

そしてますます微笑んでいた。

「食事だ！」

ほんとうだった。食事〔スープだけの野戦食〕の時間だ。ほぼ一〇時……誰も考えていなかった。私の部下のなかでは、プティブリュはほとんど食べないし、ジェルボもブアレもそうだった。他の者は食べ、ピナールに強い言葉で問いただし、要求し、文句を言い、仲間うちで罵っていた：

「あいつはぶっ倒れればいい、あの野郎は！　あいつがいると、悪いことが起こりそうだ」

「なんだって？」とピナールが文句をいった。「まさか、わしがおじけづくとでも言うんじゃないだろうな？」

「お前が自分でそう言うなら、たぶんそうだろうな」

「わしが」とピナールは真っ赤になって怒鳴った。「わしが、くそったれ！……炊飯兵のひとりでも見つけてこい！　戦争の最初の日から、わしが食べさせてきたのはいっぱいいるぞ……わしがおじけづくと言ったな？　最悪の場合でも、いつでもどこでもお前たちにスープを運んできたわしが！　おい、レ・ゼパルジュの森で、わしがスープを運ばなかったことがあるか？　わしがお前たちを見捨てたら、どこかで炊飯兵を見つけることだな、畜生！」

ピロレ、トゥルバ、グロンダン、ラヴィオレットなど、一〇人ばかりが身をよじって笑っていた：

「まあまあ、ピナール、そう怒るな。明日は、お前もあそこへ登るんだぞ！　仲間のブレモンと……お前のヤギ鬚のためにだ、おい、分かるか、お前の目印になるヤギ鬚のためだ」

ピナールはなおぶつくさ言いながらも、笑っていた。だがブレモンは問いかけた：

「噂では、六人の子持ちの父親は後方に呼び戻されるというが、本当かな？……わしは二週間前から六人の子がいるが」

「わしにはおらん」とビロレが言った。「だがそのうち六人のガキを持てるかもしれないな、わしにも」

「酒〔安物のコニャック〕だぞ！」とベルナルドンが呼びかけた。

彼は縁まで一杯のバケツを運んできた。

「小隊ごとに一つだ」と彼は言った。「一番重いのが我々のだ……うまくて強いぞ。ただな、変わった味がする」

「変わった」とデュロジエが訊いた。「またあいつらがやった薬《やく》、ドラッグか」

「悪くとるならば、な……」とトゥルバが遠まわしに言った。

だがデュロジエは四分の一コップを差し出し、半分まで満たして、ごくごくと飲んで空にした。トゥルバがフイーヌに言うのが聞こえた：

「あいつは、ほら……いまにおじけづくぞ。第八中隊のあの伍長のように……あいつはなあ、おい、体をすくめているために隅っこばかり探しているんだ。今朝から、小隊の連中がみなあいつを見張っているよ」

それ〔兵士の選別・配置〕は避けられないことだった。私はそれを考え、部下たちを見分け、今から、彼らを戦場でどう配置するか知っておかねばならない。すでに考えてはいた。だが十分ではない。戦場では見なかった者もいるのだ。わが三人の伍長のうち、スエスムはただ一人戦闘経験がある。今朝は疲れているようだった……リエージュは、一〇月一九日の夜、峡谷の森のなかにいた。シャンパーニュ人で、思慮深く良心的で、つねに正しく行動することを心掛け、いつもそうあるべく振る舞っていたが、あの夜でさえ、特にあの恐ろしい夜でもそうだった。私はリエージュを信頼していた。彼を二箇分隊のトップにおこう。さらにドリゾンもいる……おしゃべりでひょうきん者、楽しい好色話をたっぷりとする男だ。この冬に来たが、彼のことは知らなかった。だが彼は、私の近くにいて、三時に私の後を真っ先に登った。彼は、スエスムや我らが部下の最良の者、ボラン、ビロレ、シャボたちと同時に、一挙に突っ込むだろう……

選ぶのにはなんの苦労もない。ほぼ全員がすばらしい兵士であったが、秋の戦闘で生き残った一五人ばかりがいる。今や、伍長たちは……全員が新顔だ。私は、九月二四日の、ボワ＝オーの戦いで、昔の最後の伍長たちを失った。ロクロンの森の夜、マルタヴェルヌは頭上や背後にいた敵を撃っていた。ロランはずる賢い小男で、恐らくは妬《ねた》み深く、きっと、仲間たちに私の悪口を言っていたに違いない。コントとリュシアンは一緒に来た二人の農夫で、口数少ない誠実な男だが、できることは何でもした。私は、またロクロンの森で、コントが弾丸の弾ける音をはじめて聞いたときに見せた渋面を思い出した。それは何も意味しなかった。彼が渋面を見せなくなって、ずいぶん長くなる。

「おはよう、ビュトレル」

この男は運がいい。戦いに行くため、塹壕から出て、銃撃し、白兵戦になるとすぐ……遠くから砲兵が放ってくるあの重砲弾やくず鉄の銃弾にしか出くわさない。ビュトレルはコンブル後方か、もっと遠くのヴワヴルにいるドイツ野郎の砲兵の上に落ちるように十分前進したいだろうが。

「ビュトレル、お前は小隊の後尾におくことにする」

「ありがとうございます……ただそれでは、何もすることがありません」

「お前は小隊の後尾におくことにする」

これは話して、議論しておかねばならない。彼はあきらめきれず、明らかに恨みがましくしていた。断固として彼を説得すべく、私はなおも話した。私はリーダーのシャブルディエを信用していないと言うのではなく、彼はわが隊の別の班を率いているのだ。私はビュトレルの自尊心をくすぐり、安心させた。彼とはよき友として別れたいのだ。

「了解か？　分かってくれたかな？」

「まあ、なんとか」

「それじゃ、また午後にな」

信じがたいことだが、このひ弱そうな男は静かなエネルギーを発散させている。彼に近づくと、何か霊気が流れているような感じがする。至るところで説得に回りたいが、その頃には三時の鐘が鳴るだろう。

もう正午をまわっている。空気が妙に生温かくなった。巻雲が西の空に浮かび、ボワ＝オーのブナ林に流れている。ビュトレルと別れたいま、ほぼ準備は終わった。私は彼らに次々と再会した。彼らは、一緒に生活した何か月間と同じままだった。少なくとも二時を待たねばならない。

「はかどっています、中尉殿……」

御者の伍長シコだ。彼は暗い栗色のきれいな目と、誠実な表情の健康そうな大きな顔をしていた。彼の新しい革の装備品はピカピカで、銃と銃剣は真新しく、光っていた。シコは一週間前に「隊列に復帰」した。食糧入れトランクを忘れたというつまらぬ話。セネシャル少佐は真っ赤になって怒り、「見せしめに」この男を元の小隊、わが小隊に送り返した。シコは文句を言わなかった。微笑みながら、後悔もせずに言った：「はかどっています、中尉殿……」彼を見ながら、この男は輜重隊の荷馬車とともにモンにいたに違いなく、いつも若く率直な顔をして微笑みながら、文句ひとつ言わなかったのだと思った。

私は満足か？　不安なのか？　明け方に到着した時と地雷が爆発する瞬間の合間の時間に、私は小隊の全員に再会した。

なぜか？　何を求めていたのか？　昔、私は戦った。ランベルクール、ソメーヌにいた。重々しい陽光と陰に満ちたセットサルジュの大きな森、木々を撃ち砕いた砲弾、当時「大鍋」と呼んでいた黒煙を上げる砲弾のことを思い出す……それはバラバラになった断片的な私の遠い思い出だ。さっき足がぶつかった、このレ・ゼパルジュ石も同じだ。まだ私はこの石を拾って、その冷たく泥に濡れた固さを感じ取れるのか？　私はもう、ねばつく厚い泥に突っ込んでくたびれた足取りで、重い脚を引きずって斜面をゆっくりと歩くあの男ではない。もう、僅か一時間前に自分がどうであったか思い出せない。また一時間後に自分がどうなるかも分からない。

多くの顔を誰と理解もせず、本当に見ることもなく見てきた。何を見ることができたのか？　先日の夜、止まっていた馬車の近くに丸太を運んだとき、レ・ゼパルジュの十字路が分かったのか？……また私の周りにいた者のうち、ある顔が現れた。マシカールのだ。少し青白く、またたく瞳のおくに何かしら苦悶の影が見える。それで後は？　後で何か結論づける権利が私にあるのか？　もう推論もしないし、想像もしない。私は行ったり来たりし、時間は急がず止まらず、私の脇を流れていく。

また名前が私の記憶をよぎっていく。ビュトレル、シコ、ビロレ、ボラン……一歩一歩踏み出すのは簡単で、泥はそれほど重くはなく、空はより軽やかだ。別の名前、灰色の入り組んだ背景、こだましないつぶやき。つんぼのティメール、おしゃべりなコンパン、ペリネ、モンティニ、シャファール。名前だけだ。また別の、うんざりして息切れさせる名前。デュロジエ、ジェルボ、リショム……かすかだが規則的な揺れにゆすられて、私は相変わらず歩いていた。それがつらいとは思わない。それを逃れようともしなかった。そんなものだと思っていたのだ。

必要なのは、あとで疲れないことだ。わが肉体に宿るこの気だるい春のような鬱陶しさにもかかわらず、私は元気で、またそう感じてもいた。一番いいのは、周りを目の届く範囲内で見ながら、なおも歩くことだ。誰かに話しかけられたら、聞いて、それになんでも、考えずに答えよう。

「ダストは行きました」とマシカールが教えてくれた。「連絡将校として旅団に送られました」

「彼にはその方がいい」

おや、屋根付き塹壕だ。何本かの丸太が新しい土層の間に重ねられた屋根だ。敷居口のところにかがんで見た。角灯を手にした、忙しそうな自転車伝令以外、誰もいない。入口の私に気づくとすぐ、彼が叫んだ：

「指定便です！　大佐からの司令部便です！」

「分かった！　分かった！」

いくつかの考えが通路で早く、非常に早く脳裏をかすめた。自転車伝令にとってよく、野戦電話担当下士官にとってはもっとよかった……大佐はしばしば外に出るのだ。

もう一つの屋根付き塹壕……その周りに、バンブル、ピエリュグ、担架兵伍長、ベジャナン、大男サンカン、モリソ、白黒混血の暗褐色の肌の医師補などがいるのに気づいた。全員が袖に白い赤十字の腕章をつけていた。やがて救護所が必要になるのだ……ル・ラブッスと他の軍医たちはレ・ゼパルジュの村に残っているようだ。堅固な地下酒蔵庫が何の役に立つのか？　恐らく将来、いくつかの救護所が必要になるだろう。さあ、もう数歩だ！　いまや、考えを自在に遊ばせ、物事を予見するのも極めて簡単になる……午後の一時だろう。

誰かが叫んでいる、声をからして力の限り叫んでいる……

「掩蔽壕に戻れ！　さあ戻るんだ、くそっ！　鞭を使ってでも戻らせろ！　あの飛行機の音が聞こえないのか？」

ユールの稜線の側の、北の方でエンジンがうなっている。紺碧《こんぺき》の空に金色の、ほとんど透明の飛行機が見える。翼の下には青白赤の国籍マークをつけていた。

「大したことないぞ！」声の主が叫んだ。「みんな隠れた！　ぶらついている者は誰も見えないぞ！」

うまい比喩だ。下の掩蔽壕まで「ぶらついていき」、予備役の待避壕にいる第一大隊の仲間に挨拶したいものだ。

カリスとその二人の下士官クリジネルとレヴェイユ、三人ともが、棚ベッドに寝ていた。彼らは時おりだが、いつも夜、交代のときに見かけた。彼らとは話したことはないかもしれない。

「やあ、こんちは」とカリスが言った。

彼は起き上がらずに、大きく伸びをした。待避壕は、ソトゥレ大尉が突き破ったあの窓のため、非常に明るかった。光は冷たく新鮮で、反射した青白い雪明かりが漂っていた。『文学団欒《だんらん》』、『獣医薬事論』が相変わらず同じ壁穴に横たわっていた。弾薬箱も入口近くの別の穴の同じ場所にあった。その小さな南京錠は決して開けられず、錆びついていた。

「坐れよ」とカリスが言った。「寝たままですまん」

彼は寝ぼけまなこで、また伸びをした。彼は上着を脱ぎ、トリコットのカーディガンのボタンをはずしていた。少し太って、公証人か田舎医者のような丸々とした顔をしていた。口が開いたままのような声で話し、瞼を開けたままにするのが大変なようだった。

クリジネルは赤みがかったブロンドの小柄な男で、唇すれすれに切った口髭をして、パリのミュージックホールの管理人か何かであったに違いない。レヴェイユは背が高く、ひげ面で、柔軟で敏捷な物腰で、クリスが話したときに話す。いつもクリスを盾にし、目で彼に問いかける。この三人は深い仲間意識で結ばれているようだ。我々を比較するとか、流れる時間を気にするようなことはひと言もなかった。一度だけ、カリスがひどく疲れて困ったとき、ごく単純な善意からこう説明した‥

「毎晩、悩まされているよ。昨夜もだ。我々は前線に弾薬筒を補給するのが任務なんだ。横の待避壕に満載されている……だから、任務の前にも、後にもいつも休んでいるよ」

彼らは上で起こったことは何も訊かなかった。それには関心がないようだった。彼らの掩蔽壕で、たまたま下りてきた私といるだけなのだ。キプリングやスピネリのこと、カルメットの死について話した。カリスは弁護士。レヴェイユは建築家、だったと思う。仲のいい三人組だ……第二中隊はうまくできていた。

畜生！　もう一時一五分だ！　また上に登らねばならない。三度の握手、三度のいつもの「さよなら《オ・ルヴォワール》」だ。互いの幸運を、という願いは一つもなかった。実際にそんなことはできなかっただろう。

私は敷居口に置いておいた杖をとるために、機械的に腕をのばした。どこだ？　この泥まじりの雪の山に突き刺しておいたのに、もうない。盗まれたのだ。

怒り、憤激、悲憤で体じゅうに激震が走った。心臓は高まり、指が少し震えた。

「カリス！　下種《げす》野郎が杖をかっぱらいやがった……ここ、入口に置いていたのに……もうない」

「ああ！　そいつは困ったな」とカリスが言った。「いい杖だったか？」

「素晴らしかった！　手にピタリと合い、歩くのに最適だった……一〇月から持っていたのに……杖が……ああ！　畜生！」

「そいつは困ったな、困ったな」とカリスが繰り返した。

彼は周囲に視線をめぐらし、待避壕に戻り、しばらく探してからまた現れた。

「ここにはないな。見たと思っていたが」

「もちろんだ……置いたのはここ、この雪の山だ。ほら、見ろ、ここに穴がある」

私は段々と苛立ってきて、声を高めた‥

「もう一時二〇分だ！　杖なしでは上へ登れない！……サーベルでいくか、おい、ここにあるか！……杖代わりだ！　早く！……それを一つ貸してくれ！」

「ここに一つあります」とレヴェイユが言った。

これが杖？　彼が差し出したのは箒の柄《え》、ごつごつして、折れそうなただの箒の柄だった。ああ！　ひどい災難だ！

……一時二二分。箒の柄を強い支えにして、また上に登ったが、恨めしくて、折ってしまいたい暗い衝動に駆られながらだった。だがこの柄は意外と強く、歩くたびに信じがたい堅固さで支えとなった。

上にはなんと人が多いことか！　至るところ兵隊だらけだ！　メニル街道で見たし、モンジルモン稜線上でうごめく者や、下の、村の家々に沿って散在する果樹園でも見た。屋根の上にふわふわと漂う煙は突然、家の屋根で隠れて見えない人々を思い起こさせた。ここ、くぼ地のどの穴も折り重なった人体の熱気で泡立っている。大地が膨らみ、大きな生命エネルギーの動悸が、ひとが歩むかぎり遠くまでいく、奇妙に人間的な同じ生命エネルギーの動悸がうっているようだった。その中でわが仲間たちはどこにいるんだ？　わが多くの哀れな連中はどこにいるんだ？

「動くな！　掩蔽壕に戻れ！」

杖がなくなったときから、指が震え続けている。空気が変わり、苛立つばかりの発散物を帯びて震えているような気がする。

「戻れ！　戻れ！　誰も外に出るな！」

下士官たちが怒鳴りちらし、滑稽で無力な仕草で、地の底からあふれ出るこの人間どもの沸騰を鎮めようとしていた。相変わらず飛行機も砲弾もない。一日じゅうで五発のモーゼルの銃撃音も聞こえなかった。

私の時計では、一時四二分だ。誰かが私を呼んでいる。プレルだ。セネシャル少佐が我々のところに「急いで——急いで」来ようとしている……そら、来た！　さあ行こう。

少佐は赤ら顔で深刻そうだ。

「諸君、時計を見たまえ……」と彼は言った。「電話での公式時間は……一時三八分ちょうどだ」

無駄にした四分、これは実際に取り戻さねばならないだろう。セネシャルはこれを利用して我々を観察している、のだと思う。なんとも無駄な暇つぶし！　なんたる錯覚！　なんと多くのヘマ！……私は、少佐殿、貴官のニナスは、甚しくかまれて、もはや固い口髭の下で嘆かわしい一種の噛みタバコでしかない、と気づきましたぞ。また貴官が貴官自身を観察し、自己を「しっかりと掌中に」していると感じ、ご満足であることにも気づきましたぞ。それでよかったのです、少佐殿。しかし、五分後には、貴官の今の姿のうち何が残るでしょうか？　城館の我らが食堂や、昨日か他日、どこかの道路を行進中、我々がどうだったかをご記憶か、我々のことはもうお考えではない。貴官とはお別れです。どの時計でも、一時四二分です。

我々各人、いまは一人だが、もう自分自身の時計しかなく、ポルションとルビエールは対壕七の横、右側の方へ進発した。彼らは、第一波の攻撃軍、スクッスとモリーヌが指揮する第六中隊の小隊の後を、リーヴ大尉とともに登る。第六中隊の別の小隊は対壕六で第一波の攻撃だ。これを率いるのはテリエで、私は我らが第二小隊とテリエの後を追う……他の二つの対壕五と四では、わが第五中隊が第一波の攻撃軍で、第八中隊によって二倍になる。我々が知っているのは、それだけだ。

一時四八分。頭上の非常に大きな穴の近くを、工兵下士官が通っていく。手に何か持っているが、見分けられない。交通壕の入口の方へ歩いていく。

「どこへ行くんだ？」

「火坑だ。ちょうど上る時間なんだ」

「ああ！　お前か……」

「そう、私だ」

彼の姿が消えると、大きな沈黙に包まれた。地面が震える一種の震動音がまるで消えたかのように、しなくなった。起き上がってみると、兵士たちは沈黙の広がりのなか、夢の世界のヴェールに覆われ、麻痺したような雰囲気のなかで動いているように思われた。彼らの無言の動作にはもう意味がない。彼らは遠く、村の周辺、さび色の森のはずれにいるようだ。モンジルモンと我々、早足でロンジョの柳に見え隠れしながら行進する我々の間にある草原に、二つの人影があった。一つはたぶんダストで、もう一つはたぶん旅団の連絡将校ガリベールだろう。彼らはモンジルモンに戻るのだろう……上の高所の、赤みがかった粘土の稜線の後ろ、我々がいる世界の外には、人間どもが日がな一日、いわば『千夜一夜物語』の宮殿の話をしているような塹壕がある。そこからだ、電話が……突然、眼前に、スエスムの顔以上に現実的な、わが旅団を指揮するティリアン大佐の禿げ頭が見えた。奇妙なことに、私は上のモンジルモンの掩蔽壕では彼の代わりだった。時計を見ると、二時三分前、のどが締め付けられた。

すべてが空虚だ。私にはほかのことは感じられないし、それ以外には表現できない。通常、世界を満たしているもの、あの毎秒単位で運ばれてくる大量の感覚、思考、思い出などすべてが、もう何も、何もない。待つことの、うつろな感覚さえもない。苦悶も、起こるかもしれない暗い欲望もない。すべてが無意味で、存在しない。世界は虚無だ。

そこでまずは、うずくまった我々の肉体に対して、大地が突如重々しく跳躍してくることだ。我々が立っていると、黒くひらひらする斑点がついた白い異様な煙が、地平線に近い線の後ろの、高原の端で膨らんだ。煙は飛び散らなかった。大きな渦巻き模様となって、次から次へと膨らみ出し、あの暗い発射物の斑点だらけになった、動かぬ異様な煙になるまでますます膨らんだ。今や地雷が轟音を発し、煙に似て、同じく重々しく、異様にとどろいた。騒音が逆流してきて、我々の肩を流れていった。またすぐに、谷間や平原じゅうの、さらには空自体の四方八方から、大砲が堰《せき》を切ったように、猛烈な騒音をどっと浴びせかけてきた。

「前進！　一列で、私の後に続け」

交通壕の入口の方へ登るが、凄まじい音に押し飛ばされ、ふらつき、圧倒され、意地になって憤激し、上を見もしなかった。

「前進！　急げ！」

空が裂けて、亀裂が走り、崩れる。集中砲火を浴びた地面は息を詰まらせていた。もう何も見えず、燃えあがるか出血したような赤褐色の火薬だけ、時おり、すすけて悪臭のするこの厚い雲を通して、すばらしい太陽のさわやかな流れ、消えかかった太陽の切れ端だけが見える。

「前進！　後に続け……前進……後に続け……」

わが部下たちは後に続いているようだ。交通壕の上に、泥だらけの外套と無帽の、人影が跳ぶのが見える。肌や無色の布地の上に、非常に新しくて赤い、鮮やかで鮮紅色の血が流れているのだ。

「後に続け……後に続け……」

言葉が大砲の轟音にまじって、揺れ動く‥

「ドイツ野郎は……ぼろ着の上に泥が……フランス人……やられた……」

声もなく、足音もしない。大砲の狂気だけだ。モンジルモンの大砲は空中で炸裂し、接近し、我々の背を追い立てる。カロンヌやボワ゠オー、峡谷の大砲、オー・ド・ムーズなどすべての大砲が接近し、また迫撃砲、曲射砲、七五ミリ砲、一二〇ミリ砲、一五五ミリ砲、海軍の大砲、あらゆる猟犬どもの群れも接近し、丘のどんなになだらかで長い線ももはや前のままではありえず、村まで進み、越えて、荒々しく我々を追いたてる。この残酷さは前代未聞だ。モンジルモン砲は狂人と化し、我らが頭上に砲弾を吐きだし、死の大鎌が風切り音を立てて意図的に、獣じみた音で飛ぶなかで我々の背を曲げさせるのだ。

息が詰まりそうだった。石が飛び散り、落ちてくる。炎が怒り、せせら笑うかのように噴きあがる。

「進め！　進め！　上へ」

何か重いものが私の脚にぶつかったので、しゃがむと、ひかがみ〔膝の後ろ〕が見事に切れていた。

「上へ！　前へ進め！」

脚にぶつかったのはグロンダンの頭だった。恐れることなく、振り返ってみた。体が押しつぶされ、猛烈な足踏みの下ですでに埋もれ、さらには地面すれすれに、傷口からどくどくと出血した首が見えた。

我々は相変わらず、揺れる爆風にあおられ、交通壕の揺れ動く内壁にゆすられ、泥と瓦礫、とめどなく赤みがかった熱風を浴びながら行進していた。

「伏せろ！　至近距離で撃ってるぞ！」

「合図を送れ！　奴らはこっちを殺すつもりだぞ！」

「ひとり斥候を出せ！」

「前へ進め！　前へ進め！」

「だめだ！　応答するのはドイツ野郎だ！」

もう区別がつかない。二度、三度とたて続けに、地面が半ば裂けて、燃えあがった石を吐きだしているのが見えた。

我々は身を二つに折って、七五ミリ砲に追いまくられて走ったが、この風切り音を立てて飛ぶギロチンは恐ろしく、交通壕の縁を根こそぎ破壊し、この七五ミリ砲だけが至近距離で撃ち、つねに同じ場所、我々の右側に撃ってくるのだった。

「休止！　全員横になれ……奴らが動こうとしなければ、攻撃しろ！」

我々は射撃場塹壕にいた。底に転がって、肩を胸墻の土に強く押し当てた男たちで一杯だった。煙のなかで、誰か将校が、でこぼこの額で身振りをし、何か怒鳴っていたが、聞き取れなかった。わが部下たちはちゃんと位置についている。同じ七五ミリ砲が同じ仮借なき死のリズムで、同じ場所、右側数メートルのところを撃ってきた。

「奴らを攻撃しろ！　攻撃しろ！」

将校は相変わらず身振り手振りをしていた。誰か分かった。パンヴィディク、第四中隊の一人だ。だが彼が叫んでいることも、望んでいることも分からない。危険な狂人のようだ。わが部下たちも転がって、仲間の脇に張りつき、腹ばいになって間を詰め、煙る塹壕と一体化していた。七五ミリ砲が撃ってくるところに、ひとり横たわっている死者がいた。時々、目を大きく開け、背が呼吸し、突然手が動くことに気づいた。いつも同じだった。重砲弾が尖峰の方で炸裂し、一五五ミリ砲がシューッと風切り音で飛び、ドイツの迫撃砲弾がのろのろと旋回するのが見分けられた。ただそれはどうでもいいことだ。そんなことは七五ミリ砲の容赦なき砲撃のなかでは意味がなく、この截然《せつぜん》として無情な天空の後ろに消えてしまうが、大空は低くなって、緊縮し、あまりに強く緊張するので突然破裂し、頭上で崩れ、我々を打ち砕くのだ。それはいつもそこにあった。我々は頭を低くするだけで、たとえできたとしても、もう頭も胸も腹も動かすことはできず、ただ背と肩を縮こませているだけだった。

誰かがしゃがんでいた。眼前の、顔が触れんばかりのところにパンヴィディクの大きく見開いた目、でこぼこの額があった。彼は凄まじい騒音のなかで、私の耳元で叫んだ。大体は聞きとれた。テリエは来なかったが、もう彼を探しにはいかず、私が登って彼の代わりにならなければ、すべてが危うくなるという。私が返事も、口を開くのも、頭で合図するこ

ともしないまま、彼はつのる怒りにとらわれて、文字通り錯乱状態で続けた‥

「登れ！　登れ！　登るんだ！」

彼は声を詰まらせた。一滴の綿のような唾が乾いた唇の真ん中に斑点となっていた。振りむいて、私は彼の耳に怒鳴った‥

「黙れ！」

「なんて言った？」

「黙れ！　静かにしてくれ！」

彼はもう何も言わなかった。私の近くで、同じように胸墻に向かってうずくまっている。ひきつっていた顔は穏やかになっていた。彼は大きく目を開いたまま、寝ているようだった。


相変わらず同じだった。遠くで砲弾が飛び、重々しく轟音がして、すぐ近く、頭上すれすれに、七五ミリ砲が猛り狂って飛び交う天空。そのため、塹壕は途方もない鶴嘴で掘られたようだった。大地は新しい傷の湿っぽさのなかで、絶えずくすぶり続けている。爆発物の破片で揺すられたこの大地では、はっきりとした皮肉な明かりがともり、輝いて、我々の周りに、まだ消えようともせずに押し寄せ、結局は静止状態の事物の上に落ちかかる。辺りはまだ生々しい破片で一杯だ。うなり、ヒューッと飛び、ぶんぶんと音が鳴り、きしむ音がまだ聞こえる。破片の亡霊は包丁でたたくような、鈍い衝撃で粘土を叩き、鳴り響く天空にぶつかり、激しく甲高い音を立てて、手荒く打ち落とされる。フランスの砲弾全部が我々のいる場所の、少し前方、顔をあげれば見えるいつもの前線上を撃ってくる。我々は確信している。五〇メートル右か左は、七五ミリ砲はもう撃ってこない。それはまさにこの場所、前方、約三〇メートルの前線上だ。たぶんそれ以下だろうが、以下であることは確かだ……もうパンヴィディクと私の前以外は撃ってこない。あらゆる騒音が私の頭に残っていて、最初の棍棒の打撃はからの胡桃《くるみ》の実よりもわが頭蓋に乾いた音で響き渡る。破裂音がわが脳髄にほとばしる。それは私の近くで、まるで生き物のようだ。私をたねにして、せせら笑っているのだ。


それは変わらなかった。前方に、閃光を放つ飾り総状の煙が見える。それが返し波のように峡谷の最深部まで広がるのが想像できる。この騒音、この騒音すべては決して変わらない……痛む頭を傾ける。もう聞こえない。死んだ孤独な男から数歩のところで、打ちのめされて、目を大きく開いたまま寝る。

「立て！　第七中隊兵、立て！　一列で、私の後に、対壕だ」

天空が突然、より幅広く、より緩慢に、より人間的に高くなった。各弾道の鞭打つような音がはっきりと聞こえる。それぞれの爆発を他と区別できる。煙が頭上をかすめ、足もとを布が広がるように流れた。我々の顔が明かりで浮かび出た。

「急ごう、スエスム。後に続くよう注意してくれ」

「分かりました、中尉殿」とスエスムの声がした。

彼は叫ばなかったが、私には聞こえた。振り返ると、スエスムのそばにドリゾンもいて、まだ苦しそうに体をこわばらせ、顔がひきつっていた。

「グロンダンに会ったか?」とビロレが言っている。

我らが七五ミリ砲全部が、荒々しく速射の一斉射撃をしているのが分かった。砲撃はもっと進むだろう。撃っているのは七五ミリ砲だ。吸い込む空気でのどがヒリヒリする。黄褐色のいがらっぽい靄がズタズタのぼろ切れを引きずっているみたいだ。驚くほど青い空の一角から丘の斜面や、先のとがった樅の木が数本見えた。

「もっと早く……もっと早く……」

砲撃が長くなり、相前後して撃っていた。地上の戦線はその形と場所を取り戻している。我々はレ・ゼパルジュの対壕、稜線上の右から二番目の対壕六にいた。

「休止!」

我々は対壕六の端っこにいた。足下では、土塊の切れ端が泥に混じることなく散らばっていた。それは深く、スパッと切れて、黒こげになった断面を見せる切れ端だった。渦巻き状の有刺鉄線の間に、杭の切れ端から青い布のほつれまでが対壕に散らばっており、破片はいつも泥の上に冷たく嫌な明るさを放っていた。

最後の砲弾……静寂……最後の砲弾だったか?……寸時の沈黙をしてから、私は起き上がって、段状の階段を上らざるをえなかった。それは物理的な強制であり、一種の抵抗できない命令だった。

「前へ進め!」

すべての力は私の後ろにあった。前には何もなく、越えなければならない顕著な障害はなかった。私は、突然の拡大や、とてつもなく大きく純粋な未知の空間へ全身を沈潜させるようなものは、何も感じなかった。後ろを振り返ってみると、シコとビロレが後に続き、二人の伍長の前に先頭集団が見えた。彼らの肩の背後には、まだ塹壕にいた一群の男が銃剣の先で土を裂き、次から次へと、果てしないほど出てくるのが見えた。

「前へ進め! 前へ進め!」

わが砲兵隊はもう撃っていなかった。ドイツの銃も撃っていない。我々はねじれた鉄線を飛び越え、大砲で盛り上がった粘土のうねりにつまずいた。足を運ぶたびに、毒された土の激しい腐食性の臭いが鼻孔にまで上がってきた。

ここからはすべてが見える。第五中隊は我々の左側に出て、銃剣の光の下で登ってくる。我々の右側の長く無人だった荒れ地はひっくり返されているが、そこにまだ第六中隊は現れていなかった。

前方には、誰もいない。左手遠くでは、フロカールが無帽で、速歩で歩いていく。ノワレは、もう少し遠くで走っており、身をかがめると、稜線の向こう側に消えた。ドイツ人は一人もいない……どこにいるんだ?

左の方で銃声。機関銃のタタタという短い発射音。それだけだ。第五中隊は相変わらず出ている。

火坑六：壊れた、入り組んだ厚板、黒い土の上にバラバラになった青白い木の筋、粉々になった浮彫り装飾の馬、有刺鉄線に引っかけられている、焼けたシーツのぼろ切れなどがあった。深い静寂。恐るべき煙の一つが上がってくるのは、ここだ。

相変わらず誰もいない。機関銃が、左側で再び五、六発撃って、また静かになった。なおも前進し崩れ落ちる斜面を飛び越え、ドイツ軍の塹壕に出くわした——空っぽだ。

それは、昨日、我々を見下ろしていた最初の塹壕、そこからドイツ野郎が我々の頭上に満杯の淦汲《あかく》みの大柄杓で水を浴びせかけ、狙撃兵がロンジョ川の橋、谷間、小さな十字架めがけて撃ってきて、我々の胸墻にある銃眼の小さな黒い穴を狙い、ビュジョン、メニャン、ソリオなど多くを殺した塹壕なのだ……

我々は非常に高いところにいた。丘や草原、大きなヴワヴル平原、かつて行進した道路が見下ろせた。前よりは軽やかな空気を吸っていた。まるで我々自身を見下ろしているようだった。

「ああ！　仲間だ」

第六中隊の連中がやっと出てきた。私は杖代わりの箒の柄を振りながら、遠くの彼らに呼びかけた。今やわが部下たちは、この奇妙な攻撃、このあまりにも簡単な征服にびっくりして、笑っていた。彼らは通っていくとき、第六中隊の連中に叫んだ：

「銃を吊り紐にかけろ！　すぐにだ！　銃剣を宙に遊ばせていると、間抜けみたいだぞ！」

我らが大砲の猛爆撃下で味わった恐ろしい苦悩の時間、彼らはそれを忘れている。先ほど踏みつけてきたグロンダンの死体、彼らはそれを忘れている。また真っ赤な血を流していた最初の負傷兵、あの穴で、一日じゅう待っていたつらい時間も忘れていた……彼らは足下の非常に遠くまで広がって、ヴワヴル平原の薄紫色の果てにある、波打つ森の線の上を見渡すかぎり遠くまで眺めていた。そして、子供のように誇らしげに叫んでいた：

「大したことはなかったな。ドイツ野郎は大馬鹿野郎だったな！　こちらが上で、奴らが下だったら、この俺さまたちが奴らをばらしてやっただろうよ！」

　彼らは大きな漏斗孔の内壁の上を行ったり来たりして、崩れた塹壕の入口で、用心深くかがんで見た‥

「羽根布団だ！」と彼らは喚声をあげた。「悪党め！　ワインも！　割れていないボトルワインだ！　おい、まさかな！」

　彼らは鼻をふさぎながら、なお言う‥

「悪臭がするな、なかは！」

　そしてさらに、突然‥

「死骸だ！」

　死体があったが、すぐには分からなかった。私のすぐ近くのは、漏斗孔と塹壕の間の斜面に横たわっていた。穏やかに仰向けになっていた。褐色の小柄な男で、顎は固い毛で黒くなっていた。腕も脚も広げて、横たわっている。近づいてみると、瞼の間に青みがかった真珠色の強膜が見えた。手は皮がむけ、筋肉の暗赤色の糊状のものの上に細かい線で描かれたような青白い三本の腱があった。

「通して！　通してくれ！」

　漏斗孔の縁に負傷者が現れたが、フランス人だった。二人の男が彼の脇の下を支えていた。彼は背から下まで血が流れるままにしていた。おや！　ひょっとしたら……ノワレだった。私は彼の方にすっ飛んでいった。

「どうしたんだ、おい？」

「腿に、一発だ」と彼は言った。

　彼はまだ襲撃のせいで震えていた。そして、せわしそうに語った‥

「左側は、ひどく荒れたな！……何たる塹壕だ！　下の通路はまるで狭軌《きょうき》鉄道だ！　我々は酔いが回っていた……フロカールと俺は、顔面を銃撃され……フロカールは頭に一発だ。だがな……びっくり仰天だ！　重症かどうか分からんが、頭だからな……彼はひとりで下りたよ……俺も下りる……まあ幸運を、な」

　彼は、ついてきた二人の男に支えられながらかがんで、苦痛で顔をゆがめつつ、我らが昔の回廊の枠組みのはずれた下に滑り下りた。そこの、割れた厚板やねじれた鉄線、泥だらけの混沌としたなかを、空気不足と、重水《じゅうすい》のように澱《よど》んでいる血膿《ちうみ》と火薬の臭いに息を詰まらせながら、這っていかなければならなかった。

　ノワレが陰にこもってうめいているのが聞こえる。やがて彼は、苛立だった、うわの空の声で叫んだ。「もっと強く引っ張ってくれ！　もう脚を引き抜いてくれ！」やっと三人ともが現れ、対壕の野外の空の下に立っていた。

いい奴だ、ノワレは！　彼はまた振り向くと、手でサヨナラをした。それから笑って、腕をのばし、何かを示した‥

「あれを見ろ！」

　男たちが、外套のボタンをはずしたまま、武器なしで、我らが仲間の何人かに押しまくられて、走りながらやってきた。彼らは太い鉄鋲《てつびょう》の靴底の下で土塊を転がしながら、駆け下りてくる。

「止まれ！」とリーヴ大尉が叫んだ。

　彼らは立ちどまり、息を切らし、不安げに、フランス兵で一杯の漏斗孔を見つめている。何人かは微笑しようとし、何人かは泥のなかに坐っていた。バイエルンの第八中隊だ。

「下士官は？」とリーヴ大尉が訊いた。

　一人の中尉が一歩前へ出て、硬直してぎこちなく挨拶したが、その手はぎゅっと握りしめて、まるで盗まれやしないかと恐れるかのように、首からつり下げた双眼鏡に置いていた。大尉が話し、彼が答える。短い応答がぶつかり合う。

「ロシア人を倒したか？」「いいえ、まだです……」「ドイツはぐらついたか……」「全然！」「封鎖は……」「全然！」「行け……」

　彼ら全員が下りた。だが泣いている少年が残り、大きな瘤《こぶ》ができた額に絶えず無意識に手を当てていた。次いで、震える腕をあげ、突然恐怖で大きくなった目をして、繰り返した‥

「恐ろしい《シュレクリヒ》！　ああ！　恐ろしい《シュレクリヒ》！」

「志願兵か？」とリーヴ大尉が訊いた。

「そうです、大尉殿」

「学生か？」

「そうです、大尉殿」

「何歳だ？」

「一七歳半です」

「私は四八歳だ」

　彼はこの泣く子を見て、頭を振り、チョコレートをひと切れ割ると、少年兵に与えた。

「ありがとうございます、大尉殿」

「もう下りろ。さあ、下りるんだ」

　泣いていた少年兵はチョコレートをかじりながら、立ち去った。

　今は、みなが作業中だ。漏斗孔の南の縁に、土嚢を積み上げている。ひっくり返された粘土の斜面に階段を作っていた。柔らかい土は柔軟になっている。夜が近いので、みな急いでいた。

　空はまた灰色になってきた。すり鉢状の漏斗孔では、大声でしゃべり、ねばねばした内壁に列をなして張りつき、上がったり下りたりしていたが、男たちで満杯だった。黄昏がまもなく降る雨にぼかされたかのように、その縁にさびしく陰鬱に落ちかかっていた。ほどなく霧雨がひそやかに降りはじめ、同時に夜が忍び寄ってきた。

リーヴ大尉はなかにいる。ポルションとルビエールもなかの、どこかにいる。スクッス大尉、テリエ、モリーヌもいるはずだ。私のそばにきて坐ったのは工兵大尉だ。最初の日々から一緒だったフリックではない。顔見知りのピプランでもない。見知らぬ男で、かなり若く、インテリのような冷たい目に鼻眼鏡をかけていた。

彼が振り返ると同時に、空気が、遠くでかすかに震え、近づいてくると段々と大きくなる、穏やかだが、うなるような音で乱れた。彼は時計を見ながら言った︰

「ほぼ予想していた通りだ……五時一〇分前」

ヒューと鳴る音が彼の声を覆い、凄まじい突風となって襲いかかり、恐ろしいほど騒々しく砕けた。爆発の炎は見えなかった。煙が黒い煤となって、我々の少し上にあがった。

「フルミリエール・デルブヴィル［ドイツ軍の陣地の一つ］」と工兵大尉が言った。

また遠くで、鈍い発射始動装置のような音が聞こえ、次いで砲弾が、同じかすかな震えとともに飛んできて、加速してヒューと鳴り、一種の怒りのうなりをあげて、我々の上に落ちてきた。

さらに別の砲弾数発。そのたびに、地面が衝撃で動いている。他のすべてのものを支配するのは落ちてくる物体の重さの感覚だ。空はかすかな震えに満ちている。上の高いところでは、夜は湖のさざなみ立つ水面のように、さらさらと震えているようだ。時々、大尉が話した︰

「明るければ、あれが落ちるのが見えるんだが。まあ、明日は確実に見られるだろう」

あるいはまた、耳をそばだてて、我々の方に砲弾を飛ばしてくる発射音の鼓動がどこでしているかを特定しようとしていた。そして見つけたと思うと、穏やかな声で言った︰

「ヴァドンヴィル……ドンクール……ラ・フルミリエール……」

ただもうそんなことは成功しなかった。各砲弾がゆっくりと飛んで、凄まじい音で落下するまで時間がかかるのだ。しかしあまりに多いので、一晩中、砲弾の音がして、ざわめきや不平のあえぎ、哀れなメロディーの抑揚に貫かれ、鋭い風切り音で鞭打たれ、猛烈な轟音に痛めつけられるのだ。すべてを支配するのはそれなのだ。この大きな重荷が落下し、突っ込んで破裂し、粘土層を巨大な肉体のように震わせる……その下で、哀れな弱き肉体の我々とは何なのか？　今は、完全な夜だ。もう労働はない。もうお互いが見えない。我々全員なかにいるが、その間も霧雨は冷たく降り、あの重すぎる物体が落ちてきて、我々がへばりついている大地が震えていた。

夜の八時――相変わらず爆撃。静かだがたっぷりとした重みの、確信犯の重砲弾の砲撃だ……我々が対壕から顔を出してからは、一発の砲弾もない。ドイツ野郎の機関銃が左側を撃ち、漏斗孔の縁の土を跳ね飛ばしている。

九時――ドイツ人が爆撃しているのは一五〇ミリ砲からだ。漏斗孔に一発落ちた。爆弾は腹ばいになって滑り、その場にそのまま残り、爆発しなかった。誰かが懐中電灯で照らすと、銅で二重巻きした立派な青い砲弾だ。我々のように雨で濡れ、太鼓腹に雨滴が流れていた。

一〇時――我らが砲兵隊が撃たないのは、たぶん我々の進軍がどこに向かうか知らないからだ……撃たない方がいい……我々がいるところを知っているなら、撃つはずだ。

一一時――どうして、これだけの砲弾で我々の誰一人死ないなんてことが起こるのか？　砲弾は漏斗孔の後ろに落ちたが、以前なら、我々のすぐ近くなので、その爆風で吹っ飛ばされただろう。もう爆音しか聞こえなかったが、我々はそれで寝られなかったのだ。ほかの砲弾がもうすべて落ちていたなら、眠れたかもしれないが、それほど落下着弾のリズムは、向こうでする発射の軽い衝撃から、我々のいないどこかへ、凄まじい音で落下するまで単調だった。相変わらず雨が降っている。我々の体の下を粘土が流れはじめた。ちょっとうとうとしながら、移動しても、もう乾いた土の部分は見つからず、どこも泥水に奪われていた……漏斗孔でまだ誰も殺されていないことが、本当とは思えなかった。

少し後で――恐ろしい大音響。とげとげしく突き刺すような臭いで、喉と胸が引き裂かれそうだ。眠らねばならない……誰かが叫んでいた。湿気を帯びた暗闇を通して、何か柔らかいものが執拗に私の顔と手をかすめる。雪ではない……なんだ？　砲弾は相変わらず規則的に大量に落ちている。モンジルモンに〔電話で〕聞いてみる。答えない。谷間の反対側の、オー・ド・ムーズの線に聞いてみる。寝ているようだ。

少し後で――辺りは静かで穏やかだ。至るところ、オー・ド・ムーズからメッスの丘まで夜だ。私から遠くないところで、二人の男がしゃべっている。彼らは静かな部屋で、一つベッドの隣人のように、ひそひそと話していた。その一人が言った：

「あの軍曹は眉毛一つ動かさなかった。前線で激戦が続いているかぎり、彼は下の掩蔽壕に隠れていた……撃たれる危険がなくなると、静かにゆっくりと交通壕からあがっていった……そこへ五〇小隊の連中が、捕虜グループ、三、四人を追いまくりながら、やってきた。すると軍曹が言った。〝どこへ行くんだ？　恥を知れ！「逃げ出す」ためのトリックか！〟〝でも軍曹……〟〝もういい！　黙って静かにしろ！……上に戻って、持ち場について、絶対離れるな！　このドイツ野郎は任せろ！　俺が引き受ける！……〟それで大佐の掩蔽壕まで彼らを追いたてていき、中に押し込んで、大声で言った：〝大佐殿！　第一号の捕虜です！……〟〝よし、よくやったな〟と大佐が言った。〝お前の名は？〟軍曹は名前と中隊名などすべてを、最敬礼で、儀式風に踵をカチッと言わせて申し立てた。〝よし、覚えておこう〟軍曹は去って、外に出て、尻を榴散弾の一発にさらして、弾痕の穴に手を当てて、マルセイユまでずらかった〔あの世へ行った〕……戦功章を受けるらしいよ」

もう一人は何も答えなかった。喉を小刻みにギクシャクさせて、ごく低く笑うのが聞こえるだけだった。

夜は段々と広がった。二度続けて、迫撃砲弾が左側でしゃがれた音で吠えた。もう雨が降っているとは言えない。空気は湿って、地面が緩んでいる。誰か眠っている男の大鼾《いびき》が聞こえた。

二月一八日

またドイツの爆撃が始まったのは六時になるかならないかだった。昨日（何の意味があるんだ、昨日なんて？）、暗闇のなか雨が降り、我々が半ば寝ていたときは、何でもなかった。夕べの薄明かりも朝のあけぼのも、同じ青白いが凍えた灰色だった。青みがかった顔の男たちが、動物姿の亡霊か、虫けらが這いまわる、ねばつく内壁に面して、ぼんやりした動作でうごめいていた。

工兵大尉はもういない。彼が「明るければ、あれが落ちるのが見えるんだが。まあ、明日は確実に見られるだろう」と言っていたのを思い出した。彼の言う通りだった。確かに見ることができた。砲弾は、死んだ鳥のように、空の高みの口ばしから、黒い先の尖った小物体となって突き刺さってくる。それが落ちると、地面からあの大量の土と煙を雷鳴のような響きで吹き上がらせ、あの石と炎を吐きださせるとは、とても思えなかった。

対壕の入口には、二つの死体があった。棺の厚板の暗闇からはみ出た赤ズボンの脚が見える。この脚が動かないことに騙されてはならない。負傷者もいて、腹ばいになって身を引きずり、我らが前の射撃場塹壕の方に全力で身をのばしてくる。彼の近くには、輝く金属片、古い缶詰、ねじれた爆弾の破片などがあった。

砲弾は昨夜よりも重い。地の震えは、砲弾が落ちると、より広がって、我らが体にのしかかってくる。陽が高くなると、雲が、黒く黄褐色の煙の上で薄い靄となって消えた。大気が隠れた太陽の下でブロンド色になるときがある。ただ再び、凍てついてこわばってくる。

猛爆撃で解き放たれた二発の砲弾。我々に対する砲弾、我々を狙った砲弾だ……ただ我々が知らなかっただけだ。より短い飛行、突然止まった風切り音、次いで、我々の横っ面を引っぱたく爆風、鼓膜が破れそうだが、あらゆる石や土塊、あらゆる形をなさない破片が、すでに遠くなった爆発音を残しながら、固く重くなって落下してきた。

また頭の上だ。もう立って、周囲を見渡すこともできない。漏斗孔の同じ側、南の方の地面に張りついていなければならない。反対側の地面はむき出しで、黒いか、錆びついた大理石模様の革、押しつぶされたシーツのぼろ切れ、覆いから出た古い水筒、ピクリン酸色の水たまりがあるだけだ。我々の側は、雑然とした、動く厚い塊り、泥で膨らんだ男たちの重なりだ。

這っている負傷兵の近くに砲弾。彼は煙のなかに消えた。死んだのだ。

滑ったばかりの私の手の下で、何か弾力があって冷たく、少し粘つくものが転がってきた。はじめて実際の人間の肉を近くで見た。「それが生身の肉の一部だ」と分からなければ、何にもそうとは認められないだろう。その場から動かず、何か別の切れ端を見つけようとした。たくさんあり、思っていたよりもはるかに多かった。

漏斗孔に一発の砲弾。我らが狙撃兵メマッスはグロンダンのように首を吹っ飛ばされた。ポルションの従卒ヴェルシュランもやられたと思う。

漏斗孔縁の後ろに二発一緒に着弾。地面は爆発前よりも我々を押し上げていた。恐らく三〇五ミリ砲の大きな徹甲弾〔装甲を貫通する砲弾〕に違いない。

射撃場塹壕の向こうの、下の斜面に落ちたのだ。以前は、我らが待避壕は死角になっていると言っていた。板とタールを塗った厚紙、藁で覆われていた……ただその全部に人間がいたのだ。

砲弾は至るところ、すぐ下の保護区、モンジルモン、村、ボワ＝オーに落ちた。緑色の煙を出す大きな時限弾がメニル街道で鳴り響いていた。

さっきの負傷兵は死んでいなかった。まだ生きている彼という全存在を賭けた同じ執拗さと、同じ断固たる切迫感をもって、また這って歩みはじめたのだ。もうフランスの塹壕の僅か二メートルのところに来ていた。だが誰も助けようと出て行かなかった。

頭上で緊張が解けるとすぐ、私は昨夜のミステリーが分かってほっとした。顔をかすめた、あの綿毛のようなものは、ドイツ野郎の塹壕に埋もれていた羽根布団の羽根だったのだ。

わが砲兵隊は撃っていなかった。誰もがそう言い、苛立ち、それしか考えなかった。撃ってくれ！　あの大砲、我々にとって、あまりに詰まった密度で、あまりにやかましく、あまりに恐ろしい、あの無数の大砲を黙らせてくれ！　わが砲兵隊が撃てば、ほとんどそれで終わりだろう……

負傷兵がフランスの塹壕に倒れ込んできた。何人かが立って、彼に手を差しのべるのが見えた。そこにも、ドイツの砲弾を食らった兵士たちがいた。砲弾はほしいままどこにでも落ちる。だから、それが殺すのはほぼ当然なのだ。

「昨夜、あれほど浪費したのはむだだったな！　我らが弾薬庫はすべて空っぽだ……愚かなことだった」

一台の機関銃が撃ちはじめ、次いで二台目が続いた。頭上を銃弾が飛ぶのが聞こえる。漏斗孔の縁は左手で大きくえぐられている。誰かが這っていき、えぐられた所に力いっぱい土嚢を投げた。

「あいつらは一晩でメッスの大砲を全部持ってきたんだ……」

多すぎる。巨砲弾が頭上を滑ってきたがあまりに重いので、飛んでくるだけで我々は泥の地面にへばりついた。心臓はとまり、ただ待った。爆発。家が崩壊し、大きな屋根や壁面が折り重なって崩れ落ちた。相変わらず砲弾が爆発し、相変わらず崩壊し、際限がない。確実に三〇五ミリ砲だった。

機関銃弾は相変わらず、小さな乾いた、執拗な衝撃音で土嚢をタタタと撃っていた。土嚢が揺れ、突然斜面を転がり落ちるのが見えた。先ほどと同じ男がそれを拾って、頭上で次から次へと元に戻した。

ああ！　撃ってくれ！　反撃してくれ！

「馬鹿にしているぞ！」

「見捨てられたか……」

我々は体を寄せ合っていたが、言葉が怒りや恐れ、不安の泡となって絶えず浮かんできた。誰の顔も見えず、誰とも見分けがつかず、誰もが自分に対してみんなの不安と怒りが一緒になって高まり、向けられてくるのを感じた。それが我々みなにしみ込んできて、もう離れなかった。それどころか、それはドイツ軍の砲弾が落ちても、わが軍の大砲が沈黙しているのにつれて大きくなった。哀れな人間、その下にいるたった一人の人間の力で、それをどうしたら避けられるのか？

一〇〇〇発の砲弾、我慢する。二〇〇〇発の砲弾、我慢する。一万発は……投げやりになるのは当然だ。砲弾が相変わらず落ちても、ドイツの砲弾、メッスの全大砲の砲弾だけで、ヴエルダンの大砲、昨日は聞いた大砲すべてが沈黙し、我々を見捨てて、助けに来るのを拒んでいるのだ。

機関銃がまた土嚢の上で撃ちはじめた。乾いた規則的な、精確で忍耐強い小さな同じ銃撃音だ。土嚢がまた揺れて、斜面をよたよたと滑り落ちるのが見えた。例の男はもう拾わない。昨晩のように、漏斗孔の縁では、土がはね飛んでいた。一部の男たちが、先ほどよりは低いところに集まり、まるくなっていた。

もういい！　もういい！　ほかにできる手段が何もないのか？　大砲には大砲だ！　我々を撃っている大砲、大砲は我々を撃っているだけではないんだ！

前線の全宿営地には兵士、ジャガイモの皮をむいている炊飯兵、エステルのピカピカしたカウンターでタバコを買っている男たちがいるのだ。

ティリアン大佐が砲兵隊を出さないのは、レ・ゼパルジュの稜線を守ることにあまり執着していないからだ。

ああ！　もういい！

もうどうしようもない。我々は見放されたのだ。もう数時間続くと、敵の歩兵が素手で棍棒を持ってやってくるかもしれない……私がティリアン大佐の立場ならば、すぐにも砲兵隊を出すが、それはレ・ゼパルジュだけでなく、私のいる漏斗孔七の哀れな連中を守るためだ。

機関銃は段々と速く撃っている。位置を変え、接近していた。その銃弾が弾ける弾帯をたわめ、漏斗孔ではね飛び、ぶつかっているようだ。一部の男たちがまた下りていた。

誰もがそこにいた。意気消沈したわが仲間たちからはもう言葉が上がってこない。砲弾が極めて強烈に爆発していた。くうくうと鳴る魚雷のような砲弾が回転し、まるで場所を選ぶかのように、ゆっくりと止まり、雷のように全力で激しく、あらん限り大きな穴を開けていた。時おり、誰かが中腰で立って、こわばった両腕を支えにして、地面の上に、何か我々が期待するものとは別のものを見ようとした。

我々全員が今夜そうなるだろうと思っていた。真夜中に、二人の兵士が、同室者の暗黙の沈黙のなかで、小声で話しはじめた……すぐにそうなってほしいな！　どんな風に終わってでもな！……戻ってくる者はティリアン大佐、軍団将軍に「友軍の大砲が撃っていたなら、こんなことにはならなかったでしょう」と言うかもしれない。

現在は、砲弾や爆弾、空雷〔魚雷型爆弾〕、機関銃が飛び交うにもかかわらず、絶えず誰か一人が立っている。ここでも、向こうでも、誰かが立って見ている。私自身も彼らが立つ気持ちを感じとっていた。やがて私も彼らのように立とう。

我々が期待することはきっと起こるだろう。一〇分後か数秒後に……どこかで叫び声が聞こえる。左側か？　そう、左側だ……

銃撃。また叫喚だ。綿を詰めて叩きつけたような爆発、その聞いたこともないような音に面喰らって、我々は怯えた。漏斗孔では、三〇人ばかりが立っている……彼らは外に出て見たかったが、下りて、穴の最深部に滑り込んだ。

立っていた者みながぶつかり合い、よろけ、大きく口を開けて、叫んでいた。何人かは跪《ひざまず》いて、斜面をよじ登ろうとした。だが粘つく粘土の上を滑り、また落ちた。突然、青い外套の一線が漏斗孔の天辺に浮かび上がった。別の叫び声が我々の顔にあたり、体がぶつかり合い、我々の上をころがり、壊れた厚板が乱雑に散らばったところまで我々を引きずっていった。

「そこにいろ！　じっとしていろ！」

「彼らが来たぞ！」

「第五中隊は退却したんだ！」

「じっとしていろ！」

「包囲されたんだ！」

「じっとしていろ、畜生！」

弾丸が小さな黒く濃い塊りとなって青白い空を飛んでいく。そして次々と土塊をはね返し、火花をほとばしらせて爆発した。誰かが、「手榴弾だ！　奴らが上で奪った我々の手榴弾を投げているぞ！」と叫んだ。

閃光のなかで、シャブルディエ軍曹が背に一発喰らうのが見えた。彼は前につんのめり、口を大きく開けていた。何か叫んだはずだが、聞き取れなかった。手榴弾はもっと下にまで転がった。

あれはなんだ？　緑色がかった奇妙な鬼火が泥の上で踊り、ぴょんぴょん飛びはねていた。男たちがその前で怯え、焼かれ、やられてしまった。

「爆発するぞ！　対抗坑道〔敵の坑道を破壊阻止するための坑道〕へ！」

「そこにいろ！」

「前へ進め！」

爆薬が輝き、落ち、吠えとどろいた。別の手榴弾がクルクルと火花を散らして飛んでくる。リーヴ大尉は姿勢を高くして、立っている。例の指揮棒を手にして、腕を広げ、男たちを力いっぱい押していた…

「前へ進め！　前へ進め！」

私も叫んだ。ビュトレルが私の前を通り、軽々と急な斜面を登っていく。シコは私の横にいた。我々は助け合いながら一緒に斜面をよじ登った。

「あっ！……撃て！」

ドイツ兵が突如、数歩先の地平線上に現れた。ただ一人で、モーゼル銃を握りしめて、彼は土砂を大股で飛び越えて前進したが、目を据え、一種の快感で顔を引きつらせていた。ビュトレルが撃ち、私も撃った。シコも撃ったはずだ。ドイツ兵が獣のような叫び声をあげ、銃を放して両手を腹に当て、大きく揺らいだ。

「撃て！」

ビュトレルは肩では支えなかった。銃床を腰にあてて支え、撃って撃った。シコは立って、素早い動作で銃をあげ、肩をせばめ漏斗孔では、相変わらず叫んでいる。誰も上がって、我々と合流しない。上で撃っているのは我々三人だ……空地の後ろで、ドイツ野郎が土を掘り、這ってくる音が聞こえた。一発の銃声。ビュトレルがぐらついた。

「何でもない、俺の背嚢のなかだ」と彼は言った。

もう一発が弾けた。シコがうめき、腕を広げて倒れた。我々、ビュトレルと私は腹ばいになった。我々はシコを外套で引っ張った。彼はもううめきもしなかった。重い。

「もう少し強く、ビュトレル」

シコの体が静かに滑りはじめた。我々と一緒に漏斗孔に転がらないよう押さえていなければならない。

「運ぼう……脚をつかんでくれ」

手榴弾は相変わらず火がついて燃え、爆発し、スズメバチがぶんぶんと飛ぶような音で空気をつんざいている……漏斗孔はほとんど空っぽだ。最後に残った兵たちが対壕の入口にひしめき、暗い厚板の庇の下に肩幅いっぱいにもぐりこんでいた。

「さあ、通してくれ！」

シコが半ば目を開けたところだ。彼は弱々しく喘《あえ》いで、嘆きもしない。蠟色の斑点が頰に広がり、顔全体を覆った。鼻は何かに挟まれていた。彼はまた目を閉じた。

「通してくれ、おい、お前たち！」

入り組んだ梁《はり》の下に残っていた者がいた。打ちのめされ、呆然として、彼らは泥のなかに横たわり、張り出した厚板にしがみついていた。暗闇のなかで、彼らを押しのけた。シコは相変わらず同じかすかな喘ぎをしていた。彼は重い、本当に重い……

「ここで、負傷者か？」

あの声は……おお！　あの好青年たちだ！　明かりで、息の詰まるような〔坑道の〕枠組みの端に、私はバンブルとノッポのサンカンがいるのに気づいた。上がってきたのだ、彼らは！　そして他の多くが避けていたものの前に駆け寄ってきた……掩蔽壕に残って、出てきて、上にあがることができるとは……

「そうだ、ここで負傷者だ」

彼らは我々の前へ這ってきて、我々を助け、押しつぶされた暗いトンネルから瀕死者を引きだしてくれた。そして膝まで泥につかり、相変わらず喘ぎ苦しむ男の重みに泥のなかに沈みながらも、対壕の曲がり角から曲がり角へと遠くへ連れ去ってくれた。我々には姿が見えなくなってからもシコの喘ぎが耳に残ったが。

静かだ。砲弾は頭上を通過し、向こうのモンジルモン、もっと遠くのユールの山腹に達しようとする。漏斗孔は急斜面で我々を見下ろしているが、あまりに近いので、地面の各部分が異なって見え、それぞれの焼け跡や衝突跡、あらゆる損傷部分、あらゆる汚点、あらゆる傷痕、我々が逃走後に残したはっきりと見えるあらゆる残留物が見分けられた。

あらゆる死体も……メマッスのもあった。恐らくだが、もう頭がないから彼のだろう。トランソンのもあって、顔がこちらを向いていた。布地の札に赤い斑点がついている背嚢、銃剣付きの銃数丁、ほかに壊れ、ねじれたもの若干、泥に貼りついた数枚の紙、同じシーツのぼろ切れ、覆いのない同じ古い水筒、同じピクリン酸色の水たまりなどがあった。

「伏せろ！」

銃声は聞こえなかったのに、弾丸が粘土を撃ってきた。漏斗孔の縁の土嚢が動き、積み重なっているのが見え、その隙間に暗青色の銃身が入りこんでいた。

相手方は理路整然と撃ってきて、正確に狙っていた。

我々の真ん中にいたトゥルバが陰にこもった叫び声をあげ、右手で袖に血をにじませた左腕を握りしめた。

「伏せろ！……このままではだめだ！」

「反撃しろ！……撃て！」

「撃てないぞ！」

「漏斗孔には仲間がいるんだ！」

その通りだった。恐らく負傷者か、満員の対壕にもぐりこめず、もういまとなっては銃の死の脅威に身をさらす勇気もない逃げ遅れた者がいたのだ。

「ジェルボがいるぞ」

そう、ジェルボだ。彼は土嚢の真下に坐っていた。その位置では、彼はドイツ野郎から見えない。彼らが塹壕の後ろでしゃべっているのが聞こえる。

「コンパンがいる……少なくとも、そう思うが……」

どうやら彼のようだ。彼には、あの黒い蠟引き布地のケピ帽カバー（日蔽い）が見られなかった。彼は泥に全身を投げだして腹ばいになっている。頭の後ろに、その大きなバラ色の耳が見える。

「おお！　ジェルボが……」

「あいつは気でも狂ったか！」

ジェルボは突然立ち上がった。彼は、昨晩、我々がつくっておいた踏み段をよじ登りはじめた。どこへ行くんだ？　何をするつもりだ？　降伏か？……長くはかからなかった。彼は突如土嚢の前に現れた。銃声が指ではじいたように、かぼそく、乾いた音で弾けると、ジェルボが大きく腕を広げながら、仰向けに倒れた。

「下へ！　旧塹壕のなかへ！……これは命令だ」

自転車伝令が我々のなかに突如現れ、肩で荒々しく押して席を占め、前へ出た。怒っているようだが、触れ役のように怒鳴った。

「下へ！　やり直しだ！　二、三時間もすれば元に戻る……みんな下へ！」

リーヴ大尉が彼を黙らせた。疲れ果ててあきらめたような兵士の群れが羊のように黙々として、果てしなき対壕を下りていった。大きな溝でしかない場所や、砲弾でふさがれた別な場所もあった。男たちは同じような動きで横になり、腹ばいになって泥を両手で落としながら這っていたが、他方、漏斗孔から撃たれた猛烈な銃弾が彼らを追ってきて、周りの泥をはね飛ばした。混乱した歩み、陰鬱な沈黙のなかの下降で、押しつぶした泥の音か、時々執拗にピューと風切り音が鳴る銃弾の音だけが響いていた。

「止まれ！……ここだ！　止まれ！　さあ、そのあたりで止まるんだ！　ポルション！　交通壕の入口へ走ってくれ！　拳銃持って！　誰も通すな！」

射撃場塹壕へ入るとすぐ、男たちが左右にジグザグに進んでいた。何人かはすでに遠くへ、走りだした。

「あいつらを止めろ！　あいつらを止めるんだ！」

彼らは出会いがしらに出てきた体にぶつかった。だが曲がりなりにも、塹壕全体を埋めつくしていた、泥だらけの群れになんとか溶け込んでいった。そのうち何人かは見分けがついた。だがこの連中もそのことを知らなかった。

正午だ。この瞬間、なぜ自分の時計を見たのかと思った。こんなに時間がたっているとは思わなかったからだ。

太陽は頭上にあった。束の間の安らぎだ……塹壕に穴を見つけたが、砲弾による漏斗孔はほぼ至る所にあった。待っている間、そこにもぐっていた。

セネシャル少佐がいたが、何も言わなかった。その近くにいるリーヴ大尉も、相変わらず夢想にふけった暗い顔つきで、パイプをふかしているポルションも、何も言わなかった。

「ジュヌヴォワ！」

「少佐殿？」

「下へ行ってくれないか？　待避壕を一つずつ、特に一番遠くの、離れたところの、放棄された塹壕を〝調べて〟くれ……」

ああ！　そんなことは嬉しくもない……

「とても疲れています、少佐殿」

「我々はバラのように新鮮ではなかったのかね？……」

私は下りた。一番崩れが少ないという対壕六からだ。トゥルバが赤い汗まみれの顔で、出血した腕を振りながら私の前を行く。興奮して震え声で、彼はほとんど声を限りに叫んでいた‥

「ねえ、中尉殿！　〔戦争で〕肝臓のない奴だっていますよ！　わしは腕に〔傷が〕一つありますがね、わしには！」

「よかったな、トゥルバ。軽傷だったな」

彼は笑いだした‥

「はい、少しだけで！　軍隊、後方、病気休暇……そして戦争終結。それがいつかは、分かりませんがね……」

彼は私の横にいて、息を切らし、相変わらず叫ぶような声で話すので、行きかう男たちを振り向かせた。

「おや！　三〇一歩兵連隊のものもある！　ここにはなんだってあるんだ！　とにかく必要なものがあるのは、本当だ。後ろの塹壕には、誰かがドイツ野郎にやられている間、くつろいでおれる〔ワイン〕貯蔵室まである……」

泥に横たわっている兵士たちが彼の方によどんだ、疲れた目をあげた。だが彼に答えようともしなかった。そのうちの一人だけが、寂しげに微笑して、私に頭で二つの折り重なった死体を合図して見せた。

「腕に傷があるんだ！　上で一発食らった！　だがいつか……」とトゥルバは相変わらず大声で言っていた。

彼は立ちどまって、仕切り壁に健康な方の肩をもたせかけて、支離滅裂な言葉を口にしてどもり、段々と赤くなって、目は不安げに熱っぽく輝いていた。

「それじゃあ、ちょっとそこにいてくれ。少し休め。お前には時間があるから……」

「はい、中尉殿……お好きなように……ああ！　喉が渇いた！」

「下で……下で何か飲み物をくれるだろう」

「はい……はい……ありがとうございます、中尉殿」

第六交通壕から下りるため、私は塹壕を離れた。もう漏斗孔はずっと遠くなった！　私はひとりだ！　一〇メートルほど先から、交通壕が私の横で、ほとんど無傷の古い内壁と、つるつるで、押し固められて、堅固で安全な泥の断面を見せて、立ち上がっていた。もし泥だらけの靴に落ちかかったゲートルが土塊で重くなっていなかったら、私はなんとか走れただろう。だがご用心……漏斗孔は崩れ落ちた溝の縁で相接している。もう一度這わなくてはならない。さらに用心だ……この重い靴でなくても、走ることはできないだろう。漏斗孔が重なり合って、混ざっているのだ。交通壕にはもう内壁はない。あの向こうで、曲がり角だ……

私はもっとよく見るために立ちどまった。仰向けに横たわった男が、すでに泥にほとんど埋まっている、別な男の腰に頭をのせていた。三人目は跪いていたが、この二人の男同様に動かなかった。死んでいたのだ。彼らのうち、二人は、たぶん数分前に、だと思う。

　私は、崩壊した交通壕がこの場で縦射されたものと理解した。下にいた男は昨日か昨夜、砲弾で殺されたんだ。後の者は漏斗孔の天辺で待ち伏せしていたドイツ人狙撃兵に殺されたばかりで、我々の目の前でジェルボを殺し、対壕の上部でトゥルバを傷つけたのと同じ連中だ。私は……やはり回って見なくてはならない。対壕七と、あとの二つのうち、対壕四か五の方へ遡《さかのぼ》って行くことになるのは分かっている。だがもうそれさえも考えたくなかった。遠すぎるし、私はひどく疲れていた。泥に束縛されて足が重すぎる……それでも走って、死者を飛び越えていこう。

　もう少し近づいて、足を踏み入れる場所を探さなければならない。ここは、突如現れた編条〔戦場で護岸、堀構築などに用いる簀の子、柵のようなもの〕の上だ。もう少し先は、仰向けに寝転んだ男の脇腹だ……その手を押しつぶさないよう、できるだけ注意して。おお！……動いたぞ、その手が！　男は顔をあげ、じっと私を見つめた。

　私は這いながら、あの危険な漏斗孔をちらっと見て、近づいた。土嚢は見えない。また這った。生きていた男の目はいまや私の目のすぐ近くだ。

彼は話そうとし、もごもごいう声音で口ごもり、私を見つめ、見つめ続けた。

「どこでやられた？」

　彼は頭を振った。

「我慢しろ……まあ、私が下りて……担架兵を呼んでこよう」

　もう一度彼の頭が右、左と揺れた。いや、そうではない。彼の手が弱々しく上がった。眼差しはじっと見つめ、理解してもらえないもどかしさを悲しみ、ほとんど耐え難いものになった。

「……で……や……ら……れた……」

　こんなことがありうるのか？　彼の言いたいのはそれだけなのか？

「私は何を注意するのか？　私が殺されることか？」

　眼差しはやわらぎ、明るくなった。瞼がそう言っており、あとは頭が動くこともなかった。

　彼の名前も知らず……訊きもしなかった……脊髄に銃弾を受けたに違いない。だからそのまま、麻痺して口も聞けなくなったのだ。二人の死者が証人だ。

　ゆっくりと、苦労してだが、なんとか彼の体と仕切り壁の間に滑り込んだ。ドイツ野郎は私に気づいたはずだが、かなり上を撃っていた。

私はわが旧待避壕まで下りた。かつての予備役の待避壕まで、時にはもっと遠くの、わが最初の宿営地への道まで辿って、今日行くかもしれない村の方に至る小径の果てに来ると、まるで遠い国にきたかのようだった。

しかしながら、砲弾は、上の高地で撃ったように、ここにも撃ってきた。ほとんど同じだ。絶えず重く響く爆発にぶつかって、固まった粘土の盛り上がったうねりにつまずいた……ここでもまた、雨が一層流れるように降った。ねばねばした泥も流れ、私の重い靴に付着し、動きにくくなって、執拗に脚を締めつけてきた。そこで、ポケットから木製ナイフを取り出して、昔のようにこの黄色くねっとりした泥のモルタルを削りおとせば、ほぼ取れた。

自分がしようとすることが分かっているのか？　吠え叫ぶことではない、ああ！　そうではない……これからひょっとしたら、出会うかもしれない哀れな連中を自分の前から追い払うことでもない。ともかく救護所へ下りていって、シコに会うことにしよう。

誰もいなかった。ただ入っても無駄ではなく、小柄なシルウエがシャツ姿で、敷居口から数歩のところで、私を呼びとめた。

「誰もいないよ」と彼は言った。「重症者はまだ下りていない。一人に二時間かかるからね。歩ける者はすぐメニルに急いでいった。ドイツ野郎が一〇五時限弾で上を撃ってきた。ここからは道路の溝沿いに殺された者が見える」

「で、シコは？」

「どこにいるかは知っている……わしは担架を運ぶほど元気じゃない……だができる限り世話しているよ」

「分かった、シルウエ……で、シコは？」

「彼もやられた。モリソと一緒に小さな工兵隊待避壕にいる」

道具類と板でふさがった部屋の片隅の担架に横たわったシコは、目を大きく開いたままだった。そこにあった蠟燭の明かりで見ると、目は相変わらず生きていたにしても、血の気の失せた顔は死人のようだった。彼は私を見て、私と分かっても何も言わなかったが、自分が死ぬことを確信しているのか、静かに大粒の涙を流して泣いた。

「またな、シコ……今夜はヴェルダンの病院へ入院だ……あそこならいい……いい医者がいるからな……」

彼のすでに輝きを失った目から、涙が流れた。涙が輝き浮かんでくるなかで、瞳はもはや、死ぬという確信と悲しみの最後の明かりだけで光っていた。

「さよなら、シコ……」

この小さな待避壕から出て、もうあの横たわった体、あの若い力、あの素朴な善意、シコという存在のすべてを思い出してはならなかった。この存在は漏斗孔七の縁で一発の銃弾がかぼそく弾けてから、緩慢な死を迎えていたのだ。

医師補のモリソが後についてきた。

「第五中隊はよく守った」と彼は言った。「ああ！　わが大砲が撃っていたらな！……イルシュは戻らなかったし、ミュレールも。ジャノは連れ戻された」

「ジャノがなんだって？」

「重症だ。きわめて……戦功十字章に推薦された。つまり……」

「で、イルシュは！　ミュレールは！」

「行方不明、言っただろう……分からないのか？」

「いや、分かるが……またな、モリソ」

ゆっくりと、ねばつく深い泥のなかを、私はもと来た道を遡った。誰も見つからなかったので、誰も連れ戻さなかった。私は上でほかの者に伝えることを何も聞かなかった。ジャノ、イルシュ、ミュレール、三人ともが……いまは、どこでも状況を知らなくてはならない。私自身、何を知っているのか？第六交通壕の曲がり角で、何を見ようというのか？

彼らは我々がまもなく反撃するのは本当かどうか、また何時に、なぜまた我々なのかと訊くだろう……私は何も答えられない。何も知らないのだ。また知りたくもない。

だがやはり、知っておくことだ。一分もしないうちに、交通壕の曲がり角に着き、知ることになる。

遠くから、彼らがみな集まって、じっとしているのが見える。誰かが移動させたのか？　あの死んでいなかった男は、私のいない間に動くことができたのか？　この群れはもう同じようには見えない。跪いた男の近くに、何か、さっきはそこになかったようなものが現れていた……もう一つの人間の形が、同じく跪いて、額を仕切り壁にもたせかけていた。

顔に広がり出た血の下で、すぐには誰か分からなかった。弾丸が右のこめかみの上を貫いていた。脳みそが穴からはみ出て、大きな膨れとなり、動脈のように鼓動していた。彼は喘ぎ、喘ぎ、喘ぐたびに、赤く長い唾の網が口髭の下で震え広がっていた。「軍隊……後方……病気休暇……」わが哀れなるトゥルバだった。

もう一人は動かなかった。ほとんど同時に重なって倒れたこの三人目の死者の近くで、トゥルバはあまりに穏やかで恐ろしい、同じ青い眼差しをとどめていた。ただし、間をおいて、彼は首を引っ込めては、諦めたように、単調に軽く首をねじるような仕草をしていた。私は彼に、担架兵がまもなく来るだろうと言った。はずみをつけるため、私は二、三歩後退して、跳んだ。

後でまず私が考えたのは、自分自身のことだ。長らく、私はあの粘土を撃つ銃弾の激しくこすれる音を聞き続けていた。

銃弾は私を待っていたのだ。アパッチの短剣のように放たれて、無数に飛んできた。ただ、ばかげているほど的外れだった……決して、決して、決して私は二度とそこを通らないだろう。

モンジルモンの七五ミリ砲が尖峰の真上に二度の一斉射撃を激しく撃ったところだ。今頃、彼らはどうしたんだ？　少なくとも四時間遅すぎる。

同じ砲弾の穴、同じ焼けた地面のくぼみのなかで、わが部下たちは待ち続けていた。彼らとともに、セネシャル少佐、リーヴとスクッス、ポルション、ルビエール、テリエ、モリーヌなどみなに再会した。彼らは何も訊かなかった。ただ待っていたのだ。

私は彼らの近くに坐った。時々、彼らはゆっくりとした、疲れた声で話していた。切れ切れの言葉からすべてが分かったが、それに問いかけることもしなかった。以下が、私の聞き知ったことである：

我々が稜線を離れたことを知ると、ティリアン大佐は激怒して、わが方の大佐に電話してきた。「我々の過《あやま》ちで、すべてが失敗した。こうなったからには、その日のうちに〝修復〟しよう。まずは昨日のように、予備攻撃だ。同じようにできるかどうかは保証できない……同じ目標で攻撃に進発するが、今度は、目標に達したら何が何でもこれを守るという断固たる決意をもってだ……襲撃の正確な時間は〝後の〟電話で知らせる」

命令が伝えられても、兵たちは何も言わなかったようだ。何も言わずに、受け入れたのだ。ポルションが小声で私にそう言った。そう信ずるには、くぼみに坐って、古いパンの皮とコーンビーフの切れ端を嚙みながら、諦めて待っている彼らを見るだけで十分だった。

先ほどならば、私はこの尊大ぶった諦めを信じなかっただろう。彼らをいま見ると、それがなぜか分からない。彼らが地面のくぼみに集まって身を寄せ合っているのが見えるが、それはもはやすでに傷ついた一体の塊り、グロンダンやトランソン、メマッス、トゥルバ、その他大勢のように、すでに明白に身体を損傷されて血を流す大きな一体の塊りでしかなかった。彼らの死は見なかったが、私はその残された場所がうつろで、彼らがいなくなってから穴がポカンと空いたままであると感じていたのである。

彼ら、兵たちは放心して、七五ミリ砲を轟《とどろ》くがまま、なおざりにして、振り向きもしなかった。彼らは、自らに宿る深い力、そこにいる我々の力と不思議なほど混じり合った、これら人間すべての力にたのんで、ゆっくりと食べていた。私はその力を疑わなかったが、私には同じようにできなかった。ただ、いまはそれを予感している。それが悲壮にして大いなる尊厳さで、私にも立ち現れるのだ。あの兵たちのかがめた肩、あの横に曲げたうなじ、あの惨めな食べ物を憂鬱そうにかみ砕いている顎を通して、私は我々の力の真の顔、その迫真的な生命力を垣間見たのだ。

何ものも彼らを動じさせない。絶えず届く命令も、延期も、繰り返される曖昧な情報も。我々は二時半に、次いで三時に、次いで四時に上に登る。我々が第一波で、次いで一一中隊の後に第二波だろう……彼らは泥の穴倉に落ち着き、「身なりを整え」、さっき私がしたように、脚から泥を削りおとして待ち続ける。

イルシュは塹壕の外で拳銃を手にしているのが見られていた。彼が倒れるのを誰かが見ていた。ミュレールはドイツ野郎の真ん中で戦っているのが見られていたが、連れ去られた。たぶんやはり殺されただろうが、彼は一度だけ、ソムディユで、「彼らは俺を生け捕りにはできないだろう」と言っていたのに……ジャノは死ぬだろう。負傷した彼を見た者は彼が死ぬものと確信していた。ヴェルヴェストは自分が捕まったと分かると、サーベルと拳銃を投げだした。それも見られていた……すべてが見られているのだ。各人が他の者と一緒に戦っていた。我々が行なったあらゆる動作行為は誰かが見ており、今はみんなが知っているのだ……ジェルボはわざと殺されたか、狂ったのだ。

我々はほとんど話さなかった。だが聞こえる言葉はすべて小さな情報の明かりだ。ただ我々の最近の過去については明かりが大きくなり、すべてを照らし、我々が今どうあるか、かつてはどうあったかをそのまま見せてくれる。

我々は仲間に死者が出たにもかかわらず、悲観してはいなかった。だが我々は第五中隊の三人の友を愛していた。「ジャノ、イルシュ、ミュレール」、三人一組で一つの名、我々はいつも一緒に呼んでいた……

我々の兵隊暮しはそうしたものであり、次の攻撃もあれば、パヌションの怪我もある。これは仲間の言葉から突然知ったことだ。彼は脚に榴散弾を食らい、膝を打ち砕かれたのだ。そう……どんなに多くのことを思い出し、パヌションは私と会うこともなく、メニルに出発したと何度も自分に言い聞かせても無駄だった……パヌションは負傷した、どうしようもないのだ。イルシュは、先日、ベルリュのカフェの奥の広間で、ヴィルジニのうなじに接吻した。「やがて殺されますから」と彼は母親のヴィストに言っていた。そして実際に殺された、どうしようもない。

我々は近い攻撃を待ちながら、そこにいた。昨日の襲撃の後、昨夜の後、漏斗孔に手榴弾が投げ込まれ、ドイツ野郎がモーゼルの銃床を拳で握りしめて、頭上を歩いていたときも、我々はそこにいた。喉が渇いた。男たちは穴にもぐって、ただ喉が渇いたとだけ不満を訴えていた。誰も下に下りることができない。断固たる禁止命令で、「違反すれば軍事裁判」だ。司令部は警戒態勢だ。それが彼らの役目だ。モンジルモンの反対側のティリアン大佐には知ることも理解することもできないことがある。予想し、計画を立て、指揮する頭脳であり、そのエネルギーを達成すべき目標に向けて、「何が何でも」厳しくあろうとすること……しかし、みな一緒に、死者のいなくなった場所で身を寄せ合って、食べた後は、空になった水筒の底に残った数滴の冷たい水のこと以外なにも考えないこと、これはまったく別のことだ。

「規則破りをします」とビュジョンがいった。「少佐殿、下へ行きます」

「よし、行け」

ビュトレルは胸で革紐を交差させ、腹と脇腹、腰に水筒を段上につるし、立ち去った。

「第六交通壕は通るなよ、ビュトレル！」

「分かった！　分かった！」

彼が地面の膨らみ、堆土《たいど》の向こうへ消え、我々はまた待ち続けた。三〇分もすると、担架兵が上がってきて、言った……

「ビュトレルが……」

「どうした？」

「第六交通壕の曲がり角で……頭に一発を……彼はほかの奴の上に重なっています……」

不安でみなの顔が曇った。何人かが叫んだ……

「水筒は？……」

一一中隊が、マザンベール大尉とフォンタニェ中尉とともに登ってきた。

一層間を詰めなければならなかった。七五ミリ砲は相変わらず撃っていたが、ますます速く激しい勢いで砲弾を放っていた。まもなく三時だ。爆撃を定めた時刻だ。

少しずつ、昨日のように恐ろしく突発的でもなく、わが砲兵隊の大騒音が周りじゅうの空間を満たした。ほとんど気がつかないまま、それは昨日と同様、荒々しくなっていた。またそれと意識することなく、心臓がまたドキドキとしはじめ、指に血が充満し、どくどくと力強く流れているようだった。我々は立ち上がって外に出て、前方を見ようとした。

わが大砲は撃っていた。黒と赤褐色の煙幕が大きな渦巻き状になって稜線全体を取り巻いていた。煙は上りも下りもせず、相変わらず同じ黒と赤褐色で、新たな爆発に激しく突き動かされて動き、うちにねじれていた。間をおいて、大きな重砲弾が大気をかき混ぜながら近づき、落ちた。より重々しい大音響が聞こえるその一方で、ふわふわと立ちのぼった煙がつかの間、煙幕の上を漂ったが、すぐに煙幕はもとに戻った。

我々はみな、注意深く、興味津々でなんの恐れもなく立っていた。「他の者」は、鋼鉄の雨の下で、穴に隠れ、もう何でもない存在であるように努め、自らの裡に縮こまっているしかなかった。どんな男があの下で敢えて立ち上がって、銃を装塡し、狙い、撃つというのか？……我々は相変わらず見ていた。そして穏やかな熱気で、その時刻になるのを待っていた。

「前に進め。一列で。対壕だ」

攻撃を率いるフォンタニェは、銀の鎖の先にある鍵の間につるした、螺鈿《らでん》の柄のナイフを取り出し、アンチョビの缶詰を開けた。そして丁寧に、慎重に、一匹ずつを薄い丸パン切れの上でつぶして、小指幅分をとって食べた。すでに負傷していたサンシリアンの彼は、この冬、動員時のサーベルをもって戻ってきたのだ。彼は、我々が言ったにもかかわらず、またポルションは棍棒で、私は箒の柄であるにもかかわらず、サーベルをもって飛びだすだろう。「私の権利だ」と彼は繰り返した。なるほど。

万事時間通りに運んだ。砲撃は我々が登るにつれて延びた。フォンタニェは結局アンチョビを食べ終えた。

「着け剣！」と彼が命じた。

彼自身は静かに鞘《さや》からサーベルを抜いた。

もう彼を見なかった。砲弾がすぐ近くに落ちてきたのだ。我々から数歩のところで、すでに崩れた火坑が乱雑に割れた厚板の下に黒い庇を見せていた。フォンタニェがかがんで通った。一人ずつ、彼の部下が後について行く。

我々がその後を行くと、彼らは攻撃に飛び出ていくところだ。彼らは漏斗孔の縁、ほとんど中にいた。煙の裂け目から、ドイツ野郎が高く積み上げた土嚢が見える。

「見ろ！　おい、見ろ！」

どういう意味だ？　わが大砲はまだ撃っている。フォンタニェがサーベルをふりかざして突進し、部下たちも殺到して続いた。彼が腕をあげ、サーベルの下げ緒の玉飾りが手首の周りでとびはね、兵たちが、漏斗孔の天辺にまで上がって、反対側に消えている斜面をよじ登っているのが見えた。

「前へ進め！」

今度は、歩廊の上を交通壕の外へ我々が飛び越える番だ。左側では、一列に展開した狙撃兵が自発的に大またぎで見事に登ってくる。機関銃一発。男たちが倒れると、すぐにたゆみなく後続の列に越えられ、これが整然として登り、稜線に達し越えていく……なおも数発の銃弾が弾け、いくつかの叫び声があがり、赤い小旗が揺れ、不意に大砲の沈黙。終わりだ。

二月一九日

フォンタニェが頭に銃弾を浴びたが、軽傷だ。ラヴォは腕に機関銃の一発を受け、かなりの傷だ。わが軍曹リエージュは脚に一発食らった。コント伍長も脚に一発だ。下りることができなかったただ一人だが、脛骨《けいこつ》を骨折したのだ。彼は一晩中、梁の下の、歩廊の一番暗いくぼみに残っていた。一晩中、大砲が沈黙するたびに、彼の嘆きが聞こえてきた。

我々はジェルボの遺体、古い水筒、血の斑点のついた背嚢を見つけた。二度と会えなかったリュシアン伍長のものも。

また誰もミュレール中尉にも二度と会えなかった。だがイルシュ少尉の遺体は見つかったが、まさに誰かが言っていた通り、頭に一発食らって、拳銃を手に仰向けに倒れていた。

コンベットも負傷した。ベロ大尉は致命傷を負った。リュムール少尉は殺された……どの知らせも我々には、誰がもたらしたとも知れずに突然降ってきた。それは我々がどうなったかを照らす明かりで、我々と我々の周りにさす一条の光だった。我々がどうなるかを知るには、刻一刻と目を開けておくことだけは必要だった。

ジェリネ大尉は勇敢だが非常に疲れており、下りては上がり、また下りた。こうした状態について、悪意も憐れみもなく、誰もがはっきりと話していた。「ちょっと無理だな。彼は歳だ。二度退役させられたんだ。それでも頑固に残っていても、長くはないだろう」コンベット中尉についてもこう言われている…「登らなければならないのは彼ではなかったのだから、山奥の戦地で目立とうとする必要があったのか？　その場にとどまっていれば、あんなひどい目にあうこともなかっただろう」

ほかの知らせも、いつも奇妙なかたちで、使者なしで突如伝わってくる。二人の隣りにいた男が話していた。聞いているしかない…「二〇五ミリ砲が予備役の待避壕に落ちた。壕は満員で薬莢《やっきょう》もいっぱいあった。小隊の半分全員殺された……」誰も本当かどうか訊きもしない、本当だと思うしかなかった。

「クリジネル中尉が殺された……」これは本当だ。

だが確かではないものが多々ある。昨日、フォンタニェが爆撃前に攻撃に飛び出した。なぜか？　彼とその部下たちは突然、煙幕の真ん中に、ドイツ人が縛りあげたフランス人負傷兵を見たという。この負傷兵は黒地のケピ帽カバー（日蔽い）をかぶっていたので、コンパンに違いないという。恐ろしい一斉射撃のなかで、フォンタニェが大声で吠えた。彼を見た者は前方に殺到し、他の者全員も続いた。

今朝、わが旧掩蔽壕の一つ、ずっと下の、古い待避壕の支脈でコンパンが見つかったが、彼は死ぬほど打たれた獣のように転がっていた。抱きしめた両腕に頭を埋めて、すでに硬直し冷たくなっていた。

彼と思われた者がいたはずの場所で負傷兵を探したが、見つからなかった。

砲弾が落下し、落下し続けていた。我々、小隊全員と私は、第一戦線のドイツ野郎の旧塹壕、北の塹壕にいた。漏斗孔七は我々の右側、漏斗孔六は我々の真後ろだ。漏斗孔七の向こうでは、北の塹壕が尖峰の周りを一種の蛇腹のように回っていた。これが南の塹壕、ドイツの旧第二戦線、いま我々がいる第一戦線になった。マザンベール大尉とともにそこを占めることになるのは、第一一中隊だ。

六七大隊の要員がこの作戦区に合流するか、あるいは昨日、彼らが我々と一緒に攻撃したようにするか、だという。一三二大隊が後ほど東側から、X拠点とD拠点の方へ稜線の攻撃に登るともいう。だがそうしたことすべてに、我々はあまりにも複雑な判じ絵のようにうんざりした。もう理解しようともしなかった。我々が心動かされるのは、記憶に甦る家族の名前や、顔とか声のようなものだ。砲弾が落ちている間、誰かがこう言ったとする：「プレートル大尉とペルグランが、下のわが旧待避壕の一つで動かず残っていることを余儀なくされていたが、跪いて熱心に祈りはじめた」、私は彼らに会っているから、理解できる。また誰かがこう言ったとする：「ベルトラン中尉とその曹長が先ほど七七ミリ砲でともに殺された」、私は、八月三日、シャロンの宿営地の哨所の部屋で迎えてくれた、にこやかな太った青年を思い出せる。

目の前にあるこうした情報や、落下するあらゆる砲弾のなかで、以下のこと以外、理解する必要はない。つまり、わが小隊は、右側で漏斗孔七と連絡し、左側で、スエスムと数名が隣りの中隊と一緒に隠れている小さな塹壕と連絡している北の塹壕にいること。セネシャル少佐とリーヴ大尉は、あの爆発物で焼け、騒然とした堆土の後ろ数メートルの漏斗孔七にいること、である。

昨晩から、異常なことは何も起きていない。ドイツ野郎はほとんどすぐに攻撃してきたが、我々が撃退した。夜も攻撃してきたが、やはり我々が撃退した。今朝、彼らは攻撃を再開したが、後でまた再開するだろう。私がうずくまっていた柔らかい粘土の二つの小丘の間で、コンブルの自動機関砲が吠えたて、数発の銃撃が弾けるのが聞こえたが、それは新たな反撃だった。確かに数回、我々が気づかなかった反撃が二度か三度はあったようだ。

昨日のように、手榴弾はもうない。泥の上で踊っていた緑色がかった奇妙な鬼火もない。異常なことは何もない。昨夜、一度だけ、以前と同じ突然の恐怖、同じ心臓急停止のような経験をした。砲弾がすぐ近くで炸裂したのだった。我々はすでにくつろいで、頭を起こしていたので、大きなシューという破裂音にびっくり仰天した。リショムとブアレが暗闇のなかでわめいた。だが我々は、迷い火がパチパチと大きな火花の泡となって、雑然と出てきたのだと気づいて、笑った。

それ以来、いつも同じことだった。私は、黄色の水たまりを脚の間にして、塹壕の仕切り壁に寄りかかっていた。左側で私にもたれて、ラルダンが体の重みだけで、泥のなかに自分の跡を残していた。反対側では、ブアレが肩で力なく私をやんわりと押していた。ラルダンの後ろは、ビロレだ。ブアレの後ろは、ペリネだ。ビロレとペリネの後ろはもう見えなかった。

砲弾が落下している。すべてこれに帰するが、落下は止むことがない。この現実、この状況が続くことが理解しがたい時がある。この驚くべき執拗な大騒音、そのような多様な衝撃を受けた、この大地の絶えざる震動、この息が詰まりそうな腐食性の空気の臭い、このつねに現れては拡散し、またここかしこで現れ、どこか見える所で生まれてくる煙。

食べることは？　眠ることは？　それはもう意味さえない。腹が減り、喉が渇き、眠たくなる時があるかもしれない。時々は、何か、肩かけの布鞄の底にあった古い灰色がかった砂糖のかけら、タバコのカスまじりで、汗のでたチョコレート一切れをかじる。ただ眠れない、それだけは確かだ。

ある日——ずっと前だが——ブレモンが勇敢にも登ってきた。彼はまだほぼ半分はまんたんのコーヒーのバケツ二杯を持ってやってきた。だが途中でひっくり返して、二杯しか持ってこられなかったことを弁解した。「ピナールのせいだ」と彼は言った。「バケツ三杯分をつくってきたが、ピナールがこめかみに榴散弾を一発食らって倒れ、頭をバケツに突っ込んでしまった。中は血まみれで、もう飲めない……」そして付け加えた：「ピナールがこの始末を見たら！……運よく、死んだがね」

砲弾はブアレ、ラルダンと私の周りに落ちた。やっとこの絶えざる砲弾の落下が理解できた。我々の想像力、我々の感覚がまだその尺度に合わず、整えられていなかったのだ。それが今は尺度にかなって、現実に合ってきた。何か危険な動きをすると、我々の肉体はかすかに興奮し、緊張して現実から遊離する。砲弾がヒューとより低く飛ぶと、誰でもより一層裡にこもって緊縮し、爆発した後は大きく息を吸う。我々は時間という観念を喪失した。頭上にある空は、二つの粘土の堆土の間で、依然として動かないまま灰色である。間をおいて、凍てついた小雨が堆土にわびしく降りそそぎ、黄色の水たまりが私の脚の間でかすかにふるえた。

時々、必要な場合には起き上がった。ただ稀にしか起こらない。砲弾が漏斗孔七に落ちたときも、空に、腕や脚、頭と認めざるを得ないような人体の残骸が黒くなって浮き上がったときでさえも、私は、ねっとりした軟らかい泥の地面、長時間かけて私の体がかたどられ、踏む踵ごとに穴ができ、坐る尻ごとに穴ができていた地面に張りついたままだった。しかし、砲弾が音もたてずに小隊の塹壕に落ちたときは、立ち上がった。なんの役にも立たないが、その方がよかった。ルガレの背、絶えずぴくぴくと動いている大きな傷の周りの、皮のはがれた白い裸の背を見に行こう。そしてその傷を見ながら、そこに「入れられる」ものを推定しよう。拳、二つの拳が入るほどの傷……頭が入るほどの傷……背よりも大きな傷……

ルガレからそう遠くないところの、砲弾の穴の反対側に、ラヴィオレットが腹ばいになって寝ていた。彼は傷を外套でピッタリと頑固に隠し、歯ぎしりして「ノン！」と言っていた。そばへ寄るな、彼は放っておけ……ラヴィオレットはひとりで死にたいのだ。折り曲げた右腕で頭を隠している。だが手だけは、頭の上で、青い絹のミトンのなかで震え、死に瀕していた……だがもう震えていない。ラヴィオレットは死んだ。同じ砲弾が六人か八人を殺したのだ。もうそれが誰か思い出せない。全員下に下りていた男たちだった。

「中尉殿！　中尉殿！」

私は自分のいた場所から、はっきりと見た。砲弾は胸墻の反対側を撃ち、爆発しながらそれを持ち上げ、背墻《はいしょう》にひと塊りに張りつけていた。今度は、それが役に立った……携帯用鶴嘴シャベルで、手や膝で取りのけられた……相変わらず時間は存在せず、ゆっくりでも速くでもなかった。ひたすら取りのけていた。ただ爆撃は大音響を立てるのを中断し、砲弾は息の詰まる重苦しい空気のなかで、もっと遠くか、弱く轟いているようだった。

「頑張れ！……頑張れ！……もっと！……頑張れ！」

胸が悲鳴を上げ、ヒューヒューと鳴った。急速に、明白かつ残酷な痛みが肩甲骨の間に落ち込んできた。瞼は燃えるようで、全身が汗まみれになった。

「頑張れ！……」

我々はそんなに疲れているのか？　激しい痙攣《けいれん》が走って、腕、肩から指先まで締めつけられるようだった。道具の柄をまだ持っていられるのか、落としてしまうかどうかもう分からなくなった。

「さあ、頑張れ！」

我々はひどく疲れているに違いない。

「頑張れ！……」

下では、彼らのうめき声が聞こえる。重い土がかろうじて持ち上がる。手が、泥まみれの手の形が浮かび上がり、指で手さぐりし、しがみつく。誰かが引っ張ると、腕が少しずつ動き、土が一層持ち上がる。

「もっと！……」

引っぱっていた男たちがもう引っぱれない。その場に倒れたままで、脇腹を波打たせ、全身が疲れ切って死んだようになって待っていた。次いで再び、彼らは引っぱった。

「ああ！……」

仲間の一人で、泥の上に倒れ込んで泥の塊りと化し、泥で覆われた顔のなかに人間の目を見せていた。誰かが訊いた‥

「お前は誰だ？」

「ルドラン」彼は言った。

そしてすぐに‥

「俺と一緒に埋まったトレリュとジュビエがいる」

そこでまた始まり、この二人が見つかるまで……トレリュは胸をえぐり取られていた。ジュビエは引き出されると、彼を助けたばかりのジロンとデルヴァルと同時に、新しい砲弾で殺されていた。

これは、夜と明け方の間にはしばしば、何度も起こることだった。砲弾がラヴィオレットの死体を埋め、誰かが土中から掘り出すと、元の姿のまま、腕のくぼみに隠した頭の上に、青いミトンのなかに死んだ手を見せていた。

屋根付きの通路に六人の死傷者、地雷の爆発で裸にされた枠組みの残骸。上に非常に重く響く二一〇ミリ砲、凄まじい音がした空気の揺れ、押しつぶされた天空、厚くて大きな土のうねりが広がる。これで六人の「行方不明者」だ。

何度も見た光景だ……救助者たちは務めを終えると、見知らぬ亡霊の近くで、泥まみれの陰鬱な表情で倒れた。もう動きもせず、どうしようもない、多くの全員似たような男たち、入り混じった手足の断片以外何も見えない。すると突然、ひとりの男が狂暴な目つきで、手をのばして立ち上がり、わけの分からない言葉を口ごもりながら、走りだした。そして姿を消した。半時間後、誰かがつぶやいた‥「ルマスムは狂ったな」

左側で、一三二大隊による攻撃があった。その間、我々はあまり苦しまなかった。狙撃兵たちが出て、少人数の列となって、峠の反対側のはるか遠くの、コンブルの方へ進むのを見ていた。彼らは、「小集団」、非常にまばらな小集団となって戻ってきた。

時間が停止するか過ぎ行くかは、我々にとっては、二つの粘土の丘の空であり、あの降りそそぐ雨、私の脚の間の黄色の水たまりである。

それは落ちてくる砲弾でもある。砲弾はいつも、空高くにある厚い雲から、殺された鳥にも似て微小で黒く、先のとがった形で突き出てくるのが見えた。しつこいほどに、いくつかは我々の前方の同じ場所に落ちる。そこで、「確実に南の塹壕のなかだな」と我々は思った。実際、まもなく最初の負傷者が通っていった。青ざめたブリオンがいて、私から数歩のところで倒れ、痙攣しながら暗赤色の粘つく塊りを吐きだした。噛みタバコだ。グロタンとベルダギュエもいて、互いに支え合っていて、通ったあとに二重の濃い血の滴りを残していった。あとは第八中隊と第一〇中隊の者だった。最後は足をくじいた男で、奇妙にも、両肘と片方の膝でぴょんぴょん飛びはねていて、とまるとタバコの葉を巻いていた。手がひどく震えるので、葉を一枚一枚引き裂いている。ラルダンがタバコを巻いて、彼の口にくわえさせて、火をつけてやった。そうしている間、この男は言った：

「やはり俺はまったく運がよかった。将校たちのところへ寄ってきたが、三人いた。ドゥゾワーニュ大尉、デュフェアル中尉、モリーヌ少尉だ。あの砲弾の後、何が残ったんだ？……俺はいま将校のところへ寄ってきたところだ。俺は大きな犠牲も払わずに、なんとかうまく切り抜けた」

彼は深々とタバコを吸いながら、物思いにふけっていたが、その間にも、足からは泥に血が流れ落ちていた。そしてまた続けた：

「砲弾が落ちなかったとか、これからも落ちないところは、この稜線には片隅もないのだから、適当な時期に場所を変えるべきか、砲弾をまともに食らうかだ……場所を変えなければ、彼ら三人と同じ砲弾を食らっただろう……そこで場所を変えた。俺は運がよかった」

彼は四つ脚になって、また両肘と片膝で仰天するような歩行を始めた。

「やはり本当だな、彼の言ったことは」と私のそばでブアレがつぶやいた。我々はそよぐ水たまり、土塊、いつも必ず砲弾が落ちるあの正確な場所の一つを見つめていた。「やはり本当だな……」と我々も思った。我々の疲労が増すにしたがい、次第に頻繁に、爆発とともに熱っぽいさまざまなイメージが湧き上がってくる。全身ズタズタになって跳び、また胸墻の上に落ち、ルガレのように背をえぐられる。もう頭はなく、グロンダンやメマッスのように一挙に引き抜かれた頭か、また褐色の毛糸の防寒帽姿で隣りの漏斗孔から我々のところへ投げ込まれ、転がってきたリブロンのような頭になる。手をのばせばどこでも拾えそうなあの汚れた、こまごまとした物を土塊ごとにまき散らしていく。一体どこからきて、また何という名前か？　ドゥゾワーニュか？　デュフェアルか？　モリーヌか？

そうしたことがもうほとんど我々から離れることがない。横隔膜のあたりが、まるで固く動かぬ握り拳に締めつけられているように感じる。私の肩に当たっているブアレの肩がかすかだが、果てしなく震えだした。

どこか、地の底から嘆き声が上がってきたが、規則的なうめき声、一種のゆっくりと口ずさむ声だ。どこだ？　誰だ？　あの辺りには埋められた者がいるが。

探してみる。気晴らしだ。また砲弾が爆発し続けているが、あまりにも近いので、胸のあたりを手でしっかりと静かに押さえた。

「あの辺りには埋められた者がいる」まだ探している。結局ロランが見つけて、私を呼ぶ‥

「中尉殿！　こっちです！」

それはスエスムの小さな塹壕の後ろの、あの高いところだ。そこ、砲弾がひっくり返した、かつての武器置き場からは、交通壕が放射状に広がっていた。もうそこには、ねっとりと重い粘土のうねりの上に崩壊した、ドイツの竪坑《たてこう》の上部構造物しか見えない。

丘の上の、我々よりも高いところで、彼らはその対抗坑道の回廊を我々の方へ押し広げる前に、この竪坑を非常に幅広く深く垂直に掘っていたに違いない。

「こっちです」とロランが繰り返した。「かがんで……梯子があります」

穴からはむっとする、どぎつい臭いが上がってきた。波板のトタンの下に身をかがめると、陽光の青白い流れが垂直に落ちて、暗い深淵に消えていくのが見える。

「下りますか？」とロランが言った。

なかはなんて生暖かいんだ！　粘土を触ると、指に乾いた石鹼のような軟らかさが伝わってきた。生暖かさは横木を下りるごとに増してくる。同じ孤独な、ゆっくりとした嘆きが、下りるにつれて、我々の方に上がってきた。

「そこにいます」とロランが続けた。「対抗坑道の入口に……」

竪坑の底は我々の足の下だ。我々はどこにいるんだ？　それでも、よく見てみる。仕切り壁に向かって乱雑に投げ捨てた道具の柄、苦し紛れに描いた素描のように粘土から浮き出た肩の形、悪夢の夜に生えた恐ろしい黴のような、無色の髪を詰めた頭蓋骨の丸みが見て取れた。

雨、粘土の堆土に流れていた尽きることなき流れはどこだ？　私の脚の間でそよいでいた黄色の水たまりはどこだ？　私の肩に当たっていたラルダンの肩は？　ブアレの震えは？

砲弾はほとんど聞き取れないほど遠くに落ちている。もはや陰にこもって単調な、かろうじて存在する轟きでしかない。我々のいる沈黙のなか、もつれあったスコップと取っ手付きの鶴嘴の間の死んだ肩と頭蓋骨の近くで、別な男がうめいていた。我々に対し、声を聞いたばかりの我々の方に向かって、うめいていたのだ。

「おや、もう一人いたか」とロランがつぶやいた。

彼は懐中電灯を照らした。あまりに強い光を当てられて、死人の青白さよりも恐ろしい、汗にぬれた、緑色がかった青白い顔が浮かび出た。あまりにも青白いので、ブロンドの顎鬚が褐色のように見えた。青みがかった、昼盲症《ちゅうもう》の大きな瞳孔で暗くなった目がまばたいていた。

「まさか、将校か？」とロランが訊いた。

ドイツ人は何も言わず、彼が近づくのを見ていた。もうめきもせず、見つめている。男が何を考えているのか、期待しているのか恐れているのか、我々に呼びかけたいのか、追っ払いたいのか分からない。頑固そうな、じっと見つめる目は確かに恐怖も希望もなさそうだが……憎しみもないか？分からない。

それでも、ロランは負傷者にかけられたテント幕を持ち上げた。押しつぶされたような太腿、顔と同じく緑色の青白い、やせ細った手が数珠《じゅず》の玉を握っているのが見えた。傷の悪臭がしたが、黙ったまま、彼は相変わらず我々を見つめている。ロランが言った。

「バイエルンの第八中隊の一人だ」とロランが言った。「なあ、一昨日の一人だ……二日前から何を食べ、何を飲んでいたんだろう？……この中で、たたきのめされたに違いない！」

哀れんだ彼は瀕死者の方にかがんだ：

「動くな、ここから出してやろう……怖がるな、我々は鬼ではない。だがまだほかの者を探さなければならん……」

冷たい雨のなか、我々は、あの白昼の陽光にぬれた明るさ、あの小さな滴のそよぐ黄色の水たまり、あの絶えずひっくり返したような雰囲気のなかで大音響のするところへ戻れる安心感で、ほっとしながら上にのぼった。

ラルダンとブアレの間に、私は泥のなかの自分のくぼみ、前と同じだが、少し粘つくだけの冷えたくぼみを取り戻した。ブアレの肩はまた私の肩に触れてきて、相変わらず震えていた。反対側では、すぐにラルダンも、前と同じ場所で触れてきた。

ほとんどすぐに、手は私の胸の奥深くに入りおさまった。私が出ていってから、なにも変わっていない。ただブアレの肩が前よりも強く震え、周りの事物すべてが刻一刻と、その醜悪さと悪意を加速しているように思えた。

「落ち着け……」私は自分に言い聞かせた：「落ち着け。恐れずによく見ろ。不安がらずに聞け。お前がしたこと以外、なにもする必要はないのだ。まさにここで、胸墻に体を張りつけて、砲弾が塹壕を撃ってきたら、時には立つのだ……落ち着け」

あのしつこいイメージが次第に頻繁に浮かんできて、わが大きな疲労をうずかせなければ、そうなろう。

だが私は気楽には振る舞えない、それは確かだ。数時間でも眠れば、あのイメージも私を静かにしておいてくれるだろう。ただ数時間どこかへ行って、戻ってくるだけでよいのだ……この形をなさない瞬間の連なりのなかで、何ものにも分けられず、何ものにも限られない連なりのなかで、苦しいのはそこなのだ。すべて終わりなく降る同じ雨、ブアレの震える肩、私の脚の間の黄色の水たまり、あの性急なイメージ、私の脳裏を貫いてざわめき、はためくあの熱っぽいイメージの連なりだ。持続する時間のあらゆる瞬間は同じもので、まさに同じ無数の醜悪なものか、悪意あるものを担って重くなっている。先ほどのように、私もくすんだバラ色の［人間の］肉片の一つを拾って、指のなかでこの粘つく冷たいものを転がせるだろう。

　それぞれの瞬間に、すべてがある。ラヴィオレットの手と青い毛糸のミント、ブアレとラルダンのそれぞれの横にいたビロレとペリネ、向こうの、左側ではルガレの裸の背まで、右側ではドイツの竪坑までの二重の列の男たち……いつもすべて同じだ。死人の青白い背に降る雨、砲弾は埋めては掘りだし、また轟き、卑劣なまでに冷笑的で陽気に、奇妙に甲高く鳴り響いている。

「少し詰めろ、ブアレ。肩が震えすぎているぞ」

　彼にそう言うか、または何も言わずに、彼の肩が私に当たって震えるのを感じなくなるまで、そっと肩を押し返したかった。だがそれは、穴にはまる私の二つの踵や、反対側の、もう息する音もせず、そこにいたラルダンの肩のように、結局は同じ場所に戻るだけだろう。

「少し詰めろ、ブアレ」

　だがやはり、私は彼にそう言って、そっと押し返した。もう彼の肩が圧迫しなくなり、その震えを感じなくなると、何か物足りなく、その欠如感で私の疲れに冷淡な投げやりの感覚が加わった。ああ！　それでよかったのだ。抗えないまま、ブアレの肩がまた私の肩に当たってきて、まさに元の場所におさまって、震えていた……

　我々が振り返ったちょうどその時、四人の運搬人が通りがかり、彼らの間には負傷したドイツ人の体でくぼみのできたテント幕があった。厳寒の外気にさらされて、彼はなお一層青白くなっているようだ。ガタガタと震えていた。青白い瞳は生きている兵士たちをあの動かぬ固い眼差しで見るので、ほとんど彼ら全員の反感をあおり、そのため彼らはその紫色がかった、すでに腐敗した、その柔らかい肉がリズミカルな強い痙攣で引きつっていた太腿の恐ろしい傷を見ようともしなかった。

「何か飲んだか？」

「はい、でもひどく重かったです」

　運搬人たちは彼を私の前に放りだした。そして、かじかんだ拳を動かしながら、こわばった梯子で挙げたこと、負傷者の頑固な沈黙、歯ぎしりで潰されたうめき声などを語った。

「彼の皮膚はどうしたのか、中尉殿？　生命力がなく、すべてが固い……普通の人間じゃありません、確かに」

不意に、ドイツ人が私に話しかけてきた。震え声のフランス語で話し、少し鼻をぐずらせ、短くぎくしゃくして、疲れ切った様子で話した。

「将校殿……」彼は大尉だ。私には分かる……彼は権利として、わが部下たちに敬意を要求したが、負傷して捕虜であっても、やはり大尉なのだ。

私は何も言わず、コーヒーで満たされた四分の一コップを渡してやった。彼は痛ましい獣のように首をあげてむさぼるように、一挙に飲もうとした。コーヒーは彼の上に大きくこぼれた。私が四分の一コップをとって、飲ませてやらなければならなかった。彼の目はすでに色が変わっていた。歯はブリキのコップの縁にぶつかっていた。彼は飲むたびに、一種のうなり声をあげ、鼻をすすり、すすって、私の手に瀕死人の息を吹きかけてきた。

もう少し詰めろ、ブアレ……砲弾が轟き飛んでいくなかに夜が漂っていた。三日目か？　四日目か？　同じことだ。明日までは、黄色の水たまりも、雨で拭き流れた後でも、盛り上がって崩れ、広がった、まだ黒く焼けた土も、死体も煙も、上空高くから落ちて旋回する黒い破片も見られないだろう……ただ我々三人ともが、近づけたテント幕の下で、私の右肩にブアレの震える肩が、私の左肩にラルダンの動かぬ肩が当たって、互いにうずくまっているだけだ……何を待っているのか？　夜明けか？　雨が止むことか？　砲弾がもう落ちてこないことか？　それはあり得ないことだ。馬鹿げている。我々が待っていることは、何も起こりえないのだ……では、ほかのことか？　だがブアレ、お前は何も望まない。ラルダン、お前も何も望まない。私、この私は、生きているこの瞬間に歯を食いしばって、自らにひしと拳を握りしめている……テント幕の下で、我々は哀れなことだ！

二月二〇日

寒さでひりひりする瞼越しに、天と地が大きく揺れているのが見える。青白い明け方に、すべてのものが一つひとつ戻ってきた。暗闇に殺された者は誰もおらず、猛烈な砲弾にもかかわらず埋もれた者も誰もいない。同じ大地、同じ死体。体じゅうが内からの揺れのように震え、強く熱くゆらぎ、痛む。もうあのイメージもなく、雨でうわべだけ冷える、この焼けるような疲労だけだ。陽の光が稜線の上に戻ると、ドイツ野郎の全砲台が稜線と、高地に残っている我々を狙って撃ってきた。我々は、泥や死体にまじり、かつては肥沃だったが、今や、毒や死んだ肉体に汚され、われらの不浄な苦しみで癒しがたくなった大地に残っているのだ。

彼らはまた反撃してくるのか？　彼らは我々だけを撃ってきた。卑怯だ。我々は大佐が上り下りするたびに、モンジルモンに電話をかけることを知っている。「わが部下たちを交代させせねばならん！　疲れ果てているんだ！　ドイツ野郎がなお反撃してくると、素手の握り拳と棍棒でやってくるぞ〔こちらが疲労困憊しているから〕……」それは我々も先日来考えていたことだ。今朝もそう考えた。だがもうそうは思わない。我々は非常に疲れている、それは確かだ。交代しなければならない、それも確かだ。ほとんど限界だ。ほとんど……それでも今朝また、コンブルの自動機関砲が炸裂し、モーゼルの銃撃が聞こえた。我々が撃退したはずなのに、また新たな反撃だ。

　何ごとも誇張してはならない。我々の下の、背墻の反対側では、第八中隊の伍長が凝固したアルコール焜炉で、カスレ〔インゲン豆と肉の煮込み〕をとろ火で煮ている。第八中隊の何人かも彼の近くに下りていた。彼らの一人がパリの新聞を売っている妹のキオスクの話をし、説明していた。「妹に彼らがつくる塹壕穴を理解させるには、そこには妹のキオスクのようなのを少なくとも二つ入れることができる、と書いてやったよ。誇大宣伝ではないだろ、なあ、これは？……」

　ボワルドン大佐がもう一度電話した：「連隊で三〇〇人殺された。負傷者約一〇〇〇人。戦闘外の将校二〇人以上、その内一〇人が殺された。塹壕は空っぽか、少なくとも〝戦術的に〟そうだ。ドイツ野郎がなお反撃すると、稜線は失うことになる……」ティリアン大佐が答えた：「守らねばならん。やはり何が何でも守らねばならん」

　まるでそれを知っていたかのように、ドイツ野郎の方も応えてきた。それももっと悪く、長時間大きな砲弾を連射し、恐ろしく数を増して落下させてきた。大男の伍長は火を消して立ち去り、他の者も一緒に去っていった。また昨日や昨夜のようになり、もう少し疲れていたが、そんなに疲れていることにもはや驚きもしなかった。腰がひどく痛むほど疲れていたにもかかわらず、感動的なまでに明晰なる感覚が我々から世界に広がり、そっと触れ、我々が知覚するあらゆる事物を一挙に与え、我々にその全体を課してくるが、あまりに全面的なので、我々は特にそのこと、つまり、世界の醜悪さと悪意に持続的かつ全面的に耐えるよう強いてくる、あの新たな恐るべき力に苦しむことになる。

　これらの諸々の事物は霧雨の水滴、ひび割れた手のかすり傷、何かにぶつかって鳴る飯盒の音、ラルダンのかすかな呼吸などを通して見ると、微小些細である。だが、それが、死体があちこちに不気味に広がり、極めて重い空雷の大音響が際限なく響く光景となると、大きく異様なものとなり、我々の感ずる力を越え、疲労困憊もあずかって、結局は抑え込んでしまうため、我々はそれに対応できなくなる。我々が疲れれば疲れるほど、我々という存在は、心ならずも貪欲に、忌まわしいまでに、あらゆる醜悪さ、あらゆる悪意に対してますます開かれ、うがたれてくる、要するに圧倒されるのだ。あの無数の砲弾がなおも落下し、どれだけの間続くのか！七七ミリ砲、一五〇ミリ砲、二一〇ミリ砲がどこで炸裂しようとも、我々の聴覚は極めて遠くでも聞き分ける。砲弾はなお一層激しい風切り音で飛んでいく！　何でも起こるのだ！負傷した者はみなこの瞬間にも負傷し、死ぬこともある！殺された者はみなやっと断罪されることが終わるのだ！

漏斗孔七に落ちた最後の砲弾でポルションが頭を負傷した。誰かが堆土の上でそう叫んだ。ルビエールの近くで埋もれ、一緒に引き出されたが、彼だけ薄い破片で傷つき、目に血が流れ入ったため救護所に下りた。もうだいぶ前のことだが……今度は私が、彼のように運よく、軽くてすんだ破片で傷つき、血が流れて、下に行かざるを得ないか？……最初は、彼は下りたくなかった。だがこの出血で、目が見えなくなった。それでルビエールが、「下りろ、なあ、下りろよ……君は馬鹿か」と言った。

私の近くで、雨と泥でたるんだテント幕に隠れて、そう話してくれたのはロランだ。私は彼が我々二人の名前を呼ぶのを聞いて、立ち止まった。砲弾が落ちたというので、私はスエスムの小さな塹壕まで行ってきたところだった。そこでは誰も殺されていなかったので、下りていったが、その時ロランの声を聞いた。南の塹壕へ上っていく半ば崩れた交通壕の入口で、私はひとりだった。雨模様の灰色の日に、仕切り壁に張りつけたテント幕がきらめいていた。ロランは幕の後ろで、黙っている男と一緒にうずくまったまま話しかけてきたが、なぜかしら、私は男が一四年度兵の若者の一人、恐らくジャフランか、またはジャンだと思った……「なあ、下りろよ……君は馬鹿か……」それでポルションは下りて、交通壕の下の、ちょうど救護所のある位置に着いた……七七ミリ砲一発が彼を殺したのは、そこだった。

テント幕が突然持ち上げられたので、ロランは私の声を聞いたに違いない。彼は私を見ると、すぐその青白い顔が動揺し、痛ましい、嘆くような、友愛の表情になった……ロランの顔があまりに友愛の情に満ちているので、君が私を見ている間、私の驚愕は崩れ落ち、全力で憤激してみても、私にはこのわが友の死を前にして、ただ跪くしかないように思われた。

それは、私が戻ってラルダンとブアレの間の湿った粘土のくぼみに坐ったあとも、ずっと長く私を捉えていた。頑とした冷淡さ、醜悪な泥と悲惨な死体、稜線上の陰鬱な日々、執拗な砲弾など目にするあらゆる事物への嫌悪感に満ちた無関心……もはや疲れさえも感じない。私は巨砲弾の落下で骨が砕けても、鋼鉄の破片で肉体が引き裂かれても、もう何も恐れない。私は生きている者、震えているブアレにも、打ちのめされたラルダンにも、自分自身にも憐れみはない。どんな暴力にも立ち向かわず、どんな悲しみの大波が押し寄せ、男としてどんな怒りが突発しても、だ。それは絶望でさえない、私が喉もとで味わう心の砂漠だ。諦めでもない……ただそれだけのことだ。頑とした冷淡さ、心が萎縮したように乾ききった無関心。巨砲弾、空雷、爆弾よ、好きなだけもっと落ちろ！　粉砕せよ、轟け、恐ろしい土塊の山を吹きあげろ！もっと高く！　もっと高くだ！　ああ！　なんてグロテスクなことか、これらすべては……南の塹壕、異状なし。漏斗孔七、異状なし。スエスムの小さな塹壕、異状なし。装甲鋼板が空高く舞い上がり、ギロチンの刃のように落ちてくる。

スエスムが顔を黄色の泥だらけにして、両手を腰にあてがい、私の前を通る。後ろにはモンティニ、その後ろにはジャフランだ。異状なし。土に埋もれ、負傷し、打ちのめされたお前たちよ、行け。ついでに、お前たちの引きつった顔、狂ったように苦悩する目、暗い水の下の炎のように瞳の奥で揺らいだままの、あの死の苦悶をよく見ておこう……だがなんの意味が？　それらすべてには意味などない。レ・ゼパルジュの稜線上の世界、全世界が時の流れにまかせて、一種の狂った笑劇を演舞し、理解しがたい、グロテスクで醜悪な動きで激しく旋回している。

君のところでは、ポルション、豊かなボース地方、黄昏どきの小麦畑。さわやかな空に、サント・クロワ大聖堂の二つの塔の間をカラスが飛ぶ……我々のところは、ポルション、なだらかな土手に沿って流れるロワール河だ……なんの意味が？　なぜか？　漏斗孔七では、一斉射撃の砲弾のなかで、男たちが叫んでいる。またか！　煙に巻きあげられた黒っぽい破片、それが鈍い音で落ちて泥にぶつかる……

あの二一〇ミリ砲が落ちたのは、その時だ。私はとてつもないハンマーで首筋を殴られたように感じ、同時に前方には、赤い炎が唸《うな》りをあげて燃えさかっていた。こんな風にして砲弾で殺されるのだ。私は手を動かして、えぐられた胸に差し込もうとはしない。もし自分の方に手を引っ込められたら、両手をむき出しの生温かい内臓のなかに突っ込むことになり、もし私が自分の前に立っていたら、折れたわが肋骨を通して気管や肺、心臓を見ることになろう。自分を憐れむ身振りもしない！　ラヴィオレットのように目を閉じて、ひとりで死ぬのだ。

不条理にも、私は生きている。もう驚きもしない。すべて馬鹿げている。ピッタリと着た外套の粗いラシャ地を通して、私は胸の奥で心臓が鼓動するのを感じる。すべてのことを覚えている。あの赤く燃えさかる炎の波が私のうちの奥深くに押し寄せ、まるで肉屋の肉切り台の家畜のように体を大きく裂かれたと思うほど、はっきりした感触でわが内臓を焼くのだ。目の前に水平に広がり、漂っているあの暗い影のような形で、空全体の大きな広がりが隠れて見えない……それがそこ、背墻の上に骨折した腕を折り曲げ、体の下に脚を丸めて落ちてきたが、ブアレは死ぬまで、相変わらず震えていた。彼らは吠え叫ぶリショムのあとを走り、次々と私の上を飛び越えていく。ゴベール、ヴィダル、ドリゾン……ああ！　彼らはみな知っている！　待ってくれ……彼らについて行けない……何が私にこんな重くのしかかり、立ち上がれさせないんだ？　額からは血が出ているが、何でもない。私の両手は黒っぽい粒とくっついた微小の火傷で穴だらけで、こっちの手、私の手には舌状の膠《にかわ》のようなものが熱くペタッと粘りついていて、泥の上でふるい落とさねばならなかった。

そうしてからは、私の身は自由になった。ラルダンの体がかすかに揺れ出した今は、立ち上がれる。彼は大きなパン切れを指で食べていた。彼は顔色も変えず、目は鼻眼鏡のガラスの奥でまだ開いたままだった。どの鼻孔からも少し出血し、二切れの薄い、くすんだヒレ肉が口髭の下に消えようとしていた。プティブリュが四つん這いで通り、めえめえと鳴くようなうめき声を発していた。ビロレは立って、頭を肩にもたせかけて小刻みに歩いて通った。その鼻先には血が滴っている。彼は腕を体に沿って垂らし、自分が歩いていく道を邪魔されるのを恐れるかのように、気をつけて静かに行った……

私は立っている。ブアレがいたくぼみの後ろでは、ペリネが飛んできた破片を腹の真ん中に受けて、身を二つに切断されて死んでいた。ロランがブアレと私の間を通って、姿を消した。暗くて寒い。日光は最後の光もなくなり、青ざめた苦悶の表情で消えていた。ブアレは背墻の上で、腕と脚をだらりとのばして静止した状態で死んでいた……もう誰もいない。二度の爆発の間、泉から湧く水のように、血がペリネの死体の下をどくどくと流れていた。ラルダン、ルガレ、トゥレリュ、ジロン、デルヴァル、ジュビエ、ラヴィオレットたちや見分けのつかない者を私は次々と飛び越えたが、それはもう何も示さない標柱だった。靴がねとねとした物の上で滑り、膝は疲れ切ってふらついた……

やはり、死人で一杯のこの塹壕で、ひとり生きた者として残ってはいられない！　漏斗孔七まで行く元気を出して、少佐に「報告」し、「少佐殿、あそこでは、私はたった一人……」と言わねばならない。彼は驚かないだろう。四日前からみなが次々と姿を消すのを見ているのだ。塹壕が少しずつ空になると分かっていたに違いない。それに、負傷者が死者のことを話したはずだ。最後の者たちが吠え叫ぶリショムの後に群れをなして下りたばかりだ。着くと、私は彼に「少佐殿……」と言うだろうが、一体何を言うのか？　突然、けたたましく耳鳴りがした。黄昏どきの薄暗がりのなか、前で誰か動いた。ではまだ、ここに誰かいるのか？　シャブルディエのようだ。そう、シャブルディエ軍曹だ……彼と一緒にムノー、ルテルトル、またロランもいた。

「待っていてくれ……すぐに戻ってくる」

私は戻って、漏斗孔の外を上る元気が出てきて、また後でここに下りてこられるだろう。この耳鳴りがいつまでも続き、頭がひどく重くなるにもかかわらず、前よりも元気が出てきたのを感じた。

夜か？　もうほとんど前が見えない。巨大な漏斗孔が頭上で口を開け、渦巻いて下に広がり、ぼんやりと青白いしみを見せていた。

「カリション？……おい、お前の手はどこだ？」

すぐに彼と分かったのは幸運だった。彼はゆっくりと憂鬱そうに、濃く密生した顎鬚で、私の方に進んできた。手をのばしてきたのでつかもうとしたが、奇妙なバラ色の霧のなかでひっこめると、すぐ近くから、荘重で見事な響きの無数の鐘の音が流れてきた。

遠くで鳴る荘重な鐘の音に揺られて、この綿毛で覆われた沈黙の深まりに沈む快感。もはや存在しないことの快感……

ただもう、それで終わりだった。渋い味のアルコールをひと飲みすると、歯の間を流れて喉がざらついた。

「おい、おい」とカリションのゆったりした声が私の顔に降りかかった。

「セネシャル少佐は？……彼に言わねば……あそこには、もうわが部下は誰もいない……二、三人だ……ほかの者はみな……」

「分かった！　分かった！」とカリションが落ち着いて鬚を揺らしながら言った。「さあ、もう一杯コニャックもどきでも飲め！　穀粒、グレインの火酒、お粗末だが。それでも元気は出るだろう」

「少佐は……」

「彼は知っている……あそこにいる……一杯飲め」

べたつく泥を塗ったようなこの斜面でも、私は支えなしで、脚で立っておれる。まったくの夜ではない。人間の形をしたものがあちこちで垣間見られ、顔の青白い斑点、時には何かの身動き、動作で、その濃い影をそっと這わせてくる。またいくつかの人影が暗闇の斜面の上から滑り、停止し、引っかかり、落ちて縮こまり、至るところに張りついていた。

すぐ近くでするこの物音はなんだ？　誰か人影が大きなコートに首を埋めて、ヨタヨタと歩いてくる……

「ジュヌヴォワ、ウ、ウ、ウ、ウ……お前のところの大尉は……ウ、ウ、ウ、ウ、ウ……さっき下へ降りた……第七中隊を指揮するのはお前だ」

セネシャルはコートにマフラー姿で私の方に倒れかかってきた。言葉を切れ切れに話し、息が唇の間で震え、一種のぎくしゃくしたうめき声が時おり強くなると、彼は何も言うことができなくなる。中途半端で、おかしな夜でも十分明るさが残っていて、私は彼のすさんだ顔や、赤鼻〔一種の皮膚病〕の下の青白さが区別できた。身動きもせず、彼の話を聞き、その言葉が私に降りかかるままにしておいて、それが、震えるようなうめき声の合間に、哀れにも断片的に出てくるのを待っていた：「リーヴは鼓膜が破れた。彼には〝下へ降りろ〔救護所へ行け〕〟と言ってやった。スクッスは脚を失った。装甲鋼板が上空高くから落ちてきて、彼の脚をスパッと切って、地面に突っ込んでくぼんだ。彼は〝ああ！　俺の脚が〟とつぶやいた。それで彼に〝下へ降りろ〟と言ってやった。ところで君は？……先日の朝、君が拳銃で撃つのを見た……我らがあの勇敢な若者ポルションが殺された……ルビエールはあそこでマザンベールと一緒にいた……リーヴは対壕に残っていたはずだ。さあ行って、君が中隊の指揮をとり、彼は下へ降りること、私がそう勧告していることを彼に話してくれたまえ……さあ行け」

壊れた厚板の下で、リーヴ大尉は滑り落ちたままで、肩を落とし、うつむいて、たった一人穴倉の一番暗いところにいた。私を見ると、彼は泣き出したが涙はなく、肩を一層ぐったりとさせ、顔も一層かがめ、大きなコートは彼の周りで押しつぶされたようになっていた。

「大尉殿……ポルションが……」

彼は耳に手をやり、合図した：「私はつんぼで、君の言うことは聞こえない」……それでも私は、またやかましく落ち始めた巨砲弾に絶えず声を押しつぶされても、叫んだ。

「降りなくては……降りることです！」

こちらの言うことが分かると、彼は頭でノンと言った。それから彼は、大きな声ではないが、穴の暗闇に混じって間のびした、淡々とした声で話した：

「スクッスは脚を失った。落ちてきた装甲鋼板に切断された。彼は〝ああ！　俺の脚が〟とつぶやいた。それで彼に〝下へ降りろ〟と言った。レノーは、なあ、やはり殺されたんだ。いつかは彼が、メマッス、リブロン、漏斗孔の全側面の上から下までにいる他の者すべてと一緒にいるのに会えるだろう……ルビエールはあそこでマザンベールと一緒にいた……我らがあの勇敢な若者ポルションも殺された……わが哀れなる老セネシャルはひどく疲れている」

「大尉殿、降りなくてなりません」

「後でな……」

「すぐにです」

どんなに苦労して這い、身を引きずり、どんな悲痛な疲れで彼の巨体が打ちひしがれていることか！　彼は壕の枠組みの端っこで起き上がったが、その体軀は泥まみれのコートの重みで、よりどっしりと重々しく見えた。体じゅうに疲労をにじませて降りたが、高々としたそのシルエットはひとよりも重苦しい疲労で打ちのめされているようだった。

もうまったくの夜である。漏斗孔からは色々な声があがってくる。うめき、泣き、嘆き、呼びかけ、哀願し、憤激する声だ。私はセネシャル少佐のそばに横になって、拾ってきたぼろ切れ、おそらく死人のケープを上にかけた。真っ暗な夜ではなかった。我々が慣れ親しんだ、雨の降る、青白いいつもの夜だった。目を開けるたびに、私のそばには、セネシャルと、そのそばに寝ていたカリションの寝崩れた形があった。

「明日は」と少佐がつぶやいた。「君はここにいてもらう。シャブルディエとロランはルビエールと一緒に上に登ったし、君の塹壕は空っぽなので、私は君をそこへ一人でやりたくはない。偵察のため、君が必要なんだ。もうわが作戦区のことが分からない。この稜線には一三二大隊、六七大隊、第二や第三大隊などすべていたが、そのすべてが崩壊し、どこかへ分散してしまった……君は偵察に行って、理解するよう努め、帰って報告してくれたまえ……今夜は休め。明日、殺されてはならんぞ」

彼は、震えるうめき声でも自由に話せる合間には、落ち着いて話した。ひと言、次いでもうひと言。それぞれの言葉の間に、彼の唇は、間のびした沈鬱な同じ歌を繰り返すように、はく息で震えていた。彼はもう話さない。身動きしないまま、数時間前から同じ調子で、喉をヒューと鳴らして、歌うようにぎくしゃくして伝わってくる空気を吸っていた。

相変わらずうめき声がする。夜のしじまに、叫び声があがり、震えているが、すべてかつて聞いたものだ‥

「担架兵！　担架兵！」

「どいてくれ！……どいてくれ！……ああ！　俺を殺すのか……さあとにかく、どいてくれ！　つぶされそうだ！」

カリションがその場でうごめいた。不気味な声でつぶやいている‥

「やっぱり、うんざりだ！」

「ウ、ウ、ウ、ウ、ウ……」とセネシャルが口ずさむように、うめいていた。

とにかく寒い。雨後の寒さは、哀れにも引き裂かれた体には恐ろしくこたえる。彼らはまた叫んでいる。体の苦痛を大声で訴えているのだ‥

「足が切断された！」

「膝が！」

「肩が！」

「腹が！」

静かに嘆いている者もいた‥

「ああ！〔銃の傷痕は〕どこにもある……見ろ……もう一七発数えた……それ以上だ……太腿に五、六発……こっちを見てくれ、ほら……至るところにあるんだ……」

私を覆っているぼろ切れの下は、すえた薬莢の臭いがスタンプのように顔に張りついている。火傷した手はひりひりと痛み、膨れ上がった皮膚が剝がれていた。頭はハンマーで叩かれたようにガンガンする。足は凍えていた……もう何も感じない。それほど周りで叫び声があがり、青白い真夜中の漏斗孔は苦痛で揺れ、悲鳴があがっていた。

「ジュヌヴォワ中尉！……中尉殿！」

今は、彼らが私を呼んでいる。私に何ができようか？　下りてはのぼり、彼らのそばにうずくまるか、坐るかして、一晩中、無駄口をたたいているのか。寒いうえに、彼らはひとりでいるのに、担架兵も来ないのだから。

「中尉殿、私の脚を切ってくれますか、あなたが？」

シャボは錯乱して、両手で私の腕にしがみついている。哀願するような声で話しかけるが、そう欲求する苦悩で声が震えていた‥

「私のナイフ……私のナイフを取ってください。よく切れます！　脚はもうほとんどもたない……私には勇気がない……ナイフをつかんでください、中尉殿。ただ切るだけで、脚は楽になります……」

ビロレも、虚弱で苦しそうな体つきで、錯乱して、私をののしる‥

「君は尻込みしている。尻込みしているな……友達じゃない！　一度決心すれば……引き金を引いたところで、どうだというんだ？　とにかく、それをくれ……俺なら、できる」

「まあ、そう想像たくましくするな」とプティブリュが言って、また繰り返した。「俺は大声で言わねばならん……大声で言わねばならん……担架兵！　担架兵！　担架兵！……もっと大声で言わねばならん、畜生！」

一晩中……もう何も言うことがない。カリションは、私の近くで、何度も寝返りをうっていた。彼はまったく別なことを考え、陰鬱だが冷静な声で言った。

「俺は技術管理部隊の将校試験にパスした。技術管理部隊付きの将校になるはずだった、俺は……そうなんだ、俺は」

彼は体を詰めてきて、背と背をすり寄せ私の体のぬくもりを取ろうとしながら、つぶやいた‥「少佐よりは君の方がいい。少佐がうめくのを聞くのは脚の方だからな。あれが一晩中続くんだ」

私は何も答えなかった。しかし、突然よりいっそう悲痛な叫び声があがって、夜の闇を貫くたびに、我々は一緒に飛び起きた。最も強く叫んだのはプティブリュだ。絶えることなく、彼は長くてしつこい、頑固な叫び声をあげるので、これがあちこちに横たわっている他の者たちを漠然と起き上がらせ、恐るべき瞬間が続く間、彼らの不平を募らせ、苛立たせるのだった。

「彼はじっと我慢できないのかと思わないかい？　こんなに強くわめかずとも、嘆きうめくことができるはずだ、なあ？……」とカリションが言った。

プティブリュは相変わらず繰り返している。そのたびに、決まって、ほかの者たちの文句不平が彼の叫び声に殺到する。カリションがもう我慢ができず、立ち上がった：

「彼に言ってくる……あいつのハンマー役だな」

彼が男の人影にかがんで、何をささやいたのかは知らない。だが突然、全力でプティブリュが吠え叫びだした：

「もう我慢できん！　我慢できん！　担架兵！　おお！　足が！　担架兵！　担架兵！」

彼の声が詰まる。彼は逆上して、怒りで顎が震え、音節がはずれて、ぎくしゃくして叫んだ：

「タン・カ・ヘイ！……タン・カ・ヘイ！」

彼の大声があまりに粗暴で悲劇的なので、ほかの負傷者たちがますます怒り、手を支えにして起き上がり、険悪になる。

ビロレも立って、よろけつつ走り、倒れ、また立って、走りだし怒りの錯乱に揺れていた：

「拳銃！　鉄砲！　一体誰がくれるんだ？　嫌な野郎だ！山賊め！　俺からすべて奪いやがった……人間は、そこにいる人間だけで、あとは畜生の塊りだ！」

「なあ、ビロレ……まあまあ、ビロレ……」

何と言おう？　どうする？　ただ彼が力尽き、倒れ込んできたら腕で受けとめて、小さくなった哀れな彼を揺すってあやしてやるだけだが、その間、暗闇のなかで、彼の生ぬるい血が私の手に滴っていた。

「どこへ行く、ジュヌヴォワ？」

「少佐殿、担架兵を探してきます」

「まあ、中尉……ここにいたまえ」

本当にそうだ。私はここにいるしかない……また薬莢の臭うぼろ切れの下でうずくまったままで、目を開けて、みんなの声を聞き分けているしかない。若いシャントワゾがいて、声高に傷痕を数えだし、絶えず新しいのを見つけている。プティブリュは相変わらず吠えている。ジャンは仰向けになって、何も言わずじっとしているが、疲れ切って長く咳きこんでおり、時々少し頭を傾けて、息を詰まらせる血餅を吐いている。ゴベールやボランもいるが、相変わらず錯乱しているシャボは、畑にいて、犂の後ろで舌を鳴らして馬を操っているつもりでいた…「そら左だ！　はいどう！　さあ馬っこ！左だ」だが錯乱が急におさまり、絶望状態に陥って、私を呼んでいる…「中尉殿！　ああ！　恐ろしい！　脚を切ってもらえば、あなたに……だが私は孤児院の出の、小作下男で、働いた労働で養ってもらっているんです！　もう私なんぞお望みじゃない。どこでも外では馬鹿にされる……ああ！　中尉殿……」

悲しみで胸いっぱいになり、彼は泣きだし、子供のような甘えで、私になおも哀願する…

「切ってください、ねえ……あれを切ってください」

それからまた錯乱に陥って、例の「そら左だ！」と舌を鳴らしだしたが、その間、プティブリュは飽きもせず、またあの終わりなき叫びをあげていた。

かくして夜は相変わらず続いているが、私はぼろ切れの下で縮こまって、手はひりひりし、こめかみはガンガンし、脚は凍傷で麻痺したままで、間をおいてだが、日一日と元気になって行った。

あんなにも空高く漂っているのは、日の光か、あの空の青白さか、あの雲の切れ端か、または目がくらむほど落ちてきて、大地をえぐりながら轟くあの微小な事物か？　ただこれは一晩中、稜線上を襲っていた。だが今や、我々は一晩中、これを聞いていたのだ。

陽光だ。一条の青白い明るい日差しが地表を這って、人影や残骸、汚物の上を流れ、無情にもそのままかたどっていた。シャボは唇をだらりと垂らし、表情は固く、怒りは鎮まっていたが、脇に引きずっている麻痺して、死んだも同然の脚を見つめていた。ジャンはもはや咳さえしない。ただ頭をそっと静かに右、左に向け、口の周りには血がついていた。ビロレはひどく小さくなって、頭を傾け、痩せた顔にはもう出血はなく、鼻は凝固した血で黒くなっていた。シャントワゾの傷の一つ、切断された親指の残りに、私はあの青白い肉体のひきつり、あのリズミカルで強く、恐ろしい痙攣を改めて思い起こした。プティブリュは叫び疲れて、口を開けたまま、眠っているようだった。そして生きている者は……セネシャルは震え、カリションは陰鬱で自閉気味、急に現れたピュトマンは頬が黒い毛で炭のようになり、表情は静止したままの冷笑でゆがんだように見えた。向こうでは……メマッスが頭部切断、リブロンも頭部切断、レノーは頭を下に、腹ばいになって倒れていたが、頭蓋には、樵《きこり》の打つ楔《くさび》のように、光沢のあるきれいな破片が突き刺さっていた。相変わらず同じ黄色の水たまり、同じ名状しがたい残骸、同じ汚れ物、泥のしみがつき、泥に蝕《むしば》まれ、汚れた同じ悲惨事。また上に降りそそぐ雨。いつも同じ風切り音、同じシューという音、同じ爆発、同じ黒っぽい煙柱で落ちる砲弾。向こうでは、揺れ動く負傷者の群れが遠ざかっていく道路沿いに、五日前から続いている、鳴り響く榴散弾……それらすべて、なんともご立派なことだ！　ああ！　とんでもないことだ……

二月二日

担架兵が来て、彼らを一人ひとりテント幕に包んで、連れていった今、私が一人ひとり、彼らの熱っぽいが凍えた手と握手した今、誓って言うが、私にはすべてどうでもよかった。私のせいではない。この無関心は私の身にとりついており、どこかで私に降りかかってきたものだが、私を抱え込む腕のように触れることのできる、現実的なものである。

前もって言うが、私が何をしようが、または何が起ころうが、その日のことには別に驚かない。すべて私にはどうでもよかったのだ。私の疲れ果てた感覚が麻痺したとか鈍ったからではない。いかなる疲れも、いかなる過度の興奮も感じないのである……どうやってこの考えられないようなバランス感覚、名ばかりの明晰なる生に到達したのか？

私は稜線を端から端まで踏査した。昨日の塹壕で、静かに並んでいたすべての死体各人にその場で接した。また二一〇ミリ砲の穴も見て、それと胸墻の間を滑り下りて、なぜ砲弾で殺されなかったかを理解しようとした。近すぎたからだったのだ。もう一つ馬鹿げた単純なこと——無関心……またほかの死体、フランス人もドイツ人も混ぜ合わせた死体にも接した。そして、死者の加護の下にある私の塹壕のように無言の、別の塹壕も横切った。さらに生きている者、彼らが掘った穴から私の足音を聞いて顔を出した、生きている者たちも見た。かくして私はノルマルの友人、二年間の「［高等師範学校学生寮の］勉強部屋」の共同勉学生の顔が現れるのも見た。大きな重砲弾がシューと音を立てながら近づいてきたので、私に彼のところに隠れるよう合図した。私は素直に従った。重砲弾が落ちると、彼に訊いた：

「六七大隊のどの中隊？」

彼は私にそれを言うと、私の手帖にメモした。

「中隊を指揮しているのは君か？」

「そうだ」

彼の名をほかの者の後にメモすると、私はもっと先へ向かった。漏斗孔に戻ると、工兵たちが、北向きの内壁に、回廊を掘りはじめ、少しずつ坑木で支えていた。彼らのなかに、私は我らが北方訛《なま》りの友マルタン、工兵になるため我々と別れたマルタンを見出した。彼は相変わらず嚙みタバコを嚙んでいたが、「ああ！　もう中毒だ！」と言いながら脇に吐きだして、土を蹴った。鶴嘴が、乾いて毛のない、静脈網の下で非常に白い腕の先でクルッと回った。砲弾、旋回する大きな空雷が相変わらず襲ってきた。男たちは這って、掘りはじめた回廊の入口にきてうずくまり、もうひどく疲れて、働けなかった。工兵たちはこの動かぬ死体に手を焼いて、そっと静かに外へ押し出した。それでも抗しがたい義務感に引かれて、戻ってきて、落ちてくるスコップ何倍分もの土の下で、じっとしていた。

私が同じ三〇分間に二度埋められたのは、その日だった。落ちてくる土の波が私にはそれほど重くなかったから、よほど幸運だったに違いない。顔は自由で、口いっぱいに入ってきた、ざらつく泥をすぐに吐きだし、立てるまで呼吸できた。ドイツ野郎が最後の反撃を始めたのも、雨が止んだのもその日だった。

空は軽やかで透きとおるような青白さになった。夕暮れが近づくと、砲弾が落ちるのはそれほど強くも密でもなく、夕暮れがドイツ人から我々のところまで、一種の諦めを届けてくれたように思われた。撃ち疲れたか、殺生が無益とでも思ったのか？……砲弾が落ちるのはそれほど激しくない、それは本当だった。

沈黙の間をおいて、現実を離れた、漠然とした憂鬱な想いが生じ、不安感が大きくなり、何か別なもの、どこかほかの所への欲求が湧いてきて、そう意識するまで強くなった。私はただ、「うんざりだな……」と思っていた。そこで、メザンベールの塹壕へ上っていった。

塹壕は立派で、なんとも堅固、規則正しく土嚢が積まれ、銃眼は土嚢と射手の間に配置されていた。すばらしい塹壕だが、それでも手直しされて、砲弾が落ちてくる裂け目には、さらに土嚢を積んでふさいでいた。五日目の夕方だった。各銃眼の後ろに立って、手で銃を握りしめている男がいた。その時はじめて、胸中で何かが溶け、嗚咽《おえつ》のようなもので喉が詰まった。

「まあ、坐れ」とメザンベールが言った。

私はルビエールと彼の間に坐った。ルビエールは、ケピ帽が爆風で吹き飛ばされて、無帽だった。乾いた泥の皮で、彼の顔は固まっている。彼は、私を見るともなく、ただ茫然と私を眺めていた。

「飲めよ」と彼は言った。「大佐が届けてくれたシェリー酒だ……もっと飲めよ。ぼくはもう十分だ……口がまずい。もう限界だ」

飲んでいる間、彼がやっと私だと分かったかのように、私を見つめているのを感じた。メザンベールも飲んでいたが、頬は傷つき、目の下にはたるみができ、五日前からすると、ひどく老けたようだが、落ち着いていた。

「ところで」と彼がつぶやいた。「これら一連のことをどう思う？」

すると、ルビエールが手のひらから少し目をあげて、相変わらず私を見つめながら、言った：「大尉殿……ああ！　お願いですから、それは……」

　彼らは膿《う》みはじめていた私の手に包帯を巻いた。また額にガーゼを当てて、両端に絆創膏《ばんそうこう》を貼ってとめた。それから、それぞれ横になった彼らと別れて、私はまた漏斗孔に下りた。

　夜だった。工兵たちは相変わらず掘っていた。砲弾はまだ、あちこちで短く響いて、赤く震える光を放って炸裂していたが、光はすぐに消えた。不意に、漏斗孔に先ほどまではいなかった男たちがいるのが見えた。ソトゥレ大尉が率いている連隊の男たちだった。彼らは我々と交代するために来ており、まだ「まとまった均質の」中隊だが、我々は恐らくもうそうではないだろう。こうして、我々は、ティリアン大佐の忠告に従って、うまく「調整」した。

　それは、ソトゥレの押し殺したような罵声のなかで、どこにでもある交代劇だった。我々は走ることもなく、交通壕に下りて、交通壕の外に出ると、粘土質でねばつく土の、水で一杯の穴に落ち込んでいる土の斜面に沿っていった。砲弾が背後でヒューと飛び、赤い震える光に、振り返ってみると、尖峰の黒い塊りが空の縁で膨らんでいるのが見えた。

　この悪臭のする土の波を通って、この過ぎ去った嵐の跡を通って、一歩進むたびに横たわった人影に接しながら下りること、あるいはあの上で、セネシャル少佐のそばにいること、それが一体何になるというのか？……少佐は私が出ていくときに、言った：「君の前、メニル街道とトロワ＝ジュレの道を通っていく大隊を送りたまえ。そして大佐に報告し、最初の休憩地で合流するのだ。私はもう少し残って、第一大隊の者たちに指示事項を伝える」

　男たちがバラバラになって荒れ地を走り、遠ざかっていく間、私は大佐の待避壕を探した。夜で、もう誰もいなかった。ただ時々、遅れて走る者がいて、よろけながら遠ざかっていった。膝と手で、柔らかく冷たい泥を探り、助けも呼ばず、なんとか見つかるものと確信していた。もう少し先か、もう少し後になってかだ、それがどうしたと言うんだ？　ようやく、ひと筋の鈍い明かりが水たまりに映っていた。そこまで歩いて、待避壕の入口を見つけた。

「入れ！」

　私は蠟燭の明かりのなかを進んだ。ボワルドン大佐は煩雑な書類でふさがれた長いテーブルのそばに坐っていたが、急に立ち上がって、私に手を差しのべた。

「入りたまえ……坐りなさい。体を暖めるんだ……何か飲むかな？　腹が減っているか？……おや、その包帯は？　負傷したのか？……何でもないか？　ああ！　それはよかった……」

　暖かく、着衣を通して感じる、包み込むようなぬくもりが気持ちよかった。テーブルに散乱した書類の上には、大きな弾頭部や光沢のある鋼鉄の円錐形、屋根の丸太に向けて立てた割りコンパスなどが置かれていた。

「みな周りじゅうに落ちてきたものだ。我々も、そうじゃないかね……」とペリゴワ大尉が言った。

待避壕にはまだ、行ったり来たりする男たち、野戦電話担当下士官、伝令兵、第一や第三大隊の、私がそれぞれを知っている二、三の仲間たちがいた。彼らは私の方へきて、話しはじめた‥

「ドゥヴワーニュ、モリーヌ、デュフェアル、三人とも一緒に……」

そこで私は立って、先ほどのルビエールのように言った‥

「ああ！　お願いだから、それはもう……」

二度目だった。湧き上がってくる嗚咽で胸が一杯になり、喉が引きつるのを感じた。私は頃合いを見計らって抜けだし、また夜のなかを走りだした。

打ち壊された十字路を渡ったが、そこもまた爆薬物の悪臭がした。左側では、家々の輪郭が空にえぐり取られたようになり、ゆがんだ窓ガラスから見るような形に変わっていた。それらを後にしながら、私はメニル街道を北の方へ向かって真っすぐに歩いた。散在する砲弾孔の間にある道路は、私の足もとでは固く頑丈になっていた。ところどころに、黒っぽい小さな塊りがあるのに気づいたが、その前は足早に歩いた。それは段々と間隔が空くようになり、同時に丘を連打する砲弾の鈍い衝撃音も弱くなった。時おり、立ちどまらずに、振り返ってみた。同じ赤い明かりが相変わらず空の縁で震えており、尖峰の脊梁《せきりょう》がさっと現れるが、すぐに暗闇に取って代わられた。

夜は広がり、非常に静かだった。私の足音が路上に明るく響いた。私は口を開けて、深々と息を吸った。徐々に、走って歌い、その場で何か子供じみた挑戦をしてみたくなった。私には、あの上で生きた時間の思い出は何ひとつとして衝撃的に想い起こすこともなかった。自らに対し何も言うことがなかったし、考えさえしなかった。「私は生きているのだ」私は吸い込んでいる空気のようにさわやかで軽やかだが、それは、赦免された受刑者の吸う空気ではない。かくして大隊の男たちに追いついた。彼らは大声で話し、タバコを吸っていた。トロワ＝ジュレまで、我々は早足で歩いた。次いで、歩調はゆっくりとなり、疲れた牛馬の群れのように足踏みしていた。

あとのことは……しばしば立ち止まって、斜面沿いに軽症者を残して行かなければならなかったことを覚えている。また最後の休憩地の草地で、ルビエールの近くに坐って、大きな重砲弾が我々を直接襲ってヒューと飛んでくる音を唇で真似ていたことも覚えている。ルビエールは両肩の間に頭を垂れて、落ち込んでいたが、私の口真似に気づいても、ひと言も言わなかった。

彼の態度に私は驚いた。不意に多くのさまざまなイメージがその真の意味を込めて浮かんできて、心揺さぶられ、それが悲劇的なまでに人間的なので、私はひと跳びで起き上がり、出発の合図をした。

「もう少しだ……あれが村だ」

だが前もって、道路沿いの急流の川や、峡谷のくぼ地にある家や教会を思い浮かべても無駄だった。ほかのイメージが追ってきて、私の周りにびっしりと詰まって、私にしがみつき、離れなかった。

そのときどれだけ彼らのことを思い浮かべたことか！ みな、みなが……私からは遠く離れた所で殺された、私が見もしなかった者たちさえも。ドゥゾワーニュ、モリーヌ、デュフェアル、三人とも一緒だ。先ほど、大佐の待避壕で、彼らの名前が口にされ、私は、ほかの名前を恐れて、逃げだした……そんなことして何になる？ それは起こるべくして起こったことなのだ。ポルション、あいつらは君に何をした？ 交通壕の真下、救護所から数歩のところで、七七ミリ砲が君の胸に穴をあけ、君は顔を地面に向けて倒れ、死んだ。君はまだ戦っていたのか？ 水を探しに行ったビュトレルは？ 君はすでに負傷していたトゥルバは？ 死体の上に横たわっていた身体麻痺者は？ 稜線では、第三大隊の医師ジャンセルムが砲弾で殺された。村では、砲弾で救護所が押しつぶされた。メニル街道では、砲弾で、退却しつつあった負傷者が殺された。他の者、イルシュ、ジャノ、ミュレールも……なぜだ？ なぜわが塹壕は死者で一杯になり、この死者みなが、一発も撃たずに引き裂かれ、えぐられ、打ち砕かれ、次々と倒れたのか？ なぜ漏斗孔も死者で一杯になり、レノーの頭蓋に冷たい鋼鉄の楔が突き刺さっているのか？ なぜあの重い砲楯《ほうじゅん》があんなにも高くからスクッス大尉の脚に落ちたのか？ 彼の声、仰天した、あきらめの柔らかいアクセントが聞こえる。「ああ！ 脚が……」セネシャル少佐は震え、震え声で話していた。プティブリュは繰り返し、吠え叫んだ。ラヴィオレットは隠れるようにして死に、手は頭上の青い毛糸のミントのなかで震えていた……

「急ごう！」

険しい道は硬い轍《わだち》で溝ができ、陥没していた。我々はもはや、相前後して、離れ離れによろめき歩く数名、ベルリュを出ていって、そこへ戻ってくる多数の男たちの数珠つなぎのなかの数名でしかなかった。

最後の諸々のイメージが渦巻き、最後の一つが残った。一つのイメージ？ それは一種の萌芽状態の想念で、あまりに重く、あまりに漠然としたものでいかなる意志でも制御支配できないものだ。哀れなる存在、瀕死のビロレよりも虚弱な身体。ビロレは揺さぶられ、分解され、両手の間で喘ぐが、その手は見えなくとも、しがみつく異様な手で、垂れた頭を揺らし、肌から出血させ、脊椎を折り、つねにほとんど死んだ、かろうじて生きているが、まだ死なない存在にとりつく手だ。

「さあ！　急ごう！……」

納屋で角灯が揺らいでいる。館の無人の庭は、夜のなかで凍てつき、広がっていた。我々は庭の真ん中で、フィグラ、プレル、ルビエールと私の三、四人いた。母屋に向かって呼びかけた。二階の鎧戸が開き、壁にバタンとぶつかった。

「どなた？」

「我々です……一〇六連隊の……帰りました」

「まあ！　かわいそうな……かわいそうな子たち！」

そう言っているのは母親だったか？　二人の娘のひとりだったか？……窓からは女の声がした。この最初の言葉を聞くとすぐ、ルビエールが、全存在が壊れたようなしゃがれ声で、思わず叫んだ：

「開けて！　早く開けてください！」

Ⅳ　束縛

二月二三日—三月三日

朝、窓の向こうで、白い鶏がゴドゥ家の上で、クゥックゥッと鳴いていた。堆肥は靄のかかった日差しを浴びて、一日の始まりのみずみずしさのなかで息づいていた。羽根布団は私の丈にあって暖かく、私の体はそこに溶け込んでいたが、麻痺していた。手は包帯の下でヒリヒリしていた。脚は焼けるようだが、ゆっくりと和らいだ。これはまた、嫌な思い出が最後に胸を締めつけて消えていくような、一つの快感だ。

我々は本当になんとも不運で、哀れだった。

実際、我々は不意に胸うずくようなことを回想してみればまだ哀れだった。だがそれはまったく別なことだ！　いまの我々自身のままで、昔のように苦しむことはまたはるかに簡単なことだ。

確かに、今朝、鳩舎のように尖った屋根の小さな教会で、死者追悼ミサが行なわれるモン・ス・レ・コートまで走っていけないのは残念だ……この時間には、棺が、家並みの後ろの、荒れ地にある大きなブドウ畑の間の墓穴に下りていく。

オブリー家の後ろに葬り、オブリー夫人かテレーズ嬢が墓に花を捧げにいくかもしれない。

私は第七中隊の生存者を納屋の前に集めた。私の周りには狭い円ができた。我々はともに彼のことを話した。話すのは私だが、我々がともに彼のことを話したのは、彼らの眼差しがそう言っているからだ。彼は我々の知っている男だったが、彼を失った。あそこのミサに行けないこの時間に、小石の上を流れる明るい小川の近くの道路端で、彼のことを思い浮かべた。

確かに哀れで、部下たちが納屋へ帰っていく間、私の手はルビエールの腕をつかんでいた。前方、数歩のところで、老司祭の法衣姿が小走りに歩いていく。彼は振り返ると、我々の方へ戻ってきた‥

「この哀れな、哀れな子たちよ！……彼らの多くが、主の聖なる安らぎのなかに眠っていることは、少なくとも我々にとっていかに慰めになることか！」

「ですが、ほかの者は、司祭さま？」

「みんな！　みんなだ！……彼らには大いなるお恵みを、彼らは多いに苦しんだのだから」

「で、我々には、司祭さま？」

「お前たちにもだ、わが勇敢なる子たちよ」

デュロジエにさえもか。こいつは、昨夜、納屋の暗い片隅に隠れているのを見つけると、角灯の下に、まばたきして怯える顔、干し草の茎で汚れた、もじゃもじゃの顎鬚で現れた男だ。誰もが罵倒し、外に放りだせと言った‥

「こいつは戦闘逃れをすると誰かがはっきり言っていたな！」

「ここにいるのはいつからだ、この下司野郎が？」

「打撲傷か、おい？　打撲傷で、おじけづいたか？」

デュロジエは、最初は静かに抗議していたが、やがて怒って、反抗した‥「わしは第一〇中隊の射手と一緒だったんだ！　五日間稜線にいた！　五日間だぞ！　彼らと一緒に帰ったところだ、断言する！」

「嘘つき！　嘘つきめ！……」

誰ひとり信用しなかった。私自身、対面でちょっと話して、厳しく対処したが、それ以上どうにもならないだろう。極めて厳しかった者たちもすぐ黙ったが、それは結局、ひどく不当になり、この男を罵倒することを恐れてではなく、彼ら自身が心の底では、恐らく私と同様に、誰であれ、退去した者や、五日間、あそこ、稜線に最初から最後までいることができなかった者すべてに対する寛容な憐れみを感じたからかもしれない。どうやって本当のことを知るのか？　間違いではないと確信があるのか？　こういう「打撲傷者」や、埋まってもすぐに助け出された者、身を二つに折って、うめきながら退却していった者は多数いる……彼らはすでに戻っている、それは事実だ。だが彼らは退去したときに、残っていることができたのか？　どれだけの石が上から落ちてきて、重い石を背や腰にどれだけ食らったことか？　あのスクッス大尉の脚を切断した恐るべき砲楯の落下は、「打撲傷」とは別だったのか？

　第七中隊には四〇人以上いる。だが軽症者やびっこ、病人、凍傷や熱、疲労のために上から投げだされたぼろ着同然の者すべてになると、ほぼ八〇人だ。負傷者のなかに、「軍務不能者」、労働者、運転手、下士官候補生などの仲間を含めて八〇人だ……稜線に登ったときは二二〇人だったが。

　まもなく二二〇人になる。必要な人員の同数を見つけてくるだろう。留守部隊で、できる限りのことをするし、うまく「解決する」だろう。ベルリュでは、我々はそれを疑わなかった。

　館の広間に坐るたびに、我々はまず同じ期待感をもった。四人しかいなかった。出された料理が分かると、我々は食べ始めた。リーヴ大尉は元気になり、数日後には、合流するだろう。そうすれば、少なくとも五人になる。

　ジャノはヴェルダンの病院で死んだ。フロカールも死んだ。私はもうあそこへは行けない、モンにもだ。

　私は日々、絶えず彼らみなに関する噂話を聞いていた。あまりに多く、どこでも噂話だ。ヴィストおばさんのところでも、しきりに彼らの噂をする者がいて、小声で思い出話などしない。ヴィストおばさんの娘たちはとても親切だ。しかしどうだろう……以前、我々は二度ベルリュに来ているが、彼女たちにとって、彼ら、戻って来なかった者は何だったのか？　かろうじて覚えているか、すでに忘れているかもしれない顔、まるで来たことがなかったような者の顔。たぶん我々がモンにいて、忘れてはいないはずの二人の女性を前にしてなら、彼の話をしたであろう。彼女たちだけは、そう、たぶん……

　自動ピアノの近くで、仲間のひとりが入ってきてすぐ、語りだした‥

「大隊のなかでは、軍事病院にラヴォがいるだけだ。彼にさっき会ってきたが、ノワレにも、だ。ノワレの隣りの部屋で昨日、フロカールが死んだ。彼は狂ったようで、日夜、四六時中ノワレを呼んだらしい。ノワレはそれで病気になって、傷ついた太腿よりも、そればかり聞いて参ってしまったのだ……牡蠣《かき》を持ってきたよ。ポタンの支店にたっぷりした身のマレヌ産〔フランス西部〕があった……これとシャブリ〔ブルゴーニュ産白ワイン〕はどうだい？　それとも重いのでいくか、何か？……ヴィルジニ！」

　なるほど、「たっぷりした身」だ、マレヌ産は。新鮮で丸々と太った身で、白ワインののど越しに次々と食べられる。ヴィルジニが微笑んで尋ねる：

「ねえ、ダストさん、歌は……『緑色のハツカネズミ』か『鉄道』は？」

それはいい……さあ、ダスト！　少し元気を出せ！

習慣を取り戻さなくてはならない、できるだけ早く、さもなければ、我々は投げやりになるだけだ。さあ行け、ダスト！……ダストが歌いはじめた：

さあ鉄道を楽しもうか？
この肘掛椅子は機関車だ、
この四つの椅子は車両だ、
さあ、われら乗客のご到着だ！

彼は駅長の笛、車掌の小さなラッパ、機関車の音をまねた。靴底で床をこすり、腕で連結棒が動くリズムをとり、「シュッ……シュッ……」とやると、ヴィルジニが涙の出るほど笑い転げた。

ああ！　彼らが残した虚しい空間の周りでは、すべて同じままだ！　数日後には、ほかの者がこの残された空虚の場を占拠しに来るだろう。誰か分からない。最初に来る者がわれらの愛すべき仲間であれば……仲間だけであれば、その方がいい。

やっと私の番だ、ヴェルダンへ行こう。この前のように、風呂に入ろう。またマゼル通りの理髪店にも行こう。民間人が私にする質問に何も答えなければ、何も変わらない。公衆浴場のボーイはバスローブを持ってきてくれるし、理髪店の女房は剃刀の刃を売ってくれる。

「写真はできていますか、マドモワゼル？」

「はい」

彼女は、まるで涙で曇ったかのごとく、靄がかかったような目で、相変わらず微笑んでいた。

「うまく撮れていますよ」と彼女は言った。

アンセルム氏は写真に自信があるようだ。手はポケットに、左脚を少し前にして、軍人風だ、まったくもう！　私はあまりに短い上着で、まるで絵はがきの立派な中尉殿だ。

「ところで、あそこでは大変な災難だったんですね」とリュセット嬢がつぶやいた。

私は相変わらず寂しそうに微笑んで、迷った：

「災難？……まあ、それはね……でも終わった。もう何も考えませんよ」

小さな店のなかで、私の声は空々しく聞こえ、ショーウィンドウの奥には、たぶん死んだ兵士たちのだろうが、ずらりと肖像写真が並んでいた。リュセット嬢が私の言うことを信用していないことは、よく分かった。控え目な様子で、彼女は私の手に、薄いバラ色の紐でくくった写真の包みを渡した。そして口早にささやいた：

「六枚余分に、私自身が、私の印画紙で刷りました。アンセルムさんは関係ありません」

「コック・アルディ」では、くすんだ金髪で、女装したロレーヌ人のゲイボーイの「マダム」が給仕して、すぐ行ってしまった。私の隣りのテーブルでは、数人の歩兵隊将校が大きなコップで何か蒸留酒を飲み、パイプをふかして、小声で話していた。二、三行書く合間に、私は時おり聞いていた。彼らは四人で、四人ともが非常に若く、二二歳くらいで、それ以上ではあるまい。

「私にはいましばらく時間があり、最近経験した日々のことを少し話してみたい。一七日、二時、工兵が掘っていた坑道が爆発した……」

最初の出だしから、また書きはじめた。私のペンは早い。それと意図せずとも、またもう抑えがたいこの書きたいという衝動に逆らえず、すべてのことを言う。

「彼は食べつつあったパン切れを、まだ手にしたままだった。ほかの二人はほとんど即死した。あとの七人は連れ出すことができず、坑道の漏斗孔に翌日まで残っており、私を呼び、飲み物を求め、私自身が使い切っていなければ、と私の拳銃を要求し、彼らの妻や母に手紙を書いてくれと懇願した……ポルションは朝殺された……私は三人の男と一緒に残っていた……この戦争は醜悪だ。四日間、私は泥と血、脳みそで汚れていた。内臓の塊りの形をしたものを滅茶苦茶に受け、舌を手にしたりすると、それに咽喉の奥がぶら下がっていた……」

私の近くで、若い下士官の一人が言うのが聞こえた：

「風は北東だった。彼らが塹壕で機具を背にしているのが見えた。ブドウ農家の噴霧器に似ていたな。突然、〔火炎放射器の〕炎の噴射が我々のところまでほとばしってきた。あちこちから皆が逃げ出し、炎が飛び散り、服に燃えかかった。男たちは服に火がついたので、怒鳴りわめき、速足で、塹壕の外に飛び出た……ああ！　ひどかったな！」

何の話だろう？　憤慨するようなことに違いないが、そんなことを言うにしては平静だ。

「そこにいたのか？」と、誰かが訊いた。

「もちろんだ、これは冗談じゃないぞ！」

ただ、憤慨するようなことではない。私はこの話し手と同じような平静さで、何か変わったことを知りたいという好奇心だけで聞いていたが、もう驚かなかった。

「私はあまりの醜悪さに、吐き気がした。私は自分が残ることを知っており、またそうしなければならない。私は自らにふりかかった責任を受け入れる。自分の力が損なわれたとは思わなかった」

かくして私の最初の手紙は終わった。かくしてまた私が、漏斗孔での恐ろしい夜、救護所のすぐ近くでのポルションの死を語る手紙も、その後のも終わるだろう……

「毎日がつねに危険をはらんで、脅威で重くなりつつ、積み重なっていく。だが私には過去と同じように、全面的な安心感がある……かつて以上に、勇気は忍耐強く、希望は穏やかであらねばならない。熱狂は不要だ。戦争は我々に一つの徳、諦念の徳を与えるものだ。諦めてあなた方から遠く離れて暮し、苦しみ、絶えず恐るべき無数の危険に立ち向かい、大切な仲間たちの死を甘受するだけで、彼らを悼み涙する暇もない……」

「お願いします、マドモワゼル」

ロレーヌのブロンド女がテーブルの片隅で紙幣を手に取ると、無頓着に釣銭を数えていた。

「さようなら、皆さん」

その後もう一度、私はヴェルダンに行った。川の明るい色の水に家並みが雑多に反映しているのをまた見て、夕方になると、宿営地の「わが本隊に戻った」。

毎朝、窓の向こうでは、白い鶏が堆肥の湯気の立つ山の上で、クゥックゥッと鳴いていた。脚はやけるようで、凍えはおさまるが、その間羽根布団の生暖かさが私の丈に沿って和らぎ、溶けてくる。ゴドゥ家のベッドのなかは、気持ちがいい。ヴィストおばさんの小さな広間で、ストーブとピアノの間にいるのも気持ちがいい。館の広間で、薪が明るく揺らいで燃え上がる大きな暖炉のそばにいるのは、気持ちがいいのだ。

一日一日と過ぎていき、すでに四日、今夜で五日目、やがて一週間になる。我々は単調な習慣に身を委ねていた。担架兵たちの家では、バンブルが自分の髪に櫛をかけているが、髪はこわばって平たく目に垂れている。ベジャナンは、頰に白く石鹼を泡立てて、髭を剃っている。ピエリュグ伍長とチビのヴァノワールは沸騰しているココアを見ている……ココアのアロームと、石鹼とオーデコロンの混じった香り、よく洗った肌の健全な赤み、シュヴェールでのシャワー、ヴェルダンでの入浴、毎日がふんわりした幸福なけだるさのなかで、たっぷり食べて過ぎていった。

兵たちはいまではもう、手紙を書かない。最初の日々は、私は納屋へ入るたびに、いつも何人かが地面に坐って、膝に背嚢をのせて、長い手紙を書き、私のように、すべてを語り、あまりに重い思い出から解放されているのを見ていた。書いたばかりの数ページを私に読ませる者もいた。彼らは、馬鹿正直にも、ドイツ野郎が上で投下した砲弾の口径を列挙し、括弧して一連の恐ろしい数字（七七―一〇五―一五〇―二二〇―三二〇―四二〇―五四〇！）として示していた。また彼らはこう言った：「もっと大きなのがあるかもしれないが、誇張してはいけません」彼らは単純にこうも書いている：「この砲弾で四人が死に、七人が負傷した」時おり、戦闘の一断片のような、生々しくホットな細部の記述が現れる：「何か柔らかく熱く燃えるような物体が私のそばを通りすぎ、ぞっとした。叫び声を聞きながら、我に返った。それは頭と腕だけの兵士の四分の一肉ブロックだった……そのときは、まだ誰か特定できなかったので、この胴体のない頭が誰のものなのか知る必要があり、中尉がこの死者は誰なのかと私に訊いた。そこで、頭の髪の毛をつかんで、恐怖と嫌悪で動揺する気持ちを抑えながら、この兵士の顔を認め、中尉にその名を言った……」彼らはまた、指で類似した一節を示しながら、こうも言った：「親や妻子などにはこういう状況を知らせない方がいいかもしれません。だが私の伝えたい気持ちはそれ以上に強かったのです」真実への欲求、免れたばかりの恐るべき現実全体を推しはかり、自らに「私はそこにいた。それを見たのだ、私は……いまもまだ、こうしてここにいるのだ」と繰り返したいという欲求から、彼らは書かざるをえなかったのである。

　私は、ル・ラブッスが村の救護所が大きな徹甲弾で押しつぶされたことを語る、長く衝撃的で熱っぽい話を一気に書いたことを知っている。それを読んだが、一種の長く抑えられていた叫び声だった。叫びを発した今は、ル・ラブッスは生き返ったようだ。彼の目にはもう、あの不具にも似た暗く、けだるい倦怠さは見られない時がある。カリション自身は髭を剃ってしまい、村へ行ったり来たりして、顔色は生き生きとし、新しい軍服をまとっていた。

　彼が最初だった。その後、大隊も「脱皮して」、生き生きとし、若返り、若い援軍で膨れ上がり、庭や通りはツルニチニチソウ色の淡青色の軍服姿の斑点で活気づいていた。すれ違うと、我々は我らが若い軍服姿に微笑みかけ、彼らみなが立派であることに妬みなどなかった。また鮭の缶詰、辛子やコルニション〔ピクルス〕の瓶などを買い、まだ仕上がりの固さが残る、新しい布地の肩掛け鞄に詰め込んだ。

　なじんだ古着、古い遊撃隊員風〔一八七〇年の普仏戦争時代〕の外套、後ろは分厚く、ほとんどバラ色で、天辺は日差しと雨に打たれて色あせた青いカバー（日蔽い）のなかのケピ帽など……お前たちともお別れだ。お前たちにはちょっと感傷的な名残《なごり》があるが、小包で受け取った幅広で黄緑色のゲートルは脚に巻いていくことにしよう。

　私は捨てていくそれらすべてを小包にして、ヴィスト親父の兄弟に預けた。最後に、紐をかける前に、テーブルの上で小包を開け、私のものだったこの哀れなる物を一つずつ列挙してみた。

「一足の靴……」それをコールの森の、枝を屋根にした穴で履いていたが、枝を通して、二日二晩、驟雨《しゅうう》に見舞われた。私は乾いた枝を燃やしたが、ひどく寒かったので、最後の燃えさしに枝を詰めこんだ。我々は五、六人だったが、枝の下で身を寄せ合って凍えていた。ポルションが殺され、パヌションが負傷した……ルー曹長は、指はニコチンで黄色くなり、頬骨はくぼみ、しゃがれた咳をし、サレは甘えん坊の気まぐれで、よく笑う男だが、二人ともほとんど不治の病人だ……一足の靴を、ヴィストさん。

「一着の外套」、私の外套。シャロンを出発する際に、それを背にしていた。先日、ラルダンとブアレの間にいたときでも、まだ着ていた。この穴、ここは、九月二四日、サン・ルミの森で一発の砲弾でできたものだ。この小さな狭い間隔のやけどは、両手に同じくらいあった。あるものは消えていた。一週間もすると、もうないようだった……さあ、ヴィストさん、包んでください！

全部包んで、もう何も見たくなかった。私を地面に投げだしたあの二発の榴散弾は、ヴォー＝マリの朝、マレの移動衛生班で私の背嚢で見つけたものだ。私の背嚢、わが古き「チロル製の」背嚢は引き裂かれ、穴が開き、あちこち縫い直してあった。なあ、パヌション、我々はそれを彼に投げだして、何度も針で直してもらったことか！……包んでください、ヴィストさん！　出発するときは、あの箒の柄さえもあなたに預けますが、知らぬ間に尖峰で、弾丸に貫かれ、折れてしまったので、これともお別れです。

もう考えないことにしよう。我々は新しく、清潔で軽やかな服を着て生き生きとしていた。毎晩、ダストと私はブリーズおばさんのところへ行って、担架兵たちと一緒になった。ただ、こっそりと行った。袖章のない担架兵たちは「兵卒」である。禁止されていたので、彼らとあまりなれなれしくしてはならなかった。

ドアを閉めたら、誰にも分からない。真夜中までいたとしても、誰にも分からない。ヴァノワールがバラ色の頬をヴァイオリンの光沢のある板にそっと当て、『タオ・タオ』や『ル・プティ・ソバージュ』、アリオーソ〔オペラなどの短い詠唱の途中に現れる楽曲・楽章〕の『ベンヴェヌート・チェッリーニ』をキーキー鳴らすと、ベジャナンが突然歌いだした。

「アンコール！」

「ああ！　もういい」とバンブルが言った。「変われよ……」

ベジャナンをもう聞かずに、彼はまた、ブリーズおばさんの前で、末の娘ラ・フェリシエンヌを撫ではじめた。麻色の髪、青い陶器のような目、ちょっと気難しそうだが平凡なみずみずしさだ。バンブルは彼女を膝にのせて、屈託もなく笑い、娘の肩越しに母親のやさしい微笑みを見ていた。

「彼らはやさしいですね?」とピエリュグが老婦人に言った。

　すると彼女は嬉しそうな顔で‥

「若いわね、この兵隊さんたちは。いっときのことだけど、まあ、それはいいとして……」

　もう一人の娘は顔を真っ赤にして、食べ、発泡性ワインを飲んでいた。料理をするのは彼女だ。バンブルは仲間たちを楽しませるように、彼女の食いしん坊ぶりを下世話にそそり、からかった。

　ダストが歌い、ヴァノワールも歌い、我々みなが窓を震わせんばかりに声を合わせて歌った。ブリーズおばさんは椅子に坐って眠いのか、舟をこいでいた、太っちょのブリーズは相変わらず食べては飲んでいて、頬は赤くなり、目は飛び出ていた。ラ・フェリシエンヌは甲高い声で笑うが、ダイヤモンドがガラスを軋《きし》るように、鳥肌が立つ笑いだった。

「パリの叫びだ、ダスト!」

　タバコの煙のなかで、ダストが立ち上がり、行ったり来たりするのがぼんやりと見えた。彼が声を限りに叫ぶのが聞こえる‥

「俺にはかぐわしいラヴェンダーがある!　美しいミモザもある!……」

「アンコール、ダスト!」

　ダストの声や抑揚、挙措《きょそ》には何世紀ものパリがある。バンブルは遠くを見るような目で、微笑んでいた‥

「ああ!　パリよ……」

　そして不意に付け加えた‥

「『二人の擲弾兵』だ、ダスト……楽しまなくてはな」

　ダストが歌い終わったときは、真夜中だった。ヴィストおばさんのところへ戻るには遅すぎた。合言葉を叫んだところで、ドアは開けてもらえないだろう。そこで、幾分重い頭で、冷たい夜のなかを立ち去った。歩道では、通りがかりに、台所の灰を風の吹きさらしに足でけり上げた。最後の熾《おき》がまたついて、赤くなり、消えた。たっぷりともう一晩、ゴドゥ家の深々としたベッドで六日目の夜だ。


命令書‥「ジュヌヴォワ中尉は第七中隊から第五中隊に配置替え、その指揮を執ること」第五中隊を指揮していたジェリネ大尉は後方へ移送されたばかりだ。リーヴ大尉は第七中隊に帰隊したばかりだ。これが三人への命令だ。

　もう一通の命令書‥「今日一四時に、勲章授与のため連隊の閲兵式がある」

　そのような立て続けの命令書は何でもないように見える。私にとってさえも。古着を捨てたのだから、第七中隊も捨てることができよう……だが本当に捨てられるのか？　私は大隊では必ずしも「重要」ではなく、第七中隊は相変わらず私のそばにあり、相変わらず多少はわが中隊なのか？

だが第五中隊の二〇〇人、これから知らなければならない見知らぬ二〇〇人は？　経理、俸給は？　日常生活は？　報奨金は？……足がつかず、息苦しい、海岸も見えない大海も同然だ。なんと多くの無用の書類、なんと多くの報告書、なんと多くの通達文、なんと多くの経歴書だ！　すべてに名札、それも毎日だ。ビスケットにも、コーンビーフの缶詰にも、塩味ポタージュの固形体にも、薬莢にも、兵卒にも、だ。それも毎日変わる！　そして毎日その繰り返しだ。

事務所は村の上の、どぎつい緑色に塗られたドアの家にあった。書記が書類で奮闘していた。シャブルディエは私に当てがわれた曹長で、痩せていたが私には好意的だった。レオスティックは給養軍曹で、眼鏡をかけた修道会員、内気だが魅力的で、彼を稜線で見た者はそのすばらしい勇敢さを繰り返し言っていた。ベネッスは給養伍長で寸詰まりの小男、「よく咳きこみ、夢想にふけり、熱中しやすい」、生来の小使然とした、わが二五歳のスープ係だ。

事務所に入るたびに、同じすえたインクと腐ったような糊の臭いでのどが詰まり、吐き気を催した。慣れの問題だ。一時間後には、もう考えなかった。確認してサインし、くまなく問いただした。シャブルディエとは別人の男に、私は率直に自分の無知を認めたことになる。彼に対しては、受けの姿勢のままだった。

いま目覚めてからも、まだ眠りの朦朧とした状態に落ち込んだままで、緑色のドアの家を見ていた。毎朝、集まった小隊の真ん中で、私は一人ひとりの顔を不安な気持ちで見た。だが自信があった。彼らをこっちに引きつけてみよう。「命令書」で放り込まれた、大いなる未知の世界で、そっと手をのばして手探りし、すでに心のなかでは、執拗で強い希望を秘めていたが、しっかり歩んでいこう。

もう一つの命令で、連隊じゅうの大隊が村の下の、オダンヴィル街道近くにある大草原に集結していた。長くのびた三列縦隊で、一つは暗い青色と色あせた赤色、あとの二つは薄い青色だった。四箇中隊が欠けているが、上の高地にいた。我々は、ボワルドン大佐が、残っていたレ・ゼパルジュから全中隊一緒に休憩するよう執拗に要求していたが、拒絶されたことは知っている：「一〇六連隊は持ち場を確保し続ける。中隊は順番に必要な休憩を取ることとする。それは内部調整できる簡単な問題だ」

我々は大草原の真ん中で、集まれるだけ集まって最も数が多かった。青白くも青くもある空には陽が照っており、灰色がかった薄紫色の靄は地平線上に消えていた。

「着け剣！」

ラッパ手。将軍はギャロップで、副官の大尉はその後ろをギャロップで続く……頭上では、銃剣に細長い明かりがついて、揺れている。

「軍旗敬礼！」

それも済むと、将軍が地上に降り立つ。列から出た一人の男の胸に、戦功章をピンでとめると、彼は再び騎乗した。

「縦列行進……」

セネシャル少佐が前へ出る。どこでも、将軍の声が日の燦々《さんさん》と照る空に震え、熱っぽく響くのが聞こえる：

「少佐、貴官はよかったな。ここですばらしい連隊を持った！」

我々は、不動の姿勢で我々を見ているこの高官の前を脚をのばし、頭を直立し、行進した。我々は、聞こえてくるよく通る言葉の力と、すばらしい連隊の兵士である我々に、通過する際に向けられる泰然自若とした眼差しに鼓舞されて、自らに誇りを感じた。

大隊では、第六中隊に戦功章者がいた。彼が村の通りを行くと、仲間が「戦功章を受けた男」はどんな奴かと好奇心から振り返ってみた。頭を短く刈ったブロンドの若い志願兵だった。彼はまつわりついてくるこの視線に困惑して、足早に通っていった。同輩たちは、心の底では、自分たちと似てなんの変哲もない男を見て、多少は失望して遠ざかった。

じろじろ見ていたこの同輩たちも、赤ズボンの男たちで、着古した服にレ・ゼパルジュの乾いた黄色の泥をつけて、上から下りてきたのだった。最初の日々は、気晴らしに我々も彼らが通るのを眺めていたが、今度は、彼らが真新しい薄青の服を着て、シュヴェールでシャワーを浴びて休息し、髯を剃って、そのうち我々のように、経験したばかりの悪夢を忘れるだろうと予想していた。

さあ今度は、ああ！　今度は、我々が彼らに話さねばならない。まず、第一大隊が出発した。次いで、第三大隊が出発し、その間に第一大隊が戻ってきた。二日目の昨日は、第一大隊がベルリュを去り、第三大隊がそこに戻った。我々の幸運はやがて終わり、それに身を委ねたままでいることは思い違いだと分かった。彼ら、参謀部は我々のことを考慮していたのだ。我々のことを考慮することは決してやめず、我々にもあのまた元気そうになった顔、あの土気色の青白さの後の明るい顔色、あの戦闘の熱気に満ちた光が消えた穏やかな目が戻ることを待っていたのだ。私も、ちょうど今朝、送った手紙の一つで、「私は自分の体にびっくりした。これほどの抵抗力があることが分かった」と書いたではないか？……彼らも我々の抵抗力を認めた。九日間もかけて待ったのだ。本当は、我々は文句を言う必要などなかった。

しかしながら、厳しかった。数時間前までレ・ゼパルジュにいて、戻ってきた者たちの言葉がほとんど分からなかったのだ‥「砲弾？　四六時中だ、昼も夜も……犬の吠えるように、ずっとかって？　もちろん、そうじゃないが、四六時中、昼も夜もだ……負傷者？　当然だ……多いかって？　かなりの数だ……」

我々はもうベルリュを去ったが、すでに我々の思いは上の高地の方へ引っ張られていた。彼ら、下りてきた者はさらに言った‥

「お前たちに分からせるのは難しいな。規則的に一つ、二つと落ちてくる。一つ、二つと……時計の振り子のようにだ。それほど早くではない。一つ、二つ。一つ、二つと。だが四六時中だ。理解するには、まあ、数日間はかかるだろう」

またさらに言う‥「なぜ尖峰に登らされるのか知っているか？　ドイツ野郎が我々の交通路を抑えているからだ……それが妨げになったようだ。だが長くは続かなかった。それで、尖峰にいたときだが、コンブルで奴らを倒したな？　ドイツ野郎はもう交通路を抑えられないから、妨げはなくなったわけだ……やれやれだな」

我々は、戦争当初の頃、ヴァシェロヴィル街道を通っていく負傷者に聞いたように、控え目だが不安げな面持ちで、聞いていた。時おり、風が吹くと、遠くでする重くるしい音、かろうじて聞き取れる大砲の音に不安そうに耳をそばだてた。

進発三時、行進順先頭第五中隊。我々は固い轍でくぼんだ道をよじ登り、ロゼリエ街道にたどり着いた。溝端に坐っていた男が私に挨拶してきた。第七中隊の炊飯兵ブレモンだった。

「そこで何している？」

「中尉殿を待っていました……お別れを言うために」

「病気か？」

「除隊です、中尉殿、六番目の子ができたため……またご幸運を、とも申し上げたかったので」

「ありがとう、ブレモン」

「仲間たちにも、幸運をと伝えてください」

「ありがとう、ブレモン……なあ、お前には満足、感謝しているよ」

この男も、見るのはこれが最後だろう。だが共通の運命に対する何という心あたたまる感謝の気持ちか、あの五日間の戦闘後、彼、少なくとも彼だけでも救われたということは何という喜びか！　しかもあの五日間に、六人の子の父親になって、今は道端に坐っているとは！

カロンヌ。ソムディユ街道を右手に残していく。トロワ＝ジュレと道路作業員小屋。今度もほかの場合同様、通過した行程から次の行程へ、それぞれの森のブナから次のブナへと進んでいく。我々は黄昏どきの靄のかかった灰色の広いヴワヴルへ下って行く。この広がりに火が点々と突き刺さったようにともり、絶えず消えてはまたついている。時おり、それは火花を引きずったように流れていった。そして深まる夜のなかで段々と輝きを増した。我々は、ただ淡々とつねに同じ歩調で、レ・ゼパルジュ街道を進みながら、眺めていた。

ユールの前方に、モンジルモンがのびている。その上、少し右手に、尖峰が、まさに我々が探していた場所に、その瘤だらけの脊梁をそそり上げていた。一〇日前のように、赤くはかない明かりが絶えずその後ろで揺れ続けている。それは、夜空の端に暗いが滴る血のような赤さで、次から次へと現れた。夜のしじまが陰にこもった爆発音で激しく震え、蓋をするようにまた落ちていった。

我々は行進し、段々と近づいた。いまでは、弱くかすかな音で砲弾が遠くから、歩んでいる我々の頭上を間延びしながら飛んでくる。そして黒い稜線上でちょっと迷ったかのように停止し、次いで揺れる赤い光を残して、空に消えていった。

打ち砕かれた家並み、小さな十字架像、ロンジョ川にかかる石橋。我々は、前からある水たまりに足をとられ、揺れる板の上をよろめきながら進んでいった。そしてまた登りはじめる。足下では、しつこく冷たい泥、冬のレ・ゼパルジュの泥がはねかえっていた……もはや何も見ず、何も聞かず、ただひたすら歩く。前方では、夜が相変わらず同じ赤く鈍い明かりのなかで震えていた。明かりの一つが消えたかと思うとすぐ、大気がうんざりする風切り音で震え、破られた沈黙が鈍い爆発音でまた乱れる。空の同じ場所に、やはり赤く鈍い別の明かりが揺れていた。およそ無関心な広大な空間のなか、慣れ親しんだ野蛮な儀式が行なわれる、まさに世界のこの地点で、我々はその終わりに立ち会っているかのようだった。夜、稜線、砲弾。我々はまた上まで登っていく。

V　墓穴

三月四―一三日

「ああ！　裏切り者め！　ああ！　下種野郎！」

シャルナヴェルは、外套の袖を肩まで引き裂かれ、長い鮮紅色の血筋をむき出しの腕全体に縞状にたらして、回廊に飛び込んできた。

「見えるよう近くまでこい……お前の包帯箱は、私にはもうないんだ」

「ギユマンが殺された」とシャルナヴェルが言った。

「誰だって？」と前に出たシャブルディエが訊いた。

「ギユマンだ」

「ほかには？」

「いない」

シャブルディエは次の状況、「一日に二回、報告書に添加すべき死傷者状況」に備えて、手帖をチェックした。

シャルナヴェルはヨードチンキの刺すような痛みに顔をしかめた。最初は非常に青白かったが、少しずつ顔色が戻ってきた。彼は穴だらけになった腕の軽傷を仏頂面で見つめてから、言った︰

「運がなかったな。二週間分はあったはずなのに……」

「坐れ、終わったぞ……タバコか？　パイプか？」

「タバコを、中尉殿」

彼は、回廊のデコボコの地面の底に、板枠に背をもたせかけて坐った。静かにタバコを吸っていた。そして村に下りるために、夜のとばりが下りるのを待った。

坑道の漏斗孔では、工兵たちが三つの、それぞれが深さ約一〇メートルのたまり場を掘っていた。男たちが詰め込まれ、食べたりタバコを吸ったりし、眠るか物思いにふけって、銃眼に上がる順番を待っているのはそこだった。高さ一メートル五〇、幅は少し狭く、固い厚板の坑木でかろうじて壁土の圧力に抗し、支えられていた。誰も動かず、ほとんど息もせずにいたが、それほど、かなり強い臭いに毒されてよどんだ空気に、時々死体のありきたりの悪臭が漂い混じって、のどが詰まったのである。私の近くでは、回廊の地面の底が薄い粘土層の下にいる死者に押されて、盛り上がっている。その呼気が、光輪のようにその上にかなり濃密に漂っていた。回廊の突き当たりの、青白い長方形の光のなかに、何か黒いものが突出していたが、入口に現れた死者の足の形のようなもので、誰もが通りがかりに引っかかった。

蠟燭は悪臭のする雰囲気のなかで、じりじりと燃え、揺れていた。電話はケースのなかで邪悪な悪霊のように絶えずうなっていた。一日中、一晩中うなって、砲弾のように悩ませ、消耗させた。上の高地では、砲弾が単調な重いリズムで地面を打っているのが聞こえる。時々、近くに落ちると、回廊の壁が型枠の板の後ろで、ゼラチンのように震えた。もっと近くに落ちると、蠟燭の炎が青くなって横になり、消えた。

シャルナヴェルのそばでは、ほかの二人の負傷者が夜を待っていた。グリフォンとジェルメスだ。彼らの名前は知っている。彼らが去っていくいま、私はその顔の特徴も含めて彼らを忘れないだろう。

シャブルディエが執拗に尋問している︰

「お前の名前……生年月日……徴兵年度……どんな状況で負傷したのか？……」

彼は大きな用紙の長ったらしい質問表を手にして、話しながら書いていたが、痙攣で指が引きつると、書くのをやめて、後ろで準備していたレオスティックの手に鉛筆を渡した。

「なぜ回廊のたまり場にいなかったのか？」

これは最後の肝心な質問だ。これを聞くと、負傷者たちは青ざめて微笑した。

「これは記入しておかなくてはならん。軍本部の要請だ」とレオスティックは言った。

彼らに気配りしすぎたか！　回廊を「満員になる」がままにしておき、前線では最小限の兵員だけで維持するという、わが惜しむべく傾向を非難されるとは！　では、銃眼ごとの監視兵は十分ではなかったのか？　漏斗孔と射撃塹壕の間は交通壕から一〇メートルだ。交通壕は非常に大きく、二人の男が横に並んで通れる。まもなく、夜になっても、彼らはみな戦闘位置につくだろう。

たまり場の片隅に縮こまって、砲弾の落ちる音、電話のうなる音、飛び込んで侵入してくる負傷者のなかでは、もうほとんど何も考えられない。長らく私は、名状しがたい寂寞感と、全神経に感じた無為のメランコリーに心締めつけられていた。ただそれでも、この明白なる事柄に突然幻惑されたので、私は考えざるをえなかった。「神経過敏なのだ！」私も敏感すぎるのか……ボワルドン大佐は、部下の一人が死ぬたびに苦悩し、それを隠せない自尊心もあったので、非難されたことがある。誰でも感受性が強すぎて、自分のだけでなく、他人の生命も愛するほどに十分生命を愛するとき、また戦争がこの愛を抑えるどころか、戦争がもたらすあらゆる傷を通してむしろこれを称揚し、激化させているとき、ひとが本当の軍事指導者であり、よき将校であることは難しい。

たまり場の思い出のなかで、もう一つの明白なる事柄、つまり、これまで読んだことがある偉大なる書から、必要に応じて我々の想念に浮かんでくる、あの思い出である。私は、あのすばらしい『戦争と平和』のなかの、軍事会議におけるアンドレイ公爵の考察を思い出した：「よき大尉は天才であるとか、特別な性質を持っている必要はない。まったく逆で、人間の最も高尚かつ崇高な面、愛、詩、愛情、探求的で哲学的な疑念などに、彼は無関心であらねばならない。むしろ偏狭で……あらゆる愛情の外にあり、いかなる憐れみの情も持たず、決して熟考することなく、正と不正がどこにあるかなど決して自問してはならない。そうしたときだけ、彼は〔大尉として〕完璧であろう」さらに彼は思う：「成功とは彼ではなく、〝負けた〟とか〝ばんざい！〟と叫ぶ兵士次第である。我々が役に立っているという確信をもって参戦できるのは、そこ、その隊列においてであり、そこだけである」

それは本当だ、確かに本当だ。私は目の前のシャルナヴェル、グリフォンとジェルメス、夜を待っているこの三人の負傷者をしかと見なくてはならない。または蠟燭の下にかがんで、雑多な書類の整理で手を真っ黒にしているレオスティックや、わが伝令兵エヴェイエ、ヴァンジェール、オブニシュ、ピヴァ、四人ともが並んでうずくまり、砲弾の危険に身をさらそうと身構えている姿を見なくてはならない。またはこの男たちの誰であれ、顔は影に隠れ、肩は青白い明かりで縁どられ、銃眼に登る時間か、または戦うか、必要ならば、戦わずして死ぬことになる時間を待っている者たちを見ると、私はそれが本当であることを涙が出るほど痛切に感じた。

何度も私は、まだ葬られていない者たちを振り返って見た。ブアレ、ラルダンはもういなかった。だがルガレとラヴィオレットは同じ場所に残っていて、人間としての外観は静かな栄光を伴ってもう大地に混じり、悲痛な教えを放っていた‥

「我々はもはや死者以外の何者でもなく、そこに死体を残すことが、我々を知っている者にとってその証拠となる」

戦争……多くの欲求、野心、皮相な対抗意識、階級章の夢、メダルや勲章、いかがわしい事件、冷静に計算され、隊列から遠ざかるにつれてより恐るべき、殺人的なものになる企て、稜線が失われたという知らせに、電話の向こうで聞こえる将軍の震え声、架空の特典に対する辛辣な不平、留守部隊から我々にはねかえってくる遠くの陰謀、タバコに酒盛り、痴呆状態。お前たち、ルガレとラヴィオレット、お前たち、ビュトレルとシコがいない戦争とは一体何だったのか？　誰が両手でお前たちの命を奪ったのか？　誰が銃弾の飛び交う漏斗孔の縁まで彼らを一挙に押し上げたのか？　私は我々を思い浮かべる。私はあの高地で彼らと一緒にいた自分を見る。それは私の裡にある哀れなる大きな誇りであり、赦《ゆる》しを感動的に確信することなのだ……私は撃った。仕方がない！　そう、私は撃った。では上の高地で突進したとき、それは殺す喜びに向かってか、姿を見せようとしていたドイツ人に向かってなのか？　私は服従した。わが命にもかかわらず、わが命に反して、私はわが命を銃弾にさらして、自分の拳銃を手首に当て、撃っている間はそのままでいるという、あの異様かつ無謀な行為をしたのだ。もう我々しかいない、我々だけだ。死んだ者。死んだ者の間にいて、彼らのように死ぬ勇気があった者はもういない。

私はうんざりしていた。電話は相変わらずうなっている。シャブルディエは相変わらず書いている。蠟燭の炎は近くで砲弾が爆発すると、青くなり、横になった。膝に板をのせて、私は明日送る手紙を走り書きした‥

「上の高地で過ごす四日間はまだ終わりません。動けないし、ひと息つくこともできない。回廊には、負傷者たちが下りてくるし……」

「私は彼が最初に負傷した場所から数メートルのところで書いていています。砲弾は絶え間なく落ちてきて、地面は死体で一杯になり……」

四日目の晩になると、退去することになっている……退去する？　澄んだ空気の下、砲弾の衝撃を受けつつ、ふらつきながら逃げ、退去していくだけで、その間も砲弾は相変わらず稜線上に一つ二つ、一つ二つと落ちてきた。

三月九日、ベルリュから

「蛇腹付きの肩掛け鞄とゴム製短マント、爪切り受け取りました。ヴェルダンの写真を送ります。ここに二人の東部鉄道員がいて、三〇分後にシャロンに帰っていきます。二日後にはこの手紙を受け取れると思います……」

三月二日、レ・ゼパルジュから

「司祭の部屋にいますが、何度か話した部屋で、ドイツ野郎のすぐ近くです。この作戦中か、その前、彼らはあそこに我々の司令部があることを知ったようです。それで、大口径で撃ってきました。二一〇ミリ砲は家の半分を完全にぺしゃんこにしました。一五〇ミリ砲は屋根に穴をあけ、隣室のカリヨン付きの柱時計の近くに落ちたが、爆発はしませんでした。砲弾はまるまるそのまま残っていて、音もしません。ただどこかの馬鹿正直がこの照明弾を蹴ったりするのが心配で、周りに小さなバリケードを立てました。部屋は積み重なった切り石を除いて、立っています。花模様の壁紙にひっかき傷はありません」

三月一三日、レ・ゼパルジュから

「苦難の時期。喪に次ぐ喪。先日話したあの司祭館の部屋でこの手紙を書こうとしていたら、大隊長付きの伝令兵が駆け込んできました：

——中尉殿、災難のことを聞きましたか？

——どうした？

——二発の一五〇ミリ弾が丘の斜面にある大佐の旧塹壕に落ちました。そこにはセネシャル少佐が、昨日到着したヴァネル少佐とアンドロ大尉と一緒でした。セネシャル少佐が殺され、ヴァネル少佐は両眼をえぐられ、大尉は重傷です。大隊軍医補も殺されました。どれだけの自転車伝令兵や伝令兵が死んだのか分かりません。

というわけです。連隊はまたもや大隊長を失ったのです。大尉は三人残っています、すぐに軍曹や特務曹長などの下士官が任命されても、一〇六連隊は再生できないでしょう。立派な大隊だったけど……〔ここから独白調〕ドイツ野郎は五か月間も稜線を占拠していたが、我々が追い払ったことをよく考えてもらいたい。彼らは一メートル単位でよく知っていた。砲弾すべてが命中した。それでも前進せねばならない！　戦闘の真最中に一発、それも承知だ。ただ、隠れていた溝の底で、死の恐怖に押しつぶされ、じっとしているのは、もうごめんだった……五時一五分。日は陰ってきて、部屋は灰色の影でうす暗くなった。絶えず、窓枠が爆風で震えていた。うち捨てられた庭は忌まわしく、廃棄物で汚れ、亀裂の入った壁には大きな裂け目ができていた。喪と寂寥感。砲弾でくぼんだむき出しの大地、裸にされた木々、散在する死体の放つ悪臭……昨晩、私はセネシャル少佐としゃべっていた。彼は勲章を授与され、見せかけでなく、率直にそれを喜んでいた。彼があけっぴろげの陽気さで喜んでいるのは好ましく、それは善良であるという彼の態度のあらわし方だった。我々がほとんど毎日一緒に暮すようになってから四か月になるが……ただもう一人の少佐にはまったく会ったことがないが、えぐられたという彼の目が私に憑りついて離れない。彼は昨日アーヴルから着いたばかりで、前線ははじめてだった。今夜、彼は盲となって、帰っていった。また私は他の者たち、ポルションのこと、その額をふさいだ傷、火薬の黒い穴の近くで、血だまりに横たわった大きな身体を思い起こした……夜だった。蠟燭がともった。私はテーブルの片隅でひとり夕食をとりにいく。部屋の奥は暗かった。今夜は、暗闇はさまざまな顔で一杯だった。二度と会えない顔で……」

この同じ夕べ、ダストが司祭の部屋に入ってきた。彼は背嚢をはずし、壁に立てかけると、テーブルの前に坐った∴

「何かご用は、中尉殿？」

「ええ？　まさか、お前がここへ」

「いえ、本当で、そのうえ、わしはこの第八中隊に配属されました……第八中隊を指揮するのは植民地軍の鼻眼鏡のデボネールで……仲間たちと別れるのはさびしいですが、中尉殿と一緒に行けるのが嬉しくて」

「火船のなかで、火酒で乾杯か？」

「まあ、そんなところで」

「この大椀で、か？」

「たらいで！」

ラム酒は炎を高くあげて燃えた。我々は一層沸騰させ、焦がしたカラメルでどろりとさせて飲んだ。いつもの『緑色のハツカネズミ』は歌えず、『二人の擲弾兵』も歌えない。我々は長らく喋っていたが、そのうち蠟燭が燃え尽き、炎が傾き、溶けた蠟のなかでジジッと音を立てると、すぐに二本目の蠟燭に火をつけた。外では、砲弾が丘に落ち、凍てついた空のなかで乾いた音で炸裂していた。ボワ＝オーの機関銃が間をおいて、激しく叩いてきた。夜のしじまに、煥が暖炉の格子のなかで、かすかな音で崩れ、かたまり落ちた。

「とくに」とダストが続けたその時、自動消灯スイッチが階段を照らした。「ご存じでしょうが……わしはとんでもなく神経質で。あのとき、いかれていました。あれ〔女房〕はわしを待ってなどいませんでした、まったく……ドアを開けたときの、あれの叫び声！」

部屋はもう我々だけではなかった。ひとの気配が息づき、生暖かい空気のなかで生き生きした物がかすかに触れ合い、我々の顔にやさしい憐れみの情が浮かんでくる。

「ピュトマンが今朝知らせを受けました。男の子だったそうです。わしのところは、六月末か、七月上旬の予定ですが」

ダスト、そのくぐもったような声でとめどなく流れてくる話をもっと話せ。もっと話せ……我々はもう先々長くはないんだ。


我々は翌々日も一緒にいて、掩蔽壕を見に行った。丸太と土の屋根は動いていなかった。砲弾が実際どこに落ちたか探した。だが一五〇ミリ砲二発だ、どこだか、目につくはずだった。

「ここです、中尉殿」と聞いたことのある声がした。

振り返って見ると、太ったセルフイーユで、かつて第七中隊でボンボンヌと呼んでいた男だ。

「わしは知っての通り、野戦電話係でした。一昨日、担当部署がここで……ああ！　まったくとんでもないことでした！」

彼は、丸太の三重の厚さに、パンチで開けたようにできた黒いごく小さなくぼみを指さした：

「最初の一発はこの場所、ちょうど石畳のない所を叩いてきました。掩蔽壕じゅうが煙で一杯になり、破片が外に飛び出したんです。一瞬後、二発目が穴を通ってきて、なかで爆発しました。そのため甚大な被害になったんです」

そしてこう語った：セネシャル少佐は頸動脈を切断され、ヴァネル少佐は両眼をえぐられ、頭蓋もへこんだ。自転車伝令兵二人が殺され、アンドロ大尉は太腿を砕かれ……モリソ軍医補は身がまっぷたつに切断された。一方に脚が、他方に上半身が転がり、肺は丸太に引っかかり、肉片があちこちに散らばっていた、と。

「とにかく入ってください、見れば分かりますから」

そこで入ってみると、掩蔽壕は裸で何もなく、二、三人の男が掃除し終わり、錆びついた古い銃、背嚢、工具類の柄、なんなのか見分けもつかない惨めな残骸を外に捨てていた。砲弾の穴からは、ひと筋の日の光が差し込み、刃のようにきれいで青みがかっていた。我々は足下に、同じような弾力性のある物が転がっているのを感じた。下を見ると、土ぼこり色の塊りであるのに気づいたが、踏みつけると赤くなった。

また目をあげてみると、黒っぽい毛で覆われた大きな皮膚のぼろ切れが内壁に張りついているのが見て取れた。

「彼の頭だ!」とセルフイーユが言った。「死ぬまで見ていた両眼だ、分かりますか。どう考えたらいいのか? まるで死が土底に突き刺さったままでいるかのようだ。もうそれを見ていることはできません、習慣になっていましたが……」

我々は明るい日差しの下に出た。敷居口で会った伝令兵が私に対壕四の掩蔽壕まで上がってくれと伝えたが、そこでリーヴ大尉、今は大隊長が中隊指揮官を召集しているという。

一時間後、また下に降りると、ダストが待避壕で私を待っていた。

「どうでした?」

「やはりそうだ」

「いつです?」

「明後日だ。休息中の大隊はもうベルリュを去った」


今回、稜線の東部作戦区で、CとDポイント方面を攻撃したのは一三二大隊だ。攻撃の日まで、満天の星空の夜は凍てついており、明け方から黄昏どきまでは、まばゆい太陽が雲一つない、冷たく澄んだ空に浮かんでいた。

一八日の朝、私はダストに中隊を託し、ヴァン特務曹長とドラゴン軍曹と一緒に、攻撃中で我々を必要とするかもしれない者たちの方へ行く道を偵察に行った。また森の中で峡谷を見たが、森は腐食して黴がついており、地面は、きらめく太陽の下で、緑と鉛色の泥で粘ついていた。我々はあそこで暮していた日々を思い出し、遠くなった思い出のなかで、果てしなき冬に備えて、我々に従ってついてきてくれた男たちに一層憐れみを覚えた。時おり、上の高地の小さな樅の木から発射された弾丸が、残っていた最後のブナの間をピューと飛んできた。我々は狙われ、卑劣な脅しにさらされていると感じたが、ピューと飛ぶ弾丸そのものがもういつもの響きではなく、低く鈍い、おかしな甲高い音で木陰の下を飛び去っていった。斜面をよじ登るために辿っていた最初の獣道で、工兵が頭を割られて倒れており、近くには大きな電話線コイルが転がっていた。我々は運よくそれに気づいて、危ないと思い、また下に降りた。

だが長らく、逃げ道を探してさまよい、いつまでも同じ不安、至近距離から狙われているという緊迫感で追いまわされ、樹間から今にも撃ち殺そうと構えている銃身に追尾されていた。我々は非常に長い回り道をして、ほとんど平原の縁まで来て、森の北はずれから戻った。地壁では、日を浴びて、一三二大隊が背嚢を地面におき、その上に銃をのせて集まり、待っていた。襲撃大隊である。その中を一人ひとりを見ながら、通っていったが、男たちは数え切れないほどいるように思われた。

彼らが攻撃したのは午後だった。我々は枝屋根の待避壕にすし詰めになっていて、大爆撃中は、斜堤《しゃてい》に向かってうずくまり、彼らを見なかった。丘全体が強い震動で激しく揺れている。真向かいに見えるモンジルモンは泥まじりの煙を吐きだしていた。大きな重砲弾がユールに落下し、樅の木をまるごと引き抜いて旋回させ、打ち砕き、倒した。

とりわけ、絶え間なく、砲弾が頭上を甲高く切るような、不快な音で飛んでいくのが聞こえた。砲弾は峡谷の底まで襲いかかり、あまりに激しいので、破片が我々のところまで吹き戻ってきた。それは大きな砲弾ではなかったが、空気を引き裂いて飛んでくるたびに、頭を下げるほど、殺人的な力があるように感じられた。

「オーストリア製八八ミリ砲だな」とフリック大尉が言った。

「まったくひどいもんだ」

思い出のイメージが突如、はっきりと浮かび上がる。野戦電話担当下士官が斜堤の上に立って、狂ったような大騒音のさなかで、見事なほど落ち着いて、切れた電話線を修理していた。ダストは激した冗談を叫び、男たちは彼の周りで笑っていた。ボコ工兵中尉はコダックを腹にして、爆発の様子を写真に撮っていた。煙は斜面を転がり、辺り一面にあふれ、空を隠し覆った。大地は一層激しく揺れた。相変わらず八八ミリ砲は鋭い風切り音で我々をかがませ、峡谷の底を激しく襲っていた。

「空雷だ！」

この魚雷型爆弾は斜め左右に揺れ、垂直に落下するが、着弾するのをためらうかのように静かに落ち、次いですぐに大爆発し、地面が次々とできる爆弾孔でえぐられ、土と煙の異様な円柱がもくもくと立ちのぼり、空高く三〇メートルで濛々たる煙となって揺れていた。

ボコは熱狂して駆けつけた。半分になった銃を振り回していたが、銃身は空雷の爆風でねじ曲がっていた。彼はそれを見せながら、どの音節にも響くガスコーニュ訛りで言った……

「空雷が落ちて、彼らを殺した……もう一発落ちて、やはり彼らを殺した……そこでこう思った。わが哀れなるボコよ、お前はやられてしまった、とな」

それでみなが笑った。ボコも一緒に笑い、コダックを撫でて、静かにつぶやいた……

「やはりいい写真が撮れたな！『グランド・イリュストラシオン』にも送ってやろう。そっとわしのイニシャルを入れて……なあ、いかさまはないよな、このドキュメントは？」

前方遠くで、銃撃が雷のような爆発音を響かせていた。もううす暗くなっていて、煙のくすぶる黄昏どき、最後の砲弾の明かりが峡谷の黒い草叢に青白い炎、一種の月光色のはかない星屑のような光になって見えた。

この最初の夜から、私は大隊命令に悩まされた。まず「口頭命令」。伝令兵が板囲いの待避壕に、息を切らし、ひび割れした赤い顔で、口髭を霧氷《むひょう》で光らせて持ってきた。

「全中隊上に、です！」

「上とは、どこだ？」

「上にです」

伝令兵は自分で付け加えた：

「どこかは分かりません。全対壕がはち切れるほど満員です」

「それじゃ、このまま下にいる。戻ったらそう言ってくれ」

「分かりました、中尉殿」

三〇分後、「書面命令」だ。「第五中隊全員上に」一瞬迷った。紙の切れ端の裏に、さっきの質問を殴り書きした。「上とは、どこか？」次いで不意に立ち上がって、伝令兵に「私が行く」と言った。

地面は凍って、ごつごつとして、足が傷つくようだった。月は出ていないが、星の瞬く夜は水晶のように透明だった。時おり、固くなった泥の地殻が厚紙のようになって裂け、脚が下で、水たまりにくぼんで落ち込むと、その冷たさが肌にしみた。砲弾は見えないまま落ちたり、またかつての夜、道路上で遠くに見たのと同じ、あの陰気な赤い明かりを土手の上で揺らしていた。

私は長らくひとりだった。曲がり角で、誰かが私と同じように、すさまじくシューッと飛んでくる爆弾を避けて、岩壁に隠れていた。同じ炎で目がくらみ、我々は互いに前へ手をのばして探ってみた：

「ドゥヌフプランシュ曹長、機関銃手」

「ジュヌヴォワ中尉」

我々はまた各人それぞれの方向に向かった。もっと先に行くと、あえぐ声が聞こえてきて、泥にはまった、ひどく重い足音がして、交通壕の狭くなった通路で担架がきしむ音がした。

「どいてくれ……病人だ」

照明弾があがり、まぶしかった。脚を砕かれた男が褐色の染みのついたテント幕に横たわっていたが、顔を見ると……デュロジエだった……彼は静かにうめき、絶望と驚きにあふれ、大きく目を開いていた：

「ああ！　中尉殿……」

彼も私が分かったようだ。担架の縁に指を出して、強く哀願するように繰り返した：

「手を……手を……」

彼の方にかがむと、私は長くその両手を握っていた。涙がその顔に流れ落ちたが、まるで殉教者が恐ろしく光る涙を落としたかのようだった。彼は断固として哀願するような同じ声で、つぶやいた︰

「もうわしを恨んでいないでしょうね？……」

私はその手を一層強く握っているしかなかった。彼に対してはほとんど何も感じなかったのだ。

運搬兵は遠ざかって行った。私は相変わらず歩いた。ところどころで、対壕の入口からは、凍ったテント幕の下に、靄の立ち込めた明るい光の広がりが流れ込んでいた。私はテント幕をぐるっと上げた。敷居口の階段から影で濁った底まで、灰色の煙で覆われた蠟燭の下で、対壕は雑然としたひと塊りになった男たちであふれていた。対壕四、対壕一三、第一掩蔽壕、どこでも同じ男たちの厚く膨らんだ列、枠組みの板に向かって押し込められた同じ素地、気質の男たちだった。デボネールにもルビエールにも会った。彼らに訊いてみた︰

「前線では、援軍が必要なのか？」

「どこへ配置するんだ？」

「援軍を要求したのではなかったのか？」

「君にそう言ったのは……」

「そうか」

一晩中、私は、冷静さと分別からともに見捨てられ、皮相なほど意固地になった指揮官と激しく、危険なほど議論した。だから一晩中、第五中隊は我らが昔の待避壕で眠ることができたのだ。

寒いがよく晴れた明け方になると、爆撃が激しくなった。第四交通壕からは、負傷者が下りた。わが第七中隊の軍曹ベルナールがいた。首を負傷し、頭を傾け、ほとんどやつれたようになって、彼は血管がゴボゴボ音をたてるような声で話した︰

「ラントワーヌが殺された。ラルノッドは負傷した……三人の炊飯兵がいたが、同じ通路の落石で、次々と下ろされた。ベルナルデ、グラティアン、ルテルトルだ。それでも、我々のために、そのままでやり過ごそうとした。頭に銃弾を受けても……新しい中尉ガルベールは砲弾の破片で負傷した。彼は下りるのを拒んだので、看護兵が上がってきて、包帯をした……」

ダスト、彼もまた第八中隊の男たちを見知っていた。そのうちの一人、ブロンドのチビは彼と話している間に気絶した。再び目を開けると、彼を見ながら、間延びした、からかうような声で言った︰「やれやれ……ゆっくりしたワルツだったな……」ダストは相手を喜ばそうとして、笑った。だが彼の瞼の端に、二粒の涙がこぼれそうになっているのを、私ははっきり見た。

ヴァネル少佐は移動野戦病院で死んだ。彼は一晩だけ盲だった。ソトゥレ大尉は、前の滞在地で負傷し、死んだ。彼の怪我は致命的なものではなく、破傷風かガス性の壊疽《えそ》で死んだに違いないと言われているが、自殺だと言う者もいる。

負傷者は相変わらず下りていたが、夜に、上の高地で我々に席を空けておくためだった。今度こそ、なぜ我々が留保されていたのか分かった。我々は辛抱強く夜を待った。

命令は黄昏と同時に来た。第五中隊は対壕四の掩蔽壕に上ること。戦線前方に展開する狙撃小隊と、今夜、もう存在しないか、まだ存在しない塹壕を掘る工兵を援護すること……

ダストと私は偵察にでた。第七中隊の三人の炊飯兵が折り重なって倒れているのを見つけた。もっとよく見ようとかがんだとき、有刺鉄線の棘で手を引き裂いた。「破傷風」とダストがつぶやいた。彼を三人の死者のそばに残して、私は手にヨードチンキを塗りに行った。少し先で、ラントワーヌを見つけたが、穏やかな、大きな死体で、投光器の明かりが端から端まで降りそそいでいた。歩きながら、私はわが懐かしき第七中隊の何人が上で残ることができたのか、と考えた。歩くたびに、新たに死体にぶつかるように思われた。ダストと私は一体何に向かって歩いているのか？

塹壕の土留壁を指さして、デボネールが我々に「そこからだ」と言った。

我々は凍った瓦礫だらけの小丘をよじ登り、鉄線の下をくぐりぬけ、横たわった死体を飛び越えねばならなかった。しょっちゅう照明弾が青みがかった平原の上に、白くまぶしくあがり、我々は身を投げだして腹ばいになった。銃弾がヒューと飛んできて、暗闇の底にそのメランコリックで純な響きを残していった。我々は相変わらず、足をくじき、息を詰めながらも、行き当たりばったりに前進した。

「気をつけろ、ダスト……」

最初は死者だと思ったが、靴がぶつかると、誰かがうめきながら振り向いた。何人かが、テント幕の下に埋められて、縦一列に横たわっていた。その一人ひとりの前を通りながら、ダストがぼそぼそとつぶやいていた：

「生者……死者……生者……死者……死者……」

「どうした？」

「賭けです」

「勝てるか？」

「ほとんど毎回間違いですね」

疲労困憊した恐ろしい声が我々の足下からあがった。

「黙れ、ごろつきども！　そんな榴弾はうんざりだ」

我々は黙っていた。この瞬間、ただ我々は夜の沈黙だけに捉われていた。真夜中に病院から投げ出され、疲れ切った沈黙、まだ冷え切っていない死体置き場の沈黙。病的な疲弊状態の沈黙だ。男が震えながら我々にかすかに触れ、やせこけた土色の顔をのぞかせたが、眼窩《がんか》は暗い穴に落ちくぼんで、もう眼球は見えなかった。

「通ってくれ……」

三つの階級章の切れ端が袖に輝いていた。彼は我々を探していたのだ……彼が話す間、我々は発酵し、すえたアルコールの臭う、衰弱した熱っぽいその呼気を吸わされた。

我々はまた下りた。そしてまた上った。回廊のたまり場では、男たちを押しのけたり、他の者をもっと先へ引きずっていったりした。我々はこの後者を、テント幕の下に埋められて眠っている者や死者の前を通って、平原の、砲弾の穴から穴へばらまいて行った。こうした連中のなかで、誰一人夜間に殺された者はいなかった。信じがたいことが起こったのだ。

最後に我々は、蠟燭が点滅する、並んだ厚板の下でぼんやりと肩が波打っているように見えるあの長い穴の一つに入った。もはや昼も夜もない。何も意味しない顔が入り混じって、もう区別がつかなかった。押し殺した声。頭から血が流れ、看護兵が小さなまるい傷の周りの髪を爪切り鋏で切っている。相変わらず、我々の上や周り、向かいでは、大地が重く陰にこもった砲弾の轟きで、絶えず震え、激しく揺れていた。時々は、縁日の祭りのざわめき、熱狂的なケルメス〔北フランスなどの村祭り〕の歓声、弾ける爆竹、とどろく太鼓、力いっぱい打たれる大太鼓を聞く思いがした。

攻撃は期待したものすべてが叶ったわけではなく、抵抗勢力の中心円もまだ狭まってはいないようだった。またドイツ野郎は、わが友軍の爆撃中、深い塹壕の奥底に隠れており、大砲の音が静まるとすぐ、わが攻撃部隊が突進する前に、地下通路から前線に戻っていたようだ。わが砲兵隊はしっかりと撃っており、砲兵隊が撃っている限りは、ドイツ人が塹壕から第一線に出るのを妨げていた。しかし、わが歩兵隊が攻撃を開始するためには、砲撃を停止しなければならなかった。だが停止すると、ドイツ野郎が穴からタイミングよく出てきて、わが友軍兵の多くを殺すことになる。それで?……

我々はあまりに進み過ぎて、それ以上は進めなかった。戦争の歯車に捉われて、もうそこから抜け出せない。今はどうにも動けず、その締めつけをかろうじて感じた。それをよりいっそう感じるには、動かねばならないだろう。だが我々は無気力なままで動けない。これまで持続してくるだけ充分生きてきた。ただもう先のことを予測しないし、過去のことも思い出せない。我々の生命は塹壕穴の蠟燭のように点滅し、縮まっていく。もはや別の世界へ行きたいという欲求さえもない。あのアンモニアの刺激臭のするパイプのいがらっぽい灰色の煙からも、あのぼんやりと波打つ肩や入り混じった顔からも離れて、ようやくほかの場所、外の世界、ヒバリのさえずる、どこか、ようやく清らかになった空気のなかで明るい陽光を浴びて目覚め、生きるという欲望さえもない。

三月二二日、カロンヌの十字路から

一昨日の夜、まったく疲労困憊して着いて、一五時間眠ったが、多くの者は道路を駆け下りつつ、掩蔽壕に着く前に猛烈な眠気に襲われていた。

前線で三日間の戦いを含めて一〇日間過ごしてから、ここで二日目だ。死者は先月ほどではないが、ただ……

私は黙っていて、これは自分の心の底で抑えておかなければならないのだろうが、できない。こみ上げてくる……膿は出さねばなるまい。

我々が必要とする本当の休息を与えるよう要求することは、おかしなことなのか？　二週間か一〇日、ただしここ以外の、ほかの場所で、だ！　われらが立派な軍医たちには、そのような給養を認め与えるだけの胆力、医師としての誠意、廉潔さ（どんな名称でもよい）がなかったのか？

私はあまりに多くの醜悪不快なものを見てきたので、もう言葉にはだまされない。なぜ我々はいま、こんな風にして戦うのか？　何を守るために？　何に勝つのか？　あの「連中」は意図的に幻想を抱いている、私はそう確信している！　それ以外ではあり得ない。

すでに、その頂《いただ》きがつねに我々には見えない、あのちっぽけな小丘のために数千の死者だ！　一〇〇倍以上も高くつくクリスマス問題。荷車に次ぐ荷車、しかも縦一列に並んだ荷車だ。私にはあなたに言うべき多く、多くのことがある！　だができない。あまりに煩雑で、あまりに遠く、あまりにかけ離れているので、あなたには理解できない……無駄ではなかったが、実際は黙っていた方がよかったかもしれない。

ドイツ野郎を殺す？　彼らを弱体化する？　ほかの者、同数かそれ以上のほかの者を殺すようには彼らを殺せない。それで？……

戦略的に重要な稜線からドイツ野郎を追い払う？　ヴワヴルに「前進砦」を構築する？　だがユールはどうなる？　それにモンジルモンは？……レ・ゼパルジュの丘の後ろには、コンブルの山が我々に面して聳《そび》えている。コンブルの後ろには、ほかの丘が……丘ごとに一万人の死者、これが意味するのは？　それで？……

最悪のこと、恐るべきこと、それを予見するのは人間の洞察力だ。これは目覚めるのは緩慢だが、目覚める……だが誰かが目覚めることに気づくのか？

私は、それが確信となるまで、日々観察しているので、いまは自分が考えていることだけ言っておこう。我々が、別なことを期待していたとすれば、嘆かわしいが……私はまじめに言っているのか？　私は信じもせずに期待していたのではなかったか？　私はぼうとなって、疲れていた……

三月二三日、カロンヌの十字路から

意気消沈した無気力さのなかで、時間はだらだらと流れた。我々はすでに三日間参戦し、連隊は三五〇人以上を失った。ただこれは極めて簡単に調整できる。四〇〇人の援軍を送ると、しかるべき人びとは、この修復措置を講じた後、彼らが賢明に行動したので、我々は彼らに感謝すべきであると考えていた。だがほかの者、残った者たちは？　今月、先月、冬の月々に塹壕の泥水のなかで最後の戦闘を見た者は？　一〇月の出来事や、九月末、ドイツ野郎がわが同輩めがけて殺到するのを阻止するための戦い、中隊全体を一掃した六日から一〇日までの戦闘、暗夜での殺人行為、さらには、森のなかでの虐殺、セットサルジュ、キュイジ、モンフォコンでムーズを渡河する際に雨霰と降ってきた重砲弾を見た者たちは？そういう者たち、彼らのことを考えたのか？

彼らの周囲では、ひとの顔が変わる。顔見知りだった者は死に、消え去った。残った者、彼らが数か月前からそこにおり、彼らだけが、他の者がその一部しか知らない苦しみを何度も味わわされていることを、あのしかるべき人びとは知らないようだった。なるほど、彼らの命を救ったことは大いに賀とすべきだ！　だが結局は、たとえ肉体は無傷であったとしても、心労の苦しみに襲われるのだ。憤慨などしないと心していたにもかかわらず、不快感と嫌悪があるのだ。徐々にだが、今度は彼らが休息する番で、命がすり減り、消えていくような雰囲気から逃れたいという大きな欲望に捉われる。空気を変えること！　日が昇れば腐敗し、我々が歩く地面を醜悪なまでに柔らかくする、あの死体から遠ざかることだ。私の目が、同じコンブル山の頂きを囲む樅の木の森や、ムラン・バの廃墟のあるロンジョ川の流域、草木のないモンジルモン、ユールの険《けわ》しい丘陵などを見るようになって、半年になる。どの機関銃も聞いたことある音で撃ち、どの砲台も、どの大砲もそうだ。多くの死者がこうした傾斜の側面や峡谷の底に横たわっている今は、こうした風景を見るのは耐え難い。

さあ行こう！　ほかの場所で戦いに行こう！　過去の残余物が残酷なものでしかない、あの塹壕へ帰るたびに、また責め苦がはじまるのだ。それに……私は愛するすべてのものから遠く離れている。私は見知っている幸福の方へ心底から向かいたい。ずっと前からかくも強く、むなしくよびかけているが、いまでは、私の力は弱まった。我々は穏やかに、静かな生暖かい愛情のなかで、少しの休息をとるのに値するのではなかったか？

赤褐色の枯葉屋根の待避壕の近くにある林間の空地で、我々は並んで横になっていた。地面は我々の体で湿気を帯びていた。太陽で肌が暖まっていた。東の方では、大砲の轟きが空に膨れ上がり、崩れ、また上がり、また崩れ落ちた。すぐ近くで、一二〇ミリ砲の砲台の轟きが大きな丸太棒で打つように、青空に鳴り響いていた。その音がやむと、アトリがハシバミの樹間でぴいぴいと鳴いていた。

春の鼓動が我々の体内で脈打っている。私は、雑木林のなかで、若葉が粉雪を散らしたように輝き、黄褐色の花粉の綿埃が飛ぶのを見ていた。またぬれた被り物の下で強く輝くガリベールの眼と、厚い腐植土の暖かさを脇腹で感じとろうとしていたダストの手を見ていた。彼は草の新芽を引き抜き、それを見せながら「ほら、若草だよ」と言った。

ガリベールはもう動かなかった。手のひらで身を支え、顔を地面に向け、注意深くじっとしたまま、彼は何かを見つめているようだった。横になったまま、私は彼のところまで体をずらしていった。すると、太陽で輝く石の上に、番《つがい》になっている二匹の青い昆虫が見えた。

VI　おぼれる者

三月二四日―四月二日
三月二八日、ベルリュから

宿営の五日目。昨日午後から警戒態勢の宿営。我らが大隊は休息していたが、その間もレ・ゼパルジュでは、大砲がなおも轟いていた。ここは遠く、約二〇キロメートル離れていた。だが、昼も夜もずっと、砲台のうなり声が聞こえた……我々はまもなく進発するだろうと予想していた。どこへ行くのか？　あの稜線は悪夢だ。カロンヌの第二戦線とともに、あの前の望楼も復活しておいてもらいたいもんだ。我々が最も自由に振る舞えるのは、やはりあそこなのだ。宿営地では、絶え間ない往来、好男子だが騒々しい仲間たちの行進。閲兵、大隊長の呼び出し通知、調書類、通達メモ、報告書、空理空論。事務所、居酒屋。居酒屋、事務所……日々は、退屈さの救いにもならない、落ち着かない無為自堕落ななかで、知らぬ間に過ぎてゆく。私にはまたわが曹長との厄介事がある……

ほら、再通知：あり得る交代に備えての命令だ。

二五大隊の猟歩兵は確実に前進し、Dポイントに近づいていた。彼らは敵に「肉薄している」……まあ、たぶん一日で片がつくだろう。彼らが高地で戦っている間、我々はブリーズおばさんともめごとがあった。担架兵たちの勘定書に、彼女は最後に、二五フランの「手間賃」を加えていた。

「手間賃？」とバンブルが言った。「分かりませんね。薪、石炭、水、塩、あなたの手間賃一時間に一五フランと勘定してある……この〝手間賃〟はどういう意味です？」

そこで彼女は、フェリシエンヌを膝に坐らせることは二五フランに相当すると説明した。ゴドゥ家は三人の隣家の女たちを好まなかったので、もめていた。我々は彼らのところで、農婦の古着、古いペチコート、あごひも付きの縁なし帽でひどくおかしな変装をして、ブリーズおばさんの台所で『ル・プティ・ソヴァージュ』を歌いに行った。

三人の女たちは、最初は仰天したが、怒りで気を失いそうになった。老女はさっと気を取り戻すと、わめきはじめた：

「恥知らず！　あなたたちは薄情者だ！　歌うなんて！　そんな唄を歌うなんて！　大砲が鳴り続け、あのかわいそうな人たちがレ・ゼパルジュで殺されているのに！……」

ああ！　これはそれほど前のことではなかった：

「あなたはレ・ゼパルジュにいたことがありますか？　レ・ゼパルジュに戻っていきますか？　殺されている哀れな者たち？　彼らがここにいたら、一緒に歌うでしょう。我々がそこにいることになれば、彼らとともに殺されます……まあ、それで終わりです！　おやすみなさい」

我々はブリーズおばさんともめごとがあったのだ。

三月三一日、ジョンヴォ峡谷から

我らが尖鋒の前哨に行くまで、増援部隊だ。我々は縦陣の機関銃兵たちの隣りだった。彼らはここに数か月前からいるので、ぜいたくな地下待避所を設けていた。昨晩、我々はこの中隊を指揮する大尉のところにいた。ダラス、鬱病質だが陽気な男で、愛嬌のある健康そうな頬にブロンドの顎鬚の、でっぷり太ったキリスト教徒だ。彼は暖炉に薪を詰め込めるだけ詰め込んでいた。我々が着いたとき、炎はうなっており、蠟燭がいらないほど高々と明るく燃えていた。我々、ダスト、サンソワ（わが新任少尉）と私は、警戒態勢の場合、中隊が占めるはずの第二戦線の塹壕を偵察してきたところだった。雪が降っていたが、半ば溶けたぼってりした雪で、風で我々の顔に吹きつけてきた。我々はロンジョ川が横切っている草原のぬかるみを歩き、杖で鉄条網の有刺鉄線を探り、よどんだ水と溶けた氷で一杯の無数の砲弾孔の間をジグザグに進んできた。この暖炉の猛火で脚をあぶるのは、歓びだった。

我々はそれほどけばけばしくなく、金ぴかでもない陶製コップでコーヒーを飲んだ。私は戦争中であることを忘れた。たぶん一時間ほど経ったころ、ドアが開き、尖鋒から帰った機関銃隊特務曹長が入ってきた。ケピ帽と肩には雪がかかり、口髭には霧氷の雫《しずく》が垂れ、脚には対壕の泥、レ・ゼパルジュのねばつく黄色の泥がついていた。

その時私は自分が傍観者か、やじ馬としているような奇妙な気がした。前線へ見回りにでかけた。我らが「勇敢なる将校」の一人に、その「ホーム」へ迎えられた間、私は幸運にも第一戦線の塹壕から降りてきた正真正銘の「英雄」に出会った。私は彼に、上の高地で何を見たか、ドイツ野郎は攻撃的であったか、フランス軍と敵軍は互いに離れていたのか、多くの砲弾が落ちてきて、多数の者が殺されたのか、などと訊いてみたかった。少しもその必要がなかった。この特務曹長は南仏人で、機関銃手だった。したがって、二倍のお喋りだった。とりわけ、彼は六日間の休息の見通しで降りてきていた。暑かった。彼は一切れのローストビーフと濃い赤ワインを前にテーブルについた。機嫌よく、長広舌を振るった。死体が積み重なり、鶴嘴が頭蓋に食い込み、膨れあがった内臓をつぶし、死体置き場に漂う悪臭が段々とひどくなった、などと話した。この特務曹長は喋りすぎだった。そのため、結局はすべてが台無しになった……薪が明るく燃え上がっていた快適な塹壕が丘の斜面に掘られていること、この丘がレ・ゼパルジュの廃墟を見下ろしていること、またレ・ゼパルジュの向こうでは、ドイツ人が、まるで半年前からのように、彼らの穴で見張っていることなどを思い出させたので、彼の好意にもかかわらず、私は腹が立った。機関銃手たちに別れを告げて、立ち去った。

しかし外に出るとすぐ、私は夜のすばらしさにびっくりし、心奪われてその場に立ちつくした。雪に月明かりだ。青みがかった乳白色の白い光景が明るい靄に融け込み、漂い、夢のようだった。私の近くでは、薄片の滴が樅の木の先端や塹壕の屋根の上できらめいていた。正面では、丘の斜面が一様に白く、一様に輝いて広がり、ひとつの切れ目もひとつの汚点もなかった。

今朝、また雪が降った。間をおいて降る小さな綿雪は、むしろ果樹園から飛んでくる花弁ではないかと思った。同時に太陽も白い平原に輝き、雪解け水が塹壕の入口に滴を垂らしていた。私は一時間たっぷり森のなかをぶらつき、足下で枯葉をカサッと踏みつけて満足していた。それは、枝先につやつやした蕾《つぼみ》が弾けるほど膨らみ、新しい苔が木の根元を這っており、アネモネが砲弾の爆発で持ち上げられた石の間に芽生えていたからである……ジョンヴォの峡谷からの帰り、小さな谷川が大きな黄褐色の石の上を透明なせせらぎとなって流れていた。我々はこの辺りではdoucetteと呼ばれている、「野ヂシャ（mache）」をたっぷりと持ち帰った。明日はたぶん野ウサギのシヴェ（煮込み料理）だろう。小さな樅の木のなかでヤマシギを見つけたので、電話線で即席の網を張っておいたのだ。

もう遅くなった。二人の仲間はずっと前に棚ベッドの藁の上で眠っていた。ドアの前の石道を行ったり来たりする歩哨の規則的な足音しか聞こえない。先ほど、私はかなりの数のドイツ軍が「Z地点に向かう交通壕で」見えたと警告された。まゆつばもんだな、と思った。この情報源は疑わしかった。だがやはり、わが部下たちには準備させておこう。おやすみ。現時点では、それほど重大ではないが……

四月一日

警報はなかった。罠には三匹の野ウサギがかかっていた。私の下には名うての密漁者と密猟者がいるのだろう。

四月四日、復活祭、レ・ゼパルジュから

花咲く復活祭、一週間前だ……昨日から雨が絶え間なく降り、時おり激しく降った。この呪わしい雨は泥、レ・ゼパルジュの永久泥土を溶かすのだ。我々は暗く、悪臭のする坑道の回廊にいた。頭上には厚板、体の下はむき出しの地面だ。いや、やはり前と同じだ。今回ここにきたら、藁が少しばかり散らばっていた。外に出て行けば、泥まみれで戻ってくる。藁は堆肥同然になっていた。

あと二日以上はこの穴倉によどんでおらねばならず、地平線としては、回廊の端に、灰色の雨で汚れた、正方形の曇り空が見えるだけだ。両手をこすりながら、固くこびりついている泥の皮を洗いおとした。そして、藁と埃で汚れた飯盒の中にある、細切れにしたコルニションの間の、酢に浸したオマールを食べた。それはもちろん、アメリカ式のオマールと呼ばれているものだ。高級酒のコニャックなどが配給分の火酒を洗い流してくれる……

要するに、我々は十分満足していたのだ。回廊には雨は降り込まない。枠組みの板の上に五メートルの土がある。それらすべては、流れ落ちる雨の縁ぎりぎりのところでは有効で、ましてや上で重砲弾が爆発したときは一層ありがたく、ただコルニション付きのオマールにごく小さな乾いた粘土粒が落ちてくるだけだった。

交代までそうあって欲しいものだ。

四月七日

ひと言だけ。哀れな数分間だけ時間がある。もう一度、戦闘のまっただ中に行くので。

四月八日

昨日、突然また塹壕に上ることになり、自問せざるを得なくなった。ドイツ野郎が大挙して反撃してきたのだ。信じられないような爆撃である。この数日は、恐怖の度合いが二月を越えている。二月はほとんど泥がなかった。最近は泥の海だ。軽傷者は救護所までわが身を引きずっていこうとして溺れた。我慢できるぎりぎりのところまで興奮していた。「私には」部下がいる。ダストやサンソワはすばらしい。

四月二三日、ディユ・スュール・メールから

かくして我々はレ・ゼパルジュの全稜線を奪取した。だが何という努力か！ 何という苦痛か！ わが連隊はもう限界だった。損失は増え、全兵員数を越えるほどだった。今一度、幹部連が全滅した。二月一七日から、五〇人の将校が殺されるか負傷した。

四月一七日

やっと、一時間ほどの余裕ができた。中隊はシュヴェールのシャワー浴場に行った。彼らが帰ってくるまではゆっくりしておれるだろう。

今では、我らが最近の戦闘報告は新聞でご存じのはず。それはかの書簡で正確だ……わが部下たちは今度は戦わなかった。それは、我らが二月に稜線西部で獲得した塹壕を護っていたからである。突撃も白兵戦もなかったが、それでも砲弾、銃弾は飛んできた。我々もほかの者同様苦しんだのである。

最も厳しかった試練、我らが兵士を真に英雄的にしたものとは泥である。我々が冬じゅうそのなかで暮した泥、最初の太陽で乾き始めるが、攻撃の前日には、かつて以上に厚く粘っこくなってまた現れ、我々が死ぬかもしれない時分には、我々自身が足から頭の先まで泥まみれになるほどだった。薬莢は泥だらけ、銃は装置がべとついて動かない。男たちは使えるようにするため中に小便をした。我々は奪った塹壕を二度失ったが、ドイツ野郎の攻撃を銃火で阻止できなかったからである。彼らはそっと二〇メートル、いやもっと近づいて、手榴弾を投げ、姿を見せる誰でも撃ち、陣地が護りきれなくなるまで撃ってきた。彼らが再びそこに入ると、今度は我々が攻撃した。

四月三日と四日、我々はすでに塹壕の守備についており、夜は全員が前線に出ていた。四日の昼は、少し休息した。休息は、それだけだった。四日の夕方は、全員が高地に行った。彼らは、一五〇時間ぶっ通しで、太腿まで泥につかったままそこにいた。

相変わらず、砲弾は雨霰と降っていた。コンブルの自動機

関砲は我々が、同じ土嚢で、根気よく作り直した胸墻を破壊していた。突発的に、重砲弾が落ちてきた。一〇〇発、二〇〇発と飛来したが、被害は何人かを生き埋めにしただけで、すぐに助け出した。だが突然、一発が塹壕めがけて落ち、内部の真ん中で炸裂した。そうすると、前と同じ叫び声で、同じ男たちが赤い鮮血を流しながら走りまわった。燃え上がった漏斗孔の周囲には、臭いのする煙が満ち、同じような引き裂かれた死体があった……ほかの者は重苦しく深い、凍てついた排水溝に脚をとられ、かじかんで死んだような脚をしてそこにいた。時々、「警戒せよ！」という言葉が駆けめぐるが、いつも左手からだ。すると、彼らは立ち上がって、銃に飛びつき、銃眼の方へ押し合いへし合い殺到する……しかし、極度に緊張した神経がぷつんと切れ、ひどい脚の重さ、手の膨れ、心の底まで凍らせる、苛酷で、湿って身にしみ通る寒さを絶望的なまでに感じる時が来る。そういう時には、私は塹壕の端から端まで歩き回った。そして強いて陽気に振る舞い、このわざとの陽気さで少なくとも少しは、精根尽き果てたこの男たちを元気づけようとした。私は口達者なところがあり、時折、彼らを笑わせるようなものを見出したが、これは私自身の救いにもなり、この任務を必要にして義務と感じて一生懸命になった……今は、我々は休息中だ……

ディユ・スュール・ムーズでの休息。なんて立派な部屋だ！　なんて立派な「都会風」家具だ！　縮れたクルミ材、面取りした鏡つき衣装箪笥、白い大理石の化粧台、まるで青みがかった静脈が曲がりくねったような模様のマルセイユ石鹼〔一七世紀マルセイユで作られた、オリーヴ油を原料とした高級石鹼〕。部屋全体に指物師の仕事場の香りがする。

すでに一〇日間！　こんなことがあり得るのか？　それに、マルバアサガオの花柄の赤い絨毯の上には書いたばかりの手紙がある。

私の手紙はこんなに乾いて、こんなに冷たい。わずか数日後には、私から離れてまったく無関係に……それでも、あの思い出を私に沸々《ふつふつ》と甦らせるのは手紙なのだ。手紙とは何か？　書き連ねる言葉とは何か？

泥の中に立て、杭で支えた戸口の板の後ろで、ダストが新聞を読んでいた。彼は、砲弾の破片がうなって飛んできて、「邪魔をする」ので、この戸口を自分の前に立てていた。塹壕の敷居口から、私はいたずらに戸口に向かって不意に小石を投げつけてやった。ダストが頭をめぐらし、遠くを見やったので、私は手を背の後ろに隠した。「また一つか！」とダストは快活に大笑いして言った。伝令が私を探しに来たのはこの時だった。

我々はすぐに理解した。ダストは立ち上がって、新聞をたたむと、待避壕に帰った。私が出ていく間にも、彼は装備を整えている。

　青みがかったヴワヴル平原には、線状に並んだ白い綿雪が可憐な花のように浮かんでいた。向こう側では、友軍がすでに攻撃していた……平原には大きな影が漂い、橙色《だいだいいろ》に染まっていた村々は色が失せ、また静かに明るくなった。反対側では、太陽光線が雲間に入りこみ、すみれ色の丘に光の矢を放っていた。銃弾は空高く、色が失せ、明るくなった天頂に向かって弾け飛んでいった。

　翌日、夕方五時。攻撃が行なわれた……わが第一大隊が加わっていた。塹壕からは何も見えなかった。砲弾、時限弾は銅鑼《どら》を鳴らすごとくに、頭上を超低空で炸裂した。兵たちはケピ帽の下に配給された鉄の縁なし帽をかぶっていた。すでに死者が出て、引き裂かれた衣類つきの肉体が飛び、赤い血が泥だらけの縁なし帽に放射状に広がっていた……私は漏斗孔から下りてきたばかりだ。爆撃はまばらになり、雨も小止みになっている。空は昨日よりも青白く、ぼうっとしていた。このめくるめく、広大な冷たい青白さのなかを、銃弾が乾いた音で弾け飛んできた。

　負傷者カリス。腕は包帯で肩から斜めにつるし、頬はやつれ、三角巾には血がにじんでいた。彼の後ろには、もう一人の負傷者ボワルドン大佐がいた。砲弾の破片を太腿に受け、引き裂かれた半ズボンに小さな穴ができ、血が流れていた。我々は、攻撃中隊が置いていった山積みの背嚢の近くに立ったままで喋った。砲弾が落ちてくるたびにも、二人の負傷者は眉一つ動かさなかった。眼前に立っている彼らを見ると、虚空の空を見やって超然としている。カリスが下りていき、大佐が稜線に残ることは知っていた。私は奇妙な二重人格的な感覚で彼らを見続けた。つまり、砲撃された丘の上に彼らとともにいる私と、彼らを「理解し」、できる限り遠くから、謙虚に彼らを称える私である。ボワルドン大佐は背嚢の山に視線を注いでいる。それは泥中に落ち込み、交通壕の底に滑り落ちて、泥に埋まったのだ。いくつかの物が半ば開き、何かつまらぬもの、白い書類、インクが雨でにじんだ手紙などが流れ出るままになった……「ジュヌヴォワ、あれを拾わせてくれたまえ。杭にかけて乾かせてくれ。誰かひとり見張りを置いてな。まあ後は好きなように……濡れたままにしておくわけにはいかん」

　彼らは攻撃や、東部で攻撃を停止させた魚雷型爆弾、たった一発で小隊全体が「やられた」ことなどについて話していた。「さあ、カリス、下りるんだ……ジュヌヴォワ、君はとにかく幸運をな……」カリスは下りた。大佐は、ブルヴァールという、坑道の漏斗孔に沿って並ぶ北側のドイツの旧塹壕を通って、去っていった。

　すぐに他の負傷者が現れた。会ったこともない、ブロンドの顎鬚の少尉だ。彼の外套の襟には、一〇六の番号があった。

「手はどうした？」

彼は赤くなった包帯を巻いた手を、体から離して眼の前で支えた。

「つぶされました……私にとってはつらいことですが」

「でも助かったのだ」

「右手はやられましたが……」

もう一人はやはり会ったことのない少佐だ。私は彼の外套の襟を同じように見た。また一〇六だった。

私は話しかけたが、彼は迷っていたようだ。頭をターバン状に大きくガーゼで巻いて、上に円錐形の塊りをのせていた。頭の天辺におかしな形のケピ帽を置いていたのである。

「下りるのはここからか？」と彼が訊いた。

「いえ、少佐殿、あそこからです」

「ああ、ありがとう」

彼は疲れて、どうでもよいという風に、そこにじっとしていた。次いで、まるで誰かに押されたかのように、ゆるんだバネ仕掛けの自動人形のようにちょこちょこと、泥のなかを下り始めた。

翌日、夜明け前。靄でかすんだ不快な夜、砲弾が轟き、鳴り響いた。「警戒せよ！」誰かが撃った。雨が降っている。グリザイユ画のような薄明かりのなかで、コンブルの自動機関砲が峠の上に細長い弾帯をのばして、投げつけられた蝮《まむし》の頭のように確実に襲ってきた……死者の群れ。見事なほど澄んだ青白い、パイプの煙。打ちのめされてかがんで、まるで泣いているかのように跪いている男。もう一人は彼らの近くに坐って、薄く鋭い破片が頭蓋に釘づけにされ、ナイフの刃のようにまっすぐ突き刺さった鉄の縁なし帽を頭にのせている……我々は獲得した塹壕を失った。今晩、攻撃することになろう。

また翌日。昨晩友軍の攻撃があり、今夜は銃剣攻撃だ。相変わらず雨が降っている。交通壕の仕切り壁は崩れ落ちていた。丘の塊りがそれをくわえ込んでいるようだ。丘全体が崩れ落ち、自分で自分を飲み込んで、消化しているのだ。一時間に一〇回、我々は背嚢を飛び越えた。それは自壊し、くわえこまれ、不浄な嚥下《えんげ》作用の音をたてて飲み込まれている。爆撃。ドイツ野郎の反撃。わが塹壕の上では、時限弾が相変わらず、重砲弾が落下炸裂する間にも、非常に低く鳴り響いていた。雨が降っている。濡れた空気が顔に吹きあたる。その下を頭を下げもせず、両膝で、凍てついてぎっしり固まった大量の泥を押しのけながら歩いた。

男たちが、若いのも老いたのも振り返る。暖かい共感をこめた眼差しが私を見つめてくる。誰か？　まだ私の知らない者がたくさんいるんだ！……彼らが死ななければ、あの二人の「一五年度兵」、健気な苦悩で興奮して一緒にふり返ったこの友たちが見分けられるだろう。撃ちながらも不思議なものの見方をし、絶えず微笑んでいる無邪気なケロ、もう治って戻ってきたシャルナヴェル、見習い士官のサラジェ、二人の兄弟パタンとモニ、トゥルセル、アンドレオッティ……通りがかりに目にする多くの眼差し！　この見知らぬままの男たちの群れ、私の周りの第五中隊全員、なかでもお前たち、まだ健全で立っているお前たち四人ダスト、サンソワ、ヴァン、サラジェよ、そこに残ってくれ。彼らが死なないように、また殺されたり、負傷したり、凍傷で足を腐らせたり、狂ったりして、姿を消さないように努めてくれ……我々がもうどうしようもないなんてあり得ないことだ。またあれほどの勇気や献身、兄弟愛、あれほどの人間の美しさが、砲弾の大騒音の下で、この泥のなかや、時には雨降りの塹壕の泥水のなかで失われてしまうことなどあり得ないのだ。

向こうの左手で、叫び声が上がった。「ドイツ野郎だ！　ドイツ野郎だ！」数人が後退し、他の数人はとどまり、押し返している。混乱のなかで、ヴァン特務曹長が怒鳴っている…「訴えてやる！　お前たちどの将校も全員訴えてやる！　大声を出したのはお前たちだ！　反対のことを言う勇気もないんだ！」大男のフォロ少尉が何か身振りをした。背の低いヴァンは彼の鼻先で叫び続けている。突然ドイツ野郎が彼らをわけた。一五人一縦列のドイツ人捕虜が護衛もなしに、軍曹《フェルトヴェーベル》の後を、長い外套を泥水の小川に浸しながら去っていくところだった。

「交通壕？　交通壕は？」

「*Weiter*（もっと先だ）……」

「ドイツ語が話せますか？」

「そうだ、ついてこい」

彼らは漏斗孔へ転がり落ちた。エヴェイエが彼らを見て、対壕から刃を開いたナイフを手に飛び出してきた。彼が跳びかかった最前列の男は恐怖の声をあげ、腕をあげて後退した。エヴェイエは相手の袖をつかみ、肩章飾りを切りとって、ポケットに入れた。ドイツ人は嬉しそうにもう一方の肩を差し出した。「いいよ、もう。これ以上はせん……」

この軍曹はふっくらとした頬の赤ら顔で、鼈甲《べっこう》の眼鏡の後ろできつく、青白い目をしており、一種のチックのように繰り返した…

「*Ich bin Feldwebel... Ich bin Feldwebel...*（私は軍曹だ）」

辛抱できなくなって、私は彼の前に突っ立った…

「*Ich, Oberleutnant*（私は中尉だ）」

敬礼し、踵をカチッと合わせ、続けて三度体を震わせた。彼はべらべらと喋った…

「悲しい戦争で……向こうポンメラニでは……妻と子供たち

……わずか二週間前までは一緒にいました」

「負傷したのか？　回復したのか？」

「休暇兵です」

よく分からなかったので、私はこの目の前に立っている男、この赤い頬で制帽をかぶった、まだ生きている男を尋問した。そして、びっしりと穴のあいた庇の縁と、ニスが細かくひび割れているのを見つめた。

「どんな理由で休暇か？」

「順番だからです」

「お前の番か？」

「正規の順番です」

彼が外套を探って、札入れを開け、写真を見せようと探している――これは確かだが――間、私は肩が冷え切ったように感じた。

「家族に手紙を書いてもいいでしょうか？」

私は相変わらず彼を見ていた。彼が捕虜であることも考えなかった。もう彼ではなく、彼ら全員、また我々のことを考えた。「休暇」を得た者、得なかった者のことを……

重砲弾が落ち、ゆらゆらと接近してくる。軍曹は頭をかがめ、交通壕の入口に目を向けていた。他の者はすでに下りて、肩で押しあいへし合いし、手でしっかりとつかんで泥から脚を引き抜いて、曲がり角で身を二つに折って消えていった。

「彼らは何をしゃべっているんです、中尉殿？」

「ばか話だろう」

誰かが来たことに気づかなかった。男は、太腿の半分まで下に埋もれて、杖をぎゅっと握りしめてブルヴァールから出てきたのだ。

「紙を一枚」と彼は言った。

「お前は誰だ？」

「フィヤール」

彼が笑うのが聞こえたが、まだ誰か分からなかった。流れ落ち、小さく揺れているのは土塊だ。声に覆いかぶさっているテント幕の下で、その眼が輝いているのを見て、やっと誰か分かった。

「対壕に入れ。ちょっと休め」

重砲弾は相変わらずゆらゆらと落ち、段々と重々しく密になった。時限弾は小丘の後ろで非常に低く、鳴り響いていた。自動機関砲は急角度で飛んできて、せわしなく斜面をうち叩き、襲ってきた。

「もう一枚」とフィヤールが言った。

「ヤー」と軍曹が答えた。

軍曹は相変わらず気をつけの姿勢をしていたが、目は横にらみし、頭は次第に肩に向けられていった。

「行け」

彼は敬礼し、二、三歩後ずさりした。そして不意に後ろを振り向くと、ますます大きくなる砲弾の轟音の下を身を二つに折って、走り去った。

「君への書類だ、フィヤール」

リーヴ少佐〔大尉から少佐に昇格している〕からだった：「一三二大隊がIとSポイントを奪った。六七大隊はXポイントに接近しており、その陥落は間近い……Dポイントが残っているが、これは今日にも第二五猟歩兵大隊が奪取するだろう。一〇六連隊は断固として持ちこたえ……少しでもDの方へ達しなければならない……貴君の任務は……断固として持ちこたえ……左方に達することだ……」フィヤールは首を対壕の入口の方にのばした。

「まったく！　なんという騒ぎだ！」と彼が言った。

「なんとまあ！」と敬虔なオブニシュが嘆いた。

「なんかずれているな」とヴァンジェールが馬鹿にしたようにつぶやいた。

レオスティックは陰に隠れて、静かに『ミレイユ』の歌をうたっている。シャブルディエはすり減った鉛筆を削っている。ボックスのなかで、電話が鳴った。

「もしもし！　もしもし、漏斗孔七？——はい——メモしてくれ：胸墻の下に壁龕《へきがん》を掘ること禁止。堅固さを損なわないものは保存すること。他のものはふさぐこと……もしもし、はい、少佐殿……もしもし！……」

もう聞こえなかった。重砲弾の落下が丘全体を揺るがし、壕内の枠組みの厚板や板壁を揺らしてきた。男が対壕のなかへ転がり込んできたが、先ほど私を見ていた二人の一五年度兵の一人だ。

「中尉殿！　ドイツ野郎の援軍が大挙してやってきました！　Z方向への交通壕は満員で、もっと遠くではコンブルへ下りてくるのも見えます……射撃を命じてください！　急いで命じて！」

「もしもし！　対壕四！　もしもしすぐに！　威嚇射撃だ！　Z方向へ威嚇射撃だ！　すぐにだ！　もしもし！……」

「中尉殿！」

今度はもう一人の一五年度兵だ。彼も叫んでいる：

「相変わらずやってきます！　背嚢なし、突撃服で……速歩できます。砲撃を要請してください！」

「もしもし！　そうだ、私だ！　交通壕のZ方向へ威嚇射撃だ！……何？　回廊が上で繋がっている？　もしもし！　畜生！　威嚇射撃！　威嚇射撃だ！　もしもし！　もしもし対壕四！……」

沈黙。電話線が切れた。

「レオスティック？」

「中尉殿？」

「さあ、行け！」

彼は外に出た。我々は時限弾が銅鑼のような響きで飛ぶ下を上にのぼった。我々も撃った。銃眼からは、ドイツ野郎が交通壕の土砂崩れした通路へ走るのが見えた。東の方では、マスケット銃の一斉射撃音がかん高く弾け、連射していた。絶えず、胸墻の一片が三七ミリ砲弾の激しい衝撃で飛んでいた。

「撃て！」

遠すぎた……

「ああ！　一斉射撃だ！」

一斉射撃が襲いかかって、白く赤褐色の煙がドイツの交通壕の端から端まで覆っていた。林間の空地が横に揺れ、影状のものが跳ね上がり、旋回しているのが見えた。

「奴らは倒れたぞ！　失敗したんだ！」

マスケット銃は相変わらず弾けている。頭上では、大きな黒いものがシューと音を立てながら空気をかき混ぜ、わが後方塹壕や交通壕、対壕に崩れ落ちてくる。時限弾は相変わらず、何も見えない黄褐色の靄のなかで鳴り響いていた。夕暮れが訪れたようだった。

翌日、もう一度……翌日が翌日に続き、混じり合う。朝、我々は白兵で攻撃したが、それほど雨が降っており、泥がうがたれ、盛り上がり、兵たちにベタッとつき、銃に張りつき、銃尾を動かなくした。仲間たちは一日中戦い、手榴弾で追いだされ、また攻撃に戻り、また追いだされ、つねに攻撃に戻っていた。そして真夜中まで戦った。山頂の砦、Dポイントは我々のものになった。新しい連隊、第八連隊が到着したところだ。夜が明けると、この連隊がXポイント、ヴワヴル平原沿いの、丘の最前進哨を奪った。ただこの連隊を活動させるには一二時間以上かかった。レ・ゼパルジュには「新米の」連隊だったのだ。

翌日、雨は止まなかった。突風まじりの篠《しの》つく雨となり、泥をびっしりとした膿疱《のうほう》状の穴だらけにし、うがっては絶え間なく盛り上げていた。

この新着の連隊が攻撃し、わが大砲も撃った。ブルヴァールからは、伝令兵たちがやってきて、対壕の縁で、付着した泥の塊りをふるい落とすと、いきなり話しだした：

「仲間たちが重砲弾の穴に落ち込んだ……溺死者も……泥のなかで見つけた負傷者は、我々が歩くと、足の下でうごめいたので見つかった……誰も通らなければ、哀れなことだ……」

上にある塹壕では、赤みがかった閃光を放つ黒い天蓋状の煙の後ろで、時限弾が相変わらず鳴り響いていた。死者の群れは類似していて、いつも同じようなもので、泥に覆われ傷ついていても見分けられたが、傷はそう変わらず、彼らの肉体そのものに繰り返し現れていた。数人は頭に奇妙な縁なし帽をのせたままだ。

　昨日は夕暮れになると、丘に厚い霧のヴェールが広がり、砲撃は止めなければならなかった。すると、ドイツ野郎が攻撃してきた。彼らは我々をXポイントから追い出し、Dポイントの方に移動させた。彼らは我々をもっと後退したかもしれない……先月、デボネールは、クヴルール少尉がいなかったら、重砲弾の穴に潜んでいた兵たちに石を投げ入れた。クヴルール、彼は彼らの真ん中に飛び込んで、まず数人、ついで一〇人、二〇人と引きずりだしてきた……彼のお陰で、丘全体が我々のものとなり、数千人の死者が無駄死にしたことにはならなかった。彼は一〇六連隊だ。そう前のことではないが、私は彼が調理場の近くで坐っているのを一度見ただけだった。だがその大きな鼻、顎のヤギ鬚の和毛《にこげ》を覚えている。彼は幾分粗野で、内気なようだが、何よりも非常に善良だった……「前へ進め！」と叫んだのは、彼なのだ。

　かくしてレ・ゼパルジュの戦いは終わった。今はディユ・スュール・ムーズにいる。

　あの未完の手紙は、マルバアサガオの赤い絨毯《じゅうたん》の真ん中の、黄色の花模様の間にある。それでほかに何が？　やはり、覚えておかねばならないいくつかのことがある。負傷したダラス大尉、その深い傷でくぼんだ白い、肥満した肩と、青白く、痩せて、落胆していた顔。看護兵が包帯している間、私は話しかけた。彼には死ぬことはないだろうと断言してやった……テリエは殺され、ルビエールは頭を負傷し、助からないかもしれない……

　さっき、ダストがベルリュでこの前滞在した折に撮ったという、ひどく小さい写真を見せてくれた。ドアの前で、ダストが中央で、ルビエールとテリエと肩を組んで写っていた。彼ら三人とも笑っていたが、春の日差しで目を細めていた。「妻に送ってやったが、いつか事情を知っても、あまり効果はないだろうな」とダストが言った。

　まだほかに多くのことが……ガリベールはうつぶせになっていたが、誰かが体に触るたびに腰に悪寒が走るようだった。内臓の損傷か？　脊椎の折損《せっそん》か？　我々には分からなかった。彼は叫んでいた……ケロは狂って、二人の仲間の間を降りていった。彼もまた叫び、もがき、子供のように怯えてわめいた：「あの憲兵どもをどかせ！　奴らは俺を見たんだ！　放してくれ」彼は逃げ出し、上の戦線にのぼった。「下りろ、ケロ。無茶するな」「はい、中尉殿」「下りるんだ。もう憲兵はおらんぞ」「はい、中尉殿」「この二人、シャルナヴェルとムノーは知っているな……二人とも下りるんだ」「はい、中尉殿」彼らは立ち去った。しばらくすると、ケロが一人で戻ってきて、たけり狂って腰を振り、泥を落としたが、顔は恐怖で引きつっていた：「憲兵どもめ！　奴らの臭いがした……」その夜、彼は消え、二度と見ることはなかった。

別の夜、私は塹壕を通っていた。天幕の後ろで、誰か、若い男が話していた。驚くようなやさしい声で、我々の苦しみを語っていた。誰に？　間をおいて、暖かく静かで、やさしさと諦念に満ちた声で、彼は繰り返していた：「君がそこにいたら……いつか君がそこがいたら……」彼は私が通るのが聞こえなかったに違いない。

担架に連隊大尉がいるのが見えた。運搬兵は「ロシャ大尉だ」と言った。私は彼を知らなかった。私には、彼はまもなく死ぬところで、その全生命が泥だらけの服を着たまま、たった一つの傷で消え去るように思われた。担架兵に訊いた：「どんな傷だ？——傷はなく……凍傷にかかった〝だけ〟」横たわった男は何も言わず、目は押しつぶされたもののように辺りをさまよっていた。

ボワルドン大佐がブルヴァールから私の方へやって来るのが見えた。泥のなかに、我々は埋まっている背嚢の固い枠を感じた。大佐が言った：「はっきり言うが、恐ろしいことだよ。私がそこを通らず、彼の上を歩かなかったら、彼はどうなっただろう？　彼はかすかに動いた。どの穴か分からないが、声が上がってくるのが聞こえた——或いは沈んでいく声か、分からなかった……とにかく異様な声だった。彼は何かこう叫んでいるようだった：〝死んではおらんぞ……死んではおらんぞ……〟泥中から引きだしてみた。死んでいるのか？……こんな風にして死んだ者がたくさんいるんだ……」

それにしても、真新しい家具の部屋に夕陽が落ちかかるというのに、相変わらず何たる思い出だろうか？　思い出は多すぎて、終わることがない……夕刻、伝令全員が出ていった。対壕には、小柄でせせこましい、きれいにそろえた馬尾毛《ばす》の顎鬚のベネッスしか残っていなかった。必要だったので、彼を大隊司令部へ送らねばならなかったが、なぜそうしたのか、もう思い出せない。彼は最新の通達をもって帰ってきた：「一〇六連隊の第五中隊は今夕、一七三連隊の中隊と交代する。中佐の司令部、二八〇盆地へ一九時までに、各中隊ごとに伝令を送ること。中隊司令部で、各小隊ごとに伝令一名を準備すること……交代時には、各人、背嚢と装備一式、銃を改め、携帯すべし。怠る場合は軍法会議にかける……今夜交代した一〇六連隊の全中隊は個々にディユに赴くべし。交代終了時には即刻電話せよ……」

私が最後に電話したのは、午前一時だった。我々は砲弾の揺れ飛ぶ明かりの下、交通壕の外で身を引きずりながらレ・ゼパルジュを離れた。空一面に、遠くで響く一斉砲撃がアイイやモルマールの森、サン・ミシェルやマルシェヴィル、エタン方向で重々しく轟いていた。ひと塊りの白い照明弾がヴワヴル平原にきらきらと輝き揺れていた。我々の足下では、交通壕の仕切り壁の間を、苦しそうな男たちが腹まで泥につかって登っていた。タバコの赤い点が暗がりに光り、パイプの火が手のくぼみで光っていた。

「あそこ、枯れ枝のブナ林へ！」

登っている者たちが罵り答えるが、我々はそれにやり返すには疲れ過ぎていた。変わり者が、交通壕の外に突っ立って、脚をアーチ状に広げて、棒で足下を叩いていた。我々の足は大きな粘つく泥の皮に覆われていて重かったので、歩くたびに、おかしなほどバランスを失って揺れ動いた……

それでもなお四里〔約一六キロメートル〕以上歩かねばならなかった。ずっと前に夜が明けていたが、森の外へ出ると、ソムディユの城近くの泡立つ小川を渡った。あともう四キロメートル。中隊は「個々に」行軍していた。土手に横になって、二五大隊の猟歩兵一〇人ばかりが二、三列でひと塊りになって通るのを見ていた。彼らは凍傷でやられた足を引きずり、背嚢の下で背を曲げ、喉ぼとけが突き出た痩せ首をのばしていた。少し先に行くと、二五大隊の猟歩兵が土手に横になって、今度は我々が通るのを見ていた。多くの男たちが背嚢を下ろして、手紙を引きだし、背嚢を茂みの後ろに隠した。彼らは言っていた：「今夜か明日、できるだけ早く、これを取りに戻ってこよう。軍法会議など糞喰らえ！」

多くは行軍を続け、数時間たってから「個々に」戻ってくる。多くは足を腐らせ、砲兵隊の運搬車の箱にしがみついて、おんぼろ車の藁の上に坐って戻ってくる。ほかに多くの者が……我々が着くずっと前、最初に死んだのはピュトマンだ。ルビエールは我々を待ってから死んだ。我々はラタントゥの移動野戦病院へ行って、彼が箱の中でまだ乾いた泥だらけの靴と割れた額の傷のまま、横たわっているのを見た。棺は家具運搬車に持ち込まれた。上には軍旗がかけられた。我々はよちよち歩く子馬の後について、教会まで彼を見送った。

我々一〇六連隊に混じって、多くの二五大隊の猟歩兵、二、三人の黒いケープ姿のムーズの老女たちがいた……

これで終わりだ。手紙にはまだ数行あるが、もう話すまい：

「今は休養中だ。ただし軍事教練と隊列行進、参謀部が何よりも重視する〔軍人としての〕精神修養の努め付きの休養だ。我々は日々こういうさまざまな仲間たちと肘を接しているのだから……かの地では、相変わらず大砲が唸っているが、どれだけ多くの友軍同僚、そしてわが友〔親友ポルション〕が血を流し捧げたことか。彼らはそれをものともしなかった。総司令官が彼らに勲章を授けに来た。我々は彼らに捧げ銃《つつ》をしたのである」

これで終わりだ。この手紙は今晩発送されるだろう。

VII　ほかの者たち

四月二二―二四日

　彼らの責任か？　我々のところでさえ、糧秣《りょうまつ》補給隊は決してレ・ゼパルジュの丘を登ってこなかった。だが、ジドロル中尉やボビリエ特務曹長は誠実な人たちだった。ベルリュの小さな広間で飲んでいたとき、ボビリエはいつも一緒だった。彼はひとの話を聞き、我々と一緒に笑い、注意深い仲間意識を示し、我々に対する敬意のようなものを感じさせた。ある朝、彼は我々のもとへ走ってきた。郵便物担当下士官コルデスと一緒だった。我々に気づくと、飛んできた。両手で握手したが、あまりの驚きで青ざめ、どう言っていいのか分からないようだった。では、我々のうちの一人が小川に降りて、手一杯に泥をつかんでボビリエの外套に投げつけたというのは本当なのか？

　アリエ通りを通るたびに、ドアの敷居口に、ゲートルを日に光らせていた白い上着姿の若い理髪師兵がいるのに気づいた。彼はからかうような微笑で我々を見た。あの微笑は嘲りなのか？　なぜ彼の白粉《おしろい》をつけた頬を引っぱたいてやりたいという気持ちになったのか？

　ボビリエもコルデスも若くはない。彼らがもう一〇歳以上上だったら、兵隊にもならなかっただろう。我々が若いとしても、別に彼らの歳のせいではない。誰もが郵便物担当下士官にはなれない、経験がいるのだ。

　薬剤師、獣医、憲兵などもそうだ。我々が憲兵に生まれて、宿営地の小売店で兵隊たちを問い詰めることができたかもしれない。どんな憲兵になるのか、我々に分かるのか？

　確かに、そうだ！　司令部の連中は不愉快だ！　兵士が庭を通って、ビストロの奥の部屋に入りこむと、憲兵が待ち伏せしているなら、そういう憲兵も不愉快だ！　彼が兵士を「通報し」、「牢屋にぶち込ませる」なら、より一層不愉快な奴だ。

　そういう憲兵がいた。この前の休養中、私はヴィストおばさんの娘たちと一緒にヴェルダンまで行った。我々にはよくあることで、時には誰かほかの者が一緒だったが、毎回彼女たちは自らタバコの仕入れに行くのだった。我々は彼女たちの二輪馬車に乗っていたが、灰色の牝馬がシュヴェール広場まで速歩で進んだ。そこで別れた：「一一時に、サン・ヴィクトール門でね……」

　その朝は、二機のタオベが道路上空を旋回していた。好天だった。爆弾が澄んだ空をヒューと飛んできて、白い飛行機の格納庫や赤い屋根の兵舎の方に次々と落下し爆発した。ヴィルジニは幌《ほろ》の下にうずくまって、両腕でひっしと頭を抱えて隠れた。エステルは姉より大胆で、路上に降りて空を見あげた。飛行機は遠ざかった。牝馬が再び駆けだした。我々はシュヴェール広場で別れた……そこに憲兵、大尉がいた。彼が来たのは私の方にではない。私が姿を消すのを待って、姉妹のあとを走って追いつくと、娘たちを脅し、私の名前と連隊名を無理やりに言わせるほど恐怖させた。彼女たちは二人とも泣いて、それを私に謝った。かわいそうな娘たち！　これは、憲兵の報告、軍司令官による一週間の禁足令、将軍とボワルドン大佐からの愉快な免罪符、仲間たちの祝福をもたらすことになった。一週間の禁足令後、我々は一ケースのシャンパンを飲んで祝した。

憲兵はその任務を果たし、所定の指示に従ったのだ……戦時には「厳格」であらねばならない。責任あるのは戦争で、憲兵にぶらついている兵士を追わせたり、兵士の心に、付きまとい圧迫する者や「デカ」に対するあの憎悪を吹きこんだりするのは戦争である。私はバンブルについて、その献身的態度や知的な善意をよく知っている、と思っていた……ある時、病院で、彼がこう言うのを聞いたことがある：「ピエリュグは押しつぶされて、死んだ。私は目に破片が入って、片目がつぶれた。上にガーゼを当てて、後方に逃げた。だがそれがまずかったらしく、血が滴り落ち、頭が割れそうだった。十字路に砲弾、トロワ＝ジュレにまで砲弾だ……トロワ＝ジュレには、デカ、逃亡兵を捕まえるため防止柵として配置された者の一人がいた。彼が背後でどなった。私は目を引き抜いて彼の顔に投げつけてやりたかった。一〇五ミリ砲の連発がヒューと飛んできて、デカが隠れたので、私はまた逃げ出した。バラバラ、ドン！　砲弾が雨霰と落ちてきた。遠くから、振り返ってみた。デカは隠れたままで、動かなかった。そこで私には……走るたびに足音が頭に響いた。砲弾は相変わらず落ちている。それでもやはり、この小さな思い出をとどめておこうと、確認のため戻ってみた。私は奴を足先でひっくり返した。勘が当たっていた、私は悦に入った。奴だったよ！　やられていた！　硬直していたな」

バンブルを取り巻いていた者は、悪意なく晴れやかに、楽しく聞いていた……ただ単に、戦争なのだ。戦争が照らし出すもう一つの光、その真の顔が隠れている影を貫く光。その醜悪さの全体は決して分からないだろう。

誰が参謀部の将校の髭を剃り、髪の手入れをし、長靴に蠟を引き、自動車を運転するのか？　何ごとも理解し、少なくともそう試みなければならない。運悪く不公正なことがあっても、やはりそれを故意にしてはならない……不公正、我々もそうだった。我々は他人の不当な幸福でもそれを羨《うらや》み、我々の心を自らの運命に抗うかのように、強く弾ませていた。ディユでもレ・ゼパルジュでも、我々は一〇六連隊の歩兵だった。それもまた、理解に努めなければならない。我々の戦争、我々各自にとっての個々の戦争同様に長く、大きな孤独。

　ポルションと私、我々は一緒に出征した。六日間ごとに、我々はモン・ス・レ・コートのオブリー家に戻った。わが家のようなものだ……こわばった髪の森林監督官、その男らしい乾いた手と握手。母性的だが疲れたオブリー夫人。テレーズ嬢……私はわが自転車伝令兵の自転車で、カロンヌの十字路からモンに戻った。今回は、私ひとりだった。我らが昔の家で、二人の女性に再会した。廊下は見知らぬ兵士たちで満員だった。オブリー夫人が私を見つめていたが、彼女は覚えてくれていることが分かった。テレーズ嬢は、「皆さんがいなくなって、寂しかったですわ」と言って、次いで奥の部屋で寝ているとても変わった大尉や、前の広間で炊事しているとても親切な中尉のことを話してくれた……我々が出ていってから三か月になる。長い、三か月は、テレーズ嬢には……私はひとりで庭に行った。さまざまな墓が木の囲いのなかで互いに相接して並んでいるのが見えた。ドゥゾワーニュ大尉、ベロ大尉、デュフェアル中尉、イルシュ少尉、モリーヌ少尉、ポルション少尉……みな同じいくつかの、ガラス細工の冠〔キリストの茨の冠に擬したもの〕が十字架の縦木に引っかけられていた。それには「我らが戦友に」とあった。もっと先には、丘陵の麓に丸太と枝の納屋があり、そこには疲れ切った馬が鼻づらを下にして、後ろ脚を折りたたんで、じっと静止していた。あの冬と同じ納屋、同じ疲れ切った馬、裸の大地にはもう少し太陽があったが……数歩後ずさりすると、墓はすぐに瓦礫の山の後ろに消えてしまった。

「さようなら、オブリーさん」

「幸運をね、あなた」

「ご幸運を……」

　テレーズ嬢はもういなかった。母親が言った：「あれは買い物に行ったわ。皆さんの会食用にバターとグリュイエールチーズを買いにね。娘にはご挨拶を伝えておきます」

　昨日、天辺にマットレスや家具をのせた大きな二輪荷車で、オブリー夫人が通るのを見た。彼女は降りないで身をかがめて私と握手した：

「二週間前からモンにも爆弾が落ちています。私たち退去しますの。テレーズはもう出発しました。夫は兵士でありますから、離れられませんが」

「どこへ行くんですか？」

「まずモテロン、でも後は、分かりません」

「ご幸運を、オブリーさん」

「まあ、あなたもね、ご幸運を……」

一体何が残っているだろう？　ヴェルダンでの小さな写真、ベルリュの勘定台にいるエステルと小売店の売り場に立つヴィルジニ、第五中隊の宿営地に近いディユの家の敷居口にいた赤い唇の大柄な娘二人……この二人は、我々が教練から帰るとき、時々そこにいたいようだった。「馬上の」将校たちは鞍の上で身を起こして、通りながら彼女たちを見ていた。だが男たちはあせって、かかわらなかった。彼らは、毎日夕日が落ちると、二人の自動車運転手が家に入るのを見ていたのだ。最初の日から、彼らは年長者が「裕福な卸売商人《おろしうり》」であり、若い方は「良家の子息」であることを知っていた。「何がお望みで？　あの娘たちはしっかりしていますよ。我々以上に確かですな……それに誠実ですが、何がお望みで？」

我々はすぐに二人のことを知った。一人は飛行士の女、もう一人は未亡人で、太った医師、五筋の金モールの医師が彼女のところに泊まっているという。別のもう一人は、何日か定期的に、月桂冠付きのケピ帽を受け入れているそうだ……なんとも嘆かわしいことだ！　この大きな汚らしい建物からは、時々通りかかると、酔ってかすれた女どもの声が聞こえてきた。三人いるに違いないが、彼女たちには四分の一ラム酒と一〇スーかかるという。

夕方、ムーズ河畔では、ガラス窓の向こうにランプの灯りがともる。ダスト、サンソワと私は板橋を歩いていた。ランプの照り返しが泡立つ水面に映り揺れていた。先へ歩いていくと、照り返しは土手の下に消えた。敏捷な雄猫が白いほっそりした形のものの後ろに飛び出た。うなり声、ほとんど人間のようなむせび泣き、あえぎが聞こえた……「ああ、嫌な獣だ！」ランプの明かりに照らされた窓の向こうには、テーブルの周りに男たちが群れているのが、通りがかりに見えた。彼らは一〇人ばかりで会食している、第三中隊の下士官たちだ。彼らの真ん中には、明るい色のブラウス姿の少女がいた。一五歳にもならないようだったが、その身体は柔らかい丸みを帯びて膨らみ、花開いていた。母親が娘に極めて短いスカートと、胸元が大きくあいたブラウスを着せていた。下士官たちは払いがいいのである。

我々は引き返した。足下では、板が明るく堅固な音で響いて、我々のお供をしてくれる。前方の、川が広がる平たい草原のかなたには、アンスモンの家並みが少しバラ色がかった黄金色の靄のなかで、かすんで見えた。向こうでは、二つ三つ窓が輝いていたが、ランプがついたばかりだった。汽車が通過し、デュニイの方に下って行った。

「戻ろう」

ダストが右側で、サンソワは反対側だ。もう何も話さなかった。彼らは二人ともほんとうに誠実善良だった！　ダストはいつもよく響く声で、全神経で勇気を奮い立たせ、燃えさかるような陽気さにつられて近づく者たちの心を温めていた。諦念と不信感に満ちて、いつもあれほど不可思議だった彼は一体何だったのか？　いつかの晩、彼が話したのは！　透明な瞳が寄ったかと思うと、突然すぐ離れ、彼という存在が裡にこもってしまうのだった。もう一人、サンソワは静かで夢想家、まだほとんど分からない。それでもやはり、確信しているが、私が近くで生きた最良の友の一人だ。彼は私を君呼ばわりしない。いつも「中尉殿」と言う。ダストも私も彼が笑うのを聞いたことがない。だが彼の微笑み、眼の若々しさにはなんと光があることか！　我々は稜線に一緒にいた。今夜も一緒だ。我々は一緒に生きていくだろうが、いつまでだろう？

例えば、別の日の夕方、別の村の通りを、私はルビエールと並んで歩いていた。彼の腕をつかんで、ポルションの話をしていた……ダストとサンソワ、ルビエールとポルション。彼らはみなそこにいて、同じように思えた……ベルリュの写真のように、ダストの手を肩にしたテリエも。「若いイルシュ」、ジャノ、「ミュレール親父」も……これは別のもの、思い出のものだ……セネシャル少佐は掩蔽壕の底で喉をかき切られ、スクッス大尉は丘で四肢を切断され、リエージュもパヌションも負傷した——この者たちの間にどんな違いがあるのか？　リエージュは手紙を書いてきて、「かすり傷」について話していた。パヌションは、病院からの手紙の末尾に、「変わらぬ握手」を受け入れてくれと言ってきた。誰が私に手紙を書いてきたのか？　リエージュ軍曹か？　わが従卒パヌションか？　彼らはもう前と同じではなく、我々から遠く離れ、二人とも姿を消してしまった。たとえ私がもっと先へ行ったとしても、相変わらず……それでどうなるのか？　これは、ディユでの、ダストとサンソワの間にいた夕べのことに過ぎなかった。家々の窓はすべて次々と明かりがついた。ヴァイオリンが小歌謡を奏で、黄昏どきの川岸に響き、はねていた。背後では、ムーズ川の流れが消えなんとする青白い靄のなかで、静かにさざ波立っていた。

「それじゃ、おやすみ」

わが宿舎の前で握手して、彼らが行ってしまうと、私はいくつかの庭沿いに土の道を歩き続けた。空気は肌を刺すようだった。夜のとばりは耕地すれすれに忍びやかにおりて、上は天頂の方にまで清らかに澄んでいた。月はなかった。星々は相近寄って、それぞれが明るく孤独な輝きで瞬いていた。

私はなんの神秘もないこんな夜が好きだった。月明かりが風景を変えず、雲の形も空の穹窿《きゅうりゅう》をゆがめていない、こんな普通の夜、凍てつきもせず生暖かくもなく、星がそれぞれの位置にある夜。私は、レ・ゼパルジュの戦闘後、ここ、ディユ・スュール・ムーズで休養中だ。右手にはムーズ川、左手には運河がある。眼の前の南東方向では、銃撃音が弾け飛び、遠い隔たりで弱まって、反響もこだまもしないが、相変わらずはっきりと聞こえてきた。

まさにこの戦争の瞬間にも、私は私自身としてここにいる。

四月二二日

「今日……の死と……の死とある、一八日付の手紙を受け取りました。少なくともあなたは思う存分思い出を慰み慈《いつく》しまれることでしょう。我々はできません。我々には行動する義務があり、そうしなければ衰退するだけです。心の嘆き、訴えが圧倒的にならないように、それに沈黙を課さねばなりません。私も、一時、あきらめて〝心内《しんない》の石臼〟が回るままにしておきました。それを止めて、私の意に従うのを感じたことはわが誇りでした……」


私は一層苦しむのではないかと予想していた。この心にとって無害空白な砂漠では、苦しむことなく呼吸できる。自分が健康かつ頑健で、時には幸福であるとさえ感じる。それは値するときだけにもたらされる恩恵だ。今や、それが来た。

行進中、森の小径を下って行く。炭焼き人の小屋近くのくぼ地の底で、生木の酸味がかった煙の臭いをかぐ。苔《こけ》むした屋根瓦の縦長の農家を見つけ、飾り台の下で柱時計が打っている、ひんやりした広間で、湯気の立つ大椀一杯の牛乳を飲む。固くまっすぐな道を馬に乗り、蹄鉄を響かせてギャロップで駆ける。公園の壁にぶつかって停止し、鐙《あぶみ》の上に立って、ライラックの密錐花《みっすいか》を摘み取る。それは数時間の道中で拾い集める喜びだ。明るい喜びのなかで、そうした光景がずっと繰り広げられる。だがまた鞍に乗って、ポプラのかすかな影を通して、太陽のきらめく運河の岸辺を、どうして叫びながらダストの後を追わないのか？　彼はラクダのような唇の、黄ばんだ駄馬に乗っている。この駄馬はギャロップなどには動じないが、そのぎこちないトロットはわが馬コネズミよりも歩幅がのびるので、わが馬は猛烈なギャロップの乾いた音で道路をかつかつと叩き走って、息切らし汗水ながし、やっと追いつくのだった。

「わが意がこの駄馬に通じたからですよ」とダストが言った。

我々はベルリュまで一蹴り、一蹴りトロットで駆け抜けた。戸口の両脇で馬をとめると、その首の上で脚をさっと回して、地上に飛び降りた。

「よし行くぞ！」

ラッパを鳴らし、激しく呼び出し、勢いよく入る‥

「こんにちは、お嬢さん！　こんにちは、ヴィストさん！　お父上は？　義弟さんは？　エステル、ショーケースにはどんなタバコがあるの？　おい、ヴィルジニ、あのポルトの古酒は入ったのかい？　もっと見えるよう近くへきて！　もっと近く！　いい顔色だ！　よい香りのするラベンダーがあるよ！　きれいなミモザも持ってきた！……」

「まあ、なんてにぎやかなんでしょう」と女たちが繰り返した。「こういう元気なお二人、こういうお連れは、どこを探してもいないわ」

タバコ、ポルト酒、ラッパの音。我々は、さっきとは「反対側に」脚を馬の首の上で回し、また馬にまたがって、ゆっくりとしたトロットで、ディユに戻った。

「やっぱり彼女たちに挨拶に立ち寄ったのはよかったな」

「そう、よかった」

「また行こうか？」

「そうですね」

我々はもう何も恐れなかった。ダストも私と似たようなものので、たぶんサンソワも、またほかの多くの者たちも……第一中隊の大男のセーヴは自動車運転手たちとポーカーをしているかもしれない、彼の楽しみだから。マシカールは古傷の足の擦過傷でベッドに釘づけだ。デボネールはやっと「静かに飲める、ポリ公がまだかぎつけていない部屋」を見つけた。村の通りで仲間のグループに出会うと、必ず立ち止まって握手し、しゃべり、よもやま話をする。ラマールは相変わらずすばらしい顎鬚だが、カリションの顎鬚はほったらかしで、もじゃもじゃだ。ギミエは若々しく響きのいい声を聞かせてくれた。それにダヴリルが戻ってきた。

森の雑木林の穏やかな朝、若葉が陽を浴びて黄金色に染まり、波打って震えている！　シェーヌ・ゴッサン、サンク・フレール、ベル＝アフュ……我々はよじ登り、駆け下り、藪の真ん中に頭を低くして突っ込み、手には棘がささり、顔は葉に打たれ、筋肉の緊張がすっかり緩んで、心弾ませ、胸ふくらませて突っ走った。また馬だ！　石ころだらけの小径を苔むした屋根の農家へトロットで駆ける。光沢のある敷石では、光が波打つ艶々した葉で緑に色づいていた。炻器《せっき》の椀では、牛乳が泡立っている。農婦が何か口ずさんでいる。我々はゆっくりとまろやかさを味わって飲み、口髭はクリーム状の泡で白く縁どられていた。

アンスモン、駅、汽笛一声。銅の側面がでこぼこになった古い機関車が小さな駅の近くで汽笛を鳴らしているだけだ。跨線橋の板が大隊の行進する下で、きしんだ音を立てていた。ムーズ川が太陽で輝き、清流であふれた草原の間を蛇行している。それぞれの土塊の間をひと筋の水が流れている。前方の丘は明るい正面の上で青色だ。

「歩調をとって……」

一〇六連隊の兵士はこういう風に行進するのだ！　諸君は

家の敷居口に立って、見物できる！　好調か？　弱っているか？　見たまえ、キラキラ光るゲートルの若い理髪師だ。なんなら微笑も。我々の踵はやはり明るく路上に響いた。肘を接して、歩に歩を踏んで。

「左に向かって一列に……」

「左に向かって一列に……」

「止まれ！」

小隊長の号令が響く。手のひらが銃の負い革に当たって音を立てる。中隊は納屋の前でじっと静止し、現れた二人の娘に背を向けている。

「解散！」

隊列が解けたようだ。各人立ち去った。やがて誰もいなくなった。

一時間後、テーブルの周りに集まって食事だ。リーヴ少佐、ル・ラブッス医師、そして我々三人だ。ブイーユが料理を運んでいるが、あの冬の晩、私は、大男のブイーユが砲弾で崩れ落ちた待避壕の屋根全部を背で支えていたのを見た。フィグラは時々、褐色のセーターと卵型の顔で戸口に上ってくる。オブニシュは急ぎ足でやってきて、シャロンの古い話を、飽きもせず、細々と語っていた。

ロゼ・ワイン、白い辛子の粒々のある固いソーセージ、光沢のある陶器のピシェ〔ワインを入れる水差し〕、白い蠟引きテーブルクロスに映る日差し、よく知っている声、なじみの顔。これが朝の会食風景だ。夜の会食はランプの下だ。時々、女主人が我々の近くにきて坐る。彼女はブロンドで痩せていて、病気がちだ。夫は捕虜だという。義母が彼女の後を一歩一歩ついて来るが、腹のでた醜女《しこめ》で、私は「おばあさん《マ・シェリ》」と呼んでいる。彼女は腰が曲がって、腹が揺れているが、小さなきつい目は絶えず我々と、我々の間にいる若いブロンド女を窺い見ていた。

老婆が立ち上がり、言った：「寝においで、ジョルジェット」嫁は悲しげに立ち上がり、あとについて出ていった。とても背の高い彼女は、このチビ老婆の体に恨みのこもった、毒々しい視線を落としていた。

「おやすみなさい……」各人立ち去った。やがて誰もいなくなった。

そこで、納屋に上がっていくと、深々とした干し草のなかで、オブニシュ、ブイーユ、フィグラが寝ていた。

「気分はどうだい？」

「快適、爽快です！」

「そりゃよかった……おやすみ、諸君」

「おやすみなさい、中尉殿」

私は部屋にひとりだった。この蠟燭は私しか照らさない。揺らめきながら、マルバアサガオの花、私の手、書いている手紙の一つに光を落としていた。

また、謙虚誠実に一日を過ごした後の、ある夜。なぜなら、その日一日じゅう、私は騒ぐことなく陽気で、仲間に対し誠意をもって接し、きちっと指揮することに注意し、完璧に自己を抑制すべく断固たる決意をしていたからである。またその晩、私の周りの誰も、私がしたことを恨みに思って考えたりしないようにしたからである。さらにまた、私はこの新しい部屋に帰ってこなければならず、この孤独をえるためにここに来たわけではないから、この孤独を見出した、あるがままにまるごと受け入れたのである。

この孤独はなんと魅力的なことか！　なんと一日が遠ざかり、色あせていくことか！　かつて私は、今のように夕べの孤独に心奪われたままで、自己を統御したことがあったのか？　かつて私は、丘に取り巻かれた草原の圏谷《クラスター》で、武装した大隊のいかめしい行列、ジョッフル元帥のリムジン車、我々には理解しがたい栄光のため儀式の開始を告げるラッパ手の楽器を見たのではなかったか？……私がそう考えるのは私の手紙のせいであり、私が書き、それを待っているのを知っている彼らのせいなのだ。彼らがいなければ、そんなことをしてどうなるのだろう？　我々、ほかならぬこの我々はもう自らを欺くことはできない。我々はあまりに多くを知り、あまりに多くを見てきた。もはやことの良し悪しを判断する必要さえない。しかし彼らは？　我々が彼らをそばにいるよう手助けしなければ、彼らは我々を待つことに値するのか？　我々が書き送る手紙の前に、彼らは何を読むことができたのか？

我々はドイツの第六歩兵部隊の兵士の手紙を読まされた。この兵士は、僅か数日前にレ・ゼパルジュから家族に手紙を書いていた：「生まれてからこのかた、決してこれほど寂しく復活祭の日々を過ごしたことはありません……ここで起こったことを言う気さえなく、言えばあなたたちが病気になりそうで心配です。一つだけ言えるのは、善なる神のお陰で、私がまだこの世にいることです。もうアルゴンヌの戦場〔フランス北東部、激戦地の一つ〕ではありません。ここ、我々が占めている稜線は火山のような外観で、周りに死を吐き散らしながら燃え続けています。もはや精魂つき果てて、私にはなんの思慮分別もありません……まだ自分が生きていると信ずるのに大変苦労します……」

さあ、これがフランスの大砲がもたらしたことだ！　これが我らが敵に味わわせた地獄の生活だ！

ああ！　だがそうではない。我らの兵士も同じような手紙を書いたのではないか？　ほとんど全兵士がかつて同じようなことを書いたのではないか？

それに、不在なる者（死者）たちよ、諸君はあれを読んだか？　参謀本部付き将校がレ・ゼパルジュの任務から戻って捧げた、あの我らが栄光への賛歌を？　確かに感動的で、称賛と憐憫《れんびん》で心揺さぶられるが、彼は泥のなかの男たちも見たのだ。それも、「彼のような通行人ではなく、そこにずっと残った男たちだ。彼らはレ・ゼパルジュの丘を奪取した。彼らはこの恐るべき稜線を奪って、偉業をなしたことを知っている。だが彼らはひたすらやり直したいだけだったのだ」。

諸君はそういうことが信じられるか？　悲しいかな、私自身何をしていたのか？　あの日、丘の上で、砲弾が落ちてくる間、ヒロイズムを誇張したこの絵葉書を書きなぐりながら、諸君が一緒の気持ちになるようにしていただけだ。私はそれを町の新聞で、身振り動きをまじえた言葉とともにもう一度読んだ。私にはどこかの気取り屋女が『ラ・マルセイエーズ』を声高く歌うのを聞いているような気がした。諸君と私のために、恥ずかしかった。

いや、そうではない。私は諸君、わが愛する諸君のような不在なる者のことを考えている。諸君は、死ぬまでの間は、私自身に残っていたもの、私が得ていて、諸君に託した生命そのものだった。諸君のなかに私があった。今やもう諸君しかいない。我らがヒロイズムなど何でもない、他人の卑劣さや下劣さも同じく何でもない。諸君への信頼と我々の諦めしかない。私は諦めているし、毎日を、すべての脅威を、すべての苦痛を受け入れているのだから、それに――諸君には言わなくともよく知っていることだろうが――今この時も別れの時も、諸君にはもう二度と会えないという悲痛断腸の思いさえ受け入れているのだから、わが孤独を諸君に満たしてもらい、諸君にそれをまるごとそのまま捧げさせてもらいたい。私が真実諸君のために、諸君とともにある、こうした夕べ、よく聞いてくれたまえ。ただし、ああ！　不在なる者たちよ、これだけは聞いてくれ：願わくば、諸君のようには死なないこと、諸君のことを思えば、死なずに生きることだ。

Ⅷ　別れの時

四月二四―二五日

二日前から、東の方で重砲弾の唸《うな》る音が聞こえていた。とりわけ夜、別れる前に、奥の方の庭沿いにちょっと散歩していると、砲弾の轟音が我々のところまで届いてくるようだった。轟音と我々が隔たっている間は静かだった。大砲が沈黙すると、我々も何も言わずに銃撃音が弾けるのを聞いていた。

正午、昼食を終えたとき、命令が届いた：「一三時進発、リュ・アン・ヴヴル方面」すぐさま我々は五月初旬まで延長された休養という約束を思い出した。またすぐさま森をギャロップで駆けて、柱時計のそばでクリーム状の牛乳を飲んだことを懐かしく思った。私はリーヴ少佐が革のゲートルの紐を結び、ムノーが私のトランクの掛け金を閉めているのを見ていた。彼は私の方を振り向くと、微笑みながら、いつもの穏やかな声で言った:

「ねえ、中尉殿、殺されるのはいつも同じですかね?」

ずっと前からはじめて、空に灰色のヴェールがかかった。村の通りはほとんど無人だった。二五大隊の猟歩兵はすでに出発していた。数人のムーズの老女たちが我々の通るのを見ていたが、たぶん二〇歳の中尉の棺を教会まで見送った者たちと同じだろう。

ヴォ・デ・ルとヴォワ・ドゥ・ディユを通って、我々は立ち去った。森の枯葉が雨で柔らかくなって付着し、靴底の下でまるまって転がった。すでに最初の負傷兵とは道端ですれ違った。

「彼らは攻撃してきたか?」と我々は訊いた。

「なんだって!……形勢は悪いよ」

「ひとまず制圧した!」

「彼らはロズリエにいるんだ!」

「二〇〇もの大砲を奪われた」

「彼らは意外な障害にぶつかって、失敗した」

それ以上もう何も訊かなかった。我々は通りがかりに赤くなった包帯と三角巾を一瞥しながら、行進した。軽症者は特に何キロも歩いてきて非常に疲れていた。ただ、一つのことだけには驚いた。彼らの服に泥がついておらず、ただ僅かの泥水のはねかえりがまだ青々とした外套にシミをつけていたのである。

重砲弾は眼前で炸裂したが、いくつかはあまりに近すぎて、道の曲がり角に行くと、樹間に黒煙が立ち昇るのが見えた。丘は下りになった。足下では、リュの教会や家々が雨の降るなかで、スレート葺《ぶき》の屋根を接して立っていた。畑では、半ば崩れた壁沿いに、まだ新しい三つの大きな穴が死んだ三頭の馬のそばでポカンと開いていた。

我々は斜面を下って、大きな村を横切ったが、知り合いは誰とも会わなかった。数人の農民がほとんど敵対的な不審感で我々を見ていた。正午には、砲弾がトロワ=モンの森の方へヒューと飛んでいった。一斉砲撃が向こう、東の方、ムイイかサン・レミの方へ轟いていった。

我々は相変わらず、丘と丘の斜面の間にある砲兵隊野営地の縁の、かつて通った道路を行進した。あの一斉砲撃の轟音と、時々、偶然の小休止に、雨霰とパチパチ弾ける銃撃音以外は、相変わらず何も分からなかった。

アンブロンヴィルの農地は、小さな谷のくぼ地の、木の影が映って曇った、静かで陰気な沼の近くまでのびていた。そこで右のムイイの方へ曲がった。

少し先へ行くと、担架兵たちが道路端に並んで、我々を通してくれた。彼らは路肩の草地に重い荷物を置いていたが、それは、頭を眼の下まで覆われて、テント幕の上で硬直し、血を流して横たわっていた重砲兵隊大尉だった。

ムラン・バに到達する前に、我々は左手の森のくぼ地の方に曲がった。相変わらず雨が降っている。前方では、三七二高地の砲列中隊がせわしく乾いた音で一斉砲撃をしていた。

「止まれ！」

我々は放棄された待避壕近くの反対斜面にいた。暗がりの出入口に近づくと、中には冬の寂しさと寒さが閉じ込められているようだった。

高原では、ドイツ野郎の重砲弾が襲いかかっていた。我らが七五ミリ砲を探しているようだったが、その風切り音は我々の方へまっすぐのびてきて、砲列線を越えて、林のはずれで轟音を響かせて炸裂した。我々の周りの破片はブナの幹に激しくぶつかった。

日が暮れてきた。くぼ地の縁まで登ると、眼前には高原が広がっていた。遠くでは、七五ミリ砲が荒れ地の真ん中で見渡す限り細かく並んでいた。もっと先はタイイ・ド・ソル、レ・ゼパルジュへのムイイ街道で、さらに先はスヌーの丘だ。私の視線がリーヴ少佐のそれと交差した。我々はずいぶん古いことを思い出したが、何も言わなかった。高原の広がりには、荒涼としたわびしさがみなぎっていた。七五ミリ砲の一斉射撃音が今や低くなった空の下で、奇妙で悲痛かつ単調な旋律となって漂っていた。あちこちで黒煙が地面から湧きあがり、ゆっくりとのびて、長らく揺れていた。

「なぜダヴリルは来ないんだ？」とリーヴ少佐が訝《いぶか》った。

「彼はヴェルダンの家にいたのか？」

「はい、ほとんど毎日のように」

「彼はディユに帰ってからしか分からんだろうな」

「大丈夫ですよ。彼の馬はよいし、我々と合流するでしょう」

夜はゆっくりと暗くなり、そよぐ霧雨に濡れていた。もう七五ミリ砲は見えなかったが、ただ撃つたびに、発射の炎が立ちのぼった。森の奥では、銃撃音が不意にあがり、痙攣《けいれん》的に鳴り響いた。だが時々、ほとんど完全な沈黙の瞬間があった。その時は枯葉の絨毯に雨が滴り落ちる音だけが聞こえた。

男が通りかかったが、道に迷ったようだった。彼は腕を無用なもののようにだらりと垂らし、機械的な歩調で歩いていた。

「何を探している？」

「電話だ」

「そんなものはないよ」

「いや、ある。わしは知っている」

確かに、荒廃した待避壕の一つに一台あった。男が出入口の下に消えると、まもなく暗い穴から、声が上がってきた……

「もしもし……はい、大砲をやられました……ドイツ歩兵部隊に……不意打ちを食らって、そうです……短銃で戦わざるを得ませんでした。大尉は頭に一発食らいました……部下ですか？　いえ、将軍殿、私ひとりです……大砲を爆破する時間があったどうか、ですか？　二門だけは。雷管に榴弾を込めて……」

男は外に出てきて、ゆっくりと遠ざかった。彼が姿を消すとすぐ、馬のギャロップで荒野の柔らかい地面が揺れ出した。靄のかかった空に、人影が段々と高く、暗く、大きくなって浮かび上がった。

「ダヴリル、お前か？」

「はい、少佐殿」

彼は地上に下り立った。馬の濡れたわき腹からは湯気が立っていた。彼は息を切らしつつ言った……

「私はヴェルダンではじめて知りました……すぐに発ちました……誓って申しますが、一分たりとも無駄にしてはいません」

彼は、あげた手柄に見合って褒められたがる、自信満々の子供のように、興奮してまくしたてた。

「そうか、そうか、ダヴリル」とリーヴ少佐は答えた。

たぶん少佐は、私同様、あの夕方、ダヴリルがジャルダン・フォンテーヌの別荘で母のそばにいたところ、突然警戒命令が届いて、母と別れ、「一分たりとも無駄にせず」、雨のなかを我々の待っているところへ向けて、何が起こるか分からぬ明日を目指して出発したことを考えているかもしれない。


ごく単純なことだった。ドイツの攻撃が、レ・ゼパルジュ南西の森で発せられ、カロンヌの戦線軸を北に押し上げたのだ。五四大隊は不意打ちを食らって、第一戦線の後方に退いた。前進していた友軍の重砲のいくつか、二つか三つの一五五ミリ砲、数門の二二〇ミリ迫撃砲などがドイツ軍の手に落ちた。五四大隊の炊飯兵は、桶で塩抜きしていた一〇匹ばかりの鱈《たら》の尾を放棄した。砲兵は短銃を手にして、果敢に大砲を守った……こうしたすべての出来事が誇張、歪曲され、かつての戦い、何もない裸の野原での戦争、野戦への想像上の回帰を連想させたが、今度は昔よりも多少厳しく、太陽が戻ってきた分だけ波瀾に満ちていた。

この最初の戦闘、我々はこれに敗れた。側面を突かれたレ・ゼパルジュはもう守れなかった。第二戦線はない。退却通路はカロンヌの隘路《あいろ》を経てロズリエ、ヴェルダンまで開かれていた。友軍の重砲はすべて森の下や、オー・ド・ムーズ山地のあらゆる起伏部に隠されていたが、敵の手に落ちようとしていた。数百はあった。ドイツ軍がいつか我々の弱点を知り、少しばかりでも大胆になったら、ヴェルダンは失われ、我らが前線の一面が崩壊したであろう。マルヌの戦いが我々がもう一度勝利すべく、また始まったようなものだ。五四大隊の炊飯兵、鱈の尾を見ずに浸して日々を過ごしていたあの出来損ないの連中の過ちによる、この大混乱。この塩抜きする鱈の尾、これが我々には極めて突飛で想像力を狂わせるのだ。我々は鱈も食べずに、まったく馬鹿げた状況の真只中に投げ出されてしまった。

だが実のところは、極めて憂慮すべき戦況だった。最前線のドイツ軍が我々の第一戦線に根を下ろしたのだ。我々の第二戦線はほとんど存在しなかった(それが何ほどのものであるかは知っていたが、冬中、それを無視していた)。混乱した参謀本部は隣りの宿営地の部隊にゴチャゴチャに緊急戦闘準備をさせていた。もう一時間もすれば、我々自身に分かることだった。日が昇っていた。ドイツ野郎の最初の重砲弾がすでに平原に飛んできた。

実際、まもなくして分かった。自転車伝令がきて、リーヴ少佐に何か言うと、我々は出発した。以前は、いつもこういう風だった。

我らが十字路は兵士でごった返していた。明け方の靄のなかで、彼らは大きな工事用工具類を手にして動き回っていた。かき回した土の臭いが南方のカロンヌまで長らく我々にまつわりついてきた。

我々は行進した。靄が消え、明るくなってきた。目をあげると、澄んだ青白い空が大きくなり、すでに青く色づいていた。今日も、いい天気だろう。

数か月前から、道中、我らがアトンシャテル小隊が横たわっている、あの待避壕の村はもう通り越さなかった。歩哨の前で二五五大隊の使役兵が立ち止まったのはそこだ。あの生暖かく、べとつく暗い夜、私が道に迷った電話担当下士官を案内したのは、あの道路作業員小屋だ。今朝は、九月や一〇月の日々のように、もっと先まで行く。

「止まれ!」

道路端に大きな待避壕、土嚢の工事、武器置き場があった。五四大隊の大佐が我々の前に来た。リーヴ少佐が敬礼する。彼らが話していた。我々はまた出発し、森を横切っていく。「なあ、ジュヌヴォワ……」

我々は並んで歩いていた。リーヴ少佐が言った:「こういうことだ。三四〇高地では、右手で五四大隊、左手で三〇一大隊に支えられて、我々がふさぎに行く穴がある」彼の指は地図上にある。「我々が行くところは何もない。塹壕一つない。我々はここで、この小径と平行に展開する。もし時間があれば、塹壕を掘って立てこもろう。重砲弾が落ちてくるだろうし、攻撃もされるだろう。我々の任務はごく単純なことだ。我々の後方で、十字路で工事が行われている間、守備することだ……分かったかな？」

「はい、よく分かりました、少佐殿」

するとすぐさま、爆撃音が轟いてきた。太陽が大きく広がり、散在する森を照らしていた。樹間には、爆発の黒煙が吹きあがるのが見えた。時たま、空っぽの待避壕が白い小石をのせた屋根を風圧で押し上げていた。

リーヴ少佐は落ち着き、平静だった。彼は立ち止まって、私に言った：「まず偵察してくれたまえ。およそ二〇〇メートル先のところで、前方右を見ると、五四大隊の中隊、ドゥヴォワス中尉がいるだろう……大隊とともに私を連れていくよう戻ってくれないか」

私自身もまったく平静だった。戦闘が近づくといつも感じていたあの内心の慄《おのの》き、あの焦燥感を感じなかったのはたぶん、はじめてかもしれない。私は運がよかった。今日は、部下たちのなかにあって自分を観察し、自己自身を少し見失い、自分が自分でなくなるようなことを感じることもない。

ただ一人になると、ちょうど三発の一五〇ミリ砲弾が立て続けに襲いかかってきたので、私はたまたま出くわした掩蔽壕の底に飛び込んだ。破片が出入口の前で甲高い音で飛び散っている間、ペーパーナイフで短銃を調整しながら、私は漠然と、一人でいるという幸運、この最初の傷を、部下が周りにいたらできなかったような簡単な動作で偶然避けられたことを考えていた。幸運だったのか？　この一日のあらゆる瞬間が次々と過ぎていく。私の幸運はこのように自己を統御することであり、その結果、出くわした掩蔽壕に飛び込み、また中隊を探しに出かけ、すべきことを一刻一刻続けられたことである。

私は五四大隊の中隊を見つけ、わが中隊の方に戻った。我々は小径の近くで展開し、待機していた。

第五中隊は大隊の左側にあり、三四〇高地に上がる交通壕によって三〇一大隊と連絡している。右側には、ダヴリルのいる第七中隊がいた。考慮することなど何もない。わが小隊全員前線で展開しており、ダストは左側、ヴァンとサンソワは中央、サラジェは右側だ。私は部下たちに言った：「工具類を取り出し、狙撃兵用の穴を急いで掘れ。後で穴を連絡できるようにしよう。私は建設工事用工具を得るため最善を尽くすつもりだ」

彼らも考慮することなどない。彼らは熱心に腐植土を削り、鶴嘴シャベルの刃でその根元部分を切った。私は彼ら、我々に合流したばかりの一五年度兵さえにも、我らが夏の狙撃兵がいるのを認めた。かくして根元は青白くなり、ヴォー＝マリの垣根の下の、暗い土の中心に塹壕ができるのだ。

朝ずっと、砲弾が落ちてきた。部下たちが相変わらず掘っている間、出ていって、三四〇高地をよじ登り、三〇一歩兵連隊の大佐と連絡を取り、また下りて、第七中隊まで戦線を見て回った。どの穴も陣地の土塁の後ろで深くなっていた。

「調子はどうだい、ダスト?」

「いいですよ」

「サンソワはどうだい?」

「はい、中尉殿」

本当にうまくいっているようで、我らが四小隊は互いに支え合い、互いにしっかりと結びつき、隣り同士の中隊と良好な「関係に」あるようだ。だが私が行ったり来たりしている間に、少しずつ希薄になっていた。私にはそれがつらい。

サラジェの小隊では、他の連中のなかで負傷兵が一人小径の端で横たわっていた。彼は背が高く、やせこけて、脚を上の方で縛って止血しても、枯葉に血が流れるまま、気にもかけないようだった。仲間が相変わらず掘っているのを静かに見ていた。彼らは彼の背を木にもたせかけて、飛び始めた銃弾から少しでも守ってやろうとした。彼は開いた動脈同様、銃弾に無頓着だった。苦しいだろうか? 自分がやがて死ぬことを知っているのか? 人がそんな簡単に死ぬことなど、私には決して信じられなかったが。確かに、彼は自分が死ぬことを知っているのだ。死の苦悶ですでに髭だらけの痩せた顔は青白くなっている。彼は何も言わないし、うめきもしない。それでも、知っているのだ。彼から数歩のところで、若者が弾丸一発浴びて、仰向けに寝ていた。指先が痙攣して、震えている。最初に死ぬのはこの若者だろう。

銃弾はいまも弾け飛んでいるのだから。ギザギザになった木の葉が旋回している。オブニシュが頭を砕かれて、倒れた。

「ダスト、相変わらず調子いいか?」

「いいですよ」

彼の周りでは、男たちが死んでいた。トゥルセルが私に、彼の横でまだ煙っている砲弾孔を示した:「なかに坐っていて、わしは運がわるかった!」それで彼は肩に一発食らって、倒れた。パタン兄弟の兄は腕を砕かれて、倒れたばかりだ。戦線の端から端まで、彼らは倒れていた。向こうの右手では、大きな負傷兵が眼を閉じていた。顔は穏やかで、生きていたままのように死んでいた。ただ眼だけは閉じている。彼の近くで、若い一五年度兵が二つの青白く引きつった眼球のうえで、瞼を開いたままにしていた。両手がかすかに震えているだけだった。痙攣で体が硬直し、ほどなく痙攣もしなくなり、死んだ。彼は内部の全体重をかけても、地面に弱々しく横たわっていた。彼の瞼は私の指の下ですべり、二つの柔らかく生暖かい眼膜は私の指が触れる間もなく閉じられた。

「元気かい、サンソワ？」

「はい、中尉殿」

銃弾が激しく、立て続けに弾けている。銃撃音が横殴りに吹きつけ、耳がキンキンと鳴り響く。ヴァンジェールが駆け寄って私を呼んでいるのが見えた……

「左手だ！　彼らが見える！　三〇一大隊が発射したようだ！　ダスト少尉が呼んでいます！」

私はヴァンジェールのそばを走った。ギザギザになった葉が、激しく銃弾が弾けるなか、軽やかに旋回していた。小径では、三〇一大隊の将校が長上着姿で、略帽を目深にかぶり、腕をのばして、振り回し、叫んでいる。ダストは銃を肩にして、立っている。アンドレオッティはその横に立って、ビュトレルが、坑道の漏斗孔の縁で、唇をすぼめて、冷たい眼をして撃っていたように、撃っていた。

「よし、いいぞ、いいぞ」とダストが繰り返した。

彼は笑いながら、命令を投げつけた……

「あそこ、指人形に……好きなように、撃て！　運試しだ、銃弾など気にするな！　花嫁に一発パン！　市長殿に一発パン！　憲兵にも一発パン！……撃ち方やめ！」

もう林地でうごめいていたドイツ歩兵は見えない。彼らは腹ばいになって、伏射《ふくしゃ》しているに違いない。相変わらず撃ってくる。銃弾は絶えず弾け飛んでいた。

「あそこだ！　あそこだ！　ドイツ野郎の騎兵隊だ！」

騎兵隊が縦一列になって、三四〇高地後方をギャロップで駆けてくる。彼らが強く断続的に拍車をかけて馬を進め、相前後して殺到してくるのが見えた。

「撃て！」

「迂回してくるぞ！」

「いや違う、馬鹿もん！　伝令は」

「もういない」

三〇一大隊の男たちは我々と一緒のところで寝ており、また掘っていた。丘へ上る交通壕は彼らで一杯だった。彼らは山頂を失ったのか？　それともまだ維持しているのか？　私は彼らの大佐が下りてくるのは見ていない。足下では、あえぎ声が続いている。ドイツの下士官が横たわって、誰かが折りたたんでやったテント幕の上で寝ていた。あのゴボゴボする音は……「胸に一発食らったか？――そうだ――じゃあ、ここまで前進してきたのか？――いや、あの男一人きりだ。変人だな。鉄十字章が欲しかったそうだ」

一斉射撃の砲弾が襲いかかってきた。もう一度。また銃撃が始まる。ダストが話しかけてくるが、すでに大騒音のため、叫ばざるをえなかった……

「君は中央に戻れよ！　こちら側はわしが引き受けた。ただ君がどこにいるか知っておかなければ……」

もう一度、私は戦線を端から端まで見回った。通りながら、わが狙撃兵たちに同じ文句を繰り返した：

「敵には撃たせておけ。まず身を守るんだ……森は明るい。彼らが前進すれば、見えるだろう……見えるまで撃つのを待て。弾をむだにするな」

私は右に達してから、中央に戻った。死んだ若い兵士から数歩のところ、私が向かっている方で、二人の男が振り返った。彼らは手を激しく下に振って、何か合図した。：「伏せろ！」すぐ近くだったので、私は叫んだ：

「どうしたんだ？」

「かがむんだ！　敵の突破口がある！　見られているぞ！」

遅すぎた。私は膝から地面に倒れた。左腕に猛烈に激しいショックが走った。腕は後ろになっていた。断続的に大量に出血した。腕をわき腹に戻したかった。できない。立ち上がりたかった。できない。二発目のショックで、腕が激しく震えるのが見え、別の穴からも出血した。膝は、まるで体に鉛が入ったかのように、地面に食い込んでいた。頭が揺れ傾いた。三発目の鈍いショックで、眼の下に布切れが飛んできた。茫然自失して、私は胸のわきの下の近くに、赤く深い肉の溝ができているのを見ていた。

起き上がって、どこかへ身を移さねばならない……話しているのはサンソワか？　私を運んでいるのか？　私は意識を失わなかった。息は奇妙な音、せかせかとした軽いしゃがれ声を吐いていた。木々の天辺は、薄いバラ色と緑色の混じったspringめくるめく空で旋回していた。

掩蔽壕は暗かった。男たちが私の周りで動き回っている。シャブルディエ、レオスティック、エヴェイエ、ムノーたちがかがんでも、私に触れようともせず、遠ざかったり戻ったりして、「ああ！……ああ！……」と、絶えず同じ単調さで、悲嘆に暮れたように言っていた。彼らは私の服を切り裂き、血の流れるわきの下に大きなガーゼの止血栓を押し込んだ。彼らのシルエットが日当たりのよい出入口に行ったり来たりしていた。

「ねえ、少佐殿……レ・ゼパルジュの後、思いましたが……」

私は話しに、話した。無数の思い、感覚や思い出が一度に押し寄せてきた。

「大佐殿、ダストが先ほど言いましたが……」

リーヴは入るとすぐ、掩蔽壕の奥に引っ込んだ。彼がそこにいた者たちとひそひそと話すのが聞こえた：「運搬兵……柄のついたテント幕だ……」戻ってくると、彼は私の手をつかんで、サヨナラと言った。

「もう話すな。君はすぐに連れていく。心から幸運を祈っている」

心から……ではなぜ私を置いたままにしていくのか？　なぜこんなに急いで私を連れ出させるのか？　彼に話すべきことがたくさんあったのに！　負傷して、重症なのだから、彼はもう数分間は私のそばに残っておれたはずだ。

私は持ち上げられ、外に運ばれた。銃撃は相変わらず続いており、銃弾がヒューと飛んできて、弾けている……急げ！　掩蔽壕は安全だ。この銃撃から離れるんだ……葉叢《はむら》を通して差しこむなんという太陽！　空高くあふれる光の輝き！

彼らは、頑丈な二本の枝でつるしたテント幕で私を十字路まで運んだ。私の体の重みでテントが引きつったが、腕はわき腹で押しつぶされたようになった。彼らは小刻みな歩調で歩いていた。私の前にはシャルナヴェルとムノーがいた。頭の後ろにいるあとの二人は見えなかった。私はあまりにも疲れていて、彼らの名前を訊く力もなかった。

十字路の掩蔽壕では、見知らぬ医師補が私に包帯をし、右腕にカフェイン注射をした。第八中隊の従卒伍長ドンタンヴィルが、ドアの近くにうずくまって、銃弾の飛来を窺いながら、話しかけてきた：

「ダヴリル中尉が亡くなったらしいです」と彼が言った。

「ダヴリルが？」

「ああ！　まだ確実ではありませんが」

彼らは私を手押しの二輪車に乗せた。別の連隊の担架兵が柄をつかんでいた。我々はムイイ街道経由で出発した。ムノーがずっと私についてきた。

「止まれ……軍医先生はあそこだ……先生を呼べ」

ムイイで、地下酒蔵庫の丸天井の前に立っていたのはル・ラブッス医師だった。彼にも、私は長々と話したのだろう。彼はぼんやりとして、何かに心奪われ、うわの空のようだった。私が言ったことに、短く答えるか、答えなかった。

「聞いているのか、ル・ラブッス？」

「もちろん、聞いているよ……もう話すな、もう話すな。君はリュへ行かなくてはならんな……失敬するよ、幸運を祈っている」

彼も私を厄介払いするのか？　私の言うことを聞きたくないのか？　友が負傷して、連れてきた者は誰もがこう言われる：「行ってくれ……急いで行ってくれ」我々はアンブロンヴィルへ向かった。揺れるたびに痛み、苦しかった。リーヴ少佐、ル・ラブッス、ダスト、サンソワ、私を十字路まで運んでくれた兵士たち、別れたすべての者たちのことを思って、私は寂しかった。私のそばにはもうムノーしかおらず、彼だけが哀れなるやさしさで私を見てくれた。わが友ムノー……彼は最初の頃から一緒にいた。パヌションが負傷すると、私のそばでは、彼がパヌションの代わりになってくれた。私は彼ら二人とも大好きだった。

「なあ、ムノー？」

「はい、中尉殿？」

「なんでもない、ムノー」

いま、私はリュの大きな、飾り気のない自在戸付きの家にいるが、そこでは、軽傷者が壁を背にして立ち、待っていた。また私のように横たわっていた負傷者は、担架を煉瓦の敷石に置いて待っていた。書記が、白く長い木製テーブルで、カードに書き込み、立ち上がり、走り、叫んでいた。誰かが私の方にかがんで、またプラヴァスの注射を打った。恐らく、抗破傷風血清剤だろう。頭を地面すれすれにして、私は動き回る脚を見ていた。だがそれで目が回り、眼を閉じた。

「まだそこにいるか、ムノー？」

彼は消えていた。たぶん送り返されたのだ。凍てついた隙間風が地面すれすれに漂っていた。相変わらず負傷者が入ってきて、他の負傷者が自在戸から出ていった。

「ヴァンか？……こっちだ、ヴァン」

彼は私の方に近づいてきたが、首を負傷していた。

「ちょっとここにいてくれ、治療されたのか？　ダヴリルが亡くなったのは本当か？」

「知りません、中尉殿。私はほぼあなたと同時に負傷したんです」

エンジンの唸りや震動音がカーテンのない窓の向こうの通りから聞こえてきた。窓ガラスでは、日が暗くなっていた。もう遅いに違いない。頭上では、さまざまな男たちの動きが激しくなっていた。ドアがバタンと閉まり、また開いた。叫び声が上がっていた：「担架兵集まれ！　まだこの一団に八人いる！　あれと……あれだ……担架に乗せろ！」長いうめき声が上がり、震えていた。担架が私のそばを通った。固い布が私の額を掃くように触れていった。

「ヴァン？　私と一緒に上れるか？」

彼はどこへ行ったのだ？　誰かの手が私の外套に触って、厚紙のカードをはぎ取った。

「中尉か、今度は……連れていけ！」

今度は、わき腹じゅうが押しつぶされて、私が叫んだ。私は外に運ばれて、大きな薄暗い箱のなかに押し込まれた。開き戸が重々しくおりた。救急車が出発する。

経験した諸君はすべて、それが厳しくつらい移動であることが分かる。夜になった。頭上では、自分のすぐそばに、別の担架が見分けられ、人間の形をしたものが横たわっていた。揺れ動くたびに、叫び声だ。それを聞くと苛々する。「この男たちはなぜこうも強く叫ぶのか？」と誰もが思った。またもう一度、より激しい揺れで、より荒々しい叫び声が上がった。そうした叫びの一つがすぐそばで響いた。そこにいるのは誰だ？　誰が叫んだのだ？　そこで、不意に思い当たった…「私だったのだ」

夜になり、真っ暗だ。運転手たちの穏やかな、ブツブツ言う声が叫び声の上がるなかで聞こえる…

「ここはどこだ？」

「ラタントゥだ」

「オダンヴィルをまっすぐに走っているのか？」

「いや、左側のディュとデュニイだ」

それは横切った二つ目の村、恐らくジェニクールの後のディユだ。昨日はディユにいたのだ。いつものように、朝一〇時頃、我々は教練から帰ってきた。二人の大柄な娘が並んで、家の前に立っていた。昨日は……今は、相変わらず車で走っている。地獄の車がはね上がり、我々を揺さぶる。私を覆っている影があえぐように動き、叫び声と罵り、哀願の声で引き裂かれた。

「もっと早く、早く着くように！」

「静かに……止まれ！」

「人殺し！」

穏やかな二人の声が相変わらずブツブツ言っている…

「あいつらの言うことを聞いて、お前どうする？」

やっと着いたが、何時間かかったのだろう？　誰か別の腕が揺さぶり、肉体は疲弊し、血液は空っぽだ。べとつく汚れが乾いて、皮膚が固くなっているので、顔から指で拭いとっておかねばならない。あの二人の看護婦がきて、担架の足下をゆっくりと歩き、どの負傷者にも一瞬かがんで見る前に、きれいにしておこう。誰かの手が頭に新しいヴェルダンのケピ帽、心地よい青い「花瓶」のようなケピ帽をかぶせた。わが真新しい立派なケピ帽の下に、青白く血で汚れた道化顔があるとは！

石灰塗りの壁の駅の待合室は強い薄紫色の光が明々と照っていた。頭上にあるランプの球は痛くなるほど我々の目をくらませ、瞼を開けたままにせざるを得なかった。首を回して、服の裾の下に頭を隠したかった。だが動けず、このどぎつい光に眼をさらしたままだ。時々、アーク灯の炭素の燃えかすが、水に浸した赤い鉄のように、シューと飛んできた。胸のむかつくコールタールかジャヴェル水〔漂白・殺菌剤〕、むっとする血の臭いが漂っていた。

「一〇六連隊の中尉です、先生」

彼らは私を触診し、また注射した。それでも、白衣の二人の看護婦の間に、軍医の黒っぽい上着が見えた。彼らが話しかけ、私は「はい、はい……」と答えた。医師の声が宣告する…

「処置不能。軍事病院」

おお！　いつ終わるんだ？　もう終わったと思ったのに、

まだ第一段階に過ぎなかったのだ。汽笛がなって、車輪がリズミカルに転車台を鳴り響かせていた。誰かの腕が私をごく小さな二輪軽馬車に持ち上げた。馬車は果てしない町はずれの舗道を長らく走った。

〔病院の〕照明、電鈴の強い震動音。タイル張りの廊下、青緑色の小部屋に通じるドア。ベッドにシーツ……

部屋にはもう看護婦一人しかいない。彼女は黙ったまま行ったり来たりしている。もう若くはないが、顔つきはくたびれていても、やさしそうだ。物音ひとつ立てない。

「静かに……動かないで……終わるまでいますから」

彼女は脚に点滴注射をしたところだ。ゴムの管が注射針からベッドの上高くにつるされた太い瓶までつながっている。

「これは何ですか？」

「なんでもありません」

「私の見たところでは……生理食塩水だな」

「そうです、少し血清も」

「では、大量失血したんですか？」

「少し、ほんの少し……動かないで」

「腕を見てもいいですか？」

「明日の朝、今夜は遅すぎます」

「何時ですか？」

「まもなく午前零時……動かないで」

彼女は針を抜いて「Nna」〔不詳。「おやすみなさい」、か〕と言うと、明かりを消して立ち去った。もう、ガラスの仕切りを通して、廊下から入ってくる僅かな明かりが青緑色の壁に静かに映っているだけだった。

＊

かくして、私の戦争は終わった。私は彼らみんな、私の近くで死んだ者、森の小径に危険にさらしたまま残してきた者などみんなと別れた。もう狂った悪夢に悩まされた病院での最初の頃の夜、何もない白いテーブル、外科医の赤い手袋など思い出したくもない。喉に残るあのエーテルの臭いも、看護兵バスティアンのいがらっぽい小さなパイプも、壊疽で赤銅色になった私の腕に彼の指がうがった穴も、だ。

彼らは私に手紙を書いてきて、頑張れと言う。現在、私に頑張ることなど必要なのか？　私に降りかかったこの苦しみ、勇気も臆病もこの苦しみには何の変化ももたらさない。あとはただ気楽に生きるだけ、すばらしい春の暖かさに身を委ねるだけでよいのだ――ル・ラブッスが書いてきたように。いま、君の手紙を膝にしている。君は、私のような負傷者、君から遠い病院にいる負傷者宛にこれを書いた。向こうでは、君は我々の間で生きていた。しかし、負傷して去った我々の仲間、君は彼らに手当てをして、彼らが出発するのを見ていた。君は彼らを我々よりもよく知ることになったのか？　君は、私が彼らのうちの一人になった現在、私をよく知っていると言えるのか？

諸君は、「もう我々のことを考えるな……」と言う。ああ！　友よ、そんなことが可能なのか？　諸君のなかに私があった。今や、もう諸君しかいないのだ。諸君がいなければ、私はどうなる？　私の幸福そのものが、諸君がいなければ、どうなるのだ？

病院の自転車伝令が私の部屋に入ってきた。彼は、私が歩けるようになる日のために、先のとがった編上靴を持ってきた。彼は言った：「電報を出したのは一昨日です。中尉殿の家に届くのにどれほどかかりますか」……明朝までかかる。

私はもう兵隊ではない。私は死んだ者、死ぬことになるかもしれない者と同じようなものだ。私の全生命はそこにあり、わが胸に抱きしめる〔母の〕胸のようにやさしく暖かい。あの〔塹壕の〕出入口を見るたびに、心臓がドキドキする。涙が出て眼がうるんでくる。ああ！　友よ！　これほど変わったのは私の責任なのか？

諸君は否と言い、私は諸君の真ん中にいた私と同じであり、我々は本当に兄弟で、我々各人が安らかな眠りの幸福とともにあったと言う。誰もが自分はあきらめて死ぬものと思っていたのだ。なぜなら、生はそこにあり、幸福のうねりが高まり、轟くからであり、〔塹壕の〕出入口が開くのを見ていると、眼に涙が浮かんでくるのだ。

我々の戦争は森の小径にまであり、ムイイで、地下酒蔵庫の丸天井の前に立っていたあの軍医大先生にまであったのだ……レ・ゼパルジュ街道から、負傷した友が担架でやってきた。青ざめた彼を見ると、誰もが運んできた見知らぬ担架兵に「さあ行け！　急げ……」と言う。担架兵は去っていく。負傷者はたとえ生き続けたとしても、もう戻っては来ないだろう。

我々の戦争……諸君と私、私が知っている何人か、一〇〇人ばかりの男たち。だが、彼らのなかに「戦争はかくかくしかじかだった」と言える者がいるのか？　彼らはことを理解しているし、知っていると言う。そして戦争を説明し、弱小な頭脳に応じて判断する。

人が人を、つまり、諸君を殺した。これは最大の犯罪だ。諸君は己の命を捧げたが、諸君は最も不幸だった。私はそのことしか知らない。我々がなした行為、我々の苦しみと陽気さ、我々が言った言葉、我々が互いに知っていた顔、我々の死のことしか知らないのだ。

諸君はもう一〇〇人以上もいないが、諸君一同が群れをなすと、私には恐ろしく思われ、私ひとりにはあまりにも重く、あまりにも密すぎるのだ。諸君の過去の行為、諸君の生きた言葉、諸君の実際にあった姿、それぞれの未来、私は一体これらのどれほどを失ったことか？　もう私には私と、諸君が与えてくれた諸君のイメージしか残っていない。

　ほとんど何もない。ごく小さな写真の三人の微笑、二人の死者の間に一人の生者、互いに肩を組んだ手。彼ら三人ともが、春の太陽のため眼を細めている。しかし、小さな灰色の写真に太陽、ほかに何が残っているのか？

モーリス・ジュヌヴォワ頌——あとがきにかえて

本書モーリス・ジュヌヴォワ著『第一次世界大戦記——ポワリュの戦争日誌』はMaurice Genevoix: *Ceux de 14*, Editions Flammarion, 1949の全訳である。

著者モーリス・ジュヌヴォワが本邦初登場ならば、本書も本邦初訳である。本書の第一部をなす『ヴェルダンの下で』（一九一六年）の初版出版後一〇〇年以上も、なぜこれだけの作品が放置されたまま、一度も翻訳紹介されてこなかったのか、些か不思議である。

さて原題の邦訳は『一四年の人々（兵士たち）』だが、これはフランス人にはCeux de 14という代名詞、前置詞、数字の三語の素っ気ない題名でも、「一四年→一九一四年→第一次世界大戦」の連想で、ほぼすぐに分かっても、我々日本人読者には何のことか分からない。そこで少しは理解しやすく、邦題は『第一次世界大戦記——ポワリュの戦争日誌』とした。

ポワリュpoilu（原意は毛深い）とは第一次世界大戦中、長い塹壕暮しで髭も剃れない髭面のフランス軍兵士につけられた異名である。たとえジュヌヴォワが『一四年の人々』という控え目な題名を付しても、この「人々」がともに戦場で戦い、ともに泥水にまみれて塹壕で暮し、宿営地の藁寝床でしばしの安らぎをえた仲間たち、戦死者、負傷者、行方不明者、生き残った兵士たちすべてを指すことは明らかである。もちろん本書では、宿営地で世話になるオブリー家のような「後方」の人々も登場するが。なお、このポワリュという語は前線や戦地では使われず、後方の戦争文化から生まれたもので、兵士同士ではbonshommes（男、やつ、古くは好人物）が好まれたという。ちなみに、イギリス兵はトミー、アメリカ兵はサミー、ドイツ兵はフリッツまたはミヒェルである。

なお、あとでも触れるが、一九一四年に勃発した戦争では、「塹壕戦争」と呼ばれながらも、科学技術の進歩発展により兵器の殺傷能力が増し、航空機や戦車、毒ガスなどの新兵器が登場して「科学戦」（エルンスト・ユンガー）の様相も帯びて、戦場はヨーロッパを中心に世界的規模に広がり、戦死者数も未曽有のものになった。のべ六五〇〇万人が動員され、そのうち九〇〇～一〇〇〇万人が戦死したとされ、そのためはじめて「大戦 Grande Guerre = Great War」と呼ばれるようになった。ちなみに、一九四五年に終わった第二次世界大戦の戦死者数は四〇〇〇万人とされる。*

＊巻末の「第一次世界大戦西部戦線略年表」参照。ただし、ジャン＝ピエール・ゲノー『ポワリュの証言』（*Paroles de Poilus*）の年表を参考にしたのでフランス側から見た年表となっており、訳者が適宜補足修正し作成した。

ところで前述したように、残念ながら、著者モーリス・ジュヌヴォワ（一八九〇—一九八〇）も、その代表作たる本書も、原著オリジナル版『ヴェルダンの下で』の出版後一〇〇年以上経っても、日本ではほとんど全く知られていない。フランスでは、アカデミー・フランセーズ（フランス翰林院）の終身書記（日本で言えば学士院長か）を務め、五八冊の著作を遺し、二〇二〇年にパンテオン（万聖堂＝フランスの偉人、国民的英雄などを合祀する霊廟）入りした高名な作家の一人である。またともに第一次世界大戦を戦った共和国大統領シャルル・ド・ゴールからも厚い信任を受けており、アカデミー・フランセーズ院長という社会的地位と名声もあった。*一九五〇～一九六〇年代には学校教科書でも作品が取り上げられているし、一九七〇年代には八〇歳の老作家がテレビのインタビューに応じたりしてマスメディアにも登場している。それがいつの間にか忘れられ、爾後その作品はフランスでも不当な扱いを受けている。「ロワール河、庭と森の作家」には、皮肉にもかえって社会的な名声とか公的な栄誉が知らぬまに変じて、忘却への道を開いたことになったのだろうか。

＊ド・ゴールは戦争終結直後の臨時政府で、最も尊敬している作家の一人であるジュヌヴォワに「祐筆＝plume」役を提案しているし、ポンピドゥー首相は内閣の一ポストを提示したことがあるが、ジュヌヴォワはいずれも断っている。ド・ゴールは後に一九六七年、ヴェルダンの戦い五〇周年の追悼記念演説をジュヌヴォワに依頼しているし、エリゼ宮（共和国大統領官邸）を去るとき、ジュヌヴォワから贈られた最新刊の『動物誌 *Bestiaire*』を読めば人の忘恩も克服できるかもしれないと、メランコリーに満ちた謝辞の書簡を送ったという。なお詳細は不明だが、いつ頃からかジュヌヴォワとド・ゴールの関係は親密になったようである。二人とも、一八九〇年一一月生まれで、大戦にはともに陸軍少尉として参戦し、ジュヌヴォワは片腕の自由を失い、ド・ゴールはドイツの捕虜収容所を五度も脱走して生き残ったポワリュである。またジュヌヴォワがアカデミー・フランセーズの終身書記（院長）に選出されたのとド・ゴール将軍が政界復帰したのが同時期であったせいもあってか、交流が深まり、ジュ

ヌヴォワは新刊書を出すたびに欠かさず共和国大統領に贈呈しているし、作家はエリゼ宮の「ルイ一五世サロン」の〝常連の招待客〟だった。つまり、彼ら二人は互いに相手をかたや作家として、かたや政治家として信頼し、尊敬していたのである。

この不当な扱いに関して、例えば、昨年（二〇二三年）死去した現代史、特に第一次世界大戦と労働運動専門の歴史家ジャン゠ジャック・ベッケール（一九二八―二〇二三）は、本書のオムニビュス版（一九九八年）の序文でこう述べている。少し長いが引用しておこう：

「モーリス・ジュヌヴォワが評価され、認められていなかったと言うのは不正確であろう。この田園の夫は――以前の計画を断念して、生涯田舎に住み、瞑想して書いた（単なる村夫子ではなく）――今世紀の偉大なフランスの作家の一人として知られている。もはや戦争作家ではなくなっても、彼はソローニュ地方（フランス中部）の田舎と自然の比類なき作家であったが、戦争の、少なくとも戦争初期の偉大な証言者として認められたのか？

もう古くなった例をとるが、彼の名前は、最終版が一九六九年のピエール・ルヌヴァンの記念碑的な大戦史『ヨーロッパの危機と第一次世界大戦』（PUF）に出てくることさえもない（……）彼の名はジャン゠バティスト・デュロゼルの『フランス人の大戦』に（副題には「不可解なるもの」と付されているという）、ひっそりと出てくる。アングロ・サクソンの歴史家についてはどうなのか？（米国の歴史家）ジェイ・ウインターとブレイン・バジェットの最近の注目すべき著作『一四―一八年、大変動』には何の言及もない。ジェイ・ウインターの『第一次世界大戦』にも何もない……（第一次世界大戦の研究が）大きく進捗したにもかかわらず、一九一四年の戦争の記述の中心に人間を置くという文化的革命はただ進行中で、いまだ総合的な大著出版には至っていない。モーリス・ジュヌヴォワは、アンリ・バルビュス（一八七三―一九三五。『砲火』の作者）やエーリヒ・マリア・レマルク（一八九八―一九七〇。『西部戦線異状なし』の作者）のように、イデオロギー的な議論の対象にはならないので、他の者以上に割を食っている。しかしながら、エルンスト・ユンガー（一八九五―一九九八）の驚くべき『鋼鉄の嵐のなかで』（一九二〇年、佐藤雅雄訳『鋼鉄のあらし』、一九三〇年）がフランスの歴史家たちに再発見されたのは、そう昔のことではない。

このモーリス・ジュヌヴォワの再版は時宜を得て、彼の戦争作品がもはや単に文学史の一ページだけでなく、大戦の戦士たちの歴史の中心に記されるというときに生まれたのである」*

＊アントワーヌ・プロスト、ジェイ・ウインター著『大戦を考える』（*Penser la Grande Guerre*, Ed. Seuil, 2004）によると、「従来の戦争の歴史記述では政治家や将軍、外交官などには出会うが、ポワリュはいない。それは上から見た戦争であり、下で起こったことには出る幕がない。具体的な戦争、体験した戦争は歴史研究の対象ではなかった」のである。そうした状況を象徴するかのように、フランスで休戦協定を記念する国祭日に、戦死者追悼のオマージュ（追悼の辞）が元帥連にではなく、やっと兵士たち（ポワリュ）に捧げられるようになったのは、一九七四年のジスカール・デスタン大統領の登場以降である。

なお、この「上から見た戦争」についてもう少し触れておくと、一九五九年、三人のノルマリアン（パリ高等師範学校生）の旧兵士が『一九一四年―一九一八年のフランス人の生と死』という著作を著わしたが、なかなか出版社が見つからなかった。やっとアシェット社が引き受けてくれたが、条件があった。誰か著名人の序文が必要だというのである。そこで彼らはユルム街の先輩で、当時アカデミー・フランセーズ院長であったモーリス・ジュヌヴォワに依頼し快諾を得て、出版にこぎつけた。この下から見た戦争の本は大成功を収めたという。ジュヌヴォワが紹介し、後記まで書いた「この本は〝私生児的な〟（正規の歴史家ではない著者の）本である」（アントワーヌ・プロスト）が、単によく売れ読まれたのみならず、第一次世界大戦専門の歴史家たちに「上からの目線」だけではなく、「下からの目線」も促す功績があったのである。

その効もあってなのか、二〇二四年春、大戦終結一〇〇周年を記念して大々的に収集されていた手紙や日記、軍人手帳、証言など多数の記録資料を基にした、文字通り「下から見た戦争」の著作が出版されたという。コリーヌ・ゴミラ編『大戦時の普通の人々――書簡、語り、証言』（*Gens ordinaires dans la Grande Guerre. Correspondances, récit, témoignages*, Edition de la MSH, 2024）である。ちなみに、二〇二四年現在フランスには第一次世界大戦勃発前か同年に生まれた一一〇歳以上の超高齢者が三六人おり、そのうち三五人が女性で男性は一人だという。

私見だが、本書を全編訳了して、改めて考えてみると、こうした無視、不当な扱いの原因は、後でも触れるが、第一次世界大戦に対する一般的な無関心もさることながら、その一つは作品の長大さにもあったのではないかと思う。この戦争日誌は一九一四年八月二五日から一九一五年四月二四―二五日まで、四年間にも及ぶ戦争初期の八か月間のもので、当初五部作であったが、もう一つの戦争日誌、エルンスト・ユンガー『鋼鉄の嵐のなかで』は一九一四年一二月から一九一八年九月までの四年間で、一冊である。ジュヌヴォワの本書は戦争の日々が精緻克明に記されており、よくぞこれだけ鮮明に覚えていたものと驚かされるが、後述するように、脚色潤色は一切ないという。まさに「大河小説 roman-fleuve」＊のような観がする。

＊ちなみに、この語はロジェ・マルタン・デュ・ガール（一八八一―一九五八）がロマン・ロランの『ジャン・クリストフ』を評してはじめて用いたものという。もっとも本人も『チボー家の人々』という大長編を著わしており、その中に『チボー家の人々・第七部　一九一四年の夏』があ

る。一九三七年、ノーベル文学賞を受賞するこの作品はいわゆる戦場日誌ではないが、第一次世界大戦前から休戦協定直前までのフランス社会とそこに生きる人々のありようをチボー家を中心にして精緻克明に描いている。主人公兄弟は結局、兄アントワーヌ・チボーは軍医として従軍中、「ある塹壕の曲がり角で、さっと襲いかかった一陣の毒ガス」（山内義雄訳）を浴び、治療中不治の病と悟って自死。反戦論者で正義漢の弟ジャック・チボーは反戦ビラ撒きの飛行機でビラを撒く暇もなく、墜落して無駄死にする、つまりは大戦の犠牲となって死ぬことになる。チボー家崩壊である。長大で読むのにひと苦労するが傑作である。

またもう一つの第一次世界大戦に係わる大河小説で、ジュール・ロマン（一八八五―一九七二）は後出のジョルジュ・デュアメル（一八八四―一九六六）などとともに「アベイ（僧院）派」であり、ユナニミスム（一体主義）の主導者であるが、「戦線からは遠く、地味なポストに就いたままで」、大戦には参戦していない。前記ジャン＝ジャック・ベッケールによると、「収集した記録資料と聴取した証言、自らの直観を融合した一種の想像力の働きで現実を描写すること（再構成）に成功した」作家であり、「『ヴェルダン』の分析は、彼がこの戦争の最大の秘密の一つを洞察した稀なる作家の一人であることを示している」と高く評価している。『善意の人々』全二七巻があるが、このうち第一五巻『ヴェルダン序曲』、第一六巻『ヴェルダン』が直接的に係わる。

だが、この二巻をまとめた邦訳『ヴェルダン』（山内義雄訳）を読む限りでは、確かに優れた分析評論で、この壮大なスケールの大長編は「歴史のフレスコ画」の一時代を一体主義的に描きだしているだろうが、第三者の評論家的分析であることは否めず、ジュヌヴォワの本書やユンガーの『鋼鉄の嵐のなかで』でのような実戦体験者の迫真的な物語と比べれば、やはりフィクションであり、体験者のもたらす直接的なインパクトはない。塹壕暮しも白兵戦の経験もない者にはその実態は描けない。それにしてもジュール・ロマンは大戦中各地のリセで教鞭をとっており、戦争には直接関与していないのに、後からとはいえ、『チボー家の人々』を上回る大長編を書くだけの豊富な記録資料や情報をよくぞ集めたものである。そのうえで稀に見る構想力と想像力を駆使して、『ヴェルダン』のような作品世界を構築し、当時（一九〇八―一九四六年）の欧州を中心とした世界の広大な光景を、さまざまな社会階層の二五〇名もの人物を登場させ、多様な人間模様をあらゆる見地から描く、ユナニミスム理論の壮大な展開とも言うべき歴史的フレスコ画を完成した手腕は見事である。まさに『ヴェルダン』は第一次世界大戦を総体的、つまりはユナニミスム的に描いた一大絵巻であろう。

高名な歴史家で、当時エコール・ノルマル（パリ高等師範学校）の校長だったエルネスト・ラヴィスが本書「初版の序文」で指摘するように、モーリス・ジュヌヴォワは驚くべき記憶力と観察力の持ち主であった。それは、本書を読めば歴然とするが、八二歳のとき、三度銃弾を浴びて負傷し、死の危機に瀕したことを中心にエッセイ風に綴った戦争回顧録『近くの死』（一九七二）のプロローグには、次のような一節がある：「あのよく晴れた春の日に、穏やかなわが家の庭で、（女中の膝の上でもらい受けた）白い子ヤギが哺乳瓶で乳を飲んでいるのを見たのは、四歳の頃だったか？」さらにその時の情景が細かく記されている。つまり、幼児期から記憶力抜群だったようだ。また長じても、この首席入学のノルマリアンは、同窓生とラテン語やギリシア語句の暗誦を競って「決闘」をし、ラシーヌやユゴーの詩句を朗誦することにも秀でていたという。

さて、前述したようにはじめて「大戦」と呼ばれた第一次世界大戦では、初期のうちに、二五万人のポワリュが戦死したとされるが、例えば前掲『近くの死』には一九一五年四月、レ・ゼパルジュの稜線を制した壮絶な戦闘で仏独双方各一万人、合計二万人の若者が一二〇〇メートルの戦場で戦死したとある。この戦争で戦死かまたは行方不明になったフランスの詩人や作家は、シャルル・ペギーやアラン・フルニエなど当時の有名作家をはじめ、無名な者を含めて多数おり、一説では、詩人や作家、知識人四五〇名ばかりがいたというが（フランス・マリー・フレモ『大戦における作家たち』）、パンテオンの身廊の壁には五六〇名の（広い意味での）従軍作家 écrivain-combattant、いわゆる兵隊作家名が記されているというから、こちらが正しいであろう。本書のモーリス・ジュヌヴォワは、この大戦によって、より正確には生き残ることによって生まれた作家である。ヘラクレイトスに「戦いは万物の父であり、万物の王である」という名言があるというが、ジュヌヴォワにこの戦争体験がなければ、彼は大学人、研究者、知識人となったであろう。それゆえ、通常、この作家を論じる際、ほとんどの評者が概ね次のように始めることが多い。例えば：

「本書の作者モーリス・ジュヌヴォワはノルマリアン〔パリ高等師範学校 ENS=Ecole normale supérieure 生〕*である。一九一四年七月、二学年目の生徒である彼はモーパッサンに関する研究を終えたばかりで、静かにヴァカンスを待っていた。ひと月後、彼は火の洗礼をうけることになったが、何という火（feu 銃砲火）だったろうか！」（エルネスト・ラヴィス）

＊大戦中の ENS 出身の戦死・行方不明者追悼記念碑には二三九名の名があり、総動員令で空っぽになったユルム街の学舎は病院になったという。

「戦争が勃発したとき、モーリス・ジュヌヴォワはパリ高等師範学校の学生だった。彼は二三歳で、まだ作家的活動はまったくしていなかった。彼は少尉として出征し（ほどなく中尉に昇進）、一九一四年八月二五日から一九一五年四月二五日までの八か月間前線に留まることになるが、命に係わる重傷を負って撤退し、次いで退役させられた」（前記ジャン＝ジャック・ベッケール）

ところで、このモーリス・ジュヌヴォワとはいかなる人物であったか、まずはその略歴を見ておこう。
一八九〇年一一月二九日——中仏ニエーヴル県ドゥシーズに生まれる。翌年、フランス中央部を横断して流れるロワール河北、オルレアンに近いシャトーヌフ・スュール・ロワールに移る。
一九〇三年——母、急痾（全身痙攣の発作）で死去。この母の死と後に大戦で遭遇するあまたの死が生涯にわたって深いトラウマとなる。
一九一一年——パリ高等師範学校首席合格。ボルドーの第一四四歩兵連隊で兵役。＊当時、特別規定でグランド・ゼコルの学生には兵役を二分割することができたので、ジュヌヴォワは最初の一年を入学前に行なっていた。
一九一二年——エコール・ノルマル入学。当時の校長は、大学と公教育界の権威、大御所の歴史家エルネスト・ラヴィスで、後にジュヌヴォワの処女作、戦争日誌『ヴェルダンの下で』（一九一六）の序文執筆。
一九一四年——エコール・ノルマル修了論文：「モーパッサンの小説における写実主義」提出。教授資格試験 agrégation 準備。＊なお、ジュヌヴォワの娘シルヴィ・ジュヌヴォワによると、エコール・ノルマルの修了時にも彼は首席修了者 cacique=premier であったという。また、ジュヌヴォワの専門家の一人である作家ミシェル・ベルナールによれば（『ジュヌヴォワ頌』（*Pour Genevoix*, 2011)、ジュヌヴォワは知的能力だけでなく、身体的運動能力にも秀でており、スポーツも得意だったという。
八月：第一次世界大戦勃発、総動員令布告。ジュヌヴォワ、第一〇六歩兵連隊に少尉として入隊。九月：マルヌ会戦に参戦し、ヴェルダンに進軍。ドイツ軍は、エリート層、学者や研究職技師、教員などを保護し、できるだけ前線から遠ざけておくというが、フランス軍は共和主義的平等観から、ジュヌヴォワのようなノルマリアンのエリートでも前線に送りだしていた。
一〇月中旬：第一〇六歩兵連隊、激戦地レ・ゼパルジュに配置（北東部ムーズ県、ヴェルダン郡。なお、ヴェルダンは中世初期フランク王国のカール＝フランス語名シャルルマーニュ大帝没後、八四三年、王国が後のドイツ、フランス、イタリア三国の祖型となる国に分割されたヴェルダン条約締結の歴史的な地）。
一九一五年——二—四月：第一〇六連隊、大戦の最激戦の一つで、「壮大な黙示録的な戦闘」であったレ・ゼパルジュ攻撃に参戦。

二月末：中尉に昇進。第五中隊指揮。

四月：腕と胸に三発の銃弾を浴びて入院。あちこちに転院治療をして七か月後、左手の自由を失い、腕は萎縮し、肺に損傷を受けて退院。八〇パーセント身体障害の傷痍軍人となり、除隊。シャトーヌフ・スュール・ロワールに帰郷。なお、この戦闘の際、敵陣にはエルンスト・ユンガーもおり、彼、ユンガーは以後一四回も戦傷するうちの最初の負傷をしたというが、そのお陰で命拾いをした。この時、彼が属していた小隊は全滅したのである。ただ、この両者が同じ戦場で、正面からではないが、敵対していたのはここだけで、ユンガーの対戦相手は主としてイギリス兵*だった。

*ちなみに、英仏海峡を渡ってきたイギリス兵は大陸側のフランス兵やドイツ兵とはかなり様相を異にしていた。多少長くなるが、興味深い点がいくつかあるので触れておこう。前記アントワーヌ・プロストによると、まず意外なのは、イギリスでは大戦勃発時には徴兵制がなく、二年後の一九一六年にはじめて制定されるが、その間《かん》は国王に忠誠を誓った正規の常備軍のほかに、志願兵の補充部隊がいわば国防義勇軍として参戦していたことである。しかも、呼びかけるのは政府でも、こうした派遣部隊の三分の一以上は各種の職能団体や協会、町や有力者などによって非公式の募集事務所で集められ、これが軍事訓練をし、宿営地を見つけ、食糧や衣類を調達していたという。つまり、シティーの銀行員や証券会社員、鉱夫や鉄道員、同じスポーツ団体や同じ学校の出身者によって結成された部隊pal's battalions（仲間同士の部隊）、いわば、英国版の民兵部隊なのである。そして彼らを率いる士官グループの大半は「パブリックスクール」の卒業生であった。イギリス社会は階級、階層の区分がはっきりしており、こうした英国軍隊に将校と兵卒間の親密な人間関係はない。この点、比較的民主的かつ平等主義的で、上官の部下に対する態度も相対的に父性愛的で親愛の情があったフランス軍部隊に、イギリス兵、通称トミーたちは仰天したという。

　なお徴兵制に関して付言すると、些か驚くべきことだが、あとから参戦する「アメリカにはほとんど軍隊がなかった」ので、仏独のように総動員令も発せられなかった。急遽軍隊の編成を迫られ、志願兵を募ったところわずか四〇〇〇人余りで、結局「選抜兵役法」なる徴兵制に頼らざるを得なかったという。二〇世紀後半から世界を跋扈する米軍兵の姿からは想像もつかないことである。休戦の頃、サミー（米兵）は主戦場だったフランスだけで二〇〇万人以上いたそうだが。それにしても当時、アングロ・サクソンの英米どちらにも徴兵制がなかったというのは、奇妙な一致である。

　また、イギリス兵たちは、英仏海峡があるためか休暇が少なかったが、そのせいか兵隊暮しはフランス軍などよりははるかに豊かで、それはドイツ兵のユンガーも羨望の眼差しで見ていた。敵が放棄した陣地や塹壕を見て回ったユンガーは、将校の掩壕には蓄音機がレコードを載せたまま置いてあって、小さな暖炉わきのテーブルにはパイプと煙草があり、そのほか化粧品に至るまでさまざまな品々が豊富にあるのを見て驚いたという。そして何よりも羨ましがったのは、料理部屋にはハム、白パン、ジャム、肉の缶詰、生卵、トマト、玉葱、生姜入りのリキュール、ウイスキーなど食料・飲料品が何でもあったことである。もっともユンガーは、「四年間ぶっ通しで擦り切れた服を着、支那のクーリーよりもまずい物を食って」戦場を駆け回っていたドイツ兵が「数において数倍も優り、装備が優良で給養が潤沢な敵」を追い散らしたことを誇っているが。
アントワーヌ・プロストによると、もう一つイギリス軍に特徴的なのは、ロシア軍（一九〇五年、戦艦ポチョムキン）やドイツ軍の一部（一九一八年、キール軍港）及びフランスで起こったような兵士の反乱が、正規軍、志願兵部隊のほかにオーストラリアやカナダなど自治領やインド植民地軍まで抱えていたのに、英国軍部隊では一度も生じなかったことであるというが、これは別途考察すべきことであろう。

九月：フランス軍、シャンパーニュ攻勢。
一二月：ジュヌヴォワ、エコール・ノルマルの学監ポール・デュピュイを介して戦争日誌をアシェット社に渡す。ジュヌヴォワが戦場や塹壕で書いた手紙の多くは、家族を心配不安にさせないため、このポール・デュピュイ宛である。この学監は校長エルネスト・ラヴィスから、戦場から来るノルマリアンたちの手紙類は全部保管しておくよう指示されていたが、彼はこれらを読みながら、早くもジュヌヴォワに「生来の作家 écrivain-né」、天分ある新生作家の誕生を見ていたという。なお、この地理学教授のデュピュイはジュヌヴォワを高く評価し、並々ならぬ親愛の情をそそぎ、彼に作家の道を歩ませる、いわば師傅の役割を果たしていた。『ヴェルダンの下で』を旧友のいる、有力出版社アシェット社に積極的に紹介して、いわば売り込んで出版させたのもデュピュイである。もっとも、作品を読んだこの友はすぐさま出版契約書を差し出し、若いジュヌヴォワをとまどわせたという。詳細は省くが、前記ミシェル・ベルナールが力説するように、作家モーリス・ジュヌヴォワ誕生にはこのデュピュイの力が大きかった。
またこの頃、ソルボンヌの教授で、著名な文学史家であるエコール・ノルマルの新しい校長ギュスターヴ・ランソンから、アグレガシオンの準備をするよう勧められるが、ジュヌヴォワは大戦の証言執筆を理由に断っている。
一九一六年――四月：戦争日誌第一部『ヴェルダンの下で』*。処女作であるこの作品は、野営地の膝の上で走り書きされたメモや日記などを基にして、ひと月もしないうちに書きあげられた三〇〇枚の語り récit であり、証言である。なお、アシェットから出たこの版では、ジュヌヴォワの僚友ポルションのみが実名で、あと二、三の者が姓だけで登場し、その他は偽名である。戦争は続行中で、またこの時点ですでに戦死者、行方不明者、ドイツ軍の捕虜になっていた者が多数いたからである。

*この作品は、多くの検閲削除箇所があったにもかかわらず当初から注目され、アンリ・バルビュスの『砲火』とゴンクール賞を競ったが、ジュ

ヌヴォワの本書はあまりに生々しく、かつ検閲で作品が損なわれていたため、惜しくも次点になったという。ミシェル・ベルナールは、この時の選考委員会がもし、一九一六年に『ヴェルダンの下で』にゴンクール賞を授与していたならば、史上初めて「検閲した作品」を称えることになったのに、と皮肉っているが。『砲火』には一点の検閲削除もなかった。ただし、ゴンクール賞は逃したが、その真価に気づき理解した読者がいなかったわけではない。前記エルネスト・ラヴィス、ポール・デュピュイをはじめ、作家レオン・ブロワや、ジュヌヴォワのオルレアンのリセの恩師で、ゴンクール賞作家でもあるエミール・モゼリなどがいたが、特筆すべきは大西洋の彼方のアメリカはマサチューセッツのウィリアムズ・カレッジにいた作家のジャン・ノートン・クリュ（後述）であろう。当時、このバイリンガルのフランス語・フランス文学教師はフランス戦線で兵士として参戦していたという。

この点、興味深いのは、「アンドレ・ジードは間違っていた」という前記ミシェル・ベルナールの指摘である。それによると、一九二二年、ジュヌヴォワは小説『レミ・デ・ローシュ』でフローレンス・ブルメンタール賞を受賞するが（後述）、その際彼は審査員であったジードに謝意を表するため挨拶に行っている。だが、『ヴェルダンの下で』などを読んでいなかったこの文壇の大御所は傷痍軍人でもある若い作家に「ぞんざいな」対応をしたという。ミシェル・ベルナールは、この時ジードはプルーストが『失われた時を求めて』をガリマールに託したときに、その真価を見誤り、出版を拒んだ過ちと同じことをしたと指摘している。ところが、この同じジードが、一九四二年一二月の日記ではエルンスト・ユンガーの『鋼鉄の嵐のなかで』を称えているというから、この評者が言うように、ジードには何らかの「偏見」があったのだろう。これも後述するが、当時ユンガーはフランス占領軍大尉としてパリに駐留していた。

いずれにせよ、ミシェル・ベルナールによれば、戦争日記や証言は文学の領域外とするアンドレ・ジードのこの「破産宣告」は今でも、いわば一種の「呪詛」として存続しているという。

八月：エコール・ノルマルに在籍したまま、休戦協定（一九一八年一一月）まで仏米友好協会Fatherless Children of Franceの活動に協力。

一二月：戦争日誌第二部『戦争の夜』。これも『ヴェルダンの下で』と同様に検閲を受けたが、戦争前半の二年間に戦死したエコール・ノルマルの同窓生四人に捧げられている。

一九一七年――九月：フランス軍、シャンパーニュ大攻勢。

一九一八年――九月、戦争日誌第三部『待避壕の入り口で』。

一九一九年――スペイン風邪に罹り、故郷シャトーヌフ・スュール・ロワールに戻り、一九二八年まで居住。＊なお、このシャトーヌフ・スュール・ロワールの地は、前記ミシェル・ベルナールによれば、すぐにはそれと分からないが、un beau pays=a beautiful country（うるわしの地）であったという。

一九二〇年――最初の小説『ジャンヌ・ロブラン』。
一九二一年――戦争日誌第四部『泥土』。
一九二二年――二番目の小説『レミ・デ・ローシュ』、フローレンス・ブルメンタール賞受賞（アメリカの慈善家フローレンス・ブルメンタール夫人創設の芸術家・作家などに与えられるフローレンス財団奨励賞。夫人はアルザスはストラスブール出身のユダヤ人移民商人の娘で親仏家。レジオンドヌール勲章受章、パリ一六区で死去。なおこの賞の選考委員会には、前記アンドレ・ジードをはじめ、プルースト、コレット、アンリ・ベルクソン、ヴァレリー、アンリ・ド・レニエなど錚々たるメンバーがいたという）。
一九二三年――戦争日誌第五部『レ・ゼパルジュ』。
一九二五年――小説『ラボリオ』でゴンクール賞受賞。ジュヌヴォワは多作で、以後、一九四五年までの二〇年間、ほぼ一年に一冊の小説作品を発表している。その多くは出版社から依頼されたもので、相対的によく売れたという。
一九二七年――ロワール河畔のヴェルネルという村の古い茅屋を購入改装。父の死去後は一九二九年からここに住み、以後の大半の作品はロワール河に面したここの書斎において執筆。ジュヌヴォワにとって、ヴェルネルは「私の子午線、私の母港、私の救済の錨であった」という。
一九三七年――この年、南仏出身の若くて美しい、教養ある女医イヴォンヌ・モンロジエと結婚するが、この新妻は一年後に身重のまま心臓病で死去。
一九三九年――外務省の要請でカナダに講演旅行。第二次世界大戦勃発の報はこの旅行中に知るが、この頃ジュヌヴォワは既にして有名作家の一人であり、彼の講演はどこでも好評だったという。戦争中は非占領地区の義父母のところに居住。
一九四三年――二月、亡妻イヴォンヌの姉妹の紹介で、一人娘のいる美しくエレガントな寡婦のスュザンヌ・ネロル・ヴィアレス（一九一一―二〇一二）と結婚。ヴェルネルに戻り、翌年娘シルビィが生まれる。
一九四六年――一〇月、アカデミー・フランセーズ*会員に選出される。それ以前に立候補していたが、ポール・クローデルの立候補と重なったために、辞退。四年後、パリに移り、セーヌ左岸サン・ミシェル大通り街のアパルトマンに住む。

＊フランス翰林院＝学士院は一六三五年、フランス絶対王政下でリシュリュー枢機卿によって設立。金石学・文学アカデミー、科学アカデミー、美術アカデミー、精神科学・政治学アカデミーなど四つのアカデミーによって構成される。

一九四九年――五部作だった戦争日誌を四部にまとめた改訂決定版『一四年の人々』出版。
一九五八年――アカデミー・フランセーズ終身書記就任。ケ・コンティの翰林院の由緒ある広々とした官立アパルトマンに移る。以後、フランス語高等委員会、フランス語国際評議会の設立など数々のアカデミーの権能と存在感の確立に尽力する。ユニークなのは、当時増えつつあった科学・技術における英語使用に対応するフランス語用語の策定確立を科学アカデミーなどに提案し、後に省令で公認されたことである。また、ジュヌヴォワは翰林院長としてジュリアン・グリーン、アンリ・ド・モンテルラン、ポール・モランなどをアカデミーに迎えるが、後述するジュリアン・グラックの招聘には本人の拒絶にあい、失敗する。彼はグラックを高く評価していたというが。
一九六七年――ヴェルダン記念館、破壊された村フルリ近くのかつての戦場跡に、ジュヌヴォワの主導で開館。
一九七〇年――国民文学大賞受賞。
一九七四年――アカデミーの終身書記を辞任するが、これは一八二六年以降、一九四六年のジョルジュ・デュアメルを除き、あまり例のないことだった。ジュヌヴォワ以降は、二人が辞任しているようだが。八三歳になってなお、彼は執筆活動に専念したかったのである。以後は、彼が母港と見なしていたヴェルネルの村に帰り、『ある日』(一九七六)、『ローレライ』(一九七八)、自伝『三万日』(一九八〇)などを出版。
一九八〇年――九月八日、スペインのハベア(バレンシア州)近くの別荘でヴァカンス中に心臓発作で死去。享年九〇。死ぬまで知的活動能力は衰えることなく、机上には『三月の風』、『スペイン便り』と題した草案が残されていたという。パリのパッシー墓地に埋葬。著書五八冊を遺した。
死去数年後、ジュヌヴォワ未亡人は、ガリマールの社主ガストン・ガリマールから権威あるプレイアッド版叢書入りを約束されていたという――残念ながら忘れられたようだが。プレイアッド版叢書というのはフランスの作家や思想家にとっては一種のステータスシンボルである。
二〇二〇年――一一月一一日、マクロン大統領によって遺灰がパンテオンに移される。*

*このパンテオン入りは大戦終結一〇〇周年を記念して以前から予定されていたが、コロナ禍の影響で延期され、マクロン大統領によってやっと実現したのは、文学を愛する大統領でもあったからだが、その祖母からジュヌヴォワとの個人的な関係を伝えられていたことも寄与したという。

大戦で戦死した一万五〇〇〇人の兵士たちの霊とともに、大統領の荘重にして熱烈、感動的なオマージュを受けたジュヌヴォワは、パンテオンの地下納骨堂で、ジャン・ムーラン（レジスタンの英雄）、ジャン・モネ（欧州連合の父）、アンドレ・マルロー、シモーヌ・ヴェイユたちとともに永遠の眠りについている。なお二〇一八年一一月、このパンテオン入りが予告されると、『一四年の人々』の何度目かの復刊が行なわれ、三万部以上売れ、多くのフランス人がはじめてジュヌヴォワの名を知ったとされる。ちなみに、ポケット版も二万部以上読まれた。

以上がモーリス・ジュヌヴォワの生涯の極めて大まかな略歴だが、その作品世界はどのようなものであったか。その多くの作品すべてに目を通したわけではないので、ここでは個々の作品への具体的な言及は差し控え、以下は不十分ながら、原書『一四年の人々』のいくつかのフランス語版の序文、注釈、二、三の関連書などを通して訳者なりにまとめたものである。

さて先に触れたように、モーリス・ジュヌヴォワは大戦の作家として出発した。そして当然ながら、この戦争体験が後の作家活動にも大きな影響を及ぼしていることは間違いないが、それだけではない。彼の著作には、ロワール河畔の村で過ごした幼少年時代、その自然環境、ソローニュ地方の自然風景も大きく影響しており、それを素材にした作品がいくつかある。そのため、régionaliste（地方を好んで描く作家、郷土作家）で、その作品は livre de terroir（郷土色豊かな本）と称されることがあるが（本人はこういう呼称は好まなかったという）、それは地理的な枠組みだけであって、描かれた作品のテーマは普遍的なものである。ただやはり、モーリス・ジュヌヴォワはロワール河の郷《さと》の子、いわばこの大河の申し子である。前記ジャン＝ジャック・ベッケールがジュヌヴォワを「田園の夫」と称したのは正鵠を射ている。

またジュヌヴォワの愛娘で、ジャーナリスト、作家のシルヴィ・ジュヌヴォワ（一九四四―二〇一二）によれば、ロワール河は父の la Muse（詩の女神）であったという（シルヴィ・ジュヌヴォワ『モーリス・ジュヌヴォワ：わたしの父の家』Sylvie Genevoix: *Maurice Genevoix — La Maison de mon père*, 2001）。写真豊富な、この娘シルヴィの本を見ると、ジュヌヴォワがいかにロワール河畔の村ヴェルネルをはじめ、ロワール河そのものを愛し、慈しんでいたかがよく分かる。それゆえ、ジュヌヴォワには、自らが roman-poème（詩‐小説／詩文風小説）と呼んだという詩的傾向の色濃く出た作品群（『島のなかの庭』、『最後の猟犬の群れ』、『隣りの森』、『失われた森』など）があり、動物の生や狩猟の模様が描かれているという。このエコール・ノルマルのエリートには、詩的才能もあったようである。

他方、彼は、この時代の作家や知識人同様、旅行好きだったようで、一九三九年には、前述した外務省要請の巡回講演旅行でカナダに数か月間滞在し、その間、領事館当局が企画設定した各地での講演の合い間に、ガスペ半島（北米大陸北のケベック州、セントローレンス河口南岸）からロッキー山脈まで方々を歩きまわったようである。また一九四六年には、スカンジナビア半島諸国、アメリカ、メキシコ、イタリア、スイス、アフリカなどに講演旅行をしている。さらに一九四七年にも、セネガル、ギニア、スーダンなどフランス植民地を中心にした北アフリカの諸都市も訪れている。そして、旅に出た画家が絵を持ち帰るように、彼も旅するたびに作品をもたらしている。とりわけカナダの原始の野生味あふれる自然を好んだというが、これはロワール渓谷の森や川、野生の鳥獣への郷愁とつながるのだろう。なお、ここでは詳しく触れないが、ジュヌヴォワにとって、このカナダ旅行は最初の妻を失った後の悲しみを癒すだけではなく、かなり重要な意味を持っていたようである。

ところで、第一次世界大戦を描いたものは、前掲のもの以外にロラン・ドルジュレス『木の十字架』、ブレーズ・サンドラルス『切断された手』など数多くあるが、それらは大戦後生まれたとされる「証言の文学」*の範疇に属する。つまり、「（大戦という）この地獄の大鍋から精神的・倫理的に格調高い作品、極めて深みのある小説が断固たる革新的な技法の下で生まれた」（フランス・マリー・フレモ、前掲書）のである。なお、仏独の作家だけでなく「シャーロック・ホームズ」のコナン・ドイルの従軍記『三つの前線巡察』やドス・パソスの『ある男の入門――一九一七』などもあり、アーネスト・ヘミングウェイの『日はまた昇る』『武器よさらば』も大戦に関連する。

＊この「証言の文学」という呼称の概念は、フランス・ユマニスムの作家ジョルジュ・デュアメルが一九二〇年一月、「戦争と文学」と題したある講演で提唱したもの。そこで彼は大戦に関する文学的関心が急速に失われつつあり、これが伝統的な文学に押されて、「歴史的健忘症と（正史としての）歴史の意味を変質曲解するに至る」恐れがあると指摘し、さらに、モーリス・ジュヌヴォワがその三年後に出版した戦争日誌第五部『レ・ゼパルジュ』の序文で同じように言及したという。デュアメルが休戦協定締結後、まる二年もたたないうちにこうした懸念を示し、ジュヌヴォワも同様の見解を表明したというのは一体なぜなのか。これは四年間という長すぎる戦争に対する疲労感、倦怠感からくる一般的なアパシーもあるだろうが、大戦後のフランスの社会的状況、フランス国民のメンタリティに関わることで、別途考察すべきことであろう。

これに関してもう一つ付け加えると、大戦終結後一〇年ほどして、この証言の文学を総点検したとされる、仏英混血のジャン・ノートン（ノルトン）・クリュ（一八七九―一九四九）の『証言者たち』（一九二九年）という注目すべき著作が現れ、これには「一九一五年から一九二八年までにフランス語で出版された兵士たちの回想の分析と考察」と副題されていた。この本は、当時大戦の経済・社会史を研究していたカーネギー国際平和基金の出版編集部門の要請で書かれたものだが、その厳格な批判的分析のためアメリカでの出版が避けられ（裁判沙汰になるのを恐れ）、フランスの出版社から刊行されたという。ジャン＝ジャック・ベッケールによれば、対象とした作品選択に大いに異論の余地があるが、二五二人の作者と三〇四冊を選んで論じた画期的なもので、戦争の歴史が軍事史として語られるのに対して、ジャン・ノートン・クリュは実際に戦争をした者、兵士たちに光を当てるという点において、戦争の歴史記述に時代を画するものであった。ただ当然ながらこの労作はスキャンダルとなり、論争を引き起こした。著者は作家で、軍曹としてヴェルダンの戦いなどに三年間参戦した後、父がフランス人、母がイギリス人という完璧なバイリンガルであったことから、英米軍の通訳官を務めている。大戦前はリセで英語を教えたり、アメリカのカレッジでフランス文学を講じたりしていた。

詳細は省くが、留意すべきは、事実の真実性を重視したジャン・ノートン・クリュが、アンリ・バルビュスなどを徹底的に批判・否認し、ジュヌヴォワを熱烈に称賛していることである。つまり、年齢（四一歳）のためなのか、実戦から遠ざけられていたバルビュスの描く戦争、特に戦闘場面に真実性はなく、ジュヌヴォワの方がはるかに勝るというのである。前述したように、『砲火』には検閲による削除が一点もないのに、『一四年の人々』には数十か所もあった。それだけジュヌヴォワの方が戦争という事実の記述描写に忠実で、信憑性が高かったということである。それゆえジャン・ノートン・クリュは、その判断基準がいかに主観的で単純化されていると批判されても、ジュヌヴォワが真の戦争作家であることを認め、「戦争を描く作者たちのなかで、ジュヌヴォワは間違いなく筆頭の位置を占めている」「この戦争を描いた最大の画家である」とその卓越性に称賛を惜しまないのである。なにしろ彼はヴェルダンで、一九一六年から『ヴェルダンの下で』初版を読んでいたのだから。それはともかく、本書『一四年の人々』が第一次世界大戦を語る「証言の文学」の第一級の作品であり、傑作であることは間違いないであろう。

ところで、この戦争に参戦関与した詩人・作家はほかにも多数おり、直接間接にさまざま影響を及ぼしている。例えば、一見無関係なように思えるD・H・ロレンス『チャタレイ夫人の恋人』のクリフォード卿は中尉として大戦に参戦し、ベルギーの戦場で負傷し半身不随となって帰還するが、これがこの物語の契機、発端となる。この不運な青年貴族の準男爵は「戦争ですら滑稽であった」（伊藤整訳）と自嘲するが、この滑稽には辛辣にして何か痛烈な皮肉が込められているように思われる。またその父親は領地の森を伐採して、塹壕用木材として軍に提供していたという。ロレンス自身は参戦していないが。ただついでに言えば、これは裁判沙汰になるような単なる好色物語が本旨ではなく、労働者階級出身の作者ロレンスの伝統的な英国貴族階級の特権意識や旧弊固陋な仕来り、偽善性に対する痛烈な揶揄風刺、否、チャタレイ夫人コニーに仮託して批判告発の念を込めた作品ではなかろうか。

それはともかく、ここでは、この「証言の文学」がどのようなものであったかを知る意味で、その代表的な作品である本書と前掲エルンスト・ユンガーの『鋼鉄の嵐のなかで』を取り上げてみたい。ジュヌヴォワはともかく、ユンガーの証言としては、およそ一〇〇年前の佐藤雅雄訳『鋼鉄のあらし（原本のママ）』（先進社、昭和五年〔一九三〇年〕、絶版）をテクストとするが、これは大変貴重な訳書である。訳者について詳細はまったく不明だが、訳者自身の「はしがき」によれば、「兵語が多いから現役の将校でなければ翻訳がむずかしいだろうというので」訳者にめぐってきたとあるから、将校に間違いないが、漢語的素養豊かでドイツ語に極めて堪能な高級将校、高位の佐官級の将校であろうと推測される。確かに漢語による兵語が多く、我々現代の読者にはなじみにくい点もあるが、不朽の名訳であろう。

ちなみに、仏訳版をみると、おもしろいことに、日本語版と同じく、原著出版の一〇年後の一九三〇年、ここでも陸軍中佐フェルナン・グルニエという高級将校の訳としてパイヨ社から出ている。後にフランスでは、プレイアッド版叢書に収められているが、ユンガーは何度も書き換え、改訂版を出していて、七つものヴァージョンがあり、二五〇〇箇所ものヴァリアントがあるという。なぜそんなことが生じるのか、それ自体が問題であるというから、日本で佐藤雅雄訳以降一度も新訳が出ていないのも、故無しとしないのだろう。

それに対して、ジュヌヴォワの場合は、一九四九年に、検閲で削除された部分を復元し、それまで五部作であったものを四部作に改訂した際に誤記や字句の修正はしても、ユンガーのように一二回も書き改め、七つの改訂版を出すようなことはなかった。ジュヌヴォワは、つねに「故郷の村の職人」のように厳正綿密に修正作業をしていたというが、決定版への序文ではこう述べている：「私が作り話めいた脚色や、事後に想像力を奔放に働かせることを一切自らに禁じたのは、故意にしたことである。〔……〕まさに極めて特殊で、極めて強烈、極めて支配的な〔戦争という〕現実が問題なのであって、書き手にはその固有な法則と要求が課されてくるものと思っている」要するに、「証言が変質することを避けたかった」というのである。なお、ジュヌヴォワの記述描写がいかに事実に忠実真正であったかは、生き残った第一〇六連隊の戦友たちが彼に寄せた書簡で確認されている（二〇一三年のフラマリオン版『一四年の人々』補遺）。彼は「ポワリュのスポークスマン」だったのである。

確かにジュヌヴォワにもユンガーにも、その証言に所謂「ロマネスク」はない。特にジュヌヴォワには脚色潤色は一切ない。

ユンガーがどのような書き直し、加筆修正をしているか、門外漢の訳者には分からないが、どちらも戦争日誌を基にした「証言」であり、事実は一つであるはずなのに、おかしなことである。ユンガーは文体に凝るというが、そのためか。ただ前述したように、ジュヌヴォワの戦争物語は短期間の体験ながら初版五部作の長編となっているが、ユンガーの場合は長期間の戦争体験なのに一冊本である。例えば、佐藤雅雄訳『鋼鉄のあらし』の「レ・ゼパルジュの戦闘」は僅か一六ページであるが、本書第四部「レ・ゼパルジュ」は上下二段組一七〇ページあり、優に一巻の書に等しい。ユンガーは書きたりなかったのであろうか。ただ『鋼鉄の嵐のなかで』は戦闘場面の記述描写が多く、これを長々と書き連ねることはできなかったであろうが。

もっとも、問題はそれほど単純ではないようで、あるユンガーの専門家によれば、何度も「加筆修正した背景にはユンガー自身の政治的背景および審美的背景がある」という。どうやら複雑な事情があるようで、門外漢はこれ以上立ち入らないことにしよう。実際、ユンガーは軍人、思想家、小説家、文学者、ブラジルの森で昆虫採集し、二、三種の新発見には自ら学名を付したほどの昆虫学者という多様な顔があり、その作品も多種多様、多岐にわたり、複雑で一筋縄ではいかないようだ。

さて、以下はベルナール・マリス『戦争における人間：モーリス・ジュヌヴォワ対エルンスト・ユンガー』(Bernard Maris: *L'homme dans la guerre — Maurice Genevoix face à Ernst Jünger*, Grasset, 2013) を参考にして、前記の二作に限って比較検討してみるが、二人ともこれ以外に戦争体験に関連する作品がいくつかある。特にユンガーには直接的に関連するもの、例えば『中尉シュトゥルム』、『一二五号林』、『火と血』などの物語、『内的体験としての戦闘』のようなエッセイなど多数あり（訳者の知る限り、いずれも邦訳なし）、訳者の力量を大きく越える。これに対し、ジュヌヴォワには前記『近くの死』や自伝風の『三万日』などがあるだけである。つまり、ユンガーには「戦争の美学」のようなものがあるようだが、ジュヌヴォワには「戦争に関する考察はほとんどない」、第一彼は「（戦争という）状況分析」などせずに、ただひたすら戦場日誌なのである。前記ミシェル・ベルナールも、『一四年の人々』は小説でも物語でもなく、またそこにはいかなるメッセージも、いかなる教訓も、いかなる規範的なモラルもなく、ただジュヌヴォワ中尉が戦争の日々を綴った語りがあるだけであると指摘している。ともあれ、ここでは紙数も限られるので詳しくは触れられない（なお、この著者ベルナール・マリス〔一九四六—二〇一五〕は前記シャルリ・エブド事件で、定期的寄稿者であったヴィ・ジュヌヴォワの二度目の夫で、経済学者、ジャーナリスト、作家。二〇一五年のシャルリ・エブド事件で、定期的寄稿者であったためにその場にいたのか、殺害された）。

ただその前に留意しておきたいのは、第一次世界大戦（以後は大戦と略記）は九〇〇～一〇〇〇万の戦死した兵のうち半数が墓場なき死者で、二〇〇〇万人もの負傷者も出たと推定される未曽有の戦争だが、ナチズムやアウシュヴィッツ、ショアなどで常時スポットライトを浴びる第二次世界大戦ほどには知られていないことである。例えば、そうした状況を反映するかのように、フランスでは定期的に大戦の追悼記念祭が凱旋門の「無名戦士の墓」の前で行なわれ「ラ・マルセイエーズ」が歌われてきたが、二〇〇八年にはヴェルダンに移され、二〇一二年には従来の「一一月一一日の記念祭」が「フランスのために死んだ全ての人々」を追悼する国祭日に変わった。もっと象徴的なのは英国で、一九四五年にはRemembrance Day（戦没者追悼記念日）がRmembrance Sunday（休戦記念日曜日）に変わり、一九九五年には「一一月一一日」がPoppy Day（フランドル地方の戦場を想起させることからヒナゲシの日）という異名で呼ばれるようになったという。もっとも、二〇一四年、戦死者と同数の八八万八二四六個の陶製ヒナゲシがロンドン塔の前に設置されたそうだが。またアメリカでも一九五四年に、Armistice DayがあらゆるVeterans Day戦争の旧戦士を記念するVeterans Dayに変わっている。要するに、第一次世界大戦は第二次世界大戦の陰に隠れてしまったのである。

ただそれにもかかわらず、忘れてならないのは、大戦の帰結は現代世界の諸問題にも繋がっていることである。例えば、大戦後、ハプスブルク家やオスマン王朝、ロマノフ王朝など歴史に根づいた王朝が支配したオーストリア・ハンガリー、オスマントルコ、ロシア、歴史は浅いがプロイセン朝ドイツなどの帝国が崩壊したが、象徴的なのはその後のヨーロッパ、ロシアの西側境界線と接する中・東欧ヨーロッパの新しい国境（この時ウクライナはまだソ連領）や、特に一九二三年のローザンヌ条約で確定した中近東の勢力分布図である。一九一四年以前は、これらの崩壊した旧帝国は多国籍、多民族、多宗教によって支配されており、崩壊後の国家、民族、宗教の分布図は極めて複雑である。

なかでもとりわけ興味深いのはオスマン帝国崩壊後、今も紛争対立が絶えない、トルコと国境を接する中近東諸国で、現在のイラク、パレスチナ、ヨルダン王国（旧トランスヨルダン）はイギリスの委任統治領、シリア、レバノンはフランス委任統治領だったことである。この時のパレスチナ分割が第二次世界大戦後のイスラエル国家建設（一九四八年）、その後の何度かの中東危機勃発のプロセスを経て二〇二三年に始まったガザ－イスラエル戦争へと繋がるのである。その意味で英仏をはじめとする欧米諸国の責任は重く、特にパレスチナ民族のことを棚上げにして、イスラエル建国を推し進めたイギリスの責任は重大であろう。何しろ、大戦中の一九一六年から、英仏露の三国はオスマントルコ帝国領分割の謀議を図っていたのだから（サイクス・ピコ協定）。さらに言えば、過激派イスラム国ＩＳがその宗教的正当性を強化するため、イラクとシリアにまたがる地域、かつてアッバース朝（アッバース家がカリフ〔回教国王〕として、中東から北アフリカ、中央アジアまで広範囲に支配したイスラム帝国。七五〇―一二五八年）が支配していた領土を要求しているというのもここにその遠因の一つがあるという。

ただ先にも触れたが、ここであらためて想起しておくべきは、前記の旧帝国崩壊後、新しい地図に塗り替えられたのは中近東だけではないことである。一九一八年一一月一一日の休戦協定で、西部戦線のようには戦争が終わらなかった地域があったのである。つまり東部戦線、特にロシア革命、内戦の影響を被る周辺諸国、バルト諸国やバルカン半島、とりわけコーカサス地方などでなおしばらくは対立紛争が続き、やがてはボリシェヴィキの勢力圏に組み込まれていく。既にアレクサンドル・ソルジェニーツィンの『収容所群島』は始まっていたのだろう。リトアニアやウクライナなどでは休戦協定翌年の一九一九年からボリシェヴィキによるシベリア送りや強制移住が開始され、やがて新しい地図が再構成され、これが第二次世界大戦を経て現代の歴史に繋がっていることを忘れてはならないだろう。

ウィンストン・チャーチルは、第二次世界大戦後に、「一九一八年、我々は国境を民族に合わせ一致させようと試みたが、大失敗 catastrophe だった。今度は民族を国境に合わせ一致させようとしている」と言ったというが、蓋し名言であろう。大昔から折り合えないものを無理やり折り合わせることはできないのだから。それにしても、古来、抑圧と迫害に苦しんできた民族が今度は迫害する方にまわるというのは、なんとも愚かで哀れむべき嘆かわしいことである。

ちなみに、かつて塹壕戦・科学戦とも言われた第一次世界大戦は、当時「最後の戦争 la dernière (guerre) des dernières (guerres)」、通称「デルデル戦争 la der des ders」などと呼ばれていたが、残念ながら、今でも戦争は世界各地で行なわれており、大戦は「最後の戦争」とはならなかった。かくして歴史は連綿として流れ、続いているのである。それにしても、戦争とは、人間が飽くことなく永遠に繰り返し続ける愚行なのであろうか。

さて、前置きが長くなったが、ジュヌヴォワとユンガーの対比に入る前にもう少し初めての「大戦」について触れておきたい。そこでまずは訳者の知るかぎりその概要を若干述べておこう。

周知のごとく、大戦は、バルカン半島はサライェヴォにおけるオーストリア・ハンガリー帝国皇太子フェルディナント大公暗殺事件を発端として勃発するが、その前後の経緯は歴史家、専門家に譲ることにして、まずその特異な性格と様相を見ておこう。

特異なというのは、これは前近代と近代が入り混じった戦争、つまり塹壕戦と科学戦（ユンガー）の戦い、「暴力と技術の結婚による戦い」（ベルナール・マリス）であったということであり、この「技術は暴力を肥大化する」ということである。ちなみに、ユンガーはこの科学戦の破滅的な破壊力にも触れており、人家や草地や森のあったところが、「草の茎一つ見られない荒野《あれの》に変わっている」惨憺たる光景、「人智の及ぶ限りの恐ろしい場面」は「現代科学戦の神髄を克明に表現した」（佐藤雅雄訳、以下同）ものであるといい、まるで以後の科学技術文明がもたらす壊滅的状況、原爆のようなそのネガティブな面を洞察力鋭く予見しているかのごとくである。また彼は、「塹壕戦は、戦争のすべての場面の中で、最も残忍な、最も狂暴な面を現わす」とも言っている。

なお、この科学戦については、前記「アベイ派」の作家で、野戦外科医として従軍志願したジョルジュ・デュアメルに次のような教訓的な指摘がある。「（今次の）戦争は知識に基ける科学的、機械的文明が破滅を宣告されたことを示した。その支配は大なる失敗に終った。われわれの精神は再び心の資源の方に帰って行く。科学的文明は婢女でなければならない。女神であってはならない（傍点引用者）。これに代うるに精神的文明、〝心の支配〟を以ってしよう。唯これのみが、人類の絶望的な弱小さの中にあって、人類を救い得る唯一のものである」（『世界の所有』、木村太郎訳『殉難者』あとがき）。残念ながら、その後の歴史的展開を見ると、このデュアメルの戒めはすぐさま裏切られ、その後も何度も打ち砕かれ続けて今日にまで至っているが（以下は、拙著『仏独関係千年紀』で記した一節を換骨奪胎したものである）。

さて、バルカン半島における前記フェルディナント大公暗殺事件で発生した戦火は、三国同盟、三国協商という国際関係の網の目を伝って飛び火し、燎原の火の如く瞬く間にヨーロッパ中に拡がった。冷戦を予言したというアメリカの外交官ジョージ・ケナンが二〇世紀の「始原の大災害」と形容したというこの戦争は、戦法においては、繰り返すが、前近代と近代が入り混じった戦争であった。前近代というのは、野戦・機動戦が主体とはいえ、塹壕戦の別称が示すような伝統的側面があるから。近代というのは、それまで使用されていなかった新兵器が続々と登場したからである。塹壕とか陣地戦はむかしからあったが、この戦争において、鉄砲・大砲以外にはじめて飛行機や潜水艦が使われ、焼夷弾や照明弾が開発され、毒ガスや火炎放射器、戦車（フランス初の戦車は一九一七年のルノー製、同年春のアラス戦で初登場）などの新兵器まで現れた。まさに、戦争の「工業化・機械化」、戦争機械の「インキュベーター」である。また大戦中、一五億発の砲弾が使用されたというが、この二〇世紀初頭の時代、すでに科学技術の進歩で、それだけ生産できる工業力があったのである。

ちなみに、この大戦ではじめて使用された毒ガスは塩素ガスで、ドイツ軍が最初はロシア人に、次いで一九一五年四月、ベルギー西端のイープルでイギリス兵に対して放たれた。留意すべきは、その開発製造の責任者フリッツ・ハーバー（一八六八―一九三四）がドイツ国籍のユダヤ人であったことで、あろうことか、彼はユダヤ人迫害のさなかにその使用をヒトラーに盛んに勧めたとされる。ただヒトラーはハーバーがユダヤ人であったことから、当初は使用をためらったというが、それでもSS（ナチ親衛隊）トップ、ゲシュタポ長官のハインリヒ・ヒムラーが彼を殺害しようとしたのを認めなかったという。ちなみに、ドイツ軍は西部戦線での毒ガス使用には、西風で自軍や自国に流れてくるのを恐れて、消極的だった。

なお、この「化学兵器の父」とも称されたフリッツ・ハーバーは一九一八年、ハーバー＝ボッシュ法（アンモニア合成法）の発見でノーベル化学賞を受けるが、今でも使用されている窒素肥料の開発製造者として名を残している。だが彼はこの毒ガスが、十数年後、アウシュヴィッツのガス室につながり、自らの同族六〇〇万の大量殺戮を生むことになり、後には自らも研究所を追われ、自滅することになるとは想像もしなかったであろう。なんとも痛ましく、恐るべき歴史の皮肉ではなかろうか。ついでに言えば、この毒ガスの恐ろしさは、*例えば前述した『チボー家の人々』の最終章エピローグにおいて、毒ガスを浴びた軍医アントワーヌが自殺する前に、「期限付きの生存者」として綴った病床（闘病）日記のなかで具体的に語られている。アウシュヴィッツの毒ガス・ツィクロンBは短時間で瞬間的に虐殺するが、アントワーヌの毒ガスは真綿で首を絞めるように、じわりじわりと長期に苦しめ死に至らしめるので質が悪いかもしれない。

＊付言すれば、毒ガスによる大戦の戦死者は総数の僅か三パーセントに過ぎないが、そのトラウマは大きく、一九二五年、ジュネーヴで生物・化

学兵器の使用を禁止する新協定が締結された。またその恐ろしさは戦争中だけでなく、後世にまで残ることでもある。例えば、日中戦争で日本軍が国際条約を無視して中国本土で使用した毒ガスが戦後も遺棄されたまま残存していたため、苦しむ多くの中国人がいたという。

また毒ガスだけでなく、進歩発展した銃火器、化学兵器は大戦中、顔面損傷 gueule cassée という恐ろしく残酷な弊害ももたらしている。* ただ弾痕が残るとかあばた面になるだけではなく、顔の頬の部分が欠けているとか下顎が半分しかないというような、ふた目と見られない顔面損傷の生残り兵を生み出したのである。約四〇万人の比較的重症の傷痍軍人のうち一万五〇〇〇人が顔面損傷者であったというが、彼らはたとえ治療可能であってもむごたらしい顔で、元の顔形に戻ることは不可能であり、重い心理的後遺症にも苦しむことになる。「顔は社会的パスポート」である。それが人前へ出るのも憚られるとなると、本人の社会的アイデンティティも危うくなるという深刻な状況に陥るのである。

＊これについては本書九五頁で言及されているが、ジュヌヴォワは五八年後の八二歳のときの前記回顧録『近くの死』でも思い出している。「〔最初に見た〕負傷兵はもう鼻がなかった。彼は頭を下げて、大きな赤い血の泡が滴るそのぽかんと開いた穴を枯葉の方に傾けながら走っていた。次の負傷者は数メートル後ろをついてきた。弾丸で顔の下半分が吹っ飛んでいた。たった一発の弾丸で？　私はそんなことがあり得るのか不思議に思ったことを覚えている。ごく微小な金属片ですぐこのぼこぼこ滴る赤い血粥になるのか？……もう一人は大きくはみ出た内臓を両手で押さえていた。彼はブナの幹に寄りかかって坐ると、ズボンを開けて睾丸から一発の弾丸を引きぬいて札入れに入れた」

また顔面損傷については、野戦外科医として、四年間に数千件の手当て・治療をしたという前記ジョルジュ・デュアメルの『文明』（一九一七年）、『殉難者の生』（一九一八年）、『喧騒中の会談』『七つの最後の傷』など récit（語り／物語）、一種の軍医日誌にもあるかもしれないと思い、『殉難者』（木村太郎訳、一九五〇年）と『文明』（和田傳訳、一九三〇年）を参照してみたが、顔面損傷に関する記述はなかった。ただし、ガス弾については『殉難者』にこうある。ガス弾によるさまざまな症状の負傷兵がきたが、その「両眼は腫れ上がった瞼の下に完全に埋まっていた。衣服には毒ガスが猛烈に染み込んでいた。我々は皆咳をし、涙を流した。そうして、韮やニンニクの臭いのような刺激的な臭気が長い間室内に留まっていた」。そのほかこの短編には、不眠不休のなか不断の脅威の下で働く軍医デュアメルによって、野戦病院でのまさに「全く戦争以上の」凄まじい情景や、さまざまな負傷者＝患者の苦悩する様態が描かれている。

なお、大戦に軍医として従軍した作家にはドイツのハンス・カロッサもおり、東部戦線における戦争日記『ルーマニア日記』を残している。だがこれは本書やユンガーの『鋼鉄の嵐のなかで』とはおよそ異なり、以て非なるものである。『ルーマニア日記』には塹壕も漏斗孔もなく、カロッサは軍医だから当然ながら白兵戦もなく、ジュヌヴォワやユンガーのものほどには直接的なインパクトはない。それもそのはずで、カロッサは「詩的変形」を加えているというから、戦争日記としてはあるまじきことである。それゆえ末尾で、ロシア軍の砲撃を避けて隠れた岩陰で、詩人でもある軍医カロッサが兵士には難解と思われる詩を長々と朗ずるなど、およそあり得ない、不自然な作為が生じるのであろう。とんでもない虚

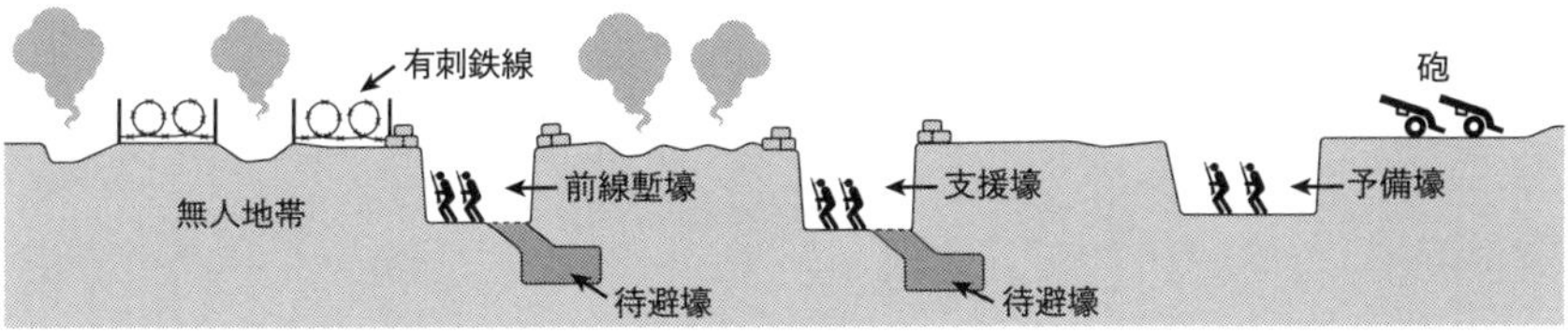

塹壕の断面図

『アメリカの中学生が学んでいる 14歳からの世界史』（ワークマンパブリッシング著、千葉敏生訳、ダイヤモンド社）所収の挿図をもとに作成

構である。デュアメルの軍医日誌とは比べるべくもない。

またついでに言えば、石油がいわば「武器」として登場したのは一八七一年のパリ・コミューン（ヌ）の頃で、マルクス『フランスの内乱』（木下半治訳）にはこうある。「国民兵が逃げ込んだ家々は、憲兵によって包囲され、石油（これはこの戦争においてはじめて姿を見せたものだ）を浴びせられ、それから火をかけられた……」「戦争においては、火災は……正当な武器である」

では、科学戦に対する塹壕戦の塹壕とはどのようなものであったのか。ユンガーに比べて、ジュヌヴォワの日誌には塹壕の描写がはるかに多いが、一九世紀すでに、トルストイ『戦争と平和』（米川正夫訳）に、次のような塹壕の描写がある。「（将校など上官は）枝や芝草でおおわれた兵士の掘った穴の中に暮らしていた……穴は幅三尺五寸、深さ四尺六寸、長さ八尺ばかりの溝で……溝の一方の端に階段が設けられて、これが下り口すなわち玄関となる……溝の両側は土を二尺三寸ばかり抉り取って、これが二つの寝台とも長椅子ともなる」（一尺は約三〇cm）これは一九世紀初頭のナポレオン戦争時代の、何とも初歩的で素朴、古典的な塹壕だが、規模は大きく異なるとはいえ、基本的な形状構造は一世紀後の大戦時も似たようなものである。なお大戦時の塹壕は一般にフランス軍のよりもドイツ軍の方が鉄筋やコンクリートなどを使って頑丈で堅固だったという。塹壕は今でもウクライナ戦争で掘られているが、参考までに、上に塹壕の断面図を掲げておいた。ちなみに、この作品には邦訳でもフランス語が原文のまま頻出するが、帝政ロシアの宮廷、上流社会では、当時の国際語フランス語が〝公用語〟だったようで、平気で〝敵性言語〟を使っていた。滑稽な皮肉である。

さてそこで、ジュヌヴォワとユンガーだが、前者については大まかなプロフィールは述べたので、後者についても若干見ておこう。

エルンスト・ユンガーは一八九五年、ハイデルベルクの自由主義的なブルジョワ家庭に生まれ、父は化学者で薬剤師。少年期はハノーファーで過ごす。一九〇九年、ワンダーフォーゲル（原意は渡り鳥）に入るが、その後冒険心旺盛で、アフリカに渡りたいとして外人部隊に加わろうとするが、父に連れ戻される。なお、この運動組織は後の〝ヒトラーユーゲント〟に吸収される。一九一四年、志願兵として入隊。兵役を済ませていなかったからか、新兵教育を受けて、同年一二月、一兵卒としてシャンパーニュ戦線に加わり、後に少尉となる。激戦のレ・ゼパルジュの戦闘がユンガーの初陣となるが、彼はこう記している：「私は、華やかな戦争を夢見て出征したのである。その当時私の頭に描かれた戦争は、血気の青年達がわっしょわっしょで騒ぎ回るお祭りに似たものだった」つまり、ボーイスカウト的運動の延長、「実弾を込めたボーイスカウト」だったのである。ところが、戦場の第一夜を納屋で過ごした翌朝、「戦争が私達の憧れの仮面を脱いで、その牙を現し」、やがて「寝ないで働いて土と垢にまみれるだけ」の塹壕暮しをし、前線で戦争の仮借なき苛烈な洗礼をあび、地獄のごとき実態に触れ、「引き裂かれたノーマンズランド」を知ることになる。

休戦協定後はヴァイマル共和国の縮小された軍隊に所属するが、一九二三年からはライプツィヒやナポリの大学で哲学と動物学（生物学）を学ぶ。一九二〇年、自費出版で『鋼鉄の嵐のなかで』を出すが、これが〝ベストセラー〟となり、ユンガーは文学の道を歩む決心をする。この意味では、彼は一七歳で詩を書くという「生まれながらの作家」と言われつつも、やはりジュヌヴォワ同様、戦争によって生まれた作家と言えるかもしれない。なお、ユンガーはまったくの「フランスかぶれ」で、フランス語に堪能なのはもちろん、フランス文化、思想や哲学、文学にも通暁しており、ベルナール・マリスはそのようなユンガーをフランスの prédateur（捕食者／略奪者）と称している。この作品もスタンダールの『赤と黒』にちなんで『赤と灰色』と名づけようとしたという。また『鋼鉄の嵐のなかで』では、戦闘中、ユンガーは捕虜にしたイギリス軍中隊長大尉とフランス語でやり取りしている。のちのヴェルサイユ条約のころまでは、まだフランス語がヨーロッパの公用語だったので、イギリス人もドイツ人もそれに従ったのだろうか。

ちなみに、戦場におけるこうしたドイツ人とイギリス人のやり取りについてもう一つ付け加えると、例えば一九一四年末の聖夜、西部戦線で英国軍とドイツ軍が対峙するなか、ある塹壕で、テノール歌手でもあったドイツ軍将校が「きよしこの夜」を歌うと、英国軍が歌い返し、クリスマス休戦が実現したという。だがユンガーの『鋼鉄の嵐のなかで』ではそんな牧歌的なクリスマス休戦とは正反対のエピソードが語られている。詳細は省くが、「兵卒たちは散兵壕の泥の中に立って、クリスマスの歌を和した。ところが、イギリス兵は機関銃を発射して歌を交ぜ返した。クリスマスの日、第三小隊の兵が一人、頭を撃たれて戦死した」とあり、その後撃ち合いが始まり、「誠に不愉快なクリスマスを送った」とある。戦場では、色々なクリスマスがあったようである。

一九三九年八月、第二次世界大戦勃発。ユンガーは大尉として召集され、一時前線に出るが、やがてパリのドイツ占領軍参謀本部付きとなる。パリでは、ドイツ占領軍があらゆる高級ホテルを接収し拠点としていたが、ユンガーはパリ一六区のラファエル・ホテルを根城に、マジェスティック・ホテルで仕事をしていた。だが『パリ日記』（山本尤訳）を見るかぎり、まるで高等遊民のような暮しぶりで、軍服姿（？）で書店、古本屋を歩きまわって稀覯本を買いあさり、それに関する考察が語られており、これは戦争日誌どころか「読書日記」である。まことに博学で豊かな読書日記ではあるが……

また戦争中なのに催される文学サロンにも出入りし、ジャン・コクトー、ジャン・マレー、アベル・ボナール、モンテルラン、ジュアンドー、ドリュ・ラ・ロシェル、セリーヌなど「コラボ（対独協力者）」のフランスの作家や知識人、文化人などと交流していた。ピカソやブラック、マリー・ローランサンなど画家たちにも接している。そして同僚や上官たちとトゥール・ダルジャンやマクシムなどの高級レストランに出かける。コクトーの初演を見るため、コメディー・フランセーズにも足を運ぶ。フランス人の女友達シャルミエ（仮名）という「女医さん」（パリ夫人か）と頻繁にパリの町を散策する。ユンガーはパリを「第二の精神の故郷である」などと言っているが、なんともまあ優雅な軍人ならぬ文人暮しである。

マジェスティックでの仕事というのは、「占領地域の郵便物監視部の監督業務」、いわば私信の検閲や、ユンガーの後ろ盾である幕僚長シュパイデル大佐が依頼する極秘の調査報告書作成などの上級文書掛り、情報将校のようなもので、宿所のラファエルの窓からのんきに英国軍機の空襲を眺めたりしており、前大戦の血みどろの戦闘で、戦場を命がけで走り回ったのとは雲泥の差である。

それにしても、この『パリ日記』には些か疑念が起こらざるを得ない。前記のベルナール・マリスをはじめ、フランス人の何人かは当時のユンガーを「サロン人 homme de salon」と見ており、この大尉の戦場はサロンであると言っている。ところが、この『パリ日記』にはそうした記述はほとんどなく、皆無であると言ってよい。だがユンガーは大尉ながらも、上官のシュパイデル大佐の庇護下で幕僚部の一角を占め、総司令官などとも接触していた。占領下のパリの夜は「闇夜」である。それでも毎夜のごとく、レジスタンやユダヤ人狩りが続いているのに高級ホテルやレストランでは、駐仏ドイツ大使オットー・アベッツなどの主催による夜会が頻繁にあったという。ユンガー大尉はそこで政府や占領軍高官などと同席したことはなかったのだろうか。シャネルNo5のココ・シャネルは当時高級ホテル・リッツのスイートルームで暮していたが、年下のドイツ軍将校と恋仲になっている。パリの上流社交界では仏独入り乱れていたのだろうか。それに『パリ日記』にはアベッツ大使夫人も名が出てくるのだから、「オットー・リスト」という禁書のブラックリストを作成した大使本人を知らないはずがないのに、奇妙である。この社会民主主義者からSSに転じた大使はヒトラーから、フランス人に懐柔策を講じて、フランス国家の弱体化、分裂を図るよう内々に指示されており、パーティー開催はその常套手段だったはずだ。ユンガーは意図的にそうした記述を避けたのだろうか。

一九四四年七月、ヒトラー暗殺事件計画発覚。ユンガーも関与を疑われ逮捕されるが、容疑不十分でなんとか懲罰は免れて予備役となり、故郷ハノーファー近くのキルヒホルストに戻る。実際には、『パリ日記』を見れば、この暗殺計画には直接関与していなくとも賛同し、その大枠は知っていたようである。一方、ジュヌヴォワは前述したように、戦時中は南仏の義父母のところに避難していた。

ところで、このユンガーの極度のフランス贔屓には、訳者は時おり不審不快に思うことがある。それは、ユンガーにはフランス人との戦争が二度目であるという自覚もなく、自らが占領軍将校であり、フランスへの侵略者であるという意識なり感覚なりがまったく欠如しているからである。『パリ日記』を見ると、まるで遊学生気分で本屋歩きをしているが、その無頓着さ、ノンシャランな様子には唖然とさせられる。フランスのコラボの作家たちと親しく交流していても、何の痛痒も感じなかったのか。もっとも、フランス人コラボも、もしこのドイツ人将校が軍服姿であれば、平然と話していられたかどうか。ただすがに、ユンガーは抜け目なく、そうしたときには平服に替えていたそうだが……いずれにせよ、フランス人コラボ作家や文化人とユンガーの交遊録には不明朗、不可解なところがあり、一方で戦場では血みどろの戦いをしているのに、双方ともどうしてこうも敵味方の見境もなく、自堕落に文学・芸術談義などできるのか、まったく不思議である。

またこのユンガーの無頓着さ、鈍感さは『鋼鉄の嵐のなかで』にも感じられる。前大戦時には、前線に出て、糞土流血にまみれた塹壕暮しをし、命がけの戦闘に参加した後、兵士は短いが一定期間休養が与えられ、後方の宿営地、多くは学校などの公共施設、または民間の家を借りて、将校は部屋、兵卒は納屋などで過ごすのが普通であった。だが『鋼鉄の嵐のなかで』を見れば、後方でも同じようにノンシャラン、鈍感なユンガーの姿がある。彼は借り上げた民家の住人の老夫婦に暖かく迎えられたなどと言っているが、相手が本心でそんな応対をしたとでも思っていたのだろうか。とんだ太平楽である。どこに侵略者の敵兵を暖かく迎えるようなところがあるのだろう。ここでも、侵略者の一員であるという意識など微塵も感じられない。この鈍感さ、身勝手さは一体どこからくるのだろうか。まさにフランス国民への侮辱であろう。

ジュヌヴォワの本書でも後方のフランス人家庭で休養する情景が何度も描かれているが、彼の場合は同胞国民のもとで過ごすのだから、事情はまったく別である。ただ、休養宿営は次の戦闘のために体力と気力を蓄えておく強制休養であったことに変わりはないが。ついでに言っておくと、この休養宿営の際、兵士たちが食糧調達と称して田畑を荒らしまわり、放置された酒蔵からワイン、コーヒー豆、ジャガイモなどをかっさらってくることがある。本書でも何度か出てくる、この「畑荒らしmaraudage」という略奪行為はフランス軍でもドイツ軍でも、軍律で禁止されており、ジュヌヴォワ中尉もユンガー少尉も嫌ったが、戦争が長引くにつれて規律が緩んで、仏独両軍隊でもよく起こっていた。さらに言えば、ドイツ軍は撤退する場合、敵軍に利用されるのを防ぐ口実で、橋を爆破し、家屋建物を破壊し、ありとあらゆる物を略奪し、極端に言えば、板壁一枚、釘一本残さず持ち去っていったという。それは『鋼鉄の嵐のなかで』でも描かれているが、東部戦線でも起こっており、どうやらこれは彼ら兵隊の習性のようである。

では、そんなフランス贔屓のユンガーのナチズムとの関係はどうだったのか。これは概して曖昧で、わが国ではナチと見なされていることが多いが、ユンガーは第三帝国の公式イデオロギーには与しなかったようである。ナチの主導するプロイセン芸術アカデミーへの招聘も、このアカデミーがユダヤ人を排除したことを理由に断り、またゲッベルスが提供した帝国議会議員のポストも拒んでいる。ベルナール・マリスによると、「(プロイセン)貴族であることを夢見る彼は、ナチズムをあまりに平民平俗すぎて軽蔑していた」という。『パリ日記』でも、ヒトラーを「クニエボロ Kniebolo」という仮名で揶揄、軽蔑、批判している。それにまた反ユダヤ主義者でもなかったようで、パリで黄色の星をつけたユダヤ人に出会うと、進んで挨拶していたという。ただユンガーが独特の「ナショナリスト」であることに変わりはない。『鋼鉄の嵐のなかで』の結びの語句は、「ドイツは亡びない。ドイツは厳存する」である。したがってこの時期のユンガーはナチではないが、正真正銘のドイツ民族信奉のナショナリストだったのである。

閑話休題。些か長くなったが、以上がエルンスト・ユンガーのプロフィールである。最後に、これと併せて、ジュヌヴォワのプロフィールを想起しつつ、ベルナール・マリスが『戦争における人間』で対比検証した両者とその作品を一瞥して、それぞれの性格、特徴を考えてみよう。

ベルナール・マリスによれば、「戦争における人間」とは「(戦場で) 死を前にした人間」のことである。この二人の未来の作家は、出征時、ジュヌヴォワは二四歳、ユンガーは弱冠一九歳の若者であった。前者にとってはマルヌ会戦、後者にとってはレ・ゼパルジュの激戦が初陣である。二人がどのように戦ったかはそれぞれの作品において明らかなので、ここでは繰り返さない。ただまずは、彼らが「死を前にした人間」としてどう行動し、どう考えていたかについて簡単に触れておこう。

ユンガーの場合、『鋼鉄の嵐のなかで』での目次を見れば分かるが、圧倒的に白兵戦のような戦闘場面の描写が多い。その章立てを見ると、「レ・ゼパルジュの戦闘」、「ソ（ン）ムの退却」(Sommeという語の発音表記は本来「ソム」である)、「ギーユモン附近の戦闘」、「インド軍との対戦」、「フランデルの会戦」、「カンブレの会戦」、「大会戦」、「私の最後の突撃」と三分の二が戦闘場面を表している。これに対して、ジュヌヴォワの場合、戦争日誌に忠実な日付順で、戦闘とはほぼ無関係なそれぞれの章題で小区分にまとめてあるだけだが、ユンガーに比べると、戦闘場面の白兵戦的描写はかなり異なり、より写実的で詳細かつ具体的、記述的である。とりわけ本書第四部「レ・ゼパルジュ」の戦闘場面は凄まじく、圧倒的な迫力と臨場感をもって描かれており、圧巻である。ただユンガーのような感情移入的な記述は少ない。

このことからも推測できるように、ユンガーにとって、戦争とは戦闘そのものであり、それ以外は二義的である。だがジュヌヴォワにとっては、もちろん戦闘が第一義にくるが、彼の場合は付随的なもの、特にその周囲の人間、仲間たちとの関係、周囲の情景にも目が注がれ、これも大きな場を占めている。それゆえマリスが言うように、「ジュヌヴォワは戦争よりも人間を語り……ユンガーは人間よりも戦争を語っている」となるのである。

だが戦場に出れば、兵士は誰でも「殺すか殺されるか」である。ユンガーがイギリス兵を遠くから銃でねらい撃ちして倒す場面、自らも撃たれて負傷する場面などが何度か出てくる。「彼は狩猟のように殺し……哀れな死者には拘泥しない」とマリスは言う。これに対し、ジュヌヴォワは逆である。本書には次のような一節がある：「三人のドイツ歩兵に追いついた。同じ歩調で彼らの後を走りながら、私は各人の頭か背に拳銃一発を撃った。彼らは同じような奇妙な叫び声をあげて崩れ落ちた」これは「殺すか殺されるか」の瀬戸際の直接的な体験であるが、ジュヌヴォワにとって、至近距離から生身の人間を殺すことははじめてで、終生この狙撃場面のトラウマに苦しみ悩まされる。彼はこの一節を初版では自ら削除し、一九二五年の再版でも削除したままで、一九四九年の改訂版でやっと復活している（本書五五頁の原注参照）。

かつて湾岸戦争のころ、訳者はたまたまフランスにいてテレビ・ニュースで、米軍戦闘機がコックピットからレーダー操作でミサイル攻撃する場面がほぼリアルタイムで出てきて、現役の将軍が解説するのを見たことがあるが、上空から眼に見えない不特定多数の敵を殺すのと、目前の敵を殺すのとでは大変な違いであろう。それは地上の戦場でも同じことである。それゆえジュヌヴォワには、この出来事が「私の記憶に決して消えない刻印を残した戦争の挿話の一つ」になったのである。

こうしたジュヌヴォワとユンガーの違いは、二人の戦争観にも現れる。ユンガーには戦争とは雄々しく戦い、殺すこと、勝利すること、昂揚することであり、大義のための戦争を美化するようなところがある。戦争は文字通り「鋼鉄の嵐」なのである。ただ驚くべきことに、ユンガーには、部下たちが殺し略奪した半裸の英国植民地軍のインド兵の死体のそばでポーズをとった写真があるというが、ジュヌヴォワにはそうした奇矯な振舞いはない。戦争は騎士道物語ではなく、ジュヌヴォワには戦って勝利しても、戦闘そのものに酔うことはない。それにジュヌヴォワには人並みに愛国心はあっても、「人種」や「民族」、「名誉」という語を用いない。ユンガーのように、「ドイツは亡びない。ドイツは厳存する」と国家を賛美することもない。

以上、大雑把に見たが、ジュヌヴォワとユンガーはものごとの見方、考え方、価値観という基本的なところからして大きな違いがある。ただ似たような点もある。まず両者ともモーパッサン好きで、無類の生き物好きである。ユンガーが新種の昆虫に学名をつけるほどの昆虫博士であれば、ジュヌヴォワも動物好きで、動物もジュヌヴォワが好きだったという。例えば、枝でさえずる小鳥が彼の肩にとまり、時にはウサギやリスまで近づいてきた。娘シルヴィによると、森でリスが近づいてきて、父の手の中で丸まったのを見て、驚いたことがあるという。本書にも、塹壕で坐っていた「私の腕の下へ〔……〕滑り込んできた〔……〕子猫が私の脇腹でのどを鳴らしていた」とある。

また両者の作品では、馬の描写がよく出てくる。大戦時、特に初期には、まだ自動車よりもむしろ軍馬が活躍し、さまざまな場面に登場するが、哀れなのは砲弾の荒れ狂うなかや、無人の草原に放置されて狂奔する光景である。とりわけ、道路端に遺棄されて横たわった死んだ馬や、砲弾を浴びて、血まみれの臓腑をさらけ出して瀕死の状態で苦悶する馬には、ジュヌヴォワもユンガーも心痛めるのである。特にジュヌヴォワの本書には傷ついた馬を憐れみ、さまよう馬に飼葉を探し与えて世話する場面などが何度か出てくる。

ところで、この二人は一八九〇年、一八九五年生まれの同世代であるが、彼らが出会った形跡はない。マリスによると、ジュヌヴォワはユンガーを読まなかったし、付き合おうともしなかった。またアカデミー・フランセーズの院長のころはパリ在住で、多くの作家や知識人たちと会っていたようだが、ヴェルネルにもよく帰っており、一般に言う〝文壇〟付き合いも好まなかった。それにジュヌヴォワは戦友たち以外とは大戦のことをあまり語りたがらなかったという。前述したように、パリ占領軍大尉ユンガーが例の文学サロンなどで戦争美化のような話をしてコクトーなどを熱狂させるようなことはなかった。ジュヌヴォワとユンガーは互いに相手の作品を読んでいたかどうかは分からないが、無意識のうちに相互無視していたのだろうか。あるいは、謹厳実直なジュヌヴォワは、片手で銃を持ってフランス人と殺し合いをし、片手でブルゴーニュワインを痛飲するユンガーの狂的とも言えるフランスかぶれのBoche（ドイツ野郎）のうさん臭さ、一種の二重人格的偽善性に辟易し、相手を避けていたかもしれない。

それはともかく、マリスが興味深い次のようなエピソードを紹介している。

二〇〇三年一月、ジャーナリストである妻シルヴィ・ジュヌヴォワが、当時プレイアッド版叢書入りしたばかりの、ゴンクール賞を拒否したり、前述のようにアカデミー・フランセーズ加入の誘いも断ったりしていた、高齢の作家ジュリアン・グラック（一九一〇―二〇〇七）と、インタビューのためなのか、ロワール河畔で会食し、父ジュヌヴォワの話をしている。グラックもロワール河畔で育っているが、その際、グラックがご父君はなぜユンガーと会わなかったのかと尋ねたという。答えに窮した娘が沈黙していると、ユンガーの友人でもあるグラックが驚くべきことに、「ジュヌヴォワは再読されるが、ユンガーは再読されない」と言ったのである。老作家グラックがどういう意味でそう言ったのかは説明されていないので、真意は不明だが、マリスが言うように、確かに「それは正確ではない」だろう。ただ訳者には何となく分かるような気がする。つまり、ユンガーの『鋼鉄の嵐のなかで』は四年間の証言が息もつかせぬ白熱の戦闘場面が多く、たとえて言えば、束の間のたゆたいはあっても、ほぼ谷川の急流、激流のほとばしりであるのに対して、ジュヌヴォワの本書は僅か八か月間の証言ながら、もちろん急流、奔流もあるが、全体としては、大河ロワール河のようにゆったりとした流れなのである。

以上、第一次世界大戦を背景にして、ユンガーとの対比においてジュヌヴォワの人間像、その人となり、ものごとの考え方、基本的な価値観などをざっと見てきたが、少しでも読者諸氏の本書理解の一助となれば幸いである。

最後にお断りしておくが、本書には多数の人名、地名が頻出し、人名はともかく、地名はフランス北東部のムーズ県やマルヌ県を中心に小さな村や町を含めて夥しい数になる。なかには、戦争で破壊され、消滅してしまった所もあり、地図で示すのはほぼ不可能であり、省略した。

さて末尾ながら、本書出版に際しては、国書刊行会編集局長の清水範之氏に諸事万端ひと方ならぬお世話になった。ここに記して衷心よりお礼を申し上げたい。なお、本書刊行日九月八日は著者モーリス・ジュヌヴォワの命日である。清水氏のご配慮で本邦初訳の本書が作家の命日の刊行となった。ありがたいことである。願わくば、ささやかながらも、これがはるか極東の果てからパリはパンテオンに眠るジュヌヴォワへの手向けとなれば幸いである。

二〇二四年夏　　　　宇京頼三

1918年

3月21日　ドイツ軍、ピカルディで春季攻勢開始。

3月23日　ドイツ軍、「デブのベルタ砲 Grosse Bertha」でパリ砲撃。この時期、カイザー・ヴィルヘルム砲やノッポのベルタ砲などの巨大砲が出現（なお、ベルタとはクルップ社の社長夫人名）。

4月9日　フランドルでドイツ軍攻勢。

4月14日　フォッシュ将軍、フランスにおける連合国軍最高司令官。

5月27日　シュマン・デ・ダムでドイツ軍攻勢。

7月15日　シャンパーニュ地方でドイツ軍攻勢。

7月18日　フランスの反攻。第二のマルヌの戦い。

8月7日　フォッシュ、フランス元帥。

8月8日　ピカルディで攻勢。連合国総攻撃開始（百日攻勢）。

10月　スペイン風邪猛威、絶頂期。

10月4日　ドイツ政府、アメリカと休戦協定交渉開始。

11月3日　オーストリア・ハンガリー帝国、イタリアのヴィラ・ジュスティで休戦協定調印。

11月6日　アメリカ派遣軍、スダン占領。

11月9日　皇帝ヴィルヘルム2世退位。ドイツ共和国宣言。

11月11日　ドイツ、コンピエーニュの森で休戦協定調印。

12月13日　ウィルソン大統領、講和会議出席のためフランス着。

12月15日　ペタン、フランス元帥。

1919年

6月28日　ヴェルサイユ宮殿鏡の間でドイツと講和条約調印。

7月14日　パリで勝利の凱旋行進。

10月12日　フランス国民議会、ヴェルサイユ条約批准。

1920年

11月11日　凱旋門に無名戦士の墓祀られる。

5月2日　ヴェルダンで、ニヴェル将軍がペタンと交代。
5月31日　英独、ユトランド沖海戦。
6月6日　ヴォー要塞崩壊。
6月23日　ヴェルダン、イギリス軍のソ（ン）ム攻勢とロシア軍の東部戦線侵攻でドイツ軍の勢いが弱まり、救われる。
7月1日　イギリス軍の攻勢とソ（ン）ムの戦いの開始。
8月20日　ルーマニア、連合国側で参戦。
9月15日　イギリス軍はじめて戦車投入。
10月24日　フランス軍、ヴェルダン地区で反攻。ドゥオモンを取り戻す。
11月18日　ソ（ン）ムの戦い終結。100万人の犠牲者。
12月2日　ニヴェル、ジョッフルと交代。
12月6日　ドイツ軍ブカレスト占領。
12月18日　ヴェルダンの戦い終結。100万人の犠牲者。
12月25日　ジョッフル将軍、元帥に任命され、ニヴェル将軍と交代しフランス軍総司令官に就く。

1917年
1月8日　戦争4年目になると、反戦・厭戦気運が蔓延し、パリではオート・クチュールのお針子さんたちがスト（ただし、このマドモワゼルたちは反戦ではなく、賃上げ要求）。反戦気運が高まり、スト拡大。軍部でもフランスでは不服従兵や脱走兵が多出し、ドイツでは後にキール軍港で水兵の反乱（1918年11月）が起き、これがやがてドイツ革命につながる。
1月31日　ドイツ、無制限潜水艦作戦開始。
3月8-12日　ロシアで革命勃発。
3月16日　ロシア皇帝ニコライ2世退位。
4月6日　アメリカ参戦、フランスに第一陣の8万人の部隊を派遣。
4月16日　別称「ニヴェルの攻勢」のシュマン・デ・ダム（北仏エーヌ県）の攻勢。25万のフランス兵が戦没。初のフランス軍戦車登場。
5月15日　フランス軍総司令官ニヴェル将軍からペタン将軍に交代。
5月　フランス軍における兵士の反乱や集団的不服従運動始まる。
7月　兵士の反乱収まる。
6月13日　アメリカ派遣軍最高司令官パーシング将軍フランス着。
9月12日　政府次元における「ユニオン・サクレ」終息。
11月6日　ボリシェヴィキ権力奪取。
11月17日　クレマンソー内閣成立。
12月5日　ロシアとドイツ休戦協定。

10月末　ドイツ軍、イーゼル川で進軍阻止される。
11月1日　トルコ、独墺など中央同盟国側で参戦。
12月8日　フランス政府、パリ帰還。
12月17日　アルトワ（仏北部、ベルギーと国境を接する州）で最初の敵戦線切断攻撃の試み。
12月　泥水のなかでの攻防相次ぐ。北海からスイス国境までの戦線、膠着状態化。
12月末　機動戦が終わって、陣地戦が始まり、以後3年続く。

1915年
2月15日–3月18日　シャンパーニュ突破作戦の最初の試み。
2月29日　仏英両軍のダーダネルス作戦開始。
3月11日　イギリス、ドイツ封鎖宣言。
3月　ダーダネルス海峡で連合国の海戦失敗。
4月22日　ドイツ、イープル近くのランゲマルクで最初の毒ガス使用。
4月26日　イタリアと連合国のロンドン条約。
5月7日　イギリスの客船ルシタニア号、ドイツ軍Uボートの魚雷で沈没。アメリカ人乗客がいたためアメリカ世論が硬化、反ドイツとなり、2年後のアメリカ参戦につながる。
5月9日–6月18日　フランス、アルトワで2度目の攻撃。
5月23日　イタリア、連合国側で参戦。
9月22日–10月6日　フランス、2度目のシャンパーニュ突破作戦。
9月25日–10月11日　3度目のアルトワ突破作戦。
10月5日　ブルガリア、独墺側で参戦。連合国軍部隊、サロニカ島（現テッサロニキ）上陸。
12月6日　ジョッフル、連合国最高司令官に任命。

1916年
戦争も長くなると、いつしか生死を共にする兵士たちに塹壕共同体のような気運と意識が高まり、この頃から、兵士たちによる前線からの情報発信として塹壕新聞が発行される。
1月8–9日　最後の連合国部隊、ダーダネルス海峡を去る。
2月9日　イギリス兵役法制化。
2月21日　ドイツ軍攻勢。ヴェルダンの戦い開始。
2月25日　ドゥオモン崩壊（このムーズ県の小村は破壊され、今は第一次世界大戦戦没者の納骨堂が残るのみ）。
3月6–10日　304高地とル・モール＝トムがドイツ軍の攻撃に抵抗。

第一次世界大戦西部戦線略年表

1914年

6月28日　オーストリア・ハンガリー帝国皇位継承者、サライェヴォで暗殺される。

7月28日　オーストリア・ハンガリー帝国、セルビアに宣戦布告。ドイツ、オーストリア支持、ロシア、セルビア支持。第一次世界大戦勃発。

7月30日　ロシア、総動員令。

7月31日　ドイツ、ロシアとフランスに最後通牒。

8月1日　フランスとドイツで午後同時刻に総動員令発布。イタリア、局外中立宣言。ドイツ、ロシアに宣戦布告。

8月2日　ドイツ軍、ベルギーに国境通過承認要求。

8月3日　ドイツ、ベルギー侵略、フランスに宣戦布告。

8月4日　イギリス、ドイツに宣戦布告。フランスではレイモン・ポワンカレ、「ユニオン・サクレ（神聖連合＝挙国一致の大同団結）」提唱、ドイツでは「域内平和体制」結成し、両国とも挙国一致の戦時体制に入る。

8月19-20日　ロレーヌ地方におけるフランス進攻失敗。フランス軍、1週間もしないうちに14万人を失い、総退却。

8月20日　ドイツ軍、ブリュッセルに入る。ピウス教皇死去、後継ブノワ15世。

8月23日　日本、対独宣戦布告。

8月24日-9月5日　ドイツ侵攻。フランスとイギリス、ヴェルダン西部の戦線で後退。

9月2日　ドイツ軍、サンリス（パリ北方、オワーズ県）に達する。フランス政府、パリを脱してボルドーに移る。

9月5日　作家シャルル・ペギー、ヴィルロワ（パリ南東部、セーヌ・エ・マルヌ県）で戦死。

9月6-9日　最初のマルヌの戦い。ドイツのシュリーフェン作戦失敗。フランス、「タクシー」部隊兵員輸送作戦活動開始。戦場で200万の兵士が対決――この戦いの頂点では、ドイツ軍、普仏戦争の3倍の弾薬を消耗。

9月9-11日　グラン・クロネ（仏北西部ノルマンディ、セーヌ・マリティーム県）の戦い。仏英軍勝利、ドイツ軍退却、パリ侵攻を放棄。

9月18日-10月15日　フランス北部の港を確保するため両勢力の制海権争い「海への競争」。

10月15日-11月17日　イーゼルとイープル（いずれもベルギー）の戦い。

モーリス・ジュヌヴォワ

1890年（明治23年）　中仏ニエーヴル県ドゥシーズに生まれる。

1914年　パリ高等師範学校首席修了。第一次世界大戦勃発。ジュヌヴォワ、第106歩兵連隊に少尉として入隊。

1915年　戦場で瀕死の重傷を負い撤退、入院。7か月後、80パーセント身体障害の傷痍軍人となり退役、除隊。以後、著作活動に入る。

1922年　小説『レミ・デ・ローシュ』、フローレンス・ブルメンタール賞受賞。

1925年　小説『ラボリオ』、ゴンクール賞受賞。

1946年　アカデミー・フランセーズ会員。

1958年　アカデミー・フランセーズ終身書記（院長）就任。

1970年　国民文学大賞受賞。

1974年　アカデミー・フランセーズ終身書記辞任。

1980年　スペイン、バレンシア州ハベア近くの別荘で心臓発作により死去。享年90。

2020年　パンテオンに祀られる。

著書に『一四年の人々』、『レミ・デ・ローシュ』、『ラボリオ』、『ジャンヌ・ロブラン』、『近くの死』、『三万日』など多数。

宇京賴三（うきょう　らいぞう）

1945年生まれ。三重大学名誉教授。フランス文学、アルザスを中心とした独仏文化論。

著書――『フランス－アメリカ――この〈危険な関係〉』（三元社）、『ストラスブール――ヨーロッパ文明の十字路』（未知谷）、『異形の精神――アンドレ・スュアレス評伝』（岩波書店）、『仏独関係千年紀――ヨーロッパ建設への道』（法政大学出版局）。

訳書――エンツォ・トラヴェルソ『ユダヤ人とドイツ――「ユダヤ・ドイツの共生」からアウシュヴィッツの記憶まで』、同『左翼のメランコリー――隠された伝統の力 一九世紀～二一世紀』（以上法政大学出版局）、同『アウシュヴィッツと知識人――歴史の断絶を考える』（岩波書店）、同『ヨーロッパの内戦 炎と血の時代 1914-1945年』（未來社）、フレデリック・オッフェ『アルザス文化論』（みすず書房）、同『パリ人論』（未知谷）、ウージェーヌ・フィリップス『アイデンティティの危機――アルザスの運命』（三元社）、同『アルザスの言語戦争』、ピエール・リグロ『戦時下のアルザス・ロレーヌ』、クリストフ・コニェ『白い骨片――ナチ収容所囚人の隠し撮り』（以上白水社）、クロディーヌ・ファーブル＝ヴァサス『豚の文化誌――ユダヤ人とキリスト教徒』（柏書房）、エクトール・フェリシアーノ『ナチの絵画略奪作戦』（平凡社）など。

第一次世界大戦記《だいいちじせかいたいせんき》
ポワリュの戦争日誌

二〇二四年九月一日初版第一刷印刷
二〇二四年九月八日初版第一刷発行

著者　モーリス・ジュヌヴォワ
訳者　宇京頼三

発行者　佐藤今朝夫
発行所　株式会社国書刊行会
東京都板橋区志村一―一三―一五　〒一七四―〇〇五六
電話〇三―五九七〇―七四二一
ファクシミリ〇三―五九七〇―七四二七
URL : https://www.kokusho.co.jp
E-mail : info@kokusho.co.jp
装訂者　坂野公一（welle design）
印刷・製本所　中央精版印刷株式会社
ISBN978-4-336-07655-7 C0098